OEUVRES

COMPLÈTES

DE BUFFON

TOME VIII

IMPRIMERIE
JULES CLAYE ET Cᵉ
Rue Saint-Benoît, 7

ŒUVRES

COMPLÈTES

DE BUFFON

AVEC LA NOMENCLATURE LINNÉENNE ET LA CLASSIFICATION DE CUVIER

Revues sur l'édition in-4° de l'Imprimerie Royale

ET ANNOTÉES

PAR

M. FLOURENS

SECRÉTAIRE PERPÉTUEL DE L'ACADÉMIE DES SCIENCES, MEMBRE DE L'ACADÉMIE FRANÇAISE
PROFESSEUR AU MUSÉUM D'HISTOIRE NATURELLE ETC.

TOME HUITIÈME

LES OISEAUX

PARIS

GARNIER FRÈRES, LIBRAIRES

6, RUE DES SAINTS-PÈRES

MDCCCLIV

HISTOIRE NATURELLE

DES OISEAUX.

LES OISEAUX AQUATIQUES. [1]

Les oiseaux d'eau sont les seuls qui réunissent à la jouissance de l'air et de la terre la possession de la mer. De nombreuses espèces, toutes très-multipliées, en peuplent les rivages et les plaines ; ils voguent sur les flots avec autant d'aisance et plus de sécurité qu'ils ne volent dans leur élément naturel : partout ils y trouvent une subsistance abondante, une proie qui ne peut les fuir ; et, pour la saisir, les uns fendent les ondes et s'y plongent ; d'autres ne font que les effleurer en rasant leur surface par un vol rapide ou mesuré sur la distance et la quantité des victimes ; tous s'établissent sur cet élément mobile comme dans un domicile fixe ; ils s'y rassemblent en grande société, et vivent tranquillement au milieu des orages ; ils semblent même se jouer avec les vagues, lutter contre les vents et s'exposer aux tempêtes, sans les redouter ni subir de naufrage.

Ils ne quittent qu'avec peine ce domicile de choix, et seulement dans le temps que le soin de leur progéniture, en les attachant au rivage, ne leur permet plus de fréquenter la mer que par instants ; car, dès que leurs petits sont éclos, ils les conduisent à ce séjour chéri que ceux-ci chériront bientôt eux-mêmes, comme plus convenable à leur nature que celui de la terre : en effet, ils peuvent y rester autant qu'il leur plaît sans être pénétrés de l'humidité et sans rien perdre de leur agilité, puisque leur corps, mollement porté, se repose même en nageant, et reprend bientôt les forces épuisées par le vol. La longue obscurité des nuits ou la continuité des tourmentes[a] sont les seules contrariétés qu'ils éprouvent et qui les obligent à

---

a. « Le désordre des éléments (dans une grande tempête) n'écarta pas de nous les oiseaux ; « de temps en temps un *fauchet noir* voltigeait sur la surface agitée de la mer, et rompait la « force des lames en s'exposant à leur action : l'aspect de l'Océan était alors superbe et terrible. » Forster, *Second voyage de Cook*, t. II, p. 91.

1. L'*Histoire des oiseaux aquatiques* commence avec la seconde moitié du VIIe volume de l'*Histoire des oiseaux* (édition in-4° de l'Imprimerie royale), volume publié en 1780, et se continue dans les deux volumes suivants : le VIIIe et le IXe.

Les *oiseaux aquatiques* de Buffon répondent aux *Échassiers* et aux *Palmipèdes* de Cuvier.

quitter la mer par intervalles. Ils servent alors d'avant-coureurs ou plutôt de signaux aux voyageurs, en leur annonçant que les terres sont prochaines : néanmoins cet indice est souvent incertain ; plusieurs de ces oiseaux se portent en mer quelquefois si loin [a], que M. Cook conseille de ne point regarder leur apparition comme une indication certaine du voisinage de la terre, et tout ce que l'on peut conclure de l'observation des navigateurs, c'est que la plupart de ces oiseaux ne retournent pas chaque nuit au rivage, et que, quand il leur faut pour le trajet ou le retour quelques points de repos, ils les trouvent sur les écueils, ou même les prennent sur les eaux de la mer [b].

La forme du corps et des membres de ces oiseaux indique assez qu'ils sont navigateurs-nés et habitants naturels de l'élément liquide; leur corps est arqué et bombé comme la carène d'un vaisseau, et c'est peut-être sur cette figure que l'homme a tracé celle de ses premiers navires : leur cou, relevé sur une poitrine saillante, en représente assez bien la proue; leur queue, courte et toute rassemblée en un seul faisceau, sert de gouvernail [c]; leurs pieds, larges et palmés, font l'office de véritables rames; le duvet épais et lustré d'huile qui revêt tout le corps est un goudron naturel qui le rend impénétrable à l'humidité, en même temps qu'il le fait flotter plus légèrement à la surface des eaux [d] ; et ceci n'est encore qu'un aperçu des

a. « Les pétrels bleus qu'on voit dans cette mer immense, ne sont pas moins à l'abri du « froid que les pinguins... Nous en avons trouvé entre la Nouvelle-Zélande et l'Amérique, à « plus de sept cents lieues de toutes terres. » Forster, *Second voyage de Cook*, t. I, p. 107... « Nous avons eu plusieurs occasions de remarquer que les oiseaux n'annoncent pas le voisinage « des terres d'une manière plus sûre que les goëmons, à moins que ce ne soit de ces espèces « qui ne s'écartent jamais fort loin des côtes... Quant aux pinguins, aux pétrels, aux alba- « trosses, comme on en rencontre à six ou sept cents lieues au milieu de la mer du Sud, on « ne peut point compter sur cette indication. » Forster, *Suite du Second voyage de Cook*, t. V, page 192.

b. Il y a même lieu de croire qu'ils peuvent dormir sur l'eau : « Nous passâmes près d'une « albatrosse assise et endormie sur l'eau; la tempête précédente l'avait peut-être fatiguée. » Forster, *Second voyage de Cook*, t. II, p. 93.

c. « Pro caudà clunem habent, ac brevem quidem, eæ (aves) quibus aut crura longa, aut « pedes continuatà planitie donati sunt. » Aristot. *Hist. animal.*, lib. II, cap. V. *Ex recens. Scalig.*

d. « Les oiseaux des pays chauds sont médiocrement couverts, tandis que ceux des pays « froids, et surtout ceux qui voltigent sans cesse sur la mer, ont une quantité infinie de plumes, « dont chacune est double. » Forster, *Suite du second voyage de Cook*, t. V, p. 181... « On a « tort d'attribuer à l'*alcyon* seul l'instinct de suivre les vaisseaux ; comme plusieurs oiseaux de « mer passent la plus grande partie de leur vie sur cet élément à une grande distance des côtes, « et qu'il leur est presque impossible, pendant la tempête, de trouver la nourriture dans une « mer fort agitée, ils accourent alors à l'arrière des vaisseaux, souvent avant le coup de vent, « et s'y repaissent des différentes choses qu'on y jette; d'ailleurs la mer battue par le passage « du navire leur offre un espace plus tranquille, où ils peuvent se reposer. » *Remarques faites par M. le vicomte de Quezhoent, enseigne des vaisseaux du Roi.*

Nota. Cet *alcyon* des marins n'est pas le véritable alcyon des anciens, ou notre *martin-pêcheur*, mais plutôt quelque espèce d'hirondelle de mer, ou d'autres oiseaux qui volent au large et loin des côtes, dont le vrai alcyon ne s'éloigne pas.

facultés que la nature a données à ces oiseaux pour la navigation : leurs habitudes naturelles sont conformes à ces facultés ; leurs mœurs y sont assorties ; ils ne se plaisent nulle part autant que sur l'eau ; ils semblent craindre de se poser à terre ; la moindre aspérité du sol blesse leurs pieds, ramollis par l'habitude de ne presser qu'une surface humide ; enfin l'eau est pour eux un lieu de repos et de plaisirs où tous leurs mouvements s'exécutent avec facilité, où toutes leurs fonctions se font avec aisance, où leurs différentes évolutions se tracent avec grâce. Voyez ces cygnes nager avec mollesse ou cingler sur l'onde avec majesté : ils s'y jouent, s'ébattent, y plongent et reparaissent avec les mouvements agréables, les douces ondulations et la tendre énergie qui annoncent et expriment les sentiments sur lesquels tout amour est fondé : aussi le cygne est-il l'emblème de la grâce, premier trait qui nous frappe, même avant ceux de la beauté.

La vie de l'oiseau aquatique est donc plus paisible et moins pénible que celle de la plupart des autres oiseaux ; il emploie beaucoup moins de forces pour nager que les autres n'en dépensent pour voler ; l'élément qu'il habite lui offre à chaque instant sa subsistance ; il la rencontre plus qu'il ne la cherche, et souvent le mouvement de l'onde l'amène à sa portée ; il la prend sans fatigue, comme il l'a trouvée sans peine ni travail, et cette vie plus douce lui donne en même temps des mœurs plus innocentes et des habitudes pacifiques. Chaque espèce se rassemble par le sentiment d'un amour mutuel ; nul des oiseaux d'eau n'attaque son semblable, nul ne fait sa victime d'aucun autre oiseau, et dans cette grande et tranquille nation, on ne voit point le plus fort inquiéter le plus faible : bien différent de ces tyrans de l'air et de la terre qui ne parcourent leur empire que pour le dévaster, et qui toujours en guerre avec leurs semblables ne cherchent qu'à les détruire, le peuple ailé des eaux, partout en paix avec lui-même, ne s'est jamais souillé du sang de son espèce ; respectant même le genre entier des oiseaux, il se contente d'une chère moins noble, et n'emploie sa force et ses armes que contre le genre abject des reptiles et le genre muet des poissons : néanmoins, la plupart de ces oiseaux ont avec une grande véhémence d'appétit les moyens d'y satisfaire ; plusieurs espèces, comme celles du harle, du cravan, du tadorne, etc., ont les bords intérieurs du bec armés de dentelures assez tranchantes pour que la proie saisie ne puisse s'échapper ; presque tous sont plus voraces que les oiseaux terrestres, et il faut avouer qu'il y en a quelques-uns, tels que les canards, les mouettes, etc., dont le goût est si peu délicat, qu'ils dévorent avec avidité la chair morte et les entrailles de tous les animaux.

Nous devons diviser en deux grandes familles la nombreuse tribu des oiseaux aquatiques ; car à côté de ceux qui sont navigateurs et à pieds palmés[1], la nature a placé les oiseaux de rivage[2] et à pieds divisés, qui, quoique différents pour les formes, ont néanmoins plusieurs rapports et quelques habitudes communes avec les premiers[a] : ils sont taillés sur un autre modèle ; leur corps grêle et de figure élancée, leurs pieds, dénués de membranes, ne leur permettent ni de plonger, ni de se soutenir sur l'eau ; ils ne peuvent qu'en suivre les rives ; montés sur de très-longues jambes, avec un cou tout aussi long, ils n'entrent que dans les eaux basses, où ils peuvent marcher ; ils cherchent dans la vase la pâture qui leur convient ; ils sont pour ainsi dire amphibies, attachés aux limites de la terre et de l'eau, comme pour en faire le commerce vivant, ou plutôt pour former en ce genre les degrés et les nuances des différentes habitudes qui résultent de la diversité des formes dans toute nature organisée.

Ainsi dans l'immense population des habitants de l'air, il y a trois états ou plutôt trois patries, trois séjours différents : aux uns, la nature a donné la terre pour domicile ; elle a envoyé les autres cingler sur les eaux, en même temps qu'elle a placé des espèces intermédiaires aux confins de ces deux éléments, afin que la vie produite en tous lieux, et variée sous toutes les formes possibles[3], ne laissât rien à ajouter à la richesse de la création, ni rien à désirer à notre admiration sur les merveilles de l'existence.

Nous avons eu souvent occasion de remarquer qu'aucune espèce des quadrupèdes du midi de l'un des continents ne s'est trouvée dans l'autre, et que la plupart des oiseaux, malgré le privilége des ailes, n'ont pu s'affranchir de cette loi commune ; mais cette loi ne subsiste plus ici : autant nous avons eu d'exemples et donné de preuves qu'aucune des espèces qui n'avaient pu passer par le nord ne se trouvait commune aux deux continents, autant nous allons voir d'oiseaux aquatiques se trouver également dans les deux, et même dans les îles les plus éloignées de toute terre habitée.

L'Amérique méridionale, séparée par de vastes mers des terres de l'Afrique et de l'Asie, inaccessible par cette raison à tous les animaux quadrupèdes de ce continent, l'était aussi pour le plus grand nombre des espèces d'oiseaux qui n'ont jamais pu fournir ce trajet immense d'un seul vol, et sans points de repos. Les espèces des oiseaux terrestres et celles des quadrupèdes de cette partie de l'Amérique se sont trouvées également inconnues ; mais ces grandes mers, qui font une barrière insurmontable de séparation pour les animaux et les oiseaux de terre, ont été franchies et traversées au vol et à la nage par les oiseaux d'eau ; ils se sont transportés

a. « Vivunt circà mare et fluvios et lacus palmipedes omnes... multæ etiam fissipedes circà « aquas et paludes victitant. » Aristot. *Hist. animal.*, lib. ıx, cap. xvı. *Ex recens. Scalig.*

1. Les *Palmipèdes* de Cuvier. — Voyez la note de la p. 1.

2. Les *Échassiers* de Cuvier. — Voyez la note de la p. 1.

3. *La vie..... variée sous toutes les formes possibles :* expression gracieuse d'une idée très-vraie. — Voyez la note 2 de la p. 550 du VIIe volume.

dans les terres les plus lointaines ; ils ont eu le même avantage que les peuples navigateurs, qui se sont établis partout : car on a trouvé dans l'Amérique méridionale, non-seulement les oiseaux indigènes et propres à cette terre, mais encore la plus grande partie des espèces d'oiseaux aquatiques des régions correspondantes dans l'ancien continent [a].

Et ce privilége d'avoir passé d'un monde à l'autre, dans les contrées du Midi, semble même s'être étendu jusqu'aux oiseaux de rivage : non que les eaux aient pu leur fournir une route, puisqu'ils ne s'y engagent pas et n'en habitent que les bords, mais parce qu'en suivant les rivages et allant de proche en proche, ils sont parvenus jusqu'aux extrémités de tous les continents ; et ce qui a dû faciliter ces longs voyages, c'est que le voisinage de l'eau rend les climats plus égaux ; l'air de la mer, toujours frais, même dans les chaleurs, et tempéré pendant les froids, établit pour les habitants des rivages une égalité de température qui les empêche de sentir la trop forte impression des vicissitudes du ciel, et leur compose pour ainsi dire un climat praticable sous toutes les latitudes, en choisissant les saisons. Aussi plusieurs espèces qui voyagent en été dans les terres du nord de notre continent, et qui communiquent par là aux terres septentrionales de l'Amérique, paraissent être parvenues de proche en proche, en suivant les rivages, jusqu'à l'extrémité de ce nouveau continent ; car l'on reconnaît dans les régions australes de l'Amérique plusieurs espèces d'oiseaux de rivage qui se trouvent également dans les contrées boréales des deux continents [b].

La plupart de ces oiseaux aquatiques paraissent être demi-nocturnes [c] : les hérons rôdent la nuit ; la bécasse ne commence à voler que le soir ; le butor crie encore après la chute du jour ; on entend les grues se réclamer du haut des airs, dans le silence et l'obscurité des nuits, et les mouettes se promener dans le même temps. Les volées d'oies et de canards sauvages qui tombent sur nos rivières y séjournent plus la nuit que le jour ; ces habitudes tiennent à plusieurs circonstances relatives à leur subsistance et à leur sécurité : les vers sortent de terre à la fraîcheur ; les poissons sont en mouvement pendant la nuit, dont l'obscurité dérobe ces oiseaux à l'œil de l'homme et de leurs ennemis ; néanmoins l'oiseau-pêcheur ne paraît pas se défier assez de ceux même qu'il attaque ; ce n'est pas toujours impunément qu'il fait sa proie des poissons, car quelquefois le poisson le saisit et l'avale. Nous avons trouvé un martin-pêcheur dans le ventre d'une anguille ;

---

a. Voyez ci-après les histoires du *phénicoptère*, du *pélican*, de la *frégate*, de l'*oiseau du Tropique*, etc., etc.

b. Voyez ci-après l'histoire des *pluviers*, des *hérons*, des *spatules*, etc.

c. « Je crois que la plupart des oiseaux aquatiques sont nocturnes, car le héron, le butor et quelques autres, volent pendant les crépuscules du matin et du soir. » Edwards, *Préface de la seconde partie des Glanures*, p. 13.

le brochet gobe assez souvent les oiseaux qui plongent ou frisent en volant la surface de l'eau, et même ceux qui viennent seulement au bord pour boire et se baigner ; et, dans les mers froides, les baleines et les cachalots ouvrent le gouffre de leur énorme bouche, non-seulement pour engloutir les colonnes de harengs et d'autres poissons, mais aussi les oiseaux qui sont à leur poursuite, tels que les albatrosses, les pinguins, les macreuses, etc., dont on trouve les squelettes ou les cadavres encore récents dans le large estomac de ces grands cétacés.

Ainsi la nature, en accordant de grandes prérogatives aux oiseaux aquatiques, les a soumis à quelques inconvénients ; elle leur a même refusé l'un de ses plus nobles attributs : aucun d'eux n'a de ramage, et ce qu'on a dit du chant du cygne n'est qu'une chanson de la Fable[1], car rien n'est plus réel que la différence frappante qui se trouve entre la voix des oiseaux de terre et celle des oiseaux d'eau : ceux-ci l'ont forte et grande, rude et bruyante, propre à se faire entendre de très-loin, et à retentir sur la vaste étendue des plages de la mer ; cette voix, toute composée de tons rauques, de cris et de clameurs, n'a rien de ces accents flexibles et moelleux, ni de cette douce mélodie dont nos oiseaux champêtres animent nos bocages, en célébrant le printemps et l'amour ; comme si l'élément redoutable où règnent les tempêtes eût à jamais écarté ces charmants oiseaux , dont le chant paisible ne se fait entendre qu'aux beaux jours et dans les nuits tranquilles, et que la mer n'eût laissé à ses habitants ailés que les sons grossiers et sauvages qui percent à travers le bruit des orages, et par lesquels ils se réclament dans le tumulte des vents et le fracas des vagues.

Du reste, la quantité des oiseaux d'eau , en y comprenant ceux de rivage et les comptant par le nombre des individus, est peut-être aussi grande que celle des oiseaux de terre. Si ceux-ci ont pour s'étendre les monts et les plaines, les champs et les forêts, les autres, bordant les rives des eaux ou se portant au loin sur leurs flots, ont pour habitation un second élément aussi vaste, aussi libre que l'air même ; et si nous considérons la multiplication par le fonds des subsistances, ce fonds nous paraîtra aussi abondant et plus assuré peut-être que celui des oiseaux terrestres dont une partie de la nourriture dépend de l'influence des saisons, et une autre très-grande partie du produit des travaux de l'homme. Comme l'abondance est la base de toute société, les oiseaux aquatiques paraissent plus habituellement en troupes que les oiseaux de terre, et dans plusieurs familles ces troupes sont très-nombreuses ou plutôt innombrables : par exemple, il est peu d'espèces terrestres, au moins d'égale grandeur, plus multipliées dans l'état de nature que le paraissent être celles des oies et des canards; et en général il y a d'autant plus de réunion parmi les animaux qu'ils sont plus éloignés de nous.

1. « Le chant du *cygne*, à sa mort, n'est qu'une fable. » (Cuvier.)

Mais les oiseaux terrestres sont aussi d'autant plus nombreux en espèces et en individus, que les climats sont plus chauds ; les oiseaux d'eau semblent, au contraire, chercher les climats froids ; car les voyageurs nous apprennent que, sur les côtes glaciales du septentrion, les goëlands, les pinguins, les macreuses, se trouvent par milliers et en aussi grande quantité que les albatrosses, les manchots, les pétrels, sur les îles glacées des régions antarctiques.

Cependant la fécondité des oiseaux de terre paraît surpasser celle des oiseaux d'eau ; aucune espèce en effet, parmi ces dernières, ne produit autant que celles de nos oiseaux gallinacés, en les comparant à grosseur égale : à la vérité, cette fécondité des oiseaux granivores pourrait s'être accrue par l'augmentation des subsistances que l'homme leur procure en cultivant la terre ; néanmoins, dans les espèces aquatiques qu'il a su réduire en domesticité, la fécondité n'a pas fait les mêmes progrès que dans les espèces terrestres ; le canard et l'oie domestiques ne pondent pas autant d'œufs que la poule : éloignés de leur élément et privés de leur liberté, ces oiseaux perdent sans doute plus que nos soins ne peuvent leur donner ou leur rendre.

Aussi ces espèces aquatiques sont plutôt captives que domestiques ; elles conservent les germes de leur première liberté, qui se manifestent par une indépendance que les espèces terrestres paraissent avoir totalement perdue : ils dépérissent dès qu'on les tient renfermés, il leur faut l'espace libre des champs et la fraîcheur des eaux où ils puissent jouir d'une partie de leur franchise naturelle ; et ce qui prouve qu'ils n'y renoncent pas, c'est qu'ils se rejoignent volontiers à leurs frères sauvages, et s'enfuiraient avec eux, si l'on n'avait pas soin de leur rogner les ailes [a]. Le cygne, ornement des eaux de nos superbes jardins, a plus l'air d'y voyager en pilote, et de s'y promener en maître, que d'y être attaché comme esclave.

Le peu de gêne que les oiseaux aquatiques éprouvent en captivité fait qu'ils n'en portent que de légères empreintes ; leurs espèces ne s'y modifient pas autant que celles des oiseaux terrestres ; elles y subissent moins de variétés pour les couleurs et les formes ; elles perdent moins de leurs traits naturels et de leur type originaire : on peut le reconnaître par la comparaison de l'espèce du canard, qui n'admet dans nos basses-cours que peu de variétés, tandis que celle de la poule nous offre une multitude de races nou-

a. Quoiqu'il y ait des exemples de canards et d'oies privés qui s'enfuient avec les sauvages, il est à présumer qu'ils s'en trouvent mal, et qu'étant les moins nombreux, ils sont bientôt punis de leur infidélité, car l'antipathie entre les oiseaux sauvages et domestiques subsiste dans ces espèces comme dans tous les autres ; et nous sommes informés par un témoin digne de foi (le sieur Trécourt que j'ai déjà cité dans quelques endroits), qu'ayant mis dans un vivier de jeunes canards sauvages, pris au nid dans un marais, avec d'autres canards privés, et à peu près du même âge, ils attaquèrent les sauvages, et vinrent à bout de les tuer en moins de deux ou trois jours.

velles et factices qui semblent effacer et confondre la race primitive ; d'ailleurs les oiseaux aquatiques, étant placés loin de la terre, ne nous connaissent que peu. Il semble qu'en les établissant sur les mers, la nature les ait soustraits à l'empire de l'homme, qui, plus faible qu'eux sur cet élément, n'en est souvent que le jouet ou la victime.

Les mers les plus abondantes en poissons attirent et fixent pour ainsi dire sur leurs bords des peuplades innombrables de ces oiseaux pêcheurs ; on en voit une multitude infinie autour des îles Sambales et sur la côte de l'isthme de Panama, particulièrement du côté du nord ; il n'y en a pas moins à l'occident sur la côte méridionale, et peu sur la côte septentrionale. Wafer en donne pour raison que la baie de Panama n'est pas aussi poissonneuse, à beaucoup près, que celle des Sambales[a]. Les grands fleuves de l'Amérique septentrionale sont tous couverts d'oiseaux d'eau. Les habitants de la Nouvelle-Orléans, qui en faisaient la chasse sur le Mississipi, avaient établi une petite branche de commerce de leur graisse ou de l'huile qu'ils en tiraient. Plusieurs îles ont reçu les noms d'*îles aux oiseaux*, parce qu'ils en étaient les seuls habitants lorsqu'on en fit la découverte, et que leur nombre était prodigieux ; l'île d'Aves, entre autres, à cinquante lieues sous le vent de la Dominique, est si couverte d'oiseaux de mer, qu'on n'en voit nulle part en aussi grande quantité : on y trouve des pluviers, des chevaliers, diverses sortes de poules d'eau, des *phénicoptères* ou flamants, des pélicans, des mouettes, des frégates, des fous, etc. Labat, qui nous donne ces faits, remarque que la côte est extrêmement poissonneuse, et que ses hauts-fonds sont toujours couverts d'une immense quantité de coquillages[b]. Les œufs de poissons, qui flottent souvent par grands bancs à la surface de la mer, n'attirent pas moins d'oiseaux à leur suite[c]. Il y a aussi certains endroits des côtes et des îles dont le sol entier, jusqu'à une assez grande profondeur, n'est composé que de la fiente des oiseaux aquatiques : telle est, vers la côte du Pérou, l'île d'Iquique, dont les Espagnols tirent ce fumier et le transportent pour servir d'engrais aux terres du continent[d]. Les rochers

a. Relation de Wafer. *Histoire générale des Voyages*, t. XIV, p. 119.

b. *Nouveau voyage aux îles de l'Amérique*, t. VIII, p. 28.

c. « Par le 41e degré de latitude sud, vers le Chili, nous rencontrâmes sur la surface de la « mer une couche d'œufs de poissons, qui tenait environ une lieue, et comme nous en avions « vu une autre couche le jour précédent, nous jugeâmes que c'était ce qui attirait les oiseaux « que nous voyions depuis deux ou trois jours. » *Observations du P. Feuillée* (édit. 1725), page 79.

d. Depuis plus d'un siècle on enlève annuellement la charge de plusieurs navires de cette fiente réduite en terreau, à laquelle les Espagnols donnent le nom de *guana*, et qu'on transporte sur les vallées voisines pour les fertiliser, particulièrement dans la vallée d'Arica, où cet engrais soutient la culture du piment. Voyez le *Voyage de Frezier à la mer du Sud;* et les *Observations du P. Feuillée* (édit. 1725), p. 23. — « Du cap Horn, on fit route aux rochers qui « gissent en travers du cap Mistaken ; la fiente des oiseaux qu'on voyait voltiger en grand « nombre tout autour, avait blanchi ces rochers. » *Second voyage de Cook*, t. IV, p. 48.

du Groënland sont couverts aux sommets d'une espèce de tourbe, formée
de cette même matière et du débris des nids de ces oiseaux [a]. Ils sont aussi
nombreux sur les îles de la Norwége [b], d'Islande et de Feroë [c], où leurs
œufs font une grande partie de la subsistance des habitants, qui vont les
chercher dans les précipices et sur les rochers les plus inaccessibles [d].
Telles sont encore ces îles Burra, inhabitées et presque inabordables vers
les côtes d'Écosse, où les habitants de la petite île Hirta viennent enlever

    a. Voyez *Histoire générale des voyages*, t. XIX, p. 27.

    b. Les oiseaux aquatiques des côtes de Norwége lui sont communs avec les îles d'Islande et
de Feroë. Ils sont en si grand nombre, que les habitants se nourrissent de leur chair et de leurs
œufs. Ils engraissent le pays de leur fiente, et leurs plumes font une branche de commerce
considérable pour la ville de Berguen. *Hist. nat. de Norwége*, par Pontoppidan, part. II.

    c. Les oiseaux de mer sont en troupes immenses sur de petites îles voisines de l'Islande, et
se répandent jusqu'à douze ou quinze lieues de distance : c'est même à la vue de ces oiseaux
qu'on commence à s'apercevoir qu'on approche de cette île. On retrouve parmi ces oiseaux
différentes espèces de mouettes, et la plupart de ceux dont on trouve la description dans le
Voyage au Spitzberg de Martens. Horrebow, *Description de l'Islande. Histoire générale des
voyages*, t. XVIII, p. 20.

    d. « Les oiseaux qui peuplent les côtes de l'Islande, cherchent pour placer leurs nids les
« endroits les plus inaccessibles et les rochers les plus escarpés; néanmoins les habitants savent
« les dénicher malgré le danger de cette opération : j'ai moi-même été témoin, dit M. Horre-
« bow, de la manière dont on s'y prend, et je dois avouer que je n'ai pu voir sans frémir, avec
« quelle intrépidité des hommes y risquent leur vie; il arrive que plusieurs de ces chasseurs
« aux œufs tombent dans la mer ou dans les précipices sur lesquels ils sont obligés de se
« suspendre. On attache le plus solidement qu'on peut, au haut du rocher, une solive qui reste
« saillante le plus qu'il est possible ; elle porte une poulie et une corde, au moyen desquelles
« un homme lié par le milieu du corps descend tout le long des rochers ; il tient une longue
« perche armée d'un crochet de fer, pour s'accrocher aux rochers et se diriger à son gré; à un
« signal, les hommes qui sont sur le rocher retirent celui-ci, qui fait à chaque fois une récolte
« de cent ou deux cents œufs. La promenade se continue tant qu'on trouve des œufs, ou tant
« qu'il est possible de supporter cette suspension qui devient très-fatigante. Pendant cette
« chasse on voit les oiseaux s'envoler par milliers, en poussant des cris affreux. Les habitants
« des endroits où cette chasse est praticable, en retirent un grand bénéfice; car, outre les œufs,
« ils enlèvent aussi une grande quantité de jeunes oiseaux, dont les uns servent de nourriture, et les autres donnent beaucoup de plumes qui se vendent aux négociants danois. »
Horrebow, *Description de l'Islande. Histoire générale des voyages*, t. XVIII, p. 22. — Pontoppidan ne décrit pas d'une manière moins effrayante la chasse aux œufs qui se fait également
en Norwége. « Les cavités où nichent les oiseaux, se trouvent dans des rochers escarpés et
« sans pente tout le long de la mer. Pour y grimper, un chasseur s'entoure le corps d'une
« corde... les autres chasseurs lui appuient une perche contre le dos pour l'aider à monter
« jusqu'à ce qu'il trouve de quoi poser son pied et attacher sa corde, alors on retire la perche
« et un second escalade de la même manière; étant réunis ils s'attachent tous deux à la même
« corde et s'aident à monter plus haut au moyen d'un crochet de fer, en se poussant et se tirant
« mutuellement. Les oiseaux se laissent prendre à la main sur leurs nids dans leurs cavernes,
« et le produit de la chasse est jeté à ceux qui attendent au bas du rocher dans un bateau :
« ces chasseurs sont quelquefois huit jours sans rejoindre leurs camarades, et souvent ils rou-
« lent ensemble dans la mer. Lorsqu'il s'agit d'entrer dans le creux des montagnes, le plus
« hardi chasseur se fait descendre par une corde du haut du rocher... Il a sur sa tête un gros
« chapeau pour parer les pierres qui s'en détachent; quand il veut entrer dans quelques
« cavités, il appuie ses pieds contre la montagne, s'élance en arrière de toute sa force, et dirige
« si bien son corps et la corde, qu'il entre tout droit dans la caverne. » *Hist. nat. de Norwége*,
par Pontoppidan, part. II. *Journal étranger*, mois de février 1757.

des œufs à milliers et tuer des oiseaux[a]; enfin ils couvrent la mer du Groënland, au point que la langue groënlandaise a un mot pour exprimer la manière de les chasser en troupeaux vers la côte dans de petites baies où ils se laissent renfermer et prendre à milliers[b].

Ces oiseaux sont encore les habitants que la nature a envoyés aux points isolés et perdus dans l'immense océan, où elle n'a pu faire parvenir les autres espèces dont elle a peuplé la surface de la terre[c]. Les navigateurs ont trouvé les oiseaux en possession des îles désertes et de ces fragments du globe[1] qui semblaient se dérober à l'établissement de la nature vivante[d]. Ils se sont répandus du Nord jusqu'au Midi[e], et nulle part ils ne sont plus nombreux que sous les zones froides[f], parce que dans ces régions où la terre, dénuée, morte et ensevelie sous d'éternels frimas, refuse ses flancs glacés à toute fécondité, la mer est encore animée, vivante, et même très-peuplée[g].

a. Voyez *Recueil de différents traités de physique et d'histoire naturelle,* par M. Deslandes, t. I, p. 163.

b. Sarpsipock, « aves ad littus in sinum compellit, ubi includi possint. » Egede, *Dictionnar. Groënland.* Hafniæ.

c. « A peine le vaisseau fut-il arrêté (à l'île de l'Ascension), que des milliers d'oiseaux « vinrent se percher sur les mâts et les cordages; la chute de cinq cents qui furent tués dans « l'espace d'un quart d'heure n'empêchait pas que les autres ne continuassent de voltiger « autour du navire ; ils devinrent si importuns qu'ils mordaient les chapeaux et les bonnets de « vingt hommes qui descendirent au rivage. » *Relation de Rennefort,* dans l'*Histoire générale des voyages,* t. VIII, p. 583.

d. « Nous observions ces rochers (à l'île de Pâques), dont l'aspect caverneux et la couleur « noire et ferrugineuse annonçait les vestiges d'un feu souterrain. Nous en remarquâmes « surtout deux, l'un ressemblait à une colonne ou obélisque énorme, et tous deux étaient rem- « plis d'une quantité innombrable d'oiseaux de mer, dont les cris discordants assourdissaient « nos oreilles.. » Forster, *Second voyage de Cook,* t. II, p. 184.

e. « Le canal (du détroit de Magellan, au Port-Désiré) était dans cet endroit, d'une largeur « à perte de vue; on y aperçoit un certain nombre d'îles... Ce fut sur une de ces îles que je « descendis ; j'y trouvai un si grand nombre d'oiseaux, qu'au moment où ils s'envolèrent le « ciel en fut obscurci; il est certain que nous ne pouvions faire un pas sans marcher sur leurs « œufs. » *Voyage du commodore Byron,* p. 25.

f. M. Gmelin dit n'avoir jamais vu dans aucun endroit du monde, un aussi grand nombre d'oiseaux rassemblés en troupes qu'à *Mangasea* (sur le Jenisca), c'était dans le mois de juin ; les plus nombreux étaient les oiseaux aquatiques, les oies de toutes espèces, les canards, les poules d'eau, les mouettes et les oiseaux de rivages, bécasses, plongeurs, etc. *Histoire générale des voyages,* t. XVIII, p. 357.

g. « Les albatrosses nous quittèrent durant notre traversée au milieu des îles de glaces, et « nous n'en voyions qu'une seule de temps en temps. Les pintades, les coupeurs d'eau, les « petits oiseaux gris, les hirondelles, n'étaient pas non plus en aussi grand nombre ; d'un « autre côté les pinguins commencèrent à paraître, car ce jour nous en vîmes deux. Malgré la « froideur du climat, nous observâmes constamment le pétrel blanc autour des masses de « glace, et on peut le regarder comme un avant-coureur qui annonce sûrement les glaces : « d'après sa couleur nous le prîmes pour le pétrel neigeux; plusieurs baleines se montrèrent « aussi parmi la glace, et variaient un peu la scène affreuse de ces parages... Nous ne passâmes « pas moins de dix-huit îles de glaces, et nous vîmes de nouveaux pinguins. » *Second voyage du capitaine Cook,* t. III, p. 94.

1. *Fragments du globe :* belle expression et qui peint bien les effets des *ruptures,* des *déchirures* du globe, à chacune de ses grandes révolutions.

Aussi les voyageurs et les naturalistes ont-ils observé que, dans les régions
du Nord, il y a peu d'oiseaux de terre, en comparaison de la quantité des
oiseaux d'eau [a] : pour les premiers, il faut des végétaux, des graines, des
fruits, dont la nature engourdie produit à peine dans ces climats quelques
espèces faibles et rares ; les derniers ne demandent à la terre qu'un lieu de
refuge, une retraite dans les tempêtes, une station pour les nuits, un berceau pour leur progéniture ; encore la glace, qui dans ces climats froids le
dispute à la terre, leur offre-t-elle presque également tout ce qui est nécessaire pour des besoins si simples. MM. Cook et Forster ont vu, dans leurs
navigations aux mers australes, plusieurs de ces oiseaux se poser, voyager
et dormir sur des glaces flottantes comme sur la terre ferme [b] ; quelques-uns
même y nichent avec succès [c]. Que pourrait en effet leur offrir de plus un
sol toujours gelé et qui n'est ni plus solide ni moins froid que ces montagnes
de glace [d] ?

Ce dernier fait démontre que les oiseaux d'eau sont les derniers et les
plus reculés des habitants du globe, dont ils connaissent mieux que nous les
régions polaires ; ils s'avancent jusque dans les terres où l'ours blanc ne
paraît plus, et sur les mers que les phoques, les morses et les autres amphibies ont abandonnées ; ils y séjournent avec plaisir pendant toute la saison
des très-longs jours de ces climats, et ne les quittent qu'après l'équinoxe de
l'automne, lorsque la nuit, anticipant à grands pas sur la lumière du jour,
bientôt l'anéantit et répand un voile continu de ténèbres, qui fait fuir ces
oiseaux vers les contrées qui jouissent de quelques heures de jour. Ils nous
arrivent ainsi pendant l'hiver et retournent à leurs glaces, en suivant la
marche du soleil avant l'équinoxe du printemps.

a. Voyez la *Fauna Suecica* de Linnæus ; l'*Ornithologia Borealis* de Brunnich ; la *Zoologia
Danica* de Muller ; la même observation a lieu pour les régions du cercle antarctique. « On ne
« trouve à la terre de Feu que fort peu d'oiseaux de terre ; M. Banks n'en a vu aucun plus gros
« que nos merles, mais les oiseaux d'eau y sont en grande abondance, particulièrement les
« canards. » *Premier voyage de Cook*, t. II, p. 288.

b. Voyez ci-après l'histoire des *pétrels* et des *pinguins*.

c. « On rencontra un grand banc de glaces auquel on fut contraint d'amarrer (à la Nou-
« velle-Zemble) ; quelques matelots montèrent dessus et firent un récit fort singulier de sa
« figure ; il était tout couvert de terre au sommet, et l'on y trouva près de quarante œufs. »
Relation de Heemskerke et Barentz dans l'*Histoire générale des Voyages*, t. XV, p 116.

d. « Le 22 juillet, se trouvant proche du cap de Cant (à la Nouvelle-Zemble), on descendit
« plusieurs fois à terre pour chercher des œufs d'oiseaux ; les nids y étaient en abondance,
« mais dans des lieux fort escarpés ; les oiseaux ne paraissaient point effrayés de la vue des
« hommes, et la plupart se laissaient prendre à la main. Chaque nid n'avait qu'un œuf, qu'on
« trouvait sur la roche, sans paille et sans plumes pour l'échauffer : spectacle étonnant pour les
« Hollandais, qui ne comprirent point comment ces œufs pouvaient être couvés, et les petits
« éclore dans un si grand froid. » *Idem, ibidem*, p. 133.

LA CIGOGNE. [a][b][*]

On vient de voir qu'entre les oiseaux terrestres qui peuplent les campagnes et les oiseaux navigateurs à pieds palmés qui reposent sur les eaux, on trouve la grande tribu des oiseaux de rivages, dont le pied sans membranes, ne pouvant avoir un appui sur les eaux, doit encore porter sur la terre, et dont le long bec, enté sur un long cou [1], s'étend en avant pour chercher la pâture sous l'élément liquide. Dans les nombreuses familles de ce peuple amphibie des rivages de la mer et des fleuves, celle de la cigogne, plus connue, plus célébrée qu'aucune autre, se présente la première : elle est composée de deux espèces qui ne diffèrent que par la couleur, car, du reste, il semble que sous la même forme et d'après le même dessin, la nature ait produit deux fois le même oiseau, l'un blanc et l'autre noir ; cette différence, tout le reste étant semblable, pourrait être comptée pour rien, s'il n'y avait pas entre ces deux mêmes oiseaux différence d'instinct et diversité de mœurs. La cigogne noire cherche les lieux déserts, se perche dans les bois, fréquente les marécages écartés et niche dans l'épaisseur des forêts. La cigogne blanche choisit, au contraire, nos habitations pour domicile ; elle s'établit sur les tours, sur les cheminées et les combles des édifices ; amie de l'homme, elle en partage le séjour et même le domaine ; elle pêche dans nos rivières, chasse jusque dans nos jardins, se place au milieu des villes,

a. Voyez les planches enluminées, n° 866.

b. En grec, Πέλαργος ; en latin, *ciconia* ; en hébreu et en persan, *chasida* ; en arabe, *zakid*, selon Gessner ; *leklek* ou *legleg*, suivant le docteur Shaw ; en barbaresque, *bel-arje* ; en chaldéen, *chavarita*, *deiutha*, *macuarta* ; en illyrien, *cziap* ; en allemand et en anglais, *storck* ; en polonais, *bocian-czarni*, *bocian-snidi* ; en flamand, *ouweaer* ; en italien, *cigogna*, *zigogna*, et le petit *cicognino* ; en espagnol, *ciguenna* ; en vieux français, *cigongne* ou *cigoigne*. — *Cigongne*. Belon, *Hist. nat. des oiseaux*, p. 201. — *Ibis alba Herodoto*. Gessner : c'est faute d'avoir discuté une méprise d'Hérodote, ou plutôt de ses traducteurs, que Gessner tombe ici dans celle de faire de l'ibis blanc d'Hérodote une cigogne blanche. Voyez l'histoire de l'ibis. — *Ciconia*. Aldrovande, *Avi.*, t. III, p. 291. — Ray, *Synops. avi.*, p. 97. — Jonston, *Avi.*, p. 100 et tab. 50, deux figures peu exactes. — Schwenckfeld, *Avi. Siles.*, p. 234. — Prosp. Alpin. *Ægypt.*, vol. I, p. 199. — Marsigli. *Danub.*, t. V, p. 26. — Charleton, *Exercit.*, p. 108, n° 1. *Idem, Onomast.*, p. 102, n° 1. — Klein, *Avi.*, p. 125, n° 1. — Gessner, *Avi.*, p. 262, avec une figure peu ressemblante ; la même, *Icon. avi.*, p. 121. — *Ciconia alba*. Willughby, *Ornithol*, p. 210, avec une figure empruntée de Jonston. — Rzaczynski, *Hist. nat. Polon.*, p. 274. — *Ardea alba remigibus nigris*. Linnæus, *Fauna Suecica*, n° 136. *Idem, Syst. nat.*, édit. X, gen. 76, sp. 7. — *Ciconia alba, Danis storck*. Muller, *Zool. Dan.*, n° 174. — Brunnich, *Ornithol. boréale.*, n° 154. — *Der storck*. Frisch, t. II, 12e div., 1 sect., pl. 3. — *Ardea*. Mœhring, *Avi.*, gen. 81. — *Cigogne ordinaire ou blanche*. Albin, t. II, p. 41, pl. 64. — « Ciconia alba, « oculorum ambitu nudo, nigro ; remigibus nigricantibus rectricibus candidis... » *Ciconia alba*. Brisson, *Ornithol.*, t. V, p. 365.

* *Ardea ciconia* (Linn.). — La *cigogne blanche* (Cuv.). — Ordre des *Echassiers*, famille des *Cultirostres*, genre *Cigognes* (Cuv.).

1.   Le héron au long bec emmanché d'un long cou.
La Font.

sans s'effrayer de leur tumulte [a], et partout, hôte respecté et bienvenu, elle paie par des services le tribut qu'elle doit à la société : plus civilisée, elle est aussi plus féconde, plus nombreuse et plus généralement répandue que la cigogne noire, qui paraît confinée dans certains pays, et toujours dans les lieux solitaires.

Cette cigogne blanche, moins grande que la grue, l'est plus que le héron ; sa longueur de la pointe du bec à l'extrémité de la queue est de trois pieds et demi, et, jusqu'à celle des ongles, de quatre pieds ; le bec de la pointe aux angles a près de sept pouces ; le pied en a huit ; la partie nue des jambes cinq, et l'envergure de ses ailes est de plus de six pieds : il est aisé de se la peindre ; le corps est d'un blanc éclatant, et les ailes sont noires, caractères dont les Grecs ont formé son nom [b] ; les pieds et le bec sont rouges, et son long cou est arqué : voilà ses traits principaux ; mais, en la regardant de plus près, on aperçoit sur les ailes des reflets violets et quelques teintes brunes : on compte trente pennes en développant l'aile ; elles forment une double échancrure, les plus près du corps étant presque aussi longues que les extérieures, et les égalant lorsque l'aile est pliée ; dans cet état les ailes couvrent la queue, et, lorsqu'elles sont ouvertes ou étendues pour le vol, les plus grandes pennes offrent une disposition singulière : les huit ou neuf premières se séparent les unes des autres et paraissent divergentes et détachées, de manière qu'il reste entre chacune un vide, ce qui ne se voit dans aucun autre oiseau ; les plumes du bas du cou sont blanches, un peu longues et pendantes, et par là les cigognes se rapprochent des hérons ; mais leur cou est plus court et plus épais ; le tour des yeux est nu et couvert d'une peau ridée d'un noir rougeâtre ; les pieds sont revêtus d'écailles en tables hexagones d'autant plus larges qu'elles sont placées plus haut ; il y a des rudiments de membranes entre le grand doigt et le doigt intérieur, jusqu'à la première articulation, et qui, s'étendant plus avant sur le doigt extérieur, semblent former la nuance par laquelle la nature passe des oiseaux à pieds divisés aux oiseaux à pieds réunis et palmés ; les ongles sont mousses, larges, plats, et assez approchants de la forme des ongles de l'homme.

La cigogne a le vol puissant et soutenu, comme tous les oiseaux qui ont des ailes très-amples et la queue courte ; elle porte en volant la tête raide en avant et les pattes étendues en arrière comme pour lui servir de gouvernail [c] ; elle s'élève fort haut et fait de très-longs voyages, même dans les saisons orageuses. On voit les cigognes arriver en Allemagne vers le 8 ou

a. Témoin ce nid de cigogne posé sur le temple de la Concorde au Capitole, dont parle Juvénal, *Sat.* i, vers. 116, et qu'on voit figuré sur des médailles d'Adrien.

b. Πελόν αργόν.

c. « Atque hæ (longicaudæ) ad ventrem contractos in volatu pedes habent : parviclunes « porrectos. » Aristot., lib. ii, cap. xv. *Ex recens. Scaligeri.*

le 10 de mai[a]; elles devancent ce temps dans nos provinces. Gessner dit qu'elles précèdent les hirondelles et qu'elles viennent en Suisse dans le mois d'avril et quelquefois plus tôt; elles arrivent en Alsace au mois de mars, et même dès la fin de février; leur retour est partout d'un agréable augure, et leur apparition annonce le printemps : aussi elles semblent n'arriver que pour se livrer aux tendres émotions que cette saison inspire. Aldrovande peint avec chaleur les signes de joie et d'amour, les empressements et les caresses du mâle et de la femelle, arrivés sur leur nid après un long voyage[b]; car les cigognes reviennent constamment aux mêmes lieux, et si le nid est détruit, elles le reconstruisent de nouveau avec des brins de bois et d'herbes de marais, qu'elles entassent en grande quantité : c'est ordinairement sur les combles élevés, sur les créneaux des tours, et quelquefois sur de grands arbres, au bord des eaux ou à la pointe d'un rocher escarpé, qu'elles le posent[c]. En France, du temps de Belon, on plaçait des roues au haut des toits pour engager ces oiseaux à y faire leur nid ; cet usage subsiste encore en Allemagne et en Alsace, et l'on dispose en Hollande, pour cela, des caisses carrées aux faîtes des édifices[d].

Dans l'attitude du repos, la cigogne se tient sur un pied, le cou replié, la tête en arrière et couchée sur l'épaule; elle guette les mouvements de quelques reptiles qu'elle fixe d'un œil perçant : les grenouilles, les lézards, les couleuvres et les petits poissons sont la proie qu'elle va cherchant dans les marais, ou sur les bords des eaux et dans les vallées humides.

Elle marche comme la grue, en jetant le pied en avant par grands pas mesurés; lorsqu'elle s'irrite ou s'inquiète, et même quand l'amour l'agite, elle fait claqueter son bec d'un bruit sec et réitéré que les anciens avaient rendu par des mots imitatifs, *crepitat*, *glotterat*[e], et que Pétrone exprime fort bien en l'appelant un bruit de *crotales*[f]; elle renverse alors la tête, de manière que la mandibule inférieure se trouve en haut, et que le bec est

a. Klein, *De avibus erratic. et migrat.*

b. « Ubi jam nido appulere... dii boni, quam dulcissima salutatio! quanta ob felicem adven-« tum gratulatio! quos complexus! quam mellita cernas oscula! atque interiùs leves susurri « quidam audiuntur. » Aldrovande, *Avi.*, t. III, p. 298.

c. C'est en ce sens qu'il faut entendre ce que dit Varron, qu'elle niche à la campagne : *in tecto, ut hirundines; in agro, ut ciconia,* puisqu'il observe ailleurs lui-même, au sujet de l'arrivée de la cigogne en Italie, qu'elle s'établit de préférence sur les édifices.

d. Lady Montagu, dans ses lettres, n° 32, dit qu'à Constantinople, les cigognes nichent par terre dans les rues : si elle ne s'est pas trompée sur l'espèce de ces oiseaux, il faut que la sauvegarde dont jouit la cigogne en Turquie l'ait singulièrement enhardie; car dans nos contrées les points de positions qu'elle préfère sont toujours les plus inaccessibles, qui dominent tout ce qui environne, et ne permettent pas de voir dans son nid.

e.
> Quæque salutato crepitat concordia nido.
>
> JUVENAL, *Sat.* I.

> Glotterat immenso de turre ciconia rostro.
>
> AUT. PHILOMEL.

f. *Crotalistria.* Épithète donnée déjà, dans Publius Syrus, à la cigogne.

couché presque parallèlement sur le dos : c'est dans cette situation que les
deux mandibules battent vivement l'une contre l'autre ; mais à mesure
qu'elle redresse le cou , le claquement se ralentit et finit lorsqu'il a repris
sa position naturelle. Au reste, ce bruit est le seul que la cigogne fasse
entendre, et c'est apparemment de ce qu'elle paraît muette, que les anciens
avaient pensé qu'elle n'avait point de langue [a] ; il est vrai que cette langue
est courte [1] et cachée à l'entrée du gosier, comme dans toutes les espèces
d'oiseaux à long bec, qui ont aussi une manière particulière d'avaler en
jetant les aliments, par un certain tour de bec, jusque dans la gorge. Aristote fait une autre remarque au sujet de ces oiseaux à cou et bec très-longs,
c'est qu'ils rendent tous une fiente plus liquide [b] que celle des autres
oiseaux.

La cigogne ne pond pas au delà de quatre œufs, et souvent pas plus de
deux, d'un blanc sale et jaunâtre, un peu moins gros, mais plus allongés
que ceux de l'oie ; le mâle les couve dans le temps que la femelle va chercher sa pâture ; les œufs éclosent au bout d'un mois ; le père et la mère
redoublent alors d'activité pour porter la nourriture à leurs petits, qui la
reçoivent en se dressant et rendant une espèce de sifflement [c]. Au reste, le
père et la mère ne s'éloignent jamais du nid tous deux ensemble ; et tandis
que l'un est à la chasse, on voit l'autre se tenir aux environs, debout sur
une jambe, et l'œil toujours à ses petits. Dans le premier âge, ils sont couverts d'un duvet brun ; n'ayant pas encore assez de forces pour se soutenir
sur leurs jambes minces et grêles, ils se traînent dans le nid sur leurs
genoux [d] ; lorsque leurs ailes commencent à croître, ils s'exercent à voleter
au-dessus du nid ; mais il arrive souvent que dans cet exercice quelques-
uns tombent et ne peuvent plus se relever : ensuite, lorsqu'ils commencent
à se hasarder dans les airs, la mère les conduit et les exerce par de petits
vols circulaires autour du nid, où elle les ramène ; enfin les jeunes cigognes
déjà fortes prennent leur essor, avec les plus âgées, dans les derniers jours
d'août, saison de leur départ. Les Grecs avaient marqué leur rendez-vous

a. « Sunt qui ciconiis non inesse linguas confirment. » Plin., lib. x, cap. xxxi. — On le croyait
encore du temps du Mantouan, sur la foi des anciens, car en décrivant l'arrivée de la cigogne,
annonce du printemps, il dit : « Elinguī venit alba ciconia rostro. »

b. *Hist. animal.*, lib. ii, cap. xxii.

c. Ælien a dit que la cigogne vomit à ses petits leur nourriture, ce qu'il ne faut point
entendre d'aliments déjà en partie digérés, mais de la proie récente qu'elle dégorge de l'œsophage, et peut même rendre de son estomac, dont l'ouverture est assez large pour en permettre
la sortie. Voyez l'observation de Peyerus : « De ciconiæ ventre et affinitate quâdam cum rumi-
« nantibus. » *Ephem. Nat. curios.* dec. 2 , ann. 2 , obs. 97. Voyez aussi deux descriptions anatomiques de la cigogne, l'une de Schelhammer, *Collect. Acad.*, partie étrangère, vol. IV,
observ. 109 ; et l'autre d'Olaüs Jacobæus, *idem*, observ. 94.

d. Observation de M. l'évêque Gunner, vol. I, nº 8, p. 203 de la traduction allemande des
Mémoires de la Société de Drontheim.

1. « Dans les *cigognes*, le fond du bec est occupé par une langue extrêmement courte. »
(Cuvier.)

dans une plaine d'Asie nommée la *plage aux serpents*, où elles se rassemblaient[a] comme elles se rassemblent encore dans quelques endroits du Levant[b], et même dans nos provinces d'Europe, comme dans le Brandebourg et ailleurs.

Lorsqu'elles sont assemblées pour le départ, on les entend claqueter fréquemment, et il se fait alors un grand mouvement dans la troupe : toutes semblent se chercher, se reconnaître et se donner l'avis du départ général, dont le signal dans nos contrées est le vent du nord. Elles s'élèvent toutes ensemble, et dans quelques instants se perdent au haut des airs. Klein raconte qu'appelé pour voir ce spectacle, il le manqua d'un moment, et que tout était déjà disparu[c] : en effet, ce départ est d'autant plus difficile à observer qu'il se fait en silence[d], et souvent dans la nuit[e]. On prétend avoir remarqué que dans leur passage, avant de tenter le trajet de la Méditerranée, les cigognes s'abattent en grand nombre aux environs d'Aix[f] en Provence. Au reste, il paraît que ce départ se fait plus tard dans les pays chauds, puisque Pline dit *qu'après le départ de la cigogne il n'est plus temps de semer*[g].

Quoique les anciens eussent remarqué les migrations des cigognes[h], ils ignoraient quels lieux elles allaient habiter ; mais quelques voyageurs modernes nous ont fourni sur cela de bonnes observations : ils ont vu en automne les plaines de l'Égypte toutes couvertes de ces oiseaux. « Il est tout « arrêté, dit Belon, que les cigognes se tiennent l'hiver au pays d'Égypte et « d'Afrique, car nous avons témoings d'en avoir vu les plaines d'Égypte « blanchir, tant il y en avoit dès les mois de septembre et octobre : parce « qu'étant là durant et après l'inondation, n'ont faute de pâture ; mais « trouvant là l'été intolérable pour sa violente chaleur, viennent en nos « régions, qui lors leur sont tempérées, et s'en retournent en hiver pour

a. « Pythonos comen, quasi serpentium pagum, vocant in Asià, patentibus campis, ubi « congregatæ inter se commurmurant, eamque quæ novissima advenit lacerant, atque ità « abeunt. Notatum post idus augustas non temere visas ibi. » Plin. lib. x, cap. xxxi. — *Nota.* D'après ce passage, il semble que l'assemblée des cigognes ne se passe pas sans tumulte et même sans combats, mais qu'elles *déchirent la dernière arrivée*, comme le dit Pline ; ce trait est sans doute une fable.

b. « On remarque que les cigognes, avant que de passer d'un pays dans un autre, s'assem- « blent quinze jours auparavant, de tous les cantons voisins, dans une plaine, y formant une « fois par jour une espèce de *divan*, comme on parle dans le pays, comme pour fixer le « temps précis de leur départ, et le lieu où elles se retirent. » *Voyage de Shaw.* La Haye, 1743, t. II, p. 167.

c. *De avibus erratic. et migrat.*

d. Belon dit qu'il n'est point remarqué, parce qu'elles volent sans bruit et sans jeter de cris, au contraire des grues et des oies sauvages qui crient beaucoup en volant.

e. « Nemo vidit agmen discedentium, cùm discessurum appareat; nec venire, sed venisse « cernimus; utrumque nocturnis fit temporibus. » Plin., lib. x, cap. xxxi.

f. Aldrovande.

g. « Post ciconiæ discessum malè seri. » Plin., lib. viii, cap. xli.

h. Jérémie, viii, 7.

« éviter la froidure trop excessive : en ce contraires aux grues , car les
« grues et oies nous viennent voir en hiver lorsque les cigognes en sont
« absentes [a]. » Cette différence très-remarquable provient de celle des
régions où séjournent ces oiseaux ; les grues et les oies arrivent du Nord,
dont elles fuient les grands hivers ; les cigognes partent du Midi pour en
éviter les ardeurs [b].

Belon dit aussi les avoir vues hiverner à l'entour du mont Amanus vers
Antioche, et passer sur la fin d'août vers Abydus, en troupes de trois ou
quatre mille, venant de la Russie et de la Tartarie ; elles traversent l'Helles-
pont, puis, se divisant à la hauteur de Ténédos, elles partent en pelotons,
et vont toutes vers le Midi [c].

Le docteur Shaw a vu du pied du mont Carmel le passage des cigognes
de l'Égypte en Asie, vers le milieu d'avril 1722 : « Notre vaisseau , dit ce
« voyageur, étant à l'ancre sous le mont Carmel, je vis trois vols de cigo-
« gnes, dont chacun fut plus de trois heures à passer, et s'étendait plus d'un
« demi-mille en largeur [d]. » Maillet dit avoir vu les cigognes descendre, sur
la fin d'avril, de la Haute-Égypte, et s'arrêter sur les terres du Delta, que
l'inondation du Nil leur fait bientôt abandonner [e].

Ces oiseaux, qui passent ainsi de climats en climats, ne connaissent point
les rigueurs de l'hiver ; leur année est composée de deux étés, et ils goûtent
aussi deux fois les plaisirs de la saison des amours : c'est une particularité
très-intéressante de leur histoire, et Belon l'assure positivement de la cigogne, qui, dit-il, fait ses petits pour la seconde fois en Égypte.

a. Histoire naturelle des oiseaux, p. 201.

b. Plusieurs auteurs ont prétendu que les cigognes ne s'éloignaient point l'hiver, et le passaient cachées dans des cavernes ou même plongées au fond des lacs. C'était l'opinion commune
du temps d'Albert le Grand. Klein fait la relation de deux cigognes tirées de l'eau dans des
étangs près d'Elbing (*De avibus errat. et migrat. ad calcem*). Gervais de Tillebury (*Epist. ad
Othon IV*), parle d'autres cigognes qu'on trouva pelotonnées dans un lac vers Arles ; Mérula,
dans Aldrovande , de celles que des pêcheurs tirèrent du lac de Côme ; et Fulgose, d'autres qui
furent pêchées près de Metz (*Memorab.*, lib. 1, cap. vi). Martin Schoockius, qui a écrit sur la
cigogne un opuscule, imprimé à Groningue en 1648, appuie ces témoignages; mais l'histoire
des migrations de la cigogne est trop bien connue, pour n'attribuer qu'à des accidents les faits
dont nous venons de faire mention, si pourtant on peut les regarder comme certains. Voyez
cette question et l'examen de tout ce qu'on a dit sur les oiseaux que l'on prétend passer l'hiver
dans l'eau, plus amplement discuté à l'article de l'hirondelle.

c. Belon. *Observations*, page 79.

d. Il ajoute : « Ces cigognes venaient de l'Égypte, parce que les canaux du Nil et les marais
« qu'ils forment tous les ans, par son débordement, étant desséchés, elles se retirent au nord-
« est. » *Voyage de Shaw*, t. II, p. 167. Mais cet auteur se trompe ; les cigognes fuyaient plutôt
l'inondation qui couvre tous le pays, dès la fin d'avril le fleuve n'ayant plus de rives.

e. Quelques corneilles se mêlent parfois aux cigognes dans leur passage, ce qui a donné lieu
à l'opinion qu'on trouve dans saint Basile et dans Isidore, que les corneilles servent de guide
dans le voyage et d'escorte aux cigognes. Les anciens ont aussi beaucoup parlé des combats de
la cigogne contre les corbeaux, les geais et d'autres espèces d'oiseaux, lorsque leurs troupes
repassant de la Libye et de l'Égypte, elles se rencontrent vers la Lycie et le fleuve du
Xanthe.

On prétend qu'on ne voit pas de cigognes en Angleterre, à moins qu'elles n'y arrivent par quelque tempête. Albin remarque comme chose singulière deux cigognes qu'il vit à Edger en Middlesex [a], et Willughby dit que celle dont il donne la figure lui avait été envoyée de la côte de Norfolk, où elle était tombée par hasard. Il n'en paraît pas non plus en Écosse, si l'on en juge par le silence de Sibbald. Cependant la cigogne se porte assez avant dans les contrées du nord de l'Europe; elle se trouve en Suède, suivant Linnæus, et surtout en Scanie, en Danemark, en Sibérie, à Mangasca sur le Jenisca, et jusque chez les Jakutes [b]. On voit aussi des cigognes en très-grand nombre dans la Hongrie [c], la Pologne et la Lithuanie [d]; on les rencontre en Turquie, en Perse, où Bruyn a remarqué leur nid, figuré sur les ruines de Persépolis; et même, si l'on en croit cet auteur, la cigogne se trouve dans toute l'Asie, à l'exception des pays déserts, qu'elle semble éviter, et des terrains arides où elle ne peut vivre.

Aldrovande assure qu'il ne se trouve point de cigognes dans le territoire de Bologne [e]; elles sont même rares dans toute l'Italie, où Willughby, pendant un séjour de vingt-huit ans, n'en a vu qu'une fois, et où Aldrovande avoue n'en avoir jamais vu. Cependant il paraît, par les témoignages de Pline et de Varron, qu'elles y étaient communes autrefois; et l'on ne peut guère douter que dans leur voyage d'Allemagne en Afrique, ou dans leur retour, elles ne passent sur les terres de l'Italie et sur les îles de la Méditerranée. Kæmpfer [f] dit que la cigogne demeure toute l'année au Japon; ce serait le seul pays où elle serait stationnaire; dans tous les autres, comme dans nos contrées, elle arrive et repart quelques mois après. La Lorraine et l'Alsace sont les provinces de France où les cigognes passent en plus grande quantité; elles y font même leurs nids, et il est peu de villes ou de bourgs dans la Basse-Alsace où l'on ne voie quelques nids de cigogne sur les clochers.

La cigogne est d'un naturel assez doux, elle n'est ni défiante ni sauvage, et peut se priver aisément et s'accoutumer à rester dans nos jardins, qu'elle purge d'insectes et de reptiles; il semble qu'elle ait l'idée de la propreté, car elle cherche les endroits écartés pour rendre ses excréments; elle a presque toujours l'air triste et la contenance morne; cependant elle ne laisse pas de se livrer à une certaine gaieté, quand elle y est excitée par l'exemple, car elle se prête au badinage des enfants, en sautant et jouant

a. T. II, page 41.
b. Gmelin, *Voyage en Sibérie*, t. II, p. 56, et *Histoire générale des Voyages*, t. XVIII, page 300.
c. Marsil., *Danub.*, t. V.
d. Klein, *De avibus erratic.*, pag. 160.
e « Caret ager noster his avibus. »
f. T. I, page 113.

avec eux [a]; en domesticité, elle vit longtemps et supporte la rigueur de nos hivers [b].

L'on attribue à cet oiseau des vertus morales dont l'image est toujours respectable : la tempérance, la fidélité conjugale [c], la piété filiale et paternelle [d]. Il est vrai que la cigogne nourrit très-longtemps ses petits, et ne les quitte pas qu'elle ne leur voie assez de force pour se défendre et se pourvoir d'eux-mêmes; que, quand ils commencent à voleter hors du nid et à s'essayer dans les airs, elle les porte sur ses ailes; qu'elle les défend dans les dangers, et qu'on l'a vue, ne pouvant les sauver, préférer de périr avec eux plutôt que de les abandonner [e]; on l'a de même vue donner des marques d'attachement et même de reconnaissance pour les lieux et pour les hôtes qui l'ont reçue. On assure l'avoir entendue claqueter en passant devant les portes, comme pour avertir de son retour, et faire en partant un semblable signe d'adieu [f]; mais ces qualités morales ne sont rien en comparaison de l'affection que marquent et des tendres soins que donnent ces oiseaux à leurs parents trop faibles ou trop vieux [g]. On a souvent vu des cigognes jeunes et vigoureuses apporter de la nourriture à d'autres qui, se tenant sur le bord du nid, paraissaient languissantes et affaiblies, soit par quelque accident passager, soit que réellement la cigogne, comme l'ont dit les anciens, ait le touchant instinct de soulager la vieillesse, et que la nature, en plaçant jusque dans des cœurs bruts ces pieux sentiments auxquels les

a. « J'ai vu dans un jardin, où des enfants jouaient à la cligne-musette, une cigogne privée « se mettre de la partie, courir à son tour quand elle était touchée, et distinguer très-bien « l'enfant qui était en tour de poursuivre les autres pour s'en donner de garde. » Notes sur la cigogne, communiquées par M. le docteur Hermann, de Strasbourg.

b. Ger. Nic. Heerkens, hollandais de Groningue, qui a fait un petit poëme latin sur la cigogne, dit en avoir nourri une pendant quinze ans, et il parle d'une autre qui vécut vingt-un ans dans le marché au poisson d'Amsterdam, et fut enterrée avec solennité par le peuple. Voyez aussi l'observation d'Olaüs Borrichius sur une cigogne âgée de plus de vingt-deux ans, et qui était devenue goutteuse. *Collection académique*, partie étrangère, t. IV, p. 331.

c. « Il y a aux environs de Smyrne un grand nombre de cigognes qui y font leur nid et y « couvent; les habitants se font un amusement de mettre des œufs de poule dans un nid de « cigogne : lorsque les poussins sont éclos, le mâle de la cigogne en voyant ces figures étran- « gères fait un bruit affreux, attire par là autour du nid une multitude d'autres cigognes qui « tuent la femelle à coups de bec, pendant que le mâle pousse des cris lamentables. » *Annual register*, ann. 1768.

d. D'où vient que Pétrone l'appelle *pietati-cultrix*.

e. Voyez dans Hadrien Junius (*Annal. Batav.* ad ann. 1536) l'histoire, fameuse en Hollande, de la cigogne de Delft, qui, dans l'incendie de cette ville, après s'être inutilement efforcée d'enlever ses petits, se laissa brûler avec eux.

f. Aldrovande.

g. « Multos authores habet fama quæ de ciconiis circumfertur, parentibus à liberis educatio- « nis gratiam referri. » Aristot. *Hist. animal.*, lib. ix, cap. xx. — « Ciconiæ senes, impotes « volandi, nido se continent, ex his prognatæ terrâ marique volitant, et cibos parentibus affe- « runt, sic illæ, ut earum ætate dignum est, quiete fruuntur et copiâ; juniores verò laborem « solantur pietate, ac spe recipiendæ in senectute gratiæ. » Philo. — « Genitricum senectam « invicem alunt. » Plin., lib. x, cap. xxxi. — Voyez Plutarque, et tous les anciens cités dans Aldrovande.

cœurs humains ne sont que trop souvent infidèles, ait voulu nous en donner l'exemple. La loi de nourrir ses parents fut faite en leur honneur, et nommée de leur nom chez les Grecs : Aristophane en fait une ironie amère contre l'homme [a].

Ælien assure que les qualités morales de la cigogne étaient la première cause du respect et du culte des Égyptiens pour elle [b]; et c'est peut-être un reste de cette ancienne opinion qui fait aujourd'hui le préjugé du peuple, qui est persuadé qu'elle apporte le bonheur à la maison où elle vient s'établir.

Chez les anciens, ce fut un crime de donner la mort à la cigogne, ennemie des espèces nuisibles. En Thessalie, il y eut peine de mort pour le meurtre d'un de ces oiseaux, tant ils étaient précieux à ce pays qu'ils purgeaient des serpents [c]. Dans le Levant, on conserve encore une partie de ce respect pour la cigogne [d]; on ne la mangeait pas chez les Romains; un homme qui, par un luxe bizarre, s'en fit servir une, en fut puni par les railleries du peuple [e]. Au reste, la chair n'en est pas assez bonne pour être recherchée [f], et cet oiseau, né notre ami et presque notre domestique, n'est pas fait pour être notre victime.

a. « Nobis vetusta lex viget, ciconiarum inscripta tabulis. » *In Avib.*

b. Alexandre de Myndes, dans Ælien, dit que les cigognes cassées de vieillesse se rendent à certaines îles de l'Océan, et là en récompense de leur piété sont changées en hommes. Dans les augures, l'apparition de la cigogne signifiait union et concorde (Alexand. ab Alex , *Genial. dies*); son départ dans une calamité, était du plus funeste présage : Paul Diacre dit qu'Attila s'attacha à la prise d'Aquilée dont il allait lever le siége , ayant vu des cigognes s'enfuir de la ville emmenant leurs petits (voyez Æneas Sylvius , *Epist.* ii). Dans les hiéroglyphes, elle signifiait piété et bienfaisance, vertus que son nom exprime dans une des plus anciennes langues (*chasida*, en hébreu , *pia, benefica*, suivant Bochart; *chazir pius; beneficus*), et dont on la voit souvent l'emblême, comme sur ces deux belles médailles de L. Antonius, données dans Fulvius Ursinus, et sur deux autres de Q. Metellus, surnommé le Pieux au rapport de Patercule.

c. Plin., lib. x , cap. xxxi.

d. « Les Mahométans ont la cigogne, qu'ils appellent *bel-arje,* en grande estime et vénéra- « tion; elle est presque aussi sacrée chez eux que l'ibis l'était chez les Égyptiens; et on regar- « derait comme profane un homme qui en tuerait ou qui leur ferait seulement de la peine. » *Voyage de Shaw* , t. II, p. 168.

e. Comme l'atteste cette ancienne épigramme.

> Ciconiarum Rufus iste conditor
> Plancis duobus est hic elegantior
> Suffragiorum puncta septem non tulit :
> Ciconiarum populus mortem ultus est.

f. « Cornelius Nepos , qui divi Augusti principatu obiit, cùm scriberet turdos paulò ante « cœptos saginari, addidit, ciconias magis placere quàm grues : cùm hæc nunc ales inter pri- « marias expetatur, illam nemo velit attigisse. » Plin., lib. x.

LA CIGOGNE NOIRE. [a][b] *

Quoique, dans toutes les langues, cet oiseau soit désigné par la dénomination de *cigogne noire*, cependant c'est plutôt par opposition au blanc éclatant de la cigogne blanche que pour la vraie teinte de son plumage, qui est généralement d'un brun mêlé de belles couleurs changeantes, mais qui de loin paraît noir.

Elle a le dos, le croupion, les épaules et les couvertures des ailes de ce brun changeant en violet et en vert doré ; la poitrine, le ventre, les cuisses en plumes blanches, ainsi que les couvertures du dessous de la queue, qui est composée de douze plumes d'un brun à reflets violets et verts ; l'aile est formée de trente pennes d'un brun changeant avec reflets, où le vert dans les dix premières est plus fort, et le violet dans les vingt autres ; les plumes de l'origine du cou sont d'un brun lustré de violet, lavées de grisâtre à la pointe ; la gorge et le cou sont couverts de petites plumes brunes, terminées par un point blanchâtre ; ce caractère cependant manque à plusieurs individus ; le haut de la tête est d'un brun mêlé d'un lustre de violet et de vert doré ; une peau très-rouge entoure l'œil ; le bec est rouge aussi, et la partie nue des jambes, les pieds et les ongles sont de cette même couleur ; en quoi néanmoins il paraît y avoir de la variété, quelques naturalistes, comme Willughby, faisant le bec verdâtre ainsi que les pieds : la taille est de très-peu au-dessous de celle de la cigogne blanche ; l'envergure des ailes est de cinq pieds six pouces.

Sauvage et solitaire, la cigogne noire fuit les habitations, et ne fréquente que les marais écartés ; elle niche dans l'épaisseur des bois, sur de vieux arbres, particulièrement sur les plus hauts sapins ; elle est commune dans les Alpes de Suisse : on la voit au bord des lacs, guettant sa proie, volant sur les eaux, et quelquefois s'y plongeant rapidement pour saisir un poisson. Cependant elle ne se borne pas à pêcher pour vivre ; elle va recueillant les insectes dans les herbages et les prés des montagnes : on lui trouve dans les intestins

a. Voyez les planches enluminées , n° 399 , sous le nom de *Cigogne brune.*

b. *Coconia nigra.* Gessner, *Avi.*, p. 273. *Idem*, *Icon. avi.*, p. 122, avec une mauvaise figure. — Aldrovande, *Avi.*, t. III, p. 310. — Schwenckfeld , *Avi. Siles.*, p. 236. — Jonston, *Avi.*, p. 101. — Willughby, *Ornithol.*, p. 211. — Klein, *Avi.*, p. 125, n° 2. — Ray, *Synops. avi.* , p. 97, n° 2. — Rzaczynski, *Auctuar.*, p. 372. — « Ardea ventre subalbo, dorso nigro. » Barrère, *Ornithol.*, clas. 4, gen. 1, sp. 9. — « Ardea nigra pectore abdomineque albo... » *Ciconia nigra.* Linnæus, *Syst. nat.*, édit X, gen. 76, sp 8. *Idem, Fauna Suec.*, n° 135. — *Der schwartze storch.* Frisch. vol. II , div. 12, sect. 1, pl. 4. — *Cigogne noire.* Belon , *Portraits d'oiseaux*, avec une figure très-fautive. — Une autre , et aussi mal coloriée dans Albin, t. III, pl. 82. — « Ciconia supernè fusca, violaceo et viridi aureo varians, infernè alba; gutture et « collo fuscis, maculis candicantibus variegatis; rectricibus fuscis, violaceo et viridi colore « variantibus... » *Ciconia fusca.* Brisson , *Ornithol.*, t. V, p. 362.

* *Ardea nigra* (Linn.). — La *cigogne noire* (Cuv.).

des débris de scarabées et de sauterelles ; et lorsque Pline a dit qu'on avait vu l'ibis dans les Alpes, il a pris la cigogne noire pour cet oiseau d'Égypte.

On la trouve en Pologne [a], en Prusse et en Lithuanie [b], en Silésie [c] et dans plusieurs autres endroits de l'Allemagne [d] ; elle s'avance jusqu'en Suède [e], partout cherchant les lieux marécageux et déserts. Quelque sauvage qu'elle paraisse, on la captive, et même on la prive jusqu'à un certain point ; Klein assure en avoir nourri une pendant quelques années dans un jardin. Nous ne sommes pas assurés par témoins qu'elle voyage comme la cigogne blanche, et nous ignorons si les temps de ses migrations sont les mêmes ; cependant il y a tout lieu de le croire, car elle ne pourrait trouver sa nourriture pendant l'hiver, même dans nos contrées.

L'espèce en est moins nombreuse et moins répandue que celle de la cigogne blanche ; elle ne s'établit guère dans les mêmes lieux [f], mais semble la remplacer dans les pays qu'elle a négligé d'habiter. En remarquant que la cigogne noire est très-fréquente en Suisse, Wormius ajoute qu'elle est tout à fait rare en Hollande, où l'on sait que les cigognes blanches sont en très-grand nombre [g] ; cependant la cigogne noire est moins rare en Italie que la blanche, et on la voit assez souvent, au rapport de Willughby [h], avec d'autres oiseaux de rivage, dans les marchés de Rome, quoique sa chair soit de mauvais suc, d'un fort goût de poisson et d'un fumet sauvage.

OISEAUX ÉTRANGERS QUI ONT RAPPORT A LA CIGOGNE

LE MAGUARI. [i][*]

Le maguari est un grand oiseau des climats chauds de l'Amérique, dont Marcgrave a parlé le premier. Il est de la taille de la cigogne, et, comme

a. Rzaczynski.

b. Klein, *Avi.*, p. 125.

c. Schwenckfeld, *Avi. Siles.*, p. 236.

d. Willughby, *Ornithol.*, p. 211. Elle est fort rare dans toutes ces contrées. — « Ciconiæ « nigræ, rostris et pedibus rubris instructæ, rarissimæ ; in sylvis vastis texentes nidos ; visæ « in palatinatu Cracoviensi, Pomeraniâ, Lithuanâ Polesiâ. » Rzaczynski, *Hist. nat. Poton.*, p. 275. Ce même auteur dans son *Auctuarium*, p. 372, distingue cette cigogne, qui est, dit-il, *toute noire*, de notre cigogne brune ; il paraît cependant que ce n'en est qu'une variété, ou bien cette cigogne absolument noire nous est inconnue, comme à tous les naturalistes, à moins que ce ne soit le héron noir de Schwenckfeld.

e. Linnæi *Fauna Suecica.*

f. La cigogne brune ne fait que passer en Lorraine, et ne s'y arrête pas. Note communiquée par M. Lottinger.

g. *Mus. Worm.*, pag. 306.

h. Jo. Lincæus, *annot. in Recchum.*

i. *Maguari Brasiliensibus.* Marcgrave, *Hist. nat. Brasil.*, p. 204. — Jonston, *Avi.*, p. 139. —

** Ardea maguari* (Linn.).

elle, il claquète du bec, qu'il a droit et pointu, verdâtre à la racine, bleuâtre à la pointe, et long de neuf pouces ; tout le corps, la tête, le cou et la queue sont en plumes blanches un peu longues et pendantes au bas du cou ; les pennes et les grandes couvertures de l'aile sont d'un noir lustré de vert, et, quand elle est pliée, les pennes les plus proches du corps égalent les extérieures, ce qui est ordinaire dans tous les oiseaux de rivage ; le tour des yeux du maguari est dénué de plumes et couvert d'une peau d'un rouge vif ; sa gorge est de même garnie d'une peau qui peut s'enfler et former une poche ; l'œil est petit et brillant, l'iris en est d'un blanc argenté ; la partie nue de la jambe et les pieds sont rouges ; les ongles, de même couleur, sont larges et plats. Nous ignorons si cet oiseau voyage comme la cigogne, dont il paraît être le représentant dans le Nouveau-Monde ; la loi du climat paraît l'en dispenser, et même tous les autres oiseaux de ces contrées, où des saisons toujours égales, et la terre sans cesse féconde, les retiennent sans besoin et sans aucun désir de changer de climat. Nous ignorons de même les autres habitudes naturelles de cet oiseau et presque tous les faits qui ont rapport à l'histoire naturelle des vastes régions du Nouveau-Monde ; mais doit-on s'en plaindre ou même s'en étonner, quand on sait que l'Europe n'envoya pendant si longtemps dans ces nouveaux climats que des yeux fermés aux beautés de la nature, et des cœurs encore moins ouverts aux sentiments qu'elle inspire ?

LE COURICACA. [a][b][*]

Cet oiseau, naturel à la Guiane, au Brésil et à quelques contrées de l'Amérique septentrionale, où il voyage, est aussi grand que la cigogne ;

Ciconia Americana. Klein, *Avi*, p. 125, n° 3. — Willughby, *Ornithol.*, p. 211. — Ray, *Synops. avi.*, p. 97, n° 3. — « Ciconia alba ; oculorum ambitu nudo, coccineo ; tectricibus « caudæ superioribus nigris ; remigibus nigro-virescentibus ; rectricibus candidis... » *Ciconia Americana.* Brisson, *Ornithol.*, t. V, p. 369.

a. Voyez les planches enluminées, n° 868.

b. *Curicaca Brasiliensibus.* Marcgrave, *Hist. nat. Brasil.*, p. 191, avec une figure défectueuse. — Pison, *Hist. nat*, p. 88, avec la figure de Marcgrave copiée. — Jonston, *Avi.*, p. 138. — Willughby, *Ornithol.*, p. 218. — Ray, *Synops. avi.*, p. 103, n° 4. — *Wood-pelican.* Catesby, t. I, p. 81, avec une belle figure. — *Tantalus loculator.* Klein, *Avi*, p. 127, litt. C. — Linnæus, *Syst. nat.*, édit. X, gen. 75, sp. 1. — *Grus incurvato rostro, vertice calvo et rugoso.* Barrère, *France équinoxiale*, p. 133. — *Arquata Americana, cinerea, maxima, vertice calvo et rugoso.* Idem, *Ornithol.*, class. 4, gen. 9, sp. 10. — « Numenius albidus ; « capite anteriore nudo, nigro-cærulescente ; capite posteriore et collo griseis ; uropygio nigro-« virescente ; remigibus majoribus et rectricibus supernè nigro-virescentibus, subtùs nigris ; « rostro fusco rubescente ; pedibus nigris... » *Numenius Americanus major.* Brisson, *Ornith.*, t. V, p. 335. — Cet oiseau est nommé par les sauvages de la Guiane *aouarou*, suivant Barrère, et par les Portugais du Brésil *masarino*, selon Marcgrave.

* *Tantalus loculator* (Linn.). — Le *tantale d'Amérique* (Cuv.). — Genre *Tantales* (Cuv.).

mais il a le corps plus mince, plus élancé, et il n'atteint à la hauteur de la
cigogne que par la longueur de son cou et de ses jambes, qui sont plus
grandes à proportion ; il en diffère aussi par le bec, qui est droit sur les
trois quarts de sa longueur, mais courbé à la pointe, très-fort, très-épais,
sans rainures, uni dans sa rondeur, et allant en se grossissant près de la
tête, où il a six à sept pouces de tour sur près de huit de longueur ; ce
gros et long bec est de substance très-dure et tranchant par les bords ; l'occiput et le haut du cou sont couverts de petites plumes brunes, rudes,
quoique effilées ; les pennes de l'aile et de la queue sont noires, avec quelques reflets bleuâtres et rougeâtres ; tout le reste du plumage est blanc ; le
front est chauve, et n'est couvert, comme le tour des yeux, que d'une peau
d'un bleu obscur ; la gorge, tout aussi dénuée de plumes, est revêtue d'une
peau susceptible de s'enfler et de s'étendre, ce qui a fait donner à cet oiseau,
par Catesby, le nom de *pélican des bois* (*wood pelican*), dénomination mal
appliquée ; car la petite poche du couricaca est peu différente de celle de la
cigogne, qui peut également dilater la peau de sa gorge ; au lieu que le pélican porte un grand sac sous le bec, et que d'ailleurs il a les pieds palmés.
M. Brisson se trompe en rapportant le couricaca au genre des courlis[a], auxquels il n'a nul rapport, nulle relation ; Pison paraît être la cause de cette
erreur par la comparaison qu'il fait de cet oiseau avec le *courlis des Indes
de Clusius*, qui est le courlis rouge, et cette méprise est d'autant moins par-
donnable que dans la ligne précédente Pison l'égale au cygne en grandeur[b] ;
il se méprend moins en lui trouvant du rapport dans le bec avec le bec de
l'ibis, qui est en effet différent du bec des courlis.

Quoi qu'il en soit, ce grand oiseau est fréquent, selon Marcgrave, sur la
rivière de Serégippe ou de Saint-François ; il nous a été envoyé de la
Guiane, et c'est le même que Barrère désigne sous les noms de *grue à bec
courbé*, et de *grand courlis américain*[c] : dénomination à laquelle auraient
pu se tromper ceux qui ont fait de cet oiseau un courlis[d], mais que M. Brisson, par une autre méprise, a rapportée au jabiru[e].

Au reste, Catesby nous apprend qu'il arrive tous les ans de nombreuses
volées de couricacas à la Caroline vers la fin de l'été, temps auquel les
grandes pluies tombent dans ce pays ; ils fréquentent les savanes noyées

a. Voyez Brisson, tome V, p. 335, et la nomenclature précédente.

b. « Oloris magnitudinem subinde æquat ; non immeritò illum numenio indi Clusii compa-
« raveris. » Pison, *Hist. nat.*, lib. iii, p. 88.

c. Voyez la nomenclature.

d. De ce nombre est M. Klein ; et, pour désigner le sac de la gorge de cet oiseau, il lui forge
le nom aussi fictif que barbare de *tantalus loculator* (*Avi.*, p. 127, litt. C) ; trompé d'ailleurs
par le faux nom de *pélican*, il renvoie à Chardin, en appliquant au curicaca les noms persans
de *tacab* et *mise*, qui apparemment appartiennent au pélican, mais qui sûrement n'appartiennent pas à un oiseau de la Guiane.

e. Voyez Brisson, tome V, page 373.

par ces pluies [1] ; ils se posent en grand nombre sur les plus hauts cyprès [a] ;
ils s'y tiennent dans une attitude fort droite, et pour supporter leur bec
pesant, ils le reposent sur leur cou replié ; ils s'en retournent avant le mois
de novembre. Catesby ajoute qu'ils sont oiseaux stupides, qu'ils ne s'épouvantent point, et qu'on les tire à son aise ; que leur chair est très-bonne à
manger, quoiqu'ils ne se nourrissent que de poissons et d'animaux aquatiques.

LE JABIRU. [b][c][*]

En multipliant les reptiles sur les plages noyées de l'Amazone et de l'Orénoque, la nature semble avoir produit en même temps les oiseaux destructeurs de ces espèces nuisibles ; elle paraît même avoir proportionné leur
force à celle des énormes serpents qu'elle leur donnait à combattre, et leur
taille à la profondeur du limon sur lequel elle les envoyait errer. L'un de
ces oiseaux est le jabiru, beaucoup plus grand que la cigogne, supérieur
en hauteur à la grue, avec un corps du double d'épaisseur, et le premier
des oiseaux de rivage, si on donne la primauté à la grandeur et à la force.

Le bec du jabiru est une arme puissante ; il a treize pouces de longueur
sur trois de largeur à la base ; il est aigu, tranchant, aplati par les côtés en
manière de hache et implanté dans une large tête, portée sur un cou épais
et nerveux ; ce bec, formé d'une corne dure, est légèrement courbé en arc
vers le haut [2], caractère dont on trouve une première trace dans le bec de
la cigogne noire ; la tête et les deux tiers du cou du jabiru sont couverts
d'une peau noire et nue, chargée à l'occiput de quelques poils gris ; la peau
du bas du cou, sur quatre à cinq pouces de haut, est d'un rouge vif et
forme un large et beau collier à cet oiseau, dont le plumage est entièrement blanc ; le bec est noir ; les jambes sont robustes, couvertes de grandes
écailles noires comme le bec, et dénuées de plumes, sur cinq pouces de

a. Sorte d'arbres de l'Amérique septentrionale, différents de nos cyprès.

b. Voyez les planches enluminées, nº 817.

c. *Jabiru Brasiliensibus, Belgis vulgò negro.* Marcgrave, *Hist. nat. Brasil.*, p. 200, avec une
figure transposée sous l'article suivant. — Jonston, *Avi.*, p. 137. — Willughby, *Ornithol.*,
p. 201. — Ray, *Synops. avi.*, p. 96, nº 4. — « Ciconia in toto corpore candida ; capite et collo
« supremo nudis et nigris... » *Ciconia Gu'anensis.* Brisson, *Ornithol.*, t. V, p. 373.

1. « Cet oiseau vit dans les deux Amériques, arrivant dans chaque pays à la saison des
« pluies, et fréquentant les eaux vaseuses, où il recherche surtout les anguilles. Sa démarche
« est lente et son naturel stupide. » (Cuvier.)

* *Mycteria americana* (Linn.). — Famille des *Cultirostres*, genre *Jabirus* (Cuv.).

2. « Les *jabirus* sont très-voisins des *cigognes*, beaucoup plus même que celles-ci des
« *hérons proprement dits...* Leur unique caractère est un bec légèrement courbé vers le haut. »
(Cuvier.)

hauteur ; le pied en a treize ; le ligament membraneux paraît aux doigts, et s'engage de plus d'un pouce et demi du doigt extérieur à celui du milieu.

Willughby dit que le jabiru égale au moins le cygne en grosseur : ce qui est vrai, en se figurant néanmoins le corps du cygne moins épais et plus allongé, et celui du jabiru monté sur de très-hautes échasses ; il ajoute que son cou est aussi gros que le bras d'un homme : ce qui est encore exact; du reste, il dit que la peau du bas du cou est blanche et non rouge, ce qui peut venir de la différence du mort au vivant ; la couleur rouge ayant été suppléée et indiquée par une peinture dans l'individu qui est au Cabinet du Roi ; la queue est large et ne s'étend pas au delà des ailes pliées ; l'oiseau en pied a au moins quatre pieds et demi de hauteur verticale, ce qui en développement, vu la longueur du bec, ferait près de six pieds ; c'est le plus grand oiseau de la Guiane.

Jonston et Willughby n'ont fait que copier Marcgrave au sujet du jabiru[a]; ils ont aussi copié ses figures avec les défauts qui s'y trouvent; et il y a dans Marcgrave même une confusion [b] ou plutôt une méprise d'éditeur que nos nomenclateurs, loin de corriger n'ont fait qu'augmenter, et que nous allons tâcher d'éclaircir.

« Le jabiru des Brasiliens que les Hollandais ont nommé *negro*, dit Marc-
« grave, a le corps plus gros que celui du cygne, et de même longueur ; le
« cou est gros comme le bras d'un homme, la tête grande à proportion ;
« l'œil noir, le bec noir, droit, long de douze pouces, large de deux et demi,
« tranchant par les bords ; la partie supérieure est un peu soulevée, et plus
« forte que l'inférieure ; tout le bec est légèrement courbé vers le haut. »

Sans aller plus loin, et à ces caractères frappants et uniques, on ne peut méconnaître le jabiru de la Guiane, c'est-à-dire le grand jabiru que nous venons de décrire sur l'oiseau même : cependant on voit avec surprise, dans Marcgrave, au-dessous de ce corps épais qu'il vient de représenter, et de ce bec singulier arqué en haut, un bec fortement arqué en bas, un corps effilé et sans épaisseur, en un mot un oiseau, à la grosseur du cou près, totalement différent de celui qu'il vient de décrire; mais, en jetant les yeux sur l'autre page, on aperçoit sous son *jabiru des pétivares* ou *nhandu-apoa des tupinambes*, qu'il dit *de la taille de la cigogne, avec le bec arqué en bas*, un grand oiseau au port droit, au corps épais, au bec arqué en haut, et qu'on reconnaît parfaitement pour être le grand jabiru, le véritable objet de sa description précédente, à la grosseur du cou près, qui n'est pas expri-

a. Willughby, *Ornithol.*, p. 201, tab. XLVII. — Jonston, *Avi.*, p. 137, tab. 59. — Ray, *Synops. avi.*, p. 96, n° 4.

b Marcgrave, *Hist. nat. Brasil.*, p. 200. *Jabiru Brasiliensibus, Belgis vulgò negro.* — Barrère, qui doit l'avoir vu dans sa terre natale, le place dans son *Ornithologie* (clas. 4, gen. 9, sp. 10) sous le nom d'*arquata Americana cinerea maxima, vertice calvo et rugoso;* et ailleurs (*France équinoxiale*, p. 133), il en fait une grue : *grus incurvato rostro, vertice calvo et rugoso.*

mée dans la figure : il faut donc reconnaître ici une double erreur, l'une de gravure et l'autre de transposition, qui a fait prêter au *nhandu-apoa* le cou épais du jabiru, et qui a placé ce dernier sous la description du nhandu-apoa, tandis que la figure de celui-ci se voit sous la description du jabiru.

Tout ce qu'ajoute Marcgrave sert à éclaircir cette méprise et à prouver ce que nous venons d'avancer : il donne au jabiru brasilien de fortes jambes noires, écailleuses, hautes de deux pieds ; tout le corps couvert de plumes blanches, le cou nu, revêtu d'une peau noire aux deux tiers depuis la tête, et formant au-dessous un cercle qu'il dit blanc, mais que nous croyons rouge dans l'animal vivant : voilà en tout et dans tous ses traits notre grand jabiru de la Guiane [a]. Au reste, Pison ne s'est point trompé comme Marcgrave : il donne la véritable figure du grand jabiru, sous son vrai nom de *jabiru guacu*, et il dit qu'on le rencontre aux bords des lacs et des rivières dans les lieux écartés ; que sa chair, quoique ordinairement très-sèche, n'est point mauvaise. Cet oiseau engraisse dans la saison des pluies, et c'est alors que les Indiens le mangent le plus volontiers ; ils le tuent aisément à coups de fusil, et même à coups de flèches. Du reste, Pison trouve aux pennes des ailes un reflet de rouge que nous n'avons pu remarquer dans l'oiseau qui nous a été envoyé de Cayenne, mais qui peut bien se trouver dans les jabirus au Brésil.

LE NANDAPOA. [b][*]

Cet oiseau, beaucoup plus petit que le jabiru, a néanmoins été nommé grand jabiru (*jabiru guacu*) dans quelques contrées où le vrai jabiru n'était apparemment pas encore connu ; mais son vrai nom brasilien est *nandapoa*. Il ressemble au jabiru en ce qu'il a de même la tête et le haut du cou dénués de plumes et recouverts seulement d'une peau écailleuse ; mais il en diffère par le bec, qui est *arqué en bas*, et qui n'a que sept pouces de longueur. Cet oiseau est à peu près de la taille de la cigogne ; le sommet de sa tête est couvert d'un bourrelet osseux d'un blanc grisâtre ; les yeux sont

a. Le docteur Grew décrit une tête de jabiru (*Mus. Reg. Soc.*, p. 63) qui est exactement encore la tête du jabiru de Cayenne. Le grand bec de cet oiseau se trouve dans la plupart des Cabinets comme espèce inconnue.

b. *Jabiru guacu Petiguarensibus, nhandu-apoa Tupinambis.* Marcgrave, *Hist. nat. Bras.*, in-f°. édit. Elzevir, p. 201. — *Jabiru guacu.* Pison, *Hist. nat.*, p. 87. — Par un contre-échange, la figure de ce *petit jabiru* ou *nandu-apoa* est portée dans ces deux auteurs sous l'article du vrai jabiru. — Jonston, *Avi.*, p. 137. — Ray, *Synops. avi.*, p. 96, n° 5. — Willughby, *Ornithol.*, p. 202. — *Mycteria Americana.* Linnæus, *Syst. nat.*, édit. X, gen. 74, sp. 1. — « Ciconia alba: capite anteriore nudo, cinereo albicante; remigibus nigro-rubescentibus; rectricibus « nigris... » *Ciconia Brasiliensis.* Brisson, *Ornithol.*, t. V, p. 371.

* *Ibis nandapoa* (Vieill., Desm.).

noirs; les oreilles sont larges et très-ouvertes; le cou est long de dix pouces, les jambes le sont de huit, les pieds de six; ils sont de couleur cendrée; les pennes de l'aile et de la queue, qui ne passe pas l'aile pliée, sont noires, avec un reflet d'un beau rouge dans celles de l'aile; le reste du plumage est blanc; les plumes du bas du cou sont un peu longues et pendantes. La chair de cet oiseau est de bon goût, et se mange après avoir été dépouillée de sa peau.

Il est encore clair que cette seconde description de Marcgrave convient à sa première figure, autant que la seconde convient à la description du jabiru du Brésil, ou de notre grand jabiru de la Guiane, qui est certainement le même oiseau. Telle est la confusion qui peut naître, en histoire naturelle, d'une légère méprise, et qui ne fait qu'aller en croissant quand, satisfaits de se copier les uns les autres [a], sans discussion, sans étude de la nature, les nomenclateurs ne multiplient les livres qu'au détriment de la science.

LA GRUE. [b] [c] *

De tous les oiseaux voyageurs, c'est la grue qui entreprend et exécute les courses les plus lointaines et les plus hardies. Originaire du Nord, elle

a. M. Brisson, sans avoir apparemment plus consulté le texte de Marcgrave que soupçonné l'erreur de ses figures, dit du grand jabiru qu'il a le bec courbé *en en bas* (*Ornithol.*, t. V, p. 374), au lieu que Marcgrave dit qu'il l'a arqué *en haut*. Ce n'est, au reste, qu'après avoir enté le bec de ce vrai et grand jabiru (*jabiru negro*) sur le corps du *nandapoa* ou *jabiru des Taupinambous* (*Ibid.*, p. 371), auquel Marcgrave ne donne qu'un bec de *cigogne de sept pouces*, que M. Brisson tombe dans cette dernière erreur, qui n'est qu'une suite de la première.

b. Voyez les planches enluminées, nº 769.

c. En grec, l'ἔρανος; en latin, *grus*; en italien, *gru*, *grua*; en espagnol, *grulla*, *gruz*; en allemand, *krane*, *kranich*; en anglais, *crane*; en anglo-saxon, *cran* ou *croen*; en gallois, *garan*; en suisse, *krye*; en suédois, *trana*; en danois, *trane* (c'est une chose remarquable que le nom de cet oiseau, imité de sa voix, soit à peu près le même dans la plupart des langues); en polonais, *zoraw*; en illyrien, *gerzab* : on ne sait si la grue avait un nom en hébreu, du moins on ne peut le démêler dans cette langue obscure, quoique pauvre. Dans Jérémie (*Jerem.*, viii), où Bochart prend le mot *agur* pour la grue, la Vulgate traduit *agur* par *ciconia*; ailleurs (*Isaï*, xxxviii), par *hirundo*. Dans ce second passage, le mot *sus* est traduit la *grue*; mais dans le premier, où ce même mot se trouve, il est interprété l'*hirondelle*. — *Grue*. Belon, *Hist. nat. des oiseaux*, p. 187, avec une mauvaise figure, répétée *Portraits d'oiseaux*, p. 41, b. — *Grus*. Aldrovande, *Avi.*, t. III, p. 324, avec une figure peu exacte, p. 329, empruntée par Jonston, *Avi.*, p. 114, tab. 54, et répétée. — Willughby, *Ornithol.*, p. 200, tab. 48. — Gessner, *Avi.*, p. 528, avec une figure défectueuse; la même répétée dans l'*Icon. avi.*, p. 19. — Ray, *Synops. avi.*, p. 95, nº *a*, 1. — Schwenckfeld, *Avi. Siles.*, p. 284. — Charleton, *Exercit.*, p. 114, nº 1. Idem, *Onomast.*, p. 110, nº 1. — Sibbald, *Scot. illustr.*, part. ii, lib. iii, p. 18. — Rzaczynski, *Hist. nat. Polon.*, p. 383. — *The crane. British Zool.*, p. 118. — Marsigl., *Danub.*, t. V, p. 6. — Prosp. Alp., *Ægypt.*, vol. I, p. 199. — Mœhring,

* *Ardea grus* (Linn.). — La *grue commune* (Cuv.). — Ordre et famille *id.*, genre *Grues*, sous-genre *Grues ordinaires* (Cuv.).

visite les régions tempérées, et s'avance dans celles du Midi. On la voit en
Suède [a], en Écosse, aux îles Orcades [b]; dans la Podolie, la Volhinie [c], la
Lithuanie [d] et dans toute l'Europe septentrionale : en automne, elle vient
s'abattre sur nos plaines marécageuses et nos terres ensemencées [e]; puis elle
se hâte de passer dans des climats plus méridionaux, d'où, revenant avec le
printemps, on la revoit s'enfoncer de nouveau dans le Nord, et parcourir
ainsi un cercle de voyages avec le cercle des saisons.

Frappés de ces continuelles migrations, les anciens l'appelaient également
l'oiseau de Libye [f] et l'oiseau de Scythie [g], la voyant tour à tour arriver de
l'une et de l'autre de ces extrémités du monde alors connu : Hérodote, aussi
bien qu'Aristote, place en Scythie l'été des grues [h]. C'est en effet de ces
régions que partaient celles qui s'arrêtaient dans la Grèce. La Thessalie est
appelée dans Platon le *pâturage des grues;* elles s'y abattaient en troupes,
et couvraient aussi les îles Cyclades : pour marquer la saison de leur passage, *leur voix,* dit Hésiode [i], *annonce du haut des airs au laboureur le
temps d'ouvrir la terre [j].* L'Inde et l'Éthiopie étaient les régions désignées
pour leur route au Midi [k].

Strabon dit que les Indiens mangent les œufs des grues [l]; Hérodote, que
les Égyptiens couvrent de leurs peaux des boucliers [m], et c'est aux sources

Avi., gen. 79. — *Grus nostras.* Klein, *Avi.,* p. 121, n° 1. — *Der kranich.* Frisch, vol. II,
divis. 2, sect. 1, planche 1. — Albin, t. II, p. 41, avec une figure de fausses teintes et dure,
comme la plupart de ses enluminures. — *Ardea vertice papilloso.* Linnæus, *Fauna Suec.,*
n° 131. — « Ardea vertice nudo papilloso, fronte, remigibus, occipiteque nigris, corpore cine-
« reo... » *Grus. Syst. nat.,* édit. X. — *Ardea rostro rubro, robusto, quadrangulo.* Barrère,
Ornithol., class. 4, gen. 1, sp. 10. — *Grus, Danis trane.* Brunnich., *Ornithol. boreal.,* n° 156.
— « Ciconia cinerea; capite superiore pennis nigris, in occipite rasis, pilorum æmulis, obsito;
« vertice nigro, occipitio rubro; maculà triangulari infra occipitium saturatè cinereà; genis
« ponè oculos et collo superiore candidis; remigibus nigris; rectricibus primà medietate satu-
« ratè cinereis, alterà nigricantibus. » *Grus.* Brisson, *Ornithol.,* t. V, p. 374.

a. *Fauna Suecica.*

b. Sibbald, *Scot. illustr.*

c. Rzaczynski, *Auctuar.,* p. 383.

d. Klein, *de Avibus erratic. et migrator.,* p. 199.

e. « Il n'y a contrée en pays labourable ja semé qui soit exempte de nourrir les grues quelque
« temps de l'année; car c'est un oiseau passager, qui fait son cri qu'on oït en diverses saisons
« de l'année, lorsqu'il s'en va et qu'il retourne; car ne pouvant trouver pasture l'hivert ès
« régions septentrionales pour l'intolérable froideur, a recours aux contrées où les eaux ne sont
« glacées en ce temps-là. Nous ne la voyons qu'en temps d'hivert, sinon qu'on ne l'eût appri-
« voisée de jeunesse. » Belon, *Nat. des oiseaux,* p. 187.

f. Euripide, *in Helenà.*

g. « Aliæ ex ultimis, ut ita dicam, demigrant, ut grues, quæ à Scythià in paludes quæ sunt
« suprà Ægyptum, undè fluit Nilus, commeant. » Aristote, *Hist. animal.,* lib. viii, cap. xv.

h. *Euterp.,* 22.

i. Dans le poëme *des OEuvres et des Jours.*

j. Et dans *Théognis :* « J'ai ouï le cri éclatant de l'oiseau qui annonce le temps du labour. »

k. « La haute Égypte est pleine de grues pendant l'hiver; elles y viennent des pays du Nord
pour y passer seulement les mois du froid. » *Voyage de Granger,* p. 238.

l. Lib. xv.

m Lib. vii.

du Nil que les anciens les envoyaient combattre les Pygmées, *sorte de petits hommes*, dit Aristote, *montés sur de petits chevaux, et qui habitent des cavernes* [a]. Pline arme ces petits hommes de flèches, il les fait porter par des béliers [b] et descendre au printemps des montagnes de l'Inde, où ils habitent sous un ciel pur, pour venir vers la mer orientale soutenir, trois mois durant, la guerre contre les grues, briser leurs œufs, enlever leurs petits ; *sans quoi*, dit-il, *ils ne pourraient résister aux troupes toujours plus nombreuses de ces oiseaux*, qui même finirent par les accabler, à ce que pense Pline lui-même, puisque, parcourant des villes maintenant désertes ou ruinées, et que d'anciens peuples habitèrent, il compte celle de *Gérania, où vivait autrefois la race des Pygmées, qu'on croit en avoir été chassés par les grues* [c].

Ces fables anciennes [d] sont absurdes, dira-t-on, et j'en conviens ; mais, accoutumés à trouver dans ces fables des vérités cachées et des faits qu'on n'a pu mieux connaître, nous devons être sobres à porter ce jugement trop facile à la vanité et trop naturel à l'ignorance ; nous aimons mieux croire que quelques particularités singulières dans l'histoire de ces oiseaux donnèrent lieu à une opinion si répandue dans une antiquité, qu'après avoir si souvent taxée de mensonges, nos nouvelles découvertes nous ont forcé de reconnaître instruite avant nous. On sait que les singes, qui vont en grandes troupes dans la plupart des régions de l'Afrique et de l'Inde, font une guerre continuelle aux oiseaux ; ils cherchent à surprendre leur nichée, et ne cessent de leur dresser des embûches. Les grues, à leur arrivée, trouvent ces ennemis, peut-être rassemblés en grand nombre pour attaquer cette nouvelle et riche proie avec plus d'avantage : les grues, assez sûres de leurs propres forces, exercées même entre elles aux combats [e], et naturellement assez disposées à la lutte, comme il paraît par les attitudes où elles se jouent, les mouvements qu'elles affectent, et à l'ordre des batailles, par celui même de leur vol et de leurs départs, se défendent vivement ; mais les singes, acharnés à enlever les œufs et leurs petits, reviennent sans cesse et en troupes au combat ; et comme par leurs stratagèmes, leurs mines et leurs postures, ils semblent imiter les actions humaines, ils parurent être une troupe de petits hommes à des gens peu instruits, ou qui n'aperçurent

----

a. « Ea loca sunt quæ Pygmei incolunt : pusillum genus, ut aiunt, ipsi, atque etiam equi : « cavernasque habitant. » Aristote, *Hist. animal.*, lib. viii, cap. xv.

b. « Fama est insidentes (Pygmæos) arietum caprarumque dorsis, armatos sagittis, veris « tempore, universo agmine ad mare descendere, et ova pullosque eorum alitum consumere ; « ternis expeditionem eam mensibus confici ; aliter futuris gregibus non resisti. » Pline, lib. vii, cap. ii.

c. Lib. iv, cap. ix.

d. Elles précèdent le temps d'Homère, qui compare (*Iliad.*, iii) les Troyens aux grues combattant à grand bruit les pygmées.

e. « Grues etiam pugnant inter se tum vehementer, ut dimicantes capiantur. » Aristote, *Hist. animal.*, lib. ix, cap. xii.

que de loin, ou qui, emportés par l'amour de l'extraordinaire, préférèrent de mettre ce merveilleux dans leurs relations [a]. Voilà l'origine et l'histoire de ces fables.

Les grues portent leur vol très-haut, et se mettent en ordre pour voyager; elles forment un triangle à peu près isocèle, comme pour fendre l'air plus aisément. Quand le vent se renforce et menace de les rompre, elles se resserrent en cercle, ce qu'elles font aussi quand l'aigle les attaque ; leur passage se fait le plus souvent dans la nuit, mais leur voix éclatante avertit de leur marche; dans ce vol de nuit, le chef fait entendre fréquemment une voix de réclame pour avertir de la route qu'il tient; elle est répétée par la troupe, où chacune répond, comme pour faire connaître qu'elle suit et garde sa ligne.

Le vol de la grue est toujours soutenu, quoique marqué par diverses inflexions; ses vols différents ont été observés comme des présages des changements du ciel et de la température : sagacité que l'on peut bien accorder à un oiseau qui, par la hauteur où il s'élève dans la région de l'air, est en état d'en découvrir ou sentir de plus loin que nous les mouvements et les altérations [b]. Les cris des grues dans le jour indiquent la pluie ; des clameurs plus bruyantes et comme tumultueuses annoncent la tempête ; si le matin ou le soir on les voit s'élever et voler paisiblement en troupe, c'est un indice de sérénité; au contraire, si elles pressentent l'orage, elles baissent leur vol et s'abattent sur terre [c]. La grue a, comme tous les grands oiseaux, excepté ceux de proie, quelque peine à prendre son essor. Elle court quelques pas, ouvre les ailes, s'élève peu d'abord, jusqu'à ce qu'étendant son vol, elle déploie une aile puissante et rapide.

A terre, les grues rassemblées établissent une garde pendant la nuit, et la circonspection de ces oiseaux a été consacrée dans les hiéroglyphes comme le symbole de la vigilance : la troupe dort la tête cachée sous l'aile, mais le chef veille la tête haute, et si quelque objet le frappe, il en avertit

---

a. Ce n'est pas la première fois que des troupes de singes furent prises pour des hordes de peuplades sauvages : sans compter le combat des Carthaginois contre les orangs-outangs [1] sur une côte de l'Afrique, et les peaux de trois femelles pendues dans le temple de Junon à Carthage comme des peaux de femmes sauvages (Hannon. *Peripl.*, Hagæ, 1674, pag. 77). Alexandre, pénétrant dans les Indes, allait tomber dans cette erreur, et envoyer sa phalange contre une armée de pongos, si le roi Taxile ne l'eût détrompé, en lui faisant remarquer que cette multitude qu'on voyait suivre les hauteurs étaient des animaux paisibles, attirés par le spectacle ; mais à la vérité infiniment moins insensés, moins sanguinaires que les déprédateurs de l'Asie. Voyez Strabon, lib. xv.

b. « Volant altè, ut procul prospicere possint. » Aristote, lib. ix, cap. x.

c. « Et si imbres tempestatemque viderint, conferunt se in terram et humi quiescunt. » *Idem, ibidem.*

1 (*a*). Ces *orangs-outangs* (*femmes sauvages* d'Hannon) étaient des *gorilles.* -- Voyez la note 1 de la p. 2 du IVᵉ volume.

par un cri[a]. C'est pour le départ, dit Pline, qu'elles choisissent ce chef[b] ; mais, sans imaginer un pouvoir reçu ou donné, comme dans les sociétés humaines, on ne peut refuser à ces animaux l'intelligence sociale de se rassembler, de suivre celui qui appelle, qui précède, qui dirige pour faire le départ, le voyage, le retour dans tout cet ordre, qu'un admirable instinct leur fait suivre : aussi Aristote place-t-il la grue à la tête des oiseaux qui s'attroupent et se plaisent rassemblés[c].

Les premiers froids de l'automne avertissent les grues de la révolution de la saison ; elles partent alors pour changer de ciel. Celles du Danube et de l'Allemagne passent sur l'Italie[d]. Dans nos provinces de France, elles paraissent aux mois de septembre et d'octobre, et jusqu'en novembre, lorsque le temps de l'arrière-automne est doux ; mais la plupart ne font que passer rapidement et ne s'arrêtent point : elles reviennent au premier printemps, en mars et avril. Quelques-unes s'égarent ou hâtent leur retour, car Redi en a vu le 20 février aux environs de Pise. Il paraît qu'elles passaient jadis tout l'été en Angleterre, puisque du temps de Ray, c'est-à-dire au commencement de ce siècle, on les trouvait par grandes troupes dans les terrains marécageux des provinces de Lincoln et de Cambridge ; mais aujourd'hui les auteurs de la *Zoologie Britannique* disent que ces oiseaux ne fréquentent que fort peu l'île de la Grande-Bretagne, où cependant l'on se souvient de les avoir vus nicher ; tellement qu'il y avait une amende prononcée contre qui briserait leurs œufs, et qu'on voyait communément, suivant Turner, de petits gruaux dans les marchés[e] ; leur chair est en effet une viande délicate dont les Romains faisaient grand cas. Mais je ne sais si ce fait avancé par les auteurs de la *Zoologie Britannique* n'est pas suspect, car on ne voit pas quelle est la cause qui a pu éloigner les grues de l'Angleterre ; ils auraient au moins dû l'indiquer, et nous apprendre si l'on a desséché les marais des contrées de Cambridge et de Lincoln , car ce n'est

a. « Cùm consistunt cæteræ dormiunt, capite subter alam condito, alternis pedibus insis-
« tentes : dux erecto capite prospicit, et quod senserit voce significat. » Aristote, *Hist. animal.*,
lib. ix, cap. x. Pline dit la même chose, lib. x , cap. xxx.

b. « Quando proficiscantur consentiunt... ducem quem sequantur eligunt. In extremo agmine
« per vices, qui acclament, dispositos habent, et qui gregem voce contineant. » Pline, lib. x ,
cap. xxx.

c. « Gregales aves sunt grus, olor, etc. » *Hist. animal.*, lib. viii , cap. xii ; et Festus donne
l'étymologie du mot *congruere :* « Quasi ut grues convenire. »

d. Willughby dit qu'on en voit assez communément dans les marchés de Rome ; et Rzaczynski prétend qu'un petit nombre reste l'hiver en Pologne, à l'entour de certains marais qui ne gèlent pas. Voyez Rzaczynski, *Hist. nat. Polon.*, p. 282.

e. « The species (*crane*) we place among the british birds, on the authority of M. Ray ;
« who inform us that in his time they were found during the winter in large flocks in Lincoln-
« shire, and Cambridgshire ; at present the inhabitents of those countries seem unacquinted
« with them... Tho'this species very rarely frequents these Islands at present, yet it was for-
« merly a native, as we find in Willughby. That there was a penalty of twenty pence, for
« destroying an egg of this bird ; and Turner relates that he has very often seen their young
« in our marshes. » *British Zoology*, p. 118.

point une diminution dans l'espèce, puisque les grues paraissent toujours aussi nombreuses en Suède, où Linnæus dit qu'on les voit partout dans les campagnes humides. C'est en effet dans les terres du Nord, autour des marais, que la plupart vont poser leurs nids [a]; d'autre côté, Strabon assure [b] que les grues ne nichent que dans les régions de l'Inde, ce qui prouverait, comme nous l'avons vu de la cigogne, qu'elles font deux nichées et dans les deux climats opposés. Les grues ne pondent que deux œufs [c]; les petits sont à peine élevés qu'arrive le temps du départ, et leurs premières forces sont employées à suivre et accompagner leurs pères et mères dans leurs voyages [d].

On prend la grue au lacet, à la passée [e]; l'on en fait aussi le vol à l'aigle et au faucon [f]. Dans certains cantons de la Pologne, les grues sont si nombreuses, que les paysans sont obligés de se bâtir des huttes au milieu de leurs champs de blé sarrasin pour les en écarter [g]. En Perse, où elles sont aussi très-communes [h], la chasse en est réservée aux plaisirs du prince [i]; il en est de même au Japon, où ce privilége, joint à des raisons superstitieuses, fait que le peuple a pour les grues le plus grand respect [j]; on en a

a. « Nidulantur in locis paludosis, quo accessus difficilis est. » Klein, *Ordo av.*, p. 121. — « In « locis palustribus et arundinaceis Volhiniæ nidos ponunt et fœtus educant. » Rzaczynski, *Auctuar.*, p. 383. — « Elles vont passer l'été bien loin, vers les contrées ou de la mer Glaciale « ou autres lieux marécageux, car étant là en été trouvent les eaux à propos pour leur paistre, « lorsque nos marais sont desséchés pour la trop grande chaleur. » Belon, *Nat. des oiseaux,* page 122.

b. Géograph., lib. xv.

c. « Pariunt autem grues ova bina. » Aristote, *Hist. animal.*, lib. ix, cap. xviii.

d. « Et communément ne fait que deux petits, où il y a mâle et femelle; et sitôt qu'elles les « ont eslevés et apprins à voler, elles s'en vont. » Belon, *Nat. des oiseaux.*

e.   Tum gruibus pedicas, et retia ponere cervis.
                             Virg., *Georg.*, i.

f. Bernier vit au Mogol la chasse de la grue. « Cette chasse a quelque chose d'amusant; il y a « du plaisir à les voir employer toutes leurs forces pour se défendre en l'air contre les oiseaux « de proie. Elles en tuent quelquefois; mais comme elles manquent d'adresse pour se tourner, « plusieurs bons oiseaux en triomphent à la fin. » *Histoire générale des Voyages*, t. X, p. 102.

g. Rzaczynski, *Hist. nat. Polon.*, p. 282.

h. Lettres édifiantes, vingt-huitième Recueil, p. 317.

i. « Dès le grand matin, le roi (de Perse) fit dire aux ambassadeurs qu'il irait avec fort peu « de gens à la chasse des grues, les priant de n'y venir qu'avec leurs truchements, afin que les « grues ne fussent point effarouchées par le grand nombre, et que le plaisir de la chasse ne fût « point troublé par le bruit... Elle commença avec le jour... On avait fait sous terre un chemin « couvert, au bout duquel était le champ où l'on avait jeté du blé; les grues y vinrent en grande « quantité, et l'on en prit plus de quatre-vingts. Le roi en prit quelques plumes pour mettre sur « son turban, et en donna deux à chacun des ambassadeurs, qui les mirent sur leurs chapeaux. » *Voyage d'Oléarius*, Paris, 1656, t. I, p. 509.

j. « Les oiseaux sauvages sont devenus si familiers dans les îles du Japon, qu'on en pourrait « mettre plusieurs espèces au rang des animaux domestiques; le principal est le *tsuri* ou la « grue, qu'une loi particulière réserve pour les divertissements ou l'usage de l'empereur. Cet « oiseau et la tortue passent pour des animaux d'heureux augure; opinion fondée sur la longue « vie qu'on leur attribue, et sur mille récits fabuleux dont les histoires sont remplies. Les appar- « tements de l'empereur et les murailles des temples sont ornés de leurs figures, comme on y

vu de privées, et qui, nourries dans l'état domestique, ont reçu quelque éducation ; et comme leur instinct les porte naturellement à se jouer par divers sauts, puis à marcher avec une affectation de gravité [a], on peut les dresser à des postures et à des danses [b].

Nous avons dit que les oiseaux, ayant le tissu des os moins serré que les animaux quadrupèdes, vivaient à proportion plus longtemps : la grue nous en fournit un exemple ; plusieurs auteurs ont fait mention de sa longue vie. La grue du philosophe Leonicus Tomæus, dans Paul Jove, est fameuse [c] : il la nourrit pendant quarante ans, et l'on dit qu'ils moururent ensemble.

Quoique la grue soit granivore comme la conformation de son ventricule paraît l'indiquer, et qu'elle n'arrive ordinairement sur les terres qu'après qu'elles sont ensemencées, pour y chercher les grains que la herse n'a pas couverts [d], elle préfère néanmoins les insectes, les vers, les petits reptiles ; et c'est par cette raison qu'elle fréquente les terres marécageuses dont elle tire la plus grande partie de sa subsistance.

La membrane, qui dans la cigogne engage les trois doigts, n'en lie que deux dans la grue, celui du milieu avec l'extérieur. La trachée-artère est d'une conformation très-remarquable, car, perçant le sternum, elle y entre profondément, forme plusieurs nœuds, et en ressort par la même ouverture pour aller aux poumons ; c'est aux circonvolutions de cet organe et au retentissement qui s'y fait, qu'on doit attribuer la voix forte de cet oiseau [e] ; son ventricule est musculeux ; il y a double cœcum [f], et c'est en quoi la grue diffère à l'intérieur des hérons, qui n'ont qu'un cœcum ; comme elle en

« voit par la même raison celles du sapin et du bambou ; jamais le peuple ne nomme une grue « autrement que *O tsurisama*, c'est-à-dire *monseigneur la grue.* » Kæmpfer, *Hist. naturelle du Japon*, t. I, p. 112.

a. « Avis superba, philauta ; graditur gravitate ostentabili ; nec tamen severa est, sed volup- « tate correpta satis jucunda, saltatrix ; calculos, assulasque in aerem vibrans, rursusque exci- « pere fingens. » Klein, *Ordo avium*, p. 121.

b. « Mansuefactæ lasciviunt, ac gyros quosdam indecoro cursu peragunt. » Pline, lib. **x**, cap. **xxx.**

c. Elog. vir. illustr., 91.

d. De là son nom de *moissonneuse* ou *amasseuse de grains.* Γέρανος, *quasi*, γηρευνος ἀπὸ τοῦ τῶν (τὰ τῆς γῆς) σπέρματα ἐρευᾶν, *undé et* σπερμόλογος, *id est frugilega nominatur.* Aldrovande, *Avi.*, t. III, p. 326.

e. « La grue a une chose en son anatomie que nous n'avons trouvée en aucun autre oiseau : « c'est que son sifflet qui se rend aux poulmons est en autre manière qu'en tous autres ; car il « entre de côté et d'autre dans la chair, suivant l'os du coffre de la poitrine, de quoi ne nous est « merveille si elle a la voix qu'on oit de si loing ; car à la vérité il n'est oiseau qui fasse la voix « si hautaine que la grue. » Belon, *Nat. des oiseaux*, p. 187. — « M. Duverney a fait, dans « l'Académie, la dissection d'une grue d'Afrique.... On a remarqué que la trachée-artère forme « trois contours en manière de trompette ; ils sont renfermés dans la cavité du sternum, qui est « osseux dans ces animaux. » *Histoire de l'Académie des Sciences, depuis 1666 jusqu'à 1686*, t. II, p. 6.

f. Willughby.

est à l'extérieur très-distinguée par sa grandeur, par le bec plus court, la taille plus fournie, et par toute l'habitude du corps et la couleur du plumage ; ses ailes sont très-grandes, garnies de forts muscles [a], et ont vingt-quatre pennes.

Le port de la grue est droit, et sa figure est élancée ; tout le champ de son plumage est d'un beau cendré clair, ondé, excepté les pointes des ailes et la coiffure de la tête ; les grandes pennes de l'aile sont noires ; les plus près du corps s'étendent quand l'aile est pliée au delà de la queue ; les moyennes et grandes couvertures sont d'un cendré assez clair du côté extérieur, et noires au côté intérieur aussi bien qu'à la pointe ; de dessous ces dernières, et les plus près du corps, sortent et se relèvent de larges plumes à filets qui se troussent en panache, retombent avec grâce, et par leur flexibilité, leur position, leur tissu, ressemblent à ces mêmes plumes dans l'autruche ; le bec, depuis sa pointe jusqu'aux angles, a quatre pouces ; il est droit, pointu, comprimé par les côtés [b] ; sa couleur est d'un noir verdâtre blanchissant à la pointe ; la langue, large et courte, est dure et cornée à son extrémité ; le devant des yeux, le front et le crâne sont couverts d'une peau chargée de poils noirs assez rares pour la laisser voir comme à nu. Cette peau est rouge dans l'animal vivant : différence que Belon établit entre le mâle et la femelle, dans laquelle cette peau n'est pas rouge [c] ; une portion de plumes d'un cendré très-foncé couvre le derrière de la tête et s'étend un peu sur le cou ; les tempes sont blanches, et ce blanc, se portant sur le haut du cou, descend à trois ou quatre pouces ; les joues, depuis le bec et au-dessous des yeux, ainsi que la gorge et une partie du devant du cou, sont d'un cendré noirâtre.

Il se trouve parfois des grues blanches : Longolius et d'autres disent en avoir vu ; ce ne sont que des variétés dans l'espèce, qui admet aussi des différences très-considérables pour la grandeur. M. Brisson ne donne que trois pieds un pouce à sa grue, mesurée de la pointe du bec à celle de la queue, et trois pieds neuf pouces prise du bout des ongles ; il n'a donc décrit qu'une très-petite grue [d]. Willughby compte cinq pieds anglais, ce

<hr>

a. La force des muscles qui fournit un vol aussi long avait apparemment donné lieu au préjugé où l'on était, du temps de Pline, qu'aucune fatigue ne lasse celui qui porte sur soi un nerf de grue : « Non lassari in ullo labore qui nervos ex alis et cruribus gruis habeat. » Lib. xviii, cap. lxxxvii.

b. « Et a donné nom à une petite herbette qui fait ses semences à la façon d'une tête de « grue. » Belon, *Nat. des oiseaux*, p. 187. — Cette herbe est le *geranium*, qui dans toutes ses espèces porte effectivement ce caractère de fructification.

c. « Il y a différence assez évidente du masle à la femelle ; car le masle a la tête bien rouge, « chose que n'a pas la femelle. » Belon, *Nat. des oiseaux*.

d. Rzaczynski semble reconnaître ces deux races de grues : « Grues majores et minores in « provinciis polonicis adverti. » Il attribue à la petite quelques traits particuliers, qui cependant ne paraissent pas constituer une espèce différente. « Grues minores ferunt cristas incanas ponè « aures, nigricantes sub gutture. » Cette petite race se trouve en Volhinie et en Ukraine ; la grande en Cujavie, et toutes deux ensemble en Podolie. *Actuar. Hist. nat. Polon.*, p. 383.

qui fait à peu près quatre pieds huit pouces de longueur, et il dit qu'elle
pèse jusqu'à dix livres : sur quoi les ornithologistes sont d'accord avec lui[a].
Au Cabinet du Roi, un individu, pris à la vérité entre les plus grands, a
quatre pieds deux pouces de hauteur verticale en attitude, ce qui ferait en
développement, ou le corps étendu de l'extrémité du bec à celle des doigts,
plus de cinq pieds ; la partie nue des jambes a quatre pouces, les pieds sont
noirs, et ont dix pouces et demi.

Avec ses grandes puissances pour le vol et son instinct voyageur, il n'est
pas étonnant que la grue se montre dans toutes les contrées et se transporte dans tous les climats ; cependant nous doutons que du côté du Midi
elle passe le tropique : en effet, toutes les régions où les anciens les envoient
hiverner, la Libye, le haut du Nil, l'Inde des bords du Gange, sont en deçà
de cette limite, qui était aussi celle de l'ancienne géographie du côté du
Midi ; et ce qui nous le fait croire, outre l'énormité du voyage, c'est que
dans la nature rien ne passe aux extrêmes ; c'est un degré modéré de température que les grues, habitantes du Septentrion, viennent chercher l'hiver dans le Midi, et non le brûlant été de la zone torride. Les marais et les
terres humides où elles vivent, et qui les attirent, ne se trouvent point au
milieu des terres arides et des sables ardents, ou si des peuplades de ces
oiseaux parvenus de proche en proche en suivant les chaines des montagnes
où la température est moins ardente, sont allées habiter le fond du Midi,
isolées dès lors et perdues dans ces régions, séquestrées de la grande masse
de l'espèce, elles n'entrent plus dans le système de ses migrations, et ne
sont certainement pas du nombre de celles que nous voyons voyager vers
le Nord ; telles sont en particulier ces grues que Kolbe dit se trouver en
grand nombre au cap de Bonne-Espérance, et les mêmes exactement que
celles d'Europe[b] : fait que nous aurions pu ne pas regarder comme bien
certain sur le témoignage seul de ce voyageur, si d'autres n'avaient aussi
trouvé des grues à des latitudes méridionales presque aussi avancées,
comme à la Nouvelle-Hollande[c] et aux Philippines, où il parait qu'on en
distingue deux espèces[d].

La grue des Indes orientales, telle que les modernes l'ont observée, ne
parait pas spécifiquement différente de celle d'Europe ; elle est plus petite,
le bec un peu plus long, la peau du sommet de la tête rouge et rude, s'étendant jusque sur le bec : du reste, entièrement semblable à la nôtre, et du

a. « La grue est le plus grand des aquatiques fissipèdes d'Europe ; elle est haute comme un
« homme quand elle lève la tête. » Salerne, *Hist. des oiseaux*, p. 301.

b. *Description du cap de Bonne-Espérance*, t. III, p. 172.

c. *Premier Voyage du capitaine Cook*, t. IV, p. 110.

d. « *Grus*, tipul *vel* tihol : Luçoniensibus, tricubitum alta, cum collo homine procerior. »
Item, Dongon : « Luçoniensibus, gruis species, magnitudine anseris, cinerea, rostro sesqui-
« spithamam longo, palmo latum. » Fr. Camel, *de Avib. Philipp.*, *Transactions philosophiques*,
n° 285.

même plumage gris cendré. C'est la description qu'en fait Willughby, qui l'avait vue vivante dans le parc de Saint-James. M. Edwards décrit une autre grue envoyée aussi des Indes [a] : c'était, à ce qu'il dit, un grand et superbe oiseau plus fort que notre grue, et dont la hauteur, le cou tendu, était de près de six pieds (anglais) ; on le nourrissait d'orge et d'autres grains ; il prenait sa nourriture avec la pointe du bec, et d'un coup de tête fort vif en arrière il la jetait au fond de son gosier ; une peau rouge et nue, chargée de quelques poils noirs, couvrait la tête et le haut du cou ; tout le plumage, d'un cendré noirâtre, était seulement un peu clair sur le cou ; la jambe et les pieds étaient rougeâtres. On ne voit pas à tous ces traits de différence spécifique bien caractérisée, et rien qui ne puisse être l'impression et le sceau des climats ; cependant M. Edwards veut que sa *grande grue des Indes* soit un tout autre oiseau que celle de Willughby, et ce qui le lui persuade, c'est surtout, dit-il, la grande différence de taille : en quoi nous pourrions être de son avis, si nous n'avions déjà remarqué qu'on observe entre les grues d'Europe des variétés de grandeur très-considérables [b]. Au reste, cette grue est apparemment celle des terres de l'est de l'Asie à la hauteur du Japon [c], qui dans ses voyages passe aux Indes pour chercher un hiver tempéré, et descend de même à la Chine, où l'on voit un grand nombre de ces oiseaux [d].

C'est à la même espèce que nous paraît encore devoir se rapporter cette grue du Japon vue à Rome, dont Aldrovande donne la description et la figure : « Avec toute la taille de notre grue elle avait, dit-il, le haut de la « tête d'un rouge vif, semé de taches noires ; la couleur de tout son plumage « tirait au blanc [e]. » Kæmpfer parle aussi d'une grue blanche au Japon,

a. *The greater Indian crane. Hist. nat. of Birds*, p. 45. — *Grus Indica major*. Klein, *Avi.*, p. 121, n° 5. — *Ardea... Antigone*. Linnæus, *Syst. nat.*, édit. X, gen. 76, sp. 6. — *Grus orientalis Indica*. Brisson, *Ornithol.*, t. V, p. 378.

b. Il ne paraît pas possible de rien établir sur ce que dit Marc-Paul de *cinq sortes de grues*, dont quelques-unes paraissent être des variétés de l'espèce commune, et d'autres, comme celle à plumes rouges, ne semblent pas même appartenir à cette famille. Voici le passage de Marc-Paul : « Aux environs de la côte des Cianiganiens, il y a des grues de cinq sortes : les unes ont « les ailes noires comme corbeaux, les autres sont fort blanches, ayant en leur plumage des « yeux de couleur d'or, comme sont les queues de nos paons ; il y en a d'autres semblables aux « nôtres, et d'autres qui sont plus petites, mais elles ont les plumes fort longues et belles, entre-« mêlées de couleur rouge et noire ; celles de la cinquième espèce sont grises, ayant les yeux « rouges et noirs, et celles-là sont fort grandes. » *Description géographique*, par Marc-Paul, Paris, 1556, page 40.

c. « On voit des grues en Sibérie, chez les Jakutes..... on en voit des troupes innombrables « dans la plaine de Mangasea, sur le Jénisea. » Gmelin, *Voyage en Sibérie*, t. II, p. 56.

d. « Les grues sont en grand nombre à la Chine ; cet oiseau s'accommode de tous les climats. « On l'apprivoise facilement, jusqu'à lui apprendre à danser ; sa chair passe pour un fort bon « aliment. » *Histoire générale des Voyages*, t. VI, p. 487.

e. *Grus Japonensis alia*. Aldrovande, *Avi.*, t. III, p. 365. — Jonston, *Avi.*, p. 116. — Charleton, *Exercit.*, p. 114, n° 2. *Onomast.*, p. 110, n° 2. — Klein, *Avi.*, p. 121, n° 4. — *Grus Japonensis*. Brisson, *Ornithol.*, t. V, p. 381.

mais comme il ne la distingue en aucune autre chose de la grise, dont il fait
mention au même endroit [a], il y a toute apparence que ce n'est que la variété
qu'on a observée en Europe.

LA GRUE A COLLIER. [b]*

Cette grue nous paraît différer trop de l'espèce commune, pour que nous
puissions l'en rapprocher par les mêmes analogies que les variétés précédentes : outre qu'elle est d'une taille beaucoup au-dessous de celle de la
grue ordinaire, avec la tête proportionnellement plus grosse, et le bec plus
grand et plus fort, elle a le haut du cou orné d'un beau collier rouge, soutenu d'un large tour de cou blanc, et toute la tête nue d'un gris rougeâtre
uni, et sans ces traits de blanc et de noir qui coiffent la tête de notre grue ;
de plus, celle-ci a la touffe ou le panache de la queue du même gris bleuâtre
que le corps. Cette grue a été dessinée vivante chez madame de Bandeville,
à qui elle avait été envoyée des Grandes-Indes.

GRUES DU NOUVEAU CONTINENT

LA GRUE BLANCHE. [c d]**

Il y a toute apparence que la grue a passé d'un continent à l'autre, puisqu'elle fréquente de préférence les contrées septentrionales de l'Europe et
de l'Asie, et que le Nord est la grande route qu'ont tenue les espèces communes aux deux mondes ; et en effet on trouve en Amérique une grue blanche,
et une ou deux sortes de grues grises ou brunes ; mais la grue blanche, qui
dans notre continent n'est qu'une variété accidentelle, paraît avoir formé

a. « On distingue deux sortes de grues au Japon , l'une aussi blanche que l'albâtre , l'autre
« grise ou couleur de cendre. » *Hist. nat. du Japon*, t. I , p. 112.

b. Voyez les planches enluminées, n° 865.

c. Voyez les planches enluminées, n° 889.

d. *Hooping crane*. Catesby, t. I, p. 75 , avec une figure de la tête et du cou. — *Hooping
crane from Hudson's bay*. Edwards, *Hist. of Birds*, t. III , pl. 132. — « Ardea vertice tempo-
« ribusque nudis, papillosis, fronte, nuchâ remigibusque primariis nigris, corpore albo... »
Grus Americana. Linnæus, *Syst. nat.*, édit. X , gen. 76 , sp. 5. — « Ciconia alba; capite supe-
« riore pennis nigris, pilorum æmulis, in occipite raris, obsito, vertice nigro, occipitio et tæniâ
« infra oculos rubris; maculâ triangulari infra occipitium nigrâ ; marginibus alarum pallidè
« roseis ; remigibus majoribus nigris; rectricibus candidis... » *Grus Americana*. Brisson,
Ornithol., t. V, p. 382.

 * *Ardea torquata* (Linn.). — Genre et sous-genre *id.*

** *Ardea americana* (Linn.). — Genre et sous-genre *id.*

dans l'autre une race constante, établie sur des caractères assez marqués et assez distincts pour la regarder comme très-anciennement séparée de l'espèce commune, et modifiée depuis longtemps par l'influence du climat; elle est de la hauteur de nos plus grandes grues, mais avec des proportions plus fortes et plus épaisses, le bec plus long, la tête plus grosse; le cou et les jambes moins grêles; tout son plumage est blanc, hors les grandes pennes des ailes, qui sont noires, et la tête, qui est brune; la couronne du sommet est calleuse et couverte de poils noirs, clair-semés et fins, sous lesquels la peau rougeâtre paraît à nu; une peau semblable couvre les joues; la touffe des pennes flottantes du croupion est couchée et tombante; le bec est sillonné en dessus et dentelé par les bords vers le bout; il est brun et long d'environ six pouces. Catesby a fait la description de cette grue sur une peau entière que lui donna un Indien, qui lui dit que ces oiseaux fréquentaient en grand nombre le bas des rivières proche de la mer, au commencement du printemps, et qu'ils retournaient dans les montagnes en été. « Ce fait, dit Catesby, m'a été confirmé depuis par un blanc, qui m'a assuré « que ces oiseaux font grand bruit par leurs cris, et qu'on les voit aux « savanes de l'embouchure de l'Aratamaha et d'autres rivières proche Saint- « Augustin dans la Floride et aussi dans la Caroline; mais qu'il n'en a « jamais vu plus avant vers le Nord. »

Cependant il est très-certain qu'elles s'élèvent à de plus hautes latitudes : ce sont ces mêmes grues blanches qu'on trouve en Virginie [a], en Canada [b], jusqu'à la baie d'Hudson, car la grue blanche de cette contrée que donne M. Edwards est, comme il le remarque [c], exactement la même que celle de Catesby.

LA GRUE BRUNE. [d] *

Edwards décrit cette grue sous la dénomination de *grue brune et grise* : elle est d'un tiers moins grosse que la précédente, qui est blanche; elle a les grandes pennes des ailes noires; leurs couvertures et les scapulaires jusque

a. De Laët, p. 83. Les premiers voyageurs en Amérique parlent des grues qu'ils y virent : Pierre Martyr dit que les Espagnols rencontrèrent dans les prairies de Cuba des troupes de grues, grosses du double des nôtres.

b. « Nous avons (au Canada) des grues de deux couleurs : les unes sont toutes blanches, les « autres d'un gris de lin ; toutes font d'excellent potage. » Charlevoix, *Hist. de la Nouvelle-France*, t. III , p. 155.

c. *Nat. hist. of Birds*, page 132.

d. *Brown and ash-colour'd crane.* Edwards, *Hist. nat. of Birds*, pl. 133. — « Ardea synci- « pite nudo papilloso, corpore cinereo, alis extùs testaceis... » *Ardea Canadensis.* Linnæus, *Syst. nat.*, édit. X, gen. 76, sp. 3. — « Ciconia supernè rufescens, marginibus pennarum « fuscis, infernè cinereo-rufescens ; vertice rubescente, pennis nigris, pilorum æmulis, obsito ; « genis et gutture candidis; occipite, collo et uropygio cinereis; tæniâ transversâ in alis cinereo-

* *Ardea canadensis* (Linn.). — Genre et sous-genre *id.*

sur le cou sont d'un brun rouillé, ainsi que les grandes plumes flottantes couchées près du corps ; le reste du plumage est cendré ; la peau rouge de la tête n'en couvre que le front et le sommet ; ces différences et celle de la taille, qui dans ce genre d'oiseaux varie beaucoup, ne sont peut-être pas suffisantes pour séparer cette espèce de celle de notre grue, ce sont tout au moins deux espèces voisines, d'autant plus que les rapports de climats et de mœurs rapprochent ces grues d'Amérique de nos grues d'Europe, car elles ont l'habitude commune de passer dans le nord de leur continent, et jusque dans les terres de la baie d'Hudson, où elles nichent et d'où elles repartent à l'approche de l'hiver, en prenant, à ce qu'il paraît, leur route par les terres des Illinois [a] et des Hurons [b], en se portant de là jusqu'au Mexique [c], et peut-être beaucoup plus loin. Ces grues d'Amérique ont donc le même instinct que celles d'Europe ; elles voyagent de même du Nord au Midi, et c'est apparemment ce que désignait l'Indien à M. Catesby, par la fuite de ces oiseaux de la mer aux montagnes.

OISEAUX ÉTRANGERS QUI ONT RAPPORT A LA GRUE.

LA DEMOISELLE DE NUMIDIE. [d] [e] *

Sous un moindre module, la demoiselle de Numidie a toutes les proportions et la taille de la grue : c'est son port, et c'est aussi le même vêtement,

« albâ ; remigibus majoribus fusco nigricantibus scapis albis ; rectricibus saturatè cinereis... »
Grus freti Hudsonis. Brisson, *Ornithol.*, t. V, p. 385.

a. « Aux Illinois il y a quantité de grues. » *Lettres édifiantes*, onzième Recueil, page 310.

b. « En la saison, les champs (des Hurons) sont tous couverts de grues ou *tochingo*, qui « viennent manger leurs blés quand ils les sèment et quand ils sont prêts à moissonner..... Ils « tuent de ces grues avec leurs flèches, mais peu souvent, parce que si ce gros oiseau n'a les « ailes rompues ou n'est frappé à la mort, il emporte aisément la flèche dans la plaie, et guérit « avec le temps, ainsi que nos religieux du Canada l'ont vu par expérience, d'une grue prise à « Québec, qui avait été frappée d'une flèche huronne, trois cents lieues au delà, et trouvèrent « sur la croupe la plaie guérie, et le bout de la flèche avec sa pierre enfermée dedans. Ils en « prennent quelquefois avec des collets. » *Voyage au pays des Hurons*, par le P. Sagard Théodat ; Paris, 1632 , pag. 302 et 303.

c. Il est aisé de reconnaître cette grue dans le *toquilcoyotl* de Fernandez... « Ad gruis refer- « tur species, cujus æquat magnitudinem, mores reliquamque naturam imitatur, toquilcoyotl « nomen habens a voce ; corpus universum fuscum, nigrum promiscue, atque cinereum ; caput « coccineâ maculâ desuper insignitur, etc. » *Avi. nov. Hisp.*, cap. CXLVIII, p. 44. C'est de cette grue du nord de l'Amérique, voyageant dans les contrées du Midi, que M. Brisson a fait sa huitième espèce, sous le nom de *grue du Mexique* (*Ornithol.*, t. V, p. 380), et la même que Willughby, p. 201, Klein, p. 121, n° 2, et Ray, p. 95, n° 2, ont donnée sous le nom de *grus Indica*.

d. Voyez les planches enluminées, n° 241.

e. *Grus Numidiæ.* Klein, *Avi.*, p. 121, n° 6. — « Ardea superciliis albis, retrorsum longè

* *Ardea virgo* (Linn.). — Genre *Grues*, sous-genre particulier entre les *agamis* et les *grues ordinaires* (Cuv.).

la même distribution de couleurs sur le plumage ; le gris en est seulement plus pur et plus perlé ; deux touffes blanches de plumes effilées et chevelues, tombant de chaque côté de la tête de l'oiseau, lui forment une espèce de coiffure ; des plumes longues, douces et soyeuses, du plus beau noir, sont couchées sur le sommet de la tête ; de semblables plumes descendent sur le devant du cou, et pendent avec grâce au-dessous ; entre les pennes noires des ailes percent des touffes flexibles, allongées et pendantes. On a donné à ce bel oiseau le nom de *demoiselle*, à cause de son élégance, de sa parure et des gestes *mimes* qu'on lui voit affecter : cette demoiselle-oiseau s'incline en effet par plusieurs révérences ; elle se donne bon air en marchant avec une sorte d'ostentation, et souvent elle saute et bondit par gaieté, comme si elle voulait danser.

Ce penchant, dont nous avons déjà remarqué quelque chose dans la grue, se montre si évidemment ici, que depuis plus de deux mille ans les auteurs qui ont parlé de cet oiseau de Numidie l'ont toujours indiqué ou reconnu par cette imitation singulière des gestes mimes. Aristote l'appelle l'acteur ou le comédien[a] ; Pline, le danseur et le baladin[b], et Plutarque fait mention de ses jeux et de son adresse[c]. Il paraît même que cet instinct *scénique* s'étend jusqu'à l'imitation des actions du moment. Xénophon dans Athénée en paraît persuadé, lorsqu'il rapporte la manière de prendre ces oiseaux : « Les chasseurs, dit-il, se frottent les yeux en leur présence avec « de l'eau qu'ils ont mise dans des vases ; ensuite ils les remplissent de glu « et s'éloignent, et l'oiseau vient s'en frotter les yeux et les pattes à l'exem- « ple des chasseurs. » Aussi Athénée dans cet endroit l'appelle-t-il le *copiste de l'homme*[d] ; et si cet oiseau a pris de ce modèle quelque faible talent, il paraît aussi avoir pris ses défauts, car il a de la vanité, il aime à s'étaler, il cherche à se donner en spectacle, et se met en jeu dès qu'on le regarde ; il semble préférer le plaisir de se montrer à celui même de manger, et suivre quand on le quitte, comme pour solliciter encore un coup d'œil.

Ce sont les remarques de MM. de l'Académie des Sciences sur la demoiselle de Numidie[e] : il y en avait plusieurs à la ménagerie de Versailles.

« cristatis... » *Virgo.* Linnæus, *Syst. nat.*, édit. X , gen. 76 , sp. 2. — *Otus plumbeus.* Barrère, *Ornithol.*, class. 3 , gen. 37. — *Scops.* Mœhring , *Avi.*, gen. 84. — *Numidian crane.* Edwards, t. III , page et pl. 134. — *Grue de Numidie.* Albin, t. III , p. 35. — *Demoise le de Numidie.* *Histoire de l'Académie*, t. III , part. II , p. 3. — « Ciconia cinereo-cærulescens ; vertice diluto « cinereo ; capite et collo supremo nigris ; fasciculis pennarum candidis, ab utriusque oculi « angulo ortis, retrorsum pendulis ; pennis longis nigris in collo inferiore deorsum dependen- « tibus ; remigibus majoribus, rectricibusque apice nigricantibus... » *Grus Numidica*, *Virgo Numidica vulgo dicta.* Brisson, *Ornithol.*, t. V, p. 388.

a. *Hist. nat. animal.*, lib. VIII , cap. XII.

b. Lib. X , cap. XXIII.

c. *De Solert. animal.*

d. Ἀνθρωπειδής.

e. *Mémoires pour servir à l'histoire des animaux*, t. III , part. II , p. 5.

Ils comparent leurs marches, leurs postures et leurs gestes aux *danses des bohémiennes;* et Aristote lui-même semble avoir voulu l'exprimer ainsi et peindre leur manière de sauter et de bondir ensemble, lorsqu'il dit *qu'on les prend quand elles dansent l'une vis-à-vis de l'autre* [a].

Quoique cet oiseau fût fameux chez les anciens, il en était néanmoins peu connu, et n'avait été vu que fort rarement en Grèce et en Italie ; confiné dans son climat, il n'avait pour ainsi dire qu'une célébrité fabuleuse. Pline en un endroit [b], après l'avoir nommé le *pantomime,* le place dans un autre passage avec les animaux imaginaires, les sirènes, les griffons, les pégases. Les modernes ne l'ont connu que tard ; ils l'ont confondu avec le *scops* et l'*otus* des Grecs et l'*asio* des Latins : le tout fondé sur les mines que le hibou (*otus*) fait de la tête, et sur la fausse analogie de ses deux oreilles avec la coiffure en filets longs et déliés qui de chaque côté garnit et pare la tête de ce bel oiseau [1].

Les six demoiselles que l'on eut quelque temps à la ménagerie *venaient de Numidie.* Nous ne trouvons rien de plus dans les naturalistes sur la terre natale de cet oiseau et sur les contrées qu'il habite [c]. Les voyageurs l'ont trouvé en Guinée [d], et il parait naturel aux régions de l'Afrique voisines du tropique. Il ne serait pas néanmoins impossible de l'habituer à notre climat, de le naturaliser dans nos basses-cours, et même d'y en établir la race. Les demoiselles de Numidie, de la ménagerie du Roi, y ont produit, et la dernière morte, après avoir vécu environ vingt-quatre ans, était une de celles qu'on y avait vues naître [e].

MM. de l'Académie donnent des détails très-circonstanciés sur les parties intérieures de ces six oiseaux qu'ils disséquèrent [f] : la trachée-artère, d'une substance dure et comme osseuse, était engagée par une double circonvolution dans une profonde cannelure creusée dans le haut du sternum ; au bas de la trachée on remarquait un nœud osseux, ayant la forme d'un larynx séparé en deux à l'intérieur par une languette, comme on le trouve

a. *Hist. nat. animal.,* lib. VIII, cap. XII.

b. Lib. X , cap. XLIX.

c. *The demoiselle of Numidie.* Edwards, *Hist. nat. of Birds.*

d. Voyez *Histoire générale des Voyages,* t. III , p. 307. — *Nota.* L'auteur parait d'abord confondre, en suivant Froger, la demoiselle de Numidie avec l'oiseau royal ; mais il la décrit ensuite, d'après MM. de l'Académie des Sciences, sous ses véritables caractères.

e. Ce fait nous a été communiqué par les ordres de M. le maréchal duc de Mouchy, gouverneur de Versailles et de la ménagerie du roi.

f. *Mémoires* cités, p. 12 et suiv.

1. « Les anatomistes de l'Académie avaient appliqué à cet oiseau, à cause de ses gestes, les « noms de *scops,* d'*otus* et d'*asio,* par lesquels les anciens désignaient nos *ducs.* Buffon, qui « avait bien réfuté cette erreur à l'article des *ducs,* l'adopte, par oubli, dans ce ui de la « *demoiselle.*» (Cuvier.) —Cuvier n'a pas bien lu Buffon. Buffon n'adopte point l'erreur ; il continue à la combattre : « Les modernes ont *confondu,* dit-il, cet oiseau avec le *scops* et l'*otus* « des Grecs et l'*asio* des Latins, *le tout fondé* sur les mines que le *hibou* (*otus*) fait de la tête, « et sur la FAUSSE ANALOGIE... »

dans l'oie et dans quelques autres oiseaux ; le cerveau et le cervelet ensemble ne pesaient qu'une dragme et demie ; la langue était charnue en dessus et cartilagineuse en dessous ; le gésier était semblable à celui d'une poule, et, comme dans tous les granivores, on y trouvait des graviers.

L'OISEAU ROYAL. [a][b]*

L'oiseau royal doit son nom à l'espèce de couronne qu'un bouquet de plumes, ou plutôt de soies épanouies, lui forme sur la tête. Il a de plus le port noble, la figure remarquable, et la taille haute de quatre pieds lorsqu'il se redresse ; de belles plumes d'un noir plombé, avec reflets bleuâtres, pendent le long de son cou, s'étalent sur les épaules et le dos ; les premières pennes de l'aile sont noires, les autres d'un roux brun, et leurs couvertures, rabattues en effilés, coupent et relèvent de deux grandes plaques blanches le fond sombre de son manteau ; un large oreillon d'une peau membraneuse, d'un beau blanc sur la tempe, d'un vif incarnat sur la joue, lui enveloppe la face, et descend jusque sous le bec [c] ; une toque de duvet noir, fin et serré comme du velours, lui relève le front, et sa belle aigrette est une houppe épaisse, fort épanouie, et composée de brins touffus, de couleur isabelle, aplatis et filés en spirale ; chaque brin, dans sa longueur, est

a. Voyez les planches enluminées, n° 265.

b. Grus Balearica Plinii. Aldrovande, *Avi.*, t. III, p. 361, avec des figures reconnaissables, quoique défectueuses. — Willughby, *Ornithol.*, p. 201. — Ray, *Synops avi.*, p. 95, n° 3. — Jonston, *Avi.*, p 116. — Klein, *Avi.*, p. 121, n° 3. — Charleton, *Exercit.*, p. 114, n° 1. *Onomast.*, p. 110, n° 1. — *Grus Balearica vel Japonica. Mus. Besler*, p. 36, n° 5. — *Grus Japonensis fusca, capite aureo galeato.* Petiver, *Gazophyl.*, tab. 76, n° 9. — *Pavo marinus.* Clusius, *Exotic.*, lib. v, cap. 11, p. 105, avec une figure de la tête. — *Pavo sine caudâ, Chinensis.* Jonston, *Avi.*, tab. 21. — Charleton, *Exercit.*, p. 80, n° 3. *Onomast.*, p. 72, n° 3. — *Pavo ex cinereo-fuscus, pappo deaurato coronatus.* Barrère, *Ornithol.*, class. 4, gen. 12, sp. 4. — *Pavo nigricans, brevicaudus, pappo rariori coronatus. Idem, ibidem,* sp. 5 (peut-être la femelle). — « Ardea cristâ setosâ, erectâ, temporibus palearibusque binis nudis... » *Ardea pavonina.* Linnæus, *Syst. nat.*, édit. X, gen. 76, sp. 1. — *Crowned African crane.* Edwards, *Nat. hist.*, p. 191, avec d'assez belles figures du mâle et de la femelle. — *Oiseau royal. Hist. de l'Acad. des Sciences*, t. III, part. 111, p. 201, avec une figure assez bonne, pl. 28. — « Grus « Balearica cinereo cærulescens (Mas), nigricans ad viride vergens (Fœmina); vertice splen- « didè nigro ; capite ad latera nudo, candido, rubro adumbrato ; tectricibus alarum albis ; « remigibus minoribus castaneis, majoribus, rectricibusque nigricantibus... » *L'oiseau royal.* Brisson, *Ornithol.*, t. V, p. 511. — Les Hollandais qui trafiquent aux côtes d'Afrique lui donnent le nom de *kroon-vogel*, oiseau couronné.

c. De deux figures que donne Edwards, et qu'il dit être le mâle et la femelle, l'une n'a que l'oreillon derrière l'œil, et dans l'autre sont exprimés sous la gorge les deux fanons pendants. Ce caractère parait varier : on ne le trouve pas dans la description de Clusius, exacte dans le reste, et vraisemblablement il tient à l'âge plutôt qu'au sexe, puisque MM. de l'Académie ne le trouvèrent pas à un des individus qu'ils décrivent, quoique tous deux femelles.

* *Ardea pavonia* (Linn.). — *L'oiseau royal* ou *grue couronnée* (Cuv.). — Genre et sous-genre *id.*

hérissé de très-petits filets à pointe noire, et terminé par un petit pinceau de même couleur; l'iris de l'œil est d'un blanc pur; le bec est noir, ainsi que les pieds et les jambes, qui sont encore plus hautes que celles de la grue, avec laquelle notre oiseau a beaucoup de rapport dans la conformation; mais il en diffère par de grands caractères, il s'en éloigne aussi par son origine : il est des climats chauds, et les grues viennent des pays froids; le plumage de celles-ci est sombre, et l'oiseau royal est paré de la livrée du Midi, de cette zone ardente où tout est plus brillant, mais aussi plus bizarre, où les formes ont souvent pris leur développement aux dépens des proportions, où, quoique tout soit plus animé, tout est moins gracieux que dans les zones tempérées.

L'Afrique, et particulièrement les terres de la Gambra, de la côte d'Or, de Juida [a], de Fida, du cap Vert, sont les contrées qu'il habite. Les voyageurs rapportent qu'on en voit fréquemment sur les grandes rivières [b]; ces oiseaux y pêchent de petits poissons, et vont aussi dans les terres pâturer les herbes et recueillir des graines; ils courent très-vite en étendant leurs ailes et s'aidant du vent : autrement leur démarche est lente, et pour ainsi dire à pas comptés.

Cet oiseau royal est doux et paisible; il n'a pas d'armes pour offenser, et n'a même ni défense ni sauvegarde que dans la hauteur de sa taille, la rapidité de sa course et la vitesse de son vol, qui est élevé, puissant et soutenu. Il craint moins l'homme que ses autres ennemis; il semble même s'approcher de nous avec confiance, avec plaisir. On assure qu'au cap Vert ces oiseaux sont à demi domestiques et qu'ils viennent manger du grain dans les basses-cours avec les peintades et les autres volailles; ils se perchent en plein air pour dormir à la manière des paons, dont on a dit qu'ils imitaient le cri, ce qui, joint à l'analogie du panache sur la tête, leur a fait donner le nom de *paons marins* [c] par quelques naturalistes; d'autres les ont appelés *paons à queue courte* [d]; d'autres ont écrit que cet oiseau est le même que la *grue baléarique* des anciens, ce qui n'est nullement prouvé [e], car Pline, le seul des anciens qui ait parlé de la grue baléarique, ne la caractérise pas de manière à pouvoir y reconnaître distinctement notre

a. *Histoire générale des Voyages*, t. IV, p. 355. — Il paraît, au reste, que les Européens, sur ces côtes, ont donné le même nom d'*oiseau royal* à une espèce toute différente du véritable. « Smith distingue deux sortes d'*oiseaux à couronne* : la première a la tête et le cou verts, le « corps d'un beau pourpre, les ailes et la queue rouges, et le toupet noir; elle est à peu près de « la grosseur des grands perroquets. L'autre sorte (et c'est ici le véritable oiseau royal), est de « la forme du héron, et n'a pas moins de trois pieds de hauteur; elle se nourrit de poissons; « sa couleur est d'un mélange de bleu et de noir, et la touffe dont elle est couronnée ressemble « moins à des plumes qu'à des soies de porc. » *Hist. générale des Voyages*, t. IV, p. 247.

b. Edwards, *Nat. hist. of Birds*.

c. Clusius, *Exotic.*, lib. v, cap. ii.

d. Jonston, Barrère, Linnæus.

e. Voyez les *Mémoires pour servir à l'histoire des animaux*, t. III, part. ii.

oiseau royal : *le pic*, dit-il, *et la grue baléarique portent également une aigrette*[a] ; or rien ne se ressemble moins que la petite huppe du pic et la couronne de l'oiseau royal, qui d'ailleurs présente d'autres traits remarquables par lesquels Pline pouvait le désigner. Si cependant il était vrai que jadis cet oiseau eût été apporté à Rome des îles Baléares, où on ne le trouve plus aujourd'hui, ce fait paraîtrait indiquer que, dans les oiseaux comme dans les quadupèdes, ceux qui habitaient jadis des contrées plus septentrionales du globe, alors moins froid, se trouvent à présent retirés dans les terres du Midi.

Nous avons reçu cet oiseau de Guinée, et nous l'avons conservé et nourri quelque temps dans un jardin. Il y becquetait les herbes, mais particulièrement le cœur des laitues et des chicorées; le fonds de sa nourriture, de celle du moins qui peut ici lui convenir le mieux, est du riz, ou sec ou légèrement bouilli, et ce qu'on appelle *crevé* dans l'eau, ou au moins lavé et bien choisi, car il rebute celui qui n'est pas de bonne qualité ou qui reste souillé de sa poussière : néanmoins, il paraît que les insectes, et particulièrement les vers de terre, entrent aussi dans sa nourriture; car nous l'avons vu becqueter dans la terre fraîchement labourée, y ramasser des vers et prendre d'autres petits insectes sur les feuilles : il aime à se baigner, et l'on doit lui ménager un petit bassin ou un baquet qui n'ait pas trop de profondeur, et dont l'eau soit de temps en temps renouvelée : pour régal, on peut lui jeter dans son bassin quelques petits poissons vivants, il les mange avec plaisir et refuse ceux qui sont morts; son cri ressemble beaucoup à la voix de la grue ; c'est un son retentissant (*clangor*) assez semblable aux accents rauques d'une trompette ou d'un cor ; il fait entendre ce cri par reprises brèves et réitérées quand il a besoin de nourriture, et le soir lorsqu'il cherche à se gîter[b]; c'est aussi l'expression de l'inquiétude et de l'ennui, car il s'ennuie dès qu'on le laisse seul trop longtemps; il aime qu'on lui rende visite, et lorsque après l'avoir considéré on se promène indifféremment sans prendre garde à lui, il suit les personnes ou marche à côté d'elles, et fait ainsi plusieurs tours de promenade ; et si quelque chose l'amuse et qu'il reste en arrière, il se hâte de rejoindre la compagnie; dans l'attitude du repos il se tient sur un pied, son grand cou est alors replié comme un serpentin, et son corps, affaissé et comme tremblant sur ses hautes jambes, porte dans une direction presque horizontale ; mais quand quelque chose lui cause de l'étonnement ou de l'inquiétude, il allonge le cou, élève sa tête, prend un air fier, comme s'il voulait en effet en imposer par son maintien : tout son corps paraît alors dans une situation à peu près verticale; il s'avance gravement et à pas mesurés, et c'est dans ces moments

---

a. « Cirros pico martio et grui Balearicæ. » Lib. II, cap. XXXVII.

b. Cet oiseau a encore une autre sorte de voix, comme un grognement ou glousssement intérieur, *cloque*, *cloque*, semblable à celui d'une poule couveuse, mais plus rude.

qu'il est beau et que son air, joint à sa couronne, lui mérite vraiment le nom d'*oiseau royal*. Ses longues jambes, qui le servent fort bien en montant, lui nuisent pour descendre; il déploie alors ses ailes pour s'élancer; mais nous avons été obligés d'en tenir une courte en lui coupant de temps en temps des plumes dans la crainte qu'il ne prît son essor, comme il paraît souvent tenté de le faire. Au reste, il a passé cet hiver (1778) à Paris sans paraître se ressentir des rigueurs d'un climat si différent du sien; il avait choisi lui-même l'abri d'une chambre à feu pour y demeurer pendant la nuit; il ne manquait pas tous les soirs, à l'heure de la retraite, de se rendre devant la porte de cette chambre, et de trompeter pour se la faire ouvrir.

Les premiers oiseaux de cette espèce ont été apportés en Europe dès le xv[e] siècle par les Portugais, lorsqu'ils firent la découverte de la côte d'Afrique [a]; Aldrovande loue leur beauté [b], mais Belon ne paraît pas les avoir connus, et il se méprend lorsqu'il dit que la grue baléarique des anciens est le bihoreau [c]. Quelques auteurs [d] les ont appelés *grues du Japon*, ce qui semble indiquer qu'ils se trouvent dans cette île, et que l'espèce s'est étendue sur toute la zone par la largeur de l'Afrique et de l'Asie. Au reste, le fameux oiseau royal ou *fum-hoam* des Chinois, sur lequel ils ont fait des contes merveilleux recueillis par le crédule Kircher [e], n'est qu'un être de raison tout aussi fabuleux que le dragon qu'ils peignent avec lui sur leurs étoffes et porcelaines.

LE CARIAMA. [f] *

Nous avons vu que la nature, marchant d'un pas égal, nuance tous ses ouvrages; que leur ensemble est lié par une suite de rapports constants et

a. « Il semble que l'on fait grand cas de ces oiseaux en Europe, puisque quelques messieurs « ne cessent de nous solliciter de leur en envoyer. » *Voyage de Guinée*, par Guillaume Bosman; Utrecht, 1705, lettre xv.

b. « Avis visu jucundissima. »

c. « Aussi y veismes (à Alep) un oiseau quasi semblable à une grue, mais plus petit de « corpulence, ayant les yeux bordés de rouge, la queue du héron et sa voix moindre que d'une « grue: et croyons que c'est celui que les anciens ont nommé la *grue baléarique*. » *Observations* de Belon, p. 159. — Ce qui nous fait douter que cette notice désigne l'oiseau royal, c'est que Belon n'y fait nulle mention de la couronne, caractère cependant distinct et frappant, et qui n'aurait pas échappé à cet excellent observateur.

d. Charleton, Petiver; voyez la nomenclature.

e. Voyez *la Chine illustrée*, Amsterdam, 1670, page 263.

f. Cariama Brasiliensibus. Marcgrave, *Hist. nat. Brasil.*, p. 203; avec une figure qui paraît

* *Palamedea cristata* (Lath., Gmel.). — *Microdactylus cristatus* (Geoff.). — *Dicholophus cristatus* (Illig.) — Ordre des *Échassiers*, famille des *Pressirostres*, genre *Cariama* (Cuv.). — Ce genre, dont on ne connaît encore que cette seule espèce, a reçu plusieurs noms : « *Microdactylus*, doigts courts; *dicholophus*, crête sur deux rangs; *hæmatopus*, pieds couleur de « sang. M. Vieillot a préféré le nom barbare de *cariama*, qu'il faut prononcer *çariama*. » (Cuvier.)

de gradations successives ; elle a donc rempli par des transitions les intervalles où nous pensons lui fixer des divisions et des coupures, et placé des
productions intermédiaires aux points de repos que la seule fatigue de notre
esprit , dans la contemplation de ses œuvres, nous a forcés de supposer :
aussi trouvons-nous dans les formes, même les plus éloignées, des relations qui les rapprochent : en sorte que rien n'est vide, tout se touche,
tout se tient dans la nature , et qu'il n'y a que nos méthodes et nos
systèmes qui soient incohérents lorsque nous prétendons lui marquer des
sections ou des limites qu'elle ne connaît pas ; c'est par cette raison que les
êtres les plus isolés dans nos méthodes sont souvent , dans la réalité, ceux
qui tiennent à d'autres par de plus grands rapports : telles sont les espèces
du cariama, du secrétaire et du kamichi, qui dans toute méthode d'ornithologie ne peuvent former qu'un groupe à part, tandis que dans le système
de la nature ces espèces sont plus apparentées qu'aucune autre avec différentes familles dont elles semblent constituer les degrés d'affinité. Les deux
premiers ont des caractères qui les rapprochent des oiseaux de proie ; le
dernier tient au contraire aux gallinacés, et tous trois appartiennent encore
de plus près au grand genre des oiseaux de rivage, dont ils ont le naturel
et les mœurs.

Le cariama est un bel oiseau qui fréquente les marécages, et s'y nourrit
comme le héron, qu'il surpasse en grandeur [a] : avec de longs pieds et le bas
de la jambe nu comme les oiseaux de rivage, il a un bec court et crochu
comme les oiseaux de proie.

Il porte la tête haute sur un cou élevé ; on voit sur la racine du bec, qui
est jaunâtre, une plume en forme d'aigrette ; tout son plumage, assez semblable à celui du faucon, est gris ondé de brun : ses yeux sont brillants
et couleur d'or, et les paupières sont garnies de longs cils noirs ; les pieds
sont jaunâtres, et des doigts, qui sont tous réunis vers l'origine par une
portion de membrane, celui du milieu est de beaucoup plus long que les
deux latéraux dont l'intérieur est le plus court ; les ongles sont courts et
arrondis [b] ; le petit doigt postérieur est placé si haut qu'il ne peut appuyer
à terre, et le talon est épais et rond comme celui de l'autruche. La voix de
cet oiseau ressemble à celle de la poule d'Inde ; elle est forte et avertit de
loin les chasseurs, qui le recherchent , car sa chair est tendre et délicate ;

---

fort imparfaite. — *Cariama.* Pison, *Hist. nat.*, p. 81, avec la figure empruntée de Marcgrave.
— Jonston, *Avi.*, p. 138, avec la même figure copiée, tab. 59. — Willughby, *Ornithol.*, p. 202.
— Ray, *Synops. avi.*, p. 96, n° 6. — « Cariama cristata, grisea, fusco et rufescente varia,
« cristâ nigrâ, cinereo variegata ; remigibus majoribus, rectricibusque fuscis, griseo et rufes-
« cente variegatis... » *Cariama.* Brisson , *Ornithol.*, t. V, p. 516.
« *a.* « Egregia avis silvestris cariama ex aquaticorum genere, udosisque locis ob prædam
« delectatur more ardearum, quas mole corporis longè superat. » Pison, *Hist. nat. et medic.
Ind.*, p. 81.
b. « Ungues breviusculi, lunati. » *Idem , ibidem.*

et, s'il en faut croire Pison, la plupart des oiseaux qui fréquentent les rivages
dans ces régions chaudes de l'Amérique ne sont pas inférieurs, pour la
bonté de la chair, aux oiseaux de montagnes. Il dit aussi qu'on a commencé de rendre le cariama domestique [a], et par ce rapport de mœurs
ainsi que par ceux de sa conformation, le cariama, qui ne se trouve qu'en
Amérique, semble être le représentant du secrétaire, qui est un grand
oiseau de l'ancien continent. dont nous allons donner la description dans
l'article suivant.

LE SECRÉTAIRE OU LE MESSAGER. [b][*]

Cet oiseau, considérable par sa grandeur autant que remarquable par sa
figure, est non-seulement d'une espèce nouvelle, mais d'un genre isolé et
singulier, au point d'éluder et même de confondre tout arrangement de
méthodes et de nomenclature : en même temps que ses longs pieds désignent un oiseau de rivage, son bec crochu indiquerait un oiseau de proie ;
il a, pour ainsi dire, une tête d'aigle sur un corps de cigogne ou de grue :
à quelle classe peut donc appartenir un être dans lequel se réunissent des
caractères aussi opposés? Autre preuve que la nature, libre au milieu des
limites que nous pensons lui prescrire, est plus riche que nos idées et plus
vaste que nos systèmes.

Le secrétaire a la hauteur d'une grande grue et la grosseur du coq
d'Inde ; ses couleurs sur la tête, le cou, le dos et les couvertures des ailes,
sont d'un gris un peu plus brun que celui de la grue : elles deviennent plus
claires sur le devant du corps ; il a du noir aux pennes des ailes et de la
queue, et du noir ondé de gris sur les jambes ; un paquet de longues plumes
ou plutôt de pennes raides et noires pend derrière son cou ; la plupart de
ces plumes ont jusqu'à six pouces de longueur ; il y en a de plus courtes,
et quelques-unes sont grises ; toutes sont assez étroites vers la base, et plus
largement barbées vers la pointe ; elles sont implantées au haut du cou.
L'individu que nous décrivons a trois pieds six pouces de hauteur ; le tarse
seul a près d'un pied ; la jambe, un peu au-dessus du genou, est dégarnie
de plumes ; les doigts sont gros et courts, armés d'ongles crochus ; celui du
milieu est presque une fois aussi long que les latéraux, qui lui sont unis
par une membrane jusque vers la moitié de leur longueur, et le doigt postérieur est très-fort. Ces caractères n'ont point été saisis par le dessinateur

a. « Mansuefacta, æque ac silvestris, assatur et coquitur. » Pison, *Hist. nat. et medic.
Ind.*, p. 81.

b. Voyez les planches enluminées, n° 721.

* *Falco serpentarius* (Gmel.). — *Gypogeranus serpentarius* (Illig.). — Ordre des *oiseaux
de Proie*, genre *Milans*, sous-genre *Messager* ou *Secrétaire* (Cuv.).

de la planche enluminée ; le cou est gros et épais, la tête grosse ; le bec fort
et fendu jusqu'au delà des yeux ; la partie supérieure du bec est également
et fortement arquée, à peu près comme dans l'aigle ; elle est pointue et
tranchante ; les yeux sont placés dans un espace de peau nue de couleur
orangée, qui se prolonge au delà de l'angle extérieur de l'œil, et prend son
origine à la racine du bec ; il y a de plus un caractère unique et qui ajoute
beaucoup à tous ceux qui font de cet oiseau un composé de natures éloignées : c'est un vrai sourcil formé d'un seul rang de cils noirs de six à dix
lignes de longueur[a] ; trait singulier et qui, joint à la touffe de plumes au
haut du cou, à sa tête d'oiseau de proie, à ses pieds d'oiseau de rivage,
achève d'en faire un être mixte, extraordinaire, et dont le modèle n'était
pas connu.

Il y a autant de mélange dans les habitudes que de disparité dans la conformation : avec les armes des oiseaux carnassiers, celui-ci n'a rien de leur
férocité ; il ne se sert de son bec ni pour offenser ni pour se défendre ; il
met sa sûreté dans la fuite, il évite l'approche, il élude l'attaque, et souvent
pour échapper à la poursuite d'un ennemi, même faible, on lui voit faire
des sauts de huit ou neuf pieds de hauteur : doux et gai, il devient aisément
familier ; on a même commencé à le rendre domestique au cap de Bonne-
Espérance ; on le voit assez communément dans les habitations de cette
colonie, et on le trouve dans l'intérieur des terres à quelques lieues de distance des rivages : on prend les jeunes dans le nid pour les élever en domesticité, tant pour l'agrément que pour l'utilité, car ils font la chasse aux rats,
aux lézards, aux crapauds et aux serpents.

M. le vicomte de Querhoënt nous a communiqué les observations suivantes au sujet de cet oiseau : « Lorsque le secrétaire, dit cet habile obser-
« vateur, rencontre ou découvre un serpent, il l'attaque d'abord à coups
« d'ailes pour le fatiguer ; il le saisit ensuite par la queue, l'enlève à une
« grande hauteur en l'air et le laisse retomber, ce qu'il répète jusqu'à ce
« que le serpent soit mort. Il accélère sa course en étendant les ailes, et on
« le voit souvent traverser ainsi les campagnes, courant et volant tout en-
« semble : il niche dans les buissons à quelques pieds de terre, et pond
« deux œufs blancs avec des taches rousses ; lorsqu'on l'inquiète, il fait
« entendre un croassement sourd ; il n'est ni dangereux ni méchant ; son
« naturel est doux ; j'en ai vu deux vivre paisiblement dans une basse-cour
« au milieu de la volaille ; on les nourrissait de viande, et ils étaient avides
« d'intestins et de boyaux, qu'ils assujettissaient sous leurs pieds en les
« mangeant comme ils eussent fait un serpent ; tous les soirs ils se cou-
« chaient l'un auprès de l'autre, chacun la tête tournée du côté de la queue
« de son camarade. »

a. Ce sourcil a quinze ou seize lignes de longueur ; les cils sont rangés très-près les uns des
autres, élargis par la base, et creusés en gouttières concaves en dessous, convexes en dessus.

Au reste, cet oiseau d'Afrique paraît s'accommoder assez bien du climat de l'Europe ; on le voit dans quelques ménageries d'Angleterre et de Hollande. M. Wosmaër, qui l'a nourri dans celle du prince d'Orange, a fait quelques remarques sur sa manière de vivre[a] : « Il déchire et avale goulu-« ment la viande qu'on lui jette, et ne refuse pas le poisson. Pour se repo-« ser et dormir, il se couche le ventre et la poitrine à terre ; un cri qu'il « fait entendre rarement a du rapport avec celui de l'aigle ; son exercice « le plus ordinaire est de marcher à grands pas de côté et d'autre, et long-« temps sans se ralentir ni s'arrêter : ce qui apparemment lui a fait donner « le nom de *messager*, » comme il doit sans doute celui de *secrétaire* à ce paquet de plumes qu'il porte au haut du cou, quoique M. Wosmaër veuille dériver ce dernier nom de celui de *sagittaire*, qu'il lui applique d'après un jeu auquel on le voit s'égayer souvent, qui est de prendre du bec ou du pied une paille ou quelque autre brin, et de le lancer en l'air à plusieurs reprises ; « car il semble, dit M. Wosmaër, être d'un naturel gai, paisible « et même timide ; quand on l'approche, lorsqu'il court çà et là avec un « maintien vraiment superbe, il fait un craquement continuel, *crac, crac* ; « mais, revenu de la frayeur qu'on lui causait en le poursuivant, il se « montre familier et même curieux ; tandis que le dessinateur était occupé « à le peindre, continue M. Wosmaër, l'oiseau vint tout près de lui regar-« der sur le papier, dans l'attitude de l'attention, le cou tendu et redressant « les plumes de sa tête, comme s'il admirait sa figure ; souvent il vient les « ailes élevées et la tête en avant, pour voir curieusement ce qu'on fait : « c'est ainsi qu'il s'approcha deux ou trois fois de moi lorsque j'étais assis « à côté d'une table, dans sa loge, pour le décrire. Dans ces moments, ou « lorsqu'il recueille avidement quelques morceaux, et généralement lors-« qu'il est ému de curiosité ou de désir, il redresse fort haut les longues « plumes du derrière de sa tête, qui d'ordinaire tombent mêlées au hasard « sur le haut du cou. On a remarqué qu'il muait dans les mois de juin et « de février, et M. Wosmaër dit que, quelque attention qu'on ait apportée à « l'observer, on ne l'a jamais vu boire : néanmoins, ses excréments sont « liquides et blancs comme ceux du héron. Pour manger à son aise, il s'ac-« croupit sur ses talons, et couché à moitié il avale ainsi sa nourriture ; sa « plus grande force paraît être dans le pied : si on lui présente un poulet « vivant, il le frappe d'un violent coup de patte et l'abat du second ; c'est « encore ainsi qu'il tue les rats, il les guette assidûment devant leurs « trous : en tout il préfère les animaux vivants à ceux qui sont morts, et « la chair au poisson[b]. »

Il n'y a pas longtemps que cet oiseau singulier est connu, même au Cap,

---

a. *Description d'un oiseau de proie nommé le sagittaire, tout à fait inconnu jusqu'ici,* etc. Wosmaër, feuille imprimée en 1769.

b. Suite des observations de M. Wosmaër.

puisque Kolbe ni les autres relateurs de cette contrée n'en ont pas fait mention. M. Sonnerat l'a trouvé aux Philippines, après l'avoir vu au cap de Bonne-Espérance; nous remarquons entre sa notice et les précédentes quelques différences dont il semble qu'il faut tenir compte : par exemple, M. Sonnerat peint les plumes de la huppe comme naissantes sur le cou à intervalles inégaux, et les plus longues placées le plus bas : nous n'y trouvons ni cet ordre ni cette proportion dans l'individu que nous avons sous les yeux, car ces plumes sont implantées en paquet et sans ordre ; il ajoute qu'elles sont fléchies dans leur milieu du côté du corps, et que les barbes en sont frisées. M. Wosmaër les représente de même, et nous les voyons lisses dans celui que nous venons de décrire : ces différences sont-elles dans les objets ou dans les descriptions? Il en paraît une plus considérable dans la couleur du plumage ; M. Wosmaër dit qu'il est d'un gris plombé bleuâtre : nous le voyons gris tirant au brun; il dit le bec bleuâtre : nous le voyons noir en dessus, blanc en dessous; l'individu que nous décrivons et qui est conservé dans le Cabinet de M. le docteur Mauduit, n'a pas non plus deux plumes excédantes à la queue, seulement elles dépassent de cinq pouces l'aile pliée; mais un autre de ces oiseaux sur lequel a été dessinée la planche enluminée porte ces deux longues plumes telles que les ont décrites MM. Wosmaër et Sonnerat; il nous paraît que c'est le caractère du mâle. Au reste, ce dernier naturaliste ne s'exprime pas bien en attribuant au secrétaire un bec de *gallinacée* : c'est réellement un bec d'oiseau de proie, et d'ailleurs M. Sonnerat remarque lui-même que cet oiseau est carnivore[a].

En pensant à ses mœurs sociales et familières et à la facilité de l'élever en domesticité, on est porté à croire qu'il serait avantageux de le multiplier, particulièrement dans nos colonies, où il pourrait servir à la destruction des reptiles nuisibles et des rats.

LE KAMICHI.[b][c][*]

Ce n'est point en se promenant dans nos campagnes cultivées, ni même en parcourant toutes les terres du domaine de l'homme, que l'on peut con-

----

a. Voyage à la Nouvelle-Guinée, p. 88.

b. Voyez les planches enluminées, n° 451.

c. Kamichi ou *kamouki* par les naturels de la Guiane; *anhima* par ceux du Brésil; *cahuitahu* à la rivière des Amazones, d'un nom imité de son cri. — *Anhima Brasiliensibus.* Marcgrave, *Hist. nat. Brasil.*, p. 215, avec une figure reconnaissable, quoique défectueuse, et que Pison, Jonston et Willughby ont copiée. — Willughby, *Ornithol*, p. 202. — Ray, *Synops. avi.*, p. 96, n° 7. — Jonston, *Avi.*, p. 147. — *Avis quædam ex rapacibus. Idem*, p. 125. — *Anhima.* Pison, *Hist. nat.*, p. 91. — *Aquila Americana , nigra , aquatica, maxima, cornuta.* Idem,

* *Palamedea cornuta* (Linn.). — Ordre des *Échassiers* , famille des *Macrodactyles*, genre *Kamichi* (Cuv.).

naître les grands effets des variétés de la nature ; c'est en se transportant des sables brûlants de la torride aux glacières des pôles, c'est en descendant du sommet des montagnes au fond des mers, c'est en comparant les déserts avec les déserts, que nous la jugerons mieux et l'admirerons davantage. En effet, sous le point de vue de ses sublimes contrastes et de ses majestueuses oppositions, elle paraît plus grande en se montrant telle qu'elle est. Nous avons ci-devant[a] peint les déserts arides de l'Arabie Pétrée, ces solitudes nues où l'homme n'a jamais respiré sous l'ombrage, où la terre sans verdure n'offre aucune subsistance aux animaux, aux oiseaux, aux insectes, où tout paraît mort, parce que rien ne peut naître, et que l'élément nécessaire au développement des germes de tout être vivant ou végétant, loin d'arroser la terre par des ruisseaux d'eau vive, ou de la pénétrer par des pluies fécondes, ne peut même l'humecter d'une simple rosée. Opposons ce tableau de sécheresse absolue dans une terre trop ancienne à celui des vastes plaines de fange des savanes noyées du nouveau continent, nous y verrons par excès ce que l'autre n'offrait que par défaut : des fleuves d'une largeur immense, tels que l'Amazone, la Plata, l'Orénoque, roulant à grands flots leurs vagues écumantes et se débordant en toute liberté, semblent menacer la terre d'un envahissement, et faire effort pour l'occuper tout entière. Des eaux stagnantes, et répandues près et loin de leurs cours, couvrent le limon vaseux qu'elles ont déposé ; et ces vastes marécages, exhalant leurs vapeurs en brouillards fétides, communiqueraient à l'air l'infection de la terre, si bientôt elles ne retombaient en pluies précipitées par les orages ou dispersées par les vents. Et ces plages, alternativement sèches et noyées, où la terre et l'eau semblent se disputer des possessions illimitées ; et ces brossailles [1] de mangles jetées sur les confins indécis de ces deux éléments ne sont peuplées que d'animaux immondes qui pullulent dans ces repaires, cloaques de la nature, où tout retrace l'image des déjections monstrueuses de l'antique limon. Des énormes [2] serpents tracent de larges

---

Ornithol., class. 3, gen. 4, sp. 4. — *Palamedea.* Mœhring, *Avi.*, gen. 3. — *Palamedea alis bispinosis, fronte cornutâ.* Linnæus, *Syst. nat.*, édit. XII, gen. 81, p. 232. — *Cahuitahu.* La Condamine, *Voyage à la rivière des Amazones*, p. 174. — « Anhima nigricans, albo variegata ; vertice ex albo et nigro vario ; collo infimo et pectore cinereo, albo et nigro variegatis, ventre albo ; remigibus, rectricibusque nigricantibus... » *Anhima.* Brisson, *Ornithol.*, t. V, p. 518. — M. Brisson applique encore au kamichi le nom de *bambiaya*, sur la notice suivante de Laët, *Nov. orb.*, lib. i, p. 15 : « Il y a une autre sorte d'oiseau fort fréquent qu'ils appellent « (à Cuba) *bambiayas*, qu'on peut dire plutôt effleurer la terre que voler, de sorte que les « Indiens les chassent comme les bêtes sauvages ; quand on les cuit, la chair teint le brouet « comme le safran ; ils sont d'un goût assez agréable, et qui approche de celui des faisans. » Il n'y a pas là de quoi reconnaître le kamichi.

a. Voyez le IIIe volume de l'*Histoire naturelle*, article du *chameau*, page 231.

1. Buffon dit toujours *brossailles*, et place ce mot dans ses plus éloquents tableaux. — « Le « bel usage est pour *brossailles*, » dit Richelet.

2. *Des énormes* pour *d'énormes.* Buffon fait toujours cette faute, corrigée partout ailleurs

sillons sur cette terre bourbeuse; les crocodiles, les crapauds, les lézards et
mille autres reptiles à larges pattes en pétrissent la fange; des millions d'insectes enflés par la chaleur humide en soulèvent la vase, et tout ce peuple
impur, rampant sur le limon ou bourdonnant dans l'air, qu'il obscurcit
encore; toute cette vermine dont fourmille la terre attire de nombreuses
cohortes d'oiseaux ravisseurs dont les cris confus, multipliés et mêlés aux
croassements des reptiles, en troublant le silence de ces affreux déserts,
semblent ajouter la crainte à l'horreur pour en écarter l'homme et en inter-
dire l'entrée aux autres êtres sensibles : terres d'ailleurs impraticables,
encore informes, et qui ne serviraient qu'à lui rappeler l'idée de ces temps
voisins du premier chaos où les éléments n'étaient pas séparés, où la terre
et l'eau ne faisaient qu'une masse commune, et où les espèces vivantes
n'avaient pas encore trouvé leur place dans les différents districts de la
nature.

Au milieu de ces sons discordants d'oiseaux criards et de reptiles croas-
sants, s'élève par intervalles une grande voix qui leur en impose à tous, et
dont les eaux retentissent au loin : c'est la voix du kamichi, grand oiseau
noir très-remarquable par la force de son cri et par celle de ses armes; il
porte sur chaque aile deux puissants éperons, et sur la tête une corne
pointue *a* de trois ou quatre pouces de longueur sur deux ou trois lignes de
diamètre à sa base; cette corne, implantée sur le haut du front, s'élève
droit et finit en une pointe aiguë un peu courbée en avant, et vers sa base
elle est revêtue d'un fourreau semblable au tuyau d'une plume. Nous parlerons des éperons ou ergots que portent aux épaules certains oiseaux, tels
que les jacanas, plusieurs espèces de pluviers, de vanneaux, etc. ; mais le
kamichi est de tous le mieux armé : car indépendamment de sa corne à la
tête, il a sur chaque aileron deux éperons qui sont dirigés en avant lorsque
l'aile est pliée : ces éperons sont des apophyses de l'os du métacarpe, et
sortent de la partie antérieure des deux extrémités de cet os; l'éperon supérieur est le plus grand, il est triangulaire, long de deux pouces, large de
neuf lignes à sa base, un peu courbé et finissant en pointe; il est aussi
revêtu d'un étui de même substance que celui qui garnit la base de la corne.

a. Les sauvages de la Guiane l'ont nommé *kamichi :* ceux du Brésil l'appellent *anhima*, et
sur la rivière des Amazones *cahuitahu*, par imitation de son grand cri, que Maregrave rend
plus précisément par *vyhou-vyhou*, et qu'il dit avoir quelque chose de terrible : « Terribilem
« clamorem edit, vyhu, vyhu, vociferando. » Maregrave, *Hist. nat. Brasil.*, p. 213.

dans cette édition, mais que je laisse subsister dans cette belle page pour faire voir jusqu'à
quel point certains vices de langage (vices de province :

Faites tous vos vers à Paris,
Et n'allez pas en Allemagne.

VOLT.)

étaient devenus *vices d'habitude* dans le plus noble des écrivains. — Voyez la note 1 de la p. 26
du Ier volume.

L'apophyse inférieure du métacarpe, qui fait le second éperon, n'a que quatre lignes de longueur et autant de largeur à sa base, et il est recouvert d'un fourreau comme l'autre.

Avec cet appareil d'armes très-offensives et qui le rendraient formidable au combat, le kamichi n'attaque point les autres oiseaux, et ne fait la guerre qu'aux reptiles; il a même les mœurs douces et le naturel profondément sensible, car le mâle et la femelle se tiennent toujours ensemble : fidèles jusqu'à la mort, l'amour qui les unit semble survivre à la perte que l'un ou l'autre fait de sa moitié; celui qui reste erre sans cesse en gémissant, et se consume près des lieux où il a perdu ce qu'il aime [a].

Ces affections touchantes forment dans cet oiseau, avec sa vie de proie, le même contraste en qualités morales que celui qui se trouve dans sa structure physique; il vit de proie, et cependant son bec est celui d'un oiseau granivore [1]; il a des éperons et une corne, et néanmoins sa tête ressemble à celle d'un gallinacée; il a les jambes courtes, mais les ailes et la queue fort longues; la partie supérieure du bec s'avance sur l'inférieure et se recourbe un peu à sa pointe; la tête est garnie de petites plumes duvetées, relevées, et comme demi-bouclées, mêlées de noir et de blanc; ce même plumage frisé couvre le haut du cou; le bas est revêtu de plumes plus larges, plus fournies, noires au bord et grises en dedans : tout le manteau est noir brun, avec des reflets verdâtres, et quelquefois mêlé de taches blanches; les épaules sont marquées de roux, et cette couleur s'étend sur le bord des ailes, qui sont très-amples [b]; elles atteignent presque au bout de la queue, qui a neuf pouces de longueur; le bec, long de deux pouces, est large de huit lignes et épais de dix à sa base; le pied, joint à une petite partie nue de la jambe, est haut de sept pouces et demi; il est couvert d'une peau rude et noire, dont les écailles sont fortement exprimées sur les doigts, qui sont très-longs; celui du milieu, l'ongle compris, a cinq pouces; ces ongles sont demi-crochus et creusés par-dessous en gouttière; le postérieur est d'une forme particulière, étant effilé, presque droit et très-long, comme celui de l'alouette : la grandeur totale de l'oiseau est de trois pieds. Nous n'avons pas pu vérifier ce que dit Marcgrave de la différence considérable de grandeur qu'il indique entre le mâle et la femelle; plusieurs de ces oiseaux que nous avons vus nous ont paru à peu près de la grosseur et de la taille de la poule d'Inde.

Willughby remarque avec raison que l'espèce du kamichi est seule dans

a. « Unâ mortuâ, altera à sepulturâ nunquam discedit. » Marcgrave, *ubi supra*. — « Rarò « solita incedit. Veram junctim, mas et fœmina. Testantur omnes pariter incolæ, unâ mortuâ « alteram instar turturum lugere, et vix à sepulchro discedere. » Pison, *Hist. nat. Ind.*, pag. 91.

b. « Alas amplissimas. » Marcgrave.

1. « On a dit qu'il chassait (le *kamichi*) aux reptiles; mais, quoique son estomac soit peu « musculeux, il ne se nourrit guère que d'herbes et de graines aquatiques. » (Cuvier.)

son genre [a]; sa forme est en effet composée de parties disparates, et la nature lui a donné des attributs extraordinaires; la corne sur la tête suffit seule pour en faire une espèce isolée, et même un phénomène dans le genre entier des oiseaux [b]; c'est donc sans aucun fondement que Barrère en a fait un aigle [c], puisqu'il n'en a ni le bec, ni la tête, ni les pieds. Pison dit avec raison que le kamichi est un oiseau demi-aquatique [d]; il ajoute qu'il construit son nid en forme de four au pied d'un arbre, qu'il marche le cou droit, la tête haute, et qu'il hante les forêts [e]. Cependant plusieurs voyageurs nous ont assuré qu'on le trouve encore plus souvent dans les savanes.

LE HÉRON COMMUN [f g*].

PREMIERE ESPÈCE.

Le bonheur n'est pas également départi à tous les êtres sensibles; celui de l'homme vient de la douceur de son âme et du bon emploi de ses qua-

a. « Avis est singularis et sui generis. » Willughby, p. 203.

b. « Frequens pecora cornuta; rarò in acre avem cornua gerentem videris. » Pison, *Hist. nat. Ind.*, pag. 91.

c. « Aquila aquatica cornuta. » *France équinoxiale*, p. 124.

d. « Rapina est et amphibia. » Pison, *loco citato*.

e. *Idem, ibidem.* Marcgrave, p. 215.

f. Voyez les planches enluminées, nº 787, et nº 755 où le vieux mâle est représenté sous le nom de *héron huppé*.

g. En grec, Ἐρωδιός; en latin, *ardea, ardeola*; le nom d'*ardeola*, quoique diminutif, signifie souvent simplement le héron, dans les meilleurs auteurs, comme Aldrovande le remarque; en hébreu, *schalach*; en chaldéen, *schalenuna*, suivant les conjectures de Gessner; en arabe, *babgach*; en persan, *aukoh*; en turc, *balakzel*; en illyrien, *cziepie*; en polonais, *czapla, zoraw*; en italien, *airone, sgarza*; en espagnol et en portugais, *garza*; en catalan, *agro*; en allemand, *reiger*; en suisse, *reigel*; en flamand, *reigher*; en frison, *rarg*; en suédois, *haeger*; en danois, *heyre*; en norwégien, *hegre, kegger*; en anglais, *heron, common heron*. — Héron cendré. Belon, *Hist. nat. des oiseaux*, p. 189. — Héron. *Idem, Portrail d'ois.*, p. 42, a. — *Ardea.* Gessner, *Avi.*, p. 207. — *Ardea pulla, sive cinerea. Idem, ibidem*, p. 211; et *Icon. avi.*, p. 117. — *Ardea; ardea cinerea major.* Aldrovande, *Avi.*, t. III, p. 365 et 377. — Jonston, *Avi.*, p. 103. — Charleton, *Exercit.*, p. 109, nº 1. *Idem, Onomast.*, p. 103, nº 1. — Sibbald. *Scot. illustr.*, part. II, lib. III, p. 18. — Marsigli, *Danub.*, t. V, p. 8, avec une figure peu exacte. — Rzaczynski, *Auctuar. Hist. nat. Pol.*, p. 364. — *Ardea cinerea major, the common heron.* Willughby, *Ornithol.*, p. 203. *Ardea. Mus. Worm.*, p. 306. — Mœhring, *Avi.*, gen. 81. — *Ardea subcærulea.* Schwenckfeld, *Avi. Siles*, p. 223. — *Der gemeine reiger.* Frisch, t. II, div. 12, sect. 1, pl. 5; le même, à sommet de la tête blanc, pl. 6. — « Ardea occipite cristâ pendulâ, dorso cærulescente, subtus albida, pectore maculis « oblongis nigris. » *Ardea cinerea.* Linnæus, *Syst. nat.*, édit. X, gen. 76, sp. 10. — *Ardea cristâ dependente. Idem, Fauna Suecica*, nº 133. — *The heron. Brit. Zoology.* p. 116. — Héron ordinaire. Albin, t. III, p. 32, avec une figure mal coloriée; celles de Belon, de Gessner, de Jonston, d'Aldrovande ne sont pas plus exactes. — « Ardea supernè cinerea, infernè alba;

* *Ardea major* et *Ardea cinerea* (Linn). — Ordre des *Échassiers*, famille des *Cultirostres*, genre *Hérons*, sous-genre *Hérons proprement dits* (Cuv.).

lités morales [1] ; le bien-être des animaux ne dépend au contraire que des
facultés physiques et de l'exercice de leurs forces corporelles ; mais si la
nature s'indigne du partage injuste que la société fait du bonheur parmi
les hommes, elle-même, dans sa marche rapide, parait avoir négligé certains animaux qui, par imperfection d'organes, sont condamnés à endurer
la souffrance et destinés à éprouver la pénurie : enfants disgraciés, nés
dans le dénûment pour vivre dans la privation, leurs jours pénibles se con-
sument dans les inquiétudes d'un besoin toujours renaissant ; souffrir et
patienter sont souvent leurs seules ressources, et cette peine intérieure
trace sa triste empreinte jusque sur leur figure, et ne leur laisse aucune des
grâces dont la nature anime tous les êtres heureux. Le héron nous présente
l'image de cette vie de souffrance, d'anxiété, d'indigence : n'ayant que l'embuscade pour tout moyen d'industrie, il passe des heures, des jours entiers
à la même place, immobile au point de laisser douter si c'est un être animé ;
lorsqu'on l'observe avec une lunette (car il se laisse rarement approcher)
il parait comme endormi, posé sur une pierre, le corps presque droit et
sur un seul pied, le cou replié le long de la poitrine et du ventre, la tête
et le bec couchés entre les épaules, qui se haussent et excèdent de beaucoup
la poitrine, et s'il change d'attitude, c'est pour en prendre une encore plus
contrainte en se mettant en mouvement ; il entre dans l'eau jusque au-dessus du genou, la tête entre les jambes, pour guetter au passage une grenouille, un poisson ; mais réduit à attendre que sa proie vienne s'offrir à
lui, et n'ayant qu'un instant pour la saisir, il doit subir de longs jeûnes et
quelquefois périr d'inanition : car il n'a pas l'instinct, lorsque l'eau est
couverte de glace, d'aller chercher à vivre dans des climats plus tempérés ;
et c'est mal à propos que quelques naturalistes l'ont rangé parmi les oiseaux
de passage qui reviennent au printemps dans les lieux qu'ils ont quittés l'hiver [a], puisque nous voyons ici des hérons dans toutes les saisons, et même
pendant les froids les plus rigoureux et les plus longs ; forcés alors de quitter les marais et les rivières gelées, ils se tiennent sur les ruisseaux et près
des sources chaudes ; et c'est dans ce temps qu'ils sont le plus en mouvement et où ils font d'assez grandes traversées pour changer de station, mais
toujours dans la même contrée ; ils semblent donc se multiplier à mesure
que le froid augmente, et ils paraissent supporter également et la faim et le
froid ; ils ne résistent et ne durent qu'à force de patience et de sobriété ;

« medio vertice cinereo-nigricante ; occipitio nigro ; collo inferiore maculis longitudinalibus
« nigris variis ; pectore et ventre supremo maculis longitudinalibus cinereo-nigricantibus
« variegatis ; rectricibus cinereis versus apicem fuscescentibus ; rostro superiùs flavo-virides-
« cente, infernè flavicante, apice nigricante ; pedibus virescentibus... » *Ardea*. Brisson, *Qrni-
thol.*, t. V, p. 392.

a. *Agricola, apud Jonston Avi.*, p. 151.

1. *Le bonheur vient du bon emploi des qualités morales :* remarque aussi vraie en fait que
judicieuse en principe, où se peint le philosophe mûri par l'expérience.

mais ces froides vertus sont ordinairement accompagnées du dégoût de la vie. Lorsqu'on prend un héron, on peut le garder quinze jours sans lui voir chercher ni prendre aucune nourriture : il rejette même celle qu'on tente de lui faire avaler; sa mélancolie naturelle, augmentée sans doute par la captivité, l'emporte sur l'instinct de sa conservation, sentiment que la nature imprime le premier dans le cœur de tous les êtres animés : l'apathique héron semble se consumer sans languir ; il périt sans se plaindre et sans apparence de regret[a].

L'insensibilité, l'abandon de soi-même et quelques autres qualités tout aussi négatives, le caractérisent mieux que ses facultés positives : triste et solitaire hors le temps des nichées, il ne paraît connaître aucun plaisir, ni même les moyens d'éviter la peine. Dans les plus mauvais temps il se tient isolé, découvert, posé sur un pieu ou sur une pierre, au bord d'un ruisseau, sur une butte, au milieu d'une prairie inondée : tandis que les autres oiseaux cherchent l'abri des feuillages, que dans les mêmes lieux le râle se met à couvert dans l'épaisseur des herbes, et le butor au milieu des roseaux, notre héron misérable reste exposé à toutes les injures de l'air et à la plus grande rigueur des frimas. M. Hébert nous a informé qu'il en avait pris un qui était à demi gelé et tout couvert de verglas; il nous a de même assuré avoir trouvé souvent sur la neige ou la vase l'impression des pieds de ces oiseaux, et n'avoir jamais suivi leurs traces plus de douze ou quinze pas, preuve du peu de suite qu'ils mettent à leur quête, et de leur inaction même dans le temps du besoin; leurs longues jambes ne sont que des échasses inutiles à la course; ils se tiennent debout et en repos absolu pendant la plus grande partie du jour, et ce repos leur tient lieu de sommeil, car ils prennent quelque essor pendant la nuit[b] ; on les entend alors crier en l'air à toute heure et dans toutes les saisons; leur voix est un son unique, sec et aigre, qu'on pourrait comparer au cri de l'oie, s'il n'était plus bref et un peu plaintif[c] ; ce cri se répète de moment à moment, et se prolonge sur un ton plus perçant et très-désagréable lorsque l'oiseau ressent de la douleur.

Le héron ajoute encore aux malheurs de sa chétive vie le mal de la crainte et de la défiance; il paraît s'inquiéter et s'alarmer de tout; il fuit l'homme de très-loin; souvent assailli par l'aigle et le faucon, il n'élude leur attaque qu'en s'élevant au haut des airs et s'efforçant de gagner le dessus : on le voit se perdre avec eux dans la région des nuages[d]. C'était assez que

a. Expérience faite par M. Hébert, aux belles observations de qui nous devons les principaux faits de l'histoire naturelle du héron.

b. Les anciens l'avaient observé : Eustathe, sur le xe livre de l'*Iliade*, dit que le héron pêche la nuit.

c. Κλάζειν, *clangere*, était le mot dont se servaient les Grecs, dès le temps d'Homère, pour exprimer le cri du héron. Voyez *Iliad.* κ.

d. On prétend que, pour dernière défense, il passe la tête sous son aile, et présente son bec pointu à l'oiseau ravisseur, qui, fondant avec impétuosité, s'y perce lui-même. Belon, *Nat. des oiseaux*, p. 190.

la nature eût rendu ces ennemis trop redoutables pour le malheureux héron [a], sans y ajouter l'art d'aigrir leur instinct et d'aiguiser leur antipathie; mais la chasse du héron était autrefois, parmi nous, le vol le plus brillant de la fauconnerie; il faisait le divertissement des princes, qui se réservaient, comme gibier d'honneur, la mauvaise chère de cet oiseau, qualifiée *viande royale*, et servie comme un mets de parade dans les banquets [b].

C'est sans doute cette distinction attachée au héron qui fit imaginer de rassembler ces oiseaux et de tâcher de les fixer dans des massifs de grands bois près des eaux, ou même dans des tours, en leur offrant des aires commodes où ils venaient nicher. On tirait quelque produit de ces héronnières par la vente des petits héronneaux, que l'on savait engraisser [c]. Belon parle avec une sorte d'enthousiasme des héronnières que François Ier avait fait élever à Fontainebleau, et du grand effet de l'art qui avait soumis à l'empire de l'homme des oiseaux aussi sauvages [d]; mais cet art était fondé sur leur naturel même; les hérons se plaisent à nicher rassemblés; ils se réunissent, pour cela, plusieurs dans un même canton de forêt [e], souvent sur un même arbre; on peut croire que c'est la crainte qui les rassemble, et qu'ils ne se réunissent que pour repousser de concert, ou du moins étonner par leur nombre, le milan et le vautour; c'est au plus haut des grands arbres que les hérons posent leurs nids souvent auprès de ceux des corneilles [f] : ce qui a pu donner lieu à l'idée des anciens sur l'amitié établie entre ces deux espèces, si peu faites pour aller ensemble [g]. Les nids du héron sont vastes, composés de bûchettes, de beaucoup d'herbe sèche, de joncs et de plumes; les œufs sont d'un bleu verdâtre, pâle et uniforme, de même gros-

---

a. Les anciens lui en donnaient d'autres, faibles en apparence, mais pourtant redoutables en ce qu'ils l'attaquaient dans ce qu'il avait de plus cher : l'alouette qui lui rompait ses œufs; le pic (*pipo*, *pipra*), qui lui tuait ses petits. Il n'avait contre tous ces ennemis que l'inutile amitié de la corneille. Voyez Aristote, lib. ix, cap. xviii et cap. ii; et Pline, lib. x, cap. xcvi.

b. Voyez Jo. Bruyerinus, *De re cibariâ*, lib. xv, cap. lxvi. Aldrovande, t. III, p. 367. — « L'on dit communément que le héron est viande royale, par quoi la noblesse françoise fait « grand cas de le manger. » Belon, *Nat. des oiseaux*, p. 190.

c. Willughby.

d. « Entre les choses notables de l'incomparable dompteur de toutes substances animées, le « grand roy François fit faire deux bâtiments qui durent encore à Fontainebleau, qu'on nomme « les *héronnières*... de forcer nature est ouvrage qui se ressent tenir quelque partie de la Divi- « nité : aussi ce divin roy, que Dieu absolve, avoit rendu plusieurs herons si adultes, que « venans du sauvage, entrant léans, comme par un tuyau de cheminée, se rendoient si enclins « à sa volonté, qu'ils y nourrissoient leurs petits. » *Nat. des oiseaux*, liv. iv, p. 189.

e. Il n'est point de pays où on ne connaisse de ces bois que les hérons affectionnent, où ils se rassemblent, et qui sont des héronnières naturelles. C'est non-seulement sur les grands chênes, mais aussi dans les bois de sapins qu'ils se réunissent, comme Schwenckfeld le remarque de certaines forêts de Silésie : « Olim satis frequentes in abietibus altissimis, in sylvâ « densâ pagi Meiwalde extra hisbergam nidificabant; quae etiamnum ab ardeis nomen retinet. » *Der reger Wald. Aviar. Siles.*, p. 223.

f. Aldrovande, t. III, p. 369. Belon, *Nat.*, p. 191.

g. « Cornix et ardeola amici. » Aristot., lib. ix, cap. ii.

scur à peu près que ceux de la cigogne, mais un peu plus allongés et presque
également pointus par les deux bouts. La ponte, à ce qu'on nous assure, est
de quatre ou cinq œufs, ce qui devrait rendre l'espèce plus nombreuse
qu'elle ne paraît l'être partout ; il périt donc un grand nombre de ces
oiseaux dans les hivers : peut-être aussi qu'étant mélancoliques et peu
nourris, ils perdent de bonne heure la puissance d'engendrer.

Les anciens, frappés apparemment de l'idée de la vie souffrante du héron,
croyaient qu'il éprouvait de la douleur même dans l'accouplement ; que le
mâle, dans ces instants, répandait du sang par les yeux et jetait des cris
d'angoisse [a]. Pline paraît avoir puisé dans Aristote cette fausse opinion [c],
dont Théophraste se montre également prévenu [d] ; mais on la réfutait déjà
du temps d'Albert, qui assure avoir plusieurs fois été témoin de l'accouplement des hérons, et n'avoir vu que les caresses de l'amour et les crises du
plaisir [e]. Le mâle pose d'abord un pied sur le dos de la femelle comme pour
la presser doucement de céder ; puis portant les deux pieds en avant, il
s'abaisse sur elle et se soutient dans cette attitude par de petits battements
d'ailes [f] ; lorsqu'elle vient à couver, le mâle va à la pêche et lui fait part
de ses captures, et l'on voit souvent des poissons tombés de leurs nids [g].
Du reste, il ne paraît pas que les hérons se nourrissent de serpents ni d'autres reptiles, et l'on ne sait sur quoi pouvait être fondée la défense de les
tuer en Angleterre [h].

Nous avons vu que le héron adulte refuse de manger, et se laisse mourir
en domesticité ; mais, pris jeune, il s'apprivoise, se nourrit et s'engraisse :
nous en avons fait porter du nid à la basse-cour : ils y ont vécu d'entrailles
de poissons et de viande crue, et se sont habitués avec la volaille ; ils sont
même susceptibles non pas d'éducation, mais de quelques mouvements
communiqués ; on en a vu qui avaient appris à tordre le cou de différentes
manières, à l'entortiller autour du bras de leur maître, mais dès qu'on ces-

a. « Ardeolarum... pellos in coïtu anguntur ; mares quidem cum vociferatu sanguinem etiam
« ex oculis profundunt ; nec minùs ægrè pariunt gravidæ » Plin., lib. x, cap. lxxix. Cette fable
de la souffrance du héron dans le coït en avait enfanté une autre, celle de la grande chasteté
de cet oiseau, qui, au dire de Glycas, s'afflige et s'attriste durant quarante jours en sentant
approcher le temps de la copulation. Mich. Glycas, *Annal.*, lib. i.

b. « Pellus non sine molestià cubat et coït : clangit enim, et sanguinem, ut aiunt, emittit
« coïens ; parit quoque incommodè et cum dolore. » Aristot., *ex recens. Scaliger*, lib. ix. cap. ii.

c. « In animalibus quædam vi, vel contra naturam, eveniunt, ut ardeæ coïtus. » Theophrast.
in Metaphys.

d. *Hist. animal.*, lib. xxxiii.

e. Jonston, *Avi.*, pag. 151.

f. « En basse Bretagne, les hérons sont moult fréquens, où ils font leurs nids sur les
« rameaux des arbres des forêts de haulte fustaye : et pour ce qu'ils nourrissent leurs petits de
« poissons, et qu'en les abéchant, grande quantité en tombe par terre, plusieurs ont pris
« occasion de dire avoir esté en un pays où les poissons qui tombent des arbres engraissent
« les pourceaux. » Belon, *Nat. des oiseaux*, p. 189.

g. « Ardeam in Angliâ occidere capitale esse ferunt. » *Mus. Worm.*, p. 309. Jonston dit la
même chose, *Avi.*, p. 150.

sait de les agacer ils retombaient dans leur tristesse naturelle et demeuraient immobiles[a] : au reste, les jeunes hérons sont, dans le premier âge,
assez longtemps couverts d'un poil follet épais, principalement sur la tête et
le cou.

Le héron prend beaucoup de grenouilles : il les avale tout entières ; on
le reconnaît à ses excréments, qui en offrent les os non brisés et enveloppés
d'une espèce de mucilage visqueux de couleur verte, formé apparemment
de la peau des grenouilles réduite en colle ; ses excréments ont, comme
ceux des oiseaux d'eau en général, une qualité brûlante pour les herbes :
dans la disette, il avale quelques petites plantes telles que la lentille d'eau[b],
mais sa nourriture ordinaire est le poisson ; il en prend assez de petits, et
il faut lui supposer le coup de bec sûr et prompt pour atteindre et frapper
une proie qui passe comme un trait : mais, pour les poissons un peu gros,
Willughby dit avec toute sorte de vraisemblance qu'il en pique et en blesse
beaucoup plus qu'il n'en tire de l'eau[c]. En hiver, lorsque tout est glacé, et
qu'il est réduit aux fontaines chaudes, il va tâtant de son pied dans la vase,
et palpe ainsi sa proie, grenouille ou poisson.

Au moyen de ses longues jambes, le héron peut entrer dans l'eau de
plus d'un pied sans se mouiller ; ses doigts sont d'une longueur excessive :
celui du milieu est aussi long que le tarse ; l'ongle qui le termine est dentelé[d] en dedans comme un peigne, et lui fait un appui et des crampons pour
s'accrocher aux menues racines qui traversent la vase sur laquelle il se
soutient au moyen de ses longs doigts épanouis. Son bec est armé de dentelures tournées en arrière, par lesquelles il retient le poisson glissant. Son
cou se plie souvent en deux, et il semblerait que ce mouvement s'exécute
au moyen d'une charnière, car on peut encore faire jouer ainsi le cou plusieurs jours après la mort de l'oiseau. Willughby a mal à propos avancé à
ce sujet que la cinquième vertèbre du cou est renversée et posée en sens
contraire des autres[e] ; car, en examinant le squelette du héron, nous avons
compté dix-huit vertèbres dans le cou, et nous avons seulement observé
que les cinq premières, depuis la tête, sont comme comprimées par les
côtés, et articulées l'une sur l'autre par une avance de la précédente sur la
suivante, sans apophyses, et que l'on ne commence à voir des apophyses

---

    a. « J'en tenais un dans ma cour, il ne cherchait point à s'échapper, il ne fuyait point quand
« on l'approchait, il restait immobile où on le posait ; les premiers jours il présentait le bec et
« frappait même de la pointe, mais sans faire aucun mal ; je n'ai jamais vu un animal plus
« patient, plus immobile et plus silencieux. » M. Hébert.

    b. Salerne, *Ornithol.*, p. 208.

    c. Ornithologie, p. 204.

    d. Cette dentelure en peigne est creusée sur la tranche dilatée et saillante du côté intérieur
de l'ongle, sans s'étendre jusqu'à sa pointe, qui est aiguë et lisse.

    e. « Quinta colli vertebra contrariam habet positionem, nempe sursum reflectitur. » Wil-
lughby, pag. 204.

que sur la sixième vertèbre; par cette singularité de conformation, la partie du cou qui tient à la poitrine se raidit, et celle qui tient à la tête joue en demi-cercle sur l'autre, ou s'y applique de façon que le cou, la tête et le bec sont pliés en trois l'un sur l'autre : l'oiseau redresse brusquement, et comme par ressort, cette moitié repliée, et lance son bec comme un javelot; en étendant le cou de toute sa longueur, il peut atteindre au moins à trois pieds à la ronde : enfin, dans un parfait repos, ce cou si démesurément long est comme effacé et perdu dans les épaules, auxquelles la tête paraît jointe[a] ; ses ailes pliées ne débordent point la queue, qui est très-courte.

Pour voler il raidit ses jambes en arrière, renverse le cou sur le dos, le plie en trois parties, y compris la tête et le bec, de façon que d'en bas on ne voit point de tête, mais seulement un bec qui paraît sortir de sa poitrine; il déploie des ailes plus grandes, à proportion, que celles d'aucun oiseau de proie : ces ailes sont fort concaves et frappent l'air par un mouvement égal et réglé. Le héron, par ce vol uniforme, s'élève et se porte si haut qu'il se perd à la vue dans la région des nuages[b]. C'est lorsqu'il doit pleuvoir qu'il prend le plus souvent son vol[c], et les anciens tiraient de ses mouvements et de ses attitudes plusieurs conjectures sur l'état de l'air et les changements de température; triste et immobile sur le sable des rivages, il annonçait des frimas[d] ; plus remuant et plus clameux qu'à l'ordinaire, il promettait la pluie; la tête couchée sur la poitrine, il indiquait le vent par le côté où son bec était tourné[e]. Aratus et Virgile, Théophraste et Pline, établissent ces présages, qui ne nous sont plus connus depuis que les moyens de l'art, comme plus sûrs, nous ont fait négliger les observations de la nature en ce genre.

Quoi qu'il en soit, il y a peu d'oiseaux qui s'élèvent aussi haut et qui, dans le même climat, fassent d'aussi grandes traversées que les hérons; et souvent, nous dit M. Lottinger, on en prend qui portent sur eux des marques des lieux où ils ont séjourné. Il faut en effet peu de force pour porter très-loin un corps si mince et si maigre, qu'en voyant un héron à quelque hauteur dans l'air, on n'aperçoit que deux grandes ailes sans fardeau; son corps est efflanqué, aplati par les côtés, et beaucoup plus couvert de plumes que de chair. Willughby attribue la maigreur du héron à la crainte et à l'anxiété continuelle dans laquelle il vit[f], autant qu'à la disette et à son peu

a. « Sedet capite inter armos adducto, collo intorto. » Willughby, p. 204.

b.   ....Notasque paludes
Deserit, atque altam supervolat ardea nubem.
VIRGILE.

c. Aldrovande, *Avi.*, t. III, p. 370.

d. « Ardea in mediis arenis tristis, hiemem. » Plin., lib. XIII, cap. LXXXVII.

e. Voyez Aldrovande, *Avi.*, t. III, p. 373.

f. « Corpus (ardeis) plerumque macilentum et strigosum, ob pavorem, et sollicitudinem « continuam. » Willughby, *Ornithol.*, p. 203.

d'industrie [a] ; effectivement, la plupart de ceux que l'on tue sont d'une maigreur excessive [b].

Tous les oiseaux de la famille du héron n'ont qu'un seul cœcum [1], ainsi que les quadrupèdes, au lieu que tous les autres oiseaux en qui se trouve ce viscère l'ont double [c] ; l'œsophage est très-large et susceptible d'une grande dilatation ; la trachée-artère a seize pouces de longueur, et environ quatorze anneaux par pouce ; elle est à peu près cylindrique jusqu'à sa bifurcation, où se forme un renflement considérable d'où partent les deux branches qui, du côté intérieur, ne sont formées que d'une membrane ; l'œil est placé dans une peau nue, verdâtre, qui s'étend jusqu'aux coins du bec ; la langue est assez longue, molle et pointue ; le bec, fendu jusqu'aux yeux, présente une longue et large ouverture ; il est robuste, épais près de la tête, long de six pouces et finissant en pointe aiguë ; la mandibule inférieure est tranchante sur les côtés, la supérieure est dentelée vers le bout sur près de trois pouces de longueur ; elle est creusée d'une double rainure dans laquelle sont placées les narines ; sa couleur est jaunâtre, rembrunie à la pointe, la mandibule inférieure est plus jaune, et les deux branches qui la composent ne se joignent qu'à deux pouces de la pointe ; l'entre-deux est garni d'une membrane couverte de plumes blanches ; la gorge est blanche aussi, et de belles mouchetures noires marquent les longues plumes pendantes du devant du cou ; tout le dessus du corps est d'un beau gris de perle ; mais dans la femelle, qui est plus petite que le mâle, les couleurs sont plus pâles, moins foncées, moins lustrées ; elle n'a point la bande transversale noire sur la poitrine, ni d'aigrette sur la tête [d] ; dans le mâle il y a deux ou trois longs brins de plumes minces, effilées, flexibles et du plus

a. « Je tirai un héron, c'était par un froid rigoureux ; il n'était que légèrement blessé, et « emporta le coup assez loin. Un grand chien que j'avais avec moi, quoiqu'à la fleur de l'âge, « et qui avait donné des marques de courage, hésita de se jeter sur ce héron, jusqu'à ce qu'il « me sentit près de lui ; le héron poussait des cris affreux, il s'était renversé sur le dos, et « présentait ses pieds au-devant de lui lorsqu'on en approchait de près, comme pour repousser ; « il menaçait aussi du bec : cependant lorsque je le tins, quoique plein de vie et encore très- « fort, il ne me fit aucun mal et ne chercha point à m'en faire. Je le dépouillai de sa peau pour « la conserver ; il était d'une maigreur excessive ; je l'avais surpris de grand matin sur les « bords d'une rivière très-profonde, où certainement il ne devait pas faire de fréquentes cap « tures, et il y avait plusieurs jours que je le rencontrais au même endroit, en cherchant des « canards sauvages. » Note tirée de l'excellent *Mémoire* de M. Hébert *sur les hérons*

b. Aristote connaissait mal le héron, lorsqu'il le dit actif et subtil à se procurer sa subsistance ; « sagax et cœnægerula et operosa : » il aurait pu le dire avec plus de vérité, inquiet et soucieux.

c. Willughby, page 203.

d. Nous n'hésitons pas, d'après ces caractères de différences établies entre le mâle et la femelle du héron, sur les meilleurs témoignages, de regarder le *héron huppé* dont M. Brisson fait *sa seconde espèce*, et qui est le même que celui de nos planches enluminées, n° 755, comme le mâle de l'espèce dont la femelle est représentée, n° 787. En remontant à la source, je trouve

1. « Leur estomac (des *hérons*) est un très-grand sac peu musculeux, et ils n'ont qu'un cœcum « très-petit. » (Cuvier.)

beau noir; ces plumes sont d'un grand prix, surtout en Orient[a] : la queue
du héron a douze pennes tant soit peu étagées; la partie nue de sa jambe a
trois pouces, le tarse six, le grand doigt plus de cinq; il est joint au doigt
intérieur par une portion de membrane; celui de derrière est aussi très-
long, et par une singularité marquée dans tous les oiseaux de cette famille,
ce doigt est comme articulé avec l'extérieur, et implanté à côté du talon; les
doigts, les pieds et les jambes de ce héron commun sont d'un jaune verdâtre; il a cinq pieds d'envergure, près de quatre du bout du bec aux
ongles, et un peu plus de trois jusqu'au bout de la queue; le cou a seize ou
dix-sept pouces; en marchant, il porte plus de trois pieds de hauteur : il
est donc presque aussi grand que la cigogne, mais il a beaucoup moins
d'épaisseur de corps, et on sera peut-être étonné qu'avec d'aussi grandes
dimensions le poids de cet oiseau n'excède pas quatre livres[b].

Aristote et Pline paraissent n'avoir connu que trois espèces dans ce genre :
le héron commun ou le grand héron gris dont nous venons de parler[c], et
qu'ils désignent par le nom de héron cendré ou brun, *pellos;* le héron blanc,
leucos; et le héron étoilé ou le butor, *asterias*[d]; cependant Oppien observe
que les espèces de héron sont nombreuses et variées. En effet, chaque climat a les siennes, comme nous le verrons par leur énumération ; et l'espèce
commune, celle de notre héron gris, paraît s'être portée dans presque tous
les pays, et les habiter conjointement avec celles qui y sont indigènes. Nulle
espèce n'est plus solitaire, moins nombreuse dans les pays habités, et plus
isolée dans chaque contrée, mais en même temps aucune n'est plus répandue et ne s'est portée plus loin dans des climats opposés; un naturel
austère, une vie pénible, ont apparemment endurci le héron et l'ont rendu
capable de supporter toutes les intempéries des différents climats. Dutertre
nous assure qu'au milieu de la multitude de ces oiseaux, naturels aux An-

que les naturalistes ne se sont portés à distinguer le *héron gris huppé*, du héron gris commun,
que sur une indication de Gessner (*alia quædam ardea. Avi.*, p. 219) qu'il ne donne lui-même
que d'après une tête séparée du corps de l'oiseau, et sans oser prononcer fermement que ce
héron huppé ne soit pas une variété quelconque du héron gris commun, ainsi que M. Klein l'a
très-bien soupçonné (*Ordo avi.*, p. 122, n° 1); et Willughby semble l'entendre de même pour
son *ardea cinerea major*, que M. Brisson rapporte mal à propos, à une espèce différente du
héron commun, puisque Willughby lui en donne le nom, *the common heron* (*Ornithol.*,
pag. 203).

a. « Plumulas longas in capite ardearum dependentes, magnatibus imprimis asiaticis caras. »
Klein, *Avi.*, p. 122. — Il y a trois fameux panaches de ces rares plumes de héron : celui de
l'Empereur, celui du grand Turc, et celui du Mogol; mais s'il est vrai, comme on le prétend,
que les plus belles plumes pour ces panaches soient les blanches, elles appartiennent au bihoreau, dont la plume est en effet encore plus belle que celle du héron.

b. Un héron mâle, pris le 10 janvier, pesait trois livres dix onces; une femelle, trois livres
cinq onces. Observation faite par M. Gueneau de Montbeillard.

c. « Pellam, sive cineream, simpliciter ardeam vocamus. » Gessner.

d. « Ardeolarum tria sunt genera : pellos, leucus, et qui asterias dicitur. » Aristot., lib. IX,
cap. II; la même chose dans Pline, lib. X, cap. LXXIX.

tilles, on trouve souvent le héron gris d'Europe[a]; on l'a de même trouvé à Taïti, où il a un nom propre dans la langue du pays[b], et où les insulaires ont pour lui, comme pour le martin-pêcheur, un respect superstitieux[c]. Au Japon, entre plusieurs espèces de *saggis* ou hérons on distingue, dit Kæmpfer, le *goi-saggi* ou le héron gris[d]; on le rencontre en Égypte[e], en Perse[f], en Sibérie, chez les Jakutes[g]. Nous en dirons autant du héron de l'île de Saint-Iago au cap Vert[h]; de celui de la baie de Saldana[i]; du héron de Guinée de Bosman[j]; des hérons gris de l'île de May, ou des *rabékès* du voyageur Roberts[k]; du héron de Congo, observé par Loppez[l]; de celui de Guzarate, dont parle Mandeslo[m]; de ceux de Malabar[n]; du Tunquin[o]; de Java[p], de Timor[q], puisque ces différents voyageurs indiquent ces hérons simplement sous le nom de l'espèce commune, et sans les en distinguer. Le héron appelé *dangcanghac*, dans l'île de Luçon, et auquel les Espagnols des Philippines donnent en leur langue le nom propre du héron d'Europe (*garza*), nous paraît encore être le même[r]. Dampier dit expressément que le héron de la baie de Campêche est en tout semblable à celui d'Angleterre[s], ce qui, joint au témoignage de Dutertre et à celui de le Page du Pratz, qui a vu à la Louisiane le même héron qu'en Europe[t], ne nous laisse pas douter que l'espèce n'en soit commune aux deux continents, quoique Catesby

a. *Histoire naturelle des Antilles*, t. II, p. 273.

b. *Otoo* est le nom propre du héron gris en langue taïtienne. Voyez le *Vocabulaire des langues des îles du Sud*, donné par M. Forster, à la suite du *Second voyage de Cook*.

c. Forster, *Observations à la suite du second voyage du capitaine Cook*, t. V, p. 188.

d. *Histoire naturelle du Japon*, t. I, p. 112.

e. *Voyage de Granger*; Paris, 1745, p. 237. — *Voyage du P. Vansleb*; Paris, 1677, page 103.

f. *Voyage de Chardin*; Amsterdam, 1711, t. II, p. 30.

g. Gmelin, *Hist. générale des Voyages*, t. XVIII, p. 300.

h. *Histoire générale des voyages*, t. II, p. 376.

i. *Idem*, t. I, p. 449.

j. « On trouve ici (à la côte de Guinée) deux sortes de hérons, des bleus et des blancs. » *Voyage en Guinée*, par Guillaume Bosman; Utrecht, 1705.

h. Voyez la relation de Roberts, dans l'*Histoire générale des voyages*, t. II, p. 37.

l. Outre les oiseaux qui sont propres au royaume de Congo et d'Angola, l'Europe en a peu qui ne se trouvent dans l'une ou l'autre de ces deux régions : Loppez observe que les étangs y sont remplis de hérons et de butors gris, qui portent le nom d'*oiseau royal*. *Histoire générale des voyages*, t. V, p. 75.

m. *Voyage de Mandeslo* à la suite d'Oléarius, t. II, p. 145.

n. *Recueil des voyages qui ont servi à l'établissement de la Compagnie des Indes.* Amsterdam, 1702, t. VI, p. 479.

o. *Voyage de Dampier;* Rouen, 1715, t. III, p. 30.

p. *Nouveau voyage autour du monde*, par le Gentil, t. III, p. 74.

q. Dampier, t. V, p. 61.

r. Voyez Camel, *De avib. Philippin. Transactions philosophiques*, numb. 288.

s. « Les hérons d'ici (de la baie de Campêche), ressemblent tout à fait à ceux que nous « avons en Angleterre, soit par rapport à la grosseur, soit par rapport à la figure et au plumage. » *Voyage de Dampier*; Rouen, 1715, t. III, p. 31.

t. *Histoire de la Louisiane*, t. II, p. 116.

assure qu'il ne s'en trouve dans le nouveau que des espèces toutes différentes.

Dispersés et solitaires dans les contrées peuplées, les hérons se sont trouvés rassemblés et nombreux dans quelques îles désertes, comme dans celles du golfe d'Arguim au cap Blanc, qui reçut des Portugais le nom d'*isola das Garzas*, ou d'île aux hérons, parce qu'ils y trouvèrent un si grand nombre d'œufs de ces oiseaux, qu'on en remplit deux barques [a]. Aldrovande parle de deux îles sur la côte d'Afrique, nommées de même, et pour la même raison, îles des hérons par les Espagnols [b]; celle du Niger, où aborda M. Adanson, eût mérité également ce surnom par la grande quantité de ces oiseaux qui s'y étaient établis [c]. En Europe, l'espèce du héron gris s'est portée jusqu'en Suède [d], en Danemark et en Norwége [e]. On en voit en Pologne [f], en Angleterre [g], en France, dans la plupart de nos provinces; et c'est surtout dans les pays coupés de ruisseaux ou de marais, comme en Suisse [h] et en Hollande [i], que ces oiseaux habitent en plus grand nombre.

Nous diviserons le genre nombreux des hérons en quatre familles : celle du *héron proprement dit*, dont nous venons de décrire la première espèce; celle du *butor;* celle du *bihoreau*, et celle des *crabiers*. Les caractères communs, qui unissent et rassemblent ces quatre familles, sont : la longueur du cou, la rectitude du bec, qui est droit, pointu et dentelé aux bords de sa partie supérieure vers la pointe; la longueur des ailes, qui, lorsqu'elles sont pliées, recouvrent la queue; la hauteur du tarse et de la partie nue de la jambe; la grande longueur des doigts, dont celui du milieu a l'ongle dentelé, et la position singulière de celui de derrière, qui s'articule à côté du talon, près du doigt intérieur; enfin la peau nue, verdâtre, qui s'étend du bec aux yeux dans tous ces oiseaux : joignez à ces conformités physiques celles des habitudes naturelles qui sont à peu près les mêmes; car tous ces

a. Relation de Cadamosto, *Histoire générale des voyages*, t. II, p. 291.

b. Aldrovande, t. III, p. 369.

c. « On arriva le 8 à Lammai (petite île sur le Niger); les arbres étaient couverts d'une « multitude si prodigieuse de cormorans et de hérons de toutes les espèces, que les Laptots, qui « entrèrent dans un ruisseau dont elle était alors traversée, remplirent en moins de demi-« heure un canot, tant de jeunes qui furent pris à la main ou abattus à coups de bâtons, que « des vieux, dont chaque coup de fusil faisait tomber plusieurs douzaines. Ces oiseaux sentent « un goût d'huile de poisson qui ne plaît pas à tout le monde. » *Voyage au Sénégal*, par M. Adanson, p. 80.

d. Fauna Suecica, n° 133.

e. Brunnich, *Ornithol. boreal.*, n° 156.

f. « Ardea Polonis czapla; cinereæ in sylvis nostris nidos ponunt. » Rzaczynski, *Hist. nat. Polon.*, pag. 271.

g. Nat. hist. of Cornwallis, pag. 247.

h. « Ardeæ apud Helvetios abundant, propter multos et magnos fluvios et lacus piscosos. » Gessner.

i. Voyage historique de l'Europe; Paris, 1693, t. V, p. 73.

oiseaux sont également habitants des marais et de la rive des eaux; tous sont patients par instinct, assez lourds dans leurs mouvements, et tristes dans leur maintien.

Les traits particuliers de la famille des hérons, dans laquelle nous comprenons les aigrettes, sont : le cou excessivement long, très-grêle et garni au bas de plumes pendantes et effilées; le corps étroit, efflanqué, et, dans la plupart des espèces, élevé sur de hautes échasses.

Les butors sont plus épais de corps, moins hauts sur jambes que le héron; ils ont le cou plus court, et si garni de plumes, qu'il paraît très-gros en comparaison de celui du héron.

Les bihoreaux ne sont pas si grands que les butors : leur cou est plus court; les deux ou trois longs brins implantés dans la nuque du cou les distinguent des trois autres familles; la partie supérieure de leur bec est légèrement arquée.

Les crabiers, qu'on pourrait nommer *petits hérons*, forment une famille subalterne qui n'est, pour ainsi dire, que la répétition en diminutif de celle des hérons [a] : aucun des crabiers n'est aussi grand que le héron-aigrette, qui est des trois quarts plus petit que le héron commun; et le *blongios*, qui n'est pas plus gros qu'un râle, termine la nombreuse suite d'espèces de ce genre, plus variée qu'aucune autre pour la proportion de la grandeur et des formes.

LE HÉRON BLANC. [b][c][*]

SECONDE ESPÈCE.

Comme les espèces de hérons sont nombreuses, nous séparerons celles de l'ancien continent, qui sont au nombre de sept, de celles du Nouveau-

a. C'est avec toute raison qu'Aldrovande les a appelés *ardeæ minores. Avi.*, t. III, p. 397.

b. Voyez les planches enluminées, n° 886.

c. En grec, Ἐρωδιὸς λευκός, Λευκερωδιός; en latin, *leucus, ardea alba, albardeola*; en italien, *garza* ou *garzetta bianca*; en allemand, *weisser reger*; en anglais, *white-heron, white gaulding.* — Héron blanc. Belon, *Nat. des oiseaux*, p. 191. — *Ardea alba.* Gessner, *Avi.*, p. 213. *Idem, Icon. avi.*, p. 118. — Aldrovande, *Avi.*, t. III, p. 389. — Jonston, *Avi.*, tab. 51, mauvaise figure empruntée de Gessner. — *Ardea alba major.* Willughby, *Ornithol.*, p. 205. — Ray, *Synops. avi.*, p. 99, n° a. 4. — Marsigl. *Danub.*, t. V, p. 12, tab. 4. — Klein, *Avi.*, p. 122, n° 2. — Charleton, *Exercit.*, p. 109, n° 2. *Idem, Onomast.*, p. 103, n° 2. — *Ardea candida.* Schwenckfeld, *Avi. Siles.*, p. 224. — *Ardea alba major cristâ carens.* Rzaczynski, *Auctuar. Hist. nat. Polon.*, p. 364. — *The great white heron. Brit. Zoology*, p. 117. — *Der*

* *Ardea alba* (Lath., Gmel.). — La *grande aigrette* (Cuv.). — « M. Temmink pense que « l'*ardea alba* est le jeune de l'*ardea egretta*, et que la planche enluminée 901 ne représente « pas la *petite aigrette* d'Europe, mais celle d'Amérique. » (Cuvier.)

Monde, dont nous en connaissons déjà dix. La première de ces espèces de
notre continent est le héron commun que nous venons de décrire, et la
seconde est celle du héron blanc, qu'Aristote a indiqué par le surnom de
leucos, qui désigne en effet sa couleur; il est aussi grand que le héron gris,
et même il a les jambes encore plus hautes; mais il manque de panaches,
et c'est mal à propos que quelques nomenclateurs l'ont confondu avec l'aigrette [a] : tout son plumage est blanc, le bec est jaune et les pieds sont noirs.
Turner semble dire qu'on a vu le héron blanc s'accoupler avec le héron
gris [b]; mais Belon dit seulement, ce qui est plus vraisemblable, que les deux
espèces se hantent et sont amies jusqu'à partager quelquefois la même aire
pour y élever en commun leurs petits [c] : il paraît donc qu'Aristote n'était pas
bien informé lorsqu'il a écrit que le héron blanc mettait plus d'art à construire son nid que le héron gris [d].

M. Brisson donne une description du héron blanc, à laquelle on doit
ajouter que la peau nue autour des yeux n'est pas toute verte, mais mêlée
de jaune sur les bords, que l'iris est d'un jaune citron, que les cuisses sont
verdâtres dans leur partie nue [e].

On voit beaucoup de hérons blancs sur les côtes de Bretagne [f], et
cependant l'espèce en est fort rare en Angleterre [g], quoique assez commune dans le Nord jusqu'en Scanie [h]; elle paraît seulement moins nombreuse que celle du héron gris [i], sans être moins répandue, puisqu'on
l'a trouvée à la Nouvelle-Zélande [j], au Japon [k], aux Philippines [l], à Mada-

wisse reiger. Frisch, 12ᵉ divis. sect. 1, pl. 11. — « Ardea capite lævi, corpore albo, rostro
« rubro... » *Ardea alba.* Linnæus, *Syst. nat.*, édit. X, gen. 76, sp. 17 — *Ardea alba tota ;
capite lævi. Idem, Fauna Suec.*, n° 132. — *Aztatl seu ardea candens.* Fernandez, *Hist. nov.
Hisp.*, p. 14, cap. v. — *Guiratinga Brasiliensibus.* Marcgrave, *Hist. nat. Brasil.*, p. 210. —
Ray, *Synops. avi.*, p. 101, n° 17; et p. 189, n° 1. — Jonston, *Avi.*, p. 144 et 150. — Willughby,
Ornithol., p. 210. — *Guiratinga.* De Laët, *Nov. orb.*, p. 575. — *Ardea alba maxima.* Sloane,
Jamaïc, p. 314, n° 2. — *Ardea alba major.* Browne, *Nat. hist. of Jamaïc.*, p. 478. — « Ardea
« in toto corpore alba; spatio rostrum inter et oculos nudo viridi : rostro croceo-flavicante ;
« pedibus nigris... » *Ardea candida.* Brisson, *Ornithol.*, t. V, p. 428.

a. « Le grand héron blanc, que les Vénitiens nomment *garza*, et les Français *aigrette.* »
Histoire des oiseaux de Salerne, p. 311. Voyez ci-après l'article de *l'aigrette*.

b. *Apud Aldrov.*, t. III, p. 393.

c. *Nat. des oiseaux*, p. 192.

d. « Leucos... nidum pulchrè struit. » *Hist. animal.*, lib. ix, cap. xxiv.

e. Extrait d'une lettre de M. le docteur Hermann à M. de Montbeillard, datée de Strasbourg,
le 22 septembre 1774.

f. Voyez Belon, *Nat. des oiseaux*.

g. *Brit. Zoolog.*, pag. 105.

h. *Fauna Suecica.*

i. « Ardea candida... rarius occurrit. » Schwenckfeld, p. 225.

j. « On tua un héron blanc (à la Nouvelle-Zélande), qui ressemblait exactement à celui
« qu'on voit encore, ou qu'on voyait autrefois en Angleterre. » Cook, *Second voyage*, t. I,
p. 190. Dans la langue des îles de la Société, le nom du héron blanc est *trà-pappa*.

k. On l'y nomme *siiro-saggi*, suivant Kæmpfer, *Hist. nat. du Japon*, t. I, p. 112.

l. *Ardeolæ species candidissima*, Talabong *Luzoniensibus*. François Camel, *de avibus Philippin. Transactions philosoph.*, numb. 285.

gascar [a], au Brésil où il se nomme *guiratinga* [b], et au Mexique sous le nom d'*aztatl* [c].

LE HÉRON NOIR. [d] *

TROISIÈME ESPÈCE.

Schwenckfeld serait le seul des naturalistes qui aurait fait mention de ce héron, si les auteurs de l'*Ornithologie italienne* ne parlaient pas aussi d'un héron de mer qu'ils disent être noir [e] ; celui de Schwenckfeld, qu'il a vu en Silésie, c'est-à-dire loin de la mer, pourrait donc ne pas être le même que celui des ornithologistes italiens. Au reste, il est aussi grand que notre héron gris ; tout son plumage est noirâtre, avec un reflet de bleu sur les ailes. Il paraît que l'espèce en est rare en Silésie [f] ; cependant on doit présumer qu'elle est plus commune ailleurs, et que cet oiseau fréquente les mers, car il paraît se trouver à Madagascar, où il a un nom propre [g] ; mais on ne doit pas rapporter à cette espèce, comme l'a fait M. Klein, l'*ardea cœruleo-nigra* de Sloane, qui est le crabier de Labat, qui est beaucoup plus petit, et qui par conséquent doit être placé parmi les plus petits hérons, que nous appellerons *crabiers*.

a. Le nom de héron blanc en langue madégasse, est *vahon-vahon-fouchi*. Flacourt, *Voyage à Madagascar.* Paris, 1661, p. 165.

b. Hist. nat. Brasil., p. 210. De Laët décrit le guiratinga en ces termes, qui dépeignent parfaitement le héron blanc : « Ducit agmen guiratinga, inter aves quæ in mari victitant, grui « magnitudine par, plumis candidis, rostro prolixo atque acuto, crocei coloris, cruribus oblon- « gis, è rubro sub-flavis, collum vestitur plumis tam subtilibus et elegantibus, ut cum sthru- « tionis plumis certent. » *Nov. orb.*, p. 575.

c. « Aztatl, seu ardea candens, ardea nostrati aut eâdem, aut formâ et magnitudine « proxima; universi corporis pennæ niveæ, mollissimæ, ac mirum in modum pexæ et compo- « sitæ; rostrum longum et pallens, ac virens juxta exortum; crura prolixa nigraque. » Fer- nandez, *Hist. avi. nov. Hisp.*, cap. v, p. 14.

d. Ardea nigra. Schwenckfeld, *Avi. Siles.*, p. 224. — Klein, *Avi.*, p. 123, n° 3. — « Ardea « nigricans ; tectricibus alarum superioribus cinereo-cærulescentibus; rectricibus nigricantibus; « rostro pedibusque nigris... » *Ardea nigra.* Brisson, *Ornithol.*, t. V, p. 439.

e. Ornithologie de Florence, n° 458. Au reste, Aldrovande nous avertit qu'on donne vul- gairement en Italie, le nom de *héron noir* au courlis vert. Voyez Aldrovande, t. III, p. 422.

f. « In pago Gusmandorff territorii Hisbergensis visa. » *Avi. Siles.*, p. 223.

h. Vahon-vahon-maintchi. Flacourt, *Voyage.* Paris, 1661, p. 165.

* *Ardea nigra* (Lath., Gmel., Desm.). — Espèce douteuse.

LE HÉRON POURPRÉ. *a* *

QUATRIÈME ESPÈCE.

Le *héron pourpré du Danube* donné par Marsigli *b*, et le *héron pourpré huppé* de nos planches enluminées, nous paraissent devoir se rapporter à une seule et même espèce ; la huppe, comme l'on sait, est l'attribut du mâle, et les petites différences qui se trouvent dans les couleurs entre ces deux hérons peuvent de même se rapporter au sexe ou à l'âge : quant à la grandeur, elle est la même, car, bien que M. Brisson donne son héron pourpré huppé *c* comme beaucoup moins gros que le héron pourpré de Marsigli, les dimensions dans le détail se trouvent être à très-peu près égales, et tous deux sont de la grandeur du héron gris ; le cou, l'estomac et une partie du dos sont d'un beau roux pourpré ; de longues plumes effilées de cette même belle couleur partent des côtés du dos et s'étendent jusqu'au bout des ailes en retombant sur la queue.

LE HÉRON VIOLET. *d* **

CINQUIÈME ESPÈCE.

Ce héron nous a été envoyé de la côte de Coromandel : il a tout le corps d'un bleuâtre très-foncé, teint de violet ; le dessus de la tête est de la même couleur, ainsi que le bas du cou, dont le reste est blanc ; il est plus petit que le héron gris, et n'a au plus que trente pouces de longueur.

LA GARZETTE BLANCHE. ***

SIXIÈME ESPÈCE.

Aldrovande désigne ce héron blanc, plus petit que le premier, par les noms de *garzetta* et de *garza bianca* *e*, en le distinguant nettement de l'ai-

a. Voyez les planches enluminées, n° 788, sous la dénomination de *Héron pourpré, huppé*.

b. Ardea cinerea flavescens, nova species. Marsigl. *Danub.*, t. V, p. 20, avec une figure peu exacte, tab. 8. — Klein, *Avi.*, p. 124, n° 22. —*Ardea purpurascens.* Brisson, *Ornithol.*, t. V, p. 420.

c. Ardea cristata purpurascens. Brisson, *Ornithol.*, t. V, p. 424.

d. Voyez les planches enluminées, n° 906.

e. Avi., t. III, p. 393.

** Ardea purpurea* (Gmel.). — « Nous avons aussi un *héron* gris et roux ou pourpré (*ardea* « *purpurea*). Selon M. Meyer, les *ardea purpurea, purpurata, rufa*, Gmel., *africana*, Lath., « ne sont que des variétés du *héron pourpré*. » (Cuvier.)

*** Ardea leucocephala* (Lath., Gmel., Cuv.).

***** C'est la jeune *aigrette*. Voyez l'article suivant.

grette, qu'il a auparavant très-bien caractérisée ; cependant M. Brisson les a confondues, et il rapporte dans sa nomenclature la *garza bianca* d'Aldrovande à l'aigrette, et ne donne à sa place, et sous le titre de *petit héron blanc* [a], qu'une petite espèce à plumage blanc teint de jaunâtre sur la tête et la poitrine [b], qui paraît n'être qu'une variété dans l'espèce de la garzette, ou plutôt la garzette elle-même, mais jeune et avec un reste de sa livrée, comme Aldrovande l'indique par les caractères qu'il lui donne [c]. Au reste, cet oiseau adulte est tout blanc, excepté le bec et les pieds qui sont noirs ; il est bien plus petit que le grand héron blanc, n'ayant pas deux pieds de longueur. Oppien paraît avoir connu cette espèce [d] ; Klein et Linnæus n'en font pas mention, et probablement elle ne se trouve pas dans le Nord. Cependant le héron blanc dont parle Rzaczynski que l'on voit en Prusse, et qui a le bec et les pieds jaunâtres [e], paraît être une variété de cette espèce ; car dans le grand héron blanc, le bec et les pieds sont constamment noirs, d'autant plus qu'en France même cette petite espèce de garzette est sujette à d'autres variétés. M. Hébert nous assure avoir tué en Brie, au mois d'avril, un de ces petits hérons blancs, pas plus gros de corps qu'un pigeon de volière, qui avait les pieds verts, avec l'écaille lisse et fine, au lieu que les autres hérons ont communément cette écaille des pieds d'un grain grossier et farineux [f].

L'AIGRETTE. [g] [h] [*]

SEPTIÈME ESPÈCE.

Belon est le premier qui ait donné le nom d'*aigrette* à cette petite espèce de héron blanc, et vraisemblablement à cause des longues plumes soyeuses

a. Vingtième espèce de Brisson.

b. « Ardea minor alia, vertice croceo. » Aldrovande, *ubi supra.*

c. Corps moins grand, plus ramassé ; bec tout jaune, etc.

d. « Ardeæ quædam parvæ et albæ sunt. » *Exeutic.*

e. Auctuar., pag. 365.

f. « J'ai revu, en 1757, trois de ces mêmes hérons sur les bords du lac de Nantua, par un « froid excessif ; ils y parurent pendant une huitaine de jours, jusqu'à ce que le lac gelât par « l'excès du froid. » Note communiquée par M. Hébert.

g. Voyez les planches enluminées, n° 901.

h. Aigrette. Belon, *Nat. des oiseaux*, p. 195, avec une mauvaise figure, répétée, *Portrait d'oiseaux*, p. 46 *b*. — *Aigrette.* Gessner, *Avi.*, p. 795. — *Garzetta. Idem, ibid.*, p. 214. — *Ardea alba minor.* Aldrovande, *Avi.*, t. III, p. 393. — *Nota.* Aldrovande après avoir très-bien décrit ici l'aigrette, et l'avoir caractérisée par les longs brins de pennes effilées qui lui chargent le dos, la méconnaît dans la description de Belon (*aigretta Gallorum*, p. 392), quoique l'aigrette de Belon et la sienne soient exactement le même oiseau. — *Ardea alba minor.* Willughby,

* *Ardea garzetta* (Linn.). — La *petite aigrette* (Cuv.). — Genre *Hérons*, sous-genre *Aigrettes* (Cuv.).

qu'il porte sur le dos, parce que ces belles plumes servent à faire des
aigrettes pour embellir et relever la coiffure des femmes, le casque des
guerriers et le turban des sultans; ces plumes sont du plus grand prix en
Orient; elles étaient recherchées en France dès le temps de nos preux chevaliers, qui s'en faisaient des panaches. Aujourd'hui, par un usage plus
doux, elles servent à orner la tête et rehausser la taille de nos belles;
la flexibilité, la mollesse, la légèreté de ces plumes ondoyantes, ajoutent
à la grâce des mouvements; et la plus noble comme la plus piquante
des coiffures ne demande qu'une simple aigrette placée dans de beaux
cheveux.

Ces plumes sont composées d'une côte très-déliée, d'où partent par
paires, à petits intervalles, des filets très-fins et aussi doux que la soie : de
chaque épaule de l'oiseau sort une touffe de ces belles plumes qui s'étendent
sur le dos et jusque au delà de la queue; elles sont d'un blanc de neige,
ainsi que toutes les autres plumes, qui sont moins délicates et plus fermes;
cependant il paraît que l'oiseau jeune, avant sa première mue et peut-être
plus tard, a du gris ou du brun, et même du noir, mêlés dans son plumage.
Un de ces oiseaux tués par M. Hébert, en Bourgogne [a], avait tous les caractères de la jeunesse, et particulièrement ces couleurs brunes de la livrée du
premier âge.

Cette espèce, à laquelle on a donné le nom d'*aigrette*, n'en est pas moins
un héron, mais c'est l'un des plus petits; il n'a communément pas deux
pieds de longueur; adulte, il a le bec et les pieds noirs, il se tient de préférence aux bords de la mer, sur les sables et les vases : cependant il perche
et niche sur les arbres comme les autres hérons.

Il paraît que l'espèce de notre aigrette d'Europe se retrouve en Amérique [b], avec une autre espèce plus grande, dont nous donnerons la description dans l'article suivant; il paraît aussi que cette même espèce d'Europe s'est répandue dans tous les climats, et jusque dans les îles lointaines

Ornithol., p. 205. — *Garzetta Aldrovandi. Idem, ibid.*, p. 206. — Ray, *Synops. avi.*, p. 99,
n° 5. — *Garzetta Italorum.* Jonston, *Avi.*, p. 104. — *Garzetta bianca. Idem, ibid. — Egretta
Gallorum. Idem, ibid. — Ardea alba minor.* Marsigl. *Danub.*, t. V, avec une figure assez
exacte, tab. 5. — *Ardea alba minor cristata.* Rzaczynski, *Auctuar. Hist. nat. Polon.*, p. 364.
— *Garzetta Italorum.* Charleton, *Exercit.*, p. 110, n° 3. *Onomast.*, p. 103, n° 3. — *Egretta
Gallorum. Idem, Exercit.*, p. 110, n° 4. *Onomast.*, p. 103, n° 4. — « Ardea cristata, in toto
« corpore alba; spatio rostrum inter et oculos nudo, viridi; rostro nigro; pedibus nigro-vires-
« centibus... » *Egretta.* Brisson, *Ornithol.*, t. V, p. 431.

a. A Magny, sur les bords de la Tille, le 9 mai 1778.

b. Dutertre, *Histoire des Antilles*, t. II, p. 777. — « Entre les oiseaux de rivière et d'étangs...
« il y a des aigrettes d'une blancheur du tout admirable, de la grosseur d'un pigeon... elles
« sont particulièrement recherchées, à cause de ce précieux bouquet de plumes fines et déliées
« comme de la soie, dont elles sont parées, et qui leur donnent une grâce toute particulière. »
Hist. nat. et moral. des Antilles; Rotterdam, 1658, p. 149. — Le P. Charlevoix dit qu'il y a
des *pêcheurs* ou *aigrettes* à Saint-Domingue, qui sont de vrais hérons peu différents des nôtres.
Histoire de Saint-Domingue; Paris, 1730, t. I.

isolées, comme aux îles Malouines [a] et à l'île de Bourbon [b] ; on la trouve en Asie, dans les plaines de l'Araxes [c], sur les bords de la mer Caspienne [d] et à Siam [e], au Sénégal et à Madagascar [f], où on l'appelle *langhouron* [g] ; mais pour les aigrettes noires, grises et pourprées que les voyageurs Flacourt et Cauche [h] placent dans cette même île, on peut les rapporter avec beaucoup de vraisemblance à quelqu'une des espèces précédentes de hérons, auxquels le panache dont leur tête est ornée aura fait donner improprement le nom d'*aigrette*.

HÉRONS DU NOUVEAU CONTINENT

LA GRANDE AIGRETTE. [i]*

PREMIÈRE ESPÈCE.

Toutes les espèces précédentes de hérons sont de l'ancien continent, toutes celles qui suivent appartiennent au nouveau ; elles sont très-nombreuses en individus, dans ces régions où les eaux qui ne sont point con-

a. « Les aigrettes sont assez communes (aux îles Malouines) ; nous les prîmes pour des hérons, « et nous ne connûmes pas d'abord le mérite de leurs plumes. Ces animaux commencent leur « pêche au déclin du jour ; ils aboient de temps à autre, de manière à faire croire que ce sont « de ces loups-renards dont nous avons parlé ci-devant. » *Voyage autour du monde*, par M. de Bougainville, t. I, in-8°, p. 125.

b. *Voyage de François Leguat* ; Amsterdam, 1708, t. I, p. 55.

c. *Voyage de Tournefort*, t. II, p. 353.

d. Le héron et l'aigrette sont communs autour de la mer Caspienne et de la mer d'Azow ; les Russes et les Tartares connaissent et estiment ces oiseaux à précieux panaches ; les premiers les nomment *tschapla-belaya*, et les seconds *ak-koutan*. *Discours sur le commerce de Russie*, par M. Guldenstaed, p. 22.

e. « Rien n'est plus agréable à voir que le grand nombre d'aigrettes dont les arbres sont « couverts (à Siam) ; il semble de loin qu'elles en soient les fleurs : le mélange du blanc des « aigrettes et du vert des feuilles fait le plus bel effet du monde. L'aigrette est un oiseau de la « figure du héron, mais beaucoup plus petit ; sa taille est fine, son plumage beau et plus blanc « que la neige ; il a des aigrettes sur la tête, sur le dos et sous le ventre, qui font sa principale « beauté, et qui le rendent extraordinaire. » *Dernier voyage de Siam*, par le P. Tachard. Paris, 1686, p. 201.

f. « On trouve le long de la rivière (de la Gambia) le héron nain, que les Français nomment « l'*aigrette* ; il ressemble aux hérons communs, à l'exception du bec et des jambes qui sont tout « à fait noirs, et du plumage qui est blanc sans mélange ; il a sur les ailes et sur le dos une sorte « de plumes fines, longues de douze à quinze pouces, qui s'appellent *aigrettes* en français ; elles « sont fort estimées des Turcs et des Persans, qui s'en servent pour orner leurs turbans. » *Histoire générale des voyages*, t. III, p. 305.

g. Flacourt, *Voyage à Madagascar*. Paris, 1661, p. 165.

h. Voyez aussi Rennefort, t. VIII de l'*Histoire générale des voyages*, p. 604.

i. Voyez les planches enluminées, n° 925.

* *Ardea egretta* (Lath. Gmel.). — Sous-genre *Aigrettes* (Cuv.).

traintes se répandent sur de vastes espaces, et où toutes les terres basses sont noyées : la grande aigrette est, sans contredit, la plus belle de ces espèces, et ne se trouve pas en Europe ; elle ressemble à notre aigrette par le beau blanc de son plumage, sans mélange d'aucune autre couleur, et elle est du double plus grande, et par conséquent son magnifique parement de plumes soyeuses est d'autant plus riche et plus volumineux ; elle a, comme l'aigrette d'Europe, le bec et les pieds noirs ; à Cayenne elle niche sur les petites îles qui sont dans les grandes savanes noyées ; elle ne fréquente pas les bords de la mer ni les eaux salées, mais se tient habituellement sur les eaux stagnantes et sur les rivières, où elle s'abrite dans les joncs : l'espèce en est assez commune à la Guiane ; mais ces grands et beaux oiseaux ne vont pas en troupes comme les petites aigrettes ; ils sont aussi plus farouches, se laissent moins approcher, et se perchent rarement. On en voit à Saint-Domingue, où dans la saison sèche ils fréquentent les marais et les étangs ; enfin il paraît que cette espèce n'est pas confinée aux climats les plus chauds de l'Amérique, car nous en avons reçu quelques individus qui nous ont été envoyés de la Louisiane.

L'AIGRETTE ROUSSE. [a] *

DEUXIÈME ESPÈCE.

Cette aigrette, avec le corps d'un gris noirâtre, a les panaches du dos et les plumes effilées du cou d'un roux de rouille ; elle se trouve à la Louisiane et n'a pas tout à fait deux pieds de longueur.

LA DEMI-AIGRETTE. [b] **

TROISIÈME ESPÈCE.

Nous donnons ce nom au *héron bleuâtre à ventre blanc de Cayenne* de nos planches enluminées, pour désigner un caractère qui semble faire la nuance des aigrettes aux hérons : en effet, celui-ci n'a pas, comme les aigrettes, un panache sur le dos aussi étendu, aussi fourni, mais seulement un faisceau de brins effilés qui lui dépassent la queue, et représentent en

a. Voyez les planches enluminées, n° 902.
b. Voyez les planches enluminées, n° 350.

* *Ardea rufescens* (Lath., Gmel., Desm.). — Sous-genre *id.*
** *Ardea leucogaster* (Lath., Gmel., Desm.). — Sous-genre *id.*

petit les touffes de l'aigrette : ces brins, que n'ont pas les autres hérons, sont de couleur rousse; cet oiseau n'a pas deux pieds de longueur : le dessus du corps, le cou et la tête sont d'un bleuâtre foncé, et le dessous du corps est blanc.

LE SOCO. [a]*

QUATRIÈME ESPÈCE.

Soco, suivant Pison, est le nom générique des hérons au Brésil : nous l'appliquons à cette grande et belle espèce dont Marcgrave fait son second héron, et qui se trouve également à la Guiane et aux Antilles comme au Brésil; il égale en grandeur notre héron gris : il est huppé; les plumes fines et pendantes qui forment sa huppe, et dont quelques-unes ont six pouces de long, sont d'un joli cendré; suivant Dutertre, les vieux mâles seuls portent ce bouquet de plumes; celles qui pendent au bas du cou sont blanches et également délicates, douces et flexibles; l'on peut de même en faire des panaches : celles des épaules et du manteau sont d'un gris cendré ardoisé. Pison, en remarquant que cet oiseau est ordinairement assez maigre, assure néanmoins qu'il prend de la graisse dans la saison des pluies. Dutertre, qui l'appelle *crabier*, suivant l'usage des îles où ce nom se donne aux hérons, dit qu'il n'est pas aussi commun que les autres hérons, mais que sa chair est aussi bonne, c'est-à-dire pas plus mauvaise.

LE HÉRON BLANC A CALOTTE NOIRE. [b]**

CINQUIÈME ESPÈCE.

Ce héron, qui se trouve à Cayenne, a tout le plumage blanc, à l'exception d'une calotte noire sur le sommet de la tête, qui porte un panache de cinq

a. *Çocoi Brasiliensibus.* Marcgrave, *Hist. nat. Bras.*, p. 209, avec une mauvaise figure, p. 210. — Willughby, *Ornithol.*, p. 209. — Ray, *Synops. avi.*, p. 100, n° 15. — Jonston, *Avi.*, p. 143. — *Çocoi secundus.* Pison, *Hist. nat.*, p. 89. — Willughby, Jonston et Pison, copient la figure de Marcgrave. — *Second crabier.* Dutertre, *Hist. des Antilles*, t. II, p. 273; avec une figure peu exacte, p. 246, n° 13. — *Héron bleu.* Albin, t. III, p. 32, avec une figure mal coloriée, pl. 79. — « Ardea cristata, dilutè cinerea; capite superiore in medio cinereo, ad latera « nigro, cristâ cinereâ; collo albo, inferius maculis longitudinalibus nigro-cinereis vario; « pennis in colli inferioris imâ parte strictissimis, longissimis, candidis; rectricibus dilutè « cinereis; rostro flavo-virescente; pedibus cinereis... » *Ardea Cayanensis cristata.* Brisson, *Ornithol.*, t. V, p. 400.

b. Voyez les planches enluminées, n° 907, sous le nom de *Héron blanc huppé de Cayenne.*

* *Ardea soco* (Lath.). — *Ardea cocoi* (Gmel.).

** *Ardea pileata* (Lath.). — Genre *Hérons*, sous-genre *Bihoreaux* (Cuv.).

ou six brins blancs : il n'a guère que deux pieds de longueur ; il habite le
haut des rivières à la Guiane, et il est assez rare[a]. Nous lui joindrons le
héron blanc du Brésil[b], la différence de grandeur pouvant n'être qu'une
différence individuelle, et la plaque noire, ainsi que la huppe, pouvant
n'appartenir qu'au mâle et former son attribut distinctif, comme nous
l'avons déjà remarqué pour la huppe dans la plupart des autres espèces de
hérons.

LE HÉRON BRUN.[c]*

SIXIÈME ESPÈCE.

Il est plus grand que le précédent, et, comme lui, naturel à la Guiane.
Il a tout le dessus du corps d'un brun noirâtre, dont la teinte est plus foncée
sur la tête, et paraît ombrée de bleuâtre sur les ailes ; le devant du cou est
blanc, chargé de taches en pinceaux brunâtres ; le dessous du corps est
d'un blanc pur.

LE HÉRON AGAMI.[d]**

SEPTIÈME ESPÈCE.

Nous ignorons sur quelle analogie peut être fondée la dénomination de
héron agami, sous laquelle cette espèce nous a été envoyée de Cayenne, si
ce n'est sur le rapport des longues plumes qui couvrent la queue de l'agami
en dépassant les pennes, avec de longues plumes tombantes qui recouvrent
et dépassent de même la queue de ce héron, en quoi il a du rapport aux
aigrettes ; ces plumes sont d'un bleu clair, celles des ailes et du dos sont
d'un gros bleu foncé ; le dessous du corps est roux ; le cou est de cette
même couleur en devant, mais il est bleuâtre au bas et gros bleu en dessus ;
la tête est noire, avec l'occiput bleuâtre, d'où pendent de longs filets noirs.

a. Remarques de MM. de la Borde et Sonnini, sur les oiseaux de la Guiane.
b. Alia ardeæ species. Marcgrave, p. 220. — *Ardea Brasiliensis candida.* Brisson, *Ornith.*,
t. V, p. 434.
c. Voyez les planches enluminées, n° 858.
d. Voyez les planches enluminées, n° 859.

* *Ardea fusca* (Lath.). « Peut-être le jeune de l'*ardea herodias.* » (Cuvier.)
** *Ardea agami* (Lath., Gmel.). — Genre *Hérons,* sous-genre *Aigrettes* (Cuv.).

L'HOCTI. [a][*]

HUITIÈME ESPÈCE.

Nieremberg interprète le nom mexicain de cet oiseau *hoactli* ou *toloactli*, par *avis sicca*, oiseau sec ou maigre, ce qui convient fort bien à un héron : celui-ci est de moitié moins grand que le héron commun. Sa tête est couverte de plumes noires qui s'allongent sur la nuque en panache; le dessus des ailes et la queue sont de couleur grise; il a sur le dos quelques plumes d'un noir lustré de vert; tout le reste du plumage est blanc. La femelle porte un nom différent de celui du mâle (*hoacton fœmina*); elle en diffère en effet par quelques couleurs dans le plumage; il est brun sur le corps, mélangé de quelques plumes blanches, et blanc au cou, mêlé de plumes brunes.

Cet oiseau se trouve sur le lac de Mexique; il niche dans les joncs et a la voix forte et grave, ce qui semble le rapprocher du butor : les Espagnols lui donnent mal à propos le nom de *martinete pescador*, car il est très-différent du *martin-pêcheur*.

LE HOHOU. [b][**]

NEUVIÈME ESPÈCE.

C'est encore par contraction du mot *xoxouquihoactli*, et qui se prononce *hohouquihoactli*, que nous avons formé le nom de cet oiseau, avec d'autant plus de raison que *hohou* est son cri; Fernandez, qui nous donne cette indication, ajoute que c'est un héron d'assez petite espèce; sa longueur est néanmoins de *deux coudées ;* le ventre et le cou sont cendrés; le front est

a. *Avis sicca.* Nieremberg, p. 222 (Mas). *Hoacton. Idem*, p. 225 (Fœmina). — *Hoactli, seu tobactli, id est avis sicca.* Fernand., *Hist. nov. Hisp.*, p. 26, cap. LII (Mas). *Hoacton fœmina. Idem*, p. 13, cap. I. — Willughby, *Ornithol.*, p. 300 et 302. — Ray, *Synops. avi.*, p. 179, n° 8. — Jonston. *Avi.*, p. 128. — « Ardea cristata, supernè (nigro virescens, Mas) (fusca albo varia, « Fœmina) infernè alba (fusco variegata, Fœmina); vertice et cristâ nigris; tæniâ ab oculo « ad oculum, et collo candidis; alis supernè cinereo-virescentibus; rectricibus cinereis; rostro « supernè et infernè nigro, ad latera flavescente; pedibus dilutè flavis... » *Ardea Mexicana cristata.* Brisson, *Ornithol.*, t. V, p. 418.

b. « *Xoxouquihoactli.* Fernandez, *Hist. avi. nov. Hisp.*, p. 14, répété, p. 40. — Ray, *Synops.* « *avium*, p. 102, n° 21. — « Ardea cristata, cinerea, fronte albo et nigro varia; capite supe- « riore et cristá purpurascentibus; alis albo, cinereo et cyaneo variis; rectricibus cinereis; rostro « nigro; pedibus fusco, nigro, et flavescente variegatis... » *Ardea Mexicana cinerea.* Brisson, *Ornithol.*, t. V, p. 404.

* *Ardea hoactli* (Lath.). — Le *héron tobactli* (Vieill.). — Espèce douteuse.
** *Ardea hohu* (Lath., Gmel.). — Espèce douteuse.

blanc et noir ; le sommet de la tête et l'aigrette à l'occiput sont d'une couleur pourprée, et les ailes sont variées de gris et de bleuâtre. Ce héron est
assez rare : on le voit de temps en temps sur le lac de Mexique, où il
paraît venir des régions plus septentrionales.

LE GRAND HÉRON D'AMÉRIQUE. [a]*

DIXIÈME ESPÈCE.

Dans le genre des oiseaux de marécages, c'est au Nouveau-Monde qu'appartiennent les plus grandes comme les plus nombreuses espèces. Catesby
a trouvé en Virginie celle du *grand héron,* que cette dénomination caractérise assez, puisqu'il est le plus grand de tous les hérons connus ; il a près
de quatre pieds et demi de hauteur lorsqu'il est debout, et presque cinq
pieds du bec aux ongles ; son bec a sept ou huit pouces de longueur ; tout
son plumage est brun, hors les grandes pennes de l'aile, qui sont noires ; il
porte une huppe de plumes brunes effilées : il vit non-seulement de poissons
et de grenouilles, mais aussi de grands et de petits lézards.

LE HÉRON DE LA BAIE D'HUDSON. [b]**

ONZIÈME ESPÈCE.

Ce héron est aussi très-grand : il a près de quatre pieds du bec aux
ongles ; une belle huppe d'un brun noir, jetée en arrière, lui ombrage la
tête ; son plumage est d'un brun clair sur le cou, plus foncé sur le dos, et
plus brun encore sur les ailes ; les épaules et les cuisses sont d'un brun
rougeâtre ; l'estomac est blanc ainsi que les grandes plumes qui pendent

---

a. *Largest crested heron.* Catesby, *Carolin. append.,* p. 10, avec une figure de la tête et du
cou, planche 10, fig. 1. — « *Ardea cristata Americana.* Klein, *Avi.,* p. 125, n° 4. — « Ardea
« occipite cristato, dorso cinereo, femoribus rufis, pectore maculis oblongis nigris... » *Hero-*
dias. Linnæus, *Syst. nat.,* édit. X, gen. 76, sp. 11. — « Ardea cristata, fusca ; collo inferiore
« et pectore rufescentibus, maculis longitudinalibus fuscis variis ; remigibus nigris ; rectricibus
« fuscis ; rostro supernè et infernè fusco, ad latera fusco-flavicante, pedibus fuscis... » *Ardea*
Virginiana cristata. Brisson, *Ornithol.,* t. V, p. 416.

b. *Ash-colour'd heron from North-America.* Edwards, t. III, p. et pl. 135. — « Ardea cris-
« tata, supernè cinereo-fuscescens, infernè alba ; collo inferiore et pectore maculis longitudi-
« nalibus nigris, rufescente mixtis, variis ; capite superiore et cristâ nigris ; collo superiore
« fusco, colore saturatiore transversim striato ; pennis in colli inferioris imâ parte strictissimis,
« longissimis ; rectricibus fuscis ; rostro superius nigro, infernè aurantio ; pedibus nigricanti-
« bus... » *Ardea freti Hudsonis.* Brisson, *Ornithol.,* t. V, p. 407.

* *Ardea herodias* (Linn.). — Sous-genre *Hérons proprement dits* (Cuv.).
** *Ardea hudsonias* (Lath., Gmel., Desm.).

du devant du cou, lesquelles sont marquées de traits en pinceaux bruns.

Voilà toutes les espèces de hérons qui nous sont connues, car nous n'admettons pas dans ce nombre la huitième espèce décrite par M. Brisson d'après Aldrovande, parce qu'elle est donnée sur un oiseau qui portait encore la livrée de son premier âge, comme Aldrovande en avertit lui-même ; nous exclurons aussi du genre des hérons la quatrième et la vingt-deuxième espèce de M. Brisson, qui nous paraissent devoir être séparées de ce genre par des caractères très-sensibles, la première ayant le bec arqué et les jambes garnies de plumes jusque sur le genou ; et la seconde ayant un bec court qui la rapproche plutôt du genre des grues : enfin nous ne comptons pas la neuvième espèce de héron du même auteur, parce que nous avons reconnu que c'est la femelle du bihoreau.

LES CRABIERS.*

Ces oiseaux sont des hérons encore plus petits que l'aigrette d'Europe ; on leur a donné le nom de *crabiers* parce qu'il y en a quelques espèces qui se nourrissent de *crabes* de mer, et prennent des écrevisses dans les rivières. Dampier et Wafer en ont vu au Brésil, à Timor, à la Nouvelle-Hollande [a] : ils sont donc répandus dans les deux hémisphères. Barrère dit que, quoique les crabiers des îles de l'Amérique prennent des crabes, ils mangent aussi du poisson, et qu'ils pêchent sur les bords des eaux douces, ainsi que les hérons. Nous en connaissons neuf espèces dans l'ancien continent, et treize dans le nouveau.

CRABIERS DE L'ANCIEN CONTINENT

LE CRABIER CAIOT. [b]*

PREMIÈRE ESPÈCE.

Aldrovande dit qu'en Italie, dans le Boulonais, on appelle cet oiseau *quaiot*, *quaiotta*, apparemment par quelque rapport de ce mot à son cri :

a. Voyez Dampier, *Voyage autour du monde.* Rouen, 1715, t. IV, p. 66, 69 et 111 ; et le *Voyage de Wafer à la suite de Dampier*, t. V, p. 61.

b. *Ardeæ species, vulgo squaiotta.* Aldrovande, *Avi.* t. III, p. 401, avec une mauvaise

* « On a donné aux plus petits *hérons*, à pieds plus courts, le nom de *crabiers.* » (Cuvier.)

** *Ardea squaiotta* (Lath., Gmel.). — « D'après les recherches exactes de M. Meyer, les
« *ardea castanea* (ou *ralloïdes*, Scopol.), *squaiotta, Marsiglii, pumila,* et même *erythropus*
« et *malaccensis*, ne sont que des variétés ou des âges différents du *crabier de Mahon,* ou
« *ardea comata.* L'*ardea senegalensis* en est aussi un jeune âge. C'est peut-être la véritable
« *grue des Baléares* de Pline. » (Cuvier.)

il a le bec jaune et les pieds verts ; il porte sur la tête une belle touffe de plumes effilées, blanches au milieu, noires aux deux bords ; le haut du corps est recouvert d'un chevelu de ces longues plumes minces et tombantes, qui forment sur le dos de la plupart de ces oiseaux crabiers comme un second manteau : elles sont dans cette espèce d'une belle couleur rousse.

LE CRABIER ROUX. [a] *

SECONDE ESPÈCE.

Selon Schwenckfeld, ce crabier est rouge (*ardea rubra*), ce qui veut dire d'un roux vif, et non pas *marron*, comme traduit M. Brisson : il est de la grosseur d'une corneille ; son dos est roux (*dorso rubicundo*), son ventre blanchâtre ; les ailes ont une teinte de bleuâtre, et leurs grandes pennes sont noires. Ce crabier est connu en Silésie et s'y nomme héron rouge (*rodter-reger*) ; il niche sur les grands arbres.

LE CRABIER MARRON. [b] *

TROISIÈME ESPÈCE.

Après avoir ôté ce nom, mal donné à l'espèce précédente par M. Brisson, nous l'appliquons à celle que le même naturaliste appelle *rousse*, quoique

figure. — *Squaiotto Aldrovandi*. Willugh., *Ornithol.*, p. 207. — *Squaiotta Italorum*. Jonston , *Avi.*, p. 104. — Charleton, *Exercit.*, p. 110, n° 6. *Idem, Onomast.*, p. 103, n° 6. — Ray, *Synops. avi.*, p. 99, n° 9. — « Ardea cristata, castanea, pennis scapularibus in exortu albis ; « cristà in medio albà, ad latera nigrà ; rectricibus castaneis ; rostro luteo, apice nigricante ; « pedibus viridibus... » *Cancrofagus*. Brisson, *Ornithol.*, t. V, p. 466.

a. *Ardea rubra, vulgò saud-reger, rodter-reger*. Schwenckfeld, *Avi. Siles.*, p. 225. — « Ardea supernè castanea , infernè sordidè alba ; tæniâ longitudinali candidà à gutture ad ven- « trem usque productà ; tectricibus alarum superioribus ad cæruleum vergentibus ; remigibus « nigris , rectricibus castaneis ; rostro fusco ; pedibus rubris... » *Cancrofagus castaneus*. Brisson, *Ornithol.*, t. V, p. 468.

b. *Ardea hæmatopus, fortè cirris Virgilii Scaligero*. Aldrovande, *Avi.*, t. III , p. 397, avec une mauvaise figure, p. 398. — Willughby, *Ornithol.*, p. 206. — Ray, *Synops. avi.*, p. 99, n° 7. — « Ardea cristata ex croceo ad castaneum vergens, supernè dilutiùs, infernè saturatius ; « capite superiore et cristà lutescente et nigro variegatis ; rectricibus ex croceo ad castaneum « vergentibus ; rostro viridi cæruleo, apice nigro ; pedibus saturatè rubris... » *Cancrofagus rufus*. Brisson, *Ornithol.*, t. V, p. 469.

* *Ardea badia* (Lath., Gmel.). « Selon M. Meyer, dont nous suivons encore ici les résultats, « l'*ardea grisea*, l'*ardea maculata* et l'*ardea badia* se rapportent à différents états du *bihoreau* « *d'Europe*. » (Cuvier.)

** *Ardea erythropus* (Lath., Gmel.). — Voyez la nomenclature ** de la page précédente.

Aldrovande la dise de couleur uniforme, passant du jaunâtre au marron : *ex croceo ad colorem castaneæ vergens;* mais, s'il n'y a pas méprise dans les expressions, ces couleurs sont distribuées contre l'ordinaire, étant plus foncées dessous le corps et plus claires sur le dos et les ailes [a]; les plumes longues et étroites qui recouvrent la tête et flottent sur le cou sont variées de jaune et de noir; un cercle rouge entoure l'œil, qui est jaune; le bec, noir à la pointe, est vert bleuâtre près de la tête; les pieds sont d'un rouge foncé. Ce crabier est fort petit, car Aldrovande, comptant tous les crabiers pour des hérons, dit : *cæteris ardeis ferè omnibus minor est.* Ce même naturaliste paraît donner comme simple variété le crabier [b] dont M. Brisson a fait sa trente-sixième espèce; ce crabier a les pieds jaunes et quelques taches de plus que l'autre sur les côtés du cou; du reste, il lui est entièrement semblable, *per omnia similis :* nous n'hésiterons donc pas à les rapporter à une seule et même espèce; mais Aldrovande paraît plus fondé dans l'application particulière qu'il fait du nom de *cirris* à cette espèce. Scaliger, à la vérité, prouve assez bien que le *cirris* de Virgile n'est point l'alouette (*galerita*), comme on l'interprète ordinairement, mais quelque espèce d'oiseau de rivage aux *pieds rouges*, à la *tête huppée*, et qui devient la proie de l'aigle de mer (*haliæetus*); mais cela n'indique pas que le *cirris* soit une espèce de héron, et moins encore cette espèce particulière de crabier qui n'est pas plus huppé que d'autres; et Scaliger lui-même applique tout ce qu'il dit du cirris à l'aigrette, quoique, à la vérité, avec aussi peu de certitude [c]. C'est ainsi que ces discussions érudites, faites sans étude de la nature, loin de l'éclairer, n'ont servi qu'à l'obscurcir.

LE GUACCO. [d]*

QUATRIÈME ESPÈCE.

C'est encore ici un petit crabier connu en Italie, dans les vallées du Boulonais, sous le nom de *sguacco*. Son dos est d'un jaune rembruni (*ex luteo ferrugineus*); les plumes des jambes sont jaunes, celles du ventre blanchissantes; les plumes minces et tombantes de la tête et du cou sont variées de

a. « Pronè intensiùs, supernè et super alis remissiùs, » p. 377, *lin. ultim.*
b. *Ardea castanei coloris alia. Avi.,* t. III, p. 399.
c. *Vid. Scalig. comment. in cirr. apud Aldrov.,* t. III, p. 397.
d. *Ardeæ genus, quam sguacco vocant.* Aldrovande, *Avi.,* t. III, p. 400, avec une figure peu caractérisée. — Willughby, *Ornithol.,* p. 206. — Ray, *Synops.,* p. 99, n° 8. — « Ardea « cristata, supernè luteo rufescens, infernè candicans, capite, cristà et collo lutescente, albo et « nigro variegatis; rectricibus candicantibus; rostro luteo rufescente; pedibus virescentibus...» *Cancrofagus luteus.* Brisson, *Ornithol.,* t. V, p. 472.

* Le même oiseau que le *blongios*, selon Drapiez. — Voyez la nomenclature *** de la p. 82.

jaune, de blanc et de noir. Ce crabier est plus hardi et plus courageux que les autres hérons; il a les pieds verdâtres, l'iris de l'œil jaune, entouré d'un cercle noir.

LE CRABIER DE MAHON. [a]*

CINQUIÈME ESPÈCE.

Cet oiseau, nommé dans nos planches enluminées *héron huppé de Mahon*, est un crabier, même de petite taille, et qui n'a pas dix-huit pouces de longueur : il a les ailes blanches, le dos roussâtre, le dessus du cou d'un roux jaunâtre et le devant gris blanc; sa tête porte une belle et longue huppe de brins gris blancs et roussâtres.

LE CRABIER DE COROMANDEL. [b]**

SIXIÈME ESPÈCE.

Ce crabier a du rapport avec le précédent : il a de même du roux sur le dos, du roux jaune et doré sur la tête et au bas du devant du cou, et le reste du plumage blanc, mais il est sans huppe; cette différence, qui pourrait s'attribuer au sexe, ne nous empêcherait pas de le rapporter à l'espèce précédente, si celle-ci n'était plus grande de près de trois pouces.

LE CRABIER BLANC ET BRUN. [c]***

SEPTIÈME ESPÈCE.

Le dos brun ou couleur de terre d'ombre, tout le cou et la tête marqués de longs traits de cette couleur sur un fond jaunâtre; l'aile et le dessus du corps blancs : tel est le plumage de ce crabier, que nous avons reçu de Malaca. Il a dix-neuf pouces de longueur.

d. Voyez les planches enluminées, nº 348.
b. Voyez les planches enluminées , nº 910.
c. Voyez les planches enluminées, nº 911, sous le nom de *Crabier de Malac.*

* *Ardea comata* (Gmel.). — Voyez la nomenclature ** de la p. 78.
** *Ardea coromandeliana* (Gmel., Desm.) — Variété de *l'ardea comata*, selon Drapiez.
*** *Ardea malaccensis* (Lath., Gmel.). — Voyez la nomenclature ** de la p. 78.

LE CRABIER NOIR. [a]*

HUITIÈME ESPÈCE.

M. Sonnerat a trouvé ce crabier à la Nouvelle-Guinée : il est tout noir, et
a dix pouces de longueur. Dampier place à la Nouvelle-Guinée de petits
preneurs d'écrevisses à plumage *blanc de lait* [b]; ce pourrait être quelque
espèce de crabier, mais qui ne nous est pas jusqu'ici parvenue, et que cette
notice seule nous indique.

LE PETIT CRABIER. [c][d]**

NEUVIÈME ESPÈCE.

C'est assez caractériser cet oiseau que de lui donner le nom de *petit crabier;* il est en effet plus petit que tous les crabiers, plus même que le *blongios*, et n'a pas onze pouces de longueur. Il est naturel aux Philippines ; il
a le dessus de la tête, du cou et du dos d'un roux brun ; le roux se trace sur
le dos par petites lignes transversales, ondulantes sur le fond brun ; le dessus de l'aile est noirâtre, frangé de petits festons inégaux, blancs roussâtres ;
les pennes de l'aile et de la queue sont noires.

LE BLONGIOS. [e][f]***

DIXIÈME ESPÈCE.

Le blongios est, en ordre de grandeur, la dernière de ces nombreuses
espèces que la nature a multipliées en répétant la même forme sur tous les

a. Voyez les planches enluminées, n° 926.

b. Voyage autour du monde, t. V, p. 81.

c. Voyez les planches enluminées, n° 898, sous le nom de *Crabier des Philippines.*

d. « Ardea supernè castaneo et nigricante transversim et undatim striata, infernè griseo
« rufescens ; capite castaneo, in parte posteriore nigro variegato; collo superiore dilutè casta-
« neo, collo inferiore et pectore griseis, ad castaneum vergentibus; rectricibus nigricantibus ;
« rostro superius nigricante, infernè albo-flavicante; pedibus griseo-fuscis.... » *Cancrofagus
Philippensis.* Brisson, *Ornithol.*, t. V, p. 474.

e. Voyez les planches enluminées, n° 323, sous le nom de *Blongios de Suisse.*

f. « Ardea supernè nigro-viridescens, infernè dilutè fulva; collo superiore griseo-fulvo, ad
« castaneum vergente; pennis in colli inferioris imâ parte longissimis; pectoris maculis lon-

* *Ardea Novæ-Guineæ* (Lath., Gmel.). — « *L'ardea Novæ-Guineæ* approche un peu du
« *courlan* par son bec. » (Cuvier.)

** *Ardea philippensis* (Lath., Gmel.). — Genre *Hérons*, sous-genre *Butors* (Cuv.).

*** *Ardea minuta* et *danubialis* (Gmel.). — Genre *Hérons*, sous-genre *Crabiers* (Cuv.).

modules, depuis la taille du grand héron, égal à la cigogne, jusqu'à celle du plus petit crabier et du blongios, qui n'est pas plus grand qu'un râle ; car le blongios ne diffère des crabiers que par les jambes un peu basses, et le cou en proportion encore plus long : aussi les Arabes de Barbarie, suivant le docteur Shaw, lui donnent-ils le nom de *boo-onk*, long cou, ou, à la lettre, *père du cou* [a]. Il l'allonge et le jette en avant comme par ressort en marchant, ou lorsqu'il cherche sa nourriture ; il a le dessus de la tête et du dos noirs à reflets verdâtres, ainsi que les pennes des ailes et de la queue ; le cou, le ventre, le dessus des ailes d'un roux marron, mêlé de blanc et de jaunâtre ; le bec et les pieds sont verdâtres.

Il paraît que le blongios se trouve fréquemment en Suisse ; on le connaît à peine dans nos provinces de France, où on ne l'a rencontré qu'égaré, et apparemment emporté par quelque coup de vent ou poussé de quelque oiseau de proie [b]. Le blongios se trouve sur les côtes du Levant aussi bien que sur celles de Barbarie. M. Edwards en représente un qui lui était venu d'Alep ; il différait de celui que nous venons de décrire en ce que ses couleurs étaient moins foncées, que les plumes du dos étaient frangées de roussâtre, et celles du devant du cou et du corps marquées de petits traits bruns [c] : différences qui paraissent être celles de l'âge ou du sexe de l'oiseau. Ainsi ce blongios du Levant, dont M. Brisson fait sa seconde espèce [d], et le blongios de Barbarie, ou *boo-onk* du docteur Shaw, sont les mêmes, selon nous, que notre blongios de Suisse.

Toutes les espèces précédentes de crabiers appartiennent à l'ancien continent ; nous allons faire suivre celles qui se trouvent dans le nouveau, en observant pour les crabiers la même distribution que pour les hérons.

« gitudinalibus nigricantibus vario ; rectricibus nigro-virescentibus ; rostro viridi flavicante , « superius apice nigricante ; pedibus virescentibus... » *Ardeola*. Brisson , *Ornithol.*, t. V, page 497.

a. *Voyage du docteur Shaw.* La Haye , 1743, t. I, p. 330.

b. J'ai vu un de ces petits hérons, de la grandeur d'un merle ; il s'était laissé prendre à la main dans le jardin des Dames du Bon-Pasteur à Dijon ; je le vis enfermé dans une cage à faire couver des serins ; son plumage ressemblait à celui d'un râle de prairie ; il était fort vif et s'agitait sans cesse dans sa cage, plutôt par une sorte d'inquiétude, que pour chercher à s'échapper ; car lorsqu'on approchait de sa cage il s'arrêtait, menaçait du bec et le lançait comme par ressort. Je n'ai jamais rencontré ce très-petit héron dans aucune des provinces où j'ai chassé , il faut qu'il soit de passage. Note communiquée par M. Hébert.

c. *Little Brown Bittern.* Edwards, *Glan.*, p. 135, pl. 275.

d. *Le blongios tacheté.* Brisson , *Ornithol.*, t. V, p. 500.

CRABIERS DU NOUVEAU CONTINENT

LE CRABIER BLEU. a*

PREMIÈRE ESPÈCE.

Ce crabier est très-singulier en ce qu'il a le bec bleu comme tout le plumage, en sorte que, sans ses pieds verts, il serait entièrement bleu ; les plumes du cou et de la tête ont un beau reflet violet sur bleu ; celles du bas du cou, du derrière de la tête et du bas du dos sont minces et pendantes ; ces dernières ont jusqu'à un pied de long, elles couvrent la queue et la dépassent de quatre doigts : l'oiseau est un peu moins gros qu'une corneille, et pèse quinze onces. On en voit quelques-uns à la Caroline, et seulement au printemps ; néanmoins Catesby ne paraît pas croire qu'ils y fassent leurs petits, et il dit qu'on ignore d'où ils viennent. Cette même belle espèce se retrouve à la Jamaïque, et paraît même s'être divisée en deux races ou variétés dans cette île.

LE CRABIER BLEU A COU BRUN. b**

SECONDE ESPÈCE.

Tout le corps de ce crabier est d'un bleu sombre, et, malgré cette teinte très-foncée, nous n'en eussions fait qu'une espèce avec la précédente, si la tête et le cou de celui-ci n'étaient d'un roux brun et le bec d'un jaune foncé, au lieu que le premier a la tête et le bec bleus. Cet oiseau se trouve à Cayenne, et peut avoir dix-neuf pouces de longueur.

a. *The blew heron.* Catesby, *Carolina*, t. I, p. 76, avec une belle figure. — *Ardea cæruleo nigra.* Sloane, *Jamaïc.*, t. II, p. 315, avec une mauvaise figure, tab. 263, fig. 3. — Ray, *Synops. avi.*, p. 189, n° 3. — « Ardea occipite cristato, corpore cæruleo... » *Ardea cærulea.* Linnæus, *Syst. nat.*, édit. X, gen. 76, sp. 3. — *Ardea cyanea.* Klein, *Avi.*, p. 124, n° 7. — « Ardea cristata, cærulea : capite, cristâ et collo ad violaceum vergentibus; pennis in colli infe-« rioris imâ parte strictissimis, longissimis, spatio rostrum inter et oculos nudo, rostroque « cæruleis; pedibus viridibus... » *Cancrofagus cæruleus.* Brisson, *Ornithol.*, t. V, p. 484.

b. Voyez les planches enluminées, n° 349, sous la dénomination de *Héron bleuâtre de Cayenne.*

* *Ardea cærulea* (Linn., Cuv.).
** *Ardea cærulescens* (Lath., Vieill., Desm.).

LE CRABIER GRIS DE FER. [a]*

TROISIÈME ESPÈCE.

Cet oiseau, que Catesby donne pour un butor, est certainement un petit héron ou crabier ; tout son plumage est d'un bleu obscur et noirâtre, excepté le dessus de la tête qui est relevé en huppe d'un jaune pâle, d'où partent à l'occiput trois ou quatre brins blancs ; il y a aussi une large raie blanche sur la joue jusqu'aux coins du bec ; l'œil est protubérant, l'iris en est rouge et la paupière verte ; de longues plumes effilées naissent sur les côtés du dos et viennent en tombant dépasser la queue ; les jambes sont jaunes ; le bec est noir et fort, et l'oiseau pèse une livre et demie. On voit, dit Catesby, de ces crabiers à la Caroline, dans la saison des pluies ; mais, dans les îles de Bahama, ils sont en bien plus grand nombre, et font leurs petits dans des buissons qui croissent dans les fentes des rochers ; ils sont en si grande quantité dans quelques-unes de ces îles, qu'en peu d'heures deux hommes peuvent prendre assez de leurs petits pour charger un canot, car ces oiseaux, quoique déjà grands et en état de s'enfuir, ne s'émeuvent que difficilement et se laissent prendre par nonchalance ; ils se nourrissent de crabes plus que de poisson, et les habitants de ces îles les nomment *preneurs de cancres ;* leur chair, dit Catesby, est de très-bon goût, et ne sent point le marécage.

LE CRABIER BLANC A BEC ROUGE. [b]**

QUATRIÈME ESPÈCE.

Un bec rouge et des pieds verts, avec l'iris de l'œil jaune, et la peau qui l'entoure rouge comme le bec, sont les seules couleurs qui tranchent sur

a. *Crested bittern.* Catesby, t. I, p. et pl. 79. — *Greycrested bittern.* Brown. *Hist. nat. of Jamaïc.*, p. 478. — « *Ardea cærulea.* Sloane, *Jamaïc.*, t. II, p. 314. — Ray, *Synops. avi.*, p. 189, n° 2. — « Ardea cristâ flavâ, corpore nigro-cærulescente, fasciâ temporali albâ. » *Ardea violacea.* Linnæus, *Syst. nat.*, édit. X, gen. 76, sp. 12. — Klein, *Avi.*, p. 124, n° 9. — « Ardea « cristata, supernè albo et nigro striata, infernè obscurè cærulea ; capite nigro cærulescente ; « vertice pallidè luteo ; tæniâ longitudinali in genis, et pennis in occipite strictissimis, longis- « simis candidis ; spatio rostrum inter et oculos nudo viridi ; rostro nigro ; pedibus luteis... » *Cancrofagus Bahamensis.* Brisson, *Ornithol.*, t. V, p. 481.

b. *The little white heron.* Catesby, *Carolin.*, t. I, p. 77, avec une belle figure. — *Ardea alba minor Carolinensis.* Klein, *Avi.*, p. 124, n° 10. — « Ardea in toto corpore alba ; spatio rostrum « inter et oculos nudo, rostroque rubris ; pedibus viridibus... » *Ardea Carolinensis candida.* Brisson, *Ornithol.*, t. V, p. 435.

* *Ardea violacea* (Linn., Desm.).

** *Ardea æquinoctialis* (Lath. Gmel.). — « L'*ardea æquinoctialis* pourrait bien être le jeune « de l'*ardea cærulescens*, malgré la différence de couleur. » (Cuvier.)

le beau blanc du plumage de cet oiseau ; il est moins grand qu'une corneille, et se trouve à la Caroline au printemps, et jamais en hiver ; son bec est un peu courbé, et Klein remarque à ce sujet que, dans plusieurs espèces étrangères du genre des hérons, le bec n'est pas aussi droit que dans nos hérons et nos butors [a].

LE CRABIER CENDRÉ. [b]**

CINQUIÈME ESPÈCE.

Ce crabier de la Nouvelle-Espagne n'est pas plus gros qu'un pigeon ; il a le dessus du corps cendré clair ; les pennes de l'aile mi-parties de noir et de blanc ; le dessous du corps blanc ; le bec et les pieds bleuâtres : à ces couleurs, on peut juger que le P. Feuillée se trompe en rapportant cette espèce à la famille du butor, autant qu'en lui appliquant mal à propos le nom de *calidris*, qui appartient aux oiseaux nommés *chevaliers*, et non à aucune espèce de crabier ou de héron.

LE CRABIER POURPRÉ. [c]**

SIXIÈME ESPÈCE.

Seba dit que cet oiseau lui a été envoyé du Mexique, mais il lui applique le nom de *xoxouquihoactli*, que Fernandez donne à une espèce du double plus grande, et qui est notre *hohou* ou neuvième espèce de héron d'Amérique. Ce crabier pourpré n'a qu'un pied de longueur ; le dessus du cou, du dos et des épaules est d'un marron pourpré ; la même teinte éclaircie couvre tout le dessous du corps ; les pennes de l'aile sont rouge bai foncé ; la tête est rouge bai clair, avec le sommet noir.

a. Ordo avi., pag. 122.

b. Héron ou *Calidris leucophœa*. Feuillée, *Journal d'observations physiques*, p. 287 (édit. 1725). — « Ardea supernè dilutè cinerea, infernè alba ; remigibus partim nigris, partim candidis ; rectricibus dilutè cinereis ; rostro cyaneo, apice nigro ; pedibus cæruleis... » *Ardea Americana cinerea*. Brisson, *Ornithol.*, t. V, p. 406.

c. Ardea Mexicana seu avis xoxouquihoactli. Seba, *Thes.*, vol. I, p. 100. — « Ardea castaneo-purpurea, supernè saturatiùs, infernè dilutiùs ; capite dilutè spadiceo, vertice nigro ; remigibus saturatè spadiceis ; rectricibus castaneo purpureis... » *Ardea Mexicana purpurascens*. Brisson, *Ornithol.*, t. V, p. 422.

* *Ardea cyanopus* (Lath., Gmel.). — Le même oiseau que l'*ardea cærulea*, selon Drapiez.
** *Ardea spadicea* (Lath., Gmel., Desm.).

LE CRACRA. [a]*

SEPTIÈME ESPÈCE.

Cracra est le cri que ce crabier jette en volant, et le nom que les Français de la Martinique lui donnent ; les naturels de l'Amérique l'appellent *jaboutra;* le P. Feuillée, qui l'a trouvé au Chili, le décrit dans les termes suivants : « Il a la taille d'un *gros poulet*, et son plumage est très-varié ; il « a le sommet de la tête cendré bleu, le haut du dos tanné, mêlé de couleur « feuille-morte ; le reste du manteau est un mélange agréable de bleu cendré, de vert brun et de jaune, les couvertures de l'aile sont, partie d'un « vert obscur bordées de jaunâtre, et partie noires ; les pennes sont de cette « dernière couleur et frangées de blanc ; la gorge et la poitrine sont variées « de taches feuille-morte sur fond blanc ; les pieds sont d'un beau jaune. »

LE CRABIER CHALYBÉ. [b]**

HUITIÈME ESPÈCE.

Le dos et la tête de ce crabier sont de couleur *chalybée*, c'est-à-dire, couleur d'acier poli ; il a les longues pennes de l'aile verdâtres, marquées d'une tache blanche à la pointe ; le dessus de l'aile est varié de brun, de jaunâtre et de couleur d'acier ; la poitrine et le ventre sont d'un blanc varié de cendré et de jaunâtre ; ce petit crabier est à peine de la grandeur d'un pigeon ; il se trouve au Brésil : c'est là tout ce qu'en dit Marcgrave.

a. *Héron* ou *ardea varia*. Feuillée, *Journal d'observatious physiques*, p. 268 (édit. 1725); *héron* ou *ardea varia major Chiliensis. Idem, ibid.*, p. 57. — « Ardea supernè cinereo-cæru- « lescente, viridi obscuro et rufescente varia, infernè cinerea ; vertice cinereo-cærulescente ; « collo superiore fusco, xerampelino vario ; collo iuferiore et pectore candidis, maculis xeram- « pelinis variegatis ; rectricibus nigro-virescentibus ; rostro supernè nigro, infernè fusco- « flavicante ; pedibus flavis... » *Cancrofagus Americanus.* Brisson, *Ornithol.*, t. V, p. 477.

b. *Ardeola.* Marcgrave, *Hist. nat. Brasil.*, p. 210, avec une figure défectueuse que Pison, Jonston et Willughby ont copiée. — Jonston, *Avi.*, p. 144. — Willughby, *Ornithol.*, p. 210. — Ray, *Synops. avi.*, p. 101, nº 18. — *Çocoi primus.* Pison, *Hist. nat.*, p. 89. — « Ardea supernè « nigro-chalybæa, fusco et flavicante varia, infernè alba, cinereo et pallidè luteo variegata ; « capite superiore nigro-chalybeo, dilutè fusco notato ; rectricibus virescentibus ; spatio ros- « trum inter et oculos nudo, luteo ; rostro superiùs fusco, infernè albo-flavicante ; pedibus « luteis... » *Cancrofagus Brasiliensis.* Brisson, *Ornithol.*, t. V, p. 479.

* *Ardea cracra* (Gmel., Desm.).

** Variété de l'*ardea cærulea* (Lath., Desm.). — *Ardea jugularis* (Forster).

LE CRABIER VERT. [a]*

NEUVIÈME ESPÈCE.

Cet oiseau, très-riche en couleurs, est dans son genre l'un des plus beaux : de longues plumes d'un vert doré couvrent le dessus de la tête et se détachent en huppe ; des plumes de même couleur, étroites et flottantes, couvrent le dos ; celles du cou et de la poitrine sont d'un roux ou rougeâtre foncé ; les grandes pennes de l'aile sont d'un vert très-sombre ; les couvertures d'un vert doré vif, la plupart bordées de fauve ou de marron. Ce joli crabier a dix-sept ou dix-huit pouces de longueur ; il se nourrit de grenouilles et de petits poissons comme de crabes ; il ne paraît à la Caroline et en Virginie que l'été, et vraisemblablement il retourne en automne dans des climats plus chauds pour y passer l'hiver.

LE CRABIER VERT TACHETÉ. [b c]**

DIXIÈME ESPÈCE.

Cet oiseau, un peu moins grand que le précédent, n'en diffère pas beaucoup par les couleurs, seulement il a les plumes de la tête et de la nuque d'un vert doré sombre et à reflet bronzé, et les longs effilés du manteau du même vert doré, mais plus clair ; les pennes de l'aile, d'un brun foncé, ont leur côté extérieur nuancé de vert doré, et celles qui sont les plus près du corps ont une tache blanche à la pointe ; le dessus de l'aile est moucheté de points blancs sur un fond brun nuancé de vert doré ; la gorge tachetée de brun sur blanc ; le cou est marron, et garni au bas de plumes grises tombantes. Cette espèce se trouve à la Martinique.

a. The small bittern. Catesby, *Carolina*, t. I, pag. et pl. 80. — *Ardea stellaris minima.* Klein, *Avi.*, p. 123, n° 6. — « Ardea occipite subcristato, dorso viridi, pectore rufescente... » *Ardea virescens.* Linnæus, *Syst. nat.*, édit. X, gen. 76, sp. 15. — « Ardea supernè viridi-« aurea, cupri puri colore varians, infernè fusco-castanea ; gutture albo, maculis fuscis vario ; « collo castaneo, albido in parte inferiore variegato ; pennis in colli inferioris imâ parte stric-« tissimis longissimis ; marginibus alarum griseo-fulvis ; rectricibus viridi-aureis cupri puri « colore variantibus ; rostro superius fusco, inferius flavicante ; pedibus griseo-fuscis... » *Cancrofagus viridis.* Brisson, *Ornithol.*, t. V, p. 486.

b. Voyez les planches enluminées, n° 912, sous la dénomination de *Crabier tacheté de la Martinique.*

c. « Ardea supernè viridi-aurea, cupri puri colore varians, infernè grisea ; gutture albo « maculis fuscis vario ; collo castaneo, albido in parte inferiore variegato ; pennis in colli infe-« rioris imâ parte strictissimis et longissimis, marginibus alarum albidis ; alis supernè albo « punctulatis ; rectricibus obscure viridi-aureis, cupri puri colore variantibus, lateralibus apice « griseo-fuscis ; rostro superius nigricante, infernè albo-flavicante ; pedibus fuscis... » *Cancrofagus viridis nævius.* Brisson, *Ornithol.*, t. V, p. 490.

* *Ardea virescens* (Linn.).

** Cet oiseau est la femelle du précédent.

LE ZILATAT. [a] *

ONZIÈME ESPÈCE.

Nous abrégeons ainsi le nom mexicain de *hoitzilaztatl*, pour conserver à ce crabier l'indication de sa terre natale ; il est tout blanc, avec le bec rougeâtre vers la pointe, et les jambes de même couleur : c'est l'un des plus petits de tous les crabiers, étant à peine de la grandeur d'un pigeon. M. Brisson en fait néanmoins son dix-neuvième héron ; mais cet ornithologiste ne paraît avoir établi entre ses hérons et ses crabiers aucune division de grandeur, la seule pourtant qui puisse classer ou plutôt nuancer des espèces qui, d'ailleurs, portent en commun les mêmes caractères.

LE CRABIER ROUX A TÊTE ET QUEUE VERTES. [b] **

DOUZIÈME ESPÈCE.

Ce crabier n'a guère que seize pouces de longueur ; il a le dessus de la tête et la queue d'un vert sombre : même couleur sur une partie des couvertures de l'aile, qui sont frangées de fauve ; les longues plumes minces du dos sont teintes d'un pourpre faible ; le cou est roux ainsi que le ventre, dont la teinte tire au brun. Cette espèce nous a été envoyée de la Louisiane.

LE CRABIER GRIS A TÊTE ET QUEUE VERTES. [c] ***

TREIZIÈME ESPÈCE.

Ce crabier, qui nous a été envoyé de Cayenne, a beaucoup de rapports avec le précédent, et tous deux en ont avec le crabier vert, dixième espèce, sans cependant lui ressembler assez pour n'en faire qu'une seule et même

a. *Hoitzilaztatl.* Fernandez, *Hist. nov. Hisp.*, p. 27, cap. LXII. — Ray, *Synops. avi.*, p. 102, n° 22. — « Ardea in toto corpore alba ; spatio rostrum inter et oculos nudo luteo ; rostro pur-« pureo ; pedibus pallidè purpurascentibus... » *Ardea Mexicana candida.* Brisson, *Ornithol.*, t. V, p. 437.

b. Voyez les planches enluminées, n° 909, sous la dénomination de *Crabier de la Louisiane.*

c. Voyez les planches enluminées, n° 908.

* *Ardea æquinoctialis* (Lath., Gmel.). — Voyez la nomenclature ** de la p. 85.

** *Ardea ludoviciana* (Lath., Gmel.). — « *Ardea ludoviciana*, planches enluminées n° 909, « dont l'*ardea virescens*, planches enluminées, n°s 908 et 912, ne diffère pas par l'espèce. » (Cuvier.)

*** Mâle adulte de l'espèce du *crabier vert.* — Voyez la nomenclature précédente.

espèce; la tête et la queue sont également d'un vert sombre, ainsi qu'une partie des couvertures de l'aile; un gris ardoisé clair domine sur le reste du plumage.

LE BEC-OUVERT. [a] [*]

Après l'énumération de tous les grands hérons et des petits sous le nom de crabiers, nous devons placer un oiseau qui, sans être de leur famille, en est plus voisin que d'aucune autre; tous les efforts du nomenclateur tendent à contraindre et forcer les espèces d'entrer dans le plan qu'il leur trace, et de se renfermer dans les limites idéales qu'il veut placer au milieu de l'ensemble des productions de la nature; mais toute l'attention du naturaliste doit se porter au contraire à suivre les nuances de la dégradation des êtres et chercher leurs rapports sans préjugé méthodique; ceux qui sont aux confins des genres et qui échappent à ces règles fautives, qu'on peut appeler *scolastiques,* s'en trouvent rejetés sous le nom d'*anomaux;* tandis qu'aux yeux du philosophe ce sont les plus intéressants et les plus dignes de son attention; ils font, en s'écartant des formes communes, les liaisons et les degrés par lesquels la nature passe à des formes plus éloignées [1] : telle est l'espèce à laquelle nous donnons ici le nom de *bec-ouvert;* elle a des traits qui la rappellent au genre des hérons, et en même temps elle en a d'autres qui l'en éloignent; elle a de plus une de ces singularités ou défectuosités que nous avons déjà remarquées sur un petit nombre d'êtres, reste des essais imparfaits que, dans les premiers temps, dut produire et détruire la force organique de la nature [2]. Le nom de *bec-ouvert* marque cette difformité; le bec de cet oiseau est en effet ouvert et béant sur les deux tiers de sa longueur, la partie du dessus et celle de dessous, se déjetant également en dehors, laissent entre elles un large vide et ne se rejoignent qu'à la pointe. On trouve cet oiseau aux Grandes-Indes, et nous l'avons reçu de Pondichéry; il a les pieds et les jambes du héron, mais n'en porte qu'à demi le caractère sur l'ongle du doigt du milieu, qui s'élargit bien en dedans en lame avancée, mais qui n'est point dentelée à la tranche; les pennes de ses ailes sont noires; tout le reste du plumage est d'un

[a]. Voyez les planches enluminées, n° 932.

[*] *Ardea ponticeriana* (Gmel.). — Ordre et famille *id.,* genre *Becs-Ouverts* (Cuv.). *Ilians* (Lacép.). *Anastomus* (Illig.).

1. Toutes ces réflexions sont très-justes. On y sent le naturaliste exercé, consommé, qui a profondément saisi *l'ordre nuancé* des êtres, et qui, traversant la nomenclature, porte directement sa vue sur les choses.

2. *Essais imparfaits de la force organique de la nature :* expressions qui rappellent tout à fait le titre du livre absurde de Robinet : *Essais de la nature qui apprend à faire l'homme.* — Voyez la note 1 de la page 550 du VIIe volume.

gris cendré clair ; son bec, noirâtre à la racine, est blanc ou jaunâtre dans
le reste de sa longueur, avec plus d'épaisseur et de largeur que celui du
héron ; la longueur totale de l'oiseau est de treize à quatorze pouces. On ne
nous a rien appris de ses habitudes naturelles.

LE BUTOR. [a][b] *

Quelque ressemblance qu'il y ait entre les hérons et les butors, leurs différences sont si marquées qu'on ne peut s'y méprendre : ce sont en effet
deux familles distinctes et assez éloignées pour ne pouvoir se réunir ni
même s'allier. Les butors ont les jambes beaucoup moins longues que les
hérons, le corps un peu plus charnu, et le cou très-fourni de plumes, ce qui
le fait paraître beaucoup plus gros que celui des hérons. Malgré l'espèce

a. Voyez les planches enluminées, n° 789.

b. En grec, Ἀστερίας, Ἐρωδιὸς Ἀστερίας, Ὄκνος ; en latin, *ardea stellaris*, *botaurus*, *butio*
(*inque paludiferis butio bubit aquis.* Aut. *Philomelæ*) ; en italien, *trombotto*, *trombone* ; dans
le Ferrarais et le Boulonais, *terrabuso* ; en portugais, *gazola* ; en allemand, dans les différents
idiomes, *meer-rind*, *los-rind*, *ros-dumpf*, *moss-ochs*, *moss-kou*, *rortrum*, *ross-reigel*,
wasser-ochs, *erd-bull* ; tous noms analogues aux marais et aux roseaux qu'il habite, ou au
mugissement qu'il y fait entendre ; en suédois, *roer-drum* ; en hollandais, *pittoor* ; en anglais,
bittern, ou *miredrum* chez les Anglais septentrionaux ; en écossais, *buttour* ; en breton, *gale-
rand* ; en polonais, *bak* ou *bunk* ; en illyrien, *bukacz* ; en turc, *gelve*. — *Butor.* Belon, *Hist.
nat. des oiseaux*, p. 192, avec une mauvaise figure qui ressemble plus à un martin-pêcheur
qu'à un butor, suivant la remarque d'Aldrovande. — *Butor*, nommé par aucuns, de nom cor-
rompu, *pittouer*. Idem, *Portrait d'oiseaux*, p. 42, *b*, avec la même figure. — *Ardea stellaris
minor, quam botaurum vel butorium recentiores vocant.* Gessner, *Avi.*, p. 214, avec une
mauvaise figure. — *Ardea stellaris Plinio et Aristoteli.* Idem, *Icon. avi.*, p. 120. — *Ardea
asterias, sive stellaris*, Aldrovande, *Avi.*, t. III, p. 403, avec une figure fautive. — Jonston,
qui le plus souvent n'est qu'un copiste, répète les figures et les notices de Gessner et d'Aldrovande, et donne encore le butor sous le nom de *gruscriopa* et de *mos-kuw*. — *Ardea stellaris.*
Schwenckfeld, *Avi. Siles.*, p. 225. — Willughby, *Ornithol.*, p. 207. — Ray, *Synops. avi.*,
p. 100, n° *a*, 11. — Sibbald, *Scot. illustr.*, part. II, lib. III, p. 18. — Klein, *Avi.*, p. 125, n° 4.
— *Mus. Worm.*, p. 307. — Marsigli, *Danub.*, t. V, p. 16, avec une très-mauvaise figure, tab. 6.
— Charleton, *Exercit.*, p. 110, n° 5. Idem, *Onomast.*, p. 103, n° 5. — *Botaurus ornithologis, aliis butio.* Rzaczynski, *Hist. nat. Polon.*, p. 273. — *Botaurus, ardea palustris vel arundinum.* Idem, *Auctuar.*, p. 368. — *The bittern. British Zoology*, p. 117. — *Der grosse rhor-
domel.* Frisch, t. II, div. 12, sect. 1, pl. 12. — *Ardea pallida, pennis in dorso fulvis.* Barrère,
Ornithol., class. IV, gen. 1, sp. 2. — « *Ardea capite lævinsculo, suprà testacea maculis trans-
« versis, subtùs pallidior maculis oblongis fuscis...* » *Ardea stellaris.* Linnæus, *Syst. nat.*,
édit. X, gen. 76, sp. 16. — *Ardea vertice nigro ; pectore pallido maculis longitudinalibus
nigricantibus.* Idem, *Fauna Suec.*, n° 134. — *Ardea stellaris, Danis kordrum.* Brunnich.,
Ornithol. borealis, n° 155. — « *Ardea supernè rufescente et nigro varia, infernè dilutè fulva
« maculis longitudinalibus, nigricantibus variegata ; vertice nigricante, collo supernè nigricante,
« infernè fusco transversim striato ; pennis in colli inferioris imà parte longissimis ; uropygio
« fulvo nigricante transversim striato ; rectricibus binis intermediis nigricantibus, rufescente
« marginatis, lateralibus fulvis, maculis nigricantibus variegatis ; rostro fusco, infernè virides-
« cente ; pedibus viridi-flavicantibus...* » *Botaurus.* Brisson, *Ornithol.*, t. V, p. 444.

* *Ardea stellaris* (Linn.). — Genre *Hérons*, sous-genre *Butors* (Cuv.).

d'insulte attachée à son nom, le butor est moins stupide que le héron, mais il est encore plus sauvage : on ne le voit presque jamais; il n'habite que les marais d'une certaine étendue, où il y a beaucoup de joncs; il se tient de préférence sur les grands étangs environnés de bois; il y mène une vie solitaire et paisible, couvert par les roseaux, défendu sous leur abri du vent et de la pluie, également caché pour le chasseur qu'il craint et pour la proie qu'il guette; il reste des jours entiers dans le même lieu, et semble mettre toute sa sûreté dans la retraite et l'inaction, au lieu que le héron, plus inquiet, se remue et se découvre davantage en se mettant en mouvement tous les jours vers le soir; c'est alors que les chasseurs l'attendent au bord des marais couverts de roseaux, où il vient s'abattre; le butor, au contraire, ne prend son vol à la même heure que pour s'élever et s'éloigner sans retour. Ainsi ces deux oiseaux, quoique habitants des mêmes lieux, ne doivent guère se rencontrer et ne se réunissent jamais en famille commune.

Ce n'est qu'en automne et au coucher du soleil, selon Willughby, que le butor prend son essor pour voyager ou du moins pour changer de domicile; on le prendrait dans son vol pour un héron, si de moment en moment il ne faisait entendre une voix toute différente, plus retentissante et plus grave, *côb*, *côb*, et ce cri, quoique désagréable, ne l'est pas autant que la voix effrayante qui lui a mérité le nom de butor, *botaurus, quasi boatus tauri* [a]; c'est une espèce de mugissement, *hi-rhônd*, qu'il répète cinq ou six fois de suite au printemps, et qu'on entend d'une demi-lieue : la plus grosse contre-basse rend un son moins ronflant sous l'archet. Pourrait-on imaginer que cette voix épouvantable fût l'accent du tendre amour? mais ce n'est en effet que le cri du besoin physique et pressant d'une nature sauvage, grossière et farouche jusque dans l'expression du désir; et ce butor, une fois satisfait, fuit sa femelle ou la repousse, lors même qu'elle le recherche avec empressement [b], et sans que ses avances aient aucun succès après une première union presque momentanée; aussi vivent-ils à part chacun de leur côté. « Il m'est souvent arrivé, dit M. Hébert, de faire lever en même « temps deux de ces oiseaux; j'ai toujours remarqué qu'ils partaient à plus « de deux cents pas l'un de l'autre, et qu'ils se posaient à égale distance. » Cependant il faut croire que les accès du besoin et les approches instantanées se répètent peut-être à d'assez grands intervalles, s'il est vrai que le butor mugisse tant qu'il est en amour [c]; car ce mugissement commence au

---

a. « Botaurus, quòd boatum tauri edat. » Willughby.

b. Suivant M. Salerne (*Ornithol.*, p. 313), c'est la femelle qui fait seule tous les frais de l'amour, de l'éducation et du ménage, tant est grande la paresse du mâle. « C'est elle qui le « sollicite et l'invite à l'amour par les fréquentes visites qu'elle lui fait et par l'abondance de « vivres qu'elle lui apporte. » Mais toutes ces particularités, prises d'un ancien discours moral (*Discours de M. de la Chambre, sur l'amitié*), ne sont apparemment que le roman de l'oiseau.

c. « Nec diutiùs mugit quàm libidine tentatur. » Willughby.

mois de février [a], et on l'entend encore au temps de la moisson. Les gens de la campagne disent que, pour faire ce cri mugissant, le butor plonge le bec dans la vase; le premier ton de ce bruit énorme ressemble en effet à une forte aspiration, et le second à une expiration retentissant dans une cavité [b]; mais ce fait supposé est très-difficile à vérifier, car cet oiseau est toujours si caché qu'on ne peut le trouver ni le voir de près : les chasseurs ne parviennent aux endroits d'où il part qu'en traversant les roseaux, souvent dans l'eau jusque au-dessus du genou.

A toutes ces précautions pour se rendre invisible et inabordable, le butor semble ajouter une ruse de défiance : il tient sa tête élevée, et comme il a plus de deux pieds et demi de hauteur, il voit par-dessus les roseaux sans être aperçu du chasseur; il ne change de lieu qu'à l'approche de la nuit dans la saison d'automne, et il passe le reste de sa vie dans une inaction qui lui a fait donner par Aristote le surnom de *paresseux* [c]; tout son mouvement se réduit en effet à se jeter sur une grenouille ou un petit poisson qui vient se livrer lui-même à ce pêcheur indolent.

Le nom d'*asterias* ou de *stellaris*, donné au butor par les anciens, vient, suivant Scaliger, de ce vol du soir par lequel il s'élance droit en haut vers le ciel, et semble se perdre sous la voûte étoilée : d'autres tirent l'origine de ce nom des taches dont est semé son plumage, lesquelles néanmoins sont disposées plutôt en pinceaux qu'en étoiles; elles chargent tout le corps de mouchetures ou hachures noirâtres; elles sont jetées transversalement sur le dos dans un fond brun fauve, et tracées longitudinalement, sur fond blanchâtre, au-devant du cou, à la poitrine et au ventre. Le bec du butor est de la même forme que celui du héron; sa couleur, comme celle des pieds, est verdâtre; son ouverture est très-large, il est fendu fort au delà des yeux, tellement qu'on les dirait situés sur la mandibule supérieure; l'ouverture de l'oreille est grande; la langue, courte et aiguë, ne va pas jusqu'à moitié du bec, mais la gorge est capable de s'ouvrir à y loger le

a. C'est sûrement des cris du butor dont il s'agit dans le passage des problèmes d'Aristote (sect. ɪɪ, xxxv), où il parle de ce mugissement pareil à celui d'un taureau, qui se fait entendre au printemps du fond des marais, et dont il cherche une explication physique dans des vents emprisonnés sous les eaux et sortant des cavernes. Le peuple en rendait des raisons superstitieuses, et ce n'était réellement que le cri d'un oiseau.

b. Aldrovande a cherché quelle était la conformation de la trachée-artère relativement à la production de ce son extraordinaire : plusieurs oiseaux d'eau à voix éclatante, comme le cygne, ont un double larynx; le butor, au contraire, n'en a point, mais la trachée, à sa bifurcation, forme deux poches enflées, dont les anneaux de la trachée ne garnissent qu'un côté; l'autre est recouvert d'une peau mince, expansible, élastique : c'est de ces poches enflées que l'air retenu se précipite en mugissant.

c. Hist. animal., lib. ɪx, cap. xvɪɪɪ. « Le butor cheminant va plus lentement qu'on ne saurait dire, et est appelé par Aristote *lourd et paresseux*; et étoit aussi nommé *phoix*, d'un esclave paresseux nommé *Phoix*, qui fut transformé en butor; encore pour aujourd'hui le vulgaire se ressent de son antiquité sur ce passage, qu'en injuriant un homme paresseux pense l'outrager de le nommer *butor*. » Belon, *Nat. des oiseaux*, p. 193.

poing [a] ; ses longs doigts s'accrochent aux roseaux et servent à le soutenir sur leurs débris flottants [b]. Il fait grande capture de grenouilles ; en automne, il va dans les bois chasser aux rats, qu'il prend fort adroitement et avale tout entiers [c] ; dans cette saison il devient fort gras [d] ; quand il est pris, il s'irrite [e], se défend, et en veut surtout aux yeux [f]. Sa chair doit être de mauvais goût, quoiqu'on en mangeât autrefois dans le même temps que celle du héron faisait un mets distingué [g].

Les œufs du butor sont gris blancs verdâtres ; il en fait quatre ou cinq, pose son nid au milieu des roseaux, sur une touffe de joncs, et c'est assurément par erreur, et en confondant le héron et le butor, que Belon dit qu'il perche son nid au haut des arbres [h] ; ce naturaliste paraît se tromper également en prenant le butor pour l'*onocrotale* de Pline, quoique distingué d'ailleurs, dans Pline même, par des traits assez reconnaissables. Au reste, ce n'est que par rapport à son mugissement si *gros*, suivant l'expression de Belon, *qu'il n'y a bœuf qui pût crier si haut*, que Pline a pu appeler le butor *un petit oiseau*, si tant est qu'il faille, avec Belon, appliquer au butor le passage de ce naturaliste où il parle de l'oiseau *taurus*, qui se trouve, dit-il, dans le territoire d'Arles, et fait entendre *des mugissements pareils à ceux d'un bœuf* [i].

Le butor se trouve partout où il y a des marais assez grands pour lui servir de retraite ; on le connaît dans la plupart de nos provinces ; il n'est pas rare en Angleterre [j], et assez fréquent en Suisse [k] et en Autriche [l] ; on le voit aussi en Silésie [m], en Danemark [n], en Suède [o]. Les régions les plus septentrionales de l'Amérique ont de même leur espèce de butor, et l'on en trouve d'autres espèces dans les contrées méridionales ; mais il paraît que notre butor, moins dur que le héron, ne supporte pas nos hivers, et qu'il quitte le pays quand le froid devient trop rigoureux. D'habiles chasseurs nous

---

a. « Gula sub rostro in immensum dilatatur, ut vel pugnum admittat. » Willughby, p. 208.

b. La grande longueur des ongles, et particulièrement de celui de derrière, est remarquable. Aldrovande dit que de son temps on s'en servait en forme de cure-dent.

c. « « In ventriculo murium pili et ossiculi inventi. » Willughby, *Ornithol.*, p. 208.

d. Schwenckfeld, page 225.

e. « Irritata mire inflatur ac intumescit, rostroque se munit. » Schwenckfeld, *ibid.*

f. « Cet oiseau a cela de particulier, qu'il essaie toujours à crever les yeux ; pour laquelle « chose les paysans qui en prennent, les voulant garder en vie, les tiennent toujours ciglés. » Belon, *Nat. des oiseaux*, p. 193.

g. Belon.

h. Gessner ne connaît pas mieux sa nichée, quand il dit qu'on y trouve douze œufs.

i. « Est quæ boum mugitus imitetur, in Arelatensi agro ; taurus appellata, alioqui parva. » Pline, lib. x, cap. lvii.

j. *British Zoology*, p. 105.

k. Gessner.

l. *Elench. Austr.*, p. 348.

m. Schwenckfeld, *Avi. Siles.*, p. 225.

n. Brunnich., *Ornithol. boreal.*

o. *Fauna Suecica.*

assurent ne l'avoir jamais rencontré aux bords des ruisseaux ou des sources dans le temps des grands froids ; et, s'il lui faut des eaux tranquilles et des marais, nos longues gelées doivent être pour lui une saison d'exil. Willughby semble l'insinuer et regarder son vol élancé, après le coucher du soleil en automne, comme un départ pour des climats plus chauds.

Aucun observateur ne nous a donné de meilleurs renseignements que M. Baillon sur les habitudes naturelles de cet oiseau. Voici l'extrait de ce qu'il a bien voulu m'en écrire :

« Les butors se trouvent, dans presque toutes les saisons de l'année, à « Montreuil-sur-mer et sur les côtes de Picardie, quoiqu'ils soient voya- « geurs ; on les voit en grand nombre dans le mois de décembre : quelque- « fois une seule pièce de roseaux en cache des douzaines.

« Il y a peu d'oiseaux qui se défendent avec autant de sang-froid ; il n'at- « taque jamais, mais lorsqu'il est attaqué il combat courageusement et se « bat bien, sans se donner beaucoup de mouvements. Si un oiseau de proie « fond sur lui, il ne fuit pas ; il l'attend debout et le reçoit sur le bout de « son bec, qui est très-aigu ; l'ennemi blessé s'éloigne en criant. Les vieux « buzards n'attaquent jamais le butor, et les faucons communs ne le pren- « nent que par derrière et lorsqu'il vole ; il se défend même contre le chas- « seur qui l'a blessé : au lieu de fuir il l'attend, lui lance dans les jambes « des coups de bec si violents, qu'il perce les bottines et pénètre fort avant « dans les chairs : plusieurs chasseurs en ont été blessés grièvement ; on « est obligé d'assommer ces oiseaux, car ils se défendent jusqu'à la mort.

« Quelquefois, mais rarement, le butor se renverse sur le dos, comme « les oiseaux de proie, et se défend autant des griffes, qu'il a très-longues, « que du bec ; il prend cette attitude lorsqu'il est surpris par un chien.

« La patience de cet oiseau égale son courage ; il demeure pendant des « heures entières immobile, les pieds dans l'eau et caché par les roseaux ; « il y guette les anguilles et les grenouilles ; il est aussi indolent et aussi « mélancolique que la cigogne : hors le temps des amours, où il prend du « mouvement et change de lieu, dans les autres saisons on ne peut le trou- « ver qu'avec des chiens. C'est dans les mois de février et de mars que les « mâles jettent, le matin et le soir, un cri qu'on pourrait comparer à l'ex- « plosion d'un fusil d'un gros calibre ; les femelles accourent de loin à ce cri ; « quelquefois une douzaine entoure un seul mâle, car dans cette espèce, « comme dans celle des canards, il existe plus de femelles que de mâles ; « ils piaffent devant elles, et se battent contre les mâles qui surviennent. « Ils font leurs nids presque sur l'eau, au milieu des roseaux, dans le mois « d'avril ; le temps de l'incubation est de vingt-quatre à vingt-cinq jours ; « les jeunes naissent presque nus et sont d'une figure hideuse : ils semblent « n'être que cou et jambes, ils ne sortent du nid que plus de vingt jours « après leur naissance ; le père et la mère les nourrissent dans les premiers

« temps de sangsues, de lézards et de frai de grenouilles, et ensuite des
« petites anguilles ; les premières plumes qui leur viennent sont rousses
« comme celles des vieux ; leurs pieds et le bec sont plus blancs que verts.
« Les buzards, qui dévastent les nids de tous les autres oiseaux de marais,
« touchent rarement à celui du butor ; le père et la mère y veillent sans
« cesse et le défendent ; les enfants n'osent en approcher, ils risqueraient
« de se faire crever les yeux.

« Il est facile de distinguer les butors mâles par la couleur et par la taille,
« étant plus beaux, plus roux et plus gros que les femelles : d'ailleurs, ils
« ont les plumes de la poitrine et du cou plus longues.

« La chair de cet oiseau, surtout celle des ailes et de la poitrine, est assez
« bonne à manger pourvu que l'on en ôte la peau, dont les vaisseaux capil-
« laires sont remplis d'une huile âcre et de mauvais goût qui se répand
« dans les chairs par la cuisson, et lui donne alors une forte odeur de
« marécage. »

OISEAUX DE L'ANCIEN CONTINENT

QUI ONT RAPPORT AU BUTOR.

LE GRAND BUTOR. [a] [*]

PREMIÈRE ESPÈCE.

Gessner est le premier qui ait parlé de cet oiseau, dont l'espèce nous
paraît faire la nuance entre la famille des hérons et celle des butors ; les
habitants des bords du lac Majeur, en Italie, l'appellent *ruffey*, suivant
Aldrovande ; il a le cou roux avec des taches de blanc et de noir ; le dos et
les ailes sont de couleur brune, et le ventre est roux ; sa longueur, de la
pointe du bec à l'extrémité de la queue, est au moins de trois pieds et demi,
et, jusqu'aux ongles, de plus de quatre pieds ; le bec a huit pouces, il est

a. *Ardea stellaris major.* Gessner, *Avi.*, p. 218, avec une mauvaise figure répétée *Icon. avi.*, p. 119. — Aldrovande, *Avi.*, t. III, p. 408, avec la figure prise de Gessner ; et p. 410, une figure plus reconnaissable, sous le nom de *ardea stellaris major, sive rubra cirrata.* — Willughby, *Ornithol.*, p. 208. — Ray, *Synops. avi.*, p. 100, n° 13. — Jonston, *Avi.*, p. 105, sous le nom de *ardea stellaris major* ; et tab. 50, sous celui de *ardea cinerea alba.* — *Ardea maxima lutescens, maculis nigris sagittatis densissimè aspersa.* Barrère, *Ornithol.*, class. IV, gen. 1, sp. 1. — *Ardea cristata maculosa fusca.* Idem, *ibidem*, class. IV, gen. 1, sp. 3. — « Ardea cristata supernè cinereo fusca, infernè rufa ; vertice et cristà nigris ; collo ad latera « rufo ; tænià longitudinali nigrà notato, inferiore albo, maculis longitudinalibus nigris et « albo rufescentibus vario ; pennis in colli inferioris imà parte longissimis ; rectricibus cinereo- « fuscis ; rostro flavicante ; pedibus fuscis... » *Botaurus major.* Brisson, *Ornithol.*, tome V, page 435.

* *Ardea botaurus* (Lath., Gmel.). — C'est le vieux *héron pourpré*, selon Drapiez.

jaune, ainsi que les pieds : la figure, dans Aldrovande, présente une huppe
dont Gessner ne parle pas ; mais il dit que le cou est grêle, ce qui semble
indiquer que cet oiseau n'est pas un franc butor : aussi Aldrovande remar-
que-t-il que cette espèce paraît mélangée de celles du héron gris et du
butor, et qu'on la croirait métive de l'une et de l'autre, tant elle tient du
héron gris par la tête, les taches de la poitrine, la couleur du dos et des
ailes et la grandeur, en même temps qu'elle ressemble au butor par les
jambes et par le reste du plumage, à l'exception qu'il n'est point tacheté.

LE PETIT BUTOR. [a]*

SECONDE ESPÈCE.

Cette petite espèce de butor, vue sur le Danube par le comte Marsigli, a
le plumage roussâtre, rayé de petites lignes brunes ; le devant du cou blanc
et la queue blanchâtre ; son bec n'a pas trois pouces de long ; en jugeant,
par cette longueur du bec, de ses autres dimensions que Marsigli ne donne
pas, et en les supposant proportionnelles, ce butor doit être le plus petit
de tous ceux de notre continent.

Au reste, nous devons observer que Marsigli paraît se contredire sur les
couleurs de cet oiseau, en l'appelant *ardea viridi flavescens*.

LE BUTOR BRUN RAYÉ. [b]**

TROISIÈME ESPÈCE.

C'est encore ici un oiseau du Danube : Marsigli le désigne par le nom de
butor brun, et le regarde comme faisant une espèce particulière ; il est aussi
petit que le précédent ; tout son plumage est rayé de lignes brunes, noires
et roussâtres, mêlées confusément, de manière qu'il en résulte en gros une
couleur brune.

a. *Ardea viridi flavescens*, *nova species.* Marsigl., *Danub.*, t. V, p. 22, avec une figure mal
coloriée, tab. 9. — Klein, *Avi.*, p. 124, nº 3. — « Ardea rufescens, fusco striata; gutture et
« collo inferiore candidis; rectricibus albicantibus; rostro superiùs obscurè fusco, infernè
« flavo; pedibus fuscis... » *Botaurus minor.* Brisson, *Ornithol.*, t. V, p. 452.

b. *Ardea fusca*, *nova species.* Marsigl., *Danub.*, t. V, p. 24, avec une figure qui paraît assez
bonne, tab. 10. — « Ardea lineolis fuscis, nigris et rufescentibus striata; collo inferiore et pec-
« tore albicantibus; rectricibus fusco, nigro et rufescente striatis; rostro superiùs fusco,
« infernè flavo, pedibus griseis, lineolis atris notatis... » *Botaurus striatus.* Brisson, *Ornith.*,
t. V, p. 454.

* *Ardea Marsiglii* (Lath., Gmel.). — Le même oiseau que le *crabier de Mahon*. — Voyez la
nomenclature ** de la page 78.

** *Ardea minuta* (Lath., Gmel.). — Le même oiseau que le *blongios*. — Voyez la nomenclature *** de la page 82.

LE BUTOR ROUX. [a]*

QUATRIÈME ESPÈCE.

Tout le plumage de ce butor est d'une couleur uniforme, roussâtre claire sous le corps, et plus foncée sur le dos; les pieds sont bruns, et le bec est jaunâtre. Aldrovande dit que cette espèce lui a été envoyée d'Épidaure, et il y réunit celle d'un jeune butor pris dans les marais près de Bologne, qui même n'avait pas encore les couleurs de l'âge adulte : il ajoute que cet oiseau lui a paru appartenir de plus près aux butors qu'aux hérons. Au reste, il se pourrait, suivant la conjecture de M. Salerne, que ce fût cette même petite espèce de butor qui se voit quelquefois en Sologne, et que l'on y connait sous le nom de *quoimeau* [b]. Marsigli place aussi sur le Danube cette espèce, qui est la troisième d'Aldrovande, et les auteurs de l'*Ornithologie italienne* disent qu'elle est naturelle au pays de Bologne [c].

Il paraît qu'elle se trouve aussi en Alsace, car M. le docteur Hermann nous a mandé qu'il avait eu un de ces butors roux qui a constamment refusé toute nourriture et s'est laissé mourir d'inanition; il ajoute que, malgré ses longues jambes, ce butor montait sur un petit arbre dont il pouvait embrasser la tige en tenant le bec et le cou verticalement et dans la même ligne [d].

LE PETIT BUTOR DU SÉNÉGAL. [e]**

CINQUIÈME ESPÈCE.

Nous rapporterons aux butors l'oiseau donné dans nos planches enluminées sous le nom de *petit héron du Sénégal*, qui en effet paraît, à son cou raccourci et bien garni de plumes, être un butor plutôt qu'un héron; il est

a. *Ardea stellaris tertium genus.* Aldrovande, *Avi.*, t. III, p. 410, avec une figure qui parait assez bonne, p. 411. — Willughby, *Ornithol.*, p. 208. — Ray, *Synops. avi.*, p. 100, n° 12. — Marsigl., *Danub.*, t. V, p. 18, avec une figure inexacte, tab. 7. — « Ardea supernè nigricans, « infernè rufescens; vertice nigro; collo ferrugineo; uropygio albo; rectricibus nigricantibus; « rostro supernè nigricante, infernè corneo colore tincto; pedibus fuscis... » *Botaurus rufus.* Brisson, *Ornithol.*, t. V, p. 458.

b. *Histoire des oiseaux* de Salerne, p. 313.

c. *Sgarza stellare rossiccia.* Gerini, t. IV, p. 50.

d. Extrait d'une lettre de M. le docteur Hermann à M. de Montbeillard, datée de Strasbourg le 22 septembre 1779.

e. Voyez les planches enluminées, n° 315.

* *Ardea soloniensis* (Lath., Gmel.). — Le *blongios*, jeune. — Voyez la nomenclature *** de la page 82.

** *Ardea senegalensis* (Lath., Gmel.). — Jeune âge du *crabier de Mahon*. — Voyez la nomenclature ** de la page 78.

aussi d'une très-petite espèce, puisqu'il n'a pas plus d'un pied de longueur. Il est assez exactement représenté dans la planche pour que l'on n'ait pas besoin d'une autre description.

LE POUACRE OU BUTOR TACHETÉ. [a][*]

SIXIÈME ESPÈCE.

Les chasseurs ont donné le nom de *pouacre* à cet oiseau : sa grosseur est celle d'une corneille, et il a plus de vingt pouces du bec aux ongles ; tout le fond de son plumage est brun, foncé aux pennes de l'aile, clair au devant du cou et au dessous du corps ; parsemé sur la tête, le dessus du cou, du dos et sur les épaules de petites taches blanches, placées à l'extrémité des plumes ; chaque penne de l'aile est aussi terminée par une tache blanche.

Nous lui rapporterons le *pouacre de Cayenne*, représenté dans nos planches enluminées, n° 939, qui paraît n'en différer qu'en ce que le fond du plumage sur le dos est plus noirâtre, et que le devant du corps est tacheté de pinceaux bruns sur fond blanchâtre : légères différences qui ne paraissent pas caractériser assez une diversité d'espèce entre ces oiseaux, d'autant plus que la grandeur est la même.

OISEAUX DU NOUVEAU CONTINENT

QUI ONT RAPPORT AU BUTOR.

L'ÉTOILÉ. [b][**]

PREMIÈRE ESPÈCE.

Cet oiseau est le *butor brun de la Caroline* de Catesby : il se trouve aussi à la Jamaïque, et nous lui donnons le nom d'*étoilé*, parce que son plumage,

---

a. Der schwartze reiger. Frisch, vol. II, divis. 12, sect. 1, pl. 9. — « Ardea fusca, supernè « saturatiùs, infernè dilutiùs ; supernè albo punctulata ; rectricibus fuscis ; spatio rostrum inter « et oculos nudo virescente ; rostro supernè fusco, infernè flavo-virescente ; pedibus fusco-« virescentibus... » *Botaurus nœvius.* Brisson, *Ornithol.*, t. V, p. 462.

b. Brown bittern. Catesby, *Carolina*, t. I, p. 78, avec une belle figure. — *Small bittern.* Sloane, *Jamaïca*, p. 315, n° 5. — Ray, *Synops. avi.*, p. 189, n° 4. — *Ardea minor, sub-fusco*

[*] *Ardea Gardeni* (Gmel.). — « Le *pouacre* de Buffon (*ardea Gardeni*) est le même que « l'*ardea maculata* (Cuvier.) — Voyez la nomenclature [*] de la page 79.

[**] *Ardea virescens.* — Variété. — (Gmel.). — « Cet oiseau ne paraît être qu'une simple variété du *crabier vert* de Buffon. » — (Desmarets.) — Voyez la nomenclature [*] de la p. 88.

entièrement brun, est semé sur l'aile de quelques taches blanches jetées comme au hasard dans cette teinte obscure ; ces taches lui donnent quelque rapport avec l'espèce précédente ; il est un peu moins grand que le butor d'Europe ; il fréquente les étangs et les rivières loin de la mer, et dans les endroits les plus élevés du pays. Outre cette espèce, qui paraît répandue dans plusieurs contrées de l'Amérique septentrionale, il paraît qu'il en existe une autre vers la Louisiane, plus semblable à celle d'Europe[a].

LE BUTOR JAUNE DU BRÉSIL. [b][*]

SECONDE ESPÈCE.

Par les proportions même que Marcgrave donne à cet oiseau, en le rapportant aux hérons, on juge que c'est plutôt un butor qu'un héron : la grosseur du corps est celle d'un canard ; le cou est long d'un pied, le corps de cinq pouces et demi, la queue de quatre, les pieds et la jambe de plus de neuf ; tout le dos, avec l'aile, est en plumes brunes lavées de jaune ; les pennes de l'aile sont mi-parties de noir et de cendré, et coupées transversalement de lignes blanches ; les longues plumes pendantes de la tête et du cou sont d'un jaune pâle, ondé de noir ; celles du bas du cou, de la poitrine et du ventre sont d'un blanc ondé de brun, et frangées de jaune à l'entour. Nous remarquerons comme chose singulière qu'il a le bec dentelé vers la pointe, tant en bas qu'en haut.

grisea, cruribus brevioribus. Browne, *Hist. nat. of Jamaïca*, p. 478. — *Ardea fusca*. Klein, *Avi.*, p. 124, nº 8. — « Ardea fusca, supernè saturatiùs, infernè dilutiùs ; alis supernè albo « punctulatis, rectricibus cinereo cærulescentibus, spatio rostrum inter et oculos nudo, et rostro « inferiore viridibus, rostro superiore nigro-virescente ; pedibus flavo-virescentibus... » *Botaurus Americanus nævius*. Brisson, *Ornithol.*, t. V, p. 464.

a. « Les butors sont des oiseaux aquatiques qui vivent de poisson ; ils ont le bec très-gros ; « ils sont connus en France, ainsi je n'en dirai rien davantage. » Le Page Dupratz, *Histoire de la Louisiane*, t. II, p. 218.

b. *Alia ardeæ species*. Marcgrave, *Hist. nat. Brasil.*, p. 210. — Jonston, *Avi.*, p. 143. — *Ardea Brasiliensis, stellari similis Marcgravii*. Willughby, *Ornithol.*, p. 209. — *Ardea Brasiliensis, cinereæ similis Marcgravii*. Ray, *Synops. avi.*, p. 101, nº 16. — « Ardea supernè « fusca, rufescente striata, infernè alba fusco striata ; marginibus pennarum rufescentibus ; « capite et collo superiore rufescentibus, nigro striatis ; rectricibus partim nigris, partim cine- « reis, albo transversim striatis ; rostro superiùs fusco, in exortu et infernè flavo-virescente ; « pedibus obscurè griseis... » *Botaurus Brasiliensis*. Brisson, *Ornithol.*, t. V, p. 460.

* *Ardea flava* (Lath., Gmel.).

LE PETIT BUTOR DE CAYENNE. [a][*]

TROISIÈME ESPÈCE.

Ce petit butor n'a guère qu'un pied ou treize pouces de longueur ; tout son plumage, sur un fond gris roussâtre, est tacheté de brun-noir par petites lignes transversales très-pressées, ondulantes et comme vermiculées en forme de zigzags et de pointes au bas du cou, à l'estomac et aux flancs ; le dessus de la tête est noir ; le cou, très-fourni de plumes, paraît presque aussi gros que le corps.

LE BUTOR DE LA BAIE D'HUDSON. [b][**]

QUATRIÈME ESPÈCE.

La livrée commune à tous les butors est un plumage fond roux ou roussâtre plus ou moins haché et coupé de lignes et de traits bruns ou noirâtres, et cette livrée se retrouve dans le butor de la baie d'Hudson : il est moins gros que celui d'Europe ; sa longueur, du bec aux ongles, n'est guère que de deux pieds six pouces.

L'ONORÉ. [c][***]

CINQUIÈME ESPÈCE.

Nous plaçons à la suite des butors du nouveau continent les oiseaux nommés *onorés* dans nos planches enluminées. Ce nom se donne à Cayenne à toutes les espèces de hérons ; cependant les onorés dont il s'agit ici nous

---

a. Voyez les planches enluminées, nᵒ 763.

b. Bittern from Hudson's bay. Edwards, *Hist. of Birds*, t. III, pag. et pl. 136. — « Ardea « supernè rufescens, nigricante transversim striata, infernè candicans, maculis longitudinali- « bus rufescentibus, nigro aspersis, varia ; vertice nigricante ; collo inferiore albo, maculis lon- « gitudinalibus rufescentibus, nigro marginatis, vario ; pennis in colli inferioris imâ parte lon- « gissimis ; rectricibus rufescentibus, nigricante transversim striatis ; rostro superiùs et apice « nigricante, infernè luteo ; pedibus flavis... » *Botaurus freti Hudsonis.* Brisson, *Ornithol.*, t. V, p. 449.

c. Voyez les planches enluminées, nᵒ 790, sous la dénomination d'*Onoré de Cayenne.*

[*] *Ardea undulata* (Lath., Gmel.)

[**] *Ardea stellaris.* — Simple variété du *butor,* selon Latham et Gmelin ; mais espèce propre et distincte : *ardea mohoko* (Vieill.).

[***] *Ardea tigrina* (Lath., Gmel.). — « L'*ardea tigrina* paraît être le jeune de l'*ardea* « *flava.* » (Cuvier.) — Voyez la nomenclature * de la page précédente.

paraissent se rapporter de beaucoup plus près à la famille du butor ; ils en ont la forme et les couleurs, et n'en diffèrent qu'en ce que leur cou est moins fourni de plumes, quoique plus garni et moins grêle que le cou des hérons. Ce premier onoré est presque aussi grand, mais un peu moins gros que le butor d'Europe ; tout son plumage est agréablement marqueté et largement coupé par bandes noires transversales, en zigzags, sur un fond roux au-dessus du corps et gris blanc au-dessous.

L'ONORÉ RAYÉ. a*

SIXIÈME ESPÈCE.

Cette espèce est un peu plus grande que la précédente, et la longueur de l'oiseau est de deux pieds et demi ; les grandes pennes de l'aile et la queue sont noires ; tout le manteau est joliment ouvragé par de petites lignes très-fines de roux, de jaunâtre et de brun, qui courent transversalement en ondulant et formant des demi-festons ; le dessus du cou et la tête sont d'un roux vif, coupé encore de petites lignes brunes ; le devant du cou et du corps est blanc, légèrement marqué de quelques traits bruns.

Ces deux espèces d'onorés nous ont été envoyées par M. de la Borde, médecin du roi à Cayenne : ils se cachent dans les ravines creusées par les eaux dans les savanes, et ils fréquentent le bord des rivières ; pendant les sécheresses, ils se tiennent fourrés dans les herbes épaisses ; ils partent de très-loin, et on n'en trouve jamais deux ensemble ; lorsque l'on en blesse un, il ne faut l'approcher qu'avec précaution, car il se met sur la défensive, en retirant le cou et frappant un grand coup de bec, et cherchant à le diriger dans les yeux. Les habitudes de l'onoré sont les mêmes que celles de nos hérons.

M. de la Borde a vu un onoré privé ou plutôt captif dans une maison : il y était continuellement à l'affût des rats ; il les attrapait avec une adresse supérieure à celle des chats ; mais, quoiqu'il fût depuis deux ans dans la maison, il se tenait toujours dans des endroits cachés, et quand on l'approchait, il cherchait d'un air menaçant à fixer les yeux. Au reste, l'une et l'autre espèce de ces onorés paraissent être sédentaires chacune dans leur contrée, et toutes deux sont assez rares.

a. Voyez les planches enluminées, n° 860.

* *Ardea lineata* (Lath., Gmel.). — Genre *Hérons*, sous-genre *Onorés* (Cuv.).

L'ONORÉ DES BOIS.[a*]

SEPTIÈME ESPÈCE.

On appelle ainsi cette espèce à la Guiane : nous lui laissons cette dénomination, suivant notre usage de conserver aux espèces étrangères le nom qu'elles portent dans leur pays natal, puisque c'est le seul moyen pour les habitants de les reconnaitre, et pour nous de les leur demander. Celle-ci se trouve à la Guiane et au Brésil ; Marcgrave la comprend sous le nom générique de *soco*, avec les hérons, mais elle nous paraît avoir beaucoup de rapport aux deux espèces précédentes d'onorés, et par conséquent aux butors : le plumage est, sur le dos, le croupion, les épaules, d'un noirâtre tout pointillé de jaunâtre ; et, ce qui n'est pas ordinaire, ce plumage est le même sur la poitrine, le ventre et les côtés ; le dessus du cou est d'un blanc mêlé de taches longitudinales, noires et brunes. Marcgrave dit que le cou est long d'un pied, et que la longueur totale, du bec aux ongles, est d'environ trois pieds.

LE BIHOREAU.[bc**]

La plupart des naturalistes ont désigné le bihoreau sous le nom de *corbeau de nuit* (*nycticorax*), et cela d'après l'espèce de croassement étrange,

a. *Soco Brasiliensibus.* Marcgrave, *Hist. nat. Brasil.*, p. 199, avec une figure peu exacte. — Jonston, *Avi.*, p. 136. — Willughby, *Ornithol.*, p. 209. — Ray, *Synops. avi.*, p. 100, no 14. — *Çocoi tertius.* Pison, *Hist. nat.*, p. 90, avec la figure empruntée de Marcgrave. — *Ardea sylvatica coloris ferruginei :* Onoré des bois par les Français de la Guiane. Barrère, *France équinoxiale*, p. 125. — *Ardea Americana, sylvatica, coloris ferruginei.* Idem, *Ornithol.*, class. iv, gen. 1, sp. 14. — *Ardea sub-fusca major, collo et pectore albo undatis.* Browne, *Nat. hist. of Jamaïca*, p. 478. — « Ardea nigricans, flavescente punctulata ; capite et collo « superiore fuscis, nigro punctulatis ; collo inferiore albo, maculis longitudinalibus nigris « fuscis vario ; rectricibus nigricantibus ; rostro nigro ; pedibus fuscis... » *Ardea Brasiliensis.* Brisson, *Ornithol.*, t. V, p. 441.

b. Voyez les planches enluminées, no 758 le mâle, et no 759 la femelle.

c. En allemand, *nacht-rab, bundler-reger, schild-reger ;* en anglais, *night-raven ;* en flamand, *quack ;* en vieux français, *roupeau.* — *Bihoreau* ou *roupeau*, espèce de héron. Belon, *Hist. nat. des oiseaux*, p. 197, avec une mauvaise figure, p. 198. — *Bihoreau, roupeau.* Idem, *Portraits d'oiseaux*, p. 44, *a*, avec la même figure. — *Nycticorax.* Gessner, *Avi.*, p. 627, avec une très-mauvaise figure ; la même, *Icon. avi.*, p. 18. — Aldrovande, *Avi.*, t. III, p. 271, avec la figure prise de Gessner, p. 272. — Jonston, *Avi.*, p. 93, avec la même figure, tab. 20. — Sibbald, *Scot. illustr.*, part. ii, lib. iii, p. 15. — Charleton, *Exercit.*, p. 79, no 9. Idem,

* *Ardea brasiliensis* (Lath., Gmel.). — « Cette espèce est de la division des *hérons proprement dits*, selon M. Vieillot. » (Desmarets.)

** *Ardea nycticorax* (Linn.). — Le *bihoreau d'Europe* (Cuv.). — Genre *Hérons*, sous-genre *Bihoreaux* (Cuv.).

ou plutôt de râlement effrayant et lugubre qu'il fait entendre pendant la nuit[a]. C'est le seul rapport que le bihoreau ait avec le corbeau, car il ressemble au héron par la forme et l'habitude du corps, mais il en diffère en ce qu'il a le cou plus court et plus fourni, la tête plus grosse, et le bec moins effilé et plus épais; il est aussi plus petit, n'ayant qu'environ vingt pouces de longueur; son plumage est noir, à reflet vert sur la tête et la nuque, vert obscur sur le dos, gris de perle sur les ailes et la queue, et blanc sur le reste du corps; le mâle porte sur la nuque du cou des brins, ordinairement au nombre de trois, très-déliés, d'un blanc de neige[b], et qui ont jusqu'à cinq pouces de longueur : de toutes les plumes d'aigrette, celles-ci sont les plus belles et les plus précieuses[c]; elles tombent au printemps, et ne se renouvellent qu'une fois par an; la femelle est privée de cet ornement, et elle est assez différente du mâle pour avoir été méconnue par quelques naturalistes. La neuvième espèce de héron de M. Brisson n'est en effet que cette même femelle[d]; elle a tout le manteau d'un cendré roussâtre, des taches en pinceaux de cette même teinte sur le cou, et le dessus du corps gris blanc.

Le bihoreau niche dans les rochers, suivant Belon, qui dérive de là son ancien nom *roupeau*[e]; mais, selon Schwenckfeld et Willughby, c'est sur les aunes, près des marais, qu'il établit son nid[f] : ce qui ne peut se concilier qu'en supposant que ces oiseaux changent d'habitude, à cet égard, suivant les circonstances; en sorte que, dans les plaines de la Silésie ou de la Hollande, ils s'établissent sur les arbres aquatiques, au lieu que sur les côtes

Onomast., p. 71, n° 9. — *Ardea varia.* Schwenckfeld, *Aviar. Siles.*, p. 226. — *Ardea varia Schwenckfeldii; corvus nocturnus Agricolæ.* Klein, *Avi.*, p. 123, n° 5. — *Ardea cinerea minor.* Jonston, *Avi.*, p. 103, avec la figure empruntée d'Aldrovande, tab. 50. — Ray, *Synops. avi.*, p. 99, n° 3. — Rzaczynski, *Auctuar. hist. nat. Polon.*, p. 364. — Marsigl., *Danub.*, t. V, p. 10, avec une très-mauvaise figure, tab. 3. — *Ardea cinerea minor, Germanis nycticorax.* Willughby, *Ornithol.*, p. 204. — *Ardea cirrata, alba, dorso nigro.* Barrère, *Ornithol.*, class. IV, gen. 1, sp. 7. — « Ardea cristà occipitis tripenni dependente; dorso nigro, abdomine « flavescente... » *Nycticorax.* Linnæus, *Syst. nat.*, édit. X, gen. 76, sp. 9. — *Der aschgraue reiger, mit 3. Nacken federn.* Frisch, vol. II, div. 12, sect. 1, pl. 10. — *Corbeau de nuit.* Albin, t. II, p. 43, avec une figure mal coloriée, pl. 67. — « Ardea supernè obscurè viridis, « infernè alba, vertice nigro viridescente; tænià in syncipite et supra oculos candidà; pennis « tribus in occipite strictissimis, longissimis, candidis; collo superiore albo cinerascente: uro- « pygio dilatè cinereo, remigibusque cinereis; rostro nigricante; pedibus viridi-flavicantibus. » *Nycticorax.* Brisson, *Ornithol.*, t. V, p. 226. — Il paraît qu'il se trouve aux Antilles un biboreau semblable à celui d'Europe, et qu'on reconnaît dans l'*ardea cinerea rostro curviori* du P. Feuillée, *Observ.*, p. 411.

a. « Vesperè et noctu absonà voce molestat. » Schwenckfeld, *Aviar. Siles.*, p. 226.

b. « Entre les plumes noires du dessus de sa tête sortent d'autres petites plumes blanches, longues et déliées, qu'il fait moult beau voir. » Belon.

c. « Elles se vendent à haut prix, dit Schwenckfeld, et notre jeune noblesse aime à les porter en panache sur le chapeau. » *Aviar. Siles.*, p. 226.

d. Le *héron gris.* Brisson, *Ornithol.*, t. V, p. 412.

e. *Nat. des oiseaux*, p. 197.

f. « Nidificant gregatim, in alnis et fruticibus densis. » Schwenckfeld, p. 226; voyez aussi Willughby, p. 204.

de Bretagne, où Belon les a vus, ils nichent dans les rochers. On assure que leur ponte est de trois ou quatre œufs blancs[a].

Le bihoreau paraît être un oiseau de passage; Belon en a vu un exposé sur le marché au mois de mars; Schwenckfeld assure qu'il part de Silésie au commencement de l'automne, et qu'il revient avec les cigognes au printemps[b]. Il fréquente également les rivages de la mer et les rivières ou marais de l'intérieur des terres : on en trouve en France dans la Sologne[c], en Toscane sur les lacs de Fucecchio et de Bientine[d]; mais l'espèce en est partout plus rare que celle du héron; elle est aussi moins répandue, et ne s'est pas étendue jusqu'en Suède[e].

Avec des jambes moins hautes et un cou plus court que le héron, le bihoreau cherche sa pâture moitié dans l'eau, moitié sur terre, et vit autant de grillons, de limaces et autres insectes terrestres, que de grenouilles et de poissons[f]; il reste caché pendant le jour, et ne se met en mouvement qu'à l'approche de la nuit : c'est alors qu'il fait entendre son cri *ka, ka, ka*, que Willughby compare aux sanglots du vomissement d'un homme[g].

Le bihoreau a les doigts très-longs; les pieds et les jambes sont d'un jaune verdâtre; le bec est noir[h], et légèrement arqué dans la partie supérieure; ses yeux sont brillants, et l'iris forme un cercle rouge ou jaune aurore autour de la prunelle.

LE BIHOREAU DE CAYENNE.[i]*

Ce bihoreau d'Amérique est aussi grand que celui d'Europe, mais il paraît moins gros dans toutes ses parties; le corps est plus menu; les jambes sont plus hautes; le cou, la tête et le bec sont plus petits; le plumage est d'un cendré bleuâtre sur le cou et au-dessous du corps; le manteau est noir, frangé de cendré sur chaque plume; la tête est enveloppée de noir,

a. Willughby, Schwenckfeld.

b. Aviar. Siles., p. 226.

c. Hist nat. des oiseaux, p. 310.

d. Ornithologie italienne, t. IV, p. 49.

e. Nous en jugeons par le silence que garde sur cette espèce M. Linnæus dans son *Fauna Suecica*.

f. Schwenckfeld.

g. « Nycticorax, quòd interdiu clamet voce absonâ, et tanquam vomiturientis. » Willughby, p. 204.

h. Schwenckfeld paraît se tromper sur la couleur des pieds et sur celle du bec; mais Klein se trompe davantage en exagérant les expressions de Schwenckfeld qu'il transcrit. Schwenckfeld dit : « Rostrum obscurè rubet... crura nigricant cum rubedine : » Klein écrit : « Rostro « sanguineo prout et pedes; » ce qui ne peut jamais convenir au bihoreau et le rend méconnaissable.

i. Voyez les planches enluminées, nº 899.

* *Ardea cayennensis* (Lath., Gmel.). — Sous-genre, *bihoreaux* (Cuv.).

et le sommet en est blanc; il y a aussi un trait blanc sous l'œil : ce bihoreau porte un panache composé de cinq ou six brins, dont les uns sont blancs et les autres noirs.

L'OMBRETTE. [a] [b] [*]

C'est à M. Adanson que nous devons la connaissance de cet oiseau, qui se trouve au Sénégal : il est un peu plus grand que le bihoreau; la couleur de terre d'ombre ou de gris brun foncé de son plumage lui a fait donner le nom d'ombrette; il doit être placé comme espèce anomale entre les genres des oiseaux de rivage, car on ne peut le rapporter exactement à aucun de ces genres; il pourrait approcher de celui des hérons, s'il n'avait un bec d'une forme entièrement différente, et qui même n'appartient qu'à lui : ce bec, très-large et très-épais près de la tête, s'allonge en s'aplatissant par les côtés; l'arête de la partie supérieure se relève dans toute sa longueur, et paraît s'en détacher par deux rainures tracées de chaque côté : ce que M. Brisson exprime, en disant que le bec semble composé de plusieurs pièces articulées; et cette arête, rabattue sur le bout du bec, le termine en pointe recourbée; ce bec est long de trois pouces trois lignes; le pied, joint à la partie nue de la jambe, a quatre pouces et demi; cette dernière partie seule a deux pouces. Ces dimensions ont été prises sur un de ces oiseaux conservé au Cabinet du Roi. M. Brisson semble en donner de plus grandes ; les doigts sont engagés vers la racine par un commencement de membrane plus étendue entre le doigt extérieur et celui du milieu; le doigt postérieur n'est point articulé, comme dans les hérons, à côté du talon, mais au talon même.

LE COURLIRI OU COURLAN. [c] [**]

Le nom de courlan ou courliri ne doit pas faire imaginer que cet oiseau ait de grands rapports avec les courlis; il en a beaucoup plus avec les hérons, dont il a la stature et presque la hauteur; sa longueur du bec aux ongles est de deux pieds huit pouces; la partie nue de la jambe, prise avec

a. Voyez les planches enluminées, nº 796.

b. « Scopus fuscus, supernè saturatius, infernè dilutius ; tectricibus caudæ inferioribus, « rectricibusque dilutè fuscis, fusco saturatiore transversim striatis..... » *Scopus* (*a σχία, umbra*). Brisson, *Ornithol.*, t. V, p. 503.

c. Voyez les planches enluminées, nº 848.

[*] *Scopus umbretta* (Linn.). — Ordre et famille *id.*, genre *Ombrettes* (Cuv.).

[**] *Ardea scolopacea* (Gmel.). — « On ne peut placer cet oiseau qu'entre les *grues* et les « *hérons.* » (Cuvier.)

le pied, a sept pouces ; le bec en a quatre ; il est droit dans presque toute sa longueur, il se courbe faiblement vers la pointe, et ce n'est que par ce rapport que le courlan s'approche des courlis, dont il diffère par la taille, et toute l'habitude de sa forme est très-ressemblante à celle des hérons : de plus, on voit à l'ongle du grand doigt la tranche saillante du côté intérieur, qui représente l'espèce de peigne dentelé de l'ongle du héron ; le plumage du courlan est d'un beau brun, qui devient rougeâtre et cuivreux aux grandes pennes de l'aile et de la queue ; chaque plume du cou porte dans son milieu un trait de pinceau blanc. Cette espèce est nouvelle et nous a été envoyée de Cayenne sous le nom de *courliri*, d'où on lui a donné celui de *courlan* dans nos planches enluminées.

LE SAVACOU. [a][b][*]

Le savacou est naturel aux régions de la Guiane et du Brésil ; il a assez la taille et les proportions du bihoreau ; et par les traits de conformation, comme par la manière de vivre, il paraîtrait avoisiner la famille des hérons, si son bec large et singulièrement épaté ne l'en éloignait beaucoup et ne le distinguait même de tous les autres oiseaux de rivage ; cette large forme de bec a fait donner au savacou le surnom de *cuiller* : ce sont en effet deux cuillers appliquées l'une contre l'autre par le côté concave ; la partie supérieure porte sur sa convexité deux rainures profondes qui partent des narines et se prolongent de manière que le milieu forme une arête élevée qui se termine par une petite pointe crochue ; la moitié inférieure de ce bec, sur laquelle la supérieure s'emboîte, n'est pour ainsi dire qu'un cadre sur lequel est tendue la peau prolongée de la gorge ; l'une et l'autre mandibule sont tranchantes par les bords, et d'une corne solide et très-dure ; ce bec a quatre pouces des angles à la pointe, et vingt lignes dans la plus grande largeur.

Avec une arme si forte, qui tranche et coupe et qui pourrait rendre le

a. Voyez les planches enluminées, n°s 38 et 869.

b. *Savacou* ou *Saouacou* à Cayenne ; *rapapa* par les sauvages Garipanes ; *tamatia* au Brésil ; c'est le second *tamatia* de Marcgrave, le premier est un oiseau tout différent : voyez l'article des *oiseaux barbus*. — *Tamatia Brasiliensibus dicta.* Marcgrave, *Hist. nat. Brasil.*, p. 208, avec une très-mauvaise figure. — Jonston, *Avi.*, p. 143. — *Gallinula aquatica, tamatia Brasiliensibus dicta Marcgravii.* Willughby, *Ornithol.*, p. 238. — Ray, *Synops. avi.*, p. 116, n° 12. — *Cancrofagus major rostro cochlearis instar excavato, ingluvie magnâ extuberante.* Barrère, *France équinox.*, p. 128. — « Cochlearius fuscus; capite nigro; ventre candicante varie- « gato, rectricibus fuscis... » *Cochlearius fuscus.* Brisson, *Ornithol.*, t. V, p. 509. — « Cochlea- « rius supernè cinereo-albus inferuè fusco-rufescens; capite superiore nigro; syncipite, genis « et collo inferiore albis ; dorso supremo saturatè cinereo; rectricibus cinereo albis... » *Cochlearius. Idem, ibidem*, p. 506.

* *Cancroma cochlearia* (Linn.). — Ordre et famille *id.*, genre *Savacous* (Cuv.).

savacou redoutable aux autres oiseaux, il paraît s'en tenir aux douces
habitudes d'une vie paisible et sobre; si l'on pouvait inférer quelque chose
de noms appliqués par les nomenclateurs, un de ceux que lui donne Barrère nous indiquerait qu'il vit de crabes [a]; mais, au contraire, il semble
s'éloigner par goût du voisinage de la mer; il habite les savanes noyées, et
se tient le long des rivières où la marée ne monte point [b] : c'est là que, perché sur les arbres aquatiques, il attend le passage des poissons dont il fait
sa proie, et sur lesquels il tombe en plongeant et se relevant sans s'arrêter
sur l'eau [c]; il marche le cou arqué et le dos voûté, dans une attitude qui
paraît gênée, et avec un air aussi triste que celui du héron [d]; il est sauvage
et se tient loin des lieux habités [e]; ses yeux, placés fort près de la racine du
bec, lui donnent un air farouche : lorsqu'il est pris, il fait craquer son bec,
et dans la colère ou l'agitation il relève les longues plumes du sommet de
sa tête.

Barrère a fait trois espèces de savacou [f] que M. Brisson réduit à deux [g],
et qui probablement se réduisent à une seule : en effet, le savacou gris et le
savacou brun ne diffèrent notablement entre eux que par le long panache
que porte le dernier, et ce panache pourrait être le caractère du mâle;
l'autre, que nous soupçonnons être la femelle, a un commencement ou un
indice de ce même caractère dans les plumes tombantes du derrière de la
tête; et, pour la différence du brun au gris dans leur plumage, on peut
d'autant plus la regarder comme étant de sexe ou d'âge, qu'il existe dans
le *savacou varié* [h] une nuance qui les rapproche. Du reste, les formes et
les proportions du savacou gris et du savacou brun sont entièrement les
mêmes : et nous sommes d'autant plus portés à n'admettre ici qu'une seule
espèce, que la nature, qui semble les multiplier en se jouant sur les formes
communes et les traits du plan général de ses ouvrages, laisse au contraire
comme isolées et jetées aux confins de ce plan les formes singulières qui
s'éloignent de cette forme ordinaire, comme on peut le voir par les exemples
de la spatule, de l'avocette, du phénicoptère, etc., dont les espèces sont
uniques, et n'ont que peu ou point de variétés.

Le savacou brun et huppé (planche enluminée, n° 869) que nous prenons pour le mâle, a plus de gris roux que de gris bleuâtre dans son manteau; les plumes de la nuque du cou sont noires et forment un panache

<hr>

a. *Cancrofagus*, etc. Voyez la nomenclature.

b. Observations faites à Cayenne par M. Sonnini de Manoncour.

c. Mémoires communiqués par M. de la Borde, médecin du roi à Cayenne.

d. « Dorso incurvato incedens, et collo incurvato. » Marcgrave.

e. M. de la Borde.

f. *Onocrotalus Americanus, cinereus, non maculosus.* Barrère, *Ornithol.*, clas. 3, gen. 11,
sp. 1. — *Onocrotalus Americanus, cinereus maculatus. Idem, ibid.*, sp. 2 ; et le *cancrofagus
major*, rapporté dans la nomenclature.

g. *A. cochlearius nævius.* Brisson, *Ornithol.*, t. V, p. 508.

h. Rapporté de Cayenne par M. Sonnini.

long de sept à huit pouces, tombant sur le dos : ces plumes sont flottantes, et quelques-unes ont jusqu'à huit lignes de largeur.

Le savacou gris (planche enluminée, n° 38), qui nous paraît être la femelle, a tout le manteau gris blanc bleuâtre, avec une petite zone noire sur le haut du dos; le dessous du corps est noir mêlé de roux; le devant du cou et le front sont blancs; la coiffe de la tête, tombant derrière en pointe, est d'un noir bleuâtre.

L'un et l'autre ont la gorge nue; la peau qui la recouvre paraît susceptible d'un renflement considérable : c'est apparemment ce que veut dire Barrère par *ingluvie extuberante*. Cette peau, suivant Marcgrave, est jaunâtre ainsi que les pieds; les doigts sont grêles et les phalanges en sont longues; on peut encore remarquer que le doigt postérieur est articulé à côté du talon, près du doigt extérieur, comme dans les hérons; la queue est courte et ne passe pas l'aile pliée : la longueur totale de l'oiseau est d'environ vingt pouces. Nous devons observer que nos mesures ont été prises sur des individus un peu plus grands que celui qu'a décrit M. Brisson, qui était probablement un jeune.

LA SPATULE. [a] [b] *

Quoique la spatule soit d'une figure très-caractérisée et même singulière, les nomenclateurs n'ont pas laissé de la confondre sous des dénominations impropres et étrangères, avec des oiseaux tout différents; ils l'ont appelée

a. Voyez les planches enluminées, n° 405.

b. En grec, Λευκερωδιὸς; par emprunt de nom avec le héron blanc, et par erreur Πελεκαν; en latin, *platea, platelea:* en hébreu, *kaath*, suivant Gessner; en italien, *beccaroveglia;* en allemand, *pelecan, loeffler;* en suisse, *schufler;* en flamand, *lepelaer;* en anglais, *spoonbil, schoveler;* en suédois, *pelecan;* en russe, *calpétre;* en polonais, *pelican, plaskonos;* en illyrien, *bucacz;* en catalan, *pellicano;* à Madagascar, *fangali-am-bava*, c'est-à-dire, bêche au bec. — *Pale, poche et cueillier.* Belon, *Nat. des oiseaux*, p. 194, avec une figure peu exacte. — *Pale, poche, cueillier, truble. Idem, Portraits d'oiseaux*, p. 34, *a*, la même figure. — *Pelecanus.* Gessner, *Avi.*, p. 665, avec une mauvaise figure, p. 666. — *Pelecanus, platea vel platalea. Idem, Icon. avi.*, p. 92, avec une figure qui n'est pas meilleure. — *Albardeola, platea Plinii, platelea Ciceronis, quam pelecanum facit ornithologus.* Aldrovande, *Avi.*, t. III, p. 384, avec une figure assez reconnaissable, p. 385; et une autre moins bonne, p. 386. — *Ardea alba.* Jonston, *Avi.*, p. 103, avec une figure empruntée d'Aldrovande, tab. 46, sous le titre, *pelicanus, sive platea.* — *Platea, sive pelecanus Aldrovandi.* Willughby, *Ornithol.*, p. 212. — Ray, *Synops. avi.*, p. 102, n° 1. — Sibbald. *Scot. illustr.*, part. II, lib. XIII, p. 18. — *Platea leucorodius Willughbeii.* Klein, *Avi.*, p. 126, n° 1. — *Platea.* Schwenckfeld, *Avi. Siles.*, p. 341. — *Platea candida.* Barrère, *Ornithol.*, clas. 3, gen. 29, sp. 1. — *Ardea alba, cochlearia, plateola;* Charleton, *Exercit.*, p. 109, n° 2. *Idem. Onomast.*, p. 103, n° 2. — *Platea, sive pelicanus Aldrovandi,* etc. Marsigl. *Danub.*, t. V, p. 28, avec une figure peu exacte, tab. 12. — *Pelicanus Gessneri, platea Plinii, platelea Ciceronis,* etc. Rzaczynski, *Auctuar. Hist. nat. Polon.*, p. 407. — *Pelecanus.* Mœhr. *Avi.*, gen. 60. — «Platea corpore albo.»

* *Platalea leucorodia* (Gmel.). — La *spatule blanche huppée* (Cuv.). — Ordre des *Échassiers*, famille des *Cultirostres*, genre *Spatules* ou *Palettes* (Cuv.).

héron blanc [a] et *pélican* [b], quoiqu'elle soit d'une espèce différente de celle du héron [c], et même d'un genre fort éloigné de celui du véritable pélican : ce que Belon reconnaît, en même temps qu'il lui donne le nom de *poche*, qui n'appartient encore qu'au pélican [d], et celui de *cuiller*, qui désigne plutôt le phénicoptère ou flamant, qu'on appelle *bec à cuiller*, ou le savacou, qu'on nomme aussi *cuiller;* le nom de *pale* ou *palette* conviendrait mieux, en ce qu'il se rapproche de celui de *spatule* que nous avons adopté, parce qu'il a été reçu, ou son équivalent, dans la plupart des langues [e], et qu'il caractérise la forme extraordinaire du bec de cet oiseau; ce bec, aplati dans toute sa longueur, s'élargit en effet vers l'extrémité en manière de spatule, et se termine en deux plaques arrondies trois fois aussi larges que le corps du bec même, configuration d'après laquelle Klein donne à cet oiseau le surnom *anomaloroster* [f] ; ce bec, anomal en effet par sa forme, l'est encore par sa substance, qui n'est pas ferme, mais flexible comme du cuir, et qui par conséquent est très-peu propre à l'action que Cicéron et Pline lui attribuent, en appliquant mal à propos à la spatule ce qu'Aristote a dit avec beaucoup de vérité du pélican, savoir qu'il fond sur les oiseaux plongeurs et leur fait relâcher leur proie en les mordant fortement par la tête [g] : sur quoi, par une méprise inverse, on a attribué au pélican le nom de *platelea*, qui appartient réellement à la spatule. Scaliger, au lieu de rectifier ces erreurs, en ajoute d'autres : après avoir confondu la spatule et le

---

Leucorodios. Linnæus, *Syst. nat.*, édit. X, gen. 73, sp. 1. — *Albardeola. Mus. Worm.*, p. 310. — *Platyrinchos. Mus. Besler*, p. 36, n° 4, avec une assez bonne figure de la tête, tab. 9, n° 4. — *Der loeffel reiger.* Frisch, vol. II, divis. 12, sect. 1, pl. 7 et 8. — *Palette. Anciens Mémoires de l'Académie*, t. III, partie III, p. 23, avec une figure exacte, pl. 5. — *Pélican.* Kolbe, *Description du cap de Bonne-Espérance*, t. III, p. 173, avec une figure reconnaissable, p. 172, n° 4. — *Petit héron* ou *bec à cuiller.* Albin, t. II, p. 42, avec une mauvaise figure, pl. 66. — « Platea cristata, in toto corpore candida, oculorum ambitu et gutture nudis, nigris... » *Platea.* Brisson, *Ornithol.*, t. V, p. 352.

a. Leukerodios que Gaza a traduit *albardeola...* « Petit fluvios ardea et albardeola (leuke- « rodios) quæ magnitudine minor est, rostro recto porrectoque. » Aristot., lib. VIII, cap. III. Voyez Aldrovande, t. III, p. 384.

b. Gessner; voyez la nomenclature.

c. « Il serait difficile, disent MM. de l'Académie, de justifier l'idée de placer cet oiseau parmi « les hérons, les différences étant trop fortes et trop nombreuses, et les ressemblances, comme « d'avoir un panache sur la tête, de vivre de poissons, trop faibles et trop communes avec « d'autres espèces. » *Mémoires de l'Académie des Sciences*, depuis 1666 jusqu'en 1669, t. III, partie III, p. 23.

d. Nature des oiseaux, liv. III, p. 154.

e. Platea, *platelea schufler*, *spoon-bill*, etc., voyez la nomenclature.

f. Ordo avium, p. 126; mais ce naturaliste se trompe comme les autres, en pensant que le *pelecanos* d'Aristote est la spatule.

g. Aristot. *Hist. animal.*, lib. IX, cap. XIV. — « Legi etiam scriptum hic esse avem quamdam « quæ platelea nominetur; eam sibi cibum quærere advolantem ad eas aves quæ se in mari « mergerent, quæ cùm emersissent, piscemque cepissent, usque adeò premere earum capita « mordicùs, dùm illæ captum amitterent, quòd ipsa invaderet. » Cicero., lib. II, *De nat. Deor.* — « Platea nominatur advolans ad eas quæ se in mari mergunt, et capita illarum morsu corri- « piens, donec capturam extorqueat. » Plin., lib. X, cap. LVI.

pélican, il dit, d'après Suidas, que le *pelicanos* est le même que le *dendro-colaptès*, coupeur d'arbres, qui est le pic [a] ; et, transportant ainsi la spatule du bord des eaux au fond des bois, il lui fait percer les arbres avec un bec uniquement propre à fendre l'eau ou fouiller la vase [b].

En voyant la confusion qu'a répandue sur la nature cette multitude de méprises scientifiques, cette fausse érudition entassée sans connaissance des objets, et ce chaos des choses et des noms encore obscurci par les nomenclateurs, je n'ai pu m'empêcher de sentir que la nature, partout belle et simple, eût été plus facile à connaître en elle-même qu'embarrassée de nos erreurs ou surchargée de nos méthodes, et que malheureusement on a perdu pour les établir et les discuter le temps précieux qu'on eût employé à la contempler et à la peindre.

La spatule est toute blanche, elle est de la grosseur du héron, mais elle a les pieds moins hauts et le cou moins long, et garni de petites plumes courtes ; celles du bas de la tête sont longues et étroites, elles forment un panache qui retombe en arrière ; la gorge est couverte, et les yeux sont entourés d'une peau nue ; les pieds et le nu de la jambe sont couverts d'une peau noire, dure et écailleuse ; une portion de membrane unit les doigts vers leur jonction, et par son prolongement les frange et les borde légèrement jusqu'à l'extrémité ; des ondes noires transversales se marquent sur le fond de couleur jaunâtre du bec, dont l'extrémité est d'un jaune quelquefois mêlé de rouge ; un bord noir tracé par une rainure forme comme un ourlet relevé tout autour de ce bec singulier, et l'on voit en dedans une longue gouttière sous la mandibule supérieure ; une petite pointe recourbée en dessous termine l'extrémité de cette espèce de palette, qui a vingt-trois lignes dans sa plus grande largeur, et paraît intérieurement sillonnée de petites stries qui rendent sa surface un peu rude et moins lisse qu'elle ne l'est en dehors ; près de la tête, la mandibule supérieure est si large et si épaisse, que le front semble y être entièrement engagé ; les deux mandibules, près de leur origine, sont également garnies intérieurement, vers les bords, de petits tubercules ou mamelons sillonnés, lesquels ou servent à broyer les coquillages que le bec de la spatule est tout propre à recueillir, ou à retenir et arrêter une proie glissante ; car il paraît que cet oiseau se nourrit également de poissons, de coquillages, d'insectes aquatiques et de vers.

La spatule habite les bords de la mer, et ne se trouve que rarement dans l'intérieur des terres [c], si ce n'est sur quelques lacs [d], et passagèrement aux

---

a. Voyez l'histoire du pic, page 496 du VIIe volume.

b. Voyez les *Mémoires de l'Académie*, à l'endroit cité ci-devant.

c. « La cuiller est extrêmement rare dans ce pays-ci : on en tua une près de Chartres, il y a quelques années. » Salerne, *Ornithol.*, p. 317.

d. Comme sur ceux de *Bientina* et de *Fucecchio* en Toscane, suivant Gerini, *Storia d'egl' uccelli*, t. IV, p. 53. Il se trompe d'ailleurs en appelant cet oiseau *pélican*.

bords des rivières ; elle préfère les côtes marécageuses : on la voit sur celles
du Poitou, de la Bretagne [a], de la Picardie et de la Hollande ; quelques
endroits sont même renommés par l'affluence des spatules, qui s'y rassemblent avec d'autres espèces aquatiques ; tels sont les marais de Sevenhuis,
près de Leyde [b].

Ces oiseaux font leur nid à la sommité des grands arbres voisins des côtes
de la mer, et le construisent de bûchettes ; ils produisent trois ou quatre
petits ; ils font grand bruit sur ces arbres dans le temps des nichées, et y
reviennent régulièrement tous les soirs se percher pour dormir [c].

De quatre spatules décrites par MM. de l'Académie des Sciences [d], et qui
étaient toutes blanches, deux avaient un peu de noir au bout de l'aile, ce
qui ne marque pas une différence de sexe, comme Aldrovande l'a cru, ce
caractère s'étant trouvé également dans un mâle et dans une femelle ; la
langue de la spatule est très-petite, de forme triangulaire, et n'a pas trois
lignes en toutes dimensions ; l'œsophage se dilate en descendant, et c'est
apparemment dans cet élargissement que s'arrêtent et se digèrent les petites
moules et autres coquillages que la spatule avale, et qu'elle rejette quand la
chaleur du ventricule en a fondu la chair [e] ; elle a un gésier doublé d'une
membrane calleuse, comme les oiseaux granivores ; mais au lieu des *cœcum*
qui se trouvent dans ces oiseaux à gésier, on ne lui remarque que deux
petites éminences très-courtes à l'extrémité de l'*ileon ;* les intestins ont sept
pieds de longueur ; la trachée-artère est semblable à celle de la grue, et fait
dans le thorax une double inflexion ; le cœur a un péricarde, quoique Aldrovande dise n'en avoir point trouvé [f].

Ces oiseaux s'avancent en été jusque dans la Bothnie occidentale et dans
la Laponie, où l'on en voit quelques-uns suivant Linnæus, en Prusse, où ils
ne paraissent également qu'en petit nombre, et où, durant les pluies d'automne, ils passent en venant de Pologne [g] ; Rzaczynski dit qu'on en voit,
mais rarement, en Volhynie [h] ; il en passe aussi quelques-uns en Silésie,
dans les mois de septembre et d'octobre [i]. Ils habitent, comme nous l'avons

a. « La pale est un oiseau moult commun ez rivages de notre océan, sur les marches de
« Bretaigne ; comme aussi le héron blanc. » Belon, *Nat. des oiseaux,* p. 194.

b. Albin, t. II, p. 42. — « In Hollandiâ non longe a Lugduno-Batavorum infinitos earum
« nidos vidimus. » Jonston, p. 152.

c. Belon.

d. Mémoires de l'Académie, depuis 1666 jusqu'en 1669, t. III, partie III, p. 27 et 29.

e. « Platea cùm devoratis se implevit conchis, calore ventris coctas evomit, atque ex iis escu-
« lenta legit, testas excernens. » Plin., lib. X, cap. LVI.

f. Voyez les *Mémoires de l'Académie,* à l'endroit cité.

g. Klein, *De avibus erraticis,* pag. 165 et 193.

h. Auctuar. Hist. nat. Polon., pag. 408.

i. Aviar. Siles., pag. 314. Schwenckfeld en cet endroit parait confondre le pélican avec la
spatule, puisqu'il y rapporte, d'après Isidore et saint Jérôme, la fable de la résurrection des
petits du pélican, par le sang qu'il verse de sa poitrine, quand le serpent les lui a tués.

dit, les côtes occidentales de la France ; on les retrouve sur celles d'Afrique, à Bissao, vers Sierra-Leona [a] ; en Égypte, selon Granger [b] ; au cap de Bonne-Espérance, où Kolbe dit qu'ils vivent de serpents autant que de poissons, et où on les appelle *slangen-vreeter*, mange-serpents [c]. M. Commerson a vu des spatules à Madagascar, où les insulaires leur donnent le nom de *fangali-am-bava*, c'est-à-dire *bêche au bec* [d]. Les nègres, dans quelques cantons, appellent ces oiseaux *vang-van*, et dans d'autres *vouroudoulon*, oiseaux du diable, par des rapports superstitieux [e]. L'espèce, quoique peu nombreuse, est donc très-répandue, et semble même avoir fait le tour de l'ancien continent. M. Sonnerat l'a trouvée jusqu'aux îles Philippines [f], et, quoiqu'il en distingue deux espèces, le manque de huppe, qui est la principale différence de l'une à l'autre, ne nous paraît pas former un caractère spécifique, et jusqu'à ce jour nous ne connaissons qu'une seule espèce [1] de spatule, qui se trouve être à peu près la même, du nord au midi, dans tout l'ancien continent ; elle se trouve aussi dans le nouveau [2], et quoiqu'on ait encore ici divisé l'espèce en deux, on doit les réunir en une, et convenir que la ressemblance de ces spatules d'Amérique avec celle d'Europe est si grande, qu'on doit attribuer leurs petites différences à l'impression du climat.

La spatule [g] d'Amérique [h] [3] est seulement un peu moins grande dans toutes

a. Voyez la relation de Brue , *Hist. générale des Voyages*, t. II , p. 590.

b. Voyage de Granger ; Paris , 1745, p. 237.

c. Kolbe. *Description du cap de Bonne-Espérance*, t. III , p. 173; sa notice n'est pas juste en tout, et il nomme mal à propos l'oiseau *pélican :* mais la figure est celle de la spatule.

d. Vourou-gondron , suivant Flaccourt.

e. Les nègres lui donnent ce nom, parce que lorsqu'ils l'entendent, ils s'imaginent que son cri annonce la mort à quelqu'un du village. Note laissée par M. Commerson.

f. Voyage à la Nouvelle-Guinée, p. 89.

g. Voyez les planches enluminées, n° 165.

h. Ajaia Brasiliensibus , colherado Lusitanis, Belgis lepelaer. Marcgrave, *Hist. nat. Bras.*, p. 204. — *Ayaia.* Laët, *Nov. orb.*, p. 575. — Jonston, *Avi.*, p. 139 et 150. — *Platea Brasiliensis, ajaia dicta ,* etc Willughby, *Ornithol.*, p. 213. — Ray, *Synops. avi.*, p. 102, n° 3. — *Platea Brasiliensis.* Klein, *Avi.*, p. 126, n° 2. — *Ardea rosea, spatula dicta.* Barrère, *France, équinox.*, p. 124. — *Platea Americana, albo roseoque colore mixta. Idem, Ornithol.*, clas. III, gen. 29, sp. 2. — *Platalea corpore sanguineo, ajaia.* Linnæus, *Syst. nat.*, édit. X, gen. 73, sp. 2. — « Platea rosea , capite anteriore et gutture nudis, candicantibus, collo supremo candido ; tectricibus caudæ superioribus et inferioribus coccineis; rectricibus roseis... » *Platea rosea.* Brisson, *Ornithol.*, t. V, p. 356. — *Tlauhquechul.* Fernandez, *Hist. avi. nov. Hisp.*, p. 49, cap. CLXXVIII. — Jonston, *Avi.*, p. 126. — Charleton, *Exercit.*, p. 119, n° 2. *Idem, Onomast.*, p. 116, n° 2. — *Avis vivivora.* Nieremberg, p. 214. — *Ardea phenicea, spatula dicta.* Barrère, *France équinox.*, p. 125. — *Platea Americana phenicea. Idem, Ornithol.*, clas. III , gen. 29, sp. 3. — *Platea sanguinea tota.* Klein, *Avi.*, p. 126, n° 3. — *Tlauhquechul, seu platea Mexicana,* etc. Willughby, *Ornithol.*, 213. — Ray, *Synops. avi.*, p. 102, n° 2. — *Platea incarnata.* Sloane, *Jamaic.*, p. 316, n° 7. — *Platea corpore sanguineo, tlauhquechul ,*

1. Voyez, plus loin, la note 1 de la page 115.

2. La *spatule* du Nouveau-Continent est une espèce distincte. — Voyez la note suivante.

3. *Platalea ajaia* (Klein). — La *spatule rose* (Cuv.). — C'est une espèce distincte, et propre à l'Amérique méridionale.

ses dimensions que celle d'Europe : elle en diffère encore par la couleur de
rose ou d'incarnat qui relève le fond blanc de son plumage sur le cou, le
dos et les flancs ; les ailes sont plus fortement colorées, et la teinte de rouge
va jusqu'au cramoisi sur les épaules et les couvertures de la queue, dont les
pennes sont rousses ; la côte de celles de l'aile est marquée d'un beau car-
min ; la tête comme la gorge est nue : ces belles couleurs n'appartiennent
qu'à la spatule adulte, car on en trouve de bien moins rouges sur tout le
corps et encore presque toutes blanches, qui n'ont point la tête dégarnie, et
dont les pennes de l'aile sont en partie brunes, restes de la livrée du premier âge. Barrère assure [a] qu'il se fait dans le plumage des spatules d'Amérique le même progrès en couleur avec l'âge que dans plusieurs autres
oiseaux, comme les courlis rouges et les phénicoptères ou flamants, qui,
dans leurs premières années, sont presque tout gris ou tout blancs, et ne
deviennent rouges qu'à la troisième année ; il résulte de là que l'oiseau
couleur de rose du Brésil, ou l'*ajaia* de Marcgrave [b], décrit dans son premier âge, avec les ailes d'un incarnat tendre, et la spatule cramoisie de la
Nouvelle-Espagne, ou le *tlauhquechul* de Fernandez, décrite dans l'âge
adulte, ne sont qu'un seul et même oiseau. Marcgrave dit qu'on en voit
quantité sur la rivière de Saint-François ou de Sérégippe, et que sa chair
est assez bonne. Fernandez lui donne les mêmes habitudes qu'à notre spatule, de vivre au bord de la mer de petits poissons, qu'il faut lui donner
vivants quand on veut la nourrir en domesticité [c], *ayant*, dit-il, *expérimenté
qu'elle ne touche point aux poissons morts* [d].

Cette spatule couleur de rose se trouve dans le nouveau continent, comme
la blanche dans l'ancien, sur une grande étendue, du nord au midi, depuis
les côtes de la Nouvelle-Espagne et de la Floride [e] jusqu'à la Guiane et au
Brésil ; on la voit aussi à la Jamaïque [f], et vraisemblablement dans les
autres îles voisines, mais l'espèce, peu nombreuse, n'est nulle part rassemblée : à Cayenne, par exemple, il y a peut-être dix fois plus de courlis que

seu platea Mexicana. Linnæus, *Syst. nat.*, édit. X, gen. 73, sp. 2, var. β. — « Platea cocci-
« nea, capite anteriore et gutture nudis, candicantibus torque nigro ; collo supremo candido ;
« rectricibus coccineis... » *Platea coccinea.* Brisson, *Ornithol.*, t. V, p. 359.

a. *France équinoxiale*, p. 125.

b. Voyez la nomenclature précédente.

c. La spatule d'Europe ne refuse pas de vivre en captivité ; on peut, dit Belon, la nourrir
d'intestins de volailles. Klein en a longtemps conservé une dans un jardin, quoiqu'elle eût en
l'aile cassée d'un coup de feu.

d. C'est apparemment de cette particularité, que Nieremberg a pris occasion de l'appeler *avis
vivivora*.

e. Voyez le Page du Pratz, *Histoire de la Lousiane*, t. II, p. 116. « On nous a envoyé de la
« Balize (à la Nouvelle-Orléans) un gros oiseau qu'on appelle *spatule*, à cause de son bec qui
« a cette forme ; il a le plumage blanc qui devient d'un rouge clair ; il se rend familier, et reste
« dans les basses-cours. » Extrait d'une lettre de M. de Fontette, du 20 octobre 1750.

f. *The american scarlet pelecan, or spoon-bill, tlauhquechul Fernand. ; ajaia Brasil.*, etc.,
Sloane, *Jamaic.*, vol. II, p. 317.

de spatules ; leurs plus grandes troupes sont de neuf ou dix au plus, communément de deux ou trois, et souvent ces oiseaux sont accompagnés des phénicoptères ou flamants. On voit le matin et le soir les spatules au bord de la mer ou sur des troncs flottants près de la rive ; mais vers le milieu du jour, dans le temps de la plus grande chaleur, elles entrent dans les criques et se perchent très-haut sur les arbres aquatiques ; néanmoins elles sont peu sauvages, elles passent en mer très-près des canots, et se laissent approcher assez à terre pour qu'on les tire, soit posées, soit au vol ; leur beau plumage est souvent sali par la vase où elles entrent fort avant pour pêcher. M. de la Borde, qui a fait ces observations sur leurs mœurs, nous confirme celle de Barrère au sujet de la couleur, et nous assure que ces spatules de la Guiane ne prennent qu'avec l'âge et vers la troisième année cette belle couleur rouge, et que les jeunes sont presque entièrement blanches [a].

M. Baillon, auquel nous devons un grand nombre de bonnes observations, admet deux espèces de spatules, et me mande que toutes deux passent ordinairement sur les côtes de Picardie dans les mois de novembre et d'avril, et que ni l'une ni l'autre n'y séjournent ; elles s'arrêtent un jour ou deux près de la mer et dans les marais qui en sont voisins ; elles ne sont pas en nombre, et paraissent être très-sauvages.

La première est la spatule commune, qui est d'un blanc fort éclatant et n'a point de huppe ; la seconde espèce est huppée et plus petite que l'autre, et M. Baillon croit que ces différences, avec quelques autres variétés dans les couleurs du bec et du plumage, sont suffisantes pour en faire deux espèces distinctes et séparées [1].

Il est aussi persuadé que toutes les spatules naissent grises comme les hérons-aigrettes, auxquels elles ressemblent par la forme du corps, le vol et les autres habitudes ; il parle de celles de Saint-Domingue comme formant une troisième espèce ; mais il nous paraît, par les raisons que nous avons exposées ci-devant, que ce ne sont que des variétés qu'on peut réduire à une seule et même espèce, parce que l'instinct et toutes les habitudes naturelles qui en résultent sont les mêmes dans ces trois oiseaux.

M. Baillon a observé, sur cinq de ces spatules qu'il s'est donné la peine d'ouvrir, que toutes avaient le sac rempli de chevrettes, de petits poissons et d'insectes d'eau, et comme leur langue est presque nulle, et que leur bec n'est ni tranchant ni garni de dentelures, il paraît qu'ils ne peuvent guère saisir ni avaler des anguilles ou d'autres poissons qui se défendent, et qu'ils

---

a. Mémoires de M. de la Borde, médecin du roi à Cayenne.

1. Dans sa première édition, Cuvier fait, de ces deux *spatules*, deux espèces distinctes : la *spatule blanche huppée* (*platalea leucorodia*, Gmel.), et la *spatule blanche sans huppe* (*platalea nivea*, Cuv.). Dans sa seconde édition, il se borne à dire que : « Outre l'absence de la « huppe, celle-ci se distingue encore de l'autre par un bord noir aux pennes des ailes. » On croit, plus généralement aujourd'hui, que la *spatule sans huppe* est le jeune âge de la *spatule huppée*.

ne vivent que de très-petits animaux, ce qui les oblige à chercher continuellement leur nourriture.

Il y a apparence que ces oiseaux font, dans de certaines circonstances, le même claquement que les cigognes avec leur bec, car M. Baillon, en ayant blessé un, observa qu'il faisait ce bruit de claquement, et qu'il l'exécutait en faisant mouvoir très-vite et successivement les deux pièces de son bec, quoique ce bec soit si faible qu'il ne peut serrer le doigt que mollement.

LA BÉCASSE. [a] [b] [*]

Le bécasse est peut-être, de tous les oiseaux de passage, celui dont les chasseurs font le plus de cas, tant à cause de l'excellence de sa chair que de

a. Voyez les planches enluminées, n° 885.

b. En grec, Σκολόπαξ, que Gaza traduit *gallinago;* en grec moderne Ξυλορνις ou Ξυλορνια (« La bécasse qui avoit anciennement nom *scolopax,* se ressent encore quelque peu de son « antique appellation grecque, car encore pour le jourd'hui la nomment *xilornitha,* c'est-à-« dire, *poule de bois,* qui est conforme à sa diction latine *gallinago.* » Belon, *Obs.,* p. 12.); en latin, *perdix rustica, rusticula* (Belon se trompe, suivant la remarque d'Aldrovande, en prenant la *perdix rustica* des anciens pour le rasle. La bécasse n'est point non plus la *gallina rustica* de Columelle, puisqu'il dit celle-ci semblable à la poule domestique, *gallinæ villaticæ.*); en italien, *becassa, becaccia, gallinella, gallina arciera* ou *rusticella* et *salvatica;* en Lombardie, *gallinacia;* en Toscane, *acreggia ;* à Rome, *pizzarda,* suivant Olina, *dal pizzo, che tanto vale quanto dir becco;* en catalan, *beccada;* en allemand, *schnepffe, schnepffhun, gross-schneffe, pusch-schneffe, wald-schnepffe, holtz-schnepffe, berg-schnepffe;* en flamand, *sneppe ;* en polonais, *slomka* et *pardwa ;* en turc, *tcheluk;* en suédois, *merkulla;* en anglais, *wood-cock* (De *wood-cock,* on avait fait dans l'ancien français *wit-coc,* et ensuite *vit-de-coq.* Belon corrige déjà cette dénomination ridicule; elle se conserve encore en Normandie.); en Guienne, *bécade;* en Poitou, *acée,* de *acus,* suivant Borel; dans Cotgrave, *assée, bec-dasse* ou *solart;* le mot *bécasse* s'écrivait anciennement *béquasse.* — *Bécasse.* Belon, *Nat. des oiseaux,* p. 272, avec une figure peu exacte, pl. 273. — *Bécasse, bécasse grande, béquasse, videcoq. Idem, Portraits d'oiseaux,* p. 56, *b,* même figure. — *Gallina rustica.* Gessner, *Avi.,* p. 477. — *Rusticula vel perdix rustica major. Idem, ibidem,* p. 501, avec une figure peu exacte, p. 502. — *Idem, Icon. avi.,* p. 110, avec la même figure. — *Scolopax sive perdix rustica.* Aldrovande, *Avi.,* t. III, p. 471, avec une mauvaise figure, p. 473. — *Scolopax.* Jonston, *Avi.,* p. 110, avec la figure empruntée d'Aldrovande, tab. 31 ; et une autre aussi peu exacte, tab. 53, sous le nom de *rusticola.* — Willughby, *Ornithol.,* p. 213, avec une figure, tab. 53. — Sibbald. *Scot. illustr.,* part. II, lib. III, p. 18. — *Scolopax, gallinago maxima.* Ray, *Synops. avi.,* p. 104, n° 1, *a.* — *Scolopax simpliciter Aristotelis, Aldrovandi.* Klein, *Avi.,* p. 99, n° 1. — *Scolopax, rusticula major.* Charleton, *Exercit.,* p. 112, n° 7. — *Idem, Onomast.,* p. 108, n° 7. — *Rusticula.* Mœhring, *Avi.,* gen. 97. — *Scolopax subtus fulva, supernè cinerea.* Barrère, *Ornithol.,* cl. III, gen. 12, sp. 1. — « Scolopax rostro recto levi, pedibus « cinereis; femoribus tectis, fasciâ frontis nigrâ... » *Rusticola.* Linnæus, *Syst. nat.,* édit. X, gen. 77, sp. 7. — « Numenius rostri apice lævi; capite lineâ utrimque nigrâ, rectricibus nigris, « apice albis. » *Idem, Fauna Suec.,* n° 141. — *Perdix rustica major, scolopax,* etc. Rzaczynski, *Hist. nat. Polon.,* p. 292. — *Idem, Auctuar.,* p. 409. — *Perdix rustica major.* Schwenckfeld, *Avi. Siles.,* p. 329. — *Wood-cock.* Borl. *Nat. hist. of Cornvallis,* p. 245. —

[*] *Scolopax rusticola* (Linn.). — Ordre des *Échassiers,* famille des *Longirostres,* genre *Bécasses,* sous-genre *Bécasses proprement dites* (Cuv.).

la facilité qu'ils trouvent à se saisir de ce bon oiseau stupide, qui arrive dans nos bois vers le milieu d'octobre en même temps que les grives [a]. La bécasse vient donc, dans cette saison de chasse abondante, augmenter encore la quantité du bon gibier [b] ; elle descend alors des hautes montagnes où elle habite pendant l'été, et d'où les premiers frimas déterminent son départ et nous l'amènent, car ses voyages ne se font qu'en hauteur dans la région de l'air, et non en longueur, comme se font les migrations des oiseaux qui voyagent de contrées en contrées [c] : c'est des sommets des Pyrénées et des Alpes, où elle passe l'été, qu'elle descend aux premières neiges qui tombent sur ces hauteurs dès le commencement d'octobre, pour venir dans les bois des collines inférieures et jusque dans nos plaines.

Les bécasses arrivent la nuit et quelquefois le jour, par un temps sombre [d], toujours une à une ou deux ensemble, et jamais en troupes ; elles s'abattent dans les grandes haies, dans les taillis, dans les futaies, et préfèrent les bois où il y a beaucoup de terreau et de feuilles tombées ; elles s'y tiennent retirées et tapies tout le jour, et tellement cachées, qu'il faut des chiens pour les faire lever, et souvent elles partent sous les pieds du chasseur ; elles quittent ces endroits fourrés et le fort du bois à l'entrée de la nuit, pour se répandre dans les clairières, en suivant les sentiers ; elles cherchent les terres molles, les paquis humides à la rive du bois et les petites mares, où elles vont pour se laver le bec et les pieds qu'elles se sont remplis de terre en cherchant leur nourriture. Toutes ont les mêmes allures, et l'on peut dire en général que les bécasses sont des oiseaux sans caractère,

Die wald schnepfe. Frisch, vol. II, divis. 12, sect. 4, pl. 3 et 4, le mâle et la femelle ; et une bécasse blanche. — *Bécasse*, Albin, t. I, p. 62, avec une figure peu exacte, pl. 79. — « Scolopax supernè castaneo, nigro et griseo variegata, infernè griseo rufescens, nigricante « transversim striata ; tæniâ utrimque, rostrum inter et oculum nigrâ ; gutture candicante, « collo superiore tæniis quatuor transversis nigris insignito ; uropygio castaneo, nigricante « transversim striato ; rectricibus nigris, apice griseis, maculis triangularibus castaneis in « margine exteriore notatis... » *Scolopax.* Brisson, *Ornithol.*, t. V, p. 292.

a. « Sæpe numero adventantibus turdis autumno, et capitur scolopax. » Aloysius Mundella. *Apud Gessner.*, p. 485.

b. Le temps de sa chasse est bien désigné dans le poëte Nemesianus :

Cùm nemus omne suo viridi spoliatur honore
..... præda est facilis et amœna scolopax.

c. « La bécasse est oyseau se tenant l'été ez haultes montaignes des Alpes, Pyrénées, Souisse, « Savoye et Auvergne, où les avons souvent veues en temps d'été ; mais elles se partent l'hiver « pour venir chercher pâture ça bas par les plaines et bois taillis, et d'autant qu'il y a de telles « haultes montaignes en Grèce, ce n'est étrange qu'Aristote n'ait dit qu'elles sont passagères : « et, de fait, la bécasse ne ressemble les autres qui s'en vont du tout hors de la région, en tant « qu'elles changent seulement leur demeure ; l'esté en la montaigne, et l'hiver ez plaines, là « où tandis que les haultes montaignes sont congelées, hantant les sources chaudes et autres « lieux humides pour pâturer, tirent les achées, qu'on dit autrement les verms, hors de terre « avec leur long bec ; et pour ce faire, volent soir et matin, faisant leur demeure le jour aux « lieux couverts, et la nuit découverts. » Belon, *Nat. des oiseaux*, p. 273.

d. « Cœlo nebuloso advolare et avolare dicuntur. » Willughby.

et dont les habitudes individuelles dépendent toutes de celles de l'espèce entière.

La bécasse bat des ailes avec bruit en partant; elle file assez droit dans une futaie, mais dans les taillis elle est obligée de faire souvent le crochet; elle plonge en volant derrière les buissons pour se dérober à l'œil du chasseur[a]; son vol, quoique rapide, n'est ni élevé ni longtemps soutenu; elle s'abat avec tant de promptitude, qu'elle semble tomber comme une masse abandonnée à toute sa pesanteur; peu d'instants après sa chute elle court avec vitesse, mais bientôt elle s'arrête, élève sa tête, regarde de tous côtés pour se rassurer avant d'enfoncer son bec dans la terre. Pline compare avec raison la bécasse à la perdrix pour la célérité de sa course[b], car elle se dérobe de même, et lorsqu'on croit la trouver où elle s'est abattue, elle a déjà piété et fui à une grande distance.

Il paraît que cet oiseau, avec de grands yeux, ne voit bien qu'au crépuscule, et qu'il est offensé d'une lumière plus forte : c'est ce que semblent prouver ses allures et ses mouvements, qui ne sont jamais si vifs qu'à la nuit tombante et à l'aube du jour : et ce désir de changer de lieu avant le lever ou après le coucher du soleil est si pressant et si profond, qu'on a vu des bécasses renfermées dans une chambre prendre régulièrement un essor de vol tous les matins et tous les soirs, tandis que pendant le jour ou la nuit elles ne faisaient que piéter sans s'élancer ni s'élever; et apparemment les bécasses, dans les bois, restent tranquilles quand la nuit est obscure; mais, lorsqu'il y a clair de lune, elles se promènent en cherchant leur nourriture : aussi les chasseurs nomment la pleine-lune de novembre la *lune des bécasses*, parce que c'est alors qu'on en prend en grand nombre; les piéges se tendent ou la nuit ou le soir, elles se prennent à la pantenne, au rejet, au lacet; on les tue au fusil sur les mares, sur les ruisseaux et les gués à la chute. La pantenne ou *pentière* est un filet tendu entre deux grands arbres, dans les clairières et à la rive des bois où l'on a remarqué qu'elles arrivent ou passent dans le vol du soir; la chasse sur les mares se fait aussi le soir : le chasseur, cabané sous une feuillée épaisse, à portée du ruisseau ou de la mare fréquentée par les bécasses, et qu'il approprie encore pour les attirer, les attend à la chute; et peu de temps après le coucher du soleil, surtout par les vents doux de sud et de sud-ouest, elles ne manquent pas d'arriver une à une ou deux ensemble, et s'abattent sur l'eau, où le chasseur les tire presque à coup sûr : cependant cette chasse est moins fructueuse et plus incertaine que celle qui se fait aux piéges dormants tendus dans les sentiers et qu'on appelle rejets[d]; c'est une baguette de coudrier ou d'autre bois flexible et élastique, plantée en terre et courbée

a. Willughby.

b. « Rusticula et perdices currunt. » Plin.

c. En Bourgogne, *regipeaux;* en Champagne et en Lorraine, *regimpeaux.*

en ressort, assujettie près du terrain à un trébuchet que couronne un nœud
coulant de crin ou de ficelle ; on embarrasse de branchages le reste du sen-
tier où l'on a placé le rejet, ou bien si l'on tend sur les paquis, on y pique
des genêts ou des genièvres en files, pliés de manière qu'il ne reste que le
petit passage qu'occupe le piége, afin de déterminer la bécasse, qui suit les
sentiers et n'aime pas à s'élever ou sauter, à passer le pas du trébuchet,
qui part dès qu'il est heurté ; et l'oiseau, saisi par le nœud coulant, est
emporté en l'air par la branche, qui se redresse ; la bécasse ainsi suspendue
se débat beaucoup, et le chasseur doit faire plus d'une tournée dans sa tendue, le soir, et plus d'une encore sur la fin de la nuit, sans quoi le renard,
chasseur plus diligent, et averti de loin par les battements d'ailes de ces
oiseaux, arrive et les emporte les uns après les autres, et sans se donner le
temps de les manger, il les cache en différents endroits pour les retrouver au besoin. Au reste, on reconnaît les lieux que hante la bécasse à ses
fientes, qui sont de larges fécules blanches et sans odeur. Pour l'attirer sur
les paquis où il n'y a point de sentiers, on y trace des sillons ; elle les suit,
cherchant les vers dans la terre remuée, et donne en même temps dans les
collets ou lacets de crin disposés le long du sillon.

Mais n'est-ce pas trop de piéges pour un oiseau qui n'en sait éviter aucun ?
La bécasse est d'un instinct obtus et d'un naturel stupide[a] ; elle est *moult
sotte bête*, dit Belon ; elle l'est vraiment beaucoup si elle se laisse prendre
de la manière qu'il raconte et qu'il nomme *folâtrerie* : Un homme couvert
d'une cape couleur de feuilles sèches, marchant courbé sur deux courtes
béquilles, s'approche doucement, s'arrêtant lorsque la bécasse le fixe, continuant d'aller lorsqu'elle recommence à errer jusqu'à ce qu'il la voie arrêtée
la tête basse ; alors frappant doucement de ses deux bâtons l'un contre l'autre,
la *bécasse s'y amusera et affolera tellement*, dit notre vieux naturaliste, que
le chasseur l'approchera d'assez près pour lui passer un lacet au cou[b].

Est-ce en la voyant se laisser approcher ainsi que les anciens ont dit
qu'elle avait pour l'homme un merveilleux penchant[c] ? En ce cas elle le
placerait bien mal, et dans son plus grand ennemi ; il est vrai qu'elle vient,
en longeant les bois, jusque dans les haies des fermes et des maisons champêtres. Aristote le remarque[d] ; mais Albert se trompe en disant qu'elle
cherche les lieux cultivés et les jardins pour y recueillir des semences[e],

a. « Apud nos, dit Willughby, ob stoliditatem infamis est hæc avis adeo ut scolopax pro
« stolido proverbialiter accipiatur. » C'est apparemment encore d'après ce caractère de stupidité
que le docteur Shaw nous dit qu'on la nomme en Barbarie *hammar el hadjel*, l'âne des perdrix. Shaw, *Travels*, p. 253.

b. *Nat. des oiseaux*, p 273.

c. « Et hominem miré diligit. » Arist. *Hist. animal.*, lib. IX, cap. XXVI.

d. « Gallinago per sepes hortorum capitur. » *Idem*, *ibidem*. — « Si vede ancora presso luoghi
« abitati, massime longo le siepi. » Olina.

e. In lib. IX Aristot.

puisque la bécasse ni même aucun oiseau de son genre ne touchent aux fruits et aux graines ; la forme de leur bec étroit, très-long et tendre à la pointe, leur interdirait seule cette sorte d'aliment : et, en effet, la bécasse ne se nourrit que de vers [a] ; elle fouille dans la terre molle des petits marais et des environs des sources, sur les paquis fangeux et dans les prés humides qui bordent les bois; elle ne gratte point la terre avec les pieds ; elle détourne seulement les feuilles avec son bec, les jetant brusquement à droite et à gauche. Il paraît qu'elle cherche et discerne sa nourriture par l'odorat [b] plutôt que par les yeux, qu'elle a mauvais [c]; mais la nature semble lui avoir donné dans l'extrémité du bec un organe de plus et un sens particulier approprié à son genre de vie; la pointe en est charnue plutôt que cornée, et paraît susceptible d'une espèce de tact propre à démêler l'aliment convenable dans la terre fangeuse; et ce privilége d'organisation a de même été donné aux bécassines, et apparemment aussi aux chevaliers, aux barges et autres oiseaux qui fouillent la terre humide pour trouver leur pâture [d].

Du reste, le bec de la bécasse est rude et comme barbelé aux côtés vers son extrémité, et creusé sur sa longueur de rainures profondes; la mandibule supérieure forme seule la pointe arrondie du bec, en débordant la mandibule inférieure, qui est comme tronquée et vient s'adapter en dessous par un joint oblique : c'est de la longueur de son bec que cet oiseau a pris

a. « Solis vermibus alitur; nunquam grana attingit. » Schwenckfeld. — Dès qu'elles entrent dans le bois, elles courent sur les tas de feuilles sèches, elles les retournent ou les écartent pour prendre les vers qui sont dessous : les bécasses ont cette habitude commune avec les vanneaux et les pluviers, qui les prennent par le même moyen sous l'herbe ou le blé vert; mais j'ai observé que ces derniers oiseaux, dont j'ai élevé plusieurs dans mon jardin, frappaient la terre avec le pied autour des trous où il y avait des vers, apparemment pour les faire sortir de leur retraite au moyen de la commotion, et les prenaient souvent même avant qu'ils ne fussent entièrement sortis de terre. Note communiquée par M. Baillon, de Montreuil-sur-Mer.

b. Voici comment M. Bowles a vu que l'on nourrissait des bécasses à Saint-Ildephonse, où l'infant Dom Louis avait une volière remplie de toutes sortes d'oiseaux.

« Il y avait, dit-il, une fontaine qui coulait continuellement pour entretenir le terrein
« humide... et au milieu un pin et des arbrisseaux pour la même fin. On apportait des gazons
« frais les plus garnis de vers que l'on pouvait trouver; ces vers avaient beau se cacher, lorsque
« la bécasse avait faim, elle les sentait à l'odorat, plantait son bec dans la terre, jamais plus
« haut que les narines, en tirait les vers, et levant le bec en l'air, elle l'étendait sur elle dans
« toute sa longueur, et avalait doucement de cette façon sans aucun mouvement de déglutition.
« Toute cette opération se faisait en un instant, et le mouvement de la bécasse était si égal et
« si imperceptible, qu'elle paraissait ne rien faire. Je n'ai pas vu qu'elle ait manqué une seule
« fois son coup; c'est pour cela, et parce qu'elle ne plantait jamais son bec dans la terre que
« jusqu'à l'orifice des narines, que je conclus que c'est l'odorat qui la guide pour chercher sa
« nourriture. » *Histoire naturelle d'Espagne*, par G. Bowles, in-8º, p. 454 et suivantes.

c.

Non illa oculis, quibus est obstusior, etsi
Sint nimium grandes, sed acutis naribus instat,
Impresso in terram rostri mucrone...

NEMESIANUS.

d. Cette belle remarque nous est communiquée par M. Hébert.

son nom dans la plupart des langues, à remonter jusqu'à la grecque[a]; sa
tête, aussi remarquable que son bec, est plus carrée que ronde, et les os du
crâne font un angle presque droit sur les orbites des yeux ; son plumage,
qu'Aristote compare à celui du francolin[b], est trop connu pour le décrire ;
et les beaux effets de clair-obscur que des teintes hachées, fondues, lavées
de gris, de bistre et de terre d'ombre, y produisent, quoique dans le genre
sombre, seraient difficiles et trop longues à décrire dans le détail.

Nous avons trouvé à la bécasse une vésicule du fiel, quoique Belon se
soit persuadé qu'elle n'en avait point[c]; cette vésicule verse sa liqueur par
deux conduits dans le duodenum : outre les deux cœcums ordinaires, nous
en avons trouvé un troisième placé à environ sept pouces des premiers, et
qui avait avec l'intestin une communication tout aussi manifeste ; mais
comme nous ne l'avons observé que sur un seul individu, ce troisième
cœcum est peut-être une variété individuelle ou un simple accident; le
gésier est musculeux, doublé d'une membrane ridée sans adhérence : on
y trouve souvent de petits graviers que l'oiseau avale sans doute en mangeant les vers de terre; le tube intestinal a deux pieds neuf pouces de longueur.

Gessner donne la grosseur de la bécasse avec plus de justesse, en l'égalant à la perdrix, que ne fait Aristote, qui la compare à la poule[c], et cette
comparaison semble nous indiquer que la race commune des poules, chez
les Grecs, était bien plus petite que la nôtre ; le corps de la bécasse est en
tout temps fort charnu et très-gras sur la fin de l'automne[d] : c'est alors et
pendant la plus grande partie de l'hiver qu'elle fait un mets recherché[e],
quoique sa chair soit noire et ne soit pas fort tendre ; mais comme chair
ferme elle a la propriété de se conserver longtemps ; on la cuit sans ôter les
entrailles, qui, broyées avec ce qu'elles contiennent, font le meilleur assai-
sonnement de ce gibier ; on observe que les chiens n'en mangent point : il
faut que ce fumet ne leur convienne pas, et même qu'il leur répugne beaucoup, car il n'y a guère que les barbets qu'on puisse accoutumer à rapporter la bécasse ; la chair des jeunes a moins de fumet, mais elle est plus
tendre et plus blanche que celle des bécasses adultes : toutes s'amaigrissent

a. Σκολοπὰξ a Σκολοπὰ, *pal* ou *pieu.* — « Scolopax, quòd rostra palo, scolopos, similia ; quo
« sensu et ab Hebræis *kore*, a nostris *lang-nasen*, *lang-chnabel* dicitur. » Klein, *Avi.*, p. 99.
Voyez la nomenclature.

b. « Colore attagenæ. »

c. Non plus, dit-il, que le pluvier, le pigeon et le tête-chèvre. *Nat. des oiseaux*, p. 273.

d. « Magnitudine quanta gallina est. » Arist., lib. ix, cap. xxvi.

e. Olina et Longolius disent qu'on l'engraisse avec une pâte faite de farine de blé sarrasin
(*farina d'orzo*) et de figues sèches; ce qui nous paraît difficile pour un oiseau si sauvage, et
inutile pour un gibier aussi gras dans sa saison.

f. Il paraît, au récit d'Olina, que la chasse en continue tout l'hiver en Italie; les grands
froids au fort de l'hiver, dans nos provinces, obligent les bécasses de s'éloigner un peu; cependant il en reste encore quelques-unes dans nos bois, près des fontaines chaudes.

à mesure que le printemps s'avance, et celles qui restent en été sont, dans cette saison, dures, sèches et d'un fumet trop fort.

C'est à la fin de l'hiver, c'est-à-dire au mois de mars, que presque toutes les bécasses quittent nos plaines pour retourner sur leurs montagnes [a], rappelées par l'amour à la solitude, si douce avec ce sentiment. On voit ces oiseaux au printemps partir appariés [b]; ils volent alors rapidement, et sans s'arrêter, pendant la nuit; mais le matin ils se cachent dans les bois pour y passer la journée, et en partent le soir pour continuer leur route [c]; tout l'été ils se tiennent dans les lieux les plus solitaires et les plus élevés des montagnes où ils nichent, comme dans celles de Savoie, de Suisse, du Dauphiné, du Jura, du Bugey et des Vosges : il en reste quelques-uns dans les cantons élevés de l'Angleterre et de la France, comme en Bourgogne, en Champagne, etc. Il n'est pas même sans exemple que quelques couples de bécasses se soient arrêtés dans nos provinces de plaine et y aient niché, retardées apparemment par quelques accidents, et surprises dans la saison de l'amour, loin des lieux où les portent leurs habitudes naturelles [d]. Edwards a pensé qu'elles allaient toutes, comme tant d'autres oiseaux, dans les contrées les plus reculées du Nord [e] : apparemment il n'était pas informé de leur retraite aux montagnes et de l'ordre de leurs routes, qui, tracées sur un plan différent de celui des autres oiseaux, ne se portent et s'étendent que de la montagne à la plaine, et de la plaine à la montagne.

La bécasse fait son nid par terre, comme tous les oiseaux qui ne se perchent pas [f]; ce nid est composé de feuilles ou d'herbes sèches entremêlées de petits brins de bois, le tout rassemblé sans art, et amoncelé contre un tronc d'arbre ou sous une grosse racine : on y trouve quatre ou cinq œufs oblongs, un peu plus gros que ceux du pigeon commun; ils sont d'un gris roussâtre, marbré d'ondes plus foncées et noirâtres. On nous a apporté un de ces nids, avec les œufs, dès le 15 d'avril. Lorsque les petits sont éclos, ils quittent le nid et courent quoique encore couverts de poil follet; ils commencent même à voler avant d'avoir d'autres plumes que celles des ailes; ils fuient ainsi voletant et courant quand ils sont découverts; on a vu la mère et le père prendre sous leur gorge un des petits, le plus faible, sans doute, et l'emporter ainsi à plus de mille pas; le mâle ne quitte pas la femelle tant que les petits ont besoin de leurs secours; il ne fait entendre

a. « Elle ne fait pas son nid qu'elle ne soit retournée à la montagne. » Belon.

b. « Vere primo Angliam deserunt, prius tamen matrimonio copulantur, et binæ mas et « femina, nuâ volant. » Willughby.

c. Observation faite par M. Baillon, de Montreuil-sur-Mer.

d. Voyez une lettre datée d'Abbeville, du 15 mai 1773, dans les *Affiches de province*, du 23 juin suivant, sur une nichée de bécasse avec des petits déjà grands, trouvée le 14 de mai dans les bois de la terre de Pont-de-Remy.

e. Edwards, addition à la seconde partie, trad. franç., pag. 12.

f. « Nidulantur humi... perdices... atque aliæ parum volantis generis; ex his item alauda, « et gallinago, et coturnix, nunquam in arbore consistunt sed humi. » Aristot., lib. IX, cap. VIII.

sa voix que dans le temps de leur éducation et de ses amours, car il est
muet, ainsi que la femelle, pendant le reste de l'année [a] ; quand elle couve,
le mâle est presque toujours couché près d'elle, et ils semblent encore jouir
en reposant mutuellement leur bec sur le dos l'un de l'autre : ces oiseaux ,
d'un naturel solitaire et sauvage, sont donc aimants et tendres ; ils deviennent même jaloux, car l'on voit les mâles se battre jusqu'à se jeter par
terre et se piquer à coups de bec, en se disputant la femelle ; ils ne deviennent donc stupides et craintifs qu'après avoir perdu le sentiment de l'amour,
presque toujours accompagné de celui du courage.

L'espèce de la bécasse est universellement répandue ; Aldrovande et Gessner en ont fait la remarque [b]. On la trouve dans les contrées du Midi comme
dans celles du Nord, dans l'Ancien et dans le Nouveau-Monde ; on la connaît dans toute l'Europe, en Italie, en Allemagne, en France, en Pologne,
en Russie [c], en Silésie [d], en Suède [e], en Norwége [f], et jusqu'en Groënland,
où elle a le nom de *sauarsuck*, et où, par un composé suivant le génie de la
langue, les Groënlandais en ont un pour signifier le *chasseur aux bécasses* [g] :
en Islande, la bécasse fait partie du gibier qui abonde sur cette ile, quoique
semée de glaces [h] ; on la retrouve aux extrémités septentrionales et orientales de l'Asie, où elle est commune, puisqu'elle est nommée dans les langues kamtchadale, koriaque et kourile [i]. M. Gmelin en a vu quantité à
Mangasea, en Sibérie sur le Jénisca, et quoique les bécasses y soient en
grand nombre, elles ne font qu'une très-petite partie de cette multitude
d'oiseaux d'eau et de rivage de toutes espèces qui, dans cette saison , se
rassemblent sur les bords et les eaux de ce fleuve [j].

La bécasse se trouve de même en Perse [k], en Égypte aux environs du
Caire [l], et ce sont apparemment celles qui vont dans ces régions qui passent
à Malte en novembre par les vents de nord et de nord-est, et ne s'y arrêtent
qu'autant qu'elles y sont retenues par le vent [m]. En Barbarie, elles parais-

---

a. Ces petits cris ont des tons différents, passant du grave à l'aigu, *go, go, go, go* ; *pidi, pidi
pidi* ; *cri, cri, cri, cri* ; ces derniers semblent être de colère entre plusieurs mâles rassemblés :
ils ont aussi une espèce de croassement *couan, couan*, et un certain grondement *froü, froü, froü*,
lorsqu'ils se poursuivent.

b. « Nullà non in regione reperitur hæc avis. » Aldrovande, t. III, p. 474. — « Reperîtur hæc
« avis in omnibus ferè regionibus. » Gessner, p. 485.

c. Rzaczynesski, *Hist. nat. Polon.*, p. 292.

d. « Montibus nostris familiaris. » Schwenckfeld, p. 329.

e. *Fauna Suecica* , n° 141.

f. Brunnich., *Ornithol. Boreal.*, p. 48.

g. « Saursuksiorpok. » *Dict. groënlandais* d'Egède.

h. Voyez Anderson, *Histoire générale des Voyages*, t. XVIII, p. 20.

i. En kamtchadale, *saakouloutch* ; chez les Koriaques, *tcheieia* ; et aux îles Kouriles, *petoroi.*
Voyez les vocabulaires de ces langues dans l'*Histoire générale des voyages*, t. XIX, p. 359.

j. Gmelin, *Voyage en Sibérie.*

k. *Voyage de Chardin*, Amsterdam, 1711, t. II, p. 30.

l. *Voyage d'Égypte* , par Granger, p. 237.

m. Observation communiquée par M. le chevalier Desmazy.

sent, comme dans nos contrées, en octobre et jusqu'en mars[a] ; et il est assez singulier que cette espèce remplisse en même temps le Nord et le Midi, ou du moins puisse s'habituer dans la zone torride, en paraissant naturelle aux zones froides; car M. Adanson a trouvé la bécasse dans les îles du Sénégal[b]; d'autres voyageurs l'ont vue en Guinée[c] et sur la côte d'Or[d]; Kæmpfer en a remarqué en mer entre la Chine et le Japon[e], et il paraît que Knox les a aperçues à Ceylan[f]. Et puisque la bécasse occupe tous les climats et se trouve dans le nord de l'ancien continent, il n'est pas étonnant qu'elle se retrouve au Nouveau-Monde : elle est commune aux Illinois et dans toute la partie méridionale du Canada[g], ainsi qu'à la Louisiane, où elle est un peu plus grosse qu'en Europe, ce que l'on attribue à l'abondance de nourriture[h]; elle est plus rare dans les provinces plus septentrionales de l'Amérique; mais la bécasse de la Guiane, connue à Cayenne sous le nom de *bécasse des savanes*, nous paraît assez différer de la nôtre pour former une espèce séparée : nous la donnerons après avoir décrit les variétés peu nombreuses de cette espèce en Europe.

VARIÉTÉS DE LA BÉCASSE.

I. — LA BÉCASSE BLANCHE. [i] *

Cette variété est rare, du moins dans nos contrées[j] ; quelquefois son plumage est tout blanc, plus souvent encore mêlé de quelques ondes de gris ou de marron; le bec est d'un blanc jaunâtre; les pieds sont d'un jaune pâle avec les ongles blancs : ce qui semblerait indiquer que cette blancheur tient à une dégénération différente du changement de noir en blanc qu'éprouvent les animaux dans le Nord, et cette dégénération dans l'espèce de la bécasse est assez semblable à celle du Nègre blanc dans l'espèce humaine.

a. Shaw, *Travels*, etc., p. 253.
b. *Voyage au Sénégal*, p. 169.
c. Bosman, *Voyage en Guinée*. Utrecht, 1705.
d. *Histoire générale des Voyages*, t. IV, p. 245.
e. Kæmpfer, *Hist. nat. du Japon*, t. I, p. 44.
f. *Histoire générale des Voyages*, t. VIII, p. 547.
g. *Histoire de la Nouvelle-France*, par le P. Charlevoix, t. III, t. 155.
h. Le Page du Pratz, *Histoire de la Louisiane*, t. II, p. 126.
i. *Scolopax alba*. Klein, *Avi.*, p. 100, n° 6. — *White-wood-cok*. Albin, p. III, p. 36. — *Scolopax candida*. Brisson, *Ornithol.*, t. V, p. 297.
j. « On en tua une près de Grenoble, au mois de décembre 1774. » Lettre de M. de Morges, datée de Grenoble le 29 février 1775.

* Variété albine de la *bécasse*.

II. — LA BÉCASSE ROUSSE. *

Dans cette variété tout le plumage est roux sur roux, par ondes plus foncées sur un fond plus clair; elle paraît encore plus rare que la première : l'une et l'autre furent tuées à la chasse du Roi au mois de décembre 1775, et Sa Majesté nous fit l'honneur de nous les envoyer par M. le comte d'Angivillers, pour être placées dans son Cabinet d'Histoire naturelle.

III. — Les chasseurs prétendent distinguer deux races de bécasses [a], la *grande* et la *petite;* mais comme le naturel et les habitudes sont les mêmes dans ces deux bécasses, et qu'en tout le reste elles se ressemblent, nous ne regarderons cette petite différence de taille que comme accidentelle ou individuelle, ou comme celle du jeune à l'adulte, laquelle par conséquent ne constitue pas deux races séparées entre deux oiseaux qui, du reste, sont les mêmes, puisqu'ils s'unissent et produisent ensemble **.

OISEAU ÉTRANGER QUI A RAPPORT A LA BÉCASSE

LA BÉCASSE DES SAVANES. [b] ***

Cette bécasse de la Guiane, quoique du quart plus petite que celle de France, a néanmoins le bec encore plus long ; elle est aussi un peu plus haut montée sur ses pieds, qui sont bruns comme le bec; le gris blanc, coupé et varié par barres de noir, domine dans son plumage, moins mêlé de roux que celui de notre bécasse : avec ces différences extérieures que le climat a peut-être fait naître, celles des mœurs et des habitudes, qu'il produit aussi, se reconnaissent dans la bécasse des savanes ; elle demeure habituellement dans ces immenses prairies naturelles, d'où l'homme et les chiens ne l'ont point encore chassée, parce qu'ils n'y sont point établis; elle se tient dans les *coulées :* on appelle ainsi les enfoncements des savanes, où il y a toujours de la vase et des herbes épaisses et hautes, évitant néanmoins celles où la marée monte et dont l'eau est salée. Dans la saison des pluies, ces petites bécasses cherchent les hauteurs et s'y tiennent dans les

---

a. « J'ai remarqué plusieurs fois qu'il paraît y avoir deux espèces de bécasse. Les premières qui arrivent sont les plus grosses; elles ont les pieds gris, tirant légèrement sur le rose; les autres sont plus petites, leur plumage est semblable à celui de la grande bécasse, mais elles ont les pieds de couleur bleue; et on a observé que, lorsque l'on prend cette petite espèce aux environs de Montreuil en Picardie, la grande bécasse y devient plus rare. » Note communiquée par M. Baillon, de Montreuil-sur-Mer.

b. Voyez les planches enluminées, n° 895.

  * Autre simple variété de couleur de la *bécasse.*

  ** Simple variété encore de la *bécasse ordinaire.*

  *** *Scolopax paludosa* (Linn.). — Genre et sous-genre *id.* (Cuv.).

herbes : c'est là qu'elles s'apparient et qu'elles nichent sur de petites élévations, dans des trous tapissés d'herbes sèches ; les pontes ne sont que de deux œufs ; mais elles se réitèrent et ne finissent qu'en juillet ; les pluies passées, ces bécasses reviennent aux coulées, c'est-à-dire des lieux élevés aux plus bas, ce qui leur est commun avec les bécasses d'Europe. Le feu qu'on met souvent aux savanes en septembre et octobre les chassant devant lui, elles refluent en grand nombre dans les lieux voisins des parties incendiées ; mais elles semblent éviter les bois, et lorsqu'on les poursuit elles n'y font jamais remise, et s'en détournent pour regagner les savanes : cette habitude est contraire à celle de la bécasse d'Europe ; néanmoins, elles partent, comme cette dernière, toujours sous les pieds du chasseur ; elles ont la même pesanteur en se levant, le même vol bruyant, et elles fientent de même en commençant à filer. Lorsqu'une de ces bécasses est tirée, elle ne va pas se reposer loin, mais fait plusieurs tours avant de s'abattre ; communément elles partent deux à deux, quelquefois trois ensemble, et lorsqu'on en voit une, on peut être assuré que la seconde n'est pas loin ; on les entend, à l'approche de la nuit, se rappeler par un cri de ralliement un peu rauque, assez semblable à cette voix basse *ka, ka, ka, ka*, que fait souvent entendre la poule domestique ; elles se promènent la nuit, et on les voit, au clair de la lune, venir se poser jusqu'aux portes des habitations. M. de la Borde, qui a fait ces observations à Cayenne, nous assure que la chair de la bécasse des savanes est au moins aussi bonne que celle de la bécasse de France.

———

LA BÉCASSINE. [a][b][*]

PREMIÈRE ESPÈCE.

La bécassine est très-bien nommée, puisqu'en ne la considérant que par la figure, on pourrait la prendre pour une petite espèce de bécasse : *ce*

a. Voyez les planches enluminées, n° 883.

b. En italien, *pizzardella* ; en anglais, *snite, snipe* ; en allemand, *schnepfflin, wasser-schnepffe, heers-schnepff*, comme *bécasse des seigneurs*, à cause de sa délicatesse ; *grasz-schnepff*, bécasse d'herbes, parce qu'elle se cache dans les herbages des marais ; en suédois, *mall-snaeppa, wald-snaeppa* ; en polonais, *bekas, kosielek, baranek* ; en turc, *jelve*. — *Bécassine* ou *bécasseau*. Belon, *Nat. des oiseaux*, p. 215, avec une mauvaise figure. — *Bécassine, bécasseau, bécasse petite*. Idem, *Portraits d'oiseaux*, p. 44, *a*, avec une figure passable. — *Gallinago, sive rusticula minor*. Gessner, *Avi.*, p. 505, avec une figure peu exacte. — Idem, *Icon. avi.*, p. 112, avec la même figure. — *Scolopax, seu gallinago minor*. Aldrovande, *Avi.*, t. III, p. 476, avec une figure peu exacte, p. 479. — *Gallinago minor Bellonii*. Idem, *ibid.*, p. 484, avec une très-mauvaise figure. — *Scolopax, seu gallinago minor, et scolopax minor*. Jonston, *Avi.*, p. 110, avec la figure empruntée d'Aldrovande, planche 31, et prise de Gessner, planche 27. — *Gallinago minor Aldrovandi*. Willughby, *Ornithol.*, p. 214, avec une

[*] *Scolopax gallinago* (Linn.). — Genre et sous-genre *id.* (Cuv.).

serait *une petite bécasse*, dit Belon, *si elle n'estoit de mœurs différentes ;* en effet, la bécassine a, comme la bécasse, le bec très-long et la tête carrée ; le plumage madré de même, excepté que le roux s'y mêle moins, et que le gris blanc et le noir y dominent ; mais ces ressemblances, bornées à l'extérieur, n'ont pas pénétré l'intérieur, le résultat de l'organisation n'est pas le même, puisque les habitudes naturelles sont opposées ; la bécassine ne fréquente pas les bois ; elle se tient dans les endroits marécageux des prairies, dans les herbages et les osiers qui bordent les rivières ; elle s'élève si haut en volant, qu'on l'entend encore lorsqu'on l'a perdue de vue ; elle a un petit cri chevrotant, *mée, mée, mée*, qui lui a fait donner par quelques nomenclateurs le surnom de *chèvre volante*[a] ; elle jette aussi, en prenant son essor, un petit cri court et sifflé ; elle n'habite les montagnes en aucune saison : elle diffère donc de la bécasse par le naturel et par les habitudes, autant qu'elle lui ressemble par le plumage et la figure.

En France, les bécassines paraissent en automne : on en voit quelquefois trois ou quatre ensemble, mais le plus souvent on les rencontre seules ; elles partent de loin d'un vol très-preste, et après trois crochets elles filent deux ou trois cents pas, ou pointent en s'élevant à perte de vue ; le chasseur sait faire fléchir leur vol et les amener près de lui en imitant leur voix. Il en reste tout l'hiver dans nos contrées autour des fontaines chaudes et des petits marais voisins de ces fontaines ; au printemps elles repassent en grand nombre, et il paraît que cette saison est celle de leur arrivée en plusieurs pays où elles nichent, comme en Allemagne[b], en Silésie[c], en Suisse[d] ;

figure peu ressemblante, planche 53. — *Gallinago minor*. Ray, *Synops. avi.*, p. 105, n° *a*, 2. — Sibbald, *Scot. illustr.*, part. II, lib. III, p. 18. — *Perdix rustica minor*. Schwenckfeld, *Avi. Siles.*, p. 330. — *Rusticula, gallinago Gazœ ; scolopax minor aliis*. Rzaczynski, *Hist. nat. Polon.*, p. 295. — *Gallinago minor Willughbi*. Idem, *ibid.*, p. 381. — *Perdix rustica minor, scolopax minor*, etc. Idem, *Auctuar.*, p. 410. — *Gallinago, scolopax minor*. Charleton, *Exercit.*, p. 112, n° 8. — Idem, *Onomast.*, p. 108, n° 8. — *Gallinago, scopolax minor*. Marsigl., *Danub.*, t. V, p. 34, avec une figure peu exacte, tab. 15. — *Scolopax media*. Klein, *Avi.*, p. 99, n° 2. — *Scolopax, quœ capella cœlestis authorum*. Idem, p. 100, n° 3. *Nota*. Klein se trompe ici en appliquant à la bécassine le nom de *capella cœlestis*, comme Rzaczynski et Schwenckfeld en lui donnant ceux d'*aix* et de *kimmels-geiz*, qui désignent le vanneau. — *Die heer schnepfe*. Frisch, vol. II, div. 12, sect. 4, pl. 6. — « *Scolopax* rostro recto, apice « tuberculato, pedibus fuscis, lineis frontis fuscis quaternis... » *Gallinago*. Linnæus, *Syst. nat.*, édit. X, gen. 77, sp. 11. — « *Numenius* capite lineis quatuor fuscis longitudinalis rostri « apice tuberculoso, femoribus semi-nudis. » Idem, *Fauna Suec.*, n° 143. — *Scolopax cinerea minor, rostro nigro*. Barrère, *Ornithol.*, class. III, gen. 12, sp. 2. — *Bécassine*. Albin, t. I, p. 63, avec une figure mal coloriée, pl. 71. — « *Scolopax* supernè nigricante et fulvo diluto « variegata, infernè alba ; gutture fulvo ; capite superiore triplici tæniâ longitudinali dilutè « fulvâ notato ; dorso fasciis quatuor longitudinalibus dilutè fulvis insignito ; uropygio fusco- « nigricante, albo-fulvescente transversim striato ; rectricibus in exortu nigricantibus, in extre- « mitate fulvis, nigricante transversim striatis... » *Gallinago*. Brisson, *Ornithol.*, t. V, pag. 298.

a. Klein, Schwenckfeld, Rzaczynski.

b. *Apud Aldrov.*, t. III, p. 478.

c. *Aviar. Siles.*, p. 330.

d. « Advena est secundum æquinoctium vernum, neque a marginibus lacuum et stagnorum « quoquam discedit. » Gessner, *Avi.*, p. 488.

mais en France il n'en reste que quelques-unes pendant l'été, et elles nichent dans nos marais; Willughby l'observe de même pour l'Angleterre[a]; on trouve leur nid en juin : il est placé à terre, sous quelque grosse racine d'aune ou de saule; dans les endroits marécageux où le bétail ne peut parvenir, il est fait d'herbes sèches et de plumes, et contient quatre ou cinq œufs de forme oblongue, d'une couleur blanchâtre avec des taches rousses; les petits quittent le nid en sortant de la coque : ils paraissent laids et informes; la mère ne les en aime pas moins; elle en a soin jusqu'à ce que leur grand bec, trop mou, soit devenu plus ferme, et ne les quitte que quand ils peuvent aisément se pourvoir d'eux-mêmes.

La bécassine pique continuellement la terre, sans qu'on puisse bien dire ce qu'elle mange; on ne trouve dans son estomac qu'un résidu terreux et des liqueurs qui sont apparemment la substance fondue des vers dont elle se nourrit; car Aldrovande remarque qu'elle a le bout de la langue terminé, comme les pics, par une pointe aiguë, propre à percer les vers qu'elle fouille dans la vase.

Dans cette espèce de bécassine, la tête a un mouvement naturel de balancement horizontal, et la queue un mouvement de haut en bas; elle marche pas à pas, la tête haute, sans sautiller ni voltiger; mais on la surprend rarement dans cette situation, car elle se tient soigneusement cachée dans les roseaux et les herbes des marais fangeux, où les chasseurs ne peuvent aller trouver ces oiseaux qu'avec des espèces de raquettes faites de planches légères, mais assez larges pour ne point enfoncer dans le limon; et comme la bécassine part de loin et très-rapidement et qu'elle fait plusieurs crochets avant de filer, il n'y a pas de tiré plus difficile; on la prend plus aisément avec un rejet semblable à celui qu'on place dans les sentiers des bois pour prendre la bécasse.

La bécassine est ordinairement fort grasse, et sa graisse, d'une saveur fine, n'a rien du dégoût des graisses ordinaires[b]; on la cuit, comme la bécasse, sans la vider, et partout on la recherche comme un gibier exquis.

Au reste, quoiqu'on ne manque guère de trouver en automne des bécassines dans nos marais[c], l'espèce n'en est pas aussi nombreuse aujourd'hui qu'elle l'était ci-devant[d]; mais elle est répandue encore plus universellement que celle de la bécasse; on la rencontre dans toutes les parties du

a. « Apud nos nonnullæ per totam æstatem manent, et in palustribus nidificant... pars « maxima aliò abit. » Willughby, p. 214.

b. « Elle est fournie de haulte graisse, qui réveille l'appétit endormi, provoque à bien dis-« cerner le goût des francs vins; quoi sachant, ceux qui sont bien rentés la mangent pour leur « faire bonne bouche. » Belon, *Nat. des oiseaux.*

c. « On voit une quantité prodigieuse de ces oiseaux dans les marais entre Laon, Notre-Dame-de-Liesse, la Fère, Péronne, Amiens, Calais. » Note communiquée par M. Hébert.

d. « C'est un gibier si fréquent en temps d'hiver, que n'avons quasi vu rien de plus commun « par les plaines des pays méditerranés. » Belon, *Nat. des oiseaux;* p. 216.

monde : quelques voyageurs éclairés en ont fait la remarque [a] ; on nous l'a
envoyée de Cayenne, où on l'appelle *bécassine de savane* [b] ; M. Frezier l'a
trouvée dans les campagnes du Chili [c] ; elle est commune à la Louisiane, où
elle vient jusque auprès des habitations [d], de même qu'au Canada [e] et à Saint-
Domingue [f]. Dans l'ancien continent, on la trouve depuis la Suède [g] et la
Sibérie [h] jusqu'à Ceylan [i] et au Japon [j] : nous l'avons reçue du cap de Bonne-
Espérance [k] ; elle s'est portée sur les terres lointaines de l'océan Austral [l] ;
aux îles Malouines, où M. de Bougainville l'a vue, et où il remarque qu'elle
a des habitudes conformes à ces lieux solitaires, où rien ne l'inquiète ; son
nid est au milieu de la campagne ; on la tire aisément, elle n'a nulle défiance
et ne fait point le crochet en partant [m], nouvelle preuve que les habitudes
timides des animaux fugitifs devant l'homme leur sont imprimées par la
crainte : et cette crainte dans la bécassine paraît encore se réunir à la forte
aversion qu'elle a pour l'homme, car elle est du nombre de ces oiseaux
qu'en aucune manière on ne peut apprivoiser. Longolius assure qu'on peut
élever et tenir la bécasse en volière, et même la nourrir pour l'engraisser,
mais que la chose a été tentée sur la bécassine inutilement et sans succès [n].

Il paraît qu'il y a dans cette espèce une petite race comme dans celle de
la bécasse ; car indépendamment de la petite bécassine surnommée *la sourde*,
dont nous allons parler, il s'en trouve entre celles de l'espèce ordinaire de

a. « Il est à remarquer que les bécassines se trouvent dans beaucoup plus de pays du monde
« qu'aucun autre oiseau ; elles sont communes dans presque toute l'Europe, l'Asie et l'Améri-
« que. » *Voyage autour du monde*, par le capitaine Cook, t. IV, p. 268.

b. Avec la chair de fort bon goût, cette bécassine de la Guiane ne prend guère de graisse,
non plus que la bécasse de ce pays, suivant M. de la Borde ; elle ne pond de même que deux
œufs. La diminution du nombre d'œufs à chaque ponte paraît avoir lieu dans tous les pays où
les oiseaux les réitèrent.

c. *Voyage à la mer du Sud*, p. 74.

d. Le Page du Pratz, *Histoire de la Louisiane*, t. II, p. 127.

e. *Nouvelle France*, t. III, p. 155.

f. M. le chevalier Lefebvre-Deshayes remarque qu'un mois après leur arrivée, elles deviennent si grasses qu'elles paraissent aussi pesantes que des cailles ; elles restent dans l'île jusqu'en
février.

g. *Fauna Suecica.*

h. Gmelin, *Voyage en Sibérie*, t. I, p. 218 ; t. II, p. 56.

i. Knox, dans l'*Hist. générale des Voyages*, t. VIII, p. 547.

j. Kæmpfer, *Hist. naturelle du Japon*, t. I, pag. 112 et 113.

k. Cette bécassine du cap de Bonne-Espérance est un peu plus grande, avec le bec encore
plus long et les jambes un peu plus grosses que la nôtre, ce qui n'empêche pas qu'on ne les
reconnaisse très-clairement pour être de la même espèce ; elle est différente d'une autre bécassine
du Cap, qui y paraît indigène, et que nous donnerons tout à l'heure.

l. « Nous trouvâmes vers la partie septentrionale d'Ulietea (île voisine de Taïti), des criques
« très-profondes, et, au fond, des marais remplis d'une grande quantité de canards et de bécas-
« sines, plus sauvages que nous ne l'attendions ; nous apprîmes bientôt que les insulaires, qui
« aiment à les manger, ont coutume de les poursuivre. » Forster, *Second Voyage de Cook*,
t. I, p. 434.

m. *Voyage autour du monde*, par M. de Bougainville, t. I, in-8°, p. 124.

n. *Apud Aldrovand.*, t. III, p. 478.

grandes, et d'autres plus petites; mais cette différence de taille, qui n'est accompagnée d'aucune autre, ni dans les mœurs ni dans le plumage, n'indique tout au plus qu'une diversité de race, ou peut-être une variété purement accidentelle et individuelle, qui ne tient point au sexe; car on ne connaît aucune différence apparente entre le mâle et la femelle dans cette espèce, non plus que dans la suivante [a].

LA PETITE BÉCASSINE SURNOMMÉE LA SOURDE. [b] [c] *

SECONDE ESPÈCE.

La petite bécassine n'a que moitié de la grandeur de l'autre, *d'où vient*, dit Belon, *que les pourvoyeurs l'appellent deux pour un*. Elle se cache dans les roseaux des étangs, sous les joncs secs et les glaïeuls tombés au bord des eaux; elle s'y tient si obstinément cachée qu'il faut presque marcher dessus pour la faire lever, et qu'elle part sous les pieds, comme si elle n'entendait rien du bruit que l'on fait en venant à elle; c'est de là que les chasseurs l'ont appelée *la sourde;* son vol est moins rapide et plus direct que celui de la grande bécassine; sa chair n'est pas d'un goût moins délicat, et sa graisse est aussi fine; mais l'espèce n'en paraît pas aussi nombreuse, ou du moins n'est pas aussi généralement répandue. Willughby, qui écrivait en Angleterre, remarque qu'elle y est moins commune que la

a. « Mares a fœminis neque magnitudine, neque colore differunt. » **Willughby**, p. 124.

b. Voyez les planches enluminées, n° 884.

c. En anglais, *jud-cock, jack-snipe ;* en flamand, *hals-schnepff ;* en danois, *ror-sneppe ;* en polonais, *ksik ;* dans l'Orléanais, *becquerolle* ou *boucriolle ;* et *foucault*, suivant M. Salerne : ce qui paraît revenir au nom obscène que lui donnent, suivant Belon, les paysans des côtes. Voyez *Nature des Oiseaux*, pag. 217. — En Picardie et dans le Boulonais, *hanipon*, suivant le même M. Salerne. — *Plus petite espèce de bécassine.* Belon, *Nat. des oiseaux*, p. 217. — *Cinclus quartus, gallinago minima Belonii.* Aldrovande, *Avi.*, t. III, p. 493, avec une très-mauvaise figure. — Jonston, *Avi.*, p. 112, avec la figure prise d'Aldrovande, tab. 53. — *Gallinago minima, seu tertia Bellonii.* Willughby, *Ornithol.*, p. 214. — Ray, *Synops. avi.*, p. 105, n° a, 3. — *Gallinago minima, Polonis ksik.* Rzaczynski, *Hist. nat. Polon.*, p. 295. — *Scolopax minima.* Klein, *Avi.*, p. 100, n° 4. — *Cinclus.* Charleton, *Exercit.*, p. 113, n° xi. Idem, *Onomast.*, p. 108, n° xi. — *Scolopax minima, ex fulvo et castaneo colore maculata.* Barrère, *Ornithol.*, class. iii, gen. 12, sp. 3. — *Die haar pudel, oder kleinste schnepffe.* Frisch, vol. II, div. 12, sect. 4, pl. 8. — *Mâle de la bécassine.* Albin, t. III, p. 36, avec une figure mal coloriée, pl. 86. — *Bécot.* Salerne, *Ornithol.*, p. 325. — « Scolopax supernè nigro et fulvo varie- « gata, nigro-violaceo et viridi aureo colore variante, infernè fusco, fulvo obscuro et albido « varia ; ventre albo; gutture albo fulvescente ; capite superiore duplici tæniâ longitudinali « dilutè fulva notato, dorso fasciis quatuor longitudinalibus dilutè fulvis insignito ; uropygio « splendidè violaceo, pennis albido in apice marginatis ; rectricibus binis intermediis nigri- « cantibus, fulvo marginatis, lateralibus fuscis, fulvo variegatis... » *Gallinago minor.* Brisson, t. V, p. 303.

* *Scolopax gallinula* (Linn.). — Genre et sous-genre *id.*

grande bécassine[a] ; Linnæus n'en fait pas mention dans le dénombrement des oiseaux de Suède ; cependant elle se trouve en Danemark, suivant M. Brunnich[b]. Cette petite bécassine a le bec moins long à proportion que l'autre ; son plumage est le même, avec quelques reflets cuivreux sur le dos, et de longs traits de pinceaux roussâtres sur des plumes couchées aux côtés du dos, et qui étant allongées, soyeuses et comme effilées, ont apparemment donné lieu au nom de *haarschnepffe* que les Allemands lui donnent, selon M. Klein.

Ces petites bécassines restent presque toute l'année, et nichent dans nos marais ; leurs œufs, de même couleur que ceux de la grande bécassine, sont seulement plus petits à proportion de l'oiseau , qui n'est pas plus gros qu'une alouette. On a souvent pris cette petite bécassine pour le mâle de la grande , et Willughby corrige cette erreur populaire en avouant qu'il le croyait lui-même avant de les avoir comparées[c] : ce qui n'a pas empêché Albin de tomber de nouveau dans cette même erreur[d].

LA BRUNETTE. [e]*

TROISIÈME ESPÈCE.

Willughby donne cet oiseau sous le nom de *dunlin*, qui peut se rendre par *brunette*[f] : il le dit indigène aux parties septentrionales de l'Angleterre[g]. C'est une petite bécassine de la taille de la précédente, et qui paraît en différer assez peu ; elle a le ventre noirâtre, ondé de blanc, et le dessus du corps tacheté de noir et d'un peu de blanc sur un fond brun roux : du reste, elle est de la même figure et a les mêmes habitudes que notre petite bécassine : ainsi c'est une espèce très-voisine, ou peut-être une simple variété de l'espèce précédente.

a. Ornithol., p. 214.

b. Ornithol. borealis, n° 163.

c. « Vulgus *jack* snipe vocat marem, majoris speciei erroneé credens ; in quem errorem ego « fui, et a D. Lister admonitus, recognovi. » Willughby, p. 214.

d. Tome III , page 36 , la figure de la petite bécassine, avec ce titre : *mâle de la bécassine.*

e. « Scolopax supernè rufa, maculis nigris, et pauco albo variegata, infernè alba : gutture, « collo inferiore et pectore maculis nigricantibus variis ; medio ventre nigricante, albo undu-« lato ; rectricibus binis intermediis fuscis rufo maculatis, lateralibus fusco-albicantibus... » *Gallinago Anglicana.* Brisson , *Ornithol.*, t. V, p. 309.

f. Dun, en anglais, signifie *brun*, de couleur obscure ou tannée ; *dunlin* est un diminutif.

g. « Dunlin septentrionalium Anglorum, gallinagini minimæ par ; victum in limo colli-« git, etc. » Willughby, *Ornithol.*, p. 226. — Ray, *Synops. avi.*, p. 109.

* *Scolopax pusilla* (Linn.). — Genre *Bécasses*, sous-genre *Alouettes de mer* (Cuv.) — « La « *brunette* de Buffon, *scolopax pusilla*, *dunlin* des Anglais, n'est que *l'alouette de mer à collier*, « ou la *petite maubèche grise* à plumage d'été. » (Cuvier.)

OISEAUX ÉTRANGERS

QUI ONT RAPPORT AUX BÉCASSINES.

LA BÉCASSINE DU CAP DE BONNE-ESPÉRANCE. [a][b][*]

PREMIÈRE ESPÈCE.

Elle est un peu plus grande que notre bécassine commune, mais elle a le bec beaucoup moins long; les couleurs de son plumage sont un peu moins sombres; un gris bleuâtre haché de petites ondes noires fait le fond du manteau que traverse une ligne blanche tirée de l'épaule au croupion; une petite zone noire marque le haut de la poitrine; le ventre est blanc; la tête est coiffée de cinq bandes, l'une roussâtre au sommet, deux grises de chaque côté, puis deux blanches qui engagent l'œil et s'étendent en arrière.

LA BÉCASSINE DE MADAGASCAR. [c][**]

SECONDE ESPÈCE.

Cette bécassine est très-jolie par la disposition et le mélange des couleurs de son plumage; la tête et le cou sont de couleur rousse, traversée d'un trait blanc qui passe sur l'œil et qui est surmonté d'un trait noir; le bas du cou est ceint d'un large collet noir; les plumes du dos sont noirâtres, festonnées de gris; le roussâtre, le gris, le noirâtre, sont coupés sur les

a. Voyez les planches enluminées, n° 270.

b. « Scolopax supernè saturatè cinerea, nigricante transversim striata et violaceo adumbrata, « infernè alba; fasciâ longitudinali in capite superiore albo rufescente maculatâ; oculorum « ambitu et tæniâ prope oculos candidis; genîs, gutture et collo inferiore rufis; tæniâ in summo « pectore transversâ nigricante; fasciâ utrimque a scapulis versùs uropygium albo-flavicante, « maculis nigricantibus utrimque prædità; rectricibus cinereis, nigricante transversim striatis « et flavicante maculatis... » *Gallinago capitis Bonæ-Spei.* Brisson, *Ornithol. Supplément,* pag. 141.

c. Voyez les planches enluminées, n° 922.

* *Scolopax capensis* (Gmel.). — Genre *id.,* sous-genre *Rhynchées* (Cuv.). — « On en con- « naît (des *rhynchées*) de différents mélanges de couleur, que Gmelin réunit, comme des « variétés, sous le nom de *scolopax capensis,* et que M. Temmink croit en effet n'être que « différents âges. — Le *scolopax capensis,* δ, de Gmelin, planche enluminée 922, serait « l'adulte; le *scolopax capensis,* γ, planche enluminée 881, ou *rhynchea variegata,* Vieill., « le jeune, et la planche enluminée 270, un état intermédiaire. — Le *chevalier vert,* B. iss. « et Buff. (*rallus benghalensis,* Gmel.), est encore de ce genre, et ne paraît même pas différer « de la variété représentée, planche enluminée 922. — Il n'y a que cette dernière planche qui « représente bien le bec propre à ce petit sous-genre. — Ajoutez une espèce, bien distincte, du « Brésil : *rhynchæa hilarea.* » (Cuvier.)

** *Scolopax capensis, variet.,* δ (Gmel.). — Voyez la nomenclature précédente.

couvertures de l'aile par de petits festons ondoyants et serrés ; les pennes moyennes de l'aile et celles de la queue sont coupées transversalement par bandes variées de cet agréable mélange, séparées par trois ou quatre rangs de taches ovales d'un beau roux clair, encadré de noir ; les grandes pennes sont traversées de bandes alternativement noires et rousses ; le dessous du corps est blanc. Cette bécassine a près de dix pouces de longueur.

LA BÉCASSINE DE LA CHINE. [a]*

TROISIÈME ESPÈCE.

Elle est un peu moins grosse que notre grande bécassine, mais elle est un peu plus haute sur jambes ; elle a le bec presque aussi long ; son plumage est moins sombre ; il est chamarré sur le manteau par taches assez larges, et par festons, de gris brun, de bleuâtre, de noir et de roux clair ; la poitrine est ornée d'un large feston noir ; le dessous du corps est blanc ; le cou est piqueté de gris blanc et de roussâtre, et la tête est traversée de traits noirs et blancs.

La bécassine de Madras, donnée par M. Brisson [b], aurait assez de rapport par les couleurs, telles qu'il les décrit, avec cette bécassine de la Chine ; mais un caractère qui manque à celle-ci est ce *doigt postérieur aussi long que ceux de devant*, que M. Brisson attribue à la bécassine de Madras, et qui, ce semble, dans les règles de la nomenclature, aurait dû lui faire exclure cet oiseau du genre des bécassines [1].

LES BARGES. **

De tous ces êtres légers sur lesquels la nature a répandu tant de vie et de grâces, et qu'elle paraît avoir jetés à travers la grande scène de ses ouvrages pour animer le vide de l'espace et y produire du mouvement, les oiseaux

a. Voyez les planches enluminées, n° 881.

b. « Scolopax supernè nigricantè et fulvo variegata, infernè alba ; gutture et collo inferiore « fulvis, maculis nigricantibus variis ; capite superiore triplici tæniâ longitudinali fusco-nigri- « cante notato ; dorso fasciis duabus longitudinalibus fusco-nigricantibus insignito ; tæniâ « transversâ in pectore nigrâ ; rectricibus nigro, fulvo et griseo variegatis... » *Gallinago Made- raspatana.* Brisson, *Ornithol.,* t. V, p. 308. — Ray a donné cette bécassine : *gallinago Made- raspatana, perdicis colore. Synops. avi.*, p. 193, n° 2, avec une mauvaise figure, tab. 1, fig. 2 ; il la nomme en anglais *patridge-snipe*, *bécasse-perdrix*, à cause de ses couleurs.

* *Scolopax capensis, variet.*, γ (Gmel.). — Voyez la nomenclature * de la page précédente.

1. « C'est le *scolopax madrespatana* de Gmelin. M. Cuvier ni M. Vieillot ne citent cet oiseau, « mais il est probable qu'il appartient au sous-genre des *Rhynchées* du premier, ou *Chorlites* « du second de ces naturalistes. » (Desmarets.)

** Genre *Bécasses*, sous-genre *Barges* (Cuv.).

de marais sont ceux qui ont eu le moins de part à ses dons ; leurs sens sont obtus, leur instinct est réduit aux sensations les plus grossières, et leur naturel se borne à chercher à l'entour des marécages leur pâture sur la vase ou dans la terre fangeuse ; comme si ces espèces attachées au premier limon n'avaient pu prendre part au progrès plus heureux et plus grand qu'ont fait successivement toutes les autres productions de la nature, dont les développements se sont étendus et embellis par les soins de l'homme, tandis que ces habitants des marais sont restés dans l'état imparfait de leur nature brute.

En effet, aucun d'eux n'a les grâces ni la gaieté de nos oiseaux des champs ; ils ne savent point, comme ceux-ci, s'amuser, se réjouir ensemble, ni prendre de doux ébats entre eux sur la terre ou dans l'air ; leur vol n'est qu'une fuite, une traite rapide d'un froid marécage à un autre : retenus sur le sol humide, ils ne peuvent, comme les hôtes des bois, se jouer dans les rameaux, ni même s'y poser ; ils gissent à terre et se tiennent à l'ombre pendant le jour ; une vue faible, un naturel timide, leur font préférer l'obscurité de la nuit, ou la lueur des crépuscules, à la clarté du jour, et c'est moins par les yeux que par le tact ou par l'odorat qu'ils cherchent leur nourriture. C'est ainsi que vivent les bécasses, les bécassines et la plupart des autres oiseaux de marais, entre lesquels les barges forment une petite famille, immédiatement au-dessous de celle de la bécasse ; elles ont la même forme de corps, mais les jambes plus hautes et le bec encore plus long, quoique conformé de même, à pointe mousse et lisse, droit ou un peu fléchi et légèrement relevé : Gessner se trompe en leur prêtant un bec aigu et propre à darder les poissons [a] ; les barges ne vivent que des vers et vermisseaux qu'elles tirent du limon. On trouve dans leur gésier des graviers, la plupart transparents, et tout semblables à ceux que contient aussi le gésier de l'avocette [b] ; leur voix est assez extraordinaire, car Belon la compare au bêlement étouffé d'une chèvre [c]. Ces oiseaux sont inquiets et partent de loin, et jettent un cri de frayeur en partant. Ils sont rares dans les contrées éloignées de la mer, et ils se plaisent dans les marais salés ; ils ont sur nos côtes, et en particulier sur celles de Picardie [d], un passage régulier dans le mois de septembre ; on les voit en troupes et on les entend passer très-haut, le soir au clair de la lune ; la plupart s'abattent dans les marais ; la fatigue les rend alors moins fuyards ; ils ne reprennent leur vol qu'avec peine, mais ils cou-

---

a. « Rostra eis recta et acuta ad victum è piscibus apta. » Gessner, *Avi.*, verb. *Totanus.*

b. Observation faite par M. Baillon sur les barges de passage sur les côtes de Picardie, et qui lui fait penser que ces oiseaux et l'avocette viennent alors des mêmes pays.

c. « La barge... estant soupçonneuse, et qui ne laissé approcher les hommes guère près « d'elle ; s'il advient quelquefois qu'elle s'élève avec peur, commence à jeter un cri tel que les « boucs ou chèvres font en bêclant lorsqu'elles ont la gueule pleine. » Belon, *Nat. des ois.*, pag. 205.

d. Les barges s'appellent *laterlas* en Picardie.

rent comme des perdrix, et le chasseur, en les tournant, les rassemble assez
pour en tuer plusieurs d'un seul coup ; ils ne séjournent qu'un jour ou
deux dans le même lieu, et souvent dès le lendemain on n'en trouve plus
un seul dans ces marais, où ils étaient la veille en si grand nombre ; ils
ne nichent pas sur nos côtes[a]. Leur chair est délicate et très-bonne à
manger[b].

Nous distinguons huit espèces dans le genre de ces oiseaux.

LA BARGE COMMUNE.[c][d]*

PREMIÈRE ESPÈCE.

Le plumage de cette barge est d'un gris uniforme, à l'exception du front
et de la gorge, dont la couleur est roussâtre ; le ventre et le croupion sont
blancs ; les grandes pennes de l'aile sont noirâtres au dehors, blanchâtres
en dedans ; les pennes moyennes et les grandes couvertures ont beaucoup
de blanc ; la queue est noirâtre et terminée de blanc ; les deux plumes extérieures sont blanches, et le bec est noir à la pointe, et rougeâtre dans sa
longueur qui est de quatre pouces ; les pieds, avec la partie nue des jambes,
en ont quatre et demi ; la longueur totale de la pointe du bec au bout de la
queue est de seize pouces et de dix-huit jusqu'au bout des doigts.

M. Hébert nous a dit avoir tué quelques barges de cette espèce en Brie ;
il paraît donc qu'elles s'abattent quelquefois dans le milieu des terres ou
qu'elles y sont poussées par quelque coup de vent.

a. Observation faite sur les côtes de Picardie par M. Baillon, de Montreuil-sur-Mer.

b. « C'est un oyseau ez délices des Françoys. » Belon.

c. Voyez les planches enluminées, n° 874.

d. *Barge*. Belon, *Nat. des oiseaux*, p. 205, avec une mauvaise figure, p. 206 ; la même,
Portraits d'oiseaux, p. 48, a. — *Barge Gallorum*. Aldrovande, *Avi.*, t. III, p. 434. — *Totanus*. Idem, p. 431. — Jonston, *Avi.*, p. 108. — Mœhring, *Avi.*, gen. 88. — *Fedoa secunda,
quæ eadem cum totano Aldrovandi*. Willughby, *Ornithol.*, p. 216. — Ray, *Synops. avi.*,
p. 105, n° a, 5. — *Barge Gallorum, quam ægocephalum facit Bellonius*. Jonston, *Avi.*,
p. 106. — Charleton, *Exercit.*, p. 111, n° 10. Idem, *Onomast.*, p. 104, n° 10. — *Totanus cinereus, rostro prælongo*. Barrère, *Ornithol.*, class. IV, gen. 4, sp. 1. — *Scolopax, rusticola
Aldrovandi*. Klein, *Avi.*, p. 100, n° 5. — « *Scolopax* rostro lævi, pedibus fuscis, remigibus
« maculâ albâ ; quatuor primis immaculatis... » *Limosa*. Linnæus, *Syst. nat.*, édit. X, gen. 77,
sp. 10. — « Numenius uropygio albo, rectricibus nigris basi albis ; remigibus transversâ albâ
« maculâ, exceptis quatuor primis. » Idem, *Fauna Suecica*, n° 144. — « *Limosa* supernè
« griseo-fusca, pennis nigricantibus, ad margines maculis rufis variegatis intersertis, infernè
« alba, gutture albo rufescente ; collo griseo et rufescente vario, lineolis longitudinalibus fuscis
« in imâ parte notato ; pectore griseo candicante, tæniis transversis fuscis variegato ; uropygio
« fusco ; rectricibus in exortu albis, in extremitate nigris, octo intermediis apice griseis, tribus
« utrimque lateralibus albo in apice marginatis .. » *Limosa*. Brisson, *Ornithol.*, t. V, p. 262.

* *Scolopax limosa* (Linn.). — *Scolopax ægocephala et belgica* (Gmel.). — *Limosa mela-
nura* (Leisler). — Le plumage d'hiver, planche enluminée 874, et celui d'été, *ibid.*, 916. —
La barge à queue noire (Cuv.). — Sous-genre *Barges* (Cuv.).

LA BARGE ABOYEUSE. [a] [b] [*]

SECONDE ESPÈCE.

Il faut que le cri de cet oiseau ressemble à un aboiement, puisqu'il en a pris chez les Anglais le nom d'*aboyeur* (*barker*), sous lequel Albin et ensuite M. Adanson l'ont indiqué [c] ; la dénomination de *barge grise*, qu'elle porte dans nos planches enluminées, ne la distingue pas assez de la première espèce, qui est grise aussi, et même plus uniformément que celle-ci, dont le manteau gris brun est frangé de blanchâtre autour de chaque plume ; celles de la queue sont rayées transversalement de blanc et de noirâtre. Cette barge diffère aussi de la première par la grandeur ; elle n'a que quatorze pouces de longueur de la pointe du bec au bout des doigts.

Elle habite les marécages des côtes maritimes de l'Europe, tant de l'Océan que de la Méditerranée [d] ; on la trouve dans les marais salants, et, comme les autres barges, elle est timide et fuit de loin ; elle ne cherche aussi sa nourriture que pendant la nuit [e].

LA BARGE VARIÉE. [f] [**]

TROISIÈME ESPÈCE.

Si la plupart des nomenclateurs n'avaient pas donné cette barge comme distinguée de la précédente et sous des noms différents, nous ne ferions de

a. Voyez les planches enluminées, n° 876, sous le nom de *Barge grise*.

b. Totanus. Gessner, *Avi.*, p. 518 ; et *Icon. avi.*, p. 115. — *Totanus ornithologi.* Aldrovande, *Avi.*, t. III, p. 429. — *Petit corlieu* ou *aboyeur* des Anglais. Albin, t. II, p. 45, avec une figure mal coloriée, pl. 71. — *Glareola, barker Albini.* Klein, *Avi.*, p. 102, n° 12. — « Limosa « supernè griseo-fusca, maculis nigricantibus varia, infernè alba ; capite et collo superioribus « fusco-nigricantibus, marginibus pennarum albidis, collo inferiore et pectore lineis longitudi- « nalibus fusco nigricantibus variegatis ; tæniâ suprà oculos et uropygio candidis ; rectricibus « albis, fusco transversim striatis, lateralibus interiùs versùs exortum penitùs candidis... » *Limosa grisea.* Brisson, *Ornithol.*, t. V, p. 267.

c. Supplément à l'Encyclopédie, article *Aboyeur*.

d. M. Adanson.

e. Albin.

f. Limosa. Gessner, *Avi.*, p. 519. Idem, *Icon. avi.*, p. 114. — *Glottis, lingulaca Gazæ.* Idem, *Avi.*, p. 520. — *Limosa Venetorum.* Aldrovande, *Avi.*, t. III, p. 434. — *Pluvialis major.* Idem, *ibid.*, p. 535. — Willughby, *Ornithol.*, p. 220. — Ray, *Synops. avi.*, p. 106, n° a, 8 ;

[*] *Scolopax glottis* (Linn.). — *Totanus glottis* (Cuv.). — Genre *Bécasses*, sous-genre *Chevaliers* (Cuv.). — « Il faut distinguer cet oiseau, qui est un *chevalier*, de celui que M. Cuvier « désigne sous le nom de *barge aboyeuse*, ou *à queue rayée*, qui est une véritable *barge*. « Cette *barge aboyeuse* n'est d'ailleurs pas distincte de l'espèce suivante, ou *barge variée*, et « toutes deux ne sont que le *chevalier aux pieds verts* (*totanus glottis*, Cuv.). » (Desmarets.)

[**] Voyez la nomenclature précédente.

toutes deux qu'une seule et même espèce ; les couleurs du plumage sont les mêmes ; la forme, entièrement semblable, ne diffère qu'en ce que celle-ci est un peu plus grande, ce qui n'indique pas toujours une diversité d'espèces ; car l'observation nous a souvent démontré que dans la même espèce il se trouve des variétés dans lesquelles le bec et les jambes sont quelquefois plus longs ou plus courts d'un demi-pouce ; tout le plumage de cette barge est, comme celui de l'aboyeuse, varié de blanc, et cette couleur frange et encadre le gris brun des plumes du manteau ; la queue est rayée de même, et le dessous du corps est blanc. Les Allemands donnent à toutes deux le nom de *meer-houn ;* les Suédois les appellent *gloutt* [a] *;* ces noms paraissent exprimer un aboiement. Serait-ce sur ce même nom que Gessner, par une fausse analogie, aurait pris ces barges pour l'oiseau *glottis* d'Aristote, dont il a fait ailleurs une poule sultane ou un râle? Albin tombe ici dans une erreur palpable, en prenant cette barge pour la femelle du chevalier aux pieds rouges.

LA BARGE ROUSSE. [b][c][*]

QUATRIÈME ESPÈCE.

Elle est à peu près de la grosseur de l'aboyeuse : elle a tout le devant du corps et le cou d'un beau roux ; les plumes du manteau, brunes et noirâ-

et p. 190, n° 6. — Charleton, *Exercit.*, p. 114, n° 3. Idem, *Onomast.*, p. 109, n° 3. — Rzaczynski, *Auctuar. hist. nat. Polon.*, p. 415. — Marsigli, *Danub.*, t. V, p. 48. — « Scolopax « rostro recto basi inferiori rubro ; pedibus virescentibus... » *Glottis.* Linnæus, *Syst. nat.*, édit. X, gen. 77, sp. 9. — « Numenius pedibus virescentibus, uropygio albo, remigibus lineis « albis fuscisque undulatis. » Idem, *Fauna Suecica*, n° 142. — *Femelle du chevalier aux pieds rouges.* Albin, t. II, p. 43, avec une mauvaise figure, pl. 69. — « Limosa supernè saturate « fusca, marginibus pennarum albidis, infernè alba ; gutture albo rufescente ; collo albido, « maculis longitudinalibus fuscis vario ; uropygio fusco, marginibus pennarum candidis ; « rectricibus albis, nigricante transversim striatis... » *Limosa grisea major.* Brisson, *Ornith.*, t. V, p. 272.

a. *Fauna Suecica*, n° 142.

b. Voyez les planches enluminées, n° 900.

c. *Totanus fulvus, maculis fuscis.* Barrère, *Ornithol.*, class. IV, gen. 4, sp. 2. — « Scolo« pax rostro subrecurvato, pedibusque nigris, pectore ferrugineo... » *Scolopax Laponica.* Linnæus, *Syst. nat.*, édit. X, gen. 77, sp. 12. — *Recurvirostra, pectore croceo.* Idem, *Fauna Suecica*, n° 138. (*Nota.* M. Linnæus, en rangeant cette barge à côté de l'avocette, sous le nom de *recurvirostra*, remarque en même temps que son bec n'est que très-faiblement fléchi ou recourbé en haut.) — *Red breasted godvi.* Edwards, t. III, p. et pl. 138. — « Limosa supernè

* Celle-ci est la *barge aboyeuse* ou *à queue rayée* de Cuvier (*scolopax leucophœa*, Lath., et *laponica*, Gmel.). — Voyez la nomenclature * de la page 136. — « Gmelin a fait, de cet « oiseau jeune, une variété de la *barge commune* et cite la figure de Brisson, sous *scolopax* « *glottis*, qui est un *chevalier*. L'adulte est son *scolopax laponica*. Le *limosa Meyeri* est cette « espèce en plumage d'hiver, et le *limosa rufa* la même en plumage d'été. » (Cuvier.)

tres, sont légèrement frangées de blanc et de roussâtre ; la queue est rayée transversalement de cette dernière couleur et de brun. On voit cette barge sur nos côtes ; elle se trouve aussi dans le Nord et jusqu'en Laponie ; on la retrouve en Amérique. Elle a été envoyée de la baie d'Hudson en Angleterre ; c'est un exemple de plus de ces espèces aquatiques communes aux terres du nord des deux continents.

LA GRANDE BARGE ROUSSE. [a b] *

CINQUIÈME ESPÈCE.

Cette barge est en effet plus grande que la précédente, mais elle n'a de roux que le cou, et des bords roussâtres aux plumes noirâtres du dos ; la poitrine et le ventre sont rayés transversalement de noirâtre sur fond blanc sale ; la longueur de cette barge, du bec aux ongles, est de dix-sept pouces : outre ces différences, qui paraissent la distinguer assez de la barge rousse, un observateur nous assure que ces deux espèces passent toujours séparément sur nos côtes [c]. La grande barge rousse diffère même de toutes les autres par les mœurs, s'il est vrai, comme le dit Willughby, qu'elle se promène la tête haute sur les plages sablonneuses et découvertes, sans chercher à se cacher ; le même naturaliste observe que c'est mal à propos qu'on lui donne en quelques endroits de la côte d'Angleterre le nom de *stone plover*, qui est proprement celui de notre courlis de terre ou grand pluvier ; mais c'est encore plus mal à propos que le traducteur d'Albin a rendu les noms de *godwit* et d'*œgocephalus*, qui désignent la barge, par celui de *francolin*. Cette grande barge rousse, qui se trouve sur nos côtes et sur celles d'Angleterre, se porte également sur les côtes de Barbarie. On la reconnaît dans la notice que donne le docteur Shaw de son *godwit of Barbary* [d].

« nigricans, marginibus pennarum rufescentibus, infernè ferruginea : tæniâ suprà oculos rufes-
« cente, uropygio albo rufescente, maculis longitudinalibus nigricantibus vario ; rectricibus
« fuscis, albo transversim striatis... » *Limosa rufa*. Brisson, *Ornithol.*, t. V, p. 281.

a. Voyez les planches enluminées, n° 916.

b. Barge, seu œgocephalus Bellonii. Willughby, *Ornithol.*, p. 215. — Ray, *Synops. avi.*, p. 105, n° *a*, 4. — Marsigli, *Danub.*, p. 36. — *Glareola œgocephalus.* Klein, *Avi.*, p. 102, n° 11. — « Scolopax rostro recto, pedibus virescentibus, capite colloque rufescentibus ; remi-
« gibus tribus nigris basi albis... » *Œgocephala.* Linnæus, *Syst. nat.*, édit. X, gen. 77, sp. 13.
— *Francolin.* Albin, t. II, p. 44, avec une figure mal coloriée, pl. 70. — « Limosa supernè
« nigricans, marginibus pennarum rufescentibus, infernè sordidè alba, maculis transversis
« nigricantibus varia ; tæniâ suprà oculos albo-rufescente ; collo rufo, infernè nigricante
« transversim striato ; uropygio candido, maculis nigricantibus vario ; rectricibus nigricanti-
« bus, albo transversim striatis... » *Limosa rufa major*. Brisson, *Ornithol.*, t. V, p. 284.

c. Observation faite sur celles de Normandie.

d. Shaw, *Travels*, etc., p. 255.

* C'est la *barge commune*, en plumage d'été. — Voyez la nomenclature de la page 135.

LA BARGE ROUSSE DE LA BAIE D'HUDSON. [a]*

SIXIÈME ESPÈCE.

Quoiqu'il y ait dans le plumage de cette barge, comparé à celui de la précédente, des différences qui consistent principalement en ce que celle-ci a plus de roux, et que même sa taille soit un peu plus grande, nous ne laissons pas de la regarder comme espèce très-voisine de celle de notre grande barge rousse, et peut-être même l'espèce est-elle originairement la même.

Cette barge rousse de la baie d'Hudson est, comme l'observe Edwards, la plus grande espèce de ce genre; elle a seize pouces du bout du bec à celui de la queue, et dix-neuf à celui des doigts; tout son plumage sur le manteau est d'un fond brun roux rayé transversalement de noir; les premières grandes pennes de l'aile sont noirâtres, les suivantes d'un rouge-bai pointillé de noir; celles de la queue sont rayées transversalement de cette même couleur et de roux.

LA BARGE BRUNE. [b c]**

SEPTIÈME ESPÈCE.

Elle est de la taille de la barge aboyeuse, le fond de sa couleur est un brun foncé et noirâtre, relevé de petites lignes blanchâtres, dont les plumes du cou et du dos sont frangées, ce qui les fait paraître agréablement nuées ou écaillées; les pennes moyennes de l'aile et ses couvertures sont de même

a. Greater American godwit, or curlew from Hudson's-bay. Edwards, t. III, p. et pl. 137. — « Scolopax rostro recto, longo, pedibus fuscis, remigibus secundariis rufis, nigro punctu- « latis... » *Fedoa.* Linnæus, *Syst. nat.*, édit. X, gen. 77, sp. 8. — « Limosa supernè fusco- « rufescens, nigro transversim striata; infernè albo rufescens; tæniâ suprà oculos, genis et « gutture candidis; uropygio rufo nigricante transversim striato; collo inferiore et pectore « rufescentibus, collo inferiore maculis longitudinalibus nigris, pectore maculis transversis « fuscis vario; rectricibus rufis, nigro transversim striatis... » *Limosa Americana rufa.* Brisson, *Ornithol.*, t. V, p. 287.

b. Voyez les planches enluminées, n° 875.

c. « Limosa supernè fusco-nigricans, marginibus pennarum albidis, infernè saturatè cinerea, « albo variegata; vertice cinereo nigricante; uropygio candido, rectricibus binis intermediis « fusco-nigricantibus, candicante transversim striatis, lateralibus fuscis, albo transversim « striatis... » *Limosa fusca.* Brisson, *Ornithol.*, t. V, p. 276.

* *Scolopax fedoa* (Linn.). — Sous-genre *Barges* (Cuv.).

** *Scolopax fusca* (Linn.). — *Le chevalier noir* (Cuv.). — « Cet oiseau n'est pas une *barge,* « et on doit le rapporter à l'espèce du *chevalier noir* de M. Cuvier, qui est le *chevalier arlequin,* « *totanus fuscus* (Temm.), sous son habit d'été. » (Desmarets.)

liserées et pointillées de blanchâtre par les bords; ses premières grandes
pennes ne montrent en dehors qu'un brun uni; celles de la queue sont
rayées de brun et de blanc.

LA BARGE BLANCHE. [a]*

HUITIÈME ESPÈCE.

M. Edwards observe que le bec de cette barge fléchit en haut comme
celui de l'avocette, caractère dont la plupart des barges portent quelque
légère trace, mais qui est fortement marqué dans celle-ci; elle est à peu
près de la taille de la barge rousse; son bec, noir à la pointe, est orangé
dans le reste de sa longueur; tout le plumage est blanc, à l'exception d'une
teinte de jaunâtre sur les grandes pennes de l'aile et de la queue. Edwards
croit que le plumage blanc est la livrée de ces oiseaux à la baie d'Hudson,
et qu'ils reprennent leurs plumes brunes en été.

Au reste, il paraît que plusieurs espèces de barges sont descendues plus
avant dans les terres de l'Amérique, et qu'elles sont parvenues jusqu'aux
contrées méridionales, car Sloane place à la Jamaïque notre troisième
espèce [b], et Fernandez semble désigner deux barges dans la Nouvelle-Espagne par les noms de *chiquatototl*, oiseau *semblable à notre bécasse* [c], et
elotototl, oiseau du même genre, qui se tient à terre sous les tiges de maïs [d].

LES CHEVALIERS. **

« Les François, dit Belon, voyant un oysillon haut encruché sur ses
« jambes, quasi comme estant à cheval, l'ont nommé *chevalier*. » Il serait
difficile de trouver à ce nom d'autre étymologie; les oiseaux chevaliers
sont en effet fort haut montés; ils sont plus petits de corps que les barges,
et néanmoins ils ont les pieds tout aussi longs; leur bec, plus raccourci,
est au reste conformé de même, et dans la nombreuse suite des espèces
diverses qui, de la bécasse, descendent jusqu'au cincle, c'est après les

a. *White godwit, from Hudson's-bay*. Edwards, *Hist. of Birds*, t. III, pag. et pl. 139,
figure postérieure. — « Limosa candida; marginibus alarum, remigibus majoribus, rectrici-
« busque albo-flavicantibus... » *Limosa candida*. Brisson, *Ornithol.*, t. V, p. 290.
b. *Glottis, seu pluvialis major Aldrovandi*. Sloane, *Jamaica*, p. 317, n° 9.
c. *Avi. nor. Hisp.*, p. 47, cap. CLXVIII.
d. *Elotototl, seu avis basis spicæ maysi. Ibid.*, p. 48, cap. CLXIX.

* *Recurvirostra alba* (Lath., Gmel.). — *Limicula alba* (Vieill.).
** Genre *Bécasses*, sous-genre *Chevaliers* ou *totanus* (Cuv.).

barges que doivent se placer les chevaliers : comme elles, ils vivent dans les prairies humides et dans les endroits marécageux ; mais ils fréquentent aussi les bords des étangs et des rivières, entrant dans l'eau jusqu'au-dessus des genoux [a] ; sur les rivages ils courent avec vitesse *et telle petite corpulence*, dit Belon, *montée dessus si hautes échasses, chemine gaiment et court moult légèrement.* Les vermisseaux sont leur pâture ordinaire ; en temps de sécheresse ils se rabattent sur les insectes de terre, et prennent des scarabées, des mouches, etc.

Leur chair est estimée [b], mais c'est un mets assez rare, car ils ne sont nulle part en grand nombre, et d'ailleurs ils ne se laissent approcher que difficilement.

Nous connaissons six espèces de ces oiseaux.

LE CHEVALIER COMMUN. [c][d]*

PREMIÈRE ESPÈCE.

Il paraît être de la grosseur du pluvier doré, parce qu'il est fort garni de plumes, et en général les chevaliers sont moins charnus qu'ils ne semblent l'être ; celui-ci a près d'un pied du bec à la queue, et un plus du bec aux ongles : presque tout son plumage est nué de gris blanc et de roussâtre ; toutes les plumes sont frangées de ces deux couleurs et noirâtres dans le milieu ; ces mêmes couleurs de blanc et de roussâtre sont finement pointillées sur la tête et s'étendent sur l'aile, dont elles bordent les petites plumes ; les grandes sont noirâtres ; le dessous du corps et le croupion sont blancs ; M. Brisson dit que les pieds de cet oiseau sont d'un rouge pâle ; et en conséquence il lui applique des phrases qui conviennent mieux à l'oiseau de l'espèce suivante [e] ; il se pourrait aussi qu'il y eût variété dans celle-

a. Belon, *Nat. des oiseaux*, page 207.

b. *Idem, ibidem.*

c. Voyez les planches enluminées, nº 844.

d. « Tringa pennis in medio fuscis, ad margines griseis supernè vestita, infernè alba ; collo « inferiore griseo, marginibus pennarum albidis ; rectricibus griseo-fuscis, albido in apice « marginatis, quatuor intermediis et ſinis utrimque extimis nigricante transversim striatis ; « pedibus dilutè rubris... » *Totanus.* Brisson, *Ornithol.*, t. V, p. 188.

e. *Erythropus major.* Gessner, *Icon. avi.*, p. 101, avec une très-mauvaise figure. — *Gallinulæ aquaticæ primum genus, quod vulgò germanicè vocant rotbein, id est erythropodem.* Idem, *Avi.*, p. 504, avec la même figure. — *Gallinula erythropos major ornithologi.* Aldrovande, *Avi.*, t. III, p. 553, avec une figure méconnaissable. — *Gallinula erythropus major.* Jonston, *Avi.*, p. 110, avec la mauvaise figure d'Adrovande copiée, tab. 31. — *Gallinula erythropus major Gessneri Aldrovando.* Willughby, *Ornithol.*, p. 221. — *Gallinula erythro-*

* *Tringa pugnax* (Linn.). — *Machetes pugnax* (Cuv.). — Genre *Bécasses*, sous-genre *Combattants* (Cuv.). — « Le *chevalier varié* de Buffon (*tringa littorea*, Linn.), son *chevalier « proprement dit*, etc., ne sont que des *combattants* en divers états de plumage. » (Cuvier.)

ci, puisque le chevalier représenté dans nos planches enluminées a les pieds gris ou noirâtres, de même que le bec.

C'est sur un rapport assez léger de ressemblance dans les couleurs que Belon a cru reconnaître le chevalier dans le *calidris* d'Aristote [a]. Le chevalier fréquente les bords des rivières, se trouve même quelquefois sur nos étangs, mais plus ordinairement sur les rivages de la mer. On en voit dans quelques-unes de nos provinces de France, et particulièrement en Lorraine; on en voit aussi sur toutes les plages sablonneuses des côtes d'Angleterre; il s'est porté jusqu'en Suède [b], en Danemark et même en Norwége [c].

LE CHEVALIER AUX PIEDS ROUGES. [d][e]*

SECONDE ESPÈCE.

Les pieds rouges de ce bel oiseau le rendent d'autant plus remarquable, qu'il a plus de la moitié de la jambe nue; son bec, noirâtre à la pointe, est du même rouge vif à la racine; ce chevalier est de la même grandeur et

pus major Gessneri. Ray, *Synops. avi.*, p. 107, n° *a*, 1. — Sibbald, *Scot. illustr.*, part. II, lib. III, p. 19. — Marsigli, *Danub.*, t. V, p. 50, avec une très-mauvaise figure, tab. 23. — *Gallinula erythropus.* Charleton, *Exercit.*, p. 112, n° 2. Idem, *Onomast.*, p. 107, n° 2. — *Glareola prima.* Schwenckfeld, *Aviar. Siles.*, p. 281. — Klein, *Avi.*, p. 104, n° 1. — *Glareola prima Schwenckfeldii, erythropus primus Gessneri; redshanca Turneri.* Rzaczynski, *Auctuar. hist. nat. Polon.*, p. 383.

a. « Il nous a semblé que c'est lui qu'Aristote a nommé *calidris;* car au troisième chapitre « du huitième livre des animaux, il dit : *Quinetiam calidris, cui cinereus color distinctus* « *varié.* » *Nat. des oiseaux*, p. 207.

b. *Fauna Suecica.*

c. *Totanus, Danis rodbeene, Norwegis lare-tite, lare-titring.* Brunnich., *Ornithol. boreal.*, n° 157.

d. Voyez les planches enluminées, n° 845, sous le nom de *Gambette.*

e. *Chevalier rouge.* Belon, *Nat. des oiseaux*, p. 207, avec une figure reconnaissable, p. 208; la même, *Portraits d'oiseaux*, p. 56, *b.* — *Calidris Bellonii.* Aldrovande, *Avi.*, t. III, p. 431. — Jonston, *Avi.*, p. 108. — *Calidris Bellonii, fedoa.* Charleton, *Exercit.*, p. 112, n° v. Idem, *Onomast.*, p. 106, n° v. — *Chevalier.* Gessner, *Avi.*, p. 795. — *Calidris nigra, quæ gambetta.* Aldrovande, *Avi.*, t. III, p. 434. — *Gambetta Aldrovandi.* Willughby, *Ornithol.*, p. 222. — Ray, *Synops. avi.*, p. 107, n° 2. — *Totanus alter.* Idem, p. 106, n° 11. — Willughby, p. 221. — *Gambetta Italis dicta.* Jonston, *Avi.*, p. 109. — *Glareola alia, primæ similis, pedibus ex luteo rubentibus.* Klein, *Avi.*, p. 101, n° 1. — « *Scolopax*, rostro recto, basi rubro, « pedibus coccineis, remigibus secundariis albis... » *Totanus.* Linnæus, *Syst. nat.*, édit. X, gen. 77, sp. 4. — *Tringa rostro nigro basi rubrâ, pedibus coccineis. Fauna Suecica*, n° 149. — *Chevalier aux pieds rouges.* Albin, t. II, p. 43, avec une figure mal coloriée, pl. 68. — « *Tringa* pennis in medio fuscis ad margines griseis supernè vestita, infernè alba, maculis « griseo-fuscis varia, uropygio candido; rectricibus griseo-fuscis, nigricante transversim stria- « tis, albo in apice marginatis; pedibus rubris... » *Totanus ruber.* Brisson, *Ornithol.*, t. V, pag. 192.

* *Tringa gambetta* (Gmel.). — *Le chevalier aux pieds rouges* ou *gambette* (Cuv.). — Genre id., sous-genre *Chevaliers* (Cuv.).

figure que le précédent ; son plumage est blanc sous le ventre, légèrement ondé de gris et de roussâtre sur la poitrine et le devant du cou; varié sur le dos de roux et de noirâtre par petites bandes transversales bien marquées sur les petites pennes de l'aile, dont les grandes sont noirâtres.

C'est certainement de cette espèce que Belon a parlé sous le nom de *chevalier rouge*, quoique M. Brisson, en appliquant cette dénomination à sa seconde espèce, la rapporte en même temps à sa première notice de Belon. M. Ray n'a pas mieux connu cet oiseau quand il soupçonne que ce pourrait être le même que la grande barge grise [a].

Le chevalier aux pieds rouges s'appelle *courrier* sur la Saône; il est connu en Lorraine [b] et dans l'Orléanais, où néanmoins il est assez rare [c] ; M. Hébert nous dit en avoir vu dans la Brie en avril ; il se pose sur les étangs, dans les endroits où l'eau n'est pas bien haute , il a la voix agréable et un petit sifflet semblable à celui du bécasseau. C'est le même oiseau qui est connu dans le Bolonais sous le nom de *gambette* [d], nom dérivé de la hauteur de ses jambes. On trouve aussi cet oiseau en Suède [e], et il se pourrait qu'il eût, comme plusieurs autres, passé d'un continent à l'autre. L'*yaca-topil* du Mexique, de Fernandez, paraît être fort voisin de notre chevalier aux pieds rouges, tant par les dimensions que par les couleurs [f] ; il faut même que quelques espèces de ce genre se soient portées plus avant dans les contrées de l'Amérique, puisque Dutertre compte le chevalier au nombre des oiseaux de la Guadeloupe [g], et que Labat l'a reconnu dans la multitude de ceux de l'île d'*Aves* [h]; d'autre part, un de nos correspondants [i] nous assure en avoir vu à Cayenne et à la Martinique en grand nombre : ainsi nous ne pouvons douter que ces oiseaux ne soient répandus dans presque toutes les contrées tempérées et chaudes des deux continents.

a. Synops. avi., p. 106, n° 11.

b. M. Lottinger.

c. Ornithologie de Salerne, pag. 331.

d. Gambetta. Aldrovande. Voyez la nomenclature.

e. Fauna Suecica, n° 149.

f. « Yacatopil, seu rostrum sudis, avis est columbi silvestris magnitudine, rostro quatuor « digitos longo, tenui... cruribus luteis. Color universi corporis, ex albo, cinereo, nigro et « fusco permixtus est... advena lacui Mexicano... vescitur vermibus... ad gallinulas referenda. » Fernandez, *Hist. nov. Hisp.*, p. 29, cap. LXIX.

g. Tome II, page 277.

h. Nouveau voyage aux îles de l'Amérique, t. VIII, p. 28.

i. M. de la Borde.

LE CHEVALIER RAYÉ. [a][b][*]

TROISIÈME ESPÈCE.

Il est à peu près de la taille de la grande bécassine; tout son manteau, sur fond gris et mêlé de roussâtre, est rayé de traits noirâtres couchés transversalement; la queue est coupée de même sur fond blanc; le cou porte les mêmes couleurs, excepté que les pinceaux bruns y sont tracés le long de la tige des plumes; le bec, noir à sa pointe, est à sa racine d'un rouge tendre ainsi que les pieds. Nous rapporterons à cette espèce le *chevalier tacheté* de M. Brisson [c], qui ne paraît être qu'une très-légère variété [d].

LE CHEVALIER VARIÉ. [e][f][**]

QUATRIÈME ESPÈCE.

Ce chevalier, qui est le même que le *chevalier cendré* de M. Brisson, nous paraît mieux désigné par l'épithète de *varié*, puisque, suivant la phrase

a. Voyez les planches enluminées, n° 827.

b. « Tringa pennis griseo-fuscis, fusco-nigricante transversim striatis supernè vestita, infernè « alba; tæniis aliis transversis, aliis longitudinalibus fuscis varia; collo fusco, marginibus « pennarum in collo superiore albo-rufescentibus, in collo inferiore albis; uropygio candido; « rectricibus albis, fusco-nigricante transversim striatis, binis intermediis in albo colore « grisco-fusco maculatis; pedibus pallidè rubris... » *Totanus striatus.* Brisson, *Ornithol.*, t. V, p. 196.

c. « Tringa pennis in medio nigricantibus, ad margines griseo-rufescentibus supernè vestita, « infernè alba, maculis nigricantibus varia; uropygio et imo ventre candidis, lateribus rec- « tricibusque albo et nigricante transversim striatis; pedibus rubris... » *Totanus nævius.* Brisson, *Ornithol.*, t. V, p. 200.

d. Comparez les figures dans cet auteur même; *ibid.*, pl. 18, fig. 1 et 2.

e. Voyez les planches enluminées, n° 300.

f. Chevalier noir. Belon, *Nat. des oiseaux*, p. 208. — *Calidris nigra Bellonii.* Aldrovande, *Avi.*, t. III, p. 432. — Jonston, *Avi.*, p. 109. — Charleton, *Exercit.*, p. 112, n° 2. *Idem, Onomast.*, p. 107, n° 2. — *Charadrius nigricans.* Barrère, *Ornithol.*, clas. IV, gen. 10, sp. 3. — « Tringa rostro lævi, pedibus fuscis, remigibus fuscis; rachi primà niveà... » *Tringa littorea.* Linnæus, *Syst. nat.*, édit. X, gen. 78, sp. 12. — *Tringa remigibus fuscis, prima rachi nivea. Idem, Fauna Suecica*, n° 151. — *Héron blanc* de M. Oldham. Albin, t. III, p. 37, avec une figure mal coloriée, planche 89. — « Tringa pennis in medio nigricantibus, ad margines « rufis supernè vestita, infernè albo-rufescens; vertice nigricante; collo inferiore et pectore « griseo-rufescentibus; uropygio cinereo-fusco, maculis nigricantibus vario; rectricibus splen- « didè griseo fuscis, versùs apicem tænià nigricante circumferentiæ parallela notatis, in apice « rufescente marginatis, octo intermediis versùs apicem exteriùs rufescente maculatis; pedibus « saturatè cinereis... » *Totanus cinereus.* Brisson, *Ornithol.*, t. V, p. 203.

[*] « Celui-ci est de la même espèce que le *chevalier aux pieds rouges :* seulement c'est un « jeune individu prenant le plumage d'hiver, tandis que l'autre est un adulte en plumage « d'été. » (Desmarets.)

[**] « Le *chevalier varié* de Buffon (*tringa littorea*, Linn.) n'est qu'un jeune âge du *com- « battant* (*tringa pugnax*, Linn.). » (Cuvier.). — Voyez la nomenclature de la page 141.

même de cet académicien, il a dans le plumage autant de noirâtre et de
roux que de gris; la première couleur couvre le dessus de la tête et le dos,
dont les plumes sont bordées de la seconde, c'est-à-dire de roux; les ailes
sont également noirâtres et frangées de blanc ou de roussâtre; ces teintes
se mêlent à du gris sur tout le devant du corps; les pieds et le bec sont noirs,
ce qui a donné lieu à Belon d'appeler cet oiseau *chevalier noir,* par opposition à celui qui a les pieds rouges; tous deux sont de la même grosseur,
mais celui-ci a les jambes moins hautes.

Il paraît que cet oiseau fait son nid de fort bonne heure et qu'il revient
dans nos contrées avant le printemps, car Belon dit que dès la fin d'avril
on apporte de leurs petits, dont le plumage ressemble alors beaucoup à
celui du râle, et *qu'autrement on n'a point accoutumé de voir ces chevaliers,
sinon en hiver* [a]. Au reste, ils ne nichent pas également sur toutes nos côtes
de France: par exemple, nous sommes bien informés qu'ils ne font que
passer en Picardie; ils y sont amenés par le vent de nord-est, au mois de
mars, avec les barges; ils y font peu de séjour, et ne repassent qu'au mois
de septembre. Ils ont quelques habitudes semblables à celles des bécassines,
quoiqu'ils aillent moins de nuit, et qu'ils se promènent davantage pendant
le jour; on les prend de même au rejetoir [b]. Linnæus dit que cette espèce
se trouve en Suède; Albin, par une méprise inconcevable, appelle *héron
blanc* ce chevalier, dont la plus grande partie du plumage est noirâtre, et
qui dans aucune partie de sa forme n'a de ressemblance au héron.

LE CHEVALIER BLANC. [c] *

CINQUIÈME ESPÈCE.

Ce chevalier se trouve à la baie d'Hudson; il est à peu près de la taille du
chevalier, *première espèce;* tout son plumage est blanc, le bec et les pieds
sont orangés.

a. *Nature des oiseaux,* p. 208.

b. M. Baillon, qui nous communique ces faits, y joint l'observation suivante sur un de ces
oiseaux qu'il a fait nourrir. « J'en ai gardé un petit, l'an passé, dans mon jardin plus de
« quatre mois; j'ai remarqué que, dans les temps de sécheresse, il prenait des mouches, des
« scarabées et d'autres insectes, sans doute à défaut de vers; il mangeait aussi du pain trempé
« dans l'eau, mais il fallait qu'il y eût été macéré pendant un jour. La mue lui a donné, au
« mois d'août, de nouvelles plumes aux ailes, et il est parti au mois de septembre. Il était
« devenu familier, au point de suivre pas à pas le jardinier lorsqu'il avait sa bêche; il accou-
« rait dès qu'il voyait arracher une plante d'herbe, pour prendre les vers qui se découvraient;
« aussitôt qu'il avait mangé, il courait se laver dans une jatte remplie d'eau : je ne lui ai
« jamais vu de terre sèche sur le bec ou aux jambes : cet acte de propreté est commun à tous
« les vermivores. »

c. *White red-shank, or pool-snipe.* Edwards, t. III, p. et pl. 139, figure antérieure. —

* *Scolopax candida* (Gmel.). — *Totanus candidus* (Vieill.). — « Cet oiseau appartient au
« genre *Chevalier (totanus)* de M. Vieillot; par conséquent il rentre dans le sous-genre du
« même nom de M. Cuvier. » (Desmarets.)

Edwards pense que ces oiseaux sont du nombre de ceux que le froid de
l'hiver fait blanchir dans le Nord, et qu'en été ils reprennent leur couleur
brune, couleur dont les grandes pennes des ailes et de la queue, dans la
figure de cet auteur, présentent encore une teinte, et qui se marque par
petites ondes sur le manteau.

LE CHEVALIER VERT. [a] *

SIXIÈME ESPÈCE.

Albin, après avoir appelé ce chevalier *râle d'eau de Bengale,* le fait venir
des Indes occidentales ; la figure qu'il en donne est très-mauvaise : on y
reconnaît cependant le bec et les jambes d'un chevalier. Suivant la notice,
ses couleurs ont une teinte de vert sur le dos et sur l'aile, excepté les trois
ou quatre premières pennes, qui sont pourprées et coupées de taches oran-
gées ; il y a du brun sur le cou et les côtés de la tête, et du blanc à son
sommet ainsi qu'à la poitrine.

LES COMBATTANTS, VULGAIREMENT PAONS DE MER. [b][c] **

Il est peut-être bizarre de donner à des animaux un nom qui ne paraît
fait que pour l'homme en guerre ; mais ces oiseaux nous imitent : non-seulement ils se livrent entre eux des combats seul à seul, des assauts corps à

« Tringa candida, maculis transversis grisco-rufescentibus supernè variegata ; remigibus majo-
« ribus griscis, rectricibus candidis, grisco-rufescente transversim striatis ; pedibus auran-
« tiis... » *Totanus candidus.* Brisson, *Ornithol.,* t. V, p. 207.

a. *Râle d'eau de Bengale.* Albin, t. III, p. 38, avec une figure très-mal coloriée, pl. 90. —
Rallus aquaticus Bengalensis. Klein, *Avi.,* p. 104, n° 5. — « Rallus corpore, vertice, oculisque
« albis, capite colloque nigris, alis dorsoque viridibus, remigibus primariis rubro macu-
« latis... » *Rallus Bengalensis.* Linnæus, *Syst. nat.,* édit. X, gen. 83, sp. 4. — « Tringa supernè
« viridis, infernè alba ; capite ad latera, gutture et collo saturatè fuscis ; vertice, oculorum
« ambitu et uropygio candidis ; rectricibus purpureis, maculis aurantiis variegatis ; pedibus
« luteo-viridescentibus... » *Totanus Bengalensis.* Brisson, *Ornithol.,* t. V, p. 209.

b. Voyez les planches enluminées, n° 305, le mâle sous le nom de *Paon de mer ;* et n° 306,
la femelle.

c. Sur nos côtes de Picardie, *paon de marais, grosse gorge* ou *cotteret garu ;* en flamand,
kemperkens (*combattant* ou *duelliste*) ; en anglais, *ruffe* (le mâle), *reeve* (la femelle) ; en
suédois et en danois, *brunshane* (le mâle lorsqu'il porte sa crinière au printemps, et lorsqu'il
l'a perdue après la mue, *staal-sneppe*) ; en polonais, *ptak bitny.* — *Avis pugnax kemperkens
Belgis.* Aldrovande, *Avi.,* t. III, p. 413, avec plusieurs figures différentes ; voyez ci-après. —

* *Rallus bengalensis* (Gmel). — *Rhynchœa bengalensis* (Cuv.). — Genre *Bécasses,* sous-
genre *Rhynchées* (Cuv.). — Voyez la nomenclature * de la page 132.

** *Tringa pugnax* (Linn.). — Genre *Bécasses.* sous-genre *Combattants* (Cuv.).

corps, mais ils combattent aussi en troupes réglées, ordonnées et marchant l'une contre l'autre [a]. Ces phalanges ne sont composées que de mâles, qu'on prétend être dans cette espèce beaucoup plus nombreux que les femelles [b] ; celles-ci attendent à part la fin de la bataille, et restent le prix de la victoire : l'amour paraît donc être la cause de ces combats, les seuls que doive avouer la nature, puisqu'elle les occasionne et les rend nécessaires par un de ses excès, c'est-à-dire par la disproportion qu'elle a mise dans le nombre des mâles et des femelles de cette espèce.

Chaque printemps, ces oiseaux arrivent par grandes bandes sur les côtes de Hollande, de Flandre et d'Angleterre, et dans tous ces pays on croit qu'ils viennent des contrées plus au nord ; on les connaît aussi sur les côtes de la mer d'Allemagne, et ils sont en grand nombre en Suède, et particulièrement en Scanie [d] ; il s'en trouve de même en Danemark jusqu'en Norwége [e], et Muller dit en avoir reçu trois de Finmarchie. L'on ne sait pas où ces oiseaux se retirent pour passer l'hiver [e] : comme ils nous arrivent régulièrement au printemps et qu'ils séjournent sur nos côtes pendant deux ou trois mois, il paraît qu'ils cherchent les climats tempérés ; et si les observateurs n'assuraient pas qu'ils viennent du côté du nord, on serait bien fondé à présumer qu'ils arrivent au contraire des contrées du midi ; cela me fait soupçonner qu'il en est de ces oiseaux combattants comme des bécasses, que l'on a dit venir de l'est, et s'en retourner à l'ouest ou au sud, tandis qu'elles ne font que descendre des montagnes dans les plaines ou remonter de la plaine aux montagnes. Les combattants peuvent de même ne pas venir de

Avis pugnax. Jonston, *Avi.*, p. 105, avec des figures empruntées d'Aldrovande. — Willughby, *Ornithol.*, p. 224 , avec des figures assez exactes du mâle et de la femelle. — Ray, *Synops. avi.*, p. 107, n° *a*, 3. — Rzaczynski, *Auctuar. hist. nat. Polon.*, p. 367. — Charleton, *Exercit.*, p. 110, n° v. *Idem, Onomast.*, p. 104, n° v. — Marsigl. *Danub.*, t. V, p. 52, avec une figure peu exacte. — *Glareola pugnax.* Klein, *Avi.*, p. 102, n° 10. — *Philomachus.* Mœhring, *Avi.*, gen. 93. — « Tringa pedibus rubris , rectricibus tribus lateralibus immaculatis : facie papillis granulatis « carneis... » *Pugnax.* Linnæus , *Syst. nat.*, édit. X, gen. 78, sp. 1. — « Tringa facie papillis « granulatis minimis carneis, rostro pedibusque rubris. *Idem, Fauna Suecica*, n° 145. — *Pugnax*, Brunnich. *Ornithol. boreal.*, n°s 168 et 169. — « Tringa pugnax, rostro pedibusque « rubris, rectricibus lateralibus immaculatis, facie papillis granulatis carneis. » Muller, *Zoolog. Dan.*, n° 191. — *Streit schnepfe, oder kampfhoehnlein.* Frisch, vol. II, div. 12, sect. 4, pl. 9, 10, 11 et 12 ; mais M. Frisch se trompe en donnant sa figure 10 pour la femelle, qui ne doit point porter de crinière. — *Héron étoilé* ou *blanc.* Albin, t. I, p. 64, avec de mauvaises figures coloriées du mâle et de la femelle, planches 72 et 73. — « Tringa versicolor (capite anteriore « papilloso, pennis in collo inferiore longissimis, Mas); rectricibus lateralibus griseo-fuscis... » *Pugnax.* Brisson , *Ornithol.*, t. V, p. 240.

a. « Interdiù turmatim volitant, illico dimicantes ubi se in terram demittunt. » Klein, *Avi.*, pag. 102.

b. « Mares ex his plurimos esse, paucas fœminas, ideoque mares initio invicem acerrimo « prælio sese mutuo occidere, donec cum fœminis numero pares evaserint, et singuli singulis « conjungi possint. » Aldrovande, t. III, p. 413.

c. Fauna Suecica.

d. Zoolog. Danic , pag. 24.

e. Charleton dit (*Onomast.*, p. 104), « quotannis immenso numero ex septentrione in « paludes agri Lincolinensis advolant, et post tres menses discedunt nescio quò. »

loin, et se tenir en différents endroits de la même contrée, dans les différentes saisons; et comme ce qu'ils ont de singulier, je veux dire leurs combats et leur plumage de guerre, ne se voient qu'au printemps, il est très-possible qu'ils passent en d'autres temps sans être remarqués, et peut-être en compagnie des maubèches et des chevaliers, avec lesquels ils ont beaucoup de rapport et même de ressemblances.

Les combattants sont de la taille du chevalier aux pieds rouges, un peu moins hauts sur jambes; ils ont le bec de la même forme, mais plus court; les femelles sont ordinairement plus petites que les mâles[a], et se ressemblent par le plumage, qui est blanc, mélangé de brun sur le manteau; mais les mâles sont au printemps si différents les uns des autres, qu'on les prendrait chacun pour un oiseau d'espèce particulière : de plus de cent qui furent comparés devant M. Klein, chez le gouverneur de Scanie, on n'en trouva pas deux qui fussent entièrement semblables[b]; ils différaient ou par la taille, ou par les couleurs, ou par la forme et le volume de ce gros collier en forme d'une crinière épaisse de plumes enflées qu'ils portent autour du cou. Ces plumes ne naissent qu'au commencement du printemps, et ne subsistent qu'autant que durent les amours; mais, indépendamment de cette production de surcroit dans ce temps, la surabondance des molécules organiques se manifeste encore par l'éruption d'une multitude de papilles charnues et sanguinolentes, qui s'élèvent sur le devant de la tête et à l'entour des yeux[c]; cette double production suppose dans ces oiseaux une si grande énergie des puissances productrices, qu'elle leur donne, pour ainsi dire, une autre forme plus avantageuse, plus forte, plus fière, qu'ils ne perdent qu'après avoir épuisé partie de leurs forces dans les combats, et répandu ce surcroit de vie dans leurs amours. « Je ne connais pas d'oiseau, « nous écrit M. Baillon, en qui le physique de l'amour paraisse plus puis- « sant que dans celui-ci; aucun n'a les testicules aussi forts par rapport à « sa taille; ceux du combattant ont chacun près de six lignes de diamètre, « et un pouce ou plus de longueur; le reste de l'appareil des parties géni- « tales est également dilaté dans le temps des amours. On peut de là conce- « voir quelle doit être son ardeur guerrière, puisqu'elle est produite par « son ardeur amoureuse et qu'elle s'exerce contre ses rivaux. J'ai souvent « suivi ces oiseaux dans nos marais (de Basse-Picardie), où ils arrivent au « mois d'avril, avec les chevaliers, mais en moindre nombre; leur premier « soin est de s'apparier, ou plutôt de se disputer les femelles; celles-ci, par « de petits cris, enflamment l'ardeur des combattants, souvent la lutte est « longue, et quelquefois sanglante; le vaincu prend la fuite, mais le cri de « la première femelle qu'il entend lui fait oublier sa défaite, prêt à entrer

a. Rzaczynski.

b. *Ordo avium*, pag. 102.

c. « In mare facies infinitis parvis papillis carneis aspersa. » Linnæus, *Faun. Suec.*

« en lice de nouveau, si quelque antagoniste se présente. Cette petite guerre
« se renouvelle tous les jours, le matin et le soir, jusqu'au départ de ces
« oiseaux, qui a lieu dans le courant de mai, car il ne nous reste que quel-
« ques traîneurs, et l'on n'a jamais trouvé de leurs nids dans nos marais. »

Cet observateur exact et très-instruit remarque qu'ils partent de Picardie
par les vents de sud et de sud-est, qui les portent sur les côtes d'Angleterre,
où en effet on sait qu'ils nichent en très-grand nombre, particulièrement
dans le comté de Lincoln ; on y en fait même une petite chasse ; l'oiseleur
saisit l'instant où ces oiseaux se battent pour leur jeter son filet[a], et on est
dans l'usage de les engraisser en les nourrissant avec du lait et de la mie de
pain ; mais on est obligé, pour les rendre tranquilles, de les tenir renfermés
dans des endroits obscurs, car aussitôt qu'ils voient la lumière ils se battent[b]. Ainsi l'esclavage ne peut rien diminuer de leur humeur guerrière ;
dans les volières où on les renferme, ils vont présenter le défi à tous les
autres oiseaux[c] ; s'il est un coin de gazon vert, ils se battent à qui l'occu-
pera[d] ; et, comme s'ils se piquaient de gloire, ils ne se montrent jamais
plus animés que quand il y a des spectateurs[e]. La crinière des mâles est
non-seulement pour eux un parement de guerre, mais une sorte d'armure,
un vrai plastron, qui peut parer les coups ; les plumes en sont longues,
fortes et serrées ; ils les hérissent d'une manière menaçante lorsqu'ils s'attaquent, et c'est surtout par les couleurs de cette livrée de combat qu'ils
diffèrent entre eux : elle est rousse dans les uns, grise dans d'autres, blanche dans quelques-uns, et d'un beau noir violet chatoyant coupé de taches
rousses dans les autres ; la livrée blanche est la plus rare. Ce panache
d'amour ou de guerre ne varie pas moins par la forme que par les couleurs
durant tout le temps de son accroissement ; on peut voir dans Aldrovande
les huit figures qu'il donne de ces oiseaux avec leurs différentes crinières[f].

Ce bel ornement tombe par une mue qui arrive à ces oiseaux vers la fin
de juin, comme si la nature ne les avait parés et munis que pour la saison
de l'amour et des combats ; les tubercules vermeils qui couvraient leur tête

a. Willughby.

b. *Idem.*

c. Il y a à la Chine des oiseaux qu'on nomme *oiseaux de combat*, et que les Chinois nourrissent, non pour chanter, mais pour donner le spectacle de petits combats qu'ils se livrent avec
acharnement. Voyez l'*Histoire générale des voyages*, t. VI, p. 487. Il n'y a pas pourtant d'apparence que ce soient ici nos combattants, puisque ces oiseaux chinois ne sont pas, dit-on, plus
gros que des linots.

d. Klein.

e. « Pugnare incipiunt, dit Willughby, præsertim si astat quispiam. »

f. Au reste, de ces huit figures que donne Aldrovande sur des dessins que le comte d'Arem-
berg lui avait envoyés de Flandre, l'une paraît être la femelle, cinq autres des mâles dans
différents périodes de mue ou d'accroissement de leur crinière ; et la huitième à laquelle Aldrovande trouve lui-même quelque chose de monstrueux, ou du moins d'absolument étranger à
l'espèce du combattant, paraît n'être qu'une mauvaise figure du grèbe cornu, que ce naturaliste n'a pas connu, et dont nous parlerons dans la suite.

pàlissent et s'oblitèrent, et ensuite elle se recouvre de plumes ; dans cet état, on ne distingue plus guère les mâles des femelles, et tous ensemble partent alors des lieux où ils ont fait leurs nids et leur ponte ; ils nichent en troupes comme les hérons, et cette habitude commune a seule suffi pour qu'Aldrovande les ait rapprochés de ces oiseaux ; mais la taille et la conformation entière des combattants est si différente, qu'ils sont très-éloignés de toutes les espèces de hérons ; et l'on doit, comme nous l'avons déjà dit, les placer entre les chevaliers et les maubèches.

LES MAUBÈCHES.[*]

Dans l'ordre des petits oiseaux de rivage, on pourrait placer les maubèches après les chevaliers et avant le bécasseau ; elles sont un peu plus grosses que ce dernier, et moins grandes que les premiers ; elles ont le bec plus court ; leurs jambes sont moins hautes, et leur taille, plus raccourcie, paraît plus épaisse que celle des chevaliers : leurs habitudes doivent être les mêmes, celles du moins qui dépendent de la conformation et de l'habitation ; car ces oiseaux fréquentent également les bords sablonneux de la mer. Nous manquons d'autres détails sur leurs mœurs, quoique nous en connaissions quatre espèces différentes.

LA MAUBÈCHE COMMUNE. [a][**]

PREMIÈRE ESPÈCE.

Elle a dix pouces de la pointe du bec aux ongles, et un peu plus de neuf pouces jusqu'au bout de la queue ; les plumes du dos, du dessus de la tête et du cou sont d'un brun noirâtre et bordées de marron clair ; tout le devant de la tête, du cou et du corps est de cette dernière couleur ; les neuf premières pennes de l'aile sont d'un brun foncé en dessus du côté extérieur ; les quatre plus près du corps sont brunes, et les intermédiaires d'un gris

a. « Tringa supernè fusco-nigricans, marginibus pennarum dilutè castaneis, infernè casta- « nea ; uropygio cinereo-fusco, nigricante transversim striato, marginibus pennarum albidis ; « lateribus in parte infimâ, fusco-nigricante, albo et dilutè castaneo transversim striatis ; rec- « tricibus grisco-fuscis ; lateribus exteriùs albo marginatis... » *Calidris*, la Maubèche. Brisson, *Ornithol.*, t. V, p. 226.

[*] Genre *Bécasses*, sous-genre *Maubèches* (Cuv.).

[**] *Tringa grisea, cinerea* et *canutus* (Gmel.). — La *maubèche* (*sandpiper* et *canut* des Anglais). « Dans son plumage d'hiver, elle est cendrée dessus, blanche dessous, tachetée de « noirâtre devant le cou et la poitrine. Dans son plumage d'été (*tringa islandica*, Gmel., ou « *tringa rufa*, Wils.), elle a le dessus tacheté de fauve et de noirâtre, le dessous roux. Le « *tringa nævia*, planche enluminée, n° 365, est un état intermédiaire. Toujours les couver- « tures de la queue sont blanches, rayées de noirâtre, et ses pennes grises. » (Cuvier.)

brun et bordées d'un léger filet blanc. Les maubèches ont le bas de la jambe nu, et le doigt du milieu uni jusqu'à la première articulation par une portion de membrane avec le doigt extérieur. Au reste, nous ne pouvons être ici de l'avis de M. Brisson, ni rapporter, comme il le fait, à la maubèche, la *rusticula sylvatica* de Gessner, oiseau *plus grand que la bécasse, et gros comme une poule*[a]; il est même difficile de le rapporter à aucune espèce connue ; mais Gessner semble vouloir nous épargner une discussion infructueuse en avertissant qu'il compte peu lui-même sur des notices qu'il n'a données que sur de simples dessins[b] qui sont en effet très-défectueux, ou pour mieux dire informes.

LA MAUBÈCHE TACHETÉE[c][d]*

SECONDE ESPÈCE.

Cette maubèche diffère de la précédente, en ce que le cendré brun du dos et des épaules est varié d'assez grandes taches, les unes rousses, les autres d'un noirâtre tirant sur le violet. Ce caractère suffit pour la distinguer : elle est aussi un peu moins grande que la première ; le détail du reste des couleurs est bien représenté dans la planche enluminée.

LA MAUBÈCHE GRISE.[e][f]**

TROISIÈME ESPÈCE.

Cette maubèche, un peu plus grosse que la maubèche tachetée, l'est moins que la maubèche commune ; le fond de son plumage est gris ; le dos

a. Voyez Gessner, *Avi.*, p. 505 et 504, *Rusticula sylvatica*; et *Icon. avi.*, p. 111. — Aldrovande, *Avi.*, t. III, p. 476. — Jonston, *Avi.*, p. 110. — *Nota*. Ces deux naturalistes ne font sur cet article que copier Gessner.

b. Gessner, *ibidem*.

c. Voyez les planches enluminées, n° 365.

d. « Tringa supernè cinereo-fusca maculis nigricante, violaceis rufisque varia, infernè dilutè « castanea; collo inferiore albo-rufescente, maculis fuscis castaneisque variegato; uropygio « cinereo fusco, nigricante transversim striato, marginibus pennarum candidis; lateribus « nigricante maculatis; rectricibus binis intermediis cinereis, albo marginatis, lateribus cine- « reo-fuscis, scapo albo præditis, utrimque extimâ lineâ longitudinali candidâ exteriùs notata...» *Calidris nævia*. Brisson, *Ornithol.*, t. V, p. 230.

e. Voyez les planches enluminées, n° 366.

f. « Tringa supernè grisea, infernè alba, pennis in collo inferiore, pectore et lateribus tæniâ « fuscâ undata circumferentiæ parallelâ notatis, in ventre lineolâ longitudinali fuscâ versus « apicem insignitis; uropygio dilutè griseo, pennis duplici tæniâ fuscâ circumferentiæ paral-

* *Tringa nævia*, état particulier de la *maubèche commune*. — Voyez la nomenclature ** de la page précédente.

** La *maubèche commune*, dans son plumage d'hiver. — Voyez la nomenclature ** de la page précédente.

est entièrement de cette couleur ; la tête est d'un gris ondé de blanchâtre ; les plumes du dessus des ailes et celles du croupion sont grises et bordées de blanc ; les premières des grandes pennes de l'aile sont d'un brun noirâtre, et le devant du corps est blanc, avec de petits traits noirs en zigzags sur les côtés, la poitrine et le devant du cou.

LA SANDERLING. [a]*

QUATRIÈME ESPÈCE.

Nous laissons à cet oiseau le nom de *sanderling*, qu'on lui donne sur les côtes d'Angleterre : c'est la plus petite espèce des maubèches ; elle n'a guère que sept pouces de longueur ; son plumage est à peu près le même que celui de la maubèche grise, excepté qu'elle a tout le devant du cou et le dessous du corps très-blancs. On voit ces petites maubèches voler en troupes et s'abattre sur les sables des rivages ; on les connaît sous le nom de *curwillet* sur les côtes de Cornouailles. Willughby donne à son sanderling quatre doigts à chaque pied ; Ray, qui semble pourtant n'en parler que d'après Willughby, ne lui en donne que trois, ce qui caractériserait un pluvier, et non pas une maubèche.

LE BÉCASSEAU. [b][c]**

Nos nomenclateurs ont compris sous le nom de *bécasseau* un genre entier de petits oiseaux de rivages, *maubèches, guignettes, cincle, alouettes de mer,*

« lelà notatis, albo marginatis, rectricibus griseis, saturatiùs griseà margini parallelà insigni-« tis, margine candidà... » *Calidris grisea.* Brisson, *Ornithol.*, t. V, p. 233.

a. *Arenaria, sanderling, pensantiæ in Cornubià curwillet dicta.* Willughby, *Ornithol.*, p. 225. — *Sanderling de Cornouaille.* Albin, t. II, p. 48, avec une mauvaise figure, pl. 74. — « Tringa supernè grisea, scapis pennarum nigris, infernè nivea ; capite anteriore albo ; tæniâ « utrinque a rostro ad oculos griseà ; uropygio dilutè grisco ; tectricibus alarum superioribus « minimis nigricantibus ; rectricibus binis intermediis fuscis, lateralibus griseis, omnibus can-« dicante marginatis... » *Calidris grisea minor.* Brisson, *Ornithol.*, t. V, p. 236.

b. Voyez les planches enluminées, n° 843.

c. Autre *bécassine.* Belon, *Hist. nat. des oiseaux*, p. 216. — *Tringa.* Aldrovande, *Avi.*,

* *Charadrius calidris* (Gmel.). — *Arenaria calidris* (Bechst.). — Genre *Bécasses*, sous-genre *Sanderlings* (Cuv.). — « Les *sanderlings* ressemblent en tout aux *maubèches*, excepté « en ce seul point, qu'ils manquent tout à fait de pouce, comme les *pluviers.* — L'espèce « connue (*charadrius calidris*) est en hiver grisâtre dessus, blanche dessous et au front, avec « des ailes noirâtres, variées de blanc ; en été, son dos est tacheté de fauve et de noir, et sa « poitrine piquetée de noirâtre (*charadrius rubidus*). — Cet oiseau a été confondu avec l'*alouette de mer* en plumage d'hiver, autrement *petite maubèche* ou *tringa arenaria.* Brisson « notamment donne la description d'un oiseau et la figure de l'autre. Le *calidris tringoïdes*, « Vieill., parait une mauvaise figure de cet oiseau en plumage d'été. » (Cuvier.)

** *Tringa ochropus* (Linn.). — Le *bécasseau* ou *cul-blanc de rivière* (Cuv.). — Genre *Bécasses*, sous-genre *Chevaliers* (Cuv.).

que quelques naturalistes ont désignés aussi confusément sous le nom de *tringa* : tous ces oiseaux, à la vérité, ont dans leur petite taille une ressemblance de conformation avec la bécasse, mais ils en diffèrent par les habitudes naturelles autant que par la grandeur ; comme d'ailleurs ces petites familles subsistent séparément les unes des autres et sont très-distinctes, nous restreignons ici le nom de *bécasseau* à la seule espèce connue vulgairement sous le nom de *cul-blanc des rivages ;* cet oiseau est gros comme la bécassine commune, mais il a le corps moins allongé ; son dos est d'un cendré roussâtre, avec de petites gouttes blanchâtres au bord des plumes ; la tête et le cou sont d'un cendré plus doux, et cette couleur se mêle par pinceaux au blanc de la poitrine, qui s'étend de la gorge à l'estomac et au ventre ; le croupion est de cette même couleur blanche ; les pennes de l'aile sont noirâtres et agréablement tachetées de blanc en dessous [a] ; celles de la queue sont rayées transversalement de noirâtre et de blanc ; la tête est carrée comme celle de la bécasse, et le bec est de la même forme en petit.

Le bécasseau se trouve au bord des eaux, et particulièrement sur les ruisseaux d'eau vive ; on le voit courir sur les graviers ou raser au vol la surface de l'eau ; il jette un cri lorsqu'il part, et vole en frappant l'air par coups détachés ; il plonge quelquefois dans l'eau quand il est poursuivi. Les

t. III, p. 480. — *Tringa alia, seu secunda. Idem, ibid.* — *Tringa tertia. Idem, ibid.* — *Cinclus Bellonii. Idem, ibid.* — *Cinclus tertius. Idem, ibid.*, p. 490. — *Gallinula rhodopos, sive phœnicopos. Idem, ibid.*, p. 456. — *Ochropus medius. Idem, ibid.*, p. 461, avec différentes figures prises de Gessner et de Belon, et toutes plus ou moins mauvaises. — *Tringas.* Gessner, *Avi.*, p. 501. — *Rhodopus. Idem, Icon avi.*, p. 106. — *Gallinulæ aquaticæ quintum genus, quod rhodopodem appellamus, vulgus germanicum steingaellyl. Idem, Avi.*, p. 508. — *Ochropus medius. Idem, Icon. avi.*, p. 107. — *Gallinulæ aquaticæ octavum genus, vulgò dictum mattknillis : nobis ochropus medius. Idem, Avi.*, p. 511. — *Gallinœ aquaticæ species secunda de novo adjecta. Idem, ibid.*, p. 516, et sous ces différents articles, des figures toutes fautives et la plupart méconnaissables. — *Tringa Aldrovandi.* Willughby, *Ornithol.*, p. 222. — *Tringa tertia Aldrovandi. Idem*, p. 223. — *Cinclus tertius Aldrovandi. Idem*, p. 227. — *Gallinula rhodopus sive phœnicopus Gessn. Idem*, p. 223. — *Tringa Aldrovandi, cinclus Bellonii.* — Ray, *Synops. avi.*, p. 108, n° a, 7. — *Tringa tertia Aldrovandi. Idem, ibid.*, p. 109, n° 8. — *Cinclus tertius Aldrovandi. Idem, ibid.*, p. 110, n° 14. — *Tringa prima.* — Jonston, *Avi.*, p. 111. — *Tringa altera. Idem*, p. 112. — *Tringa tertia. Idem, ibid.* — *Gallinula rhodopus. Idem*, p. 110. — *Gallinula ochropus medius. Idem, ibidem.* — *Cincli congener altera. Idem*, p. 112. — *Gallinula ochropus.* Charleton, *Exercit.*, p. 112, n° 3. — *Gallinula ochra. Idem, Onomast.*, p. 107, n° 3. — *Glareola quarta.* Schwenckfeld, *Avi. Siles.*, p. 282. — *Glareola octava. Idem*, p. 283. — Klein, *Avi.*, p. 101, n° 4 et n° 7. — *Gallinula octava Gessneri.* Rzaczynski, *Auctuar. Hist. nat. Polon.*, p. 380. — *Tringa nigra, albo punctata, pectore maculato, abdomine subalbido, pedibus virescentibus.* Linnæus, *Fauna Suecica*, n° 152. — *Tringa rostro lævi, pedibus virescentibus, corpore albo punctato, pectore subalbido. Glareola. Idem, Syst. nat.*, édit. X, gen: 78, sp. 11. — « Tringa supernè splendidè fusca, maculis candicantibus varia, infernè alba, tæniâ « suprà oculos candidâ ; collo inferiore cinereo-fusco maculato ; lateribus cinereo-fuscis, albo « transversim striatis ; rectricibus binis intermediis in exortu albis, apice fusco-nigricantibus, « albo transversim striatis, lateralibus candidis, ad apicem fusco-nigricante transversim « striatis... » *Tringa*, le *bécasseau* appelé vulgairement *cul-blanc.* Brisson, *Ornithol.*, t. V, page 177.

a. « Qui lui ouvre les aelles, regardant par-dessous, lui voit des madrures de blanc de fort « bonne grâce. » Belon, *Nature des oiseaux*, p. 226.

sous-buses lui donnent souvent la chasse; elles le surprennent lorsqu'il se repose au bord de l'eau ou lorsqu'il cherche sa nourriture ; car le bécasseau n'a pas la sauve-garde des oiseaux qui vivent en troupes, et qui communément ont une sentinelle qui veille à la sûreté commune : il vit seul dans le petit canton qu'il s'est choisi le long de la rivière ou de la côte [a], et s'y tient constamment sans s'écarter bien loin. Ces mœurs solitaires et sauvages ne l'empêchent pas d'être sensible : du moins il a dans la voix une expression de sentiment assez marqué ; c'est un petit sifflet fort doux et modulé sur des accents de langueur qui, répandus sur le calme des eaux ou se mêlant à leur murmure, porte au recueillement et à la mélancolie; il paraît que c'est le même oiseau qu'on appelle *fifflasson* sur le lac de Genève, où on le prend à l'appeau avec des joncs englués. Il est connu également sur le lac de Nantua, où on le nomme *pivette* ou pied-vert; on le voit aussi dans le mois de juin sur le Rhône et la Saône ; et, dans l'automne, sur les graviers de l'Ouche en Bourgogne; il se trouve même des bécasseaux sur la Seine, et l'on remarque que ces oiseaux, solitaires durant tout l'été, lors du passage se suivent par petites troupes de cinq ou six, se font entendre en l'air dans les nuits tranquilles. En Lorraine ils arrivent dans le mois d'avril, et repartent dès le mois de juillet [b].

Ainsi le bécasseau, quoique attaché au même lieu pour tout le temps de son séjour, voyage néanmoins de contrées en contrées, et même dans des saisons où la plupart des autres oiseaux sont encore fixés par le soin des nichées : quoiqu'on le voie pendant les deux tiers de l'année sur nos côtes de Basse-Picardie, on n'a pu nous dire s'il y fait ses petits; on lui donne dans ces cantons le nom de *petit chevalier* [c]; il s'y tient à l'embouchure des rivières, et, suivant le flot, il ramasse le menu frai de poisson et les vermisseaux sur le sable, que tour à tour la lame d'eau couvre et découvre. Au reste, la chair du bécasseau est très-délicate, et même l'emporte pour le goût sur celle de la bécassine, suivant Belon, quoiqu'elle ait une légère odeur de musc [d]. Comme cet oiseau secoue sans cesse la queue en marchant, les naturalistes lui ont appliqué le nom de *cincle*, dont la racine étymologique signifie secousse et mouvement [e]; mais ce caractère ne le désigne pas plus que la guignette et l'alouette de mer, qui ont dans la queue le même mouvement; et un passage d'Aristote prouve clairement que le bécasseau n'est point le cincle; ce philosophe nomme les trois plus petits oiseaux de rivages *tringas, schœniclos, cinclos*. Nous croyons que ces trois noms représentent les trois espèces du bécasseau, de la guignette et de l'alouette de

a. « Solitariæ plerumque degunt. » Willughby.
b. Observations de M. Lottinger.
c. Observations sur les oiseaux de nos côtes occidentales, communiquées par M. Baillon.
d. *Nature des oiseaux*, p. 226.
e. Κιγκλίζειν. Voyez Hesychius.

mer : « De ces trois oiseaux, dit-il, qui vivent sur les rivages, le *cincle* et le
« *schœniclos* sont les plus petits, le *tringas* est le plus grand et de la taille
« de la grive [a]. » Voilà la grandeur du bécasseau bien désignée, et celle du
schœniclos et du cincle fixée au-dessous; mais, pour déterminer lequel de
ces deux derniers noms doit s'appliquer proprement, ou à la guignette, ou
à l'alouette de mer, ou à notre petit cincle, les indications nous manquent.
Au reste, cette légère incertitude n'approche pas de la confusion où sont
tombés les nomenclateurs au sujet du bécasseau : il est pour les uns une
poule d'eau; pour d'autres une *perdrix de mer;* quelques-uns, comme nous
venons de le voir, l'appellent *cincle;* le plus grand nombre lui donnent le
nom de *tringa*, mais en le pervertissant par une application générique,
tandis qu'il était spécifique et propre dans son origine; et c'est ainsi que ce
seul et même oiseau, reproduit sous tous ces différents noms, a donné lieu
à cette multitude de phrases dont on voit sa nomenclature chargée, et à tout
autant de figures, plus ou moins méconnaissables, sous lesquelles on a
voulu le représenter : confusion dont se plaint avec raison Klein, en s'é-
criant sur l'impossibilité de se reconnaître au milieu de ce chaos de figures
fautives que prodiguent les auteurs sans se consulter les uns les autres, et
sans connaître la nature, de manière que leurs notices, également indi-
gestes, ne peuvent servir à les concilier [b].

LA GUIGNETTE. [c][d][*]

On pourrait dire que la guignette n'est qu'un petit bécasseau, tant il y a
de ressemblance entre ces deux oiseaux pour la forme et même pour le plu-

a. « Tringas lacus et flumina petit, ut etiam cinclos et schoniclos (que Gaza traduit *junco*) ;
« sed inter minores has, majuscula est, turdo enim æquiparatur. » *Hist. animal.*, lib. viii,
cap. iv.

b. « Dolemus insuperabilem aliquando sollicitudinem de conciliandis figuris quas nobis pro-
« pinarunt authores. » Klein, *Ordo avium*, p. 22.

c. Voyez les planches enluminées, n° 850, sous la dénomination de *Petite alouette de mer.*

d. En allemand, *fysterlin;* en suédois, *snaeppa;* en Yorkshire, *sand-piper;* sur le lac de
Genève, *bécassine*, selon Willughby. — *Molacilla genus* Gessner, *Avi.*, p. 119, avec une
très-mauvaise figure répétée. *Icon. avi.*, p. 123, et une autre aussi mauvaise, p. 106 du même
ouvrage, avec le nom de *hypolencos-gallinula aquaticæ sextum genus, quod hypolencon
cognonimo; vulgus germanicum appellat fysterlin.* Idem, *Avi.*, p. 59. Notice copiée dans
Aldrovande, t. III, p. 469. — *Molacilla seu cincli genus.* Aldrovande, *Avi.*, t. III, p. 485,
avec des mauvaises figures de Gessner. — *Tringa minor.* Willughby, *Ornithol.*, p. 223, avec
une figure peu exacte, pl. 55. — Ray, *Synops. avi.*, p. 108, n° *a*, 6. — Charleton, *Exercit.*,
p. 112, n° 9. — *Gallinula hypolencos.* Jonston, *Avi.*, p. 110. — *Tringa quinta. Idem*, p. 112. —
«Tringa rostro lævi, corpore cinereo lituris nigris, subtùs albo.» Linnæus, *Fauna Suec.*, n° 147
— « Tringa rostro lævi, pedibus lividis, corpore cinereo lituris nigris, subtùs albo... » *Hypo-*

* *Tringa hypoleucos* (Linn.). — *Totanus macularius* (Wils.). — Sous-genre *Chevaliers*
(Cuv.).

mage. La guignette a la gorge et le ventre blancs; la poitrine tachetée de pinceaux gris sur blanc; le dos et le croupion gris, non mouchetés de blanchâtre, mais légèrement ondés de noirâtre, avec un petit trait de cette couleur sur la côte de chaque plume, et dans le tout on aperçoit un reflet rougeâtre; la queue est un peu plus longue et plus étalée que celle du bécasseau; la guignette la secoue de même en marchant. C'est d'après cette habitude que plusieurs naturalistes lui ont appliqué le nom de *motacilla*, quoique déjà donné à une multitude de petits oiseaux, tels que la bergeronnette, la lavandière, le troglodite, etc.

La guignette vit solitairement le long des eaux, et cherche, comme les bécasseaux, les grèves et les rives de sable; on en voit beaucoup vers les sources de la Moselle, dans les Vosges, où cet oiseau est appelé *lambiche*. Il quitte cette contrée de bonne heure, et dès le mois de juillet, après avoir élevé ses petits.

La guignette part de loin en jetant quelques cris, et on l'entend pendant la nuit crier sur les rivages d'une voix gémissante [a], habitude qu'apparemment elle partage avec le bécasseau, puisque, suivant la remarque de Willughby, le *pilvenckegen* de Gessner, oiseau gémissant, plus grand que la guignette, paraît être le bécasseau.

Du reste, l'une et l'autre de ces espèces se portent assez avant dans le Nord [b] pour être parvenues aux terres froides et tempérées du nouveau continent; et en effet, un bécasseau envoyé de la Louisiane ne nous a paru différer presque en rien de celui de nos contrées.

LA PERDRIX DE MER. [c d *]

C'est très-improprement qu'on a donné le nom de *perdrix* à cet oiseau de rivage, qui n'a d'autre rapport avec la perdrix qu'une faible ressem-

leucos. Idem, *Syst. nat.*, édit. X, gen. 78, sp. 9. — « Tringa supernè splendidè griseo-fusca, « lineis longitudinalibus et transversis undatisque fusco nigricantibus varia, infernè alba; « gutture, collo inferiorè et pectore supremo cinereo albis, pennis lineâ longitudinali fuscâ « in medio notatis; rectricibus decem intermediis griseo-fuscis, viridescente adumbratis, fusco- « nigricante transversim et undatim striatis utrimque extimâ, inferiùs griseo-fusco trans- « versim striatâ, binis extimæ proximis apice albis... » *Guinetta.* Brisson, *Ornithol.*, t. V, p. 183.

a. « Vocem noctu lachrymantis aut lamentantis instar edit. » Willughby, p. 223.

b. Fauna Suecica, n°s 147 et 152.

c. Voyez les planches enluminées, n° 882.

d. Pratincola. Kramer, *Elench. Austr. infer.*, p. 381, avec une figure assez bonne. — *Glareola secunda*, *vulgò kobel regerlin*, *sundvogel.* Schwenckfeld, *Aviar. Siles.*, p. 281. —

* Ordre des *Échassiers*, famille des *Macrodactyles*, genre *Giaroles* ou *Perdrix de mer* (Cuv.). — « Nous terminons le tableau des *Échassiers* par trois genres qu'il est difficile d'as- « socier à d'autres (les *vaginales*, les *giaroles* ou *perdrix de mer* et les *flamants*), et que « l'on peut considérer comme formant séparément de petites familles. » (Cuvier.)

blance dans la forme du bec. Ce bec étant en effet assez court, convexe en
dessus, comprimé par les côtés, courbé vers la pointe, ressemble assez au
bec des gallinacés ; mais la forme du corps et la coupe des plumes éloignent
cet oiseau du genre des gallinacés, et semblent le rapprocher de celui des
hirondelles[1], dont il a la forme et les proportions, ayant comme elles la
queue fourchue, une grande envergure et la coupe des ailes en pointe :
quelques auteurs ont donné à cet oiseau le nom de *glareola*, qui a rapport
à sa manière de vivre sur les grèves des rivages de la mer ; et en effet,
cette perdrix de mer va, comme le cincle, la guignette et l'alouette de mer,
cherchant les vermisseaux et les insectes aquatiques, dont elle fait sa nourriture ; elle fréquente aussi le bord des ruisseaux et des rivières, comme
sur le Rhin, vers Strasbourg, où, suivant Gessner, on lui donne le nom
allemand de *koppriegerle*. Kramer ne l'appelle *praticola* que parce qu'il en
a vu un grand nombre dans de vastes prairies qui bordent un certain lac
de la Basse-Autriche[a] ; mais partout, soit sur les bords des rivières et des
lacs ou sur les côtes de la mer, cet oiseau cherche les grèves ou rives
sablonneuses[b], plutôt que celles de vase.

On connaît quatre espèces ou variétés de ces perdrix de mer, qui paraissent former une petite famille isolée au milieu de la nombreuse tribu des
petits oiseaux de rivage.

LA PERDRIX DE MER GRISE. *

PREMIÈRE ESPÈCE.

La première est la perdrix de mer, représentée dans nos planches enluminées, n° 882, et qui, avec l'espèce suivante, se voit, mais rarement, sur

*Gallinulæ aquaticæ undecimum genus, quod erythropodem minorem appello, vulgus kopprie-
gerle.* Gessner, *Avi.*, p. 513, avec une très-mauvaise figure. — *Erythropus minor.* Idem,
Icon. avi., même figure. — *Gallinula erythropos minor.* Aldrovande, *Avi.*, t. III, p. 454,
avec une figure nullement ressemblante. — *Hirundo marina avis.* Idem, t. II, p. 696, avec
une figure assez reconnaissable, quoique peu exacte, p. 697. — *Hirundo marina Aldrovandi.*
Willughby, *Ornithol.*, p. 156. — Ray, *Synops. avi.*, p. 72, où il observe fort bien que ce nom
d'*hirondelle* n'est donné qu'improprement à cet oiseau. — *Gallinula erythropus minor.* Jonston,
Avi., p. 110. — *Hirundo marina.* Idem, p. 82. — Charleton, *Exercit.*, p. 96, n° 5 ; *Onomast.*,
p. 90, n° 5. — *Hirundinis ripariæ species.* Marsigli, *Danub.*, t. V, p. 96, avec une figure peu
exacte, tab. 46. — « Glareola supernè splendidè grisco-fusca, infernè ex albo non nihil rufes-
« cens, gutture et collo inferiore albo rufescentibus ; lineà nigrà circumdatis ; pectore grisco-
« rufescente ; lateribus dilutè castaneis ; rectricibus quatuor utrimque extimis in exortu albis,
« versùs apicem fusco-nigricantibus, tribus extimæ proximis exteriùs grisco-fusco maculatis. »
Glareola, la Perdrix de mer. Brisson, *Ornithol.*, t. V, p. 141.

a. « Lacus Nischiteriensis. » Kramer, *Elench.*, p. 381.

b. Schwenckfeld.

1. « Linnæus (édit. XII) avait même rangé l'espèce commune dans le genre *hirundo*, sous
« le nom d'*hirundo pratincola*. » (Cuvier.)

* *Glareola austriaca* (Gmel.). — *Glareola pratincola* (Leach.).

les rivières dans quelques-unes de nos provinces, particulièrement en Lorraine, où M. Lottinger nous assure l'avoir vue. Tout son plumage est d'un gris teint de roux sur les flancs et les petites pennes de l'aile ; elle a seulement la gorge blanche et encadrée d'un filet noir, le croupion blanc et les pieds rouges ; elle est à peu près de la grosseur d'un merle. L'*hirondelle de mer* d'Aldrovande [a], qui du reste se rapporte assez à cette espèce, paraît y former une variété, en ce que, suivant ce naturaliste, elle a les pieds très-noirs.

LA PERDRIX DE MER BRUNE. [b]*

SECONDE ESPÈCE.

Cette perdrix de mer, qui se trouve au Sénégal, et qui est de même grosseur que la nôtre, n'en diffère qu'en ce qu'elle est entièrement brune ; et nous sommes fort portés à croire que cette différence du gris au brun n'est qu'un effet de l'influence du climat, en sorte que cette seconde espèce pourrait bien n'être qu'une race ou variété de la première.

LA GIAROLE. [c]**

TROISIÈME ESPÈCE.

C'est le nom que porte en Italie l'espèce de perdrix de mer à laquelle Aldrovande rapporte, avec raison, celle du *melampos* ou pied noir de Gessner, caractère par lequel ce dernier auteur prétend qu'on peut distinguer cet oiseau de tous les autres de ce genre, dont aucun n'a les pieds noirs. Le nom qu'il lui donne en allemand (*rotknillis*) est analogue au fond de son plumage roux ou rougeâtre au cou et sur la tête, où il est tacheté de blanchâtre et de brun ; l'aile est cendrée, et les pennes en sont noires.

a. *Avi.*, t. II, pag. 696.

b. « Glareola in toto corpore fusca ; rectricibus interius et subtus cinereo-fuscis... » *Glareola Senegalensis*, la Perdrix de mer du Sénégal. Brisson, *Ornithol.*, t. V, p. 148.

c. *Gallinula melampos, quam aucupes nostri giarolam vocant.* Aldrovande, *Avi.*, t. III, p. 464, avec une mauvaise figure. — *Gallinulæ aquaticæ septimum genus, quod rotknillis vocant, melampodem cognomino.* Gessner, *Avi.*, p. 510, avec une très-mauvaise figure. — *Melampus.* Idem, *Icon. avi.*, p. 107, même figure. — *Gallinula melampus Gessneri Aldrovando, rot-knussel Baltneri.* Willughby, *Ornithol.*, p. 225. — Ray, *Synops. avi.*, p. 109, n° 9. — *Glareola, gallinula melampus Gessneri.* Klein, *Avi.*, p. 101, n° 9. — *Gallinula melampus Willughbeii, Polonis kokofska.* Rzaczynski, *Auctuar. hist. nat. Polon.*, p. 380. — « Glareola « supernè fusca, maculis obscurioribus varia, infernè rufa, maculis fuscis et albicantibus « variegata ; capite et collo pectori concoloribus ; imo ventre rufo-candicante ; nigris maculis « vario ; rectricibus candicantibus, apice nigris.... » *Glareola nævia.* Brisson, *Ornithol.*, t. V, p. 147.

  * Variété de la *perdrix de mer grise.*

  ** Variété de la *perdrix de mer grise.*

LA PERDRIX DE MER A COLLIER. [a*]

QUATRIÈME ESPÈCE.

Le nom de *riegerle* que les Allemands donnent à cet oiseau indique qu'il est remuant et presque toujours en mouvement [b] : en effet, dès qu'il entend quelque bruit, il s'agite, court et part en criant d'une petite voix perçante ; il se tient sur les rivages, et ses habitudes sont à peu près les mêmes que celles des guignettes ; mais, en supposant que la figure donnée par Gessner soit exacte dans la forme du bec, cet oiseau appartient au genre de la perdrix de mer, tant par ce caractère que par la ressemblance des couleurs : le dos est cendré ainsi que le dessus de l'aile, dont les grandes pennes sont noirâtres ; la tête est noire, avec deux lignes blanches sur les yeux ; le cou est blanc, et un cercle brun l'entoure au bas comme un collier ; le bec est noir et les pieds sont jaunâtres. Du reste, cette perdrix de mer doit être la plus petite de toutes, étant à peine aussi grande que le cincle, qui de tous les oiseaux de rivage est le plus petit. Schwenckfeld dit que cette perdrix de mer niche sur les bords sablonneux des rivières, et qu'elle pond sept œufs oblongs ; il ajoute qu'elle court très-vite, et y fait entendre pendant les nuits d'été un petit cri, *tul, tul,* d'une voix retentissante.

L'ALOUETTE DE MER. [c d**]

Cet oiseau n'est point une alouette, quoiqu'il en ait le nom ; il ne ressemble même à l'alouette que par la taille, qui est à peu près égale, et par

a. Gallinulæ aquaticæ duodecimum genus, quod ochropodem minorem nomino, vulgus riegerle. Gessner, *Avi.*, p. 514, avec une figure peu exacte. — *Ochropus minor.* Idem, *Icon. avi.*, p. 19. — Aldrovande, *Avi.*, t. III, p. 461, avec la figure empruntée de Gessner. — Jonston, *Avi.*, p. 110. — *Glareola quinta, nobis tulfis, sand-regerlin.* Schwenckfeld, *Aviar. Siles.*, p. 282. — Klein, *Avi.*, p. 101, n° 6. — « Glareola supernè griseo-fusca, infernè subal-« bida ; maculà in syncipite nigrà ; maculà utrimque circa oculos, gutture et collo candidis ; « torque fusco ; rectricibus griseo-fuscis... » *Glareola torquata.* Brisson, *Ornithol.*, t. V, pag. 145.

b. « Riegerle vocant, quasi motriculam dixeris, *regen* enim nobis moveri est. » Gessner, *Avi.*, p. 514.

c. Voyez les planches enluminées, n° 851.

d. En anglais, *stint* ; en allemand, *stein-bicker, stein-beysser* ; en hollandais, *strand-looper.* — *Alouette de mer.* Belon, *Nat. des oiseaux*, p. 217, avec une figure très-peu exacte ;

* Troisième variété de la *perdrix de mer grise.*

** *Tringa cinclus* et *alpina.* — *L'alouette de mer* ou *petite maubèche* (Cuv.). — « D'un tiers « moindre que la *grande maubèche* ; en hiver, cendrée dessus, blanche dessous, à poitrine « nuagée de gris ; en été, elle prend en dessus un plumage fauve tacheté de noir, de petites « taches noires sur le devant du cou et de la poitrine, et une plaque noire sous le ventre. C'est « alors l'*alouette de mer à collier* ou *tringa alpina*, Gmel., ou *tringa cinclus*, Bechst. ; « planche enluminée 852. L'*alouette de mer ordinaire* (*tringa cinclus*, Linn.), planche enlu-« minée 851, est un état intermédiaire. » (Cuvier.)

quelques rapports dans les couleurs du plumage sur le dos[a]; mais il en diffère pour tout le reste, soit par la forme, soit par les habitudes, car l'alouette
de mer vit au bord des eaux sans quitter les rivages. Elle a le bas de la
jambe nu et le bec grêle, cylindrique et obtus comme les autres oiseaux *scolopaces*, et seulement plus court à proportion que celui de la petite bécassine, à laquelle cette alouette de mer ressemble assez par le port et la figure.

C'est en effet sur les bords de la mer que se tiennent de préférence ces
oiseaux, quoiqu'on les trouve aussi sur les rivières; ils volent en troupes
souvent si serrées, qu'on ne manque pas d'en tuer un grand nombre d'un
seul coup de fusil; et Belon s'étonne de la grande quantité de ces alouettes
aquatiques, dont il a vu les marchés garnis sur nos côtes[b]. Selon lui, c'est
un meilleur manger que n'est l'alouette elle-même; mais ce petit gibier,
bon en effet quand il est frais, prend un goût d'huile dès qu'on le garde.
C'est apparemment de ces alouettes de mer que parle M. Salerne sous le
nom de *guignette*[c], lorsqu'il dit *qu'elles vont en troupes,* puisque la guignette vit solitaire. Si l'on tue une de ces alouettes dans la bande, les autres
voltigent autour du chasseur, comme pour sauver leur compagne. Fidèles
à se suivre, elles s'entre-appellent en partant, et volent de compagnie en
rasant la surface des eaux; la nuit on les entend se réclamer et crier sur les
grèves et dans les petites îles.

On les voit rassemblées en automne; les couples, que le soin des nichées
avait séparés, se réunissent alors avec les nouvelles familles, qui sont ordi-

répétée *Portraits d'oiseaux*, p. 50. — *Cinclus, seu motacilla maritima.* Gessner, *Avi.*, p. 616,
avec une mauvaise figure, p. 617. — *Cinclus.* Idem, *Icon. avi.*, p. 112, avec une figure qui
n'est pas meilleure. — Aldrovande, *Avi.*, t. III, p. 490. — *Cinclus ornithologi et Turneri.*
Idem, *ibid.* — *Schoeniclos, sive junco Bellonii.* Idem, *ibid.*, p. 487, avec des figures toutes
fautives. — *Cinclus.* Jonston, *Avi.*, p. 112. — *Tringa quarta.* Idem, *ibid.* — *Junco Bellonii.*
Idem, tab. 53, figure empruntée d'Aldrovande. — *Cinclus prior Aldrovandi.* Ray, *Synops.
avi.*, p. 110, n° a, 13. — *The stint.* Willughby, *Ornithol.*, p. 226. — *Avis the stint dicta.*
Sibbald, *Scot. illustr.*, part. II, lib. III, p. 19. — *Schoeniclus.* Mœhring, *Avi.*, gen. 94. —
Junco. Charleton, *Exercit.*, p. 113, n° x. *Onomast.*, p. 108, n° x. — *Tringa pulla maculis
minoribus rotundis albis variegata, ventre albicante.* Browne, *Nat. hist. of Jamaica*, p. 477.
— *Gallinago minima, ex fusco et albo varia.* Sloane, *Jamaïca*, p. 320, n° xiv. — Ray,
Synops. avi., p. 190, n° 11. — *Sanderling d'arbres.* Albin, t. III, p. 37, avec une figure mal
coloriée, pl. 88. — « Tringa pennis in medio secundùm scapum fuscis, ad margines griseis
« supernè vestita, infernè alba; tæniâ utrimque a rostro ad oculos candicante; gutture et collo
« inferiore albidis, maculis fuscis variegatis; rectricibus griseis, binis intermediis exteriùs
« saturatè fuscis... » *Cinclus*, l'Alouette de mer. Brisson, *Ornithol.*, t. V, p. 211.

a. « Les Françoys voyants un petit oysillon vivre le long des eaux, et principalement ez
« lieux marécageux près la mer, et estre de la corpulence d'une alouette, au moins quelque
« peu plus grandet (Willughby dit, *tantillo minor,* ce qui prouve qu'il y a des variétés);
« n'ont sçeu lui trouver appellation plus propre que de le nommer *alouette de mer*; et le
« voyant voler en l'aer, on le trouve de même couleur, sinon qu'il est plus blanc par-dessous le
« ventre, et plus brun dessus le dos qu'une alouette. » Belon, *Nat. des oiseaux*, p. 217.

b. « L'on ne peut voir plus grand merveille de ce petit oyseau, que d'en voir apporter cinq
« ou six cens douzaines en un jour de samedy en hiver. » Belon, *Nat. des oiseaux*, *loco cit.*

c. *Ornithologie*, pag. 340.

nairement de quatre ou cinq petits. Les œufs sont très-gros relativement à la taille de l'oiseau ; il les dépose sur le sable nu : le bécasseau et la guignette ont la même habitude, et ne font point de nid ; l'alouette de mer fait sa petite pêche le long du rivage, en marchant et secouant incessamment la queue.

Ces oiseaux voyagent comme tant d'autres, et changent de contrées ; il paraît même qu'ils ne sont que de passage sur quelques-unes de nos côtes : c'est du moins ce que nous assure un bon observateur[a] de celles de basse Picardie. Ils arrivent dans ces parages au mois de septembre par les vents d'est, et ne font que passer ; ils se laissent approcher à vingt pas, ce qui nous fait présumer qu'on ne les chasse pas dans le pays d'où ils viennent.

Au reste, il faut que les voyages de ces oiseaux les aient portés assez avant au nord pour qu'ils aient passé d'un continent à l'autre, car on en retrouve l'espèce bien établie dans les contrées septentrionales et méridionales de l'Amérique, à la Louisiane[b], aux Antilles[c], à la Jamaïque[d] ; à Saint-Domingue, à Cayenne[e]. Les deux *alouettes de mer de Saint-Domingue*, que donne séparément M. Brisson[f], paraissent n'être que des variétés de notre espèce d'Europe ; et dans l'ancien continent, l'espèce en est répandue du nord au midi, car on reconnaît l'alouette de mer au cap de Bonne-Espérance dans l'oiseau que donne Kolbe sous le nom de *bergeronette*[g], et au nord dans le *stint* d'Écosse de Willughby et de Sibbald.

LE CINCLE.[h][i]*

Aristote a donné le nom de *cinclos* à l'un des plus petits oiseaux de rivages, et nous croyons devoir adopter ce nom pour le plus petit de tous

a. M. Baillon.

b. Le Page Dupratz, *Histoire de la Louisiane*, t. II, p. 118.

c. « Les alouettes de mer et autres petits oiseaux de marine se trouvent en telle quantité dans toutes les salines, que c'est une chose prodigieuse. » Dutertre, t. II, p. 277.

d. Sloane, page 320 ; Browne, 477.

e. « On voit toute l'année de ces oiseaux à Cayenne et sur toute la côte ; dans les grandes « marées ils se rassemblent, et quelquefois en si grand nombre, que les bords des rivières où « le flux monte en sont couverts, soit à terre, soit au vol ; leurs troupes vont très-serrées, et il « arrive quelquefois d'en tuer quarante et cinquante d'un seul coup de fusil. Les habitants de « Cayenne en font aussi la chasse pendant la nuit sur les sables, où ces oiseaux mangent de « petits vers que la mer a laissés en se retirant ; ils se perchent quelquefois sur les palétuviers « au bord de l'eau ; leur chair est très-bonne à manger. Dans le temps des pluies, à Saint-« Domingue et à la Martinique, on les voit en aussi grand nombre, mais on ne sait pas com-« ment ils nichent, ni les endroits où ils font leurs pontes. » Remarques faites par M. de la Borde, médecin du roi à Cayenne.

f. L'alouette de mer de Saint-Domingue. Brisson, *Ornithol.*, t. V, p. 219. La petite alouette de mer de Saint-Domingue. *Ibidem*, p. 222.

g. *Description du Cap*, t. III, p. 160.

h. Voyez les planches enluminées, n° 852.

i. « Tringa pennis in medio nigricantibus, ad margines rufis supernè vestita, infernè alba ;

* Voyez la nomenclature ** de la page 159.

ceux qui composent cette nombreuse tribu, dans laquelle on comprend les chevaliers, les maubèches, le bécasseau, la guignette, la perdrix et l'alouette de mer. Notre cincle même paraît n'être qu'une espèce secondaire et subalterne de l'alouette de mer : un peu plus petit et moins haut sur ses jambes, il a les mêmes couleurs, avec la seule différence qu'elles sont plus marquées ; les pinceaux sur le manteau sont tracés plus nettement, et l'on voit une zone de taches de cette couleur sur la poitrine ; c'est ce qui l'a fait nommer *alouette de mer à collier* par M. Brisson [a]. Le cincle a d'ailleurs les mêmes mœurs que l'alouette de mer ; on le trouve fréquemment avec elle, et ces oiseaux passent de compagnie ; il a dans la queue le même mouvement de secousse ou de tremblement, habitude qu'Aristote paraît attribuer à son cincle [b] ; mais nous n'avons pas vérifié si ce qu'il en dit de plus peut convenir au nôtre : savoir, qu'une fois pris, il devient très-aisément privé, quoiqu'il soit plein d'astuce pour éviter les piéges [c]. Quant à la longue et obscure discussion d'Aldrovande sur le cincle, tout ce qu'on en peut conclure, ainsi que des figures multipliées et toutes défectueuses qu'il en donne, c'est que les deux oiseaux que les Italiens nomment *giarolo* et *giaroncello* répondent à notre cincle et à notre alouette de mer.

L'IBIS. [d] [*] [1]

De toutes les superstitions qui aient jamais infecté la raison et dégradé, avili l'espèce humaine, le culte des animaux serait sans doute la plus honteuse, si l'on n'en considérait pas l'origine et les premiers motifs. Comment

« uropygio griseo-fusco ; pennis in medio obscurioribus ; gutture et collo inferiore maculis fuscis « variegatis ; pectore fusco, marginibus pennarum candidis ; rectricibus griseis, binis interme- « diis interiùs saturatè fuscis, lateralibus interiùs albo marginatis, scapo albo præditis... » *Cinclus torquatus*. Brisson, *Ornithol.*, t. V, p. 216.

a. Voyez sa onzième espèce du genre du *bécasseau* et la figure.

b. « Cinclus... Læsus est : incontinens enim parte sui posteriore. » *Hist. animal.*, lib. IX, cap. XII.

c. « Astutus et captu difficilis est, sed captus omnino facilè mitescit. » *Ibid.*

d. Ἶϐις en grec : les Romains adoptèrent ce nom. L'ibis n'en a point dans les langues de l'Europe, comme inconnu à ces climats. Selon Albert, il se nommait en égyptien *leheras*. On

* *Tantalus æthiopicus* (Lath.). — *Ibis religiosa* (Cuv.). — Genre *Bécasses*, sous-genre *Ibis* (Cuv.). — C'est le véritable *ibis* des Égyptiens. — « On a cru longtemps que l'*ibis* des « Égyptiens était le *tantale d'Afrique* (*tantalus ibis*, Linn.) ; on sait aujourd'hui que c'est un « oiseau du genre des *bécasses*, grand comme une poule, à plumage blanc, excepté le bout des « pennes de l'aile, qui est noir ; les dernières couvertures ont leurs barbes allongées, effilées, « d'un noir à reflets violets, et recouvrent ainsi le bout des ailes et la queue. Le bec et les pieds « sont noirs, ainsi que toute la partie nue de la tête et du cou : cette partie est recouverte, dans « la jeunesse, au moins à sa face supérieure, de petites plumes noirâtres. L'espèce se trouve « dans toute l'étendue de l'Afrique. » (Cuvier.)

1. L'histoire de l'*ibis* commence le VIIIe volume de l'*Histoire des oiseaux* (édition in-4° de l'Imprimerie royale), volume publié en 1781.

l'homme, en effet, a-t-il pu s'abaisser jusqu'à l'adoration des bêtes? Y a-t-il une preuve plus évidente de notre état de misère dans ces premiers âges où les espèces nuisibles, trop puissantes et trop nombreuses, entouraient l'homme solitaire, isolé, dénué d'armes et des arts nécessaires à l'exercice de ses forces? Ces mêmes animaux, devenus depuis ses esclaves, étaient alors ses maîtres, ou du moins des rivaux redoutables : la crainte et l'intérêt firent donc naître des sentiments abjects et des pensées absurdes, et bientôt la superstition, recueillant les unes et les autres, fit également des dieux de tout être utile ou nuisible.

L'Égypte est l'une des contrées où ce culte des animaux s'est établi le plus anciennement, et s'est conservé, observé le plus scrupuleusement pendant un grand nombre de siècles; et ce respect religieux, qui nous est attesté par tous les monuments, semble nous indiquer que dans cette contrée les hommes ont lutté très-longtemps contre les espèces malfaisantes.

En effet, les crocodiles, les serpents, les sauterelles et tous les autres animaux immondes renaissaient à chaque instant, et pullulaient sans nombre sur le vaste limon d'une terre basse profondément humide et périodiquement abreuvée par les épanchements du fleuve; et ce limon fangeux, fermentant sous les ardeurs du tropique, dut soutenir longtemps et multiplier à l'infini toutes ces générations impures, informes, qui n'ont cédé la terre à des habitants plus nobles que quand elle s'est épurée.

Des essaims de petits serpents venimeux, nous disent les premiers historiens [a], *sortis de la vase échauffée des marécages et volant en grandes troupes, eussent causé la ruine de l'Égypte, si les ibis ne fussent venus à leur rencontre pour les combattre et les détruire.* N'y a-t-il pas toute apparence que ce service, aussi grand qu'inattendu, fut le fondement de la superstition qui supposa dans ces oiseaux tutélaires quelque chose de divin? Les prêtres accréditèrent cette opinion du peuple; ils assurèrent que les dieux, s'ils daignaient se manifester sous une forme sensible, prendraient la figure de l'ibis. Déjà, dans la grande métamorphose, leur dieu bienfaisant, *Thoth* ou Mercure, inventeur des arts et des lois, avait subi cette transformation [b]; et Ovide, fidèle à cette antique mythologie, dans le combat des dieux et des géants, cache Mercure sous les ailes d'un ibis, etc. [c]; mais, mettant toutes ces

trouve dans Avicenne le mot *anschuz* pour signifier l'ibis; mais saint Jérôme traduit mal *janschuph* (*Levitic.* ii. *Isaï.* 34) par ibis, puisqu'il s'agit là d'un oiseau de nuit. Quelques interprètes rendent par *ibis* le mot hébreu *tinschemet*.

a. Hérodote, *Euterp.*, num. 76. Élien, Solin, Marcellin, d'après toute l'antiquité. — « De « serpentibus memorandi maximè; quos parvos admodùm, sed veneni præsentis, certo anni « tempore, ex limo concretarum paludum emergere, in magno examine volantes Ægyptum « tendere, atque in ipso introitu finiant, ab avibus quas ibides vocant, adverso agmine excipi « pugnàque conflei traditum est. » Mela, lib. iii , cap. viii.

b. *Plat. in Phædr.*

c. *Metam.*, lib. v.

fables à part, il nous restera l'histoire des combats de ces oiseaux contre les serpents. Hérodote assure être allé sur les lieux pour en être témoin. « Non « loin de Butus, dit-il, aux confins de l'Arabie, où les montagnes s'ouvrent « sur la vaste plaine de l'Égypte, j'ai vu les champs couverts d'une incroya- « ble quantité d'ossements entassés, et des dépouilles des reptiles que les « ibis y viennent attaquer et détruire au moment qu'ils sont près d'envahir « l'Égypte [a]. » Cicéron cite ce même fait en adoptant le récit d'Hérodote [b], et Pline semble le confirmer lorsqu'il représente les Égyptiens invoquant religieusement leurs ibis à l'arrivée des serpents [c].

On lit aussi, dans l'historien Josèphe, que Moïse, allant en guerre contre les Éthiopiens, emporta dans des cages de *papyrus* un grand nombre d'ibis pour les opposer aux serpents [d]. Ce fait, qui n'est pas fort vraisemblable, s'explique aisément par un autre fait rapporté dans la *Description de l'Égypte* par M. de Maillet : « Un oiseau, dit-il, qu'on nomme *chapon de Pharaon* « (et qu'on reconnaît pour l'ibis) suit pendant plus de cent lieues les cara- « vanes qui vont à la Mecque, pour se repaître des voieries que la caravane « laisse après elle ; et en tout autre temps il ne paraît aucun de ces oiseaux « sur cette route [e]. » L'on doit donc penser que les ibis suivirent ainsi le peuple hébreu dans sa course en Égypte, et c'est ce fait que Josèphe nous a transmis en le défigurant, et en attribuant à la prudence d'un chef mer- veilleux ce qui n'était qu'un effet de l'instinct de ces oiseaux ; et cette armée contre les Éthiopiens et les cages de papyrus ne sont là que pour embellir la narration et agrandir l'idée qu'on devait avoir du génie d'un tel commandant.

Il était défendu sous peine de la vie, aux Égyptiens, de tuer les ibis [f] ; et ce peuple, aussi triste que vain, fut inventeur de l'art lugubre des momies, par lequel il voulait, pour ainsi dire, éterniser la mort, malgré la nature bienfaisante, qui travaille sans cesse à en effacer les images ; et non-seule- ment les Égyptiens employaient cet art des embaumements pour conserver les cadavres humains, mais ils préparaient avec autant de soin les corps de

a. « Est autem Arabiæ locus ad Butum urbem feré positus, ad quem locum ego me contuli « inquirens de serpentibus volucribus. Eò quum perveni ossa serpentum aspexi et spinas, mul- « titudine suprà modum ad enarrandum ; spinarum quippe acervi erant etiam magni, et his « alii atque alii minores, ingenti numero ; est autem hic locus ubi spinæ jacebant hujusce « modi : ex arctis montibus introïtus in vastam planitiem Ægyptiæ contiguam. Fertur ex Arabiá « serpentes alatos ineunte statim vere in Ægyptum volare, sed iis ad ingressum illius planitiei « occurrentes aves ibides non permittere, sed ipsos interimere. Et ob id opus ibin magno honore « ab Ægyptiis haberi Arabes aiunt, confitentibus et ipsis Ægyptiis, idcircò se his avibus hono- « rem exhibere. » Hérodote, *Euterp.*, nos 75, 76. Ex interpret. Laur. Vallæ.

b. Lib. i *de Nat. Deorum.*

c. *Hist. nat.*, lib. x, cap. xxviii.

d. *Antiq. Judaïc.*, lib. ii, cap. x.

e. *Description de l'Égypte*, part. ii, p. 23.

f. Hérodote, *ubi supra.*

leurs animaux sacrés [a]. Plusieurs puits de momies, dans la plaine de Saccara, s'appellent *puits des oiseaux*, parce qu'on n'y trouve en effet que des oiseaux embaumés, et surtout des ibis renfermés dans de longs pots de terre cuite, dont l'orifice est bouché d'un ciment. Nous avons fait venir plusieurs de ces pots, et après les avoir cassés, nous avons trouvé dans tous une espèce de poupée formée par les langes qui servent d'enveloppes au corps de l'oiseau, dont la plus grande partie tombe en poussière noire en développant son *suaire :* on y reconnaît néanmoins tous les os d'un oiseau avec des plumes empâtées dans quelques morceaux qui restent solides. Ces débris nous ont indiqué la grandeur de l'oiseau, qui est à peu près égale à celle du courlis; le bec, qui s'est trouvé conservé dans deux de ces momies, nous en a fait reconnaître le genre : ce bec a l'épaisseur de celui de la cigogne, et par sa courbure il ressemble au bec du courlis, sans néanmoins en avoir les cannelures ; et, comme la courbure en est égale sur toute sa longueur [b], il paraît par ces caractères qu'on doit placer l'ibis entre la cigogne et le courlis; en effet, il tient de si près à ces deux genres d'oiseaux , que les naturalistes modernes l'ont rangé avec les derniers, et que les anciens l'avaient placé avec le premier. Hérodote avait très-bien caractérisé l'ibis, en disant qu'il a le *bec fort arqué et la jambe haute comme la grue;* il en distingue deux espèces [c] : « La première, dit-il , a le plumage tout noir; la « seconde, qui se rencontre à chaque pas, est toute blanche, à l'exception « des plumes de l'aile et de la queue, qui sont très-noires, et du dénûment « du cou et de la tête, qui ne sont couverts que de la peau. »

Mais ici il faut dissiper un nuage jeté sur ce passage d'Hérodote par l'ignorance des traducteurs, ce qui donne un air fabuleux et même absurde à son récit. Au lieu de rendre, Τῶν δεν ποσί μᾶλλον ειλευμενων τοισι ἀνθρωποισι, à la lettre : *Quæ pedibus hominum observantur sæpius :* « celles qu'on « rencontre à chaque pas, » on a traduit : *Hæ quidem habent pedes veluti hominis :* « Ces ibis ont les pieds faits comme ceux de l'homme. » Les naturalistes, ne comprenant pas ce que pouvait signifier cette comparaison disparate, firent, pour l'expliquer ou la pallier, d'inutiles efforts. Ils imaginèrent qu'Hérodote, décrivant l'ibis blanc, avait eu en vue la cigogne, et avait pu abusivement caractériser ainsi ses pieds par la faible ressemblance

---

a. Belon renvoie à son livre *de Medicato cadavere* pour les diverses manières dont les Égyptiens faisaient embaumer, ou, comme il dit, *confire* les ibis, et dans cet ouvrage il n'en dit autre chose, sinon qu'on les trempait dans la *cedria* comme toutes les autres momies.

b. Voyez un de ces becs représenté dans Edwards, planche 105.

c. « Ejus avis species talis est, nigra tota vehementer est, cruribus instar gruis, rostro « maximum in modum adunco... et hæc quidem species est nigrarum quæ cum serpentibus « pugnant. At earum quæ ante pedes hominibus versantur magis (nam duplices ibides sunt), « nudum caput ac totum collium, pennæ candidæ, præter caput cervicemque, et extrema « alarum et natium, hæc omnia quæ dixi sunt vehementer nigra, crura verò et rostrum « alteri consentanea. » *Euterp.*, num. 76.

que l'on peut trouver des ongles aplatis de la cigogne à ceux de l'homme ; cette interprétation satisfaisait peu, et l'ibis aux pieds humains aurait dû dès lors être relégué dans les fables : cependant il fut admis comme un être réel sous cette absurde image ; et l'on ne peut qu'être étonné de la trouver encore aujourd'hui exprimée tout entière, sans discussion et sans adoucissement, dans les Mémoires d'une savante Académie [a], tandis que cette chimère n'est, comme l'on voit, que le fruit d'une méprise du traducteur de ce premier historien grec, que sa candeur à prévenir de l'incertitude de ses récits, quand il ne les fait que sur des rapports étrangers, eût dû faire plus respecter dans les sujets où il parle d'après lui-même.

Aristote en distinguant, comme Hérodote, les deux espèces d'ibis, ajoute que la blanche est répandue dans toute l'Égypte, excepté vers Peluse, où l'on ne voit au contraire que des ibis noirs [1] qui ne se trouvent pas dans tout le reste du pays [b]. Pline répète cette observation particulière [c] ; mais du reste, tous les anciens, en distinguant les deux ibis par la couleur, semblent leur donner en commun tous les autres caractères, figure, habitudes, instinct, et leur domicile de préférence en Égypte, à l'exclusion de toute autre contrée [d]. On ne pouvait même, suivant l'opinion commune, les **transporter** hors de leur pays sans les voir consumés de regret [e]. Cet oiseau, si fidèle à sa terre natale, en était devenu l'emblème : la figure de l'ibis, dans les hiéroglyphes, désigne presque toujours l'Égypte, et il est peu d'images ou de caractères qui soient plus répétés dans tous les monuments. On voit ces figures d'ibis sur la plupart des obélisques ; sur la base de la statue du Nil, au Belvédère à Rome, de même qu'au jardin des Tuileries à Paris. Dans la médaille d'Adrien, où l'Égypte paraît prosternée, l'ibis est à ses côtés ; on a figuré cet oiseau, avec l'éléphant, sur les médailles de Q. Marius, pour désigner l'Égypte et la Libye, théâtres de ses exploits, etc.

D'après le respect populaire et très-ancien pour cet oiseau fameux, il n'est pas étonnant que son histoire ait été chargée de fables : on a dit que les ibis se fécondaient et engendraient par le bec [f] ; Solin paraît n'en pas douter, mais Aristote se moque avec raison de cette idée de pureté virginale

a. « L'autre espèce (l'ibis blanc) a les pieds taillés comme les pieds humains. » *Mémoires de l'Académie des Inscriptions et Belles-Lettres*, t. IX, p. 28.

b. « Ibes in Ægypto duorum sunt generum : aliæ candidæ, aliæ nigræ. Cæterà in terrà « Ægypti albæ sunt ; in Pelusio non sunt : contrà in illà non sunt nigræ, in Pelusio sunt. » *Hist. animal.*, lib. ix, cap. xxvii.

c. « Ibis circà Pelusium tantùm nigra est ; cæteris omnibus locis candida. » *Hist. nat.*, lib. x, cap. xxx.

d. Strabon en place aussi sur un lac d'eau douce, vers Lichas, aux extrémités de l'Afrique, *in extremà Africà.*

e. Ælien.

f. *Idem.*

1. Voyez, plus loin, la nomenclature de *l'ibis vert.*

dans cet oiseau sacré[a]. Pierius parle d'une merveille d'un genre bien opposé ; il dit que, selon les anciens, le basilic naissait d'un œuf d'ibis, formé dans cet oiseau des venins de tous les serpents qu'il dévore ; ces mêmes anciens ont encore écrit que le crocodile et les serpents touchés d'une plume d'ibis demeuraient immobiles comme par enchantement, et que souvent même ils mouraient sur-le-champ. Zoroastre, Démocrite et Philé ont avancé ces faits ; d'autres auteurs ont dit que la vie de cet oiseau divin était excessivement longue ; les prêtres d'Hermopolis prétendaient même qu'il pouvait être immortel, et pour le prouver ils montrèrent à Appion un ibis si vieux[b], disaient-ils, qu'il ne pouvait plus mourir.

Ce n'est là qu'une partie des fictions enfantées dans la religieuse Égypte au sujet de cet ibis : la superstition porte tout à l'excès ; mais si l'on considère le motif de sagesse que put avoir le législateur en consacrant le culte des animaux utiles, on sentira qu'en Égypte il était fondé sur la nécessité de conserver et de multiplier ceux qui pouvaient s'opposer aux espèces nuisibles. Cicéron[c] remarque judicieusement que les Égyptiens n'eurent d'animaux sacrés que ceux desquels il leur importait que la vie fût respectée, à cause de la grande utilité qu'ils en tiraient[d] : jugement sage et bien différent de celui de l'impétueux Juvénal, qui compte parmi les crimes de l'Égypte sa vénération pour l'ibis, et déclame contre ce culte que la superstition exagéra sans doute, mais que la sagesse dut maintenir, puisque telle est en général la faiblesse de l'homme, que les législateurs les plus profonds ont cru devoir en faire le fondement de leurs lois.

En nous occupant maintenant de l'histoire naturelle et des habitudes réelles de l'ibis, nous lui reconnaîtrons non-seulement un appétit véhément de la chair de serpents, mais encore une forte antipathie contre tous les

a. *De Generat. animal.*, lib. iii, cap. vi.

b. Appion, apud Ælian.

c. « Ægyptii nullam belluam, nisi ob aliquam utilitatem quam ex eâ caperent, consecra« runt; velut ibes, maximam vim serpentium conficiunt, cùm sint aves excelsæ, cruribus rigi« dis, corneo proceroque rostro ; avertunt pestem ab Ægypto, cùm volucres angues, ex vasti« tate Libyæ, vento Africo invectas, interficiunt atque consumunt, ex quo fit ut illæ nec morsu « vivæ noceant nec odore mortuæ ; eam ob rem invocantur ab Ægyptiis ibes. » *De Nat. Deor.*, lib. i. — *Nota.* Je ne puis m'empêcher de remarquer ici une méprise de **M.** Perrault sur ce passage : il dit (anciens *Mémoires de l'Académie*, t. III, part. iii) que, *suivant le témoignage de Cicéron, le cadavre de l'ibis ne sent jamais mauvais ;* et là-dessus il observe que celle qui fut disséquée, quoique morte depuis plusieurs jours, n'était point infecte ; dans ce préjugé, il lui trouve même *une odeur agréable.* Il se peut que l'ibis, comme tous les oiseaux de chair sèche, soit longtemps avant de se corrompre ; mais, pour le passage de Cicéron, il est clair qu'il se rapporte aux serpents, *qui,* dit-il, *ainsi dévorés par les ibis, ne nuisent vivants par leurs morsures, ni morts par leur puanteur.*

d. Il parait difficile d'abord d'appliquer cette raison au culte du crocodile ; mais, outre qu'il n'était adoré que dans une seule ville du Nome Arsinoïte, et que l'ichneumon son antagoniste l'était dans toute l'Égypte, cette ville des crocodiles ne les adorait que par crainte et pour les tenir éloignés par un culte, à la vérité insensé, d'un lieu où naturellement le fleuve ne les avait point portés.

reptiles : il leur fait la plus cruelle guerre. Belon assure qu'il va toujours les tuant, quoique rassasié[b]. Diodore de Sicile dit que jour et nuit l'ibis se promène sur la rive des eaux, guettant les reptiles, cherchant leurs œufs et détruisant en passant les scarabées et les sauterelles[b]. Accoutumés au respect qu'on leur marquait en Égypte, ces oiseaux venaient sans crainte au milieu des villes ; Strabon rapporte qu'ils remplissaient les rues et les carrefours d'Alexandrie jusqu'à l'importunité et à l'incommodité, consommant à la vérité les immondices, mais attaquant aussi ce qu'on mettait en réserve, et souillant tout de leur fiente : inconvénients qui pouvaient en effet choquer un Grec délicat et poli, mais que des Égyptiens grossièrement religieux souffraient avec plaisir.

Ces oiseaux posent leur nid sur les palmiers et le placent dans l'épaisseur des feuilles piquantes pour le mettre à l'abri de l'assaut des chats, leurs ennemis[c]. Il paraît que la ponte est de quatre œufs, c'est du moins ce que l'on peut inférer de l'explication de la table Isiaque par Pignorius ; il est dit que l'ibis marque sa ponte par les mêmes nombres que la lune marque ses temps : *Ad lunæ rationem ova fingit*[d] ; ce qui ne paraît pouvoir s'entendre autrement qu'en disant avec le docteur Shaw que l'ibis fait autant d'œufs qu'il y a de phases de la lune, c'est-à-dire, quatre. Ælien expliquant pourquoi cet oiseau est consacré à la lune, indique la durée de l'incubation, en disant qu'il met autant de jours à faire éclore ses petits[e], que l'astre d'Isis en met à parcourir le cercle de ses phases[f].

Pline et Galien attribuent à l'ibis l'invention du clystère, comme celle de la saignée à l'hippopotame[g] ; *et ce ne sont point*, ajoute le premier, *les seules choses où l'homme ne fut que le disciple de l'industrie des animaux*[h]. Selon Plutarque, l'ibis ne se sert pour cela que d'eau salée, et M. Perrault, dans sa description anatomique de cet oiseau, prétend avoir remarqué le trou du bec par lequel l'eau peut être lancée.

a. *Nature des oiseaux*, pag. 200.

b. *Apud Aldrov.*, t. III, pag. 315.

c. Phile, *de Propriet. animal.*

d. *Mens. Isid. explic.*, pag. 76.

e. Plutarque nous assure que le petit ibi venant de naître pèse deux dragmes. *De Isid. et Osir.*

f. Clément Alexandrin, décrivant les repas religieux des Égyptiens, dit qu'entre autres objets, on portait à l'entour des convives un ibis, cet oiseau, par le blanc et le noir de son plumage, étant l'emblème de la lune obscure et lumineuse. *Stromat.*, lib. v, p. 671. Et, suivant Plutarque (*de Isid. et Osir.*), on trouvait dans la manière dont le blanc était tranché avec le noir dans ce plumage une figure du croissant de l'astre des nuits.

g. Galen., *lib. de Phlebot.*

h. « Simile quiddam (solertiæ hyppopotami, sibi junco venam aperientis), et volucris in « eadem Ægypto monstravit, quæ vocatur ibis ; rostri aduncitate per eam partem se perluens, « quâ reddi ciborum onera maximè salubre est. Nec hæc sola a multis animalibus reperta sunt « usui futura et homini. » Plin., lib. viii, cap. xxvi. — « Purgationem quâ ibis utitur, salsugi-« nem adhibens, advertisse et imitati postea Ægyptii dicuntur. » Plut., *de Solert.*

Nous avons dit que les anciens distinguaient deux espèces d'ibis, l'une blanche et l'autre noire ; nous n'avons vu que la blanche, et nous l'avons fait représenter dans nos planches enluminées ; et à l'égard de l'ibis noir, quoique M. Perrault prétende qu'il a été apporté en Europe plus souvent que l'ibis blanc, cependant aucun naturaliste ne l'a vu depuis Belon, et nous n'en savons que ce qu'en a dit cet observateur.

L'IBIS BLANC. [a] [b] [*]

Cet oiseau est un peu plus grand que le courlis et l'est un peu moins que la cigogne : sa longueur, de la pointe du bec au bout des ongles, est d'environ trois pieds et demi : Hérodote en donne la description, en disant que cet oiseau a les jambes hautes et nues, la face et le front également dénués de plumes ; le bec arqué ; les pennes de la queue et des ailes noires, et le reste du plumage blanc. Nous ajouterons à ces caractères quelques autres traits dont Hérodote n'a pas fait mention : le bec est arrondi et terminé en pointe mousse ; le cou est d'une grosseur égale dans toute sa longueur, et il n'est pas garni de plumes pendantes comme le cou de la cigogne.

M. Perrault, ayant décrit et disséqué un de ces oiseaux qui avait vécu à la ménagerie de Versailles [c], en fit la comparaison avec la cigogne, et il trouva que celle-ci était plus grande, mais que l'ibis avait à proportion le bec et les pieds plus longs ; dans la cigogne, les pieds n'avaient que quatre parties de la longueur totale de l'oiseau, et dans l'ibis ils en avaient cinq, et il observa la même différence proportionnelle entre leurs becs et leurs cous ; les ailes lui parurent fort grandes ; les pennes en étaient noires, et du reste tout le plumage était d'un blanc un peu roussâtre, et n'était diversifié que par quelques taches pourprées et rougeâtres sous les ailes ; le haut de la tête, le tour des yeux et le dessous de la gorge étaient dénués de plumes et couverts d'une peau rouge et ridée ; le bec, à la racine, était gros, arrondi, il avait un pouce et demi de diamètre, et il était courbé dans toute sa lon-

---

a. Voyez les planches enluminées, n° 389.

b. *Ibis non ex toto nigra.* Prosp. Alp., *Ægygt.*, vol. I, p. 199. — « Ardea capite lævi, cor-« pore albo, rostro flavescente, apice pedibusque nigris... » *Ibis.* Linnæus, *Syst. nat.*, édit. X, gen. 76, sp. 18. — « Numenius sordidè albo-rufescens ; capite anteriore nudo, rubro ; lateribus « rubro-purpureo et carneo colore maculatis ; remigibus majoribus nigris ; rectricibus sordidè « albo-rufescentibus, rostro in exortu dilutè luteo, in extremitate aurantio ; pedibus griseis... » *Ibis candida.* Brisson, *Ornithol.*, t. V, p. 349.

c. *Anciens Mémoires de l'Académie*, t. III, part. III.

* *Tantalus ibis* (Linn.). — Le *tantale d'Afrique* (Cuv.). — Ordre des *Échassiers*, famille des *Cultirostres*, genre *Tantales* (Cuv.). — « Cet oiseau a été longtemps regardé par les natu-« ralistes comme l'oiseau si révéré des anciens Égyptiens sous le nom d'*ibis* ; mais des recherches « récentes ont prouvé que l'*ibis* est une espèce beaucoup plus petite... Ce *tantale* ne se trouve « pas même communément en Égypte ; c'est du Sénégal qu'on nous l'apporte. » (Cuvier.)

gueur ; il était d'un jaune clair à l'origine, et d'un orangé foncé vers l'extrémité ; les côtés de ce bec sont tranchants et assez durs pour couper les serpents [a], et c'est probablement de cette manière que cet oiseau les détruit, car son bec, ayant la pointe mousse et comme tronquée, ne les percerait que difficilement.

Le bas des jambes était rouge, et cette partie, à laquelle Belon ne donne pas un pouce de longueur dans sa figure de l'ibis noir, en avait plus de quatre dans cet ibis blanc ; elle était, ainsi que le pied, toute garnie d'écailles hexagones ; les écailles qui recouvrent les doigts étaient coupées en tables ; les ongles étaient pointus, étroits et noirâtres ; des rudiments de membrane bordaient des deux côtés le doigt du milieu, et ne se trouvaient que du côté intérieur dans les deux autres doigts.

Quoique l'ibis ne soit point granivore, son ventricule est une espèce de gésier dont la membrane interne est rude et ridée ; on a vu plus d'une fois ces conformations disparates dans l'organisation des oiseaux : par exemple, on a remarqué dans le casoar, qui ne mange point de chair, un ventricule membraneux comme celui de l'aigle [b].

M. Perrault trouva aux intestins quatre pieds huit pouces de longueur ; le cœur était médiocre, et non pas excessivement grand comme l'a prétendu Mérula [c] ; la langue, très-courte, cachée au fond du bec, n'était qu'un petit cartilage recouvert d'une membrane charnue, ce qui a fait croire à Solin que cet oiseau n'avait point de langue ; le globe de l'œil était petit, n'ayant que six lignes de diamètre. « Cet ibis blanc, dit M. Perrault, et un autre « qu'on nourrissait encore à la ménagerie de Versailles et qui avaient tous « deux été apportés d'Égypte, étaient les seuls oiseaux de cette espèce que « l'on eût jamais vus en France. » Selon lui, toutes les descriptions des auteurs modernes n'ont été prises que sur celles des anciens. Cette remarque me paraît assez juste, car Belon n'a ni décrit ni même reconnu l'ibis blanc en Égypte, ce qui ne serait pas vraisemblable si l'on ne supposait pas qu'il l'a pris pour une cigogne ; mais cet observateur est à son tour le seul des modernes qui nous ait dépeint l'ibis noir.

a. « Corneo proceroque rostro. » Cicéron, *ubi supra*.

b. Une particularité intéressante de cette description concerne la route du chyle dans les intestins des oiseaux : on fit des injections dans la veine mésentérique d'une des cigognes que l'on disséquait avec l'ibis, et la liqueur passa dans la cavité des intestins ; de même, ayant rempli de lait une portion de l'intestin, et l'ayant lié par les deux bouts, la liqueur comprimée passa dans la veine mésentérique. Peut-être, ajoute l'anatomiste, cette voie est-elle commune à tout le genre des oiseaux ; et comme on ne leur a point trouvé de veines lactées, on peut soupçonner avec raison que c'est là la route du chyle, pour passer des intestins dans le mésentère [1].

c. *Memorab.*, lib. III, cap. L.

1 (b). Point du tout. Les *oiseaux* ont des *veines lactées*, comme les *mammifères;* et ces *veines lactées* y sont, de même, la *route du chyle.*

L'IBIS NOIR. [a*]

Cet oiseau, dit Belon, *est un peu moins gros qu'un courlis ;* il est donc
moins grand que l'ibis blanc, et il doit être aussi moins haut de jambes [b],
cependant nous avons remarqué que les anciens ont dit les deux ibis semblables en tout, à la couleur près : celui-ci est entièrement noir, et Belon
semble indiquer qu'il a le front et la face en peau nue, en disant que sa
tête est faite comme celle d'un *cormoran ;* néanmoins Hérodote, qui paraît
avoir voulu rendre ses deux descriptions très-exactes, ne donne point à
l'ibis noir ce caractère de la tête et du cou dénués de plumes. Quoi qu'il en
soit, tout ce qu'on a dit des autres caractères et des habitudes de ces deux
oiseaux leur a également été attribué en commun sans exception ni différence.

LE COURLIS. [c d**]

PREMIÈRE ESPÈCE.

Les noms composés des sons imitatifs de la voix, du chant, des cris des
animaux, sont pour ainsi dire les noms de la nature : ce sont aussi ceux

a. Ibis. Belon, *Nat. des oiseaux*, p. 199, avec une figure qui, suivant toute apparence, est
très peu exacte ; la même, *Portraits d'oiseaux*, p. 44, *b*, sous le nom *d'espèce de cigogne
noire.* — Gessner, *Avi.*, p. 567. — Aldrovande, *Avi.*, t. III, p. 312. — Willughby, *Ornithol.*,
p. 312. — Ray, *Synops. avi.*, p. 98. — Jonston, *Avi.*, p. 101. *Nota.* Ces naturalistes ne parlent
de l'ibis noir et n'en donnent la figure que d'après Belon. — *Ibis.* Prosp. Alp., *Ægypt.*, vol. I,
p. 199. — Mœhring, *Avi.*, gen. 80. — *Ibis nigra.* Charleton, *Exercit.*, p. 108, n° 2. Idem,
Onomast., p. 102, n° 2. — *Numenius holoserius.* Klein, *Avi.*, p. 110, n° 9. — *Gallinago sylvestris aquatica.* Gaz. *Rup. Besl.*, figure mauvaise, p. 19. — *Mus. Besl.*, p. 31, n° 2, figure
qui n'est pas meilleure, tab. 8, n° 2. — *Ibis nigra.* Linnæus, *Syst. nat.*, édit. X, gen. 76,
sp. 18, var. β. — « Numenius niger ; capite anteriore nudo, rubro ; rectricibus nigris ; rostro
« pedibusque rubris... » *Ibis.* Brisson, *Ornithol.*, t. V, p. 347.

b. « Cet ibis noir est aussi haut enjambé comme un butor, et a le bec contre la tête plus
« gros que le poulce, pointu par le bout, voulté et quelque peu courbé, et tout rouge, comme
« aussi les cuisses et les jambes. » *Observations* de Belon ; Paris, 1555, liv. ii, p. 102.

c. Voyez les planches enluminées, n° 818.

d. En grec, Ἑλώριος, νουμήνιος ; en latin, *numenius, arquata, falcinellus ;* en italien,
arcase, torquato ; dans le Milanais, *caroli ;* en Pouille, *tarlino, terlino ;* sur le lac Majeur,
spinzago ; à Venise, *arcuato ;* dans le Boulonais, *pivier,* suivant Aldrovande, ce qui semble
pourtant le confondre avec le pluvier ; en catalan, *polit ;* en anglais, *curlew, water-curlew ;*
en allemand, *brach-vogel, wind-vogel, wetter-vogel :* sur le Rhin vers Strasbourg, *regen-
vogel ;* sur le lac de Constance, *greny ;* en silésien, *geisz-vogel,* suivant Schwenckfeld, qui

* Voyez, plus loin, la nomenclature de l'*ibis vert.*

** *Scolopax arcuata* (Linn.). — *Numenius arcuatus* ou *courlis d'Europe* (Cuv.). — Genre
Bécasses, sous-genre *Courlis* (Cuv.).

que l'homme a imposés les premiers; les langues sauvages nous offrent mille exemples de ces noms donnés par instinct; et le goût, qui n'est qu'un instinct plus exquis [1], les a conservés plus ou moins dans les idiomes des peuples policés, et surtout dans la langue grecque, plus pittoresque qu'aucune autre, puisqu'elle peint même en dénommant. La courte description qu'Aristote fait du courlis n'aurait pas suffi, sans son nom *elorios*, pour le reconnaître et le distinguer [a] des autres oiseaux. Les noms français *courlis*, *curlis*, *turlis*, sont des mots imitatifs de sa voix [b]; et, dans d'autres langues, ceux de *curlew*, *caroli*, *tarlino*, etc. [c], s'y rapportent de même; mais les dénominations d'*arquata* et de *falcinellus* sont prises de la courbure de son bec, arqué en forme de faux [d]; il en est de même du nom *numenius*, dont l'origine est dans le mot *néoménie*, temps du croissant de la lune; ce nom a été appliqué au courlis parce que son bec est à peu près en forme de croissant. Les Grecs modernes l'ont appelé *macrimiti* ou long nez [e], parce

lui attribue aussi les noms de *brach-hun*, *giloch*, mais qui paraît se tromper en lui appliquant celui de *himmel-geisz*, approprié au vanneau; en hollandais, *hanikens* (le *schrye* des Frisons, qu'Aldrovande et Gessner prennent pour le courlis, est plutôt le râle, *schrye*, *crex*, noms imitatifs); en danois, *heel-spove*, *regn-spaaer*; en norwégien, *lang-neeb*, *spue*; en lapon, *gusgastak*. Dans nos provinces on lui donne différents noms: en Poitou, *turlu* ou *corbigeau*, en Bretagne, *corbichet*; en Picardie, *turlui* ou *courleru*; en Bourgogne, *curlu*, *turlu*; en basse Normandie, *corlui*; tous noms pris de sa voix, car il se nomme lui-même; en quelques endroits, *bécasse de mer*. — *Corlis* et *corlieu*. Belon, *Nat. des oiseaux*, p. 204; et *Portraits d'oiseaux*, p. 47, *b*, avec une mauvaise figure. — *Arquata seu numenius*. Gessner, *Avi.*, p. 221, avec une figure assez reconnaissable, p. 222. Idem, *Icon. avi.*, p. 113. — *Numenius veterum, vel ei cognatus, arquata major; arquata seu numenius*. Aldrovande, *Avi.*, t. III, p. 424. — *Mus. Worms.*, p. 307. — *Arquata*. Jonston, *Avi.*, p. 108. — *Numenius Aldrovandi, sive arquata*. Willughby, *Ornithol.*, p. 216. — Marsigli, *Danub.*, p. 38. — *Numenius sive arcuata major*. Ray, *Synops. avi.*, p. 103, n° 1, *d*. — *Numenius, arquata, Gessneri, Aldrovandi*. Klein, *Avi.*, p. 109, n° 1. — Sibbald, *Scot. illustr.*, part. II, lib. III, p. 18. — *Pardalus primus*. Schwenckfeld, *Aviar. Siles.*, p. 315. — Rzaczynski, *Auctuar. hist. nat. Polon.*, p. 365. — *Arquata, arcuata, numenius veterum, curlinus*. Charleton, *Exercit.*, p. 111, n° 2. Idem, *Onomast.*, p. 106, n° 2. — *Arquata albicans, maculis sub-castaneis*. Barrère, *Ornithol.*, class. IV, gen. 9, sp. 1. — *Numenius*. Mœhring, *Avi.*, gen. 87. — « Scolopax rostro arcuato, pedibus cærulescentibus, alis nigris maculis niveis... » *Arquata*. Linnæus, *Syst. nat.*, édit. X, gen. 77, sp. 5. — « Numenius rostro arcuato, alis nigris, « maculis niveis, pedibus cærulescentibus.. » Idem, *Fauna Suec.*, n° 139. — *The curlew*. *British Zoology*, p. 118. — *Arquata*. Brunnich., *Ornithol. boreal.*, n° 158. — *Scolopax arquata*. Muller, *Zoolog. Danic.*, n° 179. — *Courlis de mer*. Salerne, *Ornithol.*, p. 319. — « Numenius pennis in medio fusco-nigricantibus, in utroque margine fulvis supernè vestitus, « infernè albus; gutture albido, maculis griseis vario; pectore et lateribus ad fulvum vergen- « tibus, maculis transversis fuscis insignitis; uropygio candido maculis longitudinalibus fuscis « notato; rectricibus binis intermediis griseis, lateribus albis, omnibus fusco transversim « striatis... » *Numenius*. Brisson, *Ornithol.*, t. V, p. 311.

a. « Elorios avis est apud mare victitans, similiter ut crex; cælo tranquillo ad littus « pascitur. »

b. « Il a gaigné son nom françois de son cri, car en volant il prononce *corlieu*. « Belon.

c. Voyez la nomenclature.

d. « Arquatam appellare volui hanc avem, quòd rostrum ejus inflectatur instar arcus. » Gessner, pag. 215. Il dérive de la même source le nom d'*arcase* que lui donnent les Italiens.

e. Belon, *Observations*, pag. 12.

1. Mot heureux, et définition d'une singulière justesse.

qu'il a le bec très-long, relativement à la grandeur de son corps; ce bec est assez grêle, sillonné de rainures, également courbé dans toute sa longueur, et terminé en pointe mousse; il est faible et d'une substance tendre, et ne paraît propre qu'à tirer les vers de la terre molle : par ce caractère, les courlis pourraient être placés à la tête de la nombreuse tribu d'oiseaux à longs becs effilés, tels que les bécasses[1], les barges, les chevaliers, etc., qui sont autant oiseaux de marais que de rivage, et qui n'étant point armés d'un bec propre à saisir ou percer les poissons, sont obligés de s'en tenir aux vers et aux insectes, qu'ils fouillent dans la vase et dans les terres humides et limoneuses.

Le courlis a le cou et les pieds longs, les jambes en partie nues, et les doigts engagés vers leur jonction par une portion de membrane; il est à peu près de la grosseur d'un chapon; sa longueur totale est d'environ deux pieds, celle de son bec de cinq à six pouces, et son envergure de plus de trois pieds; tout son plumage est un mélange de gris blanc, à l'exception du ventre et du croupion, qui sont entièrement blancs; le brun est tracé par pinceaux sur toutes les parties supérieures, et chaque plume est frangée de gris blanc ou de roussâtre; les grandes pennes de l'aile sont d'un brun noirâtre[a]; les plumes du dos ont le lustre de la soie; celles du cou sont duvetées, et celles de la queue, qui dépasse à peine les ailes pliées, sont, comme les moyennes de l'aile, coupées de blanc et de brun noirâtre. Il y a peu de différence entre le mâle et la femelle[b], qui est seulement un peu plus petite[c], et dès lors la description particulière que Linnæus a donnée de cette femelle est superflue[d].

Quelques naturalistes ont dit que, quoique la chair du courlis sente le marais, elle ne laisse pas d'être fort estimée, et mise par quelques-uns au premier rang entre les oiseaux d'eau[e]. Le courlis se nourrit de vers de terre, d'insectes, de menus coquillages[f], qu'il ramasse sur les sables et les vases de la mer, ou sur les marais et dans les prairies humides; il a la langue très-courte et cachée au fond du bec; on lui trouve de petites pierres[g]

---

a. C'est sur ce caractère du plumage moucheté ou *pardé* que Schwenckfeld forme le nom et le genre de ses *pardales;* mais le malheur attaché à tous les raffinements de nomenclature veut que ce genre, créé, ce semble, exprès pour les courlis, exclue précisément plus de la moitié des espèces des courlis qui n'ont pas le plumage moucheté, et par conséquent ne sont point des *pardales.*

b. « Le courlis est constant en son plumage, n'estant coustumier de changer sa couleur, et « n'ayant beaucoup de distinction du mâle à la femelle. » Belon, *Nat. des oiseaux*, p. 204.

c. Willughby.

d. Numenius Rudbeckii. Fauna Suecica, nº 139.

e. Willughby, *Ornithol.*, p. 216. Belon , *Nat. des oiseaux.*

f. Idem. Willughby dit y avoir trouvé une fois une grenouille.

g. Gessner.

1. C'est ce qu'a fait Cuvier. Dans son genre *Bécasses*, les *ibis* sont le premier sous-genre, et les *courlis* le second.

et quelquefois des graines [a] dans le ventricule, qui est musculeux comme celui des granivores [b] ; au-dessus de ce gésier l'œsophage s'enfle en manière de poche tapissée de papilles glanduleuses [c] ; il se trouve deux cœcums de trois ou quatre doigts de longueur dans les intestins [d].

Ces oiseaux courent très-vite et volent en troupes [e] ; ils sont de passage en France, et s'arrêtent à peine dans nos provinces intérieures; mais ils séjournent dans nos contrées maritimes, comme en Poitou, en Aunis [f] et en Bretagne le long de la Loire, où ils nichent [g]. On assure qu'en Angleterre ils n'habitent les côtes de la mer qu'en hiver, et qu'en été ils vont nicher dans l'intérieur du pays vers les montagnes [h] ; en Allemagne ils n'arrivent que dans la saison des pluies et par de certains vents; car les noms qu'on leur donne dans les différents dialectes de la langue allemande ont tous rapport aux vents, aux pluies ou aux orages [i] ; on en voit dans l'automne en Silésie [j], et ils se portent en été jusqu'à la mer Baltique [k] et au golfe de Bothnie [l] ; on les trouve également en Italie et en Grèce, et il paraît que leurs migrations s'étendent au delà de la mer Méditerranée, car ils passent à Malte deux fois l'année, au printemps et en automne [m] ; d'ailleurs, les voyageurs ont rencontré des courlis dans presque toutes les parties du monde [n] ; et quoique leurs notices se rapportent, pour la plupart, aux diffé-

a. Albin.

b. Willughby.

c. *Idem.*

d. *Idem.*

e. C'est apparemment d'après la vitesse de sa course que Hesychius donne au courlis le nom de *trochilus* (*apud Aldrov.*, p. 424), appliqué d'ailleurs, et avec plus de justesse, à un petit oiseau qui est le troglodyte. Ce nom de *trochilus* se trouve, à la vérité, donné à un oiseau aquatique dans un passage de Cléarque dans Athénée (lib. iii); mais ce qui manifeste l'erreur de Hesychius, c'est que dans ce même passage, le courlis, *elorios*, est nommé comme différent du *trochilus*, et ce *trochilus* de Cléarque, habitant les rives des eaux, sera ou le *coureur* ou quelqu'un de ces petits oiseaux, *guignettes*, *cincles* ou *pluviers à collier*, qui se tiennent sans cesse sur les rivages, et qu'on y voit courir avec célérité.

f. « On en voit en Poitou des milliers de tout gris. » Salerne, *Ornithol.*, p. 320.

g. *Idem.*

h. *British Zoology*, p. 118. Voyez aussi *Nat. hist. of Cornwall*, p. 247.

i. *Wind-vogel, regen-vogel, wetter-vogel.* Voyez la nomenclature; «tempestatum præsagus,» dit Klein en parlant du courlis.

j. Schwenckfeld.

k. Klein.

l. *Fauna Suecica.* Brunnich., *Ornithol. boreal.*

m. Observation communiquée par M. le commandeur Desmazy.

n. On trouve des *corlieux* à la Nouvelle-Hollande. Cook, *Premier Voyage*, t. IV, p. 110. — A la Nouvelle-Zélande. Idem, *ibid.*, t. III, p. 119. — En quantité à Tinian, dans les lacs salés. Anson, dans l'*Histoire générale des Voyages*, t. XI, p. 173. — Au Chili. Frezier, *Voyage à la mer du Sud*, p. 111. — « Dans une excursion sur la terre des États, nous prîmes de nouvelles « espèces d'oiseaux, entre autres un joli *corlieu gris*; il avait le cou jaunâtre, et c'était un des « plus beaux oiseaux que nous eussions jamais vus. » Forster, *Second voyage de Cook*, t. IV, p. 62. — « Dans l'île de Mai (une des îles du Cap Vert), nous trouvâmes des *corlues.* » Relation de Roberts, *Histoire générale des Voyages*, t. II, p. 370. — « Le pays de Natal produit

rentes espèces étrangères de cette famille assez nombreuse, néanmoins il
paraît que l'espèce d'Europe se retrouve au Sénégal[a] et à Madagascar, car
l'oiseau représenté, n° 198 de nos planches enluminées[b], est si semblable
à notre courlis, que nous croyons devoir le rapporter à la même espèce; il
ne diffère en effet du courlis d'Europe que par un peu plus de longueur
dans le bec et de netteté dans les couleurs, différences légères qui ne font
tout au plus qu'une variété qu'on peut attribuer à la seule influence du climat : on rencontre quelquefois des courlis blancs[c], comme l'on trouve des
bécasses blanches, des merles, des moineaux blancs; mais ces variétés purement individuelles sont des dégénérations accidentelles qui ne doivent pas
être regardées comme des races constantes.

LE CORLIEU OU PETIT COURLIS.[d e*]

SECONDE ESPÈCE.

Le corlieu est de moitié moins grand que le courlis, auquel il ressemble
par la forme, par le fond des couleurs et même par leur distribu-

« diverses sortes d'oiseaux... On y voit un grand nombre de canards... Il y en a d'autres qui
« ressemblent à peu près à nos *corlis*, dont la chair est noire, mais fort bonne à manger. »
Dampier, *Nouveau voyage autour du monde;* Rouen, 1715, t. II, p. 392. — » A la baie de
« Campêche il y a des canards, des *corlieux*, des pélicans, etc. » Idem, *ibid.,* t. III, p. 315.
— « Il y a de deux sortes de *corlieu* qui diffèrent en grosseur aussi bien qu'en couleur : les
« plus gros sont de la grosseur des coqs d'Inde (ceci paraît exagéré); ils ont les jambes lon-
« gues et le bec crochu ; ils sont d'une couleur obscure ; leurs ailes sont mêlées de noir et de
« blanc ; leur chair est noire, mais bonne et fort saine : nos Anglais les appellent *doubles*
« *corlieux*, parce qu'ils sont du double plus gros que les autres. Les petits corlieux sont d'un
« brun obscur ; ils ont les jambes aussi bien que le bec de même que les précédents ; ils sont
« plus estimés que les autres, parce que leur chair est beaucoup plus délicate. » *Ibidem*,
t. III, p. 316.

a. « On trouve beaucoup d'oiseaux aquatiques dans les marais du Sénégal, tels que les cour-
« lis, bécasses, sarcelles. » *Voyage au Sénégal*, par M. Adanson, pag. 138.

b. Numenius Madagascariensis. Brisson, *Ornithol.,* t. V, p. 321.

c. Salerne, *Ornithol*, pag. 320.

d. Voyez les planches enluminées, n° 842.

e. En italien, *tarangolo* ou *taraniolo;* en anglais, *wimbrel;* en allemand, *regen-vogel*,
wind-vogel (noms déjà donnés au courlis), et dans quelques cantons, *brach-hun*, *brach-
vogel.* — *Arquata minor nostras.* Willughby, *Ornithol.,* p. 217. — Ray, *Synops. avi.,* p. 103,
n° A 2. — *Numenius minor.* Klein, *Avi.,* p. 109, n° 2. — *Arquata minor.* Rzaczynski, *Auct.
hist. nat. Polon.,* p. 366. — *Phœopus altera*, *arquata minor.* Gessner, *Avi.,* p. 499, avec une
figure qui ne ressemble point du tout; la même, *Icon. avi.,* p. 103. — *Gallinula, quam nostri
vocant brach-hun vel phœopus.* Idem, *Avi.,* p. 498, avec une figure aussi mauvaise. — *Gallinula phœopus altera, seu arquata minor.* Aldrovande, *Avi.,* t. III, p. 458. — *Ibid. Gallinula
phœopus*, avec les figures copiées de Gessner; Willughby répète les notices, *Ornithol.,* p. 217.
— « Scolopax rostro arcuato, pedibus cærulescentibus maculis dorsalibus fuscis, rhomboida-

* *Scolopax phœopus* (Linn.). — *Numenius phœopus* ou le *corlieu d'Europe,* vulgairement
petit courlis (Cuv.). — Genre et sous-genre *id.*

tion[a]; il a aussi le même genre de vie et les mêmes habitudes : cependant ces deux espèces sont très-distinctes ; elles subsistent dans les mêmes lieux sans se mêler ensemble, et restent à la distance que met entre elles l'intervalle de grandeur trop considérable pour qu'elles puissent se réunir : l'espèce du corlieu paraît être plus particulièrement attachée à l'Angleterre[b], où, suivant les auteurs de la *Zoologie britannique*, elle est plus commune que celle du grand courlis. Il paraît au contraire qu'elle est fort rare dans nos provinces. Belon ne l'a pas connue, et il y a toute apparence qu'elle n'est pas plus fréquente en Italie qu'en France, car Aldrovande n'en a parlé que confusément d'après Gessner, et il répète le double emploi qu'a fait ce naturaliste en donnant deux fois, parmi les poules d'eau, ce petit courlis sous les dénominations de *phœopus* et de *gallinula*[c] ; car l'on reconnaît le corlieu ou petit courlis aux noms de *regen-vogel* et de *tarangolo*, aussi bien qu'à la plupart des traits de la description qu'il en donne. Willughby s'est aperçu le premier de cette méprise de Gessner, et il a reconnu le même oiseau dans trois notices répétées par cet auteur[d] ; au reste, Gessner s'est encore trompé en rapportant à ce petit courlis les noms de *wind-vogel* et de *wetter-vogel*, qui appartiennent au grand courlis[e] ; et quant à l'oiseau que M. Edwards a donné sous le nom de *petit ibis* (*Glan.* planche 356), c'est certainement un petit courlis, mais dont le plumage était, comme l'observe ce naturaliste lui-même, dans un état de mue, et dont la description ne pourrait par conséquent établir distinctement l'espèce de cet oiseau.

« libus... » *Phœopus.* Linnæus, *Syst. nat.*, édit. X, gen. 77, sp. 6. — « Numenius rostro « arcuato, dorso maculis fuscis rhomboidalibus, pedibus cærulescentibus. » Idem, *Fauna Suec.*, n° 140. — *Wimbrel* ou *petit corlieu.* Edwards, *Glanures*, p. 204 , pl. 307. — *The wimbrel. British Zoology*, p. 119. — *Petit courlis.* Salerne, *Ornithol.*, p. 321. — « Numenius pennis in « medio saturatè fuscis ad margines griseis supernè vestitus infernè albus ; capite superiore « fusco, tæniâ in medio longitudinali, maculis cinereo albis, variè insignito ; maculâ rostrum « inter et oculos candidâ, pectore et lateribus, ad fulvum vergentibus, maculis in pectore lon-« gitudinalibus, in lateribus transversis fuscis ; uropygio candido ; rectricibus sex intermediis « griseo-fuscis tribus utrimque extimis albis exteriùs ad fulvum vergentibus, omnibus fusco « transversim striatis... » *Numenius minor.* Brisson, *Ornithol.*, t. V, p. 317.

a. « Magnitudine excepta arquatæ majori simillima, dimidio minor. » Willughby, *Ornithol.*

b. *Arquata nostras. British Zoology.*

c. Voyez la nomenclature.

d. *Ornithol.*, page 217.

e. L'oiseau nommé *toréa* aux îles de la Société, et qui est appelé dans le *Voyage de Cook petit corlieu,* ne paraît pas être de la famille des courlis : il est dit que le *toréa* se trouve *autour des vaisseaux,* et nous ne savons pas qu'aucun courlis s'avance en mer ni quitte le rivage.

LE COURLIS VERT OU COURLIS D'ITALIE. [a] [b] *

TROISIÈME ESPÈCE.

Cet oiseau est connu sous le nom de *courlis d'Italie*, mais on peut aussi le désigner par sa couleur; il est plus grand que ne le dit M. Brisson et qu'il n'est représenté dans nos planches enluminées, car Aldrovande assure qu'il approche de la taille du héron, dont quelquefois même les Italiens lui donnent le nom [c]; celui de *falcinello*, que ce naturaliste et Gessner paraissent lui appliquer exclusivement, peut convenir aussi bien à tous les autres courlis qui ont également le bec courbé en forme de faux; celui-ci a la tête, le cou, le devant du corps et les côtés du dos d'un beau marron foncé; le dessus du dos, des ailes et de la queue d'un vert bronzé ou doré, suivant les reflets de lumière; le bec est noirâtre ainsi que les pieds et la partie nue de la jambe. Gessner n'a décrit qu'un oiseau jeune qui n'avait encore ni sa taille ni ses couleurs; ce courlis, commun en Italie, se trouve aussi en Allemagne [d], et le courlis du Danube de Marsigli [e], cité par M. Brisson [f], n'est, selon toute apparence, qu'une variété dans cette espèce.

a. Voyez les planches enluminées, n° 819, sous le nom de *Courlis d'Italie.*

b. Falcinellus. Gessner, *Avi.*, p. 220. — *Falcata. Icon. avi.*, p. 116, avec une mauvaise figure. — *Falcinellus sive avis falcata.* Aldrovande, *Avi.*, p. 422. — Jonston, *Avi.*, p. 105. — Charleton, *Exercit.*, p. 110, n° 7. Idem, *Onomast.*, p. 103, n° 7. — *Falcinellus Gessneri et Aldrovandi.* Willughby, *Ornithol.*, p. 218. — *Numenius sub-aquilus.* Klein, *Avi.*, p. 110, n° 8. (*Nota.* Il est bon de remarquer l'étrange généalogie de cette dénomination : de *falcinellus*, Klein a fait *falconellus*, et de *falconellus*, *sub-aquilus*; ainsi ce courlis est devenu, par une suite de l'abus des mots, un petit faucon, un petit aigle, et n'est tout simplement qu'un courlis.) — Le fauconneau, *falcinellus.* Salerne, *Ornithol.*, p. 322. — *Falcinellus Gessneri*, etc. Marsigli, *Danub.*, t. V, p. 42, avec une figure assez bonne, pl. 18; le même oiseau, tab. 20, avec une figure beaucoup moins exacte. — « Numenius supernè obscurè viridi-aureus, cupri « puri colore varians, infernè cinereo-fuscus, capite superiore fusco, lineis longitudinalibus « albidis vario, gutture et collo fusco-castaneis, gutture et collo inferioris parte supremà lineis « longitudinalibus albidis variegatis; rectricibus viridi-aureis cupri puri colore variantibus; « caudà non nihil bifurcà... » *Numenius viridis.* Brisson, *Ornithol.*, t. V, p. 326.

c. « Airon nigro Italis nominatur avis aucupibus nostris falcinello dicta. » Aldrovande, page 422.

d. Il y porte, suivant Gessner, les noms de *weltscher-vogel*, *sichler*, *sagiser.*

e. Marsigli, *Danub.*, t. V, p. 40, pl. 18.

f. « Numenius splendidè castaneus, pectore viridi; rectricibus splendidè castaneis... » *Numenius castaneus.* Brisson, *Ornithol.*, t. V, p. 329.

* *Scolopax falcinellus* (Linn.). — *Ibis falcinellus*, ou l'*ibis vert*, vulgairement *courlis vert* (Cuv.). — Sous-genre *Ibis* (Cuv.). — « C'est un bel oiseau du midi de l'Europe et du nord de « l'Afrique, et, selon toute apparence, l'espèce que les anciens appelaient *ibis noir.* » (Cuvier.) — Voyez la note 1 de la page 166, et la nomenclature * de la page 171.

LE COURLIS BRUN. [a] [*]

QUATRIÈME ESPÈCE.

M. Sonnerat a trouvé ce courlis aux Philippines, dans l'île de Luçon ; il est de la taille du grand courlis d'Europe ; tout son plumage est d'un brun roux ; ses yeux sont entourés d'une peau verdâtre ; l'iris est d'un rouge de feu ; son bec est verdâtre, et ses pieds sont d'un rouge de laque.

LE COURLIS TACHETÉ. [b] [**]

CINQUIÈME ESPÈCE.

Ce courlis, qui se trouve aussi à l'île de Luçon, aurait, comme le précédent, beaucoup de rapport avec notre grand courlis, s'il n'était pas d'un tiers plus petit ; il en diffère encore en ce qu'il a le sommet de la tête noir et les couleurs différemment distribuées ; elles sont jetées sur le dos, par mouchetures au bord des plumes, et, sur le ventre, par ondes ou hachures transversales.

LE COURLIS A TÉTE NUE. [c] [***]

SIXIÈME ESPÈCE.

L'espèce de ce courlis est nouvelle et très-singulière : sa tête entière est nue, et le sommet en est relevé par une sorte de bourrelet couché et roulé en arrière de cinq lignes d'épaisseur, et recouvert d'une peau très-rouge, très-mince, et sous laquelle on sent immédiatement la protubérance osseuse qui forme le bourrelet ; le bec est du même rouge que ce couronnement de la tête ; le haut du cou et le devant de la gorge sont aussi dénués de plumes, et la peau est sans doute vermeille dans l'oiseau vivant ; mais nous ne l'avons vue que livide sur l'individu mort que nous décrivons, et qui nous a été apporté du cap de Bonne-Espérance par M. de la Ferté. Il a toute

a. Sonnerat, *Voyage à la Nouvelle-Guinée,* pag. 85.
b. Idem, *ibidem.*
c. Voyez les planches enluminées, n° 867.

  * *Tantalus manillensis* (Gmel.). — *Ibis fuscata* (Vieill., Desm.).
  ** *Scolopax luzoniensis* (Gmel.). — « Cet oiseau est un vrai *courlis* pour M. Vieillot. » (Desmarets.)
  *** *Tantalus calvus* (Gmel.). — *Ibis calvus* (Cuv.).

la forme du courlis d'Europe, sa taille est seulement plus forte et plus épaisse; son plumage, sur un fond noir, offre dans les pennes de l'aile des reflets de vert et de pourpre changeants; les petites couvertures sont d'un violet pourpré assez fort de teinte, mais plus léger sur le dos, le cou et le dessous du corps; les pieds et la partie nue de la jambe, sur la longueur d'un pouce, sont rouges comme le bec, qui est long de quatre pouces neuf lignes : ce courlis, mesuré de la pointe du bec à l'extrémité de la queue, a deux pieds un pouce, et un pied et demi de hauteur dans son attitude naturelle.

LE COURLIS HUPPÉ. *a* *

SEPTIÈME ESPÈCE.

La huppe distingue ce courlis de tous les autres, qui généralement ont la tête plus ou moins lisse, ou recouverte de petites plumes fort courtes; celui-ci, au contraire, porte une belle touffe de longues plumes, partie blanches et partie vertes, qui se jettent en arrière en panache; le devant de la tête et le tour du haut du cou sont verts; le reste du cou, le dos et le devant du corps sont d'un beau roux marron; les ailes sont blanches; le bec et les pieds sont jaunâtres; un large espace de peau nue environne les yeux; le cou, bien garni de plumes, paraît moins long et moins grêle que dans les autres courlis : ce bel oiseau huppé se trouve à Madagascar. Les sept espèces de courlis que nous venons de décrire appartiennent toutes à l'ancien continent, et nous en connaissons aussi huit autres dans le nouveau.

COURLIS DU NOUVEAU CONTINENT

LE COURLIS ROUGE. *b c* **

PREMIÈRE ESPÈCE.

Les terres basses et les plages de vase qui avoisinent les mers et les grands fleuves de l'Amérique méridionale sont peuplées de plusieurs

a. Voyez les planches enluminées, nº 841.

b. Voyez les planches enluminées, nº 81, ce courlis adulte; nº 80, le même à l'âge de deux ans.

c. *Guara Brasiliensibus.* Marcgrave, *Hist. nat. Brasil.*, p. 203. — De Laët, *Nov. orb.*, p. 575. — Jonston, *Avi.*, pag. 139 et 151. — Willughby, *Ornithol.*, p. 219. — Charleton,

* *Tantalus cristatus* (Gmel.). — *Ibis cristata* (Cuv.).

** *Tantalus ruber* (Gmel.). — *Ibis rubra* (Cuv.).

espèces de courlis : la plus belle de ces espèces, et la plus commune à la Guiane, est celle du courlis rouge ; tout son plumage est écarlate, à l'exception de la pointe des premières pennes de l'aile, qui est noire ; les pieds, la partie nue des jambes et le bec sont rouges ou rougeâtres [a], ainsi que la peau nue qui couvre le devant de la tête depuis l'origine du bec jusqu'au delà des yeux ; ce courlis est aussi grand, mais un peu moins gros que le courlis d'Europe ; ses jambes sont plus hautes, et son bec, plus long, est aussi plus robuste et beaucoup plus épais vers la tête ; le plumage de la femelle est d'un rouge moins vif que celui du mâle [b] ; mais l'un et l'autre ne prennent qu'avec l'âge cette belle couleur ; leurs petits naissent couverts d'un duvet noirâtre [c] ; ils deviennent ensuite cendrés, puis blancs lorsqu'ils commencent à voler [d], et ce n'est que dans la seconde ou la troisième année que ce beau rouge paraît par nuances successives, et prend plus d'éclat à mesure qu'ils avancent en âge.

Ces oiseaux se tiennent en troupes, soit en volant, soit en se posant sur les arbres, où par leur nombre et leur couleur de feu, ils offrent le plus beau coup d'œil [e] ; leur vol est soutenu et même assez rapide, mais ils ne se mettent en mouvement que le matin et le soir : par la chaleur du jour ils entrent dans les criques et s'y tiennent au frais sous les palétuviers jusque vers les trois ou quatre heures, qu'ils retournent sur les vases, d'où ils reviennent aux criques pour passer la nuit. On ne voit guère un de ces courlis seul, ou si quelqu'un s'est détaché de la troupe, il ne tarde pas à la rejoindre ; mais ces attroupements sont distingués par âges, et les vieux tiennent assez constamment leurs bandes séparées de celles des jeunes. Les couvées commencent en janvier et finissent en mai ; ils déposent leurs œufs sur les grandes herbes qui croissent sous les palétuviers ou dans les brossailles sur quelques bûchettes rassemblées, et ces œufs sont verdâtres ; on prend aisément les petits à la main, lors même que la mère les conduit à

Exercit., p. 119, n° 3. Idem, *Onomast.*, p. 116, n° 3. — *Mus. Worms.*, p. 308. — *Mus. Reg. Soc. grew.*, part. I, p. 66. — Sloane, *Jamaïca*, p. 317. — Ray, *Synops. avi.*, p. 104, n° 6. — *Numenius Indicus.* Clus., *Exotic. Auctuar.*, p. 366. — *Numenius ruber.* Klein, *Avi.*, p. 109, n° 5. — Idem, *Ardea porphyrio*, p. 124, n° 11. — *Arquata phœnicea.* Barrère, *France équinoxiale*, p. 126. Idem, *Ornithol.*, class. IV, gen. 9, sp. 6. — *Ibis.* Mœhring, *Avi.*, gen. 80. — *Avis porphyrio Amboinensis, seu ardea rubra, corallina, ibidis species.* Seba, *Thesaurus*, vol. I, p. 98. — « Scolopax rostro arcuato ; pedibus rubris, corpore sanguineo, alarum apici- « bus nigris... » *Scolopax rubra.* Linnæus, *Syst. nat.*, édit. X, gen. 77, sp. 1. — *Red-curlew.* Catesby, *Carolina*, t. I, p. 98, avec une assez belle figure, pl. 84. — « Numenius coccineus, « capite anteriore nudo ; pallidè rubro ; remigibus binis majoribus apice nigro-chalybeis ; rec- « tricibus coccineis scapis primà medietate albis ; rostro pedibusque pallidè rubris... » *Numenius Brasiliensis coccineus.* Brisson, *Ornithol.*, t. V, p. 344.

a. Cette couleur du bec peut varier : Marcgrave le dit *blanc cendré* ; Clusius, *jaune d'ocre.*

b. Catesby.

c. Marcgrave.

d. De Laët.

e. « Les guaras volent en troupes, et leur plumage écarlate forme un très-beau spectacle « sous les rayons du soleil. » *Histoire générale des Voyages*, t. XIV, p. 304.

terre pour chercher les insectes et les petits crabes, dont ils font leur première nourriture ; ils ne sont point farouches et s'habituent aisément à vivre à la maison. « J'en ai élevé un, dit M. de la Borde, que j'ai gardé « pendant plus de deux ans ; il prenait de ma main ses aliments avec beau- « coup de familiarité, et ne manquait jamais l'heure du déjeuner ni du « dîner ; il mangeait du pain, de la viande crue, cuite ou salée, du poisson, « tout l'accommodait ; il donnait cependant la préférence aux entrailles de « poissons et de volailles, et pour les recueillir il avait soin de faire souvent « un tour à la cuisine : hors de là il était continuellement occupé autour « de la maison à chercher des vers de terre, ou dans un jardin à suivre le « labour du nègre jardinier ; le soir il se retirait de lui-même dans un pou- « lailler où couchaient une centaine de volailles ; il se juchait sur la plus « haute barre, chassait à grands coups de bec toutes les poules qui vou- « laient s'y placer, et s'amusait souvent pendant la nuit à les inquiéter ; il « s'éveillait du grand matin et commençait par faire trois ou quatre tours au « vol autour de la maison ; quelquefois il allait jusqu'au bord de la mer, mais « sans s'y arrêter. Je ne lui ai entendu d'autre cri qu'un petit croassement « qui paraissait une expression de peur à la vue d'un chien ou d'un autre « animal ; il avait pour les chats beaucoup d'antipathie sans les craindre, « il fondait sur eux avec intrépidité et à grands coups de bec. Il a fini par « être tué tout près de la maison, sur une mare, par un chasseur qui le « prit pour un courlis sauvage. »

Ce récit de M. de la Borde s'accorde assez avec le témoignage de Laët, qui ajoute qu'on a vu quelques-uns de ces oiseaux s'unir et produire en domesticité [a] ; nous présumons donc qu'il serait aussi facile qu'agréable d'élever et de multiplier cette belle espèce, qui ferait l'ornement des basses-cours [b] et peut-être ajouterait aux délices de la table, car la chair de cet oiseau, déjà bonne à manger, pourrait encore se perfectionner et perdre avec une nourriture nouvelle le petit goût de marais qu'on lui trouve [c], outre que s'accommodant de toutes sortes d'aliments et de tous les débris de la cuisine, il ne coûterait rien à nourrir. Au reste, nous ignorons si, comme le dit Marcgrave, ce courlis trempe dans l'eau tout ce qu'on lui donne avant de le manger [d].

Dans l'état sauvage, ces oiseaux vivent de petits poissons, de coquillages,

---

a. « Pariunt quoque sub tectis. » *Nov. orb.*, p. 575.

b. En même temps que nous écrivons ceci, il y a un courlis rouge vivant à la ménagerie de S. A. S. Monseigneur le prince de Condé, à Chantilly.

c. « On le mange en ragoûts et on en fait d'assez bons civets, mais il faut auparavant le rôtir à moitié pour lui enlever une partie de son huile, qui a un goût de marée. » Note donnée par un colon de Cayenne. — « La chair du courlis rouge est un mets très-estimé. » *Essay on the nat. hist. of Guiana*, pag. 172.

d. « Victitat piscibus, carne, adjunctà semper aquà. » Marcgrave, pag. 203. — « Victitat « carnibus, piscibus, aliisque eduliis semper aquà temperatis. » Laët, pag. 573.

d'insectes qu'ils recueillent sur la vase quand la marée se retire ; jamais ils ne s'écartent beaucoup des côtes de la mer, ni ne se portent sur les fleuves loin de leur embouchure ; ils ne font qu'aller et venir dans le même canton où on les voit toute l'année. L'espèce en est néanmoins répandue dans la plupart des contrées les plus chaudes de l'Amérique[a] ; on les trouve également aux embouchures de Rio-Janeiro[b], du Maragnon, etc., aux îles de Bahama[c] et aux Antilles[d] ; les Indiens du Brésil, qui aiment à se parer de leurs belles plumes, donnent à ces courlis le nom de *guara* : celui de *flammant*, qu'on leur a donné à Cayenne, se rapporte au beau rouge de flamme de leur plumage ; et c'est mal à propos que dans cette colonie l'on applique ce nom de *flammant* indifféremment à tous les courlis[e]. C'est aussi sans fondement que le voyageur Cauche rapporte au courlis rouge du Brésil son courlis violet de Madagascar, à moins qu'il n'ait entendu faire seulement comparaison de figure entre ces deux oiseaux ; car la couleur violette qu'il attribue au sien est bien différente du brillant écarlate de notre courlis rouge : tout ce que nous pouvons inférer de sa notice, c'est qu'il se trouve à Madagascar une espèce de courlis à plumage violet[f], qu'aucune autre relation ne nous fait d'ailleurs connaître.

LE COURLIS BLANC. [g][h][*]

SECONDE ESPÈCE.

On pourrait prendre ce courlis pour le courlis rouge portant encore sa première couleur ; mais Catesby, qui a connu l'un et l'autre, donne celui-ci

a. Catesby.

b. Marcgrave.

c. Catesby.

d. Sloane.

e. Voyez Barrère.

f. « Les hérons de ce pays (de Madagascar) ont de grands et gros becs qui se courbent peu « à peu en bas, à la façon des coutelas polonais ; leurs plumes sont violettes ; les ailes finissent « avec la queue ; leurs cuisses, jusqu'au nœud de la jambe, sont couvertes de petites plumes, « les jambes longues et déchargées d'un gris de lave, comme est aussi le bec ; le poussin est « noir ; lorsqu'il grandit il est cendré, puis après blanc, puis rouge, et enfin colombin ou d'un « violet clair : il vit de poisson. Il s'en trouve de semblables au Brésil, appelés *guara* ; la « figure est dans Marcgravius. » *Voyage à Madagascar et au Brésil*, par François Cauche ; Paris, 1651, page 133.

g. Voyez les planches enluminées, n° 915.

h. *White curlew*. Catesby, *Carolina*, t. I, p. 82 , avec une belle figure, pl. 82. — *Numenius albus*. Klein , *Avi.*, p. 109, n° 3. — « Scolopax rostro arcuato, pedibus rubris, corpore albo, « alarum apicibus viridibus... » *Scolopax alba*. Linnæus, *Syst. nat.*, édit. X, gen. 77, sp. 2. — « Numenius albus ; capite anteriore nudo, pallidè rubro ; remigibus quatuor majoribus « apice nigro-virescentibus ; rectricibus candidis ; rostro pedibusque pallidè rubris... » *Numenius Brasiliensis candidus*. Brisson , *Ornithol.*, t. V, p. 339.

* *Tantalus albus* (Gmel.). — *Ibis albus* (Cuv.).

comme étant d'espèce différente : il est en effet un peu plus grand que le
courlis rouge; il a les pieds, le bec, le tour des yeux et le devant de la tête
d'un rouge pâle; tout le plumage blanc, à l'exception des quatre premières
pennes de l'aile, qui sont d'un vert obscur à leur extrémité. Ces oiseaux
arrivent à la Caroline en grand nombre vers le milieu de septembre, qui
est la saison des pluies; ils fréquentent les terres basses et marécageuses;
ils y demeurent environ six semaines, et disparaissent ensuite jusqu'à l'année suivante : apparemment ils se retirent vers le sud pour nicher dans un
climat plus chaud [a]. Catesby dit avoir trouvé des grappes d'œufs dans plusieurs femelles peu de temps avant leur départ de la Caroline; elles ne diffèrent pas des mâles par les couleurs, et tous deux ont la chair et la graisse
jaunes comme du safran.

LE COURLIS BRUN A FRONT ROUGE. [b]*

TROISIÈME ESPÈCE.

Ces courlis bruns arrivent à la Caroline avec les courlis blancs de l'espèce
précédente, et mêlés dans leurs bandes; ils sont de même grandeur, mais
en plus petit nombre, *y ayant bien*, dit Catesby, *vingt courlis blancs pour
un brun*. Ceux-ci sont en effet tout bruns sur le dos, les ailes et la queue, et
sont d'un gris brun sur la tête et le cou, et tout blancs sur le croupion et
le ventre; ils ont le devant de la tête dégarni de plumes et couvert d'une
peau d'un rouge pâle : le bec et les pieds sont de cette même couleur. Ils
ont, comme les courlis blancs, la chair et la graisse jaunes : ces deux
espèces d'oiseaux arrivent et repartent ensemble; ils passent en hiver de
la Caroline à des contrées plus méridionales, comme à la Guiane, où ils
sont nommés *flammants gris*.

a. Nous avons reçu ce courlis blanc de la Guiane; mais il paraît que c'est sans autorité que
M. Brisson le fait natif *du Brésil*.

b. Brown curlew. Catesby, t. I, p. 83, avec une belle figure. — *Arquata cinerea.* Barrère,
France équinox., p. 126. Idem, *Ornithol.*, class. IV, gen. 9, sp. 5. — *Numenius fuscus.* Klein,
Avi., p. 109, n° 4. — « Scolopax rostro arcuato; pedibus rubris, corpore fusco, caudâ basi
« albâ... » *Scolopax fusca.* Linnæus, *Syst. nat.*, édit. X, gen. 77, sp. 3. — « Numenius
« supernè fuscus, infernè albus, capite anteriore nudo, pallidè rubro, capite posteriore et collo
« dilutè fuscis; uropygio candido; rectricibus fuscis; rostro pedibusque pallidè rubris... »
Numenius Brasiliensis fuscus. Brisson, *Ornithol.*, t. V, p. 341.

* *Tantalus fuscus* (Gmel.). — *Ibis fusca* (Vieill., Desm.).

LE COURLIS DES BOIS. [a] *

QUATRIÈME ESPÈCE.

Cet oiseau, que les colons de Cayenne ont appelé *flammant des bois*, vit en effet dans les forêts le long des ruisseaux et des rivières, et il se tient loin des côtes de la mer, que les autres courlis ne quittent guère ; il a aussi des mœurs différentes et ne va point en troupes, mais seulement accompagné de sa femelle ; il se pose, pour pêcher, sur les bois qui flottent dans l'eau ; il n'est pas plus grand que le courlis vert d'Europe, mais son cri est beaucoup plus fort ; tout son plumage porte une teinte de vert très-foncé sur un fond brun sombre qui de loin paraît noir, et qui de près offre de riches reflets bleuâtres ou verdâtres ; les ailes et le haut du cou ont la couleur et l'éclat de l'acier poli ; on voit des reflets bronzés sur le dos, et d'un lustre pourpré sur le ventre et le bas du cou ; les joues sont dénuées de plumes. M. Brisson n'a pas fait mention de cette espèce, quoique Barrère l'ait indiquée deux fois sous les noms d'*arquata viridis sylvatica*, et de *flammant des bois* [b].

LE GOUARONA. [c] **

CINQUIÈME ESPÈCE.

Guara est, comme nous l'avons vu, le nom du courlis rouge chez les Brasiliens ; ils nomment *guarana* ou *gouarona* celui-ci, dont le plumage est d'un brun marron, avec des reflets verts au croupion, aux épaules et au côté extérieur des pennes de l'aile ; la tête et le cou sont variés de petites lignes longitudinales blanchâtres sur un fond brun. Cet oiseau a deux pieds de longueur du bec aux ongles [d] ; il a beaucoup de rapports avec le courlis

a. Voyez les planches enluminées, n° 820.

b. *France équinoxiale*, p. 127. — *Ornithol.*, p. 74.

c. *Guarauna*. Pison, *Hist. nat.*, p. 91. — *Guarauna Brasiliensibus*. Marcgrave, *Hist. nat. Brasil.*, p. 204. — Jonston, *Avi.*, p. 139. — Ray, *Synops. avi.*, p. 104 , n° 7. — Willughby, *Ornithol.*, p. 215. — *Rusticola maritima minor*. Barrère, *France équinox.*, p. 147. — « Numenius castaneo-fuscus ; capite, gutture et collo fuscis, lineolis longitudinalibus albidis varie-« gatis ; uropygio, pennis scapularibus et tectricibus alarum superioribus splendidè fuscis, « viridi colore variantibus ; rectricibus supernè concoloribus, subtùs penitùs fuscis... » *Numenius Americanus fuscus*. Brisson, *Ornithol.*, t. V, p. 330.

d. Marcgrave dit qu'il est *magnitudine iacu* ; or, l'yacou (voyez volume V de cette édition page 438) est à peine aussi gros qu'une poule ordinaire, taille qui convient tout à fait à un courlis.

* *Tantalus cayennensis* (Gmel.). — *Ibis cayennensis* (Cuv.).

** *Scolopax guarauna* (Gmel.). — *Numenius guarauna* (Vieill., Desm.).

vert d'Europe, et paraît être le représentant de cette espèce en Amérique ;
sa chair est assez bonne, au rapport de Marcgrave, qui dit en avoir mangé
souvent : on le trouve à la Guiane aussi bien qu'au Brésil.

L'ACALOT. [a][*]

SIXIÈME ESPÈCE.

Nous abrégeons ainsi le nom d'*acacalotl* que porte ce courlis au Mexique,
où il est indigène ; il a, comme la plupart des autres, le front dénué de
plumes et couvert d'une peau rougeâtre ; son bec est bleu ; le cou et le derrière de la tête sont revêtus de plumes brunes, mêlées de blanc et de vert ;
ses ailes brillent de reflets verts et pourpres, et c'est apparemment d'après
ces caractères que M. Brisson a cru devoir l'appeler *courly varié ;* mais il
est aisé de voir, par le nom de *corbeau aquatique* que lui donnent Fernandez et Nieremberg, que ces couleurs portent sur un fond sombre et approchant du noir. M. Adanson, en observant que cet oiseau diffère du courlis
d'Europe en ce qu'il a le front chauve, l'assimile par ce trait à l'ibis, au
guara, au *curicaca,* dont il forme un genre particulier ; mais le caractère
par lequel il sépare ces oiseaux des courlis, savoir la nudité du devant de
la tête, ne nous paraît pas suffisant, vu qu'en tout le reste la forme de ces
oiseaux est semblable, et que cette différence elle-même se nuance entre
eux par degrés : en sorte qu'il y a des espèces, comme celle du courlis vert,
qui n'ont que le tour des yeux nu, tandis que d'autres, comme celui-ci,
ont une grande partie du front nue. Nous avons cru devoir séparer le *curicaca* [1] du courlis, à cause de sa grandeur et de quelques autres différences
essentielles, particulièrement de celle de la forme du bec. Du reste, nous ne
voyons pas ce qui a pu engager ce savant naturaliste à placer ces oiseaux
dans la famille des *vanneaux* [b].

a. *Acacalotl, seu corvus aquaticus.* Fernandez , *Hist. nov. Hisp.*, p. 15, cap. ix. — *Corvus
aquaticus.* Nieremberg, p. 215. — Jonston, *Avi.*, p. 127. — Willughby, *Ornithol.*, p. 218. —
« Numenius supernè purpureo, viridi et nigricante varius, infernè fuscus, rubro variegatus,
« capite anteriore nudo, albo rufescente, collo fusco, albo, viridi et rufescente vario; rectrici-
« bus viridibus, cupri puri colore variantibus, rostro cyaneo; pedibus nigricantibus... » *Numenius Mexicanus varius.* Brisson, *Ornithol.*, t. V, p. 333.

b. Voyez *Supplément à l'Encyclopédie,* article *Acacalotl.*

* *Tantalus mexicanus* (Gmel.). — « Du genre *Ibis,* selon M. Vieillot. » (Desmarets.)

1. Voyez, plus loin, la nomenclature du *grand courlis de Cayenne.*

LE MATUITUI DES RIVAGES. [a] *

SEPTIÈME ESPÈCE.

Si cet oiseau nous était mieux connu, nous le séparerions peut-être, comme le curicaca, de la famille des courlis, vu que Marcgrave et Pison le disent semblable en petit au *curicaca*, lequel s'éloigne du courlis par le caractère du bec autant que par la taille; mais avant de savoir si ce caractère du bec convient également au matuitui, nous ne pouvons que l'indiquer ici, en observant néanmoins que le nom de *petit courlis* que lui donne M. Brisson paraît mal appliqué, puisque cet oiseau est à peu près de la grosseur d'une poule [b], c'est-à-dire de la première grandeur dans le genre des courlis. Au reste, ce matuitui des rivages est différent d'un autre petit *matuitui* dont parle ailleurs Marcgrave, qui n'est guère plus gros qu'une alouette [c], et qui paraît être un petit pluvier à collier.

LE GRAND COURLIS DE CAYENNE. [d] **

HUITIÈME ESPÈCE.

Il est plus gros que le courlis d'Europe, et il nous a paru le plus grand des courlis; il a tout le manteau, les grandes pennes de l'aile et le devant du corps d'un brun ondé de gris et lustré de vert; le cou est blanc roussâtre et les grandes couvertures de l'aile sont blanches. Cette description suffit pour le distinguer de tous les autres courlis.

a. *Matuitui.* Pison, *Hist. nat.*, p. 88. — *Curicaca alia species, matuitui dicta.* Marcgrave, *Hist. Brasil.*, p. 191. — Jonston, *Avi.*, p. 131. — Willughby, *Ornithol.*, p. 218. — « Numenius « albidus; capite anteriore nudo, nigro ; capite posteriore et collo griseis; uropygio nigro-« virescente ; remigibus majoribus et rectricibus supernè nigro-virescentibus, subtùs nigris ; « rostro fusco-rubescente ; pedibus pallidè rubris... » *Numenius Americanus minor.* Brisson, *Ornithol.*, t. V, p. 338.

b. Marcgrave et M. Brisson lui-même.

c. Marcgrave, page 199 ; et différent aussi d'un troisième *matuitui* du même auteur, qui est un martin-pêcheur. Voyez tome V de cette édition, page 603.

d. Voyez les planches enluminées, nᵒ 976, sous la dénomination de *Courlis à cou blanc de Cayenne.*

 * *Tantalus griseus* (Gmel.). — *Ibis griseus* (Vieill.).

 ** *Tantalus albicollis* (Gmel.). — *Ibis albicollis* ou *curicaca* de Marcgrave (Cuv.). — Voyez la note 1 de la page précédente.

LE VANNEAU. [a] [b] *

Le vanneau paraît avoir tiré son nom, dans notre langue et en latin moderne, du bruit que font ses ailes en volant, qui est assez semblable au bruit d'un van qu'on agite pour purger le blé; son nom anglais, *lapwing*, a le même rapport au battement fréquent et bruyant de ses ailes. Les Grecs, outre les noms d'*aex* et d'*aega* [c], relatifs à son cri, lui avaient donné celui de *paon sauvage* (ταώς ἄγριος), à cause de son aigrette et de ses jolies couleurs; cependant cette aigrette du vanneau est bien différente de celle du paon; elle ne consiste qu'en quelques longs brins effilés très-déliés; et les

a. Voyez les planches enluminées, n° 242.

b. En grec, Ἀίξ, ἄεγα, et Ταώς ἄγριος; en latin moderne, *capella*, *vanellus*; en italien, *paonzello*, *pavonzino*: en allemand, *kywit*, et vulgairement *himmel-geisz* (chèvre volante, chèvre du ciel); en anglais, *lapwing* et *bastard plover*; en suisse, *gyfltz*, *gywitz*, *blaw gruner gyfltz*; en hollandais, *kiwidt*; en portugais, *byde*; en illyrien, *czieika*; en polonais, *czayka*, *kozielek*; en suédois, *wipa*, *kowipa*; en turc, *gulguruk*; en plusieurs de nos provinces, *dix-huit*, *pivite*, *kivite*. — *Vanneau.* Belon, *Nat. des oiseaux*, p. 209, avec une mauvaise figure, p. 210; *vanneau, dix-huit, papechieu*, idem, *Portraits d'oiseaux*, p. 47, *a*, avec la même figure. — *Capra.* Gessner, *Aves*, p. 240. — *Capella avis.* Idem, *ibid.*, p. 109. — *Capra vel capella.* Idem, *Icon. avi.*, p. 99. — *Capella, seu vanellus.* Aldrovande, *Avi.*, t. III, p. 523, avec une figure assez bonne, p. 526. — Willughby, *Ornithol.*, p. 228. — Ray, *Synops. avi.*, p. 110, n° *a*, 1. — Sibbald, *Scot. illustr.*, part. II, lib. III, p. 19. — *Vanellus.* Jonston, *Avi.*, p. 113, avec une figure empruntée d'Aldrovande, planche 53; une autre prise de Gessner, planche 27, sous le nom de *capella*. — Schwenckfeld, *Aviar. Siles.*, p. 365. — *Capella, seu capra.* Rzaczynski, *Hist. nat. Polon.*, p. 273. — *Vanellus Aldrovandi.* Idem, *Auctuar.*, p. 425. — *Capella.* Charleton, *Exercit.*, p. 113. Idem, *Onomast.*, p. 109. — Mœhring, *Avi.*, gen. 92. — *Gavia vulgaris.* Klein, *Avi.*, p. 19, n° 1. — *Tringa crista dependente, pectore nigro.* Linnæus, *Fauna Suec.*, n. 148. — Idem, *Syst. nat.*, édit. X, gen. 78, sp. 2. — *Vanellus torquatus, pectore albo, dorso et alis virescentibus.* Barrère, *Ornithol.*, class. IV, gen. 6. — *Vaneau.* Albin, t. I, p. 65, avec une figure mal coloriée, planche 74. — *Lapwing.* *Zoolog. Brit.*, p. 122, avec une figure bien dessinée, mais mal coloriée. — « Vanellus cristatus « supernè viridi aureus, infernè albus; capite superiore nigro viridante, cristà nigrà; tænià « infrà oculos nigricante; gutture albo, collo inferiore nigro-viridante; pennis in apice albo « fimbriatis, rectricibus decem intermediis primà medietate candidis, alterà nigris, apice albido « marginatis, utrimque extimà candidà, maculà nigrà interiùs insignità... » *Vanellus.* Brisson, *Ornithol.*, t. V, p. 94. — *Nota.* Belon dit que les Romains appelaient le vanneau *parcus*; mais il se trompe doublement sur ce mot en l'attribuant à Pline, dans lequel il ne se lit pas, et que Hermolaüs a écrit le premier; et en rapportant au vanneau ce que Pline dit réellement du *parra*, qui est un *hibou*, qu'il a *deux cornes à la tête.*

c. Aex en grec signifie *chèvre*, et semble avoir rapport au bêlement ou chevrotement auquel on peut comparer la voix du vanneau, d'où viennent aussi les noms de *capra*, *capella celestis*, que lui donnent divers auteurs. *Nota.* Aristote nomme l'*aex* avec le *penelops* et le *vulpanser*, oiseaux du genre des canards et palmipèdes : on croirait donc légitimement l'oiseau *aex* de cette classe, si Belon n'assurait positivement (*Observ.*, pag. 11) avoir retrouvé ce même nom d'*aex*, donné encore aujourd'hui au vanneau dans la Grèce.

* *Tringa vanellus* (Linn.). — Ordre des *Échassiers*, famille des *Pressirostres*, genre *Vanneaux*, sous-genre *Vanneaux proprement dits* (Cuv.).

couleurs de son corps, dont le dessous est blanc, n'offrent sur un fond assez sombre leurs reflets brillants et dorés qu'à l'œil qui les recherche de près. On a aussi donné au vanneau le nom de *dix-huit,* parce que ces deux syllabes, prononcées faiblement, expriment assez bien son cri, que dans plusieurs langues on a cherché à rendre également par des sons imitatifs[a]. Il donne en partant un ou deux coups de voix, et se fait aussi entendre par reprises dans son vol, même durant la nuit[b]; il a les ailes très-fortes, et il s'en sert beaucoup, vole longtemps de suite et s'élève très-haut; posé à terre, il s'élance, bondit et parcourt le terrain par petits vols coupés.

Cet oiseau est fort gai; il est sans cesse en mouvement, folâtre et se joue de mille façons en l'air; il s'y tient par instants dans toutes les situations, même le ventre en haut ou sur le côté, et les ailes dirigées perpendiculairement; et aucun oiseau ne caracole et ne voltige plus lestement.

Les vanneaux arrivent dans nos prairies en grandes troupes au commencement de mars ou même dès la fin de février, après le dernier dégel, et par le vent de sud. On les voit alors se jeter dans les blés verts[c], et couvrir le matin les prairies marécageuses pour y chercher les vers, qu'ils font sortir de terre par une singulière adresse : le vanneau qui rencontre un de ces petits tas de terre en boulettes ou chapelets que le ver a rejetés en se vidant, le débarrasse d'abord légèrement, et, ayant mis le trou à découvert, il frappe à côté la terre de son pied, et reste l'œil attentif et le corps immobile : cette légère commotion suffit pour faire sortir le ver, qui, dès qu'il se montre, est enlevé d'un coup de bec[d]. Le soir venu, ces oiseaux ont un autre manége : ils courent dans l'herbe et sentent sous leurs pieds les vers qui sortent à la fraîcheur; ils en font ainsi une ample pâture, et vont ensuite se laver le bec et les pieds dans les petites mares ou dans les ruisseaux.

Ces oiseaux se laissent difficilement approcher, et semblent distinguer de très-loin le chasseur; on peut les joindre de plus près lorsqu'il fait un grand vent, car alors ils ont peine à prendre leur essor. Quand ils sont attroupés et prêts à s'élever ensemble, tous agitent leurs ailes par un mouvement égal, et comme elles sont doublées de blanc et qu'ils sont fort près les uns des autres, le terrain couvert par leur multitude, et que l'on voyait noir,

---

a. *Gyfytz, giwitz, kiwitz, czieik,* etc. (voyez la nomenclature); tous noms qui, suivant les dialectes, se prononcent avec le même accent. En suivant cette analogie, on ne peut guère douter que l'oiseau nommé *bigitz* dans Tragus, qui le compte au nombre de ceux qu'on mange en Allemagne, ne soit encore le vanneau.

b. « Capræ tremulam vocem imitatur volando noctu. » Rzaczynski, *Hist.,* p. 273.

c. Belon, *Nat. des oiseaux,* liv. iv, chap. xvii.

d. « Pour m'assurer de cette particularité, nous dit M. Baillon, j'ai mis la même ruse en « usage; j'ai battu dans le blé vert et dans le jardin la terre avec le pied pendant peu de temps, « et j'ai vu les vers en sortir; j'ai enfoncé un pieu, que j'ai ensuite tourné en tout sens pour « ébranler la terre. Ce moyen, qu'on dit être employé par les courlis, réussissait encore plus « vite : les vers sortaient en foule, même à une toise du pieu. »

paraît blanc tout d'un coup ; mais cette grande société, que forment les vanneaux à leur arrivée, tend à se rompre dès que les premières chaleurs du printemps se font sentir, et deux à trois jours suffisent pour les séparer. Le signal est donné par des combats que les mâles se livrent entre eux ; les femelles semblent fuir, et sortent les premières du milieu de la troupe, comme si ces querelles ne les intéressaient pas, mais en effet pour attirer après elles ces combattants et leur faire contracter une société plus intime et plus douce, dans laquelle chaque couple sait se suffire durant les trois mois que durent les amours et le soin de la nichée.

La ponte se fait en avril ; elle est de trois ou quatre œufs oblongs d'un vert sombre, fort tachetés de noir. La femelle les dépose dans les marais, sur les petites buttes ou mottes de terre élevées au-dessus du niveau du terrain, précaution qu'elle semble prendre pour les mettre à l'abri de la crue des eaux, mais qui néanmoins lui ôte les moyens de cacher son nid, et le laisse entièrement à découvert ; pour en former l'emplacement, elle se contente de tondre à fleur de terre un petit rond dans l'herbe, qui bientôt se flétrit à l'entour par la chaleur de la couveuse : si on trouve l'herbe fraîche, on juge que les œufs n'ont point encore été couvés. On dit ces œufs bons à manger, et dans plusieurs provinces on les ramasse à milliers pour les porter dans les marchés ; mais n'est-ce point offenser, appauvrir la nature, que de détruire ainsi ses tendres germes dans les espèces que nous ne pouvons d'ailleurs multiplier ? Les œufs de poule et des autres oiseaux domestiques sont à nous par les soins que nous prenons pour leur multiplication ; mais ceux des oiseaux libres n'appartiennent qu'à la mère commune de tous les êtres.

Le temps de l'incubation du vanneau, comme de la plupart des autres oiseaux, est de vingt jours : la femelle couve assidûment ; si quelque objet inquiétant la force à se lever de son nid, elle piète un certain espace en se traînant dans l'herbe, et ne s'envole que lorsqu'elle se trouve assez éloignée de ses œufs pour que son départ n'en indique pas la place ; les vieilles femelles à qui on a enlevé leurs œufs ne s'exposent plus à nicher à découvert dans les marais ; elles se retirent dans les blés qui montent en tuyau, et y font plus tranquillement une seconde ponte ; les jeunes, moins expérimentées, s'exposent, après une première perte, à une seconde, et font quelquefois jusqu'à trois pontes successives dans les mêmes lieux, mais les dernières ne sont plus que de deux œufs, ou même d'un seul.

Les petits vanneaux, deux ou trois jours après leur naissance, courent dans l'herbe et suivent leurs père et mère : ceux-ci, à force de sollicitude, trahissent souvent leur petite famille, et la décèlent en passant et repassant sur la tête du chasseur avec des cris inquiets qui redoublent à mesure qu'on approche de l'endroit où les petits se sont tapis à terre au premier signe d'alarme : se sentant pressés ils partent en courant, et il est difficile de les prendre sans chien , car ils sont aussi alertes que les perdreaux. Ils sont alors tout couverts d'un duvet noirâtre, voilé sous de longs poils blancs; mais dès le mois de juillet ils entrent dans la mue, qui donne à leur plumage ses belles couleurs.

Dès lors la grande société commence à se renouer, tous les vanneaux d'un marais, jeunes et vieux, se rassemblent; ils se joignent aux bandes des marais voisins, et forment en peu de jours des troupes de cinq ou six cents. On les voit planer dans l'air ou errer dans les prairies, et se répandre après les pluies dans les terres labourées.

Ces oiseaux passent pour inconstants, et en effet ils ne se tiennent guère plus de vingt-quatre heures dans le même canton; mais cette inconstance est fondée sur un besoin réel : un canton épuisé de vers en un jour, le lendemain la troupe est forcée de se transporter ailleurs. Au mois d'octobre les vanneaux sont très-gras : c'est le temps où ils trouvent la plus ample pâture, parce que dans cette saison humide les vers sortent de terre à milliers; mais les vents froids qui soufflent vers la fin de ce mois, en les faisant rentrer en terre, obligent les vanneaux de s'éloigner : c'est même la cause de la disparition de tous les oiseaux vermivores ou mangeurs de vers, et de leur départ de nos contrées, ainsi que de toutes celles du Nord aux approches du froid ; ils vont chercher leur nourriture dans le Midi, où commence alors la saison des pluies; mais par une semblable nécessité ils sont forcés de quitter au printemps ces terres du Midi, l'excès de la chaleur et de la sécheresse y causant en été le même effet que l'excès du froid de nos hivers, par rapport à la disparition des vers, qui ne se montrent à la surface de la terre que lorsqu'elle est en même temps humide et tempérée [a].

Et cet ordre du départ et du retour des oiseaux qui vivent de vers est le même dans tout notre hémisphère ; nous en avons une preuve particulière pour l'espèce du vanneau : au Kamtschatka le mois d'octobre s'appelle *le mois des vanneaux* [b]; et c'est alors le temps de leur départ de cette contrée comme des nôtres.

---

a. M. Baillon, à qui nous sommes redevables des meilleurs détails de cette histoire du vanneau, nous confirme dans cette idée, sur la cause du retour des oiseaux du Midi au Nord, par une observation qu'il a faite lui-même aux Antilles : « La terre, dit-il, est, durant six « mois de l'année, d'une dureté comme d'une sécheresse extrême aux Antilles; elle ne reçoit « pas dans tout ce temps une seule goutte d'eau. J'y ai vu dans les vallées des gerçures de « quatre pouces de largeur et de plusieurs pieds de profondeur; il est impossible qu'aucun ver « séjourne alors à la superficie; aussi, pendant ce temps de sécheresse, on n'aperçoit dans ces « îles aucun oiseau vermivore; mais dès les premiers jours de la saison des pluies, on voit ces « oiseaux arriver par essaims, que j'ai jugé venir des terres basses et noyées des côtes orientales « de la Floride, des îles Caïques, des îles Turques, et d'une foule d'autres îlots inhabités, situés « au nord et au nord-ouest des Antilles. Tous ces lieux humides sont le berceau des oiseaux « d'eau de ces îles, et peut-être d'une partie du grand continent de l'Amérique. »

b. Pikis koatch; pikis est le nom de l'oiseau. Voyez Gmelin, *Voyage en Sibérie.*

Belon dit que le vanneau est *connu en toute terre* : effectivement l'espèce en est très-répandue. Nous venons de dire que ces oiseaux se sont portés jusqu'à l'extrémité orientale de l'Asie : on les trouve également dans les contrées intérieures de cette vaste région[a], et on en voit par toute l'Europe. A la fin de l'hiver ils paraissent à milliers dans nos provinces de Brie et de Champagne[b] : on en fait des chasses abondantes ; il s'en prend des volées au filet à miroir : on le tend pour cela dans une prairie[c], on place entre les nappes quelques vanneaux empaillés et un ou deux de ces oiseaux vivants pour servir d'appelants, ou bien l'oiseleur, caché dans sa loge, imite leur cri de réclame avec un appeau de fine écorce[d] ; à ce cri perfide, la troupe entière s'abat et donne dans les filets. Olina place dans le courant de novembre les grandes captures de vanneaux, et il paraît à sa narration qu'on voit ces oiseaux attroupés tout l'hiver en Italie[e].

Le vanneau est un gibier assez estimé[f] : cependant ceux qui ont tiré la ligne délicate de l'abstinence pieuse l'ont, comme par faveur, admis parmi les mets de la mortification. Le vanneau a le ventricule très-musculeux, doublé d'une membrane sans adhérence, recouvert par le foie, et contenant pour l'ordinaire quelques petits cailloux ; le tube intestinal est d'environ deux pieds de longueur ; il y a deux cœcums dirigés en avant, chacun de plus de deux pouces de long ; une vésicule du fiel adhérente au foie et au duodenum ; le foie est grand et coupé en deux lobes[g] ; œsophage, long d'environ six pouces, et dilaté en poche avant son insertion ; le palais est hérissé de petites pointes charnues qui se couchent en arrière ; la langue, étroite, arrondie par le bout, a dix lignes de long. Willughby observe que les oreilles sont placées dans le vanneau plus bas que dans les autres oiseaux[h].

Il n'y a pas de différence de grandeur entre le mâle et la femelle, mais il y en a quelques-unes dans les couleurs du plumage, quoique Aldrovande dise n'y en avoir point remarqué : ces différences reviennent, en général, à ce que les couleurs de la femelle sont plus faibles, et que les parties noires sont mélangées de gris ; sa huppe est aussi plus petite que celle du mâle, dont la tête paraît être un peu plus grosse et plus arrondie ; la plume de ces oiseaux

---

a. « Les vanneaux sont en grande quantité en Perse. » *Lettres édifiantes*, trentième Recueil, page 317.

b. « Dans cette province, et particulièrement dans le canton du Bassigny, on en fait une « chasse de nuit aux flambeaux ; la lumière les réveille, et on prétend qu'elle les attire. » Note communiquée par M. Petitjean.

c. Aldrovande, *Avi.*, t. III, p. 528.

d. Olina, *Uccell.*, page 21.

e. M. Hébert nous assure qu'il en reste quelques-uns en Brie jusqu'au fort de l'hiver.

f. Il l'est beaucoup dans quelques provinces : en Lorraine, un ancien proverbe dit : *Qui n'a pas mangé de vanneau, ne sait pas ce que gibier vaut.*

g. Willughby.

h. Idem, *Ornithol.*, pag. 228.

est épaisse et son duvet bien fourni ; ce duvet est noir près du corps ; le dessous et le bord des ailes, vers l'épaule, sont blancs, ainsi que le ventre, les deux plumes extérieures de la queue et la première moitié des autres ; il y a un point blanc de chaque côté du bec, et un trait de même couleur sur l'œil en façon de sourcil : tout le reste du plumage est d'un fond noir, mais enrichi de beaux reflets d'un luisant métallique, changeants en vert et en rouge-doré, particulièrement sur la tête et les ailes ; le noir sur la gorge et le devant du cou est mêlé de blanc par taches ; mais ce noir forme seul sur la poitrine un large plastron arrondi ; il est, ainsi que le noir des pennes de l'aile, lustré de vert bronzé : les couvertures de la queue sont rousses ; mais comme il se trouve assez fréquemment de la diversité dans le plumage d'un individu à un autre, un plus grand détail dans la description deviendrait superflu : nous observerons seulement que la huppe n'est point implantée sur le front, mais à l'occiput, ce qui lui donne plus de grâce ; elle est composée de cinq ou six brins délicats, effilés, d'un beau noir, dont les deux supérieurs couvrent les autres et sont beaucoup plus longs ; le bec noir, assez petit et court, n'ayant pas plus de douze ou treize lignes, est renflé vers le bout ; les pieds sont hauts et minces et d'un rouge brun, ainsi que le bas des jambes qui est dénué de plumes sur sept ou huit lignes de hauteur ; le doigt extérieur et celui du milieu sont joints à l'origine par une petite membrane ; celui de derrière est très-court et ne pose point à terre ; la queue ne dépasse pas l'aile pliée ; la longueur totale de l'oiseau est de onze ou douze pouces, et sa grosseur approche de celle du pigeon commun.

On peut garder les vanneaux en domesticité : il faut, dit Olina, les nourrir de cœur de bœuf dépecé en filets ; quelquefois on en met dans les jardins, où ils servent à détruire les insectes[a] ; ils y restent volontiers et ne cherchent point à s'enfuir ; mais, comme le remarque Klein, cette facilité qu'on trouve à captiver cet oiseau, vient plutôt de stupidité que de sensibilité[b] ; et d'après le maintien et la physionomie de ces oiseaux, tant vanneaux que pluviers, cet observateur prétend qu'on peut prononcer qu'ils n'ont qu'un instinct fort obtus[c].

Gessner parle de vanneaux blancs et de vanneaux bruns tachetés et sans aigrette ; mais il n'en dit pas assez pour faire juger si les premiers ne sont pas simplement des variétés accidentelles ; il nous paraît se tromper sur les seconds, et prendre le pluvier pour le vanneau ; il semble s'en douter lui-même, car il avoue ailleurs qu'il connaissait peu le pluvier, qui est très-rare

a. « J'ai eu souvent des vanneaux dans mon jardin ; je les ai beaucoup étudiés, et ils s'agi-« taient comme les cailles dans le temps du départ, et criaient beaucoup pendant plusieurs jours ; « j'en ai accoutumé plusieurs à vivre de pain et de chair crue pendant l'hiver ; je les tenais « dans la cave, mais ils y maigrirent beaucoup. » Note communiquée par M. Baillon.

b. « Stolidæ aves, facilè cicurandæ. » *Avi.*, pag. 19.

c. « Pardales omnes caput habent minus formosum, physiognologicis stupidum. » *Avi.*, pag. 20.

en Suisse et n'y paraît presque jamais, tandis que les vanneaux y viennent en très-grand nombre : il y a même une espèce à laquelle on a donné le nom de *vanneau suisse*.

LE VANNEAU SUISSE. [a][b]*

SECONDE ESPÈCE.

Ce vanneau est à peu près de la taille du vanneau commun; il a tout le dessus du corps varié transversalement d'ondes de blanc et de brun; le devant du corps est noir ou noirâtre; le ventre est blanc; les grandes pennes de l'aile sont noires et la queue est traversée de bandes comme le dos. La dénomination de *vanneau suisse* pourrait donc venir de cet habillement mi-parti; cette étymologie est peut-être aussi plausible que celle de *vanneau de Suisse*, car cet oiseau ne se trouve point exclusivement en Suisse[c], et paraît dans nos contrées; mais il est vrai qu'il y est beaucoup plus rare que l'autre, et qu'on ne l'y voit jamais en troupes nombreuses.

M. Brisson fait de l'oiseau *ginochiella* d'Aldrovande, une troisième espèce sous la dénomination de *grand vanneau*[d], qui convient bien peu au ginochiella, puisque dans la figure qu'en donne Aldrovande, et qu'il dit de grandeur naturelle, cet oiseau est représenté moins grand que le vanneau commun. Au reste, il est très-difficile de prononcer sur la réalité d'une espèce, à la vue d'une figure imparfaite, d'autant que si les pieds et le bec ne sont pas mal représentés, cet oiseau n'est point un vanneau. On pourrait y rapporter plutôt le *grand pluvier* ou *courli de terre*, dont nous parlerons à la suite de l'article des pluviers, si la différence de taille ne s'y opposait

a. Voyez les planches enluminées, n° 853.

b. « Vanellus nigricans, supernè maculis transversis albis varius; syncipite albido, capite « et collo superioribus fuscis, marginibus pennarum albidis, imo ventre albo; rectricibus can- « didis fusco-nigricante transversim striatis; utrimque extimâ exteriùs penitus candidâ... » *Vanellus Helveticus.* Brisson, *Ornithol.*, t. V, p. 107.

c. Il y a même une raison très-légitime de douter que cet oiseau s'y trouve absolument; c'est que Gessner, cet observateur si savant, n'en fait aucune mention, et qu'il n'aurait certainement pas manqué de connaître un oiseau de son pays.

d. Ginochiella vulgò. Aldrovande, *Avi.*, t. III, p. 538. — *Le grand vanneau de Bologne.* Brisson, *Ornithol.*, t. V, p. 110.

* *Tringa squatarola* (Linn.). — Le *vanneau gris* (Cuv.). — Genre *Vanneaux*, sous-genre *Vanneaux-Pluviers.* — « Grisâtre en dessus, blanchâtre avec des taches grisâtres en dessous « est le jeune avant la mue. Le *vanneau varié* (*tringa varia*), planche enluminée 923, blanc « tacheté de grisâtre, manteau noirâtre, pointillé de blanc, comprend les deux sexes dans leur « plumage d'hiver. Le *vanneau suisse* (*tringa helvetica*), planche enluminée 853, tacheté de « blanc et de noirâtre en dessus, noir en dessous depuis la gorge jusqu'aux cuisses, est le mâle « dans son plumage de noce. » (Cuvier.)

pas encore. Aldrovande, dans la courte notice qu'il a jointe à sa figure, dit que le bec a la pointe aiguë, ce qui ne caractérise pas plus un pluvier qu'un vanneau : ainsi sans établir l'espèce de cet oiseau, nous nous contenterons d'en avoir placé ici la notice, à laquelle depuis Aldrovande personne n'a rien ajouté.

LE VANNEAU ARMÉ DU SÉNÉGAL. [a][b]*

TROISIÈME ESPÈCE.

Ce vanneau du Sénégal est de la grosseur du nôtre, mais il a les pieds fort hauts, et la partie nue de la jambe longue de vingt lignes; cette partie est, comme les pieds, de couleur verdâtre ; le bec est long de seize lignes et surmonté près du front d'une bandelette étroite de membrane jaune très-mince, retombante et coupée en pointe de chaque côté ; il a le devant du corps d'un gris brun clair ; le dessus de même couleur, mais plus foncée ; les grandes pennes de l'aile noires ; les plus près du corps d'un blanc sale ; la queue est blanche dans sa première moitié, ensuite noire et enfin blanche à la pointe. Cet oiseau est armé au pli de l'aile d'un petit éperon corné, long de deux lignes et terminé en pointe aiguë.

On reconnaît cette espèce, dans une notice de M. Adanson, à l'habitude que nous avons remarquée dans la famille des vanneaux, qui est de crier beaucoup, et de poursuivre les gens avec clameurs pour peu qu'on approche de l'endroit où ils se tiennent : aussi les Français du Sénégal ont-ils appelé *criards* ces vanneaux armés, que les Nègres nomment *net-net*. « Dès « qu'ils voient un homme, dit M. Adanson, ils se mettent à crier à toute « force et à voltiger autour de lui, comme pour avertir les autres oiseaux, « qui, dès qu'ils les entendent, prennent leur vol pour·s'échapper; ces « oiseaux sont les fléaux des chasseurs[c]. » Cependant le naturel de nos vanneaux est paisible, et l'on n'observe pas qu'ils aient querelle avec aucun oiseau; mais l'ergot aux ailes dont la nature a pourvu ceux-ci, les rend apparemment plus guerriers, et l'on assure qu'il se servent de cet éperon comme d'une arme offensive contre les autres oiseaux[d].

a. Voyez les planches enluminées, nº 362.

b. « Vanellus griseo-fuscus, supernè saturatius infernè dilutius ; syncipite candido ; gutture « nigro ; imo ventre sordidè albo ; rectricibus primà medietate sordidè albis, alterà nigris ; sor- « didè albo-rufescente terminatis ; membranà utrimque rostrum inter et oculum luteà, deor- « sum dependente ; alis armatis... » *Vanellus Senegalensis armatus.* Brisson, *Ornithol.,* t. V, p. 111.

c. *Voyage au Sénégal;* Paris, 1757, page 44.

d. *Ibidem.*

* *Parra senegalensis* (Linn.). — Sous-genre *Vanneaux proprement dits* (Cuv.).

LE VANNEAU ARMÉ DES INDES. [a] *

QUATRIÈME ESPÈCE.

Une seconde espèce de vanneau armé nous est venue de Goa, et n'est pas encore connue des naturalistes : ce vanneau des Indes est de la grandeur de celui d'Europe, mais il a le corps plus mince et plus haut monté ; il porte un petit ergot au pli de chaque aile ; et dans son plumage on reconnaît la livrée commune des vanneaux ; les grandes pennes de l'aile sont noires ; la queue mi-partie de blanc et de noir est roussâtre à la pointe ; une teinte pourprée couvre les épaules ; le dessous du corps est blanc ; la gorge et le devant du cou sont noirs ; le sommet de la tête et le dessus du cou noirs aussi, avec une ligne blanche sur les côtés du cou ; le dos est brun ; l'œil paraît entouré d'une portion de cette membrane excroissante qu'on remarque plus ou moins dans la plupart des vanneaux et des pluviers armés, comme si ces deux excroissances de l'ergot et du casque membraneux avaient, dans leur production, quelque rapport secret et quelque cause simultanée.

LE VANNEAU ARMÉ DE LA LOUISIANE. [b] [c] **

CINQUIÈME ESPÈCE.

Celui-ci est un peu moins grand que le vanneau armé du Sénégal, mais il a les jambes et les pieds à proportion aussi longs, et son arme est plus forte et longue de quatre lignes ; il a la tête coiffée de chaque côté d'une double bandelette jaune posée latéralement, et qui, entourant l'œil, se taille en arrière en petite échancrure, et se prolonge en avant sur la racine du bec en deux lambeaux allongés ; le sommet de la tête est noir ; les grandes pennes de l'aile le sont aussi ; la queue de même avec la pointe blanche ; le reste du plumage, sur un fond gris, est teint de brun roussâtre ou rougeâtre sur le dos, et rougeâtre clair ou couleur de chair sur la gorge et le devant du cou ; le bec et les pieds sont d'un jaune verdâtre.

a. Voyez les planches enluminées, n° 807, sous le nom de *Vanneau de Goa.*
b. Voyez les planches enluminées, n° 835.
c. « Vanellus supernè grisco-fuscus, infernè albo fulvescens ; capite superiore nigro ; rectri-
« cibus albo fulvescentibus, nigro terminatis, albo fulvescente in apice marginatis ; membranâ
« utrimque rostrum inter et oculum luteo-aurantiâ, suprà oculum ductâ et deorsum depen-
« dente ; alis armatis... » *Vanellus Ludovicianus armatus.* Brisson , *Ornithol.*, t. V, p. 115.

* *Parra goensis* (Linn.). — Sous-genre *Vanneaux proprement dits* (Cuv.).
** *Parra ludoviciana* (Gmel.). — Sous-genre *Vanneaux proprement dits* (Cuv.). — « Le
« *vanellus gallinaceus*, Temminck, n'en diffère peut-être pas par l'espèce. » (Cuvier.)

Nous regarderons comme variété de cette espèce la huitième de
M. Brisson, qu'il a donnée sous le nom de *vanneau armé de Saint-Domingue* [a]; les proportions sont à très-peu près les mêmes, et les différences ne
paraissent pas excéder celles que l'âge ou le sexe mettent dans des oiseaux
de même espèce.

LE VANNEAU ARMÉ DE CAYENNE. [b][*]

SIXIÈME ESPÈCE.

Ce vanneau est au moins de la grandeur du nôtre, mais il est plus haut
monté ; il est aussi armé d'un ergot à l'épaule ; du reste, il ressemble tout
à fait à notre vanneau par la teinte et les masses des couleurs ; il a l'épaule
couverte d'une plaque d'un gris bleuâtre ; un mélange de cette couleur et
de teintes vertes et pourprées est étendu sur le dos ; le cou est gris, mais un
large plastron noir s'arrondit sur la poitrine ; le front et la gorge sont
noirs ; la queue est mi-partie de noir et de blanc, comme dans le vanneau
d'Europe ; et, pour compléter les rapports, celui de Cayenne porte à l'occiput une petite aigrette de cinq ou six brins assez courts.

Il paraît qu'il se trouve aussi au Chili une espèce de vanneau armé ; et, si
la notice qu'en donne Frezier n'a rien d'exagéré, cette espèce est plus fortement armée qu'aucune des précédentes, puisque les ergots ou éperons
ont un pouce de longueur. C'est encore une espèce criarde comme celle du
Sénégal. « Dès que ces oiseaux voient un homme, dit M. Frezier, ils se
« mettent à voltiger autour de lui et à crier, comme pour avertir les autres
« oiseaux qui, à ce signal, prennent de tous côtés leur vol [c]. »

LE VANNEAU-PLUVIER. [d][e][**]

C'est cet oiseau que Belon nomme *pluvier gris*, et qui ressemble effectivement autant et peut-être plus au pluvier qu'au vanneau ; il porte à la

a. « Vanellus dilutè fulvus, infernè ad roseum colorem inclinans ; rectricibus dilutè fulvis,
« lateribus interiùs ad roseum colorem vergentibus ; membraná utrimque rostrum inter et
« oculum luteá, suprà oculum ductà et deorsum dependente ; alis armatis... » *Vanellus Dominicensis armatus.* Brisson, *Ornithol.*, t. V, p. 118.

b. Voyez les planches enluminées, n° 836.

c. Voyage à la mer du Sud; Paris, 1732, page 74.

d. Voyez les planches enluminées, n° 834, sous la dénomination de *Vanneau gris.*

e. Pluvier gris. Belon, *Nat. des oiseaux*, p. 262, avec une mauvaise figure. Idem, *Portraits d'oiseaux*, p. 63, *b*, avec la même figure. — *Pardalus.* Gessner, *Avi.*, p. 639. — *Plu-*

[*] *Parra cayennensis* (Gmel.). — Sous-genre *Vanneaux proprement dits* (Cuv.).

[**] Voyez la nomenclature de la page 193. L'oiseau de la planche enluminée 854 est le jeune
avant la mue.

vérité, comme le dernier, ce petit doigt postérieur dont le pluvier est dépourvu, différence par laquelle les naturalistes ont séparé ces oiseaux ; mais on doit observer que ce doigt est plus petit que dans le vanneau ; qu'il est à peine apparent, et que, de plus, cet oiseau ne porte dans son plumage aucune livrée de celui du vanneau. Ce sera donc, si l'on veut, un vanneau, parce qu'il a un quatrième doigt, ou bien ce sera un pluvier, parce qu'il n'a point d'aigrette, et aussi parce qu'il a les couleurs et les mœurs des pluviers. Klein refuse même, avec quelque raison, d'admettre comme caractère générique, cette différence légère dans les doigts, qu'il ne regarde que comme une anomalie ; et, alléguant pour exemple cette espèce même, il dit que le faux doigt, ou plutôt l'onglet postérieur qui se distingue à peine, ne lui semble pas l'éloigner suffisamment du pluvier, et qu'en général ces deux genres du pluvier et du vanneau se rapprochent dans leurs espèces, de manière à ne composer qu'une grande famille, ce qui nous paraît juste et très-vrai : aussi les naturalistes, indécis, ont-ils appelé l'oiseau dont nous parlons, tantôt vanneau et tantôt pluvier (*Voyez la nomenclature*). C'est pour terminer le différend et rapprocher ces analogies, que nous l'avons appelé *vanneau-pluvier*. Les oiseleurs l'ont nommé *pluvier de mer*, dénomination impropre puisqu'il va de compagnie avec les pluviers ordinaires, et que Belon le prend pour l'appelant ou le roi de leurs bandes, car les chasseurs disent que cet appelant est plus grand et a la voix plus forte que les autres [a]. Il est en effet un peu plus gros que le pluvier doré ; il a le bec à proportion plus long et plus fort ; tout son plumage est gris cendré clair, et presque blanc sous le corps, mêlé de taches brunâtres au-dessus du corps et sur les côtés ; les pennes de l'aile sont noirâtres ; la queue est courte et n'excède pas l'aile pliée.

Aldrovande conjecture, avec assez de vraisemblance, qu'Aristote a fait mention de cet oiseau sous le nom de *pardalis* [b] ; sur quoi il faut remar-

---

vialis cinerea, seu pardalus Aristotelis. Aldrovande , *Avi.*, t. III , p. 533. — *Pluvialis cinerea.* Jonston , *Avi.*, p. 114. — Ray, *Synops. avi.*, p. 111, n° *a*, 3. — Charleton , *Exercit.*, p. 113 , n° 1. Idem , *Onomast.*, p. 109 , n° 1. — Rzaczynski , *Auctuar. hist. nat. Polon.*, p. 415. — *Pluvialis cinerea , squatarola Venetiis dicta.* Willughby, *Ornithol.*, p. 229. — Marsigli , *Danub.*, t. V, p. 65 , avec une figure défectueuse, surtout par le bec qui est trop long. — *Pardalus secundus, vanellus fuscus, kivita fusca, merula novalium.* Schwenckfeld , *Aviar. Siles.*, p. 316. — *Pluvialis cinerea flavescens.* Sibbald, *Scot. illustr.*, part. II , lib. III , p. 19. — *Gavia seu pluvialis cinerea.* Klein , *Avi.*, p. 20 , n° 3. — *Pluvialis totus cinereus.* Barrère, *Ornithol.*, class. IV, gen. 7, sp. 2. — « Tringa rostro nigro, pedibus virescentibus , corpore gri- « seo , subtùs albido... » *Squatarola.* Linnæus , *Syst. nat.*, édit. X, gen. 78, sp. 13. — « Tringa « nigro-fusca, subtùs alba , rostro nigro, pedibus virescentibus. » Idem , *Fauna Suec.*, n° 155. — *Pluvier gris.* Albin , t. I , p. 67, avec une figure mal coloriée. — « Vanellus supernè grisco- « fuscus, marginibus pennarum albidis, infernè albo et fusco-nigricante varius, gutture et « imo ventre albis, rectricibus candidis fusco transversim striatis... » *Vanellus griseus.* Brisson , *Ornithol.*, t. V, p. 100.

a. Nature des oiseaux, pag. 262.

b. Hist. animal., lib. IX, cap. XXIII.

quer que ce philosophe ne parait pas parler du pardalis comme d'un oiseau qu'il connaissait par lui-même, car voici ses termes : « le pardalis est, dit- « on, un oiseau (*avicula quædam perhibetur*) qui ordinairement vole en « troupes; on n'en rencontre pas un isolé des autres; son plumage est cen- « dré; sa grandeur celle du *molliceps;* il vole et court également bien; sa « voix n'est point forte, mais son cri est fréquent [a]. » Ajoutez que le nom de *pardalis* marque un plumage tacheté : tout le reste des traits se rapporte également bien à un oiseau de la famille du pluvier ou du vanneau.

Willughby nous assure que cet oiseau se voit fréquemment dans les terres de l'État de Venise, où on le nomme *squatarola* [b]. Marsigli le compte parmi les oiseaux des rives du Danube; Schwenckfeld entre ceux de Silésie; Rzaczynski au nombre de ceux de Pologne, et Sibbald le nomme dans la liste des oiseaux de l'Écosse; d'où l'on voit que cette espèce, comme toute la famille des vanneaux, est extrêmement répandue. Est-ce une particularité de son histoire naturelle, que Linnæus a voulu marquer, lorsqu'il l'a nommé, dans une de ses éditions, *tringa Augusti mensis* [c], et se trouve-t-il au mois d'août en Suède? Du reste, le doigt postérieur de ce vanneau-pluvier est si petit et si peu apparent, que nous ne ferons pas difficulté de lui rapporter, avec M. Brisson, le *vanneau brun* de Schwenckfeld [d], quoiqu'il dise expressément qu'il n'a point de doigt postérieur [e].

Nous rapporterons encore à cette espèce, comme très-voisine, celle du *vanneau varié* [f] de M. Brisson [g] : Aldrovande ne donne sur cet oiseau qu'une figure sans notice; mais son titre seul indique qu'il a connu la grande ressemblance qui est entre ces deux oiseaux [h]; toutes leurs proportions sont à très-peu près les mêmes; le fond du plumage ne diffère que de quelques teintes, seulement il est encore plus tigré dans ce vanneau varié, que nous regardons comme une seconde race dans l'espèce du vanneau-pluvier. L'un et l'autre, suivant M. Brisson, fréquentent les bords de la mer; mais il est clair, par les témoignages que nous venons de citer, que ces oiseaux se trouvent aussi dans des pays éloignés de la mer, et même fort avant dans l'intérieur des terres en différentes contrées.

a. « Pardalis etiam avicula quædam perhibetur quæ magnâ ex parte gregatim volat, nec « singularem hanc videris; colore tota cinereo est, magnitudine proximâ mollicipiti, sed « pennis et pedibus bonis; vocem frequentem nec gravem emittit. » *Hist. animal.*, lib. ix, cap. xxiii.

b. The grey plover. Ornithol., p. 229.

c. Syst. nat., édit. X, gen. 60, sp. 11.

d. Pardalus secundus, vanellus fuscus. Aviar. Siles., p. 316.

e. « Cruribus sine calce. » *Idem*, *ibid.*

f. Voyez les planches enluminées, n° 923 [1].

g. Vanellus varius. Brisson, *Ornithol.,* t. V, p. 103.

h. Pardali Bellonii congener. Aldrovande, *Avi.,* t. III, p. 530.

1 (*f*). Voyez la nomenclature de la page 193.

LES PLUVIERS. *

L'instinct social n'est pas donné à toutes les espèces d'oiseaux ; mais dans celles où il se manifeste, il est plus grand, plus décidé que dans les autres animaux ; non-seulement leurs attroupements sont plus nombreux et leur réunion plus constante que celle des quadrupèdes ; mais il semble que ce n'est qu'aux oiseaux seuls qu'appartient cette communauté de goûts, de projets, de plaisirs, et cette union des volontés qui fait le lien de l'attachement mutuel, et le motif de la liaison générale : cette supériorité d'instinct social, dans les oiseaux, suppose d'abord une nombreuse multiplication, et vient ensuite de ce qu'ils ont plus de moyens et de facilités de se rapprocher, de se rejoindre, de demeurer et voyager ensemble, ce qui les met à portée de s'entendre et de se communiquer assez d'intelligence, pour connaître les premières lois de la société qui, dans toute espèce d'êtres, ne peut s'établir que sur un plan dirigé par des vues concertées [1]. C'est cette intelligence qui produit entre les individus l'affection, la confiance et les douces habitudes de l'union, de la paix et de tous les biens qu'elle procure. En effet, si nous considérons les sociétés libres ou forcées des animaux quadrupèdes, soit qu'ils se réunissent furtivement et à l'écart dans l'état sauvage, soit qu'ils se trouvent rassemblés avec indifférence ou regret sous l'empire de l'homme et attroupés en domestiques ou en esclaves, nous ne pourrons les comparer aux grandes sociétés des oiseaux, formées par pur instinct [2], entretenues par goût, par affection, sous les auspices de la pleine liberté. Nous avons vu les pigeons chérir leur commun domicile, et s'y plaire d'autant plus qu'ils y sont plus nombreux ; nous voyons les cailles se rassembler, se reconnaître, donner et suivre l'avis général du départ ; nous savons que les oiseaux gallinacés ont même, dans l'état sauvage, des habitudes sociales que la domesticité n'a fait que seconder sans contraindre leur nature ; enfin, nous voyons tous les oiseaux qui sont écartés dans les bois, ou dispersés dans les champs, s'attrouper à l'arrière-saison, et après avoir égayé de leurs jeux les derniers beaux jours de l'automne, partir de concert pour aller chercher ensemble des climats plus heureux et des hivers tempérés ; et tout cela s'exécute indépendamment de l'homme, quoiqu'à l'entour de lui, et sans qu'il puisse y mettre obstacle ; au lieu qu'il anéantit ou contraint toute société, toute volonté commune dans les animaux quadrupèdes ; en les désunissant il les a dispersés ; la marmotte, sociale par instinct, se trouve

---

* Ordre et famille *id.*, genre *Pluviers* (Cuv.). — Les *pluviers* manquent de pouce ; les *vanneaux* en ont un, mais si petit qu'il ne peut toucher terre.

1. La société, dans les animaux, tient à un *instinct* primitif et propre. Le *plan dirigé*, les *vues concertées* tiennent à la *raison*, et n'appartiennent qu'à l'homme. — Voyez mon livre sur l'*instinct et l'intelligence des animaux*.

2. .....*formées par pur instinct :* voilà le vrai. Voyez la note précédente.

reléguée, solitaire à la cime des montagnes; le castor encore plus aimant, plus uni et presque policé, a été repoussé dans le fond des déserts; l'homme a détruit ou prévenu toute société entre les animaux; il a éteint celle du cheval, en soumettant l'espèce entière au frein [a]; il a gêné celle même de l'éléphant, malgré la puissance et la force de ce géant des animaux, malgré son refus constant de produire en domesticité [1]. Les oiseaux seuls ont échappé à la domination du tyran; il n'a rien pu sur leur société, qui est aussi libre que l'empire de l'air; toutes ses atteintes ne peuvent porter que sur la vie des individus; il en diminue le nombre, mais l'espèce ne souffre que cet échec et ne perd ni la liberté, ni son instinct, ni ses mœurs. Il y a même des oiseaux que nous ne connaissons que par les effets de cet instinct social, et que nous ne voyons que dans les moments de l'attroupement général et de leur réunion en grande compagnie : telle est en général la société de la plupart des espèces d'oiseaux d'eau, et en particulier celle des pluviers.

Ils paraissent en troupes nombreuses dans nos provinces de France, pendant les pluies d'automne, et c'est de leur arrivée dans la saison des pluies, qu'on les a nommés *pluviers* [b]; ils fréquentent, comme les vanneaux, les fonds humides et les terres limoneuses où ils cherchent des vers et des insectes; ils vont à l'eau le matin pour se laver le bec et les pieds qu'ils se sont remplis de terre en la fouillant, et cette habitude leur est commune avec les bécasses, les vanneaux, les courlis et plusieurs autres oiseaux qui se nourrissent de vers; ils frappent la terre avec leurs pieds pour les faire sortir, et ils les saisissent souvent même avant qu'ils ne soient hors de leur retraite [c]. Quoique les pluviers soient ordinairement fort gras, on leur trouve les intestins si vides, qu'on a imaginé qu'ils pouvaient vivre d'air [d], mais apparemment la substance fondante du ver se tourne toute en nourriture et donne peu d'excréments; d'ailleurs ils paraissent capables de supporter un long jeûne. Schwenckfeld dit avoir gardé un de ces oiseaux

a. Les chevaux, redevenus sauvages dans les plaines de Buenos-Ayres, vont par grandes troupes, courent ensemble, paissent ensemble, et donnent toutes les marques de s'aimer, de s'entendre, de se plaire rassemblés. Il en est de même des chiens sauvages, en Canada et dans les autres contrées de l'Amérique septentrionale. On ne doit pas plus douter que les autres espèces domestiques, celle du chameau, depuis si longtemps soumise, celle du bœuf et du mouton, dont l'homme a dénaturé la société en mettant toute l'espèce en servitude, ne fussent aussi naturellement sociales, et ne se donnassent, dans l'état sauvage ennobli par la liberté, ces marques touchantes de penchant et d'affection, dont nous les voyons entre eux encore consoler leur esclavage.

b. L'étymologie de Gessner, qui tire ce nom *à pulvere*, est beaucoup moins vraisemblable et bien moins propre au pluvier, y ayant d'ailleurs un très-grand nombre d'autres oiseaux pulvérateurs.

c. Note communiquée par M. Baillon, de Montreuil-sur-Mer.

d. Autor. de nat. rer. apud Aldrov., pag. 531. — Albert réfute bien ceux qui disent que le pluvier vit d'air, et que c'est pour cela qu'on ne trouve rien dans ses intestins; mais il en rend à son tour une mauvaise raison, quand il dit que cet oiseau n'a que l'intestin *jejunum.*

1. Voyez la note 1 de la page 179 du IIIe volume.

quatorze jours, qui, pendant tout ce temps, n'avala que de l'eau et quelques grains de sable.

Rarement les pluviers se tiennent plus de vingt-quatre heures dans le même lieu : comme ils sont en très-grand nombre, ils ont bientôt épuisé la pâture vivante qu'ils venaient y chercher ; dès lors ils sont obligés de passer à un autre terrain, et les premières neiges les forcent de quitter nos contrées et de gagner les climats plus tempérés ; il en reste néanmoins en assez grande quantité dans quelques-unes de nos provinces maritimes [a], jusqu'au temps des fortes gelées ; ils repassent au printemps [b] et toujours attroupés ; on ne voit jamais un pluvier seul, dit Longolius [c] ; et, suivant Belon, leurs plus petites bandes sont au moins de cinquante ; lorsqu'ils sont à terre, ils ne s'y tiennent pas en repos ; sans cesse occupés à chercher leur nourriture, ils sont presque toujours en mouvement ; plusieurs font sentinelle, pendant que le gros de la troupe se repaît, et au moindre danger ils jettent un cri aigu qui est le signal de la fuite. En volant ils suivent le vent, et l'ordre de leur marche est assez singulier ; ils se rangent sur une ligne en largeur, et, volant ainsi de front, ils forment dans l'air des zones transversales fort étroites et d'une très-grande longueur ; quelquefois il y a plusieurs de ces zones parallèles assez peu profondes, mais fort étendues en lignes transversales.

A terre, ces oiseaux courent beaucoup et très-vite ; ils demeurent attroupés tout le jour, et ne se séparent que pour passer la nuit ; ils se dispersent le soir sur un certain espace où chacun gîte à part ; mais dès le point du jour le premier éveillé ou le plus soucieux, celui que les oiseleurs nomment l'*appelant*, mais qui est peut-être la sentinelle, jette le cri de réclame, *hui, hieu, huit*, et dans l'instant tous les autres se rasemblent à cet appel ; c'est le moment qu'on choisit pour en faire la chasse. On tend avant le jour un rideau de filet, en face de l'endroit où l'on a vu le soir ces oiseaux se coucher ; les chasseurs en grand nombre font enceinte, et, dès les premiers cris du pluvier appelant, ils se couchent contre terre, pour laisser ces oiseaux passer et se réunir ; lorsqu'ils sont rassemblés, les chasseurs se lèvent, jettent des cris et lancent des bâtons en l'air ; les pluviers effrayés partent d'un vol bas et vont donner dans le filet qui tombe en même temps ; souvent toute la troupe y reste prise. Cette grande chasse est toujours suivie d'une capture abondante ; mais un oiseleur seul, s'y prenant plus simplement, ne laisse pas de faire bonne chasse ; il se cache derrière son filet, il imite avec un appeau d'écorce la voix du pluvier appelant, et il attire ainsi les

a. En Picardie, suivant M. Baillon, il reste beaucoup de ces oiseaux aux environs de Montreuil-sur-Mer, jusqu'au temps des grandes gelées.

b. On les voit, nous dit M. le chevalier Desmazy, passer régulièrement à Malte deux fois l'année, au printemps et en automne, avec la foule des autres oiseaux qui franchissent la Méditerranée, et pour qui cette île est un lieu de station et de repos.

c. Apud Aldrov., t. III, pag. 532.

autres dans le piége[a] ; on en prend des quantités dans les plaines de Beauce et de Champagne. Quoique fort communs dans la saison, ils ne laissent pas d'être estimés comme un bon gibier : Belon dit que de son temps un pluvier se vendait souvent autant qu'un lièvre ; il ajoute qu'on préférait les jeunes, qu'il nomme *guillemots*.

La chasse que l'on fait des pluviers et leur manière de vivre dans cette saison, est presque tout ce que nous savons de ce qui a rapport à leur histoire naturelle : hôtes passagers plutôt qu'habitants de nos campagnes, ils disparaissent à la chute des neiges, ne font que repasser au printemps, et nous quittent quand les autres oiseaux nous arrivent ; il semble que la douce chaleur de cette saison charmante, qui réveille l'instinct assoupi de tous nos animaux, fasse sur les pluviers une impression contraire ; ils vont dans les contrées plus septentrionales établir leur couvée et élever leurs petits, car pendant tout l'été nous ne les voyons plus. Ils habitent alors les terres de la Laponie et des autres provinces du nord de l'Europe[b], et apparemment aussi celles de l'Asie ; leur marche est la même en Amérique, car les pluviers sont du nombre des oiseaux communs aux deux continents, et on les voit passer au printemps à la baie d'Hudson pour aller encore plus au Nord[c]. Arrivés en troupes dans ces contrées septentrionales pour y nicher, ils se séparent par couples : la société intime de l'amour rompt ou plutôt suspend pour un temps la société générale de l'amitié, et c'est sans doute dans cette circonstance que M. Klein, habitant de Dantzick, les a observés, quand il dit que le pluvier se tient solitairement dans les lieux bas et les prés[d].

L'espèce qui, dans nos contrées, paraît nombreuse autant au moins que celle du vanneau, n'est pas aussi répandue : suivant Aldrovande, on prend moins de pluviers en Italie que de vanneaux[e], et ils ne vont point en Suisse ni dans d'autres contrées que le vanneau fréquente[f] ; mais peut-être aussi le pluvier, se portant plus au nord, regagne-t-il dans les terres septentrionales ce que le vanneau paraît occuper de plus que lui en étendue du côté du midi ; et il paraît le regagner encore dans le Nouveau-Monde où les zones moins distinctes, parce qu'elles sont plus généralement tempérées et plus également humides, ont permis à plusieurs espèces d'oiseaux de s'étendre du nord dans un midi tempéré, tandis qu'une zone trop ardente borne et repousse dans l'ancien monde presque toutes les espèces des régions moyennes.

a. Aldrovande, t. III, p. 532.
b. Voyez *Collection académique*, partie étrangère, t. XI, Académie de Stockholm, p. 60.
c. *Histoire générale des Voyages*, t. XV, p. 267.
d. Solitaria est in locis demissis pratisque. » *Avi.*, pag. 20.
e. Aldrovande, t. III, p. 533.
f. « Helvetiis incognita aut certè rarissima avis. » Gessner, *Avi.*, pag. 683. Il remarque au même endroit que la figure lui en avait été envoyée de France par Rondelet.

C'est au pluvier doré, comme représentant la famille entière des pluviers, qu'il faut rapporter ce que nous venons de dire de leurs habitudes naturelles; mais cette famille est composée d'un grand nombre d'espèces dont nous allons donner l'énumération et la description.

LE PLUVIER DORÉ. [a] [b] *

PREMIÈRE ESPÈCE.

Le pluvier doré est de la grosseur d'une tourterelle : sa longueur du bec à la queue, ainsi que du bec aux ongles, est d'environ dix pouces; il a tout le dessus du corps tacheté de traits de pinceau jaunes, entremêlés de gris blanc sur un fond brun noirâtre : ces traits jaunes brillent dans cette teinte obscure et font paraître le plumage doré. Les mêmes couleurs, mais plus faibles, sont mélangées sur la gorge et la poitrine; le ventre est blanc; le bec noir, et il est, ainsi que dans tous les pluviers, court, arrondi et renflé vers le bout; les pieds sont noirâtres, et le doigt extérieur est lié jusqu'à la

a. Voyez les planches enluminées, n° 904.

b. En anglais, *green plover;* en allemand, *pulvier, pulrosz, see taube, greuner kiwit;* en italien, *piviero;* en catalan, *dorada;* en silésien, *brach-vogel;* en polonais, *ptak-dessezowy;* en suédois, *aokerhoens;* en norwégien, *akerloe;* en lapon, *hutti.* On prétend, dit M. Salerne, que la ville de *Piviers* ou *Pithiviers* dans le Gâtinais, a pris son nom du grand nombre de pluviers qu'on voit dans ses environs. — *Pluvier.* Belon, *Hist. nat. des Oiseaux*, pag. 260. — *Pluvialis.* Gessner, *Avi.*, p. 714. — Aldrovande, *Avi.*, t. III, p. 528. — *Pluvialis viridis.* Willughby, *Ornithol.*, p. 229. — Ray, *Synops. avi.*, p. 111, n° *a*, 2; et p. 190, n° 9. — Sibbald, *Scot. illustr.*, part. II, lib. III, p. 19. — Sloane, *Jamaïca*, p. 318, n° x, avec une très-mauvaise figure, tab. 269, fig. 1. — *Pluvialis flavescens.* Jonston, *Avi.*, p. 113. — *Pluvialis flavo-virescens.* Charleton, *Exercit.*, p. 113, n° 2. Idem, *Onomast.*, p. 109, n° 2. — *Gavia viridis.* Klein, *Avi.*, p. 19, n° 2. — *Pluvialis viridis, seu pardalis.* Marsigl., *Danub.*, t. V, p. 54, avec une figure inexacte, tab. 25. — *Pluvier vert.* Albin, t. I, p. 66, avec une figure mal coloriée, pl. 75. — *Nota.* Klein remarque que la figure du pluvier doré d'Albin est aussi mauvaise pour les couleurs que l'est, pour le dessin, celle de Marsigli, où cet oiseau est représenté avec un doigt postérieur assez long, quoiqu'il n'en ait point du tout. — *Rechte brachvogel.* Frisch, vol. II, XII, II, pl. 9. — *Pluvialis cinereus, luteis et albis maculis.* Barrère, *Ornithol.*, class. IV, gen. 7, sp. 1. — *Pluvialis viridis Gessneri, pardalus tertius Schwenckfeldii, vivago Bodini; gallina novalis media.* Rzaczynski, *Auctuar. hist. nat. Polon.*, p. 415. — *Pardalus tertius.* Schwenckfeld, *Aviar. Siles.*, p. 317. — *Charadrius.* Mœhring, *Avi.*, gen. 90. — « Charadrius nigro lutescenteque variegatus, pectore concolore. » Linnæus, *Fauna Suecica*, n° 157. — « Charadrius pedibus cinereis corpore nigro viridique maculato, subtùs albido... » *Pluvialis.* Idem, *Syst. nat.*, édit. X, gen. 79, sp. 8. — « Pluvialis supernè nigricans, maculis « flavescentibus varia, infernè alba; collo inferiore et pectore griseis, maculis flavescentibus « variegatis; rectricibus nigricantibus, albo flavicante transversim striatis... » *Pluvialis aurea.* Brisson, *Ornithol.*, t. V, p. 43.

* *Charadrius pluvialis* (Linn.). — Genre *Pluviers*, sous-genre *Pluviers proprement dits* (Cuv.). — « C'est le plus commun. Il se trouve par tout le globe. Le nord en produit un qui ne « diffère presque que par sa gorge noire (*charadrius apricarius*). Quelques-uns disent que « c'est le jeune. » (Cuvier.)

première articulation, par une petite membrane, à celui du milieu; les pieds n'ont que trois doigts, et il n'y a pas de vestige de doigt postérieur ou de talon : ce caractère, joint au renflement du bec, est établi parmi les ornithologistes comme distinctif de la famille des pluviers; tous ont aussi une partie de la jambe, au-dessus du genou, dénuée de plumes; le cou court, les yeux grands, la tête un peu trop grosse à proportion du corps, ce qui convient à tous les oiseaux *scolopaces* [a], dont quelques naturalistes ont fait une grande famille sous le nom de *pardales* [b], qui ne peut néanmoins les renfermer tous, puisqu'il y en a plusieurs espèces, et notamment dans les pluviers, qui n'ont pas le plumage *pardé* ou *tigré*.

Au reste, il y a peu de différence dans le plumage entre le mâle et la femelle de cette espèce [c] : néanmoins, les variétés individuelles ou accidentelles sont très-fréquentes, et au point que dans la même saison, à peine sur vingt-cinq ou trente pluviers dorés, en trouvera-t-on deux exactement semblables : ils ont plus ou moins de jaune, et quelquefois si peu qu'ils paraissent tout gris [d]. Quelques-uns portent des taches noires sur la poitrine, etc. Ces oiseaux, suivant M. Baillon, arrivent sur les côtes de Picardie à la fin de septembre ou au commencement d'octobre, tandis que dans nos autres provinces plus méridionales ils ne passent qu'en novembre, et même plus tard; ils repassent en février et en mars [e]; on les voit en été dans le nord de la Suède, en Dalécarlie et dans l'île d'Oëland [f], dans la Norwége, l'Islande et la Laponie [g]. C'est par ces terres arctiques qu'ils paraissent avoir communiqué au Nouveau-Monde, où ils semblent s'être répandus plus loin que dans l'Ancien, car on trouve le pluvier doré à la Jamaïque [h], la Martinique, Saint-Domingue [i] et Cayenne, à quelques légères différences près. Ces pluviers, dans les provinces méridionales du Nouveau-Monde, habitent les savanes et viennent dans les pièces de cannes à sucre où l'on a mis le

a. Comme bécasses, bécassines, barges, etc.

b. Klein, Schwenckfeld.

c. Aldrovande, Belon.

d. M. Baillon, qui a observé ces oiseaux en Picardie, assure que leur plumage est gris dans le premier âge; qu'à la première mue, en août et septembre, il leur vient déjà quelques plumes qui ont la teinte de jaune, ou qui sont tachetées de cette couleur; mais que ce n'est qu'au bout de quelques années que cet oiseau prend une belle teinte dorée. Il ajoute que les femelles naissent toutes grises, qu'elles conservent longtemps cette couleur; que ce n'est qu'en vieillissant que leur plumage se colore d'un peu de jaune, et qu'il est très-rare d'en voir qui aient le plumage aussi uniformément beau que celui des mâles. Ainsi on ne doit pas être surpris de la variété des couleurs que l'on remarque dans l'espèce de ces oiseaux, puisqu'elles sont produites par la différence de sexe et d'âge. (Note communiquée par M. Baillon.)

e. M. Lottinger a observé de même leur passage en Lorraine.

f. Linnæus, *Fauna Suecica.*

g. Brunnich, *Ornithol. borealis*, pag. 57.

h. Sloane, pag. 318.

i. « Pluvialis supernè nigricans, maculis flavicantibus varia, infernè alba; collo inferiore et « pectore dilutè griseis, marginibus pennarum flavescentibus; rectricibus fuscis, albo flavicante « ad margines maculatis... » *Pluvialis Dominicensis aurea.* Brisson, *Ornithol.*, t. V, p. 47.

feu ; leurs troupes y sont nombreuses et se laissent difficilement approcher ;
elles y voyagent, et on ne les voit à Cayenne que dans le temps des pluies.

M. Brisson établit une seconde espèce sous le nom de *petit pluvier doré*[a],
d'après l'autorité de Gessner[b], qui néanmoins n'avait jamais vu ni connu
le pluvier par lui-même. Schwenckfeld et Rzaczynski font aussi mention de
cette petite espèce, et c'est vraisemblablement encore d'après Gessner, car
le premier, en même temps qu'il nomme cet oiseau petit pluvier, le dit de
la grosseur de la tourterelle[c], et Rzaczynski n'y ajoute rien d'assez particulier pour faire croire qu'il l'ait observé et reconnu distinctement[d]. Nous
regarderons donc ce petit pluvier doré comme une variété purement individuelle, et qui ne nous paraît pas même faire race dans l'espèce.

LE PLUVIER DORÉ A GORGE NOIRE. [e][*]

SECONDE ESPÈCE.

Cette espèce se trouve souvent, avec la précédente, dans les terres du
Nord, où elles subsistent et multiplient sans se mêler ensemble. Edwards a
reçu celle-ci de la baie d'Hudson, et Linnæus l'a trouvée en Suède, en
Smolande et dans les champs incultes de l'Oëland : c'est le *pluvialis minor
nigro flavus* de Rudbeck. Il a le front blanc, et porte une bandelette blanche
qui passe sur les yeux et les côtés du cou, descend en devant et entoure
une plaque noire qui lui couvre la gorge : le reste du dessous du corps est
noir ; tout le manteau, d'un brun sombre et noirâtre, est agréablement
moucheté d'un jaune vif, distribué par taches dentelées au bord de chaque
plume ; la grandeur de ce pluvier est la même que celle du pluvier doré ;
nous ne savons pas si c'est par antiphrase et relativement à la faiblesse de

a. « Pluvialis supernè nigricans, maculis flavescentibus varia, infernè alba, rectricibus
« nigricantibus, albo flavicante ad margines maculatis... » *Pluvialis aurea minor.* Brisson,
Ornithol., t. V, p. 47.

b. *Pluvialis altera species.* Gessner, *Avi.*, p. 716.

c. « Gallina novalis minor, turturis ferè magnitudine, iisdem locis ubi prior degit, simili
« modo capitur. » *Aviar. Siles.*, p. 318.

d. Voyez Rzaczynski, *pluvialis seu pardalus minor; gallina novalis minor Schwenckfeldii.*
Auct. hist. nat. Polon., p. 415.

e. En Smolande, *myrpitta;* en Oëland, *alwargrim;* à la baie d'Hudson, *hawk's-eye spotted
plover.* Edwards, t. III, pag. et pl. 140. — *Charadrius nigro lutescente variegatus, pectore
nigro.* Linnæus, *Fauna Suec.*, n° 156. — *Charadrius pectore nigro, rostro basi gibbo, pedibus cinereis; charadrius apricarius.* Idem, *Syst. nat.*, edit. X , pag. 79, sp. 7. — « Pluvialis
« supernè nigricans, maculis flavo-aurantiis varia, infernè nigra; tænià in syncipite albà,
« suprà oculos et secundùm colli latera protensà collum inferius ambiente; rectricibus fusco et
« nigro transversim striatis... » *Pluvialis aurea freti Hudsonis.* Brisson, *Ornithol.*, t. V,
pag. 51.

* *Charadrius apricarius* (Linn.). — Voyez la nomenclature de la page 203.

ses yeux, ou parce que réellement ce pluvier a la vue plus perçante qu'aucun autre oiseau de ce genre, que les Anglais de la baie d'Hudson l'ont surnommé *œil de faucon* (hawk's-eye).

LE GUIGNARD. [a] [b] *

TROISIÈME ESPÈCE.

Le guignard est appelé par quelques-uns *petit pluvier ;* il est en effet d'une taille inférieure à celle du pluvier doré, et n'a guère que huit pouces et demi de longueur ; il a tout le fond du manteau d'un gris brun, avec quelque lustre de vert ; chaque plume du dos, ainsi que les moyennes de l'aile, sont bordées et encadrées d'un trait de roux ; le dessus de la tête est brun noirâtre ; les côtés et la face sont tachetés de gris et de blanc ; le devant du cou et la poitrine sont d'un gris ondé et arrondi en plastron, audessous duquel, après un trait noir, est une zone blanche : et c'est à ce caractère que l'on reconnaît le mâle ; l'estomac est roux, le ventre noir, et le bas-ventre blanc.

Le guignard est très-connu par la bonté de sa chair, encore plus délicate et plus succulente que celle du pluvier. L'espèce paraît plus répandue dans le Nord que dans nos contrées : à commencer par l'Angleterre, elle s'étend en Suède et jusqu'en Laponie [c] ; cet oiseau a deux passages marqués, en avril et en août, dans lesquels il se porte des marais aux montagnes, attiré par des scarabées noirs, qui font la meilleure partie de sa nourriture, avec des vers et de petits coquillages terrestres dont on lui trouve les débris

a. Voyez les planches enluminées, n° 832.

b. En anglais, *dotterel ;* en lapon, *lahul.* — *Morinellus Anglorum.* Gessner, *Icon. avi.*, p. 131, avec une mauvaise figure. — *Morinellus avis anglica.* Idem, *Avi.*, p. 615, avec la même figure. — Aldrovande, *Avi.*, t. III, p. 540, avec une figure peu ressemblante. — Willughby, *Ornith.*, p. 230, avec la figure empruntée d'Aldrovande, pl. 55. — Ray, *Synops. avi.*, p. 111, n° a, 4. — *Morinellus* Sibbald, *Scot. illustr.*, part. ii, lib. iii, p. 19. — Charleton, *Exercit.*, p. 111, n° 1. Idem, *Onomast.*, p. 106, n° 1. — *Gavia morinellus simpliciter.* Klein, *Avi.*, p. 21, n° 5. — « Charadrius pectore ferrugineo ; lineâ albâ transversâ collum pectusque distinguente. » Linnaeus, *Fauna Suecica*, n° 158. — « Charadrius pectore ferrugineo, fasciâ superciliorum « pectorisque lineari alba, pedibus nigris... » *Morinellus.* Idem, *Syst. nat.*, édit. X, gen. 79, sp. 6. — *Dotralle.* Albin, t. II, p. 40, avec des figures passables du mâle, planche 61 ; et de la femelle, planche 62. — « Pluvialis supernè griseo-fusca, marginibus pennarum rufescentibus, « infernè rufescens ; capite superiore fuliginoso, rufescente vario, tæniâ ponè oculos albo « rufescente ; ventre supremo fuliginoso (Mas) ; imo ventre albo ; rectricibus griseis, apice « fuscis ; quatuor utrimque extimis albo terminatis... » *Pluvialis minor, sive morinellus.* Brisson, *Ornithol.*, t. V, p. 54.

c. Dans la sixième édition du *Systema naturæ*, il est désigné sous le nom de *charadrius Lapponicus.* Gen. 61, sp. 5.

* *Charadrius morinellus* (Linn.). — Genre *Pluviers*, sous-genre *Pluviers proprement dits* (Cuv.).

dans les intestins [a]. Willughby décrit la chasse que l'on fait des guignards dans le comté de Norfolk, où ils sont en grand nombre : cinq ou six chasseurs partent ensemble, et, quand ils ont rencontré ces oiseaux, ils tendent une nappe de filets à une certaine distance, en les laissant entre eux et le filet ; ensuite ils s'avancent doucement en frappant des cailloux ou des morceaux de bois ; ces oiseaux paresseux se réveillent, étendent un pied, une aile, et ont peine à se mettre en mouvement ; les chasseurs croient bien faire de les imiter en étendant le bras, la jambe, et pensent les amuser et occuper leurs yeux par ce manége, apparemment très-inutile [b] ; mais enfin les guignards s'approchent du filet lentement, d'une marche engourdie, et le filet tombant couvre la troupe stupide.

C'est d'après ce caractère de pesanteur et de stupidité que les Anglais ont nommé ces oiseaux *dotterel*, et leur nom latin *morinellus* paraît se rapporter à la même origine. Klein dit que leur tête est encore plus arrondie que celle de tous les autres oiseaux de la famille des pluviers, et il en tire un indice de leur stupidité, par analogie avec cette race de pigeons que l'on a nommés *pigeons fous*, et qui ont en effet la tête plus ronde que les autres [c]. Willughby croit avoir remarqué sur les guignards que les femelles sont un peu plus grandes que les mâles, sans autres différences extérieures.

Quant à la seconde espèce de guignard qu'établit M. Brisson sous le nom de *guignard d'Angleterre* [d], quoique l'autre se trouve déjà en Angleterre, nous ne la regarderons que comme une simple variété. Albin représente cet oiseau trop petit dans sa figure, puisque dans sa description il lui assigne plus de poids et les mêmes proportions qu'au guignard ordinaire ; et en effet leur plus grande différence consiste en ce que le premier guignard n'a pas de bande transversale au bas de la poitrine, et qu'il a toute cette partie, avec l'estomac et le devant du cou, d'un gris blanc lavé de jaunâtre ; il me semble donc que c'est multiplier mal à propos les espèces que de les établir sur des différences aussi légères.

[a]. Lettre du docteur Lister à M. Ray. *Transactions philosophiques*, n° 175, art. III.

[b]. Un auteur, dans Gessner, va jusqu'à dire que cet oiseau, attentif et comme charmé aux mouvements du chasseur, imite tous ses gestes, et en oublie le soin de sa conservation, au point de se laisser approcher et couvrir du filet que l'on tient à la main. Voyez Aldrovande, tome III, page 540.

[c]. « Capita harum avium, præ reliquis sui generis, sunt circinata magis, prout capita « columbarum quas *morelchen* nostrates appellant, derivandum à græco vocabulo *mœrylos*, « quod stupida avis est. » Klein, *Avi.*, p. 21.

[d]. *Morinellus anglicanus.* Brisson, *Ornithol.*, t. V, p. 58. — *Dotterel de Lincoln.* Albin, t. II, p. 40. — *Gavia morinellus altera.* Klein, *Avi.*, p. 21, n° 7.

LE PLUVIER A COLLIER. [a] [b] *

QUATRIÈME ESPÈCE.

Nous distinguerons d'abord deux races dans cette espèce, une grande et une petite : la première, de la taille du mauvis ; la seconde, à peu près de celle de l'alouette ; et c'est à cette dernière que se rapporte tout ce que l'on a dit du pluvier à collier[c], parce qu'elle est plus répandue et plus connue que la première[d] ; mais, dans le réel, l'une n'est peut-être qu'une variété de l'autre, car il se trouve encore des variétés entre elles qui semblent les rapprocher par nuances.

Ces oiseaux ont la tête ronde et le bec fort court et bien garni de plumes à sa racine : ce bec est blanc ou jaune dans sa première moitié, noir à sa pointe ; le front est blanc ; il y a un bandeau noir sur le sommet de la tête, et une calotte grise la recouvre : cette calotte est bordée d'une bandelette noire qui prend sur le bec et passe sous les yeux ; le collier est blanc, et la

a. Voyez les planches enluminées, n° 920, le *grand Pluvier à collier* ; et 921, le *petit Pluvier à collier.*

b. En anglais, *sealark* ; en polonais, *zoltaczek* ; en suédois, *strand pipare* ; en lapon, *pago* ; en brasilien, *matuitui.* — *Charadrios, sive hiaticula.* Aldrovande, *Avi.*, t. III, p. 536, avec une mauvaise figure, p. 537. — Jonston, *Avi.*, p. 114, avec la figure empruntée d'Aldrovande, tab. 53. — Willughby, *Ornithol.*, p. 230, avec une figure peu exacte, tab. 57. — Ray, *Synops. avi.*, p. 112, n° a, 6. — *Idem*, p. 190, n° 13. — *Charadrius.* Charleton, *Exercit.*, p. 114, n° 15. Idem, *Onomast.*, p. 100, n° 15. — Sibbald, *Scot. illustr.*, part. II, lib. III, p. 19. — Sloane, *Jamaïca*, p. 319, n° 13, avec une très-mauvaise figure, tab. 267, n° 2. — *Matuitui Brasiliensibus.* Marcgrave, *Hist. nat. Brasil.*, p. 199, avec une figure très-défectueuse. — Jonston, *Avi.*, p. 136, avec la figure prise de Marcgrave, tab. 58. — *Gavia littoralis.* Klein, *Avi.*, p. 21, n° 6. — « Charadrius pectore nigro, fronte nigricante, lineolà albà, vertice « fuscà. » Linnæus, *Fauna Suec.*, n° 159. — Idem, *Syst. nat.*, édit. X, gen. 79, sp. 2. — *Charadrius seu hiaticula* Willughbeii (et par erreur, *icterus galgulus aliorum*). Rzaczynski, *Auctuar.*, p. 370. — *Kleinste kiewit.* Frisch, t. II, XII, II, pl. 7. — *Alouette de mer.* Albin, t. I, p. 70, avec une figure passable, planche 80. — « Pluvialis supernè griseo-fusca, infernè « alba ; tæniâ in syncipite transversâ, candidâ, nigro circumdatâ ; fusciâ per oculos nigrâ, « torque duplicì, supremo albo, infimo nigro ; rectricibus octo intermediis griseo-fuscis, versùs « apicem nigricantibus, tribus utrimque lateralibus apice albis, sequenti in exortu in apice « candidà, in medio fusco-nigricante, utrimque extimâ candidà interiùs fusco-nigricante « maculatà... » *Pluvialis torquata minor.* Brisson, *Ornithol.*, t. V, p. 63.

c. Et toute la nomenclature précédente.

d. « Pluvialis supernè griseo-fusca, infernè alba ; tæniâ suprà oculos albo rufescente ; tor- « que duplici, supremo albo, infimo nigricante ; rectricibus octo intermediis griseo-fuscis, « versùs apicem nigricantibus, apice albis, binis utrimque extimis candidis, extimâ exteriùs « griseo-fusco, proximè sequenti, nigricante maculata... » *Pluvialis torquata.* Brisson, *Ornithol.*, t. V, p. 60. — « An charadrius fuscus, fronte collarique dorsali abdomineque albis ; rec- « tricibus lateralibus utrimque candidis, pedibus nigris... » *Charadrius Alexandrinus.* Linnæus, *Syst. nat.*, édit. X, gen. 79, sp. 3. — « Vel charadrius fasciâ pectorali nigrâ, superciliis « albis ; rectricibus apice albis, fasciâ nigrâ, pedibus cæruleis... » *Charadrius Ægyptius* Idem, *ibidem*, sp. 5.

* *Charadrius hiaticula* (Linn.). — Sous-genre *Pluviers proprement dits* (Cuv.).

poitrine porte un plastron noir ; le manteau est gris brun ; les pennes de l'aile sont noires ; le dessous du corps est d'un beau blanc, comme le front et le collier.

Tel est en gros le plumage du pluvier à collier : si l'on voulait présenter toutes les diversités en distribution ou en étendue de ces couleurs, un peu plus claires et plus foncées, plus brouillées ou plus nettes, il faudrait faire autant de descriptions, et l'on établirait presque autant d'espèces qne l'on verrait d'individus[1]. Au milieu de ces différences légères et vraiment individuelles ou locales, on reconnaît le pluvier à collier le même dans presque tous les climats ; on nous l'a apporté de Sibérie, du cap de Bonne-Espérance, des Philippines [a], de la Louisiane et de Cayenne [b] ; M. Cook l'a rencontré dans le détroit de Magellan [c], et M. Ellis à la baie d'Hudson [d]. Ce pluvier à collier est l'oiseau que Marcgrave appelle *matuitui* du Brésil [e], et Willughby, en le remarquant, est frappé de la conséquence qu'offre ce fait, savoir qu'il y a des oiseaux communs à l'Amérique méridionale et à l'Europe [f] : fait étonnant en lui-même, et qui ne trouve d'explication que dans le principe que nous avons établi sur la nature des oiseaux d'eau et de rivage, lesquels voyagent de proche en proche et s'accommodent à toutes les régions, parce que leur vie tient à un élément qui rend plus égaux tous les climats, et y fournit partout le même fonds de nourriture : en sorte qu'ils ont pu s'établir du Nord au Midi, et se trouver également bien sous les tropiques et dans les zones froides.

Nous regarderons donc comme une de ces espèces privilégiées qui se sont répandues sur tout le globe celle du pluvier à collier, malgré quelques variétés dans le plumage de ces oiseaux, suivant les différents climats [g] :

a. Sonnerat, *Voyage à la Nouvelle-Guinée,* page 83.

b. A Cayenne on le nomme *collier ;* et les Espagnols de Saint-Domingue, en le voyant habillé de noir et de blanc, comme leurs moines, l'appellent *frailecitos ;* et les Indiens, *thegle, thegle,* d'après son cri. Voyez Feuillée, *Observations,* édit. 1725 ; préface, page 7.

c. A la baie Famine. *Second Voyage de Cook,* t. II, p. 64.

d. Vers la rivière Nelson. Voyez Ellis, *Voyage à la baie d'Hudson ;* Paris, 1749, tome II, page 50.

e. Matuitui Brasiliensibus. Marcgrave, *Hist. nat. Brasil.,* p. 199.

f. Ornithologie, page 121.

g. C'est encore, à ce qu'il nous paraît, une de ces variétés, et qui, pour quelques différences dans le noir ondulé de la poitrine et les plumes de la queue, mélangées de blanc et de noir avec un peu de roux, ne mérite pas qu'on en fasse une espèce particulière, qu'a donnée Sloane sous l'indication de *pluvialis ex fusco et albo varia, caudâ longiore. Jamaïca,* p. 318, n° xi ; et d'après laquelle Ray et M. Brisson ont fait une espèce. — Ray, *Synops. avi.,* p. 190, n° 10. — « Pluvialis supernè obscure fusca, infernè alba ; pectore nigris maculis vario ; torque « albo ; rectricibus albidis, rufo et nigricante variegatis... » *Pluvialis Jamaïcensis torquata.* Brisson, *Ornithol.,* t. V, p. 75.

1. « On en trouve, en ce pays-ci, deux ou trois races ou espèces différentes pour la taille et « pour la distribution des couleurs de la tête (*charadrius minor,* planche enluminée 921, à « bec tout noir ; *charadrius cantianus,* Lath., ou *albifrons,* Meyer, dont le *charadrius* « *œgyptius* pourrait être la femelle). Son collier est interrompu. — Cette distribution de couleur « se répète, à peu de chose près, sur plusieurs espèces étrangères. » (Cuvier.)

ces différences extérieures, quand le reste des traits est le même, ainsi que le naturel, ne doivent être regardées que comme la teinte locale, et pour ainsi dire la livrée des climats, livrée que les oiseaux prennent ou dépouillent plus ou moins en changeant de ciel.

Les pluviers à collier vivent au bord des eaux ; on les voit, le long de la mer, en suivre les marées. Ils courent très-vite sur la grève, en interrompant leur course par de petits vols, et toujours en criant. En Angleterre, on trouve leurs nids sur les rochers des côtes ; ces oiseaux y sont très-communs, comme dans la plupart des régions du Nord, en Prusse [a], en Suède [b], et plus encore en Laponie pendant l'été. On en voit aussi quelques-uns sur nos rivières, et dans quelques provinces on les connaît sous le nom de *gravières*, en d'autres sous celui de *criards*, qu'ils méritent bien par les cris importuns et continuels qu'ils font entendre, pour peu qu'ils soient inquiétés et tant qu'ils nourrissent leurs petits, ce qui est long, car ce n'est qu'au bout d'un mois ou cinq semaines que les jeunes commencent à voler. Les chasseurs nous assurent que ces pluviers ne font point de nids, et qu'ils pondent sur le gravier du rivage des œufs verdâtres tachetés de brun ; les père et mère se cachent dans les trous et sous les avances des rives [c], habitudes d'après lesquelles les ornithologistes ont cru reconnaître dans cet oiseau le *charadrios* d'Aristote, lequel, suivant la force du mot, est *habitant des rives rompues des torrents* [d], et dont le *plumage*, ajoute ce philosophe, *n'a rien d'agréable, non plus que la voix* [e] : le dernier trait dont Aristote peint son charadrios, qui *sort la nuit et se cache le jour* [f], sans caractériser aussi précisément le pluvier à collier, peut néanmoins avoir rapport à ses allures du soir et à son cri, que l'on entend très-tard et jusque dans la nuit. Quoi qu'il en soit, le charadrios est du nombre des oiseaux dans lesquels l'ancienne médecine, ou plutôt l'ancienne superstition chercha des vertus occultes : il guérissait de la jaunisse ; toute la cure consistait à le regarder [g] ; l'oiseau lui-même, à l'aspect de l'ictérique, détournait les yeux comme se sentant affecté de son mal [h]. De combien de remèdes imaginaires la faiblesse humaine n'a-t-elle pas cherché à flatter en tout genre ses maux réels !

a. Rzaczynski.

b. Linnæus.

c. « In cavernis ad littora latitat. » Klein , pag. 21.

d. Aristophane donne au *charadrios* la fonction d'apporter de l'eau dans la ville des oiseaux.

e. « ..... Colunt aliæ loca *fragosa*, et saxa, et cavernas ; ut quem à præruptis torrentium « alveis charadrium appellamus (quasi hiaticulam dixeris). Prava hæc avis et colore et voce. » Aristote, *Hist. animal.*, lib. IX , cap. XI.

f. « Et noctu apparet ; die aufugit. » *Ibidem*.

g. En conséquence, le marchand de ce beau remède cachait soigneusement son oiseau, n'en vendant que la vue : sur quoi les Grecs avaient fondé un proverbe pour ceux qui tiennent cachée une chose précieuse et utile, *Charadrium imitans*. Voyez Gessner, pag. 246.

h. Héliodore, *Æthiopic.*, lib. III.

LE KILDIR. [a][*]

CINQUIÈME ESPÈCE.

C'est le nom que porte en Virginie ce pluvier criard, et nous le lui conserverons d'autant plus volontiers, que Catesby le dit formé sur le cri de l'oiseau. Ces pluviers, très-communs à la Virginie et à la Caroline, sont détestés des chasseurs, parce que leurs clameurs donnent l'alarme et font fuir tout gibier. On voit, dans l'ouvrage de Catesby, une bonne figure de cet oiseau, qu'il compare en grandeur à la bécassine ; il est assez haut monté sur jambes ; tout son manteau est gris brun, et le dessus de la tête, en forme de calotte, est de la même couleur ; le front, la gorge, le dessous du corps et le tour du haut du cou sont blancs ; le bas du cou est entouré d'un collier noir, au-dessous duquel se trace un demi-collier blanc ; et il y a de plus une bande noire sur la poitrine qui s'étend d'une aile à l'autre ; la queue est assez longue et noire à l'extrémité ; le reste et ses couvertures supérieures sont d'une couleur rousse ; les pieds sont jaunâtres ; le bec est noir ; l'œil est grand et entouré d'un cercle rouge : ces oiseaux restent toute l'année à la Virginie et à la Caroline ; on les trouve également à la Louisiane [b], et l'on ne remarque pas de différence dans le plumage entre le mâle et la femelle.

Une espèce voisine, ou peut-être la même et qui n'a pas besoin d'une autre description, est celle du pluvier à collier de Saint-Domingue, n° 286 [1] de nos planches enluminées, et la dixième de M. Brisson [c] ; à quelques différences près dans les couleurs de la queue et une teinte plus foncée dans celui-ci, aux pennes de l'aile, ces deux oiseaux sont les mêmes.

---

a. Kill-deer, ou, suivant la prononciation anglaise, *kill-dir*. — *Pluvier criard*. Catesby, *Hist. nat. Carol.*, t. I, p. 71. — *Gavia brachyptera, vocifera*. Klein, *Avi.*, p. 21, n° 8. — « Charadrius fasciis pectoris, colli, frontis, genarumque nigris, caudà luteà, fasciâ nigrâ, « pedibus pallidis... » *Charadrius vociferus*. Linnæus, *Syst. nat.*, édit. X, gen. 79, sp. 4. — « Pluvialis supernè griseo-fusca, infernè alba, tæniâ in syncipite candidâ, per oculos protensâ ; « maculâ in vertice et tæniâ infrà oculos nigris ; torque duplici, supremo albo, infimo nigro ; « uropygio rufo ; rectricibus in exortu rufis, versùs apicem nigris, apice rufescentibus... » *Pluvialis Virginiana torquata*. Brisson, *Ornithol.*, t. V, p. 68.

b. M. le docteur Mauduit l'a reçu de cette contrée et le conserve dans son Cabinet.

c. « Pluvialis supernè griseo-fusca, marginibus pennarum rufescentibus, infernè alba ; « tæniâ in syncipite candidâ, suprà oculos protensâ ; macula in vertice nigrâ ; torque duplici, « supremo albo, infimo nigro ; uropygio rufo ; rectricibus binis intermediis griseo-fuscis, apice « rufescentibus, binis utrimque proximis griseo-fuscis, versùs apicem nigris ; apice rufescen- « tibus ; tribus utrimque extimis rufis, versùs apicem nigris, apice albis, extimà in exortu « albâ, nigricante transversim striata... » *Pluvialis Dominicensis torquata*. Brisson, *Ornith.*, t. V, p. 70.

[*] *Charadrius vociferus* (Linn.). — Sous-genre *Pluviers proprement dits* (Cuv.).

1. L'oiseau de ce n° est, en effet, le *kildir*.

LE PLUVIER HUPPÉ. [a*]

SIXIÈME ESPÈCE.

Ce pluvier, qui se trouve en Perse, est à peu près de la taille du pluvier doré ; mais il est un peu plus haut de jambes ; les plumes du sommet de sa tête sont d'un noir lustré de vert ; elles sont ramassées en touffe portée en arrière et forment une huppe de près d'un pouce de longueur ; il y a du blanc sur les joues, l'occiput et les côtés du cou ; tout le manteau est brun marron foncé : un trait de noir tombe de la gorge sur la poitrine, qui est, ainsi que l'estomac, d'un noir relevé d'un beau lustre de violet ; le bas-ventre est blanc ; la queue, blanche à son origine, est noire à son extrémité ; les pennes de l'aile sont noires aussi, et il y a du blanc dans les grandes couvertures.

Ce pluvier est armé et porte au pli de l'aile un éperon qu'Edwards a négligé de figurer dans sa planche 47, mais qu'on retrouve dans sa 208e, où il représente la femelle, qui diffère du mâle, en ce que tout son cou est blanc, et que sa couleur noire n'est nuancée d'aucun reflet.

LE PLUVIER A AIGRETTE. [b c **]

SEPTIÈME ESPÈCE.

Ce pluvier est encore armé aux épaules ; les plumes de l'occiput, s'allongeant en filets comme dans le vanneau, lui forment une aigrette de plus d'un pouce de longueur ; il est de la grosseur du pluvier doré, mais plus haut sur ses jambes, ayant un pied du bec aux ongles, et seulement onze pouces du bec à l'extrémité de la queue ; il a le haut de la tête ainsi que la

a. « *Pluvier des Indes à gorge noire.* Edwards, t. I, pag. et pl. 47. — *Gavia, seu vanellus Indicus.* Klein, *Avi.*, p. 22, n° 10. — « Charadrius gulâ, pileo, pectoreque nigris, occipitio « cristato, dorso testaceo, pedibus nigris... » *Charadrius cristatus.* Linnæus, *Syst. nat.*, édit. X, gen. 79, sp. 1. — « Pluvialis cristata supernè castaneo-fusca, infernè nigra ; pectore « ad violaceum inclinante ; imo ventre albo ; capite superiore et cristâ nigro-viridantibus ; « genis, occipitio et collo ad latera candidis ; rectricibus albis, apice nigris... » *Pluvialis Persica cristata.* Brisson, *Ornithol.*, t. V, p. 84.

b. Voyez les planches enluminées, n° 801, sous le nom de *Pluvier armé du Sénégal.*

c. « Pluvialis cristata, supernè grisea, infernè albo-rufa ; capite, cristâ, gutture et maculâ « ferri equini emulâ in medio vertice nigris ; rectricibus albo-rufis, nigro terminatis, binis « utrimque extimis albo-fulvo in apice marginatis, alis armatis... » *Pluvialis Senegalensis armata.* Brisson, *Ornithol.*, t. V, p. 86.

* *Charadrius spinosus.* Cet oiseau est une simple variété du suivant.

** *Charadrius spinosus* (Gmel.). — Sous-genre *Pluviers proprement dits* : espèces armées (Cuv.).

huppe, la gorge et le plastron sur l'estomac, noirs, aussi bien que les
grandes pennes de l'aile et la pointe de celles de la queue ; le manteau est
d'un gris brun ; les côtés du cou , le ventre et les grandes couvertures de
l'aile sont d'un blanc teint de fauve : l'éperon du pli de l'aile est noir, fort
et long de six lignes ; cette espèce se trouve au Sénégal, et paraît également
naturelle à quelques-unes des régions chaudes de l'Asie ; car un pluvier qui
nous a été envoyé d'Alep s'est trouvé tout à fait semblable à ce pluvier du
Sénégal.

LE PLUVIER COIFFÉ. *ᵃ**

HUITIÈME ESPÈCE.

Une coiffure assez particulière nous sert à caractériser ce pluvier : c'est
un morceau de membrane jaune qui lui passe sur le front, et par son
extension entoure l'œil ; une coiffe noire allongée en arrière en deux ou
trois brins cache le haut de la tête, dont le chignon est blanc, et une large
mentonnière noire prenant sous l'œil enveloppe la gorge et fait le tour du
haut du cou ; tout le devant du corps est blanc ; le manteau est gris roussâtre, les pennes de l'aile et le bout de la queue sont noirs ; les pieds rouges,
et le bec porte une tache de cette couleur vers la pointe. Ce pluvier, dont
l'espèce n'était pas connue, se trouve au Sénégal, comme le précédent,
mais il est moins grand d'un quart, et il n'a pas d'éperon au pli de l'aile.

LE PLUVIER COURONNÉ. *ᵇ***

NEUVIÈME ESPÈCE.

Ce pluvier, qui se trouve au cap de Bonne-Espérance, est un des plus
grands de son genre : il a un pied de longueur, et les jambes plus hautes
que le pluvier doré ; elles sont couleur de rouille ; il a la tête coiffée de
noir, et dans ce noir on voit une bande blanche en diadème, qui fait le
tour entier de la tête et forme une sorte de couronne ; le devant du cou est

a. Voyez les planches enluminées, n° 834 , sous le nom de *Pluvier du Sénégal.*
b. Voyez les planches enluminées, n° 800 , sous le nom de *Pluvier du cap de Bonne-Espérance.*

* *Charadrius pileatus* (Gmel.). — Sous-genre *Pluviers proprement dits :* espèces à lambeaux (Cuv.).
** *Charadrius coronatus* (Gmel.). — Sous-genre *id.*, espèces à pieds écussonnés, non
armées (Cuv.).

gris; du noir par grosses ondes se mêle au gris sur la poitrine; le ventre
est blanc; la queue blanche dans sa première moitié, ainsi qu'à son extrémité, porte une bande noire qui traverse le blanc; les pennes de l'aile sont
noires, et les grandes couvertures blanches; tout le manteau est brun,
lustré de verdâtre et de pourpre.

LE PLUVIER A LAMBEAUX. [a]*

DIXIÈME ESPÈCE.

Une membrane jaune plaquée aux angles du bec de ce pluvier, et pendante des deux côtés, en deux lambeaux pointus, nous sert à le caractériser; il se trouve au Malabar; il est de la grosseur de notre pluvier, mais
il a de plus hautes jambes, qui sont de couleur jaunâtre; il porte derrière
les yeux, un trait blanc qui borde la calotte noire de la tête; l'aile est noire
et tachetée de blanc dans les grandes couvertures; on voit aussi du noir
bordé de blanc à la pointe de la queue; le manteau et le cou sont d'un gris
fauve, et le dessous du corps est blanc; c'est la livrée ordinaire, et, pour
ainsi dire, uniforme du plumage de la plupart de toutes les espèces de
pluviers.

LE PLUVIER ARMÉ DE CAYENNE. [b]**

ONZIÈME ESPÈCE.

C'est un pluvier à collier de la grandeur du nôtre, mais il est beaucoup
plus haut de jambes; il a aussi le bec plus long et la tête moins ronde; une
large bande noire couvre le front, engage les yeux, et va se joindre au
noir qui garnit le derrière du cou, le haut du dos, et s'arrondit en plastron
sur la poitrine; la gorge est blanche, ainsi que le devant du cou et le
dessous du corps; une plaque grise, entourée d'un bord blanc, forme une
calotte derrière la tête; la première moitié de la queue est blanche, et le
reste est noir; les pennes de l'aile et les épaules sont noires aussi; le reste
du manteau est gris mêlé de blanc; des éperons assez longs percent au pli
des ailes.

Il nous paraît que l'*amacozque* de Fernandez (cap. XII, page 17), « oiseau

<hr>

a. Voyez les planches enluminées, n° 880, sous le nom de *Pluvier de la côte de Malabar.*
b. Voyez les planches enluminées, n° 833.

* *Charadrius bilobus* (Gmel.). — Sous-genre *id.*, espèces à lambeaux (Cuv.).
** *Charadrius cayanus* (Gmel.). — Sous-genre *id.*, espèces armées (Cuv.).

« criard au plumage mêlé de blanc et de noir et à double collier, qu'on
« voit toute l'année sur le lac de Mexique, où il vit de vermisseaux aqua-
« tiques, » est un pluvier : on pourrait l'assurer si Fernandez eût donné le
caractère de ses pieds.

Quant à la treizième espèce de M. Brisson, ce n'est rien moins qu'un pluvier, mais une petite outarde ou notre *Churge.* Voyez l'article de cet oiseau,
volume V de cette Histoire des oiseaux, page 276.

LE PLUVIAN. [a] *

L'oiseau, nommé *pluvian* dans nos planches enluminées, se rapporte au
pluvier, en ce qu'il n'a que trois doigts : le pluvian n'est guère plus grand
que le petit pluvier à collier, si ce n'est que son cou est plus long, et son
bec plus fort ; il a le dessus de la tête, du cou et du dos noirs, un trait de
cette couleur sur les yeux, et quelques ondes noires sur la poitrine ; les
grandes pennes de l'aile, sont mêlées de noir et de blanc : les autres parties
de l'aile, pennes moyennes et couvertures, sont d'un joli gris ; le devant du
cou est d'un blanc roussâtre, et le ventre blanc ; mais le bec est plus gros
et plus épais que celui du pluvier ; le renflement y est moins marqué ; ces
différences, qui semblent faire une nuance de genre plutôt que d'espèce,
nous ont engagé à lui donner un nom particulier, et qui en même temps
eût rapport aux pluviers.

LE GRAND PLUVIER, VULGAIREMENT APPELÉ COURLIS DE TERRE. [b][c] **

Il est peu de chasseurs et d'habitants de la campagne dans nos provinces
de Picardie, d'Orléanais, de Beauce, de Champagne et de Bourgogne, qui,

a. Voyez les planches enluminées, n° 918.

b. Voyez les planches enluminées, n° 919.

c. En italien, *coruz*, suivant Gessner et Aldrovande ; à Rome, *carlotte*, selon Willughby ;
en Angleterre, et particulièrement dans le pays de Cornouailles et de Norfolk, *stone-curlew*,
en quelques endroits de l'Allemagne, selon Gessner, *triel* ou *griel* ; sur nos côtes de Picardie,
cet oiseau est appelé *le Saint-Germer.* — *Ostardeau* ou *œdicnemus.* Belon , *Hist. nat. des
oiseaux*, p. 239, avec une figure peu exacte ; la même, *Portraits d'oiseaux*, p. 57, *a.* —
Œdicnemus Bellonii. Aldrovande , *Avi.*, t. II , p. 98, avec deux figures peu exactes, pag. 99
et 100. — Jonston , *Avi.*, p. 43 , avec les deux figures d'Aldrovande. — Willughby, *Ornithol.*,

* *Charadrius melanocephalus* (Gmel.). — Sous-genre *id.*, espèces à pieds écussonnés, non
armées (Cuv.).

** *Charadrius œdicnemus* (Linn.). — *Œdicnemus crepitans* (Temm.). — L'œdicnème ordinaire, vulgairement *courlis de terre* (Cuv.). — Genre *Pluviers*, sous-genre *Œdicnèmes* (Cuv.).

se trouvant sur le soir, dans les mois de septembre, d'octobre et novembre,
au milieu des champs, n'aient entendu les cris répétés *turrlui, turrlui*, de
ces oiseaux : c'est leur voix de rappel qu'ils font souvent retentir d'une
colline à l'autre, et c'est probablement de ce son articulé, et semblable au
cri des vrais courlis, qu'on a donné à ce grand pluvier le nom de courlis
de terre. Belon dit qu'au premier aspect, il trouva dans cet oiseau tant de
ressemblance avec la petite outarde, qu'il lui en appliqua le nom ; cependant, ce n'est ni une outarde ni un courlis, c'est plutôt un pluvier ; mais
en même temps qu'il tient de près aux pluviers par plusieurs caractères
communs, il s'en éloigne assez par quelques autres, pour qu'on puisse le
regarder comme étant d'une espèce isolée, parce qu'il porte des traits d'une
conformation particulière, et que ses habitudes naturelles sont différentes
de celles des pluviers.

D'abord cet oiseau est beaucoup plus grand que le pluvier doré, il est
même plus gros que la bécasse ; ses jambes épaisses ont un renflement marqué au-dessous du genou, qui paraît gonflé, caractère d'après lequel Belon
l'a nommé *jambe enflée*[a] ; il n'a, comme le pluvier, que trois doigts fort
courts ; ses jambes et ses pieds sont jaunes ; son bec est jaunâtre depuis son
origine, jusque vers le milieu de sa longueur, et noirâtre jusqu'à son extrémité, il est de la même forme, mais plus gros que celui du pluvier ; tout le
plumage, sur un fond gris blanc et gris roussâtre, est moucheté par pinceaux de brun et de noirâtre, dont les traits sont assez distincts sur le cou
et la poitrine, et plus confus sur le dos et sur les ailes, qui sont traversées
d'une bande blanchâtre ; deux traits de blanc roussâtre passent dessus et

p. 227, avec une mauvaise figure, tab. 58 ; et une autre empruntée d'Aldrovande, tab. 77. —
Fedoæ tertia species. Idem, p. 216. — *Fedoa nostra tertia.* Ray, *Synops. avi.*, p. 105, n° *a*, 6.
— *OEdicnemus Bellonii.* Idem, *ibid.*, p. 108, n° *a*, 4. — Charleton, *Exercit.*, p. 83, n° xi. —
Idem, *Onomast.*, p. 74, n° xi. — *Arquatæ congener, seu minor.* Idem, *Exercit.*, p. 111 ; et
Onomast., p. 106. — *Charadrius.* Gessner, *Avi.*, p. 256, avec une mauvaise figure. — *Charadrius Aristotelis.* Idem, *Icon. avi.*, p. 125, avec la même figure. — *Charadrius brevicaudus,
rufescens, maculatus.* Barrère, *Ornithol.*, class. iv, gen. 10, sp. 1. — « Charadrius griseus,
« remigibus primoribus duabus nigris, medio albis, rostro acuto, pedibus cinereis... » *OEdicnemus.* Linnæus, *Syst. nat.*, édit. X, g. 79, sp. 9. — *Gavia rostro virescente, conico, acuto.*
Klein, *Avi.*, p. 20, n° 4. — *The Norfolk plover. British Zoology*, p. 27, avec une assez belle
figure, planche 97. — *Grosse brachvogel, oder gluth.* Frisch, vol. II, tab. 215. — *Outarde,
ostarde* ou *bitarde.* Albin, t. I, p. 61, avec une mauvaise figure enluminée, planche 69. —
« Pluvialis supernè griseo-fulva, pennis in medio fuscis, circa margines fulvis, infernè fulva,
« medio pennarum, in collo inferiore et supremo pectore fusco ; tæniâ suprà et infrà oculos
« albo-fulvescente ; lineolâ infrà oculos fuscâ ; rectricibus sex intermediis griseis, fasciis fuscis
« circumferentiæ parallelis, tribus utrimque extimis candidis, binis utrimque extimæ proximis
« nigricante transversim striatis, lateribus nigricante terminatis... » *Pluvialis major, œdicnemus vulgò dicta.* Brisson, *Ornithol.*, t. V, p. 76.

a. C'est la force du mot *œdicnemus*, composé par un vieux naturaliste qui parle ainsi de cet
oiseau : « Une particularité enseigne qu'il a, et n'est en nul autre, c'est qu'il a les jambes
« grosses au-dessous du pli des genoux, qui provient de l'os de la jambe, qui est gros outre
« mesure en cet endroit-là ; donc, pour le faire mieux connoître, lui avons laissé le nom *œdic-
« nemus.* » *Nature des oiseaux*, p. 240.

dessous l'œil; le fond est de couleur roussâtre sur le dos et le cou, et il est blanc sous le ventre, qui n'est point moucheté.

Cet oiseau a l'aile grande; il part de loin, surtout pendant le jour, et vole alors assez bas près de terre; il court sur les pelouses et dans les champs aussi vite qu'un chien, et c'est de là qu'en quelques provinces, comme en Beauce, on lui a donné le nom d'*arpenteur*[a]; il s'arrête tout court après avoir couru tenant son corps et sa tête immobiles[b], et au moindre bruit il se tapit contre terre; les mouches, les scarabées, les petits limaçons, et autres coquillages terrestres, sont le fond de sa nourriture, avec quelques autres insectes qui se trouvent dans les terres en friche, comme grillons, sauterelles et courtillières[c]; car il ne se tient guère que sur le plateau des collines, et il habite de préférence les terres pierreuses, sablonneuses et sèches. En Beauce, dit M. Salerne, une mauvaise terre s'appelle *une terre à courlis*. Ces oiseaux, solitaires et tranquilles pendant la journée, se mettent en mouvement à la chute du jour; ils se répandent alors de tous côtés en volant rapidement, et criant de toutes leurs forces sur les hauteurs; leur voix, qui s'entend de très-loin, est un son plaintif semblable à celui d'une flûte tierce et prolongé sur trois ou quatre tons, en montant du grave à l'aigu; ils ne cessent de crier pendant la plus grande partie de la nuit, et c'est alors qu'ils se rapprochent de nos habitations[d].

Ces habitudes nocturnes sembleraient indiquer que cet oiseau voit mieux la nuit que le jour; cependant il est certain que sa vue est très-perçante pendant le jour; d'ailleurs, la position de ses gros yeux le met en état de voir par derrière comme par devant; il découvre le chasseur d'assez loin pour se lever et partir bien avant que l'on ne soit à portée de tirer; c'est un oiseau aussi sauvage que timide; la peur seule le tient immobile durant le jour, et ne lui permet de se mettre en mouvement et de se faire entendre qu'à l'entrée de la nuit : ce sentiment de crainte est même si dominant que, quand on entre dans une chambre où on le tient renfermé, il ne cherche qu'à se cacher, à fuir, et va dans son effroi donner tête baissée, et se heurter contre tout ce qui se rencontre. On prétend que cet oiseau fait pressentir les changements de temps et qu'il annonce la pluie; Gessner a remarqué que, même en captivité, il s'agite beaucoup avant l'arrivée d'un orage.

Au reste, ce grand pluvier ou courlis de terre, fait une exception dans les nombreuses espèces qui, ayant une portion de la jambe nue, sont censées habiter les rivages et les terres fangeuses, puisqu'il se tient toujours loin

---

a. Voyez Salerne, *Ornithol.*, page 334, qui paraît avoir très-bien observé cet oiseau.

b. Albin.

c. M. Baillon, qui a observé cet oiseau sur les côtes de Picardie, nous dit qu'il mange aussi de petits lézards noirs qui se trouvent dans les dunes, et même de petites couleuvres.

d. M. Sloane.

des eaux et des terrains humides, et n'habite que les terres sèches et les lieux élevés [a].

Ces habitudes ne sont pas les seules par lesquelles il diffère des pluviers. Le temps de son départ et la saison de son séjour ne sont pas les mêmes que pour les pluviers; il part en novembre pendant les dernières pluies d'automne; mais, avant d'entreprendre le voyage, ces oiseaux se réunissent en troupes de trois ou quatre cents, à la voix d'un seul qui les appelle, et leur départ se fait pendant la nuit [b]. On les revoit de bonne heure au printemps, et dès la fin de mars ils sont de retour en Beauce, en Sologne, en Berry et dans quelques autres provinces de France. La femelle ne pond que deux ou quelquefois trois œufs sur la terre nue, entre des pierres [c], ou dans un petit creux qu'elle forme sur le sable des landes et des dunes [d]; le mâle la poursuit vivement dans le temps des amours; il est aussi constant que vif et ne la quitte pas; il l'aide à conduire ses petits, à les promener, et à leur apprendre à distinguer leur nourriture; cette éducation est même longue; car quoique les petits marchent et suivent leurs père et mère peu de temps après qu'ils sont nés, ils ne prennent que tard assez de forces dans l'aile pour pouvoir voler. Belon en a trouvé qui ne pouvaient encore voler à la fin d'octobre, ce qui lui a fait croire que la ponte des œufs ou la naissance des petits ne se faisait que bien tard [e]. Mais M. le chevalier Desmazy, qui a observé ces oiseaux à Malte [f], nous a appris qu'ils y font régulièrement deux pontes, l'une au printemps et la dernière au mois d'août. Le même observateur assure que l'incubation est de trente jours; les jeunes sont un fort bon gibier, et on ne laisse pas de manger aussi les vieux, qui ont la chair plus noire et plus sèche. La chasse à Malte en était réservée au grand-maître de l'ordre, avant que l'espèce de nos perdrix n'eût été portée dans cette île, vers le milieu du dernier siècle [g].

a. D'où l'on peut voir avec combien peu de fondement Gessner l'a pris pour le *charadrios* des anciens, qui est décidément un oiseau de rivage. Voyez, ci-devant, l'article du *pluvier à collier.*

b. M. Salerne.

c. *Idem.*

d. « Durant les huit jours que j'ai erré dans les sables arides qui couvrent les bords de la mer, depuis l'embouchure de la Somme jusqu'à l'extrémité du Boulonnais, j'ai rencontré un nid qui m'a paru être du *saint-germer :* pour m'en assurer, je suis demeuré constamment assis jusqu'au soir sur le sable, dont j'avais élevé devant et autour de moi un petit tertre pour me cacher. Les oiseaux de ces sables, accoutumés à en voir changer la surface que les vents transportent, ne prennent aucune inquiétude d'y trouver de nouveaux creux ou de nouvelles élévations. Je fus payé de ma peine : le soir l'oiseau vint à ses œufs, et je le reconnus pour le saint-germer ou le courlis de terre ; son nid, posé à plate terre et à découvert dans une plaine de sable, ne consistait qu'en un petit creux d'un pouce et de forme elliptique, contenant trois œufs assez gros et d'une couleur singulière. » Observation faite par M. Baillon, de Montreuil-sur Mer.

e. *Nature des oiseaux,* page 240.

f. On l'appelle à Malte *talaride.*

g. Sous le grand-maître Martin de Redin. Note communiquée par M. le chevalier Desmazy; une autre note spécifie les perdrix rouges.

Ce grand pluvier ou courlis de terre, ne s'avance point en été dans le
Nord, comme font les pluviers ; du moins Linnæus ne le nomme point dans
la liste des oiseaux de Suède. Willughby assure qu'on le trouve en Angleterre dans le comté de Norfolk, et dans le pays de Cornouailles [a] ; cependant Charleton [b], qui se donne pour chasseur expérimenté, avoue que cet
oiseau lui est absolument inconnu ; son instinct sauvage, ses allures de
nuit, ont pu le dérober longtemps aux yeux des observateurs, et Belon qui,
le premier l'a reconnu en France, remarque qu'alors personne ne put lui
en dire le nom [c].

J'ai eu, pendant un mois ou cinq semaines, un de ces oiseaux à ma campagne ; on le nourrissait de soupe, de pain et de viande cuite ; il aimait ce
dernier mets de préférence aux autres : il mangeait non-seulement pendant
le jour, mais aussi pendant la nuit ; car après lui avoir donné le soir sa provision de nourriture, on a remarqué que le lendemein matin elle était fort
diminuée.

Cet oiseau m'a paru d'un naturel paisible, mais crintif et sauvage, et je
crois que c'est en effet par cette raison qu'on le voit rarement courir pendant le jour dans l'état de liberté, et qu'il préfère l'obscurité de la nuit,
pour se réunir avec ses semblables. J'ai remarqué que dès qu'il apercevait
quelqu'un, même de loin, il cherchait à s'enfuir, et que sa peur était si
grande qu'il se heurtait contre tout ce qu'il rencontrait en voulant se sauver. Il est donc du nombre des animaux qui sont faits pour vivre éloignés
de nous, et à qui la nature a donné pour sauvegarde l'instinct de nous fuir.

Celui dont il s'agit ici n'a point fait connaître son cri ; il faisait seulement
quelquefois entendre, pendant les deux ou trois dernières nuits qui ont pré-
cédé sa mort, une sorte de sifflement très-faible, qui n'était peut-être qu'une
expression de souffrance, car il avait alors sur la racine du bec et dans les
pieds de fort grandes blessures, qu'il s'était faites en frappant contre les
fils de fer de sa cage, dans laquelle il se remuait brusquement dès qu'il
apercevait quelque objet nouveau.

L'ÉCHASSE. [d] [e] *

L'échasse est dans les oiseaux ce que la gerboise est dans les quadrupèdes : ses jambes, trois fois longues comme le corps, nous présentent une

a. Willughby, Albin.

b. Onomasticon zoïcum.

c. Nature des oiseaux, page 240.

d. Voyez les planches enluminées, n° 878.

e. En grec, Ἱμαντόπους, nom qui se trouve latinisé dans Pline, *himantopus ;* les Italiens,
suivant Belon, appellent l'échasse *merlo aquaiolo grande ;* les Allemands, *froembder vogel*

* *Charadrius himantopus* (Linn.). — Genre *Bécasses*, sous-genre *Échasses* (Cuv.).

disproportion monstrueuse ; et en considérant ces excès ou plutôt ces défauts énormes, il semble que, quand la nature essayait toutes les puissances de sa première vigueur et qu'elle ébauchait le plan de la forme des êtres [1], ceux en qui les proportions d'organes s'unirent avec la faculté de se reproduire, ont été les seuls qui se soient maintenus : elle ne put donc adopter à perpétuité toutes les formes qu'elle avait tentées; elle choisit d'abord les plus belles pour en composer le tout harmonieux des êtres qui nous environnent ; mais au milieu de ce magnifique spectacle, quelques productions négligées et quelques formes moins heureuses, jetées comme des ombres au tableau, paraissent être les restes de ces dessins mal assortis et de ces composés. disparates qu'elle n'a laissé subsister que pour nous donner une idée plus étendue de ses projets ; et l'on ne peut mieux saisir une de ces disproportions qui contrastent avec le bel accord et la grâce répandue sur toutes ses œuvres, que dans cet oiseau, dont les jambes excessivement longues lui permettent à peine de porter son bec à terre pour prendre sa nourriture ; et de plus, ces jambes si disproportionnées sont, comme des échasses, grêles, faibles et fléchissantes [a], supportant mal le petit corps de l'oiseau et retardant sa course plus qu'elles ne l'accélèrent : enfin trois doigts beaucoup trop courts pour les jambes asséyent mal sur ses pieds ce corps chancelant, trop loin du point d'appui [b]. Aussi les noms que les anciens et les modernes ont donnés dans toutes les langues à cet oiseau marquent la faiblesse de ses jambes molles et ployantes, ou leur excessive longueur [c].

les Flamands, *mathoen*; les Anglais, *long-legs*, et à la Jamaïque, *red legged crane*; Sibbald lui donne encore les noms allemands de *dunn-bein*, *riemen-bein*. — *Grand chevalier d'Italie*. Belon, *Portraits d'oiseaux*, p. 53, *a*, avec une figure peu exacte. — *Himantopus Plinii*. Aldrovande, *Avi.*, t. III, p. 443. — Willughby, *Ornithol.*, p. 219. — Sibbald, *Scot. illustr.*, part. II, lib. III, p. 18. — Marsigli, *Danub.*, t. V, p. 46, aucune des figures données par ce naturaliste n'est exacte. — Klein, *Avi.*, p. 22. — Ray, *Synops. avi.*, p. 106, n° 9. Idem, p. 190, n° 7. — *Himantopus Maderaspatana, e nigro albens; cruribus rubris*. Idem, *ibid.*, p. 193, n° 1. — *Hæmatopus*. Gessner, *Avi.*, p. 547, avec une figure peu exacte; la même, *Icon. avi.*, p. 137. — *Himantopus*. Jonston, *Avi.*, p. 109, avec des figures empruntées d'Aldrovande. — Charleton, *Exercit.*, p. 112, n° 3. Idem, *Onomast.*, p. 107, n° 3. — Sloane, *Jamaïca*, p. 316, n° 6, avec une très-mauvaise figure, planche 267. — *Himantopus castaneus, rostro nigro, tibiis pedibusque sanguineis*. Barrère, *Ornithol.*, class. IV, gen. 2, sp. 2. — « Charadrius suprà niger, subtùs albus, rostro nigro capite longiore, pedibus rubris longissi- « mis. » Linnæus, *Syst. nat.*, édit. X, gen. 79, sp. 10. — « Himantopus candidus; dorso « supremo et alis nigro-viridantibus; occipitio nigro; rectricibus decem intermediis cinereo- « albis, utrimque extimâ ferè penitùs candidâ... » *Himantopus*. Brisson, *Ornithol.*, t. V, p. 33.

a. « Poplitum curvitas insignis est, articulo tam flexili, ut in sceleto etiam tibia ad femur « tota reflectatur. » Aldrovande, t. III, p. 444.

b. « Crura femoraque mirâ longitudine, admodùm gracilia et debilia, eoque debiliora ad « insistendum quòd digito postico careat, et anteriores pro pedum longitudine brevissimi. » Aldrovande, t. III, p. 444.

c. *Himantopus; loripes*. Le nom d'himantopus a quelquefois été changé en celui d'*hæmato-*

1. ......*Ébauchait le plan de la forme des êtres*. — Voyez la note 2 de la page 90.

L'échasse paraît néanmoins se dédommager par le vol de la lenteur de sa marche pénible [a] ; ses ailes sont longues et dépassent la queue, qui est assez courte ; leur couleur, ainsi que celle du dos, est d'un noir lustré de bleu verdâtre ; le derrière de la tête est d'un gris brun ; le dessus du cou est mêlé de noirâtre et de blanc ; tout le dessous est blanc depuis la gorge jusqu'au bout de la queue ; les pieds sont rouges, et ils ont huit pouces de hauteur, y compris la partie nue de la jambe, qui en a plus de trois ; le nœud du genou se marque fortement au milieu du jet lisse et grêle de ces pieds démesurés ; le bec est noir, cylindrique, un peu aplati par les côtés vers la pointe, long de deux pouces dix lignes, implanté bas sur un front relevé qui rend la tête ronde.

Nous sommes peu instruits des habitudes naturelles de cet oiseau, dont l'espèce est faible et en même temps rare [b]. Il est vraisemblable qu'il vit d'insectes et de vermisseaux au bord des eaux et des marais. Pline l'indique sous le nom d'*himantopus*, et dit « qu'il naît en Égypte, qu'il se nourrit « principalement de mouches, et qu'on n'a jamais pu le conserver que « quelques jours en Italie [c]. » Cependant Belon en parle comme d'un oiseau naturel à cette contrée [d], et le comte Marsigli l'a vu sur le Danube. Il paraît aussi qu'il fréquente les terres du Nord, quoique Klein dise qu'on ne l'a jamais vu sur les côtes de la Baltique [e] ; mais Sibbald, en Écosse, en a très-bien décrit un qui avait été tué près de *Dumfries* [f].

L'échasse se trouve aussi dans le nouveau continent ; Fernandez en a vu une espèce ou plutôt une variété dans la Nouvelle-Espagne ; et il dit que cet oiseau, habitant des régions froides, ne descend que l'hiver au Mexique [g] ; cependant Sloane le place parmi les oiseaux de la Jamaïque [h]. Il résulte de ces autorités contraires en apparence que l'espèce de l'échasse, quoique très-peu nombreuse, se trouve répandue ou plutôt dispersée, comme celle

pus, et ensuite appliqué à l'*huttrier* ou *pie de mer* ; c'est une double erreur. Voyez l'article suivant.

a. « Incessus, nisi æquali alarum expansione librata sit, difficilis videtur in tantâ crurum et « pedum longitudine et exilitate. » Sibbald.

b. On nous a envoyé une échasse de Beauvoir en bas Poitou, comme un oiseau inconnu ; ce qui prouve qu'il ne paraît que fort rarement sur ces côtes : celui-ci fut tué sur un vieux marais salant. On remarqua que dans son vol ses jambes, raidies en arrière, dépassaient la queue de huit pouces.

c. « Nascitur in Ægypto himantopus : insistit ternis digitis ; præcipuè ei pabulum muscæ ; « vita in Italiâ paucis diebus. » Plin., lib. x, cap. xlvi. — Oppien nomme aussi l'*himantopus* (*Exeutic.*, lib. ii) ; mais son commentateur se trompe quand il attribue à l'*himantopus* la singularité d'avoir le bec supérieur mobile, ce qu'on a dit du phénicoptère, qu'on a pu aussi appeler *himantopède*, à cause de ses longues jambes, ce qui est vraisemblablement le principe de l'erreur.

d. En le nommant *grand chevalier d'Italie. Portraits d'oiseaux*, p. 53, *a.*

e. « Himantopus quod sciam, nostris oris nunquam visus. » Klein, p. 24.

f. Sibbald, *Scot. illustr.*, part. ii, lib. iii, p. 19.

g. Hist. nov. Hisp., cap. xxii, p. 19.

h. Jamaïca, p. 316, n° 6.

du pluvier à collier, dans des régions très-éloignées. Au reste, l'échasse du Mexique indiquée par Fernandez est un peu plus grande que celle d'Europe ; elle a du blanc mêlé dans le noir des ailes ; mais ces différences ne nous paraissent pas assez grandes pour en faire une espèce séparée [a].

L'HUITRIER, VULGAIREMENT LA PIE DE MER. [b][c][*]

Les oiseaux, qui sont dispersés dans nos champs ou retirés sous l'ombrage de nos forêts, habitent les lieux les plus riants et les retraites les plus paisibles de la nature ; mais elle n'a pas fait à tous cette douce destinée ; elle en a confiné quelques-uns sur les rivages solitaires, sur la plage nue que les flots de la mer disputent à la terre, sur ces rochers contre lesquels ils viennent mugir et se briser, et sur les écueils isolés et battus de la vague bruyante. Dans ces lieux déserts et formidables pour tous les autres êtres, quelques oiseaux, tels que l'huîtrier, savent trouver la subsistance, la sécurité, les plaisirs même et l'amour : celui-ci vit de vers marins, d'huîtres, de patelles et autres coquillages qu'il ramasse dans les sables du rivage ; il se tient constamment sur les bancs, les récifs découverts à basse mer, sur les grèves où il suit le reflux, et ne se retire que sur les falaises sans s'éloi-

a. *Comaltecatl.* Fernandez. — « Himantopus candidus, alis albo et nigro variis, capite « superiore nigro ; rectricibus candidis... » *Himantopus Mexicanus.* Brisson, *Ornithol.*, t. V, p. 36.

b. Voyez les planches enluminées, n° 929.

c. Quelquefois *bécasse de mer* ; en anglais, *sea pie, oystercatcher* ; en Gottland, **marspitt** ; dans l'île d'Oëland, *strandsk jura* (Linn.) ; en Norwége, *tield , glib, strand-skiure, strandskade* ; aux îles Feroë, *kielder* ; en Islande, *tilldur* (le mâle), *tilldra* (la femelle), suivant M. Brunnich (*Ornithol. borealis*, pag. 189, ce qui indiquerait une différence extérieure entre le mâle et la femelle, dont les auteurs ne parlent pas) ; en latin de nomenclature, *ostralega,* et par un nom formé du grec, mais qui ne caractérise point en particulier cet oiseau, *hœmatopus.* — *Pie* ou *bécasse de mer.* Belon, *Nat. des oiseaux*, p. 203, avec une mauvaise figure ; la même, *Portraits d'oiseaux*, p. 46, a. — *Hœmatopus.* Idem, *Observ.*, p. 18. — Gessner, *Avi.*, p. 546. — *Hœmatopus Bellonii.* Aldrovande, *Avi.*, t. III, p. 447. — Jonston, *Avi.*, p. 106. — Ray, *Synops. avi.*, p. 105, n° *a*, 7. — *Hœmatopus Bellonii, pica marina Anglorum et Gallorum.* Willughby, *Ornithol.*, p. 110, avec une très-mauvaise figure, planche 55. — *Hœmatopus.* Sibbald, *Scot. illustr.*, part. II, lib. III, p. 19. — Linnæus, *Fauna Suec.*, n° 161. — Mœhring, *Avi.*, gen. 81. — Charleton, *Exercit.*, p. 111, n° XI. Idem, *Onomast.*, p. 105, n° XI. — *Pica marina.* Idem, *Exercit.*, p. 76, n° 4 ; et *Onomast.*, p. 68, n° 4. — *Hœmatopus. ostralegus.* Linnæus, *Syst. nat.*, édit. X, gen. 81, sp. 1. — *The oyster-catcher*, le preneur d'huîtres. Catesby, *Hist. nat. of Carolina*, t. I, p. 85. — Oiseau appelé *hœmatopus marinus* Feuillée, *Journal d'observations physiques*, p. 289 (édit. 1725). — *Pie de mer.* Albin, t. I, p. 68, avec une figure mauvaise et mal coloriée, pl. 78. — « Ostralega supernè nigra, infernè « et in uropygio alba ; capite et collo nigris ; minutá maculá infrá oculos candidá ; rectricibus « in exortu albis ; capite nigris... » *Ostralega, pica marina vulgò dicta.* Brisson, *Ornithol.*, t. V, p 38.

* *Hœmatopus ostralegus* (Linn.). — Ordre des *Échassiers*, famille des *Pressirostres*, genre *Huîtriers* (Cuv.).

gner jamais des terres ou des rochers. On a aussi donné à cet huîtrier ou mangeur d'huîtres le nom de *pie de mer*, non-seulement à cause de son plumage noir et blanc, mais encore parce qu'il fait, comme la pie, un bruit ou cri continuel, surtout lorsqu'il est en troupe ; ce cri aigre et court est répété sans cesse en repos et en volant.

Cet oiseau ne se voit que rarement sur la plupart de nos côtes ; cependant on le connaît en Saintonge[a] et en Picardie[b] ; il pond même quelquefois sur les côtes de cette dernière province, où il arrive en troupes très-considérables par les vents d'est et de nord-ouest ; ces oiseaux s'y reposent sur les sables du rivage, en attendant qu'un vent favorable leur permette de retourner à leur séjour ordinaire : on croit qu'ils viennent de la Grande-Bretagne, où ils sont en effet fort communs, particulièrement sur les côtes occidentales de cette île[c] ; ils se sont aussi portés plus avant vers le nord, car on les trouve en Gotland, dans l'île d'Oëland[d], dans les îles du Danemark, et jusqu'en Islande et en Norwége[e]. D'un autre côté, M. Cook en a vu sur les côtes de la terre de Feu et sur celles du détroit de Magellan[f] ; il en a retrouvé à la baie Dusky dans la Nouvelle-Zélande ; Dampier les a reconnus sur les rivages de la Nouvelle-Hollande[g], et Kæmpfer assure qu'ils sont aussi communs au Japon qu'en Europe[h] : ainsi l'espèce de l'huîtrier peuple tous les rivages de l'ancien continent, et l'on ne doit pas être étonné qu'il se retrouve dans le nouveau. Le P. Feuillée l'a observé sur la côte de la terre ferme d'Amérique[i] ; Wafer au Darien[j] ; Catesby à la Caroline et aux îles Bahama[k] ; Le Page du Pratz à la Louisiane[l], et cette espèce si répandue l'est sans variété ; elle est partout la même, et paraît isolée et distinctement

a. Belon, *Nature des oiseaux*, p. 203.

b. Note communiquée par M. Baillon, de Montreuil-sur-Mer.

c. « Ad littus Angliæ occidentale frequentes observavimus. » Willughby, p. 220.

d. *Fauna Suecica*, n° 161.

e. Brunnich, *Ornithol. borealis*, n° 189.

f. « Des pies de mer, ou preneurs d'huîtres noires, habitent avec beaucoup d'autres oiseaux « le bord des côtes, entourées d'immenses lits flottants de passe-pierres, à la pointe orientale « de la terre de Feu et du détroit. » Cook, *Second voyage autour du monde*, t. IV, p. 21.

g. Voyez *Histoire générale des Voyages*, t. XI, p. 221.

h. *Histoire naturelle du Japon*, t. I, p. 113.

i. *Journal d'observations*, p. 290. — *Nota*. Cet observateur décrit fort bien l'huîtrier, et son bec *rouge de corail* et tranchant à l'extrémité, *en manière de petite coignée* ; mais il n'est sûrement pas exact en disant que les jambes de cet oiseau sont blanchâtres, ce qui contredirait le nom d'*hœmatopus* qu'il lui applique lui-même.

j. *Voyage de Wafer à la suite de ceux de Dampier*, t. IV, p. 234.

k. *Carolina*, t. I, p. 85.

l. « Le bec de hache est ainsi nommé à cause de son bec qui est rouge, et formé comme le « tranchant d'une hache : il a aussi les pieds d'un fort beau rouge, c'est pour cela qu'on lui « donne assez souvent le nom de *pied rouge*. Comme il ne vit que de coquillages, il se tient « sur les bords de la mer, et on ne le voit dans les terres que lorsqu'il prévoit quelque grand « orage, que sa retraite annonce et qui ne tarde pas à le suivre. » Le Page Dupratz, *Histoire de la Louisiane*, t. II, p. 117.

séparée de toutes les autres espèces [a]. Il n'en est point en effet, parmi les oiseaux de rivage, qui ait, avec la taille de l'huîtrier et ses jambes courtes, un bec de la forme du sien, non plus que ses habitudes et ses mœurs.

Cet oiseau est de la grandeur de la corneille; son bec, long de quatre pouces, est rétréci et comme comprimé verticalement au-dessus des narines, et aplati par les côtés en manière de coin jusqu'au bout, dont la coupe carrée forme un tranchant : structure particulière [b] qui rend ce bec tout à fait propre à détacher, soulever, arracher du rocher et des sables les huîtres et les autres coquillages dont l'huîtrier se nourrit.

Il est du petit nombre des oiseaux qui n'ont que trois doigts [c] : ce seul rapport a suffi aux méthodistes pour le placer dans l'ordre de leurs nomenclatures à côté de l'outarde [d] ; on voit combien il en est éloigné dans l'ordre de la nature, puisque non-seulement il habite sur les rivages de la mer, mais qu'il nage encore quelquefois sur cet élément, quoique ses pieds soient presque absolument dénués de membranes : il est vrai que suivant M. Baillon [e], qui a observé l'huîtrier sur les côtes de Picardie, la manière dont il nage semble n'être que passive, comme s'il se laissait aller à tous les mouvements de l'eau sans s'en donner aucun; mais il n'en est pas moins certain qu'il ne craint point d'affronter les vagues, et qu'il peut se reposer sur l'eau et quitter la mer lorsqu'il lui plaît d'habiter la terre.

Son plumage blanc et noir et son long bec lui ont fait donner les noms également impropres de *pie de mer* et de *bécasse de mer;* celui d'huîtrier lui convient, puisqu'il exprime sa manière de vivre : Catesby n'a trouvé dans son estomac que des huîtres, et Willughby des patelles encore entières [f]; ce viscère est ample et musculeux [g] suivant Belon, qui dit aussi que la chair de l'huîtrier est noire et dure avec un goût de sauvagine [h] ; cependant, selon M. Baillon [i], cet oiseau est toujours gras en hiver, et la chair des jeunes est assez bonne à manger : il a nourri un de ces huîtriers pendant plus de deux mois; il le tenait dans son jardin, où il vivait principalement de vers de

a. « On ne peut s'assurer que la pie de mer des îles Malouines de M. de Bougainville soit l'huîtrier plutôt que quelque espèce de pluvier, car il dit que cet oiseau se nourrit de chevrettes, *qu'il a un sifflement aisé à imiter,* ce qui indique un pluvier; de plus, qu'il a *les pattes blanches,* ce qui ne convient pas à la vraie pie de mer ou à l'huîtrier qui les a rouges. » *Voyage autour du monde,* in-8°, t. I, p. 124.

b. Voyez Le Page Dupratz, cité ci-devant.

c. « De tous les oiseaux dont nous avons eu cognoissance, n'en avons vu aucun qui n'eut « quatre doigts ez pieds, excepté le pluvier, le guillemot, la canne petière, l'otarde et la pie « de mer, qui fut anciennement nommée *hæmatopus.* » Belon, *Observ.,* p. 12.

d. Brisson, class. III, ordre XVI.

e. Note communiquée par M. Baillon, de Montreuil-sur-Mer.

f. Page 220.

g. « Il a le jargueil ou gésier moult grand, fort et robuste. » Belon, *Nature des oiseaux,* page 290.

h. Feuillée, au contraire, lui prête un goût agréable. *Observ.,* p. 290.

i. Suite des notes communiquées par cet observateur.

terre comme les courlis; mais il mangeait aussi de la chair crue et du pain, dont il semblait s'accommoder fort bien ; il buvait indifféremment de l'eau douce ou de l'eau de mer, sans témoigner plus de goût pour l'une que pour l'autre ; cependant, dans l'état de nature, ces oiseaux ne fréquentent point les marais ni l'embouchure des rivières, et ils restent constamment dans le voisinage et sur les eaux de la mer ; mais c'est peut-être parce qu'ils ne trouveraient pas dans les eaux douces une nourriture aussi analogue à leur appétit que celle qu'ils se procurent dans les eaux salées.

L'huîtrier ne fait point de nid; il dépose ses œufs, qui sont grisâtres et tachés de noir, sur le sable nu hors de la portée des eaux, sans aucune préparation préliminaire : seulement il semble choisir pour cela le haut des dunes et les endroits parsemés de débris de coquillages. Le nombre des œufs est ordinairement de quatre ou cinq, et le temps de l'incubation est de vingt ou vingt et un jours; la femelle ne les couve point assidûment : elle fait à cet égard ce que font presque tous les oiseaux des rivages de la mer, qui, laissant au soleil pendant une partie du jour le soin d'échauffer leurs œufs, les quittent pour l'ordinaire à neuf ou dix heures du matin, et ne s'en rapprochent que vers les trois heures du soir, à moins qu'il ne survienne de la pluie; les petits, au sortir de l'œuf, sont couverts d'un duvet noirâtre; ils se traînent sur le sable dès le premier jour, ils commencent à courir peu de temps après, et se cachent alors si bien dans les touffes d'herbages, qu'il est difficile de les trouver[a].

L'huîtrier a le bec et les pieds d'un beau rouge de corail : c'est d'après ce caractère que Belon l'a nommé *hœmatopus,* en le prenant pour l'*himantopus* de Pline ; mais ces deux noms ne doivent être ni confondus ni appliqués au même oiseau : *hœmatopus* signifie à *jambes rouges* et peut convenir à l'huîtrier; mais ce nom n'est point de Pline, quoique Dalechamp l'ait lu ainsi ; et l'*himantopus*, oiseau à jambes hautes, grêles et flexibles, suivant la force du terme (*loripes*), n'est point l'huîtrier, mais bien plutôt l'échasse. Un mot de Pline, dans le même passage, eût pu suffire à Belon pour revenir de son erreur : *præcipuè ei pabulum muscæ*[b], l'himantopus, qui se nourrit de mouches, n'est pas l'huîtrier, qui ne vit que de coquillages.

Willughby, en nous avertissant de ne point confondre cet oiseau sous le nom d'*hœmantopus* avec l'himantopus à jambes longues et molles, semble nous indiquer encore une méprise dans Belon, qui, en décrivant l'huîtrier, lui attribue cette mollesse de pieds assez incompatible avec son genre de vie, qui le conduit sans cesse sur les galets ou le confine sur les rochers : d'ailleurs on sait que les pieds et les doigts de cet oiseau sont revêtus d'une écaille raboteuse, ferme et dure[c]. Il est donc plus que probable qu'ici,

---

a. Note communiquée par M. Baillon, de Montreuil-sur-Mer.

b. Plin., lib. x, cap. xlvii.

c. « Les jambes sont fortes et épaisses..... et ses pieds remarquables par la peau rude et

comme ailleurs, la confusion des noms a produit celle des objets ; le nom
d'*himantopus* doit donc être réservé pour l'échasse, à qui seul il convient ;
et celui d'*hæmatopus*, également applicable à tant d'oiseaux qui ont les
pieds rouges, ne suffit pas pour désigner l'huîtrier, et doit être retranché
de sa nomenclature.

Des trois doigts de l'huîtrier, deux, l'extérieur et celui du milieu, sont
unis jusqu'à la première articulation par une portion de membrane, et tous
sont entourés d'un bord membraneux ; il a les paupières rouges comme le
bec, et l'iris est d'un jaune doré ; au-dessous de chaque œil est une petite
tache blanche ; la tête, le cou, les épaules sont noirs, ainsi que le manteau
des ailes, mais ce noir est plus foncé dans le mâle que dans la femelle ; il
y a un collier blanc sous la gorge ; tout le dessous du corps depuis la poitrine est blanc ainsi que le bas du dos et la moitié de la queue, dont la
pointe est noire ; une bande blanche, formée par les grandes couvertures,
coupe dans le noir brun de l'aile : ce sont apparemment ces couleurs qui
lui ont fait donner le nom de la *pie,* quoiqu'il en diffère à tous autres égards,
et surtout par le peu de longueur de sa queue, qui n'a que quatre pouces
et que l'aile pliée recouvre aux trois quarts ; les pieds, avec la petite partie
de la jambe dénuée de plumes au-dessus du genou, n'ont guère plus de
deux pouces de hauteur, quoique la longueur de l'oiseau soit d'environ
seize pouces.

<hr>

LE COURE-VITE. [a]*

Les deux oiseaux représentés dans les n°s 795 et 892 de nos planches
enluminées, sont d'un genre nouveau, et il faut leur donner un nom particulier : ils ressemblent au pluvier par les pieds, qui n'ont que trois doigts,
mais ils en diffèrent par la forme du bec, qui est courbé, au lieu que les
pluviers l'ont droit et renflé vers le bout. Le premier de ces oiseaux, représenté n° 795, a été tué en France, où il était apparemment égaré, puisque
l'on n'en a point vu d'autre ; la rapidité avec laquelle il courait sur le rivage

« écailleuse dont ils sont couverts..... La nature leur ayant non-seulement donné un bec formé
« de manière à venir à bout d'ouvrir les huîtres, mais ayant aussi armé leurs jambes et leurs
« pieds contre les bords tranchants des écailles. » Catesby, t. I, p. 85.

a. Voyez les planches enluminées, n°s 795 et 892.

* *Charadrius gallicus* (Gmel.).
Charadrius coromandelicus (Lath.). } Ordre et famille *id.*, genre *Coure-Vite* (Cuv.). —

« On en a vu, mais très-rarement, en France et en Angleterre, une espèce originaire du nord
« de l'Afrique, fauve clair, à ventre blanchâtre (*charadrius gallicus,* Gmel., *cursorius isabel-*
« *linus,* Meyer), planche enluminée 795 ; et on en a rapporté une des Indes, gris brun, à poi-
« trine rousse (*charadrius coromandelicus, cursorius asiaticus*), planche enluminée 892.
« L'une et l'autre a derrière l'œil un trait blanc et un trait noir : leur nom vient de la rapidité
« de leur course. » (Cuvier.)

le fit appeler *coure-vite*. Depuis, nous avons reçu de la côte de Coromandel un oiseau tout pareil pour la forme, et qui ne diffère de celui-ci que par les couleurs : en sorte qu'on peut le regarder comme une variété de la même espèce, ou tout au moins comme une espèce très-voisine ; ils ont tous deux les jambes plus hautes que les pluviers ; ils sont aussi grands, mais moins gros ; ils ont les doigts des pieds très-courts, particulièrement les deux latéraux. Le premier a le plumage d'un gris lavé de brun roux ; il y a sur l'œil un trait plus clair et presque blanc qui s'étend en arrière, et l'on voit au-dessous un trait noir qui part de l'angle extérieur de l'œil ; le haut de la tête est roux ; les pennes de l'aile sont noires, et chaque plume de la queue, excepté les deux du milieu, porte une tache noire avec une autre tache blanche vers la pointe.

Le second [a], qui est venu de Coromandel, est un peu moins grand que le premier ; il a le devant du cou et la poitrine d'un beau roux marron qui se perd dans du noir sur le ventre ; les pennes de l'aile sont noires ; le manteau est gris ; le bas du ventre est blanc ; la tête est coiffée de roux à peu près comme celle du premier : tous deux ont le bec noir et les pieds blanc-jaunâtres.

LE TOURNE-PIERRE. [b][c][*]

Nous adoptons le nom de *tourne-pierre*, donné par Catesby à cet oiseau, qui a l'habitude singulière de retourner les pierres au bord de l'eau pour trouver dessous les vers et les insectes dont il fait sa nourriture,

a. Voyez les planches enluminées, n° 892.

b. Voyez les planches enluminées, n° 856, sous le nom de *Coulon-chaud*.

c. Turn-stone. Catesby, *Carolina*, t. I, pag. et pl. 72, figure médiocre. — *Turn-stone from Hudson's bay.* Edwards, t. III, pag. et pl. 141, avec une belle figure. — *Morinellus marinus.* D. Brown. *or sea-dotterel.* Willughby, *Ornithol.*, p. 231, avec une mauvaise figure, tab. 58. — Ray, *Synops. avi.*, p. 112, n° *a*, 15. — « Tringa nigro, albo, ferrugineoque variegata, « pectore abdomineque albo... » *Gottlandis tolek.* Linnæus, *Fauna Suec.*, n° 154. — « Tringa « pedibus rubris, corpore nigro, albo, ferrugineoque vario, pectore abdomineque albo... » *Interpres.* Idem, *Syst. nat.*, édit. X, g. 78, sp. 4. — *Gavia, quæ pluvialis arenaria nostra, Raii.* Klein, *Avi.*, p. 21, n° 9. — *Cinclus.* Mœhring, *Avi.*, gen. 95. — « Arenaria supernè « nigro, fusco et ferrugineo varia, infernè alba ; genis et collo inferiore nigris ; collo superiore « et uropygio candidis ; rectricibus binis intermediis in exortu albis, in reliquâ longitudine « fuscis, in apice albo marginatis, quatuor utrimque proximis primâ medietate candidis, « alterâ fuscis, albo terminatis, utrimque extimâ candidâ, maculâ fuscâ interiùs notatâ... » *Arenaria ;* le Coulon-chaud. Brisson, *Ornithol.*, t. V, p. 132.

Tringa interpres (Linn.). — Genre *Bécasses*, sous-genre *Tourne-Pierres* (Cuv.). — « Il y « en a une espèce à manteau varié de noir et de roux, à tête et ventre blancs, à poitrail et « joues noires, répandue dans les deux continents (*tringa interpres*, Linn., planche enlumi- « née 856), et une variée de gris et de brun, qui n'est peut-être qu'un autre âge (planches enlu- « minées 340 et 857). » (Cuvier.)

tandis que tous les autres oiseaux de rivage se contentent de la chercher sur les sables ou dans la vase. « Étant en mer, dit Catesby, à quarante « lieues de la Floride, sous la latitude de trente-un degrés, un oiseau vola « sur notre vaisseau et y fut pris. Il était fort adroit à tourner les pierres « qui se rencontraient devant lui; dans cette action, il se servait seulement « de la partie supérieure de son bec, tournant avec beaucoup d'adresse et « fort vite des pierres de trois livres de pesanteur[a]. » Cela suppose une force et une dextérité particulières dans un oiseau qui est à peine aussi gros que la maubèche; mais son bec est d'une substance plus dure et plus cornée que celle du bec grêle et mou de tous ces petits oiseaux de rivage, qui l'ont conformé comme celui de la bécasse : aussi le tourne-pierre forme-t-il au milieu de leur genre nombreux une petite famille isolée; son bec, dur et assez épais à la racine, va en diminuant et finit en pointe aiguë; il est un peu comprimé dans sa partie supérieure, et paraît se relever en haut par une légère courbure; il est noir et long d'un pouce; les pieds, dénués de membranes, sont assez courts et de couleur orangée.

Le plumage du tourne-pierre ressemble à celui du pluvier à collier, par le blanc et le noir qui le coupent, sans cependant y tracer distinctement un collier, et en se mêlant à du roux sur le dos; cette ressemblance dans le plumage, est apparemment la cause de la méprise de MM. Browne, Willughby et Ray, qui ont donné à cet oiseau le nom de *morinellus*, quoiqu'il soit d'un genre tout différent des pluviers, ayant un quatrième doigt, et toute une autre forme de bec.

L'espèce du tourne-pierre est commune aux deux continents; on la connaît sur les côtes occidentales de l'Angleterre, où ces oiseaux vont ordinairement en petites compagnies de trois ou quatre[b]. On les connaît également dans la partie maritime de la province de Norfolk[c], et dans quelques îles de Gottlande[d]; et nous avons lieu de croire que c'est ce même oiseau auquel, sur nos côtes de Picardie, on donne le nom de *bune;* nous avons reçu du cap de Bonne-Espérance un de ces oiseaux qui était de même taille et, à quelques légères différences près, de même couleur que ceux d'Europe. M. Catesby en a vu près des côtes de la Floride; et nous ne pouvons deviner pourquoi M. Brisson donne ce tourne-pierre d'Amérique comme différent de celui d'Angleterre[e]; puisque Catesby dit formellement qu'il le reconnut pour le même[f]; d'ailleurs nous avons aussi reçu de Cayenne ce même oiseau avec la seule différence qu'il est de taille un peu plus forte; et

<hr>

a. *Carolina*, t. I, p. 72.
b. Willughby, *Ornithol*, p. 231.
c. *Idem, ibid.*
d. *Heligholmen et clasen. Fauna Suecica*, n° 154.
e. « En comparant cet oiseau avec la description que M. Willughby donne de son alouette de « mer (tourne-pierre), je trouvai que c'était la même espèce. » Catesby, *ubi supra*.
f. *Le coulon-chaud cendré*. Brisson, *Ornithol*., t. V, p. 137.

M. Edwards fait mention d'un autre qui lui avait été envoyé des terres voisines de la baie d'Hudson : ainsi cette espèce, quoique faible et peu nombreuse en individus, s'est, comme plusieurs autres espèces d'oiseaux aquatiques, répandue du Nord au Midi dans les deux continents, en suivant les rivages de la mer qui leur fournit partout la subsistance.

Le tourne-pierre gris de Cayenne nous paraît être une variété dans cette espèce, et à laquelle nous rapporterons les deux individus représentés dans nos planches enluminées, n°ˢ 340 et 857, sous les dénominations de *coulon-chaud de Cayenne*, et de *coulon-chaud gris de Cayenne* [1] ; car nous ne voyons entre eux aucune différence assez marquée pour avoir droit de les séparer ; nous étions même portés à les regarder comme les femelles de la première espèce, dans laquelle le mâle doit avoir les couleurs plus fortes ; mais nous suspendons sur cela notre jugement, parce que Willughby assure qu'il n'y a point de différence dans le plumage entre le mâle et la femelle des tourne-pierres qu'il a décrits.

LE MERLE D'EAU. [a][b][*]

Le merle d'eau n'est point un merle, quoiqu'il en porte le nom ; c'est un oiseau aquatique qui fréquente les lacs et les ruisseaux des hautes montagnes, comme le merle en fréquente les bois et les vallons ; il lui ressemble aussi par la taille, qui est seulement un peu plus courte, et par la couleur presque noire de son plumage ; enfin il porte un plastron blanc comme certaines espèces de merles ; mais il est aussi silencieux que le vrai merle est

a. Voyez les planches enluminées, n° 940.

b. Les Italiens, aux environs de Belinzone, l'appellent *terlichirollo* ; et ceux du lac Majeur, *folun d'aqua*, suivant Gessner ; les Allemands, *bach-amsel*, *wasser-amsel* ; les Suisses, *wasser-trostle* ; les Anglais, *water-ouzel* ; les Suédois, *watn-stare*. — *Merula aquatica.* Gessner, *Avi.*, p. 608, avec une figure assez reconnaissable ; il en parle encore, page 501, sous le nom de *turdus aquaticus*, et page 333, sous celui de *cornix aquatica*. — *Merula aquatica vel rivalis.* Idem, *Icon. avi.*, p. 123. — *Merula aquatica ornithologi.* Aldrovande, *Avi.*, t. III, p. 485. — *Turdus aquaticus.* Idem, *ibid.*, p. 487. — Klein, *Avi.*, p. 68, n° 18. — *Merula aquatica.* Schwenckfeld, *Avi. Siles.*, p. 302. — Jonston, *Avi.*, p. 112. — Willughby, *Ornithol.*, p. 104. — Ray, *Synops. avi.*, p. 66, n° a, 7. — Charleton, *Exercit.*, p. 113, n° 12. Idem, *Onomast.*, p. 108, n° 12. — *Trynga.* Idem, *Exercit*, p. 112, n° 9 ; et *Onomast.*, p. 108, n° 9. — *The water-ouzel. British Zoology*, p. 92, avec une figure mal coloriée. — « Motacilla pectore albo, corpore nigro. » Linnæus, *Fauna Suec.*, n° 216. — « Sturnus niger, pectore albo... » *Cinclus.* Idem, *Syst. nat.*, édit. X, gen. 94, sp. 4. — *Merle d'eau.* Albin, t. II, p. 26, avec une figure coloriée, pl. 39. — « Tringa superne fusco-nigricans ; genis, gutture, collo inferiore et pectore niveis ; ventre supremo fusco-rufescente ; imo ventre, rectricibusque nigricantibus... » *Merula aquatica.* Brisson, *Ornithol.*, t. V, p. 252.

1. Voyez la nomenclature précédente.

* Cet oiseau-ci n'est point un *échassier*. C'est le *sturnus cinclus* (Linn.), *turdus cinclus* (Lath.). — Ordre des *Passereaux*, famille des *Dentirostres*, genre *Cincles*, vulgairement *Merles d'eau* (Cuv.).

jaseur, il n'en a pas les mouvements vifs et brusques, il ne prend aucune
de ses attitudes, et ne va ni par bonds, ni par sauts ; il marche légèrement
d'un pas compté, et court au bord des fontaines et des ruisseaux qu'il ne
quitte jamais [a] ; fréquentant de préférence les eaux vives et courantes, dont
la chute est rapide et le lit entrecoupé de pierres et de morceaux de roches.
On le rencontre au voisinage des torrents et des cascades, et particulièrement sur les eaux limpides qui coulent sur le gravier [b].

Ses habitudes naturelles sont très-singulières ; les oiseaux d'eau, qui ont
les pieds palmés, nagent sur l'eau ou se plongent ; ceux de rivage, montés sur
de hautes jambes nues, y entrent assez avant sans que leur corps y trempe ;
le merle d'eau y entre tout entier en marchant et en suivant la pente du
terrain ; on le voit se submerger peu à peu d'abord jusqu'au cou, et ensuite
par-dessus la tête qu'il ne tient pas plus élevée que s'il était dans l'air ; il
continue de marcher sous l'eau, descend jusqu'au fond et s'y promène
comme sur le rivage sec : c'est à M. Hébert que nous devons la première
connaissance de cette habitude extraordinaire, et que je ne sache pas
appartenir à aucun autre oiseau. Voici les observations qu'il a eu la bonté
de me communiquer.

« J'étais embusqué sur les bords du lac de Nantua dans une cabane
« de neige et de branches de sapins, où j'attendais patiemment qu'un
« bateau, qui ramait sur le lac, fît approcher du bord quelques canards
« sauvages ; j'observais sans être aperçu ; il y avait devant ma cabane une
« petite anse, dont le fond en pente douce pouvait avoir deux ou trois pieds
« de profondeur dans son milieu. Un merle d'eau s'y arrêta, et y resta plus
« d'une heure que j'eus le temps de l'observer tout à mon aise ; je le voyais
« entrer dans l'eau, s'y enfoncer, reparaître à l'autre extrémité de l'anse,
« revenir sur ses pas ; il en parcourait tout le fond et ne paraissait pas avoir
« changé d'élément ; en entrant dans l'eau il n'hésitait ni ne se détournait :
« je remarquai seulement à plusieurs reprises, que, toutes les fois qu'il y
« entrait plus haut que les genoux, il déployait ses ailes et les laissait
« pendre jusqu'à terre. Je remarquai encore que tant que je pouvais l'aper-
« cevoir au fond de l'eau, il me paraissait comme revêtu d'une couche
« d'air qui le rendait brillant ; semblable à certains insectes du genre des
« scarabées, qui sont toujours dans l'eau au milieu d'une bulle d'air ; peut-
« être n'abaissait-il ses ailes en entrant dans l'eau, que pour se ménager
« cet air ; mais il est certain qu'il n'y manquait jamais, et il les agitait alors

a. « Secùs flumina vivit, nec ab iis hieme discedit. » Schwenckfeld, p. 302.

b. « Le merle d'eau a l'ouverture de la bouche fort ample ; les plumes sont enduites de
graisse comme dans le canard, ce qui lui sert à plonger plus facilement sous l'eau, où il se
promène en gobant des chevrettes d'eau douce et d'autres insectes aquatiques ; il se fait un nid
de mousse par terre près des ruisseaux, voûté en haut en forme de four ; ses œufs sont au
nombre de quatre. » Extrait d'une lettre écrite par M. le docteur Hermann à M. de Montbeillard, datée de Strasbourg, le 22 septembre 1774.

« comme s'il eût tremblé. Ces habitudes singulières du merle d'eau étaient
« inconnues à tous les chasseurs à qui j'en ai parlé, et, sans le hasard de la
« cabane de neige, je les aurais peut-être aussi toujours ignorées ; mais je
« puis assurer que l'oiseau venait presque à mes pieds, et pour l'observer
« longtemps je ne le tuai point[a]. »

Il y a peu de faits plus curieux dans l'histoire des oiseaux, que celui que
nous offre cette observation. Linnæus avait bien dit qu'on voit le merle
d'eau descendre et remonter les courants avec facilité[b] ; et Willughby, que,
quoique cet oiseau ne soit pas palmipède, il ne laisse pas de se plonger ;
mais l'un et l'autre paraissent avoir ignoré la manière dont il se submerge
pour marcher au fond de l'eau. On conçoit que pour cet exercice, il faut
au merle d'eau des fonds de gravier et des eaux claires, et qu'il ne pourrait s'accommoder d'une eau trouble, ni d'un fond de vase ; aussi ne le
trouve-t-on que dans les pays de montagnes, aux sources des rivières et
des ruisseaux qui tombent des rochers, comme en Angleterre dans le canton de Westmorland, et dans les autres terres élevées[c] ; en France dans les
montagnes du Bugey et des Vosges, et en Suisse[d]. Il se pose volontiers sur
les pierres entre lesquelles serpentent les ruisseaux ; il vole fort vite en
droite ligne, en rasant de près la surface de l'eau comme le martin-pêcheur ;
en volant il jette un petit cri, surtout dans la saison de l'amour au printemps ; on le voit alors avec sa femelle, mais dans tout autre temps on le
rencontre seul[e] ; la femelle pond quatre ou cinq œufs ; cache son nid avec
beaucoup de soin, et le place souvent près des roues des usines construites
sur les ruisseaux[f].

La saison où M. Hébert a observé le merle d'eau prouve qu'il n'est point
oiseau de passage ; il reste tout l'hiver dans nos montagnes, il ne craint pas
même la rigueur de l'hiver en Suède, où il cherche de même les chutes
d'eau et les fontaines rapides qui ne sont point prises de glaces[g].

Ces oiseau a les ongles forts et courbés, avec lesquels il se prend au gravier en marchant au fond de l'eau : du reste, il a le pied conformé comme
le merle de terre et des autres oiseaux de ce genre ; il a comme eux le doigt
et l'ongle postérieur plus forts que ceux de devant, et ces doigts sont bien
séparés et n'ont point de membrane intermédiaire, quoique Willughby ait
cru y en apercevoir ; la jambe est garnie de plumes jusque sur le genou ; le
bec est court et grêle, l'une et l'autre mandibule allant également en s'effi-

---

a. Note communiquée par M. Hébert à M. le comte de Buffon.

b. « Fluenta descendit ascenditque dexteritate summâ, licet fissipes. » *Fauna Suecica.*

c. Willughby.

d. « In alpibus helveticis fréquens. » *Idem.*

e. « Avis est solitaria, et cum pari suo duntaxat coeundi et parienti tempore volat » *Idem.*

f. M. Lottinger.

g. « Habitat apud nos per integrum annum ; hyeme ad voragines fluviorum et cataractas
« degens. » *Fauna Suecica.*

lant et se cintrant légèrement vers la pointe; sur quoi nous ne pouvons nous empêcher de remarquer que par ce caractère M. Brisson n'aurait pas dû le placer dans le genre du *bécasseau*, dont un des caractères est d'avoir le *bout du bec obtus*.

Avec le bec et les pieds courts et un cou raccourci, on peut imaginer qu'il était nécessaire que le merle d'eau apprît à marcher sous l'eau pour satisfaire son appétit naturel et prendre les petits poissons et les insectes aquatiques dont il se nourrit; son plumage épais et fourni de duvet paraît impénétrable à l'eau, ce qui lui donne encore la facilité d'y séjourner; ses yeux sont grands, d'un beau brun, avec les paupières blanches, et il doit les tenir ouverts dans l'eau pour distinguer sa proie.

Un beau plastron blanc lui couvre la gorge et la poitrine; la tête et le dessus du cou, jusque sur les épaules et le bord du plastron blanc, sont d'un cendré roussâtre ou marron; le dos, le ventre et les ailes, qui ne dépassent pas la queue, sont d'un cendré noirâtre et ardoisé; la queue est fort courte et n'a rien de remarquable.

LA GRIVE D'EAU. [a][*]

Edwards appelle *tringa tacheté* l'oiseau que, d'après M. Brisson, nous nommons ici *grive d'eau;* il a effectivement le plumage grivelé et la taille de la petite grive, et il a les pieds faits comme le merle d'eau, c'est-à-dire les ongles assez grands et crochus, et celui de derrière plus que ceux de devant; mais son bec est conformé comme celui du cincle, des maubèches et des autres petits oiseaux de rivage, et de plus le bas de la jambe est nu; ainsi cet oiseau n'est point une grive ni même une espèce voisine de leur genre, puisqu'il n'en tient qu'une ressemblance de plumage, et que le reste des traits de sa conformation l'apparente aux familles des oiseaux d'eau. Au reste, cette espèce paraît être étrangère, et n'a que peu de rapports avec nos oiseaux d'Europe; elle se trouve en Pensylvanie; cependant M. Edwards présume qu'elle est commune aux deux continents, ayant reçu, dit-il, un de ces oiseaux de la province d'Essex, où à la vérité il paraissait égaré, et le seul qu'on y ait vu.

a. « *Spotted tringa.* Edwards, *Glanures*, p. 139, pl. 277, figure inférieure. — « Tringa « supernè rufescente-olivacea, infernè alba, supernè et infernè maculis nigricantibus varia; « tæniâ suprà oculos candidâ; fasciâ duplici in alis transversâ albâ; rectricibus binis interme- « diis rufescente-olivaceis, tæniâ transversâ fuscâ in apice notatis, lateralibus albis, nigricante « transversim striatis... » *Turdus aquaticus.* Brisson, *Ornithol..*, t. V, p. 255.

* *Tringa macularia* (Lath., Gmel.). — *Totanus macularius* (Vieill.). — « M. Vieillot place « cet oiseau dans son genre *Chevalier....* M. Cuvier cite, avec doute, un *totanus macularius* « de Wilson (qui n'est pas celui-ci), comme se rapportant à l'espèce de la *guignette* (*tringa hypoleucos*). » (Desmarets.)

Le bec de la grive d'eau est long de onze à douze lignes ; il est de couleur de chair à sa base, et brun vers la pointe ; la partie supérieure est marquée de chaque côté d'une cannelure qui s'étend depuis les narines jusqu'à l'extrémité du bec ; le dessus du corps, sur un fond brun olivâtre, est grivelé de taches noirâtres, comme le dessous l'est aussi sur un fond plus clair et blanchâtre ; il y a une barre blanche au-dessus de chaque œil, et les pennes de l'aile sont noirâtres ; une petite membrane joint vers la racine le doigt extérieur à celui du milieu.

LE CANUT. [a]*

Il y a apparemment dans les provinces du Nord quelque anecdote sur cet oiseau, qui lui aura fait donner le nom d'oiseau du *roi Canut*, puisque Edwards le nomme ainsi[b] ; il ressemblerait beaucoup au vanneau gris, s'il était aussi grand, et si son bec n'était autrement conformé ; ce bec est assez gros à sa base, et va en diminuant jusqu'à l'extrémité, qui n'est pas fort pointue, mais qui cependant n'a pas de renflement comme le bec du vanneau ; tout le dessus du corps est cendré et ondé ; les pointes blanches des grandes couvertures tracent une ligne sur l'aile ; des croissants noirâtres, sur un fond gris blanc, marquent les plumes du croupion ; tout le dessous du corps est blanc, marqueté de taches grises sur la gorge et la poitrine ; le bas de la jambe est nu ; la queue ne dépasse pas les ailes pliées, et le canut est certainement de la grande tribu des petits oiseaux de rivage. Willughby dit qu'il vient de ces oiseaux canuts dans la province de Lincoln au commencement de l'hiver, qu'ils y séjournent deux ou trois mois, allant en troupes, se tenant sur les bords de la mer, et qu'ensuite ils disparaissent ; il ajoute en avoir vu de même en Lancaster-shire, près de Liverpool. Edwards a trouvé celui qu'il a décrit au marché de Londres pendant le grand hiver de 1740, ce qui semble indiquer que ces oiseaux ne viennent au sud de la

---

a. ***The knot.*** Edwards, *Glanures*, p. 137, pl. 276. — *Knot agri Lincolniensis.* Willughby, *Ornithol.*, p. 224. — *Canuti avis, id est , knot Lincolniensibus.* Ray, *Synops. avi.*, p. 108, n° *a*, 5. — *Calidris cinerea.* Charleton, *Exercit.*, p. 112 , n° 1. Idem, *Onomast.*, p. 107, n° 1. — « Tringa rostro lævi, pedibus cinerascentibus, remigibus primoribus serratis... » *Canutus.* Linnæus, *Syst. nat.*, édit. X , gen. 78, sp. 10. — « Tringa supernè cinereo-fusca, marginibus « pennarum dilutioribus, infernè alba, maculis nigricantibus varia ; tæniâ supra oculos can- « didâ ; fasciâ in alis transversâ albâ ; uropygio albo et cinereo-fusco lunulatim variegato, « rectricibus decem intermediis cinereo-fuscis, utrimque extimâ candida... » *Canutus.* Brisson, *Ornithol.*, t. V, p. 258.

b. ***Canuti regis avis ; the knot.*** Suivant Willughby, c'est parce que le roi *Canut* aimait singulièrement la viande de ces oiseaux.

* Cet oiseau ne diffère pas spécifiquement de la *maubèche*. — Voyez la nomenclature ** de t. page 150.

Grande-Bretagne que dans les hivers les plus rudes ; mais il faut qu'ils
soient plus communs dans le nord de cette île, puisque Willughby parle de
la manière de les engraisser en les nourrissant de pain trempé de lait, et
du goût exquis que cette nourriture leur donne ; il ajoute qu'on distinguerait au premier coup d'œil cet oiseau des maubèches et guignettes (*tringæ*)
par la barre blanche de l'aile, quand il n'y aurait pas d'autres différences.
Il observe encore que le bec est d'une substance plus forte que ne l'est généralement celle du bec de tous les oiseaux qui l'ont conformé comme celui
de la bécasse.

Une notice donnée par Linnæus, et que M. Brisson rapporte à cette
espèce [a], marquerait qu'elle se trouve en Suède, outre que son nom indique
assez qu'elle appartient aux provinces du Nord ; cependant il y a ici une
petite difficulté : le canut, appelé *knot* en Angleterre, a tous les doigts séparés et sans membrane suivant Willughby ; l'oiseau canut de Linnæus a le
doigt extérieur uni par la première articulation à celui du milieu [b]. En
supposant donc que ces deux observateurs aient également bien vu, il faut
ou admettre ici deux espèces, ou ne point rapporter au *knot* de Willughby
le *tringa* de Linnæus.

LES RALES.[*]

Ces oiseaux forment une assez grande famille, et leurs habitudes sont
différentes de celles des autres oiseaux de rivage qui se tiennent sur les
sables et les grèves ; les râles n'habitent au contraire que les bords fangeux
des étangs et des rivières, et surtout les terrains couverts de glaïeuls et
autres grandes herbes de marais. Cette manière de vivre est habituelle et
commune à toutes les espèces de râles d'eau ; le seul râle de terre habite
dans les prairies, et c'est du cri désagréable, ou plutôt du *râlement* de ce
dernier oiseau, que s'est formé dans notre langue le nom de *râle* pour l'espèce entière ; mais tous se ressemblent, en ce qu'ils ont le corps grêle et
comme aplati par les flancs, la queue très-courte et presque nulle ; la tête
petite ; le bec assez semblable pour la forme à celui des gallinacés, mais
seulement bien plus allongé, quoique moins épais ; tous ont aussi une portion de la jambe, au-dessus du genou, dénuée de plumes, avec les trois
doigts antérieurs lisses, sans membranes et très-longs ; ils ne retirent pas
leurs pieds sous le ventre en volant, comme font les autres oiseaux, ils les

a. « Tringa cinerea, remigibus secundariis basi totaliter albis ; rectricibus quatuor mediis
« immaculatis. » Linnæus, *Fauna Suecica*, n° 150.

b. « Ultimus digitus medio annexus intimo articulo. » *Fauna Suecica*, *ubi supra*.

[*] Ordre des *Échassiers*, famille des *Macrodactyles*, genre *Rales* (Cuv.).

laissent pendants ; leurs ailes sont petites et fort concaves, et leur vol est court : ces derniers caractères sont communs aux râles et aux poules d'eau, avec lesquels ils ont en général beaucoup de ressemblance.

LE RALE DE TERRE OU DE GENÊT.[a][b][*]

VULGAIREMENT ROI DES CAILLES.

PREMIÈRE ESPÈCE.

Dans les prairies humides, dès que l'herbe est haute et jusqu'au temps de la récolte, il sort des endroits les plus touffus de l'herbage une voix rauque, ou plutôt un cri bref, aigre et sec, *crék crék crék*, assez semblable au bruit que l'on exciterait en passant et appuyant fortement le doigt sur les dents d'un gros peigne ; et lorsqu'on s'avance vers cette voix elle s'éloigne et on l'entend venir de cinquante pas plus loin : c'est le râle de terre qui jette ce cri, qu'on prendrait pour le croassement d'un reptile[c] ; cet

a. Voyez les planches enluminées, n° 750.

b. En grec, Ορτυγομήτρα ; en latin moderne, *rallus* ; en italien, *re de quaglie* ; en anglais, *daker-hen, land rail* ; en écossais, *corn-crek* ; en allemand, *schreyck, schrye, wachtel kœnig* ; en silésien, *schnercker* ; en suédois, *korn knarren*, et dans l'Uplande, *aengsnaerpa* ; en polonais, *chrosciel, derkacz, kasper* ; en danois, *skov-snarre* ; en norwégien, *akerrire, ager-hone*. — *Râle rouge* ou *de genêt*. Belon, *Nat. des oiseaux*, p. 214, avec une mauvaise figure ; la même, *Portraits d'oiseaux*, p. 49, *b*. — *Nota*. Le même Belon, dans ses *Observations*, page 19, se méprend en appliquant au *râle noir*, qui est le râle d'eau, le nom de *roi des cailles*, qui n'appartient qu'au râle de genêt. — *Ortygometra*. Gessner, *Avi.*, p. 360 ; et *Icon. avi.*, p. 71, mauvaise figure. — Aldrovande, *Avi.*, t. II, p. 174. — Willughby, *Ornith.*, p. 122. — Ray, *Synops. avi.*, p. 58, n° *a*, 8. — Jonston, *Avi.*, p. 48. — Schwenckfeld, *Avi. Siles.*, p. 313. — Sibbald, *Scot. illustr.*, part. II, lib. III, p. 16. — Mœhring, *Avi.*, gen. 85. — Charleton, *Exercit.*, p. 83, n° 14. *Onomast.*, p. 75, n° 14. — *Ortygometra Aldrovandi, Gessneri, cenchramus Plinii ; coturnix magna, rex coturnicum, rallus terrestris*. Rzaczynski, *Auctuar. hist. nat. Polon.*, p. 400. — *Ortygometra tota rufa, plerumque in genistis degens*. Barrère, *Ornithol.*, class. III, gen. 35, sp. 1. — *Ortygometra alis rufo-ferrugineis*. Linnæus, *Fauna Suec.*, n° 162. — *Crex*. Gessner, *Avi.*, p. 362. — Aldrovande, t. III, p. 428. — Charleton, *Exercit.*, p. 111, n° 3. *Onomast.*, p. 106, n° 3. — *Rallus terrestris*. Klein, *Avi.*, p. 102, n° 1. — *Rallus alis rufo-ferrugineis*. Linnæus, *Syst. nat.*, édit. X, gen. 83, sp. 1. — *Rallus, crex alis rufo-ferrugineis*. Muller, *Zoolog. Danic.*, n° 218. — *Rallus*. Brunnich, *Ornithol. borealis*, n° 192. — *Roi* ou *mère des cailles*. Albin, t. I, p. 27, avec une figure mal coloriée, planche 32. — *The land-rail. British Zoology*, p. 131. — « Rallus pennis in medio « nigricantibus, ad margines griseo-rufescentibus superne vestitus, interne albo-rufescens ; « genis, collo inferiore et pectore diluté cinereis ; lateribus rufis, albo transversim striatis ; « rectricibus in medio nigricantibus, ad margines griseo-rufescentibus...» *Rallus genistarum, sive ortygometra*. Le râle de genêt ou roi des cailles. Brisson, *Ornithol.*, t. V, p. 159.

c. « Vox instar coaxantium ranarum, sed subtilior et acutior, ita ut rubetram assereres, nisi « unico spiritu pluries ingeminaret. » Longolius, *apud Gessnerum*.

[*] *Rallus crex* (Linn.). — *Le rale de genêts*, vulgairement *Roi des cailles* (Cuv.). — Genre *Rales* (Cuv.).

oiseau fuit rarement au vol, mais presque toujours, en marchant avec vitesse et passant à travers le plus touffu des herbes, il y laisse une trace remarquable. On commence à l'entendre vers le 10 ou le 12 de mai, dans le même temps que les cailles, qu'il semble accompagner en tout temps, car il arrive et repart avec elles [a] ; cette circonstance jointe à ce que le râle et les cailles habitent également les prairies, qu'il y vit seul, et qu'il est beaucoup moins commun et un peu plus gros que la caille, a fait imaginer qu'il se mettait à la tête de leurs bandes comme chef ou conducteur de leur voyage [b], et c'est ce qui lui a fait donner le nom de *roi des cailles* ; mais il diffère de ces oiseaux par les caractères de conformation, qui tous lui sont communs avec les autres râles, et en général avec les oiseaux de marais [c], comme Aristote l'a fort bien remarqué [d]. La plus grande ressemblance que ce râle ait avec la caille est dans le plumage, qui néanmoins est plus brun et plus doré ; le fauve domine sur les ailes ; le noirâtre et le roussâtre forment les couleurs du corps : elles sont tracées sur les flancs par lignes transversales, et toutes sont plus pâles dans la femelle, qui est aussi un peu moins grosse que le mâle.

C'est encore par l'extension gratuite d'une analogie mal fondée que l'on a supposé au râle de terre une fécondité aussi grande que celle de la caille ; des observations multipliées nous ont appris qu'il ne pond guère que huit à dix œufs, et non pas dix-huit et vingt : en effet, avec une multiplication aussi grande que celle qu'on lui suppose, son espèce serait nécessairement plus nombreuse qu'elle ne l'est en individus, d'autant que son nid, fourré dans l'épaisseur des herbes, est difficile à trouver : ce nid, fait négligemment avec un peu de mousse ou d'herbe sèche, est ordinairement placé dans une petite fosse du gazon ; les œufs, plus gros que ceux de la caille, sont tachetés de marques rougeâtres plus larges ; les petits courent dès qu'ils sont éclos, en suivant leur mère, et ils ne quittent la prairie que quand ils sont forcés de fuir devant la faux qui rase leur domicile. Les couvées tardives sont enlevées par la main du faucheur ; tous les autres se jettent alors dans les champs de blé noir, dans les avoines et dans les friches couvertes de genêts, où on les trouve en été, ce qui les a fait nommer *râles de genêt* : quelques-uns retournent dans les prés en regain à la fin de cette même saison.

Lorsque le chien rencontre un râle, on peut le reconnaître à la vivacité de sa quête, au nombre de faux arrêts, à l'opiniâtreté avec laquelle l'oiseau tient et se laisse quelquefois serrer de si près, qu'il se fait prendre ; souvent

a. Longolius, *ibid.*

b. « Cùm coturnices abeunt, ducibus lingulacâ, oto et ortygometra proficiscuntur ; atque « etiam cychramo a quo revocantur noctu. » Aristot., *Hist. animal.*, lib. viii, cap. xii.

c. « Communiter, sed perperam, cum coturnicibus confunditur, nihil enim com- « mune habens. » Klein.

d. « Ortygometra femina perinde ac locusta ovis. » Lib. viii, cap. xii.

il s'arrête dans sa fuite et se blottit, de sorte que le chien, emporté par son ardeur, passe par-dessus et perd sa trace; le râle, dit-on, profite de cet instant d'erreur de l'ennemi pour revenir sur sa voie et donner le change; il ne part qu'à la dernière extrémité, et s'élève assez haut avant de filer; il vole pesamment et ne va jamais loin; on en voit ordinairement la remise, mais c'est inutilement qu'on va la chercher, car l'oiseau a déjà piété plus de cent pas lorsque le chasseur y arrive; il sait donc suppléer par la rapidité de sa marche [a] à la lenteur de son vol : aussi se sert-il beaucoup plus de ses pieds que de ses ailes, et, toujours couvert sous les herbes, il exécute à la course tous ses petits voyages et ses croisières multipliées dans les prés et les champs; mais quand arrive le temps du grand voyage, il trouve, comme la caille, des forces inconnues pour fournir au mouvement de sa longue traversée [b]; il prend son essor la nuit, et secondé d'un vent propice il se porte dans nos provinces méridionales, d'où il tente le passage de la Méditerranée. Plusieurs périssent sans doute dans cette première traite, ainsi que dans la seconde pour le retour, où l'on a remarqué que ces oiseaux sont moins nombreux qu'à leur départ.

Au reste, on ne voit le râle de terre dans nos provinces méridionales que dans ce temps du passage; il ne niche pas en Provence [c], et quand Belon dit qu'il est rare en Candie, quoiqu'il soit aussi commun en Grèce qu'en Italie [d], cela indique seulement que cet oiseau ne s'y trouve guère que dans les saisons de ses passages au printemps et en automne [e]. Du reste, les voyages du râle s'étendent plus loin vers le Nord que vers le Midi, et, malgré la pesanteur de son vol, il parvient en Pologne [f], en Suède [g], en Danemark et jusqu'en Norwége [h]; il est rare en Angleterre, où l'on prétend qu'il ne se trouve que dans quelques cantons [i], quoiqu'il soit assez commun en Irlande [j]. Ses migrations semblent suivre en Asie le même ordre qu'en Europe. Au

---

a. Albin tombe ici dans une étrange méprise : « On appelle, dit-il, cet oiseau *rallus* ou *grallus*, parce qu'il marche doucement. »

b. « Je demandai aux Tatares comment cet oiseau, ne pouvant voler, se retirait en hiver; ils me dirent tous que les Tatares et les Assaniens savaient bien qu'il ne pouvait par lui-même passer dans un autre pays, mais que, lorsque les grues se retirent en automne, chacune prend un râle sur son dos, et le porte en un pays plus chaud. » Gmelin, *Voyage en Sibérie*, t. II, p. 115.

c. Mémoires communiqués par M. le marquis de Piolenc.

d. Observations, pag. 19.

e. Un passage d'Aldrovande insinue que, hors ces temps, il est presque inconnu dans cette dernière contrée : « Ob raritatem ejus in agris nostris, an pulverator sit ignoramus. » *Avi.*, t. II, p. 74.

f. Rzaczynski.

g. « Frequentissima Upsaliæ. » *Fauna Succica.*

h. Muller, Brunnich.

i. Turner dit n'en avoir pas vu ni entendu ailleurs qu'en Northumbrie; mais le docteur Tancrède Robinson assure qu'on en trouve aussi dans la partie septentrionale de la Grande-Bretagne, et Sibbald le compte parmi les oiseaux d'Écosse.

j. Willughby, Ray.

Kamtchatka, comme en Europe, le mois de mai est également celui de l'arrivée de ces oiseaux ; ce mois s'appelle *tava koatch*, mois des râles : *tava* est le nom de l'oiseau.

Les circonstances qui pressent le râle d'aller nicher dans les terres du Nord sont autant la nécessité des subsistances que l'agrément des lieux frais, qu'il cherche de préférence ; car quoiqu'il mange des graines, surtout celles de genêt, de trèfle, de grémil, et qu'il s'engraisse en cage de millet et de grains [a], cependant les insectes, les limaçons, les vermisseaux, sont non-seulement ses aliments de choix, mais une nourriture de nécessité pour ses petits, et il ne peut la trouver en abondance que dans les lieux ombragés et les terres humides [b] ; cependant, lorsqu'il est adulte, tout aliment paraît lui profiter également, car il a beaucoup de graisse et sa chair est exquise ; on lui tend, comme à la caille, un filet où on l'attire par l'imitation de son cri, *crék crék crék*, en frottant rudement une lame de couteau sur un os dentelé [c].

La plupart des noms qui ont été donnés au râle dans les diverses langues ont été formés des sons imitatifs de ce cri singulier [d], et c'est à cette ressemblance que Turner et quelques autres naturalistes ont cru le reconnaître dans le *crex* des anciens ; mais, quoique ce nom de *crex* convienne parfaitement au râle comme son imitatif de son cri, il paraît que les anciens l'ont appliqué à d'autres oiseaux. Philé donne au *crex* une épithète qui désigne que son vol est pesant et difficile [e], ce qui convient en effet à notre râle ; Aristophane le fait venir de Libye ; Aristote dit qu'il est *querelleur*, ce qui pourrait encore lui avoir été attribué par analogie avec la caille ; mais il ajoute que le crex cherche à détruire la nichée du merle [f], ce qui ne convient plus au râle, qui n'a rien de commun avec les oiseaux des forêts. Le *crex* d'Hérodote est encore moins un râle, puisqu'il le compare en grandeur à l'ibis, qui est dix fois plus grand [g]. Au reste, l'avocette et la sarcelle ont quelquefois un cri de *crex crex* ; et l'oiseau à qui Belon entendit répéter ce cri au bord du Nil est, suivant sa notice, une espèce de barge : ainsi le son que représente le mot *crex*, appartenant à plusieurs espèces différentes, ne suffit pas pour désigner le râle ni aucun de ces différents oiseaux en particulier.

a. Aldrovande.

b. Willughby, Schwenckfeld, Linnæus.

c. Longolius, *apud Gessner.*

d. *Schryck, schuerck,* *korn-knaerr, corn-crek,* et notre mot même de râle. Voyez la nomenclature.

e. Βραδύπτερους.

f. Lib. ix, cap. i.

g. Voyez l'article de l'*ibis*.

LE RALE D'EAU. [a][b] *

SECONDE ESPÈCE.

Le râle d'eau court le long des eaux stagnantes aussi vite que le râle de terre dans les champs; il se tient de même toujours caché dans les grandes herbes et les joncs [c]; il n'en sort que pour traverser les eaux à la nage et même à la course, car on le voit souvent courir légèrement sur les larges feuilles du *nénuphar*, qui couvrent les eaux dormantes [d]; il se fait de petites routes à travers les grandes herbes; on y tend des lacets, et on le prend d'autant plus aisément [e], qu'il revient constamment à son gîte, et par le même chemin. Autrefois on en faisait le vol à l'épervier ou au faucon [f], et,

a. Voyez les planches enluminées, n° 749.

b. En anglais, *water-rail*, et par quelques-uns, *bilcock* et *brook-ouzell*; en allemand, *schwartz*, *wasser-heunle*, *aesch-heunlin*; Gessner lui donne quelque part le nom de *samet-hounle*, poule d'eau de soie, à cause de son plumage doux et moelleux comme la soie; à Venise on l'appelle *forzane* ou *porzana*, nom qui se donne également aux poules d'eau; en danois, *vagtel-konge*; en norwégien, *band-rire*, *strand-snarre*, *vand-hone*, *vand-vaglel*; aux îles Feroë, *jord-koene*. — *Râle noir*. Belon, *Nat. des oiseaux*, p. 112, avec une figure répétée, *Portraits d'oiseaux*, p. 49, *a*, avec la fausse dénomination de *roi et mère des cailles*. — *Gallinaginis vel gallinulæ genus nomine ignoto, quod samethounle nomino*. Gessner, *Avi.*, p. 517. — *Gallinulæ aquaticæ species de novo adjecta*. Idem, *ibid.*, p. 515. — *Gallinula serica*. Idem, *Icon. avi.*, p. 101. — *Gallinula seu gallinago serica dicta*. Aldrovande, *Avi.*, t. III, p. 470. — *Ortygometra Bellonii*. Idem, *ibid.*, p. 455. — *Ralla Anglorum et Gallorum ex gallinularum genere*. Idem, *ibid.* — *Rallus aquaticus Aldrovandi*. Willughby, *Ornithol.*, p. 234. — Ray, *Synops. avi.*, p. 113, n° *a*, 2; et 190, n° 12. — Klein, *Avi.*, p. 103, n° 2. — *Gallinula serica Gessneri, Aldrovandi*. Willughby, *Ornithol.*, p. 234. — Ray, *Synops. avi.*, p. 113, n° *a*, 2, et 190, n° 12. — Klein, *Avi.*, p. 103, n° 2. — *Gallinula serica Gessneri, Aldrovandi*. Willughby, p. 235. — Ray, *Synops. avi.*, p. 114, n° 4. — *Glareola sexta, item septima*. Schwenckfeld, *Aviar. Siles.*, p. 283. — Klein, *Avi.*, p. 101, n° 3. — *Gallinago cinerea, glareola septima Schwenckfeldii*. Rzaczynski, *Auctuar. hist. nat. Polon.*, p. 381. — *Ortygometra subtus albescens, tergore fulvo, maculis castaneis*. Barrère, *Ornithol.*, class. III, g. 35, sp. 2. — *Gallinula serica*. Charleton, *Onomast.*, p. 107, n° 4. — *Gallinula holoserica*. Idem, *Exercit.*, p. 112, n° 4. — *Gallinula chloropus, rarior species*. Marsigli, *Danub.*, t. V, p. 68, avec une mauvaise figure, tab. 32. — « Rallus alis griseis fusco-maculatis, hypocon- « driis albo-maculatis, rostro luteo... » *Rallus aquaticus*. Linnæus, *Syst. nat.*, édit. X, gen. 83, sp. 2. — Muller, *Zoolog. Danic.*, n° 219. — Brunnich, *Ornithol. boreal.*, n° 193. — *Râle d'eau*. Albin, t. I, p. 67; et pl. 77. — « Rallus pennis in medio nigricantibus, ad mar- « gines fusco-rufescente-olivaceis supernè vestitus, infernè cinereus, pennis in imo ventre « apice dilutè fulvo marginatis; lateribus nigricantibus, albo transversim striatis; rectricibus « nigricantibus, utrimque fusco-rufescente-olivaceo fimbriatis... » *Rallus aquaticus*. Brisson, *Ornithol.*, t. V, p. 151.

c. « L'on a donné le premier lieu de bien courir au rasle, tellement que disant, *courir* « *comme un rasle*, signifie courir bien vite. » Belon.

d. Klein.

e. « Les paysans, sachans qu'il se musse par-dedans les hayes le long des ruisseaux, obser- « vent sa marche pour y tendre; par ainsi le prennent souvent au lacet. » Belon.

f. Belon, Gessner.

* *Rallus aquaticus* (Linn.). — Le râle d'eau d'Europe (Cuv.). — Genre *id.*

dans cette petite chasse, le plus difficile était de faire partir l'oiseau de son fort; il s'y tient avec autant d'opiniâtreté que le râle de terre dans le sien ; il donne la même peine au chasseur, la même impatience au chien, devant lequel il fuit avec ruse, et ne prend son vol que le plus tard qu'il peut; il est de la grosseur à peu près du râle de terre, mais il a le bec plus long, rougeâtre près de la tête ; il a les pieds d'un rouge obscur. Ray dit que quelques individus les ont jaunes, et que cette différence vient peut-être de celle du sexe. Le ventre et les flancs sont rayés transversalement de bandelettes blanchâtres sur un fond noirâtre, disposition de couleurs commune à tous les râles ; la gorge, la poitrine, l'estomac, sont dans celui-ci d'un beau gris ardoisé; le manteau est d'un roux brun olivâtre.

On voit des râles d'eau autour des sources chaudes pendant la plus grande partie de l'hiver : cependant ils ont, comme les râles de terre, un temps de migration marqué. Il en passe à Malte au printemps et en automne [a] ; M. le vicomte de Querhoënt en a vu, à cinquante lieues des côtes de Portugal, le 17 avril : ces râles d'eau étaient si fatigués, qu'ils se laissaient prendre à la main [b] ; M. Gmelin en a trouvé dans les terres arrosées par le Don [c] ; Belon les appelle *râles noirs*, et dit que ce sont oiseaux *connus en toutes contrées*, dont l'espèce est plus nombreuse que celle du râle de terre, qu'il nomme *râle rouge*.

Au reste, la chair du râle d'eau est moins délicate que celle du râle de terre; elle a même un goût de marécage à peu près pareil à celui de la poule d'eau.

LA MAROUETTE. [c d *]

TROISIÈME ESPÈCE.

La marouette est un petit râle d'eau qui n'est pas plus gros qu'une alouette; tout le fond de son plumage est d'un brun olivâtre tacheté et nué de blanchâtre, dont le lustre, sur cette teinte sombre, le fait paraître comme émaillé, et c'est ce qui l'a fait appeler *râle perlé;* Frisch l'a nommé *poule*

a. Note communiquée par M. Desmazy.

b. « Je tentai, dit M. de Querhoënt, d'en élever quelques-uns ; ils se portèrent à merveille d'abord, mais, après quinze jours de captivité, leurs longues jambes se paralysèrent, et ils ne pouvaient plus se traîner que sur les genoux. Ils périrent ensuite. » — *Nota.* Gessner dit en avoir longtemps nourri un, et l'avoir trouvé un oiseau chagrin et querelleur.

c. *Voyage en Sibérie*, t. II, p. 115.

d. Voyez les planches enluminées, n° 751.

e. On l'appelle *girardine* en Picardie, et, dans le Milanais, *girardina ;* en quelques endroits de la France, *cocouan*, suivant M. Brisson ; dans le Bolonais, *porzana;* en Alsace, *winkernell*, selon Gessner.

* *Rallus porzana* (Linn.). — La *marouette* ou *petit râle tacheté* (Cuv.). — Genre *id.*

d'eau perlée, dénomination impropre, car la marouette n'est point une poule
d'eau, mais un râle. Elle parait dans la même saison que le grand râle
d'eau ; elle se tient sur les étangs marécageux ; elle se cache et niche dans
les roseaux ; son nid, en forme de gondole, est composé de joncs qu'elle
sait entrelacer, et pour ainsi dire amarrer par un des bouts à une tige de
roseau, de manière que le petit bateau ou berceau flottant peut s'élever et
s'abaisser avec l'eau sans en être emporté ; la ponte est de sept ou huit œufs ;
les petits en naissant sont tous noirs ; leur éducation est courte, car dès
qu'ils sont éclos ils courent, nagent, plongent, et bientôt se séparent ; chacun va vivre seul, aucun ne se recherche, et cet instinct solitaire et sauvage
prévaut même dans le temps des amours, car, à l'exception des instants de
l'approche nécessaire, le mâle se tient écarté de sa femelle sans prendre
auprès d'elle aucun des tendres soins des oiseaux amoureux, sans l'amuser
ni l'égayer par le chant, sans ressentir ni goûter ces doux plaisirs qui
retracent et rappellent ceux de la jouissance : tristes êtres qui ne savent pas
respirer près de l'objet aimé ; amours encore plus tristes, puisqu'elles n'ont
pour but qu'une insipide fécondité.

Avec ces mœurs sauvages et ce naturel stupide, la marouette ne paraît
guère susceptible d'éducation, ni même faite pour s'apprivoiser ; nous en
avons cependant élevé une, elle a vécu, durant tout un été, avec de la mie
de pain et du chènevis ; lorsqu'elle était seule, elle se tenait constamment
dans une grande jatte pleine d'eau ; mais dès qu'on entrait dans le cabinet
où elle était renfermée elle courait se cacher dans un petit coin obscur,
sans qu'on l'ait jamais entendue crier ni murmurer ; cependant, lorsqu'elle
est en liberté, elle fait retentir une voix aigre et perçante, assez semblable
au cri d'un petit oiseau de proie ; et, quoique ces oiseaux n'aient aucun
attrait pour la société, on observe néanmoins que l'un n'a pas plus tôt crié
qu'un autre lui répond, et que bientôt ce cri est répété par tous les autres
du canton.

La marouette, comme tous les râles, tient si fort devant les chiens, que
souvent le chasseur peut la saisir avec la main ou l'abattre avec un bâton ;
s'il se trouve un buisson dans sa fuite elle y monte, et du haut de son asile
regarde passer les chiens en défaut ; cette habitude lui est commune avec
le râle d'eau : elle plonge, nage, et même nage entre deux eaux, lorsqu'il
s'agit de se dérober à l'ennemi.

Ces oiseaux disparaissent dans le fort de l'hiver, mais ils reviennent de
très-bonne heure au printemps, et, dès le mois de février, ils sont communs
dans quelques provinces de France et d'Italie ; on les connaît en Picardie
sous le nom de *girardine*. C'est un gibier délicat et recherché ; ceux surtout que l'on prend en Piémont, dans les rizières, sont très-gras et d'un
goût exquis.

OISEAUX ÉTRANGERS DE L'ANCIEN CONTINENT

QUI ONT RAPPORT AU RALE.

LE TIKLIN OU RALE DES PHILIPPINES. [a] [b] [*]

PREMIÈRE ESPÈCE.

On donne aux Philippines le nom de *tiklin* à des oiseaux du genre des râles, et nous en connaissons quatre différentes espèces sous ce même nom et dans ce même climat. Celle-ci est remarquable par la netteté et l'agréable opposition des couleurs; une plaque grise couvre le devant du cou; une autre plaque d'un roux marron en couvre le dessus et la tête; une ligne blanche surmonte l'œil et forme un long sourcil; tout le dessous du corps est comme émaillé de petites lignes transversales, alternativement noires et blanches en festons; le manteau est brun, nué de roussâtre et parsemé de petites gouttes blanches sur les épaules et au bord des ailes, dont les pennes sont mélangées de noir, de blanc et de marron; ce tiklin est un peu plus grand que notre râle d'eau.

LE TIKLIN BRUN. [c] [d] [**]

SECONDE ESPÈCE.

Le plumage de cet oiseau est d'un brun sombre uniforme, et seulement lavé sur la gorge et la poitrine d'une teinte de pourpre vineux, et coupé sous la queue par un peu de noir et de blanc sur les couvertures inférieures. Ce tiklin est aussi petit que la marouette.

a. Voyez les planches enluminées, n° 774.

b. « Rallus pennis in medio nigricantibus, ad margines grisco-rufescentibus supernè vesti-
« tus, infernè fusco et grisco transversim striatus; taenià suprà oculos albidà, per oculos cas-
« taneo-fusca; collo inferiore grisco-rufescente, grisco-fusco transversim striato; rectricibus
« in medio nigricantibus ad margines grisco-rufescentibus, lateribus interiùs spadiceo macu-
« latis... » *Rallus Philippensis.* Brisson, *Ornithol.*, t. V, p. 163.

c. Voyez les planches enluminées, n° 773.

d. « Rallus supernè fuscus, infernè fusco-vinaceus, gutture dilutiore; imo ventre grisco-
« fusco; rectricibus caudæ inferioribus nigris, albo transversim striatis; rectricibus fuscis... »
Rallus Philippensis fuscus. Brisson, *Ornithol.*, t. V, p. 173.

[*] *Rallus philippensis* (Lath., Gmel.). — Genre *id.*

[**] *Rallus fuscus* (Lath., Gmel.). — Genre *id.*

LE TIKLIN RAYÉ. [a]*

TROISIÈME ESPÈCE.

Celui-ci est de la même taille que le précédent; le fond de son plumage
est d'un brun fauve, traversé et comme ouvragé de lignes blanches; le dessus de la tête et du cou est d'un brun marron; l'estomac, la poitrine et le cou
sont d'un gris olivâtre, et la gorge est d'un blanc roussâtre.

LE TIKLIN A COLLIER. [b]**

QUATRIÈME ESPÈCE.

Celui-ci est un peu plus gros que notre râle de genêt; il a le manteau
d'un brun teint d'olivâtre sombre; les joues et la gorge sont de couleur de
suie; un trait blanc part de l'angle du bec, passe sous l'œil, et s'étend en
arrière; le devant du cou, la poitrine, le ventre, sont d'un brun noirâtre,
rayé de lignes blanches; une bande d'un beau marron, large d'un doigt,
forme comme un demi-collier au-dessus de la poitrine.

OISEAUX ÉTRANGERS DU NOUVEAU CONTINENT

QUI ONT RAPPORT AU RALE.

LE RALE A LONG BEC. [c]***

PREMIÈRE ESPÈCE.

Les espèces de râles sont plus diversifiées et peut-être plus nombreuses
dans les terres noyées et marécageuses du nouveau continent, que dans les

a. « Rallus supernè fusco-nigricans, pennis maculis transversis albidis utrimque notatis;
« infernè cinereo-olivaceus; colli superioris parte supremà castaneà; gutture albo-rufescente,
« imo ventre, lateribus et rectricibus fusco-nigricantibus, albido transversim striatis... » *Rallus
Philippensis striatus.* Brisson, *Ornithol.*, t. V, p. 167.

b. « Rallus supernè fuscus, ad olivaceum obscurum inclinans, infernè fuliginosus, albo
« transversim striatus; tænià infrà oculos candidà; fascià suprà pectus transversà castaneà;
« rectricibus fuscis, oris exterioribus ad olivaceum obscurum vergentibus... » *Rallus Philippensis torquatus.* Brisson, *Ornithol.* t. V, p. 170.

c. Voyez les planches enluminées, n° 849.

* *Rallus striatus* (Gmel., Cuv.). — Genre *id.*
** *Rallus torquatus* (Gmel., Cuv.). — Genre *id.*
*** *Rallus longirostris* (Gmel., Cuv.), — Genre *id.*

contrées plus sèches de l'ancien. On verra, par la description particulière de
ces espèces, qu'il y en a deux bien plus petites que les autres, et que celle-ci
est au contraire plus grande qu'aucune de nos espèces européennes ; le bec
de ce grand râle est aussi plus long, même à proportion, que celui des
autres râles ; son plumage est gris, un peu roussâtre sur le devant du
corps, et mêlé de noirâtre ou de brun sur le dos et les ailes ; le ventre est
rayé de bandelettes transversales blanches et noires, comme dans la plupart des autres râles. On trouve à la Guiane deux espèces ou du moins deux
variétés de ces râles à long bec, qui diffèrent beaucoup par la grosseur, les
uns étant de la taille de la barge, et les autres, tel que celui de la pl. 849,
n'étant qu'un peu plus gros que notre râle d'eau.

LE KIOLO. [a] [*]

SECONDE ESPÈCE.

C'est par ce nom que les naturels de la Guiane expriment le cri ou piaulement de ce râle ; il le fait entendre le soir, à la même heure que les tinamous,
c'est-à-dire, à six heures, qui est l'instant du coucher du soleil dans le climat équinoxial. Les kiolos se réclament par ce cri pour se rallier avant la
nuit, car tout le jour ils se tiennent seuls, fourrés dans les halliers humides ;
ils y font leur nid entre les petites branches basses des buissons, et ce nid
est composé d'une seule sorte d'herbe rougeâtre ; il est relevé en petite
voûte, de manière que la pluie ne peut y pénétrer. Ce râle est un peu plus
petit que la marouette ; il a le devant du corps et le sommet de la tête d'un
beau roux, et le manteau lavé de vert olivâtre, sur un fond brun. Les
n°s 368 et 753 de nos planches enluminées, ne représentent que le même
oiseau, qui ne diffère que par le sexe ou l'âge. Il nous paraît aussi que le
râle de Pensylvanie, donné par Edwards, est le même que celui-ci [b].

a. Voyez les planches enluminées, n° 368 , sous le nom de *Râle de Cayenne ;* et n° 753, sous
la dénomination de *Râle à ventre roux de Cayenne.*

b. *The American water rail.* Edwards, *Glan.,* p. 144, pl. 279. — « Rallus supernè nigri-
« cans marginibus pennarum rufescentibus, infernè obscurè fulvus ; genis cinereis ; tæniâ
« utrinque suprà oculos, summo pectore et marginibus alarum candidis ; maculà in alis cas-
« taneà ; lateribus et imo ventre saturatè fuscis albo transversim striatis ; rectricibus nigri-
« cantibus rufescente terminatis... » *Rallus Pensilvanicus.* Brisson, *Supplément,* p 138.

* *Rallus cayennensis* (Gmel., Cuv.). — Genre *Rales* (Cuv.).

LE RALE TACHETÉ DE CAYENNE. [a*]

TROISIÈME ESPÈCE.

Ce beau râle, qui est aussi un des plus grands, a l'aile d'un brun roux ;
le reste du plumage est tacheté, moucheté, liséré de blanc sur un fond d'un
beau noir. Il se trouve à la Guiane comme les précédents.

LE RALE DE VIRGINIE. [b**]

QUATRIÈME ESPÈCE.

Cet oiseau, qui est de la grosseur de la caille, a plus de rapport avec le roi
des cailles ou râles de genêt, qu'avec les râles d'eau : il paraît qu'on le
trouve dans l'étendue de l'Amérique septentrionale, jusqu'à la baie d'Hudson[c], quoique Catesby dise ne l'avoir vu qu'en Virginie ; il dit que son plumage est tout brun, et il ajoute que ces oiseaux deviennent si gras en
automne, qu'ils ne peuvent échapper aux Sauvages qui en prennent un
grand nombre en les lassant à la course, et qu'ils sont aussi recherchés à
la Virginie que les *oiseaux de riz* le sont à la Caroline et l'ortolan en Europe.

LE RALE BIDI-BIDI. [d***]

CINQUIÈME ESPÈCE.

Bidi-bidi est le cri et le nom de ce petit râle à la Jamaïque ; il n'est guère
plus gros qu'une fauvette ; sa tête est toute noire ; le dessus du cou, le dos,

---

a. Voyez les planches enluminées, n° 775.

b. The American rail, or soree. Catesby, *Carolina*, t. I, p. et pl. 70. — *Rallus terrestris
Americanus.* Klein, *Avi.*, p. 103, n° 4. — *Rallus Carolinus.* Linnæus, *Syst. nat.*, édit. X,
gen. 83, sp. 5. — « Rallus supernè fuscus, infernè fusco-rufescens ; rectricibus fuscis.... »
Rallus Virginianus. Brisson, *Ornithol.*, t. V, p. 175. — *Nota.* On doit rapporter au *soree* de
Catesby l'oiseau donné par Edwards sous la dénomination de *little American water-hen*,
page et planche 144 ; comme ce naturaliste l'observe lui-même, et non pas en faire, avec
M. Brisson, une espèce de poule sultane.

c. Voyez Edwards, page et planche 144.

d. The least water-hen. Edwards, *Glan.*, p. 142, pl. 278. — « Rallus supernè fusco-rufes-
« cens, tæniis nigricantibus transversim variegatus ; infernè obscurè fuscus, cinereo-albo
« transversim striatus ; capite et gutture nigris ; collo inferiore et pectore cinereo-cærulescen-

* *Rallus variegatus* (Gmel., Cuv.). — Genre *id.*
** *Rallus virginianus* (Cuv.). — Genre *id.*
*** *Rallus jamaïcensis* (Gmel., Cuv.). — Genre *id.*

le ventre, la queue et les ailes, sont d'un brun qui est varié de raies transversales blanchâtres sur le dos, le croupion et le ventre ; les plumes de l'aile et celles de la queue sont semées de gouttes blanches ; le devant du cou et l'estomac, sont d'un cendré bleuâtre.

LE PETIT RALE DE CAYENNE. [a]*

SIXIÈME ESPÈCE.

Ce joli petit oiseau n'est pas plus gros qu'une fauvette ; il a le devant du cou et la poitrine d'un blanc légèrement teint de fauve et de jaunâtre ; les flancs et la queue sont rayés transversalement de blanc et de noir ; le fond des plumes du manteau est noir, varié sur le dos de taches et de lignes blanches, avec des franges roussâtres. C'est le plus petit des oiseaux de ce genre, qui est assez nombreux en espèces.

Du reste, ce genre du râle paraît encore plus répandu que varié : la nature a produit ou porté de ces oiseaux sur les terres les plus lointaines. M. Cook en a vu au détroit de Magellan [b] ; il en a trouvé dans différentes îles de l'hémisphère austral, à Anamocka [c], à Tanna [d], à l'île Norfolk [e] ; les îles de la Société ont aussi deux espèces de râles, un petit râle noir tacheté (*pooà-née*), et un petit râle aux yeux rouges (*mai-ho*). Et il paraît que les deux *acolins* de Fernandez, qu'il appelle *des cailles d'eau* [f], sont des râles, dont l'espèce est propre au grand lac de Mexique ; sur quoi nous avons déjà remarqué [g], qu'il faut se garder de confondre ces *acolins* ou râles de Fernandez avec les *colins* du même naturaliste, qui sont des oiseaux que l'on doit rapporter aux perdrix.

« tibus ; alis maculis albis rotundis aspersis ; rectricibus supernè fusco-rufescentibus, nigricante « transversim striatis, maculis rotundis albis insignitis... » *Rallus Jamaicensis.* Brisson, *Ornithol., Supplément*, p. 140.

a. *Voyez les planches enluminées*, n° 847.

b. *Second voyage*, t. IV, p. 29.

c. *Idem*, t. III, p. 22.

d. *Idem*, t. III, p. 184.

e. *Ibid.*, p. 341.

f. *Hist. avi. nov. Hisp.*, cap. x, p. 16. *Acolin, seu aquatica coturnix.* « Sturno magnitudine « par... inferna corporis candida, lateribus fulvo maculatis, superiora fulva, maculis nigri- « cantibus candidisque lineis quatuor pennis ambientibus, distincta. » Et cap. cxxxi, pag. 42, *Acolin altera.*

g. Tome V, page 484.

* *Rallus minutus* (Gmel., Cuv.). — Genre *id.*

LE CAURALE OU PETIT PAON DES ROSES. [a][*]

A le considérer par la forme du bec et des pieds, cet oiseau serait un râle, mais sa queue est beaucoup plus longue que celle d'aucun oiseau de cette famille : pour exprimer en même temps cette différence et ces rapports, il a été nommé *caurâle* (râle à queue) dans nos planches enluminées ; nous lui conserverons ce nom plutôt que celui de *petit paon des roses* qu'on lui donne à Cayenne ; son plumage est à la vérité riche en couleurs, quoiqu'elles soient toutes sombres [b] ; et pour en donner une idée, on ne peut mieux le comparer qu'aux ailes de ces beaux papillons phalènes, où le noir, le brun, le roux, le fauve et le gris blanc, entremêlés en ondes, en zones, en zig-zags, forment de toutes ces teintes un ensemble moelleux et doux. Tel est le plumage du caurâle, particulièrement sur les ailes et la queue ; la tête est coiffée de noir, avec de longues lignes blanches dessus et dessous l'œil ; le bec est exactement un bec de râle, excepté qu'il est d'une dimension un peu plus longue, comme toutes celles de cet oiseau, dont la tête, le cou et le corps sont plus allongés que dans le râle ; sa queue, longue de cinq pouces, dépasse l'aile pliée de deux ; son pied est gros et haut de vingt-six lignes, et la partie nue de la jambe l'est de dix ; le rudiment de membrane entre le doigt extérieur et celui du milieu, est plus étendu et plus marqué que dans le râle. La longueur totale, depuis la pointe du bec qui a vingt-sept lignes jusqu'à celle de la queue, est de quinze pouces.

Cet oiseau n'a point encore été décrit, et n'est connu que depuis peu de temps ; on le trouve, mais assez rarement, dans l'intérieur des terres de la Guiane, en remontant les rivières, dont il habite les bords ; il vit solitaire et fait entendre un sifflement lent et plaintif, qu'on imite pour le faire approcher.

LA POULE D'EAU. [c][d][**]

La nature passe par nuances de la forme du râle à celle de la poule d'eau qui a de même le corps comprimé par les côtés, le bec d'une figure sem-

---

a. Voyez les planches enluminées, n° 782.

b. On imaginerait peut-être quelque rapport de cet oiseau au paon, du moins dans sa manière d'étaler ou de soutenir sa queue ; mais on nous assure qu'il ne la relève point.

c. Voyez les planches enluminées, n° 877.

d. En anglais, *water-hen*, *more-hen* ; en allemand, *rohtblaschen* ; en polonais, *kokoska*. —

[*] *Ardea helias* (Linn.). — *Scolopax helias* (Lath.). — Le *caurale*, vulgairement *petit paon des roses* ou *oiseau du soleil* (Cuv.). — Genre *Grues*, à la suite du sous-genre des *Grues proprement dites* (Cuv.).

[**] *Fulica chloropus* (Linn.). — La *poule d'eau commune* (Cuv.). — Ordre des *Échassiers*, famille des *Macrodactyles*, genre *Foulques*, sous-genre *Poules d'eau* (Cuv.).

blable, mais plus accourci, et plus approchant par là du bec des gallinacés; la poule d'eau a aussi le front dénué de plumes et recouvert d'une
membrane épaisse; caractères dont certaines espèces de râles présentent
les vestiges[a]; elle vole aussi les pieds pendants; enfin elle a les doigts
allongés comme le râle, mais garnis dans toute leur longueur d'un bord
membraneux; nuance par laquelle se marque le passage des oiseaux fissipèdes, dont les doigts sont nus et séparés, aux oiseaux palmipèdes, qui les
ont garnis et joints par une membrane tendue de l'un à l'autre doigt :
passage dont nous avons déjà vu l'ébauche dans la plupart des oiseaux de
rivage qui ont ce rudiment de membrane tantôt entre les trois doigts, et
tantôt entre deux seulement, l'extérieur et celui du milieu.

Les habitudes de la poule d'eau répondent à sa conformation; elle va à
l'eau plus que le râle, sans cependant y nager beaucoup, si ce n'est pour
traverser d'un bord à l'autre; cachée durant la plus grande partie du jour
dans les roseaux ou sous les racines des aulnes, des saules et des osiers, ce
n'est que sur le soir qu'on la voit se promener sur l'eau; elle fréquente
moins les marécages et les marais que les rivières et les étangs; son nid,
posé tout au bord de l'eau, est construit d'un assez gros amas de débris de
roseaux et de joncs entrelacés; la mère quitte son nid tous les soirs, et
couvre ses œufs auparavant avec des brins de joncs et d'herbes : dès que
les petits sont éclos, ils courent comme ceux du râle, et suivent de même
leur mère qui les mène à l'eau; c'est à cette faculté naturelle que se rapporte sans doute le soin de prévoyance que le père et la mère montrent, en
plaçant leur nid toujours très-près des eaux. Au reste, la mère conduit
et cache si bien sa petite famille, qu'il est très-difficile de la lui enlever[b],
pendant le très-petit temps qu'elle la soigne; car bientôt ces jeunes oiseaux,

---

Gallinula chloropos major. Aldrovande, *Avi.*, t. III, p. 449. — Jonston, *Avi.*, p. 109. —
Willughby, *Ornithol.*, p. 233. — Ray, *Synops. avi.*, p. 113, n° *a*, 1; et 190, n° 15. —
Rzaczynski, *Auctuar. hist. nat. Polon.*, p. 371. — Sibbald, *Scot. illustr.*, part. II, lib. III,
p. 19. — Sloane, *Jamaïca*, p. 320, n° 15. — *Gallinula chloropus.* Charleton, *Exercit.*,
p. 112, n° 1. *Onomast.*, p. 107, n° 1. — *Fulica major pulla, fronte cerâ coccineâ oblongo-
quadratâ glabrâ, obducto, membranâ digitorum angustissimâ.* Browne, *Nat. hist. of
Jamaïca*, p. 479. — « Fulica fronte calvâ, corpore nigro, digitis simplicibus... » *Chloropus.*
Linnæus, *Syst. nat.*, édit. X, gen. 82, sp. 2. — *Fulica chloropus, fronte fulvâ, armillis
rubris, pedibus simplicibus, corpore nigricante.* Muller, *Zoolog. Danic.*, n° 217. — *Poule
d'eau* ou *Fulica chloropos.* Feuillée, *Journal d'observations physiques* (édit. 1725), p. 393.
— *Grande poule d'eau ou de marais.* Albin, t. II, p. 46, avec une figure mal coloriée du mâle,
planche 72; et tome III, planche 91, une figure aussi mauvaise de la femelle, sous le nom de
Poule de marais. — « Gallinula supernè fusco-olivacea, infernè saturatè cinerea, marginibus
« pennarum albis; membranâ in syncipite saturatè rubrâ; capite, collo et pectore nigricantibus,
« marginibus alarum candidis: rectricibus saturatè fuscis, cruribus tæniâ rubrâ circumdatis... »
Gallinula. Brisson, *Ornithol.*, t. VI, p. 3.

a. « In rallo calvities seu lobus carneus in fronte admodum exiguus, et vix observabilis. »
Willughby.

b. « Les poules d'eau cachent si bien leurs petits, que je n'en ai jamais vu, quoique j'aie
« beaucoup chassé au marais dans toutes les saisons. » Note de M. Hébert.

devenus assez forts pour se pourvoir d'eux-mêmes, laissent à leur mère féconde le temps de produire et d'élever une famille cadette, et même l'on assure qu'il y a souvent trois pontes dans un an [a].

Les poules d'eau quittent en octobre les pays froids et les montagnes [b], et passent tout l'hiver dans nos provinces tempérées, où on les trouve près des sources et sur les eaux vives qui ne gèlent pas [c]; ainsi la poule d'eau n'est pas précisément un oiseau de passage, puisqu'on la voit toute l'année dans différentes contrées, et que tous ses voyages paraissent se borner des montagnes à la plaine, et de la plaine aux montagnes.

Quoique peu voyageuse et partout assez peu nombreuse, la poule d'eau paraît avoir été placée par la nature dans la plupart des régions connues, et même dans les plus éloignées. M. Cook en a trouvé à l'île Norfolk [d] et à la nouvelle Zélande [e]; M. Adanson dans une île du Sénégal [f]; M. Gmelin dans la plaine de Mangasea en Sibérie, près du Jénisca [g], où il dit qu'elles sont en très-grand nombre; elles ne sont pas moins communes dans les Antilles, à la Guadeloupe [h], à la Jamaïque [i], et à l'île d'*Aves*, quoiqu'il n'y ait point d'eau douce dans cette dernière île; on en voit aussi beaucoup en Canada [j] : et pour l'Europe la poule d'eau se trouve en Angleterre, en Écosse [k], en Prusse [l], en Suisse, en Allemagne et dans la plupart de nos provinces de France. Il est vrai que nous ne sommes pas assurés que toutes celles qu'indiquent les voyageurs, soient de la même espèce que la nôtre. M. Le Page du Pratz dit expressément qu'à la Louisiane elle est la même qu'en France [m], et il paraît encore que la poule d'eau, décrite par le P. Feuillée à l'île Saint-Thomas, n'en est pas différente [n]; d'ailleurs nous en distinguons trois espèces ou variétés, que l'on assure ne se pas mêler, quoique

a. Willughby.

b. Observations faites dans les Vosges lorraines par M. Lottinger.

c. Observations faites en Brie par M. Hébert.

d. *Second voyage*, t. III, p. 341.

e. « Les poules d'eau ou de bois de la Nouvelle-Zélande sont de l'espèce du râle, et si « douces et si peu sauvages, qu'elles restaient devant nous et nous regardaient jusqu'à ce qu'on « les tuât à coups de bâton. Elles ressemblent beaucoup aux poules ordinaires de nos basses- « cours, dont elles ont la grosseur; la plupart sont de couleur noire sale et d'un brun foncé, et « très-bonnes en pâté et en fricassée. Quoique ces poules soient assez nombreuses là (à la baie « Dusky), je n'en ai jamais vu ailleurs qu'une; c'est peut-être que, ne pouvant voler, elles « habitent les bords des bois, et se nourrissent de ce que la mer répand sur la grève. » Cook, *Second voyage*, t. I, p. 209.

f. *Voyage au Sénégal*, p. 169.

g. *Voyage en Sibérie*, t. II, p. 56.

h. Dutertre, t. II, p. 277.

i. Sloane, Browne.

j. *Histoire générale des Voyages*, t. XV, p. 227.

k. Rzaczynski, *Auctuar.*, p. 371.

l. Gessner.

m. *Histoire de la Louisiane*, t. II, p. 117.

n. *Journal d'observations* (édit. 1725), p. 393.

vivant ensemble sur les mêmes eaux, sans compter quelques autres espèces rapportées par les nomenclateurs, au genre de la poule sultane, et qui nous paraissent appartenir de plus près à celui de la poule d'eau, et quelques autres encore dont nous n'avons que l'indication ou des notices imparfaites.

Les trois races ou espèces reconnues dans nos contrées, peuvent se distinguer par la grandeur : l'espèce moyenne est la plus commune; celle de la grande et celle de la petite poule d'eau, dont Belon a parlé sous le nom de *poulette d'eau*, sont un peu plus rares. La poule d'eau moyenne approche de la grosseur d'un poulet de six mois; sa longueur du bec à la queue est d'un pied, et du bec aux ongles de quatorze à quinze pouces; son bec est jaune à la pointe et rouge à la base; la plaque membraneuse du front est aussi de cette dernière couleur, ainsi que le bas de la jambe au-dessus du genou; les pieds sont verdâtres; tout le plumage est d'une couleur sombre gris de fer, nué de blanc sous le corps, et gris brun verdâtre en dessus; une ligne blanche borde l'aile; la queue en se relevant laisse voir du blanc aux plumes latérales de ses couvertures inférieures; du reste, tout le plumage est épais, serré et garni de duvet. Dans la femelle, qui est un peu plus petite que le mâle, les couleurs sont plus claires, les ondes blanches du ventre sont plus sensibles, et la gorge est blanche; la plaque frontale, dans les jeunes, est couverte d'un duvet plus semblable à des poils qu'à des plumes. Une jeune poule d'eau, que nous avons ouverte, avait dans son estomac des débris de petits poissons et d'herbes aquatiques mêlés de graviers; le gésier était fort épais et musculeux, comme celui de la poule domestique; l'os du *sternum* nous a paru beaucoup plus petit qu'il ne l'est généralement dans les oiseaux, et si cette différence ne tenait pas à l'âge, cette observation pourrait confirmer en partie l'assertion de Belon, qui dit que le *sternum*, aussi bien que l'*ischion* de la poule d'eau, est de forme différente de celle de ces mêmes os dans les autres oiseaux.

LA POULETTE D'EAU. [a][*]

Ce nom diminutif, donné par Belon, ne doit pas faire imaginer que cette poule d'eau soit considérablement plus petite que la précédente; il y a peu

a. *Poulette d'eau.* Belon, *Nat. des oiseaux*, p. 211, avec une mauvaise figure, répétée *Portraits d'oiseaux*, p. 48, *b*, sous le titre de *Poulette d'eau* ou bien *Râle grand.* — *Rallus Italorum.* Gessner, *Avi.*, p. 392, avec une très-mauvaise figure; la même, *Icon. avi.*, p. 90. — Aldrovande, *Avi.*, t. III, p. 98. — Jonston, *Avi.*, p. 99. — Charleton, *Exercit.*, p. 107, n° 2. *Onomast.*, p. 101, n° 2. — *Gallinula alia chloropus, fulicæ similis Belonii.* Aldrovande, *Avi.*, t. III, p. 496, avec la figure prise de Belon. — Willughby, *Ornithol.*, p. 234. — « *Gallinula*

* Cet oiseau n'est que le jeune âge de la *poule d'eau commune.* — « Les jeunes (*fulica fusca*, Gmel., *poulette d'eau*, Buff.) sont de nuances plus claires, et ont la plaque frontale plus grande.» (Cuvier.)

de différence, mais on observe que dans les mêmes lieux les deux espèces
se tiennent constamment séparées sans se mêler : leurs couleurs sont à peu
près les mêmes ; Belon trouve seulement à celle-ci une teinte bleuâtre sur
la poitrine, et il remarque qu'elle a la paupière blanche ; il ajoute que sa
chair est très-tendre, et que les os sont minces et fragiles. Nous avons eu
une de ces poulettes d'eau , elle ne vécut que depuis le 22 novembre jusqu'au 10 décembre, à la vérité sans autre aliment que de l'eau ; on la tenait
enfermée dans un petit réduit qui ne tirait de jour que par deux carreaux
percés à la porte ; tous les matins, aux premiers rayons du jour, elle s'élançait contre ces vitres à plusieurs reprises différentes ; le reste du temps elle
se cachait le plus qu'elle pouvait, tenant la tête basse ; si on la prenait à la
main, elle donnait des coups de bec, mais ils étaient sans force. Dans cette
dure prison on ne lui entendit pas jeter un seul cri. Ces oiseaux sont en
général très-silencieux ; on a même dit qu'ils étaient muets : cependant
lorsqu'ils sont en liberté ils font entendre un petit son réitéré, *bri, bri, bri.*

LA PORZANE OU LA GRANDE POULE D'EAU. [a]*

Cette poule d'eau doit être commune en Italie aux environs de Bologne,
puisque les oiseleurs de cette contrée lui ont donné un nom vulgaire (*porzana*) ; elle est plus grande dans toutes ses dimensions que notre poule
d'eau commune. Sa longueur du bec à la queue est de près d'un pied et
demi ; elle a le dessus du bec jaunâtre et la pointe noirâtre ; le cou et la
tête sont aussi noirâtres ; le manteau est d'un brun marron ; le reste du
plumage revient à celui de la poule d'eau commune, avec laquelle on nous
assure que celle-ci se rencontre quelquefois sur nos étangs ; les couleurs
de la femelle sont plus pâles que celles du mâle.

« supernè fusco-olivacea, infernè cinerea, marginibus pennarum albis, membranâ in synci-
« pite flavo-olivaceâ ; collo inferiore saturatè cinereo , ad olivaceum vergente ; marginibus alæ-
« rum candidis ; rectricibus decem intermediis fusco-olivaceis, utrimque extimâ candidâ... »
Gallinula minor. Brisson, *Ornithol.*, t. VI, p. 6.

a. *Gallinula chloropos altera , Bononiæ porzana dicta.* Aldrovande, *Avi.*, t. III, p. 449. —
Jonston, *Avi* , p. 109. — Willughby, *Ornithol.*, p. 233. — Ray, *Synops. avi.*, p. 114 , n° 3.
— Klein, *Avi.*, p. 103, n° 2. — Rzaczynski , *Auctuar. hist. nat. Polon.*, p. 371. — « Gallinula
« supernè castanea, infernè obscurè cinerea , marginibus pennarum albis ; membranâ in syn-
« cipite flavicante ; capite et collo nigricantibus ; imo ventre albo ; rectricibus decem inter-
« mediis castaneis, utrimque extimâ candidâ... » *Gallinula major.* Brisson , *Ornithol.*, t. VI ,
pag. 9.

* « Selon MM. Meyer et Temminck, cet oiseau n'est encore qu'une variété d'âge de la *poule
« d'eau commune.* » (Desmarets.)

LA GRINETTE. [a]*

Cet oiseau, que les nomenclateurs ont placé dans le genre de la poule
sultane, nous paraît appartenir à celui de la poule d'eau. On lui donne à
Mantoue le nom *porzana*[b], que la grande poule d'eau porte à Bologne;
cependant elle est beaucoup plus petite, puisque, suivant Willughby, elle
est moindre que le râle, et son bec est très-court. A en juger par ses différents noms, elle doit être fort connue dans le Milanais[c] : on la trouve aussi
en Allemagne, suivant Gessner; ce naturaliste n'en dit rien autre chose,
sinon qu'elle a les pieds gris, le bec partie rougeâtre et partie noir, le manteau brun roux, et le dessous du corps blanc.

LA SMIRRING. [d]**

Ce nom, que Gessner pense avoir été donné par *onomatopée* ou imitation
de cri, est en Allemagne celui d'un oiseau qui paraît appartenir au genre
de la poule d'eau. Rzaczynski, en le comptant parmi les espèces naturelles

a. *Grinetta, Mediolani gillerdine, poliopus gallinula minor Aldrovandi.* Willughby, *Ornithol.*, p. 235. — *Poliopus.* Aldrovande, *Avi.*, t. III, p. 465. — Ray, *Synops. avi.*, p. 114, n° 5.
— Gessner, *Icon. avi.*, p. 104. — *Gallinulæ aquaticæ tertium genus, quod deffyt nominatur
vulgò, a nobis poliopus.* Idem, *Avi.*, p. 506, avec une très-mauvaise figure, copiée par les
précédents. — *Petite poule d'eau.* Albin, t. II, p. 47, figure mal coloriée, pl. 73. — « Porphy-
« rio supernè pennis in medio nigris, ad margines sordidè rufis, albo fimbriatis, vestitus,
« infernè rufescens, lateribus fusco et albo transversim striatis; calvitio in fronte croceo;
« tæniâ utrimque, suprà oculos cinereo-albâ; gutture cinereo-cærulescente; collo inferiore et
« pectore, maculis nigris aspersis; marginibus alarum candidis; rectricibus fusco-nigrican-
« tibus, rufo adumbratis, binis intermediis albo utrimque fimbriatis... » *Porphyrio nævius.*
Brisson, *Ornithol.*, t. V, p. 538.

b. Aldrovande.

c. A Milan, dit Aldrovande, on l'appelle *grugnetta*; à Mantoue, *porzana*; à Bologne, *por-
cëllana*; ailleurs, *girardella columba*, tom. III, pag. 465; à Florence, *tordo gelsemino*, selon
Willughby.

d. *Gallinulæ aquaticæ quartum genus, schmirring dictum, nobis ochropus magnus.*
Gessner, *Avi.*, p. 507, avec une très-mauvaise figure; la même, *Icon. avi.*, p. 103. — Aldrovande, t. III, p. 461. — Jonston, *Avi.*, p. 110. — Willughby, p. 236. — Ray, *Synops. avi.*,
p. 115, n° 6. — *Glareola tertia.* Schwenckfeld, *Aviar. Siles.*, p. 281. — Klein, *Avi.*, p. 101,
n° 2. — *Gallinula aquatica ornithologis, Polonis kokozzka wodna.* Rzaczynski, *Hist. nat.
Polon.*, p. 281. Idem, *Auctuar.*, p. 380. — « Porphyrio supernè rufus, maculis nigricantibus
« varius, infernè albus; calvitio in fronte pallidè flavo, palpebris croceis, pennis basim rostri
« ambientibus, et genis candidis; rectricibus rufis, nigricante maculatis... » *Porphyrio rufus.*
Brisson, *Ornithol.*, t. V, p. 534.

* *Fulica nævia* (Linn.). — « La *poule d'eau tachetée* ou *grinette* (*fulica nævia*) n'est qu'un
« jeune *râle de genêts.* » (Cuvier.)

** Cet oiseau ne diffère pas spécifiquement de la *poule d'eau commune.* Voyez la nomenclature ** de la page 247.

à la Pologne, dit qu'il se tient sur les rivières, et niche dans les halliers qui les bordent ; il ajoute que la célérité avec laquelle il court lui a fait quelquefois donner le nom de *trochilus ;* et ailleurs (*Auct.*, pag. 380), il le décrit dans les mêmes termes que Gessner : « Le fond de tout son plumage, dit-il, « est roux ; les petites plumes de l'aile sont d'un rouge de brique ; la tête, « le tour des yeux et le ventre sont blancs ; les grandes pennes de l'aile « sont noires ; des taches de cette même couleur parsèment le cou, le dos, « les ailes et la queue ; les pieds et la base du bec sont jaunâtres. »

LA GLOUT. [a] [*]

Cet oiseau est une poule d'eau, suivant Gessner ; il dit qu'elle fait entendre une voix aiguë et haute comme le son d'un fifre ; elle est brune, avec un peu de blanc à la pointe des ailes ; elle a du blanc autour des yeux, au cou, à la poitrine et au ventre ; les pieds sont verdâtres et le bec est noir.

OISEAUX ÉTRANGERS

QUI ONT RAPPORT A LA POULE D'EAU.

LA GRANDE POULE D'EAU DE CAYENNE. [b] [**]

L'oiseau ainsi nommé dans nos planches enluminées paraît s'approcher du héron par la longueur du cou, et s'éloigner encore de la poule d'eau par la longueur du bec : néanmoins, il lui ressemble par le reste de sa conformation. C'est la plus grande des poules d'eau ; elle a dix-huit pouces de longueur : le cou et la tête, la queue, le bas-ventre et les cuisses, sont d'un gris brun ; le manteau est d'un olivâtre sombre ; l'estomac et les pennes des ailes sont d'un roux ardent et rougeâtre ; ces oiseaux sont très-communs dans les marais de la Guiane, et l'on en voit jusque dans les fossés de la ville de Cayenne : ils vivent de petits poissons et d'insectes aquatiques ; les jeunes ont le plumage tout gris, et ils ne prennent du rouge qu'à la mue.

a. *Gallinulæ aquaticæ secundum genus, quod glutte nominant quasi glottidem.* Gessner, *Avi.*, p. 505, avec une mauvaise figure, répétée, page 105, sous le nom de *Glottis.* — Aldrovande, *Avi.*, t. III, p. 452. — Jonston, p. 110. — « Porphyrio supernè fuscus, infernè albus ; « calvitio in fronte viridi-flavicante ; genis candidis ; rectricibus fuscis... » *Porphyrio fuscus.* Brisson, *Ornithol.*, t. V, p. 531.

b. Voyez les planches enluminées, n° 352.

 * Simple variété encore de la *poule d'eau commune.*

 ** *Fulica cayennensis* (Linn.). — « Le *fulica cayennensis* est un vrai *rale.* » (Cuvier.)

LE MITTEK.[*]

Les relations du Groënland nous parlent, sous ce nom, d'un oiseau qu'elles indiquent en même temps comme une *poule d'eau*, mais qui pourrait aussi bien être quelque espèce de plongeon ou de grèbe. Le mâle a le dos et le cou blancs, le ventre noir et la tête tirant sur le violet; les plumes de la femelle sont d'un jaune mêlé et bordé de noir, de manière à paraître grises de loin. Ces oiseaux sont fort nombreux dans le Groënland, principalement en hiver; on les voit, dès le matin, voler en troupes des baies vers les îles, où ils vont se repaître de coquillages, et le soir ils reviennent à leurs retraites dans les baies pour y passer la nuit; ils suivent en volant les détours de la côte et les sinuosités des détroits entre les îles : rarement ils volent sur terre, à moins que la force du vent, surtout quand il souffle du nord, ne les oblige à se tenir sous l'abri des terres : c'est alors que les chasseurs les tirent de quelque pointe avancée dans la mer, d'où l'on va en canot pêcher ceux qui sont tués, car les blessés vont à fond et ne reparaissent guère [a].

LE KINGALIK. [**]

Les mêmes relations nomment encore *poule d'eau* cet oiseau de Groënland; il est plus grand que le canard, et remarquable par une protubérance dentelée qui lui croît sur le bec entre les narines, et qui est d'un jaune orangé; le mâle est tout noir, excepté qu'il a les ailes blanches et le dos marqueté de blanc; la femelle n'est que brune.

Ce sont là tous les oiseaux étrangers que nous croyons devoir rapporter au genre de la poule d'eau, car il ne nous paraît pas que les oiseaux nommés par Dampier *poules gloussantes* soient de la famille de la poule d'eau, d'autant plus qu'il semble les assimiler lui-même aux crabiers et à d'autres oiseaux du genre des hérons [b]. Et de même la belle poule d'eau de Buenos-

a. *Histoire générale des Voyages*, t. XIX, p. 44.

b. « Les poules gloussantes ressemblent beaucoup aux *chasseurs* ou *mangeurs d'écrevisses*, « mais elles n'ont pas les jambes tout à fait si longues; elles se tiennent toujours dans des lieux « humides et marécageux, quoiqu'elles aient le pied de la même figure que les oiseaux de « terre; elles gloussent d'ordinaire comme nos poules qui ont des petits, et c'est pour cela que « nos Anglais les appellent *poules gloussantes*. Il y en a quantité dans la baie de Campêche, et

[*] « Cet oiseau, sur lequel on ne possède que le peu de lignes dont se compose cet article, « ne saurait être rapporté plutôt au genre *gallinule* (ou *foulque*) qu'aux genres *plongeon* ou « *grèbe*. Aussi n'a-t-il été admis dans aucune méthode ornithologique. » (Desmarets.)

[**] *Rallus barbaricus* (Gmel.). — « M. Vieillot, en rapportant à l'article des *rales* ce qui est « relatif à cet oiseau, avoue qu'il n'est pas probable qu'il y soit bien placé. » (Desmarets.)

Ayres du P. Feuillée n'est pas une vraie poule d'eau, *puisqu'elle a les pieds
comme le canard*[a] ; enfin, la petite poule d'eau de Barbarie (*water-hen*), à
ailes tachetées du docteur Shaw, *qui est moins grosse qu'un pluvier*, nous
parait appartenir plutôt à la famille du râle qu'à celle de la poule d'eau
proprement dite[b].

LE JACANA.[c d *]

PREMIÈRE ESPÈCE.

Le jacana des Brasiliens, dit Marcgrave, doit être mis avec les poules
d'eau, auxquelles il ressemble par le naturel, les habitudes, la forme du
corps raccourci, la figure du bec et la petitesse de la tête ; néanmoins il
nous parait que le jacana diffère essentiellement des poules d'eau par des
caractères singuliers et même uniques, qui le séparent et le distinguent de
tous les autres oiseaux : il porte des éperons aux épaules et des lambeaux
de membranes sur le devant de la tête ; il a les doigts et les ongles excessivement grands ; le doigt de derrière est d'ailleurs aussi long que celui du
milieu en devant ; tous les ongles sont droits, ronds, effilés comme des sty-
lets ou des aiguilles : c'est apparemment de cette forme particulière de ses
ongles incisifs et poignants qu'on a donné au jacana le nom de *chirurgien*[e].
L'espèce en est commune sur tous les marais du Brésil, et nous sommes
assurés qu'elle se trouve également à la Guiane et à Saint-Domingue ; on
peut aussi présumer qu'elle existe dans toutes les régions et les différentes

« ailleurs dans les Indes occidentales... Les chasseurs d'écrevisses, les *poules gloussantes* et les
« goldens, pour la figure et la couleur, ressemblent à nos hérons d'Angleterre, mais ils sont
« plus petits. » Dampier, *Voyages autour du monde;* Rouen, 1715, t. IV, p. 67.

a. *Observations*, t. I, p. 255.

b. Shaw, *Travels*, p. 255.

c. Voyez les planches enluminées, nº 322.

d. *Jacana quarta species.* Marcgrave, *Hist. nat. Brasil.*, p. 191. — *Avis cornuta.* Nieremberg, p. 214. — *Yohualcuachili, seu caput chilli nocturnum.* Fernandez, *Hist. nov. Hisp.*,
p. 50, cap. LXXXI. — Ray, *Synops. avi.*, p. 178, nº 5. — Jonston, p. 126. — *Gallinula Brasiliensis quarta Marcgravii.* Willughby, *Ornithol.*, p. 237. — Ray, *Synops.*, p. 115, nº 11. —
Anser Chilensis, seu caput nocturnum. Charleton, *Exercit.*, p. 119, nº 1. *Onomast.*, p. 115,
nº 1. — *Le jacana.* Edwards, *Glan.*, pl. 357. — « Jacana supernè castaneo-purpurea, infernè
« ex nigro ad violaceum inclinans ; syncipite membranâ bipartitâ rubro-aurantiâ obducto,
« capite, gutture et collo ex nigro ad violaceum vergentibus ; remigibus viridi-olivaceis, in
« extremitate fusco marginatis ; rectricibus binis intermediis fuscis, castaneo-purpureo mixtis,
« lateralibus castaneo-purpureis, omnibus apice nigro violaceis... » *Jacana armata fusca,*
le Chirurgien brun. Brisson, *Ornithol.*, t. IV, p. 125.

e. C'est sous ce nom qu'ils sont connus à Saint-Domingue.

* *Parra jacana* (Linn.). — Le *jacana commun.* — Ordre des *Échassiers*, famille des *Macrodactyles*, genre *Jacanas* (Cuv.). — « *Jacana* ou *Jahana* est proprement, au Brésil, le nom
« des *poules d'eau.* On y nomme les chirurgiens *aquapuazos*, parce qu'ils marchent sur les
« herbes aquatiques nommées *aquape.* Peut-être est-ce par une faute de copiste que l'un d'eux
« est nommé *aguapecaca* dans Marcgrave. » (Cuvier.)

îles de l'Amérique, entre les tropiques et jusqu'à la Nouvelle-Espagne ; quoique Fernandez ne paraisse en parler que sur des relations, et non d'après ses propres connaissances, puisqu'il fait venir ces oiseaux des côtes du Nord, tandis qu'ils sont naturels aux terres du Midi.

Nous connaissons quatre ou cinq jacanas qui ne diffèrent que par les couleurs, leur grandeur étant la même. La première espèce donnée par Fernandez est la quatrième de Marcgrave ; la tête, le cou et le devant du corps de cet oiseau sont d'un noir teint de violet ; les grandes pennes de l'aile sont verdâtres ; le reste du manteau est d'un beau marron pourpré ou mordoré ; chaque aile est armée d'un éperon pointu qui sort de l'épaule, et dont la forme est exactement semblable à celle de ces épines ou crochets dont est garnie la raie bouclée ; de la racine du bec naît une membrane qui se couche sur le front, se divise en trois lambeaux, et laisse encore tomber un barbillon de chaque côté ; le bec est droit, un peu renflé vers le bout, et d'un beau jaune jonquille, comme les éperons ; la queue est très-courte, et ce caractère, ainsi que ceux de la forme du bec, de la queue, des doigts et de la hauteur des jambes, dont la moitié est dénuée de plumes, conviennent également à toutes les espèces de ce genre. Marcgrave paraît exagérer leur taille en la comparant à celle du pigeon ; car les jacanas n'ont pas le corps plus gros que la caille, mais seulement porté sur des jambes bien plus hautes ; leur cou est aussi plus long, et leur tête est petite ; ils sont toujours fort maigres [a], et cependant l'on dit que leur chair est mangeable.

Le jacana de cette première espèce est assez commun à Saint-Domingue, d'où il nous a été envoyé sous le nom de *chevalier mordoré armé*, par M. Lefebvre Deshayes. « Ces oiseaux, dit-il, vont ordinairement par couples, « et lorsque quelque accident les sépare, on les entend se rappeler par un « cri de réclame ; ils sont très-sauvages, et le chasseur ne peut les appro- « cher qu'en usant de ruses, en se couvrant de feuillages, ou se coulant « derrière les buissons, les roseaux. On les voit régulièrement à Saint- « Domingue durant ou après les pluies des mois de mai ou de novembre ; « néanmoins il en paraît quelques-uns après toutes les fortes pluies qui font « déborder les eaux, ce qui fait croire que les lieux où ces oiseaux se tien- « nent habituellement ne sont pas éloignés : du reste, on ne les trouve pas « hors des lagons, des marais ou des bords des étangs et des ruisseaux.

« Le vol de ces oiseaux est peu élevé, mais assez rapide ; ils jettent en « partant un cri aigu et glapissant qui s'entend de loin et qui paraît avoir « quelque rapport à celui de l'effraie : aussi les volailles dans les basses- « cours s'y méprennent et s'épouvantent à ce cri comme à celui d'un oiseau « de proie, quoique le jacana soit fort éloigné de ce genre ; il semblerait que « la nature en ait voulu faire un oiseau belliqueux, à la manière dont elle a

a. Marcgrave.

« eu soin de l'armer ; néanmoins, on ne connaît pas l'ennemi contre lequel
« il peut exercer ses armes. »

Ce rapport avec les vanneaux armés, qui sont des oiseaux querelleurs
et criards, joint à celui de la conformation du bec, paraît avoir porté quelques naturalistes à réunir avec eux les jacanas sous un même genre [a] ;
mais la figure de leur corps et de leur tête les en éloigne et les rapproche-
rait de celui de la poule d'eau, si la conformation de leurs pieds ne les en
séparait encore ; et cette conformation des pieds est en effet si singulière,
qu'elle ne se trouve dans aucun autre oiseau : on doit donc regarder les
jacanas comme formant un genre particulier, et qui paraît propre au nouveau continent. Leur séjour sur les eaux et leur conformation indiquent
assez qu'ils vivent et se nourrissent de la même manière que les autres
oiseaux de rivage ; et, quoique Fernandez dise qu'ils ne fréquentent que les
eaux salées des bords de la mer, il paraît, selon ce que nous venons de rapporter, qu'ils se trouvent également, dans l'intérieur des terres, sur les
étangs d'eau douce.

LE JACANA NOIR. [b]*

SECONDE ESPÈCE.

Toute la tête, le cou, le dos et la queue de ce jacana, sont noirs ; le haut
des ailes et leurs pointes, sont de couleur brune ; le reste est vert, et le
dessous du corps est brun ; les éperons de l'aile sont jaunes, ainsi que le
bec, de la racine duquel s'élève sur le front une membrane rougeâtre.
Marcgrave nous donne cette espèce comme naturelle au Brésil.

LE JACANA VERT. [c]**

TROISIÈME ESPÈCE.

Marcgrave loue la beauté de cet oiseau dont il a fait sa première espèce
de ce genre ; il a le dos, les ailes et le ventre teints de vert sur un fond noir ;

a. M. Adanson. Voyez *Supplément de l'Encyclopédie*, article *Aguapeca*.

b. *Jacanæ tertia species.* Marcgrave, *Hist. nat. Brasil.*, p. 191. — Jonston, *Avi.*, p. 131. —
Gallinula Brasiliensis tertia Marcgravii. Willughby, *Ornithol.*, p. 237. — Ray, *Synops. avi.*,
p. 115, nº 10. — « Jacana supernè nigra, infernè fusca ; capite anteriore membranâ rufâ
« obducto ; remigibus viridibus, apice fuscis ; rectricibus nigris, alis armatis... » *Jacana
armata nigra*, le Chirurgien noir. Brisson, *Ornithol.*, t. V, p. 121.

c. *Jacana Brasiliensibus, prima ; Belgis water-hen.* Marcgrave, *Hist. nat. Brasil.*, p. 190,

* *Parra nigra* (Gmel.). — « Le *parra brasiliénsis* et le *parra nigra* n'existent que sur
« l'autorité un peu équivoque de Marcgrave. » (Cuvier.).

** *Parra viridis* (Gmel.). — « Le *parra viridis*, qui ne repose aussi que sur la description de
« Marcgrave, me parait, par cette description même, être une *talève*. » (Cuvier.)

et l'on voit sur le cou briller de beaux reflets gorge de pigeon ; la tête est
coiffée d'une membrane d'un bleu de turquoise ; le bec et les ongles, qui
sont d'un rouge de vermillon dans leur première moitié, sont jaunes à la
pointe. L'analogie nous persuade que cette espèce est armée comme les
autres, quoique Marcgrave ne le dise pas.

<hr>

LE JACANA-PÉCA. [a][*]

QUATRIÈME ESPÈCE.

Les Brasiliens donnent à cet oiseau le nom d'*aguapecaca*[1] ; nous l'appelons *jacana-péca*, pour réunir son nom générique à sa dénomination spécifique et pour le distinguer des autres jacanas ; ses traits sont cependant
peu différents de ceux de l'espèce précédente ; « il a, dit Marcgrave, des
« couleurs plus faibles et les ailes plus brunes ; chaque aile est armée d'un
« éperon, dont l'oiseau se sert pour sa défense ; mais sa tête n'a point de
« coiffe membraneuse. » Le nom de *porphyrion*, sous lequel Barrère a
donné ce jacana, semble indiquer qu'il a les pieds rouges. Le même auteur
dit que l'espèce en est commune à la Guiane, où les Indiens l'appellent
kapoua, et nous présumons que c'est à cet oiseau que doit se rapporter la
note suivante de M. de la Borde. « La petite espèce de poule d'eau ou *chi-*
« *rurgien* aux ailes armées est, dit-il, très-commune à la Guiane ; elle
« habite les étangs d'eau douce et les mares ; on trouve ordinairement ces
« oiseaux par paires, mais quelquefois aussi on en voit jusqu'à vingt ou
« trente ensemble. Il y en a toujours en été dans les fossés de la ville de
« Cayenne, et dans le temps des pluies ils viennent même jusque dans les
« places de la nouvelle ville ; ils se gîtent dans les joncs, et entrent dans
« l'eau jusqu'au milieu de la jambe ; ils vivent de petits poissons et d'in-
« sectes aquatiques. » Au reste, il paraît qu'il y a dans la Guiane, comme

avec une mauvaise figure. — *Jacana*. Pison, *Hist. nat.*, p. 90, avec la figure copiée de Marcgrave. — Jonston, *Avi.*, p. 130. — *Gallinula Brasiliensis, jacana dicta*. Willughby, *Ornith.*,
p. 237. — Ray, *Synops. avi.*, p. 115, n° 8. — « Jacana nigro-viridans ; capite anteriore mem-
« branâ dilutè cæruleâ obducto ; capite, collo et pectore splendidè violaceo colore variantibus ;
« tectricibus caudæ inferioribus albis ; rectricibus nigro-viridantibus... » *Jacana*. Brisson,
Ornithol., t. V, p. 121.

   a. Jacanæ alia species Brasiliensibus aguapecaca dicta. Marcgrave, *Hist. nat. Brasil.*,
p. 191. — Jonston, *Avi.*, p. 130. — *Gallinula Brasiliensis aguapecaca dicta*. Willughby,
Ornithol., p. 237. — Ray, *Synops. avi.*, p. 115, n° 9. — *Gallinula aquatica minor, alticrura,
alis cornutis*. Barrère, *France équinox.*, p. 132. — *Porphyrio Americanus, alticrus, alis
cornutis*. Idem, *Ornithol.*, class. III, gen. 34, sp. 5. — « Jacana nigro-viridans ; alis ad fuscum
« vergentibus, armatis ; rectricibus nigro viridantibus... » *Jacana armata*, le Jacana armé ou
le Chirurgien. Brisson, *Ornithol.*, t. V, p. 123.

   [*] *Parra brasiliensis* (Gmel.). — Voyez la nomenclature [*] de la page précédente.
   1. Voyez la nomenclature de la page 255.

au Brésil, plusieurs espèces ou variétés de ces oiseaux, et qu'on les connaît
sous des noms différents. M. Aublet nous a donné une notice, dans laquelle
il dit que l'oiseau chirurgien est assez commun à la Guiane dans les mares,
les bassins et petits lacs des savanes; qu'il se pose sur les larges feuilles
d'une plante aquatique, appelée vulgairement *volet* (*nymphæa*); et que les
naturels ont donné à cet oiseau le nom de *kinkin*, mot qu'il exprime par
un son aigu.

* * *

LE JACANA VARIÉ. [a b *]

CINQUIÈME ESPÈCE.

Le plumage de cet oiseau est en effet plus varié que celui des autres
jacanas, sans sortir néanmoins des couleurs dominantes et communes à
tous : ces couleurs sont le verdâtre, le noir et le marron pourpré, il y a de
chaque côté de la tête une bande blanche qui passe par-dessus les yeux; le
devant du cou est blanc, ainsi que tout le dessous du corps; on peut voir
la planche enluminée pour le détail des autres couleurs qu'il serait difficile
de rendre; le front est couvert d'une membrane d'un rouge orangé; et il y
a des éperons sur les ailes. Cet oiseau nous est venu du Brésil; Edwards le
donne comme venant de Carthagène, ce qui montre, comme nous l'avons
observé, que les jacanas sont communs aux diverses contrées de l'Amérique situées entre les tropiques.

* * *

LA POULE SULTANE OU LE PORPHYRION. [c d **]

Les modernes ont appelé *poule sultane* un oiseau fameux chez les anciens
sous le nom de *porphyrion*. Nous avons déjà plusieurs fois remarqué com-

a. Voyez les planches enluminées, nº 846.

b. Poule d'eau aux ailes éperonnées. Edwards, t. I, pag. et pl. 48, figure exacte. — *Rallus
digitis triuncialibus, calcaneo biunciali, aculeiformi, anomalo.* Klein, *Avi.*, p. 104, nº 7.
— « Fulica fronte carunculatâ, corpore variegato, humeris spinosis, digitis simplicibus, ungue
« postico longissimo... » *Fulica spinosa.* Linnæus, *Syst. nat.*, édit. X, gen. 82, sp. 4. —
« Jacana supernè castaneo-purpurea, infernè alba; syncipite membranâ tripartitâ rubro-
« aurantiâ obducto; tæniâ suprà oculos candidâ; fasciâ nigrâ a rostro per oculos et secundùm
« colli latera productâ; remigibus viridibus, in extremitate nigro marginatis; rectricibus cas-
« taneo-purpureis; alis armatis... » *Jacana armata varia*, le Chirurgien varié. Brisson,
Ornithol., t. V, p. 129.

c. Voyez les planches enluminées, nº 810, sous la dénomination de *Talève de Madagascar.*

d. En grec, Πορφύριον, nom que les Romains adoptèrent. — *Porphyrio.* Belon, *Nat. des*

* *Parra variabilis* (Gmel.). — « Le *jacana varié* (*parra variabilis*), planche enlumi-
« née 846, n'est que le jeune âge du commun (*parra jacana*). » (Cuvier.)

** *Fulica porphyrio* (Linn.). — La *poule sultane ordinaire* (Cuv.). — Genre *Foulques*,
sous-genre *Talèves* ou *Poules sultanes* (Cuv.).

bien les dénominations données par les Grecs, et la plupart fondées sur des caractères distinctifs, étaient supérieures aux noms formés comme au hasard dans nos langues récentes, sur des rapports ou fictifs ou bizarres, et souvent démentis par l'inspection de la nature. Le nom de *poule sultane* nous en fournit un nouvel exemple : c'est apparemment en trouvant quelque ressemblance avec la poule et cet oiseau de rivage, bien éloigné pourtant du genre gallinacé, et en imaginant un degré de supériorité sur la poule vulgaire, par sa beauté ou par son port, qu'on l'a nommée *poule sultane;* mais le nom de *porphyrion*, en rappelant à l'esprit le rouge ou le pourpre du bec et des pieds, était plus caractéristique et bien plus juste : que ne pouvons-nous rétablir toutes les belles ruines de l'antiquité savante, et rendre à la nature ces images brillantes et ces portraits fidèles dont les Grecs l'avaient peinte et toujours animée, hommes spirituels et sensibles qu'avaient touchés les beautés qu'elle présente, et la vie que partout elle respire !

Faisons donc l'histoire du porphyrion avant de parler de la poule sultane. Aristote, dans Athénée [a], décrit le porphyrion comme un oiseau fissipède à longs pieds, au plumage bleu, dont le bec couleur de pourpre est très-fortement implanté dans le front [b], et dont la grandeur est celle du coq domestique. Suivant la leçon d'Athénée, Aristote aurait ajouté qu'il y a cinq doigts aux pieds de cet oiseau, ce qui serait une erreur, dans laquelle néanmoins quelques autres anciens auteurs sont tombés [c]; une autre erreur plus grande des écrivains modernes est celle d'Isidore, copié dans Albert, qui dit que le phorphyrion a l'un des pieds faits pour nager et garni de membranes, et l'autre propre à courir comme les oiseaux de terre, ce qui est non-seulement un fait faux, mais contraire à toute idée de nature, et ne peut signifier autre chose, sinon que le porphyrion est un oiseau de rivage, qui vit aux confins de la terre et de l'eau. Il paraît, en effet, que l'un et

oiseaux, p. 226. — Idem, *Portraits d'oiseaux*, p. 52, *a*, avec une mauvaise figure. — *Porphyrio*. Gessner, *Avi.*, p. 716, avec une figure assez reconnaissable; la même, *Icon. avi.*, p. 126. — Aldrovande, *Avi.*, t. III, p. 437. — Jonston, *Avi.*, p. 106. — Willughby, *Ornithol.*, p. 238. — Ray, *Synops avi.*, p. 116, n° 13. — Clusius, *Exotic. auct.*, p. 370. — Charleton, *Exercit.*, p. 110, n° 6. Idem, *Onomast.*, p. 104, n° 6. — « Fulica fronte calvà, corpore vio- « laceo, digitis simplicibus... » *Porphyrio*. Linnæus, *Syst. nat.*, édit. X, gen. 82, sp. 3. — *Rallus aquaticus, rostro, fronte, pedibusque rubris; reliquo corpore cyaneo, sub caudâ plumis albis*. Klein, *Avi.*, p. 104, n° 6. — *Porphyrio cæsius, pedibus et rostro sanguineis*. Barrère, *Ornithol.*, class. III, gen. 34, sp. 3. — *Poule sultane* ou *bluet*. Edwards, t. II, pag. et pl. 87. — *Oiseau pourpré* ou *porphyrion*. Albin, t. III, p. 35, avec une mauvaise figure très-mal coloriée, pl. 84. — « Porphyrio supernè obscurè viridis, infernè splendidè « violaceus; calvitio in fronte saturatè rubro; capite et collo superioribus splendidè violaceis; « genis, gutture et collo inferiore cæruleo-violaceis; tectricibus caudæ inferioribus albis; rec- « tricibus obscurè viridibus... » *Porphyrio*. Brisson, *Ornithol.*, t. V, p. 122.

a. *Deipnos.*, 9.

b. « Ad caput vehementius obstrictum. »

c. Voyez Athénée.

l'autre élément fournit à sa subsistance ; car il mange, en domesticité, des fruits, de la viande et du poisson ; son ventricule est conformé comme celui des oiseaux qui vivent également de graines et de chair[a].

On l'élève donc aisément : il plaît par son port noble, par sa belle forme, par son plumage brillant et riche en couleurs mêlées de bleu pourpré et de vert d'aigue-marine ; son naturel est paisible ; il s'habitue avec ses compagnons de domesticité, quoique d'espèce différente de la sienne, et se choisit entre eux quelque ami de prédilection[b].

Il est de plus oiseau pulvérateur comme le coq ; néanmoins il se sert de ses pieds comme d'une main pour porter les aliments à son bec[c] ; cette habitude paraît résulter des proportions du cou qui est court, et des jambes qui sont très-longues, ce qui rend pénible l'action de ramasser avec le bec sa nourriture à terre. Les anciens avaient fait la plupart de ces remarques sur le porphyrion, et c'est un des oiseaux qu'ils ont le mieux décrits.

Les Grecs, les Romains, malgré leur luxe déprédateur, s'abstinrent également de manger du porphyrion ; ils le faisaient venir de Libye[d], de Comagène et des îles Baléares[e], pour le nourrir[f] et le placer dans les palais et dans les temples où on le laissait en liberté[g], comme un hôte digne de ces lieux par la noblesse de son port, par la douceur de son naturel et par la beauté de son plumage.

Maintenant, si nous comparons à ce porphyrion des anciens notre poule sultane représentée n° 810 des planches enluminées, il paraît que cet oiseau qui nous est arrivé de Madagascar, sous le nom de *talève*[h], est exactement

---

a. Mémoires de l'Académie des Sciences, depuis 1666 *jusqu'en* 1669, tome III, partie III.

b. Voyez, dans Ælien, l'histoire d'un porphyrion qui mourut de regret après avoir perdu le coq son camarade.

c. « Omnem cibum aquâ subinde tingens, deinde pede ad rostrum, veluti manu, afferens. » Plin., lib. X, cap. XLVI.

d. Alexandre de Myndes, dans Athénée, compte le porphyrion au nombre des oiseaux de Libye, et témoigne qu'il était consacré aux dieux dans cette région. Suivant Diodore de Sicile, il venait des porphyrions du fond de la Syrie, avec diverses autres espèces d'oiseaux remarquables par leurs riches couleurs.

e. « Laudatissimi in Comagene... Baleares insulæ nobiliorem mittunt. » Plin., lib. X, cap. XLVI et XLIX. Ces expressions de Pline, *laudatissimi*, *nobiliorem*, ne doivent avoir ici rapport qu'à la grandeur ou à la beauté, et non à la bonté du goût, puisqu'on ne mangeait pas cet oiseau.

f. « Les anciens Romains, hommes haultains et amateurs de choses singulières, se faisoient « apporter des bestes de toutes parts, pour avoir le plaisir de les voir : entre autres, il leur « estoit apporté un oiseau de Lybie, lequel ils nommoient du nom grec *porphyrio*. » Belon, *Nat. des oiseaux*, p. 226.

g. Voyez Ælien, lib. III, cap. XLI.

h. Le *taleva* est un oiseau de rivière de la grosseur d'une poule, qui a les plumes violettes, le front, le bec et les pieds rouges. Flacourt en parle avec admiration. *Histoire générale des Voyages*, t. VIII, p. 606. — *Nota.* Les navigateurs français connaissent cet oiseau sous le nom de *poule bleue.* — « Les poules bleues de Madagascar ont fait des petits à l'île de « France. » Remarques faites en 1773 par M. le vicomte de Querhoënt.

le même. MM. de l'Académie des Sciences, qui en ont décrit un semblable [a], ont reconnu comme nous le porphyrion dans la poule sultane; elle a environ deux pieds du bec aux ongles : les doigts sont extraordinairement longs et entièrement séparés, sans vestiges de membranes, ils sont disposés à l'ordinaire, trois en avant et un en arrière; c'est par erreur qu'ils sont représentés deux et deux dans Gessner; le cou est très-court à proportion de la hauteur des jambes, qui sont dénuées de plumes; les pieds sont très-longs, la queue très-courte; le bec, en forme de cône aplati par les côtés, est assez court; et le dernier trait qui caractérise cet oiseau, c'est d'avoir, comme les foulques, le front chauve et chargé d'une plaque qui, s'étendant jusqu'au sommet de la tête, s'élargit en ovale, et paraît être formée par un prolongement de la substance cornée du bec; c'est ce qu'Aristote, dans Athénée, exprime, quand il dit que le porphyrion a le bec fortement attaché à la tête. MM. de l'Académie ont trouvé deux *cœcums* assez grands qui s'élargissent en sacs; et le renflement du bas de l'œsophage leur a paru tenir lieu d'un jabot, dont Pline a dit que cet oiseau manquait [b].

Cette poule sultane, décrite par MM. de l'Académie, est le premier oiseau de ce genre qui ait été vu par les modernes; Gessner n'en parle que sur des relations et d'après un dessin; Willughby dit qu'aucun naturaliste n'a vu le porphyrion : nous devons à M. le marquis de Nesle la satisfaction de l'avoir vu vivant, et nous lui témoignons notre respectueuse reconnaissance, que nous regardons comme une dette de l'histoire naturelle qu'il enrichit tous les jours par son goût éclairé autant que généreux; il nous a mis à portée de vérifier en grande partie, sur sa poule sultane, ce que les anciens ont dit de leur porphyrion. Cet oiseau est effectivement très-doux, très-innocent, et en même temps timide, fugitif, aimant, cherchant la solitude et les lieux écartés, se cachant tant qu'il peut pour manger; lorsqu'on l'approche, il a un cri d'effroi, d'une voix d'abord assez faible, ensuite plus aiguë, et qui se termine par deux ou trois coups d'un son sourd et intérieur; il a, pour le plaisir, d'autres petits accents moins bruyants et plus doux; il paraît préférer les fruits et les racines, particulièrement celles des chicorées, à tout autre aliment, quoiqu'il puisse vivre aussi de graines; mais, lui ayant fait présenter du poisson, le goût naturel s'est marqué, il l'a mangé avec avidité; souvent il trempe ses aliments à plusieurs fois dans l'eau; pour peu que le morceau soit gros, il ne manque pas de le prendre à sa patte et de l'assujettir entre ses longs doigts en ramenant contre les autres celui de derrière, et tenant le pied à demi élevé; il mange en morcelant.

Il n'y a guère d'oiseau plus beau par les couleurs; le bleu de son plu-

<hr>

a. *Mémoires de l'Académie, depuis* 1666 *jusqu'en* 1669, tome III, partie III.

b. *Description anatomique d'une poule sultane. Mémoires de l'Académie, depuis* 1666 *jusqu'en* 1669, tome III, partie III, page 56.

mage moelleux et lustré est embelli de reflets brillants ; ses longs pieds et
la plaque du sommet de la tête avec la racine du bec, sont d'un beau rouge,
et une touffe de plumes blanches sous la queue relève l'éclat de sa belle
robe bleue. La femelle ne diffère du mâle qu'en ce qu'elle est un peu plus
petite : celui-ci est plus gros qu'une perdrix, mais un peu moins qu'une
poule. M. le marquis de Nesle a rapporté ce couple de Sicile, où, suivant la
notice qu'il a eu la bonté de nous communiquer, ces poules sultanes sont
connues sous le nom de *gallo-fagiani* ; on les trouve sur le lac de *Lentini*,
au-dessus de Catane ; on les vend à un prix médiocre dans cette ville, ainsi
qu'à Syracuse et dans les villes voisines ; on en voit de vivantes dans les
places publiques, où elles se tiennent à côté des vendeuses d'herbes et de
fruits pour en recueillir les débris. Ce bel oiseau, logé chez les Romains dans
les temples, se ressent un peu, comme l'on voit, de la décadence de l'Italie ;
mais une conséquence intéressante que présente ce dernier fait, c'est qu'il
faut que la race de la poule sultane se soit naturalisée en Sicile par quelques couples de ces porphyrions apportés d'Afrique ; et il y a toute apparence que cette belle espèce s'est propagée de même dans quelques autres
contrées, car nous voyons par un passage de Gessner, que ce naturaliste
était persuadé qu'il se trouve de ces oiseaux en Espagne et même dans nos
provinces méridionales de France [a].

Au reste, cet oiseau est un de ceux qui se montrent le plus naturellement
disposés à la domesticité, et qu'il serait agréable et utile de multiplier. Le
couple nourri dans les volières de M. le marquis de Nesle, a niché au dernier printemps (1778) ; on a vu le mâle et la femelle travailler de concert à
construire le nid : ils le posèrent à quelque hauteur de terre, sur une avance
du mur, avec des bûchettes et de la paille en quantité ; la ponte fut de six
œufs blancs d'une coque rude, exactement ronds et de la grosseur d'une
demi-bille de billard ; la femelle n'étant pas assidue à les couver, on les
donna à une poule, mais ce fut sans succès. On pourrait, sans doute, espérer de voir une autre ponte réussir plus heureusement si elle était couvée
et soignée par la mère elle-même : il faudrait pour cela ménager à ces
oiseaux le calme et la retraite qu'ils semblent chercher, surtout dans le
temps de leurs amours.

a. « Rara avis, ni fallor, in Narbonensi provinciâ, frequentior Hispaniæ. » Gessner, *Avi.*,
page 776.

OISEAUX QUI ONT RAPPORT A LA POULE SULTANE.

L'espèce primitive et principale de la poule sultane, étant originaire des contrées du Midi de notre continent, il n'est pas vraisemblable que les régions du Nord nourrissent des espèces secondaires dans ce genre : aussi trouvons-nous qu'il en faut rejeter plusieurs de celles qui y ont été rangées par M. Brisson, et qui sont ses 4, 5, 6, 7 et 8e espèces, auxquelles il suppose gratuitement la plaque frontale, quoique Gessner, dont il a tiré les indications relatives à ces oiseaux, ne désigne cette plaque ni dans ses notices, ni dans ses figures. La seconde de ces espèces paraît être un râle, et nous l'avons rapportée à ce genre d'oiseaux ; les quatre autres sont des poules d'eau, comme l'auteur original le dit lui-même ; et quant à la neuvième espèce du même M. Brisson, qu'il appelle *poule sultane de la baie d'Hudson*, elle doit être également ôtée de ce genre, à raison du climat, d'autant que M. Edwards la donne en effet comme une foulque, quoiqu'il remarque en même temps qu'elle se rapporte mieux au râle. Malgré ces retranchements, il nous restera encore trois espèces dans l'ancien continent, qui paraissent faire la nuance entre notre poule sultane [a], les foulques et les poules d'au ; et nous trouverons aussi dans le nouveau continent trois espèces d'oiseaux qui semblent être les représentants, en Amérique, de la poule sultane et de ses espèces subalternes de l'ancien continent.

LA POULE SULTANE VERTE. [b][*]

PREMIÈRE ESPÈCE.

Cet oiseau que nous rapportons à la poule sultane, d'après M. Brisson, est bien plus petit que cette poule et pas plus gros qu'un râle : il a tout le dessus du corps d'un vert sombre, mais lustré, et tout le dessous du corps blanc, depuis les joues et la gorge jusqu'à la queue ; le bec et la plaque frontale sont d'un vert jaunâtre : on le trouve aux Indes orientales.

a. M. Forster a trouvé à Middelbourg, l'une des îles des Amis, des *foulques à plumage bleu* qui paraissent être des poules sultanes. Voyez *Second voyage de Cook*, t. II, p. 69.

b. « Porphyrio supernè obscurè viridis, infernè albus ; calvitio in fronte viridi-flavicante ; « genis candidis ; rectricibus obscurè viridibus... » *Porphyrio viridis*. Brisson, *Ornithol.*, t. V, p. 529.

[*] *Fulica viridis* (Gmel.). — « Selon Sonnini, ce serait par erreur que Brisson a indiqué cet « oiseau comme propre aux Indes orientales. M. Vieillot pense qu'on peut le rapporter à son « *porphyrion blanc et bleu*, qui est du Paraguay. » (Desmarets.)

LA POULE SULTANE BRUNE. [a] *

DEUXIÈME ESPÈCE.

Cette poule sultane, qui vient de la Chine, a quinze à seize pouces de longueur ; elle ne brille point des riches couleurs qui semblent propres à ce genre d'oiseaux, et il se pourrait qu'on n'eût ici représenté qu'une femelle ; elle a tout le dessus du corps brun ou d'un cendré noirâtre ; le ventre roux ; le devant du corps, du cou, de la gorge et le tour des yeux blancs ; du reste, la plaque frontale est assez petite, et le bec s'éloigne un peu de la forme conique du bec de la vraie poule sultane ; il est plus allongé, et il se rapproche de celui des poules d'eau.

L'ANGOLI. [b] **

TROISIÈME ESPÈCE.

Nous abrégeons ce nom de celui de *Caunangoli*, que porte vulgairement à Madras l'oiseau que les Gentous nomment *boollu-cory*. Il est difficile de décider si l'on doit plutôt le rapporter aux poules sultanes qu'aux poules d'eau ou même aux râles : tout ce que nous en savons se borne à la courte notice qu'en donne Pétiver dans son addition au *Synopsis* de Ray [c] ; mais cette notice faite, comme toutes les autres de ce fragment, sur des figures envoyées de Madras, n'exprime point les caractères distinctifs qui pourraient désigner le genre de cet oiseau. M. Brisson, qui en fait sa dixième poule sultane, lui prête en conséquence la plaque nue au front, dont la notice ne dit rien ; elle lui donne au contraire un bec longuet (*rostrum acutum, teres, longiusculum*), avec les noms de *crex* et de *rail-hen* qui semblent la rappeler au râle ; mais sa taille est bien supérieure à celle de cet oiseau, et même à celle de la poule d'eau ; elle ressemble donc plus à la poule sultane (*magnitudine anatis*) ; c'est tout ce que nous pouvons dire de cette espèce, jusqu'à ce qu'elle nous soit mieux connue.

a. Voyez les planches enluminées, n° 896, sous le nom de *Poule sultane de la Chine.*

b. Crex Indica, ex albo cinerea, nigroque mixta. Append. ad Synops. avi. Ray, p. 194, n° 6. — Porphyrio supernè cinereus infernè albus ; calvitio in fronte et genis candidis ; collo « inferiore et pectore maculis lunulatis nigris aspersis ; rectricibus cinereis... » *Porphyrio Maderaspatanus.* Brisson, *Ornithol.,* t. V, p. 543.

c. Mantissa avium Maderaspat. a Jo. Petiverio ; ad calcem Synops. avi. Ray, p. 194.

* *Rallus phœnicurus* (Gmel.). — Genre *Foulques,* sous-genre *Poules d'eau* (Cuv.)

** *Fulica maderaspatana* (Gmel.). — Cette espèce n'est connue que par la description de Brisson, et n'est pas citée par Cuvier.

LA PETITE POULE SULTANE. [a]*

QUATRIÈME ESPÈCE.

Le genre de la poule sultane se retrouve, comme nous l'avons dit, au Nouveau-Monde , sinon en espèces exactement les mêmes, du moins en espèces analogues. Celle-ci, qui est naturelle à la Guiane, n'est qu'un peu plus grande que le râle d'eau ; du reste, elle ressemble si bien à notre poule sultane, qu'il y a peu d'exemples, dans toute l'histoire des oiseaux, de rapports aussi parfaits et de représentations aussi exactes dans les deux continents [b] ; son dos est d'un vert bleuâtre ; et tout le devant du corps est d'un bleu violet doux et moelleux , qui couvre aussi le cou et la tête en prenant une teinte plus foncée ; elle nous paraît la même que celle dont M. Brisson fait sa seconde espèce ; mais ce n'est qu'en conséquence du préjugé qui lui a fait transporter la grande poule sultane en Amérique, qu'il transporte aux grandes Indes cette espèce réellement américaine, et que nous avons reçue de Cayenne.

LA FAVORITE. [c]**

CINQUIÈME ESPÈCE.

C'est le nom donné, dans nos planches enluminées, à une petite poule sultane qui est à peu près de la grandeur de la précédente, et du même pays : il se pourrait qu'elle ne fût que la femelle dans cette même espèce, d'autant plus que les couleurs sont les mêmes, et seulement plus faibles ; le vert bleuâtre des ailes et des côtés du cou est d'une teinte affaiblie ; le brun perce sur le dos et domine sur la queue ; tout le devant du corps est blanc.

a. « Porphyrio supernè obscurè viridis, infernè splendidè violaceus ; calvitio in fronte rubro ; « capite splendidè violaceo ; collo superiore viridi-cæruleo ; tectricibus caudæ inferioribus albis ; « rectricibus obscurè viridibus... » *Porphyrio minor.* Brisson, *Ornithol.*, t. V, p. 526.

b. C'est la raison pour laquelle on n'a point donné cette petite poule sultane dans nos planches enluminées : des objets, que la différence de grandeur, trop peu sentie entre des figures réduites, distingue seule, devant paraître répétés.

c. Voyez les planches enluminées , n° 897, sous le nom de *Favorite de Cayenne.*

* *Fulica martinica* (Gmel.). — « Les *fulica martinica* et *flavirostris* sont de vraies talèves. » (Cuvier.)

** *Fulica flavirostris* (Gmel.). — Voyez la nomenclature précédente.

L'ACINTLI. [a] *

SIXIÈME ESPÈCE.

Cet oiseau mexicain, que M. Brisson rapporte à notre poule sultane ou au porphyrion des anciens, en diffère par plusieurs caractères : outre l'opposition des climats, qui ne permet guère de penser qu'un oiseau de vol pesant, et qui est naturel aux régions du Midi, ait passé d'un continent à l'autre, l'acintli n'a pas les doigts et les pieds rouges, mais jaunes ou verdâtres; tout son plumage est d'un pourpre noirâtre, entremêlé de quelques plumes blanches. Fernandez lui donne les noms de *quachilton* et d'*yacacintli;* nous avons adopté le dernier et l'avons abrégé; mais la dénomination de *avis siliquastrini capitis,* que ce même auteur lui applique, est très-significative, et désigne la plaque frontale aplatie comme une large silique, caractère par lequel cet oiseau s'unit à la famille de la foulque ou de la poule sultane. Ce même auteur ajoute que l'acintli chante, comme le coq, pendant la nuit et dès le grand matin, ce qui pourrait faire douter qu'il soit en effet du genre de notre poule sultane, dans laquelle on n'a pas remarqué cette habitude, et dont la voix n'a rien du clairon bruyant et sonore du coq.

Un oiseau d'espèce très-voisine de celle de l'acintli, si ce n'est le même, est décrit par le P. Feuillée sous le nom de *poule d'eau* [b] ; il a le caractère de la poule sultane, le large écusson aplati sur le front, toute la robe bleue, excepté un capuchon de noir sur la tête et le cou. En outre, le P. Feuillée remarque des différences de couleurs entre le mâle et la femelle [c], qui ne se trouvent pas dans nos poules sultanes, dont la femelle est seulement plus petite que le mâle, mais auquel elle ressemble parfaitement par les couleurs.

La nature a donc produit, à de grandes distances, des espèces du genre de la poule sultane, mais toujours dans les latitudes méridionales. Nous avons

a. *Quachilton seu avis siliquastrini capitis,* alias *yacacintli.* Fernandez, *Hist. aviar. nov. Hisp.,* p. 20, cap. XXVI. — *Quachilton.* Nieremberg, p. 217. — Jonston, *Avi.,* p. 127. — *Quachilto, sive porphyrio Americanus.* Willughby, *Ornithol.,* p. 238. — Ray, *Synops. avi.,* p. 116, n° 14.

b. *Poule* ou *gallinula palustris.* Feuillée, *Observ.* (édit. 1725), p. 288. — *Porphyrio melanocephalos.* Brisson, *Ornithol.,* t. V, p. 526.

c. « La femelle a son couronnement fauve foncé, son manteau de même couleur, son pare-« ment blanc, son vol verdâtre, mêlé d'un peu de fauve, les pennes d'un bleu céleste, mêlé « d'un peu de vert; ces oiseaux sont fort maigres, et ont un goût marécageux assez dés-« agréable. » Feuillée, *ibid.*

* *Fulica melanocephala* (Gmel.). — « L'*acintli* ou plutôt l'*yacacintli* de Fernandez n'est « connu que par la description que cet auteur en a donnée. Buffon lui a rapporté, mais sans « qu'on puisse adopter son opinion avec confiance, un oiseau décrit par le P. Feuillée, et auquel « les ornithologistes ont appliqué la dénomination de *fulica melanocephala.* » (Desmarets.)

vu que notre poule sultane se trouve à Madagascar. M. Forster en a trouvé dans la mer du Sud[a], et la *poule d'eau couleur de pourpre* que le même naturaliste voyageur a vue à Anamocka paraît encore être un oiseau de cette même famille[b].

LA FOULQUE. [c] [d] *

L'espèce de la foulque, qui dans notre langue se nomme aussi *morelle*, doit être regardée comme la première famille par où commence la grande et nombreuse tribu des véritables oiseaux d'eau. La foulque, sans avoir les pieds entièrement palmés, ne le cède à aucun des autres oiseaux nageurs, et reste même plus constamment sur l'eau qu'aucun d'eux, si l'on en excepte les plongeons. Il est très-rare de voir la foulque à terre ; elle y paraît si dépay-

a. « Le reste du canton était plein d'herbages, et au milieu était un petit marécage où nous « vîmes un grand nombre de poules sultanes. » *Second voyage de Cook*, t. II, p. 34.

b. Ibidem, t. III, p. 18.

c. Voyez les planches enluminées, n° 197.

d. En grec, Φάλαρις (selon des conjectures, car ce nom ne se trouve pas dans les naturalistes grecs. Dans Aristote, lib. ix, cap. xxxv, Gaza traduit Κέπφος par *fulica*, mais ce nom de *kephos, cepphus*, paraît appartenir bien plutôt au goëland ou à la mouette) ; en grec moderne, Λοῦφα ; en latin, *fulica, fulix* ; en italien, *follega, follata* ; et sur le lac Majeur, *pullon* ; en catalan, *forge, follaga, gallinasa de aigua* ; en anglais, *coot* ; en allemand, *wasser-houn, ror-heunle, taucherlein* ; en souabe, *blesz, blessing :* en basse Saxe, *zapp* ; en suisse, *belch, belleque, belchinen* ; en hollandais, *meer-coot* ; en suédois, *blaos-klacka* ; en danois, *blis-hone, blas-and, vard-hone* ; en polonais, *lyska, dzika* ou *kacza* ; dans plusieurs de nos provinces de France, *judelle* ou *joudelle* ; *blérie* en Picardie. — *Poule d'eau.* Belon, *Hist. nat. des ois.*, p. 281, avec une figure peu exacte ; la même, *Portraits d'oiseaux*, p. 39, *b*, avec les noms de *poule d'eau, foulque, foucque, foulcre, jodelle, joudarde, belleque.* — *Fulica veterum.* Gessner, *Avi.*, p. 389. — *Fulica recentiorum.* Idem, *ibid.*, p. 390. — *Fulica.* Idem, *Icon. avi.*, p. 91. — Aldrovande, *Avi.*, t. III, p. 91. — Jonston, *Avi.*, p. 98. — Willughby, *Ornithol.*, p. 239. — Ray, *Synops. avi.*, p. 116, n° *a*, 1. — Charleton, *Exercit.*, p. 107, n° 16. *Onomast.*, p. 101, n° 16. — Mœhring, *Avi.*, gen. 78. — Schwenckfeld, *Aviar. Siles.*, p. 263. — Sibbald, *Scot. illustr.*, part. ii, lib. iii, p. 20. — Klein, *Avi.*, p. 150, n° 1. — *Acta Upsal.*, ann. 1750, p. 22. — *Phalaris.* Gessner, *Avi.*, p. 130. — Aldrovande, t. III, p. 260. — Jonston, p. 90. — *Fulica, fulix latinis. Mus. Worm.*, p. 306. — *Fulica, sive fulix ; phalaris Varroni, mergus niger Alberto magno.* Rzaczynski, *Hist. nat. Polon.*, p. 280. — *Fulica minor Gessneri, gallina aquatica et arundinum.* Idem, *Auctuar.*, p. 379. — *Fulica atra, fronte incarnatâ, armillis luteis, pedibus pinnatis, corpore nigricante.* Muller, *Zool. Dan.*, n° 216. — *Fulica fronte calvâ æquali.* Linnæus, *Fauna Suec.*, n° 130. — « Fulica fronte calvâ, corpore nigro, « digitis lobatis... » *Fulica atra.* Idem, *Syst. nat.*, édit. X, gen. 82, sp. 1, — *Fulica nigricans, syncipite glabro.* Barrère, *Ornithol.*, class. ii, gen. 1, sp. 1. — *Fulica major pulla, fronte cerâ albâ supernè acuminatâ glabrâ obductâ, membranâ digitorum latiori, lacerâ.* Browne, *Nat. of Jamaïca*, p. 479. — « Fulica cinerea, supernè saturatiùs, infernè dilutiùs ; « capite et collo nigricantibus ; marginibus alarum candidis ; fronte nudâ, coccineâ ; cruribus « tæniâ flavicante circumdatis ; rectricibus saturatè cinereis, versùs apicem cinereo-nigrican- « tibus... » *Fulica.* Brisson, *Ornithol.*, t. VI, p. 23.

* *Fulica atra, fulica aterrima*, et *fulica æthiops* (Gmel.). — Genre *Foulques*, sous-genre *Foulques proprement dites* ou *Morelles* (Cuv.).

sée, que souvent elle se laisse prendre à la main ; elle se tient tout le jour sur les étangs, qu'elle préfère aux rivières ; et ce n'est guère que pour passer d'un étang à un autre qu'elle prend pied à terre, encore faut-il que la traversée ne soit pas longue, car, pour peu qu'il y ait de distance, elle prend son vol en le portant fort haut ; mais ordinairement ses voyages ne se font que de nuit[a].

Les foulques, comme plusieurs autres oiseaux d'eau, voient très-bien dans l'obscurité, et même les plus vieilles ne cherchent leur nourriture que pendant la nuit[b] ; elles restent retirées dans les joncs pendant la plus grande partie du jour, et lorsqu'on les inquiète dans leur retraite, elles s'y cachent et s'enfoncent même dans la vase plutôt que de s'envoler : il semble qu'il leur en coûte pour se déterminer au mouvement du vol, si naturel aux autres oiseaux, car elles ne partent de la terre ou de l'eau qu'avec peine ; les plus jeunes foulques, moins solitaires et moins circonspectes sur le danger, paraissent à toutes les heures du jour, et jouent entre elles en s'élevant droit vis-à-vis l'une de l'autre, s'élançant hors de l'eau et retombant par petits bonds ; elles se laissent aisément approcher ; cependant elles regardent et fixent le chasseur, et plongent si prestement à l'instant qu'elles aperçoivent le feu, que souvent elles échappent au plomb meurtrier ; mais dans l'arrière-saison, quand ces oiseaux, après avoir quitté les petits étangs, se sont réunis sur les grands, l'on en fait des chasses dans lesquelles on en tue plusieurs centaines[c] ; on s'embarque pour cela sur nombre de nacelles qui se rangent en ligne et croisent la largeur de l'étang ; cette petite flotte alignée pousse ainsi devant elle la troupe des foulques de manière à la conduire et à la renfermer dans quelque anse : pressés alors par la crainte et la nécessité, tous ces oiseaux s'envolent ensemble pour retourner en pleine eau, en passant par-dessus la tête des chasseurs, qui font un feu général et en abattent un grand nombre ; on fait ensuite la même manœuvre vers l'autre extrémité de l'étang, où les foulques se sont portées ; et ce qu'il y a de singulier, c'est que ni le bruit et le feu des armes et des chasseurs, ni l'appareil de la petite flotte, ni la mort de leurs compagnons, ne puissent engager ces oiseaux à prendre la fuite : ce n'est que la nuit suivante qu'ils quittent des lieux aussi funestes, et encore y trouve-t-on quelques traîneurs le lendemain.

Ces oiseaux paresseux ont, à juste titre, plusieurs ennemis : le busard mange leurs œufs et enlève leurs petits, et c'est à cette destruction qu'on

a. « Je n'en ai jamais vu voler pendant le jour que pour éviter le chasseur ; mais j'en ai « entendu traverser au-dessus de ma tête à toutes les heures de la nuit. » Observation de M. Hébert.

b. Selon M. Salerne, la foulque, au défaut d'autre nourriture (qui pourtant ne doit guère lui manquer), plonge et arrache du fond de l'eau la racine du grand jonc (*scirpus*), qui est blanche et succulente, et la donne à sucer à ses petits. *Ornithologie* de Salerne, page 567.

c. Particulièrement en Lorraine, sur les grands étangs de Tiaucourt et de l'Indre.

doit attribuer le peu de population dans cette espèce, qui par elle-même est très-féconde, car la foulque pond dix-huit à vingt œufs d'un blanc sale et presque aussi gros que ceux de la poule ; et quand la première couvée est perdue, souvent la mère en fait une seconde de dix à douze œufs [a]. Elle établit son nid dans des endroits noyés et couverts de roseaux secs ; elle en choisit une touffe sur laquelle elle en entasse d'autres, et ce tas élevé au-dessus de l'eau est garni dans son creux de petites herbes sèches et de sommités de roseaux, ce qui forme un gros nid assez informe et qui se voit de loin [b] ; elle couve pendant vingt-deux ou vingt-trois jours, et dès que les petits sont éclos ils sautent hors du nid et n'y reviennent plus ; la mère ne les réchauffe pas sous ses ailes ; ils couchent sous les joncs à l'entour d'elle ; elle les conduit à l'eau, où dès leur naissance ils nagent et plongent très-bien ; ils sont couverts dans ce premier âge d'un duvet noir enfumé, et paraissent très-laids : on ne leur voit que l'indice de la plaque blanche qui doit orner leur front. C'est alors que l'oiseau de proie leur fait une guerre cruelle, et il enlève souvent la mère et les petits [c]. Les vieilles foulques qui ont perdu plusieurs fois leur couvée, instruites par le malheur, viennent établir leur nid le long du rivage, dans les glaïeuls, où il est mieux caché ; elles tiennent leurs petits dans ces endroits fourrés et couverts de grandes herbes : ce sont ces couvées qui perpétuent l'espèce, car la dépopulation des autres est si grande, qu'un bon observateur, qui a particulièrement étudié les mœurs de ces oiseaux [d], estime qu'il en échappe au plus un dixième à la serre des oiseaux de proie, particulièrement des busards.

Les foulques nichent de bonne heure au printemps, et on leur trouve de petits œufs dans le corps dès la fin de l'hiver [e] ; elles restent sur nos étangs pendant la plus grande partie de l'année, et dans quelques endroits elles ne les quittent pas même en hiver [f]. Cependant en automne elles se réunissent en grande troupe, et toutes partent des petits étangs pour se rassembler sur les grands : souvent elles y restent jusqu'en décembre, et lorsque les frimas, les neiges et surtout la gelée, les chassent des cantons élevés et froids, elles viennent alors dans la plaine, où la température est plus douce, et c'est le manque d'eau plus que le froid qui les oblige à changer de lieu. M. Hébert en a vu dans un hiver très-rude, sur le lac de Nantua, qui ne gèle que tard ;

<hr>

a. Observation communiquée par M. Baillon.

b. Il y a peu d'apparence que la foulque, comme le dit M. Salerne, fasse deux nids, l'un pour couver, l'autre pour loger sa couvée éclose : ce qui peut avoir donné lieu à cette idée, c'est que les petits ne reviennent plus en effet au nid une fois qu'ils l'ont quitté, mais se gitent avec leur mère dans les joncs.

c. Le même M. Salerne prétend qu'elle sait se défendre de l'oiseau de proie en lui présentant les griffes, qu'elle porte en effet assez aiguës ; mais il paraît que cette faible défense n'empêche pas qu'elle ne soit le plus souvent la proie de son ennemi.

d. M. Baillon.

e. Belon.

f. Comme en basse Picardie, suivant les observations de M. Baillon.

il en a vu dans les plaines de la Brie, mais en petit nombre [a], en plein
hiver ; cependant il y a toute apparence que le gros de l'espèce gagne peu à
peu les contrées voisines qui sont plus tempérées ; car comme le vol de ces
oiseaux est pénible et pesant, ils ne doivent pas aller fort loin, et en effet ils
reparaissent dès le mois de février.

On trouve la foulque dans toute l'Europe, depuis l'Italie jusqu'en Suède :
on la connaît également en Asie [b] ; on la voit en Groënland, si Égède traduit bien deux noms groënlandais qui, selon sa version, désignent la grande
et la petite foulque [c]. On en distingue en effet deux espèces, ou plutôt deux
variétés, deux races qui subsistent sur les mêmes eaux sans se mêler ensemble, et qui ne diffèrent qu'en ce que l'une est un peu plus grande que
l'autre ; car ceux qui veulent distinguer la grande foulque ou *macroule* de
la petite foulque ou *morelle*, par la couleur de la plaque frontale, ignorent
que dans l'une et l'autre cette partie ne devient rouge que dans la saison
des amours, et qu'en tout autre temps cette plaque est blanche, et pour
tout le reste de la conformation la macroule et la morelle sont entièrement
semblables [d].

Cette membrane épaisse et nue, qui leur couvre le devant de la tête en
forme d'écusson, et qui a fait donner par les anciens à la foulque l'épithète
de *chauve*, paraît être un prolongement de la couche supérieure de la substance du bec, qui est molle et presque charnue près de la racine. Ce bec
est taillé en cône aplati par les côtés, et il est d'un blanc bleuâtre, mais qui
devient rougeâtre lorsque dans le temps des amours la plaque frontale
prend sa couleur vermeille.

Tout le plumage est garni d'un duvet épais, recouvert d'une plume fine
et serrée ; il est d'un noir plombé, plein et profond sur la tête et le cou,
avec un trait blanc au pli de l'aile. Aucune différence n'indique le sexe ; la
grandeur de la foulque égale celle de la poule domestique, et sa tête et le
corps ont à peu près la même forme ; ses doigts sont à demi palmés, largement frangés des deux côtés d'une membrane découpée en festons, dont
les nœuds se rencontrent à chaque articulation des phalanges ; ces membranes sont, comme les pieds, de couleur plombée ; au-dessus du genou une
petite portion de la jambe nue est cerclée de rouge ; les cuisses sont grosses
et charnues. Ces oiseaux ont un gésier, deux grands cœcums, une ample

---

a. « Il y a apparence que ce n'est pas le froid qui les chasse, mais le manque d'eau ; j'en ai
« tué par de fortes gelées, et j'en ai vu pendant le rigoureux hiver de 1757 sur le lac de Nan-
« tua, qui gèle très-tard. » Note communiquée par M. Hébert.

b. « Dans la Perse on voit quantité de morelles. » *Lettres édifiantes*, trentième Recueil,
page 317.

c. « Navia, Groënlandis fulica ; naviarlursoak, fulica major, nigris prædita alis et tergo. »
Egede, *Dict. Groënl.* Hafniæ.

d. M. Klein ne les regarde, et peut-être avec raison, que comme deux variétés de la même
espèce. Voyez *Ordo avium*, p. 151, n° 3.

vésicule de fiel[a]. Ils vivent principalement, ainsi que les poules d'eau, d'insectes aquatiques, de petits poissons, de sangsues : néanmoins, ils recueillent aussi les graines et avalent de petits cailloux; leur chair est noire, se mange en maigre et sent un peu le marais.

Dans son état de liberté, la foulque a deux cris différents, l'un coupé, l'autre traînant : c'est ce dernier, sans doute, qu'Aratus a voulu désigner en parlant du présage que l'on en tirait[b], comme il paraît que c'est du premier que Pline entend parler, en disant qu'il annonce la tempête[c]; mais la captivité lui fait apparemment une impression d'ennui si forte, qu'elle perd la voix ou la volonté de la faire entendre, et l'on croirait qu'elle est absolument muette.

LA MACROULE OU GRANDE FOULQUE. [d]*

Tout ce que nous venons de dire de la foulque ou morelle convient à la macroule; leurs habitudes naturelles ainsi que leur figure sont les mêmes : seulement celle-ci est un peu plus grande que la première; elle a aussi la plaque chauve du front plus large. Un de ces oiseaux pris au mois de mars 1779 aux environs de Montbard, dans des vignes où un coup de vent l'avait jeté, nous a fourni les observations suivantes durant un mois que l'on a pu le conserver vivant. Il refusa d'abord toute espèce de nourriture apprêtée, le pain, le fromage, la viande cuite ou crue; il rebuta également les vers de terre et les petites grenouilles mortes ou vivantes, et il fallut l'embecquer de mie de pain trempé; il aimait beaucoup à être dans un baquet plein d'eau ; il s'y reposait des heures entières ; hors de là il cherchait à se cacher : cependant il n'était point farouche, se laissait prendre, repoussant seulement de quelques coups de bec la main qui voulait le saisir, mais si mollement, soit à cause du peu de dureté de son bec, soit par la faiblesse de ses muscles, qu'à peine faisait-il une légère impression sur la peau ; il

a. Belon.

b.   Haud modicos tremulo fundens è gutture cantus.
                          Apud Cicer., lib. i, *Nat. Deor.*

c. « Et fulicæ matutino clangore tempestatem. » Lib. xviii, cap xxxv.

d. Autre espèce de poule d'eau, autrement nommée *macroule* ou *diable de mer*. Belon, *Nat. des oiseaux*, p. 182. — *Alia fulicæ species, quam Galli* macroule, *vel* diable de mer, *appellant.* Aldrovande, *Avi.*, t. III, p. 98. — Jonston, *Avi.*, p. 99. — Rzaczynski, *Auctuar. hist. nat. Polon.*, p. 380. — *Fulica major Belonii.* Willughby, *Ornithol.*, p. 239. — Ray, *Synops. avi.*, p. 117, nº 2. — Klein, *Avi.*, p. 151, nº 2. — *Cotta major, sive calva.* Charleton, *Exercit*, p. 107, nº 1. *Onomast.*, p. 101, nº 1. — *Fulica crasso corpore aterrima.* Barrère, *Ornithol.*, class. ii, gen. 1, sp. 2. — « Fulica cinerea, supernè saturatiùs, non nihil ad violaceum incli- « nans, infernè dilutiùs; capite et collo nigricantibus; marginibus alarum candidis: fronte « nudâ candidâ; cruribus tæniâ rubrâ circumdatis; rectricibus cinereo-nigricantibus... » *Fulica major.* Brisson, *Ornithol.*, t. VI, p. 28.

* Cet oiseau ne diffère pas spécifiquement du précédent.

ne témoignait ni colère ni impatience, ne cherchait point à fuir, et ne marquait ni surprise ni crainte. Mais cette tranquillité stupide, sans fierté, sans courage, n'était probablement que la suite de l'étourdissement où se trouvait cet oiseau dépaysé, trop éloigné de son élément et de toutes ses habitudes ; il avait l'air d'être sourd et muet : quelque bruit que l'on fit tout près de son oreille, il y paraissait entièrement insensible, et ne tournait pas la tête ; et, quoiqu'on le poursuivit et l'agaçât souvent, on ne lui a pas entendu jeter le plus petit cri. Nous avons vu la poule d'eau également muette en captivité. Le malheur de l'esclavage est donc encore plus grand qu'on ne le croit, puisqu'il y a des êtres auxquels il ôte la faculté de s'en plaindre.

LA GRANDE FOULQUE A CRÊTE. [a] *

Dans cette foulque, la plaque charnue du front est relevée et détachée en deux lambeaux qui forment une véritable crête : de plus, elle est notablement plus grande que la macroule, à laquelle elle ressemble en tout par la figure et le plumage. Cette espèce nous est venue de Madagascar : ne serait-elle au fond que la même que celle d'Europe, agrandie et développée par l'influence d'un climat plus actif et plus chaud ?

LES PHALAROPES. **

Nous devons à M. Edwards la première connaissance de ce nouveau genre de petits oiseaux qui, avec la taille et à peu près la conformation du cincle ou de la guignette, ont les pieds semblables à ceux de la foulque : caractère que M. Brisson a exprimé par le nom de *phalarope* [b], tandis que M. Edwards, s'en tenant à la première analogie, ne leur donne que celui de *tringa*. Ce sont en effet de petits bécasseaux ou petites guignettes auxquelles la nature a donné des pieds de foulque. Ils paraissent appartenir aux terres ou plutôt aux eaux des régions les plus septentrionales ; tous ceux que M. Edwards a représentés venaient de la baie d'Hudson, et nous en avons reçu un de Sibérie. Cependant, soit qu'ils voyagent ou qu'ils s'égarent, il en paraît quelquefois en Angleterre, puisque M. Edwards fait mention d'un de ces oiseaux tué en hiver dans le comté d'York ; il en décrit

---

a. Voyez les planches enluminées, n° 797.
b. En adoptant celui de *phalaris* pour le vrai nom grec de la foulque.

* *Fulica cristata* (Gmel.). — La *Foulque de Madagascar* (Cuv.). — Sous-genre *Foulques proprement dites* (Cuv.).
** Genre *Bécasses*, sous-genre *Phalaropes* (Cuv.).

quatre différents qui se réduisent à trois espèces, car il rapporte lui-même le phalarope de sa planche 46, comme femelle ou jeune, à celui de sa planche 143, et cependant M. Brisson en a fait de chacun une espèce séparée. Pour notre phalarope de Sibérie, il est encore le même que le phalarope de la baie d'Hudson, planche 143 d'Edwards, qui fera ici notre première espèce.

LE PHALAROPE CENDRÉ. [a][b][*]

PREMIÈRE ESPÈCE.

Il a huit pouces de longueur du bec à la queue, qui ne dépasse pas les ailes pliées ; son bec est grêle, aplati horizontalement, long de treize lignes, légèrement renflé et fléchi vers la pointe ; il a ses petits pieds largement frangés, comme la foulque, d'une membrane en festons, dont les coupures ou les nœuds répondent de même aux articulations des doigts ; il a le dessus de la tête, du cou et du manteau d'un gris légèrement ondé sur le dos de brun et de noirâtre ; il porte un hausse-col blanc, encadré d'une ligne de roux orangé ; au-dessous est un tour de cou gris, et tout le dessous du corps est blanc. Willughby dit tenir du docteur Johnson que cet oiseau a la voix perçante et clameuse de l'hirondelle de mer ; mais il a tort de le ranger avec ces hirondelles, surtout après avoir d'abord reconnu qu'il a un rapport aussi évident avec les foulques [c].

a. Voyez les planches enluminées, n° 766, sous le nom de *Phalarope de Sibérie.*

b. *Coot-footed tringa.* Edwards, *Hist. of Birds*, pag. et pl. 143 (le mâle). Ibid., pl. 46, la femelle. — *Larus fidipes alter nostras D. Jonhson.* Willughby, *Ornithol.*, p. 270. — Ray, *Synops. avi.*, p. 132, n° *a*, 7. — *Tringa fusca rostro tenui.* Klein, *Avi.*, p. 151, n° 3. — « Tringa rostro subulato apice inflexo, pedibus virescentibus lobatis, abdomine albido... » *Tringa lobata.* Linnæus, *Syst. nat.*, édit. X, gen. 78, sp. 5. — « Phalaropus supernè cine- « reus, infernè albus ; tæniâ per oculos nigricante ; fasciâ longitudinali in utroque colli latere « rufâ ; colli inferioris parte infimâ cinereâ ; uropygio albo et nigricante transversim striato ; « tæniâ in alis transversâ candidâ ; rectricibus nigricantibus... » *Phalaropus cinereus.* Brisson, *Ornithol.*, t. VI, p. 15 (le mâle) « Phalaropus supernè obscurè fuscus marginibus pennarum « dilutioribus, infernè albus ; capite superiore nigro ; collo cinereo ; tæniâ in alis transversâ « candidâ ; rectricibus obscurè fuscis, fusco dilutiore fimbriatis... » *Phalaropus fuscus.* Idem, *ibidem*, p. 18 (la femelle).

c. Voyez Willughby, page 271.

* *Tringa hyperborea* (Linn.). — Le *lobipède à hausse-col*, dont le *tringa fusca* est proba- blement la femelle ou le jeune (Cuv.). — Genre *Bécasses*, sous-genre *Lobipèdes* (Cuv.).

LE PHALAROPE ROUGE *a* *

SECONDE ESPÈCE.

Ce phalarope a le devant du cou, la poitrine et le ventre d'un rouge de
de brique; le dessus du dos, de la tête et du cou, avec la gorge, d'un roux
brun tacheté de noirâtre; le bec tout droit, comme celui de la guignette
ou du bécasseau; les doigts largement frangés de membranes en festons :
il est un peu plus grand que le précédent, et de la grosseur du merle d'eau.

LE PHALAROPE A FESTONS DENTELÉS. *b* **

TROISIÈME ESPÈCE.

Les festons découpés, lisses dans les deux espèces précédentes, sont dans
celle-ci délicatement dentelés par les bords, et ce caractère le distingue suffisamment : il a, comme le premier, le bec aplati horizontalement, un peu
renflé vers la pointe et creusé en dessus de deux cannelures; les yeux sont
un peu reculés vers le derrière de la tête, dont le sommet porte une tache
noirâtre, le reste en est blanc, ainsi que tout le devant et le dessous du
corps ; le dessus est d'un gris ardoisé, avec des teintes de brun et des taches
obscures longitudinales : il est de la grosseur de la petite beccassine, dont
le traducteur d'Edwards lui donne mal à propos le nom.

a. Red coot-footed tringa. Edwards, *Hist.*, pag. et pl. 142. — « Tringa rostro recto, pedi-
« bus lobatis sub fuscis, abdomine ferrugineo... » *Fulicaria.* Linnæus, *Syst. nat.*, édit. X ,
gen. 78, sp. 6. — « Phalaropus supernè rufescens, pennis in medio nigricantibus, infernè
« rubricæ fabrilis colore tinctus; tæniâ suprà oculos dilutè rufescente; uropygio albo, nigricante
« maculato, tæniâ in alis transversâ candidâ ; rectricibus in medio nigricantibus, ad margines
« rufescentibus... » *Phalaropus rufescens.* Brisson , *Ornithol.*, t. VI , p. 20.

b. Grey coot-footed tringa. Edwards, *Glan.*, p. 206 , pl. 308. — *Snipe or tringa. Transact.
philosophiques*, vol. L, p. 255 ; par le même M. Edwards. — « Phalaropus supernè cinereo-
« cærulescens , pennis in medio nigricantibus, infernè albus; vertice nigricante; tæniâ in alis
« transversâ candidâ ; rectricibus nigricantibus, dilutè cinereo fimbriatis.... » *Phalaropus.*
Brisson , *Ornithol.*, t. VI , p. 12.

* *Tringa lobata* et *tringa fulicaria* (Linn.). — Genre *Bécasses*, sous-genre *Phalaropes*
(Cuv.). — « Cet oiseau est, en hiver, cendré dessus, et blanchâtre dessous et à la tête, une
« bande noire à la nuque : c'est alors le *phalarope gris* (*tringa lobata*); en été, il devient
« noir, flambé de fauve dessus, roussâtre dessous; il y a en tout temps une bande blanche
« sur l'aile, qui est noirâtre. C'est alors le *phalarope rouge* (*tringa fulicaria*, Linn., *phala-
« ropus rufus*, Bechst. et Meyer, *crymophile roux*, Vieill.). — M. Meyer confond mal à propos
« cet oiseau avec le *tringa hyperborea* et le *tringa fusca*, qui ont des becs de *chevalier*, et
« dont nous faisons les *lobipèdes*. » (Cuvier.) — Voyez la nomenclature de la page précédente.

** Cet oiseau est le même que le précédent.

LE GRÈBE. [a][b] *

Le grèbe est bien connu par ces beaux manchons d'un blanc argenté, qui ont, avec la moelleuse épaisseur du duvet, le ressort de la plume et le lustre de la soie; son plumage sans apprêt, et en particulier celui de la poitrine, est en effet un beau duvet très-serré, très-ferme, bien peigné, et dont les brins lustrés se couchent et se joignent de manière à ne former qu'une surface glacée, luisante et aussi impénétrable au froid de l'air qu'à l'humidité de l'eau. Ce vêtement à toute épreuve était nécessaire au grèbe, qui dans les plus rigoureux hivers se tient constamment sur les eaux comme nos plongeons, avec lesquels on l'a souvent confondu sous le nom commun de *colymbus*, qui par son étymologie convient également à des oiseaux habiles à plonger et à nager entre deux eaux; mais ce nom n'exprime pas leurs différences, car les espèces de la famille du grèbe diffèrent essentiellement de celles des plongeons, en ce que ceux-ci ont les pieds pleinement palmés, au lieu que les grèbes ont la membrane des pieds divisée et coupée par lobes à l'entour de chaque doigt, sans compter d'autres différences particulières que nous exposerons dans leurs descriptions comparées. Aussi les naturalistes exacts, en attachant aux plongeons les noms de *mergus, uria, œthya,* fixent celui de *colymbus* aux grands et petits grèbes, c'est-à-dire aux grèbes proprement dits et aux *castagneux.*

Par sa conformation, le grèbe ne peut être qu'un habitant des eaux; ses jambes, placées tout à fait en arrière, et presque enfoncées dans le ventre, ne laissent paraître que des pieds en forme de rames, dont la position et le mouvement naturel sont de se jeter en dehors, et ne peuvent soutenir à terre le corps de l'oiseau que quand il se tient droit à plomb. Dans cette position, on conçoit que le battement des ailes ne peut, au lieu de l'élever en l'air, que le renverser en avant, les jambes ne pouvant seconder l'impulsion que le corps reçoit des ailes : ce n'est que par un grand effort qu'il

a. Voyez les planches enluminées, n° 941.

b. En grec, Κολυμβὲς, du verbe Κολυμβᾶν, qui signifie nager; en latin, *colymbus;* en anglais, *dobchick-diver, arsfoot-diver, great loon-diver;* en allemand, *deucchel;* à Venise, *fisanelle. — Colymbus major.* Aldrovande, *Avi.,* t. III, p. 251. — Willughby, *Ornithol.,* p. 256. — Ray, *Synops. avi.,* p. 125, n° 6. — Klein, *Avi.,* p. 150, n° 3. — Jonston, *Avi.,* p. 89. — Charleton, *Exercit.,* p. 101, n° 7, 1. *Onomast.,* p. 96, n° 7, 1. — Mœhring, *Avi.,* gen. 77. — *The greater dobchick.* Edwards, *Glan.,* part. III, pl. 360, petite figure. — « Colymbus supernè obscurè fuscus, infernè albo argenteus; tectricibus alarum superioribus « minoribus et majoribus corpori finitimis, remigibusque a tredecimâ ad vigesimam quartam « usque candidis... » *Colymbus,* le Grèbe. Brisson, *Ornithol.,* t. VI, p. 34.

* *Podiceps cristatus* (Lath.). — *Colymbus cristatus* et *colymbus urinator* (Gmel.). — Le *grèbe huppé* (Cuv.). — Le *colymbus cristatus,* planche enluminée 400, est l'individu adulte; le *colymbus urinator,* planche enluminée 941, est le jeune. — Genre *Plongeons,* sous-genre *Grèbes* (Cuv.)

prend son vol à terre ; et comme s'il sentait combien il y est étranger, on
a remarqué qu'il cherche à l'éviter, et que, pour n'y être point poussé, il
nage toujours contre le vent[a], et lorsque par malheur la vague le porte sur
le rivage, il y reste en se débattant et faisant, des pieds et des ailes, des
efforts presque toujours inutiles pour s'élever dans l'air ou retourner à l'eau ;
on le prend donc souvent à la main, malgré les violents coups de bec dont
il se défend ; mais son agilité dans l'eau est aussi grande que son impuissance sur terre : il nage, plonge, fend l'onde et court à sa surface en effleurant les vagues avec une surprenante rapidité : on prétend même que ses
mouvements ne sont jamais plus vifs, plus prompts et plus rapides que lorsqu'il est sous l'eau[b] ; il y poursuit les poissons jusqu'à une très-grande
profondeur[c] : les pêcheurs le prennent souvent dans leurs filets ; il descend
plus bas que les macreuses, qui ne se prennent que sur les bancs de coquillages découverts au reflux, tandis que le grèbe se prend à mer-pleine, souvent à plus de vingt pieds de profondeur.

Les grèbes fréquentent également la mer et les eaux douces, quoique les
naturalistes n'aient guère parlé que de ceux que l'on voit sur les lacs, les
étangs et les anses des rivières[d]. Il y en a plusieurs espèces sur nos mers
de Bretagne, de Picardie et dans la Manche[e]. Le grèbe du lac de Genève,
qui se trouve aussi sur celui de Zurich et les autres lacs de la Suisse[f], et
quelquefois sur celui de Nantua, et même sur certains étangs de Bourgogne
et de Lorraine, est l'espèce la plus connue : il est un peu plus gros que la
foulque ; sa longueur, du bec au croupion, est d'un pied cinq pouces, et du
bec aux ongles, d'un pied neuf à dix pouces ; il a tout le dessus du corps
d'un brun foncé, mais lustré, et tout le devant d'un très-beau blanc argenté ;
comme tous les autres grèbes, il a la tête petite, le bec droit et pointu, aux
angles duquel est un petit espace en peau nue et rouge qui s'étend jusqu'à
l'œil ; les ailes sont courtes et peu proportionnées à la grosseur du corps :
aussi l'oiseau s'élève-t-il difficilement, mais ayant pris le vent, il ne laisse
pas de fournir un long vol[g] ; sa voix est haute et rude[h] ; la jambe, ou pour
mieux dire le tarse, est élargi et aplati latéralement ; les écailles dont il est
couvert forment à sa partie postérieure une double dentelure ; les ongles
sont larges et plats ; la queue manque absolument à tous les grèbes ; ils ont
cependant au croupion les tubercules d'où sortent ordinairement les plumes

a. Oppien, *Exeutic.*, lib. II.
b. Willughby.
c. Schwenckfeld.
d. « In stagnis, piscinis et fluminibus non admodum rapidis. » *Idem.*
e. Celles du petit grèbe ; du grèbe huppé, suivant M. Baillon. Voyez ci-après l'énumération
des espèces.
f. Gessner.
g. Willughby.
h. « Altà voce clamant. » Gessner. — « C'est un oiseau de cri moult estrange. » Belon.

de la queue ; mais ces tubercules sont moindres que dans les autres oiseaux, et il n'en sort qu'un bouquet de petites plumes, et non de véritables pennes.

Ces oiseaux sont communément fort gras : non-seulement ils se nourrissent de petits poissons, mais ils mangent de l'algue et d'autres herbes[a], et avalent du limon[b] ; on trouve aussi assez souvent des plumes blanches dans leur estomac, non qu'ils dévorent des oiseaux, mais apparemment parce qu'ils prennent la plume qui se joue sur l'eau pour un petit poisson. Au reste, il est à croire que les grèbes vomissent, comme le cormoran, les restes de la digestion : du moins trouve-t-on au fond de leur sac des arêtes pelotonnées et sans altération.

Les pêcheurs de Picardie vont sur la côte d'Angleterre dénicher les grèbes, qui en effet ne nichent pas sur celles de France[c] ; ils trouvent ces oiseaux dans des creux de rochers, où apparemment ils volent faute d'y pouvoir grimper, et d'où il faut que leurs petits se précipitent dans la mer ; mais sur nos grands étangs le grèbe construit son nid avec des roseaux et des joncs entrelacés ; il est à demi plongé et comme flottant sur l'eau, qui cependant ne peut l'emporter, car il est affermi et arrêté contre les roseaux[d], et non tout à fait à flot, comme le dit Linnæus ; on y trouve ordinairement deux œufs et rarement plus de trois ; on voit, dès le mois de juin, les petits grèbes nouveau-nés nager avec leur mère[e].

Le genre de ces oiseaux est composé de deux familles qui diffèrent par la grandeur. Nous conserverons aux grands le nom de *grèbes*, et aux petits celui de *castagneux* : cette division est naturelle, ancienne, et paraît indiquée, dans Athénée, par les noms de *colymbis* et de *colymbida;* car cet auteur joint constamment à ce dernier l'épithète de *parvus;* cependant il y a dans la famille des grands grèbes des espèces considérablement plus petites les unes que les autres.

LE PETIT GRÈBE.[f][g] *

SECONDE ESPÈCE.

Celui-ci, par exemple, est plus petit que le précédent, et c'est presque la seule différence qui soit entre eux ; mais si cette différence est constante,

a. Willughby.
b. Schwenckfeld.
c. Observations de M. Baillon.
d. Observation de M. Lottinger.
e. Idem.
f. Voyez les planches enluminées, n° 942.
g. *Foulque noire et blanche.* Edwards, pag. et pl. 96. — « Colymbus supernè fusco-nigri-

* « Cet oiseau se rapporte à l'espèce du vrai *grèbe cornu* (*colymbus cornutus, obscurus* et *caspicus,* Gmel.). Il en est le jeune de la première année. » (Desmarets.)

ils ne sont pas de la même espèce, d'autant que le petit grèbe est connu dans la Manche [a] et habite sur la mer, au lieu que le grand grèbe se trouve plus fréquemment dans les eaux douces.

LE GRÈBE HUPPÉ. [b c *]

TROISIÈME ESPÈCE.

Les plumes du sommet de la tête de ce grèbe s'allongent un peu en arrière et lui forment une espèce de huppe qu'il hausse ou baisse, selon qu'il est tranquille ou agité ; il est plus grand que le grèbe commun, ayant au moins deux pieds du bec aux ongles ; mais il n'en diffère pas par le plumage : tout le devant de son corps est de même d'un beau blanc argenté, et le dessus d'un brun noirâtre, avec un peu de blanc dans les ailes, et ces couleurs forment la livrée générale des grèbes.

Il résulte des notices comparées des ornithologistes que le grèbe huppé se trouve également en mer et sur les lacs, dans la Méditerranée comme sur nos côtes de l'Océan : son espèce même se trouve dans l'Amérique septentrionale, et nous l'avons reconnu dans l'*acitli* du lac du Mexique de Hernandez.

L'on a observé que les jeunes grèbes de cette espèce, et apparemment il en est de même des autres, n'ont qu'après la mue leur beau blanc satiné ; l'iris de l'œil, qui est toujours fort brillant et rougeâtre, s'enflamme et devient d'un rouge de rubis dans la saison des amours : on assure que cet

« cans, infernè albus ; capite superiore nigro-virescente : tæniâ utrimque a rostro ad oculum
« nudâ saturatè rubrâ ; maculâ utrimque rostrum inter et oculum, marginibus alarum, remi-
« gibusque intermediis candidis... » *Colymbus minor.* Brisson, *Ornithol.*, t. VI, p. 56.

a. Observation de M. Baillon.

b. Voyez les planches enluminées, n° 944.

c. Grand plongeon de rivière. Belon, *Nat. des oiseaux*, p. 178. Idem, *Portraits d'oiseaux*, p. 38, *b*, figure passable. — *Colymbus major cristatus.* Aldrovande, *Avi.*, t. III, p. 253. — Willughby, *Ornithol.*, p. 257. — Marsigli, *Danub.*, t. V, p. 80, avec une figure assez exacte, si la membrane des doigts était fendue. — *Colymbus major Belonii.* Jonston, *Avi.*, p. 89. — *Colymbus cristatus Willughbei.* Rzaczynski, *Auctuar. hist. nat. Polon.*, p. 373. — *Avis quædam, agri Cestrensis incolis cargoos dicta.* Charleton, *Exercit.*, p. 107, n° 3. — Klein, *Avi.*, p. 151. — *Colymbus subtus albus, supernè fuscus, rostro et pedibus virescentibus.* Barrère, *Ornithol.*, class. II, gen. 2, sp. 1. — *Acitli, mergus Americanus.* Hernandez, *Hist. Mexic.*, p. 686. — Ray, *Synops. avi.*, p. 125. — *Grand plongeon de mer.* Albin, t. II, p. 49, avec une figure mal coloriée, pl. 75. — *Calabria. Supplément de l'Encyclopédie.* — « Colym-
« bus cristatus supernè obscurè fuscus, infernè albo-argenteus ; tæniâ a naribus ad oculos
« candicante ; gutture fasciculo plumoso longiore utrimque donato ; tectricibus alarum superio-
« ribus, minoribus et majoribus, corpori finitimis, remigibusque a decimâ-quintâ ad vigesi-
« mam-quartam usque candidis... » *Colymbus cristatus.* Brisson, *Ornithol.*, t. VI, p. 38.

* Le même que le *grèbe* de Buffon. — Voyez la nomenclature de la page 276.

oiseau détruit beaucoup de jeunes merlans, de frai d'esturgeon, et qu'il ne mange des chevrettes que faute d'autre nourriture [a].

LE PETIT GRÈBE HUPPÉ. [b] *

QUATRIÈME ESPÈCE.

Ce grèbe n'est pas plus gros qu'une sarcelle, et il diffère du précédent non-seulement par la taille, mais encore en ce que les plumes du sommet de la tête qui forment la huppe se séparent en deux petites touffes, et que des taches de brun marron se mêlent au blanc du devant du cou. Quant à l'identité soupçonnée par M. Brisson de cette espèce avec celle du grèbe cendré de Willughby [c], il est très-difficile d'en rien décider : ce dernier naturaliste et Ray ne parlant de leur grèbe cendré que sur un simple dessin de M. Brown.

LE GRÈBE CORNU. [d] [e] **

CINQUIÈME ESPÈCE.

Ce grèbe porte une huppe noire, partagée en arrière et divisée comme en deux cornes; il a de plus une sorte de crinière ou de chevelure enflée,

a. Observations faites dans la Manche par **M. Baillon** , de Montreuil-sur-Mer.

b. « Colymbus cristatus, supernè obscurè fuscus, infernè albo-argenteus; cristâ duplici; « collo inferiore maculis castaneis vario; remigibus a tredecimâ ad vigesimam-tertiam usque « candidis... » *Colymbus cristatus minor.* Brisson, *Ornithol.*, t. VI, p. 42.

c. An colymbus, seu podicipes cinereus D. Brown ? Willughby, p. 257; et *colymbus cinereus major Raii. Synops.*, p. 124 , n° *a* , 1. Brisson, *ibid.*

d. Voyez les planches enluminées, n° 400.

e. Aliud mergi genus quod in lacu tigurino invenitur. Gessner, *Avi.*, p. 138, avec une figure peu exacte. — *Colymbus major, pygoscelis, uria vel urinatrix major.* Idem, *Icon. avi.*, p. 88. — *Colymbus alius major, cristatus et cornutus.* Aldrovande, *Avi.*, t. III , p. 253. — Willughby, *Ornithol.*, p. 257. — Ray, *Synops. avi.*, p. 124 , n° *a* , 2. — Klein , *Avi.*, p. 149, n° 1. — Rzaczynski, *Auctuar. hist. nat. Polon.*, p. 373. — *Mergus major Schwenckfeldii.* Idem, *ibid.*, p. 393. — *Mergus major.* Schwenckfeld , *Aviar. Siles.*, p. 298. — *Mergus cirrhatus, seu cristatus.* Charleton , *Exercit.*, p. 101, n° 5. Onomast., p. 95, n° 5. — *Colymbus cristatus, seu auritus. Mus. Worm.*, p. 304. — *Admirandæ avis cucullatæ aquaticæ species. Mus. Besler*, p. 32 , n° 4 , avec une figure assez exacte, tab. 8, n° 4. — *Ardea exotica aurita.* Pétiver, *Gazoph.*, avec une mauvaise figure, tab. 43, fig. 12. — *Acitli, seu aqueus lepus.* Fernandez , *Hist. avi. nov. Hisp.*, p. 41, cap. cxxx. — *Lepus aqueus.* Nieremberg, p. 209. — « Colymbus pedibus lobato-fissis, capite rufo, collari nigro, remigibus secundariis albis... »

* « C'est le jeune âge du *grèbe cornu.* » (Desmarets.) — Voyez la nomenclature de la p. 278.

** Le *grèbe cornu* de Buffon est l'adulte du *grèbe proprement dit.* — Voyez la nomenclature de la page 276, et celle de la page 279. — Le *grèbe cornu* de Cuvier est le *colymbus cornutus, obscurus* et *caspicus* de Gmelin, planche enluminée 942. — Voyez la nomenclature de la p. 278.

rousse à la racine, noire à la pointe, coupée en rond autour du cou, ce qui lui donne une physionomie tout étrange et l'a fait regarder comme une espèce de monstre [a]; il est un peu plus grand que le grèbe commun : son plumage est le même, à l'exception de la crinière et des flancs, qui sont roux.

L'espèce de ce grèbe cornu paraît être fort répandue : on la connaît en Italie, en Suisse, en Allemagne, en Pologne, en Hollande, en Angleterre [b]. Comme cet oiseau est d'une figure fort singulière, il a été partout remarqué; Fernandez, qui l'a fort bien décrit au Mexique, ajoute qu'il y est surnommé *lièvre d'eau* [c], sans en dire la raison.

LE PETIT GRÈBE CORNU. [d] [e] *

SIXIÈME ESPÈCE.

Il y a la même différence pour la taille entre les deux grèbes cornus qu'entre les deux grèbes huppés : le petit grèbe cornu a les deux pinceaux

Colymbus cristatus. Linnæus, *Syst. nat.*, édit. X, gen. 68, sp. 2. — « Colymbus pedibus « lobato-divisis; capite nigro. » Idem, *Fauna Suec.*, nº 122. — *Colymbus cristatus pedibus lobatis, capite rufo, collari nigro. Danis topped havskier, topped dykker. Island. seffond.* Muller. *Zoolog. Dan.*, nº 157. — *Plongeon huppé.* Albin, t. I, p. 71, avec une mauvaise figure, pl. 81. — « Colymbus cristatus, supernè obscurè fuscus, infernè albo-argenteus; capite « superiore nigricante; capite ad latera, guttureque dilutè fulvis; collo supremo rufo, in « medio longis pennis nigris circumdata; tectricibus alarum superioribus minoribus et majo- « ribus corpori finitimis, remigibusque a decimâ-quintâ ad vigesimam-quintam usque can- « didis... » *Colymbus cornutus.* Brisson, *Ornithol.*, t. VI, p. 45.

a. Voyez *Mus. Besler* et la figure que donne Aldrovande à la suite des paons de mer, et dont nous avons déjà parlé.

b. Voyez les auteurs cités dans la nomenclature.

c. Aqueus lepus. Fernandez, cap. cxxx.

d. Voyez les planches enluminées, nº 404, fig. 2, sous le nom de *Grèbe d'Esclavonie.*

e. Colymbus minor, colymbis, uria, vel urinatrix minor. Pygoscelis minor. Mergulus. Gessner, *Icon. avi.*, p. 89. — *Colymbus minor.* Aldrovande, *Avi.*, t. III, p. 256. — Jonston, *Avi.*, p. 89. — Klein, *Avi.*, p. 150, nº 4. — Charleton, *Exercit.*, p. 102, nº 7, 2. *Onomast.*, p. 96, nº 7, 2. — *Colymbus seu podicipes minor.* Willughby, *Ornithol.*, p. 258. — Ray, *Synops. avi.*, p. 125, nº *a*, 3; et 190, nº 14. — Sibbald, *Scot. illustr.*, part. II, lib. III, p. 20. — Marsigli, *Danub.*, t. V, p. 82, avec une figure peu exacte, tab. 39. — Sloane, *Jamaica*, p. 322, nº 4. — *Colymbus minor pullus.* Browne, *Nat. hist. of Jamaïca*, p. 480. — *Mergulus.* Schwenckfeld, *Aviar. Siles.*, p. 299. — « Colymbus pedibus lobatis, capite nigro, auribus « cristato ferrugineis .. » *Colymbus auritus.* Linnæus, *Syst. nat.*, édit. X, gen. 68, sp. 3. — « Colymbus pedibus lobato-divisis; capite rufo; Ostrobothnis fiorna. » Idem, *Fauna Suecica*, nº 123. — *Colymbus auritus, pedibus lobatis, capite nigro, auribus cristatis ferrugineis. Dan. Soëhöne; norv, soë-orre; Island. flave-flit.* Muller, *Zool. Dan.*, nº 158. — *Eared or horned dobchick.* Edwards, *Hist.*, pag. et pl. 145. — *Petit plongeon de mer.* Albin, t. II, p. 56, avec une mauvaise figure, pl. 76. — « Colymbus supernè obscurè fuscus, infernè « albo-argenteus; capite et collo supremo nigro-virescentibus; collo inferiore castaneo; fasci-

* Le même oiseau que le *grèbe cornu.* — Voyez la nomenclature précédente.

de plumes qui, partant de derrière les yeux, lui forment ses cornes d'un roux orangé : c'est aussi la couleur du devant du cou et des flancs ; il a le haut du cou et la gorge garnis de plumes renflées, mais non tranchées ni coupées en crinière : ces plumes sont d'un brun teint de verdâtre, ainsi que le dessus de la tête ; le manteau est brun, et le plastron est d'un blanc argenté comme dans les autres grèbes. C'est de celui-ci en particulier que Linnæus dit que le nid est flottant sur l'eau dans les anses ; il ajoute que ce grèbe pond quatre ou cinq œufs, et que sa femelle est toute grise [a].

Il est connu dans la plupart des contrées de l'Europe, soit maritimes, soit méditerranées [b]. M. Edwards l'a reçu de la baie d'Hudson [c] : ainsi il se trouve encore dans l'Amérique septentrionale ; mais cette raison ne paraît pas suffisante pour lui rapporter, avec M. Brisson, l'*yacapitzahoac* de Fernandez [d], qui à la vérité paraît bien être un grèbe, mais que rien ne caractérise assez pour assurer qu'il est particulièrement de cette espèce ; et quant au *trapazorola* de Gessner, que M. Brisson y rapporte également, il y a beaucoup plus d'apparence que c'est le castagneux, ou tout au moins il est certain que ce n'est pas un grèbe cornu, puisque Gessner dit formellement qu'il n'a nulle espèce de crête [e].

LE GRÈBE DUC-LAART. [f] *

SEPTIÈME ESPÈCE.

Nous conserverons à ce grèbe le nom que lui donnent les habitants de l'île Saint-Thomas, où il a été observé et décrit par le P. Feuillée. Ce qui

« culo plumoso aurantio-rufescente ponè utrumque oculum ; tænià utrimque a rostro ad oculum « nudà coccineà ; remigibus a duodecimà ad vigesimam-sextam candidis... » *Colymbus cornutus minor*. Brisson, *Ornithol.*, t. VI, p. 50.

a. *Fauna Suecica*, n° 123.

b. Voyez les citations de la nomenclature.

c. Edwards, planche 145. — *Nota.* Nous n'hésiterons pas de rapporter ici, malgré quelques différences de grandeur, l'*eared dobchick* du même M. Edwards, planche 96, dont M. Brisson a fait son *grèbe à oreilles* (tome VI, page 54), au petit grèbe cornu : la comparaison des figures d'Edwards suffit pour reconnaître le plus grand rapport entre ces oiseaux, et les deux huppes de plumes qui, leur partant des yeux se portent en arrière, peuvent, avec autant ou aussi peu de raison, s'appeler des oreilles que des cornes.

d. Cap. LXVIII, pag. 29.

e. « Colymbo longe minor est, insuper nullam cristam jubamve habet trapazorola. »

f. Espèce de *plongeon* ou *mergus major leucophœus*. Feuillée, *Journal d'observations*, page 391 (édit. 1725). — « Colymbus supernè obscurè fuscus, infernè albus, maculis griseis « variegatus ; macula utrimque rostrum inter et oculum candidà ; maculà in medio pectore « nigrà ; remigibus pallidè rufis... » *Colymbus insulæ Sancti-Thomæ*. Brisson, *Ornithol.*, t. VI, p. 58.

* *Colymbus thomensis* (Gmel., Desm.).

le distingue le plus est une tache noire qui se trouve au milieu du beau
blanc du plastron, et la couleur des ailes, qui est d'un roux pâle; sa grosseur, dit le P. Feuillée, est celle d'*une jeune poule;* il observe aussi que la
pointe du bec est légèrement courbée, caractère qui se marque également
dans l'espèce suivante.

LE GRÈBE DE LA LOUISIANE. [a]*

HUITIÈME ESPÈCE.

Outre le caractère de la pointe du bec, légèrement courbée, ce grèbe diffère de la plupart des autres, en ce que son plastron n'est pas pleinement
blanc, mais fort chargé aux flancs de brun et de noirâtre, avec le devant
du cou de cette dernière teinte : il est aussi moins grand que le grèbe
commun.

LE GRÈBE A JOUES GRISES OU LE JOUGRIS. [b]**

NEUVIÈME ESPÈCE.

Pour dénommer particulièrement des espèces qui sont en grand nombre,
et dont les différences sont souvent peu sensibles, il faut quelquefois se
contenter de petits caractères qu'autrement on ne penserait pas à relever :
telle est la nécessité qui a fait donner à ce grèbe le nom de *jougris,* parce
qu'en effet il a les joues et la mentonnière grises; le devant de son cou est
roux, et son manteau d'un brun noir : il est à peu près de la grandeur du
grèbe cornu.

LE GRAND GRÈBE. [c]***

DIXIÈME ESPÈCE.

C'est moins par les dimensions de son corps que par la longueur de son
cou, que ce grèbe est le plus grand des oiseaux de ce genre ; cette longueur

a. Voyez les planches enluminées, n° 943.
b. Voyez les planches enluminées, n° 931.
c. Voyez les planches enluminées, n° 404, fig. 1, sous le nom de *Grèbe de Cayenne.*

* *Colymbus ludovicianus* (Gmel., Desm.).
** *Colymbus subcristatus* et *rubricollis* (Gmel.). — *Colymbus parotis* (Sparm.). — « Le
« *colymbus subcristatus* est l'adulte, et le *parotis* ou *rubricollis* le jeune âge. » (Cuvier.)
*** *Colymbus cayennensis* (Gmel., Desm.).

du cou fait qu'il a la tête de trois ou quatre pouces plus élevée que celle
du grèbe commun, quoiqu'il ne soit ni plus gros ni plus grand ; il a le
manteau brun, le devant du corps d'un roux brun, couleur qui s'étend sur
les flancs et qui ombrage le blanc du plastron, lequel n'est guère net qu'au
milieu de l'estomac : il se trouve à Cayenne.

Par l'énumération que nous venons de faire, on voit que les espèces de la
famille du grèbe sont répandues dans les deux continents : elles semblent
aussi s'être portées d'un pôle à l'autre. Le *kaarsaak*[a] et l'*esarokitsok*[b] des
Groënlandais sont, à ce qu'il paraît, des grèbes ; et du côté du pôle austral,
M. de Bougainville a trouvé aux îles Malouines deux oiseaux qui nous
paraissent être des grèbes plutôt que des plongeons[c].

<hr>

LE CASTAGNEUX.[d][e] *

PREMIÈRE ESPÈCE.

Nous avons dit que le castagneux est un grèbe beaucoup moins grand
que tous les autres : on peut même ajouter qu'à l'exception du petit petrel,

a. « L'oiseau que les Groënlandais appellent *kaarsaak*, en pensant exprimer son cri par ce
« nom , est une sorte de *colymbus* : selon eux, il présage la pluie ou le beau temps, suivant
« que le ton de sa voix est rauque et rapide ou doux et prolongé. Ils l'appellent aussi l'*oiseau*
« *d'été*, n'attendant la belle saison que lorsqu'ils ont vu cet oiseau. La femelle va pondre
« auprès des étangs d'eau douce, et on prétend qu'elle chérit sa couvée au point de rester
« dessus quand même la place est inondée. » *Histoire générale des Voyages*, t. XIX, p. 45. —
Le canard de Groënland, *à bec pointu*, avec une *touffe sur la tête*, dont parle Crantz, paraît
aussi être un grèbe. Voyez *ibid.*, page 43.

b. « Esarokitsok Groënlandis, colymbus major, plumis candidis et nigris; minoribus præ-
« ditus alis. » Egède, *Dict. Groënland.*

c. « Il y a (aux îles Malouines) deux espèces de plongeons de la petite taille : l'un a le dos
« de couleur cendrée et le ventre blanc; les plumes du ventre sont si soyeuses, si brillantes et
« d'un tissu si serré, que nous les prîmes pour le grèbe, dont on fait des manchons précieux;
« cette espèce est rare. L'autre, plus commune, est toute brune, ayant le ventre un peu plus clair
« que le dos; les yeux de ces animaux sont semblables à des rubis; leur vivacité surprenante
« augmente encore par l'opposition du cercle de plumes blanches qui les entoure, et qui leur
« fait donner le nom de *plongeon à lunettes*. Ils font deux petits, sans doute trop délicats pour
« souffrir la fraîcheur de l'eau lorsqu'ils n'ont encore que le duvet, car alors la mère les voiture
« sur son dos. Ces deux espèces n'ont point les pieds palmés à la façon des autres oiseaux
« d'eau ; leurs doigts séparés sont garnis de chaque côté d'une membrane très-forte; en cet état,
« chaque doigt ressemble à une feuille arrondie du côté de l'ongle, d'autant plus qu'il part du
« doigt des lignes qui vont se terminer à la circonférence des membranes, et que le tout est
« d'un vert de feuilles, sans avoir beaucoup d'épaisseur. » *Voyage autour du monde*, par
M. de Bougainville, tome I , in-8°, pag. 117 et 118.

d. Voyez les planches enluminées, n° 905.

e. Petit plongeon nommé *castagneux* ou *zoucet*. Belon , *Nat. des oiseaux*, p. 177, avec une
assez bonne figure; la même, *Portraits d'oiseaux*, p. 38, *a.* — *Mergus parvus fluviatilis.*

* *Colymbus minor* (Gmel.). — *Podiceps minor* (Lath.). — Le *petit grèbe* ou *castagneux*
(Cuvier.)

c'est le plus petit de tous les oiseaux navigateurs; il ressemble aussi au petrel par le duvet dont il est couvert au lieu de plumes; mais du reste il a le bec, les pieds et tout le corps entièrement conformés comme les grèbes : il porte à peu près les mêmes couleurs, mais comme il a du brun châtain ou couleur de marron sur le dos, on lui a donné le nom de *castagneux*. Dans quelques individus le devant du corps est gris, et non pas d'un blanc lustré [a]; d'autres sont plus noirâtres que bruns sur le dos; et cette variété dans les couleurs a été désignée par Aldrovande [b]. Le castagneux n'a pas, plus que le grèbe, la faculté de se tenir et de marcher sur la terre; ses jambes traînantes et jetées en arrière ne peuvent s'y soutenir [c] et ne lui servent qu'à nager; il a peine à prendre son vol, mais, une fois élevé, il ne laisse pas d'aller loin [d] : on le voit sur les rivières tout l'hiver, temps auquel il est fort gras; mais, quoiqu'on l'ait nommé *grèbe de rivière*, on en voit aussi sur la mer, où il mange des chevrettes, des éperlans [e], de même qu'il se nourrit de petites écrevisses et de menus poissons dans les eaux douces. Nous lui avons trouvé dans l'estomac des grains de sable : il a ce viscère musculeux et revêtu intérieurement d'une membrane glanduleuse, épaisse et peu adhérente; les intestins, comme l'observe Belon, sont très-grêles; les deux jambes sont attachées au derrière du corps par une membrane qui déborde quand les jambes s'étendent, et qui est attachée fort près de l'articulation du tarse; au-dessus du croupion sont, en place de queue, deux petits pinceaux de duvet qui sortent chacun d'un tubercule; on remarque encore que les membranes des doigts sont encadrées d'une bordure dentelée de petites écailles symétriquement rangées.

Au reste, nous croyons que le *trapazorola* de Gessner est notre castagneux : ce naturaliste dit que c'est le premier oiseau qui reparaisse après l'hiver sur les lacs de Suisse.

Gessner, *Avi.*, p. 141. — *Colymbus et colymbis, vel urinatrix.* Idem, *ibid.*, p. 128. — *Mergus minimus fluviatilis Belonii.* Aldrovande, t. III, p. 257. — *Colymbus tertius.* Jonston, *Avi.*, p. 89. — *Colymbus cinereus, rostro et pedibus nigris.* Catal. Cabusset. Barrère, *Ornithol.*, class. ii, gen. 2, sp. 2. — « Colymbus supernè fuscus, ad fulvum vergens, infernè albo-« argenteus; collo inferiore griseo-fulvo; imo ventre griseo, uropygio infimo albo; remigibus « a decimà-sextà, ad vigesimam-primam usque candidis, griseo fusco maculatis... » *Colymbus fluviatilis*, le Grèbe de rivière ou le Castagneux. Brisson, *Ornithol.*, t. VI, p. 59.

a. Belon.

b. *Colymbi minoris aliud genus.* Aldrovande, *Avi.*, t. III, p. 257. — *Colymbus fluviatilis nigricans.* Brisson, t. VI, p. 62.

c. « Ses jambes lui traînent par derrière, tellement qu'on le jugeroit quasi tout esréné. » Belon.

d. *Idem.*

e. *Idem.*

LE CASTAGNEUX DES PHILIPPINES. [a] [*]

SECONDE ESPÈCE.

Quoique ce castagneux soit un peu plus grand que celui d'Europe, et qu'il en diffère par deux grands traits de couleur rousse qui lui teignent les joues et les côtés du cou, ainsi que par une teinte de pourpre jetée sur son manteau, ce n'est peut-être que le même oiseau modifié par le climat. Nous pourrions prononcer plus affirmativement si les limites qui séparent les espèces, ou la chaîne qui les unit, nous étaient mieux connues ; mais qui peut avoir suivi la grande filiation de toutes les généalogies dans la nature ? il faudrait être né avec elle et avoir, pour ainsi dire, des observations contemporaines. C'est beaucoup, dans le court espace qu'il nous est permis de saisir, d'observer ses passages, d'indiquer ses nuances et de soupçonner les transformations infinies qu'elle a pu subir ou faire depuis les temps immenses qu'elle a travaillé ses ouvrages. [1]

LE CASTAGNEUX A BEC CERCLÉ [b] [**]

TROISIÈME ESPÈCE.

Un petit ruban noir, qui environne le milieu du bec en forme de cercle, est le caractère par lequel nous avons cru devoir distinguer ce castagneux : il a de plus une tache noire remarquable à la base de la mandibule inférieure du bec ; son plumage est tout brun, foncé sur la tête et le cou, clair et verdâtre sur la poitrine ; on le trouve, sur les étangs d'eau douce, dans les parties inhabitées de la Caroline.

a. Voyez les planches enluminées, n° 945.

b. Pied-bill dobchick. Catesby, t. I , p. 91. — *Colymbus fuscus.*, Klein, *Avi.*, p. 150 , n° 5. — « Colymbus pedibus lobatis, corpore fusco, rostro fasciâ sesqui alterâ... » *Podiceps.* Linn., *Syst. nat.*, édit. X , gen. 68 , sp. 4. — « Colymbus fuscus, supernè saturatus infernè dilu- « tius ; pectore ad olivaceum vergente ; gutture nigro ; imo ventre sordidè albo ; remigibus « fuscis... » *Colymbus fluviatilis Carolinensis.* Brisson , *Ornithol.*, t. VI , p. 63

[*] *Podiceps philippensis* (Temm.).

1..... *Les transformations infinies.....* : pensée qui touche, par un côté, à la prétendue *transformation* des espèces, et qui, par ce côté-là, est fausse. Les espèces sont fixes. — Voyez mes précédentes notes sur ce sujet.

[**] *Colymbus podiceps* (Gmel.). — *Podiceps carolinensis* (Cuv.). — Le même que le *colymbus ludovicianus.* — Voyez la nomenclature [*] de la page 283.

LE CASTAGNEUX DE SAINT-DOMINGUE. [a][*]

QUATRIÈME ESPÈCE.

On voit que la famille des castagneux ou petits grèbes n'est pas moins
répandue que celle des grands : celui-ci, qui se trouve à Saint-Domingue,
est encore plus petit que le castagneux d'Europe; sa longueur du bec au
croupion n'est guère que de sept pouces et demi; il est noirâtre sur le corps
et gris blanc argenté, tacheté de brun en dessous.

LE GRÈBE-FOULQUE. [b][**]

CINQUIÈME ESPÈCE.

La nature trace des traits d'union presque partout où nous voudrions
marquer des intervalles et faire des coupures; sans quitter brusquement
une forme pour passer à une autre, elle emprunte de toutes deux et compose un être mi-parti qui réunit les deux extrêmes et remplit jusqu'au
moindre vide de l'ensemble d'un tout, où rien n'est isolé. Tels sont les
traits de l'oiseau grèbe-foulque, jusqu'à ce jour inconnu, et qui nous a été
envoyé de l'Amérique méridionale; nous lui avons donné ce nom parce qu'il
porte les deux caractères du grèbe et de la foulque : il a comme elle une
queue assez large et d'assez longues ailes; tout son manteau est d'un brun
olivâtre, et tout le devant du corps est d'un très-beau blanc; les doigts et
les membranes dont ils sont garnis sont barrés transversalement de raies
noires et blanches ou jaunâtres, ce qui fait un effet agréable. Au reste,
ce grèbe-foulque, qui se trouve à Cayenne, est aussi petit que notre castagneux.

LES PLONGEONS. [c][***]

Quoique beaucoup d'oiseaux aquatiques aient l'habitude de plonger,
même jusqu'au fond de l'eau, en poursuivant leur proie, on a donné de

a. « Colymbus supernè nigricans, infernè cinereo-albo-argenteus, maculis fuscis aspersus;
« collo inferiore griseo-fusco-nigricante; remigibus ob octavà ad undecimam usque cinereo-
« albis... » Colymbus fluviatilis Dominicensis. Brisson, Ornithol., t. VI, p. 64.

b. Voyez les planches enluminées, n° 893.

c. Le plongeon, en général, se nomme en grec Αἴθυα; en latin, mergus; en hébreu et en

* Colymbus dominicus (Gmel.). — Podiceps dominicus (Vieill., Desm.).

** Plotus surinamensis (Gmel.). — Heliornis surinamensis (Vieill.). — Genre Plongeons,
sous-genre Grébifoulques (Cuv.).

*** Ordre des Palmipèdes, famille des Plongeurs ou Brachyptères, genre Plongeons (Cuv.).

préférence le nom de plongeon à une petite famille particulière de ces oiseaux plongeurs, qui diffèrent des autres en ce qu'ils ont le bec droit et pointu, et les trois doigts antérieurs joints ensemble par une membrane entière qui jette un rebord le long du doigt intérieur, duquel néanmoins le postérieur est séparé. Les plongeons ont de plus les ongles petits et pointus [a], la queue très-courte et presque nulle, les pieds très-plats et placés tout à fait à l'arrière du corps ; enfin la jambe cachée dans l'abdomen, disposition très-propre à l'action de nager, mais très-contraire à celle de marcher : en effet les plongeons, comme les grèbes, sont obligés sur terre à se tenir debout dans une situation droite et presque perpendiculaire, sans pouvoir maintenir l'équilibre dans leurs mouvements, au lieu qu'ils se meuvent dans l'eau d'une manière si preste et si prompte, qu'ils évitent la balle en plongeant à l'éclair du feu, au même instant que le coup part [b] : aussi les bons chasseurs, pour tirer ces oiseaux, adaptent à leur fusil un morceau de carton qui, en laissant la mire libre, dérobe l'éclair de l'amorce à l'œil de l'oiseau.

Nous connaissons cinq espèces dans le genre du plongeon, dont deux, l'une assez grande et l'autre plus petite, se trouvent également sur les eaux douces, dans l'intérieur des terres et sur les eaux salées, près des côtes de la mer ; les trois autres espèces paraissent attachées uniquement aux côtes maritimes, et spécialement aux mers du Nord. Nous allons donner la description de chacune en particulier.

LE GRAND PLONGEON. [c][d][*]

PREMIÈRE ESPÈCE.

Ce plongeon est presque de la grandeur et de la taille de l'oie. Il est connu sur les lacs de Suisse, et le nom de *fluder* qu'on lui donne sur celui

persan, *kaath* ; en arabe, *semag* ; en italien, *mergo, mergone* ; en anglais, *diver, douker* ; en allemand, *ducher, duchent, taucher* ; en groënlandais, *naviarsoak* (Égède).

a. C'est du grèbe et non pas du plongeon qu'il faut entendre ce que Schwenckfeld dit, que, seul entre les oiseaux, il a les ongles aplatis : « Mergo unico inter aves lati sunt ungues. » *Theriostroph. Siles.*, p. 29.

b. « Les plongeons de la Louisiane sont les mêmes que les nôtres, et, lorsqu'ils voient le feu du bassinet, ils plongent si promptement que le plomb ne peut les toucher, ce qui les fait nommer *mangeurs de plomb.* » Le Page Dupratz, *Histoire de la Louisiane*, t. II, p. 115.

c. Voyez les planches enluminées, n° 914.

d. *Avis colymbis congener, quæ in Acronio lacu fluder dicitur.* Gessner, *Avi.*, p. 140. — *Avis fluder, seu colymbus maximus.* Aldrovande, *Avi.*, t. III, p. 253. — *Colymbus maximus Gessneri.* Willughby, *Ornithol.*, p. 260. — Ray, *Synops. avi.*, p. 126, n° 8. — *Colymbus*

* *Colymbus glacialis* (Linn.). — *Colymbus immer* (Gmel.). — Le *colymbus glacialis* est l'adulte, et le *colymbus immer* le jeune. — La planche enluminée ici indiquée, ou 914, représente le jeune du *plongeon lumme*.

de Constance marque, selon Gessner, sa pesanteur à terre et l'impuissance de marcher, malgré l'effort qu'il fait des ailes et des pieds à la fois ; il ne prend son essor que sur l'eau, mais dans cet élément ses mouvements sont aussi faciles et aussi légers que vifs et rapides ; il plonge à de très-grandes profondeurs, et nage entre deux eaux à cent pas de distance sans reparaître pour respirer ; une portion d'air renfermée dans la trachée-artère dilatée fournit pendant ce temps à la respiration de cet amphibie ailé, qui semble moins appartenir à l'élément de l'air qu'à celui des eaux : il en est de même des autres plongeons et des grèbes ; ils parcourent librement et en tout sens les espaces dans l'eau ; ils y trouvent leur subsistance, leur abri, leur asile, car si l'oiseau de proie paraît en l'air, ou qu'un chasseur se montre sur le rivage, ce n'est point au vol que le plongeon confie sa fuite et son salut ; il plonge, et caché sous l'eau, se dérobe à l'œil de tous ses ennemis ; mais l'homme, plus puissant encore par l'adresse que par la force, sait lui faire rencontrer des embûches jusqu'au fond de son asile : un filet, une ligne dormante amorcée d'un petit poisson, sont les piéges auxquels l'oiseau se prend en avalant sa proie ; il meurt ainsi en voulant se nourrir, et dans l'élément même sur lequel il est né, car on trouve son nid posé sur l'eau, au milieu des grands joncs dont le pied est baigné.

Aristote observe, avec raison, que les plongeons commencent leur nichée dans le premier printemps, et que les mouettes ne nichent qu'à la fin de cette saison ou au commencement de l'été[a] ; mais c'est improprement que Pline, qui souvent ne fait que copier ce premier naturaliste, le contredit ici en employant le nom de *mergus* pour désigner un oiseau d'eau qui niche sur les arbres[b] ; cette habitude, qui appartient au cormoran et à quelques autres oiseaux d'eau, n'est nullement celle du plongeon, puisqu'il niche au bas des joncs.

Quelques observateurs ont écrit que ce grand plongeon était fort silencieux ; cependant Gessner lui attribue un cri particulier et fort éclatant[c], mais apparemment on ne l'entend que rarement.

Au reste, Willughby semble reconnaître dans cette espèce une variété qui diffère de la première, en ce que l'oiseau a le dos d'une seule couleur uniforme[d], au lieu que le grand plongeon commun a le manteau ondé de gris blanc sur gris brun, avec un même brun nué et pointillé de blan-

maximus. Jonston, *Avi.*, p. 89. — Klein, *Avi.*, p. 150, n° 6. — « Mergus supernè saturatè « fuscus, marginibus pennarum cinereis, infernè albus ; capite et collo superioribus fuscis ; « capite ad latera minutis maculis candidis vario ; torque fusco-nigricante ; rectricibus satu- « ratè fuscis, albo in apice marginatis... » *Mergus major.* Brisson, *Ornithol.*, t. VI, p. 105.

a. « Gaviæ æstate pariunt ; mergi a brumà, ineunte vere. » *Hist. animal.*, lib. v, cap. ix.

b. « Mergi et in arboribus pariunt. » Lib. x, cap. xxxii ; et de même il confond le plongeon avec certaines mouettes, quand il lui attribue l'habitude de dévorer les excréments des autres oiseaux : « Mergi soliti sunt devorare quæ ceteræ reddunt. » Idem, *ibidem*, cap. xlvii.

c. « Vox alta, sui generis. »

d. *Ornithologie*, page 260.

châtre sur le dessus de la tête et du cou, qui de plus est orné vers le bas d'un demi-collier teint des mêmes couleurs, terminées par le beau blanc de la poitrine et du dessous du corps.

LE PETIT PLONGEON. [a] [b] *

SECONDE ESPÉCE.

Ce petit plongeon ressemble beaucoup au grand par les couleurs, et a de même tout le devant du corps blanc; le dos et le dessus du cou et de la tête d'un cendré noirâtre tout parsemé de petites gouttes blanches; mais ses dimensions sont bien moindres : les plus gros ont tout au plus un pied neuf pouces du bout du bec à celui de la queue; deux pieds jusqu'au bout des doigts, et deux pieds et demi d'envergure, tandis que le grand plongeon en a plus de quatre, et deux pieds et demi du bec aux ongles. Du reste, leurs habitudes naturelles sont à peu près les mêmes.

On voit en tout temps les plongeons de cette espèce sur nos étangs, qu'ils ne quittent que quand la glace les force à se transporter sur les rivières et les ruisseaux d'eau vive; ils partent pendant la nuit, et ne s'éloignent que le moins qu'ils peuvent de leur premier domicile. L'on avait déjà remarqué, du temps d'Aristote, que l'hiver ne les faisait pas disparaître [c]; ce philosophe dit aussi que leur ponte est de deux ou trois œufs; mais nos chasseurs assurent qu'elle est de trois ou quatre, et disent que quand on approche du nid la mère se précipite et se plonge, et que les petits tout nouvellement éclos se jettent à l'eau pour la suivre. Au reste, c'est toujours avec bruit et avec un mouvement très-vif des ailes et de la queue que ces oiseaux nagent et plongent; le mouvement de leurs pieds se dirige en nageant, non d'avant en arrière, mais de côté et se croisant en diagonale. M. Hébert a observé ce mouvement en tenant captif un de ces plongeons, qui, retenu seulement par un long fil, prenait toujours cette direction; il paraissait n'avoir rien perdu de sa liberté naturelle; il était sur une rivière où il trouvait sa vie en happant de petits poissons.

a. Voyez les planches enluminées, n° 992, sous la dénomination de *Plongeon*.

b. *Colymbus maximus caudatus.* Willughby, *Ornithol.*, p. 258. (Willughby parle réellement dans cet article du petit plongeon; la dénomination de *maximus* est par conséquent mal appliquée; voyez ci-après la discussion de la nomenclature.) — « Mergus supernè cinereo-fusco « lineolis candicantibus varius, infernè albus; capite et collo superioribus cinereis, pennis ad « latera cinereo-albo fimbriatis, tæniâ ad anum transversâ, rectricibusque cinereo-fuscis... » *Mergus minor.* Brisson, *Ornithol.*, t. VI, p. 108.

c. « Nentra earum (mergus et gavia) conditur. » *Hist. animal.*, lib. v, cap. ix.

* *Colymbus septentrionalis* et *stellatus* (Gmel.). — Le *colymbus septentrionalis*, planche enluminée 308, est l'adulte; et le *colymbus stellatus*, planche enluminée 992, est le jeune.

LE PLONGEON CAT-MARIN. *

TROISIÈME ESPÈCE.

Ce plongeon, fort semblable à notre petit plongeon d'eau douce, nous a été envoyé des côtes de Picardie, qu'il fréquente surtout en hiver, et où les pêcheurs l'appellent *cat-marin* (chat de mer), parce qu'il mange et détruit beaucoup de frai de poisson : souvent ils le prennent dans les filets tendus pour les macreuses, avec lesquelles ce plongeon arrive ordinairement ; car on observe qu'il s'éloigne l'été, comme s'il allait passer cette saison plus au nord ; quelques-uns, cependant, au rapport des matelots, nichent dans les Sorlingues, sur des rochers où ils ne peuvent arriver qu'en partant de l'eau par un effort de saut, aidé du mouvement des vagues, car sur terre [a] ils sont, comme les autres plongeons, dans l'impuissance de s'élever par le vol; ils ne peuvent même courir que sur les vagues, qu'ils effleurent rapidement dans une attitude droite, et la partie postérieure du corps plongée dans l'eau.

Cet oiseau entre avec la marée dans les embouchures des rivières; les petits merlans, le frai de l'esturgeon et du congre sont ses mets de préférence; comme il nage presque aussi vite que les autres oiseaux volent, et qu'il plonge aussi bien qu'un poisson, il a tous les avantages possibles pour se saisir de cette proie fugitive.

Les jeunes, moins adroits et moins exercés que les vieux, ne mangent que des chevrettes : cependant les uns et les autres, dans toutes les saisons, sont extrêmement gras. M. Baillon, qui a très-bien observé ces plongeons sur les côtes de Picardie, et qui nous donne ces détails, ajoute que dans cette espèce la femelle diffère du mâle par la taille, étant de deux pouces à peu près au-dessous des dimensions de celui-ci, qui sont de deux pieds trois pouces de la pointe du bec au bout des ongles, et de trois pieds deux pouces de vol; le plumage des jeunes, jusqu'à la mue, est d'un noir enfumé, sans aucune des taches blanches dont le dos des vieux est parsemé.

Nous rapporterons à cette espèce, comme variété, un plongeon à tête noire [b], dont M. Brisson a fait sa cinquième espèce en lui appliquant des

---

a. « J'ai trouvé un jour deux de ces plongeons jetés au bord de la mer par les vagues; ils « étaient couchés sur le sable, remuant les pieds et les ailes, et se traînant à peine; je les « ramassai comme des pierres : cependant ils n'étaient point blessés, et l'un d'eux, jeté en l'air « vola, se plongea, et se joua dans l'eau à nos yeux. » Observation communiquée par M. Baillon, de Montreuil-sur-Mer.

b. « Colymbus circa insulam Jersey occisus. » Willughby, p. 239.

* Jeune du *colymbus septentrionalis*. — Voyez la nomenclature de la page précédente.

phrases de Willughby et de Ray, lesquelles désignent l'imbrim ou grand plongeon des mers du Nord, dont nous allons parler, et qui ne devaient pas être rapportées aux petits plongeons [a].

Au reste, une remarque que l'on a faite sans l'appliquer spécialement à une espèce particulière de plongeons, c'est que la chair de ces oiseaux devient meilleure lorsqu'ils ont vécu dans la baie de Longh-foyle près de Londonderry en Irlande, d'une certaine plante dont la tige est tendre, et presque aussi douce, dit-on, que celle de la canne à sucre.

L'IMBRIM OU GRAND PLONGEON DE LA MER DU NORD. [b,c]*

QUATRIÈME ESPÈCE.

Imbrim est le nom que porte à l'île Feroë ce grand plongeon, connu aux Orcades sous celui d'*embergoose*. Il est plus gros qu'une oie, ayant près de trois pieds du bec aux ongles, et quatre pieds de vol; il est aussi très-remarquable par un collier échancré en travers du cou, et tracé par de petites raies longitudinales alternativement noires et blanches; le fond de couleur dans lequel tranche cette bande est noir, avec des reflets verts au cou et violets sur la tête; le manteau est à fond noir, tout parsemé de mouchetures blanches; tout le dessous du corps est d'un beau blanc.

Ce grand plongeon paraît quelquefois en Angleterre dans les hivers rigoureux [d]; mais en tout autre temps il ne quitte pas les mers du Nord, et sa

a. *Colymbus maximus caudatus.* Willughby, p. 258. — *Mergus maximus.* Ray, p. 125, n° *a*, 4. — *Nota.* M. Brisson fait un triple emploi de ce n° de Ray, qui désigne le seul *imbrim*. Le n° 1, page 141, de Klein, que le même M. Brisson rapporte encore au petit plongeon, est aussi le *mergus maximus farrensis, seu arcticus* ou l'*imbrim*.

b. Voyez les planches enluminées, n° 952.

c. *Huubryre*, par les Islandais, selon Anderson, qui dit que cet oiseau ressemble beaucoup au vautour, *geir-fugl*, par sa grosseur et par ses cris; mais ce prétendu vautour est un harle. Voyez *Hist. nat. d'Islande et de Groënland*, t. I, p. 94. — *Anser nostratibus embergoose dictus.* Sibbald, *Scot. illustr.*, part. II, lib. III, p. 21. — *Colymbus maximus stellatus nostras.* Idem, *ibid.*, p. 20. — Klein, *Avi.*, p. 130, n° 12. — *Mergus maximus farrensis. Mus. Worm.* p. 303. — *Mergus maximus farrensis, sive arcticus.* Clusius, *Exotic.*, lib. V, cap. VI, p. 102. — Nieremberg, p. 216. — Jonston, p. 153. — Willughby, *Ornithol.*, p. 259. — Ray, *Synops. avi.*, p. 125, n° *a*, 4. — Klein, *Avi.*, p. 141, n° 1. — Charleton, *Exercit.*, p. 102, n° 11. *Onomast.*, p. 96, n° 11. — *Ildbrimel.* Clusius, *Exotic. auct.*, p. 367. — Nieremberg, p. 237. — Jonston, p. 129. — *Grand plongeon de mer* ou *de Terre-Neuve.* Albin, t. III, p. 39, pl. 93. « *Mergus supernè niger, maculis candidis varius, infernè albus; capite et collo nigro-virescen-* « *tibus, violaceo colore variantibus; tæniis transversim in collo inferiùs et ad latera albo et* « *nigro longitudinaliter striatis; rectricibus nigricantibus...* » *Mergus major nævius.* Brisson, *Ornithol.*, t. VI, p. 120.

d. Ray. — Nous en avons même reçu un qui a été tué cet hiver (1780) sur la côte de Picardie.

* Cet oiseau est l'adulte (*colymbus glacialis*) du *grand plongeon* de Buffon. — Voyez la nomenclature de la page 288.

retraite ordinaire est aux Orcades, aux îles Feroë, sur les côtes d'Islande et vers le Groënland, car il est aisé de le reconnaître dans le *tuglek* des Groënlandais [a].

Quelques écrivains du Nord, tels que Hoierus, médecin de Berghen, ont avancé que ces oiseaux faisaient leurs nids et leurs pontes sous l'eau [b], ce qui, loin d'être vrai, n'est pas même vraisemblable [c]; et ce qu'on lit à ce sujet dans les *Transactions philosophiques* [d], que l'imbrim tient ses œufs sous ses ailes et les couve ainsi en les portant partout avec lui, me parait également fabuleux. Tout ce qu'on peut inférer de ces contes, c'est que probablement cet oiseau niche sur des écueils ou des côtes désertes, et que jusqu'à ce jour aucun observateur n'a vu son nid.

LE LUMME OU PETIT PLONGEON DE LA MER DU NORD. [e][f]*

CINQUIÈME ESPÈCE.

Lumme ou *loom* en lapon veut dire *boiteux;* et ce nom peint la démarche chancelante de cet oiseau lorsqu'il se trouve à terre, où néanmoins il ne s'expose guère, nageant presque toujours, et nichant à la rive même de l'eau sur les côtes désertes : peu de gens ont vu son nid, et les Islandais

a. « Le *tuglek*, dit Crantz, est un plongeon de la grosseur d'un coq d'Inde, et de la cou-« leur d'un étourneau, avec le ventre blanc, et le dos noir parsemé de blanc; le cou est vert, « avec un collier rayé de blanc; le bec est étroit et pointu, épais d'un pouce et long de quatre; « sa longueur de la tête à la queue est de deux pieds, et cinq pieds d'envergure. » *Histoire générale des Voyages*, t. XIX, p. 45.

b. Voyez Sibbald.

c. M. Klein refuse, avec raison, d'en rien croire. « Huic historiæ, dit-il, non habeo « fidem. »

d. N° 473, page 61.

e. Voyez les planches enluminées, n° 308 (la femelle), sous la dénomination de *Plongeon à gorge rouge de Sibérie*.

f. *Loom* ou *lum*, en suédois et en lapon; *apa*, en groënlandais, suivant Anderson; *moquo*, dans Edwards. — *Lumme. Mus. Worms.*, p. 304. — Anderson, *Hist. nat. d'Islande et de Groënland*, t. I, p. 93; et t. II, p. 51. — *Colymbus arcticus, lumme Wormio dictus*. Willughby, *Ornithol.*, p. 259. — Sibbald, *Scot. illustr.*, part. II, lib. III, p. 20. — Ray, *Synops. avi.*, p. 125, n° 7. — *Mergus arcticus simpliciter*. Klein, *Avi.*, p. 141, n° 2. — « Colymbus pedibus palmatis indivisis. » Linnæus, *Fauna Suecica*, n° 121. — « Colymbus « pedibus palmatis indivisis, gutture nigro-purpurescente... » *Colymbus arcticus*. Idem, *Syst. nat.*, édit X, gen. 68, sp. 1. — *Singularis hirundinis aquaticæ exoticæ species. Mus. Besler*, p. 31, n° 3. — *Plongeon marqueté*. Edwards, t. III, pag. et pl. 146. — *Le grand plongeon à queue*, connu au nord du Canada sous le nom de *huart*. Salerne, *Ornithol.*, p. 379. — « Mergus supernè splendidè niger, infernè albus; capite posteriore et collo superiore cinc-

* *Colymbus arcticus* (Linn.). — Le *lumme* (Cuv.). — Le jeune est représenté dans la planche enluminée 914, attribuée à tort au *grand plongeon* (Voyez la nomenclature de la page 288). — Quant à la figure, citée ici sous le n° 308, elle se rapporte à l'espèce du *petit plongeon* de Buffon. — Voyez la nomenclature de la page 290.

disent qu'il couve ses œufs sous ses ailes en pleine mer [a], ce qui n'est guère plus vraisemblable que la couvée de l'imbrim sous l'eau.

Le lumme est moins grand que l'imbrim, et n'est que de la taille du canard ; il a le dos noir, parsemé de petits carrés blancs ; la gorge noire, ainsi que le devant de la tête, dont le dessus est couvert de plumes grises ; le haut du cou est garni de semblables plumes grises, et paré en devant d'une longue pièce nuée de noir changeant en violet et en vert ; un duvet épais, comme celui du cygne, revêt toute la peau, et les Lapons se font des bonnets d'hiver [b] de ces bonnes fourrures.

Il paraît que ces plongeons ne quittent guère la mer du Nord, quoique de temps en temps, au rapport de Klein, ils se montrent sur les côtes de la Baltique [c], et qu'ils soient bien connus dans toute la Suède [d] ; leur principal domicile est sur les côtes de Norwége, d'Islande et de Groënland ; ils les fréquentent pendant tout l'été et y font leurs petits, qu'ils élèvent avec des soins et une sollicitude singulière. Anderson nous fournit à ce sujet des détails qui seraient intéressants, s'ils étaient tous exacts ; il dit que la ponte n'est que de deux œufs, et qu'aussitôt qu'un petit lumme est assez fort pour quitter le nid, le père et la mère le conduisent à l'eau, l'un volant toujours au-dessus de lui pour le défendre de l'oiseau de proie, l'autre au-dessous pour le recevoir sur le dos en cas de chute, et que si malgré ce secours le petit tombe à terre, ses parents s'y précipitent avec lui, et plutôt que de l'abandonner se laissent prendre par les hommes ou manger par les renards, qui ne manquent jamais de guetter ces occasions, et qui, dans ces régions glacées et dépourvues de gibier de terre, dirigent toute leur sagacité et toutes leurs ruses à la chasse des oiseaux [e]. Cet auteur ajoute que, quand une fois les lummes ont gagné la mer avec leurs petits, ils ne reviennent plus à terre ; il assure même que les vieux qui par hasard ont perdu leur famille, ou qui ont passé le temps de nicher, n'y viennent jamais, nageant toujours par troupes de soixante ou de cent. « Si on jette, dit-il, un petit « dans la mer devant une de ces troupes, tous les lummes viennent sur-le- « champ l'entourer, et chacun s'empresse de l'accompagner, au point de « se battre entre eux autour de lui jusqu'à ce que le plus fort l'emmène ; « mais si par hasard la mère du petit survient, toute la querelle cesse sur- « le-champ, et on lui cède son enfant [f]. »

« ris ; collo ad latera albo, maculis nigris vario ; teniâ longitudinali in collo inferiore nigrâ ; « violaceo et viridi variante ; pennis scapularibus, alisque maculis albis variegatis ; rectricibus « nigris... » *Mergus gutture nigro.* Brisson, *Ornithol.*, t. VI, p. 115.

a. Voyez Anderson, *Hist. nat. d'Islande et de Groënland*, t. 1, p. 93.

b. *Fauna Suecica* ; voyez aussi l'*Histoire générale des Voyages*, t. XV, p. 309.

c. « Sæpissimé nos in Prussiâ salutat. » *Ordo avium*, p. 141.

d. « Habitat in lacubus Sueciæ, ubique vulgaris. » *Fauna Suecica.*

e. Voyez Anderson, tome II, page 52.

f. *Ibidem*, page 53.

A l'approche de l'hiver, ces oiseaux s'éloignent et disparaissent jusqu'au retour du printemps. Anderson conjecture que, déclinant entre le sud et l'ouest, ils se retirent vers l'Amérique ; et M. Edwards reconnaît en effet que cette espèce est commune aux mers septentrionales de ce continent et de celui de l'Europe ; nous pouvons y ajouter celles du continent de l'Asie, car le plongeon à gorge rouge venu de Sibérie et donné sous cette indication dans nos planches enluminées [a], est exactement le même que celui de la planche 97 d'Edwards, que ce naturaliste donne comme la femelle du lumme, d'après le témoignage non suspect de son correspondant M. Isham, bon observateur, qui lui avait rapporté l'un et l'autre de Groënland [b].

Dans la saison que les lummes passent sur les côtes de Norwége, leurs différents cris servent aux habitants de présage pour le beau temps ou les pluies [c] : c'est apparemment par cette raison qu'ils épargnent la vie de cet oiseau, et qu'ils n'aiment pas même à le trouver pris dans leurs filets [d].

Linnæus distingue dans cette espèce une variété [e], et dit, avec Wormius, que le lumme niche à plat sur le rivage au bord même de l'eau ; sur quoi M. Anderson semble n'être pas d'accord avec lui-même [f]. Au reste, le *lumb* du Spitzberg de Martens paraît, suivant l'observation de M. Ray, être différent des lummes de Groënland et d'Islande, puisqu'il a le *bec crochu*, quoique d'ailleurs son affection pour ses petits, la manière dont il les conduit à la mer en les défendant de l'oiseau de proie, lui donnent beaucoup de rapports avec ces oiseaux par les habitudes naturelles [g] ; et quant aux *loms* du

---

a. N° 308.

b. C'est de cette femelle du lumme que M. Brisson a fait sa troisième espèce de plongeon, sous la dénomination de *plongeon à gorge rouge*, à laquelle aussi doit se rapporter le n° 3 de la page 141 de l'*Ordo avium* de Klein.

c. « Ubi imbres largiores imminere presentiscit, nido ab inundatione metuens, querulo sono « aërem verberat ; e contra cum cœli serenitatem, latis acclamationibus et alio gratiore sono « pullis applaudit. » Worm., *apud Willug.*, p. 260.

d. Wormius, *ibidem*.

e. « Varietas, cui caput et latera colli cinerea, tergum colli albis nigrisque lineolis, « dorsum fuscum absque punctis albis, pectus anticè cinereo alboque maculatum. » *Fauna Suecica*, n° 121.

f. Tome I de son *Histoire natur. d'Islande et de Groënland*, page 93, il dit que le lumme niche sur les rives désertes au bord de l'eau, *tellement qu'il peut rentrer immédiatement de la mer dans son nid, et même boire restant assis sur ses œufs* ; et tome II, page 52, il prétend que les lummes font leurs nids *sur les plus hauts rochers, et sur de petits morceaux saillants du roc*. Cette contrariété ne peut se concilier qu'en disant que ces oiseaux savent placer leurs nids suivant que la côte leur offre pour cela une grève plate ou des bords escarpés.

g. « Le bec du *lumb* ressemble fort à celui du pigeon plongeon, excepté qu'il est un peu « plus dur et plus crochu. Cet oiseau est aussi gros qu'un canard médiocre... On voit ordinai-« rement les petits près des vieux, qui leur enseignent à nager et à plonger ; les vieux trans-« portent les jeunes des rochers dans l'eau en les prenant dans leur bec ; le bourgmaistre, qui « est un oiseau de proie, cherche à les leur enlever..... mais ces oiseaux aiment si fort leurs « petits, qu'ils se laissent plutôt tuer que de les abandonner, et ils les défendent de la même « manière qu'une poule défend ses poussins ; ils les couvrent en nageant..... Ils volent en « grandes troupes, et leurs ailes ont alors la même figure que celles des hirondelles ; en volant

navigateur Barentz, rien n'empêche qu'on ne les regarde comme les mêmes oiseaux que nos lummes, qui peuvent bien en effet fréquenter la Nouvelle-Zemble[a].

LE HARLE.[b][c]*

PREMIÈRE ESPÈCE.

Le harle, dit Belon, *fait autant de dégât sur un étang qu'en pourroit faire un bièvre ou castor ;* c'est pourquoi, ajoute-t-il, le peuple donne le nom de

« ils les remuent extrêmement... Leur cri est fort désagréable, et semblable à peu près à celui « du corbeau, et il n'y a point d'oiseau qui crie plus que celui-là, si ce n'est le *rotger d'hiver.* » *Recueil des Voyages du Nord*, t. II , p. 95.

a. « Le nom de *loms* que Barentz donne à cette baie (dans la mer Glaciale, sous la Nou-« velle-Zemble), fut pris d'une espèce d'oiseaux qu'il y vit en abondance, et qui, suivant la « signification hollandaise du mot, sont extraordinairement lourds; ils ont le corps si gros, en « comparaison des ailes, qu'on est surpris qu'ils puissent élever une si pesante masse..... Ces « oiseaux font leurs nids sur des montagnes escarpées, et ne couvent qu'un œuf à la fois. La « vue des hommes les effarouche si peu, qu'on peut en prendre un dans son nid sans que les « autres s'envolent ou quittent même leur situation. » *Histoire générale des Voyages*, t. XV, pag. 104.

b. Voyez les planches enluminées, n° 951, le mâle ; 953, la femelle.

c. En anglais, *goosander*, et la femelle, *dun-diver, sparling-foul;* en allemand, *meer-rach, weltch-eent :* et sur le lac de Constance, *gan* ou *ganner;* en italien, autour du lac Majeur, *garganey;* en polonais, *kruk morski;* en norwégien, *fisk-and, mort-and;* en islandais, *skor-and, geir-fugl.* — *Mergauser.* Gessner, *Avi.*, p. 135. — Aldrovande, t. III , p. 285. — Jonston , *Avi.*, p. 89. — Willughby, *Ornithol.*, p. 253. — Ray, *Synops. avi.*, p. 134, n° *a*, 1. — Rzaczynski, *Auctuar. hist. nat. Polon.*, p. 392. — Sibbald, *Scot. illustr.*, part. II, lib. III, p. 20. — Charleton , *Exercit.*, p. 101, n° 6. *Onomast.*, p. 95, n° 6. — Marsigli, *Danub.*, t. V, p. 76. — *Mus. Worm.*, p. 300. — *Mergus.* Mœhring, *Avi.*, gen. 62. — *Serrator simpliciter.* Klein , *Avi.*, p. 140 , n° 1. — *Mergus merganser.* Muller, *Zoolog. Dan.*, n° 133. — « Merganser supernè splendidè niger, uropygio cinereo (Mas); cinereus (Fœmina), infernè « albo fulvescens ; capite et collo supremo obscurè viridibus, violaceo colore variantibus « (Mas), sordidè rufis (Fœmina) ; remigibus decem primoribus cinereo-fuscis ; rectricibus « cinereis , scapo nigricante donatis.. » *Merganser*, le Harle. Brisson , *Ornithol.*, t. VI , p. 231. — *Nota.* Les phrases suivantes paraissent désigner la femelle. — *Mergus cirratus, sive longiroster major.* Gessner, *Avi.*, p. 134. — Aldrovande, t. III , p. 283. — *Mergus cirratus.* Jonston , *Avi.*, p. 89. — Barrère, *Ornithol.*, class. I, gen. 3, sp. 1. — *Anas raucedula.* Gessner, *Avi.*, p. 133. — Aldrovande, t. III , p. 281. — *Mergus ruber.* Gessner, *Avi.*, p. 133. — Aldrovande, p. 281. — Jonston , p. 96. — Charleton , *Exercit.*, p. 101, n° 4. *Onomast.*, p. 95 , n° 4. — *Mergus vertice et collo rubentibus.* Barrère, *Ornithol.*, class. I, gen. 3 , sp. 3. — *Castor, seu fiber Belonii.* Aldrovande, t. III , p. 285. — *Bièvre oiseau.* Belon , *Nat. des oiseaux*, p. 163 ; et *Portraits d'oiseaux*, p. 33, *a.* — *Oie de mer.* Albin, t. I, p. 76, pl. 78. — « Merganser cristatus, supernè cinereus, pennis colli et uropygii cinereo albo in apice mar-« ginatis, infernè albo-fulvescens, capite et collo supremo spadiceis ; gutture albo ; remigibus « decem primoribus cinereo-fuscis, rectricibus cinereis... » *Merganser cinereus.* Brisson , *Ornithol.*, t. VI , p. 254.

* *Mergus merganser* (Linn.). — Le *harle vulgaire.* — Ordre des *Palmipèdes,* famille des *Lamellirostres*, genre *Harles* (Cuv.). — « Les jeunes et les femelles (*mergus castor*, planche « enluminée 953) sont gris, à tête rousse. » (Cuvier.) — Le genre *Harles* est, dans Cuvier, le dernier de l'ordre des *Palmipèdes* et de la classe entière des *oiseaux.*

bièvre à cet oiseau ; mais Belon paraît se tromper ici avec le peuple au sujet du bièvre ou castor, qui ne mange pas de poisson, mais de l'écorce et du bois tendre, et c'est à la *loutre* qu'il fallait comparer cet oiseau ichthyophage, puisque de tous les oiseaux quadrupèdes aucun ne détruit autant de poisson que la loutre.

Le harle est d'une grosseur intermédiaire entre le canard et l'oie ; mais sa taille, son plumage et son vol raccourci lui donnent plus de rapport avec le canard : c'est avec peu de justesse que Gessner lui a donné la dénomination de *merganser*, oie-plongeon, par la seule ressemblance du bec à celui du plongeon, puisque cette ressemblance est très-imparfaite. Le bec du harle est à peu près cylindrique et droit jusqu'à la pointe, comme celui du plongeon, mais il en diffère en ce que cette pointe est crochue et fléchie en manière d'ongle courbe d'une substance dure et cornée ; et il en diffère encore en ce que les bords en sont garnis de dentelures dirigées en arrière ; la langue est hérissée de papilles dures et tournées en arrière comme les dentelures du bec, ce qui sert à retenir le poisson glissant, et même à le conduire dans le gosier de l'oiseau : aussi, par une voracité peu mesurée, avale-t-il des poissons beaucoup trop gros pour entrer tout entiers dans son estomac ; la tête se loge la première dans l'œsophage, et se digère avant que le corps puisse y descendre.

Le harle nage tout le corps submergé, et la tête seule hors de l'eau [a] ; il plonge profondément, reste longtemps sous l'eau, et parcourt un grand espace avant de reparaître ; quoiqu'il ait les ailes courtes, son vol est rapide, et le plus souvent il file au-dessus de l'eau [b], et il paraît alors presque tout blanc : aussi l'appelle-t-on *harle blanc* en quelques endroits, comme en Brie, où il est assez rare ; cependant il a le devant du corps lavé de jaune pâle ; le dessus du cou, avec toute la tête, est d'un noir changeant en vert par reflets, et la plume, qui en est fine, soyeuse, longue et relevée en hérisson depuis la nuque jusque sur le front, grossit beaucoup le volume de la tête ; le dos est de trois couleurs, noir sur le haut et sur les grandes pennes des ailes, blanc sur les moyennes et la plupart des couvertures, et joliment liséré de gris sur blanc au croupion ; la queue est grise ; les yeux, les pieds et une partie du bec sont rouges.

Le harle est, comme on voit, un fort bel oiseau, mais sa chair est sèche et mauvaise à manger [c] ; la forme de son corps est large et sensiblement aplatie sur le dos ; on a observé que la trachée-artère a trois renflements, dont le dernier, près de la bifurcation, renferme un labyrinthe osseux [d] ;

---

a. « Caput inter nandum sublime attollit. » Aldrovande, t. III, p. 283. — « Cùm natat non « nisi caput exserit. » *Mus. Worm.*, p. 300.

b. Rzaczynski, *Auctuar.*, p. 392.

c. Belon rapporte le proverbe populaire, que, *qui voudroit regaler le diable, lui serviroit bièvre et cormoran.*

d. Willughby, p. 253.

cet appareil contient de l'air que l'oiseau peut respirer sous l'eau [a]. Belon dit aussi avoir remarqué que la queue du harle est souvent comme froissée et rebroussée par le bout, et qu'il se perche et fait son nid, comme le cormoran, sur les arbres ou dans les rochers [b]; mais Aldrovande dit au contraire, et avec plus de vraisemblance, que le harle niche au rivage et ne quitte pas les eaux. Nous n'avons pas eu occasion de vérifier ce fait; ces oiseaux ne paraissent que de loin à loin dans nos provinces de France, et toutes les notices que nous en avons reçues nous apprennent seulement qu'il se trouve en différents lieux et toujours en hiver [c] : on croit en Suisse que son apparition sur les lacs annonce un grand hiver [d]; et, quoique cet oiseau doive être assez connu sur la Loire, puisque c'est là, suivant Belon, qu'on lui a imposé le nom de *harle* ou *herle*, il semble, d'après cet observateur lui-même qu'il se transporte en hiver dans des climats beaucoup plus méridionaux, car il est du nombre des oiseaux qui viennent du Nord jusqu'en Égypte pour y passer l'hiver, suivant Belon, quoique d'après ses propres observations il paraisse que cet oiseau se trouve sur le Nil en toute autre saison que celle de l'hiver [e], ce qui est assez difficile à concilier.

Quoi qu'il en soit, les harles ne sont pas plus communs en Angleterre qu'en France [f], et cependant ils se portent jusqu'en Norwége [g], en Islande [h], et peut-être plus avant dans le Nord. On reconnaît le harle dans le *geir-fugl* des Islandais, auquel Anderson donne mal à propos le nom de *vautour* [i], à moins qu'on ne suppose que le harle, par sa voracité, est le vautour de la mer; mais il paraît que ces oiseaux n'habitent pas constamment la côte d'Islande, puisque les habitants, à chacune de leurs apparitions, ne manquent pas d'attendre quelque grand événement [j].

Dans le genre du harle, la femelle est constamment et considérablement plus petite que le mâle; elle en diffère aussi, comme dans la plupart des espèces d'oiseaux d'eau, par ses couleurs : elle a la tête rousse et le manteau

a. *Nature des oiseaux*, p. 164.

b. *Idem*, *ibid*.

c. Harle tué le 15 février (1778) près de Montbard, sur un étang, où on le voyait depuis plusieurs jours. — Harle tué près du Croisic, sur les marais salants. (Lettre de M. de Querhoënt, du 13 février.) — Harle tué à Bourbon-Lancy, et envoyé à M. Hébert en mars 1774.

d. Gessner.

e. « Ce nous sembla chose fort nouvelle de voir ce mois de septembre un oiseau de rivière, « lequel les François (pour ce qu'il fait grand dommage aux étangs comme un castor) le « nomment *bièvre*, et les Latins *vulpanser*, promenant ses petits nouvellement éclos dedans « le Nil. Les oiseaux de rivière, qui communément se retirent des pays septentrionaux au « temps d'hiver, se vont rendre en Égypte, et là couvent leurs petits, et s'en retournent l'été, « fuyant la violente chaleur du soleil qui leur seroit intolérable. » *Observations* de Belon; Paris, 1555, page 100.

f. « In Angliâ rarissimè visitur. » Charleton, *Onomast. zoïc.*, p. 95.

g. Muller, *Zoolog. Danic.*, n° 133.

h. *Mus. Worm.*, p. 300; Charleton, *ibid*.

i. Vautour d'Islande. *Hist. natur. d'Islande et de Groënland*, t. 1, p. 94.

j. *Idem*, *ibidem*.

gris, et c'est de cette femelle, décrite par Belon sous le nom de *bièrre*, que
M. Brisson fait son septième harle, comme on peut s'en convaincre en
comparant sa notice, page 254, et sa figure, planche 25, avec notre planche
enluminée n° 953, qui représente cette femelle.

LE HARLE HUPPÉ. [a][b]*

SECONDE ESPÈCE.

Le harle commun, que nous venons de décrire, n'a qu'un toupet et non
pas une huppe : celui-ci porte une huppe bien formée, bien détachée de la
tête, et composée de brins fins et longs, dirigés de l'occiput en arrière; il
est de la grosseur du canard; sa tête et le haut du cou sont d'un noir violet
changeant en vert doré; la poitrine est d'un roux varié de blanc, le dos
noir; le croupion et les flancs sont rayés en zigzags de brun et de gris
blanc; l'aile est variée de noir, de brun, de blanc et de cendré; il y a des
deux côtés de la poitrine vers les épaules d'assez longues plumes blanches
bordées de noir, qui recouvrent le coude de l'aile lorsqu'elle est pliée; le
bec et les pieds sont rouges. La femelle diffère du mâle en ce qu'elle a la

a. Voyez les planches enluminées, n° 207, le mâle.

b. *Herle.* Belon, *Nat. des oiseaux*, p. 164. — *Anatis species, herle seu harle Gallis dicta.*
Aldrovande, *Avi*, t. III, p. 236. — *Mergus quem Bellonius gallicè herle vocat.* Jonston,
Avi., p. 89. — *Anas longirostra secunda.* Schwenckfeld, *Aviar. Siles.*, p. 206. — *Serrator
cirratus.* Klein, *Avi.*, p. 104, n° 2. — *Harle.* Albin, t. II, p. 65, pl. 101. — *Plongeon à
poitrine rouge.* Edwards, pag. et pl. 95. — « Mergus cristâ dependente, capite nigro-cærules-
« cente, collari albo... » *Merganser.* Linnæus, *Syst. nat.*, édit. X, gen. 62, sp. 2. Idem.
Fauna Suecica, n° 113. *Suecis wark-vogel, kjoer-fogel.* — *Mergus serrator cristâ dependente. Danis, top-and, shrœkke. Island. vatussend.* Muller, *Zoolog. Danic.*, n° 134. —
Ces phrases désignent le mâle; toutes les suivantes paraissent se rapporter à la femelle. —
Anas longirostra. Gessner, *Avi.*, p. 133. — *Anas longirostra sive mergus longiroster.* Aldrovande, *Avi.*, t. III, p. 282. — *Mergus longirostrus.* Jonston, p. 96. — *Mergus cirratus fuscus, Venetiis serula.* Willughby, *Ornithol.*, p. 255. — Ray, *Synops. avi.*, p. 135, n° a, 4. —
Anas longirostra prima. Schwenckfeld, *Aviar. Siles.*, p. 205. — *Mergus cirratus fuscus;
anas longirostra Gessneri, serula Venetorum.* Rzaczynski, *Auctuar.*, pag. 393 et 434. —
Mergus longirostrus. Charleton, *Exercit.*, p. 101, n° 3. *Onomast.*, p. 95, n° 3. — *Mergus
longirostrus Jonstoni.* Barrère, *Ornithol.*, class. gen. 3, sp. 2. — « Mergus cristâ dependente;
« capite nigro maculis ferrugineis... » *Serrator.* Linnæus, *Syst. nat.*, édit. X, gen. 62, sp. 3.
— Idem, *Fauna Suecica*, n° 114. — « Mergus cristatus, supernè splendidè niger, uropygio
« fusco et cinereo-albo transversim et undatim striato (Mas), cinereus (Fœmina), infernè
« albus; capite et collo supremo nigro-violaceis obscurè viridi colore variantibus (Mas),
« sordidè rutis (Fœmina); (torque albo, Mas), collo infimo et pectore supremo rufescente,
« albo et nigro variegatis; remigibus undecim primoribus fusco-nigricantibus; rectricibus
« fuscis, exteriùs ad margines cinereo-albo variegatis... » *Merganser cristatus.* Brisson,
Ornithol., t. VI, p. 237.

* *Mergus serrator* (Linn.). — Genre *id.*

tête d'un roux terne, le dos gris et tout le devant du corps blanc, faiblement
teint de fauve sur la poitrine.

Suivant Willughby, cette espèce est très-commune sur les lagunes de
Venise; et comme Muller témoigne qu'on la trouve en Danemark, en Norwége, et que Linnæus dit qu'elle habite aussi en Laponie *a*, il est très-pro-
bable qu'elle fréquente les contrées intermédiaires : et en effet, Schwenckfeld assure que cet oiseau passe en Silésie, où on le voit au commencement
de l'hiver sur les étangs dans les montagnes. M. Salerne dit qu'il est fort
commun sur la Loire *b*; mais par la manière dont il en parle, il paraît
l'avoir très-mal observé.

LA PIETTE OU LE PETIT HARLE HUPPÉ. *c d* *

TROISIÈME ESPÈCE.

La piette est un joli petit harle à plumage pie, auquel on a donné quelquefois le nom de *religieuse*, sans doute à cause de la netteté de sa belle

a. *Knipa. Schœfferi. Lapp. illustr.* Voyez *Fauna Suecica.*
b. Voyez *Ornithologie* de Salerne, page 401.
c. Voyez les planches enluminées, nº 449, le mâle ; 450, la femelle.
d. Piette, Belon, *Nat. des oiseaux,* p. 171. Idem, *Portraits d'oiseaux,* p. 37, *a.* —
Mergus varius major, vulgò mergus Rheni et monialis alba, Germanis wysse nonn.
Gessner, *Icon. avi.,* p. 87. — *Mergus Rhenanus.* Idem, *Avi.,* p. 181. — *Mergus varius.*
Idem, *ibid.,* p. 132. — *Mergus alius major cirratus* (dénomination fautive, puisque ce
harle est un des plus petits). Idem, *ibid.,* p. 132. — *Mergus Rheni ornithologi.* Aldrov., *Avi.,*
t. III, p. 274. — *Albellus aquaticus.* Idem, *ibid.,* p. 276. — *Albellus alter seu mergo muste-
lari leucomelano congener.* Idem, *ibid.* — *Albellus alter Aldrovandi.* Willughby, *Ornithol.,*
p. 254. — *Mergus Rheni Gessnero; Aldrovandi.* Idem, p. 255. — *Mergus Rhenanus, quibusdam
monialis alba.* Jonston, *Avi.,* p. 96. — *Mergus major (falsò) Gessneri ; albellus alter Aldrovandi, the white nun.* Ray, *Synops. avi.,* p. 135, nº *a,* 3. — *Mergus Rhenanus, quibusdam
monialis alba.* Charleton, *Exercit.,* p. 101, nº 1. *Onomast.,* p. 95, nº 1. — *Anas longirostra
quinta et septima Schwenck. nonn endtlin, *eyszendtlin. Aviar. Siles.,* pag. 208 et 209. —
Anas albella. Klein, *Avi.,* p. 135, nº 30. — *Serrator minimus.* Idem, *ibid.,* p. 140, nº 4. —
« *Mergus cristà dependente subtus nigrà, corpore albo, dorso nigro, alis variegatis...* »
Albellus. Linnæus, *Syst. nat.,* édit. X, gen. 62, sp. 4. — *Plongeon de mer.* Albin, t. I,
p. 78, pl. 89. — *Cane blanche* en Sologne. Salerne, *Hist. des oiseaux,* p. 402. — « *Merganser
« cristatus supernè splendidè niger, infernè albo argenteus; capite et collo candidis, cristà
« partim candidà, partim obscurè viridi-violaceà; maculà per oculos nigro-viridescente; torque
« semi-circulari in collo superiore nigro; remigibus decem primoribus nigricantibus; rectri-
« cibus cinereis (Mas).* » *Merganser cristatus minor, sive Albellus.* Brisson, *Ornithol.,* t. VI,
p. 243. — *Nota.* La femelle, dans cette espèce comme dans les précédentes, est fort différente
du mâle pour le plumage, et c'est à elle que se rapportent les phrases suivantes. — *Mergus
varius, qui monialis fusca dicitur.* Gessner, *Avi.,* p. 133. — *Mergus argentinensis.* Idem, *ibid.*
— *Mergus mustelaris.* Idem, *ibid.,* p. 132. — *Mergus varius, quem circà Argentoratum
Germani monialem fuscam appellant.* Aldrovande, *Avi.,* t. III, p. 282. — « *Merganser
« supernè cinereo-fuscus, infernè albo-argenteus, partibus capitis et collo supremi superioribus
« fulvis, gutture albo; colli inferioris infimà parte cinereo-albà; remigibus decem primoribus
« nigricantibus; rectricibus cinereis (Fœmina).* » Brisson, *Ornithol.,* t. VI, p. 243

* *Mergus albellus* (Linn.). — La *piette, nonnette, petit harle* (Cuv.).

robe blanche, de son manteau noir et de sa tête coiffée en effilés blancs
couchés en mentonnière, et relevés en forme de bandeau, que coupe par
derrière un petit lambeau de voile d'un violet vert obscur; un demi-collier
noir sur le haut du cou achève la parure modeste et piquante de cette petite
religieuse ailée; elle est aussi fort connue sous le nom de *piette* sur les
rivières d'Are et de Somme en Picardie, où il n'est pas de paysan, dit Belon,
qui ne la sache nommer; elle est un peu plus grande que la sarcelle, mais
moindre que le morillon; elle a le bec noir, et les pieds d'un gris plombé;
l'étendue du blanc et du noir dans son plumage est fort sujette à varier, de
sorte que quelquefois il est presque tout blanc[a]; la femelle n'est pas aussi
belle que le mâle; elle n'a point de huppe; sa tête est rousse, et le manteau
est gris.

LE HARLE A MANTEAU NOIR. [b][*]

QUATRIÈME ESPÈCE.

Nous réunissons ici sous la même espèce le *harle noir* et le *harle blanc et
noir* de M. Brisson, qui sont les *troisième* et *sixième* harles de Schwenckfeld,
parce qu'il nous paraît qu'il y a entre eux moins de différences que l'on n'en
observe dans ce genre entre le mâle et la femelle, d'autant plus que ces deux
harles sont à peu près de la même taille; Belon, qui en a décrit un sous le
nom de *tiers*, dit qu'on l'appelle ainsi parce qu'il est comme moyen, ou *en
tiers entre la canne et le morillon*, que ses ailes, par leur bigarrure, imitent la
variété des ailes du morillon; mais il a tort de joindre son harle *tiers* à cet
oiseau, puisque le bec est entièrement différent de celui du morillon; et
quant à sa taille, elle est plus approchante de celle du canard. Au reste, il
a la tête, le dessus du cou, le dos, les grandes pennes de l'aile et le croupion noirs, et tout le devant du corps d'un beau blanc, avec la queue brune.
Cette description convient donc en entier au *harle blanc et noir* de M. Brisson, et elle convient également à son *harle noir*, excepté qu'au cou de
celui-ci on voit du rouge-bai, et qu'il a la queue noire; tous deux ont le

a. Belon.

b. *Tiers.* Belon, *Nat. des oiseaux*, p. 165. — *Mergus niger.* Gessner, *Avi.*, p. 153. — *Aliud
mergi genus.* Idem, *ibid.*, p. 132. — *Mergus alter.* Aldrovande, *Avi.*, t. III, p. 276. — *Mergus niger.* Idem, *ibid.*, p. 281. — Jonston, *Avi.*, p. 96. — *Mergus niger Jonstoni.* Barrère,
Ornithol., class. 1, gen. 3, sp. 4. — *Anas longirostra tertia.* Schwenckfeld, *Aviar. Siles.*,
p. 207. — *Anas longirostra sexta.* Idem, *ibid.*, p. 208. — « Merganser supernè niger, infernè
« albus, remigibus majoribus nigris, rectricibus fuscis... » *Merganser leucomelanus.* Brisson,
Ornithol., t. VI, p. 250. — « Merganser supernè niger, infernè albus; collo spadiceo; tæniâ
« transversâ in alis candidâ; remigibus majoribus, rectricibusque nigris... » *Merganser niger.*
Idem, *ibid.*, p. 251.

* « Selon M. Temminck, cet oiseau est un individu mâle adulte du *harle huppé* (*mergus
« serrator*). » Desmarets.) — Voyez la nomenclature de la page 299.

bec et les pieds rouges. Schwenckfeld, en disant du premier qu'on le voit
rarement en Silésie, n'insinue pas que le dernier y soit plus commun, en
observant qu'il paraît quelques-uns de ces oiseaux sur les rivières au mois
de mars, à la fonte des glaces[a].

LE HARLE ÉTOILÉ.[b*]

CINQUIÈME ESPÈCE.

La grande différence de livrée entre le mâle et la femelle, dans le genre
des harles, a causé plus d'un double emploi dans l'énumération de leurs
espèces, comme on peut le remarquer dans les listes de nos nomenclateurs :
nous soupçonnons fortement qu'il y a encore ici une de ces méprises qui
ne sont que trop communes en nomenclature. Il nous paraît que l'espèce
de ce harle étoilé, mieux décrite et mieux connue, ne sera peut-être qu'une
femelle des espèces précédentes : Willughby le pensait ainsi; il dit que ce
même harle étoilé, qui est le *mergus glacialis* de Gessner, n'est que la femelle
de la piette; et ce qui semble le prouver, c'est que le *mergus glacialis* se
trouve quelquefois tout blanc, particularité qui appartient à la piette. Quoi
qu'il en soit, M. Brisson tire la dénomination de *harle étoilé*, d'une tache
blanche figurée en étoile, que porte, à ce qu'il dit, ce harle, au-dessous
d'une tache noire qui lui enveloppe les yeux; le dessus de la tête est d'un
rouge bai; le manteau d'un brun noirâtre; tout le devant du corps est
blanc, et l'aile est mi-partie de blanc et de noir; le bec est noir ou de
couleur plombée, comme dans la piette, et la grosseur de ces deux oiseaux
est à peu près la même. Gessner dit que ce harle porte en Suisse le nom de
canard des glaces (*ysentle*), parce qu'il ne paraît sur les lacs qu'un peu
avant le grand froid qui vient les glacer[c].

a. *Aviar. Siles.*, pag. 207 et 208.

b. *Mergus albus.* Gessner, *Avi.*, p. 133. — *Alterum mergi varii genus.* Idem, *ibid.*, p. 132.
— *Tertium mergi varii genus, seu mergus glacialis.* Aldrov., *Avi.*, t. III, p. 279. — *Mergus
albus.* Idem, *ibid.*, p. 282. — Jonston, *Avi.*, p. 89. — *Mergus glacialis.* Idem, p. 96. —
Willughby, *Ornithol.*, p. 254. — Charleton, *Exercit.*, p. 101, n° 2. *Onomast.*, p. 95, n° 2. —
Mergus glacialis Gessnero. Ray, *Synops. avi.*, p. 135. — *Anas stellata.* Klein, *Avi.*, p. 135,
n° 29. — « Mergus capite griseo lævi... » *Mergus minutus.* Linnæus, *Syst. nat.*, édit. X,
gen. 62, sp. 5. — « Mergus capite griseo, cristà destituto... » Idem, *Fauna Suecica*, n° 115.
— « Merganser supernè fusco-nigricans, infernè albus, capite superiore spadiceo: maculà per
« oculos nigrà, infrà oculos stellatà candidà; rectricibus alarum superioribus albis; remigibus
« quatuordecim primoribus nigris; rectricibus fusco-nigricantibus..... » *Merganser stellatus.*
Brisson, *Ornithol.*, t. VI, p. 252.

c. Il paraît, du reste, que c'est mal à propos que ce même naturaliste, et après lui M. Brisson, rapportent à ce harle le nom de *pylstert* ou *pylstaart*, qui, en hollandais, signifie à la
lettre *queue de flèche*, et qui est constamment appliqué au *paille-en-queue* dans la relation de
Tasman. Voyez ci-après l'article du *Paille-en-queue.*

* « Suivant M. Temminck, cet oiseau n'est qu'une femelle ou un jeune mâle de la *piette* ou
« *petit harle huppé.* » (Desmarets.) — Voyez la nomenclature de la page 300.

LE HARLE COURONNÉ. [a][b][*]

SIXIÈME ESPÈCE.

Ce harle, qui se trouve en Virginie, est très-remarquable par sa tête couronnée d'un beau limbe, noir à la circonférence et blanc au milieu, et formé de plumes relevées en disque, ce qui fait un bel effet, mais qui ne paraît bien que dans l'oiseau vivant[c], et que par cette raison notre planche enluminée ne rend pas; on le voit dans la belle figure que Catesby a donnée de cet oiseau qu'il a dessiné vivant : sa poitrine et son ventre sont blancs; le bec, la face, le cou et le dos sont noirs; les pennes de la queue et de l'aile brunes; celles de l'aile les plus intérieures sont noires et marquées d'un trait blanc. Ce harle est à peu près de la grosseur du canard; la femelle est toute brune, et sa huppe est plus petite que celle du mâle. Fernandez a décrit l'un et l'autre sous le nom mexicain d'*ecatototl*, en y ajoutant le surnom de *avis venti*, oiseau du vent, sans en indiquer la raison. Ces oiseaux se trouvent au Mexique et à la Caroline, aussi bien qu'en Virginie, et se tiennent souvent sur les rivières et les étangs.

LE PÉLICAN. [d][e][**]

Le pélican est plus remarquable, plus intéressant pour un naturaliste par la hauteur de sa taille et par le grand sac qu'il porte sous le bec, que

a. Voyez les planches enluminées, n° 935, le mâle, sous la dénomination de *Harle huppé de Virginie*, n° 936, la femelle.

b. Round-crested duck. Catesby, *Carolina*, t. I, p. 94, avec une belle figure. — *Harle à crête.* Edwards, *Glan.*, pl. 360. — *Ecatototl seu avis venti.* Fernandez, *Hist. avi. nov. Hisp.*, p. 24, cap. XLVI. — Idem, p. 33, cap. XCV. — *Altera ecatototl.* Idem, p. 24, cap. XLVII. — *Avis venti.* Nieremberg, p. 222. — *Heatototl altera.* Idem, *ibid.* — Jonston, *Avi.*, p. 128. — Willughby, *Ornithol.*, p. 301. — Ray, *Synops. avi.*, p. 175. — *Serrator cucullatus.* Klein, *Avi.*, p. 140, n° 3. — « Mergus cristâ globosâ utrimque albâ, corpore suprà fusco, subtùs « albo... » *Mergus cucullatus.* Linnæus, *Syst. nat.*, édit. X, gen. 62, sp. 1. — « Merganser « cristatus supernè nigricans, infernè albus, imo ventre fusco; capite et collo nigris; cristâ « orbiculari nigrâ, utrimque in medio candidâ, remigibus majoribus rectricibusque fuscis « (Mas). Merganser cristatus, in toto corpore fuscus, cristâ orbiculari (Fœmina)... » *Merganser Virginianus cristatus.* Brisson, *Ornithol.*, t. VI, p. 258.

c. « Magnâ cristâ exornatur, orbiculari, ac coronæ modo eminenti. » Nieremberg.

d. Voyez les planches enluminées, n° 87.

e. En grec, Όνοχρόταλος, Πελεχάνος, dans Oppien, Πελεχανος; en latin, *onocrotalus*; et en ancien latin, *truo*, suivant Verrius Flaccus et Festus; en ancien français, *livane*, selon Cot-

[*] *Mergus cucullatus* (Linn.). — « Parmi les *harles* étrangers, il n'y a guère de bien con- « staté que le *mergus cucullatus* (Linn.) de la Caroline, et le *mergus brasiliensis* (Vieill.). » (Cuvier.)

[**] *Pelecanus onocrotalus* (Linn.). — Ordre des *Palmipèdes*, famille des *Totipalmes*, genre *Pélicans*, sous-genre *Pélicans proprement dits* (Cuv.).

par la célébrité fabuleuse de son nom, consacré dans les emblèmes religieux des peuples ignorants ; on a représenté sous sa figure la tendresse paternelle se déchirant le sein pour nourrir de son sang sa famille languissante ; mais cette fable, que les Égyptiens racontaient déjà du vautour [a], ne devait pas s'appliquer au pélican qui vit dans l'abondance [b], et auquel la nature a donné de plus qu'aux autres oiseaux pêcheurs une grande poche dans laquelle il porte et met en réserve l'ample provision du produit de sa pêche.

Le pélican égale ou même surpasse en grandeur le cygne [c], et ce serait le plus grand des oiseaux d'eau [d], si l'albatrosse n'était pas plus épais et si le flammant n'avait pas les jambes beaucoup plus hautes ; le pélican les a au contraire très-basses, tandis que ses ailes sont si largement étendues, que l'envergure en est de onze ou douze pieds [e]. Il se soutient donc très-aisé-

grave et Belon ; en hébreu, *hakik* ; en chaldéen, *catha* ; en arabe, *kuk* et *alhausal*, c'est-à-dire *gosier* ; en persan, *kik* (Aldrovande), *tacab*, c'est-à-dire *porteur d'eau* ; et *miso*, mouton, à cause de sa grosseur (Chardin) ; en égyptien, *begas* ou *gemel-el-bahr* (chameau de la rivière. Vansleb) ; en turc, *sackagusch* ; dans l'ancienne langue vandale, *bukriez* (Wolfang. Lazius) ; en espagnol, *groto* ; en italien, *agrotto* ; à Rome, *truo* ; et vers Sienne et Mantoue, *agrotti* ; dans les Alpes de Savoie, *goettreuse*, à cause de sa poche, semblable au goitre, auquel les habitants de ces cantons sont sujets ; en anglais, *pelecane* ; en allemand, *meer-gans, schnée-gans* ; et en Autriche, *ohn-vogel* ; en polonais, *bak*, *bak cudzoziemski* ; en russe, *baba* ; en grec moderne, *toubano* (Spon, *Voyage en Dalmatie*) ; aux îles d'Amérique et dans les relations, *grand gosier* ; en mexicain, *atototl* ; et par les Espagnols des Indes, *alcatraz* ; aux Philippines, *pagala* ; par les nègres de Guinée, *pokho* ; en siamois, *noktho*. — *Pélican.* Belon, *Nat. des oiseaux*, p. 153, avec une mauvaise figure, p. 154. — *Pélican, livane.* Le même, *Portraits d'oiseaux*, p. 30, *b*, même figure. — *Onocrotalus.* Gessner, *Avi.*, p. 630, avec une figure peu exacte, répétée, *Icon. avi.*, p. 94. — *Onocrotalus seu pelecanus.* Aldrovande, *Avi.*, t. III, p. 42, avec de mauvaises figures, pag. 48 et 49. — Willughby, *Ornithol.*, p. 246. — Ray, *Synops. avi.*, p. 121, n° 1. — Jonston, *Avi.*, p. 91. — Marsigli, *Danub.*, t. V, p. 74, tab. 35. — *Onocrotalus avis.* Bontius, *Ind. oriental.* p. 67. — *Onocrotalus truo.* Schwenckfeld, *Aviar. Siles.*, p. 311. — *Plancus gulo, onocrotalus albus.* Klein, *Avi.*, p. 124, n° 1. — *Onocrotalus.* Charleton, *Exercit.*, p. 100, n° 1. *Onomast.*, p. 94, n° 1. — Mœhring, *Avi.*, gen. 65. — *Onocrotalus Plinio, pelicanus Belonio, Aldrovando ; truo festo.* Rzaczynski, *Hist. nat. Polon.*, p. 288. — Idem, *Auctuar.*, p. 399. — *Pelecanus gulâ saccatâ. Onocrotalus.* Linnæus, *Syst. nat.*, édit. X, gen. 66, sp. 1. — *Alcatraz.* Nieremberg, p. 223. — *Atototl.* Hernandez, p. 673. — *Pélican. Anciens Mémoires de l'Académie des Sciences*, t. III, part. III, p. 189, avec une figure exacte. — Edwards, t. II, p. 92, avec une belle figure. — « *Onocrotalus* « albus, ad carneum colorem non nihil inclinans ; remigibus majoribus nigris ; rectricibus « candidis... » *Onocrotalus.* Brisson, *Ornithol.*, t. VI, p. 519.

a. Voyez Orus Apollo.

b. Saint Augustin et saint Jérôme paraissent être les auteurs de l'application de cette fable, originairement égyptienne, au pélican. *Vid. Excerpt. ex Hieronim., apud Lupum de Olivet. in Ps.* 101.

c. M. Edwards estime celui qu'il décrit du double plus grand et plus gros que le cygne. Celui dont parle Ellis, *était*, dit-il, *deux fois plus fort qu'un gros cygne. Voyage à la baie d'Hudson*, t. I, p. 52.

d. « Je partis le 2 octobre pour me rendre à l'île de Griel, par ce canal qui est parallèle au « bras principal du Niger... Il était tout couvert de pélicans ou grands gosiers, qui se pro- « menaient gravement comme des cygnes sur les eaux ; ce sont sans contredit, après l'autruche, « les plus grands oiseaux du pays. » Adanson, *Voyage au Sénégal*, p. 136.

e. Les pélicans décrits par MM. de l'Académie des Sciences avaient onze pieds d'envergure, ce qui est, suivant leur remarque, le double des cygnes et des aigles.

ment et très-longtemps dans l'air; il s'y balance avec légèreté et ne change de place que pour tomber à-plomb sur sa proie, qui ne peut échapper, car la violence du choc et la grande étendue des ailes, qui frappent et couvrent la surface de l'eau, la font bouillonner, tournoyer [a], et étourdissent en même temps le poisson, qui dès lors ne peut fuir. C'est de cette manière que les pélicans pêchent lorsqu'ils sont seuls [b]; mais en troupes ils savent varier leurs manœuvres et agir de concert : on les voit se disposer en ligne et nager de compagnie en formant un grand cercle qu'ils resserrent peu à peu pour y renfermer le poisson [c], et se partager la capture à leur aise.

Ces oiseaux prennent, pour pêcher, les heures du matin et du soir où le poisson est le plus en mouvement, et choisissent les lieux où il est le plus abondant; c'est un spectacle de les voir raser l'eau, s'élever de quelques piques au-dessus, et tomber le cou raide et leur sac à demi plein, puis se relevant avec effort retomber de nouveau [d], et continuer ce manége jusqu'à ce que cette large besace soit entièrement remplie; ils vont alors manger et digérer à l'aise sur quelques pointes de rochers, où ils restent en repos et comme assoupis jusqu'au soir [e].

Il me paraît qu'il serait possible de tirer parti de cet instinct du pélican, qui n'avale pas sa proie d'abord, mais l'accumule en provision, et qu'on pourrait en faire, comme du cormoran, un pêcheur domestique, et l'on assure que les Chinois y ont réussi [f]. Labat raconte aussi que des sauvages avaient dressé un pélican qu'ils envoyaient le matin après l'avoir rougi de rocou, et qui le soir revenait au carbet le sac plein de poissons qu'ils lui faisaient dégorger [g].

Cet oiseau doit être un excellent nageur : il est parfaitement *palmipède*, ayant les quatre doigts réunis par une seule pièce de membrane; cette peau et les pieds sont rouges ou jaunes, suivant l'âge [h]. Il paraît aussi que c'est avec l'âge qu'il prend cette belle teinte de couleur rose tendre et comme transparente, qui semble donner à son plumage blanc le lustre d'un vernis.

Les plumes du cou ne sont qu'un duvet court, celles de la nuque sont plus allongées, et forment une espèce de crête ou de petite huppe [i]; la tête

a. Petr. Martyr, *Nov. Orb.*, decad. I, lib. VI.
b. Voyez Labat, Dutertre.
c. Adanson, *Voyage au Sénégal*, p. 136.
d. Nieremberg, *Hist. nat.*, lib. X, p. 223.
e. Voyez Labat, Dutertre.
f. Voyez le *Voyage de Pyrard;* Paris, 1619, t. I, p. 376; mais Pyrard se trompe en se persuadant que cet oiseau ne se voit qu'à la Chine.
g. *Nouveau Voyage aux îles de l'Amérique*, t. VIII, p. 296.
h. Aldrovande.
i. C'est ce que Belon exagère dans sa figure, en lui donnant un panache qu'il compare mal à propos à celui du vanneau, en quoi Gessner et Aldrovande l'ont suivi dans les leurs. Celle de Gessner est encore plus vicieuse, en ce qu'elle porte cinq doigts.

est aplatie par les côtés; les yeux sont petits et placés dans deux larges joues nues ; la queue est composée de dix-huit pennes; les couleurs du bec sont du jaune et du rouge pâle sur un fond gris, avec des traits de rouge vif sur le milieu et vers l'extrémité : ce bec est aplati en dessus comme une large lame relevée d'une arête sur sa longueur, et se terminant par une pointe en croc; le dedans de cette lame, qui fait la mandibule supérieure, présente cinq nervures saillantes, dont les deux extérieures forment des bords tranchants; la mandibule inférieure ne consiste qu'en deux branches flexibles qui se prêtent à l'extension de la poche membraneuse qui leur est attachée, et qui pend au-dessous comme un sac en forme de nasse. Cette poche peut contenir plus de vingt pintes de liquide [a]; elle est si large et si longue, qu'on y peut placer le pied [b], ou y faire entrer le bras jusqu'au coude [c]. Ellis dit avoir vu un homme y cacher sa tête [d]; ce qui ne nous fera pourtant pas croire ce que dit *Sanctius* [e], qu'un de ces oiseaux laissa tomber du haut des airs un enfant nègre qu'il avait emporté dans son sac.

Ce gros oiseau paraît susceptible de quelque éducation et même d'une certaine gaieté, malgré sa pesanteur [f] : il n'a rien de farouche, et s'habitue volontiers avec l'homme [g]. Belon en vit un dans l'île de Rhodes, qui se promenait familièrement par la ville [h]; et Culmann, dans Gessner, raconte l'histoire fameuse de ce pélican qui suivait l'empereur Maximilien, volant sur l'armée quand elle était en marche, et s'élevant quelquefois si haut, qu'il ne paraissait plus que comme une hirondelle, quoiqu'il eût quinze pieds (du Rhin) d'un bout des ailes à l'autre.

Cette grande puissance de vol serait néanmoins étonnante dans un oiseau qui pèse vingt-quatre ou vingt-cinq livres, si elle n'était merveilleusement secondée par la grande quantité d'air dont son corps se gonfle, et aussi par la légèreté de sa charpente; tout son squelette ne pèse pas une livre et demie [i]; les os en sont si minces qu'ils ont de la transparence, et Aldro-

a. « La longueur du bec du pélican que je mesurai était de plus d'un pied et demi, et son « sac contenait près de vingt-deux pintes d'eau. » Adanson, *Voyage au Sénégal*, p. 136.

b. Belon.

c. Gessner.

d. T. I, p. 52.

e. Dans Aldrovande, t. III, p. 50.

f. « C'est un oiseau gai, hetté et viuge. » Belon. — « C'était une chose divertissante à voir, « lorsque nous poussions et animions contre lui de jeunes garçons ou bien nos chiens, comment « il savait admirablement bien se mettre en état de défense, se jetant avec beaucoup d'impé- « tuosité sur les chiens ou sur les jeunes garçons, et les frappant fort joliment avec son bec, « que ceux-ci repoussaient de même; de sorte qu'on aurait dit qu'on battait deux morceaux de « bois l'un contre l'autre, ou qu'on jouait avec des cliquettes. » *Voyage en Guinée*, par Guillaume Bosman ; Utrecht, 1705, lettre xv*e*.

g. Rzaczynski parle d'un pélican nourri pendant quarante ans à la cour de Bavière, qui se plaisait beaucoup en compagnie, et paraissait prendre un plaisir singulier à entendre de la musique. *Auctuar.*, p. 399.

h. *Observations*, p. 79.

i. *Anciens Mémoires de l'Académie des Sciences*, t. III, part. III, p. 198.

vande prétend qu'ils sont sans moelle *a*. C'est sans doute à la nature de ces parties solides, qui ne s'ossifient que tard, que le pélican doit sa très-longue vie *b* : l'on a même observé qu'en captivité il vivait plus longtemps que la plupart des autres oiseaux *c*.

Au reste le pélican, sans être tout à fait étranger à nos contrées, y est pourtant assez rare, surtout dans l'intérieur des terres. Nous avons au Cabinet les dépouilles de deux de ces oiseaux, l'un tué en Dauphiné et l'autre sur la Saône *d* : Gessner fait mention d'un qui fut pris sur le lac de Zurich, et qui fut regardé comme un oiseau inconnu *e*. Il n'est pas commun dans le nord de l'Allemagne *f*, quoiqu'il y en ait un grand nombre dans les provinces méridionales qu'arrose le Danube *g* : ce séjour sur le Danube est une habitude ancienne à ces oiseaux, car Aristote, les rangeant au nombre de ceux qui s'attroupent *h*, dit qu'ils s'envolent du Strymon, et que s'attendant les uns les autres au passage de la montagne, ils vont s'abattre tous ensemble et nicher sur les rives du Danube *i*. Ce fleuve et le Strymon paraissent donc limiter les contrées où ils se portent en troupes du Nord au Midi dans notre continent : et c'est faute d'avoir bien connu leur route que Pline les fait venir des extrémités septentrionales de la Gaule *j* ; car ils y sont étrangers, et paraissent l'être encore plus en Suède et dans les climats plus septentrionaux, du moins si l'on en juge par le silence des naturalistes du Nord *k* ; car ce qu'en dit Olaüs Magnus n'est qu'une compilation mal digérée de ce que les anciens ont écrit sur l'*onocrotale*, sans aucun fait qui prouve son passage ou son séjour dans les contrées du Nord. Il ne paraît pas même fréquenter l'Angleterre, puisque les auteurs de la *Zoologie britannique* ne le comptent pas dans le nombre de leurs animaux bretons, et que Charleton rapporte qu'on voyait de son temps, dans le parc de Windsor, des péli-

a. Tome III, page 51.

b. Turner parle d'un pélican privé qui vécut cinquante ans. On conserva pendant quatre-vingts celui dont Culmannus fait l'histoire, et dans sa vieillesse il était nourri par ordre de l'empereur, à quatre écus par jour.

c. « D'un grand nombre de pélicans nourris à la ménagerie de Versailles, aucun n'est mort pendant l'espace de douze ans, durant lequel temps, de toutes les espèces gardées à la ménagerie, il n'en est aucune dont il ne soit mort quelque animal. » *Mémoires de l'Académie des Sciences*, cités plus haut, p. 191.

d. M. de Piolenc nous mande qu'il en a tué un dans un marais près d'Arles, et M. Lottinger un autre sur un étang entre Dieuze et Sarrebourg.

e. Voyez Aldrovande, t. III, p. 51.

f. « Avis peregrina... rarò has terras frequentat... Anno 1585, Cratislaviæ onocrotalus captus « fuit. » Schwenckfeld, p. 312.

g. Rzaczynski.

h. « Gregales aves sunt grus, olor, *pelecan*. » *Hist. animal.*, lib. viii, cap. xii.

i. « Et pelecanus (que Scaliger et Gaza rendent mal par *platea*) loca mutant, volantque a « Strymone fluvio ad Danubium, atque ibi pariunt ; universæ abeunt ; expectanturque a prio- « ribus posteriores, proptereà quòd priorum prospectus super volantium montis objectu inter- « cipitur posterioribus. » Aristot., *loco citato*.

j. *Hist. nat.*, lib. x.

k. Linnæus, Muller, Brunnich.

cans envoyés de Russie [a]. Il s'en trouve en effet, et même assez fréquemment, sur les lacs de la Russie rouge et de la Lithuanie, de même qu'en
Volhinie, en Podolie et en Pokutie, comme le témoigne Rzaczynski [b], mais
non pas jusque dans les parties les plus septentrionales de la Moscovie,
comme le prétend Ellis. En général ces oiseaux paraissent appartenir spécialement aux climats plus chauds que froids. On en tua un de la plus grande
taille, et qui pesait vingt-cinq livres, dans l'île de Majorque, près de la baie
d'Alcudia, en juin 1773 [c]; il en paraît tous les ans régulièrement sur les lacs
de Mantoue et d'Orbitello [d]; on voit d'ailleurs, par un passage de Martial, que
les pélicans étaient communs dans le territoire de Ravenne [e]. On les trouve
aussi dans l'Asie Mineure [f], dans la Grèce [g] et dans plusieurs endroits de la
mer Méditerranée et de la Propontide [h] : Belon a même observé leur passage étant en mer, entre Rhodes et Alexandrie ; ils volaient en troupes du
Nord au Midi, se dirigeant vers l'Égypte [i], et ce même observateur jouit une
seconde fois de ce spectacle vers les confins de l'Arabie et de la Palestine [j].
Enfin, les voyageurs nous disent que les lacs de la Judée et de l'Égypte,
les rives du Nil en hiver et celles du Strymon en été, vues du haut des collines, paraissent blanches par le grand nombre de pélicans qui les
couvrent [k].

En rassemblant les témoignages des différents navigateurs, nous voyons
que les pélicans se trouvent dans toutes les contrées méridionales de notre
continent, et qu'ils se retrouvent avec peu de différences et en plus grand
nombre dans celles du Nouveau-Monde. Ils sont très-communs en Afrique
sur les bords du Sénégal et de la Gambia, où les Nègres leur donnent le nom
de *pokko* [l]; la grande langue de terre qui barre l'embouchure de la première

a. *Onomasticon Zoïcum.*, p. 94.

b. *Auctuar.*, p. 399.

c. *Journal historique et politique*, 20 juillet 1773.

d. Belon, *Nature des oiseaux*, p. 153.

e.   .   Turpe Ravennatis guttur onocrotali.
                                                             MART.

f. « Des onocrotales se nourrissent dans un lac qui est au-dessus de la ville d'Antioche. »
Belon, *Observations*, p. 161.

g. « Nous tuâmes à coups de pierres (aux environs de Patras) un de ces gros oiseaux que
« nous appelons *pélican*, les Latins *onocrotali*, et les Grecs modernes *toubano* ; je ne sais si
« c'était le froid qui l'empêchait de voler. Il a un sac sous le bec, où nous fîmes entrer plus
« de quinze pots d'eau ; aussi les Grecs disent qu'il va porter de l'eau dans les montagnes aux
« petits oiseaux. Il est fort commun en ces quartiers-là, aussi bien que du côté de Smyrne. »
Voyage en Dalmatie, par Jacob Spon et George Vuheler ; Lyon, 1678, t. II, p. 41.

h. Belon, *Nat. des oiseaux*, p. 153.

i. Idem, *Observations*, p. 90.

j. Idem, *ibid.*, p. 139. — « Lorsque passions par la plaine de Rama, les voyions passer deux
« à deux comme cygnes, volans assez bas par-dessus nos têtes ; combien qu'on les voye voler
« aussi en grosses troupes comme des cygnes. » Belon, *Nature des oiseaux*, p. 153.

k. Idem, *ibid.*, p. 154.

l. Relation de Moore. *Histoire générale des Voyages*, t. III, p. 304. — *Voyage de Le Maire
aux Canaries*; Paris, 1695, page 104.

de ces rivières en est remplie [a] : on en trouve de même à Loango et sur les côtes d'Angola [b], de Sierra Leona [c] et de Guinée [d] ; sur la baie de Saldána ils sont mêlés à la multitude d'oiseaux qui semblent remplir l'air et la mer de cette plage [e]. On les retrouve à Madagascar [f], à Siam [g], à la Chine [h], aux îles de la Sonde [i] et aux Philippines [j], surtout aux pêcheries du grand lac de Manille [k]. On en rencontre quelquefois en mer [l] ; et enfin on en a vu sur les terres lointaines de l'océan Indien, comme à la Nouvelle-Hollande [m], où M. Cook dit qu'ils sont d'une grosseur extraordinaire [n].

En Amérique, on a reconnu des pélicans depuis les Antilles [o] et la Terre Ferme [p], l'isthme de Panama [q] et la baie de Campêche [r] jusqu'à la Louisiane [s] et aux terres voisines de la baie d'Hudson [t]. On en voit aussi sur les îles et les anses inhabitées près de Saint-Domingue [u] ; et en plus grande quantité sur ces petites îles couvertes de la plus belle verdure, qui avoisinent la Guadeloupe, et que différentes espèces d'oiseaux semblent s'être partagées pour leur servir de retraite : l'une de ces îles a même été nommée *l'île aux grands gosiers* [v]. Ils grossissent encore les peuplades des oiseaux qui habitent l'île d'Aves [x] ; la côte très-poissonneuse des Sambales les attire en grand nombre [y] ; et dans celle de Panama on les voit fondre en troupes

<hr>

a. Histoire générale des Voyages, t. II, p. 488. Relation de Brue.

b. Relation de Pigafetta, page 92 ; mais Merolla se trompe en prenant pour des pélicans certains oiseaux noirs dont il vit grand nombre sur la route de Singa. Voyez son *Voyage,* page 636.

c. Histoire générale des Voyages, t. III, p. 226. Relation de Finch.

d. Voyage de Degenes; Paris, 1698, p. 41.

e. Histoire générale des Voyages, t. II, p. 46. Relation de Dounton.

f. Voyage de François Cauche; Paris, 1651, p. 136.

g. Second voyage du P. Tachard, dans l'*Histoire générale des Voyages,* t. IX, p. 311.

h. Voyez Pyrard, cité plus haut.

i. « In littoribus Javæ et circumjacentium insularum. » Pison, *Hist. nat.,* lib. v, p. 69.

j. Transactions philosophiques, numéro 285.

k. Sonnerat, *Voyage à la Nouvelle-Guinée.*

l. « Le 13 décembre, après avoir passé le tropique, plusieurs oiseaux nous vinrent visiter; « il y en avait quantité de ceux qu'on appelle *grand gosier.* » *Voyage de Leguat;* Amsterdam, 1708, t. I, p. 97.

m. Histoire générale des Voyages, t. XI, p. 221.

n. Premier voyage, t. IV, p. 110; et t. III, pag. 360 et 363.

o. Dutertre, Labat, Sloane. — « Il y eut en 1656, au mois de septembre, une grande mor- « talité de ces oiseaux, particulièrement des jeunes; car toutes les côtes des îles de Saint- « Alousie, de Saint-Vincent, de Becouya, et de tous les Grenadins, étaient bordées de ces « oiseaux morts. » Dutertre, *Histoire générale des Antilles,* t. II, p. 271.

p. Oviedo.

q. Wafer.

r. Dampier, t. III, p. 316.

s. Histoire générale des Voyages, t. XIV, p. 456.

t. Ibidem, p. 663.

u. Note communiquée par M. le chevalier Deshayes.

v. Dutertre.

x. Labat, t. VIII, p. 28.

y. Wafer.

sur les bancs de sardines que les grandes marées y poussent ; enfin, tous les écueils et les îlets voisins sont couverts de ces oiseaux en si grand nombre, qu'on en charge des canots, et qu'on en fond la graisse, dont on se sert comme d'huile [a].

Le pélican pêche en eau douce comme en mer, et dès lors on ne doit pas être surpris de le trouver sur les grandes rivières ; mais il est singulier qu'il ne s'en tienne pas aux terres basses et humides arrosées par de grandes rivières, et qu'il fréquente aussi les pays les plus secs, comme l'Arabie et la Perse [b], où il est connu sous le nom de porteur d'eau (*tacab*) ; on a observé que, comme il est obligé d'éloigner son nid des eaux trop fréquentées par les caravanes, il porte de très-loin de l'eau douce dans son sac à ses petits ; les bons Musulmans disent très-religieusement que Dieu a ordonné à cet oiseau de fréquenter le désert pour abreuver au besoin les pèlerins qui vont à la Mecque, comme autrefois il envoya le corbeau qui nourrit Élie dans la solitude [c] : aussi les Égyptiens, en faisant allusion à la manière dont ce grand oiseau garde de l'eau dans sa poche, l'ont surnommé le *chameau de la rivière* [d].

Au reste, il ne faut pas confondre le *pélican de Barbarie* dont parle le docteur Shaw [e] avec le véritable pélican, puisque ce voyageur dit qu'il n'est pas plus gros qu'un vanneau. Il en est de même du pélican de Kolbe, qui est l'oiseau spatule [f]. Pigafetta, après avoir bien reconnu le pélican à la côte d'Angola [g], se trompe en donnant son nom à un oiseau de Loango à jambes hautes comme le héron [h] ; nous doutons aussi beaucoup que l'*alca-traz*, que quelques voyageurs disent avoir rencontré en pleine mer entre l'Afrique et l'Amérique [i] soit notre pélican, quoique les Espagnols des Philippines et du Mexique lui aient donné le nom d'alcatraz ; car le pélican s'éloigne peu des côtes, et sa rencontre sur mer annonce la proximité de la terre [j].

Des deux noms *péliecan* [k] et *onocrotale* [l] que les anciens ont donnés à ce grand oiseau, le dernier a rapport à son étrange voix, qu'ils ont comparée au braiement d'un âne [m]. Klein imagine qu'il rend ce son bruyant le cou

a. Oviedo, livre v.

b. *Voyage de Chardin*; Amsterdam, 1711, t. II, p. 30.

c. Chardin; Amsterdam, 1711, t. II, p. 30.

d. *Gemel el bahr*. Vansleb, *Voyage en Égypte*; Paris, 1677, p. 102.

e. *Anas platyrinchos* ou *pélican de Barbarie*..... de la grandeur du *vanneau*..... *Voyage en Barbarie*; La Haye, 1743, t. I, p. 328.

f. *Description du cap de Bonne-Espérance*, part. III, chap. XIX.

g. *Idem, ibidem.*

h. Voyez *Histoire générale des Voyages*, t. IV, p. 588.

i. *Ibidem*, t. I, p. 448.

j. Sloane, *Hist. of Jamaica*, p. 322.

k. Aristote, lib. IX, cap. X.

l. Pline, lib. X, cap. XLVII.

m. Belon, *Nature des oiseaux*, p. 153.

plongé dans l'eau[a]; mais ce fait paraît emprunté du butor, car le pélican fait entendre sa voix rauque loin de l'eau, et jette en plein air ses plus hauts cris[b]. Élien décrit et caractérise bien le pélican sous le nom de *céla*[c]; mais l'on ne sait pas pourquoi il le donne pour un oiseau des Indes, puisqu'il se trouve et sans doute se trouvait dès lors dans la Grèce.

Le premier nom *pélecan* a été le sujet d'une méprise des traducteurs d'Aristote, et même de Cicéron et de Pline[d] : on a traduit *pélecan* par *platea*, ce qui a fait confondre le *pélican* avec la spatule; et Aristote lui-même, en disant du *pélecan* qu'il avale des coquillages minces, et les rejette à demi digérés pour en séparer les écailles[e], lui attribue une habitude qui convient mieux à la spatule, vu la structure de son œsophage[f]; car le sac du pélican n'est pas un estomac où la digestion soit seulement commencée, et c'est improprement que Pline compare la manière dont l'*onocrotale* (pélican) avale et reprend ses aliments à celle des animaux qui ruminent[g]: « il n'y a rien ici, dit très-bien M. Perrault, qui ne soit dans le plan général « de l'organisation des oiseaux; tous ont un jabot dans lequel se resserre « leur nourriture; le pélican l'a au dehors et le porte sous le bec[h], au lieu « de l'avoir caché en dedans et placé au bas de l'œsophage; mais ce jabot « extérieur n'a point la chaleur digestive de celui des autres oiseaux, et le « pélican rapporte frais dans cette poche les poissons de sa pêche à ses « petits. Pour les dégorger, il ne fait que presser ce sac sur sa poitrine; et « c'est cet acte très-naturel qui peut avoir donné lieu à la fable si générale-« ment répandue, que le pélican s'ouvre la poitrine pour nourrir ses petits « de sa propre substance[i]. »

Le nid du pélican se trouve communément au bord des eaux: il le pose à plate-terre[j], et c'est par erreur, et en confondant, à ce qu'il paraît, la

a. Ordo avium, p. 143.

b. « Lorsque les pêcheurs s'approchèrent pour le tirer, il jeta des cris effroyables. » Relation d'un pélican pris sur le lac d'Albufera, près d'Alcudia dans l'île de Majorque. *Journal historique et politique*, 20 juillet 1773.

c. Le même nom de *céla* exprime en grec un goître, une gorge gonflée.

d. Voyez l'article de la *spatule*.

e. Voyez Aristote, *Hist. animal.*, lib. IX, cap. XIV; *ex recens. Scaliger*.

f. Voyez *Mémoires de l'Académie des Sciences*, depuis 1666 jusqu'en 1699, tom. III, part. III, pag. 189 et suiv.

g. « Onocrotalo.... faucibus inest uteri genus; huc omnia inexplebile animal congerit, mira « ut sit capacitas; mox perfectâ rapinâ, sensium inde in os reddita, in veram alvum, rumi-« nantis more, refert. » Pline, lib. x, cap. XLVII.

h. Mémoires de l'Académie des Sciences, depuis 1666 jusqu'en 1699, tome III, partie III, pag. 18 et suiv.

i. Voyez le docteur Shaw, cité dans l'addition au tome II d'Edwards, page 10.

j. Belon, Sonnerat et autres. — « Ils pondent sans façon à plate terre, et couvent ainsi leurs « œufs.... J'en ai trouvé jusqu'à cinq sous une femelle, qui ne se donnait pas la peine de se « lever pour me laisser passer; elle se contentait de me donner quelques coups de bec, et de « crier quand je la frappais pour l'obliger de quitter ses œufs. Il y en avait quantité de jeunes « sur notre islet... J'en pris deux petits, que j'attachai par le pied à un piquet, où j'eus le

spatule avec le pélican, que M. Salerne dit qu'il niche sur les arbres [a]. Il est vrai qu'il s'y perche malgré sa pesanteur et ses larges pieds palmés; et cette habitude qui nous eût moins étonnés dans les pélicans d'Amérique, parce que plusieurs oiseaux d'eau s'y perchent [b], se trouvent également dans les pélicans d'Afrique et d'autres parties de notre continent [c].

Du reste, cet oiseau, aussi vorace que grand déprédateur [d], engloutit dans une seule pêche autant de poisson qu'il en faudrait pour le repas de six hommes. Il avale aisément un poisson de sept ou huit livres; on assure qu'il mange aussi des rats [e] et d'autres petits animaux. Pison dit avoir vu avaler un petit chat vivant par un pélican si familier, qu'il venait au marché où les pêcheurs se hâtaient de lui lier son sac, sans quoi il leur enlevait subtilement quelques pièces de poisson [f].

Il mange de côté, et quand on lui jette un morceau il le happe. Cette poche, où il emmagasine toutes ses captures, est composée de deux peaux : l'interne est continue à la membrane de l'œsophage, l'extérieure n'est qu'un prolongement de la peau du cou; les rides qui la plissent servent à retirer le sac, lorsque étant vide il devient flasque. On se sert de ces poches de pélican comme de vessies pour enfermer le tabac à fumer; aussi les appelle-t-on dans nos îles *blagues* ou *blades* [g], du mot anglais *blader*, qui signifie vessie. On prétend que ces peaux préparées sont plus belles et plus

« plaisir, pendant quelques jours, de voir leur mère qui les nourrissait, et qui demeurait tout « le jour avec eux, passant la nuit sur une branche au-dessus de leur tête; ils étaient devenus « tous trois si familiers, qu'ils souffraient que je les touchasse, et les jeunes prenaient fort « gracieusement les petits poissons que je leur présentais, qu'ils mettaient d'abord dans leur « havresac. Je crois que je me serais déterminé à les emporter, si leur malpropreté ne m'en « avait empêché : ils sont plus sales que les oies et les canards, et on peut dire que toute leur « vie est partagée en trois temps, chercher leur nourriture, dormir et faire à tous moments des « tas d'ordures larges comme la main. » Labat, *Nouveau voyage aux îles de l'Amérique*, t. VIII, pag. 294 et 296.

a. Ornithologie, p. 369.

b. Voyez l'article des tinamous et des perdrix de la Guiane, t. VI, p. 405.

c. « On les voit (en Guinée) se percher, au bord de la rivière, sur quelque arbre, où ils « attendent, pour fondre sur le poisson, qu'il paraisse à fleur d'eau. » *Voyage de Gennes au détroit de Magellan;* Paris, 1698, page 41. — « Nous vîmes ces gros oiseaux qu'on nomme « *pélicans* se percher sur les arbres, quoiqu'ils aient les pieds comme l'oison... Ils font des œufs « gros comme un pain d'un sou. » *Voyage à Madagascar*, par Fr. Cauche, p. 136.

d. « Inexplebile animal, » dit Pline.

e. « Il aime passionnément les rats et les avale tout entiers... Quelquefois nous le faisions « approcher, et, comme s'il eût voulu nous en donner le divertissement, il faisait sortir de son « jabot un rat et le jetait à nos pieds. » Bosman, *Voyage en Guinée*, lettre xve.

f. Pison, *Hist. nat.*, lib. v, p. 69.

g. « On prépare ces blagues en les frottant bien entre les mains pour en assouplir la peau, et « pour achever de l'amollir on l'enduit de beurre de cacao, puis on la passe de nouveau dans « les mains, ayant soin de conserver la partie qui est couverte de plumes comme un orne- « ment. » Note communiquée par M. le chevalier Deshayes. — « Les matelots tuent le pélican « pour avoir sa poche, dans laquelle ils mettent un boulet de canon, et qu'ils suspendent « ensuite pour lui faire prendre la forme d'un sac à mettre leur tabac. » Le Page Dupratz, *Histoire de la Louisiane*, t. II, p. 113.

douces que des peaux d'agneau *a*. Quelques marins s'en font des bonnets *b*; les Siamois en filent des cordes d'instruments *c*, et les pêcheurs du Nil se servent du sac, encore attaché à la mâchoire, pour en faire des vases propres à rejeter l'eau de leurs bateaux, ou pour en contenir et garder, car cette peau ne se pénètre ni ne se corrompt par son séjour dans l'eau *d*.

Il semble que la nature ait pourvu, par une attention singulière, à ce que le pélican ne fût point suffoqué, quand, pour engloutir sa proie, il ouvre à l'eau sa poche tout entière; la trachée artère, quittant alors les vertèbres du cou, se jette en devant, et, s'attachant sous cette poche, y cause un gonflement très-sensible; en même temps deux muscles en sphincter resserrent l'œsophage de manière à fermer toute entrée à l'eau *e*. Au fond de cette même poche est cachée une langue si courte, qu'on a cru que l'oiseau n'en avait point *f*; les narines sont aussi presque invisibles et placées à la racine du bec; le cœur est très-grand; la rate très-petite; les cœcums également petits, et bien moindres à proportion que dans l'oie, le canard et le cygne *g*. Enfin, Aldrovande assure que le pélican n'a que douze côtes *h*, et il observe qu'une forte membrane, fournie de muscles épais, recouvre les bras des ailes.

Mais une observation très-intéressante est celle de M. Méry et du P. Tachard *i*, sur l'air répandu sous la peau du corps entier du pélican : on peut même dire que cette observation est un fait général qui s'est manifesté d'une

a. « Nos gens en tuèrent beaucoup, non pas pour les manger... mais pour avoir leurs *bla-* « *gues;* c'est ainsi qu'on appelle le sac dans lequel ils mettent leur poisson. Tous nos fumeurs « s'en servent pour mettre leur tabac haché... On les passe comme des peaux d'agneaux, et « elles sont bien plus belles et plus douces; elles deviennent de l'épaisseur d'un bon parchemin, « mais extrêmement souples, douces et maniables. Les femmes espagnoles les bordent d'or et « de soie d'une manière très-fine et très-délicate; j'ai vu de ces ouvrages qui étaient d'une « grande beauté. » Labat, t. VIII, p. 299.

b. « Nous faisions des bonnets des sacs que ces oiseaux avaient au cou. » *Voyage à Madagascar,* par Fr. Cauche; Paris, 1651, p. 136.

c. Second voyage du P. Tachard; *Histoire générale des Voyages,* t. IX, p. 311.

d. Observations de Belon; Paris, 1555, p. 99.

e. Mémoires de l'Académie des Sciences, p. 196.

f. Gessner.

g. Aldrovande.

h. Idem, t. III, p. 51.

i. « Dans le voyage que nous fîmes à la Mine d'aimant, M. de la Marre blessa un de ces « grands oiseaux que nos gens appellent *grand gosier,* et les Siamois *noktho.....* Il avait sept « pieds et demi, les ailes étendues..... Dans la dissection on trouva, sous le pannicule charnu, « des membranes très-déliées qui enveloppaient tout le corps, et qui, en se repliant diversement, « formaient plusieurs sinus considérables, surtout entre les cuisses et le ventre, entre les ailes « et les côtés et sous le jabot : il y en avait à mettre les deux pouces : ces grands sinus se par- « tageaient en plusieurs petits canaux, qui, à force de se diviser, dégénéraient enfin en une « infinité de petits rameaux sans issue, qui n'étaient plus sensibles que par les bulles d'air qui « les enflaient; de sorte qu'en pressant le corps de cet oiseau, on entendait un petit bruit, « semblable à celui qu'on entend lorsqu'on presse les parties membraneuses d'un animal

manière plus évidente dans le pélican, mais qui peut se reconnaître dans tous les oiseaux, et que M. Lorry, célèbre et savant médecin de Paris, a démontré par la communication de l'air jusque dans les os et les tuyaux des plumes des oiseaux. Dans le pélican l'air passe de la poitrine dans les sinus axillaires, d'où il s'insinue dans les vésicules d'une membrane cellulaire épaisse et gonflée, qui recouvre les muscles et enveloppe tout le corps, sous la membrane où les plumes s'implantent ; ces vésicules en sont enflées au point qu'en pressant le corps de cet oiseau, on voit une quantité d'air fuir de tous côtés sous les doigts. C'est dans l'expiration que l'air, comprimé dans la poitrine, passe dans les sinus, et de là se répand dans toutes les vésicules du tissu cellulaire ; on peut même en soufflant dans la trachée artère, rendre sensible à l'œil cette route de l'air [a], et l'on conçoit dès lors combien le pélican peut augmenter par là son volume sans prendre plus de poids, et combien le vol de ce grand oiseau doit en être facilité [1].

Du reste, la chair du pélican n'avait pas besoin d'être défendue chez les Juifs comme immonde [b] ; car elle se défend d'elle-même par son mauvais goût, son odeur de marécage et sa graisse huileuse [c] ; néanmoins quelques navigateurs s'en sont accommodés [d].

VARIÉTÉS DU PÉLICAN.

Nous avons observé, dans plusieurs articles de cette histoire naturelle, qu'en général les espèces des grands oiseaux, comme celles des grands quadrupèdes, existent seules, isolées et presque sans variétés ; que de plus elles paraissent être partout les mêmes, tandis que sous chaque genre ou dans chaque famille de petits animaux, et surtout dans celles des petits oiseaux, il y a une multitude de races plus ou moins proches parentes,

« qu'on a soufflé... On découvrit, avec la sonde et en soufflant, la communication de ces mem-
« branes avec le poumon. » *Second voyage du P. Tachard* ; *Histoire générale des Voyages,*
t. IX, p. 311.

a. Voyez l'*Histoire de l'Académie des Sciences,* depuis 1666 jusqu'en 1686, t. II, pag. 144 et suivantes.

b. « Moyses, auteur hébrieu, a dit, dans le onzième chapitre du Lévitique, que le cygne et
« l'*onocrotalus* étoient oyseaux immondes. » Belon, *Nature des oiseaux,* p. 155.

c. Dutertre, Labat.

d. « Leur chair est meilleure que celle des boubies et des guerriers. » Dampier, *Voyage autour du monde ;* Rouen, 1715, t. III, p. 317.

1. Voyez la note de la page 19 du V⁰ volume. — « Les poumons des oiseaux... sont enve-
« loppés d'une membrane percée de grands trous, et qui laisse passer l'air dans plusieurs
« cavités de la poitrine, du bas-ventre, des aisselles, et même de l'intérieur des os, en sorte
« que le fluide extérieur baigne non-seulement la surface des vaisseaux pulmonaires, mais
« encore celle d'une infinité de vaisseaux du reste du corps. Ainsi les oiseaux respirent, à
« certains égards, par les rameaux de leur aorte comme par ceux de leur artère pulmonaire,
« et l'énergie de leur irritabilité est en proportion de leur quantité de respiration. » (Cuvier.)

auxquelles on donne improprement le nom d'*espèces*. Ce nom espèce, et la notion métaphysique qu'il renferme, nous éloigne souvent de la vraie connaissance des nuances de la nature dans ces productions beaucoup plus que les noms de *variétés*, de *races* et de *familles*. Mais cette filiation perdue dans la confusion des branches et des rameaux parmi les petites espèces, se maintient entre les grandes; car elles admettent tout au plus quelques variétés qu'il est toujours aisé de rapporter à l'espèce première comme une branche immédiate à sa souche. L'autruche, le casoar, le condor, le cygne, tous les oiseaux majeurs n'ont que peu ou point de variétés dans leurs espèces. Ceux qu'on peut regarder comme les seconds en ordre de grandeur ou de force, tels que la grue, la cigogne, le pélican, l'albatrosse, ne présentent qu'un petit nombre de ces mêmes variétés, comme nous allons l'exposer dans celles du pélican qui se réduisent à deux [1].

LE PÉLICAN BRUN.[a][b] *

PREMIÈRE VARIÉTÉ.

Nous avons déjà remarqué que le plumage du pélican est sujet à varier, et que suivant l'âge il est plus ou moins blanc et teint d'un peu de couleur de rose; il semble varier aussi par d'autres circonstances, car il est quelquefois mêlé de gris et de noir; ces différences ont été observées entre des individus qui néanmoins étaient certainement tous de la même espèce [c]; or, il y a si

a. Voyez les planches enluminées, n° 957.

b. *Onocrotalus sive pelicanus fuscus.* Sloane, *Jamaïca*, p. 322, n° 1. — Ray, *Synops. avi.*, p. 191, n° 8. — *Pelecanus sub-fuscus gulâ distensili.* Browne, *Nat. hist. of Jamaïca*, p. 480. — *Alcatrazes grandes de la isla Española.* Oviedo, lib. xiv, cap. vi. — *Onocrotalus pedibus cœruleis et brevioribus, rostro cochleato.* Feuillée, *Journal d'observations*, p. 257. — *Nota.* La description de Feuillée est confuse et paraît fautive. — *Pelecanus fuscus.* Linnæus, *Syst. nat.*, édit. X, gen. 66, sp. 1, var. 1. — *Pélican.* Ellis, *Voyage à la baie d'Hudson*, t. I, p. 52. — *Pélican d'Amérique.* Edwards, pag. et pl. 93, avec une belle figure. — *Grand gosier.* Dutertre, *Histoire naturelle des Antilles*, t. II, p. 271. — « Onocrotalus cinero-fuscus supernè « mediis pennarum candicantibus; capite et collo candidis; remigibus majoribus nigris rectri- « cibus cinereo-fuscis... » *Onocrotalus fuscus.* Brisson, *Ornithol.*, t. VI, p. 524.

c. « Les uns avaient tout le plumage blanc, avec ce ton léger et transparent de couleur de

1. « On n'a point assez déterminé les variations d'âge de cet oiseau, pour que l'énumération « des espèces de son genre soit assurée. — Je ne vois point de différence entre notre *pélican* et « le *pelecanus roseus* de Sonnerat. Quant au *pelecanus manillensis*, Sonnerat dit lui-même « qu'il le croit le jeune âge du *roseus*. Je ne vois pas non plus de différence entre le *fuscus* d'Ed- « wards et celui de la planche enluminée 965, que l'on cite sous *roseus*, mais qui est bien « plutôt semblable au *manillensis*. M. Temminck regarde cette figure comme représentant le « jeune de l'espèce commune. Le *philippensis* de Brisson est le même individu qui a servi de « modèle à cette planche enluminée 965. Ainsi l'un et l'autre sont de jeunes *onocrotalus*. — « Celui de la planche 957, cité aussi sous *fuscus*, paraît réellement une espèce propre. — « Ajoutez le *pélican à lunettes* (*pelecanus perspicillatus*, Temm.). » (Cuvier.)

* *Pelecanus fuscus* (Linn.). — Voyez la note précédente.

peu loin de ces mélanges de couleur à une teinte générale grise ou brune, que M. Klein n'a pas craint de prononcer affirmativement que le pélican brun et le pélican blanc n'étaient que des variétés de la même espèce[a]. Hans Sloane, qui avait bien observé les pélicans bruns d'Amérique, avoue aussi qu'ils lui paraissent être les mêmes que les pélicans blancs[b]. Oviedo, parlant des *grands gosiers* à plumage cendré que l'on rencontre sur les rivières aux Antilles, remarque qu'il s'y en trouve en même temps d'un fort beau blanc[c]; et nous sommes portés à croire que la couleur brune est la livrée des plus jeunes, car l'on a observé que ces pélicans bruns étaient généralement plus petits que les blancs. Ceux qu'on a vus près de la baie d'Hudson, étaient aussi plus petits et de couleur cendrée[d]; ainsi leur blanc ne vient pas de l'influence du climat froid. La même variété de couleur s'observe dans les climats chauds de l'ancien continent. M. Sonnerat, après avoir décrit deux pélicans des Philippines, l'un brun, l'autre couleur de rose soupçonne, comme nous, que c'est le même oiseau plus ou moins âgé[e]; et ce qui confirme notre opinion, c'est que M. Brisson nous a donné un pélican des Philippines[1] qui semble faire la nuance entre les deux, et qui n'est plus entièrement gris ou brun, mais qui a encore les ailes et une partie du dos de cette couleur et le reste blanc[f].

LE PÉLICAN A BEC DENTELÉ. [g][*]

SECONDE VARIÉTÉ.

Si la dentelure du bec de ce pélican du Mexique est naturelle et régulière, comme celle du bec du harle et de quelques autres oiseaux, ce caractère

« chair, excepté les ailes, où il y avait du gris et du noir aux grandes pennes; les autres « étaient d'une couleur de chair ou de rose beaucoup plus décidée. » *Mémoires de l'Académie des Sciences*, cités plus haut. — Le pélican tué sur le lac d'Albufera avait le dos d'un gris « noirâtre. » *Journal politique*, cité plus haut.

a. « Varietates itaque sunt onocrotalus albus et fuscus; varietates onocrotali Edwardi Afri-« canus et Americanus. » Klein, *Ordo avium*, p. 142.

b. Jamaïca, p. 322.

c. Histoire générale des Voyages, t. XIII, p. 228.

d. Ellis et l'*Histoire générale des Voyages*, t. XIV, p. 663; et t. XV, p. 268.

e. Voyage à la Nouvelle-Guinée, p. 91.

f. « Onocrotalus supernè griseo-cinereus infernè albus, uropygio concolore; capite et collo « candicantibus, tæniâ in collo superiore longitudinali fusco et albido variegatâ; remigibus « majoribus cinereo-nigricantibus, rectricibus cinereo-albis, scapis nigricantibus, lateralibus in « exortu candidis... » *Onocrotalus Philippensis*. Brisson, *Ornithol.*, t. VI, p. 527.

g. Atototl, alcatraz, onocrotalus Mexicanus dentatus. Hernandez, *Hist. Mexic.*, p. 672, avec une figure grossière. — *Atototl.* Fernandez, p. 41, cap. cxxviii.

1. Voyez la note de la page précédente.

* *Pelecanus thagus* (Lath.). — « M. Cuvier ne cite pas cette espèce dont l'existence ne nous « paraît pas suffisamment constatée. » (Desmarets.)

particulier suffirait pour en faire une espèce différente de la première,
quoique M. Brisson ne la donne que comme variété [a]; mais si cette dentelure n'est formée que par la rupture accidentelle de la tranche mince des
bords du bec, comme nous l'avons remarqué sur le bec de certains calaos,
cette différence accidentelle, loin de faire un caractère constant et naturel,
ne mérite pas même d'être admise comme variété, et nous sommes d'autant
plus portés à le présumer, qu'on trouve, selon Hernandez, dans les mêmes
lieux le pélican ordinaire et ce pélican à bec dentelé [b].

LE CORMORAN. [c][d][*]

Le nom cormoran se prononçait ci-devant *cormaran*, *cormarin*, et vient
de corbeau marin ou *corbeau de mer*. Les Grecs appelaient ce même oiseau
corbeau chauve [e], cependant il n'a rien de commun avec le corbeau que son

a. Onocrotalus rostro denticulato. Varietas, a. Brisson, *Ornithol.*, t. VI, p. 523.

b. Hernandez, *ubi supra*.

c. Voyez les planches enluminées, n° 927.

d. En grec, Φαλαχροχοράξ; en latin, *corvus aquaticus*; en italien, *corvo marino*; en espagnol, *cuervo calvo*; en allemand, *scarb*, *wasser-rabe*; en silésien, *see-rabe*; en anglais, *cor-
morant*; en suédois, *hafs-tjaeder*; en norwégien, *skary*; et à l'île de Feroë, *hupling*; en
polonais, *krukwodny*; dans quelques-unes de nos provinces de France, *crot-pescherot*. —
Cormoran. Belon, *Nat. des oiseaux*, p. 161. — Idem, *Portraits d'oiseaux*, mauvaise figure.
— *Phalacrocorax.* Gessner, *Avi.*, p. 683. — *Corvus aquaticus.* Idem, *ibid.*, p. 350. — Idem,
Icon. avi., p. 84, figure reconnaissable. — Aldrovande, *Avi.*, t. III, p. 261. — Willughby,
Ornithol., p. 248. — Ray, *Synops. avi.*, p. 122, n° *a*, 3. — Sibbald, *Scot. illustr.*, part. II,
lib. III, p. 20. — Marsigli, *Danub.*, t. V, p. 76, avec une très-mauvaise figure, pl. 36. —
Carbo aquaticus. Gessner, *Avi.*, p. 136. — *Morfex.* Idem, *ibid.* — Aldrovande, Charleton,
Jonston, répètent sous ce nom *morfex*, et sous celui de *phalacrocorax*, les notices de Gessner.
— *Corvus lacustris.* Schwenckfeld, *Avi.*, pl. 246. — *Corvus Sinarum marinus.* Nieremberg,
p. 224. — *Corvus aquaticus major.* Rzaczynski, *Auctuar. hist. nat. Polon.*, p. 374. — *Plancus
corvus lacustris.* Klein, *Avi.*, p. 144, n° 5. — « Pelecanus subtùs albicans, rectricibus qua-
« tuordecim. » Linnæus, *Fauna Suecica*, n° 116. — « Pelecanus caudâ æquali, corpore nigro,
« rostro edentulo... » *Carbo.* Idem, *Syst. nat.*, édit. X, gen. 66, sp. 3. — *Cormorant.*
Albin, t. II, p. 53, avec une mauvaise figure, pl. 81. — *Le Cormoran.* Salerne, *Histoire des
oiseaux*, p. 371. — « Phalacrocorax cristatus, supernè cupri colore obscuro tinctus et ad viride
« inclinans, marginibus pennarum nigro-virescentibus, infernè nigro-virescens, uropygio con-
« colore; capite superiore et collo supremo lineolis longitudinalibus albis variegatis; gutture et
« maculâ ad crura exteriora candidis; rectricibus nigricantibus... » *Phalacrocorax.* Brisson,
Ornithol., t. VI, p. 511.

e. Phalacrocorax, à la lettre, *corbeau chauve :* dans Aristote, on lit simplement *corax*;
mais c'est d'un oiseau d'eau qu'il s'agit, et aux caractères que le philosophe lui donne, on reconnaît clairement le cormoran.

* *Pelecanus carbo* (Linn.). — Genre *Pélicans*, sous-genre *Cormorans* (Cuv.). — « *Cormo-
« ran,* corruption de *corbeau marin*, à cause de sa couleur noire. C'est, en effet, le *corbeau
« aquatique* d'Aristote. *Phalacrocorax* (*corbeau chauve*), nom grec de cet oiseau indiqué par
« Pline, mais non employé par Aristote. Celui de *carbo* ne lui est donné que par Albert, peut-
« être d'après son nom allemand *scharb*. A tous ces noms, M. Vieillot a encore ajouté celui
« d'*hydrocorax*. » (Cuvier.)

plumage noir, qui même diffère de celui du corbeau en ce qu'il est duveté
et d'un noir moins profond.

Le cormoran est un assez grand oiseau à pieds palmés, aussi bon plongeur que nageur, et grand destructeur de poisson; il est à peu près de la
grandeur de l'oie, mais d'une taille moins fournie, plutôt mince qu'épaisse,
et allongée par une grande queue plus étalée que ne l'est communément
celle des oiseaux d'eau; cette queue est composée de quatorze plumes raides
comme celles de la queue du pic; elles sont, ainsi que presque tout le
plumage, d'un noir lustré de vert; le manteau est ondé de festons noirs sur
un fond brun; mais ces nuances varient dans différents individus, car
M. Salerne dit que la couleur du plumage est quelquefois d'un noir verdâtre; tous ont deux taches blanches au côté extérieur des jambes, avec
une gorgerette blanche, qui ceint le haut du cou en mentonnière, et il y a
des brins blancs, pareils à des soies, hérissés sur le haut du cou et le dessus
de la tête, dont le devant et les côtés sont chauves[a]; une peau, également
nue, garnit le dessous du bec, qui est droit jusqu'à la pointe, où il se
recourbe fortement en un croc très-aigu.

Cet oiseau est du petit nombre de ceux qui ont les quatre doigts assujettis
et liés ensemble par une membrane d'une seule pièce, et dont le pied, muni
de cette large rame, semblerait indiquer qu'il est très-grand nageur; cependant il reste moins dans l'eau que plusieurs autres oiseaux aquatiques dont
la palme n'est ni aussi continue, ni aussi élargie que la sienne; il prend
fréquemment son essor, et se perche sur les arbres : Aristote lui attribue
cette habitude, exclusivement à tous les autres oiseaux palmipèdes[b]; néanmoins il l'a commune avec le pélican, le fou, la frégate, l'anhinga et l'oiseau
du Tropique; et ce qu'il y a de singulier, c'est que ces oiseaux forment,
avec lui, le petit nombre des espèces aquatiques qui ont les quatre doigts
entièrement engagés par des membranes continues[1]; c'est cette conformité
qui a donné lieu aux ornithologistes modernes, de rassembler ces cinq ou
six oiseaux en une seule famille, et de les désigner en commun sous le nom
générique de *pélican*[c]; mais ce n'est que dans une généralité scolastique
et en forçant l'analogie, que l'on peut sur le rapport unique de la similitude
d'une seule partie, appliquer le même nom à des espèces qui diffèrent

a. « Quædam animalia naturaliter calvent, sicut struthiocameli et corvi aquatici, quibus
« apud Græcos nomen est indè. » Pline, lib. II, cap. XXXVIII.

b. « Qui corvus appellatur... insidet arboribus et nidulatur in his, hic unus ex genere pal-
« mipedum... » Aristote, *Hist. animal.*, lib. VIII, cap. III.

c. Klein, Linné, ont formé cette famille; le cormoran y figure sous le nom de *pelecanus
carbo*; la frégate, sous celui de *pelecanus aquilus*, etc.

1. M. Cuvier a fait une famille particulière, celle des *totipalmes*, des oiseaux marqués de
ce caractère. — « La famille des *totipalmes* a cela de remarquable que leur pouce est réuni
« avec les autres doigts dans une seule membrane; et malgré cette organisation, qui fait de
« leurs pieds des rames plus parfaites, presque seuls, parmi les *palmipèdes*, ils perchent sur les
« arbres. Tous sont bons voiliers et ont les pieds courts. » (Cuvier.)

autant entre elles que celle de l'oiseau du Tropique, par exemple, et celle du véritable pélican.

Le cormoran est d'une telle adresse à pêcher et d'une si grande voracité, que, quand il se jette sur un étang, il y fait seul plus de dégât qu'une troupe entière d'autres oiseaux pêcheurs : heureusement il se tient presque toujours au bord de la mer, et il est rare de le trouver dans les contrées qui en sont éloignées [a]. Comme il peut rester longtemps plongé [b], et qu'il nage sous l'eau avec la rapidité d'un trait, sa proie ne lui échappe guère, et il revient presque toujours sur l'eau avec un poisson en travers de son bec; pour l'avaler, il fait un singulier manége, il jette en l'air son poisson, et il a l'adresse de le recevoir la tête la première, de manière que les nageoires se couchent au passage du gosier, tandis que la peau membraneuse qui garnit le dessous du bec, prête et s'étend autant qu'il est nécessaire pour admettre et laisser passer le corps entier du poisson, qui souvent est fort gros en comparaison du cou de l'oiseau.

Dans quelques pays, comme à la Chine et autrefois en Angleterre [c], on a su mettre à profit le talent du cormoran pour la pêche, et en faire, pour ainsi dire, un pêcheur domestique, en lui bouclant d'un anneau le bas du cou pour l'empêcher d'avaler sa proie, et l'accoutumant à revenir à son maître, en rapportant le poisson qu'il porte dans le bec. On voit sur les rivières de la Chine des cormorans ainsi bouclés, perchés sur l'avant des bateaux, s'élancer et plonger au signal qu'on donne en frappant sur l'eau un coup de rame, et revenir bientôt en rapportant leur proie qu'on leur ôte du bec : cet exercice se continue jusqu'à ce que le maître, content de la pêche de son oiseau, lui délie le cou et lui permette d'aller pêcher pour son propre compte [d].

La faim seule donne de l'activité au cormoran; il devient paresseux et lourd, dès qu'il est rassasié; aussi prend-il beaucoup de graisse, et quoi-qu'il ait une odeur très-forte et que sa chair soit de mauvais goût, elle n'est pas toujours dédaignée par les matelots, pour qui le rafraîchissement le plus simple ou le plus grossier est souvent plus délicieux que les mets les plus fins ne le sont pour notre délicatesse [e].

Du moins les navigateurs peuvent trouver ce mauvais gibier sur toutes

a. « Le 27 janvier (1779), on m'apporta un cormoran que l'on venait de tuer au bord de la « rivière d'Ouche : il était perché sur un saule. » Extrait d'une lettre de M. Hébert.

b. « Longo spatio urinari potest. » Schwenckfeld.

c. Suivant Lynceus, dans Willughby.

d. Voyez Nieremberg, p. 224. — *Voyage à la Chine,* par de Feynes; Paris, 1630, p. 173. — *Histoire générale des Voyages,* t. VI, p. 221.

e. « Leur chair a furieusement le goût de poisson; malgré cela, elle est assez bonne, parce « qu'ils sont fort gras. » Dampier, *Voyage autour du monde,* t. III, p. 234. — « Nous tuâmes « un grand nombre de cormorans que nous vîmes perchés sur leurs nids dans les arbres, et « qui, étant rôtis ou cuits à l'étuvée, nous donnèrent un excellent mets. » *Premier voyage autour du monde,* par M. Cook, t. III, p. 189.

les mers, car on a rencontré le cormoran dans les parages les plus éloignés, aux Philippines[a], à la Nouvelle-Hollande[b], et jusqu'à la Nouvelle-Zélande[c]. Il y a, dans la baie de Saldana, une île nommée l'*île des cormorans*, parce qu'elle est, pour ainsi dire, couverte de ces oiseaux[d]; ils ne sont pas moins communs dans d'autres endroits voisins du cap de Bonne-Espérance. « On « en voit quelquefois, dit M. le vicomte de Querhoënt, des volées de plus de « trois cents dans la rade du Cap; ils sont peu craintifs, ce qui vient sans « doute de ce qu'on leur fait peu la guerre; ils sont naturellement pares- « seux : j'en ai vu rester plus de six heures de suite sur les bouées de nos « ancres; ils ont le bec garni en dessous d'une peau d'une belle couleur « orangée qui s'étend sous la gorge de quelques lignes, et s'enfle à volonté; « l'iris est d'un beau vert clair, la pupille noire, le tour des paupières bordé « d'une peau violette; la queue conformée comme celle du pic, ayant qua- « torze pennes dures et aiguës. Les vieux sont entièrement noirs, mais les « jeunes de l'année sont tout gris, et n'ont point la peau orangée sous le « bec. Ils étaient tous très-gras[e]. »

Les cormorans sont aussi en très-grand nombre au Sénégal, au rapport de M. Adanson[f]; nous croyons également les reconnaître dans les *plutons* de l'île Maurice du voyageur Leguat[g]; et ce qu'il y a d'assez singulier dans leur nature, c'est qu'ils supportent également les chaleurs de ce climat et les frimas de la Sibérie : il paraît néanmoins que les rudes hivers de ces

a. Où il porte le nom de *colocolo*. Voyez les *Transactions philosophiques*, n° 285, art. III; et l'*Histoire générale des Voyages*, t. X, p. 412.

b. Cook, *Premier voyage*, t. IV, p. 111.

c. *Ibidem*, t. III, p. 119.

d. Voyez Flacourt, *Voyage à Madagascar*; Paris, 1661, p. 246.

e. Remarques faites en 1774 par M. le vicomte de Querhoënt, alors enseigne des vaisseaux du roi.

f. « On arriva le 8 octobre à Lamnaï (petite île du Niger); les arbres y étaient couverts « d'une multitude si prodigieuse de cormorans, que les Laptots remplirent, en moins d'une « demi-heure, un canot, tant de jeunes qui furent pris à la main ou abattus à coups de bâtons, « que de vieux dont chaque coup de fusil faisait tomber plusieurs douzaines. » *Voyage au Sénégal*, p. 80.

g. « Sur un rocher, près de l'île Maurice, il venait des oiseaux que nous appellions *plutons*, « parce qu'ils sont tout noirs comme des *corbeaux*. Ils en ont à peu près aussi la forme et la « grosseur, mais le bec est plus long et crochu par le bout; le pied est en pied de *canard*. Ces « oiseaux demeurent six mois de l'année en mer, sans qu'on les voie paraître, et les autres six « mois, ceux du voisinage venaient les passer sur notre rocher et y faisaient leur ponte. Ils « ont le cri presque aussi fort que le mugissement d'un veau, et ils font un fort grand bruit la « nuit; pendant le jour, ils étaient fort tranquilles, et si peu farouches, qu'on leur prenait leurs « œufs sous eux sans qu'ils remuassent; ils pondent dans les trous du rocher le plus avant « qu'ils peuvent. Ces oiseaux sont fort gras, de fort mauvais goût, puant extrêmement et très- « malsains. Quoique leurs œufs ne soient guère meilleurs que leur chair, nous ne laissions pas « d'en manger dans la nécessité; ils sont blancs et aussi gros que ceux de nos *poules*; quand « on les leur avait ôtés, ils se retiraient dans leurs trous, et se battaient les uns contre les autres « jusqu'à se mettre tout en sang. » *Voyage de François Leguat*; Amsterdam, 1708, tome II, pag. 45 et 46.

régions froides les obligent à quelques migrations ; car on observe que
ceux qui habitent en été les lacs des environs de Sélenginskoi, où on leur
donne le nom de *baclans,* s'en vont en automne au lac de Baikal pour y
passer l'hiver [a]. Il en doit être de même des *ouriles* ou cormorans de Kamtschatka, bien décrits par M. de Krascheninicoff [b], et reconnaissables dans
le récit fabuleux des Kamtschadales, qui disent que ces oiseaux ont échangé
leur langue avec les chèvres sauvages contre les touffes de soies blanches
qu'ils ont au cou et aux cuisses [c], quoiqu'il soit faux que ces oiseaux n'aient
point de langue, et qu'ils crient soir et matin, dit Steller, d'une voix semblable au son d'une petite trompette enrouée [d].

Ces cormorans de Kamtschatka passent la nuit rassemblés par troupes
sur les saillies des rochers escarpés, d'où ils tombent souvent à terre pendant leur sommeil, et deviennent alors la proie des renards, qui sont toujours à l'affût. Les Kamtschadales vont pendant le jour dénicher leurs œufs,
au risque de tomber dans les précipices ou dans la mer ; et, pour prendre
les oiseaux même, ils ne font qu'attacher un nœud coulant au bout d'une
perche ; le cormoran, lourd et indolent, une fois gîté ne bouge pas, et ne
fait que tourner la tête à droite et à gauche pour éviter le lacet qu'on lui
présente, et qu'on finit par lui passer au cou.

Le cormoran a la tête sensiblement aplatie, comme presque tous les
oiseaux plongeurs ; les yeux sont placés très en avant et près des angles du
bec, dont la substance est dure, luisante comme de la corne ; les pieds sont
noirs, courts et très-forts ; le tarse est fort large et aplati latéralement ;
l'ongle du milieu est intérieurement dentelé en forme de scie, comme celui
du héron ; les bras des ailes sont assez longs, mais garnis de pennes courtes,
ce qui fait qu'il vole pesamment, comme l'observe Schwenckfeld ; mais
ce naturaliste est le seul qui dise avoir remarqué un osselet particulier,
lequel, prenant naissance derrière le crâne, descend, dit-il, en lame mince
pour s'implanter dans les muscles du cou [e].

a. « Les habitants de ces cantons croient que lorsque les baclans font leurs nids sur le haut
« d'un arbre, il devient sec. En effet, nous avons vu que tous les arbres où il y avait des nids
« de ces oiseaux étaient desséchés ; mais il se peut qu'ils ne le fassent que sur des arbres déjà
« secs. » Gmelin, *Voyage en Sibérie,* t. I, p. 244.

b. Histoire générale des Voyages, t. XIX, p. 272.

c. Idem, ibid.

d. Idem, ibid.

e. « È cranio occipitis nascitur ossiculum trium digitorum longitudine, quod tenue, latius-
« culum, ab ortu sensim in acutum mucronem gracilescit, et musculis colli implantatur, quale
« in nullâ ave hactenùs videre contigit. » Schwenckfeld, p. 246.

LE PETIT CORMORAN OU LE NIGAUD.[a][*]

La pesanteur ou plutôt la paresse naturelle à tous les cormorans est encore plus grande et plus lourde dans ce petit cormoran, puisqu'elle lui a fait donner par tous les voyageurs le surnom de *shagg*, *niais* ou *nigaud*. Cette petite espèce de cormoran n'est pas moins répandue que la première ; elle se trouve surtout dans les îles et les extrémités des continents austraux : MM. Cook et Forster l'ont trouvée établie à l'île de Géorgie ; cette dernière terre inhabitée, presque inaccessible à l'homme, est peuplée de ces petits cormorans qui en partagent le domaine avec les pinguins, et se cantonnent dans les touffes de ce gramen grossier qui est presque le seul produit de la végétation dans cette froide terre ainsi que dans celle des États, où l'on trouve de même ces oiseaux en grande quantité[b]. Une île qui, dans le détroit de Magellan, en parut toute peuplée, reçut de M. Cook le nom d'*île Schagg* ou *île des Nigauds*[c] : c'est là, c'est à ces extrémités du globe, où[1] la nature, engourdie par le froid, laisse encore subsister cinq ou six espèces d'animaux volatiles ou amphibies, derniers habitants de ces terres envahies par le refroidissement[2]; ils y vivent dans un calme apathique qu'on peut regarder comme le prélude du silence éternel qui bientôt doit régner dans ces lieux. « On est étonné, dit M. Cook, de la paix qui est établie dans cette terre ; les « animaux qui l'habitent paraissent avoir formé une ligue pour ne pas trou-

a. En anglais, *shagg*, *cowt* et *sea-crow*. — « Les Français, aux îles Falkland, ont appelé « ces oiseaux *nigauds*, à cause de leur stupidité, qui paraît si grande, qu'ils ne peuvent pas « apprendre à éviter la mort. » Forster, dans le *Second voyage de Cook*, t. IV, p. 30. — *Corvus aquaticus minor, sive graculus palmipes*. Willughby, *Ornithol.*, p. 249. — Sibbald, *Scot. illustr.*, part. ii, sp. 3, p. 20. — Ray, *Synops. avi.*, p. 123, n° a, 4. — *Graculus palmipes Aristotelis, seu corvus aquaticus minor*. Aldrovande, *Avi.*, t. III, p. 272. — Jonston, *Avi.*, p. 95. — *Graculus palmipes; corvus marinus, mergus magnus niger*. Charleton, *Exercit.*, p. 101, n° vi. *Onomast.*, p. 95, n° vi. — *Corvus aquaticus minor*. Rzaczynski, *Auctuar. hist. nat. Polon.*, p. 375. — *Plancus corvus minor aquaticus*. Klein, *Avi.*, p. 145, n° 6. — *Pelecanus subtùs fuscus; rectricibus duodecim*. Linnæus, *Fauna Suecica*, n° 117, — *Pelecanus carunculatus*. Forster, *Observations*, p. 34. — *Cormoran. Anciens Mémoires de l'Académie des Sciences*, depuis 1666 jusqu'en 1699, t. III, part. iii, p. 213. — *Le petit Cormoran*. Salerne, *Ornithol.*, p. 373. — « Phalacrocorax supernè nigro-viridescens ; infernè cinereo-albus; gutture « candido ; imo ventre griseo-fusco ; rectricibus nigricantibus..... » *Phalacrocorax minor*. Brisson, *Ornithol.*, t. VI, p. 516.

b. *Observations* de Forster, à la suite du *Second voyage de Cook*, p. 34.

c. Cook, *Second voyage*, t. IV, p. 29.

* *Pelecanus graculus* (Gmel., Cuv.).

1. *C'est là... où*, pour *c'est là que*. Voyez les notes des pages 9 et 26 du 1er volume.

2. Allusion à la grande pensée du *refroidissement continuel* du globe, pensée qui a été la préoccupation théorique la plus constante de Buffon. Il va même, tant sur ce point il s'était fait une conviction profonde, jusqu'à nous poser, en chiffres, les limites de la durée de la vie sur le globe : « Cette vie, dit-il, a pu commencer à 35 ou 36,000 ans, parce qu'alors le globe était « assez refroidi à ses parties polaires pour qu'on pût le toucher sans se brûler, et elle pourra ne « finir que dans 93,000 ans, lorsque le globe sera plus froid que la glace. » Voyez mes notes sur les *Époques de la nature*.

« bler leur tranquillité mutuelle; les lions de mer occupent la plus grande
« partie de la côte; les ours marins habitent l'intérieur de l'île, et les
« nigauds les rochers les plus élevés; les pinguins s'établissent où il leur est
« plus aisé de communiquer avec la mer, et les autres oiseaux choisissent
« des lieux plus retirés. Nous avons vu tous ces animaux se mêler et mar-
« cher ensemble comme un troupeau domestique ou comme des volailles
« dans une basse-cour, sans jamais essayer de se faire du mal. »

Dans ces terres à demi glacées, entièrement dénuées d'arbres, les nigauds
nichent sur les flancs escarpés ou les saillies des rochers avancés sur la
mer [a]. Dans quelques cantons on trouve leurs nids sur les petits mondrains
où croissent des glaïeuls [b], ou sur les touffes élevées de ce grand gramen dont
nous venons de parler [c]. Ils y sont cantonnés et rassemblés par milliers; le
bruit d'un coup de fusil ne les disperse pas, ils ne font que s'élever à quelques pieds de hauteur, et ils retombent ensuite sur leurs nids [d]. Cette chasse
n'exige pas même l'arme à feu, car on peut les tuer à coups de perche et
de bâton, sans que l'aspect de leurs compagnons gisants et morts auprès
d'eux les émeuve assez pour les faire fuir et se soustraire au même sort [e].
Au reste, leur chair, celle des jeunes surtout, est assez bonne à manger [f].

Ces oiseaux ne vont pas loin en mer, et rarement perdent de vue la
terre [g]; ils sont, comme les pinguins, revêtus d'une plume très-fournie et
très-propre à les défendre du froid rigoureux et continu des régions glaciales qu'ils habitent [h]. M. Forster paraît admettre plusieurs espèces ou
variétés dans celle de cet oiseau [i]; mais comme il ne s'explique pas nettement sur leur diversité, et qu'il ne suffit pas, sans doute, de la différente
manière de nicher sur des mondrains ou dans des crevasses de rochers
pour différencier des espèces, nous ne décrirons ici que le seul petit cormoran ou nigaud que nous connaissons dans nos contrées.

On en voit en assez grand nombre sur la côte de Cornouailles en Angleterre et dans la mer d'Irlande, surtout à l'île de Man [j] : il s'en trouve aussi
sur les côtes de la Prusse [k], et en Hollande près de Sevenhuis, où ils nichent
sur les grands arbres [l]. Willughby dit qu'ils nagent le corps plongé et la
tête seule hors de l'eau, et qu'aussi agiles, aussi prestes dans cet élément

a. *Second voyage du capitaine Cook*, t. IV, p. 30.
b. *Ibidem*, p. 72.
c. *Ibidem*, p. 59.
d. *Ibidem*, p. 30.
e. *Ibidem*, p. 59.
f. *Ibidem*, p. 58. — *Histoire des navig. aux terres Australes*, t. II, p. 6.
g. *Observations* de Forster, p. 192.
h. Cook, *Second voyage*, t. IV, p. 61.
i. Voyez Forster, *Observ.*, p. 186; et Cook, t. IV, p. 72.
j. Ray, *Synops. avi.*, p. 123.
k. Klein.
l. Ray, *loco citato*.

qu'ils sont lourds sur la terre, ils évitent le coup de fusil en y enfonçant la
tête à l'instant qu'ils voient le feu. Du reste, ce petit cormoran a les mêmes
habitudes naturelles que le grand [a], auquel il ressemble en général par la
figure et les couleurs; les différences consistent en ce qu'il a le corps et les
membres plus petits et plus minces; que son plumage est brun sous le
corps; que sa gorge n'est pas nue, et qu'il n'y a que douze pennes à la
queue [b].

Quelques ornithologistes ont donné à ce petit cormoran le nom de *geai
à pieds palmés* [c]; mais c'est avec aussi peu de raison que le vulgaire en a
eu d'appeler le grand cormoran *corbeau d'eau*. Ces geais à pieds palmés,
que le capitaine Wallis a rencontrés dans la mer Pacifique [d], sont apparemment de l'espèce de notre petit cormoran, et nous lui rapporterons également les *jolis cormorans* que M. Cook a vus nichés par grosses troupes
dans de petits creux que ces oiseaux semblaient avoir agrandis eux-mêmes contre la roche feuilletée, dont les coupes escarpées bordent la Nouvelle-
Zélande [e].

L'organisation intérieure de cet oiseau offre plusieurs singularités que
nous rapporterons ici d'après les observations de MM. de l'Académie des
Sciences [f]. Un anneau osseux embrasse la trachée-artère au-dessus de la
bifurcation; le pylore n'est point percé au bas de l'estomac comme à l'ordinaire, mais ouvert dans le milieu du ventricule, en laissant la moitié d'en
bas pendante au-dessous, comme un sac; et cette partie inférieure est fort
charnue et assez forte de muscles pour faire remonter par sa contraction
les aliments jusqu'à l'orifice du pylore; l'œsophage soufflé s'enfle jusqu'à
paraître faire continuité avec le ventricule, qui, sans cela, en est séparé par
un étranglement; les intestins sont renfermés dans un épiploon, fourni de
beaucoup de graisse de la consistance du suif : ce fait est une exception à
ce que dit Pline, qu'en général les animaux ovipares n'ont pas d'épiploon [g].
La figure des reins est aussi particulière : ils ne sont point séparés en trois
lobes, comme dans les autres oiseaux, mais dentelés en crête de coq sur
leur portion convexe, et séparés du reste du bas-ventre par une membrane
qui les recouvre; la cornée de l'œil est d'un rouge vif, et le cristallin approche de la forme sphérique, comme dans les poissons; la base du bec est
garnie d'une peau rouge qui entoure aussi l'œil; l'ouverture des narines

---

a. « Pour avaler le poisson, il le jette en l'air et le reçoit dans son bec la tête la première.
« Nous lui avons vu faire ce manége avec tant d'adresse, qu'il ne manque jamais son coup. »
Anciens Mémoires de l'Académie des Sciences, t. III, part. III, p. 214.

b. Ray, Willughby.

c. *Graculus palmipes*. Voyez la nomenclature.

d. « Par 20 degrés 50 minutes latitude nord. » *Premier voyage de Cook*, t. II, p. 180.

e. Cook, *Second voyage*, t. I, p. 244.

f. *Anciens Mémoires de l'Académie des Sciences*, t. III, part. III, pag. 213 et suivantes.

g. Lib. II, cap. XXXVII.

n'est qu'une fente si petite qu'elle a échappé aux observateurs qui ont dit
que les cormorans, grands et petits, n'avaient point de narines; le plus
grand doigt dans les deux espèces est l'extérieur, et ce doigt est composé
de cinq phalanges, le suivant de quatre, le troisième de trois, et le dernier,
qui est le plus court, de deux phalanges seulement; les pieds sont d'un noir
luisant et armés d'ongles pointus[a]; sous les plumes est un duvet très-fin et
aussi épais que celui du cygne; de petites plumes soyeuses et serrées comme
du velours couvrent la tête, d'où M. Perrault infère que le cormoran n'est
point le corbeau chauve *phalacrocorax* des anciens; mais il aurait dû modi-
fier son assertion, ayant lui-même observé précédemment qu'il se trouve
aux bords de la mer un grand cormoran différent du petit cormoran qu'il
décrit; et ce grand cormoran, qui a la tête chauve, est, comme nous
l'avons vu, le véritable phalacrocorax des anciens.

LES HIRONDELLES DE MER. [b]*

Dans le grand nombre de noms transportés, pour la plupart sans raison,
des animaux de la terre à ceux de la mer, il s'en trouve quelques-uns
d'assez heureusement appliqués, comme celui d'hirondelle qu'on a donné à
une petite famille d'oiseaux pêcheurs qui ressemblent à nos hirondelles par
leurs longues ailes et leur queue fourchue, et qui par leur vol constant à la
surface des eaux, représentent assez bien sur la plaine liquide les allures
des hirondelles de terre dans nos campagnes et autour de nos habitations :
non moins agiles et aussi vagabondes, les hirondelles de mer rasent les
eaux d'une aile rapide et enlèvent en volant les petits poissons qui sont à la
surface de l'eau, comme nos hirondelles y saisissent les insectes; ces rapports de forme et d'habitudes naturelles leur ont fait donner avec quelque
fondement le nom d'*hirondelles,* malgré les différences essentielles de la
forme du bec et de la conformation des pieds, qui, dans les hirondelles de
mer, sont garnis de petites membranes retirées entre les doigts, et ne leur
servent pas pour nager[c]; car il semble que la nature n'ait confié ces oiseaux

a. M. Perrault réfute sérieusement la fable de Gessner, qui dit (lib. ɪɪɪ, cap. *de Corv.
aquat.*) qu'il y a une espèce de cormoran qui a un pied membraneux avec lequel il nage, et
l'autre dont les doigts sont nus et avec lequel il saisit sa proie.

b. En anglais, *see swallow;* en allemand, *see schwalbe;* en suédois et dans d'autres langues
du Nord, *taern, terns, stirn,* d'où Turner a dérivé le nom de *sterna,* adopté par les nomenclateurs pour distinguer ce genre d'oiseaux. Sur nos côtes de l'Océan, les hirondelles de mer
s'appellent *goëlettes.*

c. D'où vient qu'Aldrovande, en regardant les hirondelles de mer comme de petits goëlands,
les distingue par le nom de *goëlands à pieds fendus.* Voyez son chapitre de *laris filipedibus.
Ornithol.,* lib. xɪx, cap. x.

* Ordre des **Palmipèdes,** famille des *Longipennes* ou *Grands voiliers,* genre *Hirondelles de
mer* (Cuv.).

qu'à la puissance de leurs ailes, qui sont extrêmement longues et échancrées comme celles de nos hirondelles ; ils en font le même usage pour planer, cingler, plonger dans l'air en élevant, rabaissant, coupant, croisant leurs vols de mille et mille manières [a], suivant que le caprice, la gaieté ou l'aspect de la proie fugitive dirigent leurs mouvements ; ils ne la saisissent qu'au vol ou en se posant un instant sur l'eau sans la poursuivre à la nage, car ils n'aiment point à nager, quoique leurs pieds à demi membraneux puissent leur donner cette facilité ; ils résident ordinairement sur les rivages de la mer, et fréquentent aussi les lacs et les grandes rivières. Ces hirondelles de mer jettent en volant de grands cris aigus et perçants, comme les martinets, surtout lorsque par un temps calme elles s'élèvent en l'air à une grande hauteur, ou quand elles s'attroupent en été pour faire de grandes courses, mais en particulier dans le temps des nichées, car elles sont alors plus inquiètes et plus clameuses que jamais ; elles répètent et redoublent incessamment leurs mouvements et leurs cris ; et comme elles sont toujours en très-grand nombre, l'on ne peut, sans en être assourdi, approcher de la plage où elles ont déposé leurs œufs ou rassemblé leurs petits [b] ; elles arrivent par troupes sur nos côtes de l'Océan au commencement de mai [c] ; la plupart y demeurent et n'en quittent pas les bords ; d'autres voyagent plus loin et vont chercher les lacs, les grands étangs [d], en suivant les rivières : partout elles vivent de petite pêche, et même-quelques-unes gobent en l'air les insectes volants ; le bruit des armes à feu ne les effraie pas : ce signal de danger, loin de les écarter, semble les attirer, car à l'instant où le chasseur en abat une dans la troupe, les autres se précipitent en foule à l'entour de leur compagne blessée, et tombent avec elle jusqu'à fleur d'eau. On remarque de même que nos hirondelles de terre arrivent quelquefois au coup de fusil, ou du moins qu'elles n'en sont pas assez émues pour s'éloigner beaucoup : cette habitude ne viendrait-elle pas d'une confiance aveugle? Ces oiseaux, emportés sans cesse par un vol rapide, sont moins instruits que ceux qui sont tapis dans les sillons ou perchés sur les arbres ; ils n'ont pas appris comme eux à nous observer, nous reconnaître et fuir leurs plus dangereux ennemis.

Au reste, les pieds de l'hirondelle de mer ne diffèrent de ceux de l'hirondelle de terre, qu'en ce qu'ils sont à demi palmés ; car ils sont de même

a. « Les marins donnent à tous ces oiseaux légers qu'on trouve au large le nom de *croiseurs* « lorsqu'ils sont grands, et de *goëlettes* lorsqu'ils sont petits. » Remarques faites par M. le vicomte de Querhoënt ; et par les notices jointes aux remarques de cet excellent observateur, nous reconnaissons en effet dans ces *croiseurs* et ces *goëlettes* des hirondelles de mer.

b. C'est d'elles et de leurs cris importuns que Turner dérive le proverbe fait pour le vain babil des parleurs impitoyables : *larus parturit.*

c. Observation faite sur celles de Picardie par M. Baillon.

d. Comme celui de l'Indre, près de Dieuze en Lorraine, qui, en embrassant ses détours et ses golfes, a sept lieues de circuit.

très-courts, très-petits et presque inutiles pour la marche; les ongles pointus qui arment les doigts ne paraissent pas plus nécessaires à l'hirondelle
de mer qu'à celle de terre, puisque toutes deux saisissent également leur
proie avec le bec; celui des hirondelles de mer est droit, effilé en pointe,
lisse, sans dentelures, et aplati par les côtés; les ailes sont si longues, que
l'oiseau en repos paraît en être embarrassé, et que dans l'air il semble être
tout aile; mais si cette grande puissance de vol fait de l'hirondelle de mer
un oiseau aérien, elle se présente comme un oiseau d'eau par ses autres
attributs, car indépendamment de la membrane échancrée entre les doigts,
elle a comme presque tous les oiseaux aquatiques une petite portion de la
jambe dénuée de plumes, et le corps revêtu d'un duvet fourni et très-serré.

Cette famille des hirondelles de mer est composée de plusieurs espèces,
dont la plupart ont franchi les océans et peuplé leurs rivages; on les trouve
depuis les mers, les lacs[a] et les rivières du Nord[b], jusque dans les vastes
plages de l'Océan austral[c], et on les rencontre dans presque toutes les
régions intermédiaires[d]. Nous allons en donner les preuves en faisant la
description de leurs différentes espèces, et nous commencerons par celles
qui fréquentent nos côtes.

a. Le nom même de *taern*, *terns*, donné par les Septentrionaux à ces hirondelles, signifie
lac.

b. M. Gmelin dit en avoir vu des bandes innombrables sur le Jénisea, vers Maugasea en
Sibérie. *Voyage en Sibérie*, t. II, p. 56.

c. M. Cook a vu des hirondelles de mer vers les Marquises, qui sont les îles vues par Men-
dana. *Second voyage*, t. II, p. 238. — Le même navigateur s'est vu accompagné par ces
oiseaux, depuis le cap de Bonne-Espérance jusqu'au delà du quarante-unième degré de latitude
australe. *Ibid.*, t. I, p. 88. — Le capitaine Wallis les a rencontrés par vingt-sept degrés de
latitude et cent six de longitude ouest, dans la grande mer du Sud. *Premier voyage de Cook*,
t. II, p. 75. — « Les îles basses du tropique, dans tout cet archipel qui environne Taïti, sont
« remplies de volées d'hirondelles de mer, de boubies, de frégates, etc. » *Observations* de
Forster, à la suite du *Second voyage de Cook*, p. 7. — « Les hirondelles de mer vont coucher
« sur les buissons à Taïti; M. Forster, dans une course avant le lever du soleil, en prit ainsi
« plusieurs qui dormaient le long du chemin. » *Second voyage de Cook*, t. II, p. 332.

d. Il se trouve des hirondelles de mer aux Philippines, à la Guiane, à l'Ascension; voyez, à
la suite de cet article, les notices des espèces. On reconnaît aisément pour des hirondelles de
mer les oiseaux que rencontra Dampier dans les parages de la Nouvelle-Guinée. « Le 30 juillet,
« tous les oiseaux qui avaient escorté jusque-là le vaisseau l'abandonnèrent; mais on en vit
« d'une tout autre espèce, qui étaient de la grosseur des vanneaux, avec le plumage gris, le
« tour des yeux noir, le bec rouge et pointu, les ailes longues, et la queue fourchue comme
« les hirondelles. » *Histoire générale des Voyages*, t. XI, p. 217. — « Le 13 juillet 1773, à
« trente-cinq degrés deux secondes de latitude, et deux degrés quarante-huit secondes de lon-
« gitude, pendant un violent coup de vent de nord-ouest, M. de Querhoënt vit beaucoup de
« damiers, de croiseurs, et les premières petites *goelettes*; elles sont au moins de moitié plus
« petites que les damiers : elles ont les ailes fort longues et conformées comme celles de notre
« martinet; elles se tiennent ordinairement en grandes troupes, et s'approchent très-près des
« vaisseaux, mais sans affecter de les suivre. » Remarques faites à bord du vaisseau du roi
la Victoire, par M. le vicomte de Querhoënt.

LE PIERRE-GARIN OU LA GRANDE HIRONDELLE DE MER

DE NOS CÔTES. [a] [b] *

PREMIÈRE ESPÈCE.

Nous plaçons ici, comme première espèce, la plus grande des hirondelles de mer qui se voient sur nos côtes; elle a près de treize pouces du bout du bec aux ongles, près de seize jusqu'au bout de la queue, et presque deux pieds d'envergure; sa taille fine et mince, le joli gris de son manteau, le beau blanc de tout le devant du corps, avec une calotte noire sur la tête, et le bec et les pieds rouges, en font un bel oiseau.

Au retour du printemps, ces hirondelles qui arrivent en grandes troupes sur nos côtes maritimes se séparent en bandes, dont quelques-unes pénètrent dans l'intérieur de nos provinces, comme dans l'Orléanais[c], en Lorraine[d], en Alsace[e] et peut-être plus loin, en suivant les rivières et s'arrêtant sur les lacs et sur les grands étangs; mais le gros de l'espèce reste sur les côtes et se porte au loin sur les mers. M. Ray a observé que l'on a coutume d'en trouver en quantité à cinquante lieues au large des côtes les plus occidentales de l'Angleterre, et qu'au delà de cette distance on ne laisse pas d'en rencontrer encore dans toute la traversée jusqu'à Madère; qu'enfin cette

---

a. Voyez les planches enluminées, n° 987.

b. C'est proprement cette espèce dont le nom en suédois est *taerna*; en hollandais, *icsterre;* en suisse, *schirring*; en polonais, *jaskolka-morska* ou *kulig-morski*; en islandais, *therne, krüa*; en lapon, *zhierrek*: en groënlandais, *emerkotulak*, suivant Muller. — *Sterna.* Gessner, *Avi.*, p. 586. — Aldrovande, *Avi.*, t. III, p. 78. — Jonston, *Avi.*, p. 94. — *Larus minor, sterna vel stirna.* Gessner, *Icon. avi.*, p. 96. — *Sterna Turneri, speurer Baltneri.* Willughby, Klein. — *Hirundo marina.* Willughby, *Ornithol.*, p. 268. — Sibbald, *Scot. illustr.*, part. II, lib. III, p. 21. — Ray, *Synops. avi.*, p. 131, n° *a*, 1; et 191, n° 7, sous le nom de *hirundo marina major, patines de Oviedo.* — *Hirundo marina, sterna Turneri.* Rzaczynski, *Auctuar. hist. nat. Polon.*, p. 385. — *Larus albicans.* Marsigli, *Danub.*, t. V, p. 88. — Klein, *Avi.*, p. 138, n° 10. — *Larus.* Mœhring, *Avi.*, gen. 74. — « Sterna caudâ forcipatâ, rectricibus duabus « extimis albo nigroque dimidiat's... » *Hirundo.* Linnæus, *Syst. nat.*, édit. X, gen. 70, sp. 2. — « Sterna rectricibus extimis maximis dimidiato albis nigrisque. » Idem, *Fauna Suecica*, n° 127. — « Sterna hirundo, caudâ forficatâ; rectricibus duabus extimis albo nigroque dimi- « diatis. » Muller, *Zoolog. Dan.*, n° 170. — *Goiland* ou *larus minor melanocephalos.* Feuillée, *Observations physiques*, édit. 1725, p. 410. — *La grande alouette de mer.* Albin, t. II, p. 57, avec une figure mal coloriée, planche 88. — *L'hirondelle de mer.* Salerne, *Ornithol.*, p. 392. — « Sterna supernè cinereo-alba, infernè nivea; capite superiore nigro; remigibus septem pri- « moribus interiùs versùs scapum cinereo-nigricantibus; rectricibus cinereo-albis... » *Sterna major*, la grande Hirondelle de mer. Brisson, *Ornithol.*, t. VI, p. 203.

c. M. Salerne dit qu'en Sologne on l'appelle *petit criard.*

d. M. Lottinger.

e. Sur le Rhin, vers Strasbourg, on lui donne le nom de *speurer*, suivant Gessner.

* *Sterna hirundo* (Linn.). — Le *Pierre-Garin* ou *hirondelle de mer à bec rouge* (Cuv.).

grande multitude paraît se rassembler pour nicher aux *Salvages*, petites
îles désertes peu distantes des Canaries [a].

Sur nos côtes de Picardie, ces hirondelles de mer s'appellent *pierre-ga-*
rins. Ce sont, dit M. Baillon, des oiseaux aussi vifs que légers, des pêcheurs
hardis et adroits; ils se précipitent dans la mer sur le poisson qu'ils guettent, et après avoir plongé se relèvent et souvent remontent en un instant
à la même hauteur où ils étaient en l'air; ils digèrent le poisson presque
aussi promptement qu'ils le prennent, car il se fond en peu de temps dans
leur estomac; la partie qui touche le fond du sac se dissout la première, et
l'on a observé ce même effet dans les hérons et dans les mouettes; mais en
tout la force digestive est si grande dans ces hirondelles de mer, qu'elles
peuvent aisément prendre un second repas une heure ou deux après le
premier; elles se battent fréquemment en se disputant leur proie, et avalent
des poissons plus gros que le pouce, et dont la queue leur sort par le bec.
Celles que l'on prend et qu'on nourrit quelquefois dans les jardins [b] ne
refusent pas de manger de la chair, mais il ne paraît pas qu'elles y touchent
dans l'état de liberté.

Ces oiseaux s'apparient, dès leur arrivée, dans les premiers jours de
mai : chaque femelle dépose dans un petit creux, sur le sable nu, deux ou
trois œufs fort gros, eu égard à sa taille; le canton de sable qu'elles choisissent pour cela est toujours à l'abri du vent de nord et au-dessous de
quelque petite dune; si l'on approche de leurs nichées, les pères et mères
se précipitent du haut de l'air, et arrivent à l'homme en jetant de grands
cris redoublés d'inquiétude et de colère.

Leurs œufs ne sont pas tous de la même couleur : les uns sont fort bruns,
d'autres sont gris, et d'autres presque verdâtres : apparemment ces derniers sont ceux des jeunes couples, car ils sont un peu plus petits, et l'on
sait que, dans tous les oiseaux dont les œufs sont teints, ceux des vieux ont
les couleurs plus foncées et sont un peu plus gros et moins pointus que
ceux des jeunes, surtout dans les premières pontes ; la femelle, dans cette
espèce, ne couve que la nuit, et pendant le jour quand il pleut ; elle abandonne ses œufs à la chaleur du soleil dans tous les autres temps. « Lorsque
« le printemps est beau, m'écrit M. Baillon, et surtout quand les nichées
« ont commencé par un temps chaud, les trois œufs qui composent ordi-
« nairement la ponte des pierre-garins éclosent en trois jours consécutive-
« ment; le premier pondu devance d'un jour le second, qui de même
« devance le troisième, parce que le développement du germe, qui ne date

---

a. *Synops. avi.*, p. 191.

b. « J'en ai eu plusieurs dans mon jardin , où je n'ai pu les garder longtemps, à cause de
« l'importunité de leurs cris continuels, même pendant la nuit. Ces oiseaux captifs perdent
« d'ailleurs presque toute leur gaieté; faits pour s'ébattre en l'air, ils sont gênés à terre; leurs
« pieds courts s'embarrassent dans tout ce qu'ils rencontrent. » Extrait d'un *Mémoire* de
M. Baillon *sur les pierre-garins*, d'où nous tirons les détails de l'histoire de ces oiseaux.

« dans celui-ci que de l'instant de l'incubation commencée, a été hâté dans
« les deux autres par la chaleur du soleil qu'ils ont éprouvée sur le sable ;
« si le temps a été pluvieux ou seulement nébuleux lors de la ponte, cet
« effet n'arrive pas, et les œufs éclosent ensemble ; la même remarque a
« été faite sur les œufs des alouettes et des pies de mer, et l'on peut croire
« qu'il en est encore de même pour tous les oiseaux qui pondent sur le
« sable nu des rivages.

« Les petits *pierre-garins* éclosent couverts d'un duvet épais, gris-blanc
« et semé de quelques taches noires sur la tête et le dos ; ils se traînent et
« quittent le nid dès qu'ils sont nés ; le père et la mère leur apportent de
« petits lambeaux de poissons, particulièrement du foie et des ouïes ; la
« mère venant le soir couver l'œuf non éclos, les nouveau-nés se mettent
« sous ses ailes : ces soins maternels ne durent que peu de jours ; les petits
« se réunissent pendant la nuit et se serrent les uns contre les autres ; les
« père et mère ne sont pas longtemps non plus à leur donner à manger
« dans le bec ; mais sans descendre chaque fois jusqu'à terre, ils laissent
« tomber et font, pour ainsi dire, pleuvoir sur eux la nourriture ; les jeunes,
« déjà voraces, s'entre-battent et se la disputent entre eux en jetant des
« cris ; cependant leurs parents ne cessent pas de veiller sur eux du-haut
« de l'air : un cri qu'ils jettent en planant donne l'alarme, et à l'instant les
« petits demeurent immobiles, tapis sur le sable ; ils seraient alors difficiles
« à découvrir si les cris même de la mère n'aidaient à les faire trouver ; ils
« ne fuient pas, et on les ramasse à la main comme des pierres.

« Ils ne volent que plus de six semaines après qu'ils sont éclos, parce
« qu'il faut tout ce temps à leurs longues ailes pour croître : semblables en
« cela aux hirondelles de terre qui restent plus longtemps dans le nid que
« tous les autres oiseaux de même grandeur, et en sortent mieux emplu-
« més ; les premières plumes qui poussent à ces jeunes pierre-garins sont
« d'un gris blanc sur la tête, le dos et les ailes ; les vraies couleurs ne vien-
« nent qu'à la mue, mais jeunes et vieux ont tous le même plumage à leur
« retour au printemps ; la saison du départ de nos côtes de Picardie est vers
« la mi-août, et j'ai remarqué l'année dernière, 1779, qu'il s'était fait par
« un vent de nord-est. »

LA PETITE HIRONDELLE DE MER. [a][b][*]

SECONDE ESPÈCE.

Cette petite hirondelle de mer ressemble si bien à la précédente pour les

a. Voyez les planches enluminées, n° 996.
b. En anglais, *lesser sea swallow* ; en allemand, *klein sea schwalbe*, et vers Strasbourg,
* *Sterna minuta* (Linn.). — La petite hirondelle de mer (Cuv.).

couleurs, qu'on ne la distinguerait pas sans une différence de taille considérable et constante entre ces deux races ou espèces, celle-ci n'étant pas plus grosse qu'une alouette ; mais elle est aussi criarde [a], aussi vagabonde que la grande ; cependant elle ne refuse pas de vivre en captivité lorsqu'elle se trouve prise à l'embûche, que dès le temps de Belon les pêcheurs lui dressaient sur l'eau, en faisant flotter une croix de bois au milieu de laquelle ils attachaient un petit poisson pour amorce, avec des gluaux fichés aux quatre coins, entre lesquels l'oiseau tombant sur sa proie empêtre ses ailes [b]. Ces petites hirondelles de mer fréquentent, ainsi que les grandes, les côtes de nos mers, les lacs et les rivières, et elles en partent de même aux approches de l'hiver.

LA GUIFETTE. [c d *]

TROISIÈME ESPÈCE.

Nous adoptons, pour désigner cette espèce d'hirondelle de mer, le nom de *guifette* qu'elle porte sur nos côtes de Picardie ; son plumage, blanc

fischerlin; en polonais, *rybitw*. — *Petite mouette blanche*. Belon, *Nat. des oiseaux*, p. 171 ; et *Portraits d'oiseaux*, p. 35, *b*, avec une mauvaise figure, sous le nom d'*hirondelle de mer*. — *Larus piscator*. Gessner, *Avi.*, p. 587 ; et *Icon. avi.*, p. 96. — Jonston, *Avi.*, p. 93. — Aldrovande, *Avi.*, t. III, p. 80, et p. 71, sous le titre *larus albus minor*. — *Larus piscator Aldrovandi et Gessneri*, *fischerlin Leonardi Baltneri*. Willughby, *Ornithol.*, p. 269. — Ray, *Synops. avi.*, p. 131, n° *a*, 2. — *Larus minor cinereus*. Schwenckfeld, *Aviar. Siles.*, p. 293. — Klein, *Avi.*, p. 138, n° 11 et n° 13, sous le titre *larus piscator Aldrovandi*. — *Larus fluviatilis, seu gavia, Gessnero piscator*. Rzaczynski, *Hist. nat. Polon.*, p. 285 ; et *Auctuar.*; p. 388, sous le titre *larus minor cinereus Schwenckfeldii, gavia minor*. — *Larus piscator*. Charleton, *Exercit.*, p. 100, n° 3. *Onomast.*, p. 94, n° 3. — *Larus subcinereus, rostro et pedibus croceis*. Barrère, *Ornithol.*, class. 1, gen. 4, sp. 3. — « Sterna caudâ subforficatâ, corpore cano, capite « rostroque nigro, pedibus rubris... » *Sterna nigra*. Linnæus, *Syst. nat.*, édit. X, gen. 70, sp. 3. — « Sterna suprà cana, capite rostroque nigro, pedibus rubris. » Idem, *Fauna Suec.*, n° 128. — *La mouette pêcheuse* ou *hirondelle de mer*. Salerne, *Ornithol.*, p. 393. — *Petite hirondelle de mer*. Albin, t. II, p. 58, pl. 90. — « Sterna supernè cinerea, infernè nivea ; syn- « cipite albo, vertice et occipitio nigris ; remigibus tribus primoribus nigricantibus, interiùs « maximâ parte albis ; rectricibus candidis... » *Sterna minor*. Brisson, *Ornithol.*, tome VI, pag. 206.

a. « Elle est si criarde qu'elle en estonne l'aer, et fait ennui aux gens qui hantent l'esté par « les marais et le long des petites rivières. » Belon, *Nature des oiseaux*, p. 171.

b. *Idem, ibidem*.

c. Voyez les planches enluminées, n° 924.

d. *Kirr-meuw*. Klein, *Avi.*, p. 107, n° 10. — *Rallus cinereus facie lari*. Idem, *ibid.*, p. 103, n° 3. — « Rallus subtùs albido-flavescens, cervice cærulescenti maculato, digitis marginatis... » *Rallus lariformis*. Linnæus, *Syst. nat.*, édit. X, gen. 83, sp. 3. — *Larus cinereus fissipes, rostro ac pedibus rufescentibus*. Marsigli, *Danub.*, t. V, p. 92. — *Mouette à pieds fendus*. Albin, t. II, p. 54, pl. 82. — « Sterna supernè fusca, marginibus pennarum rufescentibus,

* *Sterna nigra, fissipes* et *nævia* (Gmel.). — *L'hirondelle de mer noire* (Cuv.). — *Sterna nigra* et *fissipes* (*guiffette noire* ou *épouvantail* de Buffon), planche enluminée 333 : *plumage de printemps ou des noces*. *Sterna nævia* (ou *guiffette* de cet article), planche 924 : *jeunes de l'année avant la mue d'automne*.

sous le corps, est assez agréablement varié de noir derrière la tête, de brun nué de roussâtre sur le dos, et d'un joli gris frangé de blanchâtre sur les ailes : elle est de taille moyenne entre les deux précédentes, mais elle en diffère en plusieurs choses pour les mœurs. M. Baillon, qui en parle par comparaison avec la grande espèce appelée *pierre-garin*, dit qu'elles se trouvent également sur les côtes de Picardie, mais qu'elles diffèrent par plusieurs caractères : 1° les guifettes ne vont pas, comme les *pierre-garins*, chercher habituellement leur nourriture à la mer ; elles ne sont pas piscivores, mais plutôt insectivores, se nourrissant autant des mouches et autres insectes volants qu'elles saisissent en l'air, que de ceux qu'elles vont prendre dans l'eau ; 2° elles sont peu clameuses et n'importunent pas, comme les pierre-garins, par leurs cris continuels ; 3° elles ne pondent point sur le sable nu, mais choisissent dans les marais une touffe d'herbe ou de mousse sur quelque motte isolée au milieu de l'eau ou sur ses bords ; elles y apportent quelques brins d'herbes sèches et y déposent leurs œufs, qui sont ordinairement au nombre de trois ; 4° elles couvent constamment leurs œufs pendant dix-sept jours, et ils éclosent tous le même jour.

Les petits ne peuvent voler qu'au bout d'un mois, et cependant ils partent avec leurs père et mère d'assez bonne heure, et souvent avant les *pierre-garins ;* on en voit voler le long de la Seine et de la Loire dans le temps de leur passage. Au reste, les guifettes ont les allures du vol toutes semblables à celles des pierre-garins ou grandes hirondelles de mer ; elles sont de même continuellement en l'air ; elles volent le plus souvent en rasant l'eau ou les herbes, et s'élèvent aussi fort haut et très-rapidement.

LA GUIFETTE NOIRE OU L'ÉPOUVANTAIL. [a][b][*]

QUATRIÈME ESPÈCE.

Cet oiseau a tant de rapport avec le précédent, qu'on l'appelle *guifette noire* en Picardie : le nom d'*épouvantail* qu'on lui donne ailleurs, vient

« infernè alba, rufescente ad latera adumbrata ; maculâ ponè oculos nigricante ; uropygio « dilutè cinereo ; remigibus majoribus interiùs versùs scapum et ad apicem saturatè cinereis ; « rectricibus dilutè cinereis, ad apicem saturatioribus et albo rufescente marginatis, utrimque « extimâ exteriùs candidâ... » *Sterna nœvia*, l'Hirondelle de mer tachetée. Brisson, *Ornithol.*, t. VI, p. 216.

a. Voyez les planches enluminées, n° 333.

b. En allemand, *schwartzer mew ; klein schwartze sée-schwalbe*, et sur le Rhin, vers Strasbourg, *mey-vogel ;* en anglais, *scare-crow, small black sea-swallow.* — *Larus niger.* Gessner, *Avi.*, p. 588 ; et *Icon. avi.*, p. 97. — Jonston, p. 94. — Aldrovande, t. III, p. 81. — *Larus niger fidipes.* Idem, *ibid.*, p. 82. — *Larus niger Gessneri.* Willughby, *Ornithol.*, p. 269.

* *Sterna nigra, fissipes* et *nœvia* (Gmel.). — Le même oiseau que la *guiffette*, mais en plumage de printemps. — Voyez la nomenclature précédente.

apparemment de la teinte obscure de cendré très-foncé qui lui noircit la tête, le cou et le corps; ses ailes seules sont du joli gris qui fait la livrée commune des hirondelles de mer; sa grandeur est à peu près la même que celle de la guifette commune; son bec est noir, et ses petits pieds sont d'un rouge obscur; on distingue le mâle à une tache blanche placée sous la gorge.

Ces oiseaux n'ont rien de lugubre que le plumage, car ils sont très-gais, volent sans cesse, et font, comme les autres hirondelles de mer, mille tours et retours dans les airs; ils nichent comme les autres guifettes sur les roseaux dans les marais, et font trois ou quatre œufs d'un vert sale, avec des taches noirâtres qui forment une zone vers le milieu [a]; ils chassent de même aux insectes ailés, et leur ressemblent encore par toutes leurs allures [b].

LE GACHET. [c][*]

CINQUIÈME ESPÈCE.

Un beau noir couvre la tête, la gorge, le cou et le haut de la poitrine de cette hirondelle de mer, en manière de chaperon ou de domino; son dos est gris, son ventre blanc; elle est un peu plus grande que les guifettes : l'espèce n'en paraît pas fort commune sur nos côtes, mais elle se retrouve sur celles de l'Amérique, où le P. Feuillée l'a décrite [d], et où il a observé

— Ray, *Synops. avi.*, p. 131, n° *a*, 3. — *Larus niger fidipes, alis longioribus, Aldrovandi.* Willughby, p. 270. — Ray, *Synops.*, p. 131, n° 4. — *Larus niger fidipes noster.* Willughby, p. 270. — *Larus minor fidipes nostras.* Ray, *Synops.*, p. 132, n° *a*, 6. — *Larus niger.* Charleton, *Exercit.*, p. 100, n° 4. Onomast., p. 95, n° 4. — *Larus minor niger, meva nigra.* Schwenckfeld, *Aviar. Siles.*, p. 294. — Klein, *Avi.*, p. 138, n° 12. — *Larus minor niger Schwenckfeldii.* Rzaczynski, *Auctuar. hist. nat. Polon.*, p. 389. — *Larus Pyrenaicus totus ater.* Barrère, *Ornithol.*, class. 1, gen. 4, sp. 5. — *La mouette noire.* Salerne, *Ornithol.*, p. 394. — *La mouette noire à pieds fendus*, p. 395. *La petite mouette du pays à pieds fendus,* idem, *ibid.* — *Nota.* Dans ces trois articles, c'est toujours le même oiseau. — « Sterna supernè « cinerea, infernè cinereo-nigricans; capite et collo superiore nigricantibus; imo ventre niveo; « rectricibus cinereis, utrimque extimâ exteriùs cinereo-albâ... » *Sterna nigra*, l'Hirondelle de mer noire ou l'Épouvantail. Brisson, *Ornithol.*, t. VI, p. 211.

a. Willughby.

b. Observation communiquée par M. Baillon, de Montreuil-sur-Mer.

c. Goiland ou *larus albo-niger, hirundinis caudâ.* Feuillée, *Journal d'observ.*, édit. 1725, p. 260. — *Petite hirondelle de mer.* Albin, t. II, p. 58, pl. 89. — « Sterna supernè saturatè « cinerea, infernè alba; capite, collo et pectore supremo nigris; oculorum ambitu cinereo-albo; « rectricibus saturatè cinereis, utrimque extimâ exteriùs albâ, saturatè cinereo marginatâ... » *L'Hirondelle de mer à tête noire* ou le *Gachet*. Brisson, *Ornithol.*, t. VI, pag. 214.

d. Elle semble désignée sous le nom de *buse* dans le passage suivant du navigateur Dampier : « Nous vîmes quelques *boubies* et des *buses*, et la nuit nous prîmes un de ces derniers

* « Le *gachet* appartient encore à l'espèce de la *guiffette*, et en est un individu en plumage « de printemps ou de noces. » (Desmarets.)

que ces oiseaux pondent sur la roche nue, deux œufs très-gros pour leur taille, et marbrés de taches d'un pourpre sombre, sur un fond blanchâtre. Au reste, l'individu observé par ce voyageur était plus grand que celui qu'a décrit M. Brisson, qui néanmoins les rapporte tous deux à la même espèce, à laquelle, sans en dire la raison, il a imposé le nom de *gachet*.

L'HIRONDELLE DE MER DES PHILIPPINES. [a][*]

SIXIÈME ESPÈCE.

Cette hirondelle de mer, trouvée à l'île Panay, l'une des Philippines, par M. Sonnerat, est indiquée dans son Voyage à la Nouvelle-Guinée : sa grandeur est égale à celle de notre pierre-garin, et peut-être est-elle de la même espèce, modifiée par l'influence du climat; car elle a, comme le pierre-garin, tout le devant du corps blanc, le dessus de la tête tacheté de noir, et n'en diffère que par les ailes et la queue qui sont grisâtres en dessous, et d'un brun de terre d'ombre au dessus; le bec et les pieds sont noirs.

L'HIRONDELLE DE MER A GRANDE ENVERGURE. [**]

SEPTIÈME ESPÈCE.

Quoique ce caractère d'une grande envergure semble appartenir à toutes les hirondelles de mer, il peut néanmoins s'appliquer spécialement à celle-ci, qui, sans être plus grande de corps que notre hirondelle de mer commune, a deux pieds neuf pouces d'envergure; elle a sur le front un petit

« oiseaux. Il était différent pour la couleur et la figure de tous ceux que j'avais vus jusqu'ici :
« il avait le bec long et délié comme tous les autres oiseaux de cette espèce; le pied plat comme
« les *canards*; la queue plus longue, large et plus fourchue que celle des *hirondelles*; les ailes
« fort longues; le dessus de la tête d'un noir de charbon; de petites raies noires autour des
« yeux, et un cercle blanc assez large qui les enfermait de l'un et de l'autre côté; le jabot, le
« ventre et le dessous des ailes étaient blancs, mais il avait le dos et le dessous des ailes d'un
« noir pâle ou de couleur de fumée..... On trouve de ces oiseaux dans la plupart de ces lieux
« situés entre les deux tropiques, de même que dans les Indes orientales et sur la côte du Bré-
« sil; ils passent la nuit à terre, de sorte qu'ils ne vont pas à plus de trente lieues en mer, à
« moins qu'ils ne soient chassés par quelque tempête; lorsqu'ils viennent autour des vaisseaux,
« ils ne manquent presque jamais de s'y percher la nuit, et ils se laissent prendre sans remuer;
« ils font leurs nids sur les collines ou les rochers voisins de la mer. » *Nouveau voyage autour
du monde*, par Dampier; Rouen, 1715, t. IV, p. 129.

    a. *L'hirondelle de mer de l'île Panay.* Sonnerat, *Voyage à la Nouvelle-Guinée*, p. 125.

    * *Sterna philippensis* et *sterna stolida* (Gmel.). — « Le *sterna philippensis* ne paraît pas
« différer du *sterna stolida*, ou *noddi noir*, *oiseau fou*, etc. » (Cuvier.)

    ** *Sterna fuliginosa* (Gmel., Cuv.).

croissant blanc, avec le dessus de la tête et de la queue d'un beau noir, et tout le dessous du corps blanc; le bec et les pieds noirs. Nous devons à M. le vicomte de Querhoënt la connaissance de cette espèce, qu'il a trouvée à l'île de l'Ascension et sur laquelle il nous a communiqué la notice suivante : « Il est inconcevable combien il y a de ces hirondelles à l'Ascension; « l'air en est quelquefois obscurci, et j'ai vu de petites plaines qu'elles « couvraient entièrement; elles sont très-piaillardes et jettent continuelle- « ment des cris aigus et aigres, exactement semblables à ceux de la fresaye; « elles ne sont pas craintives; elles volaient au-dessus de moi, presque à « me toucher; celles qui étaient sur leurs nids ne s'envolaient point quand « je les approchais, mais me donnaient de grands coups de bec quand je « voulais les prendre : sur plus de six cents nids de ces oiseaux, je n'en ai « vu que trois où il y eût deux petits ou deux œufs, tous les autres n'en « avaient qu'un; ils les font à plate-terre, auprès de quelque tas de pierre, « et tous les uns auprès des autres. Dans une partie de l'île, où une troupe « s'était établie, je trouvai dans tous les nids le petit déjà grand, et pas un « seul œuf; le lendemain je rencontrai un autre établissement où il n'y avait « dans chaque nid qu'un œuf qui commençait à être couvé et pas un petit; « cet œuf, dont la grosseur me surprit, est jaunâtre avec des taches « brunes, et d'autres taches d'un violet pâle, plus multipliées au gros bout; « sans doute ces oiseaux font plusieurs pontes par an. Les petits, dans leur « premier âge, sont couverts d'un duvet gris blanc; quand on veut les « prendre dans le nid, ils dégorgent aussitôt le poisson qu'ils ont dans « l'estomac. »

LA GRANDE HIRONDELLE DE MER DE CAYENNE. [a] *

HUITIÈME ESPÈCE.

On pourrait donner à cette espèce la dénomination de *très-grande hirondelle de mer*, car elle surpasse de plus de deux pouces, dans ses principales dimensions, le pierre-garin qui est la plus grande de nos hirondelles de mer d'Europe. Celle-ci se trouve à Cayenne; elle a, comme la plupart des espèces de son genre, tout le dessous du corps blanc; une calotte noire derrière la tête, et les plumes du manteau frangées, sur fond gris, de jaunâtre ou roussâtre faible.

Nous n'avons connaissance que de ces huit espèces d'hirondelles de mer, et nous croyons devoir séparer de cette famille d'oiseaux celui dont

---

a. Voyez les planches enluminées, n° 988.

* *Sterna cayana* (Gmel., Cuv.).

M. Brisson a fait sa *troisième espèce*, sous la dénomination d'*hirondelle cendrée*[a], parce qu'il a *les ailes courtes*, et que la grande longueur des ailes paraît être le trait le plus marqué et l'attribut constant par lequel la nature ait caractérisé les hirondelles de mer, et parce que aussi leurs habitudes naturelles dépendent, pour la plupart, de cette conformation qui leur est commune à toutes.

L'OISEAU DU TROPIQUE OU LE PAILLE-EN-QUEUE.[b*]

Nous avons vu des oiseaux se porter du Nord au Midi, et parcourir d'un vol libre tous les climats de la terre et des mers ; nous en verrons d'autres confinés aux régions polaires comme les derniers enfants de la nature mourante sous cette sphère de glace[c] ; celui-ci semble au contraire être attaché au char du soleil sous la zone brûlante que bornent les tropiques[d] : volant sans cesse sous ce ciel enflammé, sans s'écarter des deux limites extrêmes de la route du grand astre, il annonce aux navigateurs leur prochain passage sous ces lignes célestes ; aussi tous lui ont donné le nom d'*oiseau du tropique*, parce que son apparition indique l'entrée de la zone torride, soit qu'on arrive par le côté du nord ou par celui du sud, dans toutes les mers du monde que cet oiseau fréquente également.

C'est même aux îles les plus éloignées et jetées le plus avant dans l'océan équinoxial des deux Indes, telles que l'Ascension, Sainte-Hélène, Rodrigue et celles de France et de Bourbon, que ces oiseaux semblent surgir par choix, et s'arrêter de préférence. Le vaste espace de la mer Atlantique du côté du nord paraît les avoir égarés jusqu'aux Bermudes[e], car c'est le point du globe où ils se sont le plus écartés des limites de la zone torride ; ils habitent et traversent toute la largeur de cette zone[f], et se retrouvent à

a. *Ornithologie*, t. VI, p. 210.

b. *Paille-en-cul*, *fétu-en-cul*, *queue-de-flèche* ; en anglais, *the tropick bird* ; en hollandais, *pylstaart* ; en espagnol, *rabo di junco* ; en latin moderne, *lepturus*.

c. Voyez, dans les derniers articles de cette *Histoire*, ceux de l'*albatrosse*, du *pétrel*, du *macareux*, du *pinguin*.

d. C'est sans doute dans cette idée que M. Linnæus lui donne le nom poétique de *phaéton*, *phaeton œthereus* ; voyez ci-après les nomenclatures.

e. « On ne voit guère ces oiseaux qu'entre les tropiques et à des distances très-grandes de « terre ; cependant un des lieux où ils multiplient est éloigné du tropique du Nord de près de « neuf degrés ; c'est les îles Bermudes, où j'ai vu ces oiseaux venir faire leur couvée dans les « fentes des hauts rochers qui environnent ces îles. » Catesby, *Carolina*, *Append.*, p. 14.

f. On trouve les oiseaux du tropique dans toutes les grandes et petites Antilles. Voyez Dutertre, Labat, Rochefort, etc. — « En allant par mer du Fort-Saint-Pierre au Fort-Royal de « la Martinique, distance de sept lieues, on trouve des rochers à pic très-élevés qui forment la « côte de l'île ; c'est dans les trous de ces rochers que les paille-en-cul font leurs pontes. » Remarques de M. de la Borde, médecin du roi à Cayenne.

* Ordre des *Palmipèdes*, famille des *Totipalmes*, genre *Paille-en-queue*, vulgairement *oiseaux du tropique* (Cuv.).

son autre limite vers le midi, où ils peuplent cette suite d'îles que M. Cook nous a découvertes sous le tropique austral, aux îles Marquises [a], à l'île de Pâques [b], aux îles de la Société et à celles des Amis [c]. MM. Cook et Forster ont aussi rencontré ces oiseaux [d] en divers endroits de la pleine mer vers ces mêmes latitudes [e]; car, quoique leur apparition soit regardée comme un signe de la proximité de quelque terre, il est certain qu'ils s'en éloignent quelquefois à des distances prodigieuses, et qu'ils se portent ordinairement au large à plusieurs centaines de lieues [f].

Indépendamment d'un vol puissant et très-rapide, ces oiseaux ont, pour fournir ces longues traites, la faculté de se reposer sur l'eau [g], et d'y trouver un point d'appui au moyen de leurs larges pieds entièrement palmés, et dont les doigts sont engagés par une membrane comme ceux des cormorans, des fous, des frégates, auxquels le paille-en-queue ressemble par ce caractère et aussi par l'habitude de se percher sur les arbres [h]; cependant il a beaucoup plus de rapports avec les hirondelles de mer qu'avec aucun de ces oiseaux; il leur ressemble par la longueur des ailes qui se croisent sur la queue lorsqu'il est en repos; il leur ressemble encore par la forme du

a. *Second voyage du capitaine Cook*, t. II, p. 238.

b. *Ibidem*, p. 220.

c. Dans les premières de ces îles, son nom est *manoo'roa* (*manoo* veut dire *oiseau*).

d. L'île que Tasman découvrit par 22 degrés 36 minutes de latitude sud reçut le nom d'*île de Pylstaart*, qui caractérise l'oiseau du tropique : *pylstaart* veut dire à la lettre *flèche-en-queue*, Voyez Forster, *Second voyage du capitaine Cook*, t. II, p. 83.

e. « Par 27 degrés 4 secondes latitude sud, et 103 degrés 30 secondes longitude ouest, dans les premiers jours de mars, nous vîmes des oiseaux du tropique. » Cook, *Second voyage*, t. II, p. 179. — « Nous vîmes des frégates, des mouettes et des oiseaux du tropique, que nous « crûmes venir de l'île Saint-Matthieu ou de celle de l'Ascension, que nous avions laissées « derrière nous. » Idem, *ibid.*, p. 44. — Le 22 mai (1767), l'observation donna 111 degrés de « longitude ouest et 20 degrés 18 secondes latitude sud; le même jour, nous vîmes des bonites, « des dauphins et des oiseaux du tropique. » *Voyage du capitaine Wallis.* Collection d'Hawkesworth, t. II, p. 76. — « Étant par les 20 degrés 52 secondes latitude sud, et 115 degrés « 38 secondes longitude ouest, on prit pour la première fois deux bonites, et on aperçut plu-« sieurs compagnies de ces oiseaux qu'on rencontre sous le tropique. « *Voyage autour du monde*, par le commodore Byron, p. 121. — « A 18 degrés de latitude australe (longitude de « Juan Fernandez), courant à l'ouest, on aperçut quantité de queues-de-flèche. » Relation de Le Maire, dans l'*Histoire générale des Voyages*, t. X, p. 436. — « Par 29 degrés de latitude sud, « vers 133 degrés de longitude ouest, nous rencontrâmes le premier oiseau du tropique. » Cook, *Second voyage*, t. I, p. 284.

f. « Nous vîmes un paille-en-cul (par 20 degrés de latitude nord et 336 degrés de longitude). « Je fus surpris d'en trouver à une aussi grande distance de terre que nous étions alors; notre « capitaine, qui avait fait plusieurs voyages aux îles de l'Amérique, voyant ma surprise, m'as-« sura que ces oiseaux partaient le matin des îles pour venir chercher leur vie sur ces vastes « mers, et le soir retournaient à leur gîte, de sorte que, selon le point de midi, il faut qu'ils « s'éloignent des îles environ de cinq cents lieues. » Feuillée, *Observations* (1725), p. 170.

g. Labat croit même qu'ils y dorment. *Nouveaux Voyages aux îles de l'Amérique*, t. VI.

h. « Pendant trois mois que j'ai passés au Port-Louis de l'île de France, je n'y ai vu aucun « oiseau de mer, que quelques paille-en-queue qui traversaient la rade pour aller dans le bois. » Remarques faites par M. le vicomte de Querhoënt, à bord du vaisseau du roi *la Victoire*, en 1773 et 1774.

bec, qui néanmoins est plus fort, plus épais et légèrement dentelé sur les bords.

Sa grosseur est à peu près celle d'un pigeon commun; le beau blanc de son plumage suffirait pour le faire remarquer, mais son caractère le plus frappant est un double long brin qui ne paraît que comme une paille implantée à sa queue, ce qui lui a fait donner le nom de *paille-en-queue*. Ce double long brin est composé de deux filets, chacun formé d'une côte de plume presque nue, et seulement garnie de petites barbes très-courtes, et ce sont des prolongements des deux pennes du milieu de la queue, laquelle, du reste, est très-courte et presque nulle; ces brins ont jusqu'à vingt-deux ou vingt-quatre pouces de longueur; souvent l'un des deux est plus long que l'autre, et quelquefois il n'y en a qu'un seul, ce qui tient à quelque accident ou à la saison de la mue, car ces oiseaux les perdent dans ce temps, et c'est alors que les habitants d'Otaïti et des autres îles voisines ramassent ces longues plumes dans leurs bois, où ces oiseaux viennent se reposer pendant la nuit[a]; ces insulaires en forment des touffes et des panaches pour leurs guerriers[b]; les Caraïbes des îles de l'Amérique se passent ces longs brins dans la cloison du nez pour se rendre plus beaux ou plus terribles[c].

On conçoit aisément qu'un oiseau d'un vol aussi haut, aussi libre, aussi vaste, ne peut s'accommoder de la captivité[d] : d'ailleurs, ses jambes courtes et placées en arrière le rendent aussi pesant, aussi peu agile à terre qu'il est leste et léger dans les airs. On a vu quelquefois ces oiseaux fatigués ou déroutés par les tempêtes venir se poser sur le mât des vaisseaux et se laisser prendre à la main[e]; le voyageur Leguat parle d'une plaisante guerre entre eux et les matelots de son équipage, dont ils enlevaient les bonnets[f].

a. « Comme nous partîmes avant le lever du soleil, Tahea et son frère, qui nous accompa-
« gnaient, prirent des hirondelles de mer qui dormaient sur les buissons le long du chemin;
« ils nous dirent que plusieurs oiseaux aquatiques venaient se reposer sur les montagnes après
« avoir voltigé tout le jour sur la mer pour chercher de la nourriture, et que l'oiseau du tro-
« pique en particulier s'y cachait. Les longues plumes de sa queue, qu'il dépose toutes les
« années, se trouvent communément à terre, et les naturels les recherchent avec empresse-
« ment. » Forster, *Second voyage de Cook*, t. II, p. 332.

b. Voyez *Observations* de Forster, p. 188.

c. Dutertre, *Histoire générale des Antilles*, t. II, p. 276.

d. « J'ai nourri pendant longtemps un jeune paille-en-queue : j'étais obligé, quoiqu'il fût
« grand, de lui ouvrir le bec pour lui faire avaler la viande dont je le nourrissais; jamais il
« ne voulut manger seul. Autant ces oiseaux ont l'air leste au vol, autant ils paraissent lourds
« et stupides en cage : comme ils ont les jambes très-courtes, tous leurs mouvements sont
« gênés; le mien dormait presque tout le jour. » Remarques faites à l'île de France par M. le
vicomte de Querhoënt.

e. *Histoire universelle des Voyages*, par Montfraisier; Paris, 1707, p. 17.

f. « Ces oiseaux nous firent une guerre singulière : ils nous surprenaient par derrière et
« nous enlevaient nos bonnets de dessus la tête, et cela était si fréquent et si importun, que
« nous étions obligés d'avoir toujours des bâtons pour nous défendre d'eux; nous les prévenions
« quelquefois, lorsque nous apercevions devant nous leur ombre au moment qu'ils étaient

On distingue deux ou trois espèces de paille-en-queue, mais qui ne semblent être que des races ou variétés qui tiennent de très-près à la souche commune. Nous allons donner la notice de ces espèces, sans prétendre qu'elles soient en effet spécifiquement différentes.

LE GRAND PAILLE-EN-QUEUE. [a][b]*

PREMIÈRE ESPÈCE.

C'est surtout par la différence de grandeur que nous pouvons distinguer les espèces ou variétés de ces oiseaux : celui-ci égale ou même surpasse la taille d'un gros pigeon de volière ; ses pailles ou brins ont près de deux pieds de longueur, et l'on voit sur son plumage tout blanc de petites lignes noires en hachures au-dessus du dos, et un trait noir en fer-à-cheval, qui embrasse l'œil par l'angle intérieur ; le bec et les pieds sont rouges. Ce paille-en-queue, qui se trouve à l'île Rodrigue, à celle de l'Ascension et à Cayenne, paraît être le plus grand de tous ces oiseaux.

LE PETIT PAILLE-EN-QUEUE. [c][d]**

SECONDE ESPÈCE.

Celui-ci n'est que de la taille d'un petit pigeon commun ou même au-dessous ; il a, comme le précédent, le fer-à-cheval noir sur l'œil, et de plus

« prêts à faire leur coup. Nous n'avons jamais pu savoir de quel usage leur pouvaient être
« des bonnets, ni ce qu'ils ont fait des nôtres qu'ils ont attrapés. » *Voyages et Aventures de
François Leguat ;* Amsterdam, 1708, t. I , p. 107.

a. Voyez les planches enluminées, n° 998 , sous la dénomination de *Paille-en-queue de
Cayenne.*

b. *Avis tropicorum.* Willughby, *Ornithol.*, p. 250. — *Avis tropicorum nostratibus naulis.*
Ray, *Synops. avi.*, p. 123, n° 6 ; et p. 191, n° 4. — *Plancus tropicus.* Klein, *Avi.*, p. 145, n° 7.
— *Lepturus.* Mœhring , *Avi.*, gen. 67. — « Phaeton rectricibus duabus longissimis, rostro
« ferrato , digito postico adnato... » *Phaeton æthereus.* Linnæus, *Syst. nat.*, édit. X , gen. 67,
sp. 1. — *Fétu-en-cul* ou *oiseau du tropique.* Dutertre, *Histoire des Antilles*, t. II , p. 276. —
« Lepturus albo-argenteus, supernè cinereo-nigricante transversim striatus ; tæniâ suprà oculos
« splendidè nigrâ, rectricibus candidis, scapis in exortu nigris... » *Lepturus*, le Paille-en-cul.
Brisson , *Ornithol.*, t. VI , p. 480.

c. Voyez les planches enluminées, n° 369, sous la dénomination de *Paille-en-queue de l'île
de France.*

d. *The tropick bird.* Catesby, *Carolina* , *Append.*, p. 14. — Edwards, pl. 149. — *Alcyon
media alba, rectricibus binis intermediis longissimis.* Browne, *Nat. hist. of Jamaïca* , p. 582.
— *Paille-en-cul* ou *larus leucomelanus, caudâ longissimâ bipenni. Observations physiques* du

* *Phaeton æthereus* (Linn., Cuv.).

** Cet oiseau n'est qu'une simple variété du précédent.

il est tacheté de noir sur les plumes de l'aile voisines du corps, et sur les grandes pennes ; tout le reste de son plumage est blanc, ainsi que les longs brins ; les bords du bec qui, dans le grand paille-en-queue, sont découpés en petites dents de scie rebroussées en arrière, le sont beaucoup moins dans celui-ci ; il jette par intervalles un petit cri, *chiric, chiric*, et pose son nid dans des trous de rochers escarpés ; on n'y trouve que deux œufs, suivant le P. Feuillée, qui sont bleuâtres et un peu plus gros que des œufs de pigeon.

Par la comparaison que nous avons faite de plusieurs individus de cette seconde espèce, nous avons remarqué à quelques-uns des teintes de rougeâtre ou de fauve sur le fond blanc de leur plumage, variété que nous croyons provenir de l'âge, et à laquelle nous rapporterons le *paille-en-queue fauve* de M. Brisson [a], avec d'autant plus d'apparence qu'il le donne comme plus petit que le *paille-en-queue blanc ;* nous avons aussi remarqué des variétés considérables, quoique individuelles, dans la grandeur de ces oiseaux ; et plusieurs voyageurs nous ont assuré que les jeunes n'ont pas le plumage d'un blanc pur, mais tacheté ou sali de brun ou de noirâtre ; ils diffèrent aussi des vieux en ce qu'ils n'ont point encore de longs brins à la queue, et que leurs pieds, qui doivent devenir rouges, sont d'un bleu pâle. Cependant nous devons observer que, quoique Catesby assure en général que ces oiseaux ont les pieds et le bec rouges, cela n'est vrai sans exception que pour l'espèce précédente et la suivante, car dans celle-ci, qui est l'espèce commune à l'île de France, le bec est jaunâtre ou couleur de corne, et les pieds sont noirs.

LE PAILLE-EN-QUEUE A BRINS ROUGES. [b]*

TROISIÈME ESPÈCE.

Les deux filets ou longs brins de la queue sont, dans cette espèce, du même rouge que le bec ; le reste du plumage est blanc, à l'exception de quelques taches noires sur l'aile, près du dos, et du trait noir en fer à cheval qui engage l'œil. M. le vicomte de Querhoënt a eu la bonté de nous

P. Feuillée (1725), p. 116. — « Lepturus albo-argenteus ; tæniâ suprà oculos, pennis scapula-« ribus versùs extremitatem, fasciâque suprà alas nigris ; rectricibus candidis, scapis in exortu « nigris... » *Lepturus candidus*, le Paille-en-cul blanc. Brisson, *Ornithol.*, t. VI, p. 485.

a. « Lepturus albo fulvescens ; tæniâ suprà oculos, pennis scapularibus versùs extremitatem, « fasciâque suprà alas nigris ; rectricibus albo-fulvescentibus, scapis in exortu nigricantibus... » *Lepturus fulvus*, le Paille-en-cul fauve. Brisson, *Ornithol.*, t. VI, p. 489.

b. Voyez les planches enluminées, n° 979, sous la dénomination de *Paille-en-queue de l'île de France.*

* *Phaeton phœnicurus* (Linn., Cuv.).

communiquer la note suivante au sujet de cet oiseau, qu'il a observé à l'île
de France : « Le paille-en-queue à filet rouge niche dans cette île, aussi
« bien que le paille-en-queue commun, le dernier dans des creux d'arbres
« de la grande île, l'autre dans des trous des petits îlets du voisinage. On ne
« voit presque jamais le paille-en-queue à filets rouges venir à la Grande
« Terre ; et hors le temps des amours, le paille-en-queue commun ne la
« fréquente aussi que rarement ; ils passent leur vie à pêcher au large, et
« ils viennent se reposer sur la petite île du *Coin-de-mire*, qui est à deux
« lieues au vent de l'île de France, où se trouvent aussi beaucoup d'autres
« oiseaux de mer. C'est en septembre et octobre que j'ai trouvé des nids de
« paille-en-queue [a] ; chacun ne contient que deux œufs d'un blanc jaunâtre,
« marquetés de taches rousses ; on m'assure qu'il ne se trouve souvent
« qu'un œuf dans le nid du grand paille-en-queue : aussi aucune des
« espèces ou variétés de ce bel oiseau du tropique ne paraît être nom-
« breuse. [b] »

Du reste, ni l'une ni l'autre de ces trois espèces ou variétés que nous
venons de décrire ne paraît attachée spécialement à aucun lieu déterminé ;
souvent elles se trouvent les deux premières ou les deux dernières ensemble, et M. le vicomte de Querhoënt dit les avoir vues toutes trois réunies à
l'île de l'Ascension.

LES FOUS. [c][*]

Dans tous les êtres bien organisés, l'instinct se marque par des habitudes
suivies qui toutes tendent à leur conservation ; ce sentiment les avertit et
leur apprend à fuir ce qui peut nuire, comme à chercher ce qui peut servir

a. « En les cherchant, le hasard me fit être spectateur d'un combat entre les *martins* et les
paille-en-queue : conduit dans un bois où l'on me dit qu'un de ces oiseaux s'était établi, je
m'assis à quelque distance de l'arbre désigné, et où je vis assembler plusieurs martins ; peu
de temps après, le paille-en-queue se présenta pour entrer dans son trou : les martins fon-
dirent alors sur lui, l'attaquèrent de toutes parts, et, quoiqu'il ait le bec très-fort, il fut obligé
de prendre la fuite. Il fit plusieurs autres tentatives qui ne lui furent pas plus heureuses,
quoique réuni à la fin avec son camarade. Les martins, fiers de leur victoire, ne quittèrent
point l'arbre, et y étaient encore lorsque je partis. » Suite de la note de M. de Querhoënt. —
Nota. Rapprochez ceci de ce qui est dit à l'article des *martins*, volume VI, page 134.

b. Remarques faites en 1773 par M. le vicomte de Querhoënt, alors enseigne des vaisseaux
du roi.

c. En anglais, *booby*, fou, stupide ; d'où on a fait le nom de *boubie* qui se lit si fréquemment dans les relations de la mer du Sud ; par les Portugais des Indes, *pararos bobos* ou
fols oiseaux ; en latin moderne et de nomenclature, *sula.* — « Le soir, nous vîmes plusieurs
« de ces oiseaux qu'on appelle *fols* à cause de leur naïveté. » *Observations* du P. Feuillée,
page 96.

[*] Ordre des *Palmipèdes*, famille des *Totipalmes*, genre *Pélicans*, sous-genre *Fous* ou *Boubies* (Cuv.).

au maintien de leur existence et même aux aisances de la vie. Les oiseaux dont nous allons parler semblent n'avoir reçu de la nature que la moitié de cet instinct : grands et forts, armés d'un bec robuste, pourvus de longues ailes et de pieds entièrement et largement palmés, ils ont tous les attributs nécessaires à l'exercice de leurs facultés, soit dans l'air ou dans l'eau; ils ont donc tout ce qu'il faut pour agir et pour vivre, et cependant ils semblent ignorer ce qu'il faut faire ou ne pas faire pour éviter de mourir; répandus d'un bout du monde à l'autre, et des mers du Nord à celles du Midi, nulle part ils n'ont appris à connaître leur plus dangereux ennemi; l'aspect de l'homme ne les effraie ni ne les intimide; ils se laissent prendre non-seulement sur les vergues des navires en mer [a], mais à terre, sur les îlets et les côtes, où on les tue à coups de bâton, et en grand nombre, sans que la troupe stupide sache fuir ni prendre son essor, ni même se détourner des chasseurs, qui les assomment l'un après l'autre et jusqu'au dernier [b]. Cette indifférence au péril ne vient ni de fermeté ni de courage, puisqu'ils ne savent ni résister ni se défendre, et encore moins attaquer, quoiqu'ils en aient tous les moyens, tant par la force de leur corps que par celle de leurs armes [c]. Ce n'est donc que par imbécillité qu'ils ne se défendent pas, et de quelque cause qu'elle provienne, ces oiseaux sont plutôt stupides que fous, car l'on ne peut donner à la plus étrange privation d'instinct un nom qui ne convient tout au plus qu'à l'abus qu'on en fait.

a. « On a donné le nom de *fols* à ces oiseaux à cause de leur grande stupidité, de leur air « niais, et de l'habitude de secouer continuellement la tête et de trembler lorsqu'ils sont posés « sur les vergues d'un navire ou ailleurs, où ils se laissent aisément prendre avec les mains. » *Observations* du P. Feuillée (édit. 1725) , p. 98. — « Si le *fol* voit un navire, soit en pleine « mer, soit proche de terre, il se vient percher sur les mâts, et quelquefois, si l'on avance « la main, il se vient mettre dessus. Dans mon voyage aux îles, il y en a eu un qui passa tant « de fois par-dessus ma tête, que je l'enfilai d'un coup de demi-pique. » Dutertre, *Histoire générale des Antilles*, t. II, p. 275. — « Ces oiseaux ne sont point farouches, soit à terre, soit « à la mer; ils approchent du bâtiment sans paraître rien craindre, lorsque leur pêche les y « conduit; les coups de fusil, ni tout autre bruit, ne les éloignent pas. J'ai quelquefois vu des « fous solitaires venir rôder le soir autour du bâtiment, et se reposer au bout des vergues, où « les matelots allaient les prendre sans qu'ils fissent mine de s'envoler. » Observations communiquées par M. de la Borde, médecin du roi à Cayenne. — Voyez aussi Labat, *Nouveau Voyage aux îles de l'Amérique;* Paris, 1722, t. VI, p. 481. Leguat, t. I, p. 196.

b. « C'est un oiseau fort simple, et qui ne s'ôte qu'à peine du chemin des gens. » Dampier, t. I, p. 66. — « Il y a dans cette île de l'Ascension des fous en si grande quantité, que nos « matelots en tuaient cinq ou six d'un coup de bâton. » *Voyage au détroit de Magellan*, par de Gennes; Paris, 1698, p. 62. — « Nos soldats en tuèrent (dans cette même île de l'Ascension) « une quantité étonnante. » Observations faites par M. le vicomte de Querhoënt, enseigne des vaisseaux du roi.

c. Les fous sont de certains oiseaux ainsi appelés, à cause qu'ils se laissent prendre à la main; le jour ils sont sur des rochers, d'où ils ne sortent que pour aller pêcher; le soir, ils viennent se retirer sur les arbres : lorsqu'ils y sont une fois perchés, quand on y mettrait le feu, je crois qu'ils ne s'envoleraient point; c'est pourquoi on les peut prendre jusqu'au dernier sans qu'ils branlent; ils cherchent pourtant à se défendre le mieux qu'ils peuvent avec leur bec, mais ils ne sauraient faire de mal. *Histoire des Aventuriers boucaniers;* Paris, 1686, t. I, page 117.

Mais comme toutes les facultés intérieures et les qualités morales des animaux résultent de leur constitution, on doit attribuer à quelque cause physique cette incroyable inertie qui produit l'abandon de soi-même, et il paraît que cette cause consiste dans la difficulté que ces oiseaux ont à mettre en mouvement leurs trop longues ailes[a] : impuissance peut-être assez grande pour qu'il en résulte cette pesanteur qui les retient sans mouvement dans le temps même du plus pressant danger, et jusque sous les coups dont on les frappe.

Cependant lorsqu'ils échappent à la main de l'homme, il semble que leur manque de courage les livre à un autre ennemi qui ne cesse de les tourmenter : cet ennemi est l'oiseau appelé *la frégate,* elle fond sur les fous dès qu'elle les aperçoit, les poursuit sans relâche, et les force, à coups d'ailes et de bec, à lui livrer leur proie, qu'elle saisit et avale à l'instant[b]; car ces fous imbéciles et lâches ne manquent pas de rendre gorge à la première attaque[c], et vont ensuite chercher une autre proie qu'ils perdent souvent de nouveau par la même piraterie de cet oiseau frégate.

Au reste, le fou pêche en planant, les ailes presque immobiles et tombant sur le poisson à l'instant qu'il paraît près de la surface de l'eau[d]; son vol, quoique rapide et soutenu, l'est infiniment moins que celui de la frégate : aussi les fous s'éloignent-ils beaucoup moins qu'elle au large, et leur rencontre en mer annonce assez sûrement aux navigateurs le voisinage de quelque terre[e]. Néanmoins, quelques-uns de ces oiseaux qui fréquentent

a. Nous verrons que la frégate elle-même, malgré la puissance de son vol, paraît éprouver une peine semblable à prendre son essor. Voyez ci-après l'article de cet oiseau.

b. J'ai eu le plaisir de voir les frégates donner la chasse aux fols ; lorsqu'ils se retirent par bandes le soir au retour de leur pêche, les frégates viennent les attendre au passage, et fondant sur eux les obligent tous de crier comme à l'aide, et, en criant, à vomir quelques-uns des poissons qu'ils portent à leurs petits ; ainsi les frégates profitent de la pêche de ces oiseaux, qu'elles laissent ensuite poursuivre leur route. Feuillée, *Observ.* (1725), p. 98. — Les fous viennent se reposer la nuit dans l'île (Rodrigue), et les frégates, qui sont de grands oiseaux, que l'on appelle ainsi, parce qu'ils sont légers et bons voiliers, les attendent tous les soirs sur la cime des arbres; ils s'élèvent fort haut, et fondent sur eux, comme le faucon sur sa proie, non pour les tuer, mais pour leur faire rendre gorge : le fou, frappé de cette manière par la frégate, rend le poisson, que celle-ci attrape en l'air; souvent le fou crie et fait difficulté d'abandonner sa proie, mais la frégate se moque de ses cris, s'élève et s'élance de nouveau, jusqu'à ce qu'elle l'ait contraint d'obéir. *Voyage de François Leguat;* Amsterdam, 1708, p. 105.

c. Catesby décrit un peu différemment les combats du fou et de son ennemi, qu'il appelle le *pirate.* « Ce dernier, dit-il, ne vit que de la proie des autres et surtout du fou : dès que le « pirate s'aperçoit qu'il a pris un poisson, il vole avec fureur vers lui, et l'oblige de se plonger « sous l'eau pour se mettre en sûreté; le pirate, ne pouvant le suivre, plane sur l'eau jusqu'à « ce que le fou ne puisse plus respirer; alors il l'attaque de nouveau, jusqu'à ce que le fou, las « et hors d'haleine, soit obligé d'abandonner son poisson; il retourne à la pêche pour souffrir « de nouveaux assauts de son infatigable ennemi. »

d. Ray.

e. Les boobies ne vont pas fort loin en mer, et communément ne perdent pas la terre de vue. Forster, *Observations,* p. 192. — Peu de jours après notre départ de Java, nous vîmes des boobies autour du vaisseau pendant plusieurs nuits consécutives; et comme on sait que ces oiseaux

les côtes de notre nord [a] se sont trouvés dans les iles les plus lointaines et les plus isolées au milieu des océans [b]. Ils y habitent par peuplades avec les mouettes, les oiseaux du tropique, etc.; et la frégate, qui les poursuit de préférence, n'a pas manqué de les y suivre.

Dampier fait un récit curieux des hostilités de l'oiseau frégate, qu'il appelle *le guerrier*, contre les fous qu'il nomme *boubies* [c], dans les iles *Alcranes*, sur la côte d'Yucatan : « La foule de ces oiseaux y est si grande, « que je ne pouvais, dit-il, passer dans leur quartier sans être incommodé « de leurs coups de bec; j'observai qu'ils étaient rangés par couples, ce qui « me fit croire que c'était le mâle et la femelle... Les ayant frappés, quel- « ques-uns s'envolèrent, mais le plus grand nombre resta : ils ne s'envo- « laient point malgré les efforts que je faisais pour les y contraindre. Je « remarquai aussi que les guerriers et les boubies laissaient toujours des « gardes auprès de leurs petits, surtout dans le temps où les vieux allaient « faire leur provision en mer; on voyait un assez grand nombre de guer- « riers malades ou estropiés, qui paraissaient hors d'état d'aller chercher « de quoi se nourrir; ils ne demeuraient pas avec les oiseaux de leur « espèce, et, soit qu'ils fussent exclus de la société ou qu'ils s'en fussent

vont se jucher le soir à terre, nous en conjecturâmes qu'il y avait quelque île dans les environs ; c'est peut-être l'île de Selam, dont le nom et la situation sont marqués très-diversement dans différentes cartes. *Premier voyage de Cook*, t. IV, p. 314. — Notre latitude était de 24 degrés 28 secondes (le 21 mai 1770, près de la Nouvelle-Hollande); nous avions trouvé pendant les derniers jours plusieurs oiseaux de mer appelés *boubies*, ce qui ne nous était pas encore arrivé. La nuit du 21, il en passa près du vaisseau une petite troupe qui vola au nord-ouest; et le matin depuis environ une heure avant le lever du soleil jusqu'à une demi-heure après, il y en eut des volées continuelles qui vinrent du nord-nord-ouest, et qui s'enfuirent au sud-sud-est : nous n'en vimes aucun qui prît une autre direction; c'est pour cela que nous conjecturâmes qu'il y avait au fond d'une baie profonde, qui était au sud de nous, un lagon ou une rivière ou canal d'eau basse, où ces oiseaux allaient chercher des aliments pendant le jour, et qu'il y avait au nord dans le voisinage quelque île où ils se retiraient. *Premier voyage de Cook*, t. III, p. 356. — *Nota*. Nous ne devons pas dissimuler que quelques voyageurs, entre autres le P. Feuillée (*Observat.*, p. 98, édit. 1725), disent qu'on trouve des fous à plusieurs centaines de lieues en mer, et que M. Cook lui-même ne semble pas les regarder, du moins dans certaines circonstances, comme des avant-coureurs de terre plus sûrs que les frégates, avec lesquelles il les range dans le passage suivant. « Le temps fut agréable, et nous vimes chaque jour quel- « ques-uns de ces oiseaux qu'on regarde comme des signes du voisinage de terre, tels que les « boubies, les frégates, les oiseaux du tropique et les mouettes. Nous crûmes qu'ils venaient « de l'île Saint-Matthieu ou de l'Ascension que nous avions laissées assez près de nous. » *Second voyage*, t. II, p. 44.

a. Voyez l'article ci-après du *Fou de Bassan*.

b. A l'île Rodrigue; *Voyage de Leguat*, t. I, p. 105. A celle de l'Ascension; Cook, *Second voyage*, t. IV, p. 173. Aux îles Calamianes; Gemelli Careri, dans l'*Histoire générale des Voyages*, t. XI, p. 508. A Timor, *ibidem*, p. 254. A Sabuda, dans les parages de la Nouvelle-Guinée; Dampier, *ibidem*, p. 231. A la Nouvelle-Hollande, *idem*, *ibidem*, p. 221; et Cook, *Premier voyage*, t. IV, p. 110. Dans toutes les iles semées sous le tropique austral; Forster, *Observations*, p. 7. Aux grandes et petites Antilles : Feuillée, Labat, Dutertre, etc. A la baie de Campêche; Dampier, t. III, p. 315.

c. C'est le mot anglais, *booby*, sot, stupide.

« séparés volontairement, ils étaient dispersés en divers endroits pour y
« trouver apparemment l'occasion de piller. J'en vis un jour plus de
« vingt sur une des îles, qui faisaient de temps en temps des sorties en plate
« campagne pour enlever du butin, mais ils se retiraient presque aussitôt ;
« celui qui surprenait une jeune boubie sans garde lui donnait d'abord un
« grand coup de bec sur le dos pour lui faire rendre gorge, ce qu'elle fai-
« sait à l'instant ; elle rendait un poisson ou deux de la grosseur du poi-
« gnet, et le vieux guerrier l'avalait encore plus vite. Les guerriers vigou-
« reux jouent le même tour aux vieilles boubies qu'ils trouvent en mer ;
« j'en vis un moi-même qui vola droit contre une boubie, et qui d'un coup
« de bec lui fit rendre un poisson qu'elle venait d'avaler ; le guerrier fondit
« si rapidement dessus, qu'il s'en saisit en l'air avant qu'il fût tombé dans
« l'eau [a]. »

C'est avec les cormorans que les oiseaux fous ont le plus de rapport par
la figure et l'organisation, excepté qu'ils n'ont pas le bec terminé en croc,
mais en pointe légèrement courbée ; ils en diffèrent encore en ce que leur
queue ne dépasse point les ailes ; ils ont les quatre doigts unis par une seule
pièce de membrane ; l'ongle de celui du milieu est dentelé intérieurement
en scie ; le tour des yeux est en peau nue ; leur bec droit, conique, est un
peu crochu à son extrémité, et les bords sont finement dentelés ; les narines
ne sont point apparentes, on ne voit à leur place que deux rainures en
creux ; mais ce que ce bec a de plus remarquable, c'est que sa moitié supérieure est comme articulée et faite de trois pièces jointes par deux sutures
dont la première se trace vers la pointe, qu'elle fait paraître comme un
onglet détaché, l'autre se marque vers la base du bec près de la tête, et
donne à cette moitié supérieure la faculté de se briser et de s'ouvrir en
haut, en relevant sa pointe à plus de deux pouces de celle de la mandibule
inférieure [b].

Ces oiseaux jettent un cri fort qui participe de ceux du corbeau et de
l'oie, et c'est surtout quand la frégate les poursuit qu'ils font entendre ce
cri, ou lorsque étant rassemblés ils sont saisis de quelque frayeur subite [c].
Au reste, ils portent en volant le cou tendu et la queue étalée ; ils ne peuvent
bien prendre leur vol que de quelque point élevé, aussi se perchent-ils
comme les cormorans. Dampier remarque même qu'à l'île d'*Aves* ils nichent

a. *Nouveau voyage autour du monde*, par Guillaume Dampier ; Rouen, 1715, t. III, pages
256 et 257.

b. « Ce qu'il y a de plus remarquable dans ces oiseaux, c'est que la mandibule supérieure
« de leur bec, à deux pouces au-dessous de la bouche, est articulée de manière qu'elle peut
« s'élever deux pouces au-dessus de la mandibule inférieure, sans que le bec soit ouvert. »
Catesby, *Carolina*, t. I, p. 86.

c. « Nous avions été à la chasse des chèvres, la nuit (dans l'île de l'Ascension) ; les coups
« de fusil que nous tirâmes avaient effrayé les fous du voisinage ; ils criaient tous ensemble, et
« les autres de proche en proche leur répondaient, ce qui faisait un tapage épouvantable. »
Note communiquée par M. le vicomte de Querhoënt, etc.

sur les arbres, quoique ailleurs on les voie nicher à terre [a], et toujours en grand nombre dans un même quartier; car une communauté, non d'instinct, mais d'imbécillité, semble les rassembler; ils ne pondent qu'un œuf ou deux; les petits restent longtemps couverts d'un duvet très-doux et très-blanc dans la plupart; mais le reste des particularités qui peuvent concerner ces oiseaux doit trouver sa place dans l'énumération de leurs espèces.

LE FOU COMMUN. [b*]

PREMIÈRE ESPÈCE.

Cet oiseau, dont l'espèce paraît être la plus commune aux Antilles, est d'une taille moyenne entre celles du canard et de l'oie; sa longueur du bout du bec à celui de la queue est de deux pieds cinq pouces, et d'un pied onze pouces au bout des ongles; son bec a quatre pouces et demi, et sa queue près de dix; la peau nue qui entoure les yeux est jaune, ainsi que la base du bec, dont la pointe est brune; les pieds sont d'un jaune pâle [c]; le ventre est blanc, et tout le reste du plumage est d'un cendré brun.

Toute simple qu'est cette livrée, Catesby observe que seule elle ne peut caractériser cette espèce, tant il s'y trouve de variétés individuelles. « J'ai « observé, dit-il, que l'un de ces individus avait le ventre blanc et le dos « brun, un autre la poitrine blanche comme le ventre, et que d'autres « étaient entièrement bruns [d]. » Aussi quelques voyageurs semblent avoir désigné cette espèce de fous par le nom d'*oiseau fauve* [e]. Leur chair est

a. Dampier, t. I, p. 66. — *Nota.* M. Valmont de Bomare, en cherchant la raison qui a fait donner à cet oiseau le nom de *fou*, se trompe beaucoup en disant qu'il est le seul des palmipèdes qui se perche; puisque non-seulement le cormoran, mais le pélican, l'anhinga, l'oiseau du tropique, se perchent; et, ce qui est de plus singulier, tous ces oiseaux sont ceux du genre le plus complétement palmipède, puisqu'ils ont les quatre doigts liés par une membrane [1].

b. *The booby.* Catesby, *Carolina*, t. I, p. 87. — *Le fou.* Dutertre, *Histoire générale des Antilles*, t. II, p. 275. — *Cancrofagus minor vulgatissimus.* Barrère, *France équinox.*, p. 128. — *Anas angustirostra, stultus vulgò dicta.* Idem, *ibid.*, p. 122. — *Mergus Americanus fuscus stultus vulgò dictus.* Idem, *Ornithol.*, class. I, gen. 3, sp. 7. — *Anseri Bassano congener fusca avis.* Sloane, *Jamaïca*, page 322, avec une figure fautive, tab. 271, fig. 2, en ce qu'elle représente le doigt de derrière dégagé. — Ray, *Synops. avi.*, p. 191, nº 6. — *Anæthetus major melinus subtùs albidus, rostro serrato, dentato.* Browne, *Nat. hist. of Jamaïca*, p. 481. — *Plancus morus simpliciter.* Klein, *Avi.*, p. 144, nº 4. — « *Pelecanus caudâ cunei-* « *formi, rostro serrato, remigibus omnibus nigris...* » *Piscator.* Linnæus, *Syst. nat.*, édit. X, gen. 66, sp. 5. — « *Sula supernè cinereo-fusca; capite et collo concoloribus, infernè alba;* « *rectricibus cinereo-fuscis; oculorum ambitu nudo, luteo...* » *Sula*, le Fou. Brisson, *Ornith.*, t. VI, p. 495.

c. Catesby.

d. *Carolina*, t. I, p. 87.

e. « Les oiseaux que nos Français, aux Antilles, appellent *fauves*, à cause de la couleur de

* *Pelecanus sula* (Linn.).

1 (*a*). Voyez la note de la page 318.

noire et sent le marécage : cependant les matelots et les aventuriers des Antilles s'en sont souvent repus. Dampier raconte qu'une petite flotte française, qui échoua sur l'île d'Aves, tira parti de cette ressource, et fit une telle consommation de ces oiseaux, que le nombre en diminua beaucoup dans cette île [a].

On les trouve en grande quantité, non-seulement sur cette île d'Aves, mais dans celle de *Remire*, et surtout au *Grand Connétable*, roc taillé en pain de sucre et isolé en mer, à la vue de Cayenne [b]; ils sont aussi en très-grand nombre sur les îlets qui avoisinent la côte de la Nouvelle-Espagne, du côté de Caraque [c]; et il paraît que cette même espèce se rencontre sur la côte du Brésil [d] et aux îles Bahama, où l'on assure qu'ils pondent, tous les mois de l'année, deux ou trois œufs, ou quelquefois un seul sur la roche toute nue [e].

LE FOU BLANC. [f] *

SECONDE ESPÈCE.

Nous venons de remarquer beaucoup de diversité du blanc au brun dans l'espèce précédente; cependant il ne nous paraît pas que l'on puisse y rapporter celle-ci, d'autant plus que Dutertre, qui a vu ces deux oiseaux vivants, les distingue l'un de l'autre; ils sont en effet très-différents, puisque l'un a blanc ce que l'autre a brun, savoir, le dos, le cou et la tête,

leur dos, sont blancs sous le ventre : ils sont de la grosseur d'une poule d'eau, mais ils sont ordinairement si maigres, qu'il n'y a que leurs plumes qui les fassent valoir. Il ont les pieds comme les canes, et le bec pointu comme les bécasses; ils vivent de petits poissons, de même que les frégates; mais ils sont les plus stupides des oiseaux de mer et de terre qui sont aux Antilles; car, soit qu'ils se lassent facilement de voler, ou qu'ils prennent les navires pour des rochers flottants, aussitôt qu'ils en aperçoivent quelqu'un, surtout si la nuit approche, ils viennent incontinent se poser dessus, et ils sont si étourdis qu'ils se laissent prendre sans peine. » *Histoire naturelle et morale des Antilles ; Rotterdam, 1658, p. 148.*

a. Voyage autour du monde, t. I, p. 66.

b. Barrère, *France équinoxiale,* p. 122.

c. « Ce qui fait que ces oiseaux, ainsi que beaucoup d'autres, sont en si grande quantité « dans ces parages, c'est la multitude incroyable de poissons qui s'y trouvent et qui les attire ; « elle est telle, qu'à peine a-t-on enfoncé dans l'eau des lignes après lesquelles il y a vingt ou « trente hameçons, qu'on les retire avec un poisson pris à chacun. » Note communiquée par M. de la Borde, médecin du roi à Cayenne.

d. « On trouve sur ces îles (Sainte-Anne, côte du Brésil) quantité de gros oiseaux qu'on « nomme *fous,* parce qu'ils se laissent prendre sans peine : en peu de temps nous en prîmes « deux douzaines... Leur plumage est gris; on les écorche comme on fait les lapins. » *Lettres édifiantes,* quinzième Recueil, page 339.

e. Carolina, t. I, p. 87.

f. Fou de la seconde sorte. Dutertre, *Histoire générale des Antilles,* t. II, p. 273. — « Sula

* *Pelecanus piscator* (Gmel., Lath.). — Espèce dont la distinction n'est pas encore certaine. M. Cuvier, après avoir cité le *fou de Bassan* et le *fou brun* (*pelecanus sula,* Linn.), ajoute : « Les autres espèces de *fous* ne sont pas encore suffisamment déterminées. »

et que d'ailleurs celui-ci est un peu plus grand ; il n'a de brun que les
pennes de l'aile et partie de ses couvertures ; de plus il paraît être moins
stupide ; il ne se perche guère sur les arbres et vient encore moins se faire
prendre sur les vergues des navires [a] ; cependant cette seconde espèce habite
dans les mêmes lieux avec la première ; on les trouve également à l'île de
l'Ascension. « Il y a, dit M. le vicomte de Querhoënt, dans cette île, des mil-
« liers de fous *communs ;* les blancs sont moins nombreux ; on voit les uns
« et les autres perchés sur des monceaux de pierres, ordinairement par
« couples ; on les y trouve à toutes les heures, et ils n'en partent que lorsque
« la faim les oblige d'aller pêcher ; ils ont établi leur quartier général sous
« le vent de l'île ; on les y approche en plein jour, et on les prend même à
« la main. Il y a encore des fous qui diffèrent des précédents : étant en mer,
« par les 10 degrés 36 secondes de latitude nord, nous en avons vu qui
« avaient la tête noire [b]. »

LE GRAND FOU. [c][*]

TROISIÈME ESPÈCE.

Cet oiseau, le plus grand de son genre, est de la grosseur de l'oie, et il a
six pieds d'envergure ; son plumage est d'un brun foncé et semé de petites
taches blanches sur la tête, et de taches plus larges sur la poitrine, et plus
larges encore sur le dos ; le ventre est d'un blanc terne ; le mâle a les couleurs plus vives que la femelle.

Ce grand oiseau se trouve sur les côtes de la Floride et sur les grandes
rivières de cette contrée. « Il se submerge, dit Catesby, et reste un temps
« considérable sous l'eau, où j'imagine qu'il rencontre des requins ou
« d'autres grands poissons voraces, qui souvent l'estropient ou le dévorent,
« car plusieurs fois il m'est arrivé de trouver sur le rivage de ces oiseaux
« estropiés ou morts. »

Un individu de cette espèce fut pris dans les environs de la ville d'Eu, le
18 octobre 1772 : surpris très-loin en mer par le gros temps, un coup de
vent l'avait sans doute amené et jeté sur nos côtes ; l'homme qui le trouva

« candida remigibus majoribus fuscis : rectricibus candidis ; oculorum ambitu nudo, rubro... »
Le Fou blanc. Brisson, *Ornithol.*, t. VI, p. 501.

a. Dutertre, *ubi supra.*

b. Le capitaine Cook trouve des *fous blancs* à l'île Norfolk. *Second voyage*, t. III, p. 341.

c. *Great booby.* Catesby, *Carolina*, t. 1, p. 86, avec une figure de la tête. — *Plancus congener anseri Bassano.* Klein, *Avi.*, p. 144, nº 3. — « Sula supernè saturatè fusca, albo macu-
« lata ; capite, collo et pectore concoloribus, infernè sordidè alba ; rectricibus fuscis ; oculorum
« ambitu nudo, nigricante... » *Sula major.* Brisson, *Ornithol.*, t. VI, p. 497.

* « Cet oiseau n'est compté par les ornithologistes que comme une simple variété du *fou de
Bassan.* » (Desmarets.)

n'eut, pour s'en rendre maître, d'autre peine que celle de lui jeter son habit sur le corps. On le nourrit pendant quelque temps; les premiers jours il ne voulait pas se baisser pour prendre le poisson qu'on mettait devant lui, et il fallait le présenter à la hauteur du bec pour qu'il s'en saisît; il était aussi toujours accroupi et ne voulait pas marcher; mais peu à peu s'accoutumant au séjour de la terre il marcha, devint assez familier, et même se mit à suivre son maître avec importunité, en faisant entendre de temps en temps un cri aigre et rauque[a].

LE PETIT FOU.[b]*

QUATRIÈME ESPÈCE.

C'est en effet le plus petit que nous connaissions dans ce genre d'oiseaux fous; sa longueur du bout du bec à celui de la queue n'est guère que d'un pied et demi; il a la gorge, l'estomac et le ventre blancs, et tout le reste du plumage est noirâtre; il nous a été envoyé de Cayenne.

LE PETIT FOU BRUN.[c][d]*

CINQUIÈME ESPÈCE.

Cet oiseau diffère du précédent en ce qu'il est entièrement brun, et, quoiqu'il soit aussi plus grand, il l'est moins que le fou brun commun de la première espèce : ainsi nous laisserons ces deux espèces séparées, en attendant que de nouvelles observations nous indiquent s'il faut les réunir; toutes deux se trouvent dans les mêmes lieux, et particulièrement à Cayenne et aux îles Caribes[e].

a. Extrait d'une lettre de M. l'abbé Vincent, professeur au collége de la ville d'Eu, insérée dans le *Journal de physique* du mois de juin 1773.

b. Voyez les planches enluminées, n° 973, sous la dénomination de *Fou de Cayenne*.

c. Voyez les planches enluminées, n° 974, sous la dénomination de *Fou brun de Cayenne*.

d. *Fol* ou *fiber marinus, rostro acutissimo, adunco, serrato*. Feuillée, *Observ.*, édit. 1725, p. 98. — *Larus piscator cinereus*. Barrère, *France équinox.*, p. 134. — *Anseri Bassano congener, avis cinereo alba*. Sloane, *Jamaica*, t. I, p. 31. — Ray, *Synops. avi.*, p. 191, n° 5. — « Sula cinereo-fusca, supernè saturatiùs, infernè dilutiùs; uropygio cinereo albo; rectricibus « binis intermediis cinereis, lateralibus cinereo-fuscis, utrimque extimâ apice cinereo-albâ; « oculorum ambitu nudo, rubro... » *Le Fou brun*. Brisson, *Ornithol.*, t. VI, p. 499.

e. Ray.

* *Pelecanus parvus* (Linn.). — Le même que le *fou commun* de Buffon (*pelecanus sula*, Linn.). — Voyez la nomenclature de la page 346.

** Le *petit fou brun* de Buffon est le jeune âge du *petit cormoran* ou *nigaud* (*pelecanus graculus*, Gmel.), selon Cuvier. — Voyez la nomenclature de la page 322.

LE FOU TACHETÉ. [a]*

SIXIÈME ESPÈCE.

Par ses couleurs et même par sa taille, cet oiseau pourrait se rapporter à notre troisième espèce de fous, si d'ailleurs il n'en différait pas trop par la brièveté des ailes, qui même sont si courtes dans l'individu représenté planche 986, que l'on serait tenté de douter que cet oiseau appartînt réellement à la famille des fous, si d'ailleurs les caractères du bec et des pieds ne paraissaient l'y rappeler. Quoi qu'il en soit, cet oiseau, qui est de la grosseur du grand plongeon, a, comme lui, le fond du plumage d'un brun noirâtre tout tacheté de blanc, plus finement sur la tête, plus largement sur le dos et les ailes, avec l'estomac et le ventre ondé de brunâtre, sur fond blanc.

LE FOU DE BASSAN. [b] [c]**

SEPTIÈME ESPÈCE.

L'île de *Bass* ou *Bassan*, dans le petit golfe d'Édimbourg, n'est qu'un très-grand rocher qui sert de rendez-vous à ces oiseaux qui sont d'une grande et belle espèce : on les a nommés *fous de Bassan*, parce qu'on croyait qu'ils ne se trouvaient que dans ce seul endroit [d]; cependant on sait,

a. Voyez les planches enluminées, n° 986, sous la dénomination de *Fou tacheté de Cayenne*.
b. Voyez les planches enluminées, n° 278.
c. En anglais, *soland goose*; aux îles Feroë, *sula*. — *Anser Bassanus*. Sibbald, *Scot. illustr.*, part. II, lib. III, p. 20. — Willughby, *Ornithol.*, p. 247. — Ray, *Synops. avi.*, p. 121, n° a, 2. — Charleton, *Exercit.*, p. 100, n° 4. *Onomast.*, p. 95, n° 4. — *Anser Bassanus vel Scoticus*. Gessner, *Avi.*, p. 163; et *Icon. avi.*, p. 83. — Aldrovande, *Avi.*, t. III, p. 162. — Jonston, *Avi.*, p. 94. — *Sula hoieri*. Clusius, *Exotic. auctuar.*, p. 367. — Willughby, p. 249. — Ray, p. 123, n° 5. — *Plancus anser Bassanus*. Klein, *Avi.*, p. 143, n° 2. — *Graculus*. Mehring, *Avi.*, gen. 66. — « Pelecanus caudâ cunciformi, rostro serrato; remigibus primo- « ribus nigris... » *Bassanus*. Linnæus, *Syst. nat.*, édit. X, gen. 66, sp. 4. — *Oie de Soland*. Albin, t. I, p. 75, pl. 86. — *L'Oie de Bass*. Salerne, *Ornithol.*, p. 371. — « Sula candida; « remigibus primoribus fuscis; rectricibus candidis; oculorum ambitu nigro... » *Sula Bassana*. Brisson, *Ornithol.*, t. VI, p. 503.
d. Ray.

* Cet oiseau est le jeune âge du *fou de Bassan*. — Voyez la nomenclature suivante.
** *Pelecanus bassanus* (Linn.). — « Blanc; les premières pennes des ailes et les pieds « noirs; le bec verdâtre; presque égal à l'oie. Son nom vient d'une petite île du golfe d'Édim- « bourg où il multiplie beaucoup, quoiqu'il ne ponde qu'un œuf par couvée. Il en vient assez « souvent sur nos côtes en hiver. Le jeune est brun, tacheté de blanc (planche enluminée 986). » (Cuvier.)

par le témoignage de Clusius et de Sibbald, qu'on en rencontre également aux îles de Feroë [a], à l'île d'Alise [b] et dans les autres îles Hébrides [c].

Cet oiseau est de la grosseur d'une oie : il a près de trois pieds de longueur et plus de cinq d'envergure ; il est tout blanc, à l'exception des plus grandes pennes de l'aile qui sont brunes ou noirâtres, et du derrière de la tête qui paraît teint de jaune [d] ; la peau nue du tour des yeux est d'un beau bleu, ainsi que le bec, qui a jusqu'à six pouces de long, et qui s'ouvre au point de donner passage à un poisson de la taille d'un gros maquereau ; et cet énorme morceau ne suffit pas toujours pour satisfaire sa voracité. M. Baillon nous a envoyé un de ces fous qui a été pris en pleine mer et qui s'était étouffé lui-même en avalant un trop gros poisson [e]. Leur pêche ordinaire, dans l'île de Bassan et aux Ébudes, est celle des harengs ; leur chair retient le goût du poisson, cependant celle des jeunes [f], qui sont toujours très-gras [g], est assez bonne pour qu'on prenne la peine de les aller dénicher, en se suspendant à des cordes et descendant le long des rochers ; on ne peut prendre les jeunes que de cette manière ; il serait aisé de tuer les vieux à coups de bâton ou de pierres [h], mais leur chair ne vaut rien [i]. Au reste, ils sont tout aussi imbéciles que les autres fous [j].

Ils nichent à l'île de Bassan dans les trous du rocher où ils ne pondent

a. Clusius, *Exotic. auctuar.*, p. 36. — Hector Boëtius, dans sa *Description de l'Écosse*, dit aussi que ces oiseaux nichent sur une des îles Hébrides ; mais ce qu'il ajoute, savoir, qu'ils y apportent pour cela tant de bois, qu'il fait la provision de l'année pour les habitants, paraît fabuleux, d'autant plus qu'il paraît que ces oiseaux, à l'île de Bassan, pondent comme les autres fous d'Amérique, sur la roche nue. Voyez Gessner, *apud. Aldrov.*, t. III, p. 162.

b. Sibbald, *Scot. illustr.*, part. ii, lib. iii, p. 20.

c. Quelques personnes nous assurent qu'il paraît quelquefois de ces fous, jetés par les vents, sur les côtes de Bretagne, et même jusqu'au milieu des terres, et qu'on en a vu aux environs de Paris.

d. « Je serais tenté de croire que c'est une marque de vieillesse ; cette tache jaune est de la « même nature que celle qu'ont au bas du cou les spatules. J'en ai vu en qui cette partie était « presque dorée ; la même chose arrive aux poules blanches, elles jaunissent en vieillissant. » Note communiquée par M. Baillon. — *Nota.* Ray est de cet avis, quant au fou de Bassan : « Totus albus, exceptis alis, et vertice, qui ætate fulvescit » *Synops. avi.*, p. 121 ; et suivant Willughby, les petits, dans le premier âge, sont marqués de brun ou de noirâtre sur le dos.

e. Envoi fait de Montreuil-sur-Mer par M. Baillon, en décembre 1777 ; mais c'est un conte que l'on fit à Gessner de lui dire que cet oiseau, voyant un nouveau poisson, rendait celui qu'il venait d'avaler, et ainsi n'emportait jamais que le dernier qu'il eût pêché. *Vide apud Aldrov. avi.*, t. III, p. 162.

f. « Pulli adulti nobis in deliciis habentur, nec in ullâ carne saporem ex carne et pisce mix- « tam delicatis invenire magis est. » Sibbald.

g. Gessner dit que les Écossais font de la graisse de ces oiseaux une espèce de très-bon onguent.

h. Note communiquée par M. le chevalier Bruce, le 30 mai 1774.

i. « C'est un oiseau fétide à l'excès : pour avoir préparé celui que je conserve dans mon « cabinet, mes mains en ont gardé l'odeur pendant plus de quinze jours ; et quoique j'aie passé « la peau à l'eau de soude, et qu'elle ait reçu plusieurs fumigations de soufre depuis deux ans, « il lui reste encore de son odeur. » Suite des notes communiquées par M. Baillon.

j. « In domibus nutrita stupidissima avis. » Sibbald.

qu'un œuf [a] ; le peuple dit qu'ils le couvent simplement en posant dessus un de leurs pieds [b] ; cette idée a pu venir de la largeur du pied de cet oiseau : il est largement palmé, et le doigt du milieu, ainsi que l'extérieur, ont chacun près de quatre pouces de longueur, et tous les quatre sont engagés par une pièce entière de membrane ; la peau n'est point adhérente aux muscles, ni collée sur le corps ; elle n'y tient que par de petits faisceaux de fibres placés à distances inégales, comme d'un à deux pouces, et capables de s'allonger d'autant, de manière qu'en tirant la peau flasque, elle s'étend comme une membrane, et qu'en la soufflant elle s'enfle comme un ballon. C'est l'usage que sans doute en fait l'oiseau pour renfler son volume et se rendre par là plus léger dans son vol ; néanmoins on ne découvre pas de canaux qui communiquent du thorax à la peau, mais il se peut que l'air y parvienne par le tissu cellulaire, comme dans plusieurs autres oiseaux. Cette observation, qui sans doute aurait lieu pour toutes les espèces des fous, a été faite par M. Daubenton le jeune, sur un fou de Bassan, envoyé frais de la côte de Picardie.

Ces oiseaux, qui arrivent au printemps pour nicher dans les îles du nord, les quittent en automne [c], et, descendant plus au midi, se rapprochent sans doute du gros de leurs espèces qui ne quittent pas les régions méridionales ; peut-être même, si les migrations de cette dernière espèce étaient mieux connues, trouverait-on qu'elle se rallie et se réunit avec les autres espèces sur les côtes de la Floride, rendez-vous général des oiseaux qui descendent de notre nord, et qui ont assez de puissance de vol pour traverser les mers d'Europe en Amérique.

LA FRÉGATE. [d] [e] *

Le meilleur voilier, le plus vite de nos vaisseaux, la frégate, a donné son nom à l'oiseau qui vole le plus rapidement et le plus constamment sur les

a. Sibbald.

b. Suite de la note de M. le chevalier Bruce.

c. Sibbald.

d. Voyez les planches enluminées, n° 961, sous la dénomination de *Grande Frégate de Cayenne.*

e. En anglais, *fregate bird* ; à la Jamaïque, *man of war bird* ; en espagnol, *rabihorcado* ; en portugais, *raboforcado* ; aux îles de la Société, *otta'ha* ; au Brésil, *caripira.* — *Frégate.* Dutertre, *Histoire générale des Antilles,* t. II, p. 269 et suiv. — *Frégate* ou *vultur marinus leucocephalos.* Feuillée, *Journal d'observations,* édit. 1725, p. 107. — *Nota.* L'individu décrit par cet observateur paraît femelle. — *Fregata avis, Rochefortio et Dutertre.* Ray, *Synops. avi.,* p. 153. — *Rabihorcado todos negros.* Oviedo, liv. XIV, cap. I. — *Rabihorcado todos negros de Oviedo.* Ray, *Synops. avi.,* p. 192, n° 15. — *Rabihorcado.* Nieremberg, tab. 78. — *Avis raboforcado Lusitanis.* Pétivert, *Gazophil.,* tab. 54, fig. 1 ; encore une copie de la même figure.

* *Pelecanus aquilus* (Linn.). — Genre *Pélicans,* sous-genre *Frégates* (Cuv.).

mers; la frégate est en effet de tous ces navigateurs ailés celui dont le vol est le plus fier, le plus puissant et le plus étendu : balancé sur des ailes d'une prodigieuse longueur, se soutenant sans mouvement sensible, cet oiseau semble nager paisiblement dans l'air tranquille pour attendre l'instant de fondre sur sa proie avec la rapidité d'un trait ; et lorsque les airs sont agités par la tempête, légère comme le vent, la frégate s'élève jusqu'aux nues, et va chercher le calme en s'élançant au-dessus des orages[a] ; elle voyage en tout sens, en hauteur comme en étendue; elle se porte au large à plusieurs centaines de lieues[b], et fournit tout d'un vol ces traites immenses, auxquelles la durée du jour ne suffisant pas, elle continue sa route dans les ténèbres de la nuit, et ne s'arrête sur la mer que dans les lieux qui lui offrent une pâture abondante[c].

Les poissons qui voyagent en troupes dans les hautes mers, comme les poissons volants, fuient par colonnes et s'élancent en l'air pour échapper aux bonites, aux dorades qui les poursuivent, n'échappent point à nos frégates : ce sont ces mêmes poissons qui les attirent au large[d] ; elles discernent de très-loin les endroits où passent leurs troupes en colonnes, qui sont

— *Caripira.* Joan. de Laët, *Nov. orb.*, p. 575. — Jonston, *Avi.*, p. 150. — *Fregata marina, apus, subtùs alba, supernè nigra.* Barrère, *Ornithol.*, class. IV, gen. 8, sp. 1. — *Hirundo marina major, apus, rostro adunco.* Idem, *France équinox.*, p. 133. — *Alcyon major pulla, caudâ longiori bifurcâ.* Browne, *Hist. nat. of Jamaïca*, p. 483. — *Atagen.* Mœhring, *Avi.*, gen. 108. — *Oiseau de frégate.* Albin, t. III, p. 33, avec une mauvaise figure, planche 80. — « Pelecanus caudâ forficatâ, corpore nigro, capite abdomineque albis... » *Aquilus.* Linnæus, *Syst. nat.*, édit. X, gen. 66, sp. 2. — « Sula in toto corpore nigra, caudâ bifurcâ, oculorum « ambitu nudo, nigro (Mas). Sula nigra, ventre albo; caudâ bifurcâ ; oculorum ambitu nudo, « nigro (Fœmina)... » *Fregata.* Brisson, *Ornithol.*, t. VI, p. 506.

a. « Si quando pluviæ impetus, aut ventorum vis urgeat, nubes ipsas transcendunt et in « mediam aeris regionem enituntur, donec præ altitudine visibus humanis se subducant, et « inconspicuæ evadant. » Ray, p. 150.

b. « Ad trecentas interdum leucas in altum provolant. » *Idem.* — « Il n'y a point d'oiseau « au monde qui vole plus haut, plus longtemps, plus aisément, et qui s'éloigne plus de terre « que celui-ci... On le trouve au milieu de la mer à trois ou quatre cents lieues des terres, ce « qui marque en lui une force prodigieuse et une légèreté surprenante; car il ne faut pas « penser qu'il se repose sur l'eau, comme les oiseaux aquatiques : il y périrait s'il y était une « fois. Outre qu'il n'a pas les pieds disposés pour nager, ses ailes sont si grandes et ont besoin « d'un si grand espace pour prendre le mouvement nécessaire pour s'élever, qu'il ne ferait « que battre l'eau sans jamais pouvoir sortir de la mer, si une fois il s'y était abattu; d'où il « faut conclure que, quand on le trouve à trois ou quatre cents lieues des terres, il faut qu'il « fasse sept ou huit cents lieues avant de pouvoir se reposer. » Labat, *Nouveaux voyages aux îles de l'Amérique*; Paris, 1722, t. VI.

c. « Sur le soir, nous vîmes plusieurs oiseaux qu'on appelle *frégates* ; à minuit, j'en entendis d'autres autour du bâtiment; à cinq heures du matin, nous aperçûmes l'île de l'Ascension. » *Voyage du capitaine Wallis; Premier voyage de Cook*, t. II, p. 200.

d. « Les dauphins et les bonites donnaient la chasse à des bandes de poissons volants, ainsi que nous l'avions observé dans la mer Atlantique, tandis que plusieurs grands oiseaux noirs à longues ailes et à queue fourchue, qu'on nomme communément *frégates*, s'élevaient fort haut en l'air, et, descendant dans la région inférieure, fondaient avec une vitesse étonnante sur un poisson qu'ils voyaient nager, et ne manquaient jamais de le frapper de leur bec. » *Second voyage du capitaine Cook*, t. I, p. 291.

quelquefois si serrées qu'elles font bruire les eaux et blanchir la surface de
la mer ; les frégates fondent alors du haut des airs, et, fléchissant leur vol de
manière à raser l'eau sans la toucher [a], elles enlèvent en passant le poisson
qu'elles saisissent avec le bec, les griffes et souvent avec les deux à la fois,
selon qu'il se présente, soit en nageant sur la surface de l'eau ou bondissant
dans l'air.

Ce n'est qu'entre les tropiques, ou un peu au delà [b], que l'on rencontre
la frégate dans les mers des deux mondes [c]. Elle exerce sur les oiseaux de
la zone torride une espèce d'empire ; elle en force plusieurs, particulièrement les fous, à lui servir comme de pourvoyeurs : les frappant d'un coup
d'aile ou les pinçant de son bec crochu, elle leur fait dégorger le poisson
qu'ils avaient avalé, et s'en saisit avant qu'il ne soit tombé [d]. Ces hostilités
lui ont fait donner par les navigateurs le surnom de *guerrier* [e], qu'elle
mérite à plus d'un titre, car son audace la porte à braver l'homme même.
« En débarquant à l'île de l'Ascension, dit M. le vicomte de Querhoënt,
« nous fûmes entourés d'une nuée de frégates ; d'un coup de canne j'en
« terrassai une qui voulait me prendre un poisson que je tenais à la main ;
« en même temps plusieurs volaient à quelques pieds au-dessus de la chau-

a. « Quelque haut que la frégate puisse se trouver en l'air, quoique souvent elle s'y guinde
si haut qu'elle se dérobe à la vue des hommes, elle ne laisse pas de reconnoître fort clairement
les lieux où les dorades donnent la chasse aux poissons volants ; et alors elle se précipite du
haut de l'air comme une foudre, non toutefois jusqu'au ras de l'eau ; mais, en étant à dix ou
douze toises, elle fait comme une grande caracole, et se baisse insensiblement jusqu'à venir
raser la mer au lieu où la chasse se donne, et en passant elle prend le petit poisson au vol ou
dans l'eau, du bec ou des griffes, et souvent de tous les deux ensemble. » Dutertre, *Histoire
générale des Antilles*, t. II, pag. 269 et suiv.

b. « Par 30 degrés 30 secondes de latitude sud, nous commençâmes à voir des frégates. »
Cook, *Second voyage*, t. II, p. 178. — « Par 27 degrés 4 secondes latitude sud, et 103 degrés
56 secondes longitude ouest, les premiers jours de mars, nous rencontrâmes grand nombre
d'oiseaux, tels que des frégates, des oiseaux du tropique, etc. » *Ibidem*, p. 179.

c. Vers Ceylan, dans celles de l'Inde. Voyez Mandelslo, suite d'Oléarius, t. II, p. 517 ; et
particulièrement dans la traversée de Madagascar aux Maldives. — A l'Ascension. Voyez Cook,
Second voyage, t. IV, p. 175. — A l'île de Pâques. *Idem*, t. II, p. 220. — Aux Marquises.
Ibid., p. 238. — A Taïti et dans toutes les îles basses de l'Archipel du tropique austral. Forster,
Observations, p. 7. — Sur la côte du Brésil, où cet oiseau est nommé *caripira*. Voyez l'*Histoire générale des Voyages*, t. XIV, p. 303. — A celle de Caraque, à l'île d'Aves et dans toutes
les Antilles. Voyez Dutertre, Rochefort, Labat, etc.

d. « Ces oiseaux, nommés *frégates*, donnent la chasse aux oiseaux appelés *fous*. Les frégates les font lever de dessus les rochers où ils sont perchés, et lorsqu'ils ont pris leur vol, ces
mêmes frégates les battent en volant avec le bout de leurs ailes ; les fous, qui ne le sont pas
trop dans cette rencontre, pour mieux s'échapper de leurs ennemis, et comme s'ils voulaient les
amuser, vomissent tout le poisson qu'ils ont pêché ; les frégates, qui ne cherchent autre chose,
le reçoivent à mesure que les autres le jettent, avant qu'il tombe dans l'eau. C'est à la vérité
la chose la plus divertissante qu'on puisse voir, et que j'aie vue dans l'Amérique. « *Histoire
des aventuriers Boucaniers ;* Paris, 1686, t. I, p. 118. — Suivant Oviedo, les frégates font la
même guerre aux pélicans, lorsqu'ils viennent dans la baie de Panama pêcher aux sardines,
dans le temps des grandes marées. Voyez Ray, *Synops. avi.*, p. 153.

e. Voyez Dampier, *Nouveau voyage autour du monde* t. I, p. 66.

« dière qui bouillait à terre, pour en enlever la viande, quoiqu'une partie
« de l'équipage fût à l'entour. »

Cette témérité de la frégate tient autant à la force de ses armes et à la
fierté de son vol qu'à sa voracité ; elle est en effet armée en guerre : des
serres perçantes, un bec terminé par un croc très-aigu, les pieds courts et
robustes, recouverts de plumes, comme ceux des oiseaux de proie, le vol
rapide, la vue perçante ; tous ces attributs semblent lui donner quelque
rapport avec l'aigle, et en faire de même le tyran de l'air au-dessus des
mers [a]; mais du reste la frégate, par sa conformation, tient beaucoup plus
à l'élément de l'eau ; et, quoiqu'on ne la voie presque jamais nager, elle a
cependant les quatre doigts engagés par une membrane échancrée [b], et par
cette union de tous les doigts, elle se rapproche du genre du cormoran, du
fou, du pélican, que l'on doit regarder comme de parfaits palmipèdes ;
d'ailleurs le bec de la frégate très-propre à la proie, puisqu'il est terminé
par une pointe perçante et recourbée, diffère néanmoins essentiellement du
bec des oiseaux de proie terrestres, parce qu'il est très-long, un peu
concave dans sa partie supérieure, et que le croc, placé tout à la pointe,
semble faire une pièce détachée, comme dans le bec des fous, auquel celui
de la frégate ressemble par ces sutures [c] et par le défaut de narines apparentes.

La frégate n'a pas le corps plus gros qu'une poule, mais ses ailes étendues ont huit, dix et jusqu'à quatorze pieds d'envergure [d] : c'est au moyen
de ces ailes prodigieuses qu'elle exécute ses longues courses et qu'elle se
porte jusqu'au milieu des mers, où elle est souvent l'unique objet qui
s'offre entre le ciel et l'océan, aux regards ennuyés des navigateurs [e]; mais
cette longueur excessive des ailes embarrasse l'oiseau guerrier comme l'oiseau poltron, et empêche la frégate comme le fou, de reprendre leur vol
lorsqu'ils sont posés, en sorte que souvent ils se laissent assommer au
lieu de prendre leur essor [f]. Il leur faut une pointe de rocher ou la cime

a. Dans le genre scolastique du *pélican*, la frégate est nommée *pelicanus aquilus.* Voyez
Forster, *Observations*, p. 186.

b. Dampier n'y avait pas regardé d'assez près, lorsqu'il dit qu'elle a les *pieds faits comme
ceux des autres oiseaux terrestres. Nouveau voyage autour du monde*, t. 1, p. 66.

c. Voyez ci-devant l'article des *Fous.*

d. Voyez là-dessus, dans M. Brisson, *Ornithologie*, tome VI, page 508, le témoignage de
M. Poivre.

e. « Nous n'étions accompagné d'aucun oiseau dans notre route : un boobi blanc ou une
frégate frappaient de temps en temps nos regards dans le lointain (c'était entre le vingtième et
le quinzième degré de latitude sud). » *Second voyage de Cook*, t. III, p. 49.

f. « J'allai un des derniers donner la chasse aux frégates dans leur îlet, au cul-de-sac de la
Guadeloupe. Nous étions trois ou quatre personnes, et en moins de deux heures, nous en
prîmes trois ou quatre cents ; nous surprîmes les grandes sur les branches ou dans leur nid,
et comme elles ont beaucoup de peine à prendre leur vol, nous avions le temps de leur sangler
au travers des ailes des coups de bâton dont elles demeuraient étourdies. » Dutertre, t. II, p. 269.
— « Elles quittent difficilement leurs œufs, et se laissent assommer dessus à coups de bâton ;

d'un arbre, et encore n'est-ce que par effort qu'ils s'élèvent en partant[a]. On peut même croire que tous ces oiseaux à pieds palmés qui se perchent, ne le font que pour reprendre plus aisément leur vol, car cette habitude est contraire à la structure de leurs pieds, et c'est la trop grande longueur de leurs ailes qui les force à ne se poser que sur des points élevés, d'où ils puissent en partant mettre leurs ailes en plein exercice.

Aussi les frégates se retirent et s'établissent en commun sur des écueils élevés ou des îlets boisés pour nicher en repos[b]. Dampier remarque qu'elles placent leurs nids sur les arbres dans les lieux solitaires et voisins de la mer[c]; la ponte n'est que d'un œuf ou deux; ces œufs sont d'un blanc teint de couleur de chair, avec de petits points d'un rouge cramoisi; les petits, dans le premier âge, sont couverts d'un duvet gris blanc; ils ont les pieds de la même couleur, et le bec presque blanc[d]; mais par la suite la couleur du bec change, il devient ou rouge ou noir et bleuâtre dans son milieu, et il en est de même de la couleur des doigts; la tête est assez petite et aplatie en dessus; les yeux sont grands, noirs et brillants et environnés d'une peau bleuâtre[e]. Le mâle adulte a sous la gorge une grande membrane charnue d'un rouge vif plus ou moins enflée ou pendante : personne n'a bien décrit ces parties, mais si elles n'appartiennent qu'au mâle, elles pourraient avoir quelque rapport à la fraise du dindon qui s'enfle et rougit dans certains moments d'amour ou de colère.

On reconnaît de loin les frégates en mer, non-seulement à la longueur démesurée de leurs ailes, mais encore à leur queue très-fourchue[f]; tout le plumage est ordinairement noir avec reflet bleuâtre, du moins celui du mâle[g]; celles qui sont brunes[h], comme la petite *frégate* figurée dans

je me suis plusieurs fois trouvé témoin et acteur de cette boucherie. » Extrait des observations communiquées par M. de la Borde, médecin du roi à Cayenne.

a. Dutertre.

b. « Les rochers qui sont en mer et les petites îles inhabitées servent de retraite à ces oiseaux; c'est en ces lieux déserts qu'ils font leurs nids. » *Hist. naturelle et morale des Antilles*, p. 148. — « Ces oiseaux ont eu fort longtemps une petite île dans le petit cul-de-sac de la Guadeloupe, qui leur servait comme de domicile, où toutes les frégates des environs venaient se reposer la nuit et faire leurs nids dans la saison. Cette petite île a été nommée *islette aux frégates*, et en porte encore le nom, quoiqu'elles aient changé de lieu; car ces années 1643 et 1644, plusieurs personnes leur firent une si rude chasse, qu'elles furent contraintes d'abandonner cette île. » Dutertre, *Histoire générale des Antilles*, t. II, p. 269.

c. « Cet oiseau fait son nid sur des arbres quand il en trouve, et lorsqu'il n'en trouve point, il le fait à terre. » *Nouveau voyage autour du monde*, t. I, p. 66.

d. Observation faite par M. le vicomte de Querhoënt à l'île de l'Ascension.

e. Feuillée, *Observations*, p. 107.

f. Les Portugais ont donné à la frégate le nom de *rabo forcado*, à cause de sa queue très-fourchue.

g. « Marium plumæ omnes nigræ, velut corvi. » Ray.

h. « Les plumes du dos et des ailes sont noires, grosses et fortes; celles qui couvrent l'estomac et les cuisses sont plus délicates et moins noires; on en voit dont toutes les plumes sont brunes sur le dos et aux ailes et grises sous le ventre. On dit que ces dernières sont les femelles ou peut-être les jeunes. » Labat.

Edwards[a], paraissent être les jeunes, et celles qui ont le ventre blanc sont les femelles. Dans le nombre des frégates vues à l'île de l'Ascension par M. le vicomte de Querhoënt, et qui toutes étaient de la même grandeur, les unes paraissaient toutes noires, les autres avaient le dessus du corps d'un brun foncé, avec la tête et le ventre blancs ; les plumes de leur cou sont assez longues pour que les insulaires de la mer du Sud s'en fassent des bonnets[b]. Ils estiment aussi beaucoup la graisse ou plutôt l'huile qu'ils tirent de ces oiseaux par la grande vertu qu'ils supposent à cette graisse contre les douleurs de rhumatisme et les engourdissements[c]. Du reste, la frégate a, comme le fou, le tour des yeux dégarni de plumes ; elle a de même l'ongle du doigt du milieu dentelé intérieurement : ainsi les frégates, quoique persécuteurs-nés des fous, sont néanmoins voisins et parents. Triste exemple dans la nature, d'un genre d'êtres qui, comme nous, trouvent souvent leurs ennemis dans leurs proches !

LES GOÉLANDS ET LES MOUETTES. [d]*

Ces deux noms, tantôt réunis et tantôt séparés, ont moins servi jusqu'à ce jour à distinguer qu'à confondre les espèces comprises dans l'une des

a. *Glanures*, p. 209, pl. 309. — *La petite frégate*. Brisson, t. VI, p. 509.

b. « La plupart des hommes de l'île de Pâques portent sur leur tête un cercle tressé avec de l'herbe, et garni d'une grande quantité de ces longues plumes noires qui décorent le cou des frégates ; d'autres ont d'énormes chapeaux de plumes de goéland brun. » *Second voyage du capitaine Cook*, t. II, p. 194.

c. « L'huile ou la graisse de ces oiseaux est un souverain remède pour la goutte sciatique et pour toutes les autres provenant de causes froides ; on en fait cas dans toutes les Indes comme d'un médicament précieux. » Dutertre, *Hist. gén. des Antilles*, t. II, p. 269. — « Les flibustiers tirent cette huile, qu'on appelle *huile de frégates*, en faisant bouillir de grandes chaudières pleines de ces oiseaux ; elle se vend fort cher dans nos îles. » Extrait des Mémoires communiqués par M. de la Borde, médecin du roi à Cayenne. — « On doit faire chauffer la graisse et en faire de fortes frictions sur la partie affligée, afin d'ouvrir les pores, et mêler de bonne eau-de-vie ou de l'esprit-de-vin dans la graisse au moment qu'on en veut faire l'application : bien des gens ont reçu une parfaite guérison, ou du moins de grands soulagements par ce remède, que je donne ici sur la foi d'autrui, n'ayant pas eu occasion de le mettre en pratique. » Labat, *Nouveau voyage aux îles de l'Amérique*, t. VI.

d. En grec, Λάρος et Κέπφος (voyez le discours) ; dans Eustathe, Κήξ, et ailleurs, Καύηξ, nom qui paraît formé par onomatopée, ou imitation du cri de l'oiseau. Lycophron appelle les vieillards Καύηκας, *blancs* ou *grisonnants*, comme le plumage du goéland. Quant à la conjecture de Belon (*Observations*, page 52), qui dérive le nom de *laros* de celui d'un petit poisson qui se pêche dans le golfe de Salonique, et dont le goéland est avide, elle paraît peu fondée, et le poisson aura plutôt reçu son nom de celui de l'oiseau dont il est la proie. En latin, *larus* et *gavia* ; sur nos côtes de la Méditerranée, *gabian* ; sur celles de l'Océan, *mauves* ; en allemand, *mew* (*mewe*, miauleurs, *meuwen*, miauler) ; en groënlandais, *akpa* (selon Egède), *naviat* (dans Anderson).

* Ordre des *Palmipèdes*, famille des *Longipennes* ou *grands voiliers* ; genre Goélands, Mauves ou Mouettes (Cuv.).

plus nombreuses familles des oiseaux d'eau. Plusieurs naturalistes ont nommé *goélands* ce que d'autres ont appelé *mouettes*, et quelques-uns ont indifféremment appliqué ces deux noms comme synonymes à ces mêmes oiseaux ; cependant il doit subsister entre toute expression nominale quelques traces de leur origine ou quelques indices de leurs différences, et il me semble que les noms *goélands* et *mouettes* ont en latin leurs correspondants *larus* et *gavia*, dont le premier doit se traduire par *goéland*, et le second par *mouette*. Il me paraît de plus que le nom goéland désigne les plus grandes espèces de ce genre, et que celui de mouette ne doit être appliqué qu'aux plus petites espèces. On peut même suivre, jusque chez les Grecs, les vestiges de cette division, car le mot *kepphos*, qui se lit dans Aristote, dans Aratus et ailleurs, désigne une espèce ou une branche particulière de la famille du *laros* ou goéland : Suidas et le scoliaste d'Aristophane traduisent *kepphos* par *larus ;* et si Gaza ne l'a point traduit de même dans Aristote [a], c'est que, suivant la conjecture de Pierius, ce traducteur avait en vue le passage des *Géorgiques*, où Virgile paraissant rendre à la lettre les vers d'Aratus, au lieu de *kepphos*, qui se lit dans le poëte grec, a substitué le nom de *fulica ;* mais si la fulica des anciens est notre *foulque* ou *morelle*, ce que lui attribue ici le poëte latin, de présager la tempête en se jouant sur le sable [b], ne lui convient point du tout [c], puisque la foulque ne vit pas dans la mer et ne se joue pas sur le sable, où même elle ne se tient qu'avec peine. De plus, ce qu'Aristote attribue à son *kepphos*, d'avaler l'écume de la mer comme une pâture, et de se laisser prendre à cette amorce [d], ne peut guère se rapporter qu'à un oiseau vorace comme le goéland ou la mouette : aussi Aldrovande conclut-il de ces inductions comparées que le nom de *laros* dans Aristote est générique, et que celui de *kepphos* est *spécifique*, ou plutôt particulier à quelque espèce subalterne de ce même genre. Mais une remarque que Turner a faite sur la voix de ces oiseaux semble fixer ici nos incertitudes ; il regarde le mot de *kepphos* comme un son imitatif de la voix d'une mouette qui termine ordinairement chaque reprise de ses cris aigus par un petit accent bref, une espèce d'éternuement *keph*, tandis que le goéland termine son cri par un son différent et plus grave, *cob*.

a. Lib. ix, cap. xxxv.

b.
        . . . . . Cùmque marinæ
     In sicco ludunt fulicæ, tibi tempora signant
     Infesta et pluviis et tempestate sonorâ.
                         Virg., *Georg.*, ii.

c. L'épithète que Cicéron, traduisant ces mêmes vers d'Aratus, donne à la foulque, lui convient aussi peu qu'elle convient bien au goéland :
     Cana fulix itidem fugiens è gurgite ponti,
     Nuntiat horribiles clamans instare procellas.
                         Lib. i *de Nat. Deor.*

d. « Κεπφά (que Gaza traduit *fulicæ*) spumâ capiuntur ; appetunt enim eam avidiùs et « inspersu ejus venantur. » *Hist. animal.*, lib. ix, cap. xxxv.

Le nom grec *kepphos* répondra donc, dans nôtre division, au nom latin *gavia*, et désignera proprement les espèces inférieures du genre entier de ces oiseaux, c'est-à-dire les *mouettes :* de même le nom grec *laros* ou *larus* en latin, traduit par *goéland*, sera celui des grandes espèces. Et, pour établir un terme de comparaison dans cette échelle de grandeur, nous prendrons pour *goélands* tous ceux de ces oiseaux dont la taille surpasse celle du canard, et qui ont dix-huit ou vingt pouces de la pointe du bec à l'extrémité de la queue, et nous appellerons *mouettes* tous ceux qui sont au-dessous de ces dimensions; il résultera de cette division que la sixième espèce donnée par M. Brisson sous la dénomination de *première mouette*, doit être mise au nombre des goélands, et que plusieurs des goélands de Linnæus ne seront que des mouettes; mais, avant que d'entrer dans cette distinction des espèces, nous indiquerons les caractères généraux et les habitudes communes au genre entier des uns et des autres.

Tous ces oiseaux, goélands et mouettes, sont également voraces et criards; on peut dire que ce sont les vautours de la mer : ils la nettoient des cadavres de toute espèce qui flottent à sa surface ou qui sont rejetés sur les rivages; aussi lâches que gourmands, ils n'attaquent que les animaux faibles, et ne s'acharnent que sur les corps morts. Leur port ignoble, leurs cris importuns, leur bec tranchant et crochu, présentent les images désagréables d'oiseaux sanguinaires et bassement cruels : aussi les voit-on se battre avec acharnement entre eux pour la curée, et même lorsqu'ils sont renfermés et que la captivité aigrit encore leur humeur féroce, ils se blessent sans motif apparent, et le premier dont le sang coule devient la victime des autres, car alors leur fureur s'accroît et ils mettent en pièces le malheureux qu'ils avaient blessé sans raison [a]; cet excès de cruauté ne se manifeste guère que dans les grandes espèces; mais toutes, grandes et petites, étant en liberté, s'épient, se guettent sans cesse pour se piller et se dérober réciproquement la nourriture ou la proie; tout convient à leur voracité [b] : le poisson frais ou gâté, la chair sanglante, récente ou corrompue, les écailles, les os même, tout se digère et se consume dans leur estomac [c]; ils avalent l'amorce et l'hameçon; ils se précipitent avec tant

a. Observation faite par M. Baillon, à Montreuil-sur-Mer.

b. « J'ai souvent donné à mes mouettes des buses, des corbeaux, des chats nouveau-nés, « des lapins et autres animaux et oiseaux morts; elles les ont dévorés avec autant d'avidité que « les poissons. J'en ai encore deux qui avalent très-bien des étourneaux, des alouettes marines « sans leur ôter une seule plume; leur gosier est un gouffre qui engloutit. tout » Note communiquée par M. Baillon.

c. « Elles rejettent ces corps lorsqu'elles ont abondamment d'autre nourriture; mais, à défaut « d'aliments meilleurs, elles conservent tout dans leur estomac, et tout s'y consume par la cha- « leur de ce viscère. L'extrême voracité n'est pas le seul caractère qui rapproche ces oiseaux « des vautours et autres oiseaux de proie; les mouettes souffrent la faim aussi patiemment « qu'eux : j'en ai vu vivre chez moi neuf jours sans prendre aucune nourriture. » Note du même observateur.

de violence, qu'ils s'enferrent eux-mêmes sur une pointe que le pêcheur place sous le hareng ou la pélamide qu'il leur offre en appât [a], et cette manière n'est pas la seule dont on puisse les leurrer; Oppien a écrit qu'il suffit d'une planche peinte de quelques figures de poisson pour que ces oiseaux viennent se briser contre; mais ces portraits de poissons devaient donc être aussi parfaits que ceux des raisins de Parrhasius?

Les goélands et les mouettes ont également le bec tranchant, allongé, aplati par les côtés, avec la pointe renforcée et recourbée en croc, et un angle saillant à la mandibule inférieure; ces caractères, plus apparents et plus prononcés dans les goélands, se marquent néanmoins dans toutes les espèces de mouettes : c'est même ce qui les sépare des hirondelles de mer, qui n'ont ni le croc à la partie supérieure du bec, ni la saillie à l'inférieure, sans compter que les plus grandes hirondelles de mer le sont moins que les plus petites mouettes. De plus, les mouettes n'ont pas la queue fourchue, mais pleine; leur jambe, ou plutôt leur tarse est fort élevé, et même les goélands et les mouettes seraient, de tous les oiseaux à pieds palmés, les plus hauts de jambes, si le flammant, l'avocette et l'échasse ne les avaient encore plus longues, et si démesurées, qu'ils sont à cet égard des espèces de monstres [b]. Tous les goélands et mouettes ont les trois doigts engagés par une palme pleine, et le doigt de derrière dégagé, mais très-petit; leur tête est grosse, ils la portent mal et presque entre les épaules, soit qu'ils marchent ou qu'ils soient en repos; ils courent assez vite sur les rivages, et volent encore mieux au-dessus des flots; leurs longues ailes, qui lorsqu'elles sont pliées dépassent la queue, et la quantité de plumes dont leur corps est garni les rendent très-légers [c]; ils sont aussi fournis d'un duvet fort épais [d] qui est d'une couleur bleuâtre, surtout à l'estomac; ils naissent avec ce duvet, mais les autres plumes ne croissent que tard, et ils n'acquièrent complétement leurs couleurs, c'est-à-dire le beau blanc sur le corps, et du noir ou gris bleuâtre sur le manteau qu'après avoir passé par plusieurs mues, et dans leur troisième année. Oppien paraît avoir eu connaissance de ce progrès de couleurs lorsqu'il dit qu'en vieillissant ces oiseaux deviennent bleus.

Ils se tiennent en troupes sur les rivages de la mer; souvent on les voit couvrir de leur multitude les écueils et les falaises, qu'ils font retentir de leurs cris importuns, et sur lesquelles ils semblent fourmiller, les uns pre-

---

a. Forster, dans le *Second voyage de Cook*, t. I, p. 291.

b. Voyez ci-après les articles de ces oiseaux.

c. « Nous disons en proverbe : *tu es aussi léger qu'une mouette.* » Martens, dans le *Recueil des Voyages du Nord;* Rouen, 1716, t. II, p. 95.

d. Aldrovande prétend qu'en Hollande on fait beaucoup d'usage du duvet de mouette; mais il est difficile de croire ce qu'il ajoute, savoir, que ce duvet se renfle en pleine lune, par une correspondance sympathique avec l'état de la mer, dont le flux est alors le plus enflé. Voyez cet auteur, *de Avibus*, t. III, p. 70.

nant leur vol, les autres s'abattant pour se reposer, et toujours en très-grand
nombre : en général, il n'est pas d'oiseau plus commun sur les côtes, et
l'on en rencontre en mer jusqu'à cent lieues de distance ; ils fréquentent les
îles et les contrées voisines de la mer dans tous les climats ; les navigateurs
les ont trouvés partout[a] ; les plus grandes espèces paraissent attachées aux
côtes des mers du Nord[b]. On raconte que les goélands des îles de Feroë sont
si forts et si voraces, qu'ils mettent souvent en pièces des agneaux dont ils
emportent des lambeaux dans leurs nids[c] ; dans les mers glaciales on les
voit se réunir en grand nombre sur les cadavres des baleines[d] ; ils se tiennent sur ces masses de corruption sans en craindre l'infection : ils y assou-
vissent à l'aise toute leur voracité, et en tirent en même temps l'ample
pâture qu'exige la gourmandise innée de leurs petits. Ces oiseaux déposent
à milliers leurs œufs et leurs nids jusque sur les terres glacées des deux
zones polaires[e] ; ils ne les quittent pas en hiver, et semblent être attachés

a. « Les mouettes sont aussi communes au Japon qu'en Europe. » Kæmpfer, *Histoire du
Japon*, t. I, p. 113. — « Il y en a diverses espèces au cap de Bonne-Espérance, dont le cri est
le même que celui des goélands d'Europe. » Observations communiquées par M. le vicomte de
Querhoënt. — « Tant que nous fûmes sur ce banc, qui s'étend à la hauteur du cap des Aiguilles
(par le travers de Madagascar), nous vîmes des mouettes. » *Premier voyage de Cook*, t. IV,
p. 315. — « Les mêmes voyageurs ont vu des mouettes au cap Froward, dans le détroit de
Magellan. » *Ibidem*, t. II, p. 31. — « A la Nouvelle-Hollande. » *Ibidem*, t. IV, p. 110. — « A la
Nouvelle-Zélande. » Cook, *Second voyage*, t. III, p. 251. — « Aux îles voisines de la Terre des
États. » *Ibidem*, t. IV, p. 73. — « Dans toutes les îles basses de l'archipel du tropique austral. »
Observations de Forster, à la suite du capitaine Cook, p. 7. — « Plusieurs des hommes de l'île
de Pâques portaient un cerceau de bois entouré de plumes blanches de mouettes qui se balan-
cent en l'air. » *Second voyage de Cook*, t. II, p. 194. — « Des nuées de goélands fournissent
en grande partie cette fiente qui couvre l'île d'Iquique, et qui se transporte, sous le nom de
guana, dans la vallée d'Arica. » Legentil, *Voyage autour du monde*; Paris, 1725, t. I, p. 87.
— « Le goéland de la Louisiane est semblable à celui de France. » Le Page Dupratz, *Histoire
de la Louisiane*, t. II, p. 118. — « Une quantité de mauves ou mouettes et d'autres oiseaux
venaient (aux îles Malouines) planer sur les eaux, et fondaient sur le poisson avec une vitesse
extraordinaire ; ils nous servaient à reconnaître le temps propre à la pêche de la sardine : il
suffisait de les tenir un moment suspendus, et ils rendaient encore dans sa forme ce poisson
qu'ils venaient d'engloutir. Ces oiseaux pondent autour des étangs, sur les plantes vertes semblables au nénuphar, une grande quantité d'œufs très-bons et très-sains. » *Voyage autour du
monde*, par M. de Bougainville; in-8°, t. I, p. 120.

b. Elles abondent sur celles de Groënland, au point que la langue groënlandaise a un mot
propre pour exprimer la chasse que vont donner à ce mauvais gibier les malheureux habitants
de ces terres glacées : *akpalliarpok. Laros venatum proficiscitur*. Égède, *Dict. groënland*.

c. Forster, *Second voyage de Cook*, t. I, p. 150.

d. Voyez l'*Histoire générale des Voyages*, t. XIX, p. 48; et ci-après l'article du *grisard* ou
mallemuche.

e. « Le 5 juin, on avait déjà vu des glaces, qui surprirent si fort qu'on les prit d'abord pour
des cygnes..... Le 11, par-delà les 75 degrés de latitude, on descendit sur l'île Baëren, où on
trouva quantité d'œufs de mouettes. » Relation de Guillaume Barentz; *Histoire générale des
Voyages*, t. XV, p. 112. — « On s'avança jusqu'à l'île qu'Olivier Noort avait nommée l'*île du
Roi* (près du détroit de Lemaire); quelques matelots, descendus au rivage, trouvèrent la terre
presque entièrement couverte des œufs d'une espèce particulière de mouette ; on pouvait étendre
la main dans quarante-cinq nids sans changer de place, et chaque nid contenait trois ou quatre
œufs un peu plus gros que ceux des vanneaux. » *Journal de Lemaire et Schouten*, dans le
Recueil de la Compagnie hollandaise, t. IV, p. 578.

au climat où ils se trouvent, et peu sensibles au changement de toute température [a]. Aristote, sous un ciel à la vérité infiniment plus doux, avait déjà remarqué que les goélands et les mouettes ne disparaissent point, et restent toute l'année dans les lieux où ils ont pris naissance.

Il en est de même sur nos côtes de France, où l'on voit plusieurs espèces de ces oiseaux en hiver comme en été ; on leur donne sur l'Océan le nom de *mauves* ou *miaules*, et celui de *gabians* sur la Méditerranée ; partout ils sont connus, notés par leur voracité et par la désagréable importunité de leurs cris redoublés : tantôt ils suivent les plages basses de la mer, et tantôt ils se retirent dans le creux des rochers pour attendre le poisson que les vagues y jettent ; souvent ils accompagnent les pêcheurs afin de profiter des débris de la pêche : cette habitude est sans doute la seule cause de l'amitié pour l'homme que les anciens attribuaient à ces oiseaux [b]. Comme leur chair n'est pas bonne à manger [c], et que leur plumage n'a que peu de valeur, on dédaigne de les chasser, et on les laisse approcher sans les tirer [d].

Curieux d'observer par nous-mêmes les habitudes de ces oiseaux, nous avons cherché à nous en procurer quelques-uns de vivants, et M. Baillon, toujours empressé à répondre obligeamment à nos demandes, nous a envoyé le grand goéland à manteau noir, première espèce, et le goéland à manteau gris, seconde espèce ; nous les avons gardés près de quinze mois dans un jardin où nous pouvions les observer à toute heure : ils donnèrent d'abord des signes évidents de leur mauvais naturel, se poursuivant sans cesse, et le plus grand ne souffrant jamais que le petit mangeât ni se tînt à côté de lui ; on les nourrissait de pain trempé et d'intestins de gibier, de volaille et autres débris de cuisine dont ils ne rebutaient rien, et en même temps ils ne laissaient pas de recueillir et de chercher dans le jardin les

a. « Les oiseaux qui passent en plus grand nombre au printemps vers la baie d'Hudson, pour aller faire leurs petits vers le nord, et qui reviennent vers les pays méridionaux en automne, sont les cygnes, les oies, les canards, les sarcelles, les pluviers..... mais les mouettes passent l'hiver dans le pays au milieu des neiges et des glaces. » *Hist. générale des Voyages*, t. XV, p. 267.

b. Oppien, *in Exeut.*

c. « On n'en pourrait pas goûter sans vomir, si avant de les manger on ne les avait exposés à l'air pendus par les pattes, la tête en bas, pendant quelques jours, afin que l'huile ou la graisse de baleine sorte de leur corps, et que le grand air en ôte le mauvais goût. » *Recueil des Voyages du Nord*, t. II, p. 89.

d. Les sauvages des Antilles s'accommodent néanmoins de ce mauvais gibier. « Il y a, dit le P. Dutertre, quantité de petites îlettes qui en sont si remplies, que tous les sauvages, en passant, en chargent leurs pirogues, qui tiennent bien souvent autant qu'une chaloupe ; mais c'est une chose plaisante de les voir accommoder par ces sauvages, car ils les jettent tout entiers dans le feu, sans les vider ni plumer, et la plume venant à se brûler, il se fait une croûte tout autour de l'oiseau, dans laquelle il se cuit. Quand ils le veulent manger, ils lèvent cette croûte, puis ouvrent l'oiseau par la moitié ; je ne sais ce qu'ils font pour le garder de la corruption, car je leur en ai vu manger qui étaient cuits huit jours auparavant, ce qui est d'autant plus surprenant, qu'il ne faut que douze heures pour faire corrompre la plupart des viandes du pays. » *Histoire générale des Antilles*, t. II, p. 274.

vers et les limaçons qu'ils savent bien tirer de leurs coquilles; ils allaient souvent se baigner dans un petit bassin, et au sortir de l'eau ils se secouaient, battaient des ailes en s'élevant sur leurs pieds, et lustraient ensuite leur plumage comme font les oies et les canards; ils rôdaient pendant la nuit, et souvent on les a vus se promener à dix et onze heures du soir; ils ne cachent pas, comme la plupart des autres oiseaux, leur tête sous l'aile pour dormir; ils la tournent seulement en arrière en plaçant leur bec entre le dessus de l'aile et le dos.

Lorsqu'on voulait prendre ces oiseaux, ils cherchaient à mordre et pinçaient très-serré; il fallait, pour éviter le coup de bec et s'en rendre maître, leur jeter un mouchoir sur la tête; lorsqu'on les poursuivait, ils accéléraient leur course en étendant leurs'ailes : d'ordinaire ils marchaient lentement et d'assez mauvaise grâce; leur paresse se marquait jusque dans leur colère, car, quand le plus grand poursuivait l'autre, il se contentait de le suivre au pas, comme s'il n'eût pas été pressé de l'atteindre; ce dernier, à son tour, ne semblait doubler le pas qu'autant qu'il le fallait pour éviter le combat, et dès qu'il se sentait suffisamment éloigné, il s'arrêtait et répétait la même manœuvre autant de fois qu'il était nécessaire pour être toujours hors de la portée de son ennemi, après quoi tous deux restaient tranquilles, comme si la distance suffisait pour détruire l'antipathie. Le plus faible ne devrait-il pas toujours trouver ainsi sa sûreté en s'éloignant du plus fort ? Mais malheureusement la tyrannie est, dans les mains de l'homme, un instrument qu'il déploie et qu'il étend aussi loin que sa pensée.

Ces oiseaux nous parurent avoir oublié pendant tout l'hiver l'usage de leurs ailes; ils ne marquèrent aucune envie de s'envoler : ils étaient, à la vérité, très-abondamment nourris, et leur appétit, tout véhément qu'il est, ne pouvait guère les tourmenter; mais au printemps ils sentirent de nouveaux besoins et montrèrent d'autres désirs : on les vit s'efforcer de s'élever en l'air, et ils auraient pris leur essor si leurs ailes n'eussent pas été rognées de plusieurs pouces; ils ne pouvaient donc que s'élancer comme par bonds, ou pirouetter sur leurs pieds les ailes étendues. Le sentiment d'amour qui renaît avec la saison parut surmonter celui d'antipathie, et fit cesser l'inimitié entre ces deux oiseaux; chacun céda au doux instinct de chercher son semblable, et quoiqu'ils ne se convinssent pas étant d'espèces trop différentes, ils semblèrent se rechercher : ils mangèrent, dormirent et reposèrent ensemble; mais des cris plaintifs et des mouvements inquiets exprimaient assez que le plus doux sentiment de la nature n'était qu'irrité sans être satisfait.

Nous allons maintenant faire l'énumération des différentes espèces de ces oiseaux, dont les plus grandes seront comprises, comme nous l'avons dit, sous le nom de *goélands*, et les petites sous celui de *mouettes*.

LE GOÉLAND A MANTEAU NOIR. [a][b]*

PREMIÈRE ESPÈCE.

Nous lui donnons la première place comme au plus grand des goélands ; il a deux pieds et quelquefois deux pieds et demi de longueur ; un grand manteau d'un noir ou noirâtre ardoisé lui couvre son large dos ; tout le reste du plumage est blanc ; son bec fort et robuste, long de trois pouces et demi, est jaunâtre, avec une tache rouge à l'angle saillant de la mandibule inférieure ; la paupière est d'un jaune aurore ; les pieds, avec leur membrane, sont d'une couleur de chair blanchâtre et comme farineux.

Le cri de ce grand goéland, que nous avons gardé toute une année, est un son enroué, *qua*, *qua*, *qua*, prononcé d'un ton rauque et répété fort vite ; mais l'oiseau ne le fait pas entendre fréquemment ; et lorsqu'on le prenait il jetait un autre cri douloureux et très-aigre.

LE GOÉLAND A MANTEAU GRIS. [c][d]**

SECONDE ESPÈCE.

Le gris cendré, étendu sur le dos et les épaules, est une livrée commune à plusieurs espèces de mouettes, et qui distingue ce goéland ; il est un peu

---

a. Voyez les planches enluminées, n° 990, sous la dénomination de *Noir manteau*

b. En suédois, *homaoka* ; en danois, *swart-bag, blaa-maage* ; en norwégien, *hav-maase* ; en lapon, *gairo* ; en islandais, *swart-bakur* ; en groënlandais, *naviarlursoak.* — Bien décrit dans Clusius sous le nom de *larus ingens marinus. Exotic.*, lib, v, cap. ix, p. 104. — *Larus maximus ex albo et nigro seu cœruleo nigricante varius.* Willughby, *Ornithol.*, p. 261. — Sibbald, *Scot. illustr.*, part. ii, lib. iii, p. 20. — *Larus maximus ex albo et nigro-cœruleo nigricante varius, maximus ingens Clusii.* Ray, *Synops. avi.*, p. 127, n° a, 1. — *Larus maximus Willughbeii.* Rzaczynski, *Hist. nat. Polon.*, p. 389. — *Larus maximus ex albo et nigro vel subcœruleo varius.* Klein, *Avi.*, p. 136, n° 1. — « Larus albus, dorso nigro. » *Larus maximus.* Linnæus, *Syst. nat.*, édit. X, gen. 69, sp. 3. — *Larus maximus albus, dorso nigro.* Muller, *Zoolog. Danic.*, p. 20, n° 163. — *Gavia.* Mœhring, *Avi.*, gen. 70. — *The great black and white gull.* British *Zoology*, p. 140. — *Grande mouette noire et blanche.* Albin, t. III, p. 39, pl. 94. — *Le grand goisland noir et blanc.* Salerne, *Ornithol.*, p. 385. — « Larus « supernè splendidè niger, infernè albus ; capite et collo concoloribus ; remigibus nigris, apice « albis, rectricibus candidis... » *Larus niger.* Brisson, *Ornithol.*, t. VI, p. 158.

c. Voyez les planches enluminées, n° 253, sous le nom de *Goéland cendré.*

d. « Larus supernè cinereus, infernè albus ; capite et collo concoloribus ; remigibus cinereis, « apice albis, quatuor primoribus versùs apicem nigricantibus, extimà exteriùs nigricante ; rec- « tricibus candidis... » *Larus cinereus.* Brisson, *Ornithol.*, t. VI, p. 160.

* *Larus marinus* et *nævius* (Gmel.). — Le *larus marinus*, planche enluminée 990, est « l'adulte ; le *larus nævius*, planche enluminée 266, est le jeune. — « D'abord tacheté de blanc « et de gris, il devient ensuite tout blanc, à manteau noir... » (Cuvier.)

** *Larus argentatus* (Lath.).

moins grand que le précédent [a], et, à l'exception de son manteau gris et des échancrures noires aux grandes pennes de l'aile, il a de même tout le reste du plumage blanc ; l'œil est brillant et l'iris jaune comme dans l'épervier ; les pieds sont de couleur de chair livide ; le bec, qui dans les jeunes est presque noirâtre, et d'un jaune pâle dans les adultes, est d'un beau jaune presque orangé dans les vieux ; il y a une tache rouge au renflement du demi-bec inférieur, caractère commun à plusieurs des espèces de goélands et de mouettes. Celui-ci fuit devant le précédent, et n'ose lui disputer la proie, mais il s'en venge sur les mouettes qui lui sont inférieures en forces ; il les pille, les poursuit et leur fait une guerre continuelle ; il fréquente beaucoup, dans les mois de novembre et de décembre, nos côtes de Normandie et de Picardie, où on l'appelle *gros-miaulard* et *bleu-manteau*, comme l'on appelle *noir-manteau* celui de la première espèce : celui-ci a plusieurs cris très-distincts qu'il nous a fait entendre dans le jardin où il a vécu avec le précédent ; le premier et le plus fréquent de ces cris semble rendre ces deux syllabes *quiou*, qui partent comme d'un coup de sifflet, d'abord bref et aigu, et qui finit en traînant sur un ton plus bas et plus doux ; ce cri unique ne se répète que par intervalles, et pour le produire l'oiseau allonge le cou, incline la tête et semble faire effort ; son second cri qu'il ne jetait que quand on le poursuivait ou qu'on le serrait de près, et qui par conséquent était une expression de crainte ou de colère, peut se rendre par la syllabe *tia, tia,* prononcée en sifflant et répétée fort vite. On peut observer, en passant, que dans tous les animaux les cris de colère ou de crainte sont toujours plus aigus et plus brefs que les cris ordinaires. Enfin, vers le printemps, cet oiseau prit un nouvel accent de voix très-aigu et très-perçant, qu'on peut exprimer par le mot *quieute* ou *pieute*, tantôt bref et répété précipitamment, et tantôt traîné sur la finale *eute*, avec des intervalles marqués, comme ceux qui séparent les soupirs d'une personne affligée. Dans l'un et l'autre cas, ce cri paraît être l'expression plaintive du besoin inspiré par l'amour non satisfait.

LE GOÉLAND BRUN. [b][*]

TROISIÈME ESPÈCE.

Ce goéland a le plumage d'un brun sombre uniforme sur le corps entier, à l'exception du ventre qui est rayé transversalement de brun sur fond gris,

a. Le module est trop grand de moitié dans la planche enluminée.

b. En anglais, *brown gull*, et dans le pays de Cornouailles, *yannet* ; en danois, *sild-maage* ; en norwégien, *gul-folring*, *eymor* ; en islandais, *wegde-bialla*, et le petit, *soe-unge, skecre,*

** Larus catarractes* (Gmel.). — « Cet oiseau ne diffère pas spécifiquement du *labbe* ou *stercoraire.* » (Desmarets.) — Voyez, plus loin, la nomenclature de ce dernier oiseau.

et des grandes pennes de l'aile qui sont noires; il est encore un peu moins
grand que le précédent; sa longueur du bec à l'extrémité de la queue n'est
que d'un pied huit pouces, et d'un pouce de moins du bec aux ongles qui
sont aigus et robustes. Ray observe que ce goéland, par toute l'habitude du
corps, a l'air d'un oiseau de rapine et de carnage; et telle est en effet la
physionomie basse et cruelle de tous ceux de la race sanguinaire des goélands. C'est à celui-ci que les naturalistes semblent être convenus de rapporter l'oiseau *catarractes* d'Aristote[a], lequel, suivant que l'indique son nom,
tombe sur l'eau comme un trait pour y saisir sa proie, ce qui se rapporte
très-bien à ce que dit Willughby de notre goéland, qu'il fond avec tant de
rapidité sur un poisson que les pêcheurs attachent sur une planche pour
l'attirer, qu'il s'y casse la tête. De plus, le *catarractes* d'Aristote est sûrement un oiseau de mer, puisque, suivant ce philosophe, il boit de l'eau
marine[b]. Le goéland brun se trouve en effet sur les plus vastes mers, et
l'espèce en paraît également établie sous les latitudes élevées du côté des
deux pôles; elle est commune aux îles de Feroë, et vers les côtes de
l'Écosse[c]; elle semble être encore plus répandue dans les plages de l'océan
austral, et il paraît que c'est l'oiseau que nos navigateurs ont désigné sous
le nom de *cordonnier*, sans qu'on puisse entrevoir la raison de cette dénomination[d]; les Anglais, qui ont rencontré nombre de ces oiseaux dans le

---

granafur. — *Larus fuscus.* Klein, *Avi.*, p. 137, nº 7. — *Catarrachtes.* Gessner, *Avi.*, p. 246.
— *Catharracta.* Aldrovande, *Avi.*, t. III, p. 84. — Jonston, *Avi.*, p. 94. — Charleton,
Exercit., p. 100, nº 6; et *Onomast.*, p. 95, nº 6. — Ray, *Synops. avi.*, p. 129, nº 7. —
Catarractes noster. Willughby, *Ornithol.*, p. 265. — Ray, p. 128, nº *a*, 6. — Sibbald, *Scot.
illustr.*, part. II, lib. III, p. 20. — *Larus fuscus, albus dorso fusco.* Muller, *Zoolog. Danic.*,
p. 29, nº 164. — *Mouette brune.* Albin, t. II, p. 55, pl. 85. — *La cataracte ordinaire* ou
goéland brun, et *la cataracte d'Aldrovande.* Salerne, p. 389. — « Larus supernè obscurè
« fuscus, capite et collo concoloribus, infernè griscus, fusco transversim striatus; remigibus
« majoribus, rectricibusque nigris; rectricibus lateralibus in exortu albidis... » *Larus fuscus.*
Brisson, t. VI, p. 165.

　　a. Hist. animal., lib. IX, cap. XII.

　　b. Rien de moins vrai, sans doute, que ce que dit Oppien, que le catarractes se contente de
déposer ses œufs sur les algues, et laisse au vent le soin de les faire couver; si ce n'est ce
qu'il ajoute, que vers le temps où les petits doivent éclore, le mâle et la femelle prennent
chacun entre leurs serres les œufs d'où ils prévoient que doit sortir un petit de leur sexe, et
que, les laissant tomber à plusieurs reprises dans la mer, les petits éclosent dans cet exercice.

　　c. Catarractes noster. Sibbald.

　　d. Suivant les notes que M. le vicomte de Querhoënt a eu la bonté de nous communiquer,
les cordonniers se sont rencontrés sur sa route, non-seulement vers le cap de Bonne-Espérance,
mais à des latitudes plus basses ou plus hautes en pleine mer. Cet observateur semble aussi
distinguer une grande et une petite espèce de ces oiseaux cordonniers, comme il paraît à la
note suivante : « Je crois que les habitants des eaux vivent avec plus d'union et plus de société
« que ceux de terre, quoique d'espèces et de tailles fort différentes : on les voit se poser assez
« près les uns des autres sans aucune défiance; ils chassent de compagnie, et je n'ai vu qu'une
« seule fois un combat entre une grande envergure (une frégate, suivant toute apparence) et
« un *cordonnier* de la petite espèce; il dura assez longtemps dans l'air; chacun se défendait à
« coups d'ailes et de bec. Le cordonnier, infiniment plus faible, esquivait par son agilité les
« coups redoutables de son adversaire, sans céder; il était battu, lorsqu'un damier qui se

Port-Egmont, aux îles Falkland ou Malouines, leur ont donné le nom de
poule du Port-Egmont, et ils en parlent souvent sous ce nom dans leurs
relations [a]. Nous ne pouvons mieux faire que de transcrire ce qu'on en lit
de plus détaillé dans le second voyage du célèbre capitaine Cook. « L'oi-
« seau, dit-il, que dans notre premier voyage nous avions nommé *poule du*
« *Port-Egmont*, voltigea plusieurs fois sur le vaisseau (par 64 degrés 12
« minutes latitude sud, et 40 degrés longitude est) ; nous reconnûmes que
« c'était la grande mouette du Nord, *larus cataractes*, commune dans
« les hautes latitudes des deux hémisphères ; elle était épaisse et courte,
« à peu près de la grosseur d'une grande corneille, d'une couleur de brun
« foncé ou de chocolat, avec une raie blanchâtre en forme de demi-lune
« au-dessous de chaque aile. On m'a dit que ces poules se trouvent en abon-
« dance aux îles de Fero, au nord de l'Écosse, et qu'elles ne s'éloignent
« jamais de terre. Il est sûr que jusqu'alors je n'en avais jamais vu à plus
« de quarante lieues au large ; mais je ne me souviens pas d'en avoir aperçu
« moins de deux ensemble, au lieu qu'ici j'en trouvai une seule qui était
« peut-être venue de fort loin sur les îles de glaces ; quelques jours après
« nous en vîmes une autre de la même espèce, qui s'élevait à une grande
« hauteur au-dessus de nos têtes, et qui nous regardait avec beaucoup
« d'attention, ce qui fut une nouveauté pour nous qui étions accoutumés à
« voir tous les oiseaux aquatiques de ce climat se tenir près de la surface
« de la mer. »

« trouva dans le voisinage accourut, passa et repassa plusieurs fois entre les combattants, et
« parvint à les séparer : le cordonnier reconnaissant suivit son libérateur, et vint avec lui aux
« environs du vaisseau. » Remarques faites à bord du vaisseau du roi *la Victoire*, par M. le
vicomte de Querhoënt, en 1773 et 1774.

   a. « Le 24 février, à 44 degrés 40 minutes, sur les côtes de le Nouvelle-Zélande, M. Banks,
étant dans la chaloupe, tua deux *poules du Port-Egmont*, semblables en tout à celles que nous
avions trouvées en grand nombre sur l'île de Faro, et qui furent les premières que nous vîmes
sur cette côte, quoique nous en eussions rencontré quelques-unes peu de jours avant que nous
découvrissions terre. » *Premier voyage de Cook*, t. III, p. 223 et 224. — « Par 50 degrés
14 minutes latitude sud, et 95 degrés 18 minutes longitude ouest, comme plusieurs oiseaux
voltigeaient autour du bâtiment, nous profitâmes du calme pour en tuer quelques-uns ; l'un
était de l'espèce dont nous avons souvent parlé sous le nom de *poule du Port-Egmont*, de
l'espèce du goéland, à peu près de la grosseur d'un corbeau, d'un plumage brun foncé, excepté
au-dessous de chaque aile, où il y a des plumes blanches ; les autres oiseaux étaient des albatrosses et des fauchets. » Cook, *Second voyage*, t. II, p. 173. — « Sur les îles voisines de la
Terre des États, nous comptâmes entre les oiseaux de mer des *poules du Port-Egmont*. »
Idem, *ibid.*, t. IV, p. 73. — « Les oiseaux qu'on rencontre dans le canal de Noël, près la Terre
de Feu, sont des pies de mer, des nigauds, et cette espèce d'hirondelle dont on a parlé si souvent dans ce voyage, sous le nom de *poule du Port-Egmont*. » Idem, *ibid.*, p. 43. — « Il y
avait aussi (à la Nouvelle-Géorgie) des albatrosses, des mouettes communes, et cette espèce
que j'appelle *poule du Port-Egmont*. » Idem, *ibid.*, p. 86. — « Par 54 degrés de latitude
australe, nous aperçûmes une poule du Port-Egmont et quelques passe-pierres. Les navigateurs ont communément regardé ces rencontres comme des signes certains du voisinage de
terre ; mais je ne puis confirmer cette opinion, nous n'eûmes alors connaissance d'aucune terre,
et il n'est pas possible qu'il y en eût une plus près que la Nouvelle-Zélande ou la terre de Van-
Diemen, dont nous étions éloignés de deux cent soixante lieues. » Idem, *ibidem*, t. 1, p. 151.

LE GOÉLAND VARIÉ OU LE GRISARD. [a] [b] [*]

QUATRIÈME ESPÈCE.

Le plumage de ce goéland est haché et moucheté de gris brun sur fond blanc; les grandes pennes de l'aile sont noirâtres; le bec noir, épais et robuste, est long de quatre pouces. Ce goéland est de la plus grande espèce; il a cinq pieds d'envergure, mesure prise sur un individu envoyé vivant de Montreuil-sur-Mer par M. Baillon : ce grisard avait longtemps vécu dans une basse-cour, où il avait fait périr son camarade à force de le battre; il montrait cette familiarité basse de l'animal vorace, que la faim seule attache à la main qui le nourrit; celui-ci avalait des poissons plats presque aussi larges que son corps; et prenait aussi, avec la même voracité, de la chair crue, et même de petits animaux entiers, comme des taupes, des rats et des oiseaux [c]. Un goéland de même espèce, qu'Anderson avait reçu de Groënland [d], attaquait les petits animaux, et se défendait à grands coups de bec contre les chiens et les chats, auxquels il se plaisait à mordre la queue. En lui montrant un mouchoir blanc, on était sûr de le faire crier d'un ton perçant, comme si cet objet lui eût représenté quelqu'un des ennemis qu'il peut avoir à redouter en mer.

a. Voyez les planches enluminées, n° 266.

b. En anglais, *great grey gull*, et dans le pays de Cornouailles, *wagell;* en hollandais, *mallemucke;* aux îles Feroë, *skua;* en norwégien, *skue, kav-orre.* — *Caniard, colin* ou *grisard.* Belon, *Nat. des oiseaux*, p. 167; et *Portraits d'oiseaux*, p. 34, *b.* — *Mallemucke. Recueil des Voyages du Nord;* Rouen, 1716, t. II, p. 82. — *Procellaire du Nord. Mémoires de l'Académie de Stockholm; Collection académique*, partie étrangère, t. XI, p. 55. — *Larus marinus maximus, ex albo, nigro et fusco varius, Groënlandicus.* Anderson, *Hist. nat. d'Islande et de Groënland*, t. II, p. 66. — *The brown and ferrouginous gull. British Zoology*, p. 140. — *Larus catarractes grisescens.* Muller, *Zoolog. Danic.*, p. 21, n° 167. — *Skua.* Nieremberg, p. 237. — *Skua Hoieri.* Clusius, *Exotic. auct.*, p. 369. — *Wagell Cornubiensium.* Willughby, *Ornithol.*, p. 266. — *Wagellus Cornubiensium.* Ray, *Synops. avi.*, p. 130, n° *a*, 13. — *Mallemucka.* Klein, *Avi.*, p. 170, n° xi. — *Larus griseus maximus.* Idem, *ibid.*, p. 137, n° 7. — *Larus major.* Aldrovande, *Avi.*, t. III, p. 64. — *Larus cinereus major.* Charleton, *Exercit.*, p. 100, n° i. Onomast., p. 94, n° i. — *Larus major Aldrovandi, hybernus Baltneri.* Ray, *Synops. avi.*, p. 129, n° 10. — *Winder-meb, larus hybernus Baltneri.* Willughby, p. 267. — *Buphagus.* Mœhring, *Avi.*, gen. 71. — *Grande mouette grise.* Albin, t. II, p. 54, pl. 83. — *Le mallemucke, goisland varié* ou *grisard.* Salerne, *Ornithol.*, p. 390. — « Larus supernè albo et griseo-fusco, infernè albo et griseo varius; gutture candido; remi- « gibus majoribus supernè obscurè fuscis, subtùs cinereis, rectricibus in exortu albis, fusco « variegatis, deinde fuscis, albido in apice marginatis... » *Larus varius, sive skua*, le Goéland varié ou le Grisard. Brisson, *Ornithol.*, t. VI, p. 167.

c. D'où vient apparemment que l'on a appliqué au grisard la fable que fait Oviedo (*Hist. Ind. occid.*, lib. xiv, cap. xviii) d'un oiseau qui a un pied palmé pour nager, et l'autre armé de griffes de proie pour saisir. Voyez Hoierus, dans l'*Exotic.* de Clusius.

d. Hist. nat. d'Islande et de Groënland, t. II, p. 56.

* *Larus nœvius* (Gmel.). — Le jeune du *goéland à manteau noir.* — Voyez la nomenclature * de la page 364.

Tous les grisards, suivant les observations de M. Baillon, sont dans le premier âge d'un gris sale et sombre; mais dès la première mue, la teinte s'éclaircit, le ventre et le cou sont les premiers à blanchir, et, après trois mues, le plumage est tout ondé et moucheté de gris et de blanc, tel que nous l'avons décrit; ensuite le blanc gagne à mesure que l'oiseau vieillit, et les plus vieux grisards finissent par blanchir presque entièrement[a]. L'on voit donc combien l'on hasarderait de créer d'espèces dans une seule, si l'on se fondait sur ce caractère unique, puisque la nature y varie à ce point les couleurs suivant l'âge.

Dans le grisard, comme dans tous les autres goélands et mouettes, la femelle ne paraît différer du mâle que par la taille, qui est un peu moindre. Belon avait déjà observé que les grisards ne sont pas communs sur la Méditerranée, que ce n'est que par accident qu'il s'en rencontre dans les terres[b], mais qu'ils se tiennent en grand nombre sur nos côtes de l'Océan; ils se sont portés bien loin sur les mers, puisqu'on nous assure en avoir reçu de Madagascar[c]; néanmoins le véritable berceau de cette espèce paraît être dans le Nord. Ces oiseaux sont les premiers que les vaisseaux rencontrent en approchant du Groënland[d], et ils suivent constamment ceux qui vont à la pêche de la baleine jusqu'au milieu des glaces. Lorsqu'une baleine est morte et que son cadavre surnage, ils se jettent dessus par milliers et en enlèvent de tous côtés des lambeaux[e]; quoique les pêcheurs s'efforcent de les écarter en les frappant à coups de gaules ou d'avirons, à peine leur font-ils lâcher prise à moins de les assommer[f]. C'est cet acharnement stupide qui leur a mérité le surnom de *sottes bêtes*, *mallemucke* en hollandais[g]; ce sont en effet de sots et vilains oiseaux qui se battent et se mordent, dit Martens, en s'arrachant l'un l'autre les morceaux, quoiqu'il y ait sur les grands cadavres où ils se repaissent, de quoi assouvir pleinement leur voracité.

Belon trouve quelque rapport entre la tête du grisard et celle de l'aigle; mais il y en a bien plus entre ses mœurs basses et celles du vautour. Sa

a. « Lari ætate pennarum colore magnoperè variant. » Muller, *Zoolog. Danic.*, p. 21.

b. M. Lottinger prétend avoir vu quelques-uns de ces oiseaux sur les grands étangs de Lorraine, dans le temps des pêches; et M. Hermann nous parle d'un grisard tué aux environs de Strasbourg.

c. Notes communiquées par M. le docteur Mauduit.

d. Klein, *Ordo avium*, p. 170.

e. Les harengs fournissent aussi beaucoup à la pâture de ces légions d'oiseaux : Zorgdrager dit avoir vu quantité d'arêtes de harengs auprès des nids des oiseaux aquatiques sur les rochers du Groënland (*Pêche de la Baleine*, part. II, chap. VII).

f. Voyez *Mémoires de l'Académie de Stockholm; Collection académique*, partie étrangère, t. XI, p. 55.

g. Du mot *mall*, qui veut dire *sot*, *stupide*, et du mot *mocke*, qui dans l'ancien allemand signifie *bête*, *animal*. Martens dérive ce dernier autrement, et prétend qu'il désigne la manière dont ces oiseaux attroupés tombent sur les baleines, comme des nuées de moucherons; mais l'étymologie d'Audouin nous paraît la meilleure.

constitution forte et dure le rend capable de supporter les temps les plus rudes : aussi les navigateurs ont remarqué qu'il s'inquiète peu des orages en mer ; il est d'ailleurs bien garni de plumes qui nous ont paru faire la plus grande partie du volume de son corps très-maigre ; cependant nous ne pouvons pas assurer que ces oiseaux soient tous et toujours maigres, car celui que nous avons vu l'était par accident : il avait un hameçon accroché dans le palais, qui s'y était recouvert d'une callosité, et qui devait l'empêcher d'avaler aisément.

Suivant Anderson, il y a sous la peau une membrane à air semblable à celle du pélican [a] ; ce même naturaliste observe que son *mallemucke* de Groënland est à quelques égards différent de celui de Spitzberg, décrit par Martens ; et nous devons remarquer sur cela que Martens lui-même semble réunir sous ce nom de mallemucke deux oiseaux qu'il distingue d'ailleurs [b], et dont le second, ou celui de Spitzberg, paraît à la structure de son bec *articulé de plusieurs pièces* et surmonté de *narines en tuyaux*, aussi bien qu'à son *croassement de grenouilles,* être un pétrel plutôt qu'un goéland. Au reste, il paraît qu'on doit admettre dans l'espèce du grisard une race ou variété plus grande que l'espèce commune, et dont le plumage est plutôt ondé que tacheté ou rayé : cette variété, qui a été décrite par M. Lidbeck [c], se rencontre sur le golfe de Bothnie ; et certains individus ont jusqu'à huit à dix pouces de plus dans leurs principales dimensions que nos grisards communs.

LE GOÉLAND A MANTEAU GRIS-BRUN OU LE BOURGMESTRE. [d*]

CINQUIÈME ESPÈCE.

Les Hollandais, qui fréquentent les mers du Nord pour la pêche de la baleine, se voient sans cesse accompagnés par des nuées de mouettes et de

a. Il ajoute quelques autres détails anatomiques : « Chaque lobe du poumon forme comme « un poumon séparé, en forme de bourse ; le cristallin de l'œil est sphérique, comme celui des « poissons ; le cœur n'a qu'une concamération ; le bec est percé de quatre narines, deux appa- « rentes et deux cachées sous les plumes, à la racine du bec. » *Hist. nat. d'Islande et de Groënland*, t. II, p. 67.

b. Voyez le *Recueil des Voyages du Nord*; Rouen, 1716, t. II, p. 82 et suiv.

c. Dans les *Mémoires de l'Académie de Stockholm*, voyez la *Collection académique*, partie étrangère, t. XI, p. 54.

d. En suédois, *maos*; en anglais, *herring-gull*; en hollandais, *burghermeister*, et il nous paraît qu'on doit y rapporter le *krykie* des Norwégiens, le *skierro* des Lapons et le *tattarok* des Groënlandais. — *Burgher-meister Spitzbergensis Friderici Martensii.* Ray, *Synops. avi.*, p. 127, nᵒ 3. — *Burgermeister.* Klein, *Avi.*, p. 169, nᵒ 4 ; et *Plautus Proconsul*, p. 148, nᵒ 7. — *Larus cinereus maximus. Herring gull.* Willughby, *Ornith.*, p. 262. — Klein, p. 137, nᵒ 2. — Ray, p. 127, nᵒ *a*, 2. — Sibbald, *Scot. illustr.*, part. II, lib. III, p. 20. — Sloane, *Jamaica*,

* *Larus glaucus* (Gmel.). — Le *goéland à manteau gris*, vulgairement *bourgmestre* (Cuv.).

goélands. Ils ont cherché à les distinguer par les noms significatifs ou imitatifs de *mallemucke*, *kirmew*, *ratshet*, *kutgegef*[a], et ont appelé celui-ci *burgher-meister* ou *bourgmestre*, à cause de sa démarche grave et de sa grande taille, qui le leur a fait regarder comme le magistrat qui semble présider avec autorité au milieu de ces peuplades turbulentes et voraces[b]. Ce goéland bourgmestre est en effet de la première grandeur, et aussi gros que le goéland noir-manteau ; il a le dos gris brun, ainsi que les pennes de l'aile, dont les unes sont terminées de blanc, les autres de noir, le reste du plumage blanc ; la paupière est bordée de rouge ou de jaune ; le bec est de cette dernière couleur, avec l'angle inférieur fort saillant et d'un rouge vif ; ce que Martens exprime fort bien en disant qu'il semble avoir une cerise au bec. Et c'est probablement par inadvertance, ou en comptant pour rien le doigt postérieur, qui est en effet très-petit, que ce voyageur ne donne que trois doigts à son bourgmestre ; car on le reconnaît avec certitude, et à tous les autres traits, pour le même oiseau que le grand goéland des côtes d'Angleterre, appelé dans ces parages *herring-gull*, parce qu'il y pêche aux harengs[c]. Dans les mers du Nord, ces oiseaux vivent des cadavres des grands poissons. « Lorsqu'on traine une baleine à l'arrière du vaisseau, dit Mar-« tens, ils s'attroupent et viennent enlever de gros morceaux de son lard ; « c'est alors qu'on les tue plus aisément, car il est presque impossible de « les atteindre dans leurs nids, qu'ils posent au sommet et dans les fentes « des plus hauts rochers. Le *bourgmestre*, ajoute-t-il, se fait redouter du « *mallemucke*, qui s'abat devant lui, tout robuste qu'il est, et se laisse bat-« tre et pincer sans se revancher. Lorsque le bourgmestre vole, sa queue « blanche s'étale comme un éventail ; son cri tient de celui du corbeau ; il « donne la chasse aux jeunes *lumbs*, et souvent on le trouve auprès des « chevaux marins (*morses*) dont il paraît qu'il avale la fiente[d]. »

Suivant Willughby, les œufs de ce goéland sont blanchâtres, parsemés de

p. 322, n° 3. — « Larus albus dorso cinereo-fusco. » Linnæus, *Fauna Suecica*, n° 126. — « Larus albus dorso fusco. » *Larus fuscus.* Idem , *Syst. nat.*, édit. X , gen. 69, sp. 4. — *Larus cinereus maximus marinarius piscator.* Marsigli, *Danub.*, t. V, p. 84 , tab. 40, très-mauvaise figure. — *Goiland* ou *larus leucomelanus, caudá brevissimá.* Feuillée, *Journal d'observations* (1714), p. 371. — *Le grand goisland cendré.* Salerne, *Ornithol.*, p. 386. — *Le bourgmestre.* Idem , p. 383. — « Larus supernè griseo-fuscus, infernè albus ; capite, collo et uropygio conco-« loribus ; remigibus griseo-fuscis, apice albis, binis extimis extremitate nigris ; rectricibus « candidis... » *Larus griseus.* Brisson, *Ornithol.*, t. VI, p. 162. — *Nota.* Il paraît que l'on doit rapporter ici le *larus tridactylus albicans* de Muller, *Zoolog. Danic.*, n° 161, ainsi que le *larus sublùs albus, dorso, rostro et pedibus fuscis*, en catalan , *gabina*, de Barrère, *Ornithol.*, class. I, gen. 4 , sp. 4.

a. Voyez l'article précédent et les suivants.

b. « Il y a en Groënland une quantité prodigieuse d'oiseaux aquatiques, et l'on y voit toutes les espèces dont Martens donne la description dans son *Voyage de Spitzberg*, et plusieurs autres dont il n'a pas fait mention. » Anderson, t. II, p. 50.

c. Willughby.

d. Recueil des Voyages du Nord ; Rouen, 1718 , t. II, p. 89.

quelques taches noirâtres, et aussi gros que des œufs de poule. Le P. Feuillée fait mention d'un oiseau des côtes du Chili et du Pérou, qui par sa figure, ses couleurs et sa voracité, ressemble à ce goéland du Nord, mais qui probablement est plus petit, car ce voyageur naturaliste dit que ses œufs ne sont qu'un peu plus gros que ceux de la perdrix; il ajoute qu'il a trouvé l'estomac de ce goéland tout rempli des plumes de certains petits oiseaux des côtes de la mer du Sud, que les gens du pays nomment *locoquito*.

LE GOÉLAND A MANTEAU GRIS ET BLANC. a*

SIXIÈME ESPÈCE.

Il est assez probable que ce goéland, décrit par le P. Feuillée, et qui est à peu près de la grosseur du goéland à manteau gris, n'est qu'une nuance ou une variété de cette espèce ou de quelque autre des précédentes, prise à un période différent d'âge : ses traits et sa figure semblent nous l'indiquer ; le manteau, dit Feuillée, est gris mêlé de blanc, ainsi que le dessus du cou, dont le devant est gris clair de même que tout le *parement ;* les pennes de la queue sont d'un minime obscur, et le sommet de la tête est gris ; il ajoute, comme une singularité sur le nombre des articulations des doigts, que l'intérieur n'a que deux articulations, celui du milieu trois, et l'extérieur quatre, ce qui le rend le plus long ; mais cette structure, la plus favorable à l'action de nager, en ce qu'elle met la plus grande largeur de la rame du côté du plus grand arc de son mouvement, est la même dans un grand nombre d'oiseaux d'eau, et même dans plusieurs oiseaux de rivage : nous l'avons observée en particulier sur le jacana, la poule sultane, la poule d'eau ; le doigt extérieur a dans ces oiseaux quatre phalanges, celui du milieu trois, et l'intérieur deux phalanges seulement.

a. Goiland ou *larus clamide leucophœá, alis brevioribus.* Feuillée, *Journal d'observations* (édit. 1725), p. 12. — Klein, *Avi.*, p. 139, n° 17. — « Larus supernè albo et griseo varius, « infernè albidus; vertice griseo, imo ventre candido ; remigibus majoribus, rectricibusque « obscurè griseis, exteriùs rufescente marginatis, rectricibus lateralibus interiùs maximà parte « albis... » *Gavia grisea.* Brisson, *Ornithol.*, t. VI, p. 171.

* Jeune âge du *goéland à manteau gris*, selon M. Temminck. — Voyez la nomenclature ** de la page 364.

LA MOUETTE BLANCHE. [a][b][*]

PREMIÈRE ESPÈCE.

D'après ce que nous avons dit des grisards qui blanchissent dans la vieillesse, on pourrait croire que cette mouette blanche n'est qu'un vieux grisard ; mais elle est beaucoup moins grande que ce goéland ; elle n'a le bec ni si grand ni si fort, et son plumage, d'un blanc parfait, n'a aucune teinte ni tache de gris. Cette mouette blanche n'a guère que quinze pouces de longueur du bout du bec à celui de la queue ; on la reconnaît à la notice donnée dans le *Voyage au Spitzberg* du capitaine Phipps[e] ; il observe fort bien que cette espèce n'a point été décrite par Linnæus, et que l'oiseau nommé par Martens *ratsher* ou le sénateur, lui ressemble parfaitement, au caractère des pieds près, auxquels Martens n'attribue que trois doigts ; mais si l'on peut penser que le quatrième doigt, en effet très-petit, ait échappé à l'attention de ce navigateur, on reconnaîtra à tout le reste notre mouette blanche dans son ratsher : sa blancheur, dit-il, surpasse celle de la neige, ce qui se marque lorsque l'oiseau se promène sur les glaces avec une gravité qui lui a fait donner ce nom de *ratsher* ou *sénateur ;* sa voix est basse et forte, et au lieu que les petites mouettes ou *kirmews* semblent dire *kir* ou *kair*, le sénateur dit *kar ;* il se tient ordinairement seul, à moins que quelque proie n'en rassemble un certain nombre. Martens en a vu se poser sur le corps des morses et se repaître de leur fiente [d].

LA MOUETTE TACHETÉE OU LE KUTGEGHEF. [e][f][**]

SECONDE ESPÈCE.

«·Dans le temps, dit Martens, que nous découpions la graisse des baleines, « quantité de ces oiseaux venaient criant près de notre vaisseau ; ils sem-

a. Voyez les planches enluminées, n° 994, sous le nom de *Goéland blanc du Spitzberg.*

b. *Larus eburneus, immaculatus, pedibus plumbeo-cinereis. Voyage du capitaine Phipps au Pôle boréal*, in-4°, p. 191.

c. Pages 191 et 192. « Tota avis nivea, immaculata; rostrum plumbeum, orbitæ oculorum « croceæ, pedes cinereo-plumbei, ungues nigri. Digitus posticus articulatus, unguiculatus. « Alæ caudâ longiores. Cauda æqualis, pedibus longior. Longitudo totius avis, ab apice rostri « ad finem caudæ unicas 16. Longitudo inter apices alarum expansarum 37, rostri 2. »

d. Voyez le *Recueil des Voyages du Nord;* Rouen, 1716, t. II, p. 89. — *Le sénateur.* Salerne, *Ornithol.*, p. 382.

e. Voyez les planches enluminées, n° 387, sous la dénomination de *Mouette cendrée tachetée.*

f. En Angleterre, au pays de Cornouailles, *tarrock ;* en Écosse, *kittivake;* en Gotland,

* *Larus eburneus* (Gmel.). — Sous-genre *Mauves* ou *Mouettes* (Cuv.).

** *Larus tridactylus* et *larus rissa* (Gmel.). — Sous-genre *id.* « Cet oiseau est la *mouette tridactyle* dans le plumage d'hiver; le *larus rissa* est le même oiseau en plumage d'été. » (Desmarets).

« blaient prononcer *kutgeghef.* » Ce nom rend en effet l'espèce d'éternuement, *keph, keph,* que diverses mouettes captives nous ont fait entendre, et
d'où nous avons conjecturé que le nom grec *keppos* pouvait bien dériver.
Quant à la taille, cette mouette *kutgeghef* ne surpasse pas la mouette blanche ; elle n'a de même que quinze pouces de longueur ; le plumage, sur un
fond de beau blanc en devant du corps et de gris sur le manteau, est distingué par quelques traits de ce même gris, qui forment sur le dessus du cou
comme un demi-collier, et par des taches de blanc et de noir mélangé sur
les couvertures de l'aile, avec des variétés néanmoins dont nous allons faire
mention. Le doigt de derrière, qui est très-petit dans toutes les mouettes, est
presque nul dans celle-ci, comme l'observent Belon et Ray[a] ; et c'est de là
sans doute que Martens ne lui donne que trois doigts ; il ajoute que cette
mouette vole toujours avec rapidité contre le vent, quelque violent qu'il
soit, mais qu'elle a dans l'oiseau *strundjager*[b] un persécuteur opiniâtre et
qui la tourmente pour l'obliger à rendre sa fiente, qu'il avale avidement.
On verra, dans l'article suivant, que c'est par erreur qu'on attribue ce goût
dépravé au strundjager[c].

Au reste, ce n'est pas seulement dans les mers du Nord que se trouve
cette mouette tachetée : on la voit sur les côtes d'Angleterre[d], d'Écosse[e].
Belon, qui l'a rencontrée en Grèce, dit qu'il l'eût reconnue au seul nom de
laros qu'elle y porte encore ; et Martens, après l'avoir observée au Spitzberg, l'a retrouvée dans la mer d'Espagne, un peu différente à la vérité,

mare; en Laponie, *straule-kutgeghef. Recueil des Voyages du Nord;* Rouen, 1716, t. Ii, p. 95.
— *Mouette cendrée, gavian, glammer.* Belon, *Portraits d'oiseaux,* p. 33, *a;* et *Nat. des
oiseaux,* p. 169, avec une mauvaise figure. — *Larus kuntge-gef.* Klein, *Avi.,* p. 148, n° 9 ;
et 169, n° 4. — *Larus cinereus piscator.* Idem, p. 137, n° 3. — *Larus rostro nigro.* Idem,
p. 137, n° 5. — *Larus cinereus Belonii.* Willughby, *Ornithol.,* p. 263. — Ray, *Synops. avi.,*
p. 128. n° *a,* 4. — *Larus albo cinereus, torque cinereo.* Aldrovande, *Avi.,* t. III, p. 73. —
Willughby, *Ornithol.,* p. 266. — *Larus cinereus minor.* Aldrovande, *Avi.,* t. III, p. 73. —
Willughby, p. 268. — *Larus cinereus alter.* Jonston, *Avi.,* p. 93. — *Larus cinereus major
Belonii, hirundo marina, vultur piscarius; gyrfalco marinus aliquibus dictus.* Marsigli,
Danub., t. V, p. 86, tab. 41. — « *Larus albus, dorso cano.* » Linnæus, *Fauna Suec.,* n° 125.
— « *Larus albus, dorso cano...* » *Larus canus.* Idem, *Syst. nat.,* édit. X, gen. 69, sp. 2. —
Avis kittiwake. Sibbald, *Scot. illustr.,* part. II, lib. III, p. 26. — *The tarroch. British Zool.,*
p. 142. — *Mouette blanche.* Albin, t. II, p. 55, pl. 84. — *La mouette cendrée de Belon.*
Salerne, *Ornithol.,* p. 387. — « Larus supernè cinereus, infernè nivens; tectricibus alarum
« superioribus minoribus in exortu cinereis, in apice fusco nigricantibus; remigibus sex pri-
« moribus in extremitate, quatuor extimis exteriùs nigris, quintà et sextà albà maculà apice
« notatis; rectricibus candidis, decem intermediis apice nigris... » *Gavia cinerea nævia.*
Brisson. *Ornithol.,* t. VI, p. 183.

a. « N'y a quasi point d'ergot derrière en son pied. » Belon. — « Digiti postici obtinet quod-
« dam rudimentum, potiùs quàm digitum; tuberculum scilicet carneum nullo ungue muni-
« tum; qui notà ab aliis speciebus facile discernitur. » Ray.

b. À la lettre, *chasse-merde.*

c. Voyez ci-après l'article du *Stercoraire.*

d. Tarrock Cornubiensibus. Ray.

e. Avis kittiwake. Sibbald, *Scot. illustr.*

mais assez reconnaissable pour ne s'y pas méprendre; d'où il infère très-judicieusement que des animaux d'une même espèce, mais placés dans des climats très-différents et très-éloignés, doivent toujours porter quelque empreinte de cette différence des climats : elle est assez grande ici pour qu'on ait fait deux espèces d'une seule; car la *mouette cendrée* de M. Brisson [a] doit certainement se rapporter à la mouette *cendrée tachetée* [b], comme le simple coup d'œil sur les deux figures qu'il en donne l'indique assez ; mais ce qui le prouve, c'est la comparaison que nous avons faite d'une suite d'individus où toutes les nuances du plus au moins de noir et de blanc dans l'aile se marquent, depuis la livrée décidée de mouette tachetée, telle que la représente notre planche enluminée, jusqu'à la simple couleur grise et presque entièrement dénuée de noir, telle que la *mouette cendrée* de M. Brisson ; mais le demi-collier gris ou quelquefois noirâtre marqué sur le haut du cou est un trait de ressemblance commune entre tous les individus de cette espèce.

De grandes troupes de ces mouettes parurent subitement aux environs de Semur en Auxois au mois de février 1775; on les tuait fort aisément, et on en trouvait de mortes ou demi-mortes de faim dans les prairies, dans les champs et au bord des ruisseaux : en les ouvrant on ne trouvait dans leur estomac que quelques débris de poissons et une bouillie noirâtre dans les intestins. Ces oiseaux n'étaient pas connus dans le pays, leur apparition ne dura que quinze jours; ils étaient arrivés par un grand vent de midi qui souffla tout ce temps [c].

LA GRANDE MOUETTE CENDRÉE OU MOUETTE A PIEDS BLEUS. [d][e]*

TROISIÈME ESPÈCE.

La couleur bleuâtre des pieds et du bec, constante dans cette espèce, doit la distinguer des autres, qui ont généralement les pieds d'une couleur

a. Espèce VIII, page 175.

b. Espèce XI, page 185.

c. Observation communiquée par M. de Montbeillard.

d. Voyez les planches enluminées, n° 977.

e. Larus cinereus minor. Willughby, *Ornithol.*, p. 262. — *Nota.* Ce ne peut être que par rapport au goéland gris que l'épithète de *minor* peut être attribuée à cette mouette. — Ray, *Synops. avi.*, p. 127, n° *a*, 3. — Klein, *Avi.*, p. 137, n° 4. — Sibbald, *Scot. illustr.*, part. II, lib. III, p. 20. — Charleton, *Exercit.*, p. 100, n° 2. *Onomast*, p. 94, n° 2. — *Le petit goisland cendré.* Salerne, *Ornithol.*, p. 387. — « Larus supernè dilutè cinereus; infernè niveus; « capite et collo superioribus albis, fusco maculatis; remigibus sex primoribus in extremitate, « quatuor extimis exteriùs nigris, quinta exteriùs nigro marginatà binis extimis albà maculà « versùs apicem notatis; rectricibus candidis... » *Gavia cinerea major.* Brisson, *Ornithol.*, t. VI, p. 182.

* *Larus cyanorhynchus* (Meyer.) — La *mouette à pieds bleus* (Cuv.). — Sous-genre *id.*

de chair plus ou moins vermeille ou livide ; la mouette à pieds bleus a de seize à dix-sept pouces de longueur de la pointe du bec à celle de la queue ; son manteau est d'un cendré clair ; plusieurs des pennes de l'aile sont échancrées de noir ; tout le reste du plumage est d'un blanc de neige.

Willughby semble désigner cette espèce comme la plus commune en Angleterre [a] ; on la nomme *grand emiaulle* sur nos côtes de Picardie, et voici les observations que M. Baillon a faites sur les différentes nuances de couleurs que prend successivement le plumage de ces mouettes dans la suite de leurs mues, suivant les différents âges. Dans la première année les pennes des ailes sont noirâtres ; ce n'est qu'après la seconde mue qu'elles prennent un noir décidé, et qu'elles sont variées de taches blanches qui les relèvent ; aucune jeune mouette n'a la queue blanche, le bout en est toujours noir ou gris ; dans ce même temps la tête et le dessus du cou sont marqués de quelques taches qui peu à peu s'effacent et le cèdent au blanc pur ; le bec et les pieds n'ont leurs couleurs pleines que vers l'âge de deux ans.

A ces observations très-intéressantes, puisqu'elles doivent servir à empêcher qu'on ne multiplie les espèces sur des simples variétes individuelles, M. Baillon en ajoute quelques-unes sur le naturel particulier de la mouette à pieds bleus. Elle s'apprivoise plus difficilement que les autres, et cependant elle parait moins farouche en liberté ; elle se bat moins, et n'est pas aussi vorace que la plupart des autres ; mais elle n'est pas aussi gaie que la petite mouette dont nous allons parler. Captive dans un jardin, elle cherchait les vers de terre ; lorsqu'on lui présentait de petits oiseaux, elle n'y touchait que quand ils étaient à demi déchirés : ce qui montre qu'elle est moins carnassière que les goélands ; et comme elle est moins vive et moins gaie que les petites mouettes dont il nous reste à parler, elle paraît tenir le milieu, tant pour le naturel que par la taille, entre les unes et les autres.

LA PETITE MOUETTE CENDRÉE. [b][c][*]

QUATRIÈME ESPÈCE.

La différente couleur de ses pieds, et une plus petite taille, distinguent cette mouette de la précédente, à laquelle du reste elle ressemble parfaite-

a. **The common sea-mew.**

b. Voyez les planches enluminées, n° 969, sous la dénomination de *petit Goéland.*

c. En italien, *gavina*, *galetra*, et sur le lac de Côme, *guleder*; en suisse, *holbrod, hol-*

* *Larus ridibundus*, *hybernus* et *erythropus* (Gmel.). — Sous-genre *id.* — « Elle a, dans « son premier âge, le bout de la queue noir, et du noir et du brun sur l'aile : la tête de l'adulte « devient brune au printemps, et reste ainsi tout l'été (planche enluminée 970); son bec et « ses pieds sont plus ou moins rouges. On l'a nommée, d'après son cri, *mouette rieuse.* » (Cuvier.)

ment par les couleurs; on voit le même cendré clair et bleuâtre sur le
manteau, les mêmes échancrures noires tachetées de blanc aux grandes
pennes de l'aile, et enfin le même blanc de neige sur tout le reste du plumage, à l'exception d'une mouche noire que porte constamment cette petite
mouette aux côtés du cou derrière l'œil; les plus jeunes ont, comme pour
livrée, des taches brunes sur les couvertures de l'aile; dans les plus vieilles
les plumes du ventre ont une légère teinte de couleur de rose, et ce n'est
qu'à la seconde ou troisième année que les pieds et le bec deviennent d'un
beau rouge; auparavant ils sont livides.

Celle-ci et la mouette rieuse sont les deux plus petites de toute la famille:
elles ne sont que de la grandeur d'un gros pigeon avec beaucoup moins
d'épaisseur de corps; ces mouettes cendrées n'ont que treize à quatorze
pouces de longueur, elles sont très-jolies, très-propres et fort remuantes,
moins méchantes que les grandes, et sont cependant plus vives; elles
mangent beaucoup d'insectes; on les voit, durant l'été, faire mille évolutions dans l'air après les scarabées et les mouches; elles en prennent une
telle quantité, que souvent leur œsophage en est rempli jusqu'au bec; elles
suivent sur les rivières la marée montante[a], et se répandent à quelques
lieues dans les terres, prenant dans les marais les vermisseaux et les sangsues, et le soir elles retournent à la mer. M. Baillon, qui a fait ces observations, ajoute qu'elles s'habituent aisément dans les jardins et y vivent
d'insectes, de petits lézards et d'autres reptiles. Néanmoins on peut les
nourrir de pain trempé, mais il faut toujours leur donner beaucoup d'eau,
parce qu'elles se lavent à chaque instant le bec et les pieds; elles sont fort
criardes, surtout les jeunes; et sur la côte de Picardie on les appelle *petites
miaulles*. Il paraît que le nom de *tattaret* leur a aussi été donné relativement
à leur cri[b]; et rien n'empêche qu'on ne regarde comme les mêmes oiseaux

---

brouder, et sur le lac de Constance, *alenbock*; en polonais, *mewa, rubitew-morski*; en turc,
bahase. — *Mouette blanche*. Belon, *Nat. des oiseaux*, p. 170. — *Larus cinereus*. Gessner,
Avi., p. 585; et *Larus maximus albus*, p. 589. — *Larus cinereus primus*. Jonston, *Avi.*, p. 93.
— Larrère, *Ornithol.*, class. i, gen. 4, sp. 1. — *Larus cinereus major (falsò)*. Aldrovande,
Avi., t. III, p. 72. — *Larus albus major (falsò)*. Idem, *ibidem*, p. 71. — *Larus albus major
(falsò) Bellonii*. Willughby, *Ornithol.*, p. 264. — Ray, *Synops. avi.*, p. 129, n° 9. — *Larus
albus major (falsò)*. Sibbald, *Scot. illustr.*, part. ii, lib. iii, p. 20. — *Larus marinus*. Rzaczynski, *Hist. nat. Polon.*, p. 286; et *Larus cinereus, seu gavia cinerea Aldrovandi; hirundo
marina Gessneri. Auctuar.*, p. 389. — *La grande mouette blanche*. Salerne, *Ornithol.*, p. 390.
— « Larus supernè dilutè cinereus, infernè niveus; capite et albo concoloribus; maculâ
« utrimque ponè oculos fuscâ, remigibus septem primoribus nigro terminatis, interiùsque
« marginatis; extimâ exteriùs nigro fimbriatâ sexta et septima albâ maculâ apice notatis, rec-
« tricibus candidis... » *Gavia cinerea minor*. Brisson, *Ornithol.*, t. VI, p. 178.

a. Quelquefois elles les remontent fort haut: M. Baillon en a vu sur la Loire à plus de cinquante lieues de son embouchure.

b. « Le *tattaret* est la petite mouette ordinaire; elle tire ce nom de son cri. C'est le plus
petit, mais le plus joli des oiseaux de cette classe; il serait tout blanc, s'il n'avait le dos azuré.
Les tattarets font leurs nids par tronpes sur la cime des rochers les plus escarpés, et si quelqu'un approche de leur voisinage, ils se mettent à voler avec des cris perçants, comme s'ils

ces mouettes grises dont parlent les relations des Portugais aux Indes orientales, sous le nom de *garaïos*, et que les navigateurs rencontrent en quantité dans la traversée de Madagascar aux Maldives[a]. C'est encore à quelque espèce semblable ou à la même que doit se rapporter l'oiseau nommé à Luçon *tambilagan*, et qui est une mouette grise de la petite taille[b], suivant la courte description qu'en donne Camel dans sa notice des oiseaux des Philippines, insérée dans les *Transactions philosophiques*[c].

LA MOUETTE RIEUSE.[d][e]*

CINQUIÈME ESPÈCE.

Le cri de cette petite mouette a quelque ressemblance avec un éclat de rire, d'où vient son surnom de *rieuse ;* elle paraît un peu plus grande qu'un

voulaient effrayer et faire fuir les hommes par ce grand bruit. » *Histoire générale des Voyages,* t. XIX, p. 47.

a. « Sur cette route, on voit en tout temps quantité d'oiseaux, comme des mouettes grises, que les Portugais appellent *garaios*..... Ces mouettes venaient se poser sur les vaisseaux et se laissaient prendre à la main, sans s'épouvanter de l'aspect des hommes, comme n'en ayant jamais vu ; elles avaient le même sort que les poissons volants qu'elles chassent dans ces mers, et qui, étant poursuivis par les oiseaux et par les poissons tout ensemble, se jettent quelquefois dans les vaisseaux. » *Voyages qui ont servi à l'établissement de la Compagnie des Indes orientales;* Amsterdam, 1702, t. I, p. 277.

b. « Tambilagan, Luzoniensibus; gavia gallina minor, coloris cinerei. » Fr. Camel, *de Avib. Philipp.*

c. Nº 285.

d. Voyez les planches enluminées, nº 970.

e. En anglais, *laughing-gull, pewit-gull, black-cap;* en allemand, *grosser see-schwalle, grauer fischer:* en polonais, *rybitw popielasty wiekszy, kulig;* en mexicain, *pipixcan.* — *Kirmew. Recueil des Voyages du Nord;* Rouen, 1716, t. II, p. 104. — *Mouette rieuse.* Catesby, t. I, pag. et pl. 89. — *The pewit-gull. British Zool.,* p. 143. — *Cepphus Turneri.* Gessner, *Avi.,* p. 249. — *Larus cinereus alter, rostro et pedibus rubris.* Aldrovande, *Avi.,* t. III, p. 73. — Rzaczynski, *Auctuar. hist. nat. Polon.,* p. 389. — *Larus cinereus ornithologi Aldrovandi.* Willughby, *Ornithol.,* p. 264. — Ray, *Synops. avi.,* p. 128, nº *a,* 5. — *Larus major cinereus, Baltneri.* Willughby, p. 263. — Ray, p. 129, nº 8. — Rzaczynski, *Auctuar.,* p. 388. — *Larus cinereus tertius.* Jonston, *Avi.,* p. 93. — *Larus major (falsò), cinereus.* Schwenckfeld, *Avi. Siles.,* p. 292. — *Larus albus erythrocephalus.* Idem, *ibid.,* p. 293. — Klein, *Avi.,* p. 138, nº 8. — *Larus minor capite, nigro, rostro rubro.* Idem, *ibid.,* p. 139, nº 16. — « Larus « albus, capite alarumque apicibus nigris, rostro rubro... » *Atricilla.* Linnæus, *Syst. nat.,* édit. X, gen. 69, sp. 5. — « Larus rostro pedibusque miniaceis, austriacis... » *Grauer fischer.* Kramer, *Elench.,* p. 345. — *Pipixcan, seu avis furax.* Fernandez, *Hist. aviar. nov. Hisp.,* cap. LXXXIX. — *Mouette à tête brune.* Albin, t. II, p. 36, pl. 86. — *Le grand goisland gris ou mouette rieuse de Catesby.* Salerne, *Ornithol.,* p. 390. — *La mouette cendrée de Gessner.* Idem, p. 389. — « Larus supernè cinereus, infernè niveus; capite et collo supremo cinereo- « nigricantibus (capite anteriore albo maculato, Fœmina); remigibus sex primoribus in « extremitate, tribus extimis exteriùs nigris, sextà albà maculà apice notatà; rectricibus candi- « dis... » *Gavia ridibunda.* Brisson, *Ornithol.,* t. VI, p. 192. — « Larus supernè cinereus, infernè « niveus; capite fusco-nigricante; remigibus decem primoribus albis, nigro utrimque margi- « natis et terminatis; rectricibus candidis... » *Gavia ridibunda phœnicopos.* Idem, *ibid.,* p. 196.

* C'est l'oiseau précédent en plumage d'été. — Voyez la nomenclature de la page 376.

pigeon, mais elle a comme toutes les mouettes bien moins de corps que de volume apparent : la quantité de plumes fines dont elle est revêtue la rend très-légère, aussi vole-t-elle presque continuellement sur les eaux, et pour le peu de temps qu'elle est à terre, on l'y voit très-remuante et très-vive ; elle est aussi fort criarde, particulièrement durant les nichées, temps où ces petites mouettes sont plus rassemblées[a] ; la ponte est de six œufs olivâtres tachetés de noir ; les jeunes sont bonnes à manger, et, suivant les auteurs de la *Zoologie britannique*, l'on en prend grand nombre dans les comtés d'Essex et de Stafford.

Quelques-unes de ces mouettes rieuses s'établissent sur les rivières et même sur des étangs, dans l'intérieur des terres[b], et il paraît qu'elles fréquentent d'ailleurs les mers des deux continents. Catesby les a trouvées aux îles de Bahama[c] ; Fernandez les décrit sous le nom mexicain de *pipixcan* ; et, comme toutes les autres mouettes, elles abondent surtout dans les contrées du Nord. Martens, qui les a observées à Spitzberg et qui les nomme *kirmews*, dit qu'elles pondent sur une mousse blanchâtre, dans laquelle on distingue à peine leurs œufs, parce qu'ils sont à peu près de la couleur de cette mousse, c'est-à-dire d'un blanc sale ou verdâtre, piqueté de noir ; ils sont de la grosseur des œufs de pigeon, mais fort pointus par un bout ; le moyeu de l'œuf est rouge et le blanc est bleuâtre. Martens dit qu'il en mangea et qu'il les trouva fort bons et du même goût que les œufs de vanneaux. Le père et la mère s'élancent courageusement contre ceux qui enlèvent leur nichée, et cherchent même à les en écarter à coups de bec, et en jetant de grands cris. Le nom de *kirmews*, dans sa première syllabe *kir*, exprime ce cri, suivant le même voyageur, qui cependant observe qu'il a trouvé des différences dans la voix de ces oiseaux, suivant qu'il les a rencontrés dans les régions polaires ou dans des parages moins septentrionaux, comme vers les côtes d'Écosse, d'Irlande et dans les mers d'Allemagne ; il prétend qu'en général on trouve de la différence dans les cris des animaux de même espèce, selon les climats où ils vivent : ce qui pourrait très-bien être, surtout pour les oiseaux, le cri n'étant dans les animaux que l'expression de la sensation la plus habituelle ; et celle du climat étant dominante dans les oiseaux, plus sensibles que tous les autres animaux aux variations de l'atmosphère et aux impressions de la température.

Martens remarque encore que ces mouettes, à Spitzberg, ont les plumes plus fines et plus chevelues qu'elles ne les ont dans nos mers : cette différence tient encore au climat ; une autre, qui ne nous paraît tenir qu'à l'âge, est dans la couleur du bec et des pieds : dans les uns ils sont rouges,

---

a. « Gregatim nidificant et pariunt. » Ray.

b. Kramer, Schwenckfeld. On voit de ces oiseaux sur la Tamise près de Gravesend, suivant Albin.

c. *Carolina*, t. I, p. 89.

et sont noirs dans les autres ; mais ce qui prouve que cette différence ne constitue pas deux espèces distinctes, c'est que la nuance intermédiaire s'offre dans plusieurs individus dont les uns ont le bec rouge et les pieds seulement rougeâtres [a] ; d'autres le bec rouge à la pointe seulement, et dans le reste noir [b]. Ainsi nous ne reconnaîtrons qu'une mouette rieuse, toute la différence sur laquelle M. Brisson se fonde pour en faire deux espèces séparées, ne consistant que dans la couleur du bec et des pieds. Quant à celles du plumage, si la remarque de cet ornithologiste est juste, notre planche enluminée représente la femelle de l'espèce, reconnaissable en ce qu'elle a le front et la gorge marqués de blanc, au lieu que dans le mâle toute la tête est couverte d'un calotte noire ; les grandes pennes de l'aile sont aussi en partie de cette couleur ; le manteau est cendré-bleuâtre, et le reste du corps blanc.

LA MOUETTE D'HIVER. [c][*]

SIXIÈME ESPÈCE.

Nous soupçonnons que l'oiseau désigné sous cette dénomination, pourrait bien n'être pas autre que notre mouette tachetée, laquelle paraît en Angleterre pendant l'hiver dans l'intérieur des terres ; et notre conjecture se fonde sur ce que ces oiseaux, dont la grandeur est la même, ne diffèrent, dans les descriptions des naturalistes, qu'en ce que la mouette d'hiver a du brun partout où notre mouette tachetée porte du gris ; et l'on sait que le brun tient souvent la place du gris dans la première livrée de ces oiseaux, sans compter la facilité de confondre l'une et l'autre teinte dans une description ou dans une enluminure. Si celle que donne la *Zoologie britannique* paraissait meilleure, nous parlerions avec plus de confiance : quoi qu'il en soit, cette mouette, que l'on voit en Angleterre, se nourrit en hiver de vers de terre, et les restes à demi digérés, que ces oiseaux rejettent par le bec,

a. « Rostrum sanguineum, pedes obscurè sanguinei. » Ray.

b. « Rostrum nigrum, propè extremum rubescens. » Fernandez.

c. En anglais, *winter-mew;* et dans le Cambridgshire, *coddi-moddy.* — ***Larus fuscus, seu hybernus.*** Willughby, *Ornithol.,* p. 266. — Ray, *Synops. avi.,* p. 130, n° *a,* 14. — Klein, *Avi.,* p. 138, n° 9. — *The winter-mew. British Zoolog.,* p. 142. — *Guaca-guacu.* Marcgrave, *Hist. nat. Brasil.,* p. 205. — *La mouette d'hiver.* Salerne, *Ornithol.,* p. 392. — *La mouette du Brésil.* Idem, p. 360. — « Larus supernè cinereus, infernè niveus ; capite albo, maculis fuscis « vario ; collo superiore fusco ; tectricibus alarum superioribus minoribus cinereo et nigricante « variis ; remigibus septem primoribus in extremitate, primâ in totum, quatuor sequentibus « exteriùs nigricantibus ; rectricibus candidis, areâ, transversâ nigrâ versùs apicem notatis... » *Gavia hyberna.* Brisson, *Ornithol.,* t. VI, p. 189.

* Jeune âge de la *grande mouette cendrée.* — Voyez la nomenclature de la page 375.

forment cette matière gélatineuse connue sous le nom de *star-shot* ou *star-gelly* [a].

Après l'énumération des espèces des goélands et des mouettes bien décrites et distinctement connues, nous ne pouvons qu'en indiquer quelques autres, qu'on pourrait vraisemblablement rapporter aux précédentes, si les notices en étaient plus complètes.

1° Celle que M. Brisson donne sous le nom de *petite mouette grise* [b] [1], tout en disant qu'elle est de *la taille de la grande mouette cendrée*, et qui ne paraît en effet différer de cette espèce, ou de celle du goéland à manteau gris, qu'en ce qu'elle a du blanc mêlé de gris sur le dos.

2° Cette grande mouette de mer, dont parle Anderson [c], laquelle pêche un excellent poisson appelé en Islande *runmagen*, l'apporte à terre et n'en mange que le foie; sur quoi les paysans instruisent leurs enfants à courir sur la mouette aussitôt qu'elle arrive à terre, pour lui enlever sa proie.

3° L'oiseau tué par M. Banks, par la latitude de 1 degré 7 minutes nord, et la longitude de 28 degrés 50 minutes, et qu'il nomma *mouette à pieds noirs* ou *larus crepidatus* [d]. Les excréments de cet oiseau parurent d'un rouge vif, approchant de celui de la liqueur du coquillage *hélix* qui flotte dans ces mers [e]; on peut croire que ce coquillage sert de nourriture à l'oiseau.

4° La mouette nommée par les insulaires de Luçon *taringting*, et qui, au caractère de vivacité qu'on lui attribue et à son habitude de courir rapidement sur les rivages, peut être la petite mouette grise ou la mouette rieuse [f].

5° La mouette du lac de Mexico, nommée par les habitants *acuicuitzcatl*, et dont Fernandez ne dit rien de plus [g].

6° Enfin, un goéland observé par M. le vicomte de Querhoënt à la rade du Cap de Bonne-Espérance, et qui, suivant la notice qu'il a eu la bonté de nous donner, doit être une sorte de noir-manteau, mais dont les pieds au lieu d'être rouges sont de couleur vert de mer.

a. Voyez la *Zoologie Britannique*, page 142.

b. Ornithologie, tome VI, page 173.

c. Histoire naturelle d'Islande et de Groënland, t. 1, p. 88.

d. Premier voyage de Cook, t. II, p. 232.

e. « L'hélix est un petit poisson de la grosseur d'un limaçon et qui flotte sur l'eau; il a une coquille très-fragile, dans laquelle se trouve une liqueur que l'animal jette quand on le touche, et qui est d'un rouge pourpre le plus beau qu'on puisse voir. » *Idem.*

f. « Gavia vivissima, velocissimè per littora discurrens, taringting Luzoniensibus. » Fr. Camel, *de Avib. Philipp. Transactions philosophiques*, n° 285.

g. Hist. aviar. nov. Hisp., p. 17, cap. XIV.

1. Jeune individu de la *mouette rieuse*, selon M. Temminck. — Voyez les nomenclatures des pages 376 et 378.

LE LABBE OU LE STERCORAIRE. [a][b][*]

Voici un oiseau qu'on rangerait parmi les mouettes en ne considérant que sa taille et ses traits; mais s'il est de la famille, c'est un parent dénaturé; car il est le persécuteur éternel et déclaré de plusieurs de ses proches, et particulièrement de la petite mouette cendrée, tachetée, de l'espèce nommée *kutgeghef* par les pêcheurs du Nord. Il s'attache à elle, la poursuit sans relâche, et, dès qu'il l'aperçoit, quitte tout pour se mettre à sa suite; selon eux, c'est pour en avaler la fiente, et dans cette idée ils lui ont imposé le nom de *strundjager*, auquel répond celui de *stercoraire;* mais nous lui donnerons ou plutôt nous lui conserverons le nom de *labbe*, car il y a toute apparence que cet oiseau ne mange pas la fiente, mais le poisson que la mouette poursuivie rejette de son bec ou vomit[c]; d'autant plus qu'il pêche souvent lui-même, qu'il mange aussi de la graisse de baleine, et que dans la grande quantité de subsistances qu'offre la mer aux oiseaux qui l'habitent, il serait bien étrange que celui-ci se fût réduit à un mets que tous les autres rejettent. Ainsi le nom de stercoraire parait donné mal à propos, et l'on doit préférer celui de *labbe*, par lequel les pêcheurs désignent cet oiseau, afin d'éviter que son nom puisse induire en erreur sur son naturel et ses habitudes.

a. Voyez les planches enluminées, n° 991.

b. Strund-jager. Recueil des Voyages du Nord; Rouen, 1716, t. II, p. 89. — *Le chasse-merde* ou *stercoraire.* Salerne, *Ornithol.*, p. 382. — « Stercorarius fuscus, supernè saturatiùs, « infernè dilutiùs; rectricibus saturatè fuscis... » *Stercorarius*, le Stercoraire. Brisson, *Ornithol.*, t. VI, p. 150.

c. « Quelques naturalistes ont écrit que certaines espèces de mouettes en poursuivent d'autres pour manger leurs excréments; j'ai fait tout ce qui a dépendu de moi pour vérifier ce fait, que j'ai toujours répugné de croire. Je suis allé nombre de fois au bord de la mer, à l'effet d'y faire des observations; j'ai reconnu ce qui a donné lieu à cette fable, le voici : Les mouettes se font une guerre continuelle pour la curée, du moins les grosses espèces et les moyennes; lorsqu'une sort de l'eau avec un poisson au bec, la première qui l'aperçoit fond dessus pour le lui prendre; si celle-ci ne se hâte de l'avaler, elle est poursuivie à son tour par de plus fortes qu'elle, qui lui donnent de violents coups de bec; elle ne peut les éviter qu'en fuyant ou en écartant son ennemi. Soit donc que le poisson la gêne dans son vol, soit que la peur lui donne quelque émotion, soit enfin qu'elle sache que le poisson qu'elle porte est le seul objet de la poursuite, elle se hâte de le vomir; l'autre, qui le voit tomber, le reçoit avec adresse et avant qu'il ne soit dans l'eau : il est rare qu'il lui échappe. — Le poisson parait toujours blanc en l'air, parce qu'il réfléchit la lumière, et il semble, à cause de la raideur du vol, tomber derrière la mouette qui le vomit : ces deux circonstances ont trompé les observateurs. — J'ai vérifié le même fait dans mon jardin; j'ai poursuivi, en criant, de grosses mouettes, elles ont vomi en courant le poisson qu'elles venaient d'avaler; je le leur ai rejeté, elles l'ont très-bien reçu en l'air, avec autant d'adresse que des chiens. » Note communiquée par M. Baillon, de Montreuil-sur-Mer.

[*] *Larus crepidatus* (Gmel). — Genre *Goélands* ou *Mouettes*, sous-genre *Stercoraires* (Cuv.). — C'est le jeune du *labbe à longue queue.* — Voyez, ci-après, la nomenclature de ce dernier oiseau.

Personne ne les a mieux décrites que Ghister, dans les *Mémoires de
l'Académie de Stockholm*[a] : « Le vol du labbe, dit-il, est très-vif et balancé
« comme celui de l'autour ; le vent le plus fort ne l'empêche pas de se
« diriger assez juste pour saisir en l'air les petits poissons que les pêcheurs
« lui jettent ; lorsqu'ils l'appellent *lab, lab*, il vient aussitôt et prend le
« poisson cuit ou cru, et les autres aliments qu'on lui jette ; il prend même
« des harengs dans la barque des pêcheurs, et, s'ils sont salés, il les lave
« avant de les avaler ; on ne peut guère l'approcher ni le tirer que lorsqu'on
« lui jette un appât ; mais les pêcheurs ménagent ces oiseaux, parce qu'ils
« sont pour eux l'annonce et le signe presque certain de la présence du
« hareng ; et en effet, lorsque le labbe ne paraît pas, le pêche est peu abon-
« dante. Cet oiseau est presque toujours sur la mer ; on n'en voit ordinai-
« rement que deux ou trois ensemble, et très-rarement cinq ou six. Lorsqu'il
« ne trouve pas de pâture à la mer, il vient sur le rivage attaquer les
« mouettes, qui crient dès qu'il paraît ; mais il fond sur elles, les atteint,
« se pose sur leur dos, et, leur donnant deux ou trois coups, les force à
« rendre par le bec le poisson qu'elles ont dans l'estomac, qu'il avale à
« l'instant. Cet oiseau, ainsi que les mouettes, pond ses œufs sur les rochers ;
« le mâle est plus noir et un peu plus gros que la femelle. »

Quoique ce soit au labbe à longue queue que ces observations paraissent
avoir particulièrement rapport, nous ne laissons pas de les regarder comme
également propres à l'espèce dont nous parlons, qui a la queue taillée de
manière que les deux plumes du milieu sont à la vérité les plus longues,
mais sans néanmoins excéder les autres de beaucoup ; sa grosseur est à peu
près celle de notre petite mouette, et sa couleur est d'un cendré brun,
ondé de grisâtre[b] ; les ailes sont fort grandes, et les pieds sont conformés
comme ceux des mouettes, et seulement un peu moins forts ; les doigts sont
plus courts ; mais le bec diffère davantage de celui de ces oiseaux, car le
bout de la mandibule supérieure est armé d'un onglet ou crochet qui paraît
surajouté ; caractère par lequel le bec du labbe se rapproche de celui des
pétrels, sans cependant avoir comme eux les narines en tuyaux.

Le labbe a dans le port et l'air de tête quelque chose de l'oiseau de proie ;
et son genre de vie hostile et guerrier ne dément pas sa physionomie ; il
marche le corps droit, et crie fort haut ; il semble, dit Martens, prononcer
i-ja ou *johan*, quand c'est de loin qu'on l'entend et que sa voix retentit. Le
genre de vie de ces oiseaux les isole nécessairement et les disperse : aussi
le même navigateur observe-t-il qu'il est rare qu'on les trouve rassemblés ;
il ajoute que l'espèce ne lui a pas paru nombreuse, et qu'il n'en a vu que
fort peu dans les parages de Spitzberg. Les vents orageux du mois de

---

a. Voyez la *Collection académique*, partie étrangère, t. XI, p. 51.
b. Cette couleur est plus claire au-dessous du corps, et quelquefois, selon Martens, le ventre
est blanc.

novembre 1779, poussèrent deux de ces oiseaux sur les côtes de Picardie ; ils nous out été envoyés par les soins de M. Baillon, et c'est d'après ces individus que nous avons fait la description précédente.

LE LABBE A LONGUE QUEUE. [a] [b] [*]

Le prolongement des deux plumes du milieu de la queue en deux brins détachés et divergents, caractérise l'espèce de cet oiseau, qui est au reste de la même taille que le labbe précédent : il a sur la tête une calotte noire ; son cou est blanc, et tout le reste du plumage est gris ; quelquefois les deux longues plumes de la queue sont noires [c]. Cet oiseau nous a été envoyé de Sibérie, et nous pensons que c'est cette même espèce que M. Gmelin a rencontrée dans les plaines de Mangasea, sur les bords du fleuve Jénisca [d]. Elle se trouve aussi en Norwége [e], et même plus bas, dans la Finmarchie, dans l'Angermanie [b] ; et M. Edwards l'a reçue de la baie d'Hudson, où il remarque que les Anglais appellent cet oiseau, sans doute à cause de ses hostilités contre la mouette, *the man of war bird*, le vaisseau de guerre ou l'oiseau guerrier ; mais il faut remarquer que ce nom de vaisseau de guerre ou guerrier étant déjà donné, et beaucoup plus à propos, à la frégate, on ne doit pas l'appliquer à celui-ci. Cet auteur ajoute qu'à la longueur des ailes, et à la faiblesse des pieds, il aurait jugé que cet oiseau devait se tenir plus souvent en mer et au vol, que sur terre et posé ; en même temps il observe que les pieds sont rudes comme une lime, et propres à se soutenir sur le corps glissant des grands poissons : ce naturaliste juge comme nous, que le labbe, par la forme de son bec, fait la nuance entre les mouettes et les pétrels.

a. Voyez les planches enluminées, n° 762, sous la dénomination de *Stercoraire à longue queue de Sibérie.*

b. Sterna rectricibus maximus nigris ; Suecis, swartlusse ; Angermannis, labben. Linnæus, *Fauna Suecica,* n° 129. — « Larus rectricibus duabus intermediis longissimis... » *Larus parasiticus.* Idem, *Syst. nat.,* édit. X, gen. 69, sp. 9. — *Strundt-jager.* Ray, *Synops. avi.,* p. 127, n° 2. — *Plautus stercorarius ; stront-jager ; schyt-valk.* Klein, *Avi.,* p. 148, n° 10. — *Avis Norvagica kyuffwa vel tjufva. Mus. Danic.,* 1, s. 11, n° 20. — *Truen, seu fur.* Bart., *Act.,* 1, p. 91. — *Arctick bird.* Edwards, t. III, pag. et pl. 148. — « Stercorarius « supernè saturatè cinereus, infernè albus ; capite superiùs nigricante ; collo candido ; imo « ventre dilutè cinereo ; rectricibus cinereo-nigricantibus, binis intermedils longissimis... » *Stercorarius longicaudus.* Brisson, *Ornithol.,* t. VI, p. 155.

c. Linnæus, *Fauna Suecica.*

d. Voyage en Sibérie, t. II, p. 56.

e. Mus. Danic.

f. Fauna Suecica.

[*] *Larus parasiticus* (Linn.). — Le *labbe à longue queue* (Cuv.). — « Est brun foncé dessus, « blanc dessous ; les deux pennes du milieu de la queue excèdent les autres du double... Jeune, « il est tout brun. C'est alors le *larus crepidatus,* Gmel., planche enluminée 991. » (Cuvier.) — Voyez la nomenclature de la page 382.

M. Brisson fait une troisième espèce de stercoraire ou de labbe, sous la dénomination de *stercoraire rayé*[a] ; mais comme il ne l'établit que sur la description que donne M. Edwards d'un individu qu'il regarde lui-même comme la femelle du stercoraire à longue queue[b], nous n'adopterons pas cette troisième espèce ; nous pensons avec M. Edwards que ce n'est qu'une variété de sexe ou d'âge, à laquelle même on pourrait peut-être rapporter notre première espèce ; car sa ressemblance avec cet individu d'Edwards, et la conformité des habitudes naturelles de tous ces oiseaux paraissent l'indiquer ; et dans ce cas il n'y aurait réellement qu'une seule espèce d'oiseau labbe ou stercoraire, dont l'adulte ou le mâle porterait les deux longues plumes à la queue, et dont la femelle aurait, à peu près comme le représente notre planche enluminée n° 991, tout le corps brun, ou, comme le dépeint Edwards, le manteau d'un cendré brun foncé sur les ailes et la queue, avec le devant du corps d'un gris blanc sale ; les cuisses, le bas-ventre et le croupion croisés de lignes noirâtres et brunes.

L'ANHINGA. [c] [d] *

Si la régularité des formes, l'accord des proportions et les rapports de l'ensemble de toutes les parties donnent aux animaux ce qui fait à nos yeux la grâce et la beauté ; si leur rang près de nous n'est marqué que par ces caractères ; si nous ne les distinguons qu'autant qu'ils nous plaisent, la nature ignore ces distinctions, et il suffit, pour qu'ils lui soient chers, qu'elle leur ait donné l'existence et la faculté de se multiplier : elle nourrit également au désert l'élégante gazelle et le difforme chameau, le joli chevrotain et la gigantesque girafe ; elle lance à la fois dans les airs l'aigle superbe et

a. « Stercorarius supernè fuscus, pennis apice rufescente marginatis, infernè sordidè albus, « fusco transversim striatus ; capite fusco ; gutture fusco candicante, rectricibus in exortu « albidis, in reliquà longitudine saturatè fuscis... » *Stercorarius striatus.* Brisson, *Ornithol.*, t. VI, p. 152.

b. Arctick bird. Edwards, t. III, pag. et pl. 149.

c. Voyez les planches enluminées, n° 959, *l'Anhinga de Cayenne* ; et n° 960, *l'Anhinga noir de Cayenne.*

d. C'est le nom brasilien *taupinambou* de cet oiseau ; les Français de la Guiane l'appellent *plongeon*, et les naturels du pays *carara.* — *Anhinga Brasiliensibus tupinambis.* Marcgrave, *Hist. nat. Brasil.*, p. 218. — Jonston, *Avi.*, p. 149. — Willughby, *Ornithol.*, p. 250. Ces deux auteurs ont copié la figure de Marcgrave, qui, sans être exacte, est pourtant très-reconnaissable. — Ray, *Synops. avi.*, p. 124, n° 7. — *Plancus Brasiliensis, anhinga vocatus.* Klein *Avi.*, p. 145, n° 8. — *Ptinx.* Mœhring, *Avi.*, gen. 63. — *Mergus longirostrus, cervice longiori.* Idem, *Ornithol.*, class. I, gen. 3, sp. 6. — *L'anhinga.* Salerne, *Ornithol.*, p. 375. — « Anhinga supernè nigricans, maculis albidis varia, infernè albo-argentea, capite et collo « superiore griseo-rufescentibus ; gutture et collo inferiore griseis ; uropygio rectricibusque « splendidè nigris... » *Anhinga.* Brisson, *Ornithol.*, t. VI, p. 476.

* *Plotus melanogaster* (Linn.). — Ordre des *Palmipèdes*, famille des *Totipalmes*, genre *Anhinga* (Cuv.).

le hideux vautour; elle cache sous terre et dans l'eau mille générations d'insectes de formes bizarres et disproportionnées; enfin, elle admet les composés les plus disparates, pourvu que par les rapports résultants de leur organisation ils puissent subsister et se reproduire; c'est ainsi que sous la forme d'une feuille elle fait vivre les *mantes;* que sous une coque sphérique, pareille à celle d'un fruit, elle emprisonne les oursins; qu'elle filtre la vie et la ramifie, pour ainsi dire, dans les branches de l'étoile de mer; qu'elle aplatit en marteau la tête de la zygène, et arrondit en globe épineux le corps entier du poisson lune. Mille autres productions de figures non moins étranges ne nous prouvent-elles pas que cette mère universelle a tout tenté pour enfanter, pour répandre la vie et l'étendre à toutes les formes possibles? Non contente de varier le trait primitif de son dessin dans chaque genre, en le fléchissant sous les contours auxquels il pouvait se prêter, ne semble-t-elle pas avoir voulu tracer d'un genre à un autre, et même de chacun à tous les autres, des lignes de communication, des fils de rapprochement et de jonction au moyen desquels rien n'est coupé et tout s'enchaîne, depuis le plus riche et le plus hardi de ses chefs-d'œuvre, jusqu'aux plus simples de ses essais[1]? Ainsi dans l'histoire des oiseaux, nous avons vu l'autruche, le casoar, le dronte, par le raccourcissement des ailes et la pesanteur du corps, par la grosseur des ossements de leurs jambes, faire la nuance entre les animaux de l'air et ceux de la terre; nous verrons de même le pingouin, le manchot, oiseaux demi-poissons, se plonger dans les eaux et se mêler avec leurs habitants; et l'anhinga, dont nous allons parler, nous offre l'image d'un reptile enté sur le corps d'un oiseau; son cou long et grêle à l'excès, sa petite tête cylindrique roulée en fuseau, de même venue avec le cou, et effilée en un long bec aigu, ressemble à la figure et même au mouvement d'une couleuvre, soit par la manière dont cet oiseau étend brusquement son cou en partant de dessus les arbres, soit par la façon dont il le replie et le lance dans l'eau pour darder les poissons.

Ces singuliers rapports ont également frappé tous ceux qui ont observé l'anhinga dans son pays natal[a] (le Brésil et la Guiane); ils nous frappent de même jusque dans sa dépouille desséchée et conservée dans nos cabinets. Le plumage du cou et de la tête n'en dérobe point la forme grêle; c'est un

---

a. « Collum tenue, teres, pedem longum; caput parvum longinsculum, serpentini æmu- « lum... solertissima avis in capiendis piscibus; nam, more serpentum, contracto priùs collo, « ejaculatur rostrum in pisces. » Marcgrave, *Hist. Brasil.,* p. 218. — « L'anhinga ressemble en quelque sorte à un serpent, surtout lorsqu'il prend sa volée de dessus les arbres, où il se perche ordinairement, pour de là plonger et pêcher. » Barrère, *France équinoxiale,* p. 135.

1. *Ses essais.....* Toujours même illusion philosophique : une nature qui *essaie,* qui *ébauche,* qui *apprend* (voyez les notes de la page 350 du VIIe volume). Mais, à côté, quel beau tableau et que de vues justes sur le *trait primitif du dessin* dans chaque genre, sur les *lignes de communication,* les *fils de rapprochement et de jonction,* tracés d'un genre à un autre et de chacun à *tous les autres,* etc., etc.!

duvet serré et ras comme le velours ; les yeux, d'un noir brillant avec l'iris
doré, sont entourés d'une peau nue ; le bec a sa pointe barbelée de petites
dentelures rebroussées en arrière ; le corps n'a guère que sept pouces de
longueur, et le cou seul en a le double.

L'excessive longueur du cou n'est pas la seule disproportion qui frappe
dans la figure de l'anhinga ; sa grande et large queue formée de douze
plumes étalées, ne s'écarte pas moins de la coupe courte et arrondie de
celle de la plupart des oiseaux nageurs ; néanmoins l'anhinga nage et même
se plonge tenant seulement la tête hors de l'eau, dans laquelle il se submerge en entier au moindre soupçon de danger, car il est très-farouche, et
jamais on ne le surprend à terre ; il se tient toujours sur l'eau ou perché
sur les plus hauts arbres, le long des rivières et des savanes noyées ; il pose
son nid sur ces arbres et y vient passer la nuit ; cependant il est du nombre
des oiseaux parfaitement palmipèdes, ayant les quatre doigts engagés par
une membrane d'une seule pièce, avec l'ongle de celui du milieu dentelé
intérieurement en scie. Ces rapports de conformation et d'habitudes naturelles, semblent rapprocher l'anhinga des cormorans et des fous ; mais sa
petite tête cylindrique, et son bec effilé en pointe sans crochet, le distinguent
et le séparent de ces deux genres d'oiseaux. Au reste, on a remarqué que
la peau de l'anhinga est fort épaisse, et que sa chair est ordinairement très-
grasse, mais d'un goût huileux désagréable, et Marcgrave ne la trouve
guère meilleure que celle du goéland, qui est assurément fort mauvaise.

Aucun des trois anhingas, représentés dans nos planches enluminées, ne
ressemble parfaitement à celui dont ce naturaliste a donné la description.
L'anhinga du n° 960 a bien, comme celui de Marcgrave, le dessus du dos
pointillé, le bout de la queue liséré de gris, et le reste d'un noir luisant ;
mais il a aussi tout le corps noir et n'a pas la tête et le cou gris, et la poitrine d'un blanc argenté. Celui du n° 959 n'a point la queue lisérée ; néanmoins nous croyons que ces deux individus, apportés de Cayenne, sont
non-seulement de la même espèce entre eux, mais encore de la même
espèce que l'anhinga du Brésil décrit par Marcgrave ; les différences de couleurs qu'ils présentent, n'excédant point du tout celles que l'âge ou le sexe
peuvent mettre dans le plumage des oiseaux, et particulièrement des oiseaux
d'eau. Marcgrave fait observer de plus que son anhinga avait les ongles
recourbés et très-aigus, et qu'il s'en sert pour saisir le poisson ; que ses ailes
sont grandes, et se portent étant pliées jusqu'au milieu de sa longue queue ;
mais il paraît lui donner une taille un peu trop forte en l'égalant au canard :
l'anhinga que nous connaissons peut avoir trente pouces ou même plus, de
la pointe du bec à celle de la queue ; mais cette grande queue et son long
cou occupent la plus grande partie de cette dimension, et son corps ne
paraît pas beaucoup plus gros que celui d'un morillon.

L'ANHINGA ROUX. [a]*

Nous venons de voir que l'anhinga est naturel aux contrées de l'Amérique méridionale, et malgré la possibilité du voyage pour un oiseau navigateur, et de plus muni de longues ailes, malgré l'exemple des cormorans et des fous qui ont traversé toutes les mers, nous aurions restreint celui-ci sous la loi du climat, et n'aurions pas cru, sur une simple dénomination, qu'il se trouvât au Sénégal, si une note de M. Adanson, jointe à l'envoi d'un de ces oiseaux, ne nous assurait qu'il y a en effet une espèce d'anhinga sur cette côte de l'Afrique, où les naturels du pays lui donnent le nom de *kandar*. Cet anhinga du Sénégal, représenté n° 107 de nos planches enluminées, diffère de ceux de Cayenne en ce qu'il a le cou et le dessus des ailes d'un fauve roux, tracé par pinceaux sur un fond brun noirâtre, avec le reste du plumage noir. Du reste, la figure, le port et la grandeur sont absolument les mêmes que dans les anhingas d'Amérique.

LE BEC-EN-CISEAUX. [b][c]*

Le genre de vie, les habitudes et les mœurs dans les animaux, ne sont pas aussi libres qu'on pourrait l'imaginer ; leur conduite n'est pas le produit d'une pure liberté de volonté ni même un résultat de choix, mais un

a. Voyez les planches enluminées, n° 107, sous le nom d'*Anhinga du Sénégal*.

b. Voyez les planches enluminées, n° 357, sous la dénomination de *Bec-en-ciseaux de Cayenne*.

c. *The cut water*, le coupeur d'eau. Catesby, *Carolina*, t. I, p. 90, avec une belle figure. — *Avis Carolinensis, rostro cultriformi*. Pétiver, *Gazoph. nat.*, figure du bec, tab. 76. — *Larus piscator ater, rostro depresso, forfices referente*; par les Indiens de la Guiane, *tayataya*. Barrère, *France équinoxiale*, p. 135. — *Rygchopsalia dorso nigro, ventre albo*. Idem, *Ornithol.*, class. 1, gen. 7, sp. 1. — *Rynchops nigra, subtus alba, rostro basi rubro*. Linnæus, *Syst. nat.*, édit. X, gen. 71, sp. 5. — *Plotus rostro conico inæquali*. Klein, *Avi.*, p. 124, n° 2. — *Avis Maderaspatana major novaculæ facie*. Ray, *Synops. avi.*, p. 194, n° 5, avec une mauvaise figure, tab. 1, fig. 5. — Edwards, *Glanures*, pl. 281, la figure du bec, figure *a*. — *Phalacrocorax*. Mœhring, *Avi.*, gen. 109. On a pu remarquer combien, dans toute la nomenclature de Mœhring, les noms sont pervertis de leur sens naturel et appliqués d'une façon bizarre : sa méprise d'appliquer ici le nom de cormoran au bec-en-ciseaux vient, suivant toute apparence, de l'expression de Ray, qui, en le désignant, se sert du mot de *sea-crow*. — *Le bec-en-ciseaux*. Salerne, *Ornithol.*, p. 397. — « Rychopsalia supernè fusco-nigricans, infernè « alba; capite anteriore concolore; rectricibus quatuor utrimque extimis candidis, secundùm « scapi longitudinem fusco notatis... » *Rychopsalia*, le Bec-en-ciseaux. Brisson, *Ornithol.*, t. VI, p. 223.

* Espèce distincte de l'*anhinga proprement dit*, selon Cuvier. C'est le *Plotus Levaillantii* de M. Temminck.

** *Rynchops nigra* (Linn). — Ordre des *Palmipèdes*, famille des *Longipennes* ou *Grands Voiliers*, genre *Coupeurs-d'eau* ou *Becs en ciseaux* (Cuv.).

effet nécessaire qui dérive de la conformation, de l'organisation et de l'exercice de leurs facultés physiques : déterminés et fixés chacun à la manière de vivre que cette nécessité leur impose et prescrit, nul ne cherche à l'enfreindre, ne peut s'en écarter; c'est par cette nécessité, tout aussi variée que leurs formes, que se sont trouvés peuplés tous les districts de la nature; l'aigle ne quitte point ses rochers, ni le héron ses rivages; l'un fond du haut des airs sur l'agneau qu'il enlève ou déchire par le seul droit que lui donne la force de ses armes, et par l'usage qu'il fait de ses serres cruelles; l'autre, le pied dans la fange, attend, à l'ordre du besoin, le passage de la proie fugitive; le pic n'abandonne jamais la tige des arbres, à l'entour de laquelle il lui est ordonné de ramper; la barge doit rester dans ses marais, l'alouette dans ses sillons, la fauvette dans ses bocages : et ne voyons-nous pas tous les oiseaux granivores chercher les pays habités et suivre nos cultures [a], tandis que ceux qui préfèrent à nos grains les fruits sauvages et les baies, constants à nous fuir, ne quittent pas les bois et les lieux escarpés des montagnes, où ils vivent loin de nous, et seuls avec la nature, qui d'avance leur a dicté ses lois et donné les moyens de les exécuter? Elle retient la gélinotte sous l'ombre épaisse des sapins, le merle solitaire sur son rocher, le loriot dans les forêts dont il fait retentir les échos, tandis que l'outarde va chercher les friches arides, et le râle les humides prairies : ces lois de la nature sont des décrets éternels, immuables, aussi constants que la forme des êtres[1]; ce sont ses grandes et vraies propriétés qu'elle n'abandonne ni ne cède jamais, même dans les choses que nous croyons nous être appropriées; car de quelque manière que nous les ayons acquises, elles n'en restent pas moins sous son empire; et n'est-ce pas pour le démontrer qu'elle nous a chargés de loger des hôtes importuns et nuisibles, les rats dans nos maisons, l'hirondelle sous nos fenêtres, le moineau sur nos toits? Et lorsqu'elle amène la cigogne au haut de nos vieilles tours en ruine, où s'est déjà cachée la triste famille des oiseaux de nuit, ne semble-t-elle pas se hâter de reprendre sur nous des possessions usurpées pour un temps, mais qu'elle a chargé la main sûre des siècles de lui rendre?

Ainsi les espèces nombreuses et diverses des oiseaux, portées par leur instinct et fixées par leurs besoins dans les différents districts de la nature, se partagent pour ainsi dire les airs, la terre et les eaux; chacune y tient sa place et y jouit de son petit domaine et des moyens de subsistance que l'étendue ou le défaut de ses facultés restreint ou multiplie. Et comme tous les degrés de l'échelle des êtres, tous les points de l'existence possible doivent être remplis, quelques espèces, bornées à une seule manière de vivre,

---

a. Voyez ce qui est dit vol. VII, p. 288 de cette édition, sur les perroquets qui se sont portés dans la Caroline et à la Virginie, depuis qu'on y a planté des vergers.

1..... *Aussi constants que la forme des êtres.* Voilà Buffon dans le vrai. Rien n'est plus constant que la *forme des êtres.* — Voyez mes précédentes notes sur la *fixité des espèces.*

réduites à un seul moyen de subsister, ne peuvent varier l'usage des instruments imparfaits qu'ils tiennent de la nature : c'est ainsi que les cuillers arrondies du bec de la spatule paraissent uniquement propres à ramasser les coquillages ; que la petite lanière flexible et l'arc rebroussé du bec de l'avocette la réduisent à vivre d'un aliment aussi mou que le frai des poissons ; que l'huitrier n'a son bec en hache que pour ouvrir les écailles, d'entre lesquelles il tire sa pâture ; et que le bec croisé pourrait à peine se servir de sa pince brisée, s'il ne savait l'appliquer pour soulever l'enveloppe en écailles qui recèle la graine des sapins ; enfin, que l'oiseau nommé *bec-en-ciseaux* ne peut ni mordre de côté, ni ramasser devant soi, ni becqueter en avant, son bec étant composé de deux pièces excessivement inégales, dont la mandibule inférieure allongée et avancée hors de toute proportion, dépasse de beaucoup la supérieure, qui ne fait que tomber sur celle-ci, comme un rasoir sur son manche [a]. Pour atteindre et saisir avec cet instrument disproportionné, et pour se servir d'un organe aussi défectueux, l'oiseau est réduit à raser en volant la surface de la mer, et à la sillonner avec la partie inférieure du bec plongée dans l'eau afin d'attraper en dessous le poisson et l'enlever en passant [b]. C'est de ce manége ou plutôt de cet exercice nécessaire et pénible, le seul qui puisse le faire vivre, que l'oiseau a reçu le nom de *coupeur d'eau* de quelques observateurs, comme par celui de bec-en-ciseaux on a voulu désigner la manière dont tombent l'une sur l'autre les deux moitiés inégales de son bec, dont celle d'en bas, creusée en gouttière, relevée de deux bords tranchants, reçoit celle d'en haut, qui est taillée en lame.

La pointe du bec est noire, et sa partie près de la tête est rouge, ainsi que les pieds, qui sont conformés comme ceux des mouettes. Le bec-en-ciseaux est à peu près de la taille de la petite mouette cendrée ; il a tout le dessous du corps, le devant du cou et le front blancs ; il a aussi un trait blanc sur l'aile, dont quelques-unes des pennes, ainsi que les latérales de la queue, sont en partie blanches ; tout le reste du plumage est noir, ou d'un brun noirâtre ; dans quelques individus c'est même-simplement du brun, ce qui paraît désigner une variété d'âge [c] ; car, selon Catesby, le mâle et la femelle sont de la même couleur.

On a trouvé ces oiseaux sur les côtes de la Caroline et sur celles de la

a. « Maxilla superior inferiore multò brevior, et in illam, ut novacula in manubrium suum, « incidit » Ray.

b « Ils se nourrissent de petits poissons qu'ils pêchent en volant dans les endroits où l'eau « de la mer est fort basse ; ils ont presque toujours le bec inférieur dans l'eau ; quand ils « sentent quelque poisson sur cette partie inférieure du bec, ils serrent alors les deux parties, « qu'on pourrait appeler les deux lames. » Mémoires sur l'histoire naturelle de la Guiane, communiqués par M. de la Borde, médecin du roi à Cayenne.

c. Rynchopsalia fulva, varietas. Prisson, *Ornithol.*, tome VI, p. 227. — *Rygchopsalia fulva, rostro nigro.* Barrère, *Ornithol.*, clas. 1, gen. 7, sp. 2. — *Rynchops fulva.* Linnæus, *Syst. nat.*, édit. X, gen. 71, sp. 2.

Guiane; ils sont nombreux dans ce dernier parage et paraissent en troupes, presque toujours au vol, ne s'abattant sur les vases que pour se reposer; quoique leurs ailes soient très-longues, on a remarqué que leur vol est lent[a]; s'il était rapide, il ne leur permettrait pas de discerner la proie qu'ils ne peuvent enlever qu'en passant : suivant les observations de M. de la Borde, ils vont dans la saison des pluies nicher sur les îlets, et particulièrement sur le *Grand Connétable*, près des terres de Cayenne.

L'espèce paraît propre aux mers de l'Amérique, et, pour la placer aux Indes orientales, il ne suffit pas de la notice donnée par le continuateur de Ray sur un simple dessin envoyé de Madras, et qui pouvait avoir été fait ailleurs[b]. Il nous paraît aussi que le coupeur d'eau des mers méridionales, cité souvent par le capitaine Cook, n'est pas le même que notre bec-en-ciseaux de la Guiane, quoiqu'on leur ait donné le même nom ; car, indépendamment de la différence des climats et de la chaleur de la Guiane au grand froid des mers australes, il paraît, par deux endroits des relations de M. Cook, que ces coupeurs d'eau sont des pétrels[c], et qu'ils se rencontrent aux plus hautes latitudes, et jusque entre les îles de glaces, avec les albatrosses et les pingouins[d].

LE NODDI.[e][f][*]

L'homme, si fier de son domaine, et qui en effet commande en maître sur la terre qu'il habite, est à peine connu dans une autre grande partie

a. Mémoires communiqués par M. de la Borde.

b. « Avem olim e Carolina accepi ; icon autem hic ab arce Maderaspatana mittitur; Mala- « baricis coddel-cauka, Summondroa canky. » *Append. ad Synops. avi.*, p. 194, n° 5.

c. « Nous eûmes une nouvelle occasion d'examiner deux différents albatros, et une grosse « espèce noire de coupeur d'eau, *procellaria aquinoctialis;* nous marchions depuis neuf « semaines sans voir aucune terre. » Cook, *Second voyage*, tome I, p. 50. — « Le vent était « frais, et cependant nous avançâmes peu à cause d'une grosse mer qui venait du nord : nous « commencions à voir quelques-uns de ces *pétrels*, si connus de nos marins sous le nom de « *coupeurs d'eau;* nous étions par 58 degrés 10 secondes de latitude sud, et 50 degrés 54 secondes « de longitude est. » *Idem, ibid.*, p. 125.

d. « Nous étions au milieu des glaces (par 61 degrés 51 minutes latitude sud, 95 degrés « longitude est); nous n'avions plus que peu d'oiseaux à l'entour de nous; ils étaient de l'espèce « des albatrosses, des pétrels bleus et des coupeurs d'eau. » Cook, *Second voyage*, t. 1, p. 142. — « Durant notre traversée, au milieu des îles de glaces, les pintades, les coupeurs d'eau nous « parurent en moindre nombre, mais les pingonins commencèrent à se montrer. » *Idem*, p. 94. — « Comme le temps était souvent calme, M. Banks descendit dans un petit bateau pour tirer « des oiseaux, et il rapporta quelques albatrosses et des coupeurs d'eau; ces derniers étaient plus « petits que ceux que nous avions vus au détroit de Lemaire, et avaient une couleur plus « foncée sur le dos » *Premier voyage*, tome II, p. 297. — « On voit des coupeurs d'eau le long « de la côte du Chili. » Relation du capitaine Carteret. *Premier voyage de Cook*, tome I, p. 203.

e. Voyez les planches enluminées n° 997. sous le nom de *Mouette brune de la Louisiane.*

f. *Noddy*, en anglais, signifie sot, étourdi, et cette dénomination a rapport au naturel de

Sterna stolida (Linn.). — *Le noddi noir* ou *oiseau fou* (Cuv.). — Voyez la nomenclature de la page 334. — Genre *Hirondelles de mer*, sous-genre *Noddis* (Cuv.).

du vaste empire de la nature ; il trouve sur les mers des ennemis au-dessus
de ses forces, des obstacles plus puissants que son art, et des périls plus
grands que son courage : ces barrières du monde qu'il a osé franchir sont
les écueils où se brise son audace, où tous les éléments conjurés contre lui
conspirent à sa perte, où la nature, en un mot, veut régner seule sur un
domaine qu'il s'efforce vainement d'usurper : aussi n'y paraît-il qu'en fugitif plutôt qu'en maître. S'il en trouble les habitants, si même quelques-uns
d'entre eux tombés dans ses filets ou sous les harpons deviennent les victimes d'une main qu'ils ne connaissent pas, le plus grand nombre, à couvert au fond de ses abîmes, voit bientôt les frimas, les vents et les orages,
balayer de la surface des mers ces hôtes importuns et destructeurs, qui ne
peuvent que par instant troubler leur repos et leur liberté.

Et en effet, les animaux que la nature, avec des moyens et des facultés
bien plus faibles en apparence, a rendus bien plus forts que nous contre
les flots et les tempêtes, tels que la plupart des oiseaux *pélagiens*, ne nous
connaissent pas; ils se laissent approcher, saisir même avec une sécurité
que nous appelons stupide, mais qui montre bien clairement combien
l'homme est pour eux un être nouveau, étranger, inconnu, et qui témoigne
de la pleine et entière liberté dont jouit l'espèce loin du maître qui fait
sentir son pouvoir à tout ce qui respire près de lui. Nous avons déjà vu,
et nous verrons encore plusieurs exemples de cette imbécillité apparente,
ou plutôt de cette profonde sécurité qui caractérise les oiseaux des grandes
mers. Le noddi, dont il est ici question, a été nommé *moineau fou, passer
stultus*, dénomination néanmoins très-impropre, puisque le noddi n'est rien
moins qu'un moineau, et qu'il ressemble à une grande hirondelle de mer
ou à une petite mouette, et que dans la réalité il forme une espèce moyenne
entre ces deux genres d'oiseaux, car il a les pieds de la mouette et le bec
conformé comme celui de l'hirondelle de mer ; tout son plumage est d'un
brun noir, à l'exception d'une plaque blanche en forme de calotte, au som-

l'oiseau. Voyez ci-dessus son histoire.... *Thouarou*, chez les Indiens de la Guiane; *nodies,
noddies, noddy*, dans les relations des mers du Sud; *oiyo*, en langue taïtienne. — *A noddy,
hirundo marina minor, capite albo, passer stultus Nierembergii*. Ray, *Synops avi.*, p. 190
et 154. — *Passer stultus*. Eus. Nieremberg, p. 207. — Jonston, *Avi.*, p. 126. — Willughby,
Ornithol., p. 297. — Charleton, *Exercit.*, p. 118, nº 22. — *Onomast*, p. 115, nº 22. — *Larus
Americanus minor stolidus, corpore fusco rubente, vertice albo*. D. Sloane. — Ray, *Synops.*,
p. 132, nº 10. — *Hirundo marina minor capite albo*. Sloane, *Jamaïc.*, tome I, p. 31. — Ray,
p. 190, nº 2. — Barrère, *France équinox.*, p. 134. — *Larus americanus castaneus capite albo.*
Idem, *Ornithol.*, clas. 1, gen. 4, sp. 8. — *Anœthetus minor fuscus, vertice cinereo, rostro
glabro*. Browne, *Nat. hist. of Jamaïc.*, p. 481. — *Larus, hirundo marina minor capite albo.*
Klein, *Avi.*, p. 139, nº 15. — *Sterna caudâ cuneiformi, corpore nigro fronte albicante, sterna
stolida*. Linnæus, *Syst. nat.*, édit. X, gen. 7, sp. 1. — *The noddy*. Catesby, *Carolin.* tome I,
page et pl. 88. — *La petite mouette d'Amérique ou le thouarou de la Guiane*. Salerne,
Ornithol., p. 396. — « *Larus fuscus, syncipite candicante; capite superiore cinereo-albo, tæniâ
« utrimque longitudinali supra oculos nigricante; rectricibus fusco nigricantibus.* » *Gavia
fusca*, la Mouette brune. Brisson, *Ornithol.*, tome VI, p. 199.

met de la tête ; sa taille est à peu près celle de la grande hirondelle de mer.

Nous avons adopté le nom de *noddi*, qui se lit fréquemment dans les relations des voyageurs anglais [a], parce qu'il exprime l'étourderie ou l'assurance folle avec laquelle cet oiseau vient se poser sur les mâts et sur les vergues des navires [b], et même sur la main que les matelots lui tendent [c].

L'espèce ne paraît pas s'être étendue fort au delà des tropiques [d], mais elle est très-nombreuse dans les lieux qu'elle fréquente. A Cayenne, nous dit M. de la Borde, « il y a cent noddis ou *thouaroux* pour un fou ou une « frégate ; ils couvrent surtout le rocher du Grand Connétable, d'où ils « viennent voltiger autour des vaisseaux, et lorsqu'on tire un coup de « canon ils se lèvent, et forment par leur multitude un nuage épais. » Catesby les a également vus pêcher en grand nombre, volant ensemble et s'abaissant continuellement à la surface de la mer pour enlever les petits poissons, dont les troupes en colonnes sont chassées et pressées par les grands vents. Cette pêche semble se faire de la part de ces oiseaux avec beaucoup de plaisir et de gaieté, si l'on en juge par la variété de leurs cris, par le grand bruit qu'ils font et qu'on entend de quelques milles [e]. Tout ceci, ajoute Catesby, n'a lieu que dans le temps des nichées et de la ponte, qui se fait sur le rocher tout nu [f] ; après quoi chaque noddi se porte au large et erre seul sur le vaste océan.

a. Voyez celles des *Voyages de Dampier, du capitaine Cook*, etc.

b. « Ce sont des oiseaux stupides, qui, comme les fous, se laissent prendre à la main sur « les vergues et dans les autres agrès de vaisseau où ils viennent se poser. » Catesby.

c. « Les *thouaroux* (c'est le nom du noddy à la Guiane) vont faire leur pêche fort au large « en compagnie des fous et des frégates ; je ne les ai pas vus se reposer sur l'eau, comme font « les goélands ; mais la nuit ils viennent rôder autour des vaisseaux pour chercher à se reposer, « et les matelots les prennent en se couchant sur le haut de la dunette, et en tendant la main « sur laquelle ils ne font pas de façon de se poser. » Mémoires communiqués par M. de la Borde, médecin du roi à Cayenne.

d. Catesby, tome I, page 88. — « *Nodies et oiseaux d'œufs* (qui paraissent être quelque « espèce d'hirondelle de mer). Par 27 degrés 4 secondes latitude sud, et 103 degrés 56 se- « condes longitude ouest, dans les premiers jours de mars. » *Second voyage du capitaine Cook*, tome II, p. 179. « Le 28 février, par 33 degrés 7 secondes latitude sud, et 102 degrés « 33 secondes longitude ouest (en rentrant vers le tropique), nous commençâmes à voir des « poissons volants, *des oiseaux d'œufs* et des nodies, qui, à ce qu'on dit, ne vont pas à plus de « soixante ou quatre-vingts lieues de terre ; mais on n'est pas assuré de cela : personne ne sait « à quelle distance s'écartent des côtes les oiseaux de mer ; pour moi, je ne crois point qu'il y « en ait un seul sur lequel on puisse compter avec certitude pour annoncer le voisinage des « terres. » *Idem, ibidem*, p. 178. — « On voit des noddys à plus de cent lieues de terre. » Catesby, *Carolin.*, tome I, p. 88.

e. Catesby.

f. Comme sur les rochers des îles de Bahama. Catesby, tome I, p. 88. — De l'île de Roca. Dampier, tome I, p. 711. — « Au côté méridional de Sainte-Hélène, gissent certaines « petites îles qui ne sont proprement que des rochers, où nous voyons des milliers de mouettes « noires, dont les œufs, qui sont très-bons à manger, étaient déposés sur ce rocher. La multitude « de ces oiseaux était telle qu'on les prenait à milliers, et ils se laissaient tuer à coups de « bâton, d'où vient sans doute qu'on les a nommés *mouettes folles*. » *Recueil des voyages de la Compagnie des Indes orientales* ; Amsterdam, 1702, tome IV, p. 17.

L'AVOCETTE. [a][b][*]

Les oiseaux à pieds palmés ont presque tous les jambes courtes; l'avocette les a très-longues, et cette disproportion, qui suffirait presque seule pour distinguer cet oiseau des autres palmipèdes [1], est accompagnée d'un caractère encore plus frappant par sa singularité, c'est le renversement du bec : sa courbure, tournée en haut, présente un arc de cercle relevé dont le centre est au-dessus de la tête; ce bec est d'une substance tendre et presque membraneuse à sa pointe [c]; il est mince, faible, grêle, comprimé horizontalement, incapable d'aucune défense et d'aucun effort. C'est encore une de ces erreurs ou , si l'on veut, de ces essais de la nature au delà desquels elle n'a pu passer sans détruire elle-même son ouvrage [2]; car, en supposant à ce bec un degré de courbure de plus, l'oiseau ne pourrait atteindre ni saisir aucune sorte de nourriture, et l'organe donné pour la subsistance et la vie ne serait qu'un obstacle qui produirait le dépérissement et la mort. L'on doit donc regarder le bec de l'avocette comme l'extrême des modèles qu'a pu tracer ou du moins conserver la nature; et c'est en même temps, et par la même raison, le trait le plus éloigné

a. Voyez les planches enluminées, n° 353.

b. Ce nom vient de l'italien, *avocetta;* l'avocette porte encore en Italie les noms de *beccotorto, beccorella;* et sur le lac Majeur, *spinzago d'aqua,* pour la distinguer de l'autre *spinzago,* qui est le courlis. — En allemand, *frembder wasser vogel, schabel, schnabel;* et en Autriche, *krambschabl;* en anglais, *scooper;* en suédois, *skiaerflaecka;* en danois, *klyde, lan-fulgh, forkert;* en turc, *zeluh* ou *keluk.* — *Avocetta, recurvirostra.* Gessner, *Avi.,* p. 231; et *Icon. avi.,* p. 93, avec une figure peu exacte. — *Avocetta Italis dicta.* Aldrovande, *Avi.,* tome III, page 288. — Willughby, *Ornithol.,* p. 240. — Ray, *Synops.,* p. 117, n° *a,* 1. — Marsigl., *Danub.,* tome IV, page 72. — *Avocetta Italorum.* Jonston, *Avi.,* p. 90. — *Avocetta recurvirostra.* Charleton, *Exercit.,* p. 102, n° 8. Idem, *Onomast.,* p. 96, n° 8. — *Plotus recurviroster.* Klein, *Avi.,* p. 142, n° 1. — *Recurvirostra, seu avocetta Italorum.* Rzaczynski, *Auctuar. hist. nat. Polon.,* p. 345. — *Trochilus.* Mœhring, *Avi.,* gen. 86. — *Recurvirostra subtus alba, supernè nigricans, pedibus cyaneis.* Barrère, *Ornithol.,* clas. 1, gen. 5, sp. 1. — *Recurvirostra albo nigroque varia... Avocetta.* Linnæus, *Syst. nat.,* édit. X, gen. 80, sp. 1. Idem, *Fauna Suecica,* n° 137. — Muller, *Zoolog. Danic.,* n° 214. — Brunnich, *Ornithol. boreal.,* n° 188. — Kramer, *Elench. Austr. infer.,* p. 348, n° 1. — *Herle* ou *avocetta* des Italiens. Albin, tome I, page 87, pl. 101, figure mal coloriée. — *L'avocette,* Salerne, *Ornithol.,* p. 359. — « *Avocetta candida;* « *capite superiore, colli superioris parte supremà, tæniâ a scapulis ad uropygium, et fasciâ in* « *alis obliquâ nigris; rectricibus candidis...* » *Avocetta.* Brisson, *Ornithol.,* tome VI, p. 538.

c. « *Ferè coriaceum, apice membranaceum.* » Linnæus.

* *Recurvirostra avocetta* (Linn.). — Ordre des *Échassiers,* famille des *Longirostres,* genre *Avocettes* (Cuv.). — « L'espèce d'Europe (*recurvirostra avocetta*) est blanche, avec une « calotte et trois bandes à l'aile noires, et des pieds plombés : c'est un joli oiseau, d'une taille « élancée, qui fréquente les bords de la mer en hiver. — L'espèce d'Amérique (*recurvirostra* « *americana*) en diffère par un capuchon roux. — Il y en a, sur les côtes de la mer des Indes, « une troisième toute blanche, à ailes toutes noires, à pieds rouges (*recurvirostra orientalis*).» (Cuvier.)

1. Aussi n'est-ce point un *palmipède.* Voyez la nomenclature.

2. Voyez la note de la page 386.

du dessin des formes sous lesquelles se présente le bec dans tous les autres oiseaux.

Il est même difficile d'imaginer comment cet oiseau se nourrit à l'aide d'un instrument avec lequel il ne peut ni becqueter ni saisir, mais tout au plus sonder le limon le plus mou : aussi se borne-t-il à chercher dans l'écume des flots le frai des poissons, qui paraît être le principal fonds de sa nourriture ; il se peut aussi qu'il mange des vers, car l'on ne trouve ordinairement dans ses viscères qu'une matière glutineuse, grasse au toucher, d'une couleur tirant sur le jaune orangé, dans laquelle on reconnaît encore le frai du poisson et des débris d'insectes aquatiques ; cette substance gélatineuse est toujours mêlée dans le ventricule de petites pierres blanches et cristallines[a], et quelquefois il y a dans les intestins une matière grise ou d'un vert terreux qui paraît être ce sédiment limoneux que les eaux douces, entraînées par les pluies, déposent sur le fond de leur lit ; l'avocette fréquente les embouchures des rivières et des fleuves[b], de préférence aux autres plages de la mer.

Cet oiseau, qui n'est qu'un peu plus gros que le vanneau, a les jambes de sept à huit pouces de hauteur, le cou long et la tête arrondie ; son plumage est d'un blanc de neige sur tout le devant du corps, et coupé de noir sur le dos ; la queue est blanche, le bec noir, et les pieds sont bleus.

On voit l'avocette courir, à la faveur de ses hautes jambes, sur des fonds couverts de cinq à six pouces d'eau ; mais pour parcourir les eaux plus profondes elle se met à la nage, et dans tous ses mouvements elle paraît vive, alerte, inconstante ; elle séjourne peu dans les mêmes lieux, et, dans ses passages sur nos côtes de Picardie en avril et en novembre, elle part souvent dès le lendemain de son arrivée, en sorte que les chasseurs ont grand'peine à en tuer ou saisir quelques-unes ; elles sont encore plus rares dans l'intérieur des terres que sur les côtes. Cependant M. Salerne dit qu'on en a vu s'avancer assez loin sur la Loire, et il assure que ces oiseaux sont en grand nombre sur les côtes du Bas-Poitou, et qu'ils y font leurs nichées[c].

Il paraît, à la route que tiennent les avocettes dans leur passage, qu'aux approches de l'hiver elles voyagent vers le Midi, et retournent au printemps dans le Nord, car il s'en trouve en Danemark[d], en Suède, à la pointe du

a. Willughby dit n'y avoir trouvé rien autre chose.

b. Du moins sur nos côtes de Picardie, où ces observations ont été faites.

c. « L'avocette est très-rare dans l'Orléanais... Au contraire, rien n'est plus commun sur les « côtes du Bas-Poitou ; et, dans la saison des nids, les paysans en prennent les œufs par milliers « pour les manger ; quand on la fait lever de dessus son nid, elle contrefait l'estropiée, autant « et plus que tout autre oiseau. » Salerne, *Ornithol.*, p. 360.

d. Muller, *Zoolog. Danic.*, nº 214. — « Habitat in Cimbria, Sialandia. » Brunnich, *Ornithol. boréal.*, nº 188.

sud de l'île d'Oëland [a], sur les côtes orientales de la Grande-Bretagne [b] ; il
en arrive aussi des volées sur la côte occidentale de cette île, qui n'y séjournent qu'un mois ou deux et disparaissent à l'approche du grand froid [c] ;
ces oiseaux ne font que passer en Prusse [d] ; on les voit très-rarement en
Suisse, et suivant Aldrovande ils ne paraissent guère plus souvent en Italie :
cependant ils y sont bien connus et bien nommés [e]. Quelques chasseurs ont
assuré que leur cri peut s'exprimer par les syllabes *crex, crex;* mais ce
léger indice ne suffit pas pour qu'on puisse soupçonner que l'oiseau nommé
crex par Aristote soit le même que l'avocette ; car le *crex*, dit ce philosophe, *est en guerre avec le loriot et le merle :* or il est très-certain que l'avocette n'a rien à démêler avec ces deux oiseaux des bois ; et d'ailleurs ce cri,
crex, crex, est également celui de la barge et du râle de terre.

On trouve à la plupart des avocettes de la boue sur le croupion, et les
plumes en paraissent usées par les frottements : apparemment ces oiseaux
essuient leur bec à leurs plumes ou l'y logent pour dormir, sa forme ne
paraissant pas moins embarrassante pour le placer durant le repos, que
pour s'en servir dans l'action, à moins que l'oiseau ne dorme, comme les
pigeons, la tête sur la poitrine.

L'observateur qui nous commuique ces faits [f] est persuadé que l'avocette,
dans le premier âge, est grise ; et ce qui fonde son opinion, c'est qu'au
temps du passage de novembre on en voit plusieurs qui ont les extrémités
des plumes scapulaires grises, ainsi que celles du croupion ; or, ces plumes
et celles qui couvrent les ailes sont celles qui conservent le plus longtemps
la livrée de la naissance : la couleur terne des grandes pennes des ailes et
la teinte pâle des pieds, qui dans l'adulte sont d'un beau bleu, ne laissent
pas douter d'ailleurs que les avocettes à plumage mêlé de gris ne soient les
jeunes ; il y a peu de différences extérieures dans cette espèce entre le mâle
et la femelle ; les vieux ont beaucoup de noir, mais les vieilles femelles en
ont presque autant : seulement il paraît que la taille de celle-ci est généralement un peu plus petite, et que la tête des premiers est plus ronde,
avec le tubercule charnu qui s'élève sous la peau, près de l'œil, plus enflé ;
il n'y a pas non plus de quoi établir une variété dans l'espèce sur ce que
les avocettes de Suède ont le croupion noir, selon Linnæus, et que celles
qui vivent en grand nombre sur un certain lac de basse Autriche, ont le
croupion blanc, comme le fait observer Kramer [g].

a. « Habitat in Œlandiæ apice Australi. » Linnæus, *Fauna Suecica,* n° 537.
b. Ray, *Synops.,* p. 117. Willughby, p. 240.
c. Charleton, *Onomast. Zoïc.,* p. 96.
d. Rzaczynski, *Auctuar. hist. nat. Polon.,* p. 435. — « Avocetta aliquando hospes apud
« nos. » Klein, *De avib. erratic.,* p. 193.
 e. Voyez la nomenclature.
f. M. Baillon, de Montreuil-sur-Mer.
g. *Elench. Austr. inf.,* p. 348.

Soit timidité, soit finesse, l'avocette évite les piéges, et elle est fort difficile à prendre [a] ; son espèce, comme on l'a vu, n'est bien commune nulle part, et paraît peu nombreuse en individus.

LE COUREUR. [b]*

Tous les oiseaux qui nagent et dont les doigts sont unis par des membranes ont le pied court, la jambe reculée, et souvent en partie cachée dans le ventre ; leurs pieds, construits et disposés comme des rames à large palme, à manche raccourci, à position oblique, semblent être faits exprès pour aider le mouvement du petit navire animé. L'oiseau est lui-même le vaisseau, le gouvernail et le pilote ; mais au milieu de cette grande troupe de navigateurs ailés, trois espèces d'oiseaux forment comme un groupe isolé ; ils ont à la vérité les pieds garnis d'une membrane comme les autres oiseaux nageurs, mais ils sont en même temps montés sur de grandes jambes ou plutôt sur de hautes échasses, et par ce caractère ils se rapprochent des oiseaux de rivage, et tenant à deux grands genres très-différents, ces trois espèces forment un de ces degrés intermédiaires, une de ces nuances qu'en tout a tracées la nature.

Ces trois oiseaux à pieds palmés et à hautes jambes sont : l'avocette dont nous venons de parler, le flammant ou *phénicoptère* des anciens, et le *coureur*, ainsi nommé, dit Aldrovande, de la célérité avec laquelle on le voit courir sur les rivages ; ce naturaliste, par qui seul nous connaissons cet oiseau, nous apprend qu'il n'est pas rare en Italie : nous ne le connaissons point en France, et selon toute apparence il ne se trouve pas dans les autres contrées de l'Europe, ou du moins il y est extrêmement rare. Charleton dit en avoir vu un individu, sans faire mention du lieu d'où il venait ; selon Aldrovande, les cuisses de cet oiseau coureur sont courtes à propor-

a. « J'ai fait mettre en usage et employé moi-même toutes les ruses possibles pour prendre « de ces oiseaux vivants, je n'ai jamais pu y parvenir. » Observations communiquées par M. Baillon.

b. Aldrovande lui applique les noms grecs de *celeos* et de *trochilos ;* et c'est d'après celui de *corrira,* qu'on lui donne en Italie, que nous avons formé celui de *coureur.* — *Trochilus, vulgò corrira.* Aldrovande, *Avi.*, tome III, p. 288. — Willughby, *Ornithol.*, p. 240. — *Trochilus, corrira, seu tabelleria Aldrovandi.* — Charleton, *Exercit.*, p. 102, n° 9. *Onomast.*, p. 97, n° 9. — Ray, *Synops. avi.*, p. 118, n° 3. — *Trochilus.* Jonston, *Avi.*, p. 90. Idem, *Corrira*, p. 111. — *Le trochile* ou *coureur.* Salerne, *Ornithol.*, p. 362. — « Corrira supernè ferruginea, infernè « alba ; rectricibus binis intermediis candidis, apice nigris... » *Corrira*, le Coureur. Brisson, *Ornithol.*, tome VI, p. 542.

* *Corrira italica* (Lath., Gmel.). — « Le *coureur* a été décrit trop succinctement et dessiné « d'une manière trop défectueuse par Aldrovande pour qu'on puisse être assuré de la réalité de « son existence. Aucun naturaliste moderne n'a eu occasion de le voir : aussi MM. Cuvier, « Temminck et Vieillot n'en font-ils aucune mention. » (Desmarets.)

tion de la hauteur des jambes ; le bec, jaune dans son étendue, est noir à
la pointe, il est court et ne s'ouvre pas beaucoup ; le manteau est couleur
de gris-de-fer, et le ventre blanc ; deux plumes blanches à pointe noire
couvrent la queue. C'est tout ce que rapporte ce naturaliste, sans rien
ajouter sur les dimensions ni la grandeur du corps, qui dans sa figure sont
à peu près les mêmes que celles du pluvier.

Aristote et Athénée parlent également d'un oiseau à course rapide sous
le nom de *trochilos,* en disant *qu'il vient en temps calme chercher sa nourriture sur l'eau ;* mais ce trochilos est-il un oiseau palmipède et nageur,
comme le dit Aldrovande, qui le rapporte à son oiseau coureur, ou comme
l'indique Ælien, le trochilos n'est-il pas un oiseau de rivage du genre des
poules d'eau ou des pluviers à collier ? c'est ce qui me paraît difficile à
décider par le peu de renseignements que nous ont laissés les anciens.
Tout ce qui résulte de leurs notices, c'est que ce *trochilos* est de la classe
des oiseaux aquatiques, et c'est au moins avec une espèce de convenance
qu'Ælien lui applique ce que l'antiquité disait de l'oiseau qui entre hardi-
ment dans la gueule du crocodile pour manger les sangsues, et qui l'avertit
de l'approche de la mangouste *ichneumon :* cette fable [1] a été appliquée, avec
autant d'absurdité qu'il est possible d'en mettre à l'application d'une fable,
à un petit oiseau des bois, qui est le roitelet-troglodyte, et cela par une
erreur de noms, le roitelet-troglodyte ayant quelquefois reçu le nom de
trochilos à cause de son vol tournoyant [a].

LE FLAMMANT OU LE PHÉNICOPTÈRE. [b][c][*]

Dans la langue de ce peuple, spirituel et sensible, les Grecs, presque tous
les mots peignaient l'objet ou caractérisaient la chose, et présentaient

a. Voyez l'article du *Troglodyte,* vol. VII.

b. Voyez les planches enluminées , nº 63.

c. En grec , Φαινικοπτέρος ; en latin, *phœnicopterus ;* en espagnol et aux îles du cap Vert,
flamenco ; en portugais, *flamingo ;* dans les anciens ornithologistes, *flambant* ou *flammant,*
d'où par dégénération, *flamant* et *flamand ; tokoko* à Cayenne, suivant Barrère ; autrefois en
France, selon M. Duhamel (*Ancienne Hist. de l'Acad. royale des Sciences,* p. 213), *bécharu,*

1. Ce n'est point une fable. C'est un fait très-réel, et qui a été vérifié, presque de nos jours,
par M. Geoffroy Saint-Hilaire. — « Les eaux en Égypte fourmillent de petites sangsues,
« souvent funestes à ceux qui en boivent. Ces sangsues s'attachent dans la gueule du cro-
« codile, qui n'a pas moyen de s'en délivrer, puisqu'il ne peut pas remuer la langue. Un
« petit oiseau de rivage, et non pas le roitelet, prend ces sangsues dont il se nourrit, et le
« crocodile, à qui cet oiseau rend un grand service, le laisse faire. » (Cuvier.) — L'oiseau de
rivage, qui rend ce service au crocodile, est le *petit pluvier* de Buffon (*charadrius morinellus*).
— Voyez mon *Éloge historique de Geoffroy Saint-Hilaire.*

* *Phœnicopterus ruber* (Linn.). — Genre *flammants.* — Le genre des *flammants* est, dans
Cuvier, le dernier genre des *Échassiers :* il en a fait une sorte de division intermédiaire aux
échassiers et aux *palmipèdes.* — Voyez la nomenclature de la page 156.

l'image ou la description abrégée de tout être idéal ou réel. Le nom de *phénicoptère*, oiseau à *l'aile de flamme*[a], est un exemple de ces rapports sentis qui font la grâce et l'énergie du langage de ces Grecs ingénieux; rapports que nous trouvons si rarement dans nos langues modernes, lesquelles ont souvent même défiguré leur mère en la traduisant. Le nom de ce phénicoptère, traduit par nous, ne peignit plus l'oiseau, et bientôt, ne représentant plus rien, perdit ensuite sa vérité dans l'équivoque. Nos plus anciens naturalistes français prononçaient *flambant* ou *flammant* : peu à peu l'étymologie oubliée permit d'écrire *flamant* ou *flamand*, et d'un oiseau couleur de feu ou de flamme[b], on fit un oiseau de *Flandre*, on lui supposa même des rapports avec les habitants de cette contrée où il n'a jamais paru[c]. Nous avons donc cru devoir rappeler ici son ancien nom qu'on aurait dû lui conserver comme plus riche, et si bien approprié que les Latins crurent devoir l'adopter[d].

Cette aile couleur de feu n'est pas le seul caractère frappant que porte cet

comme qui dirait *bec de charrue*, de la forme de son bec courbé comme un soc ; en langue madégasse ou de Madagascar, *sambe*, selon Flacourt. — *Flamant* ou *flambant*. Belon, *Nat. des oiseaux*, p. 199. — *Bécharu. Histoire de l'Académie des Sciences*, t. II, part. III, p. 43, avec une assez mauvaise figure, planche 9. — *Phœnicopterus*. Gessner, *Avi.*, p. 689 ; et *Icon. avi.*, p. 136. — Aldrovande, *Avi.*, t. III, p. 319. — Jonston, *Avi.*, p. 102. — Willughby, *Ornithol.*, p. 240. *Nota.* Les figures données par ces auteurs, et copiées de celles de Gessner, ne sont point exactes. — Ray, *Synops. avi.*, p. 117, n° 2 ; et 190, n° 1. — Charleton, *Exercit.*, p. 108, n° 3. *Onomast.*, p. 102, n° 5. — Sloane, *Jamaïca*, p. 321, n° xvii. — *Phœnicopterus Plinii, Aldrovandi*. Klein, *Avi.*, p. 126, lit. B. — *Phœnicopteros avis. Mus. Worm.*, p. 309. — *Phœnicopterus auctorum*. Mœhring, *Avi.*, gen. 59. — *Phœnicopterus Americanus*. Seba, vol. I, p. 103, tab. LXVII, fig. 1. — *Phœnicopterus pullus, vertice et angulis alarum coccineis.* Browne, *Nat. hist. of Jamaïca*, p. 480. — « Phœnicopterus ruber, remigibus primoribus « nigris... » *Phœnicopterus ruber.* Linnæus, *Syst. nat.*, édit. X, gen. 72, sp. 1. — *Phœnicopterus ex cinereo puniceus minori rostro*. Barrère, *Ornithol.*, class. i, gen. 8, sp. 1. — *Phœnicopterus roseus*. Idem, *ibid.*, sp. 2. — *Phœnicopterus Guyanensis, crassiori rostro, totus phœniceus*. Idem, *ibid.*, sp. 3. — *Phœnicopterus Phœniceus, rostro falcato, ad extremum nigro*. Idem, *France équinoxiale*, p. 140. — *Flamenco*. Jonston, *Avi.*, p. 130. — *Aris quam Hispani flamenco vocant*. De Laët, *Nov. orb.*, p. 13. — *Flamand*. Kolbe, *Description du cap de Bonne-Espérance*, t. III, p. 142. — *Flambant* ou *flamand*. Dutertre, *Histoire des Antilles*, t. II, p. 267. — *Flamant*. Catesby, t. I, p. 73, avec une bonne figure, planche 73 ; et de plus une figure de la tête, planche 74. — *Flammant* ou *flamboyant*. Albin, t. II, p. 51, avec une figure mauvaise et mal coloriée, planche 77. — *Le flammant* ou *flambant*. Salerne, *Ornithol.*, p. 260. — « Phœnicopterus coccineus, remigibus plerisque nigris ; rectricibus coccineis... » *Phœnicopterus*. Brisson, *Ornithol.*, t. VI, p. 532.

a. Φοινικέος, *purpureus, flammeus* ; πτέρος, *ala*.

b. « Toutes ses plumes sont de couleur incarnat, et, quand il vole à l'opposite du soleil, il « paraît tout flamboyant comme un brandon de feu. » Dutertre, *Hist. naturelle des Antilles*, page 267.

c. Willughby, en remarquant cette dénomination trompeuse, dit que, loin que cet oiseau soit fréquent en Flandre, il ne croit pas même qu'on l'y ait jamais vu ; sur quoi Gessner s'abandonne à plusieurs mauvais raisonnements (lib. iii *de Avib.*), trouvant dans la grandeur de ces oiseaux du rapport avec la stature des *Flamands ;* supposant d'ailleurs faussement que la plupart de ceux que l'on voit nous sont apportés de Flandre.

d. Pline, Apicius, Juvénal, Suétone : tous ont retenu le mot grec, en y ajoutant seulement la terminaison latine : *phœnicopterus*.

oiseau; son bec d'une forme extraordinaire, aplati et fortement fléchi en dessus vers son milieu, épais et carré en dessous, comme une large cuiller; ses jambes d'une excessive hauteur; son cou long et grêle, son corps plus haut monté, quoique plus petit que celui de la cigogne, offrent une figure d'un beau bizarre et d'une forme distinguée parmi les plus grands oiseaux de rivage.

C'est avec raison que Willughby, parlant de ces grands oiseaux à pieds demi palmés qui hantent le bord des eaux, sans néanmoins nager ni se plonger, les appelle des espèces isolées, formant un genre à part et peu nombreux, car le flammant en particulier paraît faire la nuance entre la grande tribu des oiseaux de rivage et celle tout aussi grande des oiseaux navigateurs, desquels il se rapproche par les pieds à demi palmés, et dont la membrane étendue entre les doigts, et de l'une à l'autre pointe, se retire dans son milieu par une double échancrure[a]; tous les doigts sont très-courts, et l'extérieur fort petit; le corps l'est aussi relativement à la longueur des jambes et du cou. Scaliger le compare à celui du héron, et Gessner à celui de la cigogne, en remarquant, ainsi que Willughby, la longueur extraordinaire de son cou effilé. Quand le flammant a pris son entier accroissement, dit Catesby, il n'est pas plus pesant qu'un canard sauvage, et cependant il a cinq pieds de hauteur[b]. Ces grandes différences dans la taille, indiquée par ces auteurs, tiennent à l'âge ainsi que les variétés qu'ils ont remarquées dans le plumage; il est en général doux, soyeux et lavé de teintes rouges plus ou moins vives et plus ou moins étendues; les grandes pennes de l'aile sont constamment noires; et ce sont les couvertures grandes et petites, tant intérieures qu'extérieures, qui portent ce beau rouge de feu, dont les Grecs frappés tirèrent le nom de phénicoptère. Cette couleur s'étend et se nuance par degrés de l'aile au dos et au croupion, sur la poitrine, et enfin sur le cou, dont le plumage au haut et sur la tête n'est plus qu'un duvet ras et velouté; le sommet de la tête dénué de plumes, un cou très-grêle, avec un large bec, donnent à cet oiseau un air tout extraordinaire; son crâne paraît élevé et sa gorge dilatée en avant pour recevoir la mandibule inférieure du bec qui est très-large dès l'origine; les deux mandibules forment un canal arrondi et droit jusque vers le milieu de leur longueur; après quoi la mandibule supérieure fléchit tout d'un coup par une forte courbure, et de convexe qu'elle était devient une lame plate : l'inférieure se plie à proportion, conservant toujours la forme d'une large gouttière; et la mandibule supérieure par une autre petite courbure à sa pointe vient s'appliquer sur l'extrémité de la mandibule inférieure; les bords de toutes deux sont garnis en dedans d'une petite dente-

---

a. Ce que Dutertre exprime très-bien en disant que *ses pieds sont à demi marins. Hist. nat. des Antilles*, p. 267.

b. *Hist. nat. of Carolina*, t. I, p. 73.

lure noire, aiguë, dont les pointes sont tournées en arrière. Le docteur Grew, qui a décrit très-exactement ce bec [a], y remarque de plus un filet qui règne en dedans sous la partie supérieure et la partage par le milieu ; il est noir depuis sa pointe jusqu'à l'endroit où il fléchit, et de là jusqu'à la racine il est blanc dans l'oiseau mort, mais apparemment sujet à varier dans le vivant, puisque Gessner le dit d'un rouge vif, Aldrovande, brun, Willughby, bleuâtre, et Seba, jaune. « A une tête ronde et petite, dit Dutertre, est « attaché un grand bec long de quatre pouces, moitié rouge et moitié noir, « et recourbé en forme de cuiller. » Messieurs de l'Académie des Sciences, qui ont décrit cet oiseau sous le nom de *bécharu* [b], disent que le bec est d'un rouge pâle, et qu'il contient une grosse langue bordée de papilles charnues, tournées en arrière, qui remplit la cavité ou la large cuiller de la mandibule inférieure. Wormius décrit aussi ce bec extraordinaire, et Aldrovande remarque combien la nature s'est jouée dans sa conformation. Ray parle de sa figure étrange ; mais aucun d'eux ne l'a examinée assez soigneusement pour décider un point que nous désirerions d'être à portée d'éclaircir : c'est de savoir si dans ce bec singulier, c'est, comme l'ont dit plusieurs naturalistes, la partie supérieure qui est mobile, tandis que l'inférieure est fixe et sans mouvement [c].

Des deux figures de cet oiseau données par Aldrovande, et qui lui avaient été envoyées de Sardaigne, l'une n'exprime point les caractères du bec qui sont assez bien rendus dans l'autre ; et nous devons remarquer à ce sujet que dans notre planche enluminée même, les traits de ce bec, son renflement, son aplatissement, ne sont pas assez fortement prononcés, et qu'il est figuré trop pointu.

Pline semble mettre cet oiseau au nombre des cigognes, et Seba se persuade mal à propos que le phénicoptère chez les anciens était rangé parmi les ibis. Il n'appartient ni à l'un ni à l'autre de ces genres : non-seulement son espèce est isolée, mais seul il fait un genre à part ; et du reste, quand les anciens placent ensemble les espèces analogues, ce n'est point dans les idées étroites, ni suivant les méthodes scolastiques de nos nomenclateurs, c'est en observant dans la nature par quelles ressemblances des mêmes facultés, des mêmes habitudes, elle rapproche certaines espèces, les rassemble et en forme, pour ainsi dire, un groupe réuni par des manières communes de vivre et d'être.

On peut s'étonner, avec raison, de ne point trouver dans Aristote le nom du phénicoptère, quoique nommé dans le même temps par Aristophane,

a. *Mus. reg. Soc.*, pag. 67.
b. *Anciens Mémoires de l'Académie des Sciences*, t. III, partie III, p. 43.
c. Cette assertion se trouve dans le fragment de *Ménippe*, d'après lequel Rondelet l'a répétée. Wormius, Cardan et Charléton prétendent l'avoir vérifiée [1].

1 (c)... *Prétendent l'avoir vérifiée.* Il n'en est pas moins vrai qu'elle n'est point fondée.

qui le range dans la troupe des oiseaux de marais (λιμναῖοι); mais il était
rare et peut-être étranger dans la Grèce. Héliodore [a] dit expressément que
le phénicoptère est un oiseau du Nil : l'ancien scoliaste sur Juvénal [b] dit
aussi qu'il est fréquent en Afrique; cependant il ne paraît pas que ces
oiseaux demeurent constamment dans les climats les plus chauds, car on
en voit quelques-uns en Italie, et en beaucoup plus grand nombre en
Espagne [c]; et il est peu d'années où il n'en arrive pas quelques-uns sur nos
côtes de Languedoc et de Provence, particulièrement vers Montpellier et
Martigues [d], et dans les marais près d'Arles [e]; d'où je m'étonne que Belon,
observateur si instruit, dise qu'on n'en voit aucun en France qui n'y ait été
apporté d'ailleurs [f]. Cet oiseau aurait-il étendu ses migrations d'abord en
Italie, où autrefois il ne se voyait pas, et ensuite jusque sur nos côtes?

Il est, comme on le voit, habitant des contrées du Midi, et se trouve
dans l'ancien continent, depuis les côtes de la Méditerranée jusqu'à la
pointe la plus australe de l'Afrique [g]; on en trouve en grand nombre dans
les îles du Cap-Vert, au rapport de Mandeslo, qui exagère la grosseur de
leur corps, en le comparant à celui du cygne [h]. Dampier rencontra quelques
nids de ces oiseaux dans celle de Sal [i]; ils sont en quantité dans les provinces occidentales de l'Afrique, à Angola, Congo et Bissao, où par respect
superstitieux les Nègres ne souffrent pas qu'on tue un seul de ces oiseaux,
ils les laissent paisiblement s'établir jusqu'au milieu de leurs habitations [j].
On les trouve de même à la baie de Saldana [k], et dans toutes les terres voi-

a. *Ethiopic.*, lib. vi.

b. Satire XI, vers 139.

c. Belon, *Nat. des oiseaux*, page 199.

d. Lister. *Annot. in Apicium*, lib. v, cap. 7. — Ray, *Synops.*, p. 117.

e. *Peiresc. vita*, lib. ii.

f. « Il n'est point vu au pays de deçà, si on ne l'apporte prisonnier, et combien qu'il soit
« oiseau palustre, toutefois il n'est guères prins de ce côté de la mer océane; mais il est quel-
« quefois vu en Italie, et plus souvent en Espagne qu'ailleurs, car on lui fait passer la mer. »
Nat. des oiseaux, p. 199.

g. « Ces oiseaux sont fort communs au Cap; pendant le jour ils se tiennent sur le bord des
« lacs ou des rivières, et la nuit ils se retirent sur les montagnes. » Kolbe, *Description du cap
de Bonne-Espérance*, t. II, p. 172.

h. On y voit (des îles du Cap-Vert), entre autres, une sorte d'oiseaux que les Portugais
appellent *flamingos*, qui ont le corps blanc et les ailes d'un rouge vif, approchant de la couleur
de feu, et qui sont aussi gros qu'un cygne. *Voyage de Mandeslo*, p. 688.

i. *Histoire générale des Voyages*, t. XII, p. 229.

j. « Les flamingos sont en grand nombre dans le canton, et si respectés par les Mandingos
« d'un village à demi-lieue de Geves, qu'il s'y en trouve des milliers; ces oiseaux sont de la
« grandeur d'un coq d'Inde... Les habitants du même village portent le respect si loin pour ces
« animaux, qu'ils ne souffrent pas qu'on leur fasse le moindre mal. Ils les laissent tranquilles
« sur les arbres au milieu de leurs habitations, sans être importunés de leurs cris, qui se
« font entendre néanmoins d'un quart de lieue. Les Français, en ayant tué quelques-uns dans
« cet asyle, furent forcés de les cacher sous l'herbe, de peur qu'il ne prit envie aux Nègres de
« venger sur eux la mort d'un oiseau si révéré. » *Relation de Brue, Hist. générale des Voyages*,
t. II, p. 590.

k. « Dans la multitude d'oiseaux qu'on voit à la baie de Saldana, les pelicans, les *flamingos*,

sines du cap de Bonne-Espérance, où ils passent le jour sur la côte, et se retirent la nuit au milieu des grandes herbes qui se trouvent dans quelques endroits des terres adjacentes [a].

Au reste, le flammant est certainement un oiseau voyageur, mais qui ne fréquente que les pays chauds et tempérés, et ne visite pas ceux du Nord ; il est vrai qu'on le voit dans certaines saisons paraître en divers lieux, sans qu'on sache précisément d'où il arrive, mais jamais on ne l'a vu s'avancer dans les terres septentrionales, et s'il en parait quelques-uns dans nos provinces intérieures de France, seuls et égarés, ils semblent y avoir été jetés par quelque coup de vent. M. Salerne rapporte, comme chose extraordinaire [b], qu'on en a tué un sur la Loire. C'est dans les climats chauds que ses courses s'exécutent ; et il les a portées de l'un à l'autre continent, car il est du petit nombre d'oiseaux communs aux terres méridionales de tous deux [c][1].

On en voit au Valparais, à la Conception, à Cuba [d], où les Espagnols les nomment *flamencos* [e] ; il s'en trouve à la côte de Vénézuela près de l'île Blanche et de l'île d'Aves, et sur l'île de la *Roche* qui n'est qu'un amas d'écueils [f] ; ils sont bien connus à Cayenne, où les naturels du pays leur donnent le nom de *tococo* ; on les voit border le rivage de la mer ou voler en troupes [g] ; on les retrouve dans les îles de Bahama [h]. Hans Sloane les

« les corbeaux, qui tous ont un collier blanc autour du cou, quantité de petits oiseaux de diffé-
« rentes espèces, sans compter ceux de la mer, dont la variété est innombrable, remplissent
« tellement l'air, les arbres et la terre, qu'on ne peut se remuer sans en faire partir un grand
« nombre. » *Relation de Dounton ; Histoire générale des Voyages*, t. II, p. 46.

a. Histoire générale des Voyages, t. V, p. 201.

b. Page 362.

c. « On voit dans l'île Maurice (île de France), beaucoup de certains oiseaux qu'on appelle
« *géants*, parce que leur tête s'élève à la hauteur d'environ six pieds ; ils sont extrêmement
« haut montés, et ont le cou fort long ; le corps n'est pas plus gros que celui d'une oie ; ils
« paissent dans les lieux marécageux, et les chiens les surprennent souvent, à cause qu'il leur
« faut beaucoup de temps pour s'élever de terre. Nous en vîmes un jour un à Rodrigue, et nous
« le prîmes à la main, tant il était gras ; c'est le seul que nous ayons remarqué, ce qui me fait
« croire qu'il y avait été poussé par quelque vent, à la force duquel il n'avait pu résister ; ce
« gibier est assez bon. » *Voyage de François Leguat* ; Amsterdam, 1708, t. II, p. 72.

d. « Dans les petites îles, sous Cuba, à qui Colomb donna le nom de *jardin de la Reine*, on
« voit des oiseaux rouges de la forme des grues, qui ne se trouvent que dans ces îles, où ils
« vivent d'eau salée, ou plutôt de ce qu'ils y trouvent propre à les nourrir. » Herrera,
cap. XIII.

e. De Laët, *Descrip. Ind. occid.*, lib. I, cap. II.

f. Idem, lib. XVIII, cap. XVI.

g. Barrère, *Hist. nat. de la France équinox.* Les bois à Cayenne sont peuplés de *flammands*,
de colibris, d'ocos et de toucans. *Voyage de Froger*.

h. Klein, *De avib. errat.*, pag. 165.

1. « Cette espèce est répandue sur tout l'ancien continent, au-dessous de 40°. On en voit des
« troupes nombreuses chaque année sur nos côtes méridionales ; elles remontent quelquefois
« jusque vers le Rhin. — M. Temminck pense que le *flammant d'Amérique*, tout entier d'un
« rouge vif, diffère par l'espèce de celui de l'Ancien-Monde. — Ajoutez le *petit phénicoptère*
« *d'Amérique...* » (Cuvier.)

place dans le catalogue des oiseaux de la Jamaïque [a] ; Dampier les retrouve à Rio de la Hacha [b] ; ils sont en très-grand nombre à Saint-Domingue [c], aux Antilles et aux îles Caribes [d], où ils se tiennent dans les petits lacs salés et sur les lagunes. Celui dont Seba donne la figure lui avait été envoyé de Curaçao [e] ; on en trouve également au Pérou [f], jusqu'au Chili [g]. Enfin il est peu de régions de l'Amérique méridionale où quelques voyageurs n'aient rencontré ces oiseaux.

Ces flammants d'Amérique sont partout les mêmes que ceux de l'Europe et d'Afrique ; l'espèce de ces oiseaux semble être unique [1] et plus isolée qu'aucune autre, puisqu'elle s'est refusée à toute variété.

Ces oiseaux font leurs petits sur les côtes de Cuba et des îles de Bahama [h], dans les plages noyées et sur les îles basses, telles que celles d'*Aves* [i], où Labat trouva nombre de ces oiseaux et leurs nids [j] ; ce sont de petits tas de terre glaise et de fange amassée du marais, relevés d'environ vingt pouces en pyramide au milieu de l'eau, où leur base baigne toujours, et dont le sommet tronqué, creux et lissé, sans aucun lit de plumes ni d'herbes, reçoit immédiatement les œufs que l'oiseau couve en reposant sur ce petit monticule [k], les jambes pendantes, dit Catesby, comme un homme assis sur un

a. *Hist. nat. of Jamaïc.*, t. II, p. 321. « These are common in the Marshy and fenny places, « and Likewise shallow baies of Jamaïca. »

b. « J'ai vu des flamingos à Rio de la Hacha, et à une île située près du continent de l'Amé- « rique, vis-à-vis de Curaçao, et que les pirates appellent *l'île de Flamingo*, à cause de la « prodigieuse quantité de ces oiseaux qui y nichent. » Dampier, *Nouveau voyage autour du monde*, t. I, p. 94.

c. « A Saint-Domingue, les flamingos bordent les marais en grandes troupes, et comme ils « ont les pieds d'une extrême hauteur, on les prendrait de loin pour un escadron rangé en « bataille. » *Hist. générale des voyages*, t. XII, p. 228. — « Les endroits que les flamants « fréquentent le plus volontiers à Saint-Domingue, sont les marécages de la *Gonave* et de l'*île* « *à Vache*, petites îles situées, l'une à l'ouest du Port-au-Prince, l'autre au sud de la ville des « Cayes. Ces îles leur plaisent, et parce qu'elles sont inhabitées, et parce qu'il s'y trouve « plusieurs lagons et marais d'eau salée ; ils fréquentent aussi beaucoup le fameux étang de « *Riquille* qui appartient aux Espagnols. On en voit à l'est de la plaine du *Cul-de-sac*, dans un « grand étang qui contient plusieurs îlets ; mais, du reste, on observe que le nombre de ces « oiseaux diminue à mesure que l'on dessèche les marécages et que l'on abat les hautes futaies « qui garnissent les bords des grands étangs. » Extrait des Mémoires communiqués par M. le chevalier Lefebvre Deshayes.

d. Hernandez, Rochefort.

e. Thes., tab. 67.

f. De Laët.

g. Frésier, page 73.

h. Catesby, *Nat. hist. of Carolina*, t. I, pag. 73.

i. Cinquante lieues sous le vent de la Dominique.

j. *Histoire générale des voyages*, t. XV, p 673.

k. On me montra quantité de leurs nids ; ils ressemblent à des cônes tronqués, composés de « terre grasse, d'environ dix-huit à vingt pouces de hauteur, sur autant de diamètre par le bas ; « ils les font toujours dans l'eau, c'est-à-dire, dans des mares ou des marécages : ces cônes « sont solides jusqu'à la hauteur de l'eau, et ensuite vides comme un pot avec un trou en

1. Voyez la note de la page précédente.

tabouret, et de manière qu'il ne couve ses œufs que du croupion et du bas-ventre. Cette singulière situation est nécessitée par la longueur de ses jambes, qu'il ne pourrait jamais ranger sous lui s'il était accroupi. Dampier décrit de même leur manière de nicher dans l'île de Sal [a]. C'est toujours dans les lagunes et les mares salées qu'ils placent leurs nids; ils ne font que deux œufs ou trois au plus [b]; ces œufs sont blancs, gros comme ceux de l'oie et un peu plus allongés [c]; les petits ne commencent à voler que lorsqu'ils ont acquis presque toute leur grandeur; mais ils courent avec une vitesse singulière [d], peu de jours après leur naissance.

Le plumage est d'abord d'un gris clair, et cette couleur devient plus foncée à mesure que leurs plumes croissent, mais il leur faut dix ou onze mois pour l'entier accroissement de leur corps, et ce n'est qu'alors qu'ils commencent à prendre leur belle couleur, dont les teintes sont faibles dans la jeunesse, et deviennent plus fortes et plus vives à mesure qu'ils avancent en âge [e]. Suivant Catesby, il se passe deux ans avant qu'ils acquièrent toute leur belle couleur rouge [f]. Le P. Dutertre fait la même remarque [g]; mais, quel que soit le progrès de cette teinte dans leur plumage, l'aile est colorée la première, et le rouge y est toujours plus éclatant que partout ailleurs; cette couleur s'étend ensuite de l'aile sur le croupion, puis sur le dos et la poitrine et jusque sur le cou; il y a seulement dans quelques individus de légères variétés de nuances qui paraissent suivre les différences du climat;

« haut; c'est là dedans qu'ils pondent deux œufs qu'ils couvent en s'appuyant contre et couvrant
« le trou avec leur queue; j'en ai rompu quelques-uns sans y trouver ni plumes, ni herbes, ni
« aucune chose pour reposer les œufs; le fond est un peu concave et les parois font unies. »
Labat, t. IV, p. 425.

a. « Ils font leur nid dans les marais où il y a beaucoup de boue qu'ils amoncèlent avec
« leurs pattes, et en font de petites hauteurs qui ressemblent à de petites îles, et qui paraissent
« hors de l'eau d'un pied et demi de haut; ils font le fondement de ces éminences large, et le
« conduisent toujours en diminuant jusqu'au sommet, où ils laissent un petit trou pour pondre;
« quand ils pondent ou qu'ils couvent, ils se tiennent debout, non sur l'éminence mais tout
« auprès, les jambes à terre et dans l'eau, se reposant contre leur monceau de terre, et cou-
« vrant leur nid de leur queue; ils ont les jambes fort longues, et comme ils font leurs nids à
« terre, ils ne peuvent, sans endommager leurs œufs ou leurs petits, avoir les jambes dans
« leur nid, ni s'asseoir dessus, ni s'appuyer tout le corps qu'à la faveur de cet admirable
« instinct que la nature leur a donné; ils ne pondent jamais que deux œufs et rarement moins.
« Les jeunes ne peuvent voler qu'ils n'aient presque toutes leurs plumes, mais ils courent avec
« une vitesse prodigieuse. » Dampier, t. I, p. 93.

b. « They never lay more than three eggs, and seldom fewer. » *Philosoph. Tansact.*, n° 350.

c. Décrit sur des œufs de *tokoko* ou *flammant* de Cayenne, au Cabinet du Roi.

d. « The young ones cannot fly til they are almost full grown; but will run prodigiously
« fast » *Philosoph. Transact.*, *ibid.*

e. « Ils diffèrent en couleur, d'autant qu'ils ont le plumage blanc quand ils sont jeunes; puis
« après, à mesure qu'ils croissent, ils deviennent couleur de rose, et enfin, quand ils sont âgés,
« tout incarnat. » De Laët, p. 583. Voyez aussi Labat, t. VIII, p. 291.

f. Hist. nat. of Carolina, t. I, p. 73.

g. « Les jeunes sont beaucoup plus blancs que les vieux; ils rougissent à mesure qu'ils avan-
« cent en âge. J'en ai vu aussi quelques-uns qui avaient les ailes mêlées de plumes rouges,
« noires et blanches; je crois que ce sont les mâles. » *Histoire des Antilles.*

par exemple, nous avons remarqué le rouge plus ponceau dans le flammant du Sénégal, et plus orangé dans celui de Cayenne : seule différence qui ne suffit pas pour constituer deux espèces comme l'a fait Barrère [a].

Leur nourriture, dans tout pays, est à peu près la même ; ils mangent des coquillages, des œufs de poissons et des insectes aquatiques : ils les cherchent dans la vase en y plongeant le bec et partie de la tête ; ils remuent en même temps et continuellement les pieds de haut en bas pour porter la proie avec le limon dans leur bec, dont la dentelure sert à la retenir. C'est, dit Catesby, une petite graine ronde, semblable au millet, qu'ils élèvent ainsi en agitant la vase, qui fait le grand fonds de leur nourture ; mais cette prétendue graine n'est vraisemblablement autre chose que des œufs d'insectes, et surtout des œufs de mouches et moucherons, aussi multipliés dans les plages noyées de l'Amérique, qu'ils peuvent l'être dans les terres basses du Nord, où M. de Maupertuis dit avoir vu des lacs tout couverts de ces œufs d'insectes qui ressemblaient à de la graine de mil [b]. Apparemment ces oiseaux trouvent aux îles de l'Amérique cet aliment en abondance ; mais sur les côtes d'Europe, on les voit se nourrir de poisson, les dentelures dont leur bec est armé n'étant pas moins propres que des dents à retenir cette proie glissante.

Ils paraissent comme attachés aux rivages de la mer : si l'on en voit sur des fleuves, comme sur le Rhône [c], ce n'est jamais bien loin de leur embouchure ; ils se tiennent plus constamment dans les lagunes, les marais salés et sur les côtes basses ; et l'on a remarqué, quand on a voulu les nourrir, qu'il fallait leur donner à boire de l'eau salée [d].

Ces oiseaux sont toujours en troupes, et pour pêcher ils se forment naturellement en file, ce qui de loin présente une vue singulière, comme de soldats rangés en ligne [e] ; ce goût de s'aligner leur reste, même lorsque placés l'un contre l'autre, ils se reposent sur la plage [f] ; ils établissent des sentinelles et font alors une espèce de garde, suivant l'instinct commun à

a. *Phœnicopterus ex cinereo puniceus ; phœnicopterus roseus ; phœnicopterus phœniceus. Ornithol., specim. nov.*

b. *Voyage en Laponie pour la mesure de la terre*, tome III des *OEuvres de Maupertuis*, page 116.

c. *Peiresc. vita*, lib. II.

d. « Gregatim degunt et juxtà littora, atque in ipsis marinis fluctibus victum quærunt, salsis « undis ita assnetæ, ut quum ab Indis aluntur (nam et cieurantur), sal potui ipsarum neces- « sario admisceatur. » De Laët, *Descrip. Ind. occid.*, lib. II, cap. II. Labat et Charlevoix disent la même chose.

e. « Les flamingos bordent les marais en grandes troupes à Saint-Domingue, et comme ils « ont les pieds d'une extrème hauteur, on les prendrait de loin pour un escadron rangé en « bataille. » *Hist. générale des Voyages*, t. XII, p. 229.

f. « Ils se tiennent ordinairement sur leurs jambes l'un contre l'autre, sur une seule ligne ; « dans cette situation, il n'y a personne qui, à la distance d'un demi-mille, ne les prît pour un « mur de briques, parce qu'ils en ont exactement la couleur. » Relation de Robertz ; *Histoire générale des Voyages*, t. II, p. 364.

tous les oiseaux qui vivent en troupes; et quand ils pêchent, la tête plongée dans l'eau, un d'eux est en vedette, la tête haute[a]; et si quelque chose l'alarme il jette un cri bruyant qui s'entend de très-loin, et qui est assez semblable au son d'une trompette[b]; dès lors toute la troupe se lève et observe dans son mouvement de vol un ordre semblable à celui des grues : cependant lorsqu'on surprend ces oiseaux, l'épouvante les rend immobiles et stupides, et laisse au chasseur tout le temps de les abattre presque jusqu'au dernier. C'est ce que témoigne Dutertre[c], et c'est aussi ce qui peut concilier les récits contraires des voyageurs, dont les uns représentent les flammants comme des oiseaux défiants[d] et qui ne se laissent guère approcher[e], tandis que d'autres les disent lourds, étonnés[f], et se laissant tuer les uns après les autres[g].

Leur chair est un mets recherché : Catesby la compare pour la délicatesse à celle de la perdrix; Dampier dit qu'elle est de fort bon goût, quoique maigre; Dutertre la trouve excellente, malgré un petit goût de marais; et la plupart des voyageurs en parlent de même[h]. M. de Peiresc est presque

a. « Ils sont toujours en garde contre la surprise de leurs ennemis, et l'on prétend qu'il y en
« a quelques-uns en sentinelle, tandis que les autres sont occupés à chercher leur vie : avec
« cela, on dit qu'ils éventent la poudre d'assez loin; ainsi on les approche difficilement. Nos
« anciens boucaniers se servaient, pour les tuer, d'un stratagème semblable à celui dont on
« dit que les Floridiens usent pour approcher les cerfs : ils se couvraient d'une peau de bœuf,
« et, prenant le dessous du vent, ils approchaient leur proie sans que les *flamands*, accou-
« tumés à voir paître les bœufs dans les campagnes, en fussent effarouchés, de sorte qu'ils les
« tiraient à leur aise. » *Histoire de Saint-Domingue*, par le P. Charlevoix; Paris, 1730 , t. I,
p. 30. Voyez la même chose, *Histoire naturelle et morale des Antilles*, p. 151.

b. « Ces oiseaux ont le ton de voix si fort, qu'il n'y a personne, en les entendant, qui ne
« crût que ce sont des trompettes qui sonnent; ils sont toujours en bandes, et pendant qu'ils
« ont la tête cachée, barbottant dans l'eau, comme les cygnes, pour trouver leur mangeaille,
« il y en a toujours un en sentinelle tout debout, le cou étendu, l'œil circonspect et la tête
« inquiète : sitôt qu'il aperçoit quelqu'un, il sonne de la trompette, donne l'alarme au quartier,
« prend le vol tout le premier, et tous les autres le suivent. » *Hist. nat. des Antilles.*

c. « Que si on peut les surprendre, ils sont si faciles à tuer, que les moindres blessures les
« font demeurer sur la place. » *Ibidem.*

d. « Ils ont l'ouïe et l'odorat si subtils, qu'ils éventent de loin les chasseurs et les armes à
« feu : pour éviter aussi toute surprise, ils se posent volontiers en des lieux découverts et au
« milieu des marécages, d'où ils peuvent apercevoir de loin leurs ennemis, et il y en a toujours
« un de la bande qui fait le guet. » Rochefort, *Histoire des Antilles.*

e. « Ces oiseaux se laissent approcher difficilement : Dampier et deux autres chasseurs,
« s'étant placés le soir près du lieu de leur retraite, les surprirent avec tant de bonheur, qu'ils
« en tuèrent quatorze de leurs trois coups. » Relation de Robertz; *Hist. générale des Voyages*,
t. II, p. 364.

f. « Stolida avis, » dit Klein.

g. « Un homme, en se cachant de manière qu'ils ne puissent le voir, en peut tuer un grand
« nombre; car le bruit d'un coup de fusil ne leur fait pas changer de place, ni la vue de ceux
« qui sont tués au milieu d'eux n'est pas capable d'épouvanter les autres, ni de les avertir du
« danger où ils sont; mais ils demeurent les yeux fixes, et pour ainsi dire étonnés, jusqu'à ce
« qu'ils soient tous tués, ou du moins la plupart. » Catesby, *Nat. hist. of Carolina*, tome I,
page 73.

h. « Ces oiseaux sont en grand nombre dans les pays du Cap; leur chair est saine et de bon

le seul qui la dise mauvaise ; mais à la différence que peuvent y mettre les climats, il faut joindre l'épuisement de ces oiseaux qui n'arrivent sur nos côtes que fatigués d'un long vol. Les anciens en ont parlé comme d'un gibier exquis [a]. Philostrate le compte entre les délices des festins [b] ; Juvénal, reprochant aux Romains leur luxe déprédateur, dit qu'on les voit couvrir leurs tables et des oiseaux rares de Scythie et du superbe phénicoptère. Apicius donne la manière savante de l'assaisonner [c], et ce fut cet homme dont la voracité, dit Pline, *engloutissait les races futures* [d], qui découvrit à la langue du phénicoptère cette saveur qui la fit rechercher comme le morceau le plus rare [e]. Quelques-uns de nos voyageurs, soit dans le préjugé des anciens ou d'après leur propre expérience, parlent aussi de l'excellence de ce morceau [f].

La peau de ces oiseaux, garnie d'un bon duvet, sert aux mêmes usages que celle du cygne [g]. On peut les apprivoiser assez aisément, soit en les prenant jeunes dans le nid [h], soit même en les attrapant déjà grands dans

« goût : on assure que leur langue a le goût de la moelle. » *Hist. générale des Voyages*, t. V, p. 201. — « Ils sont gras et leur chair est délicate. » Rochefort.

a. Caligula, devenu assez fou pour se croire dieu, avait choisi le phénicoptère avec le paon pour les hosties exquises qu'on devait immoler à sa divinité ; et la veille du jour où il fut massacré, dit Suétone, il s'était aspergé dans un sacrifice du sang d'un phénicoptère.

b. Vita Apollon., lib. VIII.

c. « Phœnicopterum elixas, lavas, ornas ; includis in cacabum ; adjicies aquam, salem et « aceti modicum. Dimidiâ cocturâ alligas fasciculum porti et coriandri, ut coquatur. Propè « cocturam defrutum mittis, coloras ; adjicies in mortarium piper, cuminum, coriandrum, « laseris radicem, mentham, rutam ; fricabis ; suffundis acetum : adjicies caryotam. Jus de « suo sibi perfundis ; reeximanies in eundem cacabum : amilo obligas ; jus perfundis, et inferes. « *Aliter* : assas avem ; teres piper, ligusticum, apii semen, sesamum, defrutum, petroseli- « num, mentham, cepam siccam, caryotam ; melle, vino, liquamine, aceto, oleo et defruto « temperabis. » *De Obson. et Condim.*, lib. VI, cap. VII.

d. « Phœnicopteri linguam præcipui esse saporis Apicius docuit, nepotum omnium altissimus « gurges. »

e. Lampride compte, parmi les excès d'Héliogabale, celui d'avoir fait paraître à sa table des plats remplis de langues de phénicoptères. Suétone dit que Vitellius, rassemblant les délices de toutes les parties du monde, faisait servir à la fois, dans ses festins, les foies de scares, les laites de murènes, les cervelles de faisans et les langues de phénicoptères ; et Martial, faisant honte aux Romains de leurs goûts destructeurs, fait dire à cet oiseau, que son beau plumage a frappé les yeux, et que sa langue est devenue la proie des gourmands, tout comme si cette langue eût dû piquer leur goût dépravé autant que la langue musicale et charmante du rossignol, autre tendre victime de ces déprédateurs :

> Dat mihi penna rubens nomen ; sed lingua gulosis
> Nostra sapit : quid, si garrula lingua foret?

f. « Mais surtout leur langue passe pour le plus friand morceau qui puisse être mangé. » Dutertre. — « Ils ont la langue fort grosse, et vers la racine un peloton de graisse qui fait un « excellent morceau. Un plat de langues de flamingos serait, suivant Dampier, un mets digne « de la table des rois. » *Histoire générale des Voyages*, t. II, p. 364. Relation de Robertz.

g. « On les écorche, et de leurs peaux on en fait des fourrures, que l'on dit être très-utiles à « ceux qui sont travaillés de froideurs et de débilité d'estomac. » Dutertre.

h. « Je souhaitais fort d'en avoir de jeunes pour les apprivoiser ; car on en vient à bout, et « j'en ai vu de fort familiers chez le gouverneur de la Martinique. ... En moins de quatre ou

les piéges ou de toute autre manière [a]; car quoiqu'ils soient très-sauvages dans l'état de liberté, une fois captif le flammant parait soumis, et semble même affectionné; et en effet il est plus farouche que fier, et la même crainte qui le fait fuir, le subjugue quand il est pris. Les Indiens en ont d'entièrement privés [b]. M. de Peiresc en avait vu de très-familiers, puisqu'il donne plusieurs détails sur leur vie domestique [c]. Ils mangent plus de nuit que de jour, dit-il, et trempent dans l'eau le pain qu'on leur donne; ils sont sensibles au froid et s'approchent du feu jusqu'à se brûler les pieds, et lorsqu'une de leurs jambes est impotente, ils marchent avec l'autre en s'aidant du bec et l'appuyant à terre comme un pied ou une béquille; ils dorment peu et ne reposent que sur une jambe, l'autre retirée sous le ventre; néanmoins ils sont délicats et assez difficiles à élever dans nos climats; même il paraît qu'avec assez de docilité pour se plier aux habitudes de la captivité, cet état est très-contraire à leur nature, puisqu'ils ne peuvent le supporter longtemps, et qu'ils y languissent plutôt qu'ils ne vivent, car ils ne cherchent pas à se multiplier, et jamais ils n'ont produit en domesticité [d].

« cinq jours, les jeunes que nous prîmes venaient manger dans nos mains; cependant je les
« tenais toujours attachés, sans me fier trop à eux, car un qui s'était détaché s'enfuit vite
« comme un lièvre, et mon chien eut de la peine à l'arrêter. » Labat, *Nouveau voyage aux*
îles d'Amérique, t. VIII, p. 291 et 292.

a. « Un flamant sauvage étant venu se poser dans une mare près de notre habitation, on y
« chassa un flamant domestique qui vivait dans la basse-cour, et le négrillon qui le soignait
« porta le baquet dans lequel il le nourrissait au bord de la mare, à quelque distance, et se
« cacha auprès. Le flamant domestique ne tarda pas à s'en approcher, et le flamant sauvage de
« le suivre; celui-ci voulant prendre sa part des aliments, le premier se mit à le chasser et à le
« battre, de manière que le petit nègre, qui faisait le mort à terre, trouva l'instant de le
« prendre en l'arrêtant par les jambes. Un de ces oiseaux, pris à peu près de même, a vécu
« quinze ans dans nos basses-cours; il vivait de bon accord avec les volailles, et caressait
« même ses compagnons de chambrée, les dindons et les canards, en les grattant sur le dos
« avec le bec. Il se nourrissait du même grain que ces volailles, pourvu qu'il fût mêlé avec un
« peu d'eau; au reste, il ne pouvait manger qu'en tournant le bec pour prendre les aliments
« de côté; il barbotait d'ailleurs comme les canards, et connaissait si bien ceux qui avaient
« coutume d'avoir soin de lui, que, quand il avait faim, il allait à eux et les tirait avec le bec
« par les vêtements; il se tenait très-souvent dans l'eau jusqu'à mi-jambes, ne changeant
« guère de place et plongeant de temps en temps sa tête au fond, afin d'attraper de petits pois-
« sons, dont il se serait nourri de préférence au grain; quelquefois il courait sur l'eau en la
« battant alternativement avec ses pattes, et en se soutenant par le mouvement de ses ailes à
« moitié étendues; il ne se plaisait point à nager, mais à trépigner dans peu d'eau. Quand il
« tombait, il ne se relevait que très-difficilement; aussi ne s'appuyait-il jamais sur son ventre
« pour dormir : il retirait seulement une de ses jambes sous lui, restait sur l'autre comme sur
« un piquet, passait son cou sur son dos, et cachait sa tête entre le bout de son aile et son corps,
« toujours du côté opposé à la jambe qui était pliée. » Lettre de M. Pommiés, commandant de
milice au quartier de Nipes, à Saint-Domingue, communiquée par M. le chevalier Lefebvre-
Deshayes.

b. « Ab Indis domi aluntur; nam et cicurantur. » *Descrip. Ind. occid.*, lib. i, cap. ii.

c. *Peiresc. vita*, lib. iii.

d. Barrère, *ibidem*.

LE CYGNE. [a] [b] [*] [1]

Dans toute société, soit des animaux, soit des hommes, la violence fit les tyrans, la douce autorité fait les rois : le lion et le tigre sur la terre, l'aigle et le vautour dans les airs, ne règnent que par la guerre, ne dominent que par l'abus de la force et par la cruauté ; au lieu que le cygne règne sur les eaux à tous les titres qui fondent un empire de paix, la grandeur, la majesté, la douceur : avec des puissances, des forces, du courage et la volonté de n'en pas abuser, et de ne les employer que pour la défense, il sait combattre et vaincre, sans jamais attaquer ; roi paisible des oiseaux d'eau, il brave les tyrans de l'air ; il attend l'aigle sans le provoquer, sans le craindre ;

a. Voyez les planches enluminées, n° 913.

b. En grec, κύκνος, κύδνος ; en latin, *olor* ; en arabe, *baskak, cinnana.* — *Nota.* M. Brisson, dans ses dénominations du cygne, dit, en hébreu, *tinschemet*, suivant Aldrovande ; or, Aldrovande commence son premier chapitre du cygne par dire tout le contraire ; *l'hébreu,* dit-il expressément, *n'a aucun mot qui désigne proprement et clairement le cygne.* Saint Jérôme traduit *tinschemet, cygnus.* Les Septante traduisent *racha, cygnus,* et en même temps rangent le *racha* parmi les oiseaux immondes, ce qui prouve que ce n'est point le cygne. Sanctes Pagnin trouve le cygne dans *kaueta* ; et Rabbi Kimki, commentant ce mot, qu'il prononce *soetha,* assure que c'est une chauve-souris. — En italien, *cino, cygno* ; à Venise, *cesano* ; dans le Ferrarois, *cisano* ; en espagnol, *cisne* ; en catalan, *signe* ; en allemand, *schwan* ; en Saxe et en Suisse, *oelb, elbsch, elbish,* que Frisch fait dériver d'*albus* ; en anglais, *swan,* le petit *cygnet,* le privé *tames-wan,* le sauvage *wild-swan, elk,* et selon quelques-uns, *hooper* ; en suédois, *swan* ; en illyrien, *labut* ; en polonais, *labec* ; aux Philippines, et spécialement à l'île de Luçon, *tagac.* — *Cyne, cygne.* Belon, *Nat.,* p. 151 ; et *Portraits d'ois.,* p. 30, *a.* — *Cygnus.* Gessner, *Avi.,* p. 371. — Jonston, *Avi,* p. 90. — Charleton, *Exercit.,* p. 103, n° 10. *Onomast,* p. 97,

* *Anas olor* (Linn.). — Le *cygne à bec rouge* (Cuv.) ; ⎱ Ordre des *Palmipèdes,* famille
  Et *Anas cygnus* (Linn.). — Le *cygne à bec noir* (Cuv.). ⎰
des *Lamellirostres,* genre *Canards,* sous-genre *Cygnes* (Cuv.). — Buffon réunit, dans cet article, deux espèces distinctes : 1° Son *cygne proprement dit* (planche enluminée 913), qui est le *cygne tuberculé* ou *domestique* de M. Temminck, le *cygne à bec rouge* de Cuvier (*anas olor,* Linn.), 2° son *cygne sauvage,* ou *cygne à bec jaune* de M. Temminck, *cygne à bec noir* de Cuvier (*anas cygnus,* Linn.). — 1° « Le *cygne à bec rouge :* à bec rouge bordé de noir, chargé sur sa base « d'une protubérance arrondie ; le plumage d'un blanc de neige. Les jeunes ont le bec plombé « et le plumage gris. C'est cette espèce qui, devenue domestique, fait l'ornement de nos bas- « sins et de nos canaux. La douceur de ses mouvements, l'élégance de ses formes, la blancheur « éclatante de son plumage, l'ont rendu l'emblème de la beauté et de l'innocence. — 2° Le « *cygne à bec noir :* le bec noir, à base jaune, le corps blanc, teinté de gris jaunâtre, et tout « gris dans les jeunes. Cette espèce, fort semblable à la précédente pour l'extérieur, s'en dis- « tingue parfaitement à l'intérieur par sa trachée-artère qui se recourbe et pénètre en grande « partie dans une cavité de la quille du sternum, particularité commune aux deux sexes, et qui « n'a point lieu dans le cygne domestique. On nomme encore celui-ci, mais mal à propos, *cygne* « *sauvage* et *cygne chanteur.* Le chant du *cygne* à sa mort n'est qu'une fable. » (Cuvier.) — Ajoutez le *cygne noir,* découvert depuis peu à la Nouvelle-Hollande ; de la taille du *cygne commun :* il est tout noir, excepté les pennes primaires, qui sont blanches, et le bec et une peau nue de sa base qui sont rouges. — « L'*oie à cravate* (*anas canadensis*), planche enlu- « minée 346, me paraît aussi un vrai *cygne.* » (Cuvier.)

1. *L'histoire du cygne* commence le IXe et dernier volume de l'*Histoire des oiseaux* (édition in-4° de l'Imprimerie royale), volume publié en 1783.

il repousse ses assauts, en opposant à ses armes la résistance de ses plumes, et les coups précipités d'une aile vigoureuse qui lui sert d'égide [a], et souvent la victoire couronne ses efforts [b]. Au reste, il n'a que ce fier ennemi, tous les autres oiseaux de guerre le respectent, et il est en paix avec toute la nature [c]; il vit en ami plutôt qu'en roi au milieu des nombreuses peuplades des oiseaux aquatiques, qui toutes semblent se ranger sous sa loi; il n'est que le chef, le premier habitant d'une république tranquille [d], où les citoyens n'ont rien à craindre d'un maître qui ne demande qu'autant qu'il leur accorde, et ne veut que calme et liberté.

Les grâces de la figure, la beauté de la forme répondent, dans le cygne, à la douceur du naturel; il plaît à tous les yeux, il décore, embellit tous les lieux qu'il fréquente; on l'aime, on l'applaudit, on l'admire [e]; nulle espèce

n° 10. — *Mus. Worm.*, p. 299. — Prosp. Alpin., *Ægypt.*, vol. I, p. 199. — *Cygnus, cycnus, olor*, Gessner, *Icon. avi.*, p. 81. — Rzaczynski, *Hist. nat. Polon.*, p. 278, *Auctuar.*, p. 377. — *Cycnus*, Aldrov., *Avi.*, tome III, p. 1. — *Olor.* Schwenckfeld, *Aviar. Siles.*, p. 310. — *Anser cygnus*, Klein, *Avi.*, p. 128, n° 1. — *Cygnus ferus.* Willughby, *Ornithol.*, p. 272. — Ray, *Synops. avi.*, p. 136, n° a, 2. — Sibbald. *Scot. illustr.*, part. ii, lib. iii, p. 21. — Charleton, *Exercit.*, p. 103, n° 10. *Onomast*, p. 97, n° 10. — Marsigl. *Danub*, tome V, p. 98. — *Cygnus mansuetus*, Willughby, p. 271. — Ray, p. 136, n° a, 1. — Sibbald., *ubi supra.* — Marsigl., *ubi supra.* — *Anser candidus, pedibus nigris, rostro luteo, cervice longiori.* Barrère, *Ornithol*, clas. i, gen. 2, sp. 5. — *Anser rostro semicylindrico; cerâ flavâ; corpore albo.* Linnæus, *Fauna Suec.*, n° 88 — Idem, *Syst. nat.*, édit. X, gen. 6, sp. 1. — *Cygnus (ferus).* Ibidem, vers. 1. *Cygnus mansuetus.* — *Der schwan*, Frisch, tome II, pl. 152. — *Cygne sauvage.* Edwards, *Hist.*, p. et pl. 150. — *Cygne*, Albin, tome III, pl. 96. — *Le cygne privé*, Salerne, *Ornithol.*, p. 404. — *Le cygne sauvage*, Idem, *ibid.*, p. 405. — « Anser in toto corpore albus; « tuberculo in exortu rostri carnoso nigro; remigibus rectricibusque candidis... » *Cygnus*, le Cygne. Brisson, *Ornithol.*, tome VI, p. 288. — « Anser in toto corpore albus; rostro in exortu « luteo; remigibus rectricibusque candidis... » *Cygnus ferus*, le Cygne sauvage. Idem, *ibid.*, page 292.

a. « Vim summam in alis habet. » Schwenckfeld. — « Scaliger author est (*Exercit.*, 231, « n° 1), si cigni alâ pulsetur aquila, de hac actum esse. » Aldrovande.

b. « Pugnat cum aquilâ vultur, item olor; et superat olor sæpe. » Aristot., *Hist. animal.*, lib. ix, cap. ii. — « Aquilam invadentem, olores repugnando vincunt; ipsi numquam lacessunt. » Idem, *ibid.*, cap. xvi. — Oppien dit la même chose.

c.
Illic innocui latè pascuntur olores.
Ovid., Amor. ii, eleg. 6.

d. Les anciens croyaient que le cygne épargnait non-seulement les oiseaux, mais même les poissons, ce qu'Hésiode indique dans son bouclier d'Hercule, en représentant des poissons nageant tranquillement à côté du cygne.

e. « L'intérêt, dit M. Baillon, qui a déterminé l'homme à dompter les animaux et à appri-« voiser les oiseaux, n'a eu aucune part à la domesticité du cygne. Sa beauté et l'élégance de « sa forme, l'ont engagé à l'approcher de son habitation, uniquement pour l'orner. Il a eu dans « tous les temps plus d'égards pour lui que pour les autres êtres dont il s'est rendu maître; il « ne l'a pas tenu captif; il l'a destiné à décorer les eaux de ses jardins, et l'a laissé y jouir de « toutes les douceurs de la liberté... L'abondance et le choix de la nourriture ont augmenté le « volume du corps du cygne privé, mais sa forme n'en a perdu rien de son élégance; il a « conservé les mêmes grâces et la même souplesse dans tous ses mouvements; son port majes-« tueux est toujours admiré : je doute même que tous ces agréments soient aussi étendus dans « le sauvage. » Note communiquée par M. Baillon, conseiller du roi et son bailli de Waben, à Montreuil-sur-Mer, que nous avons eu et que nous aurions encore plusieurs fois occasion de citer.

ne le mérite mieux ; la nature en effet n'a répandu sur aucune autant de ces grâces nobles et douces qui nous rappellent l'idée de ses plus charmants ouvrages : coupe de corps élégante, formes arrondies, gracieux contours [a], blancheur éclatante et pure [b], mouvements flexibles et ressentis, attitudes tantôt animées, tantôt laissées dans un mol abandon ; tout dans le cygne respire la volupté, l'enchantement que nous font éprouver les grâces et la beauté, tout nous l'annonce, tout le peint comme l'oiseau de l'amour [c], tout justifie la spirituelle et riante mythologie, d'avoir donné ce charmant oiseau pour père à la plus belle des mortelles [d].

A sa noble aisance, à la facilité, la liberté de ses mouvements sur l'eau, on doit le reconnaître, non-seulement comme le premier des navigateurs ailés, mais comme le plus beau modèle que la nature nous ait offert pour l'art de la navigation [e]. Son cou élevé et sa poitrine relevée et arrondie semblent en effet figurer la proue du navire fendant l'onde ; son large estomac en représente la carène ; son corps, penché en avant pour cingler, se redresse à l'arrière et se relève en poupe ; la queue est un vrai gouvernail ; les pieds sont de larges rames, et ses grandes ailes, demi-ouvertes au vent et doucement enflées, sont les voiles qui poussent le vaisseau vivant, navire et pilote à la fois.

Fier de sa noblesse, jaloux de sa beauté, le cygne semble faire parade de tous ses avantages ; il a l'air de chercher à recueillir des suffrages, à captiver les regards, et il les captive en effet, soit que voguant en troupe on voie de loin, au milieu des grandes eaux, cingler la flotte ailée, soit que, s'en détachant et s'approchant du rivage aux signaux qui l'appellent [f], il vienne se faire admirer de plus près en étalant ses beautés et déve-

---

a.
> Mollior et cygni plumis Galatea.
>
> Ovid., *Metam.*, 13.

b. *Blanc comme un cygne.* Ce proverbe est de toutes les nations. ; les Grecs l'avaient, κύκνου πολιώτερος, Suidas. — « Galatea, candidior cygnis, » dit Virgile. — Dans la langue des Syriens, le nom du blanc et le nom du cygne étaient le même. Guillem. Pastregius, *Lib. de Orig. rerum.*

c. Horace attelle des cygnes au char de Vénus :

> . . . . . Quæ Gnidon
> Fulgentesque tenet Cycladas, et Paphon,
> Junctis visit oloribus.
>
> *Carm.*, lib. III.

d. Hélène, née de Léda et d'un cygne, dont, suivant l'antiquité, Jupiter avait pris la figure ; Euripide, pour peindre la beauté d'Hélène, en faisant en même temps allusion à sa naissance, la désigne, *Orest.*, act. v, par l'épithète ὄμμα κυκνόπτερον, *formâ cygneâ.*

e. Nulle figure plus fréquente sur les navires des anciens que la figure du cygne ; elle paraissait à la prone, et les nautoniers en tiraient un augure favorable.

f. « Le cygne nage avec beaucoup de grâce et rapidement quand il veut ; il vient à ceux qui l'appellent. » Salerne, page 405. — *Nota.* M. Salerne dit au même endroit que, quand on veut faire venir le cygne à soi, on l'appelle *godard.* — Suivant M. Frisch, on lui donne en allemand le nom de *frank*, et il s'approche à ce nom.

loppant ses grâces par mille mouvements doux, ondulants et suaves [a].

Aux avantages de la nature, le cygne réunit ceux de la liberté; il n'est pas du nombre de ces esclaves que nous puissions contraindre ou renfermer [b] : libre sur nos eaux, il n'y séjourne, ne s'établit qu'en y jouissant d'assez d'indépendance pour exclure tout sentiment de servitude et de captivité [c]; il peut à son gré parcourir les eaux, débarquer au rivage, s'éloigner au large ou venir, longeant la rive, s'abriter sous les bords, se cacher dans les joncs, s'enfoncer dans les anses les plus écartées, puis, quittant sa solitude, revenir à la société et jouir du plaisir qu'il paraît prendre et goûter en s'approchant de l'homme, pourvu qu'il trouve en nous ses hôtes et ses amis, et non ses maîtres et ses tyrans.

Chez nos ancêtres, trop simples ou trop sages pour remplir leurs jardins des beautés froides de l'art en place des beautés vives de la nature, les cygnes étaient en possession de faire l'ornement de toutes les pièces d'eau [d]; ils animaient, égayaient les tristes fossés des châteaux [e]; ils décoraient la plupart des rivières [f], et même celle de la capitale [g], et l'on vit l'un des plus sensibles et des plus aimables de nos princes mettre au nombre de ses plaisirs celui de peupler de ces beaux oiseaux les bassins de ses maisons royales [h]; on peut encore jouir aujourd'hui du même spectacle sur les belles eaux de Chantilly, où les cygnes font un des ornements de ce lieu vraiment délicieux dans lequel tout respire le noble goût du maître.

Le cygne nage si vite, qu'un homme, marchant rapidement au rivage, a grand'peine à le suivre. Ce que dit Albert, *qu'il nage bien, marche mal et vole médiocrement*, ne doit s'entendre, quant au vol, que du cygne abâtardi par une domesticité forcée; car libre sur nos eaux et surtout sauvage, il a

---

a. « Aspectu in navigando venustus; quippe pulchritudine suâ contemplantes remoratur. » Aldrovande.

b. Le cygne renfermé dans une cour est toujours triste : le gravier lui blesse les pieds, il fait tous ses efforts pour fuir et s'envoler, et il part en effet si l'on n'a pas l'attention de lui couper les ailes à chaque mue. « J'en ai vu un, dit M. Baillon, qui a vécu ainsi pendant trois ans; il était inquiet ou sombre, toujours maigre et silencieux, au point qu'on n'a jamais entendu sa voix; on le nourrissait néanmoins largement de pain, de son, d'avoine, d'écrevisses et de poissons. Il s'est envolé quand on a cessé de rogner ses ailes.

c. « Le cygne privé aime la liberté, et ne peut point être renfermé. » Salerne.

d. Ce goût n'avait pas été inconnu des anciens : « Quam summis sumptibus, Gelo tyrannus, « Agrigenti struxerat piscinam cygnis enutriendis, antiquitas commemorat. » Aldrovande.

e. « Olim in Galliâ, Angliâ, Belgio, apud magnates in aquis perennibus enutriti; tanquam « avium nobilissimarum genus, specie suâ ejusmodi loca magnifica summopere adornantium. » Aldrovande.

f. Suivant Volaterran, on n'en nourrissait pas moins de quatre mille sur la Tamise. Voyez *Volaterr. Geogr.*

g. Témoin le nom de l'*île aux Cygnes* donné encore à ce terrain qu'embrassait la Seine au-dessous des Invalides. — « On voyait autrefois la Seine couverte de cygnes, principalement au-dessous de Paris. » Salerne.

h. « Innumeros in agro Engolismensi, Francisci 1 operâ, in fonte tenario, educatos, Prui- « rinus testis est. » Jonston.

le vol très-haut et très-puissant : Hésiode lui donne l'épithète d'*altivolans* [a];
Homère le range avec les oiseaux grands voyageurs, les grues et les oies [b],
et Plutarque attribue à deux cygnes ce que Pindare feint des deux aigles
que Jupiter fit partir des deux côtés opposés du monde pour en marquer le
milieu au point où ils se rencontrèrent [c].

Le cygne, supérieur en tout à l'oie, qui ne vit guère que d'herbages et
de graines, sait se procurer une nourriture plus délicate et moins commune [d]; il ruse sans cesse pour attraper et saisir du poisson ; il prend mille
attitudes différentes pour le succès de sa pêche, et tire tout l'avantage possible de son adresse et de sa grande force ; il sait éviter ses ennemis ou leur
résister : un vieux cygne ne craint pas dans l'eau le chien le plus fort ; son
coup d'aile pourrait casser la jambe d'un homme, tant il est prompt et violent ; enfin il paraît que le cygne ne redoute aucune embûche, aucun
ennemi, parce qu'il a autant de courage que d'adresse et de force [e].

Les cygnes sauvages volent en grandes troupes, et de même les cygnes
domestiques marchent et nagent attroupés ; leur instinct social est en tout
très-fortement marqué [f]. Cet instinct, le plus doux de la nature, suppose
des mœurs innocentes, des habitudes paisibles et ce naturel, délicat et sensible, qui semble donner aux actions produites par ce sentiment l'intention
et le prix des qualités morales [g]. Le cygne a de plus l'avantage de jouir jusqu'à un âge extrêmement avancé de sa belle et douce existence [h]; tous les
observateurs s'accordent à lui donner une très-longue vie ; quelques-uns
même en ont porté la durée jusqu'à trois cents ans, ce qui sans doute est
fort exagéré ; mais Willughby ayant vu une oie qui, par preuve certaine,
avait vécu cent ans, n'hésite pas à conclure de cet exemple que la vie du
cygne peut et doit être plus longue, tant parce qu'il est plus grand que parce

a. Ἀεροιπότης. *Scut. Herc.*

b. *Iliad. B.*

c. Plutarque, au traité *Pourquoi les oracles ont cessé.*

d. « Le cygne vit de graines et de poissons, surtout d'anguilles ; il avale aussi des grenouilles, des sangsues, des limaçons d'eau et de l'herbe ; il digère aussi promptement que le
canard, et mange considérablement. » M. Baillon.

e. « Le cygne, m'écrit le même observateur, ruse sans cesse pour saisir les poissons, qui
sont sa nourriture de préférence... Il sait éviter les coups que ses ennemis peuvent lui porter...
Si un oiseau de proie menace les petits, le père et la mère les défendent avec intrépidité ; ils
les rangent autour d'eux, et l'oiseau ravisseur n'ose plus approcher ; si quelques chiens veulent
les assaillir, ils vont au-devant et les attaquent. Au reste, le cygne plonge, et fuit si la force
de son ennemi est supérieure à la résistance qu'il peut lui opposer ; néanmoins ce n'est guère
que dans l'obscurité de la nuit et pendant le sommeil que les cygnes sont quelquefois surpris
par les renards et les loups.

f. « Gregales aves sunt, grus, olor. » Aristot., lib. viii, cap. xii.

g. « Suapte naturà mites et pacati. » Ælian. — « Nec probitate victus, morum, prolis,
« senectutis vacant. » Aristot. — « Mirabili vitæ probitate et innocentià est, moresque ejus
« mites admodum placidique. » Bartholin.

h. « Et senectà prosperà. » Aristot. — « Quod ad senectutem facile perveniat, eamque com-
« modè ferat, testis Aristoteles. Vulgò trecentesimum annum attingere creditur, quod mihi
« verisimile non est. » Aldrovande.

qu'il faut plus de temps pour faire éclore ses œufs, l'incubation dans les oiseaux répondant au temps de la gestation dans les animaux, et ayant peut-être quelque rapport au temps de l'accroissement du corps, auquel est proportionnée la durée de la vie : or, le cygne est plus de deux ans à croître, et c'est beaucoup, car dans les oiseaux le développement entier du corps est bien plus prompt que dans les animaux quadrupèdes.

La femelle du cygne couve pendant six semaines au moins [a]; elle commence à pondre au mois de février : elle met, comme l'oie, un jour d'intervalle entre la ponte de chaque œuf; elle en produit de cinq à huit, et communément six ou sept [b]; ces œufs sont blancs et oblongs, ils ont la coque épaisse et sont d'une grosseur très-considérable; le nid est placé tantôt sur un lit d'herbes sèches au rivage [c], tantôt sur un tas de roseaux abattus, entassés et même flottants sur l'eau [d]. Le couple amoureux se prodigue les plus douces caresses, et semble chercher dans le plaisir les nuances de la volupté : ils y préludent en entrelaçant leurs cous; ils respirent ainsi l'ivresse d'un long embrassement [e]; ils se communiquent le feu qui les embrase, et lorsque enfin le mâle s'est pleinement satisfait, la femelle brûle encore, elle le suit, l'excite, l'enflamme de nouveau, et finit par le quitter à regret pour aller éteindre le reste de ses feux en se lavant dans l'eau [f].

Les fruits d'amours si vives sont tendrement chéris et soignés; la mère recueille nuit et jour ses petits sous ses ailes, et le père se présente avec intrépidité pour les défendre contre tout assaillant [g]; son courage dans ces moments n'est comparable qu'à la fureur avec laquelle il combat un rival qui vient le troubler dans la possession de sa bien-aimée; dans ces deux circonstances, oubliant sa douceur, il devient féroce et se bat avec acharnement [h]; souvent un jour entier ne suffit pas pour vider leur duel opi-

a. Willughby.

b. « Ova quinque vel sex parit. » Willughby. — « Cùm domesticus est septem ut plurimum « ova parit. » Schwenckfeld. — M. Salerne dit : « Sa ponte est de deux ou trois œufs; quelque- « fois il en fait jusqu'à six. »

c. Schwenckfeld.

d. Frisch.

e. « Tempore libidinis blandientes inter se mas et fœmina, alternatim capita cum suis collis « inflectunt, velut amplexandi gratiâ; nec mora, ubi coierint, mas conscius læsam à se fœmi- « nam fugit; illa impatiens fugientem insequitur. Nec diutina noxa quin reconcilientur; fœmina « tandem maris persecutione relictâ, post coitum frequenti caudæ motu et rostri, aquis se mer- « gens, purificat. » Jonston.

f. D'où vient l'opinion de sa prétendue pudeur, qui, selon Albert, est telle qu'elle ne voudrait pas manger après ces moments avant que de s'être lavée. Le docteur Bartholin, enchérissant encore sur cette idé: de la pudicité du cygne, assure que, cherchant à éteindre ses feux, il mange des orties, recette qui serait apparemment aussi bonne pour un docteur que pour un cygne.

g. M. Morin, *Dissertation sur le chant du cygne*, dans les *Mémoires de l'Académie des Inscriptions*, t. V, p. 214. — « Pullos miré amant et pro iis acriter dimicant. » Albert.

h. « La Charente a son commencement et sources de deux fontaines, l'une nommée *charan- nat*, et l'autre l'admirable abyme *louvre*, lesquelles, rangées et associées en un, donnent être

niâtre ; le combat commence à grands coups d'ailes, continue corps à corps, et finit ordinairement par la mort d'un des deux, car ils cherchent réciproquement à s'étouffer en se serrant le cou et se tenant par force la tête plongée dans l'eau [a] : ce sont vraisemblablement ces combats qui ont fait croire aux anciens que les cygnes se dévoraient les uns les autres [b] ; rien n'est moins vrai, mais seulement ici comme ailleurs les passions furieuses naissent de la passion la plus douce, et c'est l'amour qui enfante la guerre [c].

En tout autre temps ils n'ont que des habitudes de paix, tous leurs sentiments sont dictés par l'amour : aussi propres que voluptueux, ils font toilette assidue chaque jour ; on les voit arranger leur plumage, le nettoyer, le lustrer et prendre de l'eau dans leur bec pour la répandre sur le dos, sur les ailes, avec un soin qui suppose le désir de plaire, et ne peut être payé que par le plaisir d'être aimé. Le seul temps où la femelle néglige sa toilette est celui de la couvée, les soins maternels l'occupent alors tout entière, et à peine donne-t-elle quelques instants aux besoins de la nature et à sa subsistance.

Les petits naissent fort laids et seulement couverts d'un duvet gris ou jaunâtre, comme les oisons ; leurs plumes ne poussent que quelques semaines après, et sont encore de la même couleur ; ce vilain plumage change à la première mue, au mois de septembre ; ils prennent alors beaucoup de plumes blanches, d'autres plus blondes que grises, surtout à la poitrine et sur le dos ; ce plumage chamarré tombe à la seconde mue, et ce n'est qu'à dix-huit mois et même à deux ans d'âge que ces oiseaux ont pris leur belle robe d'un blanc pur et sans tache : ce n'est aussi que dans ce temps qu'ils sont en état de produire.

et nom à la belle Charente ; or, sont-elles un vrai repaire et retraite d'un nombre de cygnes quasi infini, qui est bien l'oiseau le plus noble, le plus aimable et le plus familier de tous autres oiseaux de rivières ; il est vrai qu'il est ireux, et si faut dire colère quand il est irrité ; ce qu'a été vu en une maison joignant ladite louvre : deux cygnes s'étant attaqués l'un à l'autre en telle furie, qu'ils combattirent jusqu'à l'extrémité de la vie ; quoi voyant, quatre autres de leurs compagnons soudain y accoururent, et comme si ce fussent personnes, tâchèrent à les séparer et les réduire en concorde et mutuel amour ; en bonne foi méritant mieux le nom de prodige, que nom qu'on lui sut donner. Mais si on leur démontre pareille douceur qu'est la leur naturelle, et qu'on les amadoue et applaudisse un peu, lors ils se montrent doux et paisibles, et prennent plaisir à voir la face de l'homme. » *Cosmographie du Levant*, par André Thevet ; Lyon, 1554, pag. 189 et 190.

a. « Nous certifions tous ces faits, comme témoins oculaires. » M. Morin, à l'endroit cité.

b. Aristote, lib. IX, cap. I. Ælien était encore plus mal informé lorsqu'il dit que le cygne tue quelquefois ses petits. Au reste, ces fausses idées tenaient peut-être moins à des faits d'histoire naturelle qu'à des traditions mythologiques : en effet, tous les *Cycnus* de la fable furent de fort méchants personnages ; *Cycnus*, fils de Mars, fut tué par Hercule parce qu'il était voleur de grand chemin ; *Cycnus*, fils de Neptune, avait poignardé Philonomé sa mère : il fut tué par Achille ; enfin le beau *Cycnus*, ami de Phaëton, et fils d'Apollon comme lui, était inhumain et cruel.

c. M. Frisch prétend que ce sont les plus vieux cygnes qui sont les plus méchants et qui troublent les plus jeunes, et que, pour assurer la tranquillité des couvées, il faut diminuer le nombre de ces vieux mâles.

Les jeunes cygnes suivent leur mère pendant le premier été, mais ils sont forcés de la quitter au mois de novembre; les mâles adultes les chassent pour être plus libres auprès des femelles; ces jeunes oiseaux, tous exilés de leur famille, se rassemblent par la nécessité de leur sort commun ; ils se réunissent en troupes et ne se quittent plus que pour s'apparier et former eux-mêmes de nouvelles familles.

Comme le cygne mange assez souvent des herbes de marécages et principalement de l'algue, il s'établit de préférence sur les rivières d'un cours sinueux et tranquille, dont les rives sont bien fournies d'herbages ; les anciens ont cité le Méandre [a], le Mincio [b], le Strymon [c], le Caystre [d], fleuves fameux par la multitude des cygnes dont on les voit couverts [e] : l'île chérie de Vénus, Paphos, en était remplie [f]. Strabon parle des cygnes d'Espagne [g], et, suivant Ælien, l'on en voyait de temps en temps paraître sur la mer d'Afrique [h], d'où l'on peut juger, ainsi que par d'autres indications [i], que l'espèce se porte jusque dans les régions du Midi; néanmoins, celles du Nord semblent être la vraie patrie du cygne et son domicile de choix, puisque c'est dans les contrées septentrionales qu'il niche et multiplie. Dans nos provinces nous ne voyons guère de cygnes sauvages que dans les hivers les plus rigoureux [j]. Gessner dit qu'en Suisse on s'attend à un rude et long

a. Voyez Théocrite *Edill.* 19.

b.
> Et qualem infelix amisit Mantua campum,
> Pascentem niveos herboso flumine cygnos.
>> VIRG., *Georg* , II.

> Mincius ingenti cycnos habet undâ natantes.
>> BAP. MANTUAN.

c. « Encore aujourd'hui l'on voit sur le Strymon grande quantité de cygnes. » Belon, *Observations,* p. 55.

d. Homère parle des cygnes du Caystre. *Iliad.,* II. Properce l'appelle *le fleuve aux cygnes :*

> Et quà cycnei visenda est ora Caystri.
>> Eleg. 9.

Voyez aussi Ovide, *Métam.,* II, 5.

e. Il faut y joindre le Pô :

> . . . . . Amne Padusæ
> Dant sonitum rauci per stagna loquacia cygni.
>> VIRG., *Æneid.,* XI.

> . . . . . Eridani ripas diffugiens undavit olor.
>> Sil. *Ital.,* lib. XIV.

f. Scoliast. *in Lycophr.*

g. *Geogr.,* lib. III.

h. *Hist. animal.,* lib. X, cap. XXXVI.

i. Suivant Fr. Camel, le cygne se trouve à Luçon, où on le nomme *tagac* (*Transactions philosophiques,* numb. 285); mais cet auteur ne nous dit pas si c'est la race du cygne privé transporté, ou l'espèce naturelle et sauvage, qui se trouve dans cette capitale des Philippines.

j. Observations de MM. Lottinger, de Querhoënt, de Piolene. — « Dans les forts hivers il en vient sur le Loiret. » Salerne, p. 406. — « En 1709, les cygnes, chassés du Nord par l'excès du froid, parurent en quantité sur les côtes de Bretagne et de Normandie. » Frisch. — « Les grands froids et les tempêtes de cet hiver ont amené sur la côte beaucoup d'oiseaux de mer, et entre autres beaucoup de cygnes. » Lettre datée de Montaudoin, le 20 mars 1776.

hiver quand on voit arriver beaucoup de cygnes sur les lacs. C'est dans cette même saison rigoureuse qu'ils paraissent sur les côtes de France, d'Angleterre, et sur la Tamise, où il est défendu de les tuer, sous peine d'une grosse amende [a]; plusieurs de nos cygnes domestiques partent alors avec les sauvages si l'on n'a pas pris la précaution d'ébarber les grandes plumes de leurs ailes.

Néanmoins, quelques-uns nichent et passent l'été dans les parties septentrionales de l'Allemagne, dans la Prusse [b] et la Pologne [c]; et en suivant à peu près cette latitude, on les trouve sur les fleuves près d'Azof et vers Astracan [d], en Sibérie chez les Jakutes [e], à Séléginskoi [f], et jusqu'au Kamtschatka [g]; dans cette même saison des nichées, on les voit en très-grand nombre sur les rivières et les lacs de la Laponie [h]; ils s'y nourrissent d'œufs et de chrysalides d'une espèce de moucheron [i] dont souvent la surface de ces lacs est couverte. Les Lapons les voient arriver au printemps du côté de la mer d'Allemagne [j] : une partie s'arrête en Suède et surtout en Scanie [k]. Horrebows prétend qu'ils restent toute l'année en Islande, et qu'ils habitent la mer lorsque les eaux douces sont glacées [l]; mais, s'il en demeure en effet quelques-uns, le grand nombre suit la loi commune de migration, et fuit un hiver que l'arrivée des glaces du Groënland rend encore plus rigoureux en Islande qu'en Laponie.

Ces oiseaux se sont trouvés en aussi grande quantité dans les parties septentrionales de l'Amérique, que dans celles de l'Europe. Ils peuplent la baie d'Hudson, d'où vient le nom de *cary-swan's-nest*, que l'on peut traduire : *porte-nid de cygne*, imposé par le capitaine Button à cette longue

a. *British Zoology.*

b. « In recenti habo Prussiæ greges numerosæ consident. » Klein. — « In lacustribus duca- « tus Legnicensis nidificant. » Schwenckfeld, p. 310.

c. Comme le témoigne Rzaczynski de plusieurs lacs de Poméranie, de Vollhinie et de Pologne, vers la Baltique. *Auctuar.*, p. 377.

d. Guldenstaed, *Discours sur les productions de la Russie;* Pétersbourg, 1776, p. 22.

e. Gmelin, dans l'*Histoire générale des Voyages*, t. XVIII, p. 300.

f. Idem, *Voyage en Sibérie*, t. I, p. 208.

g. «•Le cygne est si commun à Kamtschatka, tant dans l'hiver que dans l'été, qu'il n'y a personne qui n'en mange; dans le temps qu'il mue, on le chasse avec des chiens et on l'assomme avec des massues; en hiver, on le prend sur les rivières. » Kracheninnikow, *Histoire du Kamtschatka*, t. II, p. 56.

h. *Fauna Suecica.*

i. Nommé par Linnæus *culex pipiens.*

j. Observation de Samuel Rheen, pasteur à Pitha en Laponie; dans Klein, *de Avib. errat.,* pag. 172.

k. Linnæus, *Fauna Suecica.*

l. Il ajoute que « pendant la mue les cygnes s'avancent dans les terres, et cherchent en troupes les eaux qui sont dans les montagnes; c'est alors que les habitants les poursuivent et les attrapent, ou qu'ils les tuent facilement, parce qu'ils ne peuvent voler. Leur chair est bonne, surtout la poitrine des jeunes, qui fait un mets délicat; leurs plumes, et principalement leur duvet, sont un article intéressant du commerce. » Relation authentique de l'Islande, tirée des *Mémoires* de M. Horrebows. *Journal étranger*, avril 1758.

pointe de terre qui s'avance du nord dans la baie. Ellis a trouvé des cygnes jusque sur l'*île de Marbre*, qui n'est qu'un amas de rochers bouleversés à l'entour de quelques petits lacs d'eau douce[a]; ces oiseaux sont de même très-nombreux au Canada[b], d'où il paraît qu'ils vont hiverner en Virginie[c] et à la Louisiane[d]; et ces cygnes du Canada et de la Louisiane, comparés à nos cygnes sauvages, n'ont offert aucune différence. Quant aux cygnes à tête noire des îles Malouines et de quelques côtes de la mer du Sud, dont parlent les voyageurs[e], l'espèce en est trop mal décrite pour décider si elle doit se rapporter ou non à celle de notre cygne.

Les différences qui se trouvent entre le cygne sauvage et le cygne privé ont fait croire qu'ils formaient deux espèces distinctes et séparées[f][1] : le cygne sauvage est plus petit, son plumage est communément plus gris que blanc[g]; il n'a pas de caroncule sur le bec, qui toujours est noir à la pointe, et qui n'est jaune que près de la tête; mais, à bien apprécier ces différences, on verra que l'intensité de la couleur, de même que la caroncule ou bourrelet charnu du front, sont moins des caractères de nature, que des indices et des empreintes de domesticité; les couleurs du plumage et du bec étant sujettes à varier dans les cygnes comme dans les autres oiseaux

a. *Histoire générale des Voyages*, t. XIV, p. 670.

b. « Les cygnes et autres grands oiseaux de rivière fourmillent partout, si ce n'est au voisinagne des habitations, dont ils n'approchent point. » *Histoire de la Nouvelle-France*, par le P. Charlevoix; Paris, 1744, t. III, p. 556. — « Aux Illinois, il y a quantité de cygnes. » *Lettres édifiantes*, onzième Recueil, p. 310. — « Mais pour des cygnes qu'ils appellent *horhey*, il y en a principalement vers les Épicinys. » *Voyage au pays des Hurons*, par le P. Sagard Théodat; Paris, 1632, p. 304.

c. « Cygni hieme in Virginiâ magnâ in copiâ sunt. » De Laët, *Nov. orb.*, p. 88.

d. « Les cygnes de la Louisiane sont tels qu'en France, avec cette seule différence qu'ils sont plus gros; cependant, malgré leur grosseur et leur poids, ils s'élèvent si haut en l'air, que souvent on ne les reconnaît qu'à leur cri aigu; leur chair est très-bonne à manger, et leur graisse est un spécifique pour les humeurs froides. Les naturels font un grand cas des plumes de cygnes; ils en font les diadèmes de leurs souverains et des chapeaux, et en tressent les petites plumes, comme les perruquiers font les cheveux, pour servir de couvertures aux femmes nobles. Les jeunes gens de l'un et de l'autre sexe se font des palatines de la peau garnie de son duvet. » Le Page Dupratz, *Histoire de la Louisiane*, p. 113.

e. « Parmi les oiseaux à pieds palmés, le cygne tient le premier rang; il ne diffère de ceux d'Europe que par son con d'un noir velouté, qui fait un admirable contraste avec la blancheur du reste de son corps; ses pattes sont couleur de chair. Cette espèce de cygne, que nous vîmes aux îles Malouines, se trouve aussi dans la rivière de la Plata et au détroit de Magellan, où j'en ai tué un dans le fond du port Galant. » *Voyage autour du monde*, par M. de Bougainville, t. I, in-8º, pag. 114 et 115. — « Nous vîmes sur le rivage de la mer du Sud quelques cygnes : ces derniers, qui ne sont pas si gros que les nôtres, sont blancs hormis la tête, la moitié du cou et les jambes, qui sont noires. » *Voyage de Coréal*; Paris, 1722, t. II, p. 213.

f. Willughby, et Ray d'après lui.

g. Le cygne représenté dans nos planches enluminées est le cygne domestique; un individu sauvage conservé au Cabinet du Roi est tout d'un gris blanc universel sur tout le plumage, mais plus foncé et presque brun sur le dos et le sommet de la tête.

1. Voyez, sur les deux espèces de *cygnes*, réunies en une par Buffon, la nomenclature du *cygne*, p. 410.

domestiques, on peut donner pour exemples le cygne privé à bec rouge dont parle le docteur Plott[a] : d'ailleurs cette différence dans la couleur du plumage n'est pas aussi grande qu'elle le paraît d'abord ; nous avons vu que les jeunes cygnes domestiques naissent et restent longtemps gris ; il paraît que cette couleur subsiste plus longtemps encore dans les sauvages, mais qu'enfin ils deviennent blancs avec l'âge ; car Edwards a observé que dans le grand hiver de 1740 on vit aux environs de Londres plusieurs de ces cygnes sauvages qui étaient entièrement blancs ; le cygne domestique doit donc être regardé comme une race tirée anciennement et originairement de l'espèce sauvage. MM. Klein, Frisch et Linnæus l'ont présumé comme moi, quoique Willughby et Ray prétendent le contraire.

Belon regarde le cygne comme le plus grand des oiseaux d'eau[b], ce qui est assez vrai, en observant néanmoins que le pélican a beaucoup plus d'envergure[c] ; que le grand albatros a tout au moins autant de corpulence[d], et que le flammant ou phénicoptère a bien plus de hauteur, eu égard à ses jambes démesurées[e]. Les cygnes, dans la race domestique, sont constamment un peu plus gros et plus grands que dans l'espèce sauvage : il y en a qui pèsent jusqu'à vingt-cinq livres ; la longueur du bec à la queue est quelquefois de quatre pieds et demi, et l'envergure de huit pieds, au reste, la femelle est en tout un peu plus petite que le mâle.

Le bec, ordinairement long de trois pouces et plus, est, dans la race domestique, surmonté à sa base par un tubercule charnu, renflé et proéminent, qui donne à la physionomie de cet oiseau une sorte d'expression ; ce tubercule est revêtu d'une peau noire, et les côtés de la face, sous les yeux, sont aussi couverts d'une peau de même couleur ; dans les petits cygnes de la race domestique le bec est d'une teinte plombée, il devient ensuite jaune ou orangé avec la pointe noire ; dans la race sauvage le bec est entièrement noir avec une membrane jaune au front ; sa forme paraît avoir servi de modèle pour le bec des deux familles les plus nombreuses des oiseaux palmipèdes, les oies et les canards ; dans tous, le bec est aplati, épaté, dentelé sur les bords, arrondi en pointe mousse[f], et terminé à sa partie supérieure par un onglet de substance cornée.

Dans toutes les espèces de cette nombreuse tribu il se trouve, au-dessous

a. *British Zoology*, p. 149. — *Nota*. On doit encore rapporter ici ces cygnes que Redi a vus dans les chasses du grand-duc, lesquels avaient les plumes de la tête et du cou marquées à la pointe d'une teinte jaune ou orangée : particularité qui lui sert à expliquer l'épithète de *purpurei* qu'Horace donne quelque part aux cygnes.

b. « Entre les oiseaux de rivière, le cygne est de plus grande corpulence, comme des ter« restres l'autruche. » *Nature des oiseaux*, p. 151.

c. Voyez l'article de cet oiseau, page 303.

d. Voyez ci-après l'article de l'*Albatros*.

e. Voyez l'article de cet oiseau, page 398.

f.   Tenet os sine acumine rostrum.
                                        OVID.

des plumes extérieures, un duvet bien fourni qui garantit le corps de l'oiseau des impressions de l'eau. Dans le cygne, ce duvet est d'une grande finesse, d'une mollesse extrême et d'une blancheur parfaite ; on en fait de beaux manchons et des fourrures aussi délicates que chaudes.

La chair du cygne est noire et dure, et c'est moins comme un bon mets que comme un plat de parade, qu'il était servi dans les festins chez les anciens [a], et, par la même ostentation, chez nos ancêtres [b] ; quelques personnes m'ont néanmoins assuré que la chair des jeunes cygnes était aussi bonne que celle des oies du même âge.

Quoique le cygne soit assez silencieux, il a néanmoins les organes de la voix conformés comme ceux des oiseaux d'eau les plus loquaces ; la trachée-artère, descendue dans le sternum, fait un coude [c], se relève, s'appuie sur les clavicules, et de là, par une seconde inflexion, arrive aux poumons. A l'entrée et au-dessus de la bifurcation, se trouve placé un vrai larynx garni de son os hyoïde, ouvert dans sa membrane en bec de flûte ; au-dessous de ce larynx le canal se divise en deux branches, lesquelles, après avoir formé chacune un renflement, s'attachent au poumon [d] ; cette conformation, du moins quant à la position du larynx, est commune à beaucoup d'oiseaux d'eau, et même quelques oiseaux de rivage ont les mêmes plis et inflexions à la trachée-artère, comme nous l'avons remarqué dans la grue, et, selon toute apparence, c'est ce qui donne à leur voix ce retentissement bruyant et rauque, ces sons de trompette ou de clairon qu'ils font entendre du haut des airs et sur les eaux.

Néanmoins, la voix habituelle du cygne privé est plutôt sourde qu'éclatante : c'est une sorte de *strideur* parfaitement semblable à ce que le peuple appelle le *jurement du chat*, et que les anciens avaient bien exprimé par le mot imitatif *drensant* [e] : c'est, à ce qu'il paraît, un accent de menace ou de colère ; l'on n'a pas remarqué que l'amour en eût de plus doux [f], et ce

a. Voyez Athen., *Deipnos.* Les Romains l'engraissaient comme l'oie, après lui avoir crevé les yeux, ou en le renfermant dans une prison obscure. Voyez Plutarque, *De esu carn.*

b. « Les cygnes sont oiseaux ez délices françoises, car l'on a coutume de les nourrir ez « douves des châteaux situés en l'eau ; l'on n'a guère coutume de les manger, sinon ez festins « publics ou ez maisons des grands seigneurs. » Belon, *Nat. des oiseaux*, p. 151. — « Mosco- « vitarum duces in epulis hospitum cygnos apponunt. » Aldrovande.

c. Selon Willughby, cette particularité de conformation est propre au cygne sauvage, et ne se trouve point la même dans le cygne domestique [1] ; ce qui semble fonder ce que nous allons rapporter de la différence de leur voix ; mais cela ne suffirait peut-être pas pour prouver que leurs espèces soient différentes, cette diversité n'excédant pas la somme des impressions, tant intérieures qu'extérieures, que la domesticité et ses habitudes peuvent produire à la longue sur une race assujettie.

d. Bartholin., *Cygni anatome ejusque cantus.* Hafniæ, 1680, nº xxvi. Voyez aussi Aldrovande.

e.   Grus gruit, inque glomis cygni prope flumina drensant.
Ovid.

f. Observations faites à Chantilly, suivant les vues de M. le marquis d'Amezaga, et que

1 (c). Voyez la nomenclature de la page 410

n'est point du tout sur des cygnes presque muets, comme le sont les nôtres dans la domesticité, que les anciens avaient pu modeler ces cygnes harmonieux qu'ils ont rendus si célèbres. Mais il paraît que le cygne sauvage a mieux conservé ses prérogatives, et qu'avec le sentiment de la pleine liberté il en a aussi les accents : l'on distingue en effet dans ses cris, ou plutôt dans les éclats de sa voix, une sorte de chant mesuré, modulé[a], des sons bruyants de clairon, mais dont les tons aigus et peu diversifiés sont

M. Grouvelle, secrétaire des commandements militaires de S. A. S. Monseigneur le prince de Condé, a bien voulu prendre soin de rédiger. — « Leur voix, dans la saison des amours, et les accents qui leur échappent alors dans les moments les plus doux, ressemblent plus à un murmure qu'à aucune espèce de chant. » Voyez dans les *Mémoires de l'Académie des Inscriptions*, tome V, in-4°, la dissertation de M. Morin, intitulée : *Pourquoi les cygnes, qui chantoient autrefois si bien, chantent aujourd'hui si mal.*

a. M. l'abbé Arnaud, dont le génie est fait pour ranimer les restes précieux de la belle et savante antiquité, a bien voulu concourir avec nous à vérifier et à apprécier ce que les anciens ont dit du chant du cygne. Deux cygnes sauvages, qui se sont établis d'eux-mêmes sur les magnifiques eaux de Chantilly, semblent s'être venus offrir exprès à cette intéressante vérification. M. l'abbé Arnaud est allé jusqu'à noter leur chant, ou pour mieux dire leurs cris harmonieux, et il nous en écrit en ces termes : « On ne peut pas dire exactement que les cygnes de « Chantilly chantent, ils crient; mais leurs cris sont véritablement et constamment modulés; « leur voix n'est point douce, elle est au contraire aiguë, perçante et très-peu agréable : je ne « puis la mieux comparer qu'au son d'une clarinette embouchée par quelqu'un à qui cet instru- « ment ne serait point familier. Presque tous les oiseaux canores répondent au chant de « l'homme, et surtout au son des instruments : j'ai joué pendant longtemps du violon auprès « de nos cygnes, sur tous les tons et sur toutes les cordes; j'ai même pris l'unisson de leurs « propres accents, sans qu'ils aient paru y faire attention; mais si, dans le bassin où ils nagent « avec leurs petits, on vient à jeter une oie, le mâle, après avoir poussé des sons sourds, « fond sur l'oie avec impétuosité, et, la saisissant au cou, il lui plonge, à très-fréquentes « reprises, la tête dans l'eau, et la frappe en même temps de ses ailes : ce serait fait de l'oie, « si l'on ne venait à son secours. Alors, les ailes étendues, le cou droit et la tête haute, le cygne « vient se placer vis-à-vis de sa femelle, et pousse un cri auquel la femelle répond par un cri « plus bas d'un demi-ton. La voix du mâle va du *la* au *si bémol;* celle de la femelle du *sol* « *dièse* au *la.* La première note est brève et de passage, et fait l'effet de la note que nos musi- « ciens appellent *sensible*, de manière qu'elle n'est jamais détachée de la seconde, et se passe « comme un *coulé.* Observez qu'heureusement pour l'oreille, ils ne chantent jamais tous deux « à la fois; en effet, si, pendant que le mâle entonne le *si bémol*, la femelle faisait entendre « le *la*, ou que le mâle donnât le *la* tandis que la femelle donne le *sol dièse*, il en résulterait « la plus âpre et la plus insupportable des dissonances : ajoutons que ce dialogue est soumis « à un rhythme constant et réglé, à la mesure à deux temps. Du reste, l'inspecteur m'a assuré « qu'au temps de leurs amours, ces oiseaux ont un cri encore plus perçant, mais beaucoup « plus agréable. » — Nous joindrons ici une observation intéressante, qui ne nous a été com- muniquée qu'après l'impression des premières pages de cet article. — « Il y a une saison où « l'on voit les cygnes se réunir et former une sorte d'association républicaine pour le bien « commun : c'est celle des grands froids. Pour se maintenir au milieu des eaux, dans le temps « qu'elles se glacent, ils s'attroupent et ne cessent de battre l'eau, de toute la largeur de leurs « ailes, avec un bruit qu'on entend de fort loin, et qui se renouvelle avec d'autant plus de « force, dans les moments du jour et de la nuit, que la gelée prend avec plus d'activité; leurs « efforts sont si efficaces, qu'il n'y a pas d'exemple que la troupe des cygnes ait quitté l'eau « dans les plus longues gelées, quoiqu'on ait vu quelquefois un cygne seul et écarté de l'as- « semblée générale, pris par la glace au milieu des canaux. » Extrait de la note rédigée par M. Grouvelle, secrétaire des commandements militaires de S. A. S. Monseigneur le prince de Condé.

néanmoins très-éloignés de la tendre mélodie et de la variété douce et brillante du ramage de nos oiseaux chanteurs.

Au reste, les anciens ne s'étaient pas contentés de faire du cygne un chantre merveilleux : seul entre tous les êtres qui frémissent à l'aspect de leur destruction, il chantait encore au moment de son agonie, et préludait par des sons harmonieux à son dernier soupir : c'était, disaient-ils, près d'expirer, et faisant à la vie un adieu triste et tendre, que le cygne rendait ces accents si doux et si touchants, et qui pareils à un léger et douloureux murmure, d'une voix basse [a], plaintive et lugubre [b], formaient son chant funèbre [c] : on entendait ce chant, lorsqu'au lever de l'aurore les vents et les flots étaient calmés [d]; on avait même vu des cygnes expirant en musique et chantant leurs hymnes funéraires [e]. Nulle fiction en histoire naturelle, nulle fable chez les anciens, n'a été plus célébrée, plus répétée, plus accréditée ; elle s'était emparée de l'imagination vive et sensible des Grecs : poëtes [f], orateurs [g], philosophes même l'ont adoptée [h] comme une vérité trop agréable pour vouloir en douter. Il faut bien leur pardonner leurs fables ; elles étaient aimables et touchantes, elles valaient bien de tristes, d'arides vérités : c'étaient de doux emblèmes pour les âmes sensibles. Les cygnes, sans doute, ne chantent point leur mort ; mais toujours, en parlant du dernier essor et des derniers élans d'un beau génie prêt à s'éteindre, on rappellera avec sentiment cette expression touchante : *C'est le chant du cygne !*

[a].   . . . . . Parvus cycni canor.
                                    LUCRET., lib. IV.

b. « Olorum morte narratur flebilis cantus. » Plin.

c. Suivant Pythagore, c'était un chant de joie, par lequel cet oiseau se félicitait de passer à une meilleure vie.

d. « Diluculo ante solis ortum, tanquam in aere vacuo, per in tempus audiendi clariùs, in « maris littoribus, silente fluctu. » Aldrovande.

e. « Canere soliti sunt, et præcipuè jamjam morituri. Volant etiam in pelagus longiùs, et « jam quidam cùm in mari Africo navigarent, multos canentes voce flebili, et mori nonnullos « conspexere. » Aristote, lib. IX, cap. XII.

f. Callimaque, Eschyle, Théocrite, Euripide, Lucrèce, Ovide, Properce, parlent du chant du cygne et en tirent des comparaisons.

g. Voyez Cicéron; voyez aussi Pausanias et autres.

h. Socrate dans Platon, et Aristote lui-même, mais d'après l'opinion commune et sur des rapports étrangers. Voyez le passage de son *Histoire naturelle* cité plus haut.

L'OIE. [a] [b] *

Dans chaque genre, les espèces premières ont emporté tous nos éloges,
et n'ont laissé aux espèces secondes que le mépris tiré de leur comparaison.
L'oie, par rapport au cygne, est dans le même cas que l'âne vis-à-vis du
cheval ; tous deux ne sont pas prisés à leur juste valeur. Le premier degré
de l'infériorité paraissant être une vraie dégradation, et rappelant en même
temps l'idée d'un modèle plus parfait, n'offre, au lieu des attributs réels de
l'espèce secondaire, que ses contrastes désavantageux avec l'espèce première : éloignant donc pour un moment la trop noble image du cygne,
nous trouverons que l'oie est encore dans le peuple de la basse-cour un
habitant de distinction ; sa corpulence, son port droit, sa démarche grave,
son plumage net et lustré, et son naturel social qui la rend susceptible
d'un fort attachement et d'une longue reconnaissance ; enfin sa vigilance,
très-anciennement célébrée, tout concourt à nous présenter l'oie comme

a. Voyez les planches enluminées, n° 985, l'*Oie sauvage.*

b. En ancien français, *oue* ; le mâle, *jars* ; et le petit, *oison* ; en grec, Χήν, et en grec
moderne, Χίνα ; en latin, *anser* ; en arabe, *ouze, uze, avaz, kaki* ; en italien, *oca, papara* ;
en catalan, *hoca* ; en allemand, *gans, ganser, ganserich,* et le jeune, *ganselin* ; en flamand,
gans, et la femelle, *goes* ; en suisse, *ganss* ; en frison, *gasz* ; en illyrien, *gansy, hus* ; en
espagnol, *ganso, pato* ; le mâle, *ansar, ansarea* ou *bivar,* et le jeune, *patico, hijo de pato* ;
en anglais, *gose, goese* ; en suédois, *goas* ; en danois, *gaas* ; en polonais, *ges, gasior* ; par
les nègres de la côte d'Or, *apatta.* — *Anser.* Gessner, *Icon. avi.,* p. 73, avec une figure peu
exacte. — Frisch, tab. 157, figure exacte. — Charleton, *Exercit.,* p. 103, n° xi. *Onomast.,*
p. 98, n° xi. — Rzaczynski, *Hist. nat. Polon.,* p. 300. *Auctuar.,* p. 432. — *Anser domesticus.*
Gessner, *Avi.,* p. 141. — Aldrovande, *Avi.,* t. III, p. 99, avec des figures peu exactes de l'oie,
p. 102 ; de l'oison, p. 103. — Jonston, *Avi.,* p. 92, figure empruntée d'Aldrovande. — Willughby, *Ornithol.,* p. 273, figure peu exacte, tab. 75. — Ray, *Synops. avi.,* p. 136, n° *a,* 3 ;
et 191, n° 8. — Schwenckfeld, *Aviar. Siles.,* p. 209. — Sloane, *Jamaïca,* p. 323, n° v. —
Sibbald, *Scot. illustr.,* part. ii, lib. iii, p. 21. — *Anser domesticus rusticus.* Klein, *Avi.,*
p. 129, n° 2. — « Anas rostro semi-cylindrico, corpore infrà cinereo, subtùs pallidiore, collo
« striato... » *Anser domesticus.* Linnæus, *Syst. nat.,* édit. X, gen. 61, sp. 7, var. 2. —
« Anas rostro semi-cylindrico, corpore suprà cinereo, subtùs albido, rectricibus margine albis. »
Idem, *Fauna Suecica,* n° 90. — *Anas.* Mœhring, *Avi.,* gen. 61. — *Anas anser rostro semi-
cylindrico, corpore suprà cinereo, subtùs pallidiore, collo striato.* Muller, *Zoolog. Danic.,*
n° 112. — *Cignus subcinereus subtus albidus, rostro recto, latiusculo.* Browne, *Nat. hist. of
Jamaïca,* p. 480. — *Anser versicolor ; anser domesticus.* Brisson, *Ornithol.,* p. 262. — *L'oie
domestique.* Salerne, *Hist. des oiseaux,* p. 406. — *Oie privé.* Belon, *Nat. des oiseaux,* p. 156,
avec une mauvaise figure, p. 157. — *Oie, jars* ; le même, *Portraits d'oiseaux,* p. 31, *a.* —

* *Anas anser* (Linn.). ⎫
Anas segetum (Mey.). ⎬ Genre *Canards,* sous-genre *Oies* (Cuv.). — Buffon réunit encore
ici, comme il l'a fait dans l'histoire du *cygne,* deux espèces distinctes : l'oie *ordinaire* ou *anas
anser,* et l'*anas segetum.* — « L'oie ordinaire (*anas anser,* Linn.), qui a pris toute sorte de
« couleurs dans nos basses-cours, vient d'une espèce sauvage, grise, à manteau brun ondé de
« gris, à bec tout orangé (*anas cinereus,* Meyer). Mais il existe une autre espèce fort voisine
« qui arrive en automne, et se reconnaît à ses ailes plus longues que la queue et à quelque
« taches blanches au front ; son bec est orangé, noir à sa base et au bout (*anas segetum,*
« Meyer), planche enluminée 985. » (Cuvier.)

l'un des plus intéressants et même des plus utiles de nos oiseaux domestiques; car indépendamment de la bonne qualité de sa chair et de sa graisse, dont aucun autre oiseau n'est plus abondamment pourvu, l'oie nous fournit cette plume délicate sur laquelle la mollesse se plaît à reposer, et cette autre plume, instrument de nos pensées [1], et avec laquelle nous écrivons ici son éloge.

On peut nourrir l'oie à peu de frais et l'élever sans beaucoup de soins [a]; elle s'accommode à la vie commune des volailles, et souffre d'être renfermée avec elles dans la même basse-cour [b], quoique cette manière de vivre et cette contrainte surtout soient peu convenables à sa nature; car il faut, pour qu'elle se développe en entier et pour former de grands troupeaux d'oies, que leur habitation soit à portée des eaux et des rivages environnés de grèves spacieuses et de gazons ou terres vagues sur lesquelles ces oiseaux puissent paître et s'ébattre en liberté [c]. On leur a interdit l'entrée des prairies, parce que leur fiente brûle les bonnes herbes et qu'ils les fauchent jusqu'à terre avec le bec, et c'est par la même raison qu'on les écarte aussi

Nota. Ces phrases et ces noms se rapportent à la race domestique de l'oie; les phrases et les noms suivants appartiennent à son espèce sauvage. — En allemand, *wilde ganz, grawe ganz, schnée ganz*; en espagnol, *ansar bravo*; en italien, *oca salvatica*; en anglais, *wild goose, greylagg*; en suédois, *will goas*; en polonais, *ger dzika*; en groënlandais, *nerlech*; en huron, *ahonque*; en mexicain, *tlalacatl.* — *Oie sauvage.* Belon, *Nat. des oiseaux*, p. 158. — *Anser ferus.* Gessner, *Icon. avi.*, p. 72, figure peu exacte. — Aldrovande, *Avi.*, t. III, p. 147, avec une figure empruntée de Gessner, p. 150; et une autre, p. 151, qui n'est pas meilleure. — Jonston, *Avi.*, p. 93, avec une figure copiée d'Aldrovande. — Willughby, *Ornithol.*, p. 274, avec une mauvaise figure, planche 69. — Ray, *Synops. avi.*, p. 136, n° a, 4. — Charleton, *Exercit.*, p. 103, n° I. *Onomast.*, p. 98, n° I. — Schwenckfeld, *Aviar. Siles.*, p. 212. — Rzaczynski, *Hist. nat. Polon.*, p. 269. *Auctuar.*, p. 359. — Sibbald, *Scol. illustr.*, part. II, lib. III, p. 21. — Marsigli, *Danub.*, t. V, p. 100, avec une figure peu exacte, planche 48. — *Anser ferus silvestris, vel immansuetus.* Gessner, *Avi.*, p. 158. — *Anser ferus simpliciter.* Klein, *Avi.*, p. 129, n° 3. — *Anser ferus alius, sive tertius silvestris.* Aldrovande, *Avi.*, t. III, p. 155, avec une figure très-défectueuse, p. 153. — *Anser ferus alius sive flandricus.* Idem, *ibid.*, p. 155. — *Anser palustris noster, grey lagg dictus.* Ray, *Synops. avi.*, p. 138, n° a, 3. — *Anser silvestris.* Frisch, tab. 155, figure exacte. — *Tlalacatl, sive anser montanus.* Fernandez, *Hist. nov. Hisp.*, p. 34, cap. XCVIII. — *Anser cinereus corpore subrotundo.* Barrère, *Ornithol.*, class. I, gén. 2, sp. 3. — « Anas rostro semi-cylindrico, corpore suprà « cinereo subtùs pallidiore, collo striato... » *Anser ferus.* Linnæus, *Syst. nat.*, édit. X, gen. 61, sp. 7, var. 1. — « Anas rostro semi-cylindrico, corpore suprà cinereo subtùs albido; « rectricibus margine albis. » Idem, *Fauna Suecica*, n° 90. — *Oie sauvage.* Albin, t. I, p. 79, avec une figure mal coloriée, planche 90. — Salerne, p. 408. — « Anser supernè cinereo fus« cus, marginibus pennarum dilutioribus, infernè albidus, imo ventre niveo; rectricibus « nigricantibus, exteriùs et apice albo fimbriatis, utrimque extimà penitùs candidà... » *Anser silvestris.* Brisson, *Ornithol.*, t. VI, p. 265.

a. « Non magnam curam poscit; ob id rusticis grata. » Schwenckfeld.

b. « Les bonnes ménagères, sachant bien que la nourriture des oies est de moult grand profit, « en font grande estime, pour ce qu'elles ne font aucune dépense; et pour les avoir meilleures « les font choisir de grande corpulence et de blanche couleur. » Belon.

c. « Anser nec sine herbà, nec sine aquà facile sustinetur. » Pallad.

1. Buffon ne pouvait oublier *cette autre plume, instrument de nos pensées.....* Chaque mot a ici sa grâce particulière, jusqu'au mot *éloge*.

très-soigneusement des blés verts, et qu'on ne leur laisse les champs libres
qu'après la récolte.

Quoique les oies puissent se nourrir de gramens et de la plupart des
herbes, elles recherchent de préférence le trèfle, le fenugrec, la vesce, les
chicorées et surtout la laitue, qui est le plus grand régal des petits oisons [a];
on doit arracher de leur pâturage la jusquiame, la ciguë et les orties [b],
dont la piqûre fait le plus grand mal aux jeunes oiseaux. Pline assure,
peut-être légèrement, que pour se purger les oies mangent de la sidérite.

La domesticité de l'oie est moins ancienne et moins complète que celle
de la poule : celle-ci pond en tout temps, plus en été, moins en hiver ;
mais les oies ne produisent rien en hiver, et ce n'est communément qu'au
mois de mars qu'elles commencent à pondre ; cependant celles qui sont
bien nourries pondent dès le mois de février, et celles auxquelles on épargne
la nourriture ne font souvent leur ponte qu'en avril ; les blanches, les
grises, les jaunes et les noires suivent cette règle, quoique les blanches
paraissent plus délicates et qu'elles soient en effet plus difficiles à élever ;
aucune ne fait de nid dans nos basses-cours [c], et ne pond ordinairement
que tous les deux jours, mais toujours dans le même lieu ; si on enlève
leurs œufs, elles font une seconde et une troisième ponte, et même une quatrième dans les pays chauds [d]. C'est sans doute à raison de ces pontes successives que M. Salerne dit qu'elles ne finissent qu'en juin [e] ; mais si l'on
continue à enlever les œufs, l'oie s'efforce de continuer à pondre, et enfin
elle s'épuise et périt, car le produit de ses pontes, et surtout des premières,
est nombreux : chacune est au moins de sept, et communément de dix,
douze ou quinze œufs, et même de seize suivant Pline [f] ; cela peut être vrai
pour l'Italie, mais dans nos provinces intérieures de France, comme en
Bourgogne et en Champagne, on a observé que les pontes les plus nombreuses n'étaient que de douze œufs : Aristote remarque [g] que souvent les

a. « Lactuca mollissimum olus libentissimè ab illis appetitur et pullis utilissima esca. Cete-
« rùm vicia, trifolium, fœnum grecum, et agrestis intiba illis conseratur. » Columell.

b. Aldrovande, tome III, page 115.

c. Elles s'enfoncent sous la paille pour y pondre et mieux cacher leurs œufs ; elles ont conservé cette habitude des sauvages, qui vraisemblablement percent les endroits les plus fourrés
des joncs et des plantes marécageuses pour y couver ; et dans les lieux où on laisse ces oies
domestiques presque entièrement libres, elles ramassent quelques matériaux sur lesquels elles
déposent leurs œufs. « Dans l'île Saint-Domingue, dit M. Baillon, où beaucoup d'habitants
ont des oies privées semblables aux nôtres, elles pondent dans les savanes auprès des ruisseaux
et canaux ; elles composent leurs aires de quelques brins d'herbes sèches, de paille de maïs ou
de mil. Les femelles y sont moins fécondes qu'en France ; leur plus grande ponte est de sept
ou huit œufs. » Note communiquée par M. Baillon.

d. « Non plus quater in anno pariunt, teste Varrone : Columella ter tantum ait, et id dum-
« modo fœtus non excludant : et Plinius, si menda non est, bis tantùm parere vult. »
Aldrovande.

e. Histoire des oiseaux, page 407.

f. Lib. x, cap. lv.

g. Lib. vi, cap. xii.

jeunes oies, comme les poulettes, avant d'avoir eu communication avec le mâle, pondent des œufs clairs et inféconds, et ce fait est général pour tous les oiseaux.

Mais si la domesticité de l'oie est plus moderne que celle de la poule, elle paraît être plus ancienne que celle du canard, dont les traits originaires ont moins changé, en sorte qu'il y a plus de distance apparente entre l'oie sauvage et la privée, qu'entre les canards. L'oie domestique est beaucoup plus grosse que la sauvage, elle a les proportions du corps plus étendues et plus souples, les ailes moins fortes et moins raides; tout a changé de couleur dans son plumage, elle ne conserve rien ou presque rien de son état primitif, elle paraît même avoir oublié les douceurs de son ancienne liberté, du moins elle ne cherche point, comme le canard, à la recouvrer; la servitude paraît l'avoir trop affaiblie; elle n'a plus la force de soutenir assez son vol pour pouvoir accompagner ou suivre ses frères sauvages, qui, fiers de leur puissance, semblent la dédaigner et même la méconnaître [a].

Pour qu'un troupeau d'oies privées prospère et s'augmente par une prompte multiplication, il faut, dit Columelle, que le nombre des femelles soit triple de celui des mâles [b]; Aldrovande en permet six à chacun [c], et l'usage ordinaire dans nos provinces est de lui en donner au delà de douze et même jusqu'à vingt : ces oiseaux préludent aux actes de l'amour en allant d'abord s'égayer dans l'eau; ils en sortent pour s'unir, et restent accouplés plus longtemps et plus intimement que la plupart des autres, dans lesquels l'union du mâle et de la femelle n'est qu'une simple compression, au lieu qu'ici l'accouplement est bien réel et se fait par intromission, le mâle étant tellement pourvu de l'organe nécessaire à cet acte [d], que les anciens avaient consacré l'oie au dieu des jardins.

Au reste, le mâle ne partage que ses plaisirs avec la femelle, et lui laisse tous les soins de l'incubation [e]; et quoiqu'elle couve constamment et si assidûment, qu'elle en oublie le boire et le manger, si on ne place tout près du nid sa nourriture [f], les économes conseillent néanmoins de charger une poule des fonctions de mère auprès des jeunes oisons, afin de mul-

---

a. » Je me suis informé, dit M. Baillon, à beaucoup de chasseurs qui tuent des oies sauvages tous les ans, je n'en ai trouvé aucun qui en ait vu de privées parmi ces sauvages ou qui en ait tué de métives. Et si quelquefois des oies privées s'échappent, elles ne deviennent pas libres : elles vont se mêler, dans les marais voisins, parmi d'autres également privées; elles ne font que changer de maître. » Note communiquée par M. Baillon.

b. *De Re Rust.*, lib. VIII, cap. XIII.

c. *Avi.*, t. III, p. 112.

d. « In ansere genitale evidens cùm recens iniit. » Aristot., *Hist. animal.*, lib. III, cap. ult.

e. « Avium magna pars incubat, quemadmodum de columbis diximus, fœminæ mare succedente; saltem tandiù dum abest fœmina, sibi cibum quærens; at anseres fœminæ solæ incubant, atque perpetuò insident postquam id agere instituerint. » Idem, *ibid*.

f. Aldrovande.

tiplier ainsi le nombre des couvées, et d'obtenir de l'oie une seconde et même une troisième ponte ; on lui laisse cette dernière ponte ; elle couve aisément dix à douze œufs, au lieu que la poule ne peut couver avec succès que cinq de ces mêmes œufs ; mais il serait curieux de vérifier si, comme le dit Columelle, la mère oie, plus avisée que la poule, refuserait de couver d'autres œufs que les siens.

Il faut trente jours d'incubation, comme dans la plupart des grandes espèces d'oiseaux [a], pour faire éclore les œufs, à moins, comme le remarque Pline [b], que le temps n'ait été fort chaud, auquel cas il en éclôt dès le vingt-cinquième jour. Pendant que l'oie couve on lui donne du grain dans un vase et de l'eau dans un autre à quelque distance de ses œufs, qu'elle ne quitte que pour aller prendre un peu de nourriture ; on a remarqué qu'elle ne pond guère deux jours de suite, et qu'il y a toujours au moins vingt-quatre heures d'intervalle et quelquefois deux ou trois jours entre l'éclosion de chaque œuf.

Le premier aliment que l'on donne aux oisons nouveau-nés est une pâte de retrait de mouture ou de son gras pétri avec des chicorées ou des laitues hachées : c'est la recette de Columelle, qui recommande en outre de rassasier le petit oison avant de le laisser suivre sa mère au pâturage, parce qu'autrement, si la faim le tourmente, il s'obstine contre les tiges d'herbes ou les petites racines, et pour les arracher il s'efforce au point de se démettre ou se rompre le cou [c]. La pratique commune dans nos campagnes, en Bourgogne, est de nourrir les jeunes oisons nouvellement éclos avec du cerfeuil haché ; huit jours après on y mêle un peu de son très-peu mouillé, et l'on a attention de séparer le père et la mère lorsqu'on donne à manger aux petits, parce qu'on prétend qu'ils ne leur laisseraient que peu de choses ou rien ; on leur donne ensuite de l'avoine, et dès. qu'ils peuvent suivre aisément leurs mères, on les mène sur la pelouse auprès de l'eau.

Les monstruosités sont peut-être encore plus communes dans l'espèce de l'oie que dans celle des autres oiseaux domestiques. Aldrovande a fait graver deux de ces monstres : l'un a deux corps avec une seule tête, l'autre a deux têtes et quatre pieds avec un seul corps. L'excès d'embonpoint que l'oie est sujette à prendre, et que l'on cherche à lui donner, doit causer dans sa constitution des altérations qui peuvent influer sur la génération : en général les animaux très-gras sont peu féconds, la graisse trop abondante change la qualité de la liqueur séminale et même celle du sang ; une oie très-grasse à qui on coupa la tête ne rendit qu'une liqueur blanche, et,

a. Aristot., *Hist. animal.*, lib. vi , cap. vi.

b. Lib. x , cap. lix.

c. « Saturetur pullus antequam ducatur in pascuum ; si enim fame premitur, cùm pervenerit « in pascuum, fruticibus aut solidioribus herbis oblectatur ita pertinaciter, ut collum abrum- « pat. » Columell.

ayant été ouverte, on ne lui trouva pas une goutte de sang rouge[a] ; le foie surtout se grossit de cet embonpoint d'obstruction d'une manière étonnante : souvent une oie engraissée aura le foie plus gros que tous les autres viscères ensemble[b] ; et ces foies gras, que nos gourmands recherchent, étaient aussi du goût des Apicius romains. Pline regarde comme une question intéressante de savoir à quel citoyen l'on doit l'invention de ce mets, dont il fait honneur à un personnage consulaire[c]. Ils nourrissaient l'oie de figues pour en rendre la chair plus exquise[d], et ils avaient déjà trouvé qu'elle s'engraissait beaucoup plus vite étant renfermée dans un lieu étroit et obscur[e] ; mais il était réservé à notre gourmandise, plus que barbare, de clouer les pieds et de crever ou coudre les yeux de ces malheureuses bêtes, en les gorgeant en même temps de boulettes, et les empêchant de boire pour les étouffer dans leur graisse[f]. Communément et plus humainement on se contente de les enfermer pendant un mois, et il ne faut guère qu'un boisseau d'avoine pour engraisser une oie au point de la rendre très-bonne ; on distingue même le moment où on peut cesser de leur donner autant de nourriture, et où elles sont assez grasses, par un signe extérieur très-évident ; elles ont alors sous chaque aile une pelote de graisse très-apparente : au reste, on a observé que les oies élevées au bord de l'eau coûtent moins à nourrir, pondent de meilleure heure et s'engraissent plus aisément que les autres.

Cette graisse de l'oie était très-estimée des anciens comme topique nerval et comme cosmétique ; ils en conseillent l'usage pour raffermir le sein des femmes nouvellement accouchées, et pour entretenir la netteté et la fraîcheur de la peau ; ils ont vanté comme médicament la graisse d'oie que l'on préparait à Comagène avec un mélange d'aromates[g]. Aldrovande donne une liste de recettes où cette graisse entre comme spécifique contre tous les maux de la matrice, et Willughby prétend trouver dans la fiente d'oie le remède le plus sûr de l'ictère. Du reste, la chair de l'oie n'est pas en elle-même très-saine, elle est pesante et de difficile digestion[h], ce qui n'empê-

a. Collection académique, partie étrangère, t. IV, p. 146.

b.
Aspice quàm tumeat magno jecur ansere majus.
MARTIAL.

c. « Nostri sapientiores anseris jecoris bonitatem novêre ; fartilibus in magnam amplitudinem « crescit, exemptum quoque lacte augetur ; nec sine causâ in questione est qui primus, tantum « bonum invenerit, Scipio Metellus vir consularis an M. Sestius càdem ætate eques Romanus. » Plin., lib. x, cap. xxii.

d.
Pinguibus aut ficis pastum jecur anseris albi.
HORACE, dans le *Repas de Nasidienus*.

e. Columelle.

f. J. B. Porta, raffinant sur cette cruauté, ose bien donner l'horrible recette de rôtir l'oie toute vive, et de la manger membre à membre, tandis que le cœur palpite encore. Voyez Aldrovande, tome III, page 133.

g. Lib. xix, cap. iii.

h. Galen.

chait pas qu'une oie, ou comme on disait une *ouë* [a], ne fût le plat de régal des soupers de nos ancêtres [b] ; et ce n'est que depuis le transport de l'espèce du dindon de l'Amérique en Europe, que celle de l'oie n'a dans nos basses-cours, comme dans nos cuisines, que la seconde place.

Ce que l'oie nous donne de plus précieux, c'est son duvet : on l'en dépouille plus d'une fois l'année ; dès que les jeunes oisons sont forts et bien emplumés et que les pennes des ailes commencent à se croiser sur la queue, ce qui arrive à sept semaines ou deux mois d'âge, on commence à les plumer sous le ventre, sous les ailes et au cou ; c'est donc sur la fin de mai ou au commencement de juin qu'on leur enlève leurs premières plumes ; ensuite cinq à six semaines après, c'est-à-dire dans le courant de juillet, on les leur enlève une seconde fois, et encore au commencement de septembre pour la troisième et dernière fois ; ils sont assez maigres pendant tout ce temps, les molécules organiques de la nourriture étant en grande partie absorbées par la naissance ou l'accroissement des nouvelles plumes ; mais dès qu'on les laisse se remplumer de bonne heure en automne ou même à la fin de l'été, ils prennent bientôt de la chair et ensuite de la graisse, et sont déjà très-bons à manger vers le milieu de l'hiver ; on ne plume les mères qu'un mois ou cinq semaines après qu'elles ont couvé, mais on peut dépouiller les mâles et les femelles qui ne couvent pas, deux ou trois fois par an. Dans les pays froids leur duvet est meilleur et plus fin. Le prix que les Romains mettaient à celui qui leur venait de Germanie fut plus d'une fois la cause de la négligence des soldats à garder les postes de ce pays, car ils s'en allaient par cohortes entières à la chasse des oies [c].

On a observé, sur les oies privées, que les grandes pennes des ailes tombent, pour ainsi dire, toutes ensemble et souvent en une nuit : elles paraissent alors honteuses et timides, elles fuient ceux qui les approchent ; quarante jours suffisent pour la pousse des nouvelles pennes ; alors elles ne cessent de voleter et de les essayer pendant quelques jours.

Quoique la marche de l'oie paraisse lente, oblique et pesante, on ne laisse pas d'en conduire des troupeaux fort loin à petites journées [d]. Pline dit que de son temps on les amenait du fond des Gaules à Rome, et que dans ces longues marches les plus fatiguées se mettent aux premiers rangs, comme

a. Suivant M. Salerne, le nom de la *rue aux Ours, à Paris*, est fait par corruption de *rue aux Ouës*, qui est son vrai nom, venu de la quantité d'oies exposées chez les rôtisseurs qui peuplaient autrefois cette rue, et qui y sont encore en nombre.

b. Témoin l'oie de M. Patelin, et l'*oie de la Saint-Martin* dont parle Schwenckfeld, aussi bien que du présage que le peuple tirait de l'os du dos de cette oie, d'un rude hiver si l'os était clair, d'un hiver mou s'il paraissait taché ou terne.

c. « Plumæ e Germaniá laudatissimæ..... pretium plumæ in libras denarii quini..... et inde « crimina plerumque auxiliorum præfectis a vigili statione, ad hæc aucupia dimissis cohortibus « totis. » Plin., lib. **x**, cap. **xxii**.

d. « On les mène, tout en paissant, quelquefois douze à quinze lieues loin et même davantage. » Salerne, *Hist. des oiseaux*, p. 407.

pour être soutenues et poussées par la masse de la troupe[a]; rassemblées encore de plus près pour passer la nuit, le bruit le plus léger les éveille, et toutes ensemble crient; elles jettent aussi de grands cris lorsqu'on leur présente de la nourriture, au lieu qu'on rend le chien muet en lui offrant cet appât[b], ce qui a fait dire à Columelle que les oies étaient les meilleures et les plus sûres gardiennes de la ferme[c], et Végèce n'hésite pas de les donner pour la plus vigilante sentinelle que l'on puisse poser dans une ville assiégée[d]. Tout le monde sait qu'au Capitole elles avertirent les Romains de l'assaut que tentaient les Gaulois, et que ce fut le salut de Rome : aussi le censeur fixait-il chaque année une somme pour l'entretien des oies, tandis que le même jour on fouettait des chiens dans une place publique comme pour les punir de leur coupable silence dans un moment aussi critique[e].

Le cri naturel de l'oie est une voix très-bruyante; c'est un son de trompette ou de clairon, *clangor*, qu'elle fait entendre très-fréquemment et de très-loin; mais elle a, de plus, d'autres accents brefs qu'elle répète souvent, et lorsqu'on l'attaque ou l'effraie, le cou tendu, le bec béant, elle rend un sifflement que l'on peut comparer à celui de la couleuvre. Les Latins ont cherché à exprimer ce son par des mots imitatifs, *strepit, gratitat, stridet* [f].

Soit crainte, soit vigilance [g], l'oie répète à tout moment ses grands cris d'avertissement ou de réclame; souvent toute la troupe répond par une acclamation générale, et de tous les habitants de la basse-cour aucun n'est aussi vociférant ni plus bruyant. Cette grande loquacité ou vocifération avait fait donner chez les anciens le nom d'oie aux indiscrets parleurs, aux méchants écrivains et aux bas délateurs, comme sa démarche gauche et son allure de mauvaise grâce nous font encore appliquer ce même

---

a. « Mirum a Morinis usque Romam pedibus venire : fessi proferuntur ad primos, ita ceteri « stipatione naturali propellunt eos. » Plin., lib. **x**, cap. **lix**.

b. Ælien, lib. **xii**, cap. **xxxiii**.

c. « Anser rusticis gratus, quod solertiorem curam præstat quàm canis, nam clangore prodit « insidiantem. » *De Re Rust.*, lib. cap. **xiii**. — Ovide, décrivant la cabane de Philémon et Baucis, dit :

Unicus anser erat minimæ custodia villæ.

d. De Re milit., lib. **iv**, cap. **xxvi**.

e. « Est et anseri pervigil cura, Capitolio testata defenso, per id tempus canum silentio « proditis rebus; quamobrem cibaria anserum censores locant. Eàdem de causà supplicia annua « canes pendunt inter ædem juventutis et summani, vivi in sambucà arbore fixi. » Plin., lib. **x**, cap. **xxii**.

f.
Argutos inter strepere anser olores.

Virg.

Cacabat hinc perdix; hinc gratitat improbus anser.

Act. Philomel.

g. « Aliæ verecundæ et cautæ, ut anseres. » Aristot., *Hist. animal.*, lib. **i**, cap. **i**.

nom aux gens sots et niais [a] ; mais, indépendamment des marques de sentiment, des signes d'intelligence que nous lui reconnaissons [b], le courage avec lequel elle défend sa couvée et se défend elle-même contre l'oiseau de proie [c], et certains traits d'attachement, de reconnaissance, même très-singuliers, que les anciens avaient recueillis [d], démontrent que ce mépris serait très-mal fondé, et nous pouvons ajouter à ces traits un exemple de la plus grande constance d'attachement [e]. Le fait nous a été communiqué par un homme aussi véridique qu'éclairé, auquel je suis redevable d'une partie des soins et des attentions que j'ai éprouvés à l'Imprimerie royale pour l'impression de mes ouvrages. Nous avons aussi reçu de Saint-Domingue

a. On connaît le proverbe : *franc oison, bête comme une oie.*

b. C'est l'ouïe qui paraît être le sens le plus subtil de l'oie ; Lucrèce semble croire que c'est l'odorat :

$$\text{Humanum longè præsentit odorem}$$
$$\text{Romulidarum arcis servator candidus anser.}$$

Nat. Rer., lib. IV.

c. « Grandi alarum robore hostem propulsat ; dejectum ab ansere falconem se vidisse testatur Scaliger, » dit Aldrovande, qui ajoute qu'elle a de grandes et vieilles querelles avec l'aigle ; mais que, suivant toute apparence, l'antipathie ne se porte pas au point que le dit Albert, lorsqu'il prétend qu'une plume d'aigle renfermée dans du duvet d'oie le consume et le dévore. Voyez Aldrovande, t. III, p. 118.

d. « Illis inesse famam amoris... quod exemplis comprobatum..... Argis dilectâ formâ pueri, « nomine Oleni ; et Glauces Ptolomeo regi cithara canentis..... et quosdam visi adamare : ita « comes perpetuo adhæsisse Lacydi philosopho dicitur anser, ut nusquam ab eo, non in « publico, non in balneis, non noctu, non interdiu digressus. » Plin., *Hist. nat.*, lib. X, cap. XXII.

e. Nous donnons cette note dans le style naïf du concierge de Ris, terre appartenant à M. Anisson Dupéron, où s'est passée la scène de cette amitié si constante et si fidèle. « On « demande à Emmanuel comment l'oie à plumage blanc appelé *Jacquot* s'est apprivoisé avec « lui. Il faut savoir d'abord qu'ils étaient deux mâles, ou *jars*, dans la basse-cour, un gris et « un blanc, avec trois femelles : c'était toujours querelle entre ces deux *jars* à qui aurait la « compagnie de ces trois dames ; quand l'un ou l'autre s'en était emparé, il se mettait à leur « tête et empêchait que l'autre n'en approchât. Celui qui s'en était rendu le maître dans la nuit « ne voulait pas les céder le matin ; enfin les deux galants en vinrent à des combats si furieux, « qu'il fallait y courir. Un jour entre autres, attiré du fond du jardin par leurs cris, je les « trouvai, leurs cous entrelacés, se donnant des coups d'ailes avec une rapidité et une force « étonnante ; les trois femelles tournaient autour, comme voulant les séparer, mais inutile-« ment ; enfin le jars blanc eut du dessous, se trouva renversé, et était très-maltraité par « l'autre : je les séparai, heureusement pour le blanc, qui y aurait perdu la vie. Alors le gris « se mit à crier, à chanter et à battre les ailes en courant rejoindre ses compagnes, en leur « faisant à chacune tour à tour un ramage qui ne finissait pas, et auquel répondaient les trois « dames, qui vinrent se ranger autour de lui. Pendant ce temps-là, le pauvre Jacquot faisait « pitié, et, se retirant tristement, jetait de loin des cris de condoléance ; il fut plusieurs jours à « se rétablir, durant lesquels j'eus occasion de passer par les cours où il se tenait : je le voyais « toujours exclu de la société, et, à chaque fois que je passais, il me venait faire des harangues, « sans doute pour me remercier du secours que je lui avais donné dans sa grande affaire. Un « jour il s'approcha si près de moi, me marquant tant d'amitié, que je ne pus m'empêcher de « le caresser en lui passant la main le long du cou et du dos, à quoi il parut être si sensible, « qu'il me suivit jusqu'à l'issue des cours ; le lendemain, je repassai, et il ne manqua pas de « courir à moi ; je lui fis la même caresse, dont il ne se rassasiait pas, et cependant, par ses « façons, il avait l'air de vouloir me conduire du côté de ses chères amies. Je l'y conduisis en « effet : en arrivant, il commença sa harangue et l'adressa directement aux trois dames, qui

une relation assez semblable, et qui prouve que dans certaines circonstances l'oie se montre capable d'un attachement personnel très-vif et
très-fort, et même d'une sorte d'amitié passionnée qui la fait languir et
périr loin de celui qu'elle a choisi pour l'objet de son affection.

Dès le temps de Columelle on distinguait deux races dans les oies domestiques : celle des blanches plus anciennement, et celle à plumage varié,
plus récemment privée, et cette oie, selon Varron, n'était pas aussi féconde
que l'oie blanche [a]; aussi prescrivent-ils au fermier de ne composer son
troupeau que de ces oies toutes blanches, parce qu'elles sont aussi les plus
grosses [b], en quoi Belon paraît être entièrement de leur avis [c]; cependant,

« ne manquèrent pas d'y répondre. Aussitôt le conquérant gris sauta sur Jacquot; je les laissai
« faire pour un moment, il était toujours le plus fort; enfin je pris le parti de mon Jacquot,
« qui était dessous : je le mis dessus, il revint dessous; je le remis dessus, de manière qu'ils
« se battirent onze minutes, et par le secours que je lui portai, il devint vainqueur du gris, et
« s'empara des trois demoiselles. Quand l'ami Jacquot se vit le maître, il n'osait plus quitter
« ses demoiselles, et par conséquent il ne venait plus à moi quand je passais; il me donnait
« seulement de loin beaucoup de marques d'amitié, en criant et battant des ailes, mais ne
« quittait pas sa proie, de peur que l'autre ne s'en emparât. Le temps se passa ainsi jusqu'à la
« couvaison, qu'il ne me parlait toujours que de loin; mais quand ses femmes se mirent à
« couver, il les laissa et redoubla son amitié vis-à-vis de moi. Un jour, m'ayant suivi jusqu'à
« la glacière tout au haut du parc, qui était l'endroit où il fallait le quitter, poursuivant ma
« route pour aller au bois d'Orangis, à une demi-lieue de là, je l'enfermai dans le parc : il ne
« se vit pas plus tôt séparé de moi, qu'il jeta des cris étranges; je suivais cependant mon
« chemin, et j'étais environ au tiers de la route des bois, quand le bruit d'un gros vol me fit
« tourner la tête : je vis mon Jacquot qui s'abattit à quatre pas de moi. Il me suivit dans tout
« le chemin, partie à pied, partie au vol, me devançant souvent, et s'arrêtant aux croisières
« des chemins pour voir celui que je voulais prendre; notre voyage dura ainsi depuis dix
« heures du matin jusqu'à huit heures du soir, sans que mon compagnon eût manqué de me
« suivre dans tous les détours du bois, et sans qu'il parût fatigué. Dès lors il se mit à me
« suivre et à m'accompagner partout, au point d'en devenir importun, ne pouvant aller à
« aucun endroit qu'il ne fût sur mes pas, jusqu'à venir un jour me trouver dans l'église. Une
« autre fois, comme il me cherchait dans le village, en passant devant la croisée de M. le curé,
« il m'entendit parler dans sa chambre, et trouva la porte de la cour ouverte; il entre, monte
« l'escalier, et, en entrant, fait un cri de joie qui fit grand peur à M. le curé. — Je m'afflige
« en vous contant de si beaux traits de mon bon et fidèle ami Jacquot, quand je pense que c'est
« moi qui ai rompu le premier une si belle amitié; mais il a fallu m'en séparer par force.
« Le pauvre Jacquot croyait être libre dans les appartements les plus honnêtes, comme dans
« le sien, et après plusieurs accidents de ce genre, on me l'enferma, et je ne le vis plus;
« mais son inquiétude a duré plus d'un an, et il en a perdu la vie de chagrin. Il est devenu
« sec comme un morceau de bois, suivant ce que l'on m'a dit; car je n'ai pas voulu le voir,
« et l'on m'a caché sa mort jusqu'à plus de deux mois après qu'il a été défunt. S'il fallait
« répéter tous les traits d'amitié que ce pauvre Jacquot m'a donnés, je ne finirais pas de quatre
« jours sans cesser d'écrire. Il est mort dans la troisième année de son règne d'amitié; il avait
« en tout sept ans et deux mois. »

a. De Re Rust., lib. viii, cap. xiii.

b. « Antiqui jubebant ut quàm amplissimi corporis, et albi coloris eligantur; quòd genus
« illud varium, quod a fero mitigatum, domesticum factum est, nec tam fæcundum sit, nec
« tam pretiosum. » Aldrovande.

c. « L'on trouve de deux sortes d'oies privées, dont l'une, qui est plus farouche, est plus
« grande et de meilleure couleur, et est trouvée plus féconde ; l'autre, qui retire à l'oie sauvage,
« est de moindre corpulence et aussi de moindre revenu ; et les ménagères les prennent toutes

Gessner a écrit à peu près dans le même temps que l'on croyait avoir en
Allemagne de bonnes raisons de préférer la race grise, comme plus robuste
sans être moins féconde ; ce qu'Aldrovande confirme également pour l'Italie,
comme si la race la plus anciennement domestique se fût à la longue affaiblie ; et en effet, il ne paraît pas que les oies grises ou variées soient
aujourd'hui, ni pour la taille, ni pour la fécondité, inférieures aux oies
blanches.

Aristote, en parlant des deux races ou espèces d'oies, l'une plus grande
et l'autre plus petite, dont l'instinct est de vivre en troupes [a], semble, par
la dernière, entendre l'oie sauvage ; et Pline traite spécialement de celle-ci
sous le nom de *ferus anser* [b]. En effet, l'espèce de l'oie est partagée en deux
races ou grandes tribus, dont l'une, depuis longtemps domestique, s'est
affectionnée à nos demeures, et a été propagée, modifiée par nos soins, et
l'autre, beaucoup plus nombreuse, nous a échappé et est restée libre et
sauvage ; car on ne voit entre l'oie domestique et l'oie sauvage de différences que celles qui doivent résulter de l'esclavage sous l'homme d'une
part, et de l'autre de la liberté de nature [c]. L'oie sauvage est maigre et de
taille plus légère que l'oie domestique, ce qui s'observe de même entre plusieurs races privées par rapport à leur tige sauvage, comme dans celle du
pigeon domestique comparée à celle du biset. L'oie sauvage a le dos d'un
gris brunâtre, le ventre blanchâtre et tout le corps nué d'un blanc roussâtre, dont le bout de chaque plume est frangé. Dans l'oie domestique cette
couleur roussâtre a varié ; elle a pris des nuances de brun ou de blanc, elle
a même disparu entièrement dans la race blanche [d]. Quelques-unes ont
acquis une huppe sur la tête [e] ; mais ces changements sont peu considérables en comparaison de ceux que la poule, le pigeon et plusieurs autres
espèces ont subies en domesticité ; aussi l'oie et les autres oiseaux d'eau
que nous avons réduits à cet état domestique sont-ils beaucoup moins éloignés de l'état sauvage et beaucoup moins soumis ou captivés que les oiseaux
gallinacés, qui semblent être les citoyens naturels de nos basses-cours. Et
dans les pays où l'on fait de grandes éducations d'oies, tout le soin qu'on
leur donne pendant la belle saison consiste à les rappeler ou ramener le
soir à la ferme et à leur offrir des réduits commodes et tranquilles pour
faire leur ponte et leur nichée, ce qui suffit, avec l'asile et l'aliment

« blanches, fuiant celles dont les oisons sont d'autres couleurs ; car celles qui ne sont constantes
« à tenir leur couleur, sont estimées de mauvaise race. » Belon, *Nat. des Oiseaux.*

a. « Gregales aves sunt grus... anser minor. » Aristot., lib. viii, cap. xv.

b. Hist. nat., lib. x, cap. xxii.

c. « S'il y a différence entre l'oie privée et la sauvage, c'est si peu, qu'il ne se peut quasi
« connoître ; la privée a pris son origine de la sauvage. » Belon.

d. « Color, ut in avibus domesticis varius, vel fuscus, scilicet, vel cinereus, vel albus, vel
« ex fusco et albo mixtus. Mas plerumque albus est. » Ray.

e. Anser versicolor cirratus. Barrère, *Ornithol.,* clas. 1, gen. 2, sp. 1. — *Anser cirratus,
varietas.* Brisson, *Ornithol.,* t. VI, p. 265.

qu'elles y trouvent en hiver, pour les affectionner à leur demeure et les empêcher de déserter ; le reste du temps elles vont habiter les eaux, où elles viennent s'ébattre et se reposer sur les rivages, et dans une vie aussi approchante de la liberté de la nature, elles en reprennent presque tous les avantages, force de constitution, épaisseur et netteté de plumage, vigueur et étendue de vol [a] ; dans quelques contrées même où l'homme moins civilisé, c'est-à-dire moins tyran, laisse encore les animaux plus libres, il y a de ces oies qui, réellement sauvages pendant tout l'été, ne redeviennent domestiques que pour l'hiver ; nous tenons ce fait de M. le docteur Sanchez, et voici la relation intéressante qu'il nous en a communiquée.

« Je partis d'Azof, dit ce savant médecin, dans l'automne de 1736. Me
« trouvant malade, et, de plus, craignant d'être enlevé par les Tartares
« Cubans, je résolus de marcher en côtoyant le Don, pour coucher chaque
« nuit dans les villages des Cosaques, sujets à la domination de Russie. Dès
« les premiers soirs, je remarquai une grande quantité d'oies en l'air, les-
« quelles s'abattaient et se répandaient sur les habitations ; le troisième jour
« surtout j'en vis un si grand nombre au coucher du soleil, que je m'infor-
« mai des Cosaques où je prenais ce soir-là quartier, si les oies que je
« voyais étaient domestiques, et si elles venaient de loin, comme il me sem-
« blait par leur vol élevé. Ils me répondirent, étonnés de mon ignorance,
« que ces oiseaux venaient des lacs qui étaient fort éloignés du côté du Nord,
« et que chaque année au dégel, pendant les mois de mars et avril, il sortait
« de chaque maison des villages six ou sept paires d'oies, qui toutes ensem-
« ble prenaient leur vol et disparaissaient pour ne revenir qu'au commen-
« cement de l'hiver, comme on le compte en Russie, c'est-à-dire à la pre-
« mière neige ; que ces troupes arrivaient alors augmentées quelquefois au
« centuple, et que, se divisant, chaque petite bande cherchait, avec sa
« nouvelle progéniture, la maison où elles avaient vécu pendant l'hiver
« précédent. J'eus constamment ce spectacle chaque soir, durant trois
« semaines ; l'air était rempli d'une infinité d'oies qu'on voyait se par-
« tager en bandes ; les filles et les femmes, chacune à la porte de leurs
« maisons, les regardant, se disaient : *Voilà mes oies, voilà les oies d'un
« tel*, et chacune de ces bandes mettait en effet pied à terre dans la cour où
« elle avait passé l'hiver précédent [b]. Je ne cessai de voir ces oiseaux que
« lorsque j'arrivai à *Nova-Pauluska*, où l'hiver était déjà assez fort. »

C'est apparemment d'après quelques relations semblables qu'on a imaginé, comme le dit Belon, que les oies sauvages qui nous arrivent en hiver

---

a. « Silvestres anseres volacissimi ; nec multò minùs in Belgio domestici. » Scalig. *advers. Cardan.*

b. Les habitants font une boucherie de ces oies pendant que leurs plumes sont en duvet ; ils les coupent en deux et les sèchent ; le duvet, fameux par sa bonté, est l'objet d'un grand commerce ; la viande sèche se transporte en Ukraine, d'où les Cosaques tirent en retour de l'eau-de-vie de grain et quelques habillements. Extrait de la même relation de M. le docteur Sanchez.

étaient domestiques dans d'autres contrées; mais cette idée n'est pas fondée, car les oies sauvages sont peut-être de tous les oiseaux les plus sauvages et les plus farouches, et d'ailleurs la saison d'hiver où nous les voyons est le temps même où il faudrait supposer qu'elles fussent domestiques ailleurs.

On voit passer en France des oies sauvages dès la fin d'octobre ou les premiers jours de novembre [a]. L'hiver, qui commence alors à s'établir sur les terres du Nord, détermine leur migration; et, ce qui est assez remarquable, c'est que l'on voit dans le même temps des oies domestiques manifester par leur inquiétude et par des vols fréquents et soutenus ce désir de voyager [b], reste évident de l'instinct subsistant, et par lequel ces oiseaux, quoique depuis longtemps privés, tiennent encore à leur état sauvage par les premières habitudes de nature.

Le vol des oies sauvages est toujours très-élevé [c], le mouvement en est doux et ne s'annonce par aucun bruit ni sifflement; l'aile en frappant l'air

a. C'est au mois de novembre, m'écrit M. Hébert, qu'on voit en Brie les premières oies sauvages, et il en passe dans cette province jusqu'aux fortes gelées, en sorte que le passage dure à peu près deux mois. Les bandes de ces oies sont de dix ou douze, jusqu'à vingt ou trente, et jamais plus de cinquante; elles s'abattent dans les plaines ensemencées de blés, et y causent assez de dommages pour déterminer les cultivateurs attentifs à faire garder leurs champs par des enfants, qui par leurs cris en font fuir les oies; c'est dans les temps humides qu'elles font plus de dégâts, parce qu'elles arrachent le blé en le pâturant, au lieu que pendant la gelée elles ne font qu'en couper la pointe, et laissent le reste de la plante attaché à la terre.

b. « Mon voisin, à Mirande, nourrit un troupeau d'oies, qu'il réduit chaque année à une « quinzaine, en se défaisant d'une partie des vieilles, et conservant une partie des jeunes. « Voici la troisième année que je remarque que pendant le mois d'octobre ces oiseaux prennent « une sorte d'inquiétude, que je regarde comme un reste du désir de voyager; tous les jours, « vers les quatre heures du soir, ces oies prennent leur volée, passent par-dessus mes jardins, « font le tour de la plaine au vol, et ne reviennent à leur gîte qu'à la nuit; elles se rappellent « par un cri que j'ai très-bien reconnu pour être le même que celui que les oies sauvages « répètent dans leur passage pour se rassembler et se tenir compagnie. Le mois d'octobre a été « cette année celui où l'herbe des pâturages a repoussé; indépendamment de cette abondante « nourriture le propriétaire de ce troupeau leur donne du grain tous les soirs dans cette saison, « par la crainte qu'il a d'en perdre quelques-unes. L'an passé il s'en égara une qui fut retrouvée « deux mois après à plus de trois lieues. passé la fin d'octobre, ou les premiers jours de novembre, « ces oies reprennent leur tranquillité; je conclus de cette observation, que la domesticité la « plus ancienne (puisque celle des oies dans ce pays, où il n'en naît point de sauvage, doit « être de la plus haute antiquité), n'efface point entièrement ce caractère imprimé par la nature, « ce désir inné de voyager. L'oie domestique abâtardie, appesantie, tente un voyage, s'exerce « tous les jours; et, quoique abondamment nourrie et ne manquant de rien, je répondrais que « s'il en passait de sauvages dans cette saison, il s'en débaucherait toujours quelques-unes, et « qu'il ne leur manque que l'exemple et un peu de courage pour déserter; je répondrais encore « que, si on faisait ces mêmes informations dans les provinces où on nourrit beaucoup d'oies, « on verrait qu'il s'en perd chaque année, et que c'est dans le mois d'octobre. Je ne sache « pourtant pas que toutes les oies que l'on nourrit dans les basses-cours, donnent ces marques « d'inquiétude; mais il faut considérer que ces oies sont presque dans la captivité, encloses de « murs, ne connaissant point les pâturages ni la vue de l'horizon : ce sont des esclaves en qui « s'est perdue toute idée de leur ancienne liberté. » Observation communiquée par **M. Hébert.**

c. Il n'y a que dans les jours de brouillards que les oies sauvages volent assez près de terre pour pouvoir les tirer. *Idem.*

ne paraît pas se déplacer de plus d'un pouce ou deux de la ligne horizontale ; ce vol se fait dans un ordre qui suppose des combinaisons et une
espèce d'intelligence supérieure à celle des autres oiseaux, dont les troupes
partent et voyagent confusément et sans ordre. Celui qu'observent les oies
semble leur avoir été tracé par un instinct géométrique : c'est à la fois
l'arrangement le plus commode pour que chacun suive et garde son rang,
en jouissant en même temps d'un vol libre et ouvert devant soi, et la disposition la plus favorable pour fendre l'air avec plus d'avantage et moins de
fatigue pour la troupe entière, car elles se rangent sur deux lignes obliques
formant un angle à peu près comme un V ; ou si la bande est petite elle ne
forme qu'une seule ligne, mais ordinairement chaque troupe est de quarante ou cinquante : chacun y garde sa place avec une justesse admirable.
Le chef, qui est à la pointe de l'angle et fend l'air le premier, va se reposer
au dernier rang lorsqu'il est fatigué, et tour à tour les autres prennent la
première place. Pline s'est plu à décrire ce vol ordonné et presque rai-
sonné [a] : « Il n'est personne, dit-il, qui ne soit à portée de le considérer,
« car le passage des oies ne se fait pas de nuit, mais en plein jour. »

On a même remarqué quelques points de partage où les grandes troupes
de ces oiseaux se divisent, pour de là se répandre en diverses contrées ; les
anciens ont indiqué le mont Taurus pour la division des troupes d'oies dans
toute l'Asie Mineure [b], le *mont Stella*, maintenant *Cossonossi* (en langue
turque, *champs des oies*), où se rendent à l'arrière-saison de prodigieuses
troupes de ces oiseaux, qui de là semblent partir pour se disperser dans
toutes les parties de notre Europe [c].

Plusieurs de ces petites troupes ou bandes secondaires, se réunissant de
nouveau, en forment de plus grandes, et jusqu'au nombre de quatre ou cinq
cents que nous voyons quelquefois en hiver s'abattre dans nos champs, où
ces oiseaux causent de grands dommages [d] en pâturant les blés, qu'ils cherchent en grattant jusque dessous la neige : heureusement les oies sont très-
vagabondes, restent peu en un endroit, et ne reviennent guère dans le
même canton ; elles passent tout le jour sur la terre dans les champs ou
les prés, mais elles vont régulièrement tous les soirs se rendre sur les
eaux des rivières ou des plus grands étangs ; elles y passent la nuit entière
et n'y arrivent qu'après le coucher du soleil ; il en survient même après la

a. « Liburnicarum more rostrato impetu feruntur, faciliùs ita findentes aëra, quàm si rectà
« fronte impellerent, a tergo sensim dilatante se cuneo, porrigitur agmen largèque impellenti
« præbetur auræ. Colla imponunt præcedentibus ; fessos duces ad terga recipiunt. » Plin., lib. x,
cap. xxiii.

b. Oppien (*Exeutic.* 2), dit qu'au passage du mont Taurus, les oies se précautionnent contre
leur naturel jaseur qui les décèlerait aux aigles, en s'obstruant le bec avec un caillou ; et le
bon Plutarque répète ce conte : *in Moral. de Garrulit.*

c. Rzaczynsky, *Hist.*, pag. 270.

d. « In Bataviam, anseres numerosissimi migrationis tempore confluunt adeo ut segetes per
« longissima intervalla brevi tempore devastent. » Aldrov., *Avi.*, t. III, pag. 153.

nuit fermée, et l'arrivée de chaque nouvelle bande est célébrée par de
grandes acclamations auxquelles les arrivantes répondent, de façon que
sur les huit ou neuf heures, et dans la nuit la plus profonde, elles font un
si grand bruit et poussent des clameurs si multipliées, qu'on les croirait
assemblées par milliers.

On pourrait dire que, dans cette saison, les oies sauvages sont plutôt
oiseaux de plaine qu'oiseaux d'eau, puisqu'elles ne se rendent à l'eau que
la nuit pour y chercher leur sûreté : leurs habitudes sont bien différentes,
et même opposées à celles des canards, qui quittent les eaux à l'heure où
s'y rendent les oies, et qui ne vont pâturer dans les champs que la nuit, et
ne reviennent à l'eau que quand les oies la quittent. Au reste, les oies sauvages, dans leur retour au printemps, ne s'arrêtent guère sur nos terres :
on n'en voit même qu'un très-petit nombre dans les airs, et il y a apparence que ces oiseaux voyageurs ont pour le départ et le retour deux
routes différentes.

Cette inconstance dans leur séjour, jointe à la finesse de l'ouïe de ces
oiseaux et à leur défiante circonspection, font que leur chasse est difficile[a],
et rendent même inutiles la plupart des piéges qu'on leur tend ; celui qu'on
trouve décrit dans Aldrovande est peut-être le plus sûr de tous et le mieux
imaginé. « Quand la gelée, dit-il, tient les champs secs, on choisit un lieu
« propre à coucher un long filet assujetti et tendu par des cordes, de ma-
« nière qu'il soit prompt et preste à s'abattre, à peu près comme les nappes
« du filet d'alouette, mais sur un espace plus long qu'on recouvre de pous-
« sière ; on y place quelques oies privées pour servir d'appelants ; il est
« essentiel de faire tous ces préparatifs le soir, et de ne pas s'approcher
« ensuite du filet, car si le matin les oies voyaient la rosée ou le givre abat-
« tus elles en prendraient défiance. Elles viennent donc à la voix de ces
« appelants, et après de longs circuits et plusieurs tours en l'air elles s'a-
« battent ; l'oiseleur, caché à cinquante pas dans une fosse, tire à temps la
« corde du filet, et prend la troupe entière ou partie sous sa nappe[b]. »

Nos chasseurs emploient toutes leurs ruses pour surprendre les oies sauvages : si la terre est couverte de neige, ils se revêtent de chemises blanches

a. Il est presque impossible, dit M. Hébert, de les tirer à l'arrivée, parce qu'elles volent
trop haut, et qu'elles ne commencent à s'abaisser que quand elles sont au-dessus des eaux ;
j'ai tenté, ajoute-t-il, avec aussi peu de succès, de les surprendre le matin à l'aube du jour ;
je passais la nuit entière dans les champs, le bateau était préparé dès la veille ; nous nous y
embarquâmes longtemps avant le jour, et nous nous avancions à la faveur des ténèbres bien
avant sur l'eau et jusqu'aux derniers roseaux ; néanmoins nous nous trouvions toujours trop
loin de la bande pour tirer, et ces oiseaux trop défiants s'élevaient tout en partant assez haut
pour ne passer sur nos têtes que hors de la portée de nos armes ; toutes ces oies ainsi rassemblées partaient ensemble, et attendaient le grand jour, à moins qu'on ne les eût inquiétées ;
ensuite elles se séparaient et s'éloignaient par bandes, et peut-être dans le même ordre qu'elles
s'étaient réunies le soir précédent.

b. Petr. Crescent., apud Aldrov., *Avi.*, t. III, pag. 157.

par-dessus leurs habits ; en d'autres temps ils s'enveloppent de branches et de feuilles, de manière à paraître un buisson ambulant : ils vont jusqu'à s'affubler d'une peau de vache, marchant en quadrupèdes, courbés sur leur fusil ; et souvent ces stratagèmes ne suffisent pas pour approcher les oies, même pendant la nuit. Ils prétendent qu'il y en a toujours une qui fait sentinelle le cou tendu et la tête élevée, et qui au moindre danger donne à la troupe le signal d'alarme. Mais comme elles ne peuvent prendre subitement l'essor, et qu'elles courent trois ou quatre pas sur la terre et battent des ailes pendant quelques moments avant que de pouvoir s'élever dans l'air, le chasseur a le temps de les tirer.

Les oies sauvages ne restent dans ce pays-ci tout l'hiver que quand la saison est douce, car dans les hivers rudes, lorsque nos rivières et nos étangs se glacent, elles s'avancent plus au midi, d'où l'on en voit revenir quelques-unes qui repassent vers la fin de mars pour retourner au nord ; elles ne fréquentent donc les climats chauds et même la plupart des régions tempérées que dans le temps de leurs passages, car nous ne sommes pas informés qu'elles nichent en France [a] ; quelques-unes seulement nichent en Angleterre ainsi qu'en Silésie et en Bothnie [b] ; d'autres, en plus grand nombre, vont nicher dans quelques cantons de la grande Pologne et de la Lithuanie [c] : néanmoins, le gros de l'espèce ne s'établit que plus loin dans le Nord [d], et sans s'arrêter ni sur les côtes de l'Irlande [e] et de l'Écosse, ni même en tous les points de la longue côte de Norwége [f] : on voit ces oiseaux se porter en troupes immenses jusque vers le Spitzberg [g], le Groën-

a. « Si voyions qu'elles feissent leurs petits en ce pays, nous accorderions qu'on pourroit « bien prendre leurs œufs et les faire couver aux oyes privées ou aux poules, et lors les pour- « roit-on apprivoiser. » Belon.

b. « Coeunt post hiemis solsticium; initio veris pariunt ova ad summum quindecim. » Schwenckfeld.

c. « In majori Poloniâ *Notes* Fluvius propter maximum numerum anserum ferorum ibi com- « morantium famosus. In Lithuaniâ, Polesiâ hieme aliqui agunt; quin tempore verno ibidem « fœtificant. » *Hist. nat. Polon.*, pag. 270.

d. « Miram in septentrionalibus multitudinem anserum, scribit Olaüs Magnus, cubationis « tempore redire a meridionalibus plagis. » Aldrovande, t. III, p. 155.

e. Les oies sauvages ne viennent en Islande qu'au printemps... On ne sait si ces oiseaux y font leurs petits, d'autant plus qu'on remarque qu'ils ne s'arrêtent point et qu'ils continuent leur voyage vers le nord ; ce n'est à proprement parler qu'un oiseau de passage. Relation authen- tique de l'Islande, tirée des *Mémoires* de M. Horrebows ; *Journal étranger*, avril 1758.

f. Il n'y a en Norwége que deux espèces d'oies sauvages : les grises passent l'été dans le district de Nortland. Les Norwégiens croient qu'elles viennent pendant l'hiver en France... On ne sait où ces oies font leur couvée, cependant on a remarqué qu'il y en a qui multiplient sur la côte de Riefilde en Norwége. *Histoire naturelle de Norwége*, par Pontoppidan.

g. On trouva un grand golfe (nord-ouest de l'île Baïren, entre le Spitzberg et le Groën- land), et au milieu une île remplie d'oies sauvages et de leurs nids. Heemskerke et Barentz ne doutèrent point que ces oies ne fussent les mêmes qu'on voit venir tous les ans en fort grand nombre dans les Provinces-Unies, surtout au Wiesingen, dans le Zuiderzée, dans la Nord- hollande et la Frize, sans qu'on eût pu s'imaginer jusqu'alors où elles faisaient leur ponte. *Recueil des voyages de la Compagnie des Indes*; Amsterdam, 1702, t. I, p. 35.

land[a] et les terres de la baie d'Hudson[b], où leur graisse et leur fiente[c] sont une ressource pour les malheureux habitants de ces contrées glacées. Il y en a de même des troupes innombrables sur les lacs et les rivières de la Laponie[d], ainsi que dans les plaines de Mangasea, le long du Jénisea[e], dans plusieurs autres parties de la Sibérie, jusqu'au Kamtschatka, où elles arrivent au mois de mai, et d'où elles ne partent qu'en novembre après avoir fait leur ponte. M. Steller les ayant vues passer devant l'île de Bering, volant en automne vers l'est, et au printemps vers l'ouest[f], présume qu'elles viennent d'Amérique au Kamtschatka : ce qu'il y a de plus certain, c'est que la plus grande partie de ces oies du nord-est de l'Asie gagne les contrées du midi vers la Perse[g], les Indes[h] et le Japon, où l'on observe leur passage de même qu'en Europe ; on assure même qu'au Japon la sécurité dont on les fait jouir leur fait oublier leur défiance naturelle[i].

Un fait qui semble venir à l'appui du passage des oies de l'Amérique en Asie, c'est que la même espèce d'oie sauvage qui se voit en Europe et en Asie se trouve aussi à la Louisiane[j], au Canada[k], à la Nouvelle-Espagne[l]

a. Les oies sauvages grises arrivent à l'entrée de l'été au Groënland, pour faire leurs œufs et élever leurs petits. Il y a apparence qu'elles viennent des côtes de l'Amérique les plus voisines ; elles y retournent pour l'hiver. Crantz, dans l'*Histoire généra'e des Voyages*, t. XIX, pag. 43.

b. A la fin d'avril, les oies, les canards, arrivent en abondance à la baie d'Hudson. *Hist. générale des Voyages*, p. 657. — Sur la rivière Nelson, on trouve quantité d'oies, de canards, de cygnes. Ellis, *Voyage à la baie d'Hudson*, t. II, p. 50. — Robert Lade place aussi une quantité d'oies sur le fleuve Ruppert, dans la même baie. *Voyage du capitaine Robert Lade* ; Paris, 1744, t. I, p. 358.

c. « Ad condiendos cibos loco butyri, anserum adipe utuntur, septentrionales. » Olaüs Magnus, *Hist. septent.*, lib. XIX, cap. VII. — « La fiente d'oie sèche sert de mèche aux Esquimaux pour mettre dans leurs lampes en guise de coton ; c'est une pauvre ressource, mais qui vaut encore mieux que rien du tout. » Ellis, t. II, p. 171.

d. *Voyage en Laponie*, dans les *Œuvres de Regnard*, t. I, p. 180.

e. Gmelin, *Voyage en Sibérie*, t. I, p. 218.

f. *Histoire générale des Voyages*, t. XIX, p. 272.

g. En Perse, il y a des oies, canards, pluviers, grues, hérons, plongeons, bécasses, partout ; mais en plus grande quantité dans les provinces septentrionales. *Voyage de Chardin* ; Amsterdam, 1711.

h. Il y a des oies, des canards, des cercelles, des hérons, etc., au royaume de Guzaratte, aux Indes orientales. *Voyage de Mandeslo*, suite d'*Oléarius*, t. II, p. 234. — Il y en a aussi au Tunquin. Dampier, *Nouveau voyage autour du monde* ; Rouen, 1715, t. III, p. 30.

i. On distingue au Japon deux sortes d'oies sauvages qui ne se mêlent jamais : les unes blanches comme la neige, avec les extrémités des ailes fort noires ; les autres d'un gris cendré ; toutes si communes et si familières, qu'elles se laissent facilement approcher. Quoiqu'elles fassent beaucoup de dégât dans les campagnes, il est défendu de les tuer sous peine de mort, pour assurer le privilége de ceux qui achètent le droit. Les paysans sont obligés d'entourer leurs champs de filets pour les défendre de leurs ravages. Kæmpfer, t. I, p. 112.

j. Le Page Dupratz, t. II, p. 114.

k. Les oies et tous les grands oiseaux de rivière sont partout en abondance au Canada, excepté vers les habitations, dont on ne les voit point approcher. *Hist. générale des Voyages*, t. XV, p. 227. — Il y a chez les Hurons des oies sauvages qu'ils appellent *ahonque*. *Voyage au pays des Hurons*, par le P. Sagard Théodat, récollet ; Paris, 1632.

l. « Tlalacatl anser montanus est, domestico similis..... cùm silvestri nostrati aut omninò

et sur les côtes occidentales de l'Amérique septentrionale ; nous ignorons si cette même espèce se trouve également dans toute l'étendue de l'Amérique méridionale ; nous savons seulement que la race de l'oie privée transportée d'Europe au Brésil passe pour y avoir acquis une chair plus délicate et de meilleur goût[a], et qu'au contraire elle a dégénéré à Saint-Domingue, où M. le chevalier Lefebvre Deshayes a fait plusieurs observations sur le naturel de ces oiseaux en domesticité, et particulièrement sur les signes de joie que donne l'oie mâle à la naissance des petits[b]. M. Deshayes nous apprend de plus qu'on voit à Saint-Domingue une oie de passage qui, comme en Europe, est un peu moins grande que l'espèce privée, ce qui semble prouver que ces oies voyageuses se portent fort avant dans les terres méridionales du Nouveau-Monde comme dans celles de l'ancien continent, où elles ont pénétré jusque sous la zone torride[c], et paraissent même l'avoir traversée tout entière, car on les trouve au Sénégal[d], au Congo[e], jusque dans les terres du cap de Bonne-Espérance[f], et peut-être jusque dans celles du continent austral : en effet, nous regardons ces oies que les navigateurs ont

« idem, aut congener. » Fernandez, *Hist. aviar. Hisp.*, p. 34, cap. xcviii. — Voyez aussi Gemelli Careri, t. VI, p. 212.

a. On prétend avoir remarqué que les canards et les oies d'Europe, transportés au Brésil, y ont acquis un goût plus fin ; au contraire des poules qui, en devenant plus grandes et plus fortes, ont perdu une partie de leur goût. *Hist. générale des Voyages*, t. XIV, p. 305.

b. « Quoique l'oie souffre ici d'être plumée de son duvet trois fois l'année, son espèce néanmoins est moins précieuse dans un climat où la santé défend, en dépit de la mollesse, de dormir sur le duvet, et où la paille fraîche est le seul lit où le sommeil puisse s'abattre. La chair de l'oie n'est pas non plus aussi bonne à Saint-Domingue qu'en France ; jamais elle n'est bien grasse ; elle est filandreuse, et celle du canard d'Inde mérite à tous égards la préférence. » Observation communiquée par M. le chevalier Lefebvre-Deshayes. — « Les naturalistes n'ont pas parlé, ce me semble, des témoignages singuliers de joie que le jars ou le mâle donne à ses petits les premières fois qu'il les voit manger : cet animal démontre sa satisfaction en levant la tête avec dignité, et en trépignant des pieds de façon à faire croire qu'il danse. Ces signes de contentement ne sont pas équivoques, puisqu'ils n'ont lieu que dans cette circonstance, et qu'ils sont répétés presque à chaque fois qu'on donne à manger aux oisons dans leur premier âge. Le père néglige sa propre subsistance pour se livrer à la joie de son cœur : cette danse dure quelquefois longtemps, et quand quelque distraction, comme celle des volailles qu'il chasse loin de ses petits, la lui fait interrompre, il la reprend avec une nouvelle ardeur. » *Idem.*

c. Tous les climats, m'écrit M. Baillon, conviennent à l'oie comme au canard, voyageant de même et passant des régions les plus froides dans les pays situés entre les tropiques. J'en ai vu arriver beaucoup à l'île de Saint-Domingue aux approches de la saison des pluies, et elles ne paraissent pas souffrir d'altération sensible dans des températures aussi opposées.

d. A la côte du Sénégal, les oies, les cercelles, sont d'un goût excellent. *Voyage de Lemaire aux îles Canaries;* Paris, 1695, pag. 117.

e. Mandeslo, suite d'*Oléarius.*

f. Le pays (à la baie de Saldana) est rempli d'autruches, de hérons, d'oies, etc. *Voyage autour du monde*, par Gemelli Careri ; Paris, 1719, t. I, p. 449. — La taille des oies d'eau que l'on trouve au cap de Bonne-Espérance est la même que celle des oies domestiques que nous connaissons en Europe ; et, à l'égard de la couleur, il n'y a entre elles d'autre différence, sinon que les oies aquatiques ont sur le dos une raie brune mêlée de vert. Toutes ces diverses espèces d'oies sont bonnes à manger et très-saines. Kolbe, *Description du Cap*, t. III, p. 144.

rencontrées le long des terres Magellaniques, à la Terre de Feu [a], à la Nouvelle-Hollande [b], etc., comme tenant de très-près à l'espèce de nos oies, puisqu'ils ne leur ont pas donné d'autre nom. Néanmoins il paraît qu'outre l'espèce commune, il existe dans ces contrées d'autres espèces dont nous allons donner la description.

L'OIE DES TERRES MAGELLANIQUES. [c]*

SECONDE ESPÈCE.

Cette grande et belle oie, qui paraît être propre et particulière à cette contrée, a la moitié inférieure du cou, la poitrine et le haut du dos richement émaillés de festons noirs sur un fond roux; le plumage du ventre est ouvragé de mêmes festons sur un fond blanchâtre; la tête et le haut du cou sont d'un rouge pourpré ; l'aile porte une grande tache blanche, et la couleur noirâtre du manteau est relevée par un reflet de pourpre.

Il paraît que ce sont ces belles oies que le commodore Byron désigne sous le nom d'*oies peintes*, et qu'il trouva sur la pointe Sandy, au détroit de Magellan [d]. Peut-être aussi cette espèce est-elle la même que celle qu'indique le capitaine Cook sous la simple dénomination de *nouvelle espèce d'oie*, et qu'il a rencontrée sur ces côtes orientales du détroit de Magellan et de la Terre de Feu, qui sont entourées par d'immenses lits flottants de *passe-pierre* [e].

a. On voit des oies sur le bord des lagunes (à la baie de Saint-Julien), aux terres Magellaniques. Quiroga, dans l'*Histoire générale des Voyages*, t. XIV, p. 92. — Wallis trouva des oies au cap Froward, dans le détroit de Magellan. *Collection d'Hawkesworth*, t. II, p. 31. — Dans la baie du cap Holland, mêmes parages. *Idem*, *ibid.*, p. 65. — Oies et canards dans le canal de Noël, à la Terre de Feu. *Second voyage de Cook*, t. IV, p. 43. — Dans ce même canal, une anse est nommée *l'anse des oies;* une île, *l'île aux oies. Idem*, *ibid.*, p. 20. — Les oies, les canards, les cercelles et d'autres oiseaux se trouvent au port d'Egmont (51 degrés latitude sud) en si grande quantité, que nos gens étaient las d'en manger; il était assez ordinaire de voir un canot rapporter soixante ou soixante-dix belles oies, sans avoir tiré un seul coup de fusil; pour les tuer, il suffisait de se servir de pierres. *Voyage du commodore Byron*, tome I de la *Collection d'Hawkesworth*, pag. 65.

b. Les oies aquatiques (à la Nouvelle-Hollande méridionale) sont les oies sauvages, les canards sifflants qui se perchent. *Voyage de Cook*, t. IV, p. 63. — Le capitaine Cook a fait présent à la Nouvelle-Zélande de l'espèce domestique, dont il a laissé quelques couples dans cette île, dans l'espérance qu'ils y multiplieraient. Cook, *Second voyage*, t. IV, p. 190.

c. Voyez les planches enluminées, n° 1006.

d. *Voyage autour du monde*, par le commodore Byron. *Collection d'Hawkesworth*, tome I, page 47.

e. Cook, *Second voyage*, t. IV, p. 21.

* *Anas magellanica* (Linn.). — Genre *id.*, sous-genre *Bernaches* (Cuv.).

L'OIE DES ILES MALOUINES OU FALKLAND.[*]

TROISIÈME ESPÈCE.

« De plusieurs espèces d'oies dont la chasse, dit M. de Bougainville,
« formait une partie de nos ressources aux îles Malouines, la première ne
« fait que pâturer; on lui donne improprement le nom d'*outarde; ses*
« jambes élevées lui sont nécessaires pour se tirer des grandes herbes, et
« son long cou la sert bien pour observer le danger; sa démarche est légère
« ainsi que son vol, et elle n'a point le cri désagréable de son espèce; le
« plumage du mâle est blanc, avec des mélanges de noir et de cendré sur
« le dos et les ailes; la femelle est fauve, et ses ailes sont parées de cou-
« leurs changeantes; elle pond ordinairement six œufs; leur chair saine,
« nourrissante et de bon goût, devint notre principale nourriture; il était
« rare qu'on en manquât : indépendamment de celles qui naissent sur
« l'île, les vents d'est en automne en amènent des volées, sans doute de
« quelque terre inhabitée, car les chasseurs reconnaissaient aisément ces
« nouvelles venues au peu de crainte que leur inspirait la vue des hommes.
« Deux ou trois autres sortes d'oies que nous trouvions dans ces mêmes
« îles n'étaient pas si recherchées, parce que, se nourrissant de poisson,
« elles en contractent un goût huileux[a]. »

Nous n'indiquons cette espèce sous la dénomination d'*oie des îles Malouines*, que parce que c'est dans ces îles qu'elle a été vue et trouvée pour
la première fois par nos navigateurs français; car il paraît que les mêmes
oies se rencontrent au canal de Noël, le long de la Terre de Feu, de l'île
Schagg dans ce même canal, et sur d'autres îles près de la Terre des États :
du moins M. Cook semble renvoyer, à leur sujet, à la description de M. de
Bougainville lorsqu'il dit : « Ces oies paraissent très-bien décrites sous le
« nom d'*outardes; elles* sont plus petites que les oies privées d'Angleterre,
« mais aussi bonnes; elles ont le bec noir et court, et les pieds jaunes; le
« mâle est tout blanc, la femelle est mouchetée de noir et de blanc ou de
« gris, et elle a une grande tache blanche sur chaque aile[b] ; » et quelques
pages auparavant il en fait une description plus détaillée en ces termes :
« Ces oies nous parurent remarquables par la différence de couleur entre

---

a. « La forme de ces dernières, ajoute M. de Bougainville, est moins élégante que celle de
la première espèce; il y en a même une qui ne s'élève qu'avec peine au-dessus des eaux :
celle-ci est criarde. Les couleurs de leur plumage ne sortent guère du blanc, du noir, du fauve
et du cendré. Toutes ces espèces, ainsi que les cygnes, ont sous leurs plumes un duvet blanc
ou gris très-fourni. » *Voyage autour du monde*, par M. de Bougainville, in-8º, t. I, pag. 115
et 116.

b. Cook, *Second voyage*, t. IV, p. 48.

[*] *Anas leucoptera* (Linn.). — Genre et sous-genre *id.*

« le mâle et la femelle : le mâle était un peu moindre qu'une oie privée
« ordinaire, et parfaitement blanc, excepté les pieds, qui étaient jaunes, et
« le bec, qui était noir ; la femelle, au contraire, était noire avec des barres
« blanches en travers, une tête grise, quelques plumes vertes et d'autres
« blanches. Il paraît que cette différence est heureuse, car la femelle étant
« obligée de conduire ses petits, sa couleur brune la cache mieux aux fau-
« cons et aux autres oiseaux de proie [a]. » Or ces trois descriptions paraissent appartenir à la même espèce, et ne diffèrent entre elles que par le plus
ou le moins de détails. Ces oies fournirent aux équipages du capitaine Cook
un rafraîchissement aussi agréable qu'il le fut aux îles Malouines à nos
Français [b].

L'OIE DE GUINÉE. [c] [d] *

QUATRIÈME ESPÈCE.

Le nom d'oie-cygne (*swan-goose*), que Willughby donne à cette grande
et belle oie est assez bien appliqué, si l'oie du Canada, tout aussi belle au
moins, n'avait pas le même droit à ce nom, et si d'ailleurs les dénominations composées ne devaient pas être bannies de l'histoire naturelle. La

a. *Idem, ibid.*, p. 31.

b. Sur le côté est de l'île (Schagg), nous aperçûmes des oies, et après avoir débarqué avec
peine, nous en tuâmes trois qui nous procurèrent un bon régal.... Comme c'était la saison de la
mue (en décembre), la plupart changeaient de plumes et ne pouvaient pas s'enfuir ; il y avait
une grosse houle, et il nous fut très-difficile de débarquer ; il nous fallut ensuite traverser des
rochers par de fort mauvais chemins, de sorte que des centaines d'oies nous échappèrent :
quelques-unes s'envolèrent dans la mer et d'autres dans l'île ; nous en tuâmes et primes cependant soixante-deux. *Second voyage*, t. IV, pag. 31 et 32.

c. Voyez les planches enluminées, nº 374.

d. *Anser-cygnus Guineensis.* Ray, *Synops. avi.*, p. 138, nº 8. — *Anser Hispanicus, aut potiùs
Guineensis.* Willughby, *Ornithol.*, p. 275. — Klein, *Avi.*, p. 129, nº 4. — *Anser Hispanicus,
seu cygnoides.* Marsigli, *Danub.*, t. V, p. 104, avec une figure peu exacte, pl. 50. — *Cygnus
subfuscus, collo longiori, rostro latiori basi gibbo.* Browne, *Nat. hist. of Jamaïca*, p. 480.
— *Anas rostro semi-cylindrico, basi gibbo; cygnoïdes australis.* Idem, *Syst. nat.*, édit. X,
gen. 61, sp. 2. — *Der chinesische gans, oder trompeter.* Frisch, t. II, pl. 153 ; et pl. 154, la
tête d'une variété à bec et front rouges ou jaune orangé. — *Oie d'Espagne.* Albin, t. I, p. 79,
avec une figure mal coloriée, planche 91. — *L'Oie de Guinée.* Salerne, *Ornithol.*, p. 411. —
« Anser supernè griseo-fuscus, marginibus pennarum dilutioribus, infernè albus ; tuberculo
« in exortu rostri carnoso luteo-aurantio paleari in gutture pendulo ; tæniâ a capite ad dorsum
« per summum collum fuscâ, collo inferiore et pectore fulvis : rectricibus griseo-fuscis, albido
« fimbriatis... » *Anser Guineensis.* Brisson, *Ornithol.*, t. VI, p. 280.

* *Anas cygnoïdes* (Linn.). — Genre *id.*, sous-genre *Cygnes* (Cuv.). — « On ne peut guère
« séparer des *cygnes* certaines espèces, à la vérité moins élégantes, mais qui ont le même bec.
« Plusieurs d'entre elles ont un tubercule sur sa base. La plus connue est nommée vulgairement
« *Oie de Guinée (anas cygnoïdes).* — Nous l'élevons dans nos basses-cours, où elle produit
« aisément avec nos *oies.* » (Cuvier.)

taille de cette belle oie de Guinée surpasse celle des autres oies ; son plumage est gris brun sur le dos, gris blanc au devant du corps, le tout également nué de gris roussâtre, avec une teinte brune sur la tête et au-dessus du cou ; elle ressemble donc à l'oie sauvage par les couleurs du plumage, mais la grandeur de son corps et le tubercule élevé qu'elle porte sur la base du bec l'approchent un peu du cygne, et cependant elle diffère de l'un et de l'autre par sa gorge enflée et pendante en manière de poche ou de petit fanon, caractère très-apparent et qui a fait donner à ces oies le nom de *jabotières*. L'Afrique, et peut-être les autres terres méridionales.de l'ancien continent, paraissent être leur pays natal, et, quoique Linnæus les ait appelées *oies de Sibérie* [a], elles n'en sont point originaires, et ne s'y trouvent pas dans leur état de liberté ; elles y ont été apportées des climats chauds et on les y a multipliées en domesticité, ainsi qu'en Suède et en Allemagne. Frisch raconte qu'ayant plusieurs fois montré à des Russes de ces oies qu'il nourrissait dans sa basse-cour, tous, sans hésiter, les avaient nommées *oies de Guinée*, et non pas *oies de Russie* ni de *Sibérie*. C'est pourtant sur la foi de cette fausse dénomination, donnée par Linnæus, que M. Brisson, après avoir décrit cette oie sous son vrai nom d'*oie de Guinée*, la donne une seconde fois sous celui d'*oie de Moscovie*, sans s'être aperçu que ses deux descriptions sont exactement celles du même oiseau [b].

Non-seulement cette oie des pays chauds produit en domesticité dans des climats plus froids, mais elle s'allie avec l'espèce commune dans nos contrées, et de ce mélange il résulte des métis qui prennent de notre oie le bec et les pieds rouges, mais qui ressemblent à leur père étranger par la tête, le cou et la voix forte, grave, et néanmoins éclatante [c], car le clairon de ces grandes oies est encore plus retentissant que celui des nôtres, avec lesquelles elles ont bien des caractères communs. La même vigilance parait leur être naturelle : « Rien , dit M. Frisch, ne pouvait bouger dans la mai-« son, pendant la nuit, que ces oies de Guinée n'en avertissent par un grand « cri ; le jour, elles annonçaient de même les hommes et les animaux qui « entraient dans la basse-cour, et souvent elles les poursuivaient pour les « becqueter aux jambes. » Le bec, suivant la remarque de ce naturaliste, est armé sur ses bords de petites dentelures, et la langue est garnie de

a. Siberisk gaas. Linnæus.

b. « *L'oie de Moscovie*..... elle est un peu plus grande que l'oie domestique... la tête et le « haut du cou sont d'un brun plus foncé sur la partie supérieure qu'à l'inférieure... sur l'ori-« gine du bec s'élève un tubercule rond et charnu... sous la gorge pend aussi une espèce de « membrane charnue. » Brisson, t. VI, p. 278. — *Nota.* Joignez à ces traits, auxquels l'oie de Guinée est parfaitement reconnaissable, ce que dit Klein, d'après la nomenclature duquel M. Brisson parait avoir établi cette espèce ; il ne regarde cette prétendue oie de Moscovie ou de Russie que comme une variété de l'*oie de Sibérie*, que nous venons de voir n'être pas autre que l'oie de Guinée : « Vidi varietatem in ansere Siberiæ, magis gutturoso rostro pedibus « nigris, tubere nigro depresso. » Klein, *Avi.*, p. 129.

c. Frisch.

papilles aiguës; le bec est noir, et le tubercule qui le surmonte est d'un
rouge vermeil. Cet oiseau porte la tête haute en marchant[a]; son beau port
et sa grande taille lui donnent un air assez noble. Suivant M. Frisch, la
peau du petit fanon ou la poche de la gorge n'est ni molle ni flexible, mais
ferme et résistante, ce qui pourtant semble peu s'accorder avec l'usage que
Kolbe nous dit qu'en font au Cap les matelots et les soldats[b]. On m'a
envoyé la tête et le cou d'une de ces oies, et l'on y voyait à la racine de
la mandibule inférieure du bec cette poche ou fanon; mais comme ces parties étaient à demi brûlées, nous n'avons pu les décrire exactement; nous
avons seulement reconnu par cet envoi, qui nous a été adressé de Dijon,
que cette oie de Guinée se trouve en France comme en Allemagne, en Suède
et en Sibérie.

L'OIE ARMÉE.[c d *]

CINQUIÈME ESPÈCE.

Cette espèce est la seule, non-seulement de la famille des oies, mais de
toute la tribu des oiseaux palmipèdes, qui ait aux ailes des ergots ou éperons tels que ceux dont le kamichi, les jacanas, quelques pluviers et quelques vanneaux sont armés : caractère singulier que la nature a peu répété,
et qui dans les oies distingue celle-ci de toutes les autres. On peut la comparer, pour la taille, au canard musqué; elle a les jambes hautes et rouges,
le bec de la même couleur et surmonté au front d'une petite caroncule ; la
queue et les grandes pennes des ailes sont noires; leurs grandes couvertures
sont vertes, les petites sont blanches et traversées d'un ruban noir étroit;
le manteau est roux, avec des reflets d'un pourpre obscur ; le tour des
yeux est de cette même couleur, qui teint aussi, mais faiblement, la tête et

---

a. « Collo decenter elato incedit. » Ray.

b. Les oies sauvages qui ont reçu le nom d'*oies jabotières* ont, comme leur nom le désigne,
cette partie du corps fort grosse. Les soldats et le commun du peuple des colonies s'en servent
pour faire des poches à mettre du tabac, qui peuvent contenir environ deux livres. Kolbe,
Description du Cap, t. III, p. 144.

c. Voyez les planches culuminées, n° 982, sous la dénomination d'*Oie d'Égypte*; n° 983, la
femelle.

d. Anser Gambensis. Willughby, *Ornithol.*, p. 275. — Ray, *Synops. avi.*, p. 138, n° 9. —
— *Anser Chilensis.* Klein, *Avi.*, p. 129, n° 7. — « Anser supernè obscurè purpureus, infernè
« albus; tuberculo in exortu rostri carnoso rubro; alis in anteriore parte calcari præditis... »
Anser Gambensis. Brisson, t. VI, p. 283. — *L'oie de Gamba.* Salerne, *Ornithol.*, p. 411.

* *Anas œgyptiaca* (Gmel.). — La *bernache armée*, oie d'Afrique, du Cap, d'Égypte, etc.
(Cuv.). — Genre *id.*, sous-genre *Bernaches* (Cuv.). — « Remarquable par l'éclat de ses cou-
« leurs et par le petit éperon de ses ailes... On peut l'élever en domesticité, mais elle a toujours
« du penchant à s'enfuir. C'est le *chenalopex* ou l'*oie renard*, révéré des anciens Égyptiens, à
« cause de son attachement pour ses petits. » (Cuvier.)

le cou ; le devant du corps est finement liséré de petits zigzags gris sur un fond blanc jaunâtre.

Cette oie est indiquée dans nos planches enluminées comme venant d'Égypte. M. Brisson l'a donnée sous le nom d'*oie de Gambie*; et, en effet, il est certain qu'elle est naturelle en Afrique, et qu'elle se trouve particulièrement au Sénégal [a].

L'OIE BRONZÉE. [b] *

SIXIÈME ESPÈCE.

C'est encore ici une grande et belle espèce d'oie, qui de plus est remarquable par une large excroissance charnue en forme de crête au-dessus du bec, et aussi par les reflets dorés, bronzés et luisants d'acier bruni, dont brille son manteau sur un fond noir ; la tête et la moitié supérieure du cou sont mouchetés de noir dans du blanc par petites plumes rebroussées et comme bouclées sur le derrière du cou ; tout le devant du corps est d'un blanc teint de gris sur les flancs. Cette oie paraît moins épaisse de corps et a le cou plus grêle que l'oie sauvage commune, quoique sa taille soit au moins aussi grande. Elle nous a été envoyée de la côte de Coromandel, et peut-être l'oie à crête de Madagascar, dont parlent les voyageurs Rennefort et Flacourt sous le nom de *rassangue* [c], n'est-elle que le même oiseau, que nous croyons aussi reconnaître, à tous ses caractères, dans l'*ipecati-apoa* des Brésiliens, dont Marcgrave nous a donné la description et la figure [d] : ainsi cette espèce aquatique serait une de celles que la nature a rendues communes aux deux continents.

a. Les oies sauvages sont au Sénégal d'une couleur fort différente de celles d'Europe ; elles ont les ailes armées d'une substance dure, épineuse et pointue, qui a deux pouces et demi de longueur. *Histoire générale des Voyages*, t. VIII, p. 305. *Nota.* Cette longueur paraît exagérée. — Une autre note porte que cette oie s'appelle *hitt* au Sénégal.

b. Voyez les planches enluminées, n° 937, sous le nom d'*Oie de la côte de Coromandel*.

c. Rassangue, oie sauvage de Madagascar qui a une crête rouge sur la tête. Flacourt, p. 165. — Les oies sauvages qui se nomment *rassangues* à Madagascar ont une crête rouge sur la tête. Relation de Rennefort, dans l'*Hist. générale des Voyages*, t. VIII, p. 606.

d. Hist. nat. Brasil., p. 218. — Jonston, p. 149. — Pison, p. 82. — Willughby, p. 292. — *Apeca-apoa.* Ray, p. 148, n° 2. — Salerne, p. 436.

* *Anas melanotos* (Linn.). — *L'oie bronzée à crête sur le bec* (Cuv.). — Genre *id.*, sous-genre *Cygnes* (Cuv.).

L'OIE D'ÉGYPTE. [a][b]*

SEPTIÈME ESPÈCE.

Cette oie est vraisemblablement celle que Granger, dans son *Voyage d'Égypte*, appelle l'*oie du Nil* [c] : elle est moins grande que notre oie sauvage ; son plumage est richement émaillé et agréablement varié ; une large tache d'un roux vif se remarque sur la poitrine, et tout le devant du corps est orné, sur un fond gris blanc, d'une hachure très-fine de petits zigzags d'un cendré teint de roussâtre ; le dessus du dos est ouvragé de même, mais par zigzags plus serrés, d'où résulte une teinte de gris roussâtre plus foncé ; la gorge, les joues et le dessus de la tête sont blancs ; le reste du cou et le tour des yeux sont d'un beau roux ou rouge bai, couleur qui teint aussi les pennes de l'aile voisines du corps ; les autres pennes sont noires ; les grandes couvertures sont chargées d'un reflet vert bronzé sur un fond noir ; et les petites ainsi que les moyennes sont blanches ; un petit ruban noir coupe l'extrémité de ces dernières.

Cette oie d'Égypte se porte ou s'égare, dans ses excursions, quelquefois très-loin de sa terre natale, car celle que représentent nos planches enluminées a été tuée sur un étang près de Senlis ; et par la dénomination que Ray donne à cette oie, elle doit aussi quelquefois se rencontrer en Espagne [d].

L'OIE DES ESQUIMAUX. [e]**

HUITIÈME ESPÈCE.

Outre l'espèce de nos oies sauvages, qui vont en si grand nombre peupler notre Nord en été, il paraît qu'il y a aussi dans les contrées septentrionales

a. Voyez les planches enluminées, n° 379.

b. *Anser Hispanicus parvus.* Ray, *Synops. avi.*, p. 138, n° a, 1. — *Ganser des Anglais.* Albin, t. II, p. 59, avec une mauvaise figure, pl. 93. — « Anser supernè obscurè, infernè « dilutè rufescens, fusco transversim et undatim striatus; vertice albo, maculà per oculos « dilutè castaneà; maculà in pectore infimo castaneà; uropygio splendidè nigro; ventre sor- « didè albo; tectricibus alarum superioribus albis, majoribus tæniâ transversâ nigrâ notatis; « rectricibus nigris, exteriùs supernè viridi colore variantibus... » *Anser Ægyptius*, l'Oie d'Égypte. Brisson, *Ornithol.*, t. VI, p. 284.

c. Les oiseaux d'Égypte sont l'ibis, l'oie du Nil, le chevalier, le courlis à bec recourbé en haut (l'avocette), le héron, etc. *Voyage en Égypte*, par Granger; Paris, 1745, p. 237.

d. « Anser Hispanicus parvus. » *Vid. sup.*

e. *Blue Winged goose. Hist. of Birds*, t. III, pag. et pl. 152 d'Edwards. — « Anas grisea,

* *Anas ægyptiaca* (Gmel.). — Le même oiseau que l'*oie armée.* — Voyez la nomenclature de la page 446.

** *Anas cærulescens* (Gmel.). — C'est le jeune âge de l'*oie de neige* (anas hyperborea, Gmel.). — M. Cuvier décrit ainsi l'*oie de neige :* « blanche, à bec et pieds rouges, à pennes des ailes « noires au bout : du nord des deux continents , elle s'égare quelquefois , lors des grands oura- « gans d'hiver, dans nos pays tempérés. Le jeune est plus ou moins mêlé de gris. C'est l'*anas cærulescens* de Gmelin. » (Cuvier.)

du nouveau continent quelques espèces d'oies qui leur sont propres et particulières ; celle dont il est ici question fréquente la baie d'Hudson et les pays des Esquimaux ; elle est un peu moindre de taille que l'oie sauvage commune ; elle a le bec et les pieds rouges ; le croupion et le dessus des ailes d'un bleu pâle ; la queue de cette même couleur, mais plus obscure ; le ventre blanc nué de brun ; les grandes pennes des ailes, et les plus près du dos, sont noirâtres ; le dessus du dos est brun, ainsi que le bas du cou, dont le dessous est moucheté de brun sur un fond blanc ; le sommet de la tête est d'un roux brûlé [a].

L'OIE RIEUSE. [b*]

NEUVIÈME ESPÈCE.

Edwards a donné le nom d'oie rieuse à cette espèce, qui se trouve, comme la précédente, dans le nord de l'Amérique, sans nous dire la raison de cette dénomination, qui vient apparemment de ce que le cri de cette oie aura paru avoir du rapport avec un éclat de rire : elle est de la grosseur de notre oie sauvage ; elle a le bec et les pieds rouges ; le front blanc ; tout le plumage au-dessus du corps d'un brun plus ou moins foncé, et, au-dessous, d'un blanc parsemé de quelques taches noirâtres. L'individu décrit par Edwards lui avait été envoyé de la baie d'Hudson ; mais il dit en avoir vu de semblables à Londres dans les grands hivers. Linnæus décrit une oie qui se trouve en Helsingie (*Faun. Suec.*, n° 92), et qui semble être la même : d'où il paraît que si cette espèce n'est pas précisément commune aux deux continents, ses voyages, du moins dans certaines circonstances, la font passer de l'un à l'autre.

« subtùs alba, tectricibus alarum dorsoque postico cærulescentibus... » *Anser cærulescens.* Linnæus, *Syst. nat.*, édit. X, gen. 61, sp. 10. — « Anser supernè obscurè fuscus, pectore « concolore; infernè albus, fusco adumbratus ; capite et collo candidis, vertice rufescente, « collo superiore nigricante maculato ; uropygio dilutè cinereo-cærulescente ; rectricibus obscurè « fuscis, cinereo fimbriatis... » *Anser sylvestris freti Hudsonis.* Brisson, *Ornithol.*, t. VI, pag. 275.

a. Voyez Edwards, *loco citato.*

b. *Laughing goose.* Edwards, *Hist.*, pag. et pl. 153. — *Anas cinerea fronte albâ.* Linnæus, *Fauna Suecica*, n° 92. — *Anser Erythropus.* Idem, *Syst. nat.*, édit. X, gen. 61, sp. 8. *Item; Anser Canadensis fuscus maculatus.* Idem, sp. 7, var. 3. — « Anser supernè albus, maculis « nigris varius ; plumulis basim mandibulæ superioris ambientibus albis ; rectricibus griseo- « fuscis, dilutiore colore fimbriatis... » *Anser septentrionalis sylvestris.* Brisson, *Ornithol.*, t. VI, p. 269.

* *Anas albifrons* (Gmel., Cuv.).

L'OIE A CRAVATE. [a] [b] *

DIXIÈME ESPÈCE.

Une cravate blanche passée sur une gorge noire distingue assez cette oie, qui est encore une de celles dont l'espèce paraît propre aux terres du nord du Nouveau-Monde, et qui en est du moins originaire ; elle est un peu plus grande que notre oie domestique, et a le cou et le corps un peu plus déliés et plus longs ; le bec et les pieds sont de couleur plombée et noirâtre ; la tête et le cou sont, de même, noirs ou noirâtres, et c'est dans ce fond noir que tranche la cravate blanche qui lui couvre la gorge. Du reste, la teinte dominante de son plumage est un brun obscur et quelquefois gris. Nous connaissons cette oie en France sous le nom d'*oie du Canada;* elle s'est même assez multipliée en domesticité, et on la trouve dans plusieurs de nos provinces : il y en avait, ces années dernières, plusieurs centaines sur le grand canal à Versailles, où elles vivaient familièrement avec les cygnes ; elles se tenaient moins souvent sur l'eau que sur les gazons au bord du canal, et il y en a actuellement une grande quantité sur les magnifiques pièces d'eau qui ornent les beaux jardins de Chantilly ; on les a de même multipliées en Allemagne et en Angleterre : c'est une belle espèce qu'on pourrait aussi regarder comme faisant une nuance entre l'espèce du cygne et celle de l'oie.

Ces oies à cravate voyagent vers le sud en Amérique, car elles paraissent en hiver à la Caroline [c], et Edwards rapporte qu'on les voit, dans le printemps, passer en troupes au Canada pour retourner à la baie d'Hudson et dans les autres parties les plus septentrionales de l'Amérique.

Outre ces dix espèces d'oies, nous trouvons dans les voyageurs l'indication de quelques autres qui se rapporteraient probablement à quelques-unes des précédentes si elles étaient bien décrites et mieux connues ; telles sont :

1° Les oies d'Islande, dont parle Anderson sous le nom de *margées,* qui

---

a. Voyez les planches enluminées, n° 346 , sous le nom d'*Oie sauvage du Canada.*

b. *The Canada goose.* Edwards , *Hist. of Birds*, t. III, pag. et pl. 151. — Catesby, *Carolina*, t. I, p. 92, avec une figure exacte de la tête et du cou. — *Anser Canadensis.* Willughby, *Ornithol.*, p. 276. — Ray , *Synops. avi.*, p. 139, n° 10 ; et p. 191, n° 9. — Klein, *Avi.*, p. 129, n° 6. — *Anas Canadensis Willughbeii.* Sloane, *Jamaica*, t. II, p. 323, n° VI. — « Anas « fusca, capite colloque nigro, gulà albâ... » *Anser Canadensis.* Linnæus, *Syst. nat.*, édit. X, gen. 61, sp. 9. — « Anser supernè griseus, marginibus pennarum dilutioribus, infernè cine-« reo-albus, imo ventre candido ; capite et collo nigris, ad violaceum vergentibus ; genis et « gutture albis ; uropygio rectricibusque nigricantibus.... » *Anser Canadensis sylvestris.* Brisson, *Ornithol.*, t. VI, p. 272. — *L'Oie de Canada.* Salerne, *Ornithol.*, p. 412.

c. Catesby.

* *Anas canadensis* (Linn.). — Sous-genre *Cygnes.* — Voyez la nomenclature de la p. 410.

sont un peu plus grosses qu'un canard : elles sont en si grand nombre dans cette île, qu'on les voit attroupées par milliers ;

2° L'oie appelée *helsinguer*, par le même auteur, laquelle *vient s'établir à l'est de l'île, et qui en arrivant est si fatiguée, qu'elle se laisse tuer à coups de bâton* [a];

3° L'oie de Spitzberg, nommée par les Hollandais *oie rouge* [b];

4° La petite oie *loohe* des Ostiaks, dont M. de l'Isle décrit un individu tué au bord de l'Oby. « Ces oies, dit-il, ont les ailes et le dos d'un bleu foncé et « lustré; leur estomac est rougeâtre, et elles ont au sommet de la tête une « tache bleue de forme ovale, et une tache rouge de chaque côté du cou; « il règne, depuis la tête jusqu'à l'estomac, une raie argentée de la largeur « d'un tuyau de plume, ce qui fait un très-bel effet [c]; »

5° Il se trouve à Kamtschatka, selon Kracheninnikow, cinq ou six espèces d'oies outre l'oie sauvage commune, savoir : *la gumeniski, l'oie à cou court, l'oie grise tachetée, l'oie à cou blanc, la petite oie blanche, l'oie étrangère.* Ce voyageur n'a fait que les nommer, et M. Steller dit seulement que toutes ces oies arrivent à Kamtschatka dans le mois de mai, et s'en retournent dans celui d'octobre [d];

6° *L'oie de montagne* du cap de Bonne-Espérance, dont Kolbe donne une courte description, en la distinguant de *l'oie d'eau*, qui est l'oie commune, et de la *jabotière*, qui est l'oie de Guinée [e].

Nous ne parlerons point ici de ces prétendues *oies noires des Moluques*, dont les pieds sont, dit-on, conformés *comme ceux des perroquets* [f]; car de semblables disparates ne peuvent être imaginées que par des gens entièrement ignorants en histoire naturelle.

Après ces notices, il ne nous reste pour compléter l'exposition de la nombreuse famille des oies qu'à y joindre les espèces du *cravant*, de la *bernache* et de l'*eider*, qui leur appartiennent et sont du même genre.

a. *Histoire naturelle d'Islande et de Groënland*, par Anderson, p. 89.

b. Nous vîmes (à Spitzberg) une troupe d'*oies rouges*; ces oies ont de longues jambes. On en voit quantité en Russie, en Norwège et en Jutland. *Recueil des Voyages du Nord*; Rouen, 1716, t. I, p. 110.

c. *Voyage de de l'Isle*, dans l'*Histoire générale des Voyages*, t. XVIII, p. 541.

d. *Histoire de Kamtschatka*, t. II, p. 57.

e. Le Cap fournit trois sortes d'oies sauvages : les *oies de montagne*, les *jabotières* et les *oies d'eau*. Ce n'est pas que toutes ne se plaisent extrèmement dans cet élément; mais elles diffèrent beaucoup, soit pour la couleur, soit pour la grosseur. L'oie de montagne est plus grosse que les oies qu'on élève en Europe; elle a les plumes des ailes et celles du sommet de la tête d'un vert très-beau et très-éclatant : cet oiseau se retire le plus souvent dans les vallées, où il se nourrit d'herbes et de plantes. Kolbe, *Description du Cap*, t. III, p. 144.

f. On voit aux Moluques de grandes troupes d'oies noires, dont les pieds ressemblent à ceux des perroquets. *Histoire générale des Voyages*, t. VIII, p. 377.

LE CRAVANT. [a][b][*]

Le nom de cravant, selon Gessner, n'est pas autre que celui de *grau-ent*, en allemand *canard brun;* la couleur du cravant est effectivement un gris brun ou noirâtre assez uniforme sur tout le plumage; mais par le port et par la figure, cet oiseau approche plus de l'oie que du canard; il a la tête haute et toutes les proportions de la taille de l'oie sous un moindre module, et avec moins d'épaisseur de corps et plus de légèreté; le bec est peu large et assez court; la tête est petite, et le cou est long et grêle : ces deux parties, ainsi que le haut de la poitrine, sont d'un brun noirâtre, à l'exception d'une bande blanche fort étroite qui forme un demi-collier sous la gorge, caractère sur lequel Belon se fonde pour trouver dans Aristophane un nom relatif à cet oiseau [c]. Toutes les pennes des ailes et de la queue, ainsi que les couvertures supérieures de celles-ci, sont aussi d'un brun noirâtre; mais les plumes latérales et toutes celles du dessous de la queue sont blanches; le plumage du corps est gris cendré sur le dos, sur les flancs et au-dessus des ailes; mais il est gris pommelé sous le ventre, où la plupart des plumes sont bordées de blanchâtre; l'iris de l'œil est d'un jaune brunâtre; les pieds et les membranes qui en réunissent les doigts sont noirâtres ainsi que le bec, dans lequel sont ouvertes de grandes narines, en sorte qu'il est percé à jour.

On a longtemps confondu le cravant avec la bernache, en ne faisant

a. Voyez les planches enluminées, n° 342.

b. En italien, *ceson;* en anglais, *brent-goose;* en flamand, *rat-gans.* — *Cane de mer.* Belon, *Nat. des oiseaux*, p. 166. — *Cane au collier blanc.* Idem, *Portraits d'oiseaux*, p. 34, *a*, mauvaise figure. — *Anas torquata Belonii*, cane de mer *gallicè dicta.* Aldrovande, *Avi.*, t. III, p. 213. — *Bernicla auctoris.* Idem, *ibidem*, p. 166. — *Anas torquata Belonii.* Jonston, *Avi.*, p. 97. — *Bernicla, brenta.* Idem, tab. 48. — *Brenta.* Willughby, *Ornithol.*, p. 275. — Ray, *Synops. avi.*, p. 137, n° *a*, 6. — *Brenta.* Charleton, *Exercit.*, p. 103, n° 3. *Onomast.*, p. 98, n° 3. — *Anas brenta.* Klein, *Avi.*, p. 130, n° 8. — *Die baumgans.* Frisch, t. II, pl. 165. — *Anas capite colloque nigris.* Linnæus, *Fauna Suecica*, n° 91. — « Anas fusca, « capite, collo, pectoreque nigris, collari albo... » *Bernicla.* Idem, *Syst. nat.*, édit. X, g. 61, sp. 11. — *Oie de Brente.* Albin, t. II, p. 80, avec une figure mal coloriée, planche 93. — Anser « cinereo-fuscus, pennis griseo in apice marginatis, capite, collo et pectore supremo nigrican- « tibus, collo ad latera albo variegato; imo ventre candido; rectricibus binis intermediis « cinereo-nigricantibus, lateralibus nigricantibus... » *Brenta.* Brisson, *Ornithol.*, t. VI, p. 304.

c. « Pour ce que les oiseaux palustres font leurs nids contre terre, et sont aisés à nourrir, « les paysans, après avoir trouvé leurs œufs, les font couver aux poules, et ainsi rendent ces « oiseaux privés; et y en a par ainsi beaucoup d'espèces qu'on cognoit, qui seroient demeurées « incognues; et de la susdite maguière avons eu cognoissance des canes que décrivons, con- « fessant ne les avoir vues sauvages. Mais ayant toujours eu égard de rendre les noms « anciens aux choses modernes, soudain que les veismes porter un collier blanc, comme une « cane-petière, soubeçonnâmes qu'Aristophane avoit entendu d'elles où il disoit, *nittæ perie-* « *sosmenæ*, que l'interprète exposoit, parce qu'on leur trouve comme une ceinture blanche « autour du col, et de vrai étant de couleur tannée, portent autour du col un collier blanc. » Belon, *Nat. des oiseaux*, p. 166.

[*] *Anas bernicla* (Gmel.). — Sous-genre *Bernaches* (Cuv.).

qu'une seule espèce de ces deux oiseaux; Willughby [a] avoue qu'il était dans l'opinion que la bernache et le cravant n'étaient que le mâle et la femelle [b], mais qu'ensuite il reconnut distinctement, et à plusieurs caractères, que ces oiseaux formaient réellement deux espèces différentes [c]. Belon, qui indique le cravant par le nom de *cane de mer à collier* [d], désigne ailleurs [e] la bernache sous le nom de *cravant* [f]; et les habitants de nos côtes font aussi cette méprise [g]; la grande ressemblance dans le plumage et dans la forme du corps qui se trouve entre le cravant et la bernache y a donné lieu, néanmoins la bernache a le plumage décidément noir, au lieu que dans le cravant il est plutôt brun noirâtre que noir; et, indépendamment de cette différence, le cravant fréquente les côtes des pays tempérés, tandis que la bernache ne paraît que sur les terres les plus septentrionales, ce qui suffit pour nous porter à croire que ce sont en effet deux espèces distinctes et séparées.

Le cri du cravant est un son sourd et creux que nous avons souvent entendu, et qu'on peut exprimer par *ouan, ouan* : c'est une sorte d'aboiement rauque que cet oiseau fait entendre fréquemment [h]; il a aussi, quand on le poursuit ou seulement lorsqu'on s'en approche, un sifflement semblable à celui de l'oie.

Le cravant peut vivre en domesticité [i]; nous en avons gardé un pendant plusieurs mois : sa nourriture était du grain, du son ou du pain détrempé; il s'est constamment montré d'un naturel timide et sauvage, et s'est refusé à toute familiarité; renfermé dans un jardin avec des canards-tadornes, il s'en tenait toujours éloigné; il est même si craintif, qu'une sarcelle avec

a. « Brantam (le *cravant*) a bernicla (-la *bernache*) specie differre existimo, quamvis orni-« thologi eas confundant, et unius speciei synonyma faciant. »

b. M. Frisch, en rendant raison du nom de *baumgans*, oie d'arbre, qu'il applique au cravant, dit que c'est *parce qu'il fait son nid sur les arbres*, à quoi il n'y a nulle apparence; il y en a bien plus à croire que ce nom est encore emprunté de la bernache, à qui la fable de sa naissance dans les bois pourris l'a fait donner, » Voyez ci-après l'article de cet oiseau.

c. Willughby, *Ornithologie*, p. 274.

d. *Nature des oiseaux*, p. 166.

e. *Ibidem*, p. 158.

f. Aldrovande se trompe beaucoup davantage en prenant l'oiseau décrit par Gessner sous le nom de *pica marina* pour le cravant ou l'oie à collier de Belon : cette pie de mer de Gessner est le *guillemot*, et cette méprise d'un naturaliste aussi savant qu'Aldrovande prouve combien les descriptions, pour peu qu'elles soient fautives ou confuses, servent peu, en histoire naturelle, pour donner une idée nette de l'objet qu'on veut représenter.

g. « Le cravant ou oie nonette est très-commun sur cette côte (du Croisic), où l'on en voit de grandes troupes; le peuple l'appelle *bernache*, et je le croyais aussi avant d'en avoir vu un. » Note communiquée par M. de Querhoënt.

h. « Cet oiseau fait beaucoup de bruit, et fait entendre, presque continuellement, une sorte de grognement, d'où est venu dans le pays le mot de *bournacher*, qu'on applique à ceux qui grondent toujours. » *Idem, ibid.*

i. « Un gentilhomme de ces environs (du Croisic) en a conservé un dans sa basse-cour pendant deux ans; le premier printemps il fut très-malade au temps de la ponte; il mourut le second, en pondant un œuf. » Note communiquée par M. de Querhoënt.

laquelle il avait vécu auparavant le mettait en fuite. On a remarqué qu'il mangeait pendant la nuit autant et peut-être plus que pendant le jour ; il aimait à se baigner et il secouait ses ailes en sortant de l'eau ; cependant l'eau douce n'est pas son élément naturel [a], car tous ceux que l'on voit sur nos côtes y abordent par la mer. Voici quelques observations sur cet oiseau qui nous ont été communiquées par M. Baillon.

« Les cravants n'étaient guère connus sur nos côtes de Picardie avant « l'hiver de 1740 ; le vent de nord en amena alors une quantité prodi- « gieuse : la mer en était couverte ; tous les marais étant glacés, ils se « répandirent dans les terres et firent un très-grand dégât en pâturant les « blés qui n'étaient pas couverts de neige : ils en dévoraient jusqu'aux « racines ; les habitants des campagnes, que ce fléau désolait, leur déclarè- « rent une guerre générale ; ils les approchaient de très-près pendant les « premiers jours, et en tuaient beaucoup à coups de pierres et de bâtons, « mais on les voyait, pour ainsi dire, renaître ; de nouvelles troupes sor- « taient à chaque instant de la mer et se jetaient dans les champs ; ils « détruisirent le reste des plantes que la gelée avait épargnées...

« D'autres ont reparu en 1765, et les bords de la mer en étaient cou- « verts ; mais le vent du nord qui les avait amenés ayant cessé, ils ne se « sont pas répandus dans les terres, et sont partis peu de jours après.

« Depuis ce temps on en voit tous les hivers, lorsque les vents de nord « soufflent constamment pendant douze à quinze jours ; il en a paru beau- « coup au commencement de 1776, mais la terre étant couverte de neige, « la plupart sont restés à la mer ; les autres, qui étaient entrés dans les « rivières ou qui s'étaient répandus sur leurs bords, à peu de distance des « côtes, furent forcés de s'en retourner par les glaces que ces rivières char- « riaient ou que la marée y refoulait. Au reste, la chasse qu'on leur a don- « née les a rendus sauvages, et ils fuient actuellement d'aussi loin que tout « autre gibier. »

LA BERNACHE. [b] [c] [*]

Entre les fausses merveilles que l'ignorance, toujours crédule, a si long-temps mises à la place des faits simples et vraiment admirables de la nature,

a. « Encore qu'elles (ces canes) soient oiseaux aquatiques, si est ce qu'on ne les voit point « s'aimer dedans les étangs d'eau douce, ains qui les y fait entrer par force, elles en sortent « soudainement. » Belon, *Nature des oiseaux*, p. 166.

b. Voyez les planches enluminées, n° 855.

c. En anglais, *bernacle, scoth-goose* ; en écossais, *clakis* ou *claiks, clak-guse, claikgees* ;

[*] *Anas erythropus* (Gmel.). — *Anas leucopsis* (Bechst.). — Sous-genre *Bernaches* (Cuv.). — « Le nord de l'Europe nous envoie, en hiver, l'espèce si célèbre par la fable qui la faisait « naître sur les arbres comme un fruit (*anas erythropus*, Gmel., ou mieux, *anas leucopsis*, « Bechst., planche enluminée 855). » (Cuvier.)

l'une des plus absurdes peut-être, et cependant des plus célébrées, est la prétendue production des bernaches et des macreuses dans certains coquillages appelés *conques anatifères*, ou sur certains arbres des côtes d'Écosse et des Orcades, ou même dans les bois pourris des vieux navires.

Quelques auteurs ont écrit que des fruits dont la conformation offre d'avance des linéaments d'un volatile, tombés dans la mer s'y convertissent en oiseaux. Munster [a], Saxon le grammairien et Scaliger l'assurent [b]; Fulgose dit même [c] que les arbres qui portent ces fruits ressemblent à des saules, et qu'au bout de leurs branches se produisent de petites boules gonflées offrant l'embryon d'un canard qui pend par le bec à la branche, et que, lorsqu'il est mûr et formé, il tombe dans la mer et s'envole. Vincent de Beauvais aime mieux l'attacher au tronc et à l'écorce dont il suce le suc, jusqu'à ce que déjà grand, et tout couvert de plumes, il s'en détache.

L'Eslæus [d], Majolus [e], Oderic [f], Torquemada [g], Chavasseur [h], l'évêque

aux Orcades, *rod-gans;* en hitland, *rod-gees;* en hollandais, *ratgans;* en allemand, *baumganss;* en norwégien, *raatne-gans, goul, gagl;* en danois, *ray-gaas, rad-gaas;* en islandais, *helsingen,* en polonais, *ges, kaczka drezewna.* — *Nota.* Quelquefois on a désigné la bernacle sous le nom de *cravant,* et quelques naturalistes n'ont pas bien distingué ces deux oiseaux, comme on le peut voir ci-dessous. — *Oie nonette* ou *cravant.* Belon, *Nature des oiseaux,* p. 158; et *Portraits d'oiseaux,* p. 31, *b,* avec une mauvaise figure. — *Clakis.* Gessner, *Avi.,* p. 112, avec de très-mauvaises figures. — Aldrovande, *Avi.,* t. III, p. 166, figures empruntées de Gessner. — *Baum-gansz.* Gessner, *Avi.,* p. 112. — *Anser arborum.* Idem, *Icon. avi.,* p. 86, figure aussi mauvaise que les précédentes. — *Bernicla vel branta Anglorum.* Idem, *ibid.,* p. 135, figure qui n'est guère meilleure. — *Branta vel bernicla.* Idem, *Avi.,* pag. 109 et 805, figure défectueuse. — Aldrovande, *Avi.,* t. III, p. 165, figure copiée de Gessner, p. 167. — *Branta seu bernicla et bernichia.* Jonston, *Avi.;* p. 94. — *Bernicla sive bernacla.* Willughby, *Ornithol.,* p. 274. — *Bernicla seu bernacla.* Ray, *Synops. avi.,* p. 137, n° *a,* 5. — *Anas montana Spitzbergensis Frid. Martensii.* Idem, *ibid.,* p. 139, n° 11 — *Bernacle.* Clusius, *Exotic. aûctuar.,* p. 368. — *Anser arboreus Gessneri.* Schwenckfeld, *Aviar. Siles.,* p. 213. — Rzaczynski, *Auctuar. hist. nat. Polon.,* p. 359. — *Bernicla seu bernacla, orklakis.* Sibbald, *Scot. illustr.,* part. II, lib. III, p. 21. — *Schottische gans, bernicla oder brenta.* Frisch, t. II, pl. 189. — *Anas bernicla fusca, capite, collo pectoreque nigris, collari albo.* Muller, *Zoolog. Danic.,* n° 114. — *La Bernache.* Salerne, *Ornithol.,* p. 509. — *La Cane à collier.* Idem, p. 410. — *La petite Bernache.* Idem, *ibid.* — *Rott-gans.* Klein, *Avi.,* p. 170, n° 12. — « *Anas fusca, capite, collo, pectoreque nigris, collari albo...* » *Bernicla.* Linnæus, *Syst. nat.,* édit. X, gen. 61, sp. 11. — *Anas capite colloque nigris.* Idem, *Fauna Suecica,* n° 91. *Nota.* M. Linnæus paraît ne pas distinguer la bernache du cravant, et les comprendre tous deux sous ce même numéro, aussi bien que M. Klein, n° 8, p. 130. — « *Anser supernè niger, marginibus pennarum cinereis, infernè albus, cinereo mixtus, vertice « et collo nigris; capite anteriore et gutture albis: tæniâ utrimque rostrum inter et oculos, « nigricante; rectricibus nigris...* » *Bernicla,* la Bernache. Brisson, t. VI, p. 300.

a. *Géographie universelle,* liv. II.

b. Dans son commentaire sur le premier livre d'Aristote : *de Plantis.*

c. Lib. I, cap. VI.

d. *Chron. Scot.*

e. *Dier. canicular. tract.*

f. *Voyage en Tartarie,* dans Rhamusio.

g. *Hexameron,* 2e Journée.

h. *Catalogue de la gloire du monde,* part. XII, consid. 57.

Olaüs [a] et un savant cardinal [b], attestent tous cette étrange génération ; et c'est pour la rappeler que l'oiseau porte le nom d'*anser arboreus* [c], et l'une des îles Orcades où ce prodige s'opère, celui de *Pomonia*.

Cette ridicule opinion n'est pas encore assez merveilleusement imaginée pour Cambden [d], Boëtius [e] et Turnèbe [f] ; car, selon eux, c'est dans les vieux mâts et autres débris des navires tombés et pourris dans l'eau, que se forment d'abord ces oiseaux, comme de petits champignons ou de gros vers, qui peu à peu se couvrant de duvet et de plumes, achèvent leur métamorphose en se changeant en oiseau [g]. Pierre Danisi [h], Dentatus [i], Wormius [j], Duchesne [k], sont les prôneurs de cette merveille absurde de laquelle Rondelet, malgré son savoir et son bon sens, paraît être persuadé.

Enfin, chez Cardan [l], Gyraldus [m], et Maier, qui a écrit un traité exprès sur cet oiseau sans père ni mère [n], ce ne sont ni des fruits, ni des vers, mais des coquilles qui l'enfantent ; et, ce qui est encore plus étrange que la merveille, c'est que Maier a ouvert cent de ces coquilles prétendues anatifères, et n'a pas manqué de trouver dans toutes l'embryon de l'oiseau tout formé [o]. Voilà sans doute bien des erreurs et même des chimères sur l'origine des bernaches ; mais comme ces fables ont eu beaucoup de célébrité, et qu'elles ont même été accréditées par un grand nombre d'auteurs [p], nous avons cru

a   *Rer. Sept.*, lib. XIX, cap. VI et VII.

b. *Jacques Aconensis.*

c. *Baum-gans*, dans les langues du Nord.

d. *Description des îles Britanniques.*

e. Dans son *Histoire d'Écosse.*

f. *Apud Gessner.*

g. Un grave docteur, dans Aldrovande, lui assure avec serment avoir vu et tenu les petites bernaches encore informes et comme elles tombaient du bois pourri.

h. *Description de l'Europe*, article de l'*Irlande*.

i. *Apud Alex. ab Alex. Genial. dier. or.*, 4.

j. Citant l'*Épitome des Chroniques d'Écosse*.

k. Dans son *Histoire d'Angleterre.*

l. *De Variet. Rer.*, lib. VII, cap. III.

m. Voyez le *Traité de l'origine des Macreuses*, cap. XXXVII.

n. *Tractatus de volucri arboreâ, absque patre et matre, in insulis Orcadum, formâ anserculorum proveniente.* Aut. Mich. Maiero, archiatro, comite imperiali, etc. Francofurti, 1629, in-12.

o. Au reste, le comte Maier a rempli son Traité de tant d'absurdités et de puérilités, qu'il ne faut pas, pour infirmer son témoignage, d'autres motifs que ceux qu'il fournit lui-même ; il prouve la possibilité de la génération prodigieuse des bernaches par l'existence des loups-garous et par celle des sorciers ; il la fait dériver d'une influence immédiate des astres ; et si, sa simplicité n'était pas si grande, on pourrait l'accuser d'irrévérence dans le chapitre qu'il intitule, cap. VI : *Quòd finis proprius hujus volucris generationis sit, ut referat duplici suâ naturâ, vegetabili et animali, Christum Deum et hominem, qui quoque sine patre et matre, ut illa, existit.*

p. Outre ceux que nous avons déjà cités, voyez le *Traité de l'origine des Macreuses*, par feu M. Graindorge, docteur de la Faculté de Médecine de Montpellier, et mis en lumière par M. Th. Malouin, etc. ; à Caen, 1680, petit in-12. — *Deusingii fasciculus dissert. selectarum, inter quas una de anseribus Scoticis* ; Groningæ, 1664, in-12. — Ejusdem *Dissert. de Man-*

devoir les rapporter afin de montrer à quel point une erreur scientifique
peut être contagieuse, et combien le charme du merveilleux peut fasciner
les esprits.

Ce n'est pas que parmi nos anciens naturalistes il ne s'en trouve plusieurs
qui aient rejeté ces contes : Belon, toujours judicieux et sensé, s'en moque[a];
Clusius[b], Deusingius[c], Albert le Grand, n'y avaient pas cru davantage ;
Bartholin reconnaît que les prétendues conques anatifères ne contiennent
qu'un animal à coquille d'une espèce particulière[d]; et, par la description
que Wormius[e], Lobel[f] et d'autres font des *conchæ anatiferæ*, aussi bien
que dans les figures qu'en donnent Aldrovande et Gessner, toutes fautives
et chargées qu'elles sont, il est aisé de reconnaître les coquillages appelés
pousse-pieds sur nos côtes de Bretagne, lesquels par leur adhésion à une
tige commune, et par l'espèce de touffe ou de pinceaux qu'ils épanouissent
à leur pointe, auront pu offrir à des imaginations excessivement prévenues
les traits d'embryons d'oiseaux attachés et pendants à des branches, mais
qui certainement n'engendrent pas plus d'oiseaux dans la mer du Nord que
sur nos côtes : aussi Æneas Sylvius raconte-t-il que se trouvant en Écosse,
et demandant avec empressement d'être conduit aux lieux où se faisait la
merveilleuse génération des bernaches, il lui fut répondu que ce n'était que
plus loin, aux Hébrides ou aux Orcades, qu'il pourrait en être témoin ;
d'où il ajoute agréablement qu'il vit bien que le miracle reculait à mesure
qu'on cherchait à en approcher[g].

Comme les bernaches ne nichent que fort avant dans les terres du Nord,
personne, pendant longtemps, ne pouvait dire avoir observé leur génération, ni même vu leurs nids, et les Hollandais, dans une navigation au

---

dragoræ pomis, ubi, p. 38, *de anseribus Scoticis.* Groningæ, 1659, in-12. — *Hering* (Jo. Ernest.)
Dissert. de ortu avis Britannicæ; Wittembergæ, 1665, in-4°. — Robinson (Tancred), *Obser-*
vations on the macreuse, and the Scot bernacle. Phil. Trans., vol. XV, n° 172, pag. 1036. —
Relation concerning bernacles, by Sr Robert Moray. *Phil. Trans.,* n° 137, art. 2, etc.

a. Voyez au chapitre de son *cravant*, qui est notre bernache.

b. *Exotic. auctuar.,* p. 368.

c. *In Tract. de anseribus Scot. sup. cit.*

d Dans le *Traité des Macreuses* de Graindorge, pag. 10 et 50.

e. « Concha anatifera triquetra est, parva, foris ex albo-cærulea, lucida, levis, compressa,
« unciali longitudine et latitudine, ad perfectionem ubi devenit quatuor constans valvis,
« interdum pluribus, quarum priores duæ triplò majores posterioribus, quæ iis tanquam
« appendices adhærent, tenues valde circa partem crassiorem, quà algæ adhærent opertæ;
« dum aperiuntur ostentant aviculæ rudimenta et pennas satis discretas. » *Wormius in*
Musæo, lib. iii, cap. vii.

f. « Conchas pediculo rugoso crassiore è navis annosæ carinà avulsas habuimus; sunt ea
« pusillæ, foris albidæ, lucidæ, leves, tenuitatem habent testæ ovaceæ, fragiles, bifores
« mituli modo. Nuci amygdalæ compressæ pares, pendulæ navium carinæ, quasi fungi-
« pedicelli, cujus extremum inserebatur latiusculæ conchæ basi; quasi vitam infunderet avi-
« culæ cujus rudimenta è summà parte conchæ hiulcæ conspiciuntur. » Lobel, cité par Graindorge dans son *Traité des Remacuses*, pag. 6.

g. *Apud Aldrov.,* t. III, p. 171.

80e degré, furent les premiers qui les trouvèrent[a] : cependant les bernaches doivent nicher en Norwége, s'il est vrai, comme le dit Pontoppidan, qu'on les y voie pendant tout l'été[b] : elles ne paraissent qu'en automne, et durant l'hiver, sur les côtes des provinces d'York[c] et de Lancastre en Angleterre[d], où elles se laissent prendre aisément aux filets, sans rien montrer de la défiance ni de l'astuce naturelle aux autres oiseaux de leur genre[e] ; elles se rendent aussi en Irlande, et particulièrement dans la baie de Longh-foyle, près de Londonderry, où on les voit plonger sans cesse pour couper par la racine de grands roseaux dont la moelle douce leur sert de nourriture, et rend, à ce qu'on dit, leur chair très-bonne[f]. Il est rare qu'elles descendent jusqu'en France : néanmoins il en a été tué une en Bourgogne, où des vents orageux l'avaient jetée au fort d'un rude hiver[g].

La bernache est certainement de la famille de l'oie, et c'est avec raison qu'Aldrovande reprend Gessner de l'avoir rangée parmi les canards : à la vérité, elle a la taille plus petite et plus légère, le cou plus grêle, le bec plus court, et les jambes proportionnellement plus hautes que l'oie ; mais elle en a la figure, le port et toutes les proportions de la forme ; son plumage est agréablement coupé par grandes pièces de blanc et de noir, et c'est pour cela que Belon lui donne le nom de *nonnette* ou *religieuse*. Elle a la face blanche et deux petits traits noirs de l'œil aux narines ; un domino noir couvre le cou et vient tomber, en se coupant en rond, sur le haut du dos et de la poitrine ; tout le manteau est richement ondé de gris et de noir, avec un frangé blanc ; et tout le dessous du corps est d'un beau blanc moiré.

Quelques auteurs parlent d'une seconde espèce de bernache que nous nous contenterons d'indiquer ici[h] ; ils disent qu'elle est en tout semblable

---

a. « Du côté d'occident (en Groënland) étoit un grand détour et plage qui ressembloit quasi « une île ; nous y trouvâmes plusieurs œufs de *barnicles* (que les Hollandois appellent *rot-* « *gansen*) ; nous les trouvâmes qui couvoient, et les ayant fait fuir, elles crioient *rot, rot, rot* « (et de là leur a été donné ce nom) ; et d'une pierre qui fut jetée, nous en tuâmes une, « laquelle nous fîmes cuire, et nous la mangeâmes avec soixante œufs que nous avions porté « en la navire. — Ces oies ou barnicles étoient vraies oies, appelées *rotgansen*, qui viennent « tous les ans en grand nombre autour de Wierengen en Hollande, et on n'a su jusqu'à pré- « sent où elles faisoient leurs œufs et nourrissoient leurs petits ; de là est advenu qu'aucuns « auteurs n'ont eu crainte d'écrire qu'elles naissent éz arbres en Écosse... Et ne se faut émer- « veiller que jusqu'à présent l'on ait ignoré où ces oiseaux font leurs œufs, vu que personne « (que l'on sache) n'est jamais parvenu au 80e degré, et que ce pays n'a jamais été connu, et « moins encore ces oies couvant leurs œufs. » *Trois navigations faites par les Hollandois au Septentrion*, par Gérard de Vora ; Paris, 1599, pag. 112 et 113.

b. Voyez *Journal étranger*, février 1777.

c. Lister, *Letter to M. Ray ; Transact. philos.*, n° 175, art. 110.

d. Willughby.

e. Johnson, dans Willughby, page 276. *Nota*. Il dit cela de la petite bernache ; mais voyez ci-dessous ce que nous disons nous-mêmes de cette prétendue seconde espèce.

f. *Nat. hist. of Ireland*, p. 192.

g. Elle fut apportée à Dijon à M. Hébert, qui nous a communiqué ce fait.

h. *Brenthus*. Gessner, *Avi.*, p. 109. — Aldrovande, t. III, p. 248. — Jonston, p. 90. —

à l'autre, et seulement un peu moins grande; mais cette différence de grandeur est trop peu considérable pour en faire deux espèces; et nous sommes sur cela de l'avis de M. Klein, qui ayant comparé ces deux bernaches, conclut que les ornithologistes n'ont ici établi deux espèces que sur des descriptions de simples variétés [a].

L'EIDER. [b][c][*]

C'est cet oiseau qui donne ce duvet si doux, si chaud et si léger, connu sous le nom d'*eider-don* ou *duvet d'eider*, dont on a fait ensuite *edre-don* ou,

Willughby, *Ornithol.*, p. 276. — Ray, *Synops. avi.*, p. 137, n° a, 7. — *Oie du Canada.* Albin, t. I, p. 80, pl. 92. — « Anas supernè obscurè cinereus, marginibus pennarum albidis, infernè « albus, vertice et collo superiore nigricantibus, capite anteriore et gutture fulvis, collo infe- « riore et pectore fuscis; uropygio candido ; rectricibus intermediis nigris, utrimque extimis « albis... » *Bernicla minor,* la petite Bernache. Brisson, t. VI, p. 302.

   a. Avi., pag. 130.

  b. Voyez les planches enluminées, n° 209, sous la dénomination d'*Oie à duvet* ou *Eider mâle de Danemark;* et n° 208, l'*Eider femelle.*

   c. Par quelques-uns, *oie à duvet, canard à duvet;* en allemand, *eyder-ente, eider-gans, eider-vogel;* en anglais, *cutbert-duck, edder-fowl;* en Écosse, *colca;* en suédois, *ad, ada, aed, aeda, eider, gudunge;* en danois, *edder-anden, edder-gaasen, edder-fuglen, aer-fugl, aerbolte;* à Drontheim, *aee-fugl, aestcig;* en Islande, *aedar-fugl, adar, aedder, edder-fugl;* en Norwége, *edder, edder-fugl;* à l'Ile Feroë, *eider, eder-vogel,* et *eiderblicke* ou *aerblick* lorsque le plumage a pris sa couleur blanche; à Bornholm, *aee-boer;* en groënlandais, *mittek* ou *merkit, mevelch,* selon Anderson; et la femelle, *arnaviak;* en lapon, *likka.* — *Canard à duvet.* Anderson, *Hist. naturelle d'Islande et de Groënland,* t. I, p. 90; et t. II, p. 68. — *Anas plumis mollissimis, eider.* Willughby, *Ornithol.,* p. 277. — Sibbald, *Scot. illustr.,* part. II, lib. III, p. 21. — *Colca, capricolca.* Idem, tab. 18. — *Mus. Worm.,* pag. 302 et 310. — *Anser plumis mollissimis Willughbeii.* Klein, *Avi.,* p. 130, n° 10. — *Berg-ente.* Idem, p. 169, n° 9. — *Anas Sancti-Cutberti, seu Farnensis.* Willughby, *Ornithol.,* p. 278, avec une figure de la femelle, tab. 76. — Ray, *Synops. avi.,* p. 141, n° 2, 3. — *Avis inter anserem et anatem feram media. Mus. Besler,* p. 96, n° 6, très-mauvaise figure de la femelle. — « Anas rostro semi-cylindrico; ungue obtuso; cerà supernè bifidà rugosà. » Linnæus, *Fauna Suecica,* n° 94. — « Anas rostro cylindrico, cerà posticè bifidà rugosà... » *Anas mollissima.* Idem, *Syst. nat.,* édit. X, gen. 61, sp. 12. — *Anas mollissima rostro cylindrico, cerà posticè bifidà rugosà.* Muller, *Zoolog. Danic.,* n° 116. — *Eider. Histoire des îles de Feroë,* par Luc. Jacobson Debes (*Feroa reserata*), p. 122. — *Descript. du Sondmoër,* par Hans Stroem; Soroë, 1762, p. 261. — *Hist. naturelle de Norwége,* par Erich Pontoppidan, vol. II, p. 132. — Th. Bartholini, *Acta Medic. Hafniens,* vol. I, p. 90. — Theod. Thorlacii, *Dissert. chorograph. Hist. Island.,* sub præf. Aug. Stranck; 1661, fol. 15. — *Hist. naturelle de Groënland,* par P. Egède, p. 51. — Pauli Egède, *Dict. Groënl.;* Hafniæ, 1750. — *Relation du Groënland,* par L. Dalager, p. 19. — *Oelamska Resa;* Stockh., 1745, pag. 198 et 213. — *Histoire naturelle de l'Eider,* par Martin Thrane Brunnich (en danois): Copenhague, 1763. — *Grand canard noir et blanc.* Edwards, *Hist.,* pag. et pl. 98. — *L'ederdon* ou plutôt *l'eider.* Salerne, *Ornithol.,* p. 415. — « Anser supernè albus, collo et pectore supremo concoloribus, infernè niger, medio « uropygio concolore; summo capite splendidè nigro; tæniâ longitudinali in occipite candidâ; « colli superioris parte supremâ dilutè viridi; rectricibus nigricantibus utrimque extimâ albido « terminata (Mas). — Anser fusco rufescens, maculis transversis nigricantibus varius; ventre « fusco; capite et collo supremo maculis longitudinalibus nigricantibus variegatis; rectricibus

   * *Anas mollissima* (Linn.). — Genre *Canards,* sous-genre *Eiders* (Cuv.).

par corruption , *aigle-don ;* sur quoi l'on a faussement imaginé que c'était d'une espèce d'aigle que se tirait cette plume délicate et précieuse. L'eider n'est point un aigle, mais une espèce d'oie des mers du Nord, qui ne paraît point dans nos contrées, et qui ne descend guère plus bas que vers les côtes de l'Écosse.

L'eider est à peu près gros comme l'oie ; dans le mâle, les couleurs principales du plumage sont le blanc et le noir ; et par une disposition contraire à celle qui s'observe dans la plupart des oiseaux, dont généralement les couleurs sont plus foncées en dessus qu'en dessous du corps, l'eider a le dos blanc et le ventre noir ou d'un brun noirâtre ; le haut de la tête, ainsi que les pennes de la queue et des ailes sont de cette même couleur, à l'exception des plumes les plus voisines du corps, qui sont blanches ; on voit au bas de la nuque du cou une large plaque verdâtre ; et le blanc de la poitrine est lavé d'une teinte briquetée ou vineuse ; la femelle est moins grande que le mâle, et tout son plumage est uniformément teint de roussâtre et de noirâtre, par lignes transversales et ondulantes sur un fond gris brun ; dans les deux sexes on remarque des échancrures en petites plumes rases comme du velours, qui s'étendent du front sur les deux côtés du bec, et presque jusque sous les narines.

Le duvet de l'eider est très-estimé ; et sur les lieux même, en Norwége et en Islande , il se vend très-cher [a] : cette plume est si élastique et si légère, que deux ou trois livres, en la pressant et la réduisant en une pelote à tenir dans la main, vont se dilater jusqu'à remplir et renfler le couvre-pied d'un grand lit.

Le meilleur duvet, que l'on nomme *duvet vif,* est celui que l'eider s'arrache pour garnir son nid, et que l'on recueille dans ce nid même ; car, outre que l'on se fait scrupule de tuer un oiseau aussi utile [b], le duvet pris sur son corps mort est moins bon que celui qui se ramasse dans les nids, soit que dans la saison de la nichée ce duvet se trouve dans toute sa perfection, soit qu'en effet l'oiseau ne s'arrache que le duvet le plus fin et le plus délicat, qui est celui qui couvre l'estomac et le ventre.

Il faut avoir attention de ne le chercher et ramasser dans les nids qu'après quelques jours de temps sec et sans pluie ; il ne faut point aussi chasser brusquement ces oiseaux de leur nid, parce que la frayeur leur fait lâcher la fiente , dont souvent le duvet est souillé [c] ; et, pour le purger de cette

---

« fuscis (Fœmina)..... » *Anser lanuginosus sive eider*, l'Oie à duvet ou l'Eider. Brisson, t. VI , p. 294.

a. *Histoire naturelle de Norwége* , par Pontoppidan. ***Journal étranger,*** février, 1757.

b. Pontoppidan dit même qu'en Norwége il est défendu de le tuer pour arracher le duvet ; « avec d'autant plus de raison, ajoute-t-il, que les plumes de l'oiseau mort sont grasses, « sujettes à se pourrir, et beaucoup moins légères que celles que la femelle s'arrache elle-même « pour faire un lit à ses petits. » *Hist. naturelle de Norwége* , à l'endroit cité.

c. *Histoire naturelle de l'Eider*, par Martin Thrane Brunnich , art. 41.

ordure, on l'étend sur un crible à cordes tendues, qui, frappées d'une baguette, laissent tomber tout ce qui est pesant et font rejaillir cette plume légère.

Les œufs sont au nombre de cinq ou six [a], d'un vert foncé et fort bons à manger [b], et, lorsqu'on les ravit, la femelle se plume de nouveau pour garnir son nid, et fait une seconde ponte, mais moins nombreuse que la première ; si l'on dépouille une seconde fois son nid, comme elle n'a plus de duvet à fournir, le mâle vient à son secours et se déplume l'estomac, et c'est par cette raison que le duvet qu'on trouve dans ce troisième nid est plus blanc que celui qu'on recueille dans le premier ; mais, pour faire cette troisième récolte, on doit attendre que la mère eider ait fait éclore ses petits, car si on lui enlevait cette dernière ponte, qui n'est plus que de deux ou trois œufs, ou même d'un seul, elle quitterait pour jamais la place, au lieu que, si on la laisse enfin élever sa famille, elle reviendra l'année suivante en ramenant ses petits qui formeront de nouveaux couples.

En Norwége et en Islande, c'est une propriété qui se garde soigneusement et se transmet par héritage, que celle d'un canton où les eiders viennent d'habitude faire leurs nids. Il y a tel endroit où il se trouvera plusieurs centaines de ces nids : on juge par le grand prix du duvet du profit que cette espèce de possession peut rapporter à son maître [c]; aussi les Islandais font-ils tout ce qu'ils peuvent pour attirer les eiders chacun dans leur terrain, et quand ils voient que ces oiseaux commencent à s'habituer dans quelques-unes des petites îles où ils ont des troupeaux, ils font bientôt repasser troupeaux et chiens dans le continent, pour laisser le champ libre aux eiders, et les engager à s'y fixer [d]. Ces insulaires ont même formé, par art et à force de travail, plusieurs petites îles, en coupant et séparant de la grande, divers promontoires ou langues de terre avancées dans la mer [e]. C'est dans ces retraites de solitude et de tranquillité que les eiders aiment à s'établir, quoiqu'ils ne refusent pas de nicher près des habitations, pourvu qu'on ne leur donne pas d'inquiétude, et qu'on en éloigne les chiens et le

a. « Il n'est pas extraordinaire, dit M. Troil, d'en trouver davantage et jusqu'à dix et au « delà dans un même nid qu'occupent deux femelles, qui vivent ensemble de tout bon accord. » *Lettres sur l'Islande*, p. 131.

b. M. Anderson prétend que, pour en avoir quantité, on fiche dans le nid un bâton haut d'un pied, et que l'oiseau ne cesse de pondre jusqu'à ce que, le tas d'œufs égalant la pointe du bâton, il puisse s'asseoir dessus pour les couver; mais s'il était aussi vrai qu'il est peu vraisemblable que les Islandais employassent ce moyen barbare, ils entendraient bien mal leurs intérêts, en faisant périr un oiseau qui doit leur être aussi précieux, puisque l'on remarque en même temps qu'excédé par cette ponte forcée, il meurt le plus souvent. Voyez Anderson, t. I, p. 92.

c. Prendre sur les terres d'un autre un nid d'eider, est réputé vol, d'après la loi islandaise. *Lettres sur l'Islande*, par M. Troil, traduites par M. Lidblom; Paris, 1781, in-8°, p. 130.

d. Brunnich, n° 48.

e. Horrebows, dans l'*Histoire générale des Voyages*, t. XVIII, p. 21. Troil, à l'endroit cité.

bétail. « On peut même, dit M. Horrebows [a], comme j'en ai été témoin, aller
« et venir parmi ces oiseaux tandis qu'ils sont sur leurs œufs sans qu'ils
« en soient effarouchés, leur ôter ces œufs sans qu'ils quittent leurs nids,
« et sans que cette perte les empêche de renouveler leur ponte jusqu'à trois
« fois. »

Tout ce qui se recueille de duvet est vendu annuellement aux marchands
danois et hollandais [b] qui vont l'acheter à Drontheim et dans les autres
ports de Norwége et d'Islande; il n'en reste que très-peu ou même point du
tout dans le pays [c] : sous ce rude climat, le chasseur robuste, retiré sous
une hutte, enveloppé de sa peau d'ours, dort d'un sommeil tranquille et
peut-être profond, tandis que le mol édredon, transporté chez nous sous des
lambris dorés, appelle en vain le sommeil sur la tête toujours agitée de
l'homme ambitieux.

Nous ajouterons ici quelques faits sur l'eider que nous fournit M. Brunnich dans un petit ouvrage écrit en danois, traduit en allemand, et que nous
avons fait nous-même traduire de cette langue en français.

On voit dans le temps des nichées des eiders mâles qui volent seuls et
n'ont point de compagnes; les Norwégiens leur donnent le nom de *gield-
fugl, gield-aee* [d]; ce sont ceux qui n'ont pas trouvé à s'aparier, et qui ont
été les plus faibles dans les combats qu'ils se livrent entre eux pour la possession des femelles, dont le nombre dans cette espèce est plus petit que
celui des mâles [e]; néanmoins elles sont adultes avant eux, d'où il arrive
que c'est avec de vieux mâles que les jeunes femelles font leur première
ponte, laquelle est moins nombreuse que les suivantes [f].

Au temps de la pariade, on entend continuellement le mâle crier *ha ho*,
d'une voix rauque et comme gémissante; la voix de la femelle est semblable à celle de la cane commune. Le premier soin de ces oiseaux est de
chercher à placer leur nid à l'abri de quelques pierres ou de quelques buissons, et particulièrement des genévriers [g]; le mâle travaille avec la femelle,
et celle-ci s'arrache le duvet et l'entasse jusqu'à ce qu'il forme tout à l'entour un gros bourrelet renflé, qu'elle rabat sur ses œufs quand elle les
quitte pour aller prendre sa nourriture [h]; car le mâle ne l'aide point à

a. A l'endroit cité.
b. « Une femelle, dans sa couvée, donne ordinairement une demi-livre de duvet, qui se
réduit à moitié quand il est nettoyé..... Le duvet nettoyé est estimé par les Islandais quarante-
cinq *poissons* (dont quarante-huit font une rixdale) la livre, et celui qui ne l'est pas, seize
poissons..... La Compagnie islandaise en vendit, en 1750, pour trois mille sept cent quarante-
sept rixdales, outre la quantité qui fut envoyée en droiture à Gluckstad. » Troil, *Lettres sur
l'Islande*, p. 134.
c. *Histoire des Voyages*, t. XVIII, p. 21.
d. Brunnich, § 30.
e. *Idem*, § 38.
f. *Idem*, § 33.
g. Linnæus, *Fauna Suecica*.
h. Brunnich, § 40.

couver, et il fait seulement sentinelle aux environs pour avertir si quelque ennemi parait ; la femelle cache alors sa tête, et lorsque le danger est pressant, elle prend son vol et va joindre le mâle, qui, dit-on, la maltraite s'il arrive quelque malheur à la couvée ; les corbeaux cherchent les œufs et tuent les petits : aussi la mère se hâte-t-elle de faire quitter le nid à ceux-ci peu d'heures après qu'ils sont éclos, les prenant sur son dos, et d'un vol doux les transportant à la mer.

Dès lors le mâle la quitte, et ni les uns ni les autres ne reviennent plus à terre [a] ; mais plusieurs couvées se réunissent en mer, et forment des troupes de vingt ou trente petits avec leurs mères qui les conduisent et s'occupent incessamment à battre l'eau pour faire remonter, avec la vase et le sable du fond, les insectes et menus coquillages dont se nourrissent les petits trop faibles encore pour plonger [b]. On trouve ces jeunes oiseaux en mer dans le mois de juillet, et même dès le mois de juin, et les Groënlandais comptent leur temps d'été par l'âge des jeunes eiders [c].

Ce n'est qu'à la troisième année que le mâle a pris des couleurs démêlées et bien distinctes [d] ; celles de la femelle sont beaucoup plus tôt décidées, et en tout son développement est plus prompt que celui du mâle ; tous, dans le premier âge, sont également couverts ou vêtus d'un duvet noirâtre.

L'eider plonge très-profondément à la poursuite des poissons ; il se repait aussi de moules et d'autres coquillages, et se montre très-avide des boyaux de poissons que les pêcheurs jettent de leurs barques [e] : ces oiseaux tiennent la mer tout l'hiver, même vers le Groënland, cherchant les lieux de la côte où il y a le moins de glaces, et ne revenant à terre que le soir, ou lorsqu'il doit y avoir une tempête que leur fuite à la côte durant le jour, présage, dit-on, infailliblement [f].

Quoique les eiders voyagent et non-seulement quittent un canton pour passer dans un autre, mais aussi s'avancent assez avant en mer pour que l'on ait imaginé qu'ils passent de Groënland en Amérique [g] ; néanmoins on ne peut pas dire qu'ils soient proprement oiseaux de passage, puisqu'ils ne quittent point le climat glacial, dont leur fourrure épaisse leur permet de braver la rigueur, et que c'est en effet sans sortir des parages du Nord que s'exécutent leurs croisières, trouvant à se nourrir en mer partout où elle est ouverte et libre de glaces ; aussi remarque-t-on qu'ils s'avancent à la côte de Groënland jusqu'à l'île Disco, mais non au delà, parce que plus haut

a. Willugbby.
b. Brunnich, § 40.
c. *Idem*, § 46.
d. *Idem*, § 33.
e. *Idem*, § 42.
f. *Idem*.
g. *Idem*, § 34.

la mer est couverte de glaces[a] ; et même il semblerait que ces oiseaux fréquentent déjà moins ces côtes qu'ils ne faisaient autrefois[b] ; néanmoins il s'en trouve jusqu'au Spitzberg, car on reconnait l'eider dans le *canard de montagne* de Martens, quoique lui-même l'ait méconnu[c] ; et il nous semble aussi retrouver l'eider à l'île de Bering et à la pointe des Kouriles dans la note de Steller citée ci-dessous[d]. Quant à notre mer du Nord, les pointes les plus sud où les eider descendent paraissent être les îles Kerago et Koua, près des côtes d'Écosse, Bornholm, Christiansoë et la province de Gothland dans la Suède[e].

LE CANARD. [f][g] *

L'homme a fait une double conquête lorsqu'il s'est assujetti des animaux habitants à la fois et des airs et de l'eau. Libres sur ces deux vastes élé-

a. Anderson, *Hist. nat. d'Islande.*

b. Les Groënlandais disent qu'autrefois ils remplissaient en très-peu de temps un bateau d'œufs d'*eider-don*, dans les îles qui sont autour de Ball-River, et qu'ils n'y pouvaient faire un pas sans casser des œufs sous leurs pieds; mais cette quantité commence à diminuer, quoiqu'elle soit encore étonnante. *Histoire générale des Voyages*, t. XIX, p. 49, d'après Anderson.

c. Le canard de montagne est une espèce de canard ou plutôt d'oie sauvage, de la grosseur d'une oie médiocre ; son plumage est bigarré de diverses couleurs et fort beau ; celui du mâle est marqueté de noir et de blanc, et la femelle a les plumes de la même couleur que celle d'une perdrix.... Ils font leurs nids dans les lieux bas avec leurs propres plumes, qu'ils s'arrachent de dessous le ventre, et qu'ils mêlent avec de la mousse; mais ce ne sont pas les mêmes plumes qu'on nomme *duvet d'edder* (en quoi Martens se trompe, puisque tous les traits de sa description caractérisent l'eider). Nous trouvâmes dans leurs nids, tantôt deux, tantôt trois et quelquefois quatre œufs d'un vert pâle, et un peu plus gros que ceux de nos canards; nos matelots en faisaient sortir le jaune et le blanc en les perçant par les deux bouts, pour y passer un fil au milieu. Les vaisseaux qui étaient arrivés avant nous à Spitzbergen avaient pris quantité de ces oiseaux. Durant les premiers jours, ils ne sont du tout point farouches, mais avec le temps ils le deviennent si fort, qu'on a de la peine à les approcher assez pour tirer juste. Ce fut dans le havre du sud, et le 18 juin, que nous en tuâmes un pour la première fois. *Recueil des Voyages du Nord*, t. II, p. 98.

d. M. Steller a vu, dans le mois de juillet, dans l'île de Bering, une huitième espèce d'oie, environ de la grosseur de la blanche tachetée; elle a le dos, le cou et le ventre blancs, les ailes noires, les ouïes d'un blanc verdâtre, les yeux noirs bordés de jaune, le bec rouge avec une raie noire tout autour, une excroissance comme l'oie de la Chine ou de Moscovie; cette excroissance est rase et jaunâtre, excepté qu'elle est rayée d'un bout à l'autre de petites plumes d'un noir bleuâtre. Les naturels du pays rapportent que l'on trouve cette oie dans la première île Kurilski, mais on n'en voit jamais dans le continent. *Histoire de Kamtschatka*, par Kracheninnikow, t. II, p. 57.

e. Brunnich, *locis citatis.*

f. Voyez les planches enluminées, nº 776, le canard mâle ; et nº 777, sa femelle.

g. La femelle, *cane*; le petit, *caneton* et *hallebrant*; en grec, Νῆσσα ou Νῆττα ; selon Varron, Ἀπὸ τοῦ νεῖν, *à natando*; et dans le même sens, par les Latins, *anas*; en italien, *anitra, anatre, anadra*; en espagnol, *anade*; en portugais, *aden*; en catalan, *anech*; à Gênes, *ania*;

* *Anas boschas* (Linn.). — Ordre des *Palmipèdes*, famille des *Lamellirostres*, genre *Canards*, sous-genre *Canards proprement dits* (Cuv.).

ments, également prompts à prendre les routes de l'atmosphère, à sillonner celles de la mer ou plonger sous les flots, les oiseaux d'eau semblaient devoir lui échapper à jamais, ne pouvoir contracter de société ni d'habitude avec nous, rester enfin éternellement éloignés de nos habitations, et même du séjour de la terre.

Ils n'y tiennent en effet que par le seul besoin d'y déposer le produit de leurs amours; mais c'est par ce besoin même et par ce sentiment si cher à

à Parme, *sassa;* en allemand, *ent, endt;* et autrefois, *ant, ant-vogel;* le mâle, *racha, ractscha,* par rapport à sa voix enrouée; et par composition et corruption, *entrach, entrich;* la femelle, *endte;* en silésien, *hatsche;* en flamand, *aente, aende;* en hollandais, le mâle, *woordt* ou *waerdt;* la femelle, *eendt;* en suédois, *graes-end, blaonacke* (le sauvage), *ancka* (le privé); en russe, *outha;* en groënlandais, *kachletong;* en anglais, *duck, wild-duck* (le sauvage), *tame-duck* (le privé); en polonais, *raczka;* en illyrien, *kaczier;* en grec moderne, *pappi* (nom générique pour les canards et sarcelles); selon d'autres, *papitza, chena;* par les Indiens orientaux, *bebe,* suivant Aldrovande; à Luçon, *balivis;* en Barbarie, *brack* (nom commun à tous les oiseaux du genre, canards et sarcelles); aux îles de la Société, *mora;* en mexicain, *metzcanauhtli.* — En Normandie, suivant M. Salerne, le canard mâle s'appelle *malart,* la cane *bourre,* et le petit *bourret;* ces noms appartiennent à la race domestique; les Allemands les désignent sous les noms de *haus endte, zam-ente;* les Italiens sous ceux que nous avons déjà cités, et plus particulièrement par celui de *anitra domestica :* les dénominations suivantes désignent la race sauvage: en allemand, *wild-endte, mertz-endte, gros-endle, hag-ent;* sur le lac de Constance, *blass-ent;* et sur le lac Majeur, *spiegel-ent;* en silésien, *raetsch-endte;* en italien, *anitra salvatica, cesone;* en polonais, *kaczka-dzika.* — Les phrases et indications suivantes regardent l'espèce sauvage, *Anas fera.* Aldrovande, *Avi.,* t. III, p. 202. — Rzaczynski, *Hist. nat. Polon.,* p. 269. *Auctuar.,* p. 355. — Charleton, *Onomast,* p. 99, nº 6. *Exercit.,* p. 104, nº 6. — *Anas fera torquata minor.* Schwenckfeld, *Avi. Siles.,* p. 197. — *Anas sylvestris.* Prosp. Alpin. *Ægypt.,* vol. I, p. 199. — *Anas sylvestris vera Alberti, et major Peuceri.* Klein, *Avi.,* p. 131, nº 3. — *Anas fera oblongo et crasso corpore.* Barrère, *Ornithol.,* clas. 1, gen. 1, sp. 2. — *Anas torquata minor Aldrovandi; boschas major.* Ray, *Synops. avi.,* p. 145, nº *a,* 1. — *Boschas major.* Willughby, *Ornithol.,* p. 284. — Jonston, *Avi.,* p. 97. — Sibbald. *Scot. illustr.,* §. 2, lib. III, p. 21. — *Boschas major, sive anas torquata minor.* Aldrovande, *Avi.,* t. III, p. 211. — *Anas caudæ rectricibus intermediis recurvis.* Linnæus, *Fauna Suecica,* nº 97. — *Anas rectricibus intermediis* (maris) *recurvatis, rostro recto. Boschas.* Idem, *Syst. nat.,* édit. X, gen. 61, sp. 34. — *Die wilde ente.* Frisch, t. II, pl. 158, le mâle; 159, la femelle. — *Metz-canauhtli, seu anas lunaris.* Fernandez, *Hist. avi. nov. Hisp.,* p. 46, cap. CLII. — Ray, *Syn.,* p. 152. — *Canard sauvage.* Belon, *Hist. nat. des oiseaux,* p. 160. — Kolbe, *Description du Cap,* t. III, p. 146. — Albin, t. II, pl. 100, le mâle; et t. I, pl. 99, la femelle. — *Le canard sauvage ordinaire.* Salerne, *Ornithol.* p. 427. — « *Anas* cinereo-albo et cinereo-fusco transversim et undatim striata; capite et collo supremo « viridi-aureis, violaceo colore variantibus; torque albo; pectore saturatè castaneo; uropygio « nigro viridescente; maculà alarum viridi-violaceà, tæniâ primùm nigrâ dein albâ utrimque « donata; rectricibus quatuor intermediis nigro-virescentibus, sursum reflexis (Mas). » — « *Anas* supernè fusca, marginibus pennarum rufescentibus, infernè dilutè fulva; fusco macu- « lata gutture rufescente, macula alarum viridi-violaceà, tæniâ primùm nigrâ dein albâ « utrimque donata; rectricibus albo-rufescentibus, tæniis obliquis cinereo-fuscis insignatis « (Fœmina). » *Anas fera,* le canard sauvage. Brisson, t. VI, p. 318. — La nomenclature qui suit appartient à la race privée. — *Anas.* Gessner, *Icon. avi.,* p. 73. — Aldrovande, *Avi.,* t. III, p. 174. — Rzaczynski, *Hist. nat. Polon.,* p. 300. — Mœhring. *Avi.,* gen. 61. — *Anas cicur.* Gessner, *Avi.,* p. 96. — *Anas domestica.* Aldrovande, *Avi.,* t. III, p. 188. — Schwenckfeld, *Avi. Siles.,* p. 195. — Jonston, *Avi.,* p. 95. — Charleton, *Exercit.,* p. 104, nº 1. *Onomast.,* p. 99, nº 1. — Prosp. Alp., *Ægypt.,* vol. I, p. 199. — *Anas domestica vulgaris.* Willughby, *Ornithol.,* p. 293. — Ray, *Synops. avi.,* p. 131, nº 1. — Sloane, *Jamaïc.,* p. 323, nº 7. — Brown,

tout ce qui respire que nous avons su les captiver sans contrainte, les approcher de nous, et par l'affection à leur famille les attacher à nos demeures.

Des œufs enlevés sur les eaux, du milieu des roseaux et des joncs, et donnés à couver à une mère étrangère qui les adopte, ont d'abord produit dans nos basses-cours des individus sauvages, farouches, fugitifs, et sans cesse inquiets de trouver leur séjour de liberté; mais après avoir goûté les plaisirs de l'amour dans l'asile domestique, ces mêmes oiseaux, et mieux encore leurs descendants, sont devenus plus doux, plus traitables, et ont produit sous nos yeux des races privées; car nous devons observer comme chose générale que ce n'est qu'après avoir réussi à traiter et conduire une espèce, de manière à la faire multiplier en domesticité[1], que nous pouvons nous flatter de l'avoir subjuguée : autrement nous n'assujettissons que des individus, et l'espèce, conservant son indépendance, ne nous appartient pas. Mais lorsque, malgré le dégoût de la chaîne domestique, nous voyons naître entre les mâles et les femelles ces sentiments que la nature a partout fondés sur un libre choix; lorsque l'amour a commencé à unir ces couples captifs, alors leur esclavage, devenu pour eux aussi doux que la douce liberté[2], leur fait oublier peu à peu leurs droits de franchise naturelle et les prérogatives de leur état sauvage, et ces lieux des premiers plaisirs, des premières amours, ces lieux si chers à tout être sensible, deviennent leur demeure de prédilection et leur habitation de choix; l'éducation de la famille rend encore cette affection plus profonde et la communique en même temps aux petits, qui s'étant trouvés citoyens par naissance d'un séjour adopté par leurs parents, ne cherchent point à en changer; car ne pouvant avoir que peu ou point d'idée d'un état différent ni d'un autre séjour, ils s'attachent au lieu où ils sont nés comme à leur patrie, et l'on sait que la terre natale est chère à ceux même qui l'habitent en esclaves.

Néanmoins, nous n'avons conquis qu'une petite portion de l'espèce entière, surtout dans ces oiseaux auxquels la nature semblait avoir assuré un

Nat. hist. of Jamaïc., p. 480. — Frisch, pl. 177 (le mâle). — *Anas versicolor, caudâ brevi, acutâ, sursùm reflexâ.* Barrère, *Ornithl.*, clas. 1, gen. 1, sp. 1. — *Anas caudæ rectricibus intermediis recurvis.* Linnæus, *Fauna Suec.*, nº 97. — « Anas rectricibus intermediis (Maris) « recurvatis, rostro recto. » *Anas domestica.* Idem, *Syst. nat.*, édit. X, gen. 61, sp. 94, var. 1. — *Canard, cane.* Belon, *Nat. des oiseaux*, page 160 ; et *Portraits d'oiseaux*, p. 32 *a*, mauvaise figure. — *Canard domestique commun.* Salerne, *Ornithol.*, page 437. — *Canard de Madagascar.* Albin, tome III, planche 99. — « Anas versicolor, rostro recto; rectricibus quatuor intermediis in mare sursum reflexis... » *Anas domestica.* Brisson, *Ornithol.*, t. **VI**, page 308.

1. Ce n'est, en effet, que lorsque une espèce a été conduite jusqu'à *multiplier en domesticité*, qu'on peut se flatter de l'avoir rendue *domestique.* — Voyez mon livre sur l'*Instinct et l'intelligence des animaux*, au chapitre sur la *domesticité.*

2. *Aussi doux que la douce liberté...* Tout ce tableau est plein de vérité et de charme.

double droit de liberté en les confiant à la fois aux espaces libres de l'air et de la mer; une partie de l'espèce est à la vérité devenue captive sous notre main, mais la plus grande portion nous a échappé, nous échappera toujours, et reste à la nature comme témoin de son indépendance.

. L'espèce du canard et celle de l'oie sont ainsi partagées en deux grandes tribus ou races distinctes dont l'une, depuis longtemps privée, se propage dans nos basses-cours en y formant une des plus utiles et des plus nombreuses familles de nos volailles; et l'autre, sans doute encore plus étendue, nous fuit constamment, se tient sur les eaux, ne fait, pour ainsi dire, que passer et repasser en hiver dans nos contrées, et s'enfonce au printemps dans les régions du Nord pour y nicher sur les terres les plus éloignées de l'empire de l'homme.

C'est vers le 15 d'octobre que paraissent en France les premiers canards[a]; leurs bandes, d'abord petites et peu fréquentes, sont suivies en novembre par d'autres plus nombreuses; on reconnaît ces oiseaux dans leur vol élevé, aux lignes inclinées et aux triangles réguliers que leur troupe trace par sa disposition dans l'air; et lorsqu'ils sont tous arrivés des régions du Nord, on les voit continuellement voler et se porter d'un étang, d'une rivière à une autre : c'est alors que les chasseurs en font de nombreuses captures, soit à la quête du jour ou à l'embuscade du soir, soit aux différents piéges et aux grands filets; mais toutes ces chasses supposent beaucoup de finesse dans les moyens employés pour surprendre, attirer ou tromper ces oiseaux, qui sont très-défiants. Jamais ils ne se posent qu'après avoir fait plusieurs circonvolutions sur le lieu où ils voudraient s'abattre, comme pour l'examiner, le reconnaître et s'assurer s'il ne recèle aucun ennemi; et lorsque enfin ils s'abaissent, c'est toujours avec précaution; ils fléchissent leur vol et se lancent obliquement sur la surface de l'eau, qu'ils effleurent et sillonnent; ensuite ils nagent au large et se tiennent toujours éloignés des rivages; en même temps quelques-uns d'entre eux veillent à la sûreté publique et donnent l'alarme dès qu'il y a péril, de sorte que le chasseur se trouve souvent déçu et les voit partir avant qu'il ne soit à portée de les tirer; cependant lorsqu'il juge le coup possible il ne doit pas le précipiter, car le canard sauvage au départ s'élevant verticalement[b], ne s'éloigne pas dans la même proportion qu'un oiseau qui file droit, et on a tout autant de temps pour ajuster un canard qui part à soixante pas de distance, qu'une perdrix qui partirait à trente.

C'est le soir, *à la chute*, au bord des eaux sur lesquelles on les attire en

---

a. Du moins dans nos provinces septentrionales : ils ne paraissent que plus tard dans les contrées du Midi; à Malte, par exemple, suivant que nous l'assure M. le commandeur Desmazy, on ne les voit arriver qu'en novembre.

b. Les oiseaux de rivière, comme aussi les canards sortant de l'eau, s'enlèvent incontinent contre mont, pour aller vers le ciel. Belon, *Nat. des oiseaux*, p. 168.

y plaçant des canards domestiques femelles[a] que le chasseur, gîté dans une hutte, ou couvert et caché de quelque autre manière[b], les attend et les tire avec avantage; il est averti de l'arrivée de ces oiseaux par le sifflement de leurs ailes[c], et se hâte de tirer les premiers arrivants; car dans cette saison la nuit tombant promptement, et les canards ne tombant, pour ainsi dire, qu'avec elle, les moments propices sont bientôt passés; si l'on veut faire une plus grande chasse on dispose des filets dont la détente vient répondre dans la hutte du chasseur, et dont les nappes, occupant un espace plus ou moins grand à fleur d'eau, peuvent embrasser en se relevant et se croisant la troupe entière des canards sauvages que les appelants domestiques ont attirés[d]; dans cette chasse il faut que la passion du chasseur

a. Cette manière d'attirer les canards est ancienne, puisque Alciat cite l'expérience dans une de ses épigrammes;

> Altilis allectator anas.....
> Congeneres cernens volitare per aera turmas,
> Garrit, in illarum se recipitque gregem,
> Incautas donec prætensa in relia ducat.

b. En temps de neige j'allais à la chasse aux canards entièrement couvert d'une grande nappe de toile blanche, un masque de papier blanc sur le visage, un ruban blanc roulé sur le canon de mon fusil; ils me laissaient approcher sans défiance, et le ruban blanc me prolongeait la lumière de près d'une demi-heure; je tirais même au clair de la lune, et j'en perdais très-peu sur la neige. Mémoire communiqué par M. Hébert.

c. Voici une chasse dont j'ai été témoin et même acteur; c'était dans une campagne entre Laon et Reims. Un homme, et l'on juge aisément que ce n'était pas le plus opulent du pays, s'était établi au milieu d'une prairie; là enveloppé dans un vieux manteau, sans autre abri qu'une claie de branches de noisetier, dont il s'était fait un abri contre le vent, il attendait patiemment qu'il passât à portée de lui quelque bande de canards sauvages; il était assis sur une cage d'osier, partagée en trois cases et remplies de canards domestiques tous mâles; son poste était au voisinage d'une rivière qui serpentait dans cette prairie, et dans un endroit où ses bords étaient élevés de sept à huit pieds; il avait appliqué à un des bords de cette rivière une cabane de roseaux en forme de guérite, percée de petites meurtrières qu'on pouvait ouvrir et fermer à volonté pour avoir du jour, et choisir sa belle pour lâcher un coup de fusil : apercevait-il une bande de canards sauvages en l'air (et il en passait souvent, parce que dans la saison où il faisait cette chasse, on les tirait de tous côtés dans les marais), il lâchait deux ou trois de ses canards domestiques, qui prenaient leur volée et allaient se rendre à trente pas de sa guérite, où il avait semé quelques grains d'avoine que ces canards ne manquaient pas de ramasser avec avidité, car on les faisait jeûner; il y avait aussi quelques femelles attachées aux perches piquées dans un des bords et couchées à fleur d'eau, de façon que ces canes ne pouvaient regagner la rive, et se trouvaient réduites à faire un cri d'appel aux canards domestiques. Les sauvages, après plusieurs tours en l'air, prenaient le parti de s'abattre et de suivre les canards domestiques, ou, s'ils hésitaient trop longtemps, notre homme lâchait une seconde volée de canards mâles, et même une troisième, et alors il courait de son observatoire à sa guérite sans être aperçu, tous les bords étant garnis de branches d'arbres et de roseaux; il ouvrait celle de ses meurtrières qui lui convenait le mieux, observait le moment de faire un bon coup, sans s'exposer à tuer ses appelants, et comme il tirait à fleur d'eau presque horizontalement et qu'il visait aux têtes, il en tuait quelquefois cinq ou six d'un coup de fusil. Extrait d'un Mémoire de M. Hébert.

d. Nous devons à M. Baillon, de Montreuil-sur-Mer, l'idée et le détail de cette espèce de chasse, dont nous lui faisons honneur, et que nous donnons ici avec plaisir dans ses propres termes.

« Une quantité considérable de canards sauvages se prend tous les hivers dans nos marécages

soutienne sa patience; immobile et souvent à moitié gelé dans sa guérite,
il s'expose à prendre plus de rhume que de gibier; mais ordinairement le
plaisir l'emporte et l'espérance se renouvelle, car le même soir où il a juré,
en soufflant dans ses doigts, de ne plus retourner à son poste glacé, il fait
des projets pour le lendemain *a*.

« voisins de la mer; la ruse qu'on emploie pour les attirer dans les filets est très-ingénieuse; elle
« prouve sensiblement le goût de ces oiseaux pour la société; la voici :

« On choisit dans les marais une plage couverte d'environ deux pieds d'eau, qu'on y entretient
« par le moyen d'une légère digue; les plus grandes et les plus éloignées des haies et des arbres
« sont les meilleures; on forme sur le bord une hutte en terre, bien garnie de glaise dans le
« fond, et couverte de gazons appliqués sur un treillis de branchages; le tendeur y étant assis,
« l'extrémité de sa tête excède le haut de la hutte.

« On tend dans l'eau des filets de la forme des nappes aux alouettes, et garnis de deux
« fortes barres de fer qui les tiennent assujetties sur la vase; les cordes de détente sont fixées
« dans la hutte.

« Le tendeur attache plusieurs canes en avant des filets; celles qui sont de la race des sau-
« vages et provenues d'œufs de cette espèce, dénichés au printemps, sont les meilleures; les
« mâles, avec lesquels on a eu soin de les faire apparier dès le mois d'octobre, sont enfermés
« dans un coin de la hutte.

« Le tendeur attentif, fixe l'horizon de tous côtés, surtout vers le nord; aussitôt qu'il aper-
« çoit une troupe de canards sauvages, il prend un de ces mâles et le jette en l'air; cet oiseau
« vole sur-le-champ vers les autres et les joint; les femelles, au-dessus desquelles il passe,
« crient et l'appellent; s'il tarde trop à revenir on en lâche un second, souvent un troisième;
« les cris redoublés des femelles les ramènent, les sauvages les suivent et se posent avec eux ;
« la forme de la hutte les inquiète quelquefois, mais ils ont rassurés en un instant par les
« traîtres qu'ils voient nager avec sécurité vers les femelles qui sont entre la hutte et les filets,
« ils avancent et les suivent; le tendeur qui les veille saisit l'instant favorable, lorsqu'ils tra-
« versent *la forme*, il en prend quelquefois une douzaine et plus d'un seul coup.

« J'ai toujours remarqué que les canards dressés à cette chasse, se mettent rarement dans
« le coup des filets; ils en traversent l'emplacement au vol, ils le connaissent quoique rien ne
« paraisse au dehors.

« Tous les oiseaux de marais, tels que les siffleurs, les souchets, les sarcelles, les mil-
« louins, etc., viennent à l'appel des canes ou suivent les traîtres.

« Cette chasse ne se fait que pendant la nuit au clair de la lune; les instants les plus favo-
« rables sont le lever de cette planète et une heure avant l'aube du jour; elle ne se pratique
« utilement que pendant les vents de nord et de nord-est, parce que le gibier voyage alors ou
« est en mouvement pour se rassembler. J'ai vu prendre plus d'une centaine de pièces aux
« mêmes filets dans une seule nuit; un homme faible ou sensible au froid ne pourrait résister
« à la rigueur de celui qu'on ressent à cette chasse; il faut rester immobile et souvent mouillé
« pendant toute la nuit au milieu des marais.

« J'ai toujours vu les canards sauvages descendre à l'appel des canes de leur espèce, quel-
« que élevés qu'ils soient dans l'air; les traîtres volent quelquefois avec eux pendant plus d'un
« quart d'heure; chacun des tendeurs, au-dessus desquels la troupe passe, lui en envoie
« d'autres; elle se disperse, et chaque bande de traîtres en amène un détachement; celui des
« tendeurs, dont les femelles sont sauvages, est toujours le mieux partagé.

a. « En général, la chasse aux canards est séduisante, mais pénible; il faut y braver l'in-
« tempérie d'une saison qui souvent est déjà rigoureuse, les pieds dans l'eau, les doigts gelés;
« il faut se morfondre le soir dans sa hutte ou devancer le jour sur les ruisseaux et les petites
« rivières. Je me souviens d'avoir fait cette chasse presque tous les jours pendant un mois
« entier, par un froid excessif, disant chaque jour que je n'y retournerais plus, et pour comble,
« un excellent chien se noya sous mes yeux, pris dans les glaçons; je parle en vieux chasseur
« qui se rappelle ses prouesses. » Extrait de l'excellent Mémoire que M. Hébert a bien voulu
écrire pour nous sur les canards.

En Lorraine, sur les étangs qui bordent la Sarre, on prend les canards avec un filet tendu verticalement et semblable à la pantière qui sert aux bécasses[a] ; en plusieurs autres endroits, les chasseurs, sur un bateau couvert de ramée et de roseaux, s'approchent lentement des canards dispersés sur l'eau, et, pour les rassembler, ils lâchent un petit chien ; la crainte de l'ennemi fait que les canards se rassemblent, s'attroupent lentement, et alors on peut les tirer un à un à mesure qu'ils se rapprochent, et les tuer sans bruit avec de fortes sarbacanes, ou bien on tire sur la troupe entière avec un gros fusil d'abordage qui écarte le plomb et en tue ou blesse un bon nombre ; mais on ne peut les tirer qu'une fois, ceux qui échappent reconnaissent le bateau meurtrier et ne s'en laissent plus approcher[b]. Cette chasse, très-amusante, s'appelle *le budinage*.

On prend aussi des canards sauvages au moyen d'hameçons amorcés de mou de veau, et attachés à un cerceau flottant ; enfin la chasse aux canards est partout[c] une des plus intéressantes de l'automne[d] et du commencement de l'hiver.

De toutes nos provinces, la Picardie est celle où l'éducation des canards

a. M. Lottinger.

b. Les canards ont une sorte de mémoire qui leur fait reconnaître le piége d'où ils sont une fois échappés. A Nantua on faisait sur un des bords du lac une cabane avec des branches de sapin et de la neige, et on tâchait de les en faire approcher en les y chassant de loin avec deux bateaux ; cela réussissait pendant huit ou dix jours, au bout desquels il était impossible de les faire revenir. M. Hébert.

c. Navarette fait pratiquer aux Chinois, pour les canards, la même chose, dont Pierre Martyr donne l'invention aux Indiens de Cuba, qui, nageant et la tête renfermée dans une calebasse et seule hors de l'eau, vont, dit-il, sur leurs lacs prendre par les pieds les oies sauvages. (Voyez la *Description de la Chine*, par Navarette, pages 40 et 42, cité dans l'*Histoire générale des Voyages*, t. VI, p. 437.) Mais nous doutons qu'au Nouveau-Monde et à la Chine, cette chasse ait été d'un meilleur produit que la recette plaisante qu'un de nos journalistes nous a donnée de si bonne foi dans un certain cahier de la *Nature considérée sous ses différents aspects*, où l'auteur enseigne le moyen de prendre une bande entière de canards, qui tous l'un après l'autre viendront s'enfiler à la même ficelle, au bout de laquelle est attaché un gland, lequel avalé par le premier de la troupe qui le rend au second, qui le rend au troisième, et ainsi de suite toujours filant la ficelle, tous successivement se trouvent enfilés du bec à la queue. On peut se souvenir aussi de quel ton plaisant se moqua de cette ineptie un autre journaliste du temps, aussi ingénieux dans sa malice que notre *considérateur* de la Nature est bon dans sa simplicité.

d. On nous décrit ainsi celle que font les Kamtschatdales. « L'automne est la saison de la « grande chasse aux canards au Kamtschatka ; on va dans les endroits couverts de lacs ou remplis de rivières et entrecoupés de bois ; on nettoie des avenues à travers ces bois d'un lac à « l'autre ; on tend entre deux des filets soutenus de hautes perches, qu'on peut lâcher au moyen « de cordes dont on retient les bouts ; sur le soir ces filets étant élevés à la hauteur du vol des « canards, ces oiseaux viennent, en traversant, s'y jeter en si grand nombre et avec tant de « force, qu'ils le rompent quelquefois, mais plus souvent y restent pris en grande quantité.

« Ces canards tiennent lieu de baromètre et de girouette aux Kamtschatdales, car ils prétendent que ces oiseaux tournent et volent toujours contre le vent qui doit souffler. » *Histoire générale des Voyages*, t. XIX, p. 274. — « Abundat in Poloniâ singularis multitudo anatum, « præsertim in fluvio Styr Volhiniæ, etenim ibi duæ aut tres sexagenæ allectæ fagopyro, simul « ab aucupe panthere involvuntur. » Rzaczynski.

domestiques est la mieux soignée, et où la chasse des sauvages est la plus
fructueuse, au point même d'être pour le pays un objet de revenu assez
considérable[a] : cette chasse s'y fait en grand et dans des anses ou petits
golfes disposés naturellement ou coupés avec art le long de la rive des
eaux et dans l'épaisseur des roseaux. Mais nulle part cette chasse ne se
fait avec plus d'appareil et d'agrément que sur le bel étang d'Arminvilliers en Brie. Voici la description qui nous en a été communiquée par
M. Rey, secrétaire des commandements de S. A. monseigneur le duc de
Penthièvre.

«Sur un des côtés de cet étang, qu'ombragent des roseaux et que borde
« un petit bois, l'eau forme une anse enfoncée dans le bocage, et comme
« un petit port ombragé où règne toujours le calme ; de ce port, on a dé-
« rivé des canaux qui pénètrent dans l'intérieur du bois, non point en ligne
« droite, mais en arc sinueux : ces canaux nommés *cornes*, assez larges
« et profonds à leur embouchure dans l'anse, vont en se rétrécissant et en
« diminuant de largeur et de profondeur à mesure qu'ils se courbent en
« s'enfonçant dans le bois, où ils finissent par un prolongement en pointe et
« tout à fait à sec.

«Le canal, à commencer à peu près à la moitié de sa longueur, est
« recouvert d'un filet en berceau, d'abord assez large et élevé, mais qui se
« resserre et s'abaisse à mesure que le canal s'étrécit, et finit à sa pointe en
« une nasse profonde et qui se ferme en poche.

a. Une bonne partie des canards sauvages et autres oiseaux du même genre, qui se consom-
ment à Paris, y est apportée de la Picardie. La quantité qu'on y en arrête chaque hiver aux
deux passages est étonnante. Cette chasse commence dans le Laonois, à quelques lieues de
Laon : à partir de là jusqu'à la mer, il y a une suite non interrompue de marais ou de prairies
inondées pendant l'hiver, qui n'a guère moins de trente lieues ; lorsque les rivières d'Oise et de
Serre sortent de leur lit, leurs eaux se réunissent et couvrent tout le pays qui est entre elles.
La rivière de Somme couvre aussi un pays immense dans ses inondations. La chasse des
canards fait donc une branche de commerce en Picardie ; on m'a assuré qu'elle était affermée
trente mille livres, sur le seul étang de Saint-Lambert près de la Fère ; il est vrai qu'il a sept
ou huit lieues de tour, et peut-être la pêche y est-elle réunie. Il y avait, dans le temps que
j'habitais cette province, des barques qui se louaient depuis dix écus jusqu'à cinquante, suivant
leur position plus ou moins avantageuse ; on m'a encore assuré qu'il y avait telle de ces canardières où les filets faisaient un objet de trois mille livres.

En considérant ces vastes marais de dessus les hauteurs voisines, j'ai vu qu'on y ménageait
de grandes clairières, en coupant les joncs entre deux eaux à la faux ou au croissant ; ces clairières sont de forme à peu près triangulaire, et c'est dans les angles que sont placés les filets ;
ce sont, comme il m'a paru, des espèces de grandes nasses qu'on peut submerger en lâchant
les contre-poids qui les tiennent à fleur d'eau ; je suis du moins certain que les canards s'y
no ent ; plusieurs fois j'en ai vu des trentaines étendus sur la pelouse, on les faisait sécher au
soleil, pour empêcher, m'a-t-on dit, que leur chair ne contractât, par l'humidité de la plume,
une odeur de relan ; et ce fut alors que j'appris qu'on noyait les canards dans les filets ; on
m'ajouta qu'on se servait de petits chiens roux assez ressemblants à des renards pour les rassembler et les faire donner dans ces filets ; les canards s'assemblent autour du renard par une sorte
d'antipathie, semblable à celle qui assemble autour du duc, du hibou et de la chouette tous les
oiseaux de pipée ; ces petits chiens sont dressés à les conduire où on leur a appris. Extrait du
Mémoire sur les canards, communiqué par M. Hébert.

« Tel est le grand piége dressé et préparé pour les troupes nombreuses
« de canards, mêlées de rougets, de garots, de sarcelles, qui viennent dès
« le milieu d'octobre s'abattre sur l'étang ; mais, pour les attirer vers l'anse
« et les fatales *cornes*, il faut inventer quelque moyen subtil, et ce moyen
« est concerté et prêt depuis longtemps.

« Au milieu du bocage, et au centre des canaux, est établi le canar-
« dier, qui de sa petite maison va trois fois par jour répandre le grain
« dont il nourrit pendant toute l'année plus de cent canards demi-privés,
« demi-sauvages, et qui tout le jour nageant dans l'étang, ne manquent
« pas, à l'heure accoutumée et au coup de sifflet, d'arriver à grand
« vol en s'abattant sur l'anse pour enfiler les canaux où leur pâture les
« attend.

« Ce sont ces *traîtres*, comme le canardier les appelle, qui, dans la sai-
« son, se mêlant sur l'étang aux troupes des sauvages, les amènent dans
« l'anse et de là les attirent dans les *cornes*, tandis que caché derrière une
« suite de claies de roseaux, le canardier va jetant devant eux le grain
« pour les amener jusque sous l'embouchure du berceau de filets; alors se
« montrant par les intervalles des claies, disposées obliquement, et qui le
« cachent aux canards qui viennent par derrière, il effraie les plus avancés,
« qui se jettent dans le cul-de-sac, et vont pêle-mêle s'enfoncer dans la
« nasse; on en prend ainsi jusqu'à cinquante et soixante à la fois; il est
« rare que les demi-privés y entrent, ils sont faits à ce jeu, et ils retournent
« sur l'étang recommencer la même manœuvre et engager une autre cap-
« ture *a*. »

Dans le passage d'automne, les canards sauvages se tiennent au large sur
les grandes eaux, et très-éloignés des rivages ; ils y passent la plus grande
partie du jour à se reposer ou dormir. « Je les ai observés avec une lunette
« d'approche, dit M. Hébert, sur nos plus grands étangs, qui quelquefois
« en paraissent couverts ; on les y voit la tête sous l'aile et sans mouve-
« ment, jusqu'à ce que tous prennent leur volée une demi-heure après le
« coucher du soleil. »

En effet, les allures des canards sauvages sont plus de nuit que de jour;
ils paissent, voyagent, arrivent et partent principalement le soir et même
la nuit ; la plupart de ceux que l'on voit en plein jour ont été forcés de
prendre essor par les chasseurs ou par les oiseaux de proie. La nuit, le sifflement du vol décèle leur passage, le battement de leurs ailes est plus

a. Willughby décrit exactement la même chasse qui se fait dans les comtés de Lincoln et
de Norfolk en Angleterre, et où l'on prend, dit-il, jusqu'à quatre mille canards, apparemment
dans tout un hiver; il dit aussi que pour les attirer, on se sert du petit chien roux; et de plus,
il faut qu'un grand nombre de canards niche dans ces contrées marécageuses, puisque la plus
grande chasse, suivant sa narration, se fait lorsque, les canards étant tombés en mue, les
nacelles n'ont qu'à les pousser devant elles dans les filets tendus sur les étangs. Voyez Willughby, *Ornithol.*, pag. 285.

bruyant au moment qu'ils partent[a] et c'est même à cause de ce bruit que
Varron donne au canard l'épithète de *quassagipenna*[b].

Tant que la saison ne devient pas rigoureuse, les insectes aquatiques et
les petits poissons, les grenouilles qui ne sont pas encore fort enfoncées
dans la vase, les graines du jonc, la lentille d'eau et quelques autres plantes
marécageuses, fournissent abondamment à la pâture des canards ; mais
vers la fin de décembre ou au commencement de janvier, si les grandes
pièces d'eau stagnantes sont glacées, ils se portent sur les rivières encore
coulantes, et vont ensuite à la rive des bois ramasser les glands ; quelquefois même ils se jettent dans les champs ensemencés de blé, et lorsque la
gelée continue pendant huit ou dix jours, ils disparaissent pour ne revenir
qu'aux dégels dans le mois de février : c'est alors qu'on les voit repasser le
soir par les vents de sud ; mais ils sont en moindre nombre[c] : leurs troupes
ont apparemment diminué par toutes les pertes qu'elles ont souffert pendant l'hiver[d]. L'instinct social paraît s'être affaibli à mesure que leur
nombre s'est réduit : l'attroupement même n'a presque plus lieu ; ils passent dispersés, fuient pendant la nuit, et on ne les trouve le jour que cachés
dans les joncs ; ils ne s'arrêtent qu'autant que le vent contraire les force à
séjourner : ils semblent dès lors s'unir par couples[e], et se hâtent de gagner
les contrées du Nord, où ils doivent nicher et passer l'été.

Dans cette saison ils couvrent, pour ainsi dire, tous les lacs et toutes les

a. « Les canes et autres oiseaux de rivière sont de corpulence moult pesante, pour quoi font
« bruit de leurs ailes en volant. » Belon.

b. Varron, *apud Nonn.*

c. « La différence est grande entre ce qui arrive et ce qui s'en retourne. J'ai été à portée d'en
« faire la comparaison en Brie pendant six ou sept ans : il n'en repasse peut-être pas moitié ;
« cependant leur population se soutient, et chaque année il en revient tout autant. »
M. Hébert.

d. « Il m'est souvent venu dans l'esprit de comparer la population des canards sauvages
« avec celle des freux, corneilles, etc. ; on serait tenté de croire qu'il en repasse plus de ceux-ci
« qu'il n'en arrive, et cela parce qu'ils repassent en troupes. On n'en tue point ; ils ont très-peu
« d'ennemis et prennent les précautions les plus sûres pour leur conservation. Les rigueurs de
« nos hivers ne peuvent rien sur leur tempérament ami du froid ; à la fin, la terre devrait en
« être couverte. Cependant leur multitude, tout innombrable qu'elle paraît, est fixée ; cela
« prouve, ce me semble, qu'ils ne sont point, comme on le croit, favorisés d'une plus longue
« vie que les autres oiseaux, et s'ils ne font qu'une couvée par an de cinq petits, comme j'en
« suis bien assuré, leur population ne doit pas être immense.

« Je suppose que la cane sauvage ponde quinze à seize œufs et les couve ; je les réduis à
« moitié à cause des accidents, œufs clairs, etc., et je porte la multiplication à huit petits par
« paire : en portant sa destruction pendant l'hiver à la moitié de ce produit, l'espèce peut,
« comme on voit, se soutenir sans que la population en souffre. On en tue plus de moitié en
« Picardie, et partout où il y a des canardières, mais très-peu en Brie, très-peu en Bresse,
« où il y a beaucoup d'étangs. Et quand je réduis chaque couvée, l'une dans l'autre, à huit
« petits, je ne dis point trop peu ; le busard de marais en détruit beaucoup, j'en suis certain,
« et le renard, dit-on, fait si bien aussi de son côté, qu'il en surprend toujours quelques-
« uns. » *Idem.*

e. « Totâ hieme apud nos vagatur ; mense martio jam per paria circumvolat. » Klein.

rivières de Sibérie[a], de Laponie[b], et se portent encore plus loin dans le Nord jusqu'au Spitzberg[c] et au Groënland[d]. « En Laponie, dit M. Hœg-« stroem, ces oiseaux semblent vouloir sinon chasser, du moins remplacer « les hommes ; car dès que les Lapons vont au printemps vers les monta-« gnes, les troupes de canards sauvages volent vers la mer occidentale, et « quand les Lapons redescendent en automne pour habiter la plaine, ces « oiseaux l'ont déjà quittée[e]. » Plusieurs autres voyageurs rendent le même témoignage[f]. « Je ne crois pas, dit Regnard, qu'il y ait pays au « monde plus abondant en canards, sarcelles et autres oiseaux d'eau que « la Laponie ; les rivières en sont toutes couvertes..... et au mois de mai « leurs nids s'y trouvent en telle abondance, que le désert en paraît rem-« pli. » Néanmoins il reste dans nos contrées tempérées quelques couples de ces oiseaux, que quelques circonstances ont empêchés de suivre le gros de l'espèce, et qui nichent dans nos marais ; ce n'est que sur ces traîneurs isolés qu'on a pu observer les particularités des amours de ces oiseaux, et leurs soins pour l'éducation des petits dans l'état sauvage.

Dès les premiers vents doux, vers la fin de février, les mâles commencent à rechercher les femelles, et quelquefois ils se les disputent par des combats[g] ; la pariade dure environ trois semaines ; le mâle paraît s'occuper du choix d'un lieu propre à placer le produit de leurs amours ; il l'indique à la femelle qui l'agrée et s'en met en possession ; c'est ordinairement une touffe épaisse de joncs, élevée et isolée au milieu du marais ; la femelle perce cette touffe, s'y enfonce et l'arrange en forme de nid en rabattant les brins de joncs qui la gênent ; mais quoique la cane sauvage, comme les autres

a. On trouve dans la plaine de Mangasca, sur le Jenisca, des bandes innombrables d'oies et de canards de différentes espèces. *Voyage en Sibérie*, par Gmelin, t. II, p. 56. — Les aliments des Tartares barabins sont le lait, le poisson..... le gibier, et surtout les canards et les plongeons qui abondent dans ce canton. *Ibid.*, p. 171.

b. « Je ne crois pas qu'il y ait pays au monde plus abondant en canards, cygnes, plongeons, cercelles, etc., que la Laponie. » *OEuvres de Regnard*, t. I, p. 180.

c. Dans le *Zuid-haven*, ou havre du Sud au Spitzberg, il y a plusieurs petites îles qui n'ont pas d'autres noms qu'*îles des Oiseaux*, parce qu'on y prend des œufs de canards et de *kirmews*. *Histoire générale des Voyages.* t. I, p. 270.

d. Lorsque le mauvais temps, arrivant plus tôt qu'à l'ordinaire, les surprend dans ces parages rigoureux, il en périt un grand nombre. « Dans l'hiver de 1751, les îles d'alentour de « la mission danoise du Groënland furent tellement couvertes de canards sauvages, qu'on les « prenait avec la main, en les chassant sur la côte. » Crantz, *Histoire du Groënland*, dans le *Supplément à l'Histoire générale des Voyages*, t. XIX, p. 185.

e. Description de la Laponie suédoise, par M. Hœgstroem, dans l'*Histoire générale des Voyages, Supplément*, t. XIX, p. 491.

f. « In septentrionalibus aquis tanta anatum copia ut ferè cunctas aquas cooperire videantur ; « rarò ab aucupibus exturbantur ; quia longè major venatione silvatica fit copia, quam aqua-« tica. » Olaüs Magnus, *Hist. septent.*, lib. XIX, cap. VI.

g. Les gens de l'étang d'Arminvilliers nous ont dit que quelquefois un mâle en a deux et les conserve ; mais comme les canards nourris sur cet étang sont dans un état mitoyen entre l'état sauvage et la vie domestique, nous ne rangerons point ce fait parmi ceux qui représentent les habitudes vraiment naturelles de l'espèce.

oiseaux aquatiques [a], place de préférence sa nichée près des eaux, on ne laisse pas d'en trouver quelques nids dans les bruyères assez éloignées, ou dans les champs sur ces tas de paille que le laboureur y élève en meules, ou même dans les forêts sur des chênes tronqués, et dans de vieux nids abandonnés [b]. On trouve ordinairement dans chaque nid dix à quinze et quelquefois jusqu'à dix-huit œufs; ils sont d'un blanc verdâtre, et le moyeu est rouge [c]; on a observé que la ponte des vieilles femelles est plus nombreuse et commence plus tôt que celle des jeunes.

Chaque fois que la femelle quitte ses œufs, même pour un petit temps, elle les enveloppe dans le duvet qu'elle s'est arraché pour en garnir son nid; jamais elle ne s'y rend au vol, elle se pose cent pas plus loin, et pour y arriver elle marche avec défiance, en observant s'il n'y a point d'ennemis; mais lorsqu'une fois elle est tapie sur ses œufs, l'approche même d'un homme ne les lui fait pas quitter.

Le mâle ne paraît pas remplacer la femelle dans le soin de la couvée: seulement il se tient à peu de distance, il l'accompagne lorsqu'elle va chercher sa nourriture, et la défend de la persécution des autres mâles; l'incubation dure trente jours; tous les petits naissent dans la même journée, et dès le lendemain la mère descend du nid et les appelle à l'eau; timides ou frileux, ils hésitent et même quelques-uns se retirent, néanmoins le plus hardi s'élance après la mère, et bientôt les autres le suivent; une fois sortis du nid, ils n'y rentrent plus, et quand il se trouve posé loin de l'eau ou qu'il est trop élevé, le père [d] et la mère [e] les prennent à leur bec et les transportent l'un après l'autre sur l'eau [f]; le soir la mère les rallie et les retire dans les roseaux, où elle les réchauffe sous ses ailes pendant la nuit; tout le jour ils guettent, à la surface de l'eau et sur les herbes, les moucherons et autres menus insectes qui font leur première nourriture; on les voit plonger, nager et faire mille évolutions sur l'eau avec autant de vitesse que de facilité.

La nature, en fortifiant d'abord en eux les muscles nécessaires à la natation, semble négliger pendant quelque temps la formation ou du moins

a. « Lacustres aves propè palustria atque herbida loca, quamobrem nullo negotio, etiam in « ipso incubatu, possunt sibi cibum capere, neque omninò inediâ laborare. » Aristote, lib. vi, cap. vii.

b. « La cane sauvage est fort rusée; elle ne fait pas toujours son nid le long des eaux, ni « même par terre, ou en trouve très-souvent au milieu des bruyères, à la distance d'un quart « de lieue de l'eau; de plus, on en a vu pondre dans des nids de pies, de corneilles, sur des « arbres très-élevés. » Salerne, p. 428.

c. « Les oiseaux de rivière ont le moyeu de l'œuf rouge, contraire aux terrestres, qui l'ont « jaulne. » Belon, *Nat.*, p. 51.

d. Suivant M. Hébert.

e. Suivant M. Lottinger.

f. Ce fait était connu de Belon. « Les canes, dit-il, ont l'industrie de faire leurs nids, et « d'éclore leurs petits dans les arbres, et les emportent avec leurs becs en l'eau. » *Nature des oiseaux*, p. 160.

l'accroissement de leurs ailes : ces parties restent près de six semaines courtes et informes ; le jeune canard a déjà pris plus de la moitié de son accroissement, il est déjà emplumé sous le ventre et le long du dos avant que les pennes des ailes ne commencent à paraître ; et ce n'est guère qu'à trois mois qu'il peut s'essayer à voler. Dans cet état, on l'appelle *hallebran*, nom qui paraît venir de l'allemand, *halber-ente*, demi-canard [a] ; et c'est d'après cette impuissance de voler que l'on fait aux hallebrans une petite chasse aussi facile que fructueuse sur les étangs et les marais qui en sont peuplés [b]. Ce sont apparemment aussi ces mêmes canards, trop jeunes pour voler, que les Lapons tuent à coups de bâton sur leurs lacs [c].

La même espèce de ces canards sauvages qui visitent nos contrées en hiver, et qui peuplent en été les régions du nord de notre continent, se trouve dans les régions correspondantes du Nouveau-Monde [d] ; leurs migra-

a. Cette dénomination était en usage dès le temps d'Aldrovande. « Allabrancos vocitant ana-« tum pullos. » Jo. Bruerimus, *de Re Cibariâ; apud Aldrov.*

b. « Voici ce que pratiquait un gentilhomme de ma connaissance, à Laon, dans un marais
« appelé le *marais de Chivres*, entre Laon et Notre-Dame de Liesse. Le fond de ce marais est
« de sablon vitrifiable qui n'est jamais fangeux. Dans les mois de juin et de juillet, il n'y reste
« pas de l'eau plus haut que la ceinture aux endroits les plus profonds, et il y croît une sorte
« de roseaux qui s'élèvent peu, qui ne sont pas fort serrés, et qui servent néanmoins de
« retraite aux jeunes hallebrans. Mon gentilhomme, vêtu d'une simple veste de toile, entrait
« dans ce marais accompagné de son garde-chasse et d'un domestique ; il avait fait couper les
« roseaux sur de très-longues bandes, larges de sept à huit pieds, comme des routes dans une
« forêt ou des canaux dans un marais ; il se tenait le long de ces routes pendant que ses gens
« battaient le marais, et lorsqu'ils tombaient sur quelques bandes de hallebrans, on l'avertis-
« sait. Les hallebrans ne sont en état de voler que vers le 15 août ; ils fuyaient à la nage devant
« les gens qui commençaient à en tuer quelques-uns chemin faisant ; les autres étaient forcés
« de traverser les routes qu'on avait pratiquées dans les roseaux : c'était au passage que cet
« habile chasseur les fusillait à son aise ; on lui faisait repasser ceux qui étaient échappés,
« autre décharge et toujours fructueuse, d'autant plus que ces hallebrans ou jeunes canards
« sont un excellent manger. » Extrait du mémoire communiqué par M. Hébert.

c. « On ne connaît point dans nos climats tempérés l'usage des bâtons pour la chasse ; ici
(en Laponie), dans l'abondance extraordinaire du gibier, on se sert indifféremment de bâtons
ou de fouets. Les oiseaux que nous prîmes en plus grand nombre furent des canards et des
plongeons, et nous admirâmes l'adresse de nos Lapons à les tuer : ils les suivaient de l'œil
sans paraître occupés d'eux ; ils s'en approchaient insensiblement, et lorsque, en étant fort
proche, ils les voyaient nager entre deux eaux, ils leur lançaient un bâton qui leur écrasait
la tête contre la vase ou les pierres, avec une promptitude que nos regards avaient peine à
suivre ; si les canards prenaient leur vol avant qu'ils s'en fussent approchés, d'un coup de fouet
ils en abattaient plusieurs. » *Histoire générale des Voyages*, t. XV, p. 306, d'après Regnard.

d. A la Louisiane, les canards sauvages sont plus gros, plus délicats et de meilleur goût
que ceux de France, mais au reste entièrement semblables ; ils sont en si grande quantité, que
l'on en peut compter mille pour un des nôtres. Le Page Dupratz, *Histoire de la Louisiane*,
t. II, p. 114. — J'ai reçu cette année de la Louisiane plusieurs oiseaux semblables à des
espèces du même genre qui se trouvent en France et dans les différentes parties de l'Europe,
et particulièrement un canard entièrement semblable à notre canard sauvage mâle ; il n'y
avait aucune différence dans le plumage, l'individu paraissait seulement avoir été un peu plus
grand. Les habitants de la Louisiane ont eux-mêmes reconnu tant de conformité entre ce
canard et celui d'Europe, qu'ils l'ont nommé le *canard français*. Note communiquée par M. le
docteur Manduit. — « Metzananthli, seu anas lunaris (altera) ; anatis species est domesticæ

tions et leurs voyages de l'automne et du printemps paraissent y être réglés de même et s'exécuter dans les mêmes temps [a]; et l'on ne doit pas être surpris que des oiseaux qui fréquentent le Nord de préférence, et dont le vol est si puissant, passent des régions boréales d'un continent à l'autre. Mais nous pouvons douter que les canards vus par les voyageurs, et trouvés en grand nombre dans les terres du Sud [b], appartiennent à l'espèce commune de nos canards, et nous croyons qu'on doit plutôt les rapporter à quelqu'une des espèces que nous décrirons ci-après, et qui sont en effet propres à ces climats; nous devons au moins le présumer ainsi, jusqu'à ce que nous connaissions plus particulièrement l'espèce de ces canards qui se trouvent dans l'Archipel austral. Nous savons que ceux auxquels on donne à Saint-Domingue le nom de canards sauvages ne sont pas de l'espèce des nôtres [c], et, par quelques indications sur les oiseaux de la zone torride [d], nous ne

« par, ac eisdem variata coloribus; vivit apud Mexicanam paludem. » Fernandez, *Hist. aviar. nov. Hisp.*, p. 45, cap. clii. — Les canards canadiens sont semblables à ceux que nous avons en France. *Nouvelle relation de la Gaspesie*, par le P. Leclerc; Paris, 1691, p. 485.

a. A la fin d'avril, les canards arrivent en abondance à la baie d'Hudson. *Histoire généra'e des Voyages*, t. XIV, p. 657. — Pour peu que le soleil paraisse au mois de décembre, et que le froid soit tempéré, on tue (à la baie d'Hudson) autant de perdrix et de lièvres qu'on en désire; à la fin d'avril, les oies, les outardes, les *canards* et quantité d'autres oiseaux y arrivent pour s'y arrêter environ deux mois. *Voyage du capitaine Robert Lade*, etc.; Paris, 1744, t. II, pag. 201 et 202.

b. Canards à la côte de Diemen, par le quarante-troisième degré de latitude. Cook, *Second voyage*, t. I, p. 229. — Canards sauvages au cap Frowart, au détroit de Magellan. Wallis, t. II, *Premier voyage de Cook*, p. 31. — Dans la baie du cap Holland, même détroit. *Idem*, p. 65. — En grande quantité dans le port Egmont. Byron, tome I du *Premier voyage de Cook*, p. 65. — A Tanna, un étang offrait beaucoup de râles et de canards sauvages. *Second voyage de Cook*, t. III, p. 184. — En traversant une petite rivière qui était sur notre passage (à Otahiti), nous vîmes quelques canards; dès que nous fûmes à l'autre extrémité, M. Banks tira sur ces oiseaux, et en tua trois d'un coup; cet incident répandit la terreur parmi les Indiens. *Premier voyage de Cook*, t. II, p. 327. — Nous tuâmes (à la baie Famine, au détroit de Magellan) un grand nombre d'oiseaux de différentes espèces, et particulièrement des oies, des canards, des sarcelles, etc. Wallis, tome II du *Premier voyage de Cook*, p. 64. — Deux grands lacs d'eau douce (à Tinian) offraient une multitude de canards, de sarcelles et de pluviers siffleurs. Relation de l'amiral Anson, dans l'*Histoire générale des Voyages*, t. II, pag. 173.

c. « Ce qu'on appelle *canards sauvages* à Saint-Domingue diffère beaucoup du véritable canard sauvage d'Europe, tant par la grosseur que par le plumage et par le goût; la sarcelle n'est pas non plus la même que la sarcelle d'Europe. » Mémoire communiqué par M. le chevalier Lefebvre-Deshayes. — « Les canards sauvages de Cayenne sont les mêmes que ceux connus en Europe sous le nom de *canes de Barbarie* (canard musqué). » Remarques de M. Bajon.

d. « Il y a dans ce pays (à la côte de Guinée) deux espèces de canards sauvages; depuis le « temps que j'y suis, je n'en ai vu que deux de la première espèce... ils ne différaient point en « grosseur des autres canards, ni en figure, mais leur couleur était d'un très-beau vert, avec « le bec et les pattes d'un beau rouge; ils étaient d'une couleur si haute et si belle, que je « n'aurais point fait difficulté, s'ils eussent été en vie et à vendre, d'en donner cent francs et « davantage... Il y a environ quatre mois que j'en vis un de la seconde espèce, qui avait aussi « été tué par quelques-uns de nos gens, et qui avait la même figure que les précédents, avec des « pattes et un bec jaunes, et le corps moitié vert et moitié gris; ainsi il s'en fallait beaucoup « qu'il fût aussi joli. » *Voyage de Bosman*, lettre xve.

croyons pas que l'espèce de notre canard sauvage y ait pénétré, à moins qu'on n'y ait transporté la race domestique[a]. Au reste, quelles que soient les espèces qui peuplent ces régions du Midi, elles n'y paraissent pas soumises aux voyages et migrations dont la cause, dans nos climats, vient de la vicissitude des saisons[b].

Partout on a cherché à priver, à s'approprier une espèce aussi utile que l'est celle de notre canard[c]; et non-seulement cette espèce est devenue commune, mais quelques autres espèces étrangères, et dans l'origine également sauvages, se sont multipliées en domesticité et ont donné de nouvelles races privées : par exemple, celle du canard musqué, par le double profit de sa plume et de sa chair, et par la facilité de son éducation, est devenue une des volailles les plus utiles et une des plus répandues dans le Nouveau-Monde[d].

Pour élever des canards avec fruit et en former de grandes peuplades qui prospèrent, il faut, comme pour les oies, les établir dans un lieu voisin des eaux, et où des rives spacieuses et libres en gazons et en grèves leur offrent de quoi paître, se reposer et s'ébattre : ce n'est pas qu'on ne voie fréquemment des canards renfermés et tenus à sec dans l'enceinte des basses-cours, mais ce genre de vie est contraire à leur nature; ils ne font ordinairement que dépérir et dégénérer dans cette captivité; leurs plumes se froissent et se rouillent; leurs pieds s'offensent sur le gravier; leur bec se fêle par des frottements réitérés; tout est lésé, blessé, parce que tout est contraint, et des canards ainsi nourris ne pourront jamais donner ni un aussi bon duvet ni une aussi forte race que ceux qui jouissent d'une partie de leur liberté et peuvent vivre dans leur élément; ainsi, lorsque le lieu ne fournit pas naturellement quelque courant ou nappe d'eau, il faut y creuser une mare dans laquelle les canards puissent barboter, nager, se laver et se plonger, exercices absolument nécessaires à leur vigueur et même à leur

a. « Les canards privés ne sont connus sur la côte de Guinée que depuis quelques années. » *Voyage de Bosman*, écrit en 1703. — On conduisit les Hollandais dans l'appartement des canards (dans le palais du roi de Tubaon à Java); ils les trouvèrent semblables à ceux de Hollande, excepté qu'ils étaient un peu plus gros, et que la plupart étaient blancs; leurs œufs sont du double plus gros que ceux de nos plus belles poules. *Second voyage des Hollandais, Histoire générale des Voyages*, t. VIII, p. 137.

b. Au Tonquin on bâtit de petites maisons aux canards, afin qu'ils y aillent pondre leurs œufs; on les y enferme tous les soirs et on les laisse sortir tous les matins..... Le nombre des canards sauvages, des poules d'eau et des sarcelles est innombrable; ces oiseaux viennent ici chercher à manger aux mois de mai, de juin et juillet, et alors ils ne volent que par couples; mais, depuis octobre jusqu'en mars, vous en verrez de grandes troupes ensemble qui couvrent le pays, qui est bas et marécageux. *Nouveau voyage autour du monde*, par Dampier; Rouen, 1715, t. III, p. 30.

c. « Il n'y a contrée en notre Europe et Asie, et principalement vers les rivages des eaux, « où les paysans n'aient accoutumé de nourrir des canes et canards. » Belon, *Nature des oiseaux*, p. 160.

d. Voyez ci-après l'article du *Canard musqué*.

santé. Les anciens, qui traitaient avec plus d'attention que nous les objets intéressants de l'économie rurale et de la vie champêtre, ces Romains, qui d'une main remportaient des trophées et de l'autre conduisaient la charrue[a], nous ont ici laissé, comme en bien d'autres choses, des instructions utiles.

Columelle[b] et Varron nous donnent en détail et décrivent avec complaisance la disposition d'une basse-cour aux canards (*nessotrophium*) : ils y veulent de l'eau, des canaux, des rigoles, des gazons, des ombrages, un petit lac avec sa petite île[c] ; le tout disposé d'une manière si entendue et si pittoresque, qu'un lieu semblable serait un ornement pour la plus belle maison de campagne.

Il ne faut pas que l'eau sur laquelle on établira ses canards soit infectée de sangsues ; elles font périr les jeunes en s'attachant à leurs pieds, et pour les détruire on peuplera l'étang de tanches ou d'autres poissons qui en font leur pâture[d]. Dans toutes les situations, soit le long d'une eau vive ou au bord d'une eau dormante, on doit placer des paniers à nicher couverts en dômes, et qui offrent intérieurement une aire assez commode pour inviter ces oiseaux à s'y placer ; la femelle pond de deux en deux jours, et produit dix, douze ou quinze œufs ; elle en pondra même jusqu'à trente et quarante si on les lui enlève et si l'on a soin de la nourrir largement ; elle est ardente

---

a. « Gaudebat terra vomere laureato et triumphali aratore. » Pline.

b. Rei Rustic., lib. viii , cap. xv.

c « Mediâ parte defoditur lacus... ora cujus clivo paulatim subsideant, ut tanquam è littore
« descendatur in aquam... media pars terrena sit, ut Colocasiis, aliisque familiaribus aquæ
« viridibus conseratur, quæ inopacent avium receptacula... per circuitum unda pura vacet, ut
« sinè impedimento, cum apricitate diei gestiunt aves, nandi velocitate concertent... gramine
« ripæ vestiantur... parietum in circuitu effodiantur cubilia quibus nidificent aves, eaque con-
« tegantur buxeis aut mirteis fruticibus... statim perpetuus canaliculus humi depressus consti-
« tuatur, per quem quotidie mixti cum aquâ cibi decurrant ; sic enim pabulatur id genus
« avium... martio mense festucæ surculique in aviario spargendi, quibus nidos struant. ... et
« qui *nessotrophium* constituere volet avium circa paludes ova colligat, et cohortalibus gallinis
« subjiciat, sic enim exclusi atque educati pulli deponunt ingenia silvestria .. se l clathris
« superpositis, aviarium retibus contegatur, ne aut avolandi sit potestas domesticis avibus, aut
« aquilis vel accipitribus involandi. »

Je ne puis résister au plaisir de traduire librement ce morceau, sans espérer d'en rendre toute la grâce.

« Autour d'un lac à rives en pente douce, et du milieu duquel s'élève une petite île ombragée
« de verdure et bordée de roseaux, s'étendra l'enceinte, percée dans son contour de loges pour
« nicher ; devant ces loges conlera une rigole où chaque jour sera jeté le grain destiné aux
« canards, nulle pâture ne leur étant plus agréable que celle qu'ils puisent et qu'ils pêchent
« dans l'eau ; là vous les verrez s'ébattre, se jouer, se devancer les uns les autres à la nage ; là
« vous pourrez élever et voir se former sous vos yeux une race plus noble, éclose d'œufs
« dérobés aux nids des sauvages ; l'instinct de ces petits prisonniers, farouche d'abord, se
« tempére et s'adoucit ; mais pour mieux assurer vos captifs, et les défendre en même temps
« de l'oiseau ravisseur, il convient que tout l'espace soit enveloppé et couvert d'un filet ou d'un
« treillis. »

d. Observations de M. Tiburtius, extraites des *Mémoires de l'Académie de Stockholm*, dans le *Journal de physique*, juin 1773.

en amour, et le mâle est jaloux ; il s'approprie ordinairement deux ou trois femelles qu'il conduit, protége et féconde : à leur défaut, on l'a vu rechercher des alliances peu assorties [a], et la femelle n'est guère plus réservée à recevoir des caresses étrangères [b].

Le temps de l'éclosion des œufs est de plus de quatre semaines [c]; ce temps est le même lorsque c'est une poule qui a couvé les œufs; la poule s'attache par ce soin et devient pour les petits canards une mère étrangère, mais qui n'en est pas moins tendre : on le voit par sa sollicitude et ses alarmes, lorsque, conduits pour la première fois au bord de l'eau, ils sentent leur élément et s'y jettent poussés par l'impulsion de la nature, malgré les cris redoublés de leur conductrice, qui du rivage les rappelle en vain, en s'agitant et se tourmentant comme une mère désolée [d].

La première nourriture qu'on donne aux jeunes canards est la graine de millet ou de panis, et bientôt on peut leur jeter de l'orge [e]; leur voracité naturelle se manifeste presque en naissant, jeunes ou adultes ils ne sont jamais rassasiés ; ils avalent tout ce qui se rencontre [f], comme tout ce qu'on leur présente; ils déchirent les herbes, ramassent les graines, gobent les insectes et pêchent les petits poissons, le corps plongé perpendiculairement et la queue seule hors de l'eau; ils se soutiennent dans cette attitude forcée pendant plus d'une demi-minute par un battement continuel des pieds.

Ils acquièrent en six mois leur grandeur et toutes leurs couleurs; le mâle se distingue par une petite boucle de plumes relevée sur le croupion [g]; il a de plus la tête lustrée d'un riche vert d'émeraude, et l'aile ornée d'un brillant miroir : le demi-collier blanc au milieu du cou; le beau brun pourpré de la poitrine et les couleurs des autres parties du corps sont assorties,

a. « Un canard de ma basse-cour, ayant perdu ses canes, se prit d'une belle passion pour les
« poules ; il en couvrit plusieurs, j'en fus témoin ; celles qu'il avait couvertes ne pouvaient
« pondre, et l'on fut obligé de leur faire une espèce d'opération césarienne pour tirer les œufs,
« que l'on mit couver; mais, soit défaut de soins, soit faute de fécondation, ils ne produisirent
« rien. » M. de Querhoënt.

b. « J'ai vu deux années de suite une cane commune s'apparier avec le tadorne mâle, et
donner des métis. » M. Baillon.

c. Il paraît que les Chinois font éclore des œufs de canards, comme ceux des poules, par la
chaleur artificielle, suivant cette notice de François Camel : « Anas domestica *ytic* Luzoniensi-
« bus, cujus ova Sinæ calore fovent et excludunt. » *Trans. philos.*, numb. 285, art. 3.

d. « Super omnia est admiratio anatum ovis subditis gallinæ, atque exclusis; primò non
« planè agnoscentis fœtum, mox incertos incubitus sollicitè convocantis; postremo lamenta
« circa stagnum, mergentibus se pullis, naturà duce. » Plin., lib. x , cap. LV.

e. « Gratissima esca terrestris leguminis, panicum et milium, nec non et hordeum ; sed ubi
« copia est, etiam glans ac vinacea præbeantur . Aquatilibus etiam cibis, si sit facultas, datur
« cammarus, et rivalis alecula, vel si quæ sunt incrementi parvi fluviorum animalia. »
Columell., *Rei Rustic.*, lib. viii , cap. xv.

f. « Avis admodùm vorax; quæcumque cibi occurrit ingurgitat. » Aldrovande

g. « Suas plumas in uropygio surrectas, sive cirrhos habet. » Aldrovande. — « Encore y a
« plusieurs espèces d'oiseaux de rivière qui ressemblent aux canes; toutefois n'y en a point à
« qui les plumes de dessus le croupion soient revirées contre-mont. » Belon.

nuancées, et font en tout un beau plumage, qui est assez connu et d'ailleurs fort bien représenté dans notre planche enluminée.

Cependant nous devons observer que ces belles couleurs n'ont toute leur vivacité que dans les mâles de la race sauvage ; elles sont toujours plus ternes et moins distinctes dans les canards domestiques, comme leurs formes sont aussi moins élégantes et moins légères : un œil un peu exercé ne saurait s'y méprendre. Dans ces chasses où les canards domestiques vont chercher les sauvages et les amènent avec eux sous le fusil du chasseur, une condition ordinaire est de payer au canardier un prix convenu pour chaque canard privé qu'on aura tué par méprise ; mais il est rare qu'un chasseur exercé s'y trompe, quoique ces canards domestiques soient pris et choisis de même couleur que les sauvages ; car, outre que ceux-ci ont toujours les couleurs plus vives, ils ont aussi la plume plus lisse et plus serrée, le cou plus menu, la tête plus fine, les contours plus nettement prononcés : et dans tous leurs mouvements on reconnaît l'aisance, la force et l'air de vie que donne le sentiment de la liberté. « A considérer ce tableau « de ma guérite, dit ingénieusement M. Hébert, je pensais qu'un habile « peintre aurait dessiné les canards sauvages, tandis que les canards domes- « tiques me semblaient l'ouvrage de ses élèves. » Les petits même que l'on fait éclore, à la maison, d'œufs de sauvages ne sont point encore parés de leurs belles couleurs, que déjà on les distingue à la taille et à l'élégance des formes ; et cette différence dans les contours se dessine non-seulement sur le plumage et la taille, mais elle est bien plus sensible encore lorsqu'on sert le canard sauvage sur nos tables ; son estomac est toujours arrondi, tandis qu'il forme un angle sensible dans le canard domestique, quoique celui-ci soit surchargé de beaucoup plus de graisse que le sauvage, qui n'a que de la chair aussi fine que succulente. Les pourvoyeurs le reconnaissent aisément aux pieds, dont les écailles sont plus fines, égales et lustrées, aux membranes plus minces, aux ongles plus aigus et plus luisants, et aux jambes plus déliées que dans le canard privé.

Le mâle, non-seulement dans l'espèce du canard proprement dit, mais dans toutes celles de cette nombreuse famille, et en général dans tous les oiseaux d'eau à bec large et à pieds palmés, est toujours plus grand que la femelle[a] ; le contraire se trouve dans tous les oiseaux de proie, dans lesquels la femelle est constamment plus grande que le mâle. Une autre remarque générale sur la famille entière des canards et des sarcelles, c'est que les mâles sont parés des plus belles couleurs, tandis que les femelles n'ont presque toutes que des robes unies, brunes, grises ou couleur de terre[b], et cette différence, bien constante dans les espèces sauvages, se conserve et reste empreinte sur les races domestiques, autant du moins que le per-

a. Belon a déjà fait cette observation, *Nat. des oiseaux*, p. 160.
b. Edwards a fait cette observation, *Addit. au second volume*, p. 8.

mettent les variations et altérations de couleurs qui se sont faites par le mélange des deux races sauvages et privées[a].

En effet, comme tous les autres oiseaux privés, les canards ont subi les influences de la domesticité; les couleurs du plumage se sont affaiblies, et quelquefois même entièrement effacées ou changées; on en voit de plus ou moins blancs, bruns, noirs ou mélangés; d'autres ont pris des ornements étrangers à l'espèce sauvage : telle est la race qui porte une huppe[b]; dans une autre race encore plus profondément travaillée, déformée par la domesticité, le bec s'est tordu et courbé[c][1], la constitution s'est altérée, et les indi-

a. On a observé que, dans les troupes de canards sauvages, il s'en trouve plusieurs qui sont différents des autres, et qui se rapprochent des privés par la forme du corps et par les couleurs du plumage; ces canards métis proviennent de ceux que les habitants des terres voisines des marécages élèvent tous les ans en grand nombre, et dont ils laissent toujours une certaine quantité sur les marais; leur méthode d'éducation est aussi simple que curieuse.

« Les femelles, dit M. Baillon, sont mises à la couvée dans les maisons; tous les lieux leur « conviennent, parce qu'elles sont fort attachées à leurs œufs. On en donne jusqu'à vingt-cinq « à chacune; on en fait aussi couver par des dindes et des poules, et on distribue aux canes « les jeunes aussitôt qu'ils sont éclos.

« Le lendemain de la naissance, chaque habitant fait sa marque aux siens; l'un coupe le « premier ongle du pied droit, l'autre le second, celui-ci fait un trou à tel endroit de la peau « du pied, etc.; chaque habitant conserve sa marque, elle se perpétue dans sa famille, et elle « est connue des autres habitants du même village.

« Aussitôt que les canetons sont marqués, on les porte, avec les mères, dans le marécage; ils « s'y élèvent seuls et sans soins; on veille seulement à en écarter les oiseaux de proie, surtout « les busards, qui en détruisent beaucoup. Il y a tel habitant qui en met ainsi sept à huit cents « à l'eau chaque année. A la fin de mai et plus tard, les habitants se réunissent pour les « reprendre avec des filets; chacun reconnaît les siens. Les giboyeurs viennent de loin les ache- « ter; l'on en conserve dans le marais un certain nombre, tant pour servir pendant l'hiver à « l'appel des sauvages, que pour multiplier l'espèce au printemps suivant : chacun les accou- « tume à revenir à la maison; on les y attire en leur jetant de l'orge, qu'ils aiment beaucoup.

« Plusieurs de ceux-ci deviennent fuyards pendant les pluies d'octobre et de novembre, et se « mêlent parmi les sauvages qui arrivent dans cette saison; ils s'apparient, et cette union pro- « duit des métis qu'on reconnaît autant à la forme qu'au plumage...

« Ces métis ont ordinairement le bec plus long, la tête et le cou plus gros que les sauvages, « mais dans des proportions moindres qu'aux privés; ils sont ordinairement plus forts, ainsi « qu'il arrive lorsqu'on croise les races...

« J'ai vu plusieurs fois des canards parfaitement blancs passer avec des troupes de sauvages; « ce sont apparemment de ces fuyards...

« Il n'est cependant pas impossible que cet oiseau prenne la couleur blanche dans le Nord, « mais j'en doute, parce qu'il est voyageur; il pourrait devenir blanc pendant l'hiver, s'il y « restait toujours ou longtemps..... mais il en part tous les ans dès le commencement de l'au- « tomne, et s'avançant dans les régions tempérées à mesure que le froid se fait sentir, il fuit « la cause qui fait blanchir les autres; plus l'hiver est rigoureux, plus les émigrations sont « nombreuses. Nous en avons vu de blancs en 1765 et 1775, mais ce n'était qu'un entre mille.

« Il est possible que cette couleur soit l'effet de la dégénération, comme dans d'autres oiseaux « et animaux, car j'ai vu plusieurs canards blancs impuissants; les femelles blanches, plus « communes que les mâles, sont ordinairement plus petites, plus faibles et quelquefois moins « fécondes que les autres. J'en ai eu deux stériles dans ma basse-cour qui étaient d'une blan- « cheur extrême, et dont les yeux étaient rouges. »

b. Frisch a représenté ce canard huppé dans son second volume, planche 178.

c. *Le canard à bec courbé*. Brisson, t. VI, p. 311. — *Anas domestica rostro adunco*. Ray,

1. « Une variété singulière est le canard à bec courbe (*anas adunca*, Linn.). » (Cuvier.)

vidus portent toutes les marques de la dégénération : ils sont faibles, lourds et sujets à prendre une graisse excessive; les petits trop délicats sont difficiles à élever [a]. M. Frisch, qui a fait cette observation, dit aussi que la race des canards blancs est constamment plus petite et moins robuste que les autres races, et il ajoute que dans le mélange des individus de différentes couleurs les petits ressemblent généralement au père par les couleurs de la tête, du dos et de la queue, ce qui arrive de même dans le produit de l'union d'un canard étranger avec une femelle de l'espèce commune. Quant à l'opinion de Belon sur la distinction d'une grande et d'une petite race dans l'espèce sauvage [b], nous n'en trouvons aucune preuve, et selon toute apparence cette remarque n'est fondée que sur quelques différences entre des individus plus ou moins âgés.

Ce n'est pas que l'espèce sauvage n'offre elle-même quelques variétés purement accidentelles ou qui tiennent peut-être à son commerce sur les étangs avec les races privées. En effet, M. Frisch observe que les sauvages et les privés se mêlent et s'apparient; et M. Hébert a remarqué qu'il se trouvait souvent dans une même couvée de canards nourris près des grands étangs quelques petits qui ressemblent aux sauvages, qui en ont l'instinct farouche, indépendant, et qui s'enfuient avec eux dans l'arrière-saison [c] : or, ce que le mâle sauvage opère ici sur la femelle domestique, le mâle privé peut l'opérer de même sur la femelle sauvage, supposé que quelquefois celle-ci cède à sa poursuite; et de là proviennent ces différences en grandeur [d] et en couleurs [e] que l'on a remarquées entre quelques individus sauvages [f].

p. 150, nº 2. — Klein, p. 133, nº 17. — Willughby, p. 294. — Albin, t. II, planches 97 et 96, et tome III, planche 100. — *Le canard domestique à bec crochu.* Salerne, p. 438. — *Anas adunca.* Linnæus, *Syst. nat.*, gen. 61, p. 35.

a. Frisch, tome II, planche 179.

b. Voyez *Nature des oiseaux*, page 160. — Cette grande race est encore indiquée, mais suivant toute apparence d'après Belon, dans les phrases suivantes : *Anas torquata major.* Gessner, *Avi.*, p. 114. — Aldrovande, t. III, p. 213. — Jonston, p. 97. — Schwenckfeld, p. 198. — Klein, p. 131, nº 3. — Barrère, class. I, gen. 1, sp. 3 et 4.

c. « En dernier lieu, j'en remarquai deux de cette sorte dans ma cour, nourris parmi « d'autres du même âge ; j'en avertis les domestiques, et donnai ordre qu'on leur rognât les « ailes : on négligea de le faire, et un beau jour ils disparurent, après deux mois de séjour « dans cette petite cour, où ils ne manquaient de rien, et d'où ils ne pouvaient apercevoir la « campagne ni même l'horizon. » Suite des notes communiquées par M. Baillon.

d. *Le petit canard sauvage.* Salerne, p. 436. — *Anas fera sexdecima, seu minor quarta Schwenckfeldi.* Ray. — Voyez aussi Belon, à l'endroit cité précédemment.

e. *Schwartzewilde gans,* le Canard sauvage noir : dans Frisch, tome II, planche 193. — *Nota.* Nous avons vu nous-mêmes sur l'étang d'Armainvilliers, dont tous les canards ont la livrée sauvage, deux variétés, l'une appelée *rouge*, dont les flancs sont en plumes d'un beau bai brun; un autre était un mâle qui n'avait pas le collier, mais en place tout le bas du cou et le plastron de la poitrine d'un beau gris. C'est à de pareils individus qu'il faut rapporter les deux variétés que donne M. Brisson sous les noms de *boschas major grisea* et *boschas major nævia.* *Ornithol.*, t. IV, pag. 326 et 327.

f. M. Salerne parle d'un canard sauvage tout blanc tué en Sologne; mais la grandeur qu'il

Tous, sauvages et privés, sont sujets comme les oies à une mue presque
subite dans laquelle leurs grandes plumes tombent en peu de jours, et souvent en une seule nuit[a], et non-seulement les oies et les canards, mais
encore tous les oiseaux à pieds palmés et à becs plats paraissent être sujets
à cette grande mue[b] ; elle arrive aux mâles après la pariade, et aux femelles
après la nichée, et il paraît qu'elle est causée par le grand épuisement des
mâles dans leurs amours, et par celui des femelles dans la ponte et l'incubation. « Je les ai souvent observés dans ce temps de la mue, dit M. Bail-
« lon ; quelques jours auparavant je les avais vus s'agiter beaucoup et
« paraître avoir de grandes démangeaisons : ils se cachaient pour perdre
« leurs plumes ; le lendemain et les jours suivants ces oiseaux étaient
« sombres et honteux ; ils paraissaient sentir leur faiblesse, n'osaient étendre
« leurs ailes lors même qu'on les poursuivait, et semblaient en avoir oublié
« l'usage. Ce temps de mélancolie durait environ trente jours pour les
« canards, et quarante pour les cravants et les oies ; la gaieté renaissait
« avec les plumes, alors ils se baignaient beaucoup et commençaient à
« voleter. Plus d'une fois j'en ai perdu faute d'avoir remarqué le temps où
« ils s'éprouvaient à voler ; ils partaient pendant la nuit : je les entendais
« s'essayer un moment auparavant ; je me gardais de paraître, parce que
« tous auraient pris leur essor. »

L'organisation intérieure dans les espèces du canard et de l'oie offre
quelques particularités : la trachée-artère, avant sa bifurcation pour arriver aux poumons, est dilatée en une sorte de vase osseux et cartilagineux
qui est proprement un second larynx placé au bas de la trachée[c], et qui
sert peut-être de magasin d'air pour le temps où l'oiseau plonge[d], et donne
sans doute à sa voix cette résonnance bruyante et rauque qui caractérise
son cri : aussi les anciens avaient-ils exprimé par un mot particulier la voix
des canards[e], et le silencieux Pythagore voulait qu'on les éloignât de l'ha-

lui attribue fait douter que cet oiseau fût en effet de l'espèce du canard. — « Ce canard était
« presque tout blanc, et blanc comme neige, mais ce qu'il y avait en lui de plus frappant,
« c'était sa grandeur, qui égalait celle d'une oie de moyenne taille. » Salerne, p. 428.

a. Suivant M. Baillon.

b. « J'ai souvent remarqué, avec étonnement, des tadornes, des siffleurs, des cravants, qui
« se dépouillaient en deux ou trois jours, ou même en une seule nuit, de toutes leurs plumes
« des ailes. » Suite des notes communiquées par M. Baillon. — « Dans la saison d'été, les
« canards d'Inde (canards musqués) perdent entièrement toutes leurs plumes ; ils sont obligés
« de rester dans l'eau et dans les palétuviers, où ils sont en risque d'être mangés par les cou-
« leuvres, les caïmans, les quachis et autres animaux de proie. Les Indiens vont faire la chasse
« dans ce temps-là dans les endroits où ils savent qu'ils sont communs ; ils en apportent des
« canots chargés. J'en ai trouvé cinq ou six dans une crique qui étaient sans une plume à leurs
« ailes ; j'en ai tué un, les autres ont fui dans les mangles. » Mémoire envoyé de Cayenne,
par M. de la Borde, médecin du roi dans cette colonie.

c. Voyez l'*Histoire de l'Académie*, t. II, p. 48 ; et *Mémoires* 1700, p. 496.

d. Willughby, *Ornithol.*, p. 8. — Aldrovande, *Avi.*, t. III, p. 190.

e. *Anates letrinire*. Autor Philomel.

bitation où son sage devait s'absorber dans la méditation [a] ; mais pour tout homme, philosophe ou non, qui aime à la campagne ce qui en fait le plus grand charme, c'est-à-dire le mouvement, la vie et le bruit de la nature, le chant des oiseaux, les cris des volailles variés par le fréquent et bruyant *kankan* des canards, n'offensent point l'oreille et ne font qu'animer, égayer davantage le séjour champêtre : c'est le clairon, c'est la trompette parmi les flûtes et les hautbois ; c'est la musique du régiment rustique.

Et ce sont, comme dans une espèce bien connue, les femelles qui font le plus de bruit et sont les plus loquaces ; leur voix est plus haute, plus forte, plus susceptible d'inflexions que celle du mâle, qui est monotone, et dont le son est toujours enroué. On a aussi remarqué que la femelle ne gratte point la terre comme la poule, et que néanmoins elle gratte dans l'eau peu profonde pour déchausser les racines ou pour déterrer les insectes et les coquillages.

Il y a dans les deux sexes deux longs cœcums aux intestins, et l'on a observé que la verge du mâle est tournée en spirale [b].

Le bec du canard, comme dans le cygne et dans toutes les espèces d'oie, est large, épais, denticulé par les bords, garni intérieurement d'une espèce de palais charnu rempli d'une langue épaisse, et terminée à sa pointe par un onglet corné de substance plus dure que le reste du bec ; tous ces oiseaux ont aussi la queue très-courte, les jambes placées fort en arrière et presque engagées dans l'abdomen : de cette position des jambes résulte la difficulté de marcher et de garder l'équilibre sur terre, ce qui leur donne des mouvements mal dirigés, une démarche chancelante, un air lourd qu'on prend pour de la stupidité, tandis qu'on reconnaît au contraire, par la facilité de leurs mouvements dans l'eau, la force, la finesse, et même la subtilité de leur instinct [c].

a. Vide, apud Gessner.

b. Dans certains moments, elle paraît assez longue et pendante, ce qui a fait imaginer aux gens de la campagne que, l'oiseau ayant avalé une petite couleuvre, on la lui voit ainsi pendue vive à l'anus. (Sur ce conte populaire, voyez Frisch.)

c. « Nous avions un furet très-privé, et qui pour sa douceur était caressé de toutes nos « dames ; il était la plupart du temps sur leurs genoux. Un jour, un domestique entra dans le « salon où nous étions, tenant à la main un canard domestique qu'il lâcha sur le parquet : le « furet aussitôt se lança après le canard, qui ne l'eut pas plus tôt aperçu qu'il se coucha de « son long ; le furet s'acharna sur lui, cherchant à le mordre au cou et à la tête ; à l'instant le « canard s'étendit le plus qu'il put et contrefit le mort ; le furet alors se promena depuis la tête « jusqu'aux pieds du canard en le flairant, et n'apercevant aucun signe de vie, il l'abandonnait « et revenait vers nous ; lorsque le canard, voyant son ennemi s'éloigner, se leva doucement « sur ses pattes en cherchant à gagner aux pieds ; mais le furet, surpris de cette résurrection, « accourant de nouveau, terrassa le canard, et de même une troisième fois. Plusieurs jours de « suite nous nous sommes fait un jeu de répéter ce petit spectacle : je ne puis trop vous « exprimer l'espèce d'intelligence qu'on apercevait dans la conduite du canard ; à peine avait-il « étendu son cou et sa tête sur le parquet et se trouvait-il débarrassé du furet, qu'il commen-« çait à traîner la tête de façon à pouvoir examiner les démarches de son ennemi, ensuite il « levait la tête doucement et à plusieurs reprises, après quoi il se remettait sur ses pattes et

La chair du canard est, dit-on, pesante et échauffante [a]; cependant on en fait grand usage, et l'on sait que la chair du canard sauvage est plus fine et de bien meilleur goût que celle du canard domestique. Les anciens le savaient comme nous, car l'on trouve dans *Apicius* jusqu'à quatre différentes manières de l'assaisonner. Nos Apicius modernes n'ont pas dégénéré, et un pâté de *canards d'Amiens* est un morceau connu de tous les gourmands du royaume.

La graisse du canard est employée dans les topiques; on attribue au sang la vertu de résister au venin, même à celui de la vipère [b] : ce sang était la base du fameux antidote de Mithridate [c]. On croyait en effet que les canards, dans le Pont, se nourrissant de toutes les herbes venimeuses que produit cette contrée, leur sang devait en contracter la vertu de repousser les poisons; et nous observerons en passant que la dénomination d'*anas Ponticus* des anciens ne désigne pas une espèce particulière comme l'ont cru quelques nomenclateurs, mais l'espèce même de notre canard sauvage qui fréquentait les bords du Pont-Euxin comme les autres rivages.

Les naturalistes ont cherché à mettre de l'ordre et à établir quelques divisions générales et particulières dans la grande famille des canards. Willughby divise leurs nombreuses espèces en *canards marins* ou qui n'habitent que la mer, et *canards fluviatiles* ou qui fréquentent les rivières et les eaux douces; mais comme la plupart de ces espèces se trouvent également et tour à tour sur les eaux douces et sur les eaux salées, et que ces oiseaux passent indifféremment des unes aux autres, la division de cet auteur n'est pas exacte, et devient fautive dans l'application : d'ailleurs, les caractères qu'il donne aux espèces ne sont pas assez constants [d]. Nous partagerons donc cette très-nombreuse famille par ordre de grandeur, en la divisant d'abord en *canards et sarcelles*, et comprenant sous la première dénomination toutes les espèces de canards qui, par la grandeur, égalent

« fuyait de vitesse; le furet revenait à la charge et le canard recommençait le même manége. » Extrait d'une lettre écrite de Coulommiers, par M. Huvier à M. Hébert.

a. « Comedi de ipsâ et calefecit me : dedi calefacto, et incaluit ampliùs; et rursùs refrige- « rato, et calefecit denuò. » Serapio, *apud Aldrov.*, p. 184. — « Caro multi alimenti ; auget « sperma et libidinem excitat. » Willughby. — M. Salerne, après avoir dit : « On en fait peu « de cas pour les tables, » dit deux lignes après : « Leur chair est plus estimée que celle de « l'oie »

b. Galen., *Euporist.* II, 143.

c. « Les anciens, pensans que les canes du pays de Pont se repaissent de venin, ont donné « leur sang contre tous poisons, et de fait Mithridate, qui n'étoit moins médecin que roi, et « duquel nous avons le tant recommandé médicament de son nom, faisoit endurcir le sang des « canes, afin qu'il le pût mieux garder et le détremper en médecine quand il voudroit. » Belon, *Nat. des oiseaux*, p. 160.

d. « Anates vel marinæ sunt vel fluviatiles.... marinis rostra latiora, præcipuè lamina supe- « rior, magisque resima; cauda brevinscula, non acuta, digitus posticus amplus, latus, vel « membranâ auctus : fluviatilibus rostrum acutius et angustius; cauda acuta ; posticus digitus « exiguus. » Willughby, *Ornithol.*, p. 277.

ou surpassent l'espèce commune ; et, sous la seconde, toutes les petites espèces de ce même genre dont la grandeur n'excède pas celle de la sarcelle ordinaire ; et comme l'on a donné à plusieurs de ces espèces des noms particuliers, nous les adopterons pour rendre les divisions plus sensibles.

LE CANARD MUSQUÉ. [a][b][*]

Ce canard est ainsi nommé parce qu'il exhale une assez forte odeur de musc [c] ; il est beaucoup plus grand que notre canard commun ; c'est même

a. Voyez les planches enluminées, n° 989.

b. Vulgairement *canard d'Inde, cane de Guinée, canard de Barbarie* ; par les Anglais, *guiny-duck, muscovy-duck, indian-duck* ; par les Allemands, *endianischer entrach, teurkisch endte* ; par les Italiens, *anatre d'India, anatre di Libya* ; par les Français de la Guiane, *canard franc* ou simplement *canard* ; il nous semble qu'on doit y rapporter ces canards appelés au Chili *patos reales*, qui ont sous le bec une crête rouge (Frézier, page 74), et peut-être aussi l'*anas magna regia* de Fr. Camel, appelé *papan* à Luçon. — *Grosse cane de Guinée.* Belon, *Nat. des oiseaux*, p. 176 ; et *Portraits d'oiseaux*, p. 37, *a*, mauvaise figure. — *Anas indica.* Gessner, *Avi.*, p. 122. — Aldrovande, *Avi.*, t. III, p. 192. — Charleton, *Exercit.*, .104, n° 2. *Onomast.*, p. 99, n° 2. — *Anas Indica alia.* Gessner, *Avi.*, p. 803. — Aldrovande, p. 192. — *Anas Indica Gessneri.* Willughby, p. 295. — Klein, p. 131, n° 2. — Barrère, *France équinoxiale*, p. 123. — *Anas Indica tertia.* Aldrovande, p. 192. — Jonston, *Avi.*, p. 96. — *Anas Libyca.* Idem, *ibid.* — *Libyca Aldrovandi.* Idem, *ibid.* — *Indica prima.* Idem, *ibid.* — *Indica altera.* Idem, *ibid.* — *Anas Libyca Belonii.* Aldrovande, t. III, p. 196. — Willughby, p. 294. — *Libyca alia.* Aldrovande, p. 197. — *Libyca.* Charleton, *Exercit.*, p. 104, n° 3. *Onomast.*, p. 99, n° 3. — *Muscovitica.* Idem, *ibid.*, n° 4. — *Anas peregrina.* Schwenckfeld, *Aviar. Siles.*, p. 196. — *Anas Cairina.* Aldrovande, t. III, p. 199. — Jonston, p. 96. — Charleton, *Exercit.*, p. 104, n° 5. *Onomast.*, p. 99, n° 5. — Willughby, p. 294. — *Anas moschata.* Willughby, *Ornithol.*, *ibid.* — Ray, *Synops. avi.*, p. 150, n° 3 ; et p. 491, n° 11. — Sloane, *Jamaica*, p. 324, n° 8. — *Anas moschata Cairina Aldrovandi.* Marsigli, *Danub.*, t. V, tab. 56 et 57. *Nota.* Ces figures, ainsi que celles données dans Belon, Gessner, Aldrovande, Willughby et Jonston, sont toutes fautives. — *Anas Americana moschata.* Barrère, *Ornithol.*, class. I, gen. 1, sp. 14. — *Anas maxima capite cerâ interruptâ obducto.* Browne, *Nat. hist. of Jamaica*, p. 480. — *Anas facie nudâ papillosâ.* Linnæus, *Fauna Suec.*, n° 98. — *Anas moschata.* Idem, *Syst. nat.*, édit. X, gen. 61, sp. 13. — *Anas sylvestris magnitudine anseris.* Marcgrave, *Hist. nat. Brasil.*, p. 213. — Jonston, p. 146. — Willughby, p. 292. — Ray, *Synops. avi.*, p. 148, n° 1. — *Ipeca-guacu.* Pison, *Hist. nat.*, p. 83. — Willughby, p. 292. — Ray, p. 149, n° 3. — *Turkische ente.* Frisch, t. II, pl. 180. — *Cane d'Inde.* Salerne, p. 438. — *Canard sauvage du Brésil.* Idem, p. 436. — *Canard de Moscovie.* Albin, t. III, p. 41, pl. 97 et 98. — *Anas versicolor capite papilloso*, le Canard musqué. Brisson, *Ornithol.*, t. VI, p. 313.

c. « Anglice *the Muscovy-duck* dicitur, non quòd è Moscoviâ huc translata sit, sed quòd satis « validum odorem musci spiret. » Ray. — « Le canard d'Inde est propre à ce pays (la Louisiane) ; il a des deux côtés de la tête des chairs rouges plus vives que celles du dindon ; la « chair des jeunes est très-délicate et d'un très-bon goût, mais celle des vieux, et surtout des « mâles, sent le musc. Ils sont aussi privés que ceux d'Europe. » Le Page Dupratz, *Histoire naturelle de la Louisiane*, t. II, p. 114.

* *Anas moschata* (Linn.). — Le *canard musqué*, vulgairement et mal à propos *canard de Barbarie* (Cuv.). — « Originaire d'Amérique, où on le trouve encore sauvage, et où il se « perche sur les arbres, est maintenant fort multiplié dans nos basses-cours à cause de sa gran-« deur. Il se mêle aisément au canard ordinaire... » (Cuvier.)

le plus gros de tous les canards connus[a] : il a deux pieds de longueur de la pointe du bec à l'extrémité de la queue ; tout le plumage est d'un noir brun lustré de vert sur le dos et coupé d'une large tache blanche sur les couvertures de l'aile ; mais dans les femelles, suivant Aldrovande, le devant du cou est mélangé de quelques plumes blanches. Willughby dit en avoir vu d'entièrement blanches[b] ; cependant la vérité est, comme l'avait dit Belon, que quelquefois le mâle est, comme la femelle, entièrement blanc ou plus ou moins varié de blanc[c] ; et ce changement des couleurs en blanc est assez ordinaire dans les races devenues domestiques : mais le caractère qui distingue celle du canard musqué est une large plaque en peau nue, rouge et semée de papilles, laquelle couvre les joues, s'étend jusqu'en arrière des yeux, et s'enfle sur la racine du bec en une caroncule rouge, que Belon compare à une cerise ; derrière la tête du mâle pend un bouquet de plumes en forme de huppe que la femelle n'a pas[d] ; elle est aussi un peu moins grande que le mâle, et n'a pas de tubercule sur le bec. Tous deux sont bas de jambes et ont les pieds épais, les ongles gros et celui du doigt intérieur crochu ; les bords de la mandibule supérieure du bec sont garnis d'une forte dentelure, et un onglet tranchant et recourbé en arme la pointe.

Ce gros canard a la voix grave et si basse, qu'à peine se fait-il entendre, à moins qu'il ne soit en colère ; Scaliger s'est trompé en disant qu'il était muet. Il marche lentement et pesamment, ce qui n'empêche pas que dans l'état sauvage il ne se perche sur les arbres[e] ; sa chair est bonne et même fort estimée en Amérique, où l'on élève grand nombre de ces canards, et c'est de là que vient en France leur nom de *canard d'Inde ;* néanmoins nous ne savons pas d'où cette espèce nous est venue[1] ; elle est étrangère au nord de l'Europe comme à nos contrées[f], et ce n'est que par une méprise de mots contre laquelle Ray semblait s'être inscrit d'avance[g], que le traducteur d'Albin a nommé cet oiseau *canard de Moscovie.* Nous savons seulement que ces gros canards parurent pour la première fois en France du temps de Belon, qui les appela *canes de Guinée ;* et en même temps Aldrovande dit qu'on en apportait du Caire en Italie ; et, tout considéré, il paraît, par ce qu'en dit Marcgrave, que l'espèce se trouve au Brésil dans l'état

---

a. « Maxima in genere anatum... » Ray.

b. « Vidi aliquandò fœminam niveam. » Page 294.

c. « Tantôt le mâle est blanc, tantôt la femelle blanche, tantôt tous deux sont noirs, tantôt
« de diverses couleurs ; par quoi l'on ne peut écrire bonnement de leur couleur, sinon en tant
« qu'ils sont semblables à une cane, mais sont plus communément noirs et mêlés de diverses
« couleurs. » Belon, *Nature des oiseaux,* p. 176.

d. Aldrovande.

e. Marcgrave.

f. « In prædiis magnatum culta ; nullibi Sueciæ spontanea. » *Fauna Suec.*

g. *Vid. suprà*, note (*c*) pag. 487.

1. Voyez la nomenclature, page précédente.

sauvage, car on ne peut s'empêcher de reconnaître ce gros canard dans son *anas sylvestris magnitudine anseris* [a], aussi bien que dans l'*ypeca-guacu* de Pison; mais pour l'*ipecati-apoa* de ces deux auteurs, on ne peut douter, par la seule inspection des figures, que ce ne soit une espèce différente que M. Brisson n'aurait pas dû rapporter à celle-ci [b].

Suivant Pison, ce gros canard s'engraisse également bien en domesticité dans la basse-cour ou en liberté sur les rivières, et il est encore recommandable par sa grande fécondité; la femelle produit des œufs en grand nombre, et peut couver dans presque tous les temps de l'année [c]; le mâle est très-ardent en amour, et il se distingue entre les oiseaux de son genre par le grand appareil de ses organes pour la génération [d]; toutes les femelles lui conviennent, il ne dédaigne pas celles des espèces inférieures; il s'apparie avec la cane commune, et de cette union proviennent des métis qu'on prétend être inféconds, peut-être sans autre raison que celle d'un faux préjugé [e]. On nous parle aussi d'un accouplement de ce canard musqué avec l'oie [f], mais cette union est apparemment fort rare, au lieu que l'autre a lieu journellement dans les basses-cours de nos colons de Cayenne et de Saint-Domingue [g], où ces gros canards vivent et se multiplient comme les autres en domesticité; leurs œufs sont tout à fait ronds, ceux des plus jeunes femelles sont verdâtres, et cette couleur pâlit dans les pontes suivantes [h]. L'odeur de musc que ces oiseaux répandent provient, selon

a. « Anas sylvestris magnitudine anseris... tota nigra, exceptis principiis alarum quæ alba; « nigredini tamen viridi transplendet; crista in capite nigris plumis constans et massa carnosa « corrugata, rubra, supra rostri superioris exortum. Cutis quoque rubra circa oculos. » Marcgrave.

b. Voyez ce que nous avons dit de l'*ipecati-apoa*, sous l'article de l'*oie bronzée*.

c. « Si ce n'étoit qu'il est de grande dépence, l'on en esleveroit beaucoup plus qu'on ne fait; « car leur baillant à manger autant qu'il appartient, ils ponnent beaucoup d'œufs, et en brief « temps ont grande quantité de petits. » Belon.

d. « L'on s'émerveillera d'entendre que tel oiseau ait si grand membre génital, qu'il est de la « grosseur d'un gros doigt et long de quatre à cinq, et rouge comme sang. » *Idem.*

e. M. de la Nux rapporte qu'on n'a jamais vu éclore, à l'île Bourbon, aucun canard (d'une espèce quelconque) d'un œuf de la cane née de l'accouplement d'un canard barboteux avec un canard d'Inde ou des Manilles. *Histoire de l'Académie des Sciences*, année 1760, p. 17; Frisch le témoigne de même.

f. « M. de Tilly, habitant au quartier de Nippes, très-bon observateur et très-digne de foi, « m'a assuré avoir vu chez M. Girault, habitant à l'Acul-des-Savanes, des individus qui pro- « venaient de cette copulation, et qui participent des deux espèces; mais il n'a pu me dire si « ces métis ont produit entre eux ou bien avec les oies ou les canards. » Note envoyée de Saint-Domingue par M. Lefebvre Deshayes.

g. « On voit à Saint-Domingue des canards dont le plumage est tout blanc, à l'exception de « la tête qui est d'un très-beau rouge. Les Espagnols y en ont porté de musqués, et c'est la « seule espèce qu'on élève, autant pour leur grosseur que pour la beauté de leur plumage; ils « font plusieurs pontes par an, et l'on observe que les canetons qui viennent de l'accouplement « de ces canards étrangers avec les canes de l'île, n'en font point d'autres. » Oviedo, lib. v, cap. ix, etc. Voyez *Histoire générale des voyages*, t. XII, p. 228; la même chose en substance dans Charlevoix, t. I, p. 28, *Histoire de Saint-Domingue*.

h. Willughby.

Barrère, d'une humeur jaunâtre filtrée dans les corps glanduleux du croupion [a].

Dans l'état sauvage, et tels qu'on les trouve dans les savanes noyées de la Guiane, ils nichent sur des troncs d'arbres pourris, et la mère, dès que les petits sont éclos, les prend l'un après l'autre avec le bec et les jette à l'eau [b]. Il paraît que les crocodiles-caïmans en font une grande destruction, car on ne voit guère de familles de ces jeunes canards de plus de cinq à six, quoique les œufs soient en beaucoup plus grand nombre ; ils mangent dans les savanes la graine d'un gramen qu'on appelle *riz sauvage*, volant le matin sur ces immenses prairies inondées, et le soir redescendant vers la mer ; ils passent les heures de la plus grande chaleur du jour perchés sur des arbres touffus ; ils sont farouches et défiants ; ils ne se laissent guère approcher, et sont aussi difficiles à tirer que la plupart des autres oiseaux d'eau [c].

LE CANARD SIFFLEUR ET LE VINGEON OU GINGEON. [d][e][*]

Une voix claire et sifflante, que l'on peut comparer au son aigu d'un

a. *France équinoxiale*, page 123.

b. Ce fait m'a été confirmé par des Sauvages qui sont à portée de vérifier de pareilles observations. M. de la Borde.

c. Extrait du *Journal du voyage* de M. de la Borde, dans l'intérieur des terres de la Guiane ; dans le *Journal de physique* du mois de juin 1773.

d. Voyez les planches enluminées, n° 825.

e. On a rapporté au canard siffleur, le nom grec de Πενέλοψ, qui vraisemblablement appartient à un canard à tête rousse, mais qu'à ce titre l'on peut rapporter aussi bien au millouin. Jon appelle l'oiseau penelops Φοινικόλεγνον, *collum phœnicei coloris ;* suivant Tzetzès, ces oiseaux avaient porté au rivage Pénélope encore enfant, jetée dans la mer par la barbarie de son père Icare : le penelops est donc certainement un oiseau d'eau. Pline dit plus expressément, *penelops ex anserino genere*, lib. x, cap. xxii. Mais comme la grande affinité des deux genres de l'oie et du canard peut les faire aisément confondre, et qu'il faut trouver au penelops un cou, *phœnicei coloris*, ce qui ne se rencontre pas parmi les oies, rien n'empêche de chercher cet oiseau parmi les espèces de canards ; mais de décider si c'est en effet le canard siffleur plutôt que le millouin, c'est ce que le peu d'indication laissé là-dessus par les anciens, ne paraît pas rendre possible. — En quelques-unes de nos provinces le canard siffleur s'appelle *oignard ;* en basse Picardie, *oigne ;* en Basse-Bretagne, *penru*, ce qui veut dire *tête rouge ;* sur la côte du Croisic on l'appelle *moreton*, nom appliqué ailleurs au millouin ; en catalan, *piulla ;* vers Strasbourg, *schmey* et *pfeif-ente ;* en Silésie, *pfeif-endtlin ;* en suédois, *wri-and ;* en anglais, *whim, wigeon, common wigeon, whewer.* — *Penelops.* Gessner, *Avi.*, p. 108. — *Penelops avis.* Aldrovande, *Avi.*, t. III, p. 217, avec de mauvaises figures, pages 219 et 220. — *Penelope Aldrovandi.* Willughby, *Ornithol.*, p. 288. — Ray, *Synops.*, p. 146, n° *a*, 3. — *Anas fistularis.* Gessner, *Avi.*, p. 121. — Aldrovande, p. 234. — Jonston, p. 98. — Rzaczynski, *Auctuar.*, p. 356. — Klein, *Avi.*, p. 132, n° 7. — *Boschas, aliis anas fistularis.* Charleton, *Exercit.*, p. 106, n° 2. *Onomast.*, p. 100, n° 2. — *Anas fera undecima seu canora.* Schwenckfeld, *Avi. Siles.*, p. 202. — *Anas clangosa.* Barrère, *Ornithol.*, clas, i, gen. 1, sp. 7. — *Penelope.* Linnæus, *Syst. nat.*, édit. X, gen. 61, sp. 24. — Idem, *Fauna Suec.*, n° 105. — *Canard vingeon*

[*] *Anas penelope* (Linn.).

fifre[a], distingue ce canard de tous les autres, dont la voix est enrouée et presque croassante : comme il siffle en volant et très-fréquemment, il se fait entendre souvent et reconnaître de loin ; il prend ordinairement son vol le soir et même la nuit ; il a l'air plus gai que les autres canards ; il est très-agile et toujours en mouvement ; sa taille est au-dessous de celle du canard commun et à peu près pareille à celle du souchet ; son bec, fort court, n'est pas plus gros que celui du garrot ; il est bleu et la pointe en est noire ; le plumage sur le haut du cou et la tête est d'un beau roux ; le sommet de la tête est blanchâtre ; le dos est liséré et vermiculé finement de petites lignes noirâtres en zigzags sur un fond blanc ; les premières couvertures forment sur l'aile une grande tache blanche, et les suivantes un petit miroir d'un vert bronzé ; le dessous du corps est blanc, mais les deux côtés de la poitrine et les épaules sont d'un beau roux pourpré ; suivant M. Baillon, les femelles sont un peu plus petites que les mâles et demeurent toujours grises[b], ne prenant pas en veillissant, comme les femelles des souchets, les couleurs de leurs mâles. Cet observateur aussi exact qu'attentif, et en même temps très-judicieux, nous a plus appris de faits sur les oiseaux d'eau que tous les naturalistes qui en ont écrit ; il a reconnu, par des observations bien suivies, que le canard siffleur, le canard à longue queue, qu'il appelle *penard*, le chipeau et le souchet, naissent gris et conservent cette couleur jusqu'au mois de février, en sorte que dans ce premier temps l'on ne distingue pas les mâles des femelles ; mais au commencement de mars leurs plumes se colorent, et la nature leur donne les puissances et les agréments qui conviennent à la saison des amours ; elle les dépouille ensuite de cette parure vers la fin de juillet ; les mâles ne conservent rien ou presque rien de leurs belles couleurs ; des plumes grises et sombres succèdent à celles qui les embellissaient ; leur voix même se perd ainsi que celle des femelles, et tous semblent être condamnés au silence comme à l'indifférence pendant six mois de l'année.

C'est dans ce triste état que ces oiseaux partent au mois de novembre

---

brun. Salerne, *Ornithol.*, p. 432. — *Cane de mer.* Albin, t. II, planche 99. — « Anas supernè « cinereo albo et nigricante transversim striata, infernè alba ; capite et colli superioris parte « supremà castaneis : nigricante maculatis, vertice dilaté fulvo ; gutture et colli inferioris « parte supremà fuliginosis ; maculà alarum viridi aureà, tænià splendidè nigrà supernè et « infernè donata ; rectricibus binis intermediis cinereo-fuscis, lateralibus griseis, candicante « marginatis (Mas). » — « Anas supernè griseo-fusca, marginibus pennarum rufescentibus, « infernè alba ; capite et collo supremo rufescentibus nigricante maculatis ; rectricibus cinereo-« fuscis, albo exteriùs et capite marginatis (Fœmina). » *Anas fistularis*, le Canard siffleur. Brisson, t. VI, p. 391.

a. « Pfeif-ente a sono acutiore quem fistulæ modo emittit. Gessner, *apud* Aldrovande, t. III, p. 234. — *Nota.* M. Salerne semble croire que ce sifflement est produit par le battement des ailes, et nous verrons ci-dessous le voyageur Dampier dans le même préjugé ; mais ils se trompent, c'est une véritable voix, un sifflet rendu, comme tout autre cri, par la glotte.

b. « Fœmina cinereo-nebulosa, excepto pectore ventreque albo, maculà alarum nullà. » *Fauna Suec.*

pour leur long voyage, et on en prend beaucoup à ce premier passage ; il n'est guère possible de distinguer alors les vieux des jeunes, surtout dans les *penards* ou canards à longue queue ; le revêtement de la robe grise étant encore plus total dans cette espèce que dans les autres.

Lorsque tous ces oiseaux retournent dans le Nord vers la fin de février ou le commencement de mars, ils sont parés de leurs belles couleurs, et font sans cesse entendre leur voix, leur sifflet ou leurs cris ; les vieux sont déjà appariés, et il ne reste dans nos marais que quelques souchets, dont on peut observer la ponte et la couvée.

Les canards siffleurs volent et nagent toujours par bandes[a] ; il en passe chaque hiver quelques troupes dans la plupart de nos provinces, même dans celles qui sont éloignées de la mer, comme en Lorraine[b], en Brie[c] ; mais ils passent en plus grand nombre sur les côtes, et notamment sur celles de Picardie.

« Les vents de nord et de nord-est, dit M. Baillon, nous amènent les « canards siffleurs en grandes troupes. Le peuple en Picardie les connaît « sous le nom d'*oignes ;* ils se répandent dans nos marais, une partie y « passe l'hiver, l'autre va plus loin vers le midi.

« Ces oiseaux voient très-bien pendant la nuit, à moins que l'obscurité « ne soit totale ; ils cherchent la même pâture que les canards sauvages, et « mangent, comme eux, les graines de joncs et d'autres herbes, les insectes, « les crustacés, les grenouilles et les vermisseaux. Plus le vent est rude, « plus on voit de ces canards errer : ils se tiennent bien à la mer et à « l'embouchure des rivières malgré le gros temps, et sont très-durs au « froid.

« Ils partent régulièrement, vers la fin de mars, par les vents de sud : « aucuns ne restent ici ; je pense qu'ils se portent dans le Nord, n'ayant « jamais vu ni leurs œufs ni leurs nids ; je puis pourtant observer que cet « oiseau naît gris, et qu'il n'y a avant la mue aucune différence, quant au « plumage, entre les mâles et les femelles ; car souvent, dans les premiers « jours de l'arrivée de ces oiseaux, j'en ai trouvé de jeunes encore presque « tous gris, et qui n'étaient qu'à demi couverts des plumes distinctives de « leur sexe.

« Le canard siffleur, ajoute M. Baillon, s'accoutume aisément à la domes- « ticité ; il mange volontiers de l'orge, du pain, et s'engraisse fort ainsi « nourri ; il lui faut beaucoup d'eau, il y fait sans cesse mille caracoles de

a. « Gregatim volant. » Schwenckfeld. « Turmatin consident. » Klein.

b. Observations de M. Lottinger.

c. Quoique je n'aie jamais tué, ni même connu en Brie cette sorte de canard, je suis assuré qu'il y paraît aux deux passages : en ayant vu de fort près sur le bassin de l'orangerie du Palais-Royal à Paris, je me rappelai que j'avais vu sur nos grands étangs, mais de loin, des canards à tête rouge et à front blanc, qui nécessairement étaient les mêmes. Observation de M. Hébert.

« nuit comme de jour : j'en ai eu plusieurs fois dans ma cour, ils m'ont
« toujours plu à cause de leur gaieté. »

L'espèce du canard siffleur se trouve en Amérique comme en Europe :
nous en avons reçu plusieurs individus de la Louisiane sous le nom de
canard jensen [a][1] et de *canard gris* [b]; il semble aussi qu'on doive le reconnaître sous le nom de *wigeon*, que lui donnent les Anglais, et sous ceux de
vingeon ou *gingeon* de nos habitants de Saint-Domingue et de Cayenne. Et
ce qui semble prouver que ces oiseaux des climats chauds sont en effet les
mêmes que les canards siffleurs du Nord, c'est qu'on les a reconnus dans
les latitudes intermédiaires [c]. D'ailleurs, ils ont les mêmes habitudes naturelles [d], avec les seules différences que celle des climats doit y mettre ;
néanmoins nous ne prononçons pas encore sur l'identité de l'espèce du
canard siffleur et du vingeon des Antilles [2]. Nos doutes à ce sujet et sur plusieurs autres faits seraient éclaircis, si la guerre, entre autres pertes qu'elle
a fait essuyer à l'histoire naturelle, ne nous avait enlevé une suite de dessins coloriés des oiseaux de Saint-Domingue, faite dans cette île, avec le
plus grand soin, par M. le chevalier Lefebvre Deshayes, correspondant du
Cabinet du Roi : heureusement les Mémoires de cet observateur aussi ingénieux que laborieux nous sont parvenus en *duplicata;* et nous ne pouvons
mieux faire que d'en donner ici l'extrait, en attendant qu'on puisse savoir

a. Voyez les planches enluminées, n° 955. — *Nota.* Nous observerons néanmoins plusieurs
traits de différences entre ce canard jensen de la Louisiane, tel qu'il est ici représenté, et notre
canard siffleur; soit que ces différences puissent et doivent s'expliquer par celles des climats ,
soit qu'il se soit ici glissé quelque erreur dans les dénominations.

b. J'ai reçu de la Louisiane un canard que les Français fixés dans ce pays y nomment *canard
gris ;* celui-ci répond au canard d'Europe, que M. Brisson a nommé le *canard siffleur,* et qu'on
connaît en quelques provinces de France sous le nom d'*oignard ;* entre le canard gris de la
Louisiane et le canard siffleur d'Europe , il y a quelques légères différences elles ne me paraissent pas assez considérables pour qu'on ne reconnaisse pas la même espèce dans ces deux oiseaux ;
le canard gris est un peu plus grand ; il a le long du cou de chaque côté, une raie verdâtre que
n'a pas le canard siffleur d'Europe; d'ailleurs le plumage est le même à quelques traits, quelques nuances près qui peut-être varient d'individus à individus; mais la forme du bec, sa
couleur, la couleur des pieds , la forme de la queue qui est pointue, l'habitude de tout le corps,
et la beaucoup plus grande partie du plumage , sont semblables dans le canard gris de la Louisiane et dans le canard siffleur d'Europe. Je me crois très-bien fondé à n'en faire qu'une seule
et même espèce. Extrait des notes communiquées par M. le docteur Mauduit.

c. « Les canards sifflants ne sont pas tout à fait si gros que nos canards ordinaires, mais ils
« n'en diffèrent point, soit pour la couleur, soit pour la figure ; lorsqu'ils volent, ils font une
« espèce de sifflement avec leurs ailes qui est assez agréable; ils se perchent sur les arbres. »
Dampier, dans son *Voyage à la baie de Campéche*, t. III , p. 282.

d. Il faut en excepter celle que le P. Dutertre attribue aux vingeons des Antilles, de quitter
les rivières et les étangs pour venir de nuit fouir les patates dans les jardins; « d'où est venu ,
« dit-il , dans nos îles, le mot de *vigeonner*, pour dire déraciner les patates avec les doigts. »
Tome II , page 277.

1. Le *jensen* (*anas americana*), planche enluminée 955. Espèce particulière.
2. « Selon M. Vieillot, le *vingeon* ou *gingeon* des Antilles se rapporte à l'espèce du *canard
« siffleur à bec noir.* » (Desmarets.) — Voyez, plus loin, la nomenclature de ce dernier
oiseau.

précisément si cet oiseau est en effet le même que notre canard siffleur.

« Le *gingeon* que l'on connaît à la Martinique sous le nom de *vingeon*,
« dit M. le chevalier Deshayes, est une espèce particulière de canard qui
« n'a pas le goût des voyages de long cours comme le canard sauvage, et
« qui borne ordinairement ses courses à passer d'un étang ou d'un maré-
« cage à un autre, ou bien à aller dévaster quelque pièce de riz quand il
« en a découvert à portée de sa résidence. Ce canard a pour instinct parti-
« culier de se percher quelquefois sur les arbres; mais autant que j'ai pu
« l'observer, cela n'arrive que durant les grandes pluies et quand le lieu
« où il avait coutume de se retirer pendant le jour est tellement couvert
« d'eau, qu'il ne paraît aucune plante aquatique pour le cacher et le mettre
« à l'abri, ou bien lorsque l'extrême chaleur le force à chercher la fraîcheur
« dans l'épaisseur des feuillages.

« On serait tenté de prendre le vingeon pour un oiseau de nuit, car il
« est rare de le voir le jour; mais aussitôt que le soleil est couché, il sort
« des glaïeuls et des roseaux pour gagner les bords découverts des étangs,
« où il barbote et pâture comme le reste des canards; on aurait de la peine
« à dire à quoi il s'occupe pendant le jour; il est trop difficile de l'observer
« sans être vu de lui; mais il est à présumer que quoique caché parmi les
« roseaux, il ne passe pas son temps à dormir : on en peut juger par les
« gingeons privés, qui ne paraissent chercher à dormir pendant le jour que
« comme les autres volailles, lorsqu'ils sont entièrement repus.

« Les gingeons volent par bandes, comme les canards, même pendant la
« saison des amours; cet instinct qui les tient attroupés paraît inspiré par
« la crainte : et l'on dit qu'en effet ils ont toujours, comme les oies, quel-
« qu'un d'eux en vedette, tandis que le reste de la troupe est occupé à
« chercher sa nourriture; si cette sentinelle aperçoit quelque chose, elle
« en donne aussitôt avis à la bande par un cri particulier qui tient de la
« cadence ou plutôt du chevrotement; à l'instant tous les gingeons mettent
« fin à leur babil, se rapprochent, dressent la tête, prêtent l'œil et l'oreille;
« si le bruit cesse, chacun se remet à la pâture, mais si le signal redouble
« et annonce un véritable danger, l'alarme est donnée par un cri aigu et
« perçant, et tous les gingeons partent en suivant le donneur d'avis, qui
« prend le premier sa volée.

« Le gingeon est babillard : lorsqu'une bande de ces oiseaux paît ou bar-
« bote, on entend un petit gazouillement continuel qui imite assez le rire
« suivi, mais contraint, qu'une personne ferait entendre à basse voix; ce
« babil les décèle et guide le chasseur : de même, quand ces oiseaux volent,
« il y a toujours quelqu'un de la bande qui siffle, et dès qu'ils se sont abat-
« tus sur l'eau, leur babil recommence.

« La ponte des gingeons a lieu en janvier, et en mars on trouve des petits
« gingeonneaux; leurs nids n'ont rien de remarquable, sinon qu'ils con-

« tiennent grand nombre d'œufs. Les Nègres sont fort adroits à découvrir
« ces nids, et les œufs donnés à des poules couveuses éclosent très-bien;
« par ce moyen l'on se procure des gingeons privés, mais on aurait toutes
« les peines du monde à apprivoiser des gingeonneaux pris quelques jours
« après leur naissance; ils ont déjà gagné l'humeur sauvage et farouche de
« leurs père et mère, au lieu qu'il semble que les poules qui couvent des
« œufs de gingeons transmettent à leurs petits une partie de leur humeur
« sociale et familière; les petits gingeonneaux ont plus d'agilité et de vivacité
« que les canetons; ils naissent couverts d'un duvet brun, et leur accrois-
« sement est assez prompt : six semaines suffisent pour leur faire acquérir
« toute leur grosseur, et dès lors les plumes de leurs ailes commencent à
« croître[a].

« Ainsi avec très-peu de soins on peut se procurer des gingeons domes-
« tiques; mais, s'il faut s'en rapporter à presque tous ceux qui en ont élevé,
« on ne doit guère espérer qu'ils multiplient entre eux dans l'état de domes-
« ticité : cependant j'ai connaissance de quelques gingeons privés qui ont
« pondu, couvé et fait éclore.

« Il serait extrêmement précieux d'obtenir une race domestique de ces
« oiseaux, parce que leur chair est excellente, et surtout celle de ceux
« qu'on a privés; elle n'a point le goût de marécage que l'on peut repro-
« cher aux sauvages; et une raison de plus de désirer de réduire en domes-
« ticité cette espèce est l'intérêt qu'il y aurait à la détruire ou l'affaiblir,
« du moins dans l'état sauvage, car souvent les gingeons viennent dévaster
« nos cultures, et les pièces de riz semées près des étangs échappent rare-
« ment à leurs ravages : aussi est-ce là que les chasseurs vont les attendre
« le soir au clair de la lune; on leur tend aussi des lacets et des hameçons
« amorcés de vers de terre.

« Les gingeons se nourrissent non-seulement de riz, mais de tous les
« autres grains qu'on donne à la volaille, tels que le maïs et les différentes
« espèces de mil du pays; ils paissent aussi l'herbe, ils pêchent les petits
« poissons, les écrevisses, les petits crabes.

« Leur cri est un véritable sifflet qu'on peut imiter avec la bouche, au
« point d'attirer leurs bandes quand elles passent. Les chasseurs ne man-
« quent pas de s'exercer à contrefaire ce sifflet, qui parcourt rapidement
« tous les tons de l'octave du grave à l'aigu, en appuyant sur la dernière
« note et en la prolongeant.

---

a. « On ne saurait croire jusqu'où les gingeons sauvages poussent l'amour paternel : M. le
« Gardeur, ci-devant membre de la chambre d'agriculture de Saint-Domingue, et qui joint à
« un esprit très-orné beaucoup de connaissances en histoire naturelle, m'a assuré en avoir vu
« fondre à coups de bec et avec le plus grand acharnement sur un nègre qui cherchait à enlever
« leur couvée : ils l'embarrassaient au point de retarder la prise des petits, qui cependant
« fuyaient et se cachaient autant qu'il leur était possible. » Suite du *Mémoire* de M. le chevalier Lefebvre-Deshaies.

« Du reste, on peut remarquer que le gingeon porte en marchant la
« queue basse et tournée contre terre comme la peintade, mais qu'en
« entrant dans l'eau il la redresse ; on doit observer aussi qu'il a le dos
« plus élevé et plus arqué que le canard ; que ses jambes sont beaucoup
« plus longues à proportion ; qu'il a l'œil plus vif, la démarche plus ferme ;
« qu'il se tient mieux et porte sa tête haute comme l'oie : caractères qui,
« joints à l'habitude de se percher sur les arbres[a], le feront toujours dis-
« tinguer ; de plus, cet oiseau n'a pas chez nous le plumage aussi fourni, à
« beaucoup près, que les canards des pays froids.

« Loin que les gingeons dans nos basses-cours, continue M. Deshayes,
« aient cherché à s'accoupler avec le canard d'Inde ou avec le canard com-
« mun, comme ceux-ci ont fait entre eux, ils se montrent au contraire les
« ennemis déclarés de toute la volaille, et font ligue ensemble lorsqu'il
« s'agit d'attaquer les canards et les oies ; ils parviennent toujours à les
« chasser et à se rendre maîtres de l'objet de la querelle, c'est-à-dire du
« grain qu'on leur jette, ou de la mare où ils veulent barboter ; et il faut
« avouer que le caractère du gingeon est méchant et querelleur ; mais
« comme sa force n'égale pas son animosité, dût-il troubler la paix de la
« basse-cour, on n'en doit pas moins souhaiter de parvenir à propager en
« domesticité cette espèce de canard, supérieure en bonté à toutes les
« autres. »

LE SIFFLEUR HUPPÉ. [b][c][*]

Ce canard siffleur porte une huppe, et il est de la taille de notre canard
sauvage ; il a toute la tête coiffée de belles plumes rousses, déliées et

a. C'est apparemment à cette espèce qu'il faut rapporter le nom de *canard branchu* qui se
lit dans plusieurs relations. « On distingue au Canada jusqu'à vingt-deux espèces de canards,
« dont les plus beaux et les meilleurs se nomment *canards branchus*, parce qu'ils se perchent
« sur les branches des arbres ; leur plumage est d'une variété fort brillante. » *Histoire générale des Voyages*, t. XV, p. 227.

b. Voyez les planches enluminées, n° 928.

c. M. Salerne rapporte à cette espèce le nom de *moreton* ou *molleton*, que nous avons rapporté au millouin, et celui de *rouge*, qui appartient au souchet. — A Rome, *capo rosso maggiore* ; en allemand, *brandt-ende*, *rott-kopf*, *rott-hals*, comme le millouin. — *Anas capite
rufo major*. Ray, *Synops. avi.*, p. 140, n° 2. — *Capo rosso maggiore*. Willughby, *Ornithol.*,
p. 279. — *Anas cristata flavescens*. Marsigli, *Danub.*, t. V, p. 110, tab. 53. — Klein, *Avi.*,
p. 135, n° 26. — *Anas erythrocephalos*. Rzaczynski, *Auctuar.*, p. 357. — *Erythrocephalos
secundus*. Schwenckfeld, *Aviar. Siles.*, p. 201. — *Grand canard à tête rousse*. Salerne,
p. 414. — *Canard huppé* ou *moreton*. Idem, p. 419. — « Anas cristata, supernè cinereo vina-
« cea, infernè nigra ; capite et gutture rufis ; cristâ dilutiùs rufâ ; collo et uropygio nigris ;
« pennis scapularibus aureolis binis lunulatis albis insignitis ; rectricibus cinereis..... » *Anas
fistularis cristata*, le Canard siffleur huppé. Brisson, t. VI, p. 398.

* *Anas rufina* (Gmel., Desm.).

soyeuses, relevées sur le front et le sommet de la tête en une touffe che-
velue qui pourrait avoir servi de modèle à la coiffure en cheveux dont nos
dames avaient un moment adopté la mode sous le nom de *hérisson;* les
joues, la gorge et le tour du cou sont roux comme la tête ; le reste du cou,
la poitrine et le dessous du corps sont d'un noir ou noirâtre qui, sur le
ventre, est légèrement ondé ou nué de gris ; il y a du blanc aux flancs et
aux épaules, et le dos est d'un gris brun ; le bec et l'iris de l'œil sont d'un
rouge de vermillon.

Cette espèce, quoique moins commune que celle du canard siffleur sans
huppe, a été vue dans nos climats par plusieurs observateurs.

LE SIFFLEUR A BEC ROUGE ET NARINES JAUNES. [a] [b] [*]

Apparemment que cette dénomination de *siffleur* est fondée, dans cette
espèce comme dans les précédentes, sur le sifflement de la voix ou des
ailes. Quoi qu'il en soit, nous adoptons, pour la distinguer, la dénomination de *siffleur au bec rouge* qu'Edwards lui a donnée en y ajoutant les
narines jaunes pour le séparer du précédent, qui a aussi le bec rouge. Ce
siffleur est d'une taille élevée, mais pas plus grosse que celle de la morelle ;
sans être paré de couleurs vives et brillantes, c'est dans son genre un fort
bel oiseau : un brun marron étendu sur le dos y est nué de roux ardent
ou orangé foncé ; le bas du cou porte la même teinte, qui se fond dans du
gris sur la poitrine ; les couvertures de l'aile, lavées de roussâtre sur les
épaules, prennent ensuite un cendré clair, puis un blanc pur ; ses pennes
sont d'un brun noirâtre, et les plus grandes portent du blanc dans leur
milieu, du côté extérieur ; le ventre et la queue sont noirs ; la tête est coiffée d'une calotte roussâtre qui se prolonge par un long trait noirâtre sur
le haut du cou ; tout le tour de la face et la gorge sont en plumes grises.

Cette espèce se trouve dans l'Amérique septentrionale, suivant M. Brisson : néanmoins, nous l'avons reçue de Cayenne.

---

a. Voyez les planches enluminées, nº 826, sous la dénomination de *Canard siffleur de
Cayenne.*

b. Red-bill'd whistling duck. Edwards, t. IV, p. 194. — *Anas autumnalis.* Linnæus, *Syst.
nat.,* édit. X, gen. 61, sp. 33. — Il semble qu'on peut y rapporter l'*anas fera mento cinna-
barino* de Marsigli, t. V, p. 108 ; et de Klein, p. 135, nº 25. — « Anas supernè castanea,
« infernè nigricans ; capite superiore et collo dilutè castaneis ; occipitio et uropygio nigrican-
« tibus ; genis, gutture et pectore griseis ; rectricibus alarum superioribus mediis fusco-rufes-
« centibus, majoribus albidis ; rectricibus nigris... » *Anas fistularis Americana,* le Canard
siffleur d'Amérique. Brisson, t. VI, p. 400.

** Anas autumnalis* (Linn., Cuv.).

LE SIFFLEUR A BEC NOIR. *a b* *

Nous adoptons encore ici la dénomination d'Edwards, parce que l'indication de climat donnée dans nos planches enluminées et dans l'ouvrage de M. Brisson ne peuvent servir à distinguer cette espèce, non plus que la précédente, puisqu'il paraît que toutes deux se trouvent également dans l'Amérique septentrionale et aux Antilles. Les jambes et le cou, dans ces deux espèces, paraissent proportionnellement plus allongés que dans les autres canards : celui-ci a le bec noir ou noirâtre; son plumage, sur un fond brun, est nué d'ondes roussâtres ; le cou est moucheté de petits traits blancs ; le front et les côtés de la tête, derrière les yeux, sont teints de roux, et les plumes noires du sommet de la tête se portent en arrière en forme de huppe.

Suivant Hans Sloane, ce canard, qui se voit fréquemment à la Jamaïque, se perche et fait entendre un sifflement. Barrère dit qu'il est de passage à la Guiane, qu'il pâture dans les savanes, et qu'il est excellent à manger.

LE CHIPEAU OU LE RIDENNE. *c d* **

Le canard appelé *chipeau* n'est pas si grand que notre canard sauvage; il a la tête finement mouchetée et comme piquetée de brun noir et de blanc,

a. Voyez les planches enluminées, n° 804, sous la dénomination de *Canard siffleur de Saint-Domingue.*

b. Opano à la Guiane. — *Black-bill'd whistling duck.* Edwards, t. IV, pl. 199. — *Anas fera major fistularis arboribus insidens.* Barrère, *France équinoxiale*, p. 123. — *Anas fistularis arboribus insidens.* Sloane, *Jamaica*, p. 324. — Ray, *Synops. avi.*, p. 192, n° 12. — *Anas subfusca major, rostro et vertice nigricantibus, alis variegatis.* Browne, p. 480. — *Anas arborea.* Linnæus, *Syst. nat.*, édit. X, gen. 61, sp. 38. — « Anas supernè fusca, marginibus « pennarum rufescentibus, infernè alba, nigro maculata; vertice et uropygio nigricantibus; « genis, gutture et collo inferiore candidis, pectore rufescente, collo inferiore et pectore maculis « nigris variegatis... » *Anas fistularis Jamaïcensis*, le Canard siffleur de la Jamaïque. Brisson, *Ornithol.*, t. VI, p. 403.

c. Voyez les planches enluminées, n° 958.

d. S'appelle *ridelle* ou *ridenne* en Picardie; en anglais, *gadwal* ou *gray*; en allemand, *schnarr* ou *schnerr-endte, schnatter-endte*, et par quelques-uns *leiner.* — *Anas strepera.* Gessner, *Avi.*, p. 121; *Icon. avi.*, p. 78. — Aldrov., *Avi.*, t. III, p. 234. — Linnæus, *Syst. nat.*, éd. X, g. 61, sp. 18. — Schwenckfeld, *Avi. Siles.*, p. 202. — Klein, *Avi.*, p. 132, n° 6. — *Anas platyrinchos rostro nigro et plano.* Aldrovande, t. III, p. 230. — Jonston, *Avi.*, p. 97. — Ray, *Synops. avi.*, p. 145, n° *a*, 2. — *Gadwal, or gray.* Willughby, *Ornithol.*, p. 287. — *Anas maculâ alarum rufâ nigrâ albâ.* Linnæus, *Fauna Suecica*, n° 101. — *Le canard à large bec et à ailes bigarrées*, connu en Normandie sous le nom de *chipeau.* Salerne, *Ornithol.*, p. 430. — « Anas supernè fusca, lineis candicantibus varia, infernè alba, griseo macu-

  * *Anas arborea* (Linn., Cuv.). — Voyez la note 2 de la page 493.

  ** *Anas strepera* (Linn., Cuv.).

la teinte noirâtre dominant sur le haut de la tête et le dessus du cou ; la
poitrine est richement festonnée ou écaillée, et le dos et les flancs sont tous
vermiculés de ces deux couleurs ; sur l'aile sont trois taches ou bandes,
l'une blanche, l'autre noire, et la troisième d'un beau marron rougeâtre.
M. Baillon a observé que de tous les canards, le chipeau est celui qui conserve le plus longtemps les belles couleurs de son plumage, mais qu'enfin
il prend, comme les autres, une robe grise après la saison des amours ; la
voix de ce canard ressemble fort à celle du canard sauvage : elle n'est ni
plus rauque ni plus bruyante, quoique Gessner semble vouloir le distinguer
et le caractériser par le nom d'*anas strepera* [a], et que ce nom ait été adopté
par les ornithologistes.

Le chipeau est aussi habile à plonger qu'à nager : il évite le coup de fusil
en s'enfonçant dans l'eau ; il paraît craintif et vole peu durant le jour ; il
se tient tapi dans les joncs et ne cherche sa nourriture que de grand matin
ou le soir, et même fort avant dans la nuit : on l'entend alors voler en compagnie des siffleurs, et comme eux il se prend à l'appel des canards privés.
« Les canards chipeaux, que nous appelons *ridennes*, dit M. Baillon, arri-
« vent sur nos côtes de Picardie au mois de novembre par les vents de nord-
« est, et lorsque ces vents se soutiennent pendant quelques jours, ils ne
« font que passer et ne séjournent pas. Dès la fin de février, aux premiers
« vents de sud, on les voit repasser retournant vers le Nord.

« Le mâle est toujours plus gros et plus beau que la femelle : il a, comme
« les canards millouins et siffleurs mâles, le dessous de la queue noire,
« et dans les femelles cette partie du plumage est toujours de couleur
« grise.

« Elles se ressemblent même beaucoup dans toutes ces espèces : néan-
« moins un peu d'usage les fait distinguer. Les femelles chipeaux devien-
« nent fort rousses en vieillissant.

« Le bec de cet oiseau est noir ; ses pieds sont d'un jaune sale d'argile,
« avec les membranes noires, ainsi que le dessus des jointures de chaque
« article des doigts ; le mâle a vingt pouces du bec à la queue, et dix-neuf
« pouces jusqu'au bout des ongles ; son vol est de trente pouces. La femelle
« ne diffère que d'environ quinze lignes dans toutes ses dimensions.

« Je nourris dans ma cour depuis plusieurs mois, continue M. Baillon,

« lata ; capite et collo supremo supernè fuscis, maculis rufescentibus variegatis, infernè albo
« rufescentibus, fusco maculatis ; uropygio nigro, imo ventre candicante et griseo-fusco trans-
« versim et undatim striato ; maculà alarum splendidè nigrà, tænià supernè rufà, infernè albà
« donata ; rectricibus sex utrimque extimis griseis ; candicante exteriùs et apice marginatis,
« quibusdam fulvo diluto notatis (Mas). — Anas supernè fusca, marginibus pennarum albo
« rufescentibus, infernè alba, griseo maculata ; maculà alarum splendidè nigrà ; tænià supernè
« rufà, infernè albà donata : rectricibus sex utrinque extimis griseis, candicante exteriùs et
« apice marginatis, quibusdam fulvo diluto notatis (Fœmina)... » *Strepera*, le Chipeau. Brisson, t. VI, p. 339.

a. « Strepera, a vocis strepitu graviore. » Gessner, *apud Aldrov.*, t. III, p. 234.

« deux chipeaux mâle et femelle ; ils ne veulent pas manger de grain, et ne
« vivent que de son et de pain détrempé : j'ai eu de même des canards sau-
« vages qui ont refusé le grain ; j'en ai eu d'autres qui ont vécu d'orge dès
« les premiers jours de leur captivité. Cette différence vient, ce me semble,
« des lieux où ces oiseaux sont nés ; ceux qui viennent des marais inhabités
« du Nord n'ont pas dû connaître l'orge et le blé, et il n'est pas étonnant
« qu'ils refusent, surtout dans les premiers temps de leur détention, une
« nourriture qu'ils n'ont jamais connue ; ceux, au contraire, qui naissent
« en pays cultivés sont menés la nuit dans les champs par les pères et
« mères, lorsqu'ils ne sont encore que hallebrans ; ils y mangent du grain
« et le connaissent très-bien lorsqu'on leur en offre dans la basse-cour, au
« lieu que les autres s'y laissent souvent mourir de faim, quoiqu'ils aient
« devant eux d'autres volailles qui, ramassant le grain, leur indiquent
« l'usage de cette nourriture. »

LE SOUCHET OU LE ROUGE. [a][b] *

Le souchet est remarquable par son grand et large bec épaté, arrondi et
dilaté par le bout en manière de cuiller, ce qui lui a fait donner les déno-

a. Voyez les planches enluminées, n° 971, et n° 972 sa femelle.

b. En Picardie, *rouge, rouge à la cuillère;* en anglais, *schoveler;* en allemand, *breit-
schnabel, schall-endtle, schiltent, schild-entle,* et par quelques-uns *taeschenmul;* en silésien,
loeffel endtle; en catalan, *collier.* — *Anas latirostra major.* Gessner, *Avi.,* p. 120. — Idem,
Icon. avi., p. 80, mauvaise figure de la tête. — Aldrovande, *Avi.,* t. III, p. 227. — *Anas latirostra.* Schwenckfeld, *Aviar. Siles.,* p. 205. — Klein, *Avi.,* p. 132, n° 10; et p. 134, n° 20. —
Latirostra sive clypeata. Frisch, planche 161 (le mâle); *latirostra tertia fusca,* planche 163
(la femelle). — *Anas platyrinchos erytropos.* Aldrovande, *Avi.,* t. III, p. 230 (la femelle).
— Willughby, *Ornithol.,* p. 283. — Jonston, p. 97. — *Anas platyrinchos pedibus luteis.*
Aldrovande, p. 230 (la femelle). — Jonston, p. 97. — Willughby, p. 284. — Ray, *Synops.
avi.,* p. 144, n° 13. — *Alterum genus platyrinchi anatis.* Gessner, *Avi.,* p. 119. — Aldro-
vande, t. III; p. 124. — *Anas platyrinchos altera, sive clypeata Germanis dicta.* Willughby,
Ornithol.: p. 283. — Ray, *Synops. avi.,* p. 143, n° *a,* 9. — *Anas schellaria, clangula Fabricii.*
Rzaczynski, *Auctuar.,* p. 356. — *Anas rostro latiori, clypeato, pedibus rubris.* Barrère,
Ornithol., class. I, gen. 1, sp. 6. — *Anas virescens, seu capite virescente.* Marsigli, *Danub.,*
t. V, p. 120, tab. 58. — Klein., *Avi.,* p. 135, n° 28. — *Phasianus marinus.* Charleton, *Exercit.,* p. 104, n° 8. — *Anas rostri extremo dilatato rotundatoque, ungue incurvo.* Linnæus,
Fauna Suecica, n° 102; — *Anas clypeata.* Idem, *Syst. nat.,* gen. 61. sp. 16. — *Anas maculâ
alarum purpurea utrimque nigrâ albâque, pectore rufescente.* Idem, *Fauna Suecica,* n° 103
(la femelle). — *Anas platyrinchos.* Idem, *Syst. nat.,* gen. 61, sp. 17 (la femelle). — *The
schoveler. British Zoology,* p. 165. — *The blue winged schoveler.* Catesby, *Carolina,* t. I,
p. 96. — *The barbary schoveler, or anas platyrinchos.* Shaw, *Travels,* p. 254. — *Pélican
d'Allemagne.* Albin, t. I, planches 97 et 98. — *Le canard à large bec ou le souchet.* Salerne,
Ornithol., p. 421. — *Le canard à large bec et à pieds jaunes.* Idem, p. 425. — « Anas supernè
« nigro-viridescens, infernè castanea, capite et collo viridi-aureis, violaceo colore variantibus;
« pectore supremo albo, maculis lunulatis nigricantibus vario ; tectricibus alarum superioribus

* *Anas clypeata* (Linn.). — Le *Souchet commun.* — Genre *Canards,* sous-genre *Souchets*
(Cuv.).

minations de *canard cuiller*, *canard spatule* et le surnom de *platyrinchos*, par lequel il est désigné et distingué chez les ornithologistes parmi les nombreuses espèces de son genre ; il est un peu moins grand que le canard sauvage ; son plumage est riche en couleurs, et il semble mériter l'épithète de *très-beau* que Ray lui donne ; la tête et la moitié supérieure du cou sont d'un beau vert ; les couvertures de l'aile, près de l'épaule, sont d'un bleu tendre, les suivantes sont blanches, et les dernières forment sur l'aile un miroir vert bronzé ; les mêmes couleurs se marquent, mais plus faiblement, sur l'aile de la femelle, qui du reste n'a que des couleurs obscures d'un gris blanc et roussâtre, maillé et festonné de noirâtre ; la poitrine et le bas du cou du mâle sont blancs, et tout le dessous du corps est d'un beau roux, cependant il s'en trouve quelquefois à ventre blanc [a]. M. Baillon nous assure que les vieux souchets, ainsi que les vieux chipeaux, conservent quelquefois leurs belles couleurs, et qu'il leur vient des plumes colorées en même temps que les grises, dont ils se couvrent chaque année après la saison des amours ; et il remarque avec raison que cette singularité dans les souchets et les chipeaux a pu tromper et faire multiplier par les nomenclateurs le nombre des espèces de ces oiseaux ; il dit aussi que de trèsvieilles femelles qu'il a vues avaient, comme le mâle, des couleurs sur les ailes, mais que durant leur première année d'âge ces femelles sont toutes grises : du reste, leur tête demeure toujours de cette couleur. Nous devons encore placer ici les bonnes observations qu'il a bien voulu nous communiquer sur le souchet en particulier.

« La forme du bec de ce bel oiseau, dit M. Baillon, indique sa manière « de vivre ; ses deux larges mandibules ont les bords garnis d'une espèce « de dentelure ou de frange qui, ne laissant échapper que la boue, retient « les vermisseaux et les menus insectes et crustacés qu'il cherche dans la « fange au bord des eaux ; il n'a pas d'autre nourriture [b]. J'en ai ouvert plu« sieurs fois vers la fin de l'hiver et dans des temps de gelée, je n'ai point « trouvé d'herbe dans leur sac, quoique le défaut d'insectes eût dû les « forcer de s'en nourrir ; on ne les trouve alors qu'auprès des sources ; « ils y maigrissent beaucoup ; ils se refont au printemps en mangeant des « grenouilles.

« Le souchet barbotte sans cesse, principalement le matin et le soir,

---

« cinereo-cæruleis ; maculâ alarum viridi-aureâ , cupri puri colore variante, tænia candidâ « superiùs donata ; rectricibus octo intermediis in medio fuscis, ad margines candicantibus « (Mas). — Anas supernè fusca marginibus pennarum rufescentibus , infernè fulva, fusco « maculata ; maculâ alarum viridi-aureâ, cupri puri colore variante, tænia candidâ superiùs « donata ; rectricibus octo intermediis in medio fuscis ad margines candicantibus (Fœmina). » *Anas clypeata*, le Souchet. Brisson, *Ornithol.*, t. VI, p. 329.

a. Variétés dans Brisson.

b. Il faut y joindre les mouches que le souchet attrape adroitement en voltigeant sur l'eau ; d'où lui viennent les noms de *muggent* et d'*anas muscaria* que lui donne Gessner.

« et même fort avant dans la nuit ; je pense qu'il voit dans l'obscurité, à
« moins qu'elle ne soit absolue ; il est sauvage et triste ; on l'accoutume
« difficilement à la domesticité ; il refuse constamment le pain et le grain ;
« j'en ai eu un grand nombre qui sont morts après avoir été embéqués
« longtemps, sans qu'on ait pu leur apprendre à manger d'eux-mêmes.
« J'en ai présentement deux dans mon jardin, je les ai embéqués pendant
« plus de quinze jours ; ils vivent à présent de pain et de chevrettes, dor-
« ment presque tout le jour, et se tiennent tapis contre les bordures des
« buis ; le soir, ils trottent beaucoup et se baignent plusieurs fois pendant
« la nuit. Il est fâcheux qu'un aussi bel oiseau n'ait pas la gaieté de la
« sarcelle ou du tadorne, et ne puisse devenir un habitant de nos basses-
« cours.

« Les souchets arrivent dans nos cantons vers le mois de février ; ils se
« répandent dans les marais, et une partie y couve tous les ans ; je présume
« que les autres gagnent le Midi, parce que ces oiseaux deviennent rares ici
« après les premiers vents du nord qui soufflent en mars : Ceux qui sont nés
« dans le pays en partent vers le mois de septembre ; il est très-rare d'en
« voir pendant l'hiver, sur quoi je juge qu'ils craignent et fuient le froid [a].

« Ils nichent ici dans les mêmes endroits que les sarcelles d'été ; ils choi-
« sissent comme elles de grosses touffes de joncs dans des lieux peu prati-
« cables et s'y arrangent de même un nid ; la femelle y dépose dix à douze
« œufs d'un roux un peu pâle ; elle les couve pendant vingt-huit à trente
« jours, suivant ce que m'ont dit les chasseurs ; mais je croirais volontiers
« que l'incubation ne doit être que de vingt-quatre à vingt-cinq jours,
« vu que ces oiseaux tiennent le milieu entre les canards et les sarcelles,
« quant à la taille.

« Les petits naissent couverts d'un duvet gris taché, comme les canards,
« et sont d'une laideur extrême ; leur bec est alors presque aussi large que
« le corps, et son poids parait les fatiguer ; ils le tiennent presque toujours
« appuyé contre la poitrine ; ils courent et nagent dès qu'ils sont nés ; le
« père et la mère les mènent et paraissent leur être fort attachés ; ils
« veillent sans cesse sur l'oiseau de proie ; au moindre danger la famille
« se tapit sous l'herbe, et les père et mère se précipitent dans l'eau et s'y
« plongent.

« Les jeunes souchets deviennent d'abord gris comme les femelles ; la
« première mue leur donne leurs belles plumes, mais elles ne sont bien
« éclatantes qu'à la seconde. »

Quant à la couleur du bec, les observateurs ne sont pas d'accord ; Ray
dit qu'il est tout noir : Gessner, dans Aldrovande [b], assure que la lame

a. Ils ne laissent pas de se porter en été assez au Nord, puisque, suivant M. Linnæus, on en
voit en Scanie et en Gotland. *Fauna Suecica.*
b. Page 223.

supérieure est jaune; Aldrovande dit qu'il est brun[a]; tout cela prouve que la couleur du bec varie suivant l'âge ou par d'autres circonstances.

Schwenckfeld compare le battement des ailes du souchet à un choc de *crotales*, et M. Hébert, en voulant nous exprimer le cri de cet oiseau, nous a dit qu'il ne pouvait mieux le comparer qu'au craquement d'une crécelle à main, tournée par petites secousses : il se peut que Schwenckfeld ait pris la voix pour le bruit du vol. Au reste, le souchet est le meilleur et le plus délicat des canards; il prend beaucoup de graisse en hiver; sa chair est tendre et succulente; on dit qu'elle est toujours rouge[b], quoique bien cuite; et que c'est par cette raison que le canard souchet porte le nom de *rouge*, notamment en Picardie, où l'on tue beaucoup de ces oiseaux dans cette longue suite de marais qui s'étendent depuis les environs de Soissons jusqu'à la mer.

M. Brisson donne, d'après les ornithologistes, une variété du souchet, dont toute la différence consiste en ce que le ventre est blanc au lieu d'être roux marron[c].

L'*yacapatlahoac* de Fernandez, canard que ce naturaliste caractérise par son bec singulièrement épaté et par les trois couleurs qui tranchent sur son aile, nous paraît devoir être rapporté à l'espèce du souchet[d], à laquelle nous rapporterons aussi le *tempatlahoac* du même auteur, dont M. Brisson a fait son *canard sauvage du Mexique*[e], quoique à la ressemblance des traits caractéristiques[f], à la dénomination d'*avis latirostra* que lui donne Nieremberg[g], et au soin que prend Fernandez d'avertir que plusieurs donnent à l'*yacapatlahoac* ce même nom de *tempatlahoac*, il eût pu reconnaitre qu'il ne s'agissait ici que d'un seul et même oiseau; et nous nous croyons d'autant plus fondés à le juger ainsi, que les observations de M. le docteur Mauduit ne nous laissent aucun doute sur l'existence de l'espèce du souchet en Amérique : « Les individus de cette espèce, dit-il, sont sujets, en « Europe, à ne se pas ressembler parfaitement dans le plumage ; quelques-

---

a. Page 230.

b. M. Hébert.

c. *Anas clypeata ventre candidiore.* Brisson, *Ornithol.*, t. VI, p. 337. — *Anas muscaria.* Gessner, *Avi.*, p. 118 ; et *Icon. avi.*, p. 78. — Aldrovande, t. III, p. 223. — Jonston, p. 97. — Klein, p. 132, n° 9. — Willughby, p. 287. — Ray, p. 146. — Frisch, t. II, tab. 162. — *Anas fera decima-septima.* Schwenckfeld, p. 205. — Barrère, class. 1, gen. 1, sp. 50. — *Mugg-ent, mus-endtle, fliegen-endtle*, par les Allemands. — *Le canard à mouches.* Salerne, p. 430.

d. « Yacapatlahoac, anatis feræ species, longo ac lato rostro, præcipuè juxta extremum..... « alæ partim albæ, partim virides splendentes et fuscæ..... anatem regiam Hispani vocant : « nec desunt qui tempatlahoac vocare malint. » Fernandez, p. 42, cap. cxxxvi. — *Le souchet du Mexique.* Brisson, t. VI, p. 337.

e. Ornithologie, t. VI, p. 327.

f. « Tempatlahoac, seu avis latirostri... anatis feræ genus .. alæ initio cyaneæ, mox candidæ « et tandem viridi micantes splendore, et earum extrema altero latera fulva. » Fernandez, pag. 30, cap. lxxviii.

g. Page 217. Willughby, p. 299. Ray, p. 176.

« uns ont dans leur robe un mélange de plumes grises qui ne se trouve pas
« dans les autres ; j'ai remarqué dans sept ou huit souchets, envoyés de la
« Louisiane, les mêmes variétés dans le plumage qu'on peut observer dans
« un pareil nombre de ces oiseaux tués au hasard en Europe ; et cela
« prouve que le souchet d'Europe et celui d'Amérique ne sont absolument
« qu'une seule et même espèce [a]. »

LE PILET OU CANARD A LONGUE QUEUE. [b][c]*

Le canard à longue queue, connu en Picardie sous les noms de *pilet* et
de *pennard*, est encore un excellent gibier et un très-bel oiseau : sans avoir
l'éclat des couleurs du souchet, son plumage est très-joli, c'est un gris tendre, ondé de petits traits noirs qu'on dirait tracés à la plume ; les grandes
couvertures des ailes sont par larges raies, noir de jayet et blanc de neige ;
il a sur les côtés du cou deux bandes blanches semblables à des rubans, qui
le font aisément reconnaître, même d'assez loin ; la taille et les proportions
du corps sont plus allongées et plus sveltes que dans aucune autre espèce de
canard ; son cou est singulièrement long et très-menu ; la tête est petite et
de couleur de marron ; la queue est noire et blanche, et se termine par

a. Note communiquée par M. le docteur Mauduit.

b. Voyez les planches enluminées, n° 954.

c. Pilet, en Picardie ; par quelques-uns, *coque de mer* ; à Rome, *coda lancea* ; en catalan,
cuallarch ; en allemand, *fasan-ente*, *meer-ent*, *see-vogel*, et en quelques endroits, *spitz-
schwantz* : en Silésie, *spies endte* ; en suédois, *ala*, *aler*, *ahl-fogel* ; en anglais, *sea-pheasant*,
cracker, et par les oiseleurs de Londres, *gaddel* ; à la Jamaïque, *white-bellied duck* ; en mexicain, *tzitzihoa*. — *Anas caudacuta*. Gessner, *Avi.*, p. 121. — Aldrovande, *Avi.*, t. III, p. 234.
— Jonston, *Avi.*, p. 98. — Willughby, *Ornithol.*, p. 289. — Ray, *Synops. avi.*, p. 147, n° *a*, 15.
— Charleton, *Exercit.*, p. 106, n° 10. *Onomast.*, p. 99, n° 10. — Rzaczynski, *Auctuar.*, p. 355.
— Frisch, vol. II, pl. 160. — Schwenckfeld, *Aviar. Siles.*, p. 202. — Klein, *Avi.*, p. 133, n° 15.
— *Anas fera marina*. Gessner, *Avi.*, p. 120 ; et *quædam marina. Icon. avi.*, p. 73. — *Anas
seevogel dicta*. Aldrovande, t. III, p. 229. — *Anas caudâ cuneiformi acutâ*. Linnæus, *Fauna
Suecica*, n° 96. — *Anas acuta*. Idem, *Syst. nat.*, édit. X, gen. 61, sp. 25. — *Anas cinerea,
caudâ duabus pennis nigris longissimis definitâ*. Barrère, *Ornithol.*, class. I, gen. 1, sp. 8.
— *Tzitzihoa*. Fernandez, *Hist. avi. nov. Hisp.*, p. 35, cap. CIV. — Ray, *Synops. avi.*, p. 175.
— *Phaisan de mer*. Albin, t. II, pl. 94 et 95. — *Le canard à queue pointue*. Salerne, page 426,
et page 432, *le canard à queue fourchue*. — « Anas supernè fusco et cinereo transversim et
« undatim striata ; infernè alba ; capite et collo supremo fuscis, marginibus pennarum in ver-
« tice griseo-rufescentibus, occipitio cupri puri colore variante ; tæniâ longitudinali in collo
« superiore nigrâ, areâ candidâ utrinque donata : maculâ alarum cupri puri colore tinctâ,
« tæniâ supernè fulvâ, infernè primùm nigrâ, dein dilutè fulvâ donata ; rectricibus binis inter-
« mediis longissimis nigris (Mas). — Anas supernè nigricante et rufescente varia, infernè
« caudicans, griseo et griseo-fusco maculata ; maculâ alarum ad cupri puri colorem vergente,
« tæniâ supernè fulvâ, infernè primùm nigricante, dein albâ donata ; rectricibus quatuor inter-
« mediis longioribus, nigricantibus, rufescente transversim striatis (Fœmina)... » *Anas longicauda*, le Canard à longue queue. Brisson, t. VI, p. 369.

* *Anas acuta* (Linn.). — Genre *Canards*, sous-genre *Canards proprement dits* (Cuv.).

deux filets étroits qu'on pourrait comparer à ceux de l'hirondelle ; il ne la porte point horizontalement, mais à demi retroussée ; sa chair est en tout préférable à celle du canard sauvage, elle est moins noire, et la cuisse, ordinairement dure et tendineuse dans le canard, est aussi tendre que l'aile dans le pilet.

« On voit, nous dit M. Hébert, le pilet en Brie aux deux passages ; il se « tient sur les grands étangs ; son cri s'entend d'assez loin *hi zouë zouë*. « La première syllabe est un sifflement aigu, et la seconde un murmure « moins sonore et plus grave.

« Le pilet, ajoute cet excellent observateur, semble faire la nuance des « canards aux sarcelles, et s'approcher par plusieurs rapports de ces der- « nières ; la distribution de ses couleurs est analogue à celle des couleurs de « la sarcelle ; il en a aussi le bec, car le bec de la sarcelle n'est point préci- « sément le bec du canard. »

La femelle diffère du mâle autant que la cane sauvage diffère du canard ; elle a comme le mâle la queue longue et pointue, sans cela on pourrait la confondre avec la cane sauvage ; mais ce caractère de la longue queue suffit pour faire distinguer ce canard de tous les autres, qui généralement l'ont très-courte. C'est à raison de ces deux filets qui prolongent la queue du pilet que les Allemands lui ont donné, assez improprement, le nom de canard-faisan (*phasan-ente*), et les Anglais celui de phaisan de mer (*sea-phasan*) ; la dénomination de *winter-and*, qu'on lui donne dans le Nord, semble prouver que ce canard ne craint pas les plus grands froids ; et, en effet, Linnæus dit qu'on le voit en Suède au plus fort de l'hiver [a]. Il paraît que l'espèce est commune aux deux continents ; on la reconnaît dans le *tzitzihoa* du Mexique de Fernandez, et M. le docteur Mauduit en a reçu de la Louisiane un individu sous le nom de *canard paille-en-queue*, d'où l'on peut conclure que, quoique habitant naturel du Nord, il se porte jusque dans les climats chauds.

LE CANARD A LONGUE QUEUE DE TERRE-NEUVE [b] [c]. *

Ce canard, très-différent du précédent par le plumage, n'a de rapport avec lui que par les deux longs brins qui de même lui dépassent la queue.

a. « Habitat in borealibus Sueciæ provinciis, hieme intensissimâ ad nos accedit. » *Fauna Suecica.*

b. Voyez les planches enluminées, n° 1008, sous le nom de *Canard de Miclon.*

c. *Long-tailed duck from New-Founland.* Edwards, *Glan.*, p. 146, planche 280. — « Anas « supernè splendidè nigra, infernè nigricans ; capite anteriùs et ad latera, collique lateribus « griseo-vinaceis, maculâ ovatâ nigrâ utrimque notatis ; capite posteriore, collo supernè et « infernè, pennis scapularibus et imo ventre candidis ; rectricibus binis intermediis longissimis

* *Anas glacialis* (Linn.). — Le *canard de Terre-Neuve* (Cuv.). — Genre *Canards*, sous-genre *Garrots* (Cuv.).

La figure coloriée que donne Edwards de cet oiseau présente des teintes brunes sur les parties du plumage où le canard nommé de *Miclon*, dans nos planches enluminées, a du noir; néanmoins on reconnaît ces deux oiseaux pour être de la même espèce aux deux longs brins qui dépassent leur queue, ainsi qu'à la belle distribution de couleurs; le blanc couvre la tête et le cou jusqu'au haut de la poitrine et du dos; il y a seulement une bande d'un fauve orangé qui descend depuis les yeux le long des deux côtés du cou : le ventre, aussi bien que deux faisceaux de plumes longues et étroites, couchées entre le dos et l'aile, sont du même blanc que la tête et le cou; le reste du plumage est noir aussi bien que le bec; les pieds sont d'un rouge noirâtre, et on remarque un petit bord de membrane qui règne extérieurement le long du doigt intérieur et au-dessous du petit doigt de derrière; la longueur des deux brins de la queue de ce canard augmente sa dimension totale; mais à peine dans sa grosseur égale-t-il le canard commun.

Edwards soupçonne, avec toute apparence de raison, que son *canard à longue queue de la baie d'Hudson* [a] est la femelle de celui-ci; la taille, la figure et même le plumage sont à peu près les mêmes; seulement le dos de celui-ci est moins varié de blanc et de noir, et en tout le plumage est plus brun.

Cet individu, qui nous paraît être la femelle, avait été pris à la baie d'Hudson, et l'autre tué à Terre-Neuve: et comme la même espèce se reconnaît dans le *havelda* des Islandais et de Wormius [b], il paraît que cette espèce est, comme plusieurs autres de ce genre, habitante des terres les plus reculées du Nord; elle se retrouve à la pointe nord-est de l'Asie, car on la reconnaît dans le *sawki* des Kamtchadales, qu'ils appellent aussi *kiangitch* ou *aangitch*, c'est-à-dire *diacre*, parce qu'ils trouvent que ce canard chante comme un diacre russe [c]; d'où il paraît qu'un diacre russe chante comme un canard.

« nigris... » *Anas longicauda ex insulâ Terræ-Novæ*, le Canard à longue queue de Terre-Neuve. Brisson, *Ornithol.*, t. VI, p. 382.

a. *Long-tailed duck from Hudson's bay*. Edwards, *Hist.*, pag. et pl. 156.

b. *Anas Islandica, protensâ caudâ, havelda ipsis dicta. Mus. Worm.*, pag. 302. — *Anas caudacula Islandica havelda ipsis dicta, Wormii.* Willughby, *Ornithol.*, pag. 290. — *Anas caudacula, haveldæ Wormii similis si non eadem.* Ray, *Synops. avi.*, p. 145, n° 14. — *Anas Islandica, havelda ipsis dicta.* Charleton, *Exercit.*, p. 104, n° 8. *Onomast.*, p. 99, n° 8. — *Anas cauda cuneiformi forcipata.* Linnæus, *Fauna Suecica*, n° 95. — *Anas hyemalis.* Idem, *Syst. nat.*, édit. X, gen. 61, sp. 26. — « Anas supernè nigricans, pectore concolore, infernè « alba ; occipitio cinereo ; genis candidis ; pennis scapularibus spadiceis, uropygio albo, tæniâ « longitudinali nigrâ notato ; rectricibus binis intermediis longissimis nigris... » *Anas longicauda Islandica*, le Canard à longue queue d'Islande. Brisson, *Ornithol.*, t. VI, p. 379.

c. *Histoire générale des Voyages*, t. XIX, *Supplément*, pag. 273 et 355.

LE TADORNE. [a][b][*]

Nous nous croyons fondés à croire que le *chenalopex* ou *vulpanser* (oie-renard) des anciens est le même oiseau que le tadorne[1]. Belon a hésité et

a. Voyez les planches enluminées, nº 53.

b. En grec, Χηναλώπηξ; en latin, *vulpanser* et *anas strepera;* en allemand, *berg-enten* et *fuchs-gans*, noms qui répondent à celui de *vulpanser;* en anglais, *sheldrake, burrough-duck, bergander;* en suédois, *ju-goas;* sur nos côtes de Picardie, *herclan.* — *Tadorne.* Belon, *Nat. des oiseaux*, pag. 172; et *Portraits d'oiseaux*, pag. 36, *b*, mauvaise figure. — *Vulpanser.* Gessner, *Avi.*, p. 161. — Aldrovande, *Avi.*, t. III, p. 159. — Klein, *Avi.*, p. 130, nº 9. — *Vulpanser, chenalopex.* Charleton, *Exercit.*, p. 103, nº 2. — Idem, *Onomast.*, p. 98, nº 2. — *Vulpanser, seu chenalopex quibusdam.* Jonston, *Avi.*, p. 94. — *Anas maritima.* Gessner, *Avi.*, p. 803. Idem, *Icon. avi.*, p. 134, assez bonne figure de la tête et du cou. — *Anas maritima Rondeletii.* Jonston, *Avi.*, p. 96. — *Anas Indica quarta, sive anas maritima.* Aldrovande, *Avi.*, t. III, p. 196, figure de la tête empruntée de Gessner. — *Tadorne Gallis dicta.* Idem, *ibid.*, p. 236, avec une très-mauvaise figure. — *Tadorne.* Jonston, *Avi.*, p. 98. — *Tadorna Bellonii, vulpanser quibusdam.* Willughby, *Ornithol.*, p. 278. — *Tadorna Bellonii.* Ray, *Synops. avi.*, p. 140, nº *a*, 1. — Sibbald, *Scot. illustr.*, part. II, lib. III, avec une figure peu exacte, planche 21. — Marsigli, *Danub.*, t. V, p. 106, avec une figure très-mauvaise, tab. 51. — *Anas tadorna Bellonii; vulpanser quorumdam.* Rzaczynski, *Auctuar. hist. nat. Polon.*, p. 433. — *Anas longirostra quarta.* Schwenckfeld, *Aviar. Siles.*, p. 208. — *Anas albo variegata, pectoris lateribus ferrugineis, abdomine longitudinaliter cinereo maculata.* Linnæus, *Fauna Suecica*, nº 93. — « Anas rostro simo, fronte compressâ, corpore albo varie-« gato... » *Tadorna.* Idem, *Syst. nat.*, édit. X, gen. 61, sp. 3. — *Shiel-drake.* Brit. *Zoology*, p. 154. — *Die krachente.* Frisch, t. II, pl. 166. — *Le tadorne.* Salerne, *Ornithol.*, p. 413. — *Morillon.* Albin, t. I, p. 81, avec une figure fautive, planche 94. — « Anas candida tuberculo

[*] *Anas tadorna* (Linn.). — Genre *Canards*, sous-genre *Tadornes* (Cuv.).

1. « *Tadorne*, nom de cet oiseau dans Belon. Buffon, d'après Turner, l'a cru, mais à tort, « le *chenalopex* ou *vulpanser* des anciens. » (Cuvier.) — Le *chenalopex* est l'oie *d'Égypte.* — Voyez la nomenclature de la page 446. — « Ce nom *chenalopex* (oie-renard) a beaucoup « exercé la critique des modernes : Belon l'appliqua d'abord au harle, puis au cravant, et « Turner crut qu'il désignait le tadorne, d'après cette remarque que c'est le seul oiseau palmi-« pède qui ait avec le renard ce rapport unique et singulier de giter comme lui dans un terrier. « Les érudits, Larcher entre autres, suivirent le sentiment de Belon, et les naturalistes adop-« tèrent la conjecture de Turner. De nouvelles recherches m'ont décidé à n'admettre aucune de « ces déterminations... En parlant du *chenalopex*, Élien nous apprend qu'il était ainsi nommé « à cause de sa parfaite ressemblance avec l'*oie* et de son naturel rusé et méchant comme celui « des *renards*. Ce n'est donc pas d'un canard, encore moins d'un oiseau qui niche sous terre « qu'il est ici question... Les temples de l'Égypte supérieure, dont tous les murs se trouvent « ornés de tableaux et recouverts d'inscriptions hiéroglyphiques, sont de véritables manu-« scrits que j'ai cru devoir consulter à l'occasion du *chenalopex*... En lisant, dans Hérodote, « que les anciens avaient mis cet oiseau au nombre des animaux sacrés, et, dans Horus-« Apollo, qu'ils le figuraient dans les hiéroglyphes, pour signifier la tendresse reconnaissante « des enfants, il était tout naturel de s'attendre à en voir la figure souvent répétée dans les « diverses scènes qui décorent les monuments égyptiens, mon attente ne fut pas trompée ; je « remarquai un oiseau palmipède entouré de tous les attributs de la divinité, et le plus souvent « dans les mêmes tableaux que l'*ibis :* nul doute alors que j'avais sous les yeux le véritable « *chenalopex*; j'en reconnus l'espèce avec d'autant plus de facilité, qu'il était quelquefois, prin-« cipalement dans un petit temple de Thèbes, sculpté et en même temps colorié : c'était l'*oie* « *d'Égypte.* » (Geoffroy Saint-Hilaire : *Ménag. du Mus. nat.*, art. *Oie d'Égypte.*)

même varié sur l'application de ces noms : dans ses *Observations*, il les
rapporte au harle, et dans son livre *de la Nature des Oiseaux*, il les applique
au cravant; néanmoins on peut aisément reconnaître par un de ces attributs de nature, plus décisifs que toutes les conjectures d'érudition, que ces
noms appartiennent exclusivement à l'oiseau dont il est ici question, le
tadorne étant le seul auquel on puisse trouver avec le renard un rapport
unique et singulier, qui est de se gîter comme lui dans un terrier. C'est sans
doute par cette habitude naturelle qu'on a d'abord désigné le tadorne en lui
donnant la dénomination de *renard-oie;* et non-seulement cet oiseau se
gîte comme le renard, mais il niche et fait sa couvée dans des trous qu'il
dispute et enlève ordinairement aux lapins[1].

Ælien attribue de plus au *vulpanser* l'instinct de venir, comme la perdrix, s'offrir et se livrer sous les pas du chasseur pour sauver ses petits; et
c'était l'opinion de toute l'antiquité, puisque les Égyptiens qui avaient mis
cet oiseau au nombre des animaux sacrés, le figuraient dans les hiéroglyphes, pour signifier la tendresse généreuse d'une mère [a][2]; et, en effet,
l'on verra par nos observations le tadorne offrir précisément ces mêmes
traits d'amour et de dévouement maternel.

Les dénominations données à cet oiseau dans les langues du Nord, *fuchs-
gans* ou plutôt *fuchs-ente* en allemand (canard-renard); en anglo-saxon,
bery-ander (canard-montagnard); en anglais, *burrough-duk* (canard-
lapin) [b], n'attestent pas moins que son ancien nom l'habitude singulière de
demeurer dans des terriers pendant tout le temps de la nichée. Ces derniers
noms caractérisent même plus exactement que celui de *vulpanser* le tadorne,
en le réunissant à la famille des canards, à laquelle en effet il appartient, et
non pas à celle des oies; il est à la vérité un peu plus grand que le canard
commun, et il a les jambes un peu plus hautes; mais, du reste, sa figure,
son port et sa conformation sont semblables, et il ne diffère du canard que
par son bec qui est plus relevé, et par les couleurs de son plumage qui sont
plus vives, plus belles, et qui, vues de loin, ont le plus grand éclat; ce beau
plumage est coupé par grandes masses de trois couleurs, le blanc, le noir
et le jaune cannelle; la tête et le cou, jusqu'à la moitié de sa longueur, sont
d'un noir lustré de vert; le bas du cou est entouré d'un collier blanc, au-
dessous est une large zone de jaune cannelle qui couvre la poitrine et forme

---

« in exortu rostri carnoso; capite et collo supremo nigro-viridescentibus; corpore anteriore
« latâ fasciâ rufâ cincto; pectore et ventre mediis nigro variegatis; maculâ alarum viridi-aureâ;
« cupri puri colore variante; rectricibus candidis, duodecim intermediis apice nigris..... »
Tadorna. Brisson, *Ornithol.*, t. VI, p. 344.

a. *Vid. Pieri, in Orum*, lib. xx.
b. Suivant Willughby : « Quòd in foraminibus caniculorum nidificet. »

1. « Le *tadorne* est commun sur les rives de la mer du Nord et de la Baltique, où il niche
« dans les dunes, souvent dans les trous abandonnés par les lapins. » (Cuvier.)
2. Voyez la note de la page précédente.

une bandelette sur le dos; cette même couleur teint le bas-ventre; au-dessous de l'aile, de chaque côté du dos, règne une bande noire dans un fond blanc, les grandes et les moyennes pennes de l'aile sont noires, les petites ont le même fond de couleur, mais elles sont luisantes et lustrées de vert; les trois pennes voisines du corps ont leur bord extérieur d'un jaune cannelle, et l'intérieur blanc; les grandes couvertures sont noires et les petites sont blanches. La femelle est sensiblement plus petite que le mâle, auquel du reste elle ressemble même par les couleurs; on remarque seulement que les reflets verdâtres de la tête et des ailes sont moins apparents que dans le mâle.

Le duvet de ces oiseaux est très-fin et très-doux[a]; les pieds et leurs membranes sont de couleur de chair; le bec est rouge, mais l'onglet de ce bec et les narines sont noires; sa forme est, comme nous l'avons dit, *sime* ou *camuse*, sa partie supérieure étant très-arquée près de la tête, creusée en arc concave sur les narines, et se relevant horizontalement au bout en cuiller arrondie, bordée d'une rainure assez profonde et demi-circulaire; la trachée présente un double renflement à sa bifurcation[b].

Pline fait l'éloge de la chair du tadorne, et dit que les anciens Bretons ne connaissaient pas de meilleur gibier[c]; Athénée donne à ses œufs le second rang pour la bonté après ceux du paon; il y a toute apparence que les Grecs élevaient des tadornes, puisque Aristote observe[d] que dans le nombre de leurs œufs il s'en trouve de clairs; nous n'avons pas eu occasion de goûter de la chair ni des œufs de ces oiseaux.

Il paraît que les tadornes se trouvent dans les climats froids comme dans les pays tempérés, et qu'ils se sont portés jusqu'aux terres australes[e]; cependant l'espèce ne s'est pas également répandue sur toutes les côtes de nos régions septentrionales[f].

Quoiqu'on ait donné aux tadornes le nom de canard de mer[g], et qu'en effet ils habitent de préférence sur les bords de la mer, on ne laisse pas d'en rencontrer quelques-uns sur des rivières[h] ou des lacs même assez éloignés dans les terres[i]; mais le gros de l'espèce ne quitte pas les côtes; chaque printemps il en aborde quelques troupes sur celles de Picardie, et c'est là qu'un de nos meilleurs correspondants, M. Baillon, a suivi les habitudes

a. « Plumæ mollissimæ, ut in eider. » Linnæus, *Fauna Suecica.*
b. Willughby.
c. « Suaviores epulas, olim, vulpanser non noverat Britanuia. » Plin., lib. x, cap. xxii.
d. Lib. iii, cap. i.
e. « A la côte de Diemen, par 43 degrés de latitude, j'ai compté en oiseaux de mer, des canards, des sarcelles, des tadornes. » Cook, *Second voyage*, t. I, p. 229.
f. « Habitantem reperimus in solà Gotlandià. » *Fauna Suecica.*
g. *Anas maritima.* Gessner.
h. « Primo vere in fluviis solutà glacie apparet. » Schwenckfeld.
i. M. Salerne parle d'un couple de tadornes vus sur un étang en Sologne. *Hist des oiseaux*, pag. 414.

naturelles de ces oiseaux, sur lesquels il a fait les observations suivantes,
que nous nous faisons un plaisir de publier ici :

« Le printemps, dit M. Baillon, nous amène les tadornes, mais toujours
« en petit nombre : dès qu'ils sont arrivés, ils se répandent dans les plaines
« de sables dont les terres voisines de la mer sont ici couvertes; on voit
« chaque couple errer dans les garennes qui y sont répandues, et y cher-
« cher un logement parmi ceux des lapins; il y a vraisemblablement beau-
« coup de choix dans cette espèce de demeure, car ils entrent dans une
« centaine avant d'en trouver une qui leur convienne. On a remarqué
« qu'ils ne s'attachent qu'aux terriers qui ont au plus une toise et demie de
« profondeur, qui sont percés contre des à-dos ou monticules et en mon-
« tant, et dont l'entrée, exposée au midi, peut être aperçue du haut de
« quelque dune fort éloignée.

« Les lapins cèdent la place à ces nouveaux hôtes, et n'y rentrent plus.

« Les tadornes ne font aucun nid dans ces trous; la femelle pond ses
« premiers œufs sur le sable nu, et lorsqu'elle est à la fin de sa ponte,
« qui est de dix à douze pour les jeunes, et pour les vieilles de douze à
« quatorze, elle les enveloppe d'un duvet blanc fort épais dont elle se dé-
« pouille.

« Pendant tout le temps de l'incubation, qui est de trente jours, le mâle
« reste assidûment sur la dune; il ne s'en éloigne que pour aller deux à
« trois fois dans le jour chercher sa nourriture à la mer; le matin et le soir,
« la femelle quitte ses œufs pour le même besoin, alors le mâle entre dans
« le terrier, surtout le matin, et lorsque la femelle revient, il retourne sur
« sa dune.

« Dès qu'on aperçoit au printemps un tadorne ainsi en vedette, on est
« assuré d'en trouver le nid; il suffit pour cela d'attendre l'heure où il va
« au terrier; si cependant il s'en aperçoit, il s'envole du côté opposé, et
« va attendre sa femelle à la mer; en revenant, ils volent longtemps au-
« dessus de la garenne, jusqu'à que ceux qui les inquiètent se soient
« retirés.

« Dès le lendemain du jour que la couvée est éclose, le père et la mère
« conduisent les petits à la mer, et s'arrangent de manière qu'ils y arrivent
« ordinairement lorsqu'elle est dans son plein : cette attention procure aux
« petits l'avantage d'être plus tôt à l'eau, et de ce moment ils ne paraissent
« plus à terre. Il est difficile de concevoir comment ces oiseaux peuvent, dès
« les premiers jours de leur naissance, se tenir dans un élément dont les
« vagues en tuent souvent des vieux de toutes les espèces.

« Si quelque chasseur rencontre la couvée dans ce voyage, le père et la
« mère s'envolent; celle-ci affecte de culbuter et de tomber à cent pas, elle
« se traîne sur le ventre en frappant la terre de ses ailes, et par cette ruse
« attire vers elle le chasseur· les petits demeurent immobiles jusqu'au

« retour de leurs conducteurs, et on peut, si l'on tombe dessus, les prendre
« tous sans qu'aucun fasse un pas pour fuir.

« J'ai été témoin oculaire de tous ces faits ; j'ai déniché plusieurs fois et
« vu dénicher des œufs de tadornes : pour cet effet, on creuse dans le sable
« en suivant le conduit du terrier jusqu'au bout ; on y trouve la mère sur
« ses œufs, on les emporte dans une grosse étoffe de laine, couverts du
« duvet qui les enveloppe, et on les met sous une cane ; elle élève ces
« petits étrangers avec beaucoup de soin, pourvu qu'on ait eu l'attention
« de ne lui laisser aucun de ses œufs. Les petits tadornes ont en naissant le
« dos blanc et noir, avec le ventre très-blanc, et ces deux couleurs bien
« nettes les rendent très-jolis ; mais bientôt ils perdent cette première livrée
« et deviennent gris ; alors le bec et les pieds sont bleus ; vers le mois de
« septembre, ils commencent à prendre leurs belles plumes, mais ce n'est
« qu'à la seconde année que leurs couleurs ont tout leur éclat.

« J'ai lieu de croire que le mâle n'est parfaitement adulte et propre à la
« génération que dans cette seconde année [a], car ce n'est qu'alors que
« paraît le tubercule rouge sanguin qui orne leur bec dans la saison des
« amours, et qui, passé cette saison, s'oblitère ; or, cette espèce de pro-
« duction nouvelle paraît avoir un rapport certain avec les parties de la
« génération.

« Le tadorne sauvage vit de vers de mer, de *grenades* ou sauterelles qui
« s'y trouvent à millions, et sans doute aussi du frai des poissons et des
« petits coquillages qui se détachent et s'élèvent du fond avec les écumes
« qui surnagent ; la forme relevée de son bec lui donne beaucoup d'avan-
« tage pour recueillir ces diverses substances, en écumant, pour ainsi dire,
« la surface de l'eau beaucoup plus légèrement que ne peut faire le canard.

« Les jeunes tadornes élevés par une cane s'accoutument aisément à la
« domesticité et vivent dans les basses-cours comme les canards ; on les
« nourrit avec de la mie de pain et du grain. On ne voit jamais les tadornes
« sauvages rassemblés en troupes comme les canards, les sarcelles, les sif-
« fleurs : le mâle et la femelle seulement ne se quittent point ; on les aper-
« çoit toujours ensemble, soit dans la mer, soit sur les sables ; ils savent se
« suffire à eux-mêmes, et semblent en s'appariant contracter un nœud
« indissoluble ; le mâle, au reste, se montre fort jaloux [b] ; mais, malgré

a. « La vie assez longue du tadorne paraît confirmer le fait de sa croissance tardive ; l'hiver
« dernier, il m'en est mort un âgé de onze ans, et il aurait vécu plus longtemps, mais il était
« devenu très-méchant, s'était rendu le maître de toute la basse-cour, excepté un canard musqué
« plus fort que lui, avec lequel il se battait sans cesse. On crut conserver le plus faible en le
« renfermant ; mais il mourut peu de temps après, plutôt d'ennui de sa prison que de vieillesse. »
Note de M. Baillon.

b. « La domesticité, qui adoucit les mœurs, en même temps les corrompt : j'ai vu dans ma
« basse-cour un tadorne mâle s'accoupler deux années de suite avec une cane blonde, et cepen-
« dant faire toujours à sa femelle les mêmes caresses ; il avait alors cinq ans. Ce mélange a
« produit des métis qui n'avaient du tadorne que le cri, le bec et les pieds ; les couleurs ont été

« l'ardeur de ces oiseaux en amour, je n'ai jamais pu obtenir une couvée
« d'aucune femelle : une seule a pondu quelques œufs au hasard, ils étaient
« inféconds ; leur couleur ordinaire est une teinte très-légère de blond sans
« aucune tache : ils sont de la grosseur de ceux des canes, mais plus ronds.

« Le tadorne est sujet à une maladie singulière : l'éclat de ses plumes se
« ternit, elles deviennent sales et huileuses, et l'oiseau meurt après avoir
« langui pendant près d'un mois. Curieux de connaître la cause du mal,
« j'en ai ouvert plusieurs, je leur ai trouvé le sang dissous et les princi-
« paux viscères embarrassés d'une eau rousse, visqueuse et fétide ; j'attri-
« bue cette maladie au défaut de sel marin, que je crois nécessaire à ces
« oiseaux, au moins de temps en temps, pour diviser par ses pointes la
« partie rouge de leur sang et entretenir son union avec la lymphe, en dis-
« solvant les eaux ou humeurs visqueuses que les graines dont ils vivent
« dans les cours amassent dans leurs intestins. »

Ces observations détaillées de M. Baillon ne nous laissent que fort peu de
chose à ajouter à l'histoire de ces oiseaux, dont nous avons fait nourrir un
couple sous nos yeux : ils ne nous ont pas paru d'un naturel sauvage ; ils
se laissaient prendre aisément ; on les tenait dans un jardin où on leur
donnait la liberté pendant le jour, et lorsqu'on les prenait et qu'on les
tenait à la main ils ne faisaient presque pas d'efforts pour s'échapper ; ils
mangeaient du pain, du son, du blé, et même des feuilles de plantes et
d'arbrisseaux ; leur cri ordinaire est assez semblable à celui du canard,
mais il est moins étendu et beaucoup moins fréquent, car on ne les enten- .
dait crier que fort rarement ; ils ont encore un second cri plus faible quoique aigu : *uute, uute*, qu'ils font entendre lorsqu'on les saisit brusquement, et qui ne parait être que l'expression de la crainte ; ils se baignent
fort souvent, surtout dans les temps doux et à l'approche de la pluie ; ils
nagent en se berçant sur l'eau, et lorsqu'ils abordent à terre ils se dressent
sur leurs pieds, battent des ailes et se secouent comme les canards ; ils
arrangent aussi très-souvent leur plumage avec le bec : ainsi les tadornes,
qui ressemblent beaucoup aux canards par la forme du corps, leur ressemblent aussi par les habitudes naturelles, seulement ils ont plus de légèreté
dans les mouvements, et montrent plus de gaieté et de vivacité ; ils ont
encore sur tous les canards, même les plus beaux, un privilége de nature
qui n'appartient qu'à cette espèce , c'est de conserver constamment et en
toute saison les belles couleurs de leur plumage : comme ils ne sont pas
difficiles à priver, que leur beau plumage se remarque de loin et fait un
très-bel effet sur les pièces d'eau, il serait à désirer que l'on pût obtenir
une race domestique de ces oiseaux ; mais leur naturel et leur tempérament

« celles du canard ; il n'y avait de différence que sous la queue, qui a conservé la teinte jaune.
« J'ai gardé pendant trois ans une femelle de ces métis, elle n'a jamais voulu écouter ni les
« canards ni les tadornes. » Note de M. Baillon.

semblent les fixer sur la mer et les éloigner des eaux douces ; ce ne pourrait donc être que dans les terrains très-voisins des eaux salées qu'on pourrait tenter avec espérance de succès leur multiplication en domesticité.

LE MILLOUIN. [a] [b] *

Le millouin est ce canard que Belon désigne sous le nom de *cane à tête rousse :* il a en effet la tête et une partie du cou d'un brun roux ou marron ; cette couleur, coupée en rond au bas du cou, est suivie par du noir ou brun noirâtre qui se coupe de même en rond sur la poitrine et le haut du dos ; l'aile est d'un gris teint de noirâtre et sans miroir ; mais le dos et les flancs sont joliment ouvragés d'un liséré très-fin qui court transversalement par petits zigzags noirs dans un fond gris de perle. Selon Schwenckfeld, la tête de la femelle n'est pas rousse comme celle du mâle, et n'a que quelques taches roussâtres.

Le millouin est de la grandeur du tadorne, mais sa taille est plus lourde ; sa forme, trop ronde, lui donne un air pesant ; il marche avec peine et de mauvaise grâce, et il est obligé de battre de temps en temps des ailes pour conserver l'équilibre sur terre.

Son cri ressemble plus au sifflement grave d'un gros serpent qu'à la voix d'un oiseau ; son bec large et creux est très-propre à fouiller dans la vase, comme font les souchets et les morillons, pour y trouver des vers et pour

a. Voyez les planches enluminées, n° 803.

b. En Brie, *moreton ;* en Bourgogne, *rougeot ;* en catalan, *buixot ;* dans le Bolonais, *collo rosso ;* en allemand, *rot-hals, rot-ent, mittel-ent, wilde-grawe-endt, braun koepfichte endte ;* en silésien, *braun endte ;* en anglais, *pochard, red-headed widgeon, common grey widgeon.* — *Cane à tête rousse.* Belon, *Nat. des oiseaux,* p. 173. — Albin, t. II, pl. 98. — Jonston, *Avi.,* p. 98. — *Anas fera fusca vel media.* Gessner, *Avi.,* p. 116 ; et *Icon. avi.,* p. 76. — Klein, *Avi.,* p. 132, n° 5. — *Anas fera fusca vel mediæ magnitudinis.* Aldrovande, *Avi.,* t. III, p. 221. — *Anas fera fusca Gessneri, Aldrovandi.* Willughby, *Ornithol.,* p. 288. — Ray, *Synops. avi.,* p. 143, n° a, 10. — *Anas fusca.* Jonston, *Avi.,* p. 97. — Marsigli, *Danub.,* t. V, p. 122, pl. 59. — *Anas fusca, quibusdam media.* Charleton, *Exercit.,* p. 105, n° 9. *Onomast.,* p. 99, n° 9. — *Anas fera octava seu erythrocephalos primus.* Schwenckfeld, *Aviar. Siles.,* p. 201. — *Anas media Schwenckfeldii.* Rzaczynski, *Auctuar.,* p. 357. — *Anas fera capite sub-rufo minor.* Willughby, p. 282 (paraît être la femelle). — *Penelops primus, Ornithologi.* Aldrovande, t. III, p. 218. — *Penelope.* Jonston, *Avi.,* p. 98. — Charleton, *Exercit.,* p. 106, n° 3. *Onomast.,* p. 100, n° 9. — *Anas cinerea vertice et collo ferrugineis.* Barrère, *Ornithol.,* class. 1, gen. 1, sp. 9. — *Anas alis cinereis immaculatis, uropygio nigro.* Linnæus, *Fauna Suecica,* n° 107. — *Anas ferina.* Idem, *Syst. nat.,* édit. X, gen. 61, sp. 27. — *Le canard brun.* Salerne, *Ornithol.,* p. 422. — « Anas supernè cinereo-albo et fusco, infernè cinereo-albo et griseo transversim et « undatim striata ; capite et collo castaneis ; corpore anteriùs fuliginoso ; imo ventre dorso conco- « lore ; rectricibus cinereo-fuscis... » *Penelope,* le Millouin. Brisson, t. VI, p. 384.

* *Anas ferina* (Linn.), et *anas rufa* (Gmel.). — *Le millouin commun.* — Genre *Canards,* sous-genre *Millouins* (Cuv.).

pêcher des petits poissons et des crustacés. Deux de ces oiseaux mâles que M. Baillon a nourris l'hiver dans une basse-cour se tenaient presque toujours dans l'eau ; ils étaient forts et courageux sur cet élément et ne s'y laissaient pas approcher par les autres canards, ils les écartaient à coups de bec ; mais ceux-ci, en revanche, les battaient lorsqu'ils étaient à terre, et toute la défense du millouin était alors de fuir vers l'eau. Quoiqu'ils fussent privés et même devenus familiers, on ne put les conserver longtemps, parce qu'ils ne peuvent marcher sans se blesser les pieds ; le sable des allées d'un jardin les incommode autant que le pavé d'une cour ; et quelque soin que prit M. Baillon de ces deux millouins, ils ne vécurent que six semaines dans leur captivité.

« Je crois, dit ce bon observateur, que ces oiseaux appartiennent au « Nord ; les miens restaient dans l'eau pendant la nuit, même lorsqu'il « gelait beaucoup ; ils s'y agitaient assez pour empêcher qu'elle ne se glaçât « autour d'eux.

« Du reste, ajoute-t-il, les millouins ainsi que les morillons et les garrots « mangent beaucoup et digèrent aussi promptement que le canard : ils ne « vécurent d'abord que de pain mouillé, ensuite ils le mangeaient sec, mais « ils ne l'avalaient ainsi qu'avec peine, et étaient obligés de boire à chaque « instant ; je n'ai pu les accoutumer à manger du grain ; les morillons seuls « paraissent aimer la semence du jonc de marais. »

M. Hébert, qui en chasseur attentif et même ingénieux a su trouver à la chasse d'autres plaisirs que celui de tuer, a fait sur ces oiseaux comme sur beaucoup d'autres des observations intéressantes. « C'est, dit-il, l'espèce « du millouin qui, après celle du canard sauvage, m'a paru la plus nom- « breuse dans les contrées où j'ai chassé. Il nous arrive en Brie à la fin « d'octobre par troupes de vingt à quarante ; il a le vol plus rapide que le « canard, et le bruit que fait son aile est tout différent ; la troupe forme en « l'air un peloton serré, sans former des triangles comme les canards sau- « vages ; à leur arrivée ils sont inquiets, ils s'abattent sur les grands étangs, « l'instant d'après ils en partent, en font plusieurs fois le tour au vol, se « posent une seconde fois pour aussi peu de temps, disparaissent, reviennent « une heure après, et ne se fixent pas davantage. Quand j'en ai tué, ç'a tou- « jours été par hasard, avec de très-gros plomb, et lorsqu'ils faisaient leurs « différents tours en l'air : ils étaient tous remarquables par une grosse « tête rousse qui leur a valu le nom de *rougeot* dans notre Bourgogne.

« On ne les approche pas facilement sur les grands étangs : ils ne tombent « point sur les petites rivières par la gelée, ni à la chute sur les petits « étangs[a], et ce n'est que dans les canardières de Picardie que l'on peut en

a. « Comme on ne tue que rarement de ces oiseaux en Brie, il m'a été impossible d'en réunir « plusieurs pour les comparer ; mais je suis fort porté à croire qu'on confond sous la même « dénomination de *moreton*, *morillon*, etc., deux espèces et même trois : le *millouin*, n° 803

« tuer beaucoup : néanmoins ils ne laissent pas d'être assez communs en
« Bourgogne, et on en voit à Dijon, aux boutiques des rôtisseurs, pendant
« presque tout l'hiver. J'en ai tué un en Brie, au mois de juillet, par une
« très-grande chaleur ; il me partit sur les bords d'un étang, au milieu des
« bois, dans un endroit fort solitaire ; il était accompagné d'un autre, ce
« qui me ferait croire qu'ils étaient appariés, et que quelques couples de
« l'espèce couvent en France dans les grands marais. »

Nous ajouterons que cette même espèce s'est portée bien au delà de nos
contrées, car il nous est arrivé de la Louisiane un millouin tout semblable
à celui de France, et de plus on reconnaît le même oiseau dans le *quapa-cheanauhtli* de Fernandez [a], que M. Brisson, par cette raison, a nommé
millouin du Mexique [b]. Quant à la variété dans l'espèce du millouin de
France, donnée par ce dernier ornithologiste sous l'indication de *millouin
noir*, nous ne pouvons que nous en tenir à ce qu'il en dit [c], cette variété
du millouin ne nous étant pas connue.

LE MILLOUINAN. [d]*

Ce bel oiseau, dont nous devons la connaissance à M. Baillon, est de la
taille du millouin, et ses couleurs, quoique différentes, sont disposées de
même : par ce double rapport nous avons cru pouvoir lui donner le nom
de *millouinan*. Il a la tête et le cou recouverts d'un grand *domino* noir à
reflets verts cuivreux, coupé en rond sur la poitrine et le haut du dos ; le
manteau est joliment ouvragé d'une petite hachure noirâtre, courant légèrement dans un fond gris de perle ; deux pièces du même ouvrage, mais
plus serré, couvrent les épaules ; le croupion est travaillé de même ; le
ventre et l'estomac sont du plus beau blanc : on peut remarquer sur le
milieu du cou l'empreinte obscure d'un collier roux ; le bec du millouinan
est moins long et plus large que celui du millouin.

« des planches enluminées ; le *chipeau*, no 938, et le *canard siffleur*, no 825. Ces trois espèces
« ont beaucoup de rapport ; leur plumage gris plus ou moins rembruni, ondé de traits noirs,
« semblables à des traits de plume, leur donne un air de famille ; ils voyagent ensemble.
« Connaît-on bien les mâles et les femelles dans chacune de ces espèces ? » Suite de la note de
M. Hébert, qui nous fait voir qu'en Brie, et peut-être en plusieurs autres endroits, les noms de
morillon, *moreton*, sont mal appliqués et donnés vulgairement au millouin, au chipeau, ou
encore à d'autres canards.

a. « Anatis feræ genus, capite, collo, pectore ac ventre fulvo..... Alis cum dorso e fusco ful-
« voque transversis tæniis variis. » Fernandez, cap. cxciv, p. 52.

b. Ornithologie, tome VI, page 390.

c. Ornithol., p. 389. — *Anas fera fusca alia.* Aldrovande, *Avi.*, t. III, p. 221.

d. Voyez les planches enluminées, no 1002.

* *Anas marila* (Linn.). — La femelle est l'*anas frenata* de Sparmann. — Genre *Canards*,
sous-genre *Millouins* (Cuv.).

L'individu que nous décrivons a été tué sur la côte de Picardie ; et depuis, un autre tout à fait semblable, sinon qu'il est un peu plus petit, nous est venu de la Louisiane. Ce n'est pas, comme on l'a déjà vu, la seule espèce de la famille du canard qui se trouve commune aux deux continents : néanmoins ce millouinan, qui n'avait pas encore été remarqué ni décrit, ne paraît sans doute que rarement sur nos côtes.

LE GARROT. [a][b][*]

Le garrot est un petit canard dont le plumage est noir et blanc, et la tête remarquable par deux mouches blanches posées aux coins du bec, qui de loin semblent être deux yeux placés à côté des deux autres dans la coiffe noire lustrée de vert qui lui couvre la tête et le haut du cou ; et c'est de là que les Italiens lui ont donné le nom de *quattr'occhi* ; les Anglais le nomment *golden-eye*, œil d'or, à raison de la couleur jaune dorée de l'iris de ses yeux ; la queue et le dos sont noirs, ainsi que les grandes pennes de l'aile, dont la plupart des couvertures sont blanches ; le bas du cou, avec tout le devant du corps, est d'un beau blanc ; les pieds sont très-courts, et les membranes qui en réunissent les doigts s'étendent jusqu'au bout des ongles et y sont adhérentes.

La femelle est un peu plus petite que le mâle, et en diffère entièrement par les couleurs, qui, comme on l'observe généralement dans toute la grande famille du canard, sont plus ternes, plus pâles dans les femelles : celle-ci les a grises ou brunâtres où le mâle les a noires, et gris-blanches

a. Voyez les planches enluminées, n° 802.

b. En Lorraine, *canard de Hongrie* ; en Alsace, *canard pie* ; par les Italiens *quattr'occhi* ; en anglais, *golden-eye* ; en allemand, *kobel-ente*, *straus-endte* ; et aux environs de Strasbourg, *weisser dritt-vogel* ; par quelques-uns, *klinger* ; en suédois, *knipa* ; et dans la province de Skone, *dopping*. — *Clangula*. Gessner, *Avi.*, p. 119. — Idem, *Icon. avi.*, p. 79, une mauvaise figure de la tête. — Jonston, *Avi.*, p. 97. — Linnæus, *Syst. nat.*, édit. X, gen. 61, sp. 20. — *Anas clangula.* Aldrovande, *Avi.*, t. III, p. 224. — Klein, *Avi.*, p. 133, n° 13. — *Anas platyrinchos.* Aldrovande, *Avi.*, t. III, p. 224. — *Anas platyrinchos mas Aldrovandi.* Willughby, *Ornithol.*, p. 282. — Ray, *Synops.*, p. 142, n° a, 8. — Klein, p. 135, n° 27. — Marsigl. *Danub.*, t. V, p. 114, tab. 55. — *Anas fera sexta seu cristata.* Schwenckfeld, *Avi. Siles.*, p. 200. — Rzaczynski, *Auctuar.*, p. 357. — *Petit plongeon.* Albin, t. 1, p. 83, pl. 96. — *Le canard aux yeux d'or.* Salerne, *Ornithol.*, p. 420. — *Anas nigro alboque variegata ; capite nigro-viridi ; sinu oris alba macula.* Linnæus, *Fauna Suecica*, n° 100. — « Anas « supernè nigra, infernè alba, capite et collo supremo nigris, violaceo et viridi-aureo colore « variantibus ; maculâ utrimque rostrum inter et oculum, collo intimo, tectricibus alarum « superioribus mediis et remigibus intermediis candidis ; rectricibus nigricantibus... » *Clangula*, le Garrot. Brisson, *Ornithol.*, t. VI, p. 416.

[*] *Anas clangula* (Linn.). — Le jeune est l'*anas glaucion* (Linn.). — *Le garrot proprement dit.* — Genre *Canards*, sous-genre *Garrots* (Cuv.).

où il les a d'un beau blanc ; elle n'a ni le reflet vert à le tête, ni la tache blanche au coin du bec[a].

Le vol du garrot, quoique assez bas, est très-raide et fait siffler l'air[b] ; il ne crie pas en partant, et ne paraît pas être si défiant que les autres canards. On voit de petites troupes de garrots sur nos étangs pendant tout l'hiver, mais ils disparaissent au printemps et sans doute vont nicher dans le Nord : du moins Linnæus, dans une courte notice du *Fauna Suecica*, dit que ce canard se voit l'été en Suède, et que dans cette saison, qui est celle de la nichée, il se tient dans des creux d'arbres.

M. Baillon, qui a essayé de tenir quelques garrots en domesticité, vient de nous communiquer les observations suivantes :

« Ces oiseaux, dit-il, ont maigri considérablement en peu de temps, et « n'ont pas tardé à se blesser sous les pieds lorsque je les ai laissés marcher « en liberté ; ils restaient la plupart du temps couchés sur le ventre ; mais « quand les autres oiseaux venaient les attaquer ils se défendaient vigou- « reusement ; je puis même dire que j'ai vu peu d'oiseaux aussi méchants. « Deux mâles que j'ai eus l'hiver dernier me déchiraient la main à coups « de bec toutes les fois que je les prenais ; je les tenais dans une grande « cage d'osier afin de les accoutumer à la captivité, et à voir aller et venir « dans la cour les autres volailles ; mais ils ne marquaient dans leur prison « que de l'impatience et de la colère, et s'élançaient, contre leurs grilles, « vers les autres oiseaux qui les approchaient ; j'étais parvenu avec beau- « coup de peine à leur apprendre à manger du pain, mais ils ont constam- « ment refusé toute espèce de grains.

« Le garrot, ajoute cet attentif observateur, a de commun avec le mil- « louin et le morillon, de ne marcher que d'une manière peinée et difficile, « avec effort, et ce semble avec douleur ; cependant ces oiseaux viennent « de temps en temps à terre, mais pour s'y tenir tranquilles et en repos, « debout ou couchés sur la grève, et pour y éprouver un plaisir qui leur « est particulier. Les oiseaux de terre ressentent de temps en temps le « besoin de se baigner, soit pour purger leur plumage de la poussière « qui l'a pénétré, soit pour donner au corps une dilatation qui en facilite « les mouvements, et ils annoncent par leur gaieté en quittant l'eau la sen- « sation agréable qu'ils éprouvent ; dans les oiseaux aquatiques, au con- « traire, dans ceux surtout qui restent un long temps dans l'eau, les plumes « humectées et pénétrées à la longue donnent insensiblement passage à « l'eau, dont quelques filets doivent gagner jusqu'à la peau : alors ces « oiseaux ont besoin d'un bain d'air qui dessèche et contracte leurs membres « trop dilatés par l'humidité ; ils viennent en effet au rivage prendre ce

---

a. Aldrovande.
b. « Clangula ab alarum clangore, quæ firmissimæ et non sine sono in volatu moventur. » *Idem.*

« bain sec dont ils ont besoin, et la gaieté qui règne alors dans leurs yeux
« et un balancement lent de la tête font connaître la sensation agréable
« qu'ils éprouvent; mais ce besoin satisfait, et en tout autre temps, les gar-
« rots et, comme eux, les millouins et les morillons, ne viennent pas volon-
« tiers à terre, et surtout évitent d'y marcher, ce qui paraît leur causer
« une extrême fatigue; en effet, accoutumés à se mouvoir dans l'eau par
« petits élans dont l'impulsion dépend d'un mouvement vif et brusque des
« pieds, ils apportent cette habitude à terre, et n'y vont que par bonds, en
« frappant si fortement le sol de leurs larges pieds, que leur marche fait
« le même bruit qu'un claquement de mains; ils s'aident de leurs ailes
« pour garder l'équilibre, qu'ils perdent à tout moment, et, si on les presse,
« ils s'élancent en jetant leurs pieds en arrière et tombent sur l'estomac;
« leurs pieds, d'ailleurs, se déchirent et se fendent en peu de temps par le
« frottement sur le gravier : il paraît donc que ces espèces, uniquement
« nées pour l'eau, ne pourront jamais augmenter le nombre des colonies
« que nous en avons tirées pour peupler nos basses-cours. »

LE MORILLON. [a][b][*]

Le morillon est un joli petit canard qui, pour toutes couleurs, n'offre,
lorsqu'on le voit en repos, qu'un large bec bleu, un grand domino noir,
un manteau de même couleur, et du blanc sur l'estomac, le ventre et le
haut des épaules; ce blanc est net et pur, et tout le noir est luisant et relevé

a. Voyez les planches enluminées, n° 1001.

b. En Brie, *le jacobin*; sur la Somme, du temps de Belon, *cotée*; en allemand, *scheel-ent*, *schill-ent*, *skel-endt*, *lepel-ganz*, en anglais, *spoon-bill'd duck*; en suédois, *brunnacke*. — *Morillon.* Belon, *Nat. des oiseaux*, p. 165; et *Portraits d'oiseaux*, p. 33, *b*, mauvaise figure. — *Glaucium.* Gessner, *Avi.*, p. 108. — Aldrovande, *Avi.*, t. III, p. 215. — *Glaucius.* Jonston, *Avi.*, p. 97. — Charleton, *Exercit.*, p. 106, n° 4. — *Onomast.*, p. 100, n° 4. — *Glaucium Belonii.* Willughby, *Ornithol.*, p. 281. — Ray, *Synops. avi.*, p. 144. — *Anas platyrinchos.* Gessner, *Avi.*, p. 118. — Aldrovande, t. III, p. 223. — *Anas platyrinchos Gessneri. Mus. Worm.*, p. 301. — Charleton, *Exercit.*, p. 104, n° 7. *Onomast.*, p. 99, n° 7. — *Anatis platyrinchos species.* Gessner, *Icon.*, p. 79. — *Anas platyrinchos minor alter, seu anas fuligula alia.* Aldrovande, t. III, p. 227. — *Anas fera fusca minor.* Willughby, *Ornithol.*, p. 281. — Ray, *Synops. avi.*, p. 143, n° 11 (peut-être la femelle). — *Anas fera capite sub-rufo major.* Willughby, p. 282. — Ray, p. 144, n° 12. — *Anas glaucia fera.* Barrère, *Ornithol.*, clas. I, gen. 1, sp. 10. — *Anas oculorum iridibus flavis ; capite griseo; collari albo.* Linnæus, *Fauna Suec.*, n° 104. — *Glaucion.* Idem, *Syst. nat.*, édit X, gen. 61, sp. 23. — *Reiger ente* Frisch, t. II, pl. 171. — *Le morillon.* Salerne, *Ornithol.*, p. 423. — *Le canard sauvage à tête roussâtre.* Idem, *ibid.*, p. 424. — « Anas cristata, supernè fusco-nigricans, violaceo adumbrata « infernè alba, in pectore et imo ventre fusco variegata, capite et collo supremo splendidè « nigricantibus, ad violaceum vergentibus; collo infimo fusco-rufescente; tæniâ transversâ in « alis candidâ; rectricibus fusco nigricantibus, ad violaceum vergentibus (Mas). » — « Anas

* *Anas fuligula* (Linn.). — Le jeune est l'*anas scandiaca*, planche enluminée 1007. — Genre *Canards*, sous-genre *Millouins* (Cuv.).

de beaux reflets pourprés et d'un rouge verdâtre ; les plumes du derrière
de la tête se redressent en pennache ; souvent le bas du domino noir sur la
poitrine est ondé de blanc : et dans cette espèce, ainsi que dans les autres
du genre du canard, les couleurs sont sujettes à certaines variations qui ne
sont nullement spécifiques, et qui n'appartiennent qu'à l'individu [a].

Lorsque le morillon vole, son aile paraît rayée de blanc : cet effet est
produit par sept plumes qui sont en partie de cette couleur [b] ; il a le dedans
des pieds et des jambes rougeâtre, et le dehors noir ; sa langue est fort
charnue, et si renflée à la racine qu'il semble y en avoir deux ; dans les
viscères il n'y a point de vésicule du fiel [c]. Belon regarde le morillon comme
le *glaucium* des Grecs, *n'ayant*, dit-il, *trouvé onc oiseau qui eût l'œil de couleur si véronne :* et, en effet le *glaucium* dans Athénée est ainsi nommé de
la couleur *glauque* ou vert d'eau de ses yeux.

Le morillon fréquente les étangs et les rivières [d], et néanmoins se trouve
aussi sur la mer [e] ; il plonge assez profondément [f] et fait sa pâture de petits
poissons, de crustacés et coquillages, ou de graines d'herbes aquatiques [g],
surtout de celle du jonc commun ; il est moins défiant, moins prêt à partir
que le canard sauvage ; on peut l'approcher à la portée du fusil sur les
étangs, ou mieux encore sur les rivières quand il gèle ; et lorsqu'il a pris
son essor, il ne fait pas de longues traversées [h].

M. Baillon nous a communiqué ses observations sur cette espèce en
domesticité. « La couleur du morillon, dit-il, sa manière de se balancer
« en marchant et en tenant le corps presque droit, lui donnent un air d'au-
« tant plus singulier, que la belle couleur bleu clair de son bec, toujours
« appliqué sur la poitrine, et ses gros yeux brillants, tranchent beaucoup
« sur le noir de son plumage.

« Il est assez gai et barbote comme le canard pendant des heures entières ;

« supernè splendidè fusca punctulis griseis aspersa, infernè alba , in pectore et imo ventre
« fusco variegata ; capite et collo fuscis, nigricante variis ; uropygio fusco-nigricante , viridi
« adumbrato ; tæniâ transversâ in alis candidâ ; rectricibus fusco-nigricantibus ad violaceum
« vergentibus (Fœmina)... » *Glaucium*, le Morillon. Brisson, t. VI, p. 406.

a. « In hac et in aliis anatibus colores variant in diversis individuis. » Ray.

b. « Il seroit totalement noir par dessus le dos et aelles, n'estoit que quand on les lui étend,
« l'on voit sept plumes en chaque costé, qui lui font l'aelle toute bigarée , ainsi comme à la
« pie ; mais au reste toute l'aelle, comme aussi la queue, est noire, qui ressemblent propre-
« ment à celle d'un cormorant. » Belon. *Nat.*, p. 165.

c. Idem , ibidem.

d. « Cet oiseau de rivière, dit Belon, commun ès rivières et étangs de toutes contrées ; » et
dans ses observations, p. 161 , il dit avoir trouvé le morillon, avec plusieurs autres espèces
aquatiques, sur le lac qui est au-dessus d'Antioche.

e. Habitat in maritimis frequens. » *Fauna Suecica.*

f. « Sachant faire le plongeon, il se peut contenir dessous l'eau moult long espace de temps. »
Belon.

g. Idem.

h. Observations de M. Hébert.

« j'en ai privé facilement plusieurs dans ma cour : ils sont devenus si fami-
« liers en peu de temps qu'ils entraient dans la cuisine et dans les apparte-
« ments ; on les entendait avant de les voir à cause du bruit qu'ils faisaient
« à chaque pas en plaquant leurs larges pieds par terre et sur les parquets ;
« on ne les voyait jamais faire de pas inutiles, ce qui prouve, comme je l'ai
« dit, que l'espèce ne marche que par besoin et forcément : et en effet, ils
« s'écorchaient les pieds sur le pavé : néanmoins ils ne maigrissaient que
« fort peu, et ils auraient pu vivre longtemps si les autres oiseaux de la
« basse-cour les avaient moins tourmentés.

« Je me suis procuré, ajoute M. Baillon, plus de trente morillons pour
« voir si la huppe, qui est très-apparente à quelques individus, constitue
« une espèce particulière ; j'ai reconnu qu'elle est un des ornements de
« tous les mâles [a].

« De plus les jeunes sont, dans le premier temps, d'un gris enfumé ; cette
« livrée reste jusqu'après la mue, et ils n'ont toute leur belle couleur d'un
« noir brillant qu'à la deuxième année ; ce n'est que dans le même temps
« que le bec devient bleu ; les femelles sont toujours moins noires, et n'ont
« jamais de huppes. »

LE PETIT MORILLON. [b][*]

Après ce que nous venons de dire de la diversité que l'on remarque souvent dans le plumage des morillons, nous serions fort tentés de rapporter
aux mêmes causes accidentelles la différence de grandeur sur laquelle on

a. J'en ai tué qui avaient sur le sommet de la tête quelques plumes plus longues et plus larges que les autres, ce qui formait comme une espèce de huppe peu apparente ; j'en ai tué d'autres qui n'en avaient aucun vestige. Note communiquée par M. Hébert.

b. Wigge, par les Suédois ; en anglais, *tuffted duck ;* en allemand, *woll-enten,* et par quelques-uns, *rusgen ;* à Venise, *capo negro.* — *Petit plongeon, espèce de canard.* Belon, *Nat.,* p. 175. — *Strausz endt.* Gessner, *Avi.,* p. 107. — *Fuligula.* Idem, *Icon. avi.,* p. 80. — Jonston, *Avi.,* p. 98. — *Anas fuligula (à fuligineo totius corporis colore).* Gessner, *Avi.,* p. 120. — Aldrovande, *Avi.,* t. III, p. 227. — *Anas cirrhata.* Gessner, *Avi.,* p. 120. — Aldrovande, t. III, p. 229. — Jonston, p. 98. — *Anas cristata.* Ray, *Synops.,* p. 142, n° *a*, 7. — *Anas platyrinchos minor prior.* Aldrovande, p. 228. — *Anas fuligula prima Gessneri, Aldrovandi.* Willughby, *Ornithol.,* p. 280. — Klein, *Avi.,* p. 133, n° 11. — Rzaczynski, *Auctuar.,* p. 356 et 393. — *Querquedula cristata seu colymbis Belonii.* Aldrovande, t. III, p. 210. — Jonston, p. 97. — Charleton, *Exercit.,* p. 107, n° 2. *Onomast.,* p. 101, n° 2. — *Anas cristâ dependente ; corpore nigro ; ventre muculâque alarum albis.* Linnæus, *Fauna Suecic.,* n° 99. — *Fuligula.* Idem, *Syst. nat.,* édit. X, gen. 61, sp. 39. — *Canard à tête noire.* Albin, t. I, planche 95. — *Le petit canard à large bec.* Salerne, p. 419. — « Anas cristata, supernè fusco-« nigricans, punctulis dilutioribus aspersa, inferuè albo-argentea ; capite et collo supremo « saturatè violaceis ; collo infimo et imo ventre fusco-nigricantibus ; uropygio saturatè fusco, « viridi obscuro adumbrato ; tæniâ transversâ in alis candidâ ; rectricibus splendidè fuscis... » *Glaucium minus,* le petit Morillon. Brisson, t. VI, p. 411.

[*] « Cet oiseau ne diffère pas spécifiquement du précédent. M. Temminck en a acquis la preuve « par ses observations anatomiques. » (Desmarets.) — Voyez la nomenclature précédente.

s'est fondé pour faire du petit morillon une espèce particulière et séparée de celle du morillon; cette différence en effet est si petite, qu'à la rigueur on pourrait la regarder comme nulle[a], ou du moins la rapporter à celles que l'âge et les divers temps d'accroissement mettent nécessairement entre les individus d'une même espèce. Néanmoins la plupart des ornithologistes ont indiqué ce petit morillon comme d'une espèce différente de l'autre, et, ne pouvant les contredire par des faits positifs, nous consignons seulement ici nos doutes, que nous ne croyons pas mal fondés. Belon même, que les autres ont suivi, et qui est le premier auteur de cette distinction d'espèces, semble nous fournir une preuve contre sa propre opinion; car après avoir dit de son *petit plongeon*, qui est notre petit morillon, que *c'est un joli oiseau bien troussé, rond et raccourci, avec yeux si jaulnes et luisans qu'ils sont plus claers qu'airin poli...* et qu'avec le plumage semblable à celui du morillon, il a de même la ligne blanche par le travers de l'aile, il ajoute « si est-ce qu'il s'en faut beaucoup qu'il soit vrai morillon, car il a la huppe « derrière la tête comme le bièvre et le pélican, et toutefois le morillon n'en « a point[b]. » Or, Belon se trompe ici, et ce caractère de la huppe est une raison de plus de rapporter l'oiseau dont il s'agit au vrai morillon, qui a en effet une huppe[e].

M. Brisson donne encore une variété dans cette espèce, sous le nom de *petit morillon rayé*[d]; mais ce n'est certainement qu'une variété d'âge.

LA MACREUSE.[f] [*]

On a prétendu que les macreuses naissaient, comme les bernaches, dans

a. Le morillon... du bout du bec à celui de la queue, quatorze pouces neuf lignes; au bout des ongles quinze pouces.

Le petit morillon... du bout du bec à celui de la queue, douze pouces six lignes; au bout des ongles quatorze pouces dix lignes. Brisson.

b. Nature des oiseaux, p. 175.

c. Belon dit de plus qu'on nomme son petit plongeon *cotée;* nom que nous nous sommes cru en droit de rapporter au morillon. Il conjecture aussi que c'est le *colymbis* ou *colymbides* des anciens; mais nous avons rapporté ce dernier, avec plus de vraisemblance, au *castagneux.*

d. Brisson, t. VI, p. 416. Cet ornithologiste y rapporte la *fuligula dicta Gessnero; scaup duck* de Willughby, p. 279; et de Ray, p. 142, n° *a*, 6.

e. Voyez les planches enluminées, n° 978.

f. Les Anglais de la province d'York, l'appellent *scoter.* — *Anas niger, eboracensibus scoter.* Willughby, *Ornithol.*, p. 280. — *Anas niger minor.* Ray. *Synops. avi.*, p. 141, n° *a*, 5. — « *Anas tota nigra, bazi rostri gibbâ.* » *Anas nigra.* Linnæus, *Syst. nat.*, édit. X, gen. 61, sp. 6. — *Le petit canard noir.* Salerne, *Ornithol.*, p. 417. — *La petite macreuse.* Idem, p. 418. — « *Anas supernè splendidè nigra, infernè nigricans; tuberculo in exortu rostri carnoso rubro,* « *lineâ flavâ diviso; capite et collo nigris, violaceo saturato colore variantibus; rectricibus* « *nigricantibus.* » *Anas nigra*, la Macreuse. Brisson, *Ornithol.*, t. VI, p. 420.

[*] *Anas nigra* (Linn.). — *La macreuse commune.* — Genre *Canards*, sous-genre *Macreuses* (Cuv.).

des coquilles ou dans du bois pourri [a] ; nous avons suffisamment réfuté ces fables, dont ici, comme ailleurs, l'histoire naturelle ne se trouve que trop souvent infectée ; les macreuses pondent, nichent et naissent comme les autres oiseaux ; elles habitent de préférence les terres et les iles les plus septentrionales, d'où elles descendent en grand nombre le long des côtes de l'Écosse et de l'Angleterre, et arrivent sur les nôtres en hiver, pour y fournir un assez triste gibier, néanmoins attendu avec empressement par nos solitaires, qui, privés de tout usage de chair et réduits au poisson, se sont permis celle de ces oiseaux, dans l'opinion qu'ils ont le sang froid comme les poissons, quoique en effet leur sang soit chaud et tout aussi chaud que celui des autres oiseaux d'eau ; mais il est vrai que la chair noire, sèche et dure de la macreuse est plutôt un aliment de mortification qu'un bon mets.

Le plumage de la macreuse est noir ; sa taille est à peu près celle du canard commun, mais elle est plus ramassée et plus courte. Ray observe que l'extrémité de la partie supérieure du bec n'est pas terminée par un onglet corné, comme dans toutes les espèces de ce genre ; dans le mâle, la base de cette partie, près de la tête, est considérablement gonflée et présente deux tubercules de couleur jaune ; les paupières sont de cette même couleur ; les doigts sont très-longs et la langue est fort grande ; la trachée n'a pas de labyrinthe [b], et les *cœcums* sont très-courts, en comparaison de ceux des autres canards.

M. Baillon, cet observateur intelligent et laborieux, que j'ai eu si souvent occasion de citer au sujet des oiseaux d'eau, m'a envoyé les observations suivantes :

« Les vents du nord et du nord-ouest amènent le long de nos côtes de « Picardie, depuis le mois de novembre jusqu'en mars, des troupes prodi- « gieuses de macreuses ; la mer en est, pour ainsi dire, couverte : on les « voit voleter sans cesse de place en place et par milliers, paraître sur l'eau « et disparaître à chaque instant ; dès qu'une macreuse plonge, toute la « bande l'imite et reparaît quelques instants après ; lorsque les vents sont « sud et sud-est, elles s'éloignent de nos côtes, et ces premiers vents, au « mois de mars, les font disparaître entièrement.

« La nourriture favorite des macreuses est une espèce de coquillage « bivalve lisse et blanchâtre, large de quatre lignes et long de dix ou envi- « ron, dont les hauts-fonds de la mer se trouvent jonchés dans beaucoup « d'endroits ; il y en a des bancs assez étendus, et que la mer découvre sur « ses bords au reflux. Lorsque les pêcheurs remarquent que, suivant leur « terme, les macreuses *plongent aux vaimeaux* (c'est le nom qu'on donne

a. Voyez le *Traité de l'origine des macreuses*, par feu M. Graindorge, de la Faculté de Montpellier ; Caen, 1680 ; et notre article de la *bernache*.
b. Willughby, *Ornithol.*, p. 280.

« ici à ces coquillages), ils tendent leurs filets horizontalement, mais fort
« lâches, au-dessus de ces coquillages et à deux pieds au plus du sable; peu
« d'heures après, la mer, entrant dans son plein, couvre ces filets de beau-
« coup d'eau, et les macreuses suivant le reflux à deux ou trois cents pas
« du bord, la première qui aperçoit les coquillages plonge, toutes les autres
« la suivent et, rencontrant le filet qui est entre elles et l'appât, elles s'em-
« pêtrent dans ces mailles flottantes, ou si quelques-unes plus défiantes
« s'en écartent et passent dessous, bientôt elles s'y enlacent comme les
« autres en voulant remonter après s'être repues; toutes s'y noient, et
« lorsque la mer est retirée, les pêcheurs vont les détacher du filet où elles
« sont suspendues par la tête, les ailes ou les pieds.

   « J'ai vu plusieurs fois cette pêche : un filet de cinquante toises de lon-
« gueur, sur une toise et demie de large, en prend quelquefois vingt ou
« trente douzaines dans une seule marée; mais en revanche on tendra sou-
« vent ses filets vingt fois sans en prendre une seule; et il arrive de temps
« en temps qu'ils sont emportés ou déchirés par des marsouins ou des
« esturgeons.

   « Je n'ai jamais vu aucune macreuse voler ailleurs qu'au-dessus de la
« mer, et j'ai toujours remarqué que leur vol est bas et mou, et de peu
« d'étendue; elles ne s'élèvent presque pas, et souvent leurs pieds trem-
« pent dans l'eau en volant. Il est probable que les macreuses sont aussi
« fécondes que les canards, car le nombre qui en arrive tous les ans
« est prodigieux; et malgré la quantité que l'on en prend, il ne paraît pas
« diminuer. »

   Ayant demandé à M. Baillon ce qu'il pensait sur la distinction du mâle et
de la femelle dans cette espèce, et sur ces macreuses à plumage gris, appelées *grisettes*, que quelques-uns disent être les femelles; voici ce qu'il m'a
répondu :

   « La grisette est certainement une macreuse, elle en a parfaitement la
« figure; on voit toujours ces grisettes de compagnie avec les autres
« macreuses; elles se nourrissent des mêmes coquillages, les avalent entiers
« et les digèrent de même. On les prend aux mêmes filets, et elles volent
« aussi mal et de la même manière, particulière à ces oiseaux qui ont les os
« des ailes plus tournés en arrière que les canards, et les cavités dans les-
« quelles s'emboîtent les deux fémurs très-près l'une de l'autre; conforma-
« tion qui, leur donnant une plus grande facilité pour nager, les rend en
« même temps très-inhabiles à marcher; et certainement aucune espèce de
« canards n'a les cuisses placées de cette manière; enfin, le goût de la
« chair est le même.

   « J'ai ouvert trois de ces grisettes cet hiver, et elles se sont trouvées
« femelles.

   « D'un autre côté, la quantité de ces macreuses grisettes est beaucoup

« moindre que celle des noires; souvent on n'en trouve pas dix sur cent
« autres prises au filet; les femelles seraient-elles en si petit nombre dans
« cette espèce?

« J'avoue franchement que je n'ai pas assez cherché à distinguer les
« mâles des femelles macreuses; j'en ai empaillé grand nombre, je choisis-
« sais les plus noires et les plus grosses, toutes se sont trouvées mâles,
« excepté les grisettes; je crois cependant que les femelles sont un peu plus
« petites et moins noires, ou du moins qu'elles n'ont pas ce mat de velours
« qui rend le noir du plumage des mâles si profond. »

Il nous paraît qu'on peut conclure de cet exposé que les femelles macreuses étant un peu moins noires et plus grises que les mâles, ces grisettes
ou macreuses plus grises que noires, et qui ne sont pas en assez grand
nombre pour représenter toutes les femelles de l'espèce, ne sont en effet
que les plus jeunes femelles qui n'acquièrent qu'avec le temps tout le noir
de leur plumage.

Après cette première réponse, M. Baillon nous a encore envoyé les notes
suivantes, qui toutes sont intéressantes. « J'ai eu, dit-il, cette année 1781,
« pendant plusieurs mois dans ma cour une macreuse noire; je la nourris-
« sais de pain mouillé et de coquillages; elle était devenue très-fami-
« lière.

« J'avais cru jusqu'alors que les macreuses ne pouvaient pas marcher,
« que leur conformation les privait de cette faculté; j'en étais d'autant plus
« persuadé, que j'avais ramassé plusieurs fois sur le bord de la mer, pen-
« dant la tempête, des macreuses, des pingouins et des macareux tous
« vivants, qui ne pouvaient se traîner qu'à l'aide de leurs ailes; mais ces
« oiseaux avaient sans doute été beaucoup battus par les vagues; cette cir-
« constance, à laquelle je n'avais pas fait attention, m'avait confirmé dans
« mon erreur; je l'ai reconnue en remarquant que la macreuse marche
« bien et même moins lentement que le millouin; elle se balance de même
« à chaque pas, en tenant le corps presque droit, et frappant la terre de
« chaque pied alternativement et avec force : sa marche est lente; si on la
« pousse elle tombe, parce que les efforts qu'elle se donne lui font perdre
« l'équilibre; elle est infatigable dans l'eau, elle court sur les vagues comme
« le pétrel, et aussi légèrement; mais elle ne peut profiter à terre de la
« célérité de ses mouvements; la mienne m'a paru y être hors de la place
« que la nature a assignée à chaque être.

« En effet, elle y avait l'air fort gauche, chaque mouvement lui donnait
« dans tout le corps des secousses fatigantes; elle ne marchait que par
« nécessité; elle se tenait couchée ou debout droite comme un pieu, le bec
« posé sur l'estomac; elle m'a toujours paru mélancolique, je ne l'ai pas
« vue une seule fois se baigner avec gaieté, comme les autres oiseaux d'eau
« dont ma cour est remplie; elle n'entrait dans le bac, qui y est à fleur de

« terre, que pour y manger le pain que je lui jetais ; lorsqu'elle y avait bu
« et mangé, elle restait immobile : quelquefois elle plongeait au fond pour
« ramasser les miettes qui s'y précipitaient ; si quelque oiseau se mettait
« dans l'eau et l'approchait, elle tentait de le chasser à coups de bec ; s'il
« résistait ou s'il se défendait en l'attaquant, elle plongeait, et, après avoir
« fait deux ou trois fois le tour du fond du bac pour fuir, elle s'élançait
« hors de l'eau en faisant une espèce de sifflement fort doux et clair, sem-
« blable au premier ton d'une flûte traversière ; c'est le seul cri que je lui
« aie connu, elle le répétait toutes les fois qu'on l'approchait.

« Curieux de savoir si cet oiseau peut demeurer longtemps sous l'eau, je
« l'y ai retenu de force : elle se donnait des efforts considérables après deux
« ou trois minutes, et paraissait souffrir beaucoup ; elle revenait au-dessus
« de l'eau aussi vite que du liége ; je crois qu'elle peut y demeurer plus
« longtemps, parce qu'elle descend souvent à plus de trente pieds de pro-
« fondeur dans la mer, pour ramasser les coquillages bivalves et oblongs
« dont elle se nourrit.

« Ce coquillage blanchâtre, large de quatre à cinq lignes, et long de près
« d'un pouce, est la nourriture principale de cette espèce ; elle ne s'amuse
« pas comme la pie de mer à l'ouvrir, la forme de son bec ne lui en donne
« pas le moyen comme celui de cet oiseau ; elle l'avale entier et le digère en
« peu d'heures ; j'en donnais quelquefois vingt et plus à une macreuse, elle
« en prenait jusqu'à ce que son œsophage en fût rempli jusqu'au bec ; alors
« ses excréments étaient blancs ; ils prenaient une teinte verte lorsqu'elle ne
« mangeait que du pain, mais ils étaient toujours liquides ; je ne l'ai jamais
« vue se repaître d'herbes, de grains ou de semences de plantes, comme le
« canard sauvage, les sarcelles, les siffleurs et d'autres de ce genre ; la
« mer est son unique élément, elle vole aussi mal qu'elle marche ; je me
« suis amusé souvent à en considérer des troupes nombreuses dans la mer,
« et à les examiner avec une bonne lunette d'approche, je n'en ai jamais vu
« s'élever et parcourir au vol un espace étendu ; elles voletaient sans cesse
« au dessus de la surface de l'eau.

« Les plumes de cet oiseau sont tellement lissées et si serrées, qu'en se
« secouant au sortir de l'eau il cesse d'être mouillé.

« La même cause qui a fait périr tant d'autres oiseaux dans ma cour a
« donné la mort à ma macreuse ; la peau molle et tendre de ses pieds était
« blessée sans cesse par les graviers qui y pénétraient ; des calus se sont
« formés sous chaque jointure des articles, ils se sont ensuite usés au point
« que les nerfs étaient découverts ; elle n'osait plus ni marcher ni aller dans
« l'eau, chaque pas augmentait ses plaies ; je l'ai mise dans mon jardin sur
« l'herbe, sous une cage, elle ne voulait pas y manger ; elle est morte dans
« ma cour peu de temps après. »

LA DOUBLE MACREUSE. [a][b][*]

Parmi le grand nombre des macreuses qui viennent en hiver sur nos côtes de Picardie, l'on en remarque quelques-unes de beaucoup plus grosses que les autres, qu'on appelle *macreuses doubles* : outre cette différence de taille, elles ont une tache blanche à côté de l'œil et une bande blanche dans l'aile, tandis que le plumage des autres est entièrement noir ; ces caractères suffisent pour qu'on doive regarder ces grandes macreuses comme formant une seconde espèce qui paraît être beaucoup moins nombreuse que la première, mais qui du reste lui ressemble par la conformation et par les habitudes naturelles. Ray a observé dans l'estomac et les intestins de ces grandes macreuses des fragments de coquillage, le même apparemment que celui dont M. Baillon dit que la macreuse fait sa nourriture de préférence.

LA MACREUSE A LARGE BEC. [c][d][**]

Nous désignons sous ce nom l'oiseau représenté dans nos planches enluminées sous la dénomination de *canard du Nord*, appelé *le marchand*, qui certainement est de la famille des macreuses, et que peut-être, à comparer

a. Voyez les planches enluminées, n° 956.

b. En suédois, *swaerta* ; en anglais, *great black duck*. — *Anas nigra, rostro nigro, rubro et luteo.* Aldrovande, *Avi.*, t. III, p. 234. — *Anas niger Aldrovandi.* Willughby, *Ornithol.*, p. 278. — Ray, *Synops. avi.*, p. 141, n° *a*, 4. — Klein, *Avi.*, p. 133, n° 12. — Rzaczynski, *Auctuar.*, p. 357. — *Anas nigra.* Jonston, *Avi.*, p. 98. — « Anas corpore obscuro ; maculâ « ponè oculos lineâque alarum albâ. » Linnæus, *Fauna Suec.*, n° 106. — « Anas nigricans, « maculâ ponè oculos lineâque alarum albis... » *Anas fusca.* Idem, *Syst. nat.*, édit. X, gen. 61, sp. 5. — *Die Nordische schwarts ente.* Frisch, t. II, planche 165, *Supplément.* — *Le canard noir.* Salerne, *Ornithol.*, p. 417. — « Anas nigra : tuberculo in exorta rostri carnoso « nigro ; capite et collo supremo nigro virescentibus ; maculâ ponè oculos et tæniâ longitudi-« nali in alis candidis, rectricibus nigris (Mas). — Anas fusca ; maculâ ponè oculos et tæniâ « longitudinali in alis candidis ; rectricibus fuscis (Fœmina). » *Anas nigra major.* La grande Macreuse. Brisson, *Ornithol.*, t. VI, p. 423.

c. Voyez les planches enluminées, n° 995, sous le nom de *Canard du Nord*, appelé le *Marchand.*

d. Great black duck from Hudson's bay. Edwards, *Hist.*, pl. 155. — *Anser maximus niger,* the whilk *dictus.* Ray, *Synops. avi.*, p. 138, n° *a*, 2. — « Anas nigra, vertice nuchàque albis « maculâ nigrâ rostri ponè nares. » *Anas perspicillata.* Linnæus, *Syst. nat.*, édit. X, gen. 61, sp. 22. — « Anas nigra ; maculâ utrimque in exortu rostri quadratâ nigra ; maculâ in vertice, « alterâ infernè occipitium triangularibus candidis ; rectricibus supernè nigris, subtùs cinereo « fuscis... » *Anas nigra major freti Hudsonis,* la grande Macreuse de la baie d'Hudson. Brisson, t. VI, p. 428.

[*] *Anas fusca* (Linn.).

[**] *Anas perspicillata* (Linn.). — « La Nouvelle-Hollande en fournit une espèce maillée. « remarquable par un grand fanon charnu qui lui pend sous le bec (*anas lobata*). » (Cuvier.)

les individus, nous jugerions ne faire qu'une avec la précédente. Quoi qu'il en soit, celle-ci est bien caractérisée par la largeur de son bec aplati, épaté, bordé d'un trait orangé, qui, entourant les yeux, semble figurer des lunettes[a]. Cette grosse macreuse aborde en hiver en Angleterre ; elle s'abat sur les prairies dont elle pait l'herbe[b], et M. Edwards pense la reconnaître dans une des figures du petit recueil d'oiseaux publié à Amsterdam, en 1679, par Nicolas Vischer, où elle est dénommée *turma anser*, nom qui semble avoir rapport à sa grosseur, qui surpasse celle du canard commun, et en même temps indiquer que ces oiseaux paraissent attroupés ; et comme ils se trouvent à la baie d'Hudson, les Hollandais pouvaient les avoir observés au détroit de Davis, où se faisaient alors leurs grandes pêches de la baleine.

LE BEAU CANARD HUPPÉ. [c][d][*]

Le riche plumage de ce beau canard paraît être une parure recherchée, une robe de fête que sa coiffure élégante assortit et rend plus brillante ; une pièce d'un beau roux moucheté de petits pinceaux blancs couvre le bas du cou et la poitrine, et se coupe net sur les épaules par un trait de blanc doublé d'un trait de noir ; l'aile est recouverte de plumes d'un brun qui se fond en noir à riches reflets d'acier bruni ; et celles des flancs, très-finement lisérées et vermiculées de petites lignes noirâtres sur un fond gris, sont joliment rubanées à la pointe de noir et de blanc, dont les traits se déploient alternativement, et semblent varier suivant le mouvement de l'oiseau ; le dessous du corps est gris-blanc de perle ; un petit tour de cou blanc remonte en mentonnière sous le bec et jette une échancrure sous

a. *Anas perspicillata*. Linnæus.

b. Ray.

c. Voyez les planches enluminées, nº 980, *le beau Canard huppé de la Louisiane* ; et nº 981 la femelle.

d. *The summer duck*. Catesby, *Carolina*, t. 1, p. 97. — Edwards, *Hist.*, pag. et pl. 101. — *Ystactzonayauhqui seu avis varii capitis*. Fernaudez, p. 28, cap. LXIII. — Ray, *Synops. avi.*, p. 176. — *Avis non consistens*. Nieremberg, p. 215. — Willughby, *Ornithol.*, p. 299. — *Anas cristata Americana*. Klein, *Avi.*, p. 134, nº 21. — *American wood duck*. Browne, *Nat. hist. of Jamaica*, p. 481. — « Anas cristâ dependente duplici, viridi-cæruleo alboque varia... » *Sponsa*. Linnæus, *Syst. nat.*, édit X, gen. 61, sp. 37. — « Anas cristata, supernè obscurè « fusca, viridi-aureó colore varians, infernè alba ; vertice viridi-aureo ; capite ad latera et collo « superiore splendidè violaceis ; linea supra oculos candidà ; cristâ ex viridi-aureo, albo et vio- « laceo variegatâ ; pectore castaneo-vinaceo, maculis albis vario ; lateribus albo et nigro trans- « versim striatis ; maculâ alarum viridi-aureâ, cæruleo et violaceo colore variante, tæniâ « candidâ infernè donata ; rectricibus binis intermediis obscurè viridi-aureis, tribus utrimque « proximis exteriùs concoloribus (Mas). — Anas cristata, in toto corpore fusca (Fœmina)... » *Anas æstiva*, le Canard d'été. Brisson, *Ornithol.*, t. VI, p. 351.

* *Anas sponsa* (Linn.). — Le canard de la Caroline (Cuv.). — Sous-genre *Canards proprement dits* (Cuv.).

l'œil, sur lequel un autre grand trait de même couleur passe en manière d'un long sourcil ; le dessus de la tête est relevé d'une superbe aigrette de longues plumes blanches, vertes et violettes, pendantes en arrière comme une chevelure, en pennaches séparés par de plus petits pennaches blancs ; le front et les joues brillent d'un lustre de bronze ; l'iris de l'œil est rouge , le bec de même, avec une tache noire au-dessus, et l'onglet de la même couleur ; sa base est comme ourlée d'un rebord charnu de couleur jaune.

Ce beau canard est moins grand que le canard commun, et sa femelle est aussi simplement vêtue qu'il est pompeusement paré ; elle est presque toute brune, *ayant néanmoins*, dit Edwards, *quelque chose de l'aigrette du mâle*. Cet observateur ajoute que l'on a apporté vivants plusieurs de ces beaux canards de la Caroline en Angleterre, mais sans nous apprendre s'ils se sont propagés ; ils aiment à se percher sur les plus hauts arbres, d'où vient que plusieurs voyageurs les indiquent sous le nom de *canards branchus* [a]. Par celui de *canards d'été*, que leur donne Catesby, on peut juger qu'ils ne séjournent que pendant l'été en Virginie et à la Caroline [b] : effectivement ils y nichent et placent leurs nids dans les trous que les pics ont faits aux grands arbres voisins des eaux, particulièrement aux cyprès ; les vieux portent les petits du nid dans l'eau, sur leur dos, et ceux-ci, au moindre danger, s'y attachent avec le bec [c].

a. « Les plus beaux oiseaux que j'aie vus dans ce pays (au Port-Royal de l'Acadie) sont « les *canards branchus*, qu'on appelle ainsi parce qu'ils perchent. Rien n'est plus beau ni « mieux mélangé que la diversité infinie des vives couleurs qui composent leur plumage ; mais « j'en étais encore moins surpris que de les voir perchés sur un sapin, un hêtre, un chêne, « et de les voir faire leurs petits dans un creux de quelqu'un de ces arbres, qu'ils y élèvent « jusqu'à ce qu'ils soient assez forts pour dénicher, et, selon leur naturel, aller avec leurs père « et mère chercher à vivre dans les eaux. Ils sont bien différents des communs qu'ils appellent « *noirs*, et qui le sont presque effectivement, sans être variés comme les nôtres ; les branchus « ont le corps plus fin et sont aussi plus délicats à manger. » *Voyage au Port-Royal de l'Acadie*, par M. Dierville ; Rouen, 1708 , pag. 112. — « On en voit une espèce que nous appelons « *canards branchus*, qui se juchent sur les arbres, et dont le plumage est très-beau par la « diversité agréable des couleurs qui le composent. » *Nouvelle relation de la Gaspésie*, par le P. Leclerc ; Paris, 1691, p. 485.

b. Suivant le Page Dupratz, on les voit toute l'année à la Louisiane. « Les canards branchus « sont un peu plus gros que nos cercelles ; leur plumage est tout à fait beau, et si changeant, « que la peinture ne pourrait l'imiter ; ils ont sur la tête une belle houppe des couleurs les plus « vives, et leurs yeux rouges paraissent enflammés. Les naturels ornent leurs calumets ou « pipes de la peau de leur cou. Leur chair est très-bonne ; cependant, quand elle est trop « grasse, elle sent l'huile. Cette espèce de canard n'est point passagère, on en trouve en toute « saison, et elle se perche, ce que ne font point les autres ; c'est de là qu'on les nomme *branchus*. » Le Page Dupratz, t. II, p. 114.

c. Catesby, page 97.

LE PETIT CANARD A GROSSE TÊTE. [a*]

Ce petit canard, qui est de taille moyenne entre le canard commun et la sarcelle, a toute la tête coiffée d'une touffe de longs effilés agréablement teints de pourpre avec reflets de vert et de bleu ; cette touffe épaisse grossit beaucoup sa tête, et c'est de là que Catesby a nommé *tête de buffle* (bufflel's head duck) ce petit canard qui fréquente les eaux douces à la Caroline ; il a derrière l'œil une large tache blanche ; les ailes et le dos sont marqués de taches longitudinales noires et blanches alternativement ; la queue est grise, le bec plombé, et les jambes sont rouges.

La femelle est toute brune, avec la tête unie et sans touffe.

Ce canard ne paraît à la Caroline que l'hiver : ce n'est pas une raison pour le nommer, comme a fait M. Brisson, *canard d'hiver*, parce que comme il existe nécessairement ailleurs pendant l'été, ceux qui pourraient l'observer dans ces contrées auraient tout autant de raison de l'appeler *canard d'été*.

LE CANARD A COLLIER DE TERRE-NEUVE. [b c**]

Ce canard de taille petite, courte et arrondie, et d'un plumage obscur, ne laisse pas d'être un des plus jolis oiseaux de son genre : indépendamment des traits blancs qui coupent le brun de sa robe, sa face semble être un masque à long nez noir et joues blanches ; et ce noir du nez se prolonge jusqu'au sommet de la tête, et s'y réunit à deux grands sourcils roux ou d'un rouge bai très-vif ; le domino noir, dont le cou est couvert, est bordé et coupé au bas par un petit ruban blanc qui apparemment a offert à l'ima-

a. Buffel's headed duck. Catesby, *Carolina*, t. I, p. 95. — *Anas minor capite purpureo.* Klein, *Avi.*, p. 134, nᵒ 19. — *Anas bucephala.* Linnæus, *Syst. nat.*, édit. X, gen. 61, sp. 19. — « Anas supernè nigra, infernè alba ; capite viridi-aureo, cæruleo et violaceo colore variante, « genis, collo, pennis scapularibus et fasciâ suprà alas longitudinali candidis ; rectricibus gri-« seis (Mas). — Anas in toto corpore fusca (Fœmina)... » *Anas hyberna*, le Canard d'hiver. Brisson, t. VI, p. 349.

b. Voyez les planches enluminées, nᵒ 798, et nᵒ 799 la femelle.

c. Canard brun et tacheté. Edwards, pag. et pl. 99. — *Anas histrionica.* Linnæus, *Syst. nat.*, édit. X, gen. 61, sp. 30. — « Anas fusco-nigricans ; capite superiore et collo nigris ; « maculâ utrimque rostrum inter et oculum, alterâ ponè oculum, et tæniâ longitudinali ad « colli latera candidis ; torque in medio albo, ad margines splendidè nigro ; tæniâ transversâ « ad exortum alarum concolore ; pectore cinereo-cærulescente ; lateribus rufis ; uropygio nigro-« cærulescente, rectricibus fuscis... » *Anas torquata ex insulâ Terræ-Novæ*, le Canard à collier de Terre-Neuve. Brisson, t. VI, p. 362.

* *Anas bucephala* (Linn.). — Sous-genre *Garrots* (Cuv.).

** *Anas histrionica* (Linn.). — Le *canard arlequin* (Cuv.). — Le mâle, planche enluminée 798 ; la femelle (*anas minuta*, Linn.), planche enluminée 799. — Sous-genre *Garrots* (Cuv.).

gination des pêcheurs de Terre-Neuve l'idée d'un cordon de noblesse, puisqu'ils appellent ce canard *the lord* ou le seigneur[a] ; deux autres bandelettes blanches lisérées de noir sont placées de chaque côté de la poitrine, qui est gris de fer ; le ventre est gris brun ; les flancs sont d'un roux vif, et l'aile offre un miroir bleu pourpré ou couleur d'acier bruni ; on voit encore une mouche blanche derrière l'oreille, et une petite ligne blanche serpentant sur le côté du cou.

La femelle n'a rien de toute cette parure, son vêtement est d'un gris brun noirâtre sur la tête et le manteau, d'un gris blanc sur le devant du cou et la poitrine, et d'un blanc pur à l'estomac et au ventre ; leur grosseur est à peu près celle du morillon, et ils ont le bec fort court et petit pour leur taille.

On reconnaît l'espèce de ce canard dans l'*anas picta capite pulchrè fasciato* de Steller, ou *canard des montagnes* du Kamtschatka[b], et dans l'*anas histrionica* de Linnæus, qui paraît en Islande suivant le témoignage de M. Brunnich[c], et qu'on retrouve non-seulement dans le nord-est de l'Asie, mais même sur le lac Baikal, selon la relation de M. Georgi, quoique Kracheninnikow ait regardé cette espèce comme propre et particulière au Kamtschatka[d].

LE CANARD BRUN.[e*]

Sans une trop grande différence de taille, la ressemblance presque entière de plumage nous eût fait rapporter cette espèce à celle de la *sarcelle brune et blanche* ou *canard brun et blanc de la baie d'Hudson* d'Edwards[f] ; mais celui-ci n'a exactement que la taille de la sarcelle ; et le canard brun est de grosseur moyenne entre le canard sauvage et le garrot. Au reste, il est probable que l'individu représenté dans la planche n'est que la femelle de cette espèce, car elle porte la livrée obscure propre dans tout le genre des canards au sexe féminin. Un fond brun noirâtre sur le dos, et brun roussâtre nué de gris blanc au cou et à la poitrine ; le ventre blanc avec une tache blanche sur l'aile et une large mouche de même couleur entre

a. Edwards.

b. Voyez l'*Histoire générale des Voyages*, t. XIX, p. 273.

c. *Ornithologie boréale*, préface.

d. Il dit qu'en automne on trouve les femelles dans les rivières, mais qu'on n'y voit point de mâles ; il ajoute que ces oiseaux sont fort stupides, et qu'on les prend aisément dans les eaux claires ; car lorsqu'ils voient un homme, au lieu de s'envoler, ils plongent, et on les tue au fond de l'eau à coups de perche. *Histoire de Kamtschatka*, t. II, p. 59.

e. Voyez les planches enluminées, n° 1007.

f. Voyez ci-après, parmi les sarcelles, la *dix-septième espèce*.

* Jeune mâle de l'espèce du *Morillon*. — Voyez la nomenclature de la page 518.

l'œil et le bec, sont tous les traits de son plumage, et c'est peut-être celui que l'on trouve indiqué dans Rzaczynski par cette courte notice : *Lithuana Polesia alit innumeras anates inter quas sunt nigricantes* [a] ; il ajoute que ces canards noirâtres sont connus des Russes sous le nom de *uhle*.

LE CANARD A TÊTE GRISE. [b]*

Nous préférons cette dénomination, donnée par Edwards, à celle de *canard de la baie d'Hudson*, sous laquelle M. Brisson indique cet oiseau : premièrement, parce qu'il y a plusieurs autres canards à la baie d'Hudson ; secondement, parce qu'une dénomination tirée d'un caractère propre de l'espèce est toujours préférable pour la désigner à une indication de pays, qui ne peut que très-rarement être exclusive. Ce canard à tête grise est coiffé assez singulièrement d'une calotte cendrée bleuâtre tombant en pièce carrée sur le haut du cou, et séparée par une double ligne de points noirs semblables à des guillemets, de deux plaques d'un vert tendre qui couvrent les joues : le tout est coupé de cinq moustaches noires, dont trois s'avancent en pointe sur le haut du bec, et les deux autres s'étendent en arrière sous ses angles ; la gorge, la poitrine et le cou sont blancs ; le dos est d'un brun noirâtre avec reflet pourpré ; les grandes pennes de l'aile sont brunes ; les couvertures en sont d'un pourpre ou violet foncé luisant, et chaque plume est terminée par un point blanc dont la suite forme une ligne transversale ; il y a de plus une grande tache blanche sur les petites couvertures de l'aile, et une autre de forme ronde de chaque côté de la queue ; le ventre est noir, le bec est rouge, et sa partie supérieure est séparée en deux bourrelets qui, dans leur renflement, ressemblent, suivant l'expression d'Edwards, *à peu près à des fèves*. C'est, ajoute-t-il, la partie la plus remarquable de la conformation de ce canard, dont la taille surpasse celle du canard domestique ; néanmoins nous devons remarquer que la *femelle du canard à collier de Terre-Neuve*, planche enluminée, n° 799, a beaucoup de rapport avec ce canard à tête grise d'Edwards : la principale différence consiste en ce que les teintes du dos sont plus noires dans la planche de ce naturaliste, et que la joue y est peinte de verdâtre.

a. Hist. nat. Polon., page 269.

b. Grey headed duck. Edwards, *Hist.*, pag. et pl. 156. — *Anas spectabilis.* Linnæus, *Syst. nat.*, édit. X, gen. 61, sp. 4. — « Anas fusco-nigricans, supernè ad purpurascentem colorem « inclinans ; capite superiore dilutè cinereo cærulescente ; triplici in fronte, duplici sub gut- « ture, tæniâ et oculorum ambitu nigris ; genis pallidè virescentibus ; gutture, collo, pectore, « maculâ in alis, alterâ in utroque uropigii latere candidis, rectricibus saturatè fuscis... » *Anas freti Hudsonis*, le Canard de la baie d'Hudson. Brisson, t. VI, p. 363.

* *Anas spectabilis* (Linn.). — Sous-genre *Eiders* (Cuv).

LE CANARD A FACE BLANCHE. [a] *

Nous désignons ce canard par le caractère de sa face blanche, parce que cette indication peut le faire reconnaître au premier coup d'œil : en effet, ce qui frappe d'abord en le voyant est son tour de face tout en blanc, relevé sur la tête d'un voile noir qui, embrassant le devant et le haut du cou, retombe en arrière ; l'aile et la queue sont noirâtres ; le reste du plumage est richement chamarré d'ondes et de festons de noirâtre, de roussâtre et de roux, dont la teinte, plus forte sur le dos, va jusqu'au rouge briqueté sur la poitrine et le bas du cou. Ce canard, qui se trouve au Maragnon, est de plus grande taille et de plus grosse corpulence que notre canard sauvage.

LE MAREC [b] ** ET LE MARÉCA [c] ***, CANARDS DU BRÉSIL.

Maréca est, suivant Pison, le nom générique des canards au Brésil, et Marcgrave donne ce nom à deux espèces qui ne paraissent pas fort éloignées l'une de l'autre, et que par cette raison nous donnons ensemble, en les distinguant néanmoins sous les noms de *màrec* et *maréca*. La première est, dit ce naturaliste, un canard de petite taille qui a le bec brun, avec une tache rouge ou orangée à chaque coin ; la gorge et les joues blanches, la queue grise, l'aile parée d'un miroir vert avec un bord noir. Catesby, qui a décrit le même oiseau à Bahama, dit que ce miroir de l'aile est bordé de jaune ; mais il y a d'autant moins de raison de désigner cette espèce sous le nom de *canard de Bahama*, comme a fait M. Brisson, que Catesby

a. Voyez les planches enluminées, n° 808, sous le nom de *Canard du Maragnon*.

b. *Mareca anatis Sylvestris species.* Marcgrave, *Hist. nat. Brasil.*, p. 214. — Jonston, p. 146. — *Ilathera duck.* Catesby, t. I, p. 93. — *Anas Bahamensis.* Klein, *Avi.*, p. 134, n° 18. — Linnæus, *Syst. nat.*, édit. X, gen. 61, sp. 14. — *Anas Sylvestris Brasiliensis mareca dicta prima Marcgravii.* Willughby, *Ornithol.*, p. 292. — Ray, *Synops. avi.*, p. 149, n° 4. — *Le mareca.* Salerne, p. 436. — « Anas supernè fusco-rufescens ; infernè grisco-rufescens, nigri-« cante punctulata ; maculâ utrimque in exortu rostri triangulari aurantiâ ; capite superiore « grisco-rufescente ; genis, gutture et collo inferiore candidis ; maculâ alarum viridi ; tæniâ « supernè flavicante, infernè primùm nigrá, dein latiusculâ flavicante donata ; rectricibus « griseis... » *Anas Bahamensis*, le Canard de Bahama. Brisson, *Ornithol.*, t. VI, p. 358.

c. *Mareca, alia species.* Marcgrave, p. 214. — Jonston, p. 147. — *Anas Brasiliensis, mareca dicta tertia Marcgravii.* Willughby, *Ornithol.*, p. 293. — Ray, *Synops. avi.*, p. 149, n° 5. — *Autre mareca.* Salerne, p. 437. — « Anas supernè saturatè fusca, infernè obscurè « grisea, ad aureum colorem vergens ; maculâ utrimque rostrum inter et oculum rotundâ « albo-flavescente ; gutture albicante ; maculâ alarum viridi-cæruleâ, tæniâ nigrâ infernè « donata ; rectricibus nigris... *Anas Brasiliensis*, le Canard du Brésil. Brisson, t. VI, p. 360.

* *Anas viduata* (Linn.).

** *Anas bahamensis* (Linn.).

*** *Anas brasiliensis* (Linn.).

remarque expressément qu'il y paraît très-rarement, n'y ayant jamais vu
que l'individu qu'il décrit[a].

Le maréca, seconde espèce de Marcgrave, est de la même taille que
l'autre, et il a le bec et la queue noirs ; un miroir luisant de vert et de
bleu sur l'aile, dans un fond brun ; une tache d'un blanc jaunâtre placée,
comme dans l'autre, entre l'angle du bec et l'œil ; les pieds d'un vermillon
qui, même après la cuisson, teint les doigts en beau rouge. La chair de ce
dernier, ajoute-t-il, est un peu amère, celle du premier est excellente ;
néanmoins les sauvages la mangent rarement, craignant, disent-ils, qu'en
se nourrissant de la chair d'un animal qui leur paraît lourd, ils ne deviennent eux-mêmes plus appesantis et moins légers à la course[b].

LES SARCELLES.

La forme que la nature a le plus nuancée, variée, multipliée dans les
oiseaux d'eau, est celle du canard : après le grand nombre des espèces de
ce genre dont nous venons de faire l'énumération, il se présente un genre
subalterne presque aussi nombreux que celui des canards, et qui ne semble
fait que pour les représenter et les reproduire à nos yeux sous un plus
petit module ; ce genre secondaire est celui des sarcelles, qu'on ne peut
mieux désigner, en général, qu'en disant que ce sont des canards bien plus
petits que les autres, mais qui du reste leur ressemblent non-seulement
par les habitudes naturelles, par la conformation et par toutes les proportions relatives de la forme[c], mais encore par l'ordonnance du plumage,
et même par la grande différence des couleurs qui se trouvent entre les
mâles et les femelles.

On servait souvent des sarcelles à la table des Romains[d] ; elles étaient
assez estimées pour qu'on prît la peine de les multiplier en les élevant en
domesticité[e], comme les canards : nous réussirions sans doute à les élever
de même ; mais les anciens donnaient apparemment plus de soins à leur

a. Carolin., tome I, page 93.

b. « Ils ont des canards (au Brésil) dont ils ne mangent pas, de peur de devenir tardifs et
« pesants comme ces oiseaux, ce qui serait cause, disent-ils, qu'ils seraient facilement vaincus
« par leurs ennemis. Cette même raison les empêche de manger de quelque animal que ce soit
« qui marche ou qui nage pesamment. » *Voyage de François Coréal aux Indes occidentales;*
Paris, 1722, t. I, p. 178.

c. « La sarcelle, dit Belon, seroit en tout semblable à un canard, si elle n'étoit plus petite,
« et qui se figure un canard de petite corpulence aura image de la sarcelle. »

d. « Elle étoit en grande estime ez banquets des Romains; et n'est pas moins renommée ez
« cuisines françoises, tellement qu'une sarcelle sera bien souvent aussi chèrement vendue
« comme une grande oye ou un chapon : la raison est que chacun cognoist qu'elle est bien déli-
« cate. » Belon.

e. « Nam clausæ pascuntur, Anates, Querquedulæ, Boschides, Phalerides, similesque volu-
« cres quæ stagna et paludes rimantur. » Colum., *de Re Rust.*

basse-cour, et en général beaucoup plus d'attention que nous à l'économie rurale et à l'agriculture.

Nous allons donner la description des espèces différertes de sarcelles, dont quelques-unes, comme certains canards, se sont portées jusqu'aux extrémités des continents [a].

LA SARCELLE COMMUNE. [b][c][*]

PREMIÈRE ESPÈCE.

Sa figure est celle d'un petit canard, et sa grosseur celle d'une perdrix ; le plumage du mâle, avec des couleurs moins brillantes que celui du canard, n'en est pas moins riche en reflets agréables qu'il ne serait guère possible de rendre par une description ; le devant du corps présente un beau plastron tissu de noir sur gris, et comme maillé par petits carrés tronqués, renfermés dans de plus grands, tous disposés avec tant de netteté et d'élégance, qu'il en résulte l'effet le plus piquant ; les côtés du cou et les joues, jusque sous les yeux, sont ouvragés de petits traits de blanc, vermiculés sur un fond roux ; le dessus de la tête est noir, ainsi que la gorge, mais un

a. *Sarcelles* dans les campagnes du Chili. Frézier, p. 74. — A la côte de Diémen. Cook, *Second voyage*, t. I, p. 229. — Dans la baie du cap Holland, au détroit de Magellan. Wallis, tome II du *Premier voyage de Cook*, page 65. — Dans le port Egmont, en grande quantité. *Voyage du commodore Byron. Ibid.*

b. Voyez les planches enluminées, n° 946 (le mâle).

c. En grec, Βόσκας ; et chez les Grecs modernes, *pappi*, dénomination générique appliquée à toutes les espèces du genre des canards. (« Les Grecs n'ont dictions en leur vulgaire pour « distinguer les oiseaux de rivières, si proprement que nous faisons ; car ils nomment indiffé-« remment les sarcelles et morillon du nom de canard, qu'ils appellent *pappi*. » *Observations* de Belon, liv. i.) En italien, *sartella*, *cercedula*, *cercevolo*, *garganello* ; en espagnol, *cerceta* ; en allemand, *murentlein*, *mittel-entle*, *scheckicht-endtlin*, *spreugliche-endle* ; en bas allemand, *crak kasona*, et dans quelques endroits, comme aux environs de Strasbourg, *kernell*, selon Gessner ; en russe, *tchirka* ; à Madagascar, *sirire* ; dans quelques-unes de nos provinces, *garsotte*, suivant Belon, en d'autres, *halbran* ; dans l'Orléanais, la Champagne, la Lorraine, *arcanette* ; dans le Milanais et dans notre province de Picardie, *garganey*. — *Sarcelle.* Belon, *Nat. des oiseaux*, p. 175. — *Sarcelle, cercelle, cercerelle, alebrande, garsotte.* Idem, *Portraits d'oiseaux*, p. 37, *b*, mauvaise figure. — *Boscas.* Gessner, *Avi.*, p. 104. — *Kernell, seu querquedula varia.* Idem, *ibid.*, p. 107. — *Anas mediocris.* Idem, *ibid.*, p. 117, la femelle. Klein, *Avi.*, p. 131, n° 4. — *Querquedula varia.* Gessner, *Icon. avi.*, p. 77. — Rzaczynski, *Auctuar. hist. nat. Polon.*, p. 46. — *Boscas Belonii.* Aldrovande, *Avi.*, t. III, p. 208, avec les figures prises de Belon, p. 548. — *Oerquedula prima.* Idem, *ibid.*, p. 209, avec une très-mauvaise figure, p. 549. — *Anas kernell circa Argentoratum dicta.* Idem, *ibid.*, p. 210. — Jonston, *Avi.*, p. 97. — *Phascas forte Gessnero.* Willughby, *Ornithol.*, p. 289 (il paraît qu'il s'agit de la femelle). — Ray, *Synops. avi.*, p. 147, n° *a*, 4. — *Querquedula prima Aldrovandi.* Willughby, *Ornithol.*, p. 291. — Ray, *Synops. avi.*, p. 148, n° 8. — *Querquedula varia Gessneri, prima Aldrovandi.* Klein, *Avi.*, p. 132, n° 8. — *Querquedula kernell circa Argentoratum dicta.* Charleton, *Exercit.*, p. 107. n° 3, et *Onomast.*, p. 101, n° 3, βόσκας *a* βόσκω, *pasco, quæ pascui avidissimè indulget.* Idem, p. 100 ; on voit que Charleton dérive le nom

[*] *Anas querquedula* (Linn.). — Genre *Canards*, sous-genre *Sarcelles* (Cuv.).

long trait blanc prenant sur l'œil va tomber au-dessous de la nuque ; des plumes longues et taillées en pointe couvrent les épaules et retombent sur l'aile en rubans blancs et noirs ; les couvertures qui tapissent les ailes sont ornées d'un petit miroir vert ; les flancs et le croupion présentent des hachures de gris noirâtre sur gris blanc, et sont mouchetés aussi agréablement que le reste du corps.

La parure de la femelle est bien plus simple : vêtue partout de gris et de gris brun, à peine remarque-t-on quelques ombres d'ondes ou de festons sur sa robe ; il n'y a point de noir sur la gorge [a] comme dans le mâle, et en général il y a tant de différence entre les deux sexes, dans les sarcelles comme dans les canards, que les chasseurs peu expérimentés les méconnaissent, et leur ont donné les noms impropres de *tiers*, *racanettes*, *mercanettes* : en sorte que les naturalistes doivent ici, comme ailleurs, prendre garde aux fausses dénominations pour ne pas multiplier les espèces sur la seule différence des couleurs qui se trouvent dans ces oiseaux ; il serait même très-utile, pour prévenir l'erreur, que l'on eût soin de représenter la femelle et le mâle avec leurs vraies couleurs, comme nous l'avons fait dans quelques-unes de nos planches enluminées.

Le mâle, au temps de la pariade, fait entendre un cri semblable à celui du râle : néanmoins la femelle ne fait guère son nid dans nos provinces [b], et presque tous ces oiseaux nous quittent avant le 15 ou 20 d'avril [c] ; ils

grec de la sarcelle (*boscas*) d'une racine qui signifie manger avec avidité ; mais cette étymologie ne devait pas lui être plus propre qu'au canard, vu qu'il est tout au moins aussi vorace. Suivant M. Frisch, le nom allemand de la sarcelle, *kreich ente* ou *kerk entlen*, signifie canard rampant, et paraît en effet convenir à un petit canard à jambes basses, et qui va se glissant et se poussant sous les roseaux et dans l'herbe des rivages. Quant au nom français *sarcelle*, il paraît clairement qu'il est dérivé du latin *querquedula*. — *Anas fera decimaquinta, seu minor tertia*. Schwenckfeld, *Aviar. Siles.*, p. 204. — *Anas fera quinta, seu media* (la femelle). Idem, p. 199. — *Anas maculâ alarum viridi, lineâ albâ suprâ oculos*. Linnæus, *Fauna Suecica*, n° 108. — Idem, *Syst. nat.*, édit. X, gen. 61, sp. 28. — Frisch, tome II, planches 74 et 75 (mâle et femelle). — *La sarcelle*. Salerne, *Ornithol.*, p. 433. — *La sarcelle à tête noirâtre*. Idem, p. 435. — « Anas supernè fusca, marginibus pennarum griseo-rufes-« centibus, infernè alba, ad latera nigricante transversim striata ; capite et collo supremo « fusco-rufescentibus, lineolis longitudinalibus albis variis ; vertice et occipitio fusco-nigri-« cantibus ; tæniâ suprâ oculos candidâ ; pectore rufescente, fusco eleganter variegato ; maculâ « alarum viridi-aureâ, tæniâ albâ supernè et infernè donata ; rectricibus griseo-fuscis, exte-« riùs albido marginatis (Mas). — Anas supernè fusca, marginibus pennarum griseo-rufes-« centibus, pectore supremo concolore, infernè alba ; capite et collo rufescentibus, maculis « fuscis variegatis ; maculâ alarum nigricante, viridi aureo adumbrata, tæniâ albâ inferiùs « donata ; rectricibus quatuor utrimque extimis griseo-fuscis, exteriùs albido marginatis « (Fœmina)... » *Querquedula*. Brisson, *Ornithol.*, t. VI, p. 427.

a. « *Fœmina magis decolor ; gulâ nigrâ caret*. » *Fauna Suecica*. — « Y a telle différence du « mâle à la femelle de sarcelle, que celle qu'on trouve ez canes et canards... Le plus souvent « les femelles sont grises autour du cou, et jaunâtres par-dessous le ventre ; brunes dessus le « dos, les ailes et le croupion. » Belon, *Nat.*, p. 173.

b. M. Salerne dit n'avoir jamais vu son nid dans la partie de l'Orléanais où il a observé.

c. Comme la sarcelle ne paraît guère que l'hiver, Schwenckfeld en dérive son nom ; « Quer-« quedula, quoniam querquero, id est frigido et hyemali tempore, maximè apparet. »

volent par bandes dans le temps de leurs voyages, mais sans garder, comme les canards, d'ordre régulier; ils prennent leur essor de dessus l'eau, et s'envolent avec beaucoup de légèreté; ils ne se plongent pas souvent, et trouvent à la surface de l'eau et vers ses bords la nourriture qui leur convient : les mouches et les graines des plantes aquatiques sont les aliments qu'ils choisissent de préférence. Gessner a trouvé dans leur estomac de petites pierres mêlées avec cette pâture; et M. Frisch, qui a nourri quelques couples de ces oiseaux pris jeunes, nous donne les détails suivants sur leur manière de vivre dans cette espèce de domesticité commencée : « Je présentai d'abord à ces sarcelles, dit-il, différentes graines, sans qu'elles « touchassent à aucunes; mais à peine eus-je fait poser à côté de leur vase « d'eau un bassin rempli de millet, qu'elles y accoururent toutes; chacune, « à chaque becquée, allait à l'eau, et dans peu elles en apportèrent assez « dans leurs becs pour que le millet fût tout mouillé. Néanmoins, cette « petite graine n'était pas encore assez trempée à leur gré, et je vis mes « sarcelles se mettre à porter le millet, aussi bien que l'eau, sur le sol de « l'enclos, qui était d'argile, et lorsque la terre fut amollie et trempée elles « commencèrent à barboter, et il se fit par là un creux assez profond dans « lequel elles mangeaient leur millet mêlé de terre; je les mis dans une « chambre et elles portaient de même, quoique plus inutilement, le millet « et l'eau sur le plancher; je les conduisis dans l'herbe, et il me parut « qu'elles ne faisaient que la fouiller en y cherchant des graines sans en « manger les feuilles, non plus que les vers de terre; elles poursuivaient « les mouches et les happaient à la manière des canards; lorsque je tardais « de leur donner la nourriture accoutumée, elles la demandaient par un « petit cri enroué, *quoak*, répété chaque demi-minute; le soir elles se « gîtaient dans des coins, et même le jour, lorsqu'on les approchait, elles « se fourraient dans les trous les plus étroits. Elles vécurent ainsi jusqu'à « l'approche de l'hiver; mais le froid rigoureux étant venu, elles mou- « rurent toutes à la fois. »

LA PETITE SARCELLE. [a][b][*]

SECONDE ESPÈCE.

Cette sarcelle est un peu plus petite que la première, et elle en diffère encore par les couleurs de la tête, qui est rousse et rayée d'un large trait

a. Voyez les planches enluminées, n° 947.

b. On lui donne la plupart des noms de la sarcelle commune; les suivants paraissent lui être particuliers : en allemand, *troessel*, *krieg-enten*, *kruk-entle*, *graw-entlin*: et la femelle,

* *Anas crecca* (Linn.).

de vert bordé de blanc, qui s'étend des yeux à l'occiput; le reste du plumage est assez ressemblant à celui de la sarcelle commune, excepté que la
poitrine n'est point aussi richement émaillée, mais seulement mouchetée.

Cette petite sarcelle niche sur nos étangs et reste dans le pays toute l'année; elle cache son nid parmi les grands joncs et le construit de leurs brins,
de leur moelle et de quantité de plumes; ce nid, fait avec beaucoup de
soin, est assez grand et posé sur l'eau, de manière qu'il hausse et baisse
avec elle; la ponte, qui se fait dans le mois d'avril, est de dix et jusqu'à
douze œufs de la grosseur de ceux du pigeon; ils sont d'un blanc sale avec
de petites taches couleur de noisette; les femelles seules s'occupent du soin
de la couvée; les mâles semblent les quitter et se réunir pour vivre ensemble
pendant ce temps; mais en automne ils retournent à leur famille : on voit
sur les étangs ces sarcelles par compagnies de dix à douze qui forment la
famille, et dans l'hiver elles se rabattent sur les rivières et les fontaines
chaudes; elles y vivent de cresson et de cerfeuil sauvage; sur les étangs
elles mangent les graines de jonc et attrapent de petits poissons.

Elles ont le vol très-prompt; leur cri est une espèce de sifflement, *vouire,
vouire,* qui se fait entendre sur les eaux dès le mois de mars. M. Hébert
nous assure que cette petite sarcelle est aussi commune en Brie que l'autre

brunn-kœpficht endtlin; en suisse, *mour-entle, sor-entle, soeke;* en polonais, *cyranka;* en
suédois, *aerta;* en hollandais, *taling;* dans notre Bourgogne par les chasseurs, *racanette;*
en mexicain, *pepatzca.* — *Phascas.* Gessner, *Avi.,* p. 104. — *Pascas, seu querquedula minor.*
Aldrovande, *Avi.,* t. III, p. 207. — *Querquedula.* Gessner, *Avi.,* p. 105; et *Icon. avi.,* p. 77,
figure inexacte. — *Querquedula secunda.* Aldrovande, *Avi.,* t. III, p. 209, avec une figure
très-mauvaise, p. 550. — *Querquedula secunda Aldrovandi.* Willughby, *Ornithol.,* p. 290.
— Ray, *Synops. avi.,* p. 147, n° a, 6; et p. 192, n° 14. — Sloane, *Jamaïca,* p. 324, n° 10.
— *Querquedula, nonnullis boscas minor.* Charleton, *Exercit.,* p. 106, n° 14. *Onomast.,*
p. 100, n° 14. — *Querquedula major.* Jonston, n° 1, p. 96. — *Anas fera decima-tertia; seu
minor prima.* Schwenckfeld, *Aviar. Siles.,* p. 203. — Klein, *Avi.,* p. 132, n° 8. — *Anas fera
sexdecima; seu minor quarta.* Schwenckfeld, *Avi. Siles.,* p. 204 (la femelle). — Ray, *Synops.,*
p. 148, n° 9. — *Anas querquedula Franciæ.* Klein, *Avi.,* p. 133, n° 14. — *Anas querquedula
secunda Aldrovandi.* Idem, p. 136, n° 31. — *Querquedula secunda Aldrovandi, Boschis Colu-
mellæ.* Rzaczynski, *Auctuar.,* p. 416. — *Querquedula Varroni, Boscas Commelino.* Idem,
Hist., p. 293. — *Querquedula sylvestris minor.* Idem, *Auctuar.,* p. 416. — *Anas grisea, alis
tæniá ex cæsio et viridi cinctis.* Barrère, *Ornithol.,* class. 1, gen, 1, sp. 12. — « Anas maculá
« alarum viridi, lineá albá suprà infràque oculos... » *Crecca.* Linnæus, *Syst. nat.,* édit. X,
gen. 61, sp. 29. — Idem, *Fauna Suec.,* n° 109. — *Pepatzca, seu anas splendens.* Fernandez,
p. 32, cap. LXXXVIII. — *Cercelle.* Albin, t. I, p. 86, avec une mauvaise figure; et une autre
aussi fautive de la femelle, t. II, pl. 102, sous le nom de *cercelle de France.* — Frisch,
t. II, pl. 76. — *La petite sarcelle.* Salerne, p. 434. — « Anas supernè albido et nigricante
« transversim et undatim striata, infernè alba; vertice castaneo-fusco, pennis rufescente
« marginatis; tæniá suprà oculos albo-rufescente, infrà oculos candidá; fasciá ponè oculos
« viridi-aureá; genis et collo castaneis; gutture fusco; pectore maculis nigris vario; maculá
« alarum nigrá et viridi-aureá; tæniá dilutè fulvá superiùs donata, rectricibus fuscis, albido
« marginatis (Mas). — Anas supernè fusca, pennis rufescente maculatis et marginat!
« infernè rufescens; maculá alarum nigrá et viridi-aureá, tæniá albá supernè et infernè
« donata; rectricibus griseo-fuscis, exteriùs rufescente maculatis et albido marginatis
« (Fœmina)... » *Querquedula minor.* Brisson, *Ornithol.,* t. VI, p. 436.

y est rare, et que l'on en tue grande quantité dans cette province ; suivant Rzaczynski, on en fait la chasse en Pologne au moyen de filets tendus d'un arbre à l'autre : les bandes de ces sarcelles donnent dans ces filets lorsqu'elles se lèvent de dessus les étangs à la brune.

Ray, par le nom qu'il donne à notre petite sarcelle (*the common teal*), paraît n'avoir pas connu la sarcelle commune : Belon, au contraire, n'a connu que cette dernière ; et quoiqu'il lui ait attribué indistinctement les deux noms grecs de *boscas* et *phascas*, le second paraît désigner spécialement la petite sarcelle; car on lit dans Athénée que la phascas est plus grande que le petit *colymbis*, qui est le grèbe castagneux : or, cette mesure de grandeur convient parfaitement à notre petite sarcelle. Au reste, son espèce a communiqué d'un monde à l'autre par le Nord; car il est aisé de la reconnaître dans le *pepalzca* de Fernandez; et plusieurs individus que nous avons reçus de la Louisiane n'ont offert aucune différence d'avec ceux de nos contrées.

LA SARCELLE D'ÉTÉ.[a]*

TROISIÈME ESPÈCE.

Nous n'eussions fait qu'une seule et même espèce de cette sarcelle et de la précédente, si Ray, qui paraît les avoir vues toutes deux[b], ne les eût pas

a. En anglais, *summer teal* ; en écossais, *ateal* ; en allemand, *birckilgen*, *graw-endtlin* ; dans notre province de Picardie, *criquard* ou *criquet*, si pourtant ce nom n'appartient pas à la petite sarcelle. — *Anas circia.* Gessner, *Avi.*, p. 106. — Aldrovande, t. III, p. 209. — Jonston, *Avi.*, p. 97. — Charleton, *Onomast.*, p. 101, n° 1. *Exercit.*, p. 107, n° 1. — Sibbald, *Scot. illust.*, part. II, lib. III, p. 20. — *Anas circia, seu querquedula fusca.* Gessner, *Icon. avi.*, p. 77. — *Circia Gessneri.* Klein, *Avi.*, p. 132, n° 8. — *Anas circia Gessneri.* Willughby, *Ornithol.*, p. 291. — Ray, *Synops. avi.*, p. 148, n° 7. — *Querquedula fusca.* Rzaczynski, *Auctuar.*, p. 416. — « Anas testaceo-nebulosa, superciliis albidis, rostro pedibusque cinereis. » *Fauna Suecica*, n° 111. — « Anas maculâ alarum variâ, lineâ albâ suprà oculos, rostro pedi- « busque cinereis... » *Circia.* Idem, *Syst. nat.*, édit. X, gen. 61, sp. 32. — « Anas supernè « cinereo-fusca, marginibus pennarum candicantibus, infernè albo-rufescens, in imo ventre « griseo maculata; tæniâ suprà oculos candidâ; genis et gutture castaneis, collo inferiore et « pectore rufescentibus, pennis fusco marginatis; maculâ alarum nigrâ et viridi-aureâ; tæniâ « albâ supernè et infernè donata; rectricibus cinereo-fuscis (Mas). — Anas supernè cinereo- « fusca, marginibus pennarum rufescentibus, infernè albo-rufescens, in imo ventre griseo « maculata; tæniâ suprà oculos candidâ, genis et gutture albido variegatis; maculâ alarum « viridi aureâ, tæniâ albâ infernè donata; rectricibus cinereo-fuscis (Fœmina)... » *Querquedula æstiva.* Brisson, *Ornithol*, t. VI, p. 445.

b. M. Klein n'y regarde pas de si près : « Hæ omnes, dit-il, sunt anates minimæ, vulgò « querquedulæ, quas in suas species distribuere supervacaneum foret; sunt varietates. » *Avi.*, page 132. Mais cela paraît dit trop légèrement, et il est certain, du moins, que l'espèce de la petite sarcelle est bien distincte de celle de la sarcelle commune.

* *Anas circia* (Linn.). — Cet oiseau-ci n'est pas une espèce particulière : c'est le vieux mâle de l'espèce de la *sarcelle commune*. — Voyez la nomenclature de la p. 534.

séparées [a] ; il distingue positivement la petite sarcelle et la sarcelle d'été ;
nous ne pouvons donc que le suivre dans sa description, et copier la notice
qu'il en donne. Cette sarcelle d'été, dit-il, est encore un peu moins grosse
que la petite sarcelle, et c'est de tous les oiseaux de cette grande famille
des sarcelles et canards, sans exception, le plus petit ; elle a le bec noir,
tout le manteau cendré brun, avec le bout des plumes blanc sur le dos ; il
y a sur l'aile une bande large d'un doigt ; cette bande est noire avec des
reflets d'un vert d'émeraude et bordée de blanc ; tout le devant du corps
est d'un blanc lavé de jaunâtre, tacheté de noir à la poitrine et au bas-
ventre ; la queue est pointue ; les pieds sont bleuâtres et leurs membranes
noires.

M. Baillon m'a envoyé quelques notes sur une *sarcelle d'été*, par lesquelles il me paraît qu'il entend par cette dénomination la petite sarcelle
de l'article précédent, et non pas la sarcelle d'été décrite par Ray. Quoi
qu'il en soit, nous ne pouvons que rapporter ici ses indications et ses observations, qui sont intéressantes :

« Nous nommons ici (à Montreuil-sur-mer) la sarcelle d'été *criquard*
« ou *criquet*, dit M. Baillon ; cet oiseau est bien fait et a beaucoup de
« grâce ; sa forme est plus arrondie que celle de la sarcelle commune :
« elle est aussi mieux parée ; ses couleurs sont plus variées et mieux tran-
« chées ; elle conserve quelquefois de petites plumes bleues qu'on ne voit
« que quand les ailes sont ouvertes. Peu d'oiseaux d'eau sont d'une gaieté
« aussi vive que cette sarcelle : elle est presque toujours en mouvement,
« se baigne sans cesse et s'apprivoise avec beaucoup de facilité ; huit jours
« suffisent pour l'habituer à la domesticité ; j'en ai eu pendant plusieurs
« années dans ma cour, et j'en conserve encore deux qui sont très-fami-
« lières.

« Ces jolies sarcelles joignent à toutes leurs qualités une douceur
« extrême. Je ne les ai jamais vues se battre ensemble ni avec d'autres
« oiseaux ; elles ne se défendent même pas lorsqu'elles sont attaquées :
« aussi délicates que douces, le moindre accident les blesse ; l'agitation que
« leur donne la poursuite d'un chien suffit pour les faire mourir ; lors-
« qu'elles ne peuvent fuir par le secours de leurs ailes, elles restent éten-
« dues sur la place comme épuisées et expirantes ; leur nourriture est du
« pain, de l'orge, du blé, du son ; elles prennent aussi des mouches, des
« vers de terre, des limaçons et d'autres insectes.

« Elles arrivent dans nos marais voisins de la mer vers les premiers jours
« de mars ; je crois que le vent de sud les amène, elles ne se tiennent pas
« attroupées comme les autres sarcelles et comme les canards siffleurs ; on les

---

a. « Minima, dit-il, in anatino genere exceptâ sequente (la sarcelle d'été) ; » et celle dont il
parle ici sous le nom de *minima* est certainement notre petite sarcelle, comme la description
qu'il en fait nous en a convaincus.

« voit errer de tous côtés et s'apparier peu de temps après leur arrivée; elles
« cherchent au mois d'avril, dans des endroits fangeux et peu accessibles,
« de grosses touffes de joncs ou d'herbes fort serrées, et un peu élevées au-
« dessus du niveau du marais; elles s'y fourrent en écartant les brins qui les
« gênent, et, à force de s'y remuer, elles y pratiquent un petit emplacement
« de quatre à cinq pouces de diamètre, dont elles tapissent le fond avec des
« herbes sèches; le haut en est bien couvert par l'épaisseur des joncs, et
« l'entrée est masquée par les brins qui s'y rabattent; cette entrée est le
« plus souvent vers le midi; dans ce nid la femelle dépose de dix à quatorze
« œufs d'un blanc un peu sale, et presque aussi gros que les premiers œufs
« des jeunes poules. J'ai vérifié le temps de l'incubation, il est, comme
« dans les poules, de vingt-un à vingt-trois jours.

« Les petits naissent couverts de duvet comme les petits canards; ils sont
« fort alertes, et dès les premiers jours après leur naissance le père et la
« mère les conduisent à l'eau; ils cherchent les vermisseaux sous l'herbe
« et dans la vase : si quelque oiseau de proie passe, la mère jette un petit
« cri, toute la famille se tapit et reste immobile jusqu'à ce qu'un autre cri
« lui rende son activité.

« Les premières plumes dont les jeunes criquards se garnissent sont gri-
« ses, comme celles des femelles; il est alors fort difficile de distinguer les
« sexes, et même cette difficulté dure jusqu'à l'approche de la saison des
« amours ; car il est un fait particulier à cet oiseau que j'ai été à portée de
« vérifier plusieurs fois, et que je crois devoir rapporter ici : je me procure
« ordinairement de ces sarcelles dès le commencement de mars; alors les
« mâles sont ornés de leurs belles plumes; le temps de la mue arrive, ils
« deviennent aussi gris que leurs femelles, et restent dans cet état jusqu'au
« mois de janvier; dans l'espace d'un mois, à cette époque, leurs plumes
« prennent une autre teinte : j'ai encore admiré ce changement cette année;
« le mâle que j'ai est présentement aussi beau qu'il peut l'être; je l'ai vu
« aussi gris que la femelle. Il semble que la nature n'ait voulu le parer que
« pour la saison des amours.

« Cet oiseau n'est pas des pays septentrionaux; il est sensible au froid;
« ceux que j'ai eus allaient toujours coucher au poulailler, et se tenaient au
« soleil ou auprès du feu de la cuisine; ils sont tous morts d'accident, la
« plupart des coups de bec que les oiseaux plus forts qu'eux leur donnaient.
« Néanmoins j'ai lieu de croire que naturellement ils ne vivent pas long-
« temps, vu que leur croissance entière est prise en deux mois ou envi-
« ron. »

LA SARCELLE D'ÉGYPTE. [a][*]

QUATRIÈME ESPÈCE.

Cette sarcelle est à peu près de la grosseur de notre sarcelle commune (première espèce); mais elle a le bec un peu plus grand et plus large; la tête, le cou et la poitrine sont d'un brun roux ardent et foncé; tout le manteau est noir; il y a un trait de blanc dans l'aile; l'estomac est blanc et le ventre est du même brun roux que la poitrine.

La femelle, dans cette espèce, porte à peu près les mêmes couleurs que le mâle, seulement elles sont moins fortes et moins nettement tranchées; le blanc de l'estomac est brouillé d'ondes brunes, et les couleurs de la tête et de la poitrine sont plutôt brunes que rousses; on nous a assuré que cette sarcelle se trouvait en Égypte.

LA SARCELLE DE MADAGASCAR. [b][**]

CINQUIÈME ESPÈCE.

Cette sarcelle est à peu près de la taille de notre petite sarcelle (seconde espèce), mais elle a la tête et le bec plus petits; le caractère qui la distingue le mieux est une large tache vert pâle ou vert d'eau placée derrière l'oreille, et encadrée dans du noir qui couvre le derrière de la tête et du cou; la face et la gorge sont blanches; le bas du cou, jusque sur la poitrine, est joliment ouvragé de petits lisérés bruns dans du roux et du blanc; cette dernière couleur est celle du devant du corps; le dos et la queue sont teints et lustrés de vert sur fond noir ou noirâtre. Cette sarcelle nous a été envoyée de Madagascar.

LA SARCELLE DE COROMANDEL. [c][***]

SIXIÈME ESPÈCE.

Les numéros 949 et 950 de nos planches enluminées représentent le mâle et la femelle de ces jolies sarcelles qui nous ont été envoyées de la côte de

a. Voyez les planches enluminées, n° 1000.

b. Voyez les planches enluminées, n° 770, sous la dénomination de *Sarcelle mâle de Madagascar.*

c. Voyez les planches enluminées, n° 949, le mâle; et n° 950, la femelle.

[*] *Anas nyroca* (Gmel.). — *Anas leucophthalmos* (Bechst.). — La femelle : *anas africana* (Gmel.). — Le *petit millouin*, sous-genre *Millouins* (Cuv.).

[**] *Anas madagascariensis* (Gmel.). — Sous-genre *Bernaches* (Cuv.).

[***] *Anas coromandelica* (Gmel.). — Sous-genre *id.*

Coromandel; elles sont plus petites au moins d'un quart que nos sarcelles communes (première espèce). Leur plumage est composé de blanc et de brun noirâtre; le blanc règne sur le devant du corps; il est pur dans le mâle, et mêlé de gris dans la femelle; le brun noirâtre forme une calotte sur la tête, colore tout le manteau et se marque sur le cou du mâle par taches et mouchetures, et par petites ondes transversales au bas de celui de la femelle; de plus, l'aile du mâle brille, sur sa teinte noirâtre, d'un reflet vert et rougeâtre.

LA SARCELLE DE JAVA.[a]*

SEPTIÈME ESPÈCE.

Le plumage de cette sarcelle, sur le devant du corps, le haut du dos et sur le cou, est richement ouvragé de festons noirs et blancs; le manteau est brun; la gorge est blanche; la tête est coiffée d'un beau violet pourpré, avec un reflet vert aux plumes de l'occiput, lesquelles avancent sur la nuque et semblent s'en détacher en forme de pennaches; la teinte violette reprend au bas de cette petite touffe, et forme une large tache sur les côtés du cou; elle en marque une semblable, accompagnée de deux taches blanches sur les plumes de l'aile les plus voisines du corps. Cette sarcelle qui nous est venue de l'île de Java, est de la taille de la sarcelle commune (première espèce).

LA SARCELLE DE LA CHINE.[bc]*

HUITIÈME ESPÈCE.

Cette belle sarcelle est très-remarquable par la richesse et la singularité de son plumage; il est peint des plus vives couleurs, et relevé sur la tête

a. Voyez les planches enluminées, n° 930.

b. Voyez les planches enluminées, n° 805, sous la dénomination de *Sarcelle mâle de la Chine*; et n° 806, sa femelle.

c. *Kimnodsui*. Kæmpfer, *Hist. naturelle du Japon*, t. I, p. 112, avec une figure, planche x, faite sur un dessin japonais, par conséquent très-imparfaite. — *Cercelle de la Chine*. Edwards, t. II, pag. et pl. 102, belle figure. — *Querquedula indica*. Aldrovande, *Avi.*, t. III, p. 209. — *Anas Sinensis*. Klein, *Avi.*, p. 136, n° 34. — « Anas cristâ dependente, dorso postico « utrimque pennâ recurvatâ, compressâ, elevatâ... » *Anas Galericulata*. Linnæns, *Syst. nat.*, édit. X, gen. 61, sp. 36. — « Anas cristata, supernè obscurè fusca, cæruleo et viridi colore

* *Anas falcaria* (Gmel., Desm.).

** *Anas galericulata* (Linn.). — *Le canard de la Chine*. — Sous-genre *Canards proprement dits* (Cuv.).

par un magnifique pennache vert et pourpre qui s'étend jusqu'au delà de la nuque; le cou et les côtés de la face sont garnis de plumes étroites et pointues, d'un rouge orangé; la gorge est blanche ainsi que le dessus des yeux; la poitrine est d'un roux pourpré ou vineux, les flancs sont agréablement ouvragés de petits lisérés noirs, et les pennes des ailes élégamment bordées de traits blancs : ajoutez à toutes ces beautés une singularité remarquable, ce sont deux plumes, une de chaque côté, entre celles de l'aile les plus près du corps, qui, du côté extérieur de leur tige, portent des barbes d'une longueur extraordinaire, d'un beau roux orangé, liseré de blanc et de noir sur le bord, et qui forment comme deux éventails ou deux larges ailes de papillon relevées au-dessus du dos; ces deux plumes singulières distinguent suffisamment cette sarcelle de toutes les autres, indépendamment de la belle aigrette qu'elle porte ordinairement flottante sur sa tête, et qu'elle peut relever; les belles couleurs de ces oiseaux ont frappé les yeux des Chinois : ils les ont représentés sur leurs porcelaines et sur leurs plus beaux papiers; la femelle qu'ils y représentent aussi y paraît toujours toute brune, et c'est en effet sa couleur, avec quelque mélange de blanc, comme on peut le voir au n° 806 de nos planches enluminées; tous deux ont également le bec et les pieds rouges.

Cette belle sarcelle se trouve au Japon comme à la Chine, car on la reconnaît dans l'oiseau *kimnodsui*, de la beauté duquel Kæmpfer parle avec admiration [a], et Aldrovande raconte que les envoyés du Japon, qui, de son temps, vinrent à Rome, apportèrent, entre autres raretés de leur pays, des figures de cet oiseau [b].

« varians, infernè alba; vertice et cristâ viridibus, cristâ tæniâ purpureâ utrimque notatâ;
« genis candidis; collo supremo rubro-aurantio, pectore vinaceo; lateribus albo et nigro
« transversim striatis; macula alarum cæruleo-virescente, tæniâ albâ inferiùs donata;
« remigibus binis interiùs spadiceis, versùs apicem nigro fimbriatis, sursùm reflexis; rectri-
« cibus fuscis, cæruleo colore variantibus... » *Querquedula Sinensis.* Brisson, *Ornithol.*, t. VI, p. 450.

a. « Il y a (au Japon) une espèce de canard dont je ne saurais m'empêcher de parler, à
« cause de la beauté particulière du mâle, appelé *kimnodsui*; elle est si exquise, que lorsqu'on
« me l'eut fait voir peint en couleur, je ne pouvais pas croire qu'on l'eût représenté fidèle-
« ment, jusqu'à ce que je vis moi-même cet oiseau, qui est fort commun. Ses plumes forment
« une nuance des plus belles couleurs que l'on puisse imaginer; mais le rouge domine autour
« du cou et de la gorge; il a la tête couronnée d'une aigrette magnifique; sa queue qui s'élève
« obliquement, et les ailes qui sont placées sur le dos d'une manière singulière, offrent à l'œil
« un objet aussi curieux qu'il est extraordinaire. » *Hist. naturelle du Japon*, t. I, p. 112. —
La même chose dans l'*Histoire générale des Voyages*, t. X, p. 669.

b. Aldrovande, *Avi.*, t. III, p. 209.

LA SARCELLE DE FÉROÉ. [a][b][*]

NEUVIÈME ESPÈCE.

Cette sarcelle qui est un peu moins grande que notre sarcelle commune (première espèce), a tout le plumage d'un gris blanc uniforme sur le devant du corps, du cou et de la tête : seulement il est légèrement taché de noirâtre derrière les yeux, ainsi que sur la gorge et aux côtés de la poitrine; tout le manteau, avec le dessus de la tête et du cou, est d'un noirâtre mat et sans reflets; ce sont là les seules et tristes couleurs de cet oiseau du Nord, et qui se trouve à l'île Féroé.

Toutes les espèces précédentes de sarcelles sont de l'ancien continent : celles dont nous allons parler appartiennent au nouveau; et quoique les mêmes espèces des oiseaux aquatiques soient souvent communes aux deux mondes, néanmoins chacune de ces espèces de sarcelles paraît propre et particulière à un continent ou à l'autre; et à l'exception de notre grande et de notre petite sarcelle (première et seconde espèce), aucune autre ne paraît se trouver dans tous deux.

LA SARCELLE SOUCROUROU. [c][d][**]

DIXIÈME ESPÈCE.

Pour désigner cette sarcelle, nous adoptons le nom de *soucrourou* qu'on lui donne à Cayenne, où l'espèce en est commune; elle est à peu près de

a. Voyez les planches enluminées, n° 999, *Sarcelle de l'île Féroé.*

b. *Oedel* à l'île Féroë, suivant M. Brisson. — « Anas supernè fusco-nigricans, infernè alba; « tæniâ longitudinali nigricante in vertice; capite ad latera dilutè griseo, oculorum ambitu « candido; occipite et collo superiore nigricante et albido variis; gutture et collo inferiore fusco « maculatis; maculâ alarum fusco-rufescente; rectricibus quinque utrimque extimis griseis « exteriùs albido marginatis... » *Querquedula Ferroensis.* Brisson, *Ornithol.*, t. VI, p. 466.

c. Voyez les planches enluminées, n° 966, *Sarcelle mâle de Cayenne*, dite le *Soucrourou.*

d. *Querquedula minor varia; Soukourourou.* Barrère, *France équinox.*, p. 146. — **White faced teal.** Catesby, *Carolina*, t. I, p. 100. — *Anas subfusca minor, remigibus extimis cæruleis, mediis albis, maximis sub-virescentibus, fasciâ albâ in fronte.* Browne, *Nat. hist. of Jamaïca*, p. 481. — *Anas querquedula Americana variegata.* Klein, *Avi.*, p. 134, n° 24. — « Anas supernè fusca, griseo transversim et undatim striata, infernè rufescens, fusco macu- « lata; capite et collo supremo violaceis, viridi colore variantibus; pennis basim rostri ambien- « tibus et vertice nigris; tæniâ utrimque transversâ rostrum inter et oculum candidâ; tectri- « cibus alarum superioribus cæruleis; maculâ alarum viridi, tæniâ albâ superiùs donata; « rectricibus fuscis (Mas). — Anas in toto corpore fusca (Fœmina)... » *Querquedula Americana.* Brisson, *Ornithol.*, t. VI, p. 452.

* « La *sarcelle de Féroé* est un jeune mâle de l'espèce du *canard à longue queue de Terre-Neuve.* » (Cuvier). — Voyez la nomenclature de la page 505.

** *Anas discors* (Linn.).

la taille de notre sarcelle (première espèce); le mâle a le dos richement
festonné et ondé; le cou, la poitrine et tout le devant du corps sont mouchetés de noirâtre sur un fond brun roussâtre; au haut de l'aile est une
belle plaque d'un bleu clair au dessous de laquelle est un trait blanc, et
ensuite un miroir vert; il y a aussi un large trait de blanc sur les joues; le
dessus de la tête est noirâtre avec des reflets verts et pourprés, la femelle
est toute brune.

Ces oiseaux se trouvent aussi à la Caroline, et vraisemblablement en
beaucoup d'autres endroits de l'Amérique : leur chair, au rapport de Barrère, est délicate et de bon goût.

LA SARCELLE SOUCROURETTE. [a][b][*]

ONZIÈME ESPÈCE.

Quoique la sarcelle de Cayenne, représentée n° 403 de nos planches
enluminées, soit de moindre taille que celle que M. Brisson donne, d'après
Catesby, sous le nom de *sarcelle de Virginie*, la grande ressemblance
dans les couleurs du plumage nous fait regarder ces deux oiseaux comme
de la même espèce, et nous sommes encore fort portés à les rapprocher de celle de la sarcelle soucrourou de Cayenne dont nous venons
de parler; c'est par cette raison que nous lui avons donné un nom qui
indique ce rapport : en effet, la soucrourette a sur l'épaule la plaque bleue
avec la zone blanche au-dessous, et ensuite le miroir vert, tout comme le
soucrourou; le reste du corps et la tête sont couverts de taches d'un gris
brun ondé de gris blanc, dont la figure de Catesby ne rend pas le mélange,
ne présentant que du brun étendu trop uniformément, ce qui conviendrait
à la femelle, qui, selon lui, est toute brune; il ajoute que ces sarcelles
viennent en grand nombre à la Caroline au mois d'août, et y demeurent
jusqu'au milieu d'octobre, temps auquel l'on ramasse, dans les champs, le
riz dont elles sont avides; et il ajoute qu'en Virginie, où il n'y a point de
riz, elles mangent une espèce d'avoine sauvage qui croit dans les marécages; qu'enfin elles s'engraissent extrêmement par l'une et l'autre de ces
nourritures, qui donnent à leur chair un goût exquis.

---

a. Voyez les planches enluminées, n° 403, *Sarcelle de Cayenne.*
b. Blue winged teal. Catesby, *Carolina*, t. I, pag. et pl. 99. — *Anas quacula.* Klein, *Avi.*,
p. 134, n° 23. — « Anas supernè grisco-fusca, infernè grisca; tectricibus alarum superioribus
« cærulcis; macula alarum viridi, tænià albà superiùs donata: rectricibus fuscis (Mas). —
Anas in toto corpore fusca (Fœmina)... » *Querquedula Virginiana.* Brisson, *Ornithol.*, t. VI,
pag. 455.

* La femelle de l'oiseau précédent.

LA SARCELLE A QUEUE ÉPINEUSE. [a] [*]

DOUZIÈME ESPÈCE.

Cette espèce de sarcelle, naturelle à la Guiane, se distingue de toutes les autres par les plumes de sa queue qui sont longues, et terminées par un petit filet raide comme une épine, et formé par la pointe de la côte, prolongée d'une ligne ou deux au delà des barbes de ces plumes qui sont d'un brun noirâtre; le plumage du corps est assez monotone, n'étant composé que d'ondes ou taches noirâtres, plus foncées au dessus du corps, plus claires en dessous, et festonnées de gris blanc dans un fond gris roussâtre ou jaunâtre; le haut de la tête est noirâtre, et deux traits de la même couleur, séparés par deux traits blancs, passent, l'un à la hauteur de l'œil, l'autre plus bas sur la joue; les pennes de l'aile sont également noirâtres. Cette sarcelle n'a guère que onze ou douze pouces de longueur.

LA SARCELLE ROUSSE A LONGUE QUEUE. [b] [c] [**]

TREIZIÈME ESPÈCE.

Celle-ci est un peu plus grande que la précédente, et en diffère beaucoup par les couleurs; mais elle s'en rapproche par le caractère de la queue longue et de ses pennes terminées en pointe, sans cependant avoir le brin effilé aussi nettement prononcé : ainsi, sans prétendre réunir ces deux espèces, nous croyons néanmoins les devoir rapprocher. Celle-ci a le dessus de la tête, la face et la queue noirâtres; l'aile est de la même couleur, avec quelques reflets bleus et verts, et porte une tache blanche; le cou est d'un beau roux marron; les flancs sont teints de cette même couleur, et le dessus du corps en est ondé sur du noirâtre.

a. Voyez les planches enluminées, n° 967, *la Sarcelle à queue épineuse de Cayenne.*

b. Voyez les planches enluminées, n° 968, sous la dénomination de *Sarcelle de la Guadeloupe.*

c. Chilcanautitli, seu anas chilli colore. Fernandez, *Hist. avi. nov. Hisp.*, p. 21, cap. xxxi. — Ray, *Synops. avi.*, p. 177. — *Colcanauhtli, seu anas coturnicum Mexicanarum colore.* Fernandez, *ibid.*, p. 49, cap. clxxv (probablement la femelle). — Ray, *Synops. avi.*, p. 176. — « Anas supernè rufa, mediis pennarum nigricantibus, infernè griseo-fusca, albido mixta; « capite anteriore fuliginoso; imo ventre dilutè rufo, griseo-fusco maculato; maculâ alarum « candidâ, rectricibus nigricantibus, scapis aterrimis prædatis... » *Querquedula Dominicensis.* Brisson, *Ornithol.*, t. VI, p. 472.

* *Anas spinosa* (Linn.). — Sous-genre *Millouins* (Cuv.).

** *Anas dominica* (Linn.). — Cuvier ne fait qu'une seule espèce de cet oiseau-ci et du précédent.

Cette sarcelle nous a été envoyée de la Guadeloupe; M. Brisson l'a reçue
de Saint-Domingue, et il lui rapporte, avec toute apparence de raison, le
chilcanauhtli, sarcelle de la nouvelle Espagne de Fernandez, qui semble
désigner la femelle de cette espèce par le nom de *colcanauhtli*.

LA SARCELLE BLANCHE ET NOIRE OU LA RELIGIEUSE. [a] [b] [*]

QUATORZIÈME ESPÈCE.

Une robe blanche, un bandeau blanc avec coiffe et manteau noirs, ont
fait donner le surnom de *religieuse* à cette sarcelle de la Louisiane, dont la
taille est à peu près celle de notre sarcelle (première espèce); le noir de sa
tête est relevé d'un lustre de vert et de pourpre, et le bandeau blanc l'entoure par derrière depuis les yeux. « Les pêcheurs de Terre-Neuve, dit
« Edwards, appellent cet oiseau l'*esprit*, je ne sais par quelle raison, si
« ce n'est qu'étant très-vif plongeur, il peut reparaître l'instant après avoir
« plongé à une très-grande distance; faculté qui a pu réveiller dans l'ima-
« gination du vulgaire les idées fantastiques sur les apparitions des esprits.»

LA SARCELLE DU MEXIQUE. [c] [**]

QUINZIÈME ESPÈCE.

Fernandez donne à cette sarcelle un nom mexicain (*metzcanauhtli*),
qu'il dit signifier *oiseau de lune*, et qui vient de ce que la chasse s'en fait la

a. Voyez les planches enluminées, n° 948, *Sarcelle de la Louisiane*, dite *la Religieuse*.

b. Petit canard noir et blanc. Edwards, t. II, pag. et pl. 100. — *Anas parva ex nigro et
albo variegata.* Klein, *Avi.*, p. 136, n° 23. — « Anas alba, dorso remigibusque nigris, capite
« cærulescente, occipite albo... » *Albeola.* Linnæus, *Syst. nat.*, édit. X, gen. 61, sp. 15. —
« Anas alba; capite et collo supremo viridi-aureis; violaceo colore in summo capite, genis et
« gutture variantibus, occipite candida; dorso splendidè nigro; uropygio cinereo-albo; rectri-
« cibus cinereis, tribus utrimque externis exteriùs albo marginatis... » *Querquedula Ludoviciana.* Brisson, *Ornithol.*, t. VI, p. 461.

c. Tollecoloctli, seu metzcanauhtli, id est avis lunaris. Fernandez, *Hist. avi. nov. Hisp.*,
p. 36, cap. cv (Mas). — Ray, *Synops. avi.*, p. 175. — *Tollecoloctli, seu avis stertrix junceti.*
Fernandez, *ibid.*, cap. cvi. — « Anas alba, nigro punctulata; capite fulvo, nigricante et viridi
« cæruleo variegato; maculà rostrum inter et oculos candidà; tectricibus alarum superioribus
« et caudæ inferioribus cæruleis; maculà alarum viridi, tænià supernè albà, infernè fulvà
« donata; rectricibus nigricantibus, exteriùs albicante marginatis (Mas). — Anas supernè
« nigra, marginibus pennarum fulvescentibus et candidis, infernè alba, nigro mixta; maculà
« alarum viridi; rectricibus nigricantibus; exteriùs albicante marginatis (Fœmina...) » *Querquedula maxima.* Brisson, *Ornithol.*, t. VI, p. 458.

[*] *Anas albeola* (Linn.). — Le même oiseau que l'*anas bucephala*. — Voyez la nomenclature [*] de la page 529.

[**] *Anas Novæ-Hispaniæ* (Gmel., Desm.).

nuit au clair de la lune : c'est, dit-il, une des plus belles espèces de ce genre ; presque tout son plumage est blanc pointillé de noir, surtout à la poitrine ; les ailes offrent un mélange de bleu, de vert, de fauve, de noir et de blanc ; la tête est d'un brun noirâtre, avec des reflets de couleurs changeantes ; la queue bleue en dessous, noirâtre en dessus, et terminée de blanc ; il y a une tache noire entre les yeux et le bec, qui est noir en dessous et bleu dans sa partie supérieure.

La femelle, comme dans toutes les espèces de ce genre, diffère du mâle par ses couleurs, qui sont moins nettes et moins vives ; et l'épithète que lui donne Fernandez (*avis stertrix junceti*) semble dire qu'elle sait abattre et couper les joncs pour en former ou y poser son nid.

LA SARCELLE DE LA CAROLINE. [a]*

SEIZIÈME ESPÈCE.

Cette sarcelle se trouve à la Caroline, vers l'embouchure des rivières à la mer, où l'eau commence à être salée ; le mâle a le plumage coupé de noir et de blanc comme une pie ; et la femelle, que Catesby décrit plus en détail, a la poitrine et le ventre d'un gris clair ; tout le dessus du corps et les ailes sont d'un brun foncé ; il y a une tache blanche de chaque côté de la tête, derrière l'œil, et une autre au bas de l'aile. Il est clair que c'est d'après cette livrée de la femelle que Catesby a donné le nom de *petit canard brun* à cette sarcelle, qu'il eût mieux fait d'appeler *sarcelle-pie* ou *sarcelle noire et blanche :* nous lui laissons la dénomination de *sarcelle de la Caroline,* parce que nous n'avons pas connaissance que cette espèce se trouve en d'autres contrées.

a. Little browne duck. Catesby, *Carolina*, t. I, pag. et pl. 98, figure de la femelle. — *Anas minor ex albo et fusco varia.* Klein, *Avi.*, p. 134, n° 22. — « Anas fusco-cinerea, maculâ « aurima alarumque albâ...» *Anas rustica.* Linnæus, *Syst. nat.*, édit. X, gen. 61, sp. 21. — « Anas ex albo et nigro varia (Mas). — Anas supernè saturatè fusca, infernè dilutè grisea ; « maculâ ponè oculos et maculâ alarum candidis ; rectricibus saturatè fuscis (Fœmina)..... » *Querquedula Carolinensis.* Brisson, *Ornithol.*, t. VI, p. 464.

* *Anas rustica* (Linn.). — « La *sarcelle de la Caroline* appartient à la même espèce que le « *petit canard à grosse tête.* » (Desmarets). — Voyez la nomenclature * de la page 529.

LA SARCELLE BRUNE ET BLANCHE. [a] *

DIX-SEPTIÈME ESPÈCE.

Cet oiseau, qu'Edwards donne sous le nom de *canard brun et blanc*, doit néanmoins être rangé dans la famille des sarcelles, puisqu'il est à peu près de la taille et de la figure de notre sarcelle (*première espèce*) ; mais la couleur du plumage est différente, elle est toute d'un brun noirâtre sur la tête, le cou et les pennes de l'aile ; le brun foncé s'éclaircit jusqu'au blanchâtre sur le devant du corps, qui de plus est rayé transversalement de lignes brunes ; il y a une tache blanche sur les côtés de la tête, et une semblable au coin du bec. Cette sarcelle ne craint pas la plus grande rigueur du froid, puisqu'elle est du nombre des oiseaux qui habitent le fond de la baie d'Hudson [b].

ESPÈCES

QUI ONT RAPPORT AUX CANARDS ET AUX SARCELLES.

Après la description et l'histoire des espèces bien reconnues et bien distinctes dans le genre nombreux des canards et des sarcelles, il nous reste à indiquer celles que semblent désigner les notices suivantes, afin de mettre les observateurs et les voyageurs à portée, en complétant ces notices, de reconnaître à laquelle des espèces ci-devant décrites elles peuvent se rapporter, ou si elles en sont en effet différentes, et si elles peuvent indiquer des espèces nouvelles.

I. — Nous devons d'abord faire mention de ces canards nommés vulgairement *quatre ailes*, dont il est parlé dans la Collection académique en ces termes : «Vers 1680, parurent dans le Boulonais une espèce de canards qui

a. *Little brown and the white duck.* Edwards, *Hist. of Birds*, t. III, pag. et pl. 157. — « Anas grisea, auribus albis, remigibus primoribus nigricantibus... » *Anas minuta.* Linnæus, *Syst. nat.*, édit. X, gen. 61, sp. 31. — « Anas supernè obscurè fusca, infernè alba, dilutè « rufescente transversim striata; pennis basim mandibulæ superioris ambientibus, et maculà « ad aures candidis; summo pectore et uropygio fusco-rufescentibus; imo ventre rufescente et « fusco transversim striato; rectricibus fusco rufescentibus..... » *Querquedula freti Hudsonis.* Brisson, *Ornithol.*, t. VI, p. 469.

b. « On compte les sarcelles au nombre des oiseaux qu'on voit passer au printemps à la baie « d'Hudson, pour aller faire leurs petits dans le Nord. » *Histoire générale des Voyages*, t. XV, p. 267.

* « MM. Vieillot et Temminck regardent la *sarcelle brune et blanche* de Buffon comme étant « la femelle (*anas minuta*) du *canard à collier de Terre-Neuve.* » (Desmarets). — Voyez la nomenclature ** de la page 529.

« ont les ailes tournées différemment des autres, les grosses plumes s'écar-
« tant du corps et se jetant au dehors : cela donne lieu au peuple de croire
« et de dire qu'ils ont quatre ailes. » (*Collect. Acad.*, *part. étr.*, tome I,
page 304.) Nous croyons que ce caractère pouvait n'être qu'accidentel, par
la simple comparaison du passage précédent avec le suivant : « M. l'abbé
« Nollet a vu en Italie une troupe d'oies parmi lesquelles il y en avait plu-
« sieurs qui semblaient avoir quatre ailes; mais cette apparence, qui n'avait
« pas lieu quand l'oiseau volait, était causée par le renversement de l'aile-
« ron ou dernière portion de l'aile qui tenait les grandes plumes relevées,
« au lieu de les coucher le long du corps; ces oies étaient venues d'une
« même couvée avec d'autres qui portaient leurs ailes à l'ordinaire, ainsi
« que la mère, mais le père avait les ailerons repliés. » *Histoire de l'Académie*, 1750, page 7.

Ainsi ces canards, comme ces oies à quatre ailes, ne doivent pas être
considérés comme des espèces particulières, mais comme des variétés très-
accidentelles et même individuelles, qui peuvent se trouver dans toute
espèce d'oiseaux.

II. — Le canard ou plutôt la très-petite sarcelle qu'indique Rzaczynski
dans le passage suivant : « Lithuana polesia alit anates innumeras, inter
« quas... sunt... in cavis arborum natæ, molem sturni non excedentes. »
Hist., page 269. Si cet auteur est exact au sujet de la taille singulièrement
petite qu'il donne à cette espèce, nous avouons qu'elle ne nous est pas
connue.

III. — Le canard de Barbarie à tête blanche du docteur Shaw [a], qui n'est
point le même que le canard musqué, et qui doit plutôt se rapporter aux
sarcelles, puisqu'il n'est, dit-il, que de la *taille du vanneau;* il a le bec large,
épais et bleu, la tête toute blanche et le corps couleur de feu.

IV. — L'*anas platyrinchos* du même docteur Shaw, qu'il appelle mal à
propos *pélican de Barbarie*, puisque rien n'est plus éloigné d'un pélican
qu'un canard : celui-ci, d'ailleurs, est aussi petit que le précédent ; il a les
pieds rouges, le bec plat, large, noir et dentelé ; la poitrine, le ventre et
la tête de couleur de feu ; le dos est plus foncé, et il y a trois taches, une
bleue, une blanche et une verte sur l'aile.

V. — L'espèce que le même voyageur donne également sous la mauvaise
dénomination de *pélican de Barbarie à petit bec*. « Celui-ci, dit-il, est un
« peu plus gros que le précédent; il a le cou rougeâtre et la tête ornée
« d'une petite touffe de plumes tannées; son ventre est tout blanc, et son
« dos bigarré de quantité de raies blanches et noires; les plumes de la
« queue sont pointues, et les ailes sont chacune marquées de deux taches
« contiguës, l'une noire et l'autre blanche; l'extrémité du bec est noire, et

---

a. Tome I, page 329.

« les pieds sont d'un bleu plus foncé que ceux du vanneau [a]. » Cette espèce
« nous paraît très-voisine de la précédente.

VI. — Le *turpan* ou *tourpan*, canard de Sibérie, trouvé par M. Gmelin
aux environs de Selengensk, et dont il donne une notice trop courte pour
qu'on puisse le reconnaître [b] : cependant il paraît que ce même canard
tourpan se retrouve à Kamtschatka, et que même il est commun à Ochotsk,
où l'on en fait, à l'embouchure même de la rivière Ochotska, une grande
chasse en bateaux que décrit Kracheninnikow [c]. Nous observerons, au sujet
de ce voyageur, qu'il dit avoir rencontré onze espèces de canards ou sarcelles au Kamtschatka, dans lesquelles nous n'avons reconnu que le tourpan et le canard à longue queue de Terre-Neuve; les neuf autres se nom-
ment, selon lui, *selosni*, *tchirki*, *krohali*, *gogoli*, *lutki*, *tcherneti*, *pulonosi*,
suasi et *canard montagnard*. « Les quatre premiers, dit-il, passent l'hiver
« dans les environs des sources, les autres arrivent au printemps et s'en
« retournent en automne comme les oies [d]. » On peut croire que plusieurs
de ces espèces se reconnaîtraient dans celles que nous avons décrites, si
l'observateur avait pris soin de nous en dire autre chose que leurs noms.

VII. — Le petit canard des Philippines, appelé à Luçon *saloyazir*, et qui
n'étant pas, suivant l'expression de Camel, *plus gros que le poing* [e], doit
être regardé comme une espèce de sarcelle.

VIII. — Le *woures-feique* ou *l'oiseau cognée* de Madagascar, espèce de
canard, « ainsi nommé par ces insulaires, dit François Cauche, parce qu'il
« a sur le front une excroissance de chair noire, ronde, et qui va se recour-
« bant un peu sur le bec à la manière de leurs cognées. Au reste, ajoute ce
« voyageur, cette espèce a la grosseur de nos oisons, et le plumage de nos
« canards [f]. » Nous ajouterons qu'il se pourrait que ce n'en fût qu'une
variété [g].

<hr>

a. *Voyage en Barbarie*, par le docteur Shaw; La Haye, 1743, t. I, p. 329.

b. « Aux environs de Selengensk, nous trouvâmes un petit lac, dont les bords étaient cou-
« verts de cygnes, d'*oies*, de tourpans et de bécassines; je ne puis exprimer la satisfaction
« que nous causa la vue de ces oiseaux; leur chant, inspiré par la nature, avait autant
« d'agrément que l'imitation qu'on voudrait en faire sur des instruments serait choquante et
« désagréable : les sons d'un tourpan ressemblent beaucoup à ceux d'un hautbois, et dans ce
« concert d'oiseaux ils faisaient à peu près l'office de la basse. Cet oiseau est une espèce de
« canard ; son plumage est rouge de renard , excepté la queue et les ailes, qui ont beaucoup de
« noir. » Gmelin, *Voyage en Sibérie*, t. I, p. 218. — La même chose, d'après lui, dans
l'*Histoire générale des Voyages*, t. XV, p. 186.

c. *Histoire de Kamtschatka*, t. II, p. 59.

d. *Idem, ibid.*

e. *Tract. de avis Philipp.*, a Fr. Camel; *Transact. philos.*, n° 285, art. 3.

f. *Voyage à Madagascar*, par François Cauche; Paris, 1651, page 139.

g. Flaccourt nomme trois ou quatre espèces de sarcelles ou *sivire* qu'il dit se trouver dans
cette même île de Madagascar: *tahie*, son cri semble articuler ce nom; elle a les ailes, le bec
et les pieds noirs; *halive*, a le bec et les pieds rouges; *hach*, a le plumage gris avec les ailes
rayées de vert et de blanc; *tatach*, est une espèce d'halive, mais plus petite. *Voyage de Flaccourt*, page 165.

IX. — Les deux espèces de canards et les deux de sarcelles que M. de Bougainville a vues aux îles Malouines ou Falkland, et dont il dit que les premiers ne diffèrent pas beaucoup de ceux de nos contrées, en ajoutant néanmoins qu'on en tua quelques-uns de tout noirs, et d'autres tout blancs. Quant aux deux sarcelles, l'une est, dit-il, *de la taille du canard*, et a le bec bleu ; l'autre est beaucoup plus petite, et l'on en vit de ces dernières qui avaient les plumes du ventre *teintes d'incarnat*. Du reste, ces oiseaux sont en grande abondance dans ces îles, et du meilleur goût [a].

X. — Ces canards du détroit de Magellan, qui, suivant quelques voyageurs, construisent leurs nids d'une façon toute particulière, d'un limon pétri et enduit avec la plus grande propreté, si pourtant cette relation est aussi vraie, qu'à plusieurs traits elle nous paraît suspecte et peu sûre [b].

XI. — Le *canard peint* de la Nouvelle-Zélande, ainsi nommé dans le second Voyage du capitaine Cook, et décrit dans les termes suivants : « Il « est de la taille du canard musqué, et les couleurs de son plumage sont « agréablement variées ; le mâle et la femelle portent une tache blanche « sur chaque aile ; la femelle est blanche à la tête et au cou, mais toutes « les autres plumes ainsi que celles de la tête et du cou du mâle sont « brunes et variées [c]. »

XII. — Le *canard sifflant à bec mou* [1], autrement appelé *canard gris-bleu* de la Nouvelle-Zélande, remarquable en ce que le bec est d'une substance molle et comme cartilagineuse, de manière qu'il ne peut guère se nourrir qu'en ramassant, et pour ainsi dire suçant les vers que le flot laisse sur la grève [d].

XIII. — Le canard à crête rouge, encore de la Nouvelle-Zélande, mais dont l'espèce n'y est pas commune, et qui n'a été trouvée que sur la rivière,

a. Voyage autour du monde, par M. de Bougainville, in-8°, tome I, page 116.

b. « Les canards (du détroit de Magellan) sont assez différents des nôtres et beaucoup moins bons ; ils sont en grand nombre, et ont leur canton particulier dans l'île sur des rochers élevés, hors de la portée du mousquet. De ma vie je n'ai vu tant d'art et d'industrie dans des animaux privés de raison, surtout dans la manière d'arranger leurs nids ; ils sont tellement disposés sur les hauteurs, que le plus grand géomètre ne pourrait distribuer le terrain de manière à y en placer un de plus : tous les cantons sont divisés par petits sentiers, larges seulement autant qu'il est nécessaire pour qu'un oiseau puisse y marcher ; le terrain où sont les nids est dressé comme si on l'eût nivelé à main d'homme ; les nids sont de terre pétrie et paraissent tous jetés dans le même moule ; les canards apportent de l'eau dans leur bec, avec laquelle ils forment un mortier d'argile qu'ils façonnent en rond aussi bien qu'avec un compas ; le fond est large d'un pied, l'ouverture de huit pouces, et la hauteur pareille. Il n'y en a pas un différent de l'autre dans la forme ni dans les proportions ; ces nids leur servent plus d'une année ; ils y pondent leurs œufs, que le soleil fait éclore, à ce que je crois. Nous ne pûmes trouver sur toute la place un seul brin d'herbe, de paille, de fétu, de plumes ou de fiente d'oiseau ; tout est propre et net, aussi bien dans les nids que dans les sentiers, comme si on venait de le laver et balayer. » *Histoire des navigations aux terres australes*, t. I, p. 243.

c. Second voyage de Cook, t. I, p. 208.

d. Idem, *ibid.*, et page 163.

1. « Ce canard est sans doute celui que Latham a nommé *anas membranacea.* » (Desmarets)

au fond de la baie Dusky : ce canard, qui n'est qu'un peu plus gros que la sarcelle, est d'un gris noir très-luisant au-dessus du dos, et d'une couleur de suie grisâtre foncée au ventre ; le bec et les pieds sont couleur de plomb, l'iris de l'œil est doré, et il a une crête rouge sur la tête [a].

XIV. — Enfin, Fernandez donne dix espèces comme étant du genre du canard, dont nous ne pouvons que rejeter ici en notes les noms mexicains [b], et les descriptions, la plupart incomplètes, jusqu'à ce que de nouvelles observations ou l'inspection des objets viennent servir à les compléter et à les faire reconnaître.

a. Second voyage de Cook, t. I, p. 163.

b. Xalcuani, seu avis arenam deglutiens. « Anatis feræ species domesticâ paulò minor, « rostro mediocriter lato, plumis infernè corpus tegentibus, albis, circa pectus tamen et super- « nam in partem fulvis, sed candidis discurrentibus transversim ; alis caudàque virenti, can- « dido, nigro ac fusco colore variantibus desuper, subter verò albis atque cinereis ; circà caput « viridi ab occipitio ad oculos discurrente tæniâ, reliquo verò capite ex albo vergente in colo- « rem cinereum, pullo, nigrescente, permixto : cruribus proportione reliqui corporis parvis, « pulli coloris ; advena est lacui. » Cap. cxxi, pag. 39.

Yacatexotli, seu avis rostro cyaneo. « Anatis penè domesticæ constat magnitudine ; rostro « coloris supernè cyanei, infernè verò ex albo rubescentis, pennarum supernè corporis colori « fulvus est, infernè verò ex argenteo nigricat supernà verò parte alæ nigræ. » Cap. lxx, pag. 29.

Yztactzonyayauhqui (*altera :* différent de l'*yztactzonyayauhqui* de la page 28). « Genus « est anatis feræ parvæque cujus rostrum est cæruleum, et juxta extremum albâ quâdam dis- « tinctum maculâ, pedes etiam vergunt in cæruleum ; et reliquum corpus albo fulvoque variat « colore. » Cap. clvi, p. 45.

Colcanauhtliciouht. « Anas sylvestris est fusca majori ex parte supernè, et aliquantisper « candens, infernè verò alba, et partim fusca præter alas, quæ infernè prorsùs candidæ sunt. « Caput est superiori parte nigrum atque cinereum, sed in atrum præcipuè colorem inclinans, « inferiori verò magis in cinereum. » Cap. lxiv, pag. 28.

Atapalcatl, seu testa aquaria. « Anati illi sylvestri (quam recentiores Querquedulam « vocant, nostri verò Cercetam) similis omninò esset, nisi rostrum haberet duplò latius ; « colorem candentem et fulvum ; admotamque manum irrito protinùs innocuoque lancinaret « morsu. »

Tzonyayauhqui, seu avis capitis varii (Mas). « Anas fera est circà lacus agens vitam, ac « magnitudine domesticæ penè par ; rostro lato, cyaneo supernè, binis tantùm maculis inter- « stincto, altera in extremi rostri exertâ quâdam, tenuique, quà mordet, particulâ ; infernè « verò ex cyaneo nigrescente : cruribus brevibus, ac cæruleis, pallido tamen colore interdùm « insperso ; capite et collo crassis, juxtà latera pavonino colore, aliquando tamen nigriore ver- « tice : pectus nigrum est : ventris ac corporis latera candescentia, etsi caudam lineæ nigræ « transversim decurrentes condecorent : dorsum fasciâ nigrâ fulvescente latâ digitos tres, ac in « extremum usque caudæ procedente insignitur ; demùm alæ nigro, fulvo, candido, atque cine- « reo promiscuè tinguntur colore. Indigena avis est. » Cap. cviii, pag. 36.

Nepapantototl. « Anas fera, frequens Mexicanæ paludi, rostro in acutum quadantenùs desi- « nente, cætera autem similis, nisi quod nullum est genus coloris illas ornari solitum, quod « huic soli non contingat, sitque ei spectando ornamento atque pulchritudini ; unde sortita est « nomen. » Cap. cxxvii, pag. 40.

Opipixcan. « Anas fera, rostro subrubro, cruribus verò ac pedibus fulvo ac candenti variatis « colore ; reliquo verò corpore cinereo et nigro. » Cap. cxlvii, pag. 44.

Perutototl. « Anas Peruina, quam velut nostro jam notam orbi, non curavimus describen- « dam. » Cap. xvi, pag. 47.

Concanauhtli. « Genus anatis magnæ, lavanco nostratæ similis, quam ob eam rem non « curavimus depingendam. » Cap. lxvi.

LES PÉTRELS.[*]

De tous les oiseaux qui fréquentent les hautes mers, les pétrels sont les plus marins, du moins ils paraissent être les plus étrangers à la terre, les plus hardis à se porter au loin, à s'écarter et même s'égarer sur le vaste océan; car ils se livrent avec autant de confiance que d'audace au mouvement des flots, à l'agitation des vents, et paraissent braver les orages. Quelque loin que les navigateurs se soient portés, quelque avant qu'ils aient pénétré, soit du côté des pôles, soit dans les autres zones, ils ont trouvé ces oiseaux qui semblaient les attendre et même les devancer sur les parages les plus lointains et les plus orageux; partout ils les ont vus se jouer avec sécurité, et même avec gaieté sur cet élément terrible dans sa fureur, et devant lequel l'homme le plus intrépide est forcé de pâlir, comme si la nature l'attendait là pour lui faire avouer combien l'instinct et les forces qu'elle a départis aux êtres qui nous sont inférieurs, ne laissent pas d'être au-dessus des puissances combinées de notre raison et de notre art.

Pourvus de longues ailes, munis de pieds palmés, les pétrels ajoutent à l'aisance et à la légèreté du vol, à la facilité de nager, la singulière faculté de courir et de marcher sur l'eau, en effleurant les ondes par le mouvement d'un transport rapide dans lequel le corps est horizontalement soutenu et balancé par les ailes, et où les pieds frappent alternativement et précipitamment la surface de l'eau : c'est de cette marche sur l'eau que vient le nom *pétrel*; il est formé de *peter*, *pierre*, ou de *petrill*, *pierrot* ou *petit-pierre*, que les matelots anglais ont imposé à ces oiseaux en les voyant courir sur l'eau comme l'apôtre saint Pierre y marchait.

Les espèces de pétrels sont nombreuses : ils ont tous les ailes grandes et fortes; cependant ils ne s'élèvent pas à une grande hauteur, et communément ils rasent l'eau dans leur vol; ils ont trois doigts unis par une membrane; les deux doigts latéraux portent un rebord à leur partie extérieure; le quatrième doigt[1] n'est qu'un petit éperon qui sort immédiatement du talon, sans articulation ni phalange[a].

Le bec, comme celui de l'albatros, est articulé et paraît formé de quatre pièces, dont deux, comme des morceaux surajoutés, forment les extrémités des mandibules[2]; il y a de plus le long de la mandibule supérieure,

---

a. Willughby appelle cet éperon ou ergot, un *petit doigt de derrière*, n'ayant pas l'idée d'une pointe sortante immédiatement du talon.

[*] *Ordre des Palmipèdes*, famille des *Longipennes* ou *grands voiliers*, genre *Pétrels* (Cuv.).

1. « Les pieds des *pétrels* n'ont, au lieu de pouce, qu'un ongle implanté dans le talon. » (Cuvier.)

2. « Les *pétrels* ont un bec crochu par le bout, et dont l'extrémité semble faite d'une pièce « articulée au reste. » (Cuvier.)

près de la tête, deux petits tuyaux ou rouleaux couchés dans lesquels sont percées les narines[1] ; par sa conformation totale, ce bec semblerait être celui d'un oiseau de proie, car il est épais, tranchant et crochu à son extrémité : au reste, cette figure du bec n'est pas entièrement uniforme dans tous les pétrels, il y a même assez de différence pour qu'on puisse en tirer un caractère qui établit une division dans la famille de ces oiseaux ; en effet, dans plusieurs espèces la seule pointe de la mandibule supérieure est recourbée en croc ; la pointe de l'inférieure, au contraire, est creusée en gouttière et comme tronquée en manière de cuiller, et ces espèces sont celles des *pétrels* simplement dits.

Dans les autres, les pointes de chaque mandibule sont aiguës, recourbées et font ensemble le crochet ; cette différence de caractère a été observée par M. Brisson, et il nous paraît qu'on ne doit pas la rejeter ou l'omettre, comme le veut M. Forster [a] ; et nous nous en servirons pour établir dans la famille des *pétrels*, la seconde division sous laquelle nous rangerons les espèces que nous appellerons *pétrels-puffins*.

Tous ces oiseaux, soit pétrels, soit puffins, paraissent avoir un même instinct et des habitudes communes pour faire leurs nichées ; ils n'habitent la terre que dans ce temps qui est assez court, et comme s'ils sentaient combien ce séjour leur est étranger, ils se cachent ou plutôt ils s'enfouissent dans des trous sous les rochers au bord de la mer ; ils font entendre du fond de ces trous leur voix désagréable, que l'on prendrait le plus souvent pour le croassement d'un reptile [b] ; leur ponte n'est pas nombreuse ; ils nourrissent et engraissent leurs petits en leur dégorgeant dans le bec la substance, à demi digérée et déjà réduite en huile, des poissons dont ils font leur principale et peut-être leur unique nourriture ; mais une particularité dont il est très-bon que les dénicheurs de ces oiseaux soient avertis, c'est que quand on les attaque la peur ou l'espoir de se défendre leur fait rendre l'huile dont ils ont l'estomac rempli ; ils la lancent au visage et aux yeux du chasseur ; et comme leurs nids sont le plus souvent situés sur des côtes escarpées, dans des fentes de rochers à une grande hauteur, l'ignorance de ce fait a coûté la vie à quelques observateurs [c].

a. Voyez les *Observations* de M. Forster, p. 184.

b. Les pétrels (*procellariæ*) s'enfoncent par milliers dans des trous sous terre ; ils y nourrissent leurs petits et s'y retirent toutes les nuits. Forster, *Observations*, p. 181. — Les bois (à la Nouvelle-Zélande) retentissaient du bruit des pétrels cachés dans des trous sous terre, qui coassaient comme des grenouilles, ou qui criaient comme des poules. Il semble que tous les pétrels ont coutume de faire leurs nids dans des trous souterrains ; car nous en avons vu de l'espèce bleue ou argent, placés de la même manière à la baie Dusky. Forster, *Second voyage de Cook*, t. II, p. 110. — Voyez ci-après la description des espèces.

c. Les gazettes de Londres du mois de juin 1761, rapportent le malheur arrivé à M. Campbel, qui, allant prendre un nid de pétrel sur un rocher escarpé, reçut dans les yeux l'huile que

1. Leurs narines (des *pétrels*) sont réunies en un tube couché sur le dos de la mandibule supé-
« rieure. » (Cuvier.)

M. Forster remarque que Linnæus a peu connu les pétrels, puisqu'il n'en compte que six espèces, tandis que par sa propre observation M. Forster en a reconnu douze nouvelles espèces dans les seules mers du Sud [a] ; mais nous désirerions que ce savant navigateur nous eût donné les descriptions de toutes ces espèces ; et nous ne pouvons, en attendant, que présenter ce que nous en savons d'ailleurs.

LE PÉTREL CENDRÉ. [b][c]*

PREMIÈRE ESPÈCE.

Ce pétrel habite dans les mers du Nord ; Clusius le compare, pour la grandeur, à une poule moyenne ; M. Rolandson Martin, observateur suédois [d], le dit de la grosseur d'une corneille, et le premier de ces auteurs lui trouve dans le port et dans la figure quelque chose du faucon ; son bec, fortement articulé et très-crochu, est en effet un bec de proie ; le croc de la partie supérieure et la gouttière tronquée qui termine l'inférieure sont d'une couleur jaunâtre, et le reste du bec avec les deux tuyaux des narines sont noirâtres dans l'individu mort que nous décrivons ; mais on assure que le bec est rouge partout ainsi que les pieds dans l'oiseau vivant [e] ; le plumage du corps est d'un blanc cendré ; le manteau est d'un cendré bleu, et les pennes de l'aile sont d'un bleu plus foncé et presque noir ; les plumes sont très-serrées, très-fournies et garnies en dessous d'un duvet épais et fin dont la peau du corps est partout revêtue.

Les observateurs s'accordent à donner le nom de *haff-hert* ou *hav-hest*, cheval de mer, à cet oiseau ; et c'est, selon Pontoppidan, « parce qu'il rend

l'oiseau lui lança, lâcha prise et se tua en tombant des rochers. Voyez Edwards, préface de la troisième partie des *Glanures*, p. 4. — La plus petite espèce de pétrels, qui est l'*oiseau de tempête*, a également cette habitude. « Charles Smith, dans son livre de l'état ancien et moderne de la province de Kerry en Irlande, en désignant le petit pétrel, dit que lorsqu'on le prend, il jette par le bec la quantité d'une petite cuillerée d'huile. » *Idem, ibid.*

    a. Voyez les *Observations* de M. Forster, p. 184.

    b. Voyez les planches enluminées, n° 59, sous la dénomination de *pétrel de l'île de Saint-Kilda*.

    c. Haff-hert, aux îles Féroé ; *hav-hest*, dans Pontoppidan ; *scepferd*, par les Allemands. — *Porcellaire du Nord* ou *cendrée, Collection académique*, partie étrangère, t. XI, p. 55. — *Haff-hert*. Clusius, *Exotic. auctuar.*, p. 368. — Nieremberg, p. 237. — *Haffhert, hoc est equus marinus*. Willughby, *Ornithol.*, p. 306. — Jonston, *Avi.*, p. 129. — « Procellaria supernè « cinerea, infernè alba ; capite et collo concoloribus ; rectricibus duodecim intermediis cinereo-« albis ; utrimque extimâ candidâ... » *Procellaria cinerea*, le Pétrel cendré. Brisson, t. VI, page 143.

    d. Dans la *Collection académique*, citée ci-dessus.

    e. Collection académique, citée ci-dessus.

    * *Procellaria glacialis* (Linn.). — Le *pétrel gris-blanc*, ou *fulmar, pétrel de Saint-Kilda*. — Sous-genre *Pétrels proprement dits* (Cuv.).

« un son semblable au hennissement du cheval, et que le bruit qu'il fait en
« nageant approche du trot de ce quadrupède[a]; » mais il n'est pas aisé de
concevoir comment un oiseau qui nage fait le bruit d'un cheval qui trotte;
et n'est-ce pas plutôt à cause de la course du pétrel sur l'eau qu'on lui
aura donné cette dénomination? Le même auteur ajoute que ces oiseaux
ne manquent pas de suivre les bateaux qui vont à la pêche des chiens de
mer pour attendre que les pêcheurs jettent les entrailles de ces animaux;
il dit qu'ils s'acharnent aussi sur les baleines mortes ou blessées dès qu'elles
surnagent; que les pêcheurs tuent ces pétrels un à un à coups de bâtons sans
que le reste de la troupe désempare : c'est d'après cet acharnement que
M. Rolandson Martin leur applique le nom de *mallemuke ;* mais, comme
nous l'avons dit, ce nom appartient à un goéland.

On trouve ces pétrels cendrés depuis le soixante-deuxième degré de latitude nord, jusque vers le quatre-vingtième; ils volent entre les glaces de
ces parages, et lorsqu'on les voit fuir de la pleine mer pour chercher un
abri, c'est, comme dans l'*oiseau de tempête* ou *petit pétrel*[b], un indice
pour les navigateurs que l'orage est prochain.

LE PÉTREL BLANC ET NOIR OU LE DAMIER. [c][d]*

SECONDE ESPÈCE.

Le plumage de ce pétrel marqué de blanc et de noir, coupé symétriquement et en manière d'échiquier, l'a fait appeler *damier* par tous nos navigateurs ; c'est dans le même sens que les Espagnols l'ont nommé *pardelas* ,
et les Portugais *pintado*, nom adopté aussi par les Anglais, mais qui, pouvant faire équivoque avec celui de la *pintade*, ne doit point être admis ici,
outre que celui de damier exprime et désigne mieux la distribution du
blanc et du noir par taches nettes et tranchées dans le plumage de cet
oiseau ; il est à peu près de la grosseur d'un pigeon commun, et comme

a. *Histoire naturelle de Norwége*, par Pontoppidan. *Journal étranger*, février 1757.
b. Voyez ci-après l'article de l'*oiseau de tempête*.
c. Voyez les planches enluminées, n° 964.
d. *Damier*. Feuillée, *Journal d'observations*, p. 211. — *Le damier*. Salerne, p. 384. — *Le
pierrot tacheté*. Edwards, pl. 90. — *Procellaria albo fuscoque varia ; procellaria Capensis*.
Linnæus, *Syst. nat.*, édit. X, gen. 64, sp. 3. — *Plautus albatros spurius minor, e nigro et
albo varius*. Klein, *Avi.*, p. 148, n° 14. — *Nota*. Klein confond mal à propos sous ce numéro
les planches 89 et 90 d'Edwards, dont la première est un *puffin*, et la seconde le *damier*. —
« Procellaria supernè maculis nigricantibus varia; capite, gutture et collo superiore nigri-
« cantibus; rectricibus lateralibus in exortu candidis in extremitate nigricantibus... » *Procellaria nævia...* Le pétrel tacheté, appelé vulgairement *damier*. Brisson, *Ornithol.* t. IV, p. 146.

* *Procellaria capensis* (Linn.). — *Le damier, pétrel du Cap, pintado*, etc. (Cuv.). — Sous-
genre *id*.

dans son vol il en a l'air et le port, ayant le cou court, la tête ronde, quatorze ou quinze pouces de longueur, et seulement trente-deux ou trente-trois d'envergure, les navigateurs l'ont souvent appelé *pigeon de mer*.

Le damier a le bec et les pieds noirs ; le doigt extérieur est composé de quatre articulations, celui du milieu de trois, et l'intérieur de deux seulement, et à la place du petit doigt est un ergot pointu, dur, long d'une ligne et demie, et dont la pointe se dirige en dedans ; le bec porte au-dessus les deux petits tuyaux ou rouleaux dans lesquels sont percées les narines ; la pointe de la mandibule supérieure est courbée, celle de l'inférieure est taillée en gouttière et comme tronquée, et ce caractère place le damier dans la famille des pétrels, et le sépare de celle des puffins : il a le dessus de la tête noir, les grandes plumes des ailes de la même couleur, avec des taches blanches ; la queue est frangée de blanc et de noir, et lorsqu'elle est développée *elle ressemble*, dit Frezier, *à une écharpe de deuil :* son ventre est blanc, et le manteau est régulièrement comparti par taches de blanc et de noir. Cette description se rapporte parfaitement à celle que Dampier a faite du *pintado* [a]. Au reste, le mâle et la femelle ne diffèrent pas sensiblement l'un de l'autre par le plumage ni par la grosseur.

Le damier, ainsi que plusieurs autres pétrels, est habitant-né des mers antarctiques, et si Dampier le regarde comme appartenant à la zone tempérée australe [b], c'est que ce voyageur ne pénétrait pas assez avant dans les mers froides de cette région pour y suivre le damier, car il l'eût trouvé jusqu'aux plus hautes latitudes. Le capitaine Cook nous assure que *ces pétrels, ainsi que les pétrels bleus, fréquentent chaque portion de l'océan austral dans les latitudes les plus élevées* [c]. Les meilleurs observateurs conviennent même qu'il est très-rare d'en rencontrer avant d'avoir passé le tropique [d], et il paraît, en effet, par plusieurs rela-

---

a. Les *pintados* sont admirablement bien mouchetés de blanc et de noir ; ils ont la tête presque noire, de même que le bout des ailes et de la queue ; mais dans ce noir des ailes il y a des taches blanches qui paraissent être de la grandeur d'un demi-écu quand ils volent, et c'est alors qu'on voit mieux leurs taches ; les ailes sont aussi bordées tout autour d'un petit fil noir qui s'éclaircit peu à peu, et approche d'un gris obscur vers le dos de l'oiseau ; le bord intérieur des ailes et le dos même, depuis la tête jusqu'au bout de la queue, sont émaillés d'un nombre infini de jolies taches rondes, blanches et noires, de la grandeur d'un sou marqué ; le ventre, les cuisses, les côtés et le dessous des ailes sont d'un gris clair. Dampier, t. IV, p. 84.

b. Nous vîmes des pintados depuis que nous fûmes à deux cents lieues ou environ de la côte du Brésil, jusqu'à ce que nous nous trouvâmes à peu près à la même distance de la Nouvelle-Hollande. Le pintado est un oiseau du pays méridional et de la partie tempérée de cette zone ; du moins je n'en ai jamais guère vu dans le nord du trentième degré de latitude méridionale. Dampier, t. IV, p. 84.

c. Cook. *Second voyage*, t. I, p. 284.

d. Le damier est habitant des zones froides et tempérées de l'hémisphère austral, et si quelques couples de ces oiseaux suivent les vaisseaux au delà du tropique, il y restent peu de temps ; aussi voit-on rarement ensemble le damier et le paille-en-queue. Observations communiquées par M. le vicomte de Querhoënt. — Le 4 octobre, par vingt-cinq degrés vingt-neuf minutes de latitude australe, un grand nombre de petits pétrels ordinaires, d'un brun de suie et qui

tions[a] que les premières plages où l'on commence à trouver ces oiseaux en nombre sont dans les mers voisines du cap de Bonne-Espérance; on les rencontre aussi vers les côtes de l'Amérique, à la latitude correspondante[b]. L'amiral Anson les chercha inutilement à l'île de Juan Fernandez : néanmoins il y remarqua plusieurs de leurs trous, et il jugea que les chiens sauvages qui sont répandus dans cette île les en avaient chassés ou les avaient détruits[c]; mais peut-être dans une autre saison y eût-il rencontré ces oiseaux, supposé que celle où il les chercha ne fût pas celle de la nichée; car, comme nous l'avons dit, il paraît qu'ils n'habitent la terre que dans ce temps, et qu'ils passent leur vie en pleine mer, se reposant sur l'eau lorsqu'elle est calme, et y séjournant même quand les flots sont émus, car on les voit se poser dans l'intervalle qui sépare deux lames d'eau, y rester les ailes ouvertes et se relever avec le vent.

D'après ces habitudes d'un mouvement presque continuel, leur sommeil ne peut qu'être fort interrompu : aussi les entend-on voler autour des vaisseaux à toutes les heures de la nuit[d]; souvent on les voit se rassembler le soir sous la poupe, nageant avec aisance, s'approchant du navire avec un air familier, et faisant entendre en même temps leur voix aigre et enrouée, dont la finale a quelque chose du cri du goéland[e].

Dans leur vol ils effleurent la surface de l'eau et y mouillent de temps en temps leurs pieds, qu'ils tiennent pendants. Il paraît qu'ils vivent du frai

avaient le croupion blanc (*procellaria pelagica*) volèrent autour de nous; l'air était froid et vif; le lendemain les albatros et les pintades (*procellaria capensis*), parurent pour la première fois. Cook. *Second voyage*, t. I, p. 46.

a. Les jours suivants on vit ces mêmes oiseaux en plus grand nombre, qui ne nous quittèrent que bien loin au delà du Cap; les uns étaient noirs sur le dos et blancs sous le ventre, ayant le dessus des ailes bigarré de ces deux couleurs, à peu près comme un échiquier, et c'est pour cela sans doute que nos Français les ont surnommés *damier*; ils sont un peu plus gros qu'un pigeon; il y en a d'autres encore plus grands que les premiers, noirâtres par-dessus et tout blancs par-dessous, excepté l'extrémité de leurs ailes qui paraît d'un noir velouté, que les Portugais appellent *mangas de velado. Premier voyage de Siam*, par le P. Tachard. — Dampier se trouva sous un méridien éloigné, suivant son calcul, de douze cents lieues à l'orient de celui du cap (de Bonne-Espérance). Rien ne lui parut fort remarquable dans cette route, excepté qu'il s'était vu accompagné, pendant le chemin, par quantité d'oiseaux, surtout par des pintades. *Histoire générale des Voyages*, t. XI, p. 217.

b. En allant de Rio-Janeiro, jusqu'au Port-Désiré, et vers les trente-cinq ou trente-sixième degrés de latitude sud, nous commençâmes à voir un grand nombre d'oiseaux voltiger autour de nous; il y en avait de très-gros, dont quelques-uns avaient le plumage noir, d'autres blanc; nous distinguâmes plusieurs compagnies de pintades : ces oiseaux, tachetés de blanc et de noir, paraissaient un peu plus gros que des pigeons. *Voyage du capitaine Byron*, t. Ier du *Premier voyage de Cook*, p. 10. — Dans cette latitude (de quarante-trois degrés trente minutes, côtes du Brésil), et dans celle du Cap-Blanc, qui est de quarante-six degrés, on vit quantité de baleines et de nouveaux oiseaux semblables à des pigeons, d'un plumage régulièrement mêlé de blanc et de noir, ce qui leur a fait donner, par les Français, le nom de *damier*, et celui de *pardela*, par les Espagnols. Frézier, dans l'*Histoire générale des Voyages*.

c. Voyage de l'amiral Anson, t. II, partie Ire, p. 45.

d. Observation de M. le vicomte de Querhoënt.

e. Ce fait et les suivants, sont tirés des mémoires communiqués par le même observateur.

de poisson qui flotte sur la mer [a] : néanmoins on voit le damier s'acharner, avec la foule des autres oiseaux de mer, sur les cadavres des baleines [b] ; on le prend à l'hameçon avec un morceau de chair [c] ; quelquefois aussi il s'embarrasse les ailes dans les lignes qu'on laisse flotter à l'arrière du vaisseau ; lorsqu'il est pris et qu'on le met à terre ou sur le pont du navire, il ne fait que sauter sans pouvoir marcher ni prendre son essor au vol, et il en est de même de la plupart de ces oiseaux marins, qui sans cesse volent et nagent au large ; ils ne savent pas marcher sur un terrain solide, et il leur est également impossible de s'élever pour reprendre leur vol ; on remarque même que sur l'eau ils attendent, pour s'en séparer, l'instant où la lame et le vent les soulèvent et les lancent.

Quoique les damiers paraissent ordinairement en troupes [d] au milieu des vastes mers qu'ils habitent, et qu'une sorte d'instinct social semble les tenir rassemblés, on assure qu'un attachement plus particulier et très-marqué tient unis le mâle et la femelle, qu'à peine l'un se pose sur l'eau, que l'autre aussitôt vient l'y joindre ; qu'ils s'invitent réciproquement à partager la nourriture que le hasard leur fait rencontrer ; qu'enfin si l'un des deux est tué, la troupe entière donne à la vérité des signes de regret en s'abattant et demeurant quelques instants autour du mort, mais que celui qui survit donne des marques évidentes de tendresse et de douleur ; il becquète le corps de son compagnon comme pour essayer de le ranimer, et il reste encore tristement et longtemps auprès du cadavre après que la troupe entière s'est éloignée [e].

LE PÉTREL ANTARCTIQUE OU DAMIER BRUN. *

TROISIÈME ESPÈCE.

Ce pétrel ressemble au *damier*, à l'exception de la couleur de son plu-

---

a. Dans l'estomac de ceux que j'ai ouverts, je n'ai jamais trouvé de poisson, mais un mucilage blanc et épais, que je crois être du frai de poisson.

b. Dampier, t. IV, p. 78.

c. *Lettres édifiantes*, quinzième Recueil, p. 341. Approchant de l'île Sainte-Hélène, à deux cents lieues de la terre de Natal, quantité d'oiseaux vinrent sur le bord de notre navire ; nous en prîmes à foison avec des morceaux de chair, desquels nous couvrions des hameçons ; ils sont gros comme un pigeon, les plumes noires et blanches en carreau comme un échiquier, ce qui fut cause que nous les nommâmes *damiers* ; la queue large et le pied comme le canard. *Voyage à Madagascar*, par François Cauche ; Paris, 1651, p. 137.

d. Tous les pintades en général vont par troupes, et ils balayent presque l'eau en volant. Dampier, t. IV, p. 84.

e. Suite des observations faites par M. le vicomte de Querhoënt, dans ses navigations, et qu'il a eu la bonté de nous communiquer.

* *Procellaria antarctica* (Linn.). — « Ce *pétrel* ne paraît différer de celui qui le précède et « de celui qui le suit, que parce que ce qui est noir dans ceux-ci est remplacé chez lui par du « brun. » (Desmarets.)

mage, dont les taches, au lieu d'être noires, sont brunes sur le fond blanc. La dénomination de pétrel antarctique que lui donne le capitaine Cook semble lui convenir parfaitement, parce qu'on ne le rencontre que sous les hautes latitudes australes [a], et lorsque plusieurs autres espèces de pétrels, communes dans les latitudes inférieures, et en particulier celle du damier noir, ne paraissent plus [b].

Voici ce que nous lisons dans le *Second voyage* de ce grand navigateur sur cette nouvelle espèce de pétrels : « Par soixante-sept degrés quinze « minutes latitude sud, nous aperçûmes plusieurs baleines jouant autour « des îles de glace; deux jours auparavant nous avions remarqué plusieurs « troupes de *pintades* [c] brunes et blanches que je nommai *pétrels antarc-* « *tiques* parce qu'ils paraissaient indigènes à cette région; ils sont à tous « égards de la forme des *pintades* (damiers), dont ils ne diffèrent que par « la couleur; la tête et l'avant du corps de ceux-ci sont bruns, et l'arrière « du dos, la queue et les extrémités des ailes sont de couleur blanche [d] ; » et dans un autre endroit il dit : « Tandis qu'on ramassait de la glace, nous « prîmes deux *pétrels antarctiques,* et en les examinant nous persistâmes à « les croire de la famille des pétrels : ils sont à peu près de la grandeur « d'un gros pigeon; les plumes de la tête, du dos, et une partie du côté « supérieur des ailes sont d'un brun léger; le ventre et le dessous des ailes « sont blancs; les plumes de la queue sont blanches aussi, mais brunes à « la pointe. Je remarquai que ces oiseaux avaient plus de plumes que ceux « que nous avions vus, tant la nature a pris soin de les vêtir suivant le « climat qu'ils habitent; nous n'avons trouvé ces pétrels que parmi les « glaces [e]. »

Néanmoins, ces pétrels, si fréquents entre les îles de glace flottantes, disparaissent, ainsi que tous les autres oiseaux, quand on approche de cette glace fixe dont la formidable couche s'étend déjà bien loin dans les régions polaires du continent austral : c'est ce que nous apprend ce grand navigateur, le premier et le dernier [1] peut-être des mortels qui ait osé affronter les confins de cette barrière de glace que pose lentement la nature à mesure

---

a. Par soixante-deux degrés dix minutes, latitude sud; et cent soixante-douze degrés de longitude, nous vîmes la première île de glace, et nous aperçûmes en même temps un pétrel antarctique, quelques albatros grises, des pintades et des pétrels bleus. Cook. *Second voyage*, t. II, p. 141. — A soixante-six degrés, M. Cook vit quelques pétrels antarctiques en l'air. — Par soixante-sept degrés huit minutes, nous reçûmes, dit-il, la visite d'un petit nombre de pétrels antarctiques. *Idem*, t. II, p. 148.

b. Idem, ibid, t. I, p. 120.

c. Il appelle *pintade* le damier.

d. Cook. *Second voyage*, t. I, p. 120.

e. Idem, t. II, p. 150.

1. Non pas *le dernier.* — D'intrépides navigateurs ont *osé affronter*, de nos jours encore, cette *barrière de glace*, et sont parvenus à découvrir, au milieu des glaces du pôle austral, de nouvelles terres.

que notre globe se refroidit[1]. « Depuis notre arrivée au milieu des glaces,
« dit-il, aucun pétrel antarctique ne frappa plus nos regards[a]. »

LE PRÉTEL BLANC OU PÉTREL DE NEIGE.[*]

QUATRIÈME ESPÈCE.

Ce pétrel est bien désigné par la dénomination de *pétrel de neige,* non-
seulement à cause de la blancheur de son plumage, mais parce qu'on le
rencontre toujours dans le voisinage des glaces et qu'il en est, pour ainsi
dire, le triste avant-coureur dans les mers australes : avant d'avoir vu de
près ces oiseaux, M. Cook ne les désigna d'abord que sous le nom d'*oiseaux
blancs*[b]; mais ensuite il les reconnut, à la conformation de leur bec, pour
être du genre des pétrels; leur grosseur est celle d'un pigeon; le bec est
d'un noir bleuâtre; les pieds sont bleus[c], et il paraît que le plumage est
entièrement blanc.

« Quand nous approchions d'une large traînée de glace solide, dit M. For-
« ster, savant et laborieux compagnon de l'illustre Cook, nous observions
« à l'horizon une réflexion blanche qu'on appelle, sur les vaisseaux du
« Groënland, le *clignotement de la glace*[d] : de sorte qu'à l'apparition de ce
« phénomène nous étions sûrs de rencontrer les glaces à peu de lieues; et
« c'était alors aussi que nous apercevions communément des volées de
« pétrels blancs de la grosseur des pigeons, que nous avons appelés *pétrels
« de neige,* et qui sont les avant-coureurs de la glace. »

Ces pétrels blancs, mêlés aux pétrels antarctiques, paraissaient avoir
constamment accompagné ces courageux navigateurs dans toutes leurs traversées et dans leurs routes croisées au milieu des îles de glace[e], et jusqu'au
voisinage de l'immense glacière de ce pôle. Le vol de ces oiseaux sur les

a. Cook. *Second voyage*, t. 1, p. 142.

b. A midi, par cinquante-un degrés cinquante minutes latitude sud, et vingt-un degrés longitude est, nous aperçûmes quelques *oiseaux blancs,* à peu près de la grosseur des pigeons,
qui avaient le bec et les pieds noirâtres; je n'en avais encore point vu de pareils, et je ne les
connaissais pas; je les crois de la classe des *pétrels,* et indigènes de ces mers froides. Nous
passâmes entre deux îles de glace qui étaient à peu de distance l'une de l'autre. *Idem,* t. I,
page 92.

c. Idem, ibid., p. 110.

d. Observations faites dans l'hémisphère austral, à la suite du *Second voyage de Cook,* t. V,
page 64.

e. Cook. *Second voyage*, t. I, p. 120.

1. Voyez la note 2 de la page 322.

[*] *Procellaria nivea* (Lath.). — Espèce encore incertaine. — Voyez la nomenclature précédente.

flots, et le mouvement de quelques cétacés dans cette onde glaciale [a], sont les derniers et les seuls objets qui répandent un reste de vie sur la scène de la nature expirante dans ces affreux parages.

LE PÉTREL BLEU.[*]

CINQUIÈME ESPÈCE.

Le pétrel bleu, ainsi nommé parce qu'il a le plumage gris bleu [b], aussi bien que le bec et les pieds [c], ne se rencontre non plus que dans les mers australes, depuis les vingt-huit et trente degrés et au delà, dans toutes les latitudes, en allant vers le pôle [d]. M. Cook fut accompagné, depuis le cap de Bonne-Espérance jusqu'au quarante-unième degré, par des troupes de ces pétrels bleus et par des troupes de damiers [e] que la grosse mer et les vents semblaient ne rendre que plus nombreuses [f]; ensuite il revit les pétrels bleus par les cinquante-cinquième et jusqu'au cinquante-huitième degré [g], et sans doute ils se trouvent de même dans tous les points intermédiaires de ces latitudes australes.

Ce qu'on remarque, comme chose particulière dans ces pétrels bleus, c'est la grande largeur de leur bec et la forte épaisseur de leur langue [h]; ils sont un peu moins grands que les pétrels blancs [i]. Dans la teinte de gris bleu qui couvre tout le dessus du corps on voit une bande plus foncée, coupant en travers les ailes et le bas du dos; le bout de la queue est aussi de cette même teinte bleu foncé ou noirâtre; le ventre et le dessous des ailes sont d'un blanc bleuâtre [j]; leur plumage est épais et fourni. « Les « pétrels bleus qu'on voit dans cette mer immense (entre l'Amérique et la « Nouvelle-Zélande), dit M. Forster, ne sont pas moins à l'abri du froid « que les pinguins; deux plumes au lieu d'une sortent de chaque racine, « elles sont posées l'une sur l'autre et forment une couverture très-chaude : « comme ils sont continuellement en l'air, leurs ailes sont très-fortes et « très-longues. Nous en avons trouvé entre la Nouvelle-Zélande et l'Amé-

[a]. Cook. *Second voyage*, t. I, p. 94.
[b]. *Idem, ibid.*, p. 88.
[c]. *Idem, ibid.*, p. 104.
[d]. *Idem, ibid.*
[e]. Qu'il appelle *pintades. Procellaria capensis.*
[f]. *Idem*, t. I, p. 88.
[g]. *Ibidem*, p. 108.
[h]. Page 104.
[i]. Le pétrel bleu est à peu près de la grosseur d'un petit pigeon. *Idem, ibid.*
[j]. *Idem, ibid.*

[*] *Procellaria cærulea* (Lath.) — Genre *Pétrels*, sous-genre *Prions* (Cuv.).

« rique, à plus de sept cents lieues de terre, espace qu'il leur serait impos-
« sible de traverser si leurs os et leurs muscles n'étaient pas d'une fermeté
« prodigieuse, et s'ils n'étaient point aidés par de longues ailes.

« Ces oiseaux navigateurs, continue M. Forster, vivent peut-être un
« temps considérable sans aliments... Notre expérience démontre et con-
« firme à quelques égards cette supposition : lorsque nous blessions quel-
« ques-uns de ces pétrels, ils jetaient à l'instant une grande quantité d'ali-
« ments visqueux digérés depuis peu, que les autres avalaient sur-le-champ
« avec une avidité qui indiquait un long jeûne. Il est probable qu'il y a
« dans ces mers glaciales plusieurs espèces de *mollusca* qui montent à la
« surface de l'eau dans un beau temps, et qui servent de nourriture à ces
« oiseaux [a]. »

Le même observateur retrouva ces pétrels en très-grand nombre et rassemblés pour nicher à la Nouvelle-Zélande : « les uns volaient, d'autres
« étaient au milieu des bois dans des trous en terre, sous des racines
« d'arbres, dans les crevasses des rochers où on ne pouvait les prendre, et
« où sans doute ils font leurs petits ; le bruit qu'ils faisaient ressemblait au
« coassement des grenouilles ; aucun ne se montrait pendant le jour, mais
« ils volaient beaucoup pendant la nuit [b]. »

Ces pétrels bleus étaient de l'espèce à large bec que nous venons de
décrire ; mais M. Cook semble en indiquer une autre dans le passage suivant : « Nous tuâmes des pétrels : plusieurs étaient de l'espèce bleue, mais
« ils n'avaient pas un large bec comme ceux dont j'ai parlé plus haut, et
« les extrémités de leur queue étaient teintes de blanc au lieu d'un bleu
« foncé. Nos naturalistes disputaient pour savoir si cette forme de bec et
« cette nuance de couleur distinguaient seulement le mâle de la femelle [c]. »
Il n'est pas probable qu'il y ait une telle différence de conformation dans le
bec entre le mâle et la femelle d'une même espèce ; et il paraît que l'on doit
admettre ici deux espèces de pétrel bleu, la première à large bec, et la
seconde à bec étroit, avec la pointe de la queue blanche.

LE TRÈS-GRAND PÉTREL QUEBRANTAHUESSOS DES ESPAGNOLS. *

SIXIÈME ESPÈCE.

Quebrantahuessos veut dire *briseur d'os*, et cette dénomination est sans
doute relative à la force du bec de ce grand oiseau, que l'on dit approcher

a. Forster, dans Cook. *Second voyage*, t. I, p. 107.
b. *Idem*, p. 176.
c. Nous étions par cinquante-huit degrés de latitude sud. *Idem*, *ibid.*, p. 108.

* *Procellaria gigantea* (Gmel.). — Le *pétrel géant* (Cuv.). — Sous-genre *Pétrels proprement dits* (Cuv.).

en grosseur de l'albatros[a]. Nous ne l'avons pas vu, mais M. Forster, naturaliste aussi savant qu'exact, indique sa grandeur et le range sous le genre des pétrels[b]; dans un autre endroit il dit : « Nous trouvâmes à la « Terre des États des pétrels gris[c] de la taille des albatros et de l'espèce « que les Espagnols nomment *quebrantahuessos* ou briseurs d'os[d]. » Les matelots de l'équipage appelaient cet oiseau *mère carey*, ils le mangeaient et le trouvaient assez bon[e]. Un trait de naturel qui l'assimile encore aux pétrels, c'est de ne guère paraître près des vaisseaux qu'à l'approche du gros temps : ceci est rapporté dans l'*Histoire générale des Voyages* ; on y a joint, au sujet de cet oiseau, quelques détails de description, mais qui nous paraissent trop peu sûrs pour les adopter, et que nous nous contentons de rapporter en note[f].

LE PETREL-PUFFIN. [g][h] *

SEPTIÈME ESPÈCE.

Le caractère de la branche des *puffins* dans la famille des pétrels est, comme nous l'avons dit, dans le bec, dont la mandibule inférieure a la

a. Cook. *Second voyage*, t. IV, p. 73.

b. Forster. *Observations*, p. 184.

c. Ailleurs il dit *bruns*. *Second voyage*, t. IV, p. 73.

d. Dans la relation du *Second voyage de Cook*, t. IV, p. 57.

e. Cook. *Second voyage*, t. IV, p. 73.

f. Les pilotes de la mer du Sud ont observé depuis longtemps, que, lorsque le vent de nord doit souffler, on voit, un ou deux jours auparavant, voltiger sur la côte et autour des vaisseaux, une espèce d'oiseaux de mer qu'ils nomment *quebrantahuessos* (c'est-à-dire, *briseurs d'os*), et qui ne paraissent guère dans un autre temps : on les voit s'abaisser et se soutenir sur les lames, sans s'éloigner du navire, jusqu'à ce que le temps soit calme. Il est assez étrange qu'à l'exception de ce temps, ils ne se montrent ni sur l'eau, ni sur la terre, et qu'on ne sache point quelles sont les retraites d'où ils accourent si ponctuellement, lorsqu'un instinct naturel leur fait sentir que le temps doit changer. Cet oiseau est un peu plus grand que le canard; il a le cou gros, court et un peu courbe; la tête grosse, le bec large et peu long, la queue petite, le dos élevé, les ailes grandes, les jambes petites; les uns ont le plumage blanchâtre, tacheté de brun obscur; d'autres ont tout le jabot, la partie intérieure des ailes, la partie inférieure du cou et toute la tête, d'une parfaite blancheur; mais le dos et la partie supérieure des ailes et du cou, d'un brun tirant sur le noir : aussi les distingue-t-on par le nom de *lomos prietos* (dos noirâtre); ils passent pour les plus sûrs avant-coureurs du gros temps. *Histoire générale des Voyages*, t. XIII, p. 498.

g. Voyez les planches enluminées, n° 962, sous le nom de *Puffin*.

h. *Manks puffin* ou *puffin of the isle of Man*, par les Anglais. — *Puffinus*. Jonston, *Avi.*, p. 98. — *Puffinus Anglorum*. Willughby, *Ornithol.*, p. 251. — Ray, *Synops.*, p. 134, n° a, 4. — Sibbald. *Scot. illustr.*, part. II, lib. III, p. 20. — *Sear-water, id est aquæ superficiem radens*. Willughby, p. 252. — Ray, p. 133, n° a, 2. — *Sterna medica, dorso fusco, ventre, uropygio et fronte albidis. Whitefaced shear-water*. Brown, *Jamaic.*, p. 482. — *Larus*

* *Procellaria puffinus* (Gmel.). — *Le puffin cendré* (Cuv.). — Genre Pétrels, sous-genre Puffins (Cuv.).

pointe crochue et recourbée en bas, ainsi que la supérieure[1] : conformation
sans doute très-peu avantageuse à l'oiseau, et qui, dans l'usage de son bec
et dans l'action de saisir, prête très-peu de force et d'appui à la mandibule
supérieure sur cette partie fuyante de la mandibule inférieure. Du reste,
les deux narines sont percées en forme de petits tuyaux comme dans tous
les pétrels; et la conformation des pieds avec l'ergot au talon, ainsi que
toute l'habitude du corps, est la même. Ce pétrel-puffin a quinze pouces de
longueur totale; il a la poitrine et le ventre blancs; une teinte de gris jetée
sur tout le dessus du corps, assez claire sur la tête, et qui devient plus foncée et bleuâtre sur le dos; ce gris bleu devient tout à fait noirâtre sur les
ailes et la queue, de manière cependant que chaque plume paraît frangée
ou festonnée d'une teinte plus claire.

Ces oiseaux appartiennent à nos mers, et paraissent avoir leur rendez-
vous aux îles Sorlingues, mais plus particulièrement encore à l'îlet ou écueil
à la pointe sud de l'île de Man, appelée par les Anglais *the calf of Man;* ils
y arrivent en foule au printemps, et commencent par faire la guerre aux
lapins qui en sont les seuls habitants : ils les chassent de leurs trous pour
s'y nicher; leur ponte est de deux œufs, dont l'un, dit-on, reste ordinairement infécond; mais Willughby assure positivement qu'ils ne pondent
qu'un seul œuf. Dès que le petit est éclos, la mère le quitte de grand matin
pour ne revenir que le soir, et c'est pendant la nuit qu'elle le nourrit, en
le gorgeant par intervalles de la substance du poisson qu'elle pêche tout
le jour à la mer; l'aliment, à demi digéré dans son estomac, se convertit
en une sorte d'huile qu'elle donne à son petit : cette nourriture le rend
extrèmement gras; et dans ce temps quelques chasseurs vont cabaner sur
la petite île, où ils font grande et facile capture de ces jeunes oiseaux en
les prenant dans leurs terriers; mais ce gibier, pour devenir mangeable,
a besoin d'être mis dans le sel afin de tempérer en partie le mauvais goût
de sa graisse excessive. Willughby, dont nous venons d'emprunter ces faits,
ajoute que comme les chasseurs ont coutume de couper un pied à chacun
de ces oiseaux pour faire à la fin compte total de leurs prises, le peuple
s'est persuadé là-dessus qu'ils naissaient avec un seul pied [a].

piger cunicularis. Klein, *Avi.,* p. 139, nº 18. — *Diomedea avis.* Gessner, *Avi.,* p. 381. — *Avis
Diomedea.* Aldrovande, *Avi.,* t. III, p. 57. — Jonston, p. 92. — Willughby, p. 251. — Charleton, *Exercit.,* p. 100, nº 2. *Onomast.,* p. 94, nº 2. — *L'oiseau de Diomède.* Salerne, p. 398.
— *Le puffin.* Idem, p. 399. — *The puffin of the isle of Man.* Edwards, *Glan,* p. 3, pl. 359,
fig. 2. — « Puffinus supernè saturatè cinereo-fuscus, infernè albus; rectricibus lateralibus
« exteriùs fuscis, interiùs candidis... » *Puffinus...* Le puffin... Brisson, t. VI, p. 131. — *Nota.*
Nous rapporterons ici le *puffin cendré* de M. Brisson (*ibid.,* p. 134), qui ne diffère guère du
précédent qu'en ce qu'il a la queue blanche.

a. Willughby, page 252.

1. « Dans les *puffins,* le bout de la mandibule inférieure se recourbe vers le bas avec celui
« de la supérieure, et les narines, quoique tubuleuses, s'ouvrent, non point par un orifice
« commun, mais par deux trous distincts. Leur bec est plus allongé à proportion. » (Cuvier).

Klein prétend que le nom de *puffin* ou *pupin* est formé d'après le cri de l'oiseau : il remarque que cette espèce a ses temps d'apparition et de disparition ; ce qui doit être en effet pour des oiseaux qui ne surgissent guère sur aucune terre que pour le besoin d'y nicher, et qui du reste se portent en mer, tantôt vers une plage et tantôt vers une autre, toujours à la suite des colonnes des petits poissons voyageurs, ou des amas de leurs œufs dont ils se nourrissent également.

Au reste, quoique les observations que nous venons de rapporter aient toutes été faites dans la mer du Nord, il paraît que l'espèce de ce pétrel-puffin n'est pas uniquement attachée au climat de notre pôle, mais qu'elle est commune à toutes les mers, car on peut la reconnaître dans le *friseur d'eau* (shear-water) de la Jamaïque de Brown [a], et dans l'*artenna* d'Aldrovande ; en sorte qu'il paraît fréquenter également les différentes plages de l'Océan, et même se porter sur la Méditerranée, et jusqu'au golfe Adriatique et aux îles *Tremiti*, autrefois nommées *îles de Diomède*. Tout ce qu'Aldrovande dit, tant sur la figure que sur les habitudes naturelles de son *artenna*, convient à notre pétrel-puffin [b] ; il assure que le cri de ces oiseaux ressemble, à s'y tromper, aux vagissements d'un enfant nouveau-né [c] ; enfin, il croit les reconnaître pour ces *oiseaux de Diomède* [d], fameux dans l'antiquité par une fable touchante ; c'étaient des Grecs, qui avec leur vaillant chef, poursuivis par la colère des dieux, s'étaient trouvés sur ces îles métamorphosés en oiseaux, et qui, gardant encore quelque chose d'humain et un souvenir de leur ancienne patrie, accouraient au rivage lorsque les Grecs venaient y débarquer, et semblaient, par des accents plaintifs, vouloir exprimer leurs regrets : or, cette intéressante mythologie dont les fictions, trop blâmées par les esprits froids, répandaient au gré des âmes sensibles tant de grâce, de vie et de charme dans la nature, semble en effet tenir ici à un point d'histoire naturelle, et avoir été imaginée d'après la voix gémissante que ces oiseaux font entendre.

a. Voyez la nomenclature sous cet article.

b. Voyez Aldrovande, *De ave Diomedeâ. Avi.*, t. III, p. 57 et sequent.

c. Il raconte qu'un duc d'Urbin, étant allé coucher par plaisir sur ces îles, se crut pendant toute la nuit environné de petits enfants, et n'en put revenir que lorsqu'au jour on lui apporta de ces pleureurs qu'il vit être revêtus, non de maillots, mais de plumes.

d. Ovide dit, en parlant de ces oiseaux de Diomède,

> Si volucrum quæ sit dubiarum forma requiris,
> Ut non cygnorum, sic albis proxima cygnis.

Ce qui ne va pas trop à un pétrel ; mais ici la poésie et la mythologie sont trop mêlées pour qu'on doive espérer d'y retrouver exactement la nature. Nous remarquerons, de plus, que M. Linnæus ne fait pas un emploi heureux de son érudition, en donnant le nom de *Diomedea* à l'albatros, puisque ce grand oiseau, qui ne se trouve que dans les mers australes et orientales, fut nécessairement inconnu des Grecs, et ne peut par conséquent pas être leur oiseau de Diomède.

LE FULMAR OU PÉTREL-PUFFIN GRIS-BLANC DE L'ILE SAINT-KILDA. *

HUITIÈME ESPÈCE.

Fulmar est le nom que cet oiseau porte à l'île Saint-Kilda : il nous paraît qu'on peut le regarder comme étant d'une espèce très-voisine de la précédente ; elles ne diffèrent entre elles qu'en ce que ce pétrel fulmar a le plumage d'un gris blanc sur le dessus du corps, au lieu que l'autre l'a d'un gris bleuâtre.

« Le fulmar, dit le docteur Martin [a], prend sa nourriture sur le dos des « baleines vivantes ; son éperon lui sert à se tenir ferme et à s'ancrer sur « leur peau glissante, sans quoi il courrait risque d'être emporté par le « vent toujours violent dans ces mers orageuses.... Si l'on veut saisir ou « même toucher le petit fulmar dans son nid, il jette par le bec une quan- « tité d'huile, et la lance au visage de celui qui l'attaque [b]. »

LE PÉTREL-PUFFIN BRUN. [c] **

NEUVIÈME ESPÈCE.

Edwards, qui a décrit cet oiseau sous le nom de *grand pétrel noir*, remarque néanmoins que la couleur uniforme de son plumage est plutôt un brun noirâtre qu'un noir décidé ; il le compare pour la grandeur au corbeau, et décrit très-bien la conformation de bec qui, caractérisant ce pétrel, place en même temps cette espèce parmi les pétrels-puffins ; « les narines, dit-il, « semblent avoir été allongées en deux tubes joints ensemble, qui, sortant « du devant de la tête, s'avancent environ au tiers de la longueur du bec, « dont les pointes, toutes deux recourbées en croc en bas, semblent être « deux pièces ajoutées et soudées. »

Edwards donne cette espèce comme naturelle aux mers voisines du cap de Bonne-Espérance, mais c'est une simple conjecture qui n'est peut-être pas assez fondée.

a. Voyage à Saint-Kilda, imprimé à Londres en 1698, p. 55.
b. Martin, dans Edwards. Préface de la troisième partie des *Glanures*, p. 4.
c. The great black peteril. Edwards, pl. 89. — « Puffinus in toto corpore fusco-nigricans, « rectricibus concoloribus... » *Puffinus Capitis Bonæ-Spei ;* le Puffin du cap de Bonne-Espérance. Brisson, *Ornithol.*, t. VI, p. 137.

* Le même que le *pétrel cendré*. — Voyez la nomenclature de la page 556.
** *Procellaria æquinoctialis* (Linn.).

L'OISEAU DE TEMPÊTE. [a][b][*]

DIXIÈME ESPÈCE.

Quoique ce nom puisse convenir plus ou moins à tous les pétrels, c'est à celui-ci qu'il paraît avoir été donné de préférence et spécialement par tous les navigateurs. Ce pétrel est le dernier du genre en ordre de grandeur ; il n'est pas plus gros qu'un pinson, et c'est de là que vient le nom de *strom-finck* [c] que lui donne Catesby ; c'est le plus petit de tous les oiseaux palmipèdes, et on peut être surpris qu'un aussi petit oiseau s'expose dans les hautes mers à toute distance de terre ; il semble, à la vérité, conserver dans son audace le sentiment de sa faiblesse, car il est des premiers à chercher un abri contre la tempête prochaine ; il semble la pressentir par des effets de nature sensibles pour l'instinct, quoique nuls pour nos sens, et ses mouvements et son approche l'annoncent toujours aux navigateurs.

Lorsqu'en effet on voit, dans un temps calme, arriver une troupe de ces petits pétrels à l'arrière du vaisseau, voler en même temps dans le sillage et paraître chercher un abri sous la poupe, les matelots se hâtent de serrer les manœuvres [d], et se préparent à l'orage qui ne manque pas de se former quelques heurs après [e] ; ainsi l'apparition de ces oiseaux en mer est à la

a. Voyez les planches enluminées, n° 993 , le *pétrel* ou *oiseau de tempête.*

b. Pinson de mer ou *de tempête.* Catesby, append., p. 14. — *Petit pierrot (petteril).* Edwards, t. II, pl. 90. — *Stromfinck.* Clusius, *Exotic. auctuar.*, p. 368. — Nieremberg, p. 237. — Willughby, *Ornithol.*, p. 306. — Jonston, *Avi.*, p. 129. — *Procellaria Suecis stromvae sfogel.* Linnæus, *Fauna Suecic.*, n° 249. — Mœhring. *Avi.*, gen. 72. — *Procellaria nigra, uropygio albo. Procellaria pelagica.* Forster, *Observat.*, p. 184. — *Plautus minimus, procellarius.* Klein, *Avi.*, p. 148, n° 12. — *Plautus albatros spurius minimus. Idem, ibid.*, n° 14. — Petit oiseau appelé *rotje.* Anderson , *Histoire d'Islande et de Groënland*, t. II, pag. 54. — *Pétrel des Anglais.* Albin, t. III, pl. 92. — *Nota.* Outre que la planche est fort mal coloriée, l'éperon est figuré d'une manière très-fautive et comme sortant d'un petit doigt ou orteil qui n'existe pas. — *Le pétrel* ou *oiseau de tempête ; petteril des Anglais ; pinson de mer de Catesby.* Salerne, *Ornithol.*, p. 383. — « Procellaria supernè nigricans, infernè cinereo-fusca, tectricibus « caudæ superioribus candidis, nigricante terminatis, rectricibus nigricantibus, tribus utrimque « extimis in exortu albidis... » *Procellaria*, le Pétrel. Brisson , t. VI, p. 140.

c. Pinson de tempête.

d. « Catervatim hæc si navigantibus appropinquent, deponenda esse subitò vela, intelligentes « norùnt. » Clusius, *Auctuar.*, p. 368.

e. Plus de six heures avant la tempête, il en a le pressentiment et se réfugie près des vaisseaux qu'il trouve en mer. M. Linnæus, dans les *Mémoires de l'Académie de Stockholm; Collection académique*, partie étrangère, t. XI, p. 54. — Le 14 mai, entre l'île de Corse et celle de *Monte Christo*, nous vîmes derrière le vaisseau une troupe de *pétrels*, connus sous le nom d'*oiseaux de tempête.* Lorsque ces oiseaux arrivèrent près de nous , il était trois heures du soir ; le temps était beau, le vent au sud-est, presque calme ; mais à sept heures le vent passa au sud-ouest avec beaucoup de violence, le ciel se couvrit et devint orageux, la nuit fut très-obscure et des éclairs redoublés en augmentaient l'horreur, la mer s'enfla prodigieusement, et

[*] *Procellaria pelagica* (Linn.).

fois un signe d'alarme et de salut , et il semble que ce soit pour porter cet
avertissement salutaire que la nature les a envoyés sur toutes les mers; car
l'espèce de cet oiseau de tempête paraît être universellement répandue :
« on la trouve , dit M. Forster, également dans les mers du nord et dans
celles du sud, et presque sous toutes les latitudes [a]. » Plusieurs marins
nous ont assuré avoir rencontré ces oiseaux dans toutes les routes de leurs
navigations [b] ; ils n'en sont pas pour cela plus faciles à prendre, et même ils
ont échappé longtemps à la recherche des observateurs, parce que, lorsqu'on parvient à les tuer, on les perd presque toujours dans le flot du sillage, au milieu duquel leur petit corps est englouti [c].

Cet oiseau de tempête vole avec une singulière vitesse , au moyen de ses
longues ailes qui sont assez semblables à celles de l'hirondelle [d], et il sait
trouver des points de repos au milieu des flots tumultueux et des vagues
bondissantes; on le voit se mettre à couvert dans le creux profond que forment entre elles deux hautes lames de la mer agitée, et s'y tenir quelques
instants quoique la vague y roule avec une extrême rapidité. Dans ces sillons mobiles des flots, il court comme l'alouette dans les sillons des champs,
et ce n'est pas par le vol qu'il se soutient et se meut, mais par une course
dans laquelle, balancé sur ses ailes, il effleure et frappe de ses pieds avec
une extrême vitesse la surface de l'eau [e].

La couleur du plumage de cet oiseau est d'un brun noirâtre ou d'un

nous fûmes enfin obligés de rester toute la nuit sous nos basses voiles. Extrait du journal d'un
navigateur. — Il paraît que c'est quelque espèce de pétrel , et spécialement celle-ci que l'on
trouve désignée chez plusieurs navigateurs sous le nom d'*alcyon* , comme accompagnant les
nautoniers, suivant les vaisseaux, et bien différent, ainsi que l'on peut juger, du vrai alcyon
des anciens, dont nous avons parlé à l'article du martin-pêcheur. Voyez l'histoire de ce dernier
oiseau , t. VII , page 578.

a. Observations, page 184.

b. « Ces oiseaux volent de tous côtés sur l'océan Atlantique, et on les voit sur les côtes de
l'Amérique aussi bien que sur celles de l'Europe, à plusieurs centaines de lieues de terre; les
gens de mer, dès qu'ils les aperçoivent, croient généralement que c'est un pronostic de tempête. » Catesby , *Histoire naturelle de la Caroline, Append.*, page 14. — « J'ai vu une grande
quantité de ces oiseaux ensemble au milieu des plus larges et des plus septentrionales parties
de la mer d'Allemagne, où ils devaient être à plus de cent milles d'Angleterre loin de la terre. »
Edwards.

c. Un de ces oiseaux dit M. Linnæus, avait été tiré au vol et manqué; le bruit ne l'effraya
point : ayant aperçu la bourre , il se jeta dessus, croyant que c'était un aliment, et on le prit
avec les mains.

d. « Au moyen de ces longues ailes , il s'élève en un instant à perte de vue, on s'éloigne au
« large, au point qu'on ne peut plus l'apercevoir; mais cette même étendue d'ailes, si favorable
« en temps serein, fait, quand le vent est violent, qu'il en devient le jouet et souvent la vic-
« time; sentant donc derrière lui l'air chargé, il cherche un air plus libre, et devance, par sa
« rapidité, la tempête qui le suit de près. » Salerne, page 384.

e. « Pegasum dixeris, siquidem super ipsos fluctus incredibili pedum velocitate transcurrere,
« ac nimbi instar ferri, non sine admiratione videas. » Clusius. — « Quoique leurs pieds soient
formés pour nager, ils le sont aussi pour courir; et c'est l'usage qu'ils en font le plus souvent,
car on les voit très-fréquemment courir avec vitesse sur la surface des vagues dans leur plus
grande agitation. » Catesby.

noir enfumé, avec des reflets pourprés sur le devant du cou et sur les couvertures des ailes, et d'autres reflets bleuâtres sur leurs grandes pennes; le croupion est blanc; la pointe de ses ailes pliées et croisées dépasse la queue; ses pieds sont assez hauts; il a, comme tous les pétrels, un éperon à la place du doigt postérieur : et par la conformation de son bec, dont les deux mandibules ont la pointe recourbée en bas, il appartient à la famille des *pétrels-puffins*.

Il paraît qu'il y a variété dans cette espèce; le petit pétrel de Kamtschatka a la pointe des ailes blanche [a]; celui des mers d'Italie, sur la description duquel M. Salerne s'étend et qu'il sépare en même temps de notre oiseau de tempête [b], a, suivant cet ornithologiste, des couleurs bleues, violettes et pourprées; mais nous pensons que ces couleurs ne sont autre chose que les reflets dont le fond sombre de son plumage est lustré; et quant aux mouchetures blanches ou blanchâtres aux couvertures de l'aile dont Linnæus fait mention dans sa description du petit pétrel de Suède, qui est le même que le nôtre, cette légère différence ne tient sans doute qu'à l'âge.

Nous rapporterons à ce petit pétrel le *rotje* de Groënland et de Spitzberg, dont parlent les navigateurs hollandais; car quoique leurs notices présentent des traits mal assortis, il en reste d'assez caractérisés pour qu'on puisse juger de la ressemblance de ce rotje avec notre oiseau de tempête. « Le « *rotje*, selon les voyageurs, a le bec crochu..... il n'a que trois doigts, « lesquels se tiennent par une membrane..... il est presque noir par tout « le corps, excepté qu'il a le ventre blanc; on en trouve aussi quelques- « uns qui ont les ailes tachetées de noir et de blanc..... du reste, il res- « semble fort à une hirondelle [c]. » Anderson dit que *rotje* veut dire *petit*

---

a. Les *procellaria* ou oiseaux qui présagent les tempêtes sont environ de la grosseur d'une hirondelle; ils sont tout noirs, à l'exception des ailes, dont les pointes sont blanches. *Histoire de Kamtschatka*, t. II, p. 49.

b. « Il n'est pas, dit-il, plus grand que le *pinson de mer;* sa tête est presque entièrement « bleue, ainsi que le jabot et les côtés, avec des reflets de violet et de noir; le dessus de son « cou est vert et pourpre, changeant comme celui du pigeon; le sommet des ailes et le crou- « pion sont mouchetés de blanc; tout le reste est noir : il a le regard très-vif et bien assuré. « Cet oiseau paraît étranger à la terre, du moins personne ne peut dire l'avoir vu sur les côtes; « sa présence est un présage certain de tempête prochaine, quoique le ciel, l'air et la mer ne « paraissent pas l'annoncer et soient calmes et sereins : alors il ne vole pas un à un, mais tous « ceux qui sont à vue d'un vaisseau (et ils le voient de loin) se réunissent. » Salerne, *Ornithol.*, p. 384.

c. « Ils crient *rollet, tet, tet, tet, tet,* d'abord fort haut, en baissant ensuite le ton par degrés; peut-être que ce cri leur a fait donner le nom de *rotjes*. Ils font plus de bruit qu'aucun autre oiseau, parce que leur cri est plus aigu et plus perçant; ils font leurs nids avec de la mousse, la plupart dans les fentes des rochers, et quelques-uns sur les montagnes, où nous tuâmes une grande quantité de leurs petits avec des bâtons; ils se repaissent de certains vers gris qui ressemblent à des crabes... ils mangent aussi des chevrettes rouges et des langoustins. Nous tuâmes quelques-uns de ces oiseaux, pour la première fois, sur la glace, le 29 mai : mais dans la suite nous en prîmes plusieurs à Spitzbergen. Ces oiseaux sont fort bons à manger, et les meilleurs après ceux que l'on appelle *strand copers runers* (coureurs de rivage); ils sont charnus et gras. » *Recueil des Voyages du Nord :* Rouen, 1716, t. II, p. 93.

rat, et que « cet oiseau a en effet la couleur noire, la petitesse et le cri d'un rat. » Il paraît que ces oiseaux n'abordent aux terres de Spitzberg et de Groënland que pour y faire leurs petits ; ils placent leur nid à la manière de tous les pétrels, dans des creux étroits et profonds, sous les débris des rocs écroulés, sur les côtes et tout près de la mer : dès que les petits sont en état de sortir du nid, les père et mère partent avec eux et se glissent du fond de leurs trous jusqu'à la mer, et ils ne reviennent plus à terre [a].

Quant au *petit pétrel plongeur* de MM. Cook et Forster [b], nous le rapporterions aussi à notre oiseau de tempête, si ces voyageurs n'indiquaient pas par cette épithète que ce petit pétrel a une habitude que nous ne connaissons pas à notre oiseau de tempête, qui est celle de plonger.

Enfin, nous croyons devoir rapporter, non pas à l'oiseau de tempête, mais à la famille des pétrels en général, les espèces indiquées dans les notices suivantes.

I. — Le pétrel que les matelots du capitaine Carteret appelaient *poulet de la mère Carey*, « qui semble, dit-il, se promener sur l'eau, et dont nous « vîmes plusieurs depuis notre débouquement du détroit (de Magellan), le « long de la côte du Chily [c]. » Ce pétrel est vraisemblablement l'un de ceux que nous avons décrits, et peut-être le *quebrantahuessos*, appelé *Mère Carey* par les matelots de Cook ; un mot sur la grandeur de cet oiseau eût décidé la question.

II. — Les *oiseaux diables* du P. Labat, dont on ne peut guère aussi déterminer l'espèce, malgré tout ce qu'en dit ce prolixe conteur de voyages : voici son récit que nous abrégerons beaucoup : « *Les diables* ou *diablotins* « commencent, dit-il, à paraître à la Guadeloupe et à Saint-Domingue vers « la fin du mois de septembre ; on les trouve alors deux à deux dans chaque « trou ; ils disparaissent en novembre, reparaissent de nouveau en mars, « et alors on trouve la mère dans son trou avec deux petits qui sont cou-

---

a. Histoire naturelle d'Islande et de Groënland, t. II, p. 54.

b. « Dans le canal de la Reine-Charlotte (à la Nouvelle-Zélande), nous vîmes de grandes troupes de petits pétrels plongeons (*procellaria tridactyla*) voltiger ou s'asseoir sur la surface de la mer, ou nager sous l'eau, à une distance assez considérable, avec une agilité étonnante ; ils paraissaient exactement les mêmes que ceux que nous avions vus cherchant la terre de M. Kerguelen, par quarante-huit degrés de latitude. » Cook, *Second voyage*, t. I, p. 217. — « Par cinquante-six degrés quarante-six minutes latitude australe, le temps devint beau, et nous aperçûmes de *petits plongeons*, comme nous les appelions, de la classe des *pétrels* ; je n'en avais jamais vu à si grande distance des côtes ; ceux-ci avaient probablement été amenés si loin par quelques bancs de poissons. En effet, il devait y avoir de ces bancs autour de nous, puisque nous étions environnés d'un grand nombre de pétrels bleus, d'albatros et d'autres oiseaux qu'on voit communément dans le grand Océan. Tous ou presque tous nous quittèrent avant la nuit. » *Idem*, t. II, p. 157.

c. Voyage de Carteret ; Collection d'Hawkesworth, t. I, p. 203. — C'est vraisemblablement aussi le même dont Waser a parlé en ces termes : « Les oiseaux gris (de l'île de Juan Fer- « nandès) sont à peu près de la grosseur d'un petit poulet, et font des trous en terre comme les « lapins ; ils s'y logent la nuit et le jour ; ils vont à la pêche. » *Voyage de Wafer*, à la suite de ceux de *Dampier*, t. IV, p. 303.

« verts d'un duvet épais et jaune, et sont des pelotons de graisse; on
« leur donne alors le nom de *cottons*. Ils sont en état de voler, et par-
« tent vers la fin de mai; durant ce mois on en fait de très-grandes cap-
« tures, et les nègres ne vivent d'autre chose.... La grande montagne de
« la *soufrière* à la Guadeloupe, est toute percée, comme une garenne, des
« trous que creusent ces diables; mais comme ils se placent dans les endroits
« les plus escarpés, leur chasse est très-périlleuse.... Toute la nuit que
« nous passâmes à la soufrière, nous entendîmes le grand bruit qu'ils fai-
« saient en sortant et rentrant, criant comme pour s'entr'appeler et se
« répondre les uns les autres..... A force de nous aider, en nous tirant
« avec des lianes, aussi bien que nos chiens, nous parvînmes enfin aux
« lieux peuplés de ces oiseaux; en trois heures nos quatre nègres avaient
« tiré de leurs trous cent trente-huit diables et moi dix-sept.... C'est un
« mets délicieux qu'un jeune diable mangé au sortir de la broche.... L'oi-
« seau diable adulte est à peu près de la grosseur d'une *poule à fleur* : c'est
« ainsi qu'on appelle aux îles les jeunes poules qui doivent pondre bientôt;
« son plumage est noir; il a les ailes longues et fortes; les jambes assez
« courtes; les doigts garnis de fortes et longues griffes; le bec dur et fort
« courbé, pointu, long d'un bon pouce et demi; il a de grands yeux à fleur
« de tête qui lui servent admirablement bien pendant la nuit, mais qui lui
« sont tellement inutiles pendant le jour, qu'il ne peut supporter la lumière
« ni discerner les objets; de sorte que quand il est surpris par le jour hors
« de sa retraite, il heurte contre tout ce qu'il rencontre, et enfin tombe à
« terre.... aussi ne va-t-il à la mer que la nuit [a]. »

Ce que le P. Dutertre dit de l'*oiseau diable* ne sert pas plus à le faire
reconnaître; il n'en parle que sur le rapport des chasseurs [b]; et tout ce
qu'on peut inférer des habitudes naturelles de cet oiseau, c'est que ce doit
être un pétrel.

III. — L'*alma de maestro* des Espagnols qui paraît être un pétrel, et que
l'on pourrait même rapporter au damier, si la notice où nous le trouvons
désigné était un peu plus précise, et ne commençait pas par une erreur en
appliquant le nom de *pardelas*, qui constamment appartient au damier, à
deux pétrels, l'un gris, l'autre noir, auxquels il ne convient pas [c].

a. Labat, tome II, page 408 et suiv.
b. Voyez *Histoire naturelle des Antilles*, t. II, p. 257.
c. « On voit dans cette traversée (du Pérou au Chili), à une fort grande distance de la côte,
des oiseaux que cette propriété rend fort singuliers; ils se nomment *pardelas* : leur grosseur
est à peu près celle d'un pigeon; ils ont le corps long, le cou fort court, la queue proportionnée,
les ailes longues et minces. On en distingue deux espèces, l'une grise, d'où leur vient leur
nom, l'autre noire : leur différence ne consiste que dans la couleur; on voit aussi, mais à
moins de distance en mer, un autre oiseau que les Espagnols nomment *alma de maestro*, blanc
et noir; la queue longue, et moins commun que les pardelas; il ne paraît guère que dans le
gros temps, et c'est de là qu'il tire son nom. » *Traversée des frégates* la Veles *et la* Rosa *de
Callao à Juan Fernandès; Histoire générale des Voyages*, t. XIII, p. 497.

IV. — Le *majagué* des Brasiliens [a] que Pison décrit comme il suit : « Il
« est, dit-il, de la taille de l'oie, mais son bec à pointe crochue lui sert à
« faire capture de poissons ; il a la tête arrondie, l'œil brillant ; son cou se
« courbe avec grâce comme celui du cygne ; les plumes du devant de cette
« partie sont jaunâtres ; le reste du plumage est d'un brun noirâtre. Cet oiseau
« nage et plonge avec célérité, et se dérobe ainsi facilement aux embû-
« ches ; on le voit en mer vers l'embouchure des fleuves. » Cette dernière
circonstance, si elle était constante, ferait douter que cet oiseau fût du
nombre des pétrels, qui, tous, affectent de s'éloigner des côtes et de se porter en haute mer.

L'ALBATROS. [b] [c] [*]

Voici le plus gros des oiseaux d'eau, sans même en excepter le cygne ;
et, quoique moins grand que le pélican ou le flammant, il a le corps bien
plus épais, le cou et les jambes moins allongées et mieux proportionnées :
indépendamment de sa très-forte taille, l'albatros est encore remarquable
par plusieurs autres attributs qui le distinguent de toutes les autres espèces
d'oiseaux ; il n'habite que les mers australes, et se trouve dans toute leur
étendue, depuis la pointe de l'Afrique à celles de l'Amérique et de la Nouvelle-Hollande ; on ne l'a jamais vu dans les mers de l'hémisphère boréal,
non plus que les manchots et quelques autres qui paraissent être attachés à
cette partie maritime du globe, où l'homme ne peut guère les inquiéter, où
même ils sont demeurés très-longtemps inconnus ; c'est au delà du cap de
Bonne-Espérance, vers le sud, qu'on a vu les premiers albatros, et ce n'est
que de nos jours qu'on les a reconnus assez distinctement pour en indiquer

a. Majagué. Pison, *Hist. nat.*, p. 83, avec une figure qui ne dessine point le caractère du
bec, d'après lequel on pourrait juger si c'est véritablement un pétrel. — *Majague Brasilien-
sium Pisoni.* Willughby, *Ornithol.*, p. 252. — Ray, *Synops. avi.*, p. 133, n° 3. — « Puffinus
« fusco nigricans, collo inferiore flavo, rectricibus fusco nigricantibus... » *Le Puffin du Brésil.*
Brisson, t. VI, p. 138.

b. Voyez les planches enluminées, n° 237, sous la dénomination de *Albatros du cap de
Bonne-Espérance.*

c. Est nommé le *mouton* ou le *mouton du Cap* par nos navigateurs, Jean de Jenten par les
Hollandais du *Voy. de Lemaire et Schouten :* c'est mal à propos, suivant la remarque d'Edwards,
que quelques-uns l'ont nommé le *vaisseau de guerre,* ce nom étant approprié à la frégate.
— *Albatros.* Edwards, t. II, pag. et pl. 88. — *Plautus albatrus.* Klein, *Avi.*, p. 148, n° 13.
— « Diomedea alis pennatis, pedibus tridactylis... » *Diomedea exulans.* Linnæus, *Syst. nat.*,
édit. X, gen. 65, sp. 1. — *Vaisseau de guerre.* Albin, t. III, p. 34, avec une figure peu exacte
de la tête, planche 81. — « Albatrus supernè fusco-rufescens, nigricante transversim striatus
« et maculatus, infernè albus ; vertice grisco-rufescente, collo superiore et lateribus fusco
« transversim striatis ; remigibus majoribus nigris, minoribus rectricibusque plumbeo-nigri-
« cantibus... » *Albatrus,* l'Albatros. Brisson, *Ornithol.*, t. VI, p. 126.

* *Diomedea exulans* (Linn.). — Ordre des *Palmipèdes,* famille des *Longipennes* ou *Grands
voiliers,* genre *Albatrosses* (Cuv.).

les variétés, qui, dans cette grosse espèce, semblent être plus nombreuses
que dans les autres espèces majeures des oiseaux et de tous les animaux.

La très-forte corpulence de l'albatros lui a fait donner le nom de *mouton
du Cap*, parce qu'en effet il est presque de la grosseur d'un mouton. Le
fond de son plumage est d'un blanc gris brun sur le manteau, avec de petites hachures noires au dos et sur les ailes, où ces hachures se multiplient et
s'épaississent en mouchetures; une partie des grandes pennes de l'aile et
l'extrémité de la queue sont noires; la tête est grosse et de forme arrondie;
le bec est d'une structure semblable à celle du bec de la frégate, du fou et
du cormoran, il est de même composé de plusieurs pièces qui semblent articulées et jointes par des sutures avec un croc surajouté, et le bout de la
partie inférieure ouvert en gouttière et comme tronqué : ce que ce bec,
très-grand et très-fort, a encore de remarquable, et en quoi il se rapproche
de celui des pétrels, c'est que les narines en sont ouvertes en forme de
petits rouleaux ou étuis, couchés vers la racine du bec dans une rainure
qui, de chaque côté, le sillonne dans toute sa longueur; il est d'un blanc
jaunâtre, du moins dans l'oiseau mort; les pieds, qui sont épais et robustes,
ne portent que trois doigts engagés par une large membrane, qui borde
encore le dehors de chaque doigt externe; la longueur du corps est de près
de trois pieds; l'envergure au moins de dix [a], et suivant la remarque d'Edwards, la longueur du premier os de l'aile est égale à la longueur du corps
entier.

Avec cette force de corps et ces armes, l'albatros semblerait devoir être
un oiseau guerrier; cependant on ne nous dit pas qu'il attaque les autres
oiseaux qui croisent avec lui sur ces vastes mers; il paraît même n'être que
sur la défensive avec les mouettes, qui, toujours hargneuses et voraces,
l'inquiètent et le harcèlent [b]; il n'attaque pas même les grands poissons; et,
selon M. Forster, il ne vit guère que de petits animaux marins, et surtout
de poissons mous et de zoophytes mucilagineux qui flottent en quantité sur
ces mers australes [c]; il se repaît aussi d'œufs et de frai de poissons que les
courants charrient, et dont il y a quelquefois des amas d'une grande éten-

a. « Nous nous trouvions sous le soixantième degré dix secondes de latitude sud, notre longitude étant de soixante-quatorze degrés trente secondes..... Comme le temps était souvent
calme, M. Banks allait dans un petit bateau pour tirer des oiseaux, et il rapporta quelques
albatros; nous observâmes que ces albatros étaient plus gros que ceux que nous avions pris au
nord du détroit de Lemaire : l'un de ceux que nous mesurâmes avait dix pieds deux pouces
d'envergure. » *Collection d'Hawkesworth*, t. II, p. 297. — « Les albatros, les frégates, les
poissons volants, les dauphins et les requins jouaient autour du vaisseau; nos messieurs
avaient tué des albatros de dix pieds d'envergure. » *Troisième voyage de Cook*, p. 138.

b. « Plusieurs grosses mouettes grises qui chassaient un albatros blanc nous procurèrent un
divertissement assez agréable : elles l'atteignirent malgré la longueur de ses ailes, et elles
tâchaient de l'attaquer par-dessous le ventre, cette partie étant probablement sans défense;
l'albatros, dans ces moments, n'avait d'autre moyen d'échapper qu'en plongeant son corps dans
l'eau; son bec formidable semblait alors les écarter. » *Second voyage de Cook*, t. I, p. 150.

c. *Idem, ibid.*

due. M. le vicomte de Querhoënt, observateur exact et judicieux, nous assure n'avoir jamais trouvé dans l'estomac de ceux de ces oiseaux qu'il a ouverts qu'un mucilage épais, et point du tout de débris de poissons.

Les gens de l'équipage du capitaine Cook prenaient les albatros qui souvent environnaient le vaisseau, en leur jetant un hameçon amorcé grossièrement d'un morceau de peau de mouton [a]. C'était pour ces navigateurs une capture d'autant plus agréable [b] qu'elle venait s'offrir à eux au milieu des plus hautes mers, et lorsqu'ils avaient laissé toutes terres bien loin derrière eux [c] : car il parait que ces gros oiseaux se sont trouvés dans toutes les longitudes, et sur toute l'étendue de l'Océan austral, du moins sous les latitudes élevées [d], et qu'ils fréquentent les petites portions de terres qui sont jetées dans ces vastes mers antarctiques [e], aussi bien que la pointe de l'Amérique [f] et celle de l'Afrique [g].

[a]. « Nous étions par trente-cinq degrés vingt-cinq minutes de latitude sud, vingt-neuf minutes à l'ouest du cap de Bonne-Espérance ; nous avions autour de nous une grande quantité d'albatros, dont nous prîmes plusieurs avec la ligne et l'hameçon amorcé d'un morceau de peau de mouton. » *Second voyage de Cook*, t. I, p. 84.

[b]. « Nous écorchâmes les albatros, et après les avoir laissé tremper dans l'eau salée jusqu'au lendemain matin, nous les fîmes bouillir, et l'on y fit une sauce piquante ; chacun trouva très-bon ce mets ainsi apprêté, et nous en mangions volontiers, lors même qu'il y avait du porc frais sur la table. » Cook, *Premier voyage*, t. II, p. 297. — « Par quarante degrés quarante minutes latitude sud, et vingt-trois degrés quarante-sept minutes longitude est... on tua des albatros et des pétrels que nous fûmes alors bien aises de manger. » *Idem*, t. IV, p. 128.

[c]. « Nous eûmes une nouvelle occasion d'examiner deux différents albatros... Nous marchions depuis neuf semaines sans voir aucune terre. » Cook, *Second voyage*, t. I, p. 50. — « Le 8 mars, par quarante et un degrés trente minutes latitude sud, et vingt-six degrés cinquante et une minutes longitude est... nous voyions chaque jour des albatros, des pétrels et d'autres oiseaux de mer ; mais rien n'annonçait terre. » *Idem*, t. IV, p. 128.

[d]. « Nous étions par trente-deux degrés trente minutes latitude australe, et cent trente-trois degrés quarante minutes longitude ouest..... ce jour fut remarquable en ce que nous ne vimes pas un seul oiseau : il ne s'en était encore passé aucun depuis que nous avions quitté terre sans apercevoir ou des albatros ou des coupeurs d'eau, des pintades, des pétrels bleus ou des poules du Port-Egmont. Ils fréquentent chaque portion de l'Océan austral dans les latitudes les plus élevées... Deux jours après, par vingt-neuf degrés de latitude, nous rencontrâmes le premier oiseau du tropique. » Cook, *Second voyage*, t. I, p. 284. — « Nous voyions souvent des albatros et des pétrels (par quarante-deux degrés trente-deux minutes latitude sud, et cent soixante et un degrés longitude ouest). » *Idem*, *ibid.*, p. 279. — « Par cinquante-cinq degrés vingt minutes latitude sud, et cent trente-quatre degrés longitude ouest, nous vîmes des albatros. » *Idem*, t. IV, p. 7. — « Le 10 janvier, la latitude observée fut de cinquante-quatre degrés trente-cinq minutes, et la longitude quarante-sept degrés cinquante-six minutes ouest : il y avait beaucoup d'albatros et de pétrels bleus autour du vaisseau. » *Idem*, *ibid.*, p. 78. — « Le 11 juillet, à trente-quatre degrés cinquante-six minutes de latitude méridionale, et quatre degrés quarante et une minutes de longitude, M. de Querhoënt vit quelques *croiseurs* et un *mouton* (albatros). » *Observations communiquées par M. le vicomte de Querhoënt.*

[e]. « En général, aucune partie de la Nouvelle-Zélande ne contient autant d'oiseaux que la baie Dusky ; nous y avons trouvé des albatros, des pingouins, etc. » *Observations* de Forster. — « Il y avait aussi des albatros à la Nouvelle-Géorgie. » Cook, *Second voyage*, t. I, p. 86.

[f]. « Depuis notre débouquement du détroit de Magellan, et pendant notre passage le long de la côte du Chily, nous vîmes un grand nombre d'oiseaux de mer, en particulier des albatros. » *Voyage du capitaine Carteret : Collection d'Hawkesworth*, t. I, p. 203.

[g]. M. Edwards n'avait pas les relations des illustres voyageurs d'après lesquels nous venons

Ces oiseaux, comme la plupart de ceux des mers australes, dit M. de Querhoënt, effleurent en volant la surface de la mer, et ne prennent un vol plus élevé que dans le gros temps et par la force du vent ; il faut bien même que lorsqu'ils se trouvent portés à de grandes distances des terres ils se reposent sur l'eau [a] : en effet l'albatros, non-seulement se repose sur l'eau, mais y dort [b] ; et les voyageurs Lemaire et Schouten sont les seuls qui disent avoir vu ces oiseaux venir se poser sur les navires [c].

Le célèbre Cook a rencontré des albatros assez différents les uns des autres [d] pour qu'il les ait regardés comme des espèces diverses ; mais d'après ses propres indications, il nous paraît que ce sont plutôt de simples variétés ; il en indique distinctement trois : l'albatros *gris* [e], qui paraît être la grande espèce dont nous venons de parler ; l'albatros d'un *brun foncé* [f] ou *couleur de chocolat* [g], et l'albatros à *plumage gris-brun*, et qu'à cause de cette couleur les matelots nommaient l'*oiseau quaker* [h] : or, cet albatros

de parler, lorsqu'il disait : « On apporte ces oiseaux du cap de Bonne-Espérance, où ils sont en « grand nombre. Je n'ai pas ouï dire qu'ils soient fréquents dans aucune autre partie du « monde. » Edwards, t. II, p. 88.

a. *Voyage d'un officier du roi aux îles de France et de Bourbon*, page 68.

b. Voyez la citation d'un passage de M. Forster, dans le discours intitulé : *les Oiseaux d'eau*, page 1 de ce volume.

c. « On vit des *jeans-de-genten* d'une grosseur extraordinaire, c'est-à-dire des mouettes de mer, qui avaient le corps aussi gros que des cygnes, et dont chaque aile étendue n'avait pas moins d'une brasse de long ; elles venaient se percher sur le navire, et se laissaient prendre par les matelots (dans le détroit de Lemaire). » Relation de Lemaire et Schouten, tome IV du *Recueil de la Compagnie hollandaise*, p. 582. La même chose dans l'*Histoire des navigations aux terres australes*, t. I, p. 355. — *Nota.* Nous rapportons encore à l'albatros la notice suivante. « A quelque distance du cap de Bonne-Espérance, comme il faisait calme tout plat, nous vîmes flotter quelque chose sur l'eau ; on mit la chaloupe à la mer, et l'on trouva que c'étaient deux grosses mouettes qui ne pouvaient voler faute de vent, et à cause de leur pesanteur ; ainsi on les prit. Elles étaient blanches comme neige, mais leurs ailes étaient grises et plus longues que toute l'étendue des deux bras d'un homme ; leur bec était crochu et de la longueur d'un quart d'aune de Hollande. (*Nota.* Ceci paraît exagéré.) Elles savaient bien s'en servir pour mordre. Leurs pieds étaient comme ceux des cygnes, et d'un empan de largeur. Leur goût était passable. Nous vîmes aussi deux grandes baleines. » *Voyage de Hagenar aux Indes orientales*, dans le *Recueil des Voyages qui ont servi à l'établissement de la Compagnie*; Amsterdam, 1702, t. V, p. 161.

d. « Par cinquante-trois degrés trente-cinq secondes, il y avait autour du vaisseau un grand nombre d'albatros de différentes espèces. » Cook, *Second voyage*, t. IV, p. 9.

e. « La brume étant dissipée, nous aperçûmes des îles de glace très-hautes et très-escarpées, qui formaient à leur sommet divers pics ; plusieurs avaient deux ou trois cents pieds d'élévation, et deux ou trois milles de circuit avec des côtés perpendiculaires, qui inspiraient la frayeur quand on les regardait. De tous les oiseaux qui nous avaient accompagnés, il ne restait que les albatros gris ; mais nous reçûmes la visite d'un petit nombre de pétrels antarctiques (par les soixante-sept degrés cinq secondes latitude sud). » Cook, *Second voyage*, tome II, pag. 148.

f. Idem, t. I, p. 116.

g. « Nous aperçûmes des albatros couleur de chocolat, au milieu des glaces. » *Idem*, t. II, pag. 150.

h. « Nous aperçûmes aussi de temps en temps les deux espèces d'albatros dont nous avons déjà parlé, ainsi qu'une troisième moindre que les deux autres, que nous nommâmes le *sooty*, nous paraît être celui qui est représenté dans nos planches enluminées, n° 963, sous la dénomination d'*albatros de la Chine* [1]; il est un peu moins grand que le premier; son bec ne paraît pas avoir les sutures aussi fortement prononcées, sur quoi nous devons observer que ce dernier albatros, moins grand que les premiers, et dont les sutures du bec n'étaient pas aussi fortement exprimées, pourrait bien être un oiseau jeune qui différait aussi des adultes par les teintes de son plumage; il se pourrait de même que des deux premiers albatros, l'un gris moucheté et l'autre brun, celui-ci fût le mâle et l'autre la femelle; et ce qui nous fait insister sur ces présomptions, c'est que toutes les premières et très-grandes espèces, tant dans les animaux quadrupèdes que dans les oiseaux, sont toujours uniques, isolées, et n'ont que rarement des espèces voisines, en sorte que nous ne compterons qu'une espèce d'albatros jusqu'à ce que nous soyons mieux informés [2].

Ces oiseaux ne se rencontrent nulle part en plus grand nombre qu'entre les îles de glace des mers australes [a], depuis le quarantième degré jusqu'aux glaces solides qui bornent ces mers sous le soixante-cinquième ou le soixante-sixième degré. M. Forster a tué un albatros à plumage brun vers le soixante-quatrième degré douze minutes [b]; et dès le cinquante-troisième, ce même navigateur en avait vu plusieurs de différentes couleurs [c], il en avait même trouvé au quarante-huitième degré [d]. D'autres voyageurs en ont rencontré à quelque distance du cap de Bonne-Espérance [e]. Il semble même que ces oiseaux s'avancent quelquefois encore plus près du tropique austral [f], qui paraît être leur barrière dans l'océan Atlantique; mais ils l'ont franchie, et même ont traversé la zone torride dans la partie occi-

et à laquelle nos matelots donnaient le nom d'*oiseau du quaker*, parce qu'elle a une couleur gris brun (par quarante-huit degrés de latitude australe). » *Second voyage de Cook*, tome I, pag. 88.

a. « Nous commençâmes à voir ces oiseaux avec les îles de glace, et quelques-uns n'avaient pas cessé dès lors de nous accompagner : ces albatros, ainsi que l'espèce d'un brun foncé et au bec jaune, étaient les seuls qui ne nous eussent pas abandonnés. » *Idem , ibid.*, p. 116.

b. « La tête et le dessus des ailes étaient un peu noirâtres, et elle avait les cils des yeux blancs. » Forster, dans le *Second voyage de Cook*, t. I, p. 116.

c. Ibidem , t. IV, p. 9.

d. Ibidem , t. I, p. 88.

e. « On connaît encore à plusieurs autres marques quand on est proche du cap de Bonne-Espérance, comme par exemple aux oiseaux de mer qu'on rencontre, et surtout aux *albatros*, oiseaux qui ont les ailes fort longues » Dampier, *Voyage autour du monde*, t. II, p. 207.

f. « Après que les *boubies* nous eurent quittés, nous ne vîmes plus d'oiseaux avant d'arriver par le travers de Madagascar.... que nous aperçûmes un albatros , et depuis ce temps nous en découvrîmes tous les jours un plus grand nombre. » Cook, *Second voyage*, t. IV, p. 314. —

1. *Diomedea brachyura* (Temm., Desm.).

2. « On a observé divers *albatros*, plus ou moins bruns ou noirâtres; mais on n'a pu encore « constater jusqu'à quel point ils forment des variétés ou des espèces distinctes. Tel est le « *diomedea spadicea*. — Ajoutez *Diomed. brachyura, Diomed. melanophrys, Diomed. chloro-« rhynchos, Diomed. fuliginosa.* » (Cuvier.)

dentale de la mer Pacifique. Si le passage suivant de la relation du *Troisième Voyage du capitaine Cook* est exact, les vaisseaux partaient de la hauteur du Japon et marchaient au sud : « Nous approchions, dit ce relateur, des « parages où l'on rencontre les albatros avec les bonites, les dauphins et « les poissons volants [a]. »

LE GUILLEMOT. [b] [c] *

Le guillemot nous présente les traits par lesquels la nature se prépare à terminer la suite nombreuse des formes variées du genre entier des oiseaux. Ses ailes sont si étroites et si courtes, qu'à peine peut-il fournir un vol faible au-dessus de la surface de la mer [d], et que pour atteindre à son nid, posé sur les rochers, il ne peut que voleter ou plutôt sauter de pointe en

« Albatros (*Diomedea exulans*), par vingt-cinq degrés vingt-neuf secondes latitude sud, et vingt-quatre degrés cinquante-quatre secondes longitude, le 5 octobre, l'air étant vif et froid. » *Idem*, t. I, p. 46.

a. *Troisième voyage de Cook*, p. 486.

b. Voyez les planches enluminées, n° 903.

c. Le nom de *guillemot* en anglais signifie un oiseau niais, et qui se laisse leurrer aisément ; le guillemot s'appelle, au pays de Galles, *guillem*; dans la provinces du Northumberland, *sea-hen*; dans celle d'York, *skout*; en Cornouailles, *kiddaw*; à l'île Saint-Kilda, *lavy*; aux iles Feroë, *lomwier*, *lomwia*; en norwégien, *lomvie*, *lomgivie*, *langvire*, *lumbe*; en danois, *aalge*; en lapon, *duppau*; en groënlandais, *tuglok*. — *The guillemot. British Zool.*, p. 138. — Edwards, *Glan.*, p. 113, pl. 359, fig. 1. — *The lavy. Martin's Voyage Saint-Kilda*, p. 32. — *Lomwia.* Clusius, *Exotic. auctuar.*, p. 367. — Nieremberg, p. 236. — Jonston, p. 129. — Charleton, *Exercit.*, p. 102, n° 12. — *Lomwia insulæ Farræ Iloieri.* Sibbald, *Scot. illustr.*, part. ii, lib. iii, p. 20. — Willughby, *Ornithol.*, p. 214. — Ray, *Synops. avi.*, p. 120, n° 4. — *Lomben.* Klein, *Avi.*, p. 148, n° 8; et p. 168, n° 3. *Nota.* Klein observe fort bien que ce n'est point ici le *lumme* de Wormius, qui est un plongeon; voyez ci-devant, parmi ces oiseaux, l'article du *lumme.* — *Plautus rostro larino.* Idem, p. 146, n° 2. — « Alka rostro lævi oblongo; mandi- « bulâ superiore margine flavescente... » *Lomvia.* Linnæus, *Syst. nat.*, édit. X, g. 63, sp. 4. —*Colymbus troile pedibus palmatis tridactylis, corpore nigro, pectore abdomineque niveo; remigibus secundariis apice albis.* Muller, *Zoolog. Danic.*, n° 152. — *Cataractes.* Mœhring, *Avi.*, gen. 75. — *Uria.* Gessner, *Avi.*, p. 129. Par une application précaire et une extension forcée du nom grec ϗύϱιϰ, qui est celui du plongeon, à un oiseau des mers du Nord que les Grecs n'ont jamais connu. — Jonston, *Avi.*, p. 90. — Aldrovande, *Avi.* t. III, p. 260. *Nota.* Au chapitre *Uria*, Aldrovande ne fait que raisonner sur l'étymologie du mot et indiquer quelques espèces de plongeons. — *Le lomwie* ou *guillemot.* Salerne, *Ornithol.*, p. 365. — *Le pigeon plongeur. Recueil des Voyages du Nord;* Rouen, 1716, t. II, p. 89. — *Poule de mer.* Albin, t. I, p. 74, pl. 84. — « Uria supernè fusco-nigricans, infernè alba, gutture et collo inferiore « fusco-nigricantibus; remigibus minoribus apice albis; rectricibus fusco-nigricantibus... » *Uria*, le Guillemot. Brisson, *Ornithol.*, t. VI, p. 70.

d. « Ils volent fort bas sur la mer, et leur vol ressemble à celui des perdrix. » *Recueil des Voyages du Nord*, t. II, p. 89.

* *Colymbus troile* (Linn.). — *Le grand guillemot* (Cuv.). — Ordre des *Palmipèdes*, famille des *Plongeurs* ou *Brachyptères*, genre *Plongeons*, sous-genre *Guillemots* (Cuv.).

pointe sur la roche, en prenant à chaque fois un instant de repos[a]; et cette habitude ou plutôt cette nécessité lui est commune avec le macareux, le pingouin et autres oiseaux à courtes ailes dont les espèces, presque bannies des contrées tempérées de l'Europe, se sont réfugiées à la pointe de l'Écosse et sur les côtes de la Norwége, de l'Islande et des îles de Féroë, dernières terres des habitants de notre Nord, où ces oiseaux semblent lutter contre le progrès et l'envahissement des glaces. Il est même impossible qu'ils occupent ces parages en hiver; ils sont, à la vérité, assez accoutumés aux plus grandes rigueurs du froid, et se tiennent volontiers sur les glaçons flottants[b]; mais ils ne peuvent trouver leur subsistance que dans une mer ouverte, et ils sont forcés de la quitter dès qu'elle se glace en entier.

C'est dans cette migration, ou plutôt dans cette dispersion pendant l'hiver, et après avoir quitté leur séjour dans la région de notre nord, qu'ils descendent le long des côtes d'Angleterre[c], et que même quelques familles y restent et s'établissent sur des écueils et des îlets déserts, et notamment dans une petite île inhabitée, faute d'eau, qui est en face de l'île d'Anglesey[d]. Ils y nichent sur les rebords saillants des rochers, au sommet desquels ils se portent tout le plus haut qu'ils peuvent[e]; leurs œufs sont de couleur bleuâtre, et plus ou moins brouillés de maculatures noires; ils sont fort pointus par un bout, et très-gros pour la grandeur de l'oiseau[f], qui est à peu près celle du morillon; il a le corps court, rond et ramassé, le bec droit, pointu, long de trois doigts, et noir dans toute sa longueur; la mandibule supérieure présente à sa pointe deux petits prolongements qui débordent de chaque côté sur l'inférieure. Ce bec est en grande partie couvert d'un duvet ras du même cendré brun ou noir enfumé qui couvre toute la tête, le cou, le dos et les ailes; tout le devant du corps est d'un blanc de neige; les pieds n'ont que trois doigts et sont placés tout à l'arrière du corps, situation qui rend cet oiseau aussi bon nageur et plongeur qu'il est mauvais marcheur et faible pour le vol : aussi sa seule retraite, lorsqu'il est poursuivi ou qu'il se sent blessé, est-elle sous l'eau et même sous la glace[g]; mais il faut pour cela que le danger soit pressant, car cet oiseau

a. Edwards, *Hist.*, p. 312.

b. « Ce fut le 3 mai, et sur la glace, que je tirai pour la première fois un de ces oiseaux, et ensuite j'en tuai plusieurs à Spitzbergen, où ils sont en grande quantité. » *Recueil des Voyages du Nord*, t. II, p. 89.

c. *British Zoology.*

d. Willughby.

e. Clusius, *Exotic. auctuar.*, p. 367.

f. Willughby.

g. « Ils nagent sous l'eau avec autant de vitesse que nous pouvions ramer avec la chaloupe ; « lorsqu'on les poursuit, ou qu'on les a tirés, c'est alors surtout qu'ils se plongent et se tiennent « fort longtemps cachés sous l'eau ; jusque-là que passant souvent sous la glace, ils y sont sans « doute suffoqués. » *Recueil des voyages du Nord*, cité plus haut.

est très-peu défiant, il se laisse approcher et prendre avec une grande facilité [a] ; et c'est de cette apparence de stupidité que vient l'étymologie anglaise de son nom guillemot [b].

LE PETIT GUILLEMOT,

IMPROPREMENT NOMMÉ COLOMBE DE GROENLAND. [c d *]

Dans ces contrées glacées où l'aquilon seul règne, où l'haleine du zéphyr ne se fait jamais sentir, les doux gémissements de la tendre colombe ne se font plus entendre; elle fuit toute terre trop froide pour l'amour, et cette prétendue colombe de Groënland n'est qu'un triste oiseau d'eau qui ne sait que nager et plonger, en criant sans cesse d'un ton sec et redoublé, *rottetet, tet, tet, tet* [e] ; il n'a de rapport avec notre colombe que par sa grosseur,

a. « Stolida avis; facile capitur. » Ray, *Synops. avi.*, p. 120, n° *a*, 4.

b. « On le nomme en anglais *guillemot*, terme qui signifie un oiseau à qui l'on peut facile- « ment en imposer; or tous les oiseaux de cette famille sont fort stupides. » Salerne.

c. Voyez les planches enluminées, n° 917, le *petit guillemot femelle*. — *Nota*. Cette indication donnée sur une conjecture d'Edwards, n'est pas certaine; ce peut être ici un individu jeune, ou entre sa livrée d'hiver et sa livrée d'été; voyez l'article ci-dessus.

d. En anglais, *groënland-dove*, *sea turtle*; en suédois, *sjoe-orre*, *grisla* ; dans l'île d'Oëland, *atle* ; et dans celle de Gothland, *grylle* ; aux îles Féroë, *fuldkoppe*. — *Pigeon blanc de Groënland*. Anderson, *Hist. nat. d'Islande et de Groënland*, t. II, p. 54. — *Columba Groënlandica dicta*. Willughby, *Ornithol.*, p. 245. — Sibbald. *Scot. illustr.*, part. II, lib. III, p. 20. — *Columba Groënlandica Hollandis*. Ray, *Synops. avi.*, p. 121, n° 6. — *Columbus Groënlandicus*. Klein, *Avi.*, p. 168, n° 2. — *Plautus columbarius*. Idem, p. 146, n° 1. — *Rotje, rottetletje*. Idem, p. 148, n° 11; et 169, n° 6. — *Columba Groënlandica*. Linnæus, *Syst. nat.*, édit. VI, gen. 51, sp. 4. — « Alca rostro lævi subulato, abdomine maculâque alarum « albâ, pedibus rubris. » *Grylle*. Idem, édit. X, gen. 63, sp. 5. — « Alca rostro lævi conico, « abdomine fasciâque alarum albâ, pedibus nigris. » *Alle*. Idem, *ibid.*, gen. 63, sp. 6. — *Co'ymbus pedibus tridactylis, palmatis*. Idem, *Fauna Suec.*, n° 124. — *Mergulus melanoleucos rostro acuto brevi*. D. Brown. Willughby, *Ornithol.*, p. 261. — Ray, *Synops.*, p. 125, n° *a*, 5. — *Arctica*. Mœhring, *Avi.*, gen. 69. — *Uria*. Idem, gen. 73. — *The black guillemot*. British. *Zoology*, p. 138. — *The scraber*. Martin's *Voy. Saint-Kilda*, p. 32. — *Le pigeon de Groënland*. Salerne, *Ornithol.*, p. 367. — *Colombe tachetée de Groënland*. Edwards, page et planche 50. — *Petit plongeon noir et blanc*. Idem, p. et pl. 91. — *Colombe de Groënland*. Albin, t. II, p. 53, planche 80. — *Tourterelle de mer*. Idem, t. I, p. 74, pl. 85. — *Nota*. Edwards remarque que les deux figures d'Albin sont extrêmement fautives, et ne se rapportent point du tout à l'oiseau dont elles portent le nom. — « Uria nigricans, tectricibus alarum « superioribus mediis, et majoribus corpori finitimis candidis; rectricibus nigricantibus. » *Uria minor nigra, columba Groënlandica vulgò dicta*. Brisson, *Ornithol.*, t. VI, p. 76.

e. « Mergendo victum quærit, rottetet, tet, tet, tet, pronuncians continuò. » Klein.

* Buffon réunit ici la *description* d'une espèce à la *figure* d'une autre. — L'espèce *décrite* est le *colymbus grylle* (Linn.). « Il y en a une espèce (M. Cuvier vient de parler du *grand* « *guillemot*) plus petite, noire, avec le haut de l'aile blanc (*colymbus grylle*, Linn.), quel- « quefois marbrée de blanc partout (*colymbus marmoratus*, Frisch). On en voit même des « individus tout blancs (*colymbus lacteolus*, Pall.). » (Cuvier.) — Genre *Plongeons*, sous-genre *Guillemots* (Cuv.). — L'espèce *figurée* (planche enluminée 917) est le *colymbus minor* (Gmel.), *mergulus alle* (Vieill.), le *petit guillemot* ou *pigeon de Groënland* (Cuv.). — Genre *Plongeons*, sous-genre *Cephus*, vulgairement *Colombes de Groënland* (Cuv.).

qui est à peu près la même [a] : c'est un véritable guillemot plus petit que le précédent, et dont les ailes sont aussi plus courtes à proportion : il a les jambes placées de même dans l'abdomen, la démarche également faible et chancelante [b] : seulement le bec est un peu plus court, plus renflé et moins pointu ; ses plumes, toutes effilées, ne semblent être qu'un chevelu soyeux [c], ses couleurs ne sont que du noir enfumé avec une tache blanche sur chaque aile, et plus ou moins de blanc sur le devant du cou et du corps ; et ce dernier caractère varie au point que certains individus sont tout noirs, et d'autres presque tout blancs [d] ; c'est en hiver, dit Willughby, qu'il s'en trouve d'entièrement blancs [e], et comme dans le passage d'une de ces livrées à l'autre il doit nécessairement y en avoir de plus ou moins mélangés ou variés de noir et blanc, l'on ne doit faire qu'une seule et même espèce de *la colombe tachetée du Groënland* de M. Edwards [f], et des deux oiseaux représentés dans sa planche 91 [g], parce qu'ils n'offrent entre eux et avec les précédents d'autres différences que celles du plus ou moins de noir ou de blanc dans le plumage ; nous devons donc également réduire à une seule les trois espèces de *petits guillemots* données par M. Brisson.

Ces oiseaux volent ordinairement par couples et en rasant de près la surface de la mer, comme fait le grand guillemot, avec un battement vif de leurs petites ailes [h]. Ils posent leurs nids dans des crevasses de rochers peu élevés [i], d'où les petits peuvent se jeter à l'eau et éviter de devenir la proie des renards [j], qui ne cessent de les guetter. Ces oiseaux ne pondent que deux œufs : on en trouve quelques nids sur les côtes du pays de Galles et d'Écosse [k], ainsi qu'en Suède dans la province de Gothland [l] ; mais le grand nombre des nichées se fait sur des terres bien plus septentrionales, au Spitzberg et en Groënland, où se tient le gros de l'espèce tant du grand que du petit guillemot [m].

a. « Ob quam rationem nomine columbæ insignita sit non capio, nisi forté ob magnitudinem « parem. » Ray. — Suivant Martens, les matelots leur ont donné ce nom en les entendant piauler comme des poussins ou de petits pigeons ; cependant il y a peu de rapport d'un piaulement au petit cri que Klein exprime.

b. « Erecta incedit, tibiis ancipitibus. » Linnæus.

c. « Plumæ crines imitantur. » Klein.

d. Klein, page 148, n° 11.

e. « Eadem avis, ut conjicio, quam ad insulas Farnas *the puffinet* appellant, atque hieme « totam albere aiunt. » Willughby. — « Dicuntur hieme colores mutare. » Klein, p. 146, n° 1.

f. Planche 50. — *Le petit guillemot rayé.* Brisson, *Ornithol.*, t. VI, p. 78.

g. *Le petit guillemot.* Idem, *ibid.*, p. 73.

h. Ray, page 121.

i. « Nidificat in petris, non alto loco. » Linnæus.

j. Anderson, t. II, page 55.

k. Klein.

l. Linnæus.

m. « In rupibus nidificat, non solùm in Groënlandia, sed et Spitzbergen regione frigidissimâ « et perpetuis nivibus damnata. » Ray, *loco citato.*

Nous croyons devoir rapporter à cette dernière espèce le *kaiover* ou *kaior* de Kamtschatka, puisque Kracheninnikow lui applique, d'après Steller, la dénomination de *columba groënlendica Batavorum* : il a, dit-il, le bec et les pieds rouges ; il construit son nid au haut des rochers dont la mer baigne le pied, et crie ou siffle fort haut, d'où vient que les Cosaques l'ont surnommé *ivoskik*, ou le postillon [a].

LE MACAREUX. [b][c][*]

Le bec, cet organe principal des oiseaux et duquel dépend l'exercice de leurs forces, de leur industrie et de la plupart de leurs facultés, le bec, qui est à la fois pour eux la bouche et la main, l'arme pour attaquer, l'instrument pour saisir, doit par conséquent être la partie de leur corps dont la conformation influe le plus sur leur instinct et décide la nécessité de la plupart de leurs habitudes [1] ; et si ces habitudes sont infiniment variées dans

a. Histoire de Kamtschatka, t. II, page 49.

b. Voyez les planches enluminées, n° 275.

c. En langue kamtchadale, *ypatka* ; en Norwége et aux îles de Féroë, *lund*, *lunde*, *soë-papegey*, et le petit *lund-toeller* ; en Islande, *prœst* ; en Groënlandais, *killengak* ; dans la partie septentrionale du pays de Galles, *puffin* ; et dans la partie méridionale, *gulden-head*, *bottlenose* et *helegug* ; dans la province de Cornouailles, *pope* ; dans celle d'York, aux environs de Scarborough, *mullet* ; dans la partie du nord de l'Angleterre, vers l'embouchure de la Tesa, *coulterneb*. — *Nota*. Que c'est mal à propos que les Gallois septentrionaux lui donnent le nom de *puffin*. — *Perroquet de Groënland*. Anderson, *Histoire naturelle d'Islande et de Groëland.*, t. II, p. 55. — *Perroquet plongeon. Recueil des voyages du Nord;* Rouen, 1716, t. II, p. 102. — *Plongeon* ou *pie de mer à gros bec*. Albin, t. II, p. 52, planches 78 et 79. — *Le lunde*. Salerne. *Ornithol.*, p. 366. — *Lunda*. Clusius. *Auctuar.*, p. 367. — Nicremberg, p. 236. — Jonston. *Avi.*, p. 129. — *Anas artica*. Clusius. *Exotic.*, p. 104. — *Anas arctica Clusii. Mus. Worm.*, p. 302. — Sibbald, *Scot. illustr.*, part. II, lib. III, p. 20. — *Anas arctica Clusii, pica marina vel fratercula Gessneri*. Willughby, *Ornithol.*, p. 244. — Ray, *Synops. avi.*, p. 120, n° *a*, 5. — *Puphinus vulgò ab Anglis dictus*. Gessner, *Icon. avi.*, p. 80. — *Puphinus Anglicus*. Idem, *Avi.*, pag. 113 et 725. — Aldrovande, *Avi.*, t. III, p. 238. — *Pica marina*. Idem, *ibid.*, p. 215. — *Spheniscus*. Mœhring, *Avi.*, gen. 64. — *The puffin, Gallis macareux*. Charleton, *Onomast.*, p. 101, n° 15 ; et *Exercit.*, p. 107, n° 15. — *The puffin*, le macareux. Edwards, *Glan.*, part. III, p. 307, pl. 358. — *Papegey deucker*. Klein, *Avi.*, p. 169, n° 8. — *Plautus arcticus*. Idem, p. 146, n° 3. — *Alka arctica rostro compresso, ancipite sulcato, sulcis quatuor; oculorum orbitâ temporibusque albis; palpebrâ superiore mucronatâ.* Muller, *Zoolog. Danic.*, n° 140. — « *Alca rostri sulcis quatuor, oculorum regione temporibus-*

[*] *Alca arctica* (Linn.). — *Alca labradoria* (Gmel.). — *Mormon fratercula* (Temm.). — *Le macareux commun* (Cuv.). — Ordre des *Palmipèdes*, famille des *Plongeurs* ou *Brachyptères*, genre *Pingouins*, sous-genre *Macareux* (Cuv.).

1. Ce n'est pas le *bec* qui *influe sur l'instinct et décide des habitudes*. Le bec est soumis à *l'instinct*. Le point de vue véritable est celui qui découvre le rapport, si admirablement établi entre toutes ces choses : *l'instinct*, la forme du *bec*, celle des *intestins*, celle des *pieds*, etc. Ceci est un cas particulier de la grande loi des *corrélations organiques*. — (Voyez mon *Histoire des travaux de Cuvier*.)

les innombrables peuplades du genre volatile, si leurs différentes inclinations les dispersent dans l'air, sur la terre et les eaux, c'est que la nature a de même varié à l'infini et dessiné sous tous les contours possibles le trait du bec. Un croc aigu et déchirant arme la tête des fiers oiseaux de proie ; l'appétit de la chair et la soif du sang, joints aux moyens d'y satisfaire, font qu'ils se précipitent du haut des airs sur tous les autres oiseaux et même sur tous les animaux faibles ou craintifs dont ils font également des victimes. Un bec en forme de cuiller large et plate détermine l'instinct d'un autre genre d'oiseaux, et les oblige à chercher et ramasser leur subsistance au fond des eaux, tandis qu'un bec en cône court et tronqué, en donnant à nos oiseaux gallinacés la facilité de ramasser les graines sur la terre, les disposait de loin à se rassembler autour de nous, et semblait les inviter à recevoir cette nourriture de notre main. Le bec en forme de sonde grêle et ployante qui allonge la face du courlis, de la bécasse, de la barge et de la plupart des autres oiseaux de rivage et de marais, les oblige à se porter sur les terres marécageuses pour y fouiller la vase molle et le limon humide ; le bec tranchant et acéré des pics fait qu'ils s'attachent au tronc des arbres pour en percer le bois ; et enfin le petit bec en alène de la plupart des oiseaux des champs ne leur permet que de saisir les moucherons ou d'autres menus insectes, et leur interdit toute autre nourriture : ainsi la différente forme du bec modifie l'instinct et nécessite la plupart des habitudes de l'oiseau ; et cette forme du bec se trouve être infiniment variée, non-seulement par nuances, comme tous les autres ouvrages de la nature, mais encore par degrés et par sauts assez brusques. L'énorme grandeur du bec du toucan, la monstrueuse enflure de celui du calao, la difformité de celui du flammant, la figure bizarre du bec de la spatule, la courbure à contre-sens de celui de l'avocette, etc., nous démontrent assez que toutes les figures possibles ont été tracées et toutes les formes remplies ; et pour que dans cette suite il ne reste rien à désirer ni même à imaginer, l'extrême de toutes ces formes s'offre dans le bec en lame verticale de l'oiseau dont il est ici question. Qu'on se figure deux lames de couteau très-courtes, appliquées l'une contre l'autre par le tranchant, c'est le bec du macareux ; la pointe de ce bec est rouge et cannelée transversalement par trois ou quatre petits sillons, tandis que l'espace près de la tête est lisse et teint de bleu ; les deux mandibules étant réunies sont presque aussi hautes que longues, et forment un triangle à peu près isoscèle ; le contour de la supérieure est bordé près de la tête et comme ourlé d'un rebord de substance

---

« que albis. » Linnæus, *Fauna Suecica*, n° 118. — « Alca rostro compresso, ancipite sulcato
« sulcis quatuor, oculorum orbitâ temporibusque albis... » *Alca arctica.* Idem, *Syst. nat.*,
édit. X, gen. 63, sp. 3. — « Fratercula supernè nigra, infernè alba ; capite ad latera, guttu-
« reque sordidè albo griseis ; rectricibus nigricantibus..... » *Fratercula*, le Macareux. Brisson,
Ornithol., t. VI, p. 81.

membraneuse ou calleuse, criblée de petits trous, et dont l'épanouissement
forme une rosette à chaque angle du bec [a].

Ce rapport imparfait avec le bec du perroquet, qui est aussi bordé d'une
membrane à sa base, et le rapport non moins éloigné du cou raccourci
et de la taille arrondie, ont suffi pour faire donner au macareux le nom
de *perroquet de mer :* dénomination aussi impropre que celle de *colombe*
pour le petit guillemot.

Le macareux n'a pas plus d'ailes que ce guillemot, et dans ses petits vols
courts et rasants, il s'aide du mouvement rapide de ses pieds avec lesquels
il ne fait qu'effleurer la surface de l'eau [b]; c'est ce qui a fait dire que pour se
soutenir il la frappait sans cesse de ses ailes [c]; les pennes en sont très-courtes,
ainsi que celles de la queue [d], et le plumage de tout le corps est plutôt un
duvet qu'une véritable plume; quant à ses couleurs, qu'on se figure, dit
Gessner, un oiseau habillé d'une robe blanche avec un froc ou manteau
noir, et un capuchon de cette même couleur comme le sont certains moi-

a. M. Geoffroy de Valognes, qui me paraît être bon observateur, a bien voulu m'envoyer la
note suivante au sujet du macareux. — « On m'a apporté, dit-il, un macareux qui a été pris
« dans les premiers jours de ce mois (de mai), à son passage sur nos côtes; cet oiseau a été
« vu avec étonnement, même par les personnes qui fréquentent le plus souvent les rivages de
« la mer, ce qui me fait croire qu'il est étranger à notre pays. La position des pieds du maca-
« reux près de l'anus me fait présumer qu'il ne peut marcher qu'avec peine, et qu'il est plus
« fait pour nager sur l'eau; le cendré, le noir et le blanc contrastent sensiblement dans son
« plumage; la première de ces couleurs distingue les joues, les côtés de la tête, le dessous de
« la gorge, où elle prend une nuance un peu plus forte; la seconde domine sur la tête, le cou,
« le dos, les ailes, la queue, et s'étend à la gorge pour former un large collier, qui sépare à
« cet endroit le gris du blanc pur qu'on aperçoit seul au dessous du corps, dont les plumes
« dérobent à la vue un duvet gris et épais qui garnit le ventre; le noir du dessus de la tête
« s'éclaircit un peu vers la naissance du cou, sur les pennes des ailes et à la terminaison des
« plumes qui couvrent le dos; au haut des ailes règne une bordure blanche qui n'est bien appa-
« rente que lorsqu'elles sont ouvertes. Le bec a moins de longueur que de largeur, si on le
« mesure à sa naissance; sa forme est presque triangulaire, les deux pièces en sont mobiles;
« le gris de fer dont il est peint en partie est comme séparé par un demi-cercle blanc, d'un
« rouge vif qui en couvre la pointe et qui achève de l'embellir; la pièce supérieure présente
« quatre stries, l'inférieure trois qui correspondent aux trois dernières de la pièce supérieure :
« toutes ces stries forment des espèces de demi-cercles; la pièce du dessus est munie à sa base
« d'un bourrelet blanchâtre, sur lequel on aperçoit de petits trous disposés irrégulièrement; il
« sort de quelques-uns de ces trous de fort petites plumes; les narines sont placées sur les bords
« du bec supérieur, et sont allongées de trois lignes dans le sens de la longueur du bec. J'ai aperçu
« dans le palais de l'oiseau plusieurs rangées de pointes charnues, dirigées vers l'entrée du
« gosier, dont l'extrémité transparente et luisante m'a paru un peu plus dure que le reste; les
« yeux, bordés d'un rouge vermillon, ont de particulier qu'ils occupent le centre d'une excrois-
« sance triangulaire et de couleur grise; les jambes, courtes, sont d'un orangé vif, ainsi que
« les pieds; les ongles sont noirs et luisants, celui du doigt du milieu est le plus long et le
« plus large. » Extrait d'une lettre de M. Geoffroy à M. le comte de Buffon, datée de Valognes
le 8 mai 1782.

b. « Si quando vel natat, vel aliter locum mutare velit, alarum pedumque extremitate aquâ
« nitens celeriter, quasi prorepens, præterlegit. » Gessner.

c. Willughby.

d. On y en compte douze, quoique M. Edwards dise en avoir compté seize à un individu de
cette espèce.

nes, et l'on aura le portrait du macareux, que par cette raison, ajoute-t-il, j'ai surnommé le petit moine, *fratercula*[a].

Ce petit moine marin vit de langoustes, de chevrettes, d'étoiles et d'araignées de mer, et de divers petits poissons et coquillages qu'il saisit en plongeant dans l'eau, sous laquelle il se retire volontiers[b], et qui lui sert d'abri dans le danger; on prétend même qu'il entraîne le corbeau son ennemi sous l'eau[c], et cet acte de force ou d'adresse paraît être au-dessus des forces de son corps, dont la grosseur n'est tout au plus qu'égale à celle d'un pigeon[d]; on ne peut donc attribuer cet effort qu'à la puissance de ses armes, et en effet son bec est très-offensif par le tranchant de ses lames et par le croc qui le termine.

Les narines sont assez près de la tranche du bec, et ne paraissent que comme deux fentes oblongues; les paupières sont rouges, et on voit à celles d'en haut une petite excroissance de forme triangulaire; il y a aussi une semblable caroncule, mais de figure oblongue, à la paupière inférieure; les pieds sont orangés, garnis d'une membrane de même couleur entre les doigts : le macareux, non plus que le guillemot, n'a point de doigt postérieur[1], ses ongles sont forts et crochus; ses jambes courtes, cachées dans l'abdomen, l'obligent à se tenir absolument debout, et font que dans sa marche chancelante il semble se bercer[e]; aussi ne le trouve-t-on sur terre que retiré dans les cavernes ou dans les trous creusés sous les rivages[f], et toujours à portée de se jeter à l'eau lorsque le calme des flots l'invite à y retourner; car on a remarqué que ces oiseaux ne peuvent tenir la mer ni pêcher que quand elle est tranquille, et que si la tempête les surprend au large, soit dans leur départ en automne, soit dans leur retour au printemps, ils périssent en grand nombre; les vents amènent ces macareux morts au rivage[g], quelquefois même jusque sur nos côtes[h], où ces oiseaux ne paraissent que rarement.

a. Gessner, *apud Aldrov., Avi.*, t. III, p. 238.

b. Recueil des Voyages du Nord, t. III, p. 102.

c. « Le perroquet de mer a le bec large d'un pouce, et si tranchant, qu'il peut venir à bout du corbeau son ennemi, et l'entraîner avec lui sous l'eau. » *Histoire générale des Voyages*, t. XIX, p. 46.

d. Un pied de la pointe du bec au bout de la queue; treize pouces du bec aux ongles L'échelle est omise dans la planche enluminée.

e. « Il marche en se tournant à tous moments de côté et d'autre. » *Voyage du Nord.*

f. « Latitat in cavernis. » Gessner, *apud Aldrov.*, t. III, p. 25.

g. « Non possunt nisi pacato mari victum sibi parare, aut iter facere; quod si procellæ in id « tempus forte inciderint, et mare turbidum fuerit, innumeri macilenti et mortui in littora « ejecti reperiuntur. » Willughby, page 243.

h. « Le vent du nord nous a envoyé cet hiver des milliers de macareux morts et noyés dans « la mer; ils font tous les ans un voyage par mer vers la fin de février ou au commencement « de mars; lorsqu'elle est orageuse, beaucoup se noient, et toujours les oiseaux de proie en

1. « La principale distinction des *guillemots* est de manquer de pouce. — Les pieds des *pin-* « *gouins* manquent de pouce, comme ceux des *guillemots*. » (Cuvier.)

Ils occupent habituellement les îles *a* et les pointes les plus septentrionales de l'Europe et de l'Asie, et vraisemblablement aussi celles de l'Amérique, puisqu'on les trouve en Groënland ainsi qu'au Kamtschatka *b*. Leur départ des Orcades et autres îles voisines de l'Écosse, se fait régulièrement au mois d'août, et l'on prétend que dès les premiers jours d'avril on en voit reparaître quelques-uns qui semblent venir reconnaître les lieux, et qui disparaissent après deux ou trois jours pour aller chercher la grande troupe qu'ils ramènent au commencement de mai *c*.

Ces oiseaux ne font point de nid, la femelle pond sur la terre nue et dans des trous qu'ils savent creuser et agrandir; la ponte n'est jamais, dit-on, que d'un seul œuf très-gros, fort pointu par un bout et de couleur grise ou roussâtre *d*. Les petits qui ne sont point assez forts pour suivre la troupe au départ d'automne sont abandonnés *e*, et peut-être périssent-ils; cependant ces oiseaux, à leur retour au printemps, ne remontent pas absolument tous jusqu'aux pointes les plus avancées vers le nord; de petites troupes s'arrêtent en différentes îles ou îlets le long des côtes de l'Angleterre, et l'on en trouve avec des guillemots et des pingouins sur ces rochers nommés par les Anglais *the needles* (les aiguilles), à la pointe occidentale de l'île de Wight. M. Edwards passa plusieurs jours aux environs de ces rochers *f* pour observer et décrire ces oiseaux.

« dévorent un grand nombre. Il est vraisemblable que le voyage est pénible, car tous les corps
« de ces oiseaux noyés sont toujours très-maigres. On trouve encore de ces oiseaux sur nos
« côtes de Picardie au mois d'août, mais ils sont alors en moindre nombre; le mâle ne diffère
« de la femelle qu'en ce qu'il a les couleurs plus fortes : les vieux ont le bec plus large. » Lettre
de M. Baillon, datée de Montreuil-sur-Mer, le 10 avril 1781. — « Le macareux est connu sur
« cette côte (du Croisic) sous le nom de *gode*, et s'y trouve dans toutes les saisons; il ne vient
« presque jamais à terre, encore n'est-ce que sur la plage la plus voisine de la mer; il niche
« dans des creux de rochers escarpés, surtout près de Belle-Isle, à l'endroit qu'on nomme le
« *vieux château;* il y pond à plate terre trois œufs gris. On le trouve dans tout le golfe de Gas-
« cogne. » Lettre de M. le vicomte de Querhoënt, du 29 juin 1781.

a. « In insulis Mona, Bardrey, Caldey, Prestholm, Farna, Godreve, Sorlingis, aliisque. » Willughby.

b. Les Kamtchadales appellent *ypatka* le plongeon de mer, désigné sous le nom de *canard du Nord, anas arctica;* on le trouve sur toutes les côtes de la presqu'île. *Histoire générale des Voyages,* t. XVIII, p. 270, d'après Gmelin et Steller.

c. Voyez Willughby, page 246.

d. Idem, ibid.

e. Idem, ibid.

f. Il nous les représente comme un des ouvrages les plus étonnants de la nature. « J'ai
« quelquefois admiré, dit-il, la magnificence des palais des rois; l'antique majesté de nos
« vieilles cathédrales m'a souvent frappé d'une religieuse frayeur; mais quand de l'Océan j'ai
« vu à découvert cet ouvrage immense et prodigieux de la nature, combien m'ont paru faibles
« et petits tous les monuments de la puissance humaine ! Qu'on se figure une masse de rochers
« haute de six cents pieds, sur une longueur d'environ quatre milles, flanquée d'obélisques et
« de colonnes informes qui semblent s'élever immédiatement de la mer, et qui sont coupés
« par les bouches noires des cavernes creusées par les vagues; que de cette sombre profondeur
« l'œil effrayé mesure les flancs rompus et coupés à pic de ces rochers, dont les saillies suspen-
« dues sur les flots semblent menacer à chaque instant d'abîmer le spectateur; que, s'éloignant

LE MACAREUX DE KAMTSCHATKA. [a][b][*]

Les femmes kamtchadales, dit Steller, se font avec la peau de goulu un ornement de tête taillé en croissant, allongé de deux oreilles ou barbes blanches, et disent qu'avec cette parure elles ressemblent au *mitchagatchi*, c'est-à-dire à un oiseau tout noir et coiffé de deux aigrettes tombantes ou touffes de filés blancs qui forment comme deux tresses de cheveux sur les côtés du cou[c] : à ces traits non équivoques on reconnaît le macareux de Kamtschatka donné dans nos planches enluminées sous le nom de *mitchagatchi*[d] qu'il porte dans cette contrée ; cependant cette terre qui fait la pointe du nord-est de l'Asie n'est peut-être pas la seule où se trouve cette seconde espèce de macareux, car le *kallingak* des Groënlandais nous paraît être le même oiseau[e] ; il a, comme celui-ci, les deux tresses et les joues blanches, et le reste du plumage noir ou noirâtre avec une teinte de bleu foncé sur le dos, et de brun obscur sur le ventre ; son bec est sillonné sur la lame supérieure, et les narines sont posées près de la tranche ; enfin, il y a de petites rosettes aux angles de ce bec comme sur celui de notre macareux : seulement la taille du kallingak ou macareux à aigrettes du Groënland est un peu moins forte que celle du macareux de Kamtschatka.

LES PINGOUINS ET LES MANCHOTS OU LES OISEAUX SANS AILES. [**]

L'oiseau sans ailes est sans doute le moins oiseau qu'il soit possible ; l'imagination ne sépare pas volontiers l'idée du vol du nom d'oiseau ; néanmoins le vol n'est qu'un attribut et non pas une propriété essentielle, puis-

« ensuite un quart de mille en mer, pour jouir en plein de la vue de cet immense rocher, on
« tire un coup de canon de cette distance, on voit l'air obscurci du nuage noir que forment en
« s'élevant des milliers d'oiseaux rangés à la file sur les avances et les corniches du rocher, et
« qui sont, avec quelques brebis, les seuls habitants de cet écueil. »

a. Voyez les planches enluminées, n° 761.

b. « Alca monochroa, sulcis tribus, cimo duplici utrimque dependente, anas arctica cirrata. » Steller, dans l'*Histoire générale des Voyages*, t. XIX, p. 270.

c. Idem, *ibid.*, pag. 253 et 270.

d. Ou *monichagatka*, car c'est ainsi que ce nom est écrit, page 270 du tome XIX de l'*Histoire générale des Voyages*, tandis que, page 253 du même tome, il est écrit *mitchagatchi*.

e. « Les Groënlandais connaissent un perroquet de mer qu'ils appellent *kallingak*, tout à fait noir et gros comme un pigeon. » *Idem*, p. 46.

* *Alca cirrhata* (Pall., Cuv.). — Sous-genre *Macareux* (Cuv.).

** Ordre des *Palmipèdes*, famille des *Plongeurs* ou *Brachyptères*, genre *Pingouins* et genre *Manchots* (Cuv.).

qu'il existe des quadrupèdes avec des ailes et des oiseaux qui n'en ont point ; il semble donc qu'en ôtant les ailes à l'oiseau c'est en faire une espèce de monstre produit par une erreur ou un oubli de la nature ; mais ce qui nous paraît être un dérangement dans ses plans ou une interruption dans sa marche, en est pour elle l'ordre et la suite [1], et sert à remplir ses vues dans toute leur étendue : comme elle prive le quadrupède de pieds, elle prive l'oiseau d'ailes, et ce qu'il y a de remarquable elle paraît avoir commencé dans les oiseaux de terre, comme elle finit dans les oiseaux d'eau par cette même défectuosité ; l'autruche est pour ainsi dire sans ailes ; le casoar en est absolument privé, il est couvert de poils et non de plumes, et ces deux grands oiseaux semblent à plusieurs égards s'approcher des animaux terrestres, tandis que les pingouins et les manchots paraissent faire la nuance entre les oiseaux et les poissons ; en effet, ils ont au lieu d'ailes de petits ailerons que l'on dirait couverts d'écailles plutôt que de plumes, et qui leur servent de nageoires [a], avec un gros corps uni et cylindrique à l'arrière duquel sont attachées deux larges rames plutôt que deux pieds ; l'impossibilité d'avancer loin sur terre, la fatigue même de s'y tenir autrement que couché [b], le besoin, l'habitude d'être presque toujours en mer, tout semble rappeler au genre de vie des animaux aquatiques ces oiseaux informes, étrangers aux régions de l'air qu'ils ne peuvent fréquenter, presque également bannis de celles de la terre, et qui paraissent uniquement appartenir à l'élément des eaux.

Ainsi entre chacune de ses grandes familles, entre les quadrupèdes, les oiseaux, les poissons, la nature a ménagé des points d'union, des lignes de prolongement par lesquelles tout s'approche, tout se lie, tout se tient ; elle envoie la chauve-souris voleter parmi les oiseaux, tandis qu'elle emprisonne le tatou sous le têt d'un crustacé ; elle a construit le moule du cétacé sur le modèle du quadrupède dont elle a seulement tronqué la forme dans le morse, le phoque, qui de la terre où ils naissent, se plongeant dans l'onde, vont se rejoindre à ces mêmes cétacés comme pour démontrer la parenté universelle [2] de toutes les générations sorties du sein de la mère commune ; enfin elle a produit des oiseaux qui, moins oiseaux par le vol

---

a. « Ils semblent former une espèce moyenne entre l'oiseau et le poisson, car leurs plumes, surtout celles des ailes, diffèrent peu des écailles, et ces ailes même ou plutôt ces ailerons doivent être regardés comme des nageoires. » *Premier voyage de Cook*, t. III, p. 263. — « Les ailes de ces animaux sont sans plumes, et ne leur servent que de nageoires ; ils vivent la plupart du temps dans l'eau. » De Gennes, *Voyage au détroit de Magellan* ; Paris, 1698, p. 94. — « Ces chicots leur servent de nageoires quand ils sont dans l'eau. » Dampier.

b. Voyez ci-après les détails et les preuves dans la description des *manchots*.

1. Remarque profonde, et de l'homme qui a le plus complètement vu la nature dans *toute son étendue*. Ce qui paraît *un dérangement* dans le *détail*, concourt, dans le *tout*, à *l'ordre et à la suite*. — Voyez la note 1 de la page 90.

2. *Parenté universelle* : belle expression et qui représente bien la grande *unité* du règne animal entier.

que le poisson volant, sont aussi poissons que lui par l'instinct et par la manière de vivre. Telles sont les deux familles des pingouins et des manchots, qu'on doit néanmoins séparer l'une de l'autre, comme elles le sont en effet dans la nature, non-seulement par la conformation, mais par la différence des climats.

On a donné indistinctement le nom de *pingouin* ou *pinguin* à toutes les espèces de ces deux familles, et c'est ce qui les a fait confondre [1]. On peut voir, dans le *Synopsis* de Ray (pages 118 et 119), quel était l'embarras des ornithologistes pour concilier les caractères attribués par *Clusius* à son pingouin magellanique, avec les caractères qu'offraient les pingouins du Nord. Edwards a cherché le premier à concilier ces contradictions ; il dit avec raison que loin de croire comme Willughby, le pingouin du Nord de la même espèce que le pingouin du Sud, on serait bien plutôt porté à les ranger dans deux classes différentes, ce dernier ayant quatre doigts [2], et le premier n'ayant pas même de vestiges du doigt postérieur [3], et n'ayant les ailes couvertes de rien qui puisse être appelé plumes, au lieu que le pingouin du nord a de très-petites ailes couvertes de véritables pennes.

A ces différences nous en ajoutons une autre encore plus essentielle, c'est que dans les espèces de ces oiseaux du Nord le bec est aplati, sillonné de cannelures par les côtés et relevé en lame verticale, au lieu que dans celles du Sud il est cylindrique, effilé et pointu. Ainsi tous les pingouins des voyageurs au Sud sont des manchots qui sont réellement séparés des véritables pingouins du Nord, autant par des différences essentielles de conformation que par la distance des climats [4].

Nous allons le prouver par la comparaison des témoignages des voyageurs, et par l'examen des passages dans lesquels nos manchots sont indiqués sous le nom de *pingouins* : tous les navigateurs au Sud depuis Narborough, l'amiral Anson, le commodore Byron, M. de Bougainville, MM. Cook et Forster, s'accordent pour décrire ces manchots sous les mêmes traits, et tous différents de ceux des pingouins du Septentrion [a].

a. « Les oiseaux les plus singuliers que l'on voie sur les côtes des Patagons ont, au lieu d'ailes, deux espèces de moignons qui ne peuvent leur servir qu'à nager; leur bec est *étroit* comme celui d'un *albatros* (ce qui indique la forme allongée et cylindrique). » *Voyage de l'amiral Anson*, t. I, p. 182. — « Le pinguin..... au lieu d'ailes, a deux moignons plats, comme des nageoires de poissons, et pour plumage une espèce de duvet court..... Il a le cou gros, la tête et le *bec d'une corneille*, excepté que la pointe tourne un peu en bas..... » *Voyage*

1. « Alca, alk, auk, nom du *pingouin* aux îles de Féroë, et dans le nord de l'Écosse. Celui « de *pingouin*, donné d'abord aux *manchots* du sud par les Hollandais, indique leur graisse « huileuse. C'est Buffon qui a transféré exclusivement ce nom aux *alques* du nord. » (Cuvier.)

2. Les *manchots* ont un petit pouce dirigé en dedans, et leurs trois doigts antérieurs sont unis par une membrane entière.

3. Les pieds des *pingouins* sont entièrement palmés, et manquent de pouces, comme ceux des *guillemots*.

4. Tous les *pingouins* habitent, en effet, les mers du Nord, et l'on ne trouve de *manchots* que dans les mers antarctiques.

« Le genre des *pingouins* (manchots), dit M. Forster, a été mal à pro-
« pos confondu avec celui des *diomedea* (albatros) et des *phaëtons* (paille-
« en-queue); quoique l'épaisseur du bec varie, il a cependant le même
« caractère dans tous (cylindrique et pointu), excepté que dans quelques
« espèces la pointe de la partie inférieure est tronquée [a]; les narines sont
« toujours des ouvertures linéaires, ce qui prouve de nouveau qu'ils sont
« distingués des *diomedea* [b]; ils ont tous les pieds exactement de la même
« forme (trois doigts en avant, sans vestige de doigt postérieur); les moi-
« gnons des ailes étendus en nageoires par une membrane, et couverts de
« *plumules* placées si près les unes des autres qu'elles ressemblent à des
« écailles, et par ce caractère ainsi que par la forme du bec et des pieds,
« ils sont distingués du genre des *alcæ* (vrais pingouins), qui sont incapa-
« bles de voler, non qu'ils manquent absolument de plumes aux ailes, mais
« parce que ces plumes sont trop courtes [c]. »

C'est donc au manchot qu'on peut spécialement donner le nom d'*oiseau
sans ailes*, et même, s'en tenant au premier coup d'œil, on pourrait aussi
l'appeler l'*oiseau sans plumes* : en effet, non-seulement ses ailerons pendants semblent couverts d'écailles, mais tout son corps n'est revêtu que d'un
duvet pressé offrant toute l'apparence d'un poil serré et ras, sortant par
pinceaux courts de petits tuyaux luisants, et qui forment comme une cotte
de mailles impénétrable à l'eau [d].

Néanmoins, en y regardant de très-près, on reconnaît dans ces *plumules*
et même dans les écailles des ailerons la structure de la plume, c'est-à-dire
une tige et des barbes [e]; d'où Feuillée a raison de reprendre Frézier d'a-
voir dit, sans modification, que les manchots étaient couverts d'*un poil
tout semblable au poil des loups-marins* [f].

du capitaine Narborough, dans celui de *Coréal*, t. II, p. 223. — « Il y a dans ce pays (à l'île
de Lobos del Mar, dans la mer Pacifique) quantité d'oiseaux, comme des *boubies*, mais principalement des *pinguins*, dont j'ai vu une abondance prodigieuse dans toutes les mers du Sud,
sur la côte du pays nouvellement découvert, et au cap de Bonne-Espérance. Le pinguin est un
oiseau marin, gros environ comme un canard, ayant les pieds faits de même, mais avec le
bec pointu; ils ne volent pas, ayant des chicots plutôt que des ailes, etc. » Dampier, *Voyage
autour du monde*, t. I, p. 126.

a. Voyez ci-après l'article du *manchot sauteur, gorfou* de M. Brisson.

b. M. Forster prodigue ici les preuves, et il n'en faut pas tant pour voir qu'un oiseau qui n'a
que des moignons au lieu d'ailes, n'est pas du genre des oiseaux à grande envergure et à grand
vol, tels que l'albatros ou le paille-en-queue.

c. Observations de M. le docteur Forster, p. 186.

d. Idem, *ibidem*.

e. « Quoique, au premier coup d'œil, leurs petites ailes paraissent couvertes d'écailles,
cependant, lorsqu'on les observe au microscope, on découvre qu'elles sont couvertes de vraies
petites plumes qui ont leurs tuyaux, leurs tiges et leurs barbes, tout comme les grandes
plumes. » *Glanures* d'Edwards, t. II, préface, p. 17.

f. « Nous prîmes un jour, dans un marais (au Chili), un de ces sortes d'amphibies qu'on
appelle *pingouins* ou *pinguins*, qui était plus gros qu'une oie : au lieu de plumes, il était couvert d'une espèce de poil gris, semblable à celui des loups marins; ses ailes ressemblent même

Au contraire, le pingouin du Nord a le corps revêtu de véritables plumes, courtes à la vérité, et surtout infiniment courtes aux ailes, mais qui offrent sans équivoque l'apparence de la plume, et non celle de poil, de duvet ni d'écailles.

Voilà donc une distinction bien établie, et fondée sur des différences essentielles dans la conformation extérieure du bec et du plumage entre les manchots ou prétendus pingouins du Sud et les vrais pingouins du Nord. Et de même que ceux-ci occupent les plages des mers les plus septentrionales, sans s'avancer que fort peu dans la zone tempérée, les manchots remplissent de même les vastes mers australes, se trouvent sur la plupart des portions de terre semées dans cette mer immense, et s'établissent comme pour dernier asile le long de ces formidables glaces, qui, après avoir envahi toute la région du pôle du Sud, s'avancent déjà jusque sous le soixantième et le cinquantième degré.

« Le corps des manchots [a], dit M. Forster, est entièrement couvert de « *plumules* oblongues, épaisses, dures et luisantes. .... placées aussi près « l'une de l'autre que les écailles des poissons..... cette cuirasse leur est « nécessaire, aussi bien que l'épaisseur de graisse dont ils sont enveloppés, « pour les mettre en état de résister au froid, car ils vivent continuelle-« ment dans la mer, et sont confinés spécialement aux zones froides et tem-« pérées, du moins je n'en connais point entre les tropiques [b]. »

Et en suivant cet observateur et l'illustre Cook au milieu des glaces australes où ils ont pénétré avec plus d'audace, et plus loin qu'aucun navigateur avant eux, nous trouvons partout les manchots, et en d'autant plus grand nombre que la latitude est plus élevée et le climat plus glacial [c], jusque sous le cercle antarctique, aux bords de la glace fixe [d], au milieu des

beaucoup aux nageoires de ces animaux. Plusieurs relations en ont parlé, parce qu'ils sont fort communs au détroit de Magellan. » *Voyage à la mer du Sud*, etc., par Frézier; Paris, 1732, page 74.

a. L'Anglais dit toujours *pinguin* (qui se prononce *pingouin*), mais qui doit partout se traduire *manchot*, comme le prouve la discussion précédente.

b. Forster, *Observations*, pag. 181 et 186.

c. « *Pingouins* vus par cinquante et un degrés cinquante secondes latitude sud. » Cook, *Second voyage*, t. I, p. 96. — « A cinquante-cinq degrés seize secondes latitude sud, nous vimes plusieurs baleines, des *pingouins* et quelques oiseaux blancs. » *Idem*, p. 99. — « A cinquante-cinq degrés trente et une secondes latitude sud, nous vimes quelques *pingouins*. » *Idem*, t. IV, p. 5. — « Par soixante-trois degrés vingt-cinq secondes, nous vimes un *pingouin* et du goëmon. » *Idem*, *ibid.*, p. 9. — « Par cinquante-huit degrés latitude sud, on tua un second *pingouin* et quelques pétrels. « *Idem*, t. I, p. 108.

d. « En approchant des montagnes de glace (sous le cercle polaire austral), nous entendîmes des *pingouins*. » Cook, *Second voyage*, t. II, p. 168. — « Étant par cinquante-cinq degrés cinquante et une secondes, nous aperçûmes plusieurs *pingouins* et un pétrel de neige, que nous prîmes pour les avant-coureurs de la glace. » *Idem*, p. 79. — « Le 24 janvier, notre latitude était de cinquante-trois degrés cinquante-six secondes, et notre longitude de trente-neuf degrés vingt-quatre secondes; nous avions autour de nous grand nombre de pétrels bleus et des *pingouins*. » *Idem*.

glaces flottantes[a], à la *Terre des États*[b], à celle de *Sandwich*, terres désolées, désertes, sans verdure, ensevelies sous une neige éternelle; nous les voyons avec quelques pétrels habiter ces plages devenues inaccessibles à toutes les autres espèces d'animaux, et où ces seuls oiseaux semblent réclamer contre la destruction et l'anéantissement, dans ces lieux où toute nature vivante a déjà trouvé son tombeau. *Pars mundi damnata a rerum naturâ, æternâ mersa caligine* (Pline).

Lorsque les glaces sur lesquelles les manchots sont gîtés viennent à flotter, ils voyagent avec elles et sont transportés à d'immenses distances de toute terre[c]. « Nous vîmes, dit M. Cook, au sommet de l'île de glace qui « passait près de nous quatre-vingt-six *pingouins* (manchots); ce banc était « d'environ un demi-mille de circuit, et de cent pieds et plus de hauteur, « car il *nous mangea le vent* pendant quelques minutes malgré toutes nos « voiles. Le côté qu'occupaient les pingouins s'élevait en pente de la mer, « de manière qu'ils grimpaient par là[d] : » d'où ce grand navigateur conclut, avec raison, que la rencontre des manchots en mer n'est point un indice certain, comme on le croit, de la proximité des terres, si ce n'est dans les parages où il n'y a point de glaces flottantes[e].

Encore paraît-il qu'ils peuvent aller très-loin à la nage, et passer les nuits ainsi que les jours en mer[f], car l'élément de l'eau convient mieux

a. « Les albatros nous quittèrent durant notre traversée au milieu des îles de glace, et nous n'en voyions qu'une seule de temps à autre; les pintades, les petits oiseaux gris, les hirondelles, n'étaient pas non plus en aussi grand nombre; d'un autre côté, les *pingouins* commencèrent à paraître, car ce jour nous en vîmes deux.... . Plusieurs baleines se montrèrent aussi parmi la glace et variaient un peu la scène affreuse de ces parages..... Nous ne passâmes pas moins de dix-huit îles de glace, et nous vîmes de nouveaux pingouins. » Cook, *Second voyage*, p. 94. — « (Le 28 janvier 1775), la mer était jonchée de grosses et de petites masses de glaces; différents *pingouins*, des pétrels de neige, d'autres oiseaux et quelques baleines frappèrent nos regards. » *Idem*, t. IV, p. 100. — « La latitude observée fut de soixante degrés quatre minutes, et la longitude vingt-neuf degrés vingt-trois secondes. A soixante-six degrés, nous vîmes plusieurs *pingouins* sur les îles de glace et quelques pétrels antarctiques dans l'air. » *Idem*, *ibid.*, p. 145. — « Un grand nombre de *pingouins*, juchés sur des morceaux de glace, passaient près de nous (vers soixante et un degrés latitude sud, et trente et un degrés longitude est). » Cook, *idem*, t. I, p. 114.

b. Cook, *Second voyage*, t. IV, p. 58. — Forster, *ibidem*, p. 57. — « Le froid était perçant, et les deux îles étaient couvertes de neige et de brume, et on n'y voyait ni arbres ni arbrisseaux; nous n'y apercevions aucun être vivant, si j'en excepte les nigauds et les *pingouins;* les derniers étaient en si grand nombre, qu'ils paraissaient former une croûte sur le rocher. » *Troisième voyage de Cook*, p. 82.

c. « On trouve des *pingouins*, des pétrels et des albatros à six ou sept cents lieues au milieu de la mer du Sud. » Forster, *Observations*, p. 192.

d. Second voyage, p. 110.

e. Idem, *ibid.*

f. « Nous vîmes trois poules du Port-Egmont; le soir et plusieurs fois pendant la nuit, nous entendîmes des *pingouins :* nous étions alors à quarante-neuf degrés cinquante-trois secondes latitude sud, et soixante-trois degrés trente-neuf secondes longitude est. » *Idem*, *ibid.*, p. 134. — « Un *pingouin*, qui semblait être de la même espèce que ceux que nous avions trouvés jadis près de la glace, vint se placer le matin sous nos agrès; mais ces oiseaux nous avaient si souque celui de la terre à leur naturel et à leur structure : à terre leur marche est lourde et lente ; pour avancer et se soutenir sur leurs pieds courts et posés tout à l'arrière du ventre, il faut qu'ils se tiennent debout, leur gros corps redressé en ligne perpendiculaire avec le cou et la tête ; dans cette attitude, dit Narborough, *on les prendrait de loin pour de petits enfants avec des tabliers blancs* [a].

Mais autant ils sont pesants et gauches à terre, autant ils sont vifs et prestes dans l'eau : « Ils plongent et restent longtemps plongés, dit M. Forster, « et quand ils se remontent ils s'élancent en ligne droite à la surface de « l'eau avec une vitesse si prodigieuse qu'il est difficile de les tirer. » Outre que l'espèce de cuirasse ou de cotte de mailles dure, luisante et comme écailleuse dont ils sont revêtus, et leur peau très-forte les font souvent résister aux coups de feu [b].

Quoique la ponte des manchots ne soit que de deux ou trois œufs au plus, ou même d'un seul [c], cependant comme ils ne sont jamais troublés sur les terres inhabitées où ils se rassemblent et dont ils sont les seuls et paisibles possesseurs, l'espèce, ou plutôt les espèces de ces demi-oiseaux ne laissent pas d'être fort nombreuses. « On descendit dans une île [d], dit Narborough, « où l'on prit trois cents *pingouins* (manchots), dans l'espace d'un quart « d'heure ; on en aurait pris aussi facilement trois mille si la chaloupe « avait pu les contenir : on les chassait en troupeaux devant soi, et on les « tuait d'un coup de bâton sur la tête [e]. »

« Ces *pingouins* (manchots), dit Wood [f], qu'on place mal à propos au « rang des oiseaux puisqu'ils n'ont ni plumes ni ailes, couvent leurs œufs, « comme l'on m'assura, vers la fin de septembre ou le commencement « d'octobre : c'est alors qu'on en pourrait prendre assez pour ravitailler « une flotte..... A notre retour au Port-Désiré, nous ramassâmes environ « cent mille de ces œufs, dont quelques-uns furent gardés à bord près de « quatre mois sans qu'ils se gâtassent.

« Le 15 de janvier, dit le rédacteur des *Navigations aux terres australes* [g], « le vaisseau s'avança vers la grande *île des Pingouins*, afin d'y prendre de

vent trompés, que nous ne pouvions plus les regarder, non plus qu'aucun autre, dans ces latitudes, comme des signes certains du voisinage de terre. » Cook, *Second voyage*, t. I, p. 137.

a. Relation du *Voyage du capitaine Narborough*, dans celui de *Coréal*. — « Ils marchent debout, laissant pendre leurs nageoires, comme si c'étaient des bras, en sorte que de loin on les prendrait pour des pygmées. » Dampier.

b. « Nous en blessâmes un, et le suivant de près nous lui tirâmes plus de dix coups chargés a petit plomb, et, quoiqu'ils eussent porté, il fallut le tuer avec une balle. » Forster, dans Cook, *Second voyage*, t. I, p. 106.

c. Forster, *Observations*, p. 182.

d. A vue du Port-Désiré, sur la côte des Patagons.

e. Relation de Narborough, dans l'*Histoire générale des Voyages*, t. XI, p. 30.

f. *Voyage du capitaine Wood*, à la suite de ceux de Dampier.

g. *Voyage de cinq vaisseaux au détroit de Magellan*, dans l'*Histoire des navigations aux terres australes*, t. I, p. 287.

« ces oiseaux ; en effet, on y en trouva une si prodigieuse quantité qu'il y
« aurait eu de quoi en pourvoir plus de vingt-cinq navires, et l'on en prit
« neuf cents en deux heures. »

Aucun navigateur ne manque l'occasion de s'approvisionner de ces œufs,
qu'on dit fort bons[a], et de la chair même de ces oiseaux[b], qui ne doit pas
être excellente, mais qui s'offre comme une ressource sur ces côtes dénuées
de tout autre rafraîchissement[c] : leur chair, dit-on, ne sent pas le poisson,
quoique suivant toute apparence ils ne vivent que de pêche[d] ; et si on les
voit fréquenter dans les touffes du gramen l'unique et dernier reste de
végétation qui subsiste sur leurs terres glacées, c'est moins, comme on l'a
cru, pour en faire leur nourriture[e], que pour y trouver un abri.

M. Forster nous décrit leur établissement dans cette espèce d'asile qu'ils
partagent avec les phoques : pour nicher, dit-il[f], ils se creusent des trous

---

a. « Il y a dans cette île (de Lobos del Mar) quantité de *pingouins* (manchots), dont j'ai vu
une abondance prodigieuse dans toutes les mers du Sud, sur la côte du pays nouvellement
découvert et du cap de Bonne-Espérance ; leur chair est un médiocre aliment, mais leurs œufs
sont un mets excellent. » Dampier, *Voyage autour du monde*, t. I, p. 126.

b. « Le 18, on jeta l'ancre dans le second goulet du détroit de Magellan, contre l'*île des
Pingouins*, où les chaloupes furent bientôt chargées de ces oiseaux, qui sont plus gros que des
canards. » Adams, dans l'*Histoire générale des Voyages*, t. II, p. 215. — « On retourna vers
le milieu de septembre au Port-Désiré pour y faire de nouvelles provisions de veaux marins,
de *pingouins* et d'œufs de ces oiseaux. » Tome XI, p. 38, relation de Narborough. — « Une
petite île à l'entrée de la baie de Saldana a tant de veaux marins et de *pingouins*, qu'elle en
pourrait fournir de rafraîchissement la flotte la plus nombreuse. » *Hist. générale des Voyages*,
t. I, p. 384. — « Le *pingouin* est meilleur que le plongeon des îles Sorlingues ; il sent le poisson.
Pour l'apprêter, il faut l'écorcher, à cause qu'il est trop gras ; en tout, c'est un manger passable, rôti, bouilli ou au four, mais plutôt rôti. Nous en salâmes douze ou seize tonneaux pour
nous tenir lieu de bœuf salé. Cette chasse nous divertit beaucoup ; on n'en peut faire de plus
amusante, soit à les poursuivre et à leur couper chemin quand ils veulent gagner leurs terriers, la mer ou la montagne, ce qu'ils ne font pas sans tomber souvent dans leurs trous, soit
à former une enceinte où on les enferme, et on les assomme à coups de bâtons en les frappant
sur la tête, car les coups donnés sur le corps ne les tueraient pas, outre qu'il ne faut pas
meurtrir la chair que l'on veut conserver salée..... Ces misérables pingouins, persécutés de
toutes parts, se précipitaient les uns dans les autres, d'où on les tirait à milliers ; les autres
tombaient du haut des rochers sur la terre, où ils se tuaient tout raides..... Les plus heureux
gagnaient la mer ; alors ils étaient en sûreté. » *Histoire des navigations aux terres australes*,
t. I, p. 240.

c. « Il y a des quantités prodigieuses de ces oiseaux amphibies (sur quelques îles près la
Terre des États), de sorte que nous en assommions autant qu'il nous plaisait avec un bâton ;
je ne puis pas dire s'ils sont bons à manger : souvent, dans la disette, nous les trouvions
excellents, mais c'était faute d'autres aliments frais. Ils ne pondent pas ici, ou bien ce n'était
pas la saison (en janvier), car nous n'aperçûmes ni œufs ni petits. » Cook, t. IV, p. 72. —
Spilberg et Wood trouvent la viande de manchot de fort bon goût ; mais cela dépend fort de la
faim et de la disette d'aliments meilleurs, dans laquelle ils ont pu en manger.

d. « Piscibus duntaxat vesci ; non ideò tamen ingrati saporis, nec piscium saporem refere-
« bant. » Clusius, *Exotic.*, p. 101.

e. « Les îles des pingouins (dans le détroit de Magellan) sont au nombre de trois..... on ne
voit dans ces îles qu'un peu d'herbe qui fait la nourriture des pingouins. » Relation de Spilberg, dans l'*Histoire générale des Voyages*, t. XI, p. 18.

f. « Sur l'île du Nouvel-An, près de la Terre des États, et à la Géorgie australe, un gramen

ou des terriers, et choisissent à cet effet une dune ou plage de sable; le terrain en est partout si criblé, que souvent en marchant on y enfonce jusqu'aux genoux, et si le manchot se trouve dans son trou, il se venge du passant en le saisissant aux jambes, qu'il pince bien serré [a].

Les manchots se rencontrent non-seulement dans toutes les plages australes de la grande mer Pacifique, et sur toutes les terres qui y sont éparses [b]; mais on les voit aussi dans l'océan Atlantique et, à ce qu'il paraît, à de moins hautes latitudes. Il y en a de grandes peuplades vers le cap de Bonne-Espérance, et même plus au nord [c]. Il nous paraît que les *plongeons* rencontrés par les vaisseaux *l'Aigle* et *la Marie* par le quarante-huitième degré cinquante minutes de latitude australe [d], avec les premières glaces

de l'espèce nommée *dactylis glomerata* prend un accroissement singulier : il est perpétuel et affronte les hivers les plus froids; il vient toujours en touffes ou pennaches à quelque distance l'une de l'autre : chaque année les bourgeons prennent une nouvelle tête, et élargissent le pennache jusqu'à ce qu'il ait quatre ou cinq pieds de haut, et qu'il soit deux ou trois fois plus large au sommet qu'au pied. Les feuilles et les tiges de ce gramen sont fortes et souvent de trois ou quatre pieds de long. Les phoques et les manchots se réfugient sous ces touffes, et comme ils sortent de la mer tout mouillés, ils rendent si sales et si boueux les sentiers entre les pennaches, qu'un homme ne peut y marcher qu'en sautant de la cime d'une touffe à l'autre. » Forster, *Observations*, p. 84. — « La plus avancée et la plus grande de ces îles (au nord-est de la baie Spiring, à la vue du Port-Désiré, dans le détroit de Magellan) est celle qu'on nomme *l'île des Pingouins*, longue d'environ trois quarts de mille. Cette île n'est composée que de rochers escarpés, excepté vers le milieu qui est graveleux, et qui offre un peu d'herbe verte : c'est la retraite d'un prodigieux nombre de pingouins et de veaux marins. » Relation de Narborough, dans l'*Histoire générale des Voyages*, t. XI, p. 30.

a. *Voyage de cinq vaisseaux au détroit de Magellan*, tome I, pag. 681 et suiv.; et tome I, page 287 de l'*Histoire des navigations aux terres australes*. — « Ils font des trous dans la terre, s'y tiennent comme font nos lapins, et y font leurs œufs; mais ils vivent de poisson et ne peuvent voler, n'ayant point de plumes à leurs ailes, qui pendent à leurs côtés comme des morceaux de cuir. » *Voyage d'Olivier Noort, autour du monde;* dans le *Recueil des Voyages qui ont servi à l'établissement de la Compagnie des Indes orientales*, t. II, p. 15. — « Tout le rivage, près de la mer, est parsemé de terriers, où ces oiseaux font éclore leurs œufs; l'île du détroit est pleine de ces trous, à l'exception d'une belle vallée d'herbe verte et fine, que nous imaginâmes que ces oiseaux réservaient pour leur pâturage. » *Histoire des navigations*, t. I, p. 240. — « En une baie de la côte du Brésil, il se trouve une extrême quantité d'oiseaux que les Anglois appellent *pinguins*; ces oiseaux n'ont point d'ailes, sont plus grands que des oies, et font des trous ou tanières en terre, esquels ils se retirent, qui fait que quelques François les appellent *crapauds*. » *Voyage autour du monde*, par Drack; Paris, 1641, page 17.

b. « En général, aucune partie de la Nouvelle-Zélande ne contient autant d'oiseaux que la baie Dusky; outre ceux dont on vient de parler, nous y avons trouvé des cormorans, des albatros, des mouettes, des *pingouins* (manchots). » Forster. — « On ne peut pas compter les perroquets et les pingouins parmi les animaux domestiques, car, quoique les naturels des îles des Amis et des îles de la Société apprivoisent quelques individus, ils n'en ont jamais eu de couvées. » *Observations* de Forster, p. 181.

c. « A vingt lieues au nord du cap de Bonne-Espérance, il y a une multitude d'oiseaux, et entre autres une infinité de ceux qu'on nomme *pinguins*, tant qu'à peine pouvions-nous nous tourner au milieu d'eux; ils ne sont point accoutumés à voir des hommes, n'y ayant presque jamais de vaisseaux qui relâchent à cette île, si ce n'est par quelque fortune de mer, ainsi que nous avons fait. » *Premier voyage de G. Spilberg aux Indes orientales*, dans le *Recueil des voyages qui ont servi à l'établissement de la Compagnie des Indes orientalles*, t. II, p. 420.

d. Et le septième degré de longitude. *Expédition des vaisseaux* l'Aigle *et* la Marie, dans l'*Histoire générale des Voyages*, t. XI, p. 258.

flottantes, étaient des manchots; et il faut qu'ils se soient portés jusque dans les mers de l'Inde, si Pyrard est exact en les plaçant dans les *Atollons des Maldives*[a], et si M. Sonnerat les a en effet trouvés à la Nouvelle-Guinée[b]. Mais excepté ces points avancés, on peut dire avec M. Forster qu'en général le tropique est la limite que les manchots n'ont guère franchie, et que le gros de leurs espèces affecte les hautes et froides latitudes des terres et des mers australes.

De même les vrais pingouins, nos pingouins du Nord, paraissent habiter de préférence la mer Glaciale, quoiqu'ils en descendent pour nicher jusqu'à l'île de Wight : néanmoins les îles Féroë et les côtes de Norwége paraissent être leur terre natale dans l'ancien continent, ainsi que le Groënland, le Labrador et Terre-Neuve dans le nouveau. Ils sont, comme les manchots, entièrement privés de la faculté de voler, n'ayant que de petits bouts d'ailes garnies à la vérité de pennes, mais si courtes, qu'elles ne peuvent servir qu'à voleter.

Les pingouins, comme les manchots, se tiennent presque continuellement à la mer, et ne viennent guère à terre que pour nicher ou se reposer en se couchant à plat, la marche et même la position debout leur étant également pénible, quoique leurs pieds soient un peu plus élevés et placés un peu moins à l'arrière du corps que dans les manchots.

Enfin les rapports dans le naturel, le genre de vie, et la conformation mutilée et tronquée, sont tels entre ces deux familles, malgré les différences caractéristiques qui les séparent, qu'on voit suffisamment que la nature, en les produisant, paraît avoir voulu rejeter aux deux extrémités du globe les deux extrêmes des formes du genre volatile, de même qu'elle y reléguait ces grands amphibies, extrêmes du genre des quadrupèdes, les phoques et les morses : formes imparfaites et tronquées, incapables de figurer avec

a. « Quantité de petites îles des Atollons des Maldives n'ont aucune verdure, et sont de pur sable mouvant, dont une partie est sous l'eau dans les grandes marées; on y trouve dans tous les temps quantité de gros crabes et d'écrevisses de mer, avec un si prodigieux nombre de *pingouins*, qu'on ne peut y mettre le pied sans écraser leurs œufs et leurs petits. » *Voyage de François Pyrard*, p. 73.

b. Ce voyageur en parle en naturaliste éclairé : « Toutes les espèces de manchots, dit-il, « sont privés de la faculté de voler; ils marchent mal, et portent en marchant le corps droit « et perpendiculaire; leurs pieds sont tout à fait en arrière, et si courts que l'oiseau ne peut « faire que des pas fort petits; les ailes ne sont que des appendices attachés à la place où « devraient tenir les véritables ailes, leur usage ne saurait être que d'aider à soutenir l'oiseau « chancelant, et de lui servir comme d'un balancier dans sa marche vacillante; ils vont à terre « pour y passer la nuit et y faire leur ponte; l'impossibilité où ils sont de voler, la difficulté « qu'ils ont à courir, les met à la merci de ceux qu'un hasard fait descendre sur les terres qui « leur servent de retraite, et on les prend à la course; le défaut de leur conformation, qui les « met hors d'état d'éviter leurs ennemis, les fait regarder comme des êtres stupides qui ne s'oc- « cupent pas même du soin de veiller à leur conservation. On n'en trouve point dans les lieux « habités, et jamais il n'y en aura; c'est une race qui, hors d'état de se défendre et de fuir, « disparaîtra toujours partout où se fixera l'homme destructeur qui ne laisse rien subsister de « ce qu'il peut anéantir. » *Voyage à la Nouvelle-Guinée*, pag. 178 et suiv.

des modèles plus parfaits au milieu du tableau, et rejetées dans le lointain sur les confins du monde.

Nous allons présenter l'énumération et la description de chacune des espèces de ces deux genres d'oiseaux sans ailes, les *pingouins* et les *manchots*.

LE PINGOUIN. [a][b][*]

PREMIÈRE ESPÈCE.

Quoique l'aile du pingouin de cette première espèce ait encore quelque longueur et qu'elle soit garnie de plusieurs petites pennes, néanmoins on assure qu'il ne peut point voler, même assez pour se dégager de l'eau [c]. Il a la tête, le cou et tout le dessus du corps noirs ; mais la partie inférieure, plongée dans l'eau quand il nage, est entièrement blanche. Un petit trait de blanc se trace du bec à l'œil, et un autre semblable trait traverse obliquement l'aile.

Nous avons dit que les pieds du pingouin n'ont que trois doigts, et que cette conformation, ainsi que celle du bec, le distingue bien sensiblement du manchot ; le bec de ce premier pingouin est noir, tranchant par les bords, très-aplati par les côtés, qui sont cannelés de trois sillons dont celui du milieu est blanc ; tout à côté de son ouverture et sous le velouté qui revêt la base du bec, les narines sont ouvertes en fentes longues. La femelle n'a pas le petit trait blanc entre le bec et l'œil, mais sa gorge est blanche.

Ce pingouin, dit Edwards, se trouve également dans les parties septentrionales de l'Amérique et de l'Europe. Il vient nicher aux îles Féroë [d], le

---

a. Voyez les planches enluminées, n° 1003 [1], et 1004 sa femelle [2].

b. En Norwége, *alk* ; aux îles Féroë, *alck* ou *alka* ; en Gothland, *tord* ; en Angermanie, *tordmulé* ; en Écosse, *scout* ; dans l'Angleterre septentrionale, *auk* ; dans l'Angleterre occidentale, *razorbill* ; en Cornouailles, *murre*. — *Alka.* Clusius, *Exotic. auctuar.*, p. 367. — Nierenberg, p. 236. — *Mus. Worm.*, p. 303. — Jonston, *Avi.*, p. 129. — *Alka Hoieri.* Sibbald, *Scot. illustr.*, part. II, lib. III, p. 20. — Rzacz., *Auctuar. hist. nat. Polon.*, p. 433. — Willughby, *Ornithol.*, p. 243. — Ray, *Synops. avi.*, p. 119, n° *a*, 3. — « Alca rostri sulcis qua- « tuor, lineâ utrimque albâ a rostro ad oculos... » *Torda.* Linnæus, *Syst. nat.*, édit. X, gen. 63, sp. 1. — Idem, *Fauna Suec.*, n° 120. — *Plautus tonsor.* Klein, *Avi.*, p. 47, n° 5. — *Oiseau à bec tranchant.* Albin, t. III, p. 40, pl. 95. — *L'alque.* Salerne, *Hist. des oiseaux*, p. 364. — *The razor-bill.* Edwards, *Glan.*, part. XIII, p. 307, pl. 388. — « Alca supernè nigra, « infernè alba ; lineâ utrimque a rostro ad oculos candidâ ; gutture et colli inferioris parte « supremâ fuliginosis, remigibus minoribus albo in apice marginatis, rectricibus nigricanti- « bus... » *Alca*, le Pingoin. Brisson, t. VI, p. 89.

c. Edwards, *History*, p. 212.

d. Hoier. apud Clus. *Auctuar.*, p. 367.

* *Alca torda et alca pica* (Gmel.). — Le *pingouin commun* (Cuv.). — Sous-genre *Pingouins proprement dits* (Cuv.).

1 (*a*). Le plumage d'été. — 2 (*a*). Le plumage d'hiver.

long de la côte occidentale d'Angleterre [a], et jusqu'à l'île de Wight [b], où il grossit la foule des oiseaux de mer qui peuplent ces grands rochers que les Anglais ont appelés *les Aiguilles* (the Needles). On assure que cet oiseau ne pond qu'un œuf [c] très-gros par rapport à sa taille [d].

On ignore encore dans quel asile les pingouins, et particulièrement celui-ci, passent l'hiver [e] : comme ils ne peuvent tenir la mer dans le fort de cette saison, que néanmoins ils ne paraissent point alors à la côte, et que d'ailleurs il est constant qu'ils ne se retirent pas vers les terres du Midi, Edwards imagine qu'ils passent l'hiver dans des cavernes de rochers dont l'ouverture est submergée, mais dont l'intérieur s'élève assez au-dessus des flots pour leur fournir une retraite où ils restent dans un état de torpeur, et substantés par la graisse dont ils sont abondamment chargés [f].

Nous ajouterions, d'après Pontoppidan, quelques particularités à ce que nous venons de dire de cette première espèce de pingouin, qu'il est grand pêcheur de harengs, qu'il se prend aux hameçons amorcés de ces poissons, etc., si le récit de cet écrivain n'offrait ici les mêmes disparates qui se trouvent ordinairement dans ses autres narrations; comme quand il dit « que ces oiseaux en sortant tous à la fois des grottes où ils s'abritent et où « ils nichent, obscurcissent le soleil par leur nombre, et font de leurs ailes « un bruit semblable à celui d'un orage [g] : » tout ceci ne convient point à des pingouins qui tout au plus ne peuvent que voleter.

Nous reconnaissons plus distinctement le pingouin dans l'*esarokitsok* ou *petite aile* des Groënlandais, « espèce de plongeon, dit le relateur, qui a les « ailes d'un demi-pied de long tout au plus, si peu fournies de plumes qu'il « ne peut voler, et dont les pieds sont d'ailleurs si loin de l'avant-corps et « si portés en arrière, qu'on ne conçoit pas comment il peut se tenir debout « et marcher [h]. » En effet, l'attitude droite est pénible pour le pingouin ; il a la marche lourde et lente, et sa position ordinaire est de nager et de flotter sur l'eau, ou d'être couché en repos sur les rochers ou sur les glaces.

a. Ray.
b. Edwards.
c. Linnæus, *Fauna Suecica.*
d. Ray.
e. « Quò abeant et ubi hiemen transigant, incognitum. » Ray.
f. *Glanures,* part. iv, p. 219.
g. *Histoire naturelle de Norwége,* par Pontoppidan; *Journal étranger,* février 1767.
h. *Histoire générale des Voyages,* t. XIX, p. 45.

LE GRAND PINGOUIN. [a][b] *

SECONDE ESPÈCE.

Willughby dit que la taille de ce pingouin approche de celle de l'oie, ce qu'il faut entendre de la hauteur à laquelle il porte sa tête, et non de la grosseur et du volume du corps, qui a beaucoup moins d'épaisseur ; il a la tête, le cou et tout le manteau d'un beau noir, en petites plumes courtes, mais douces et lustrées comme du satin ; une grande tache blanche ovale se marque entre le bec et l'œil, et le rebord de cette tache s'élève comme en bourrelet de chaque côté du sommet de la tête, qui est fort aplatie ; le bec, dont la coupe ressemble, suivant la comparaison d'Edwards, au bout d'un large coutelas, a ses côtés aplatis et creusés d'entaillures ; les plus grandes pennes des ailes n'ont pas trois pouces de longueur : on juge aisément que, dans cette proportion avec la masse du corps, elles ne peuvent lui servir pour s'élever en l'air ; il ne marche guère plus qu'il ne vole [c], et il demeure toujours sur l'eau, à l'exception du temps de la ponte et de la nichée.

L'espèce en paraît peu nombreuse : du moins ces grands pingouins ne se montrent que rarement sur les côtes de Norwége [d] ; ils ne viennent pas tous les ans visiter les îles de Féroë [e], et ne descendent guère plus au sud dans nos mers d'Europe [f] ; celui qu'Edwards décrit avait été pris par les pêcheurs sur le banc de Terre-Neuve : du reste, on ignore dans quelle plage ils se retirent pour nicher [g].

a. Voyez les planches enluminées, n° 367.

b. Par les Suédois, *pingwin* ; par les Anglais, *northern penguin* ; aux îles Feroë, *goifugel.* — *Pinguin. Mus. Worm.*, p. 300. — *Penguin nautis nostratibus dicta.* Willughby, *Ornithol.*, p. 242. — *Penguin nautis nostratibus, quæ goifugel Hoieri esse videtur.* Ray, *Synops. avi.*, p. 118, n° 1. — *Penguin du Nord.* Edwards, pag. et pl. 147. — *Goirfugel.* Clusius, *Exotic. auctuar.*, p. 367. — *Goifugel.* Nieremberg, p. 237. — Jonston, *Avi.*, p. 129. — *Mergus Americanus.* Clusius, *Exotic.*, p. 103. — Nieremberg, p. 215. — Willughby, tab. 42, mauvaise figure empruntée de Clusius. — Charleton, *Exercit.*, p. 102, n° 10. *Onomast.*, p. 96, n° 10. — *Chenalopes.* Mœhring, *Avi.*, p. 68. — *Alca torquata, sublùs albicans, supernè nigricans.* Barrère, *Ornithol*, class. I, gen. VI, sp. 1. — « Alca rostro compresso, ancipiti, sulcato, « maculà ovatà utrimque ante oculos... » *Alca impennis.* Linnæus, *Syst. nat.*, édit. X, g. 63, sp. 2. — « Alca rostri sulcis octo ; maculà albà ante oculum. » Idem, *Fauna Suecica*, n° 119. — « Alca supernè nigra, infernè alba, maculà utrimque rostrum inter et oculos ovatà candidà ; « gutture et colli inferioris parte supremà nigris ; remigibus minoribus albo in apice margi- « natis ; rectricibus nigris... » *Alca major*, le grand Pingoin. Brisson, t. VI, p. 85.

c. « Nec incedere nec volare visa est. » *Hoierus, apud Clusium, Exotic. auctuar.*, p. 367.

d. « Habitat in mari Norwegico rariùs. » Linnæus, *Fauna Suecica.*

e. « Rarissimè autem et nonnisi peculiaribus quibusdam annis visitur. » *Hoierus, apud Clusium, Exotic. auctuar.*, p. 367.

f. Edwards.

g. « Ubi fœturæ operam det, nulli hominum exploratum. » *Hoierus, ubi supra.*

* *Alca impennis* (Linn.). — Sous-genre *Pingouins proprement dits* (Cuv.).

L'*akpa* des Groënlandais, oiseau *grand comme le canard*, avec le *dos noir*
et le *ventre blanc*, et qui *ne peut ni courir ni voler* [a], paraît devoir se rapporter à notre grand pingouin ; pour les prétendus pingouins décrits dans
le *Voyage de la Martinière*, ce sont évidemment des pélicans [b].

LE PETIT PINGOUIN OU LE PLONGEON DE MER DE BELON. [c*]

Cet oiseau est indiqué dans Belon sous le nom de *plongeon de mer*, et
par M. Brisson sous celui de *petit pingouin ;* néanmoins, il nous reste un
doute très-fondé sur cette dernière dénomination ; car, en examinant la
figure donnée par cet ornithologiste, on voit qu'il a beaucoup de ressemblance avec le *petit guillemot*, n° 917 de nos planches enluminées ; et tout
au moins il est certain que son bec n'est pas celui d'un pingouin ; et en
même temps la plage où Belon dit avoir observé cet oiseau, savoir la mer
de Crète, est un nouveau sujet de douter qu'il appartienne en effet au
genre des pingouins, qui ne paraît pas s'être porté dans la Méditerranée, et
que tout nous représente comme indigène aux mers du Nord : en sorte que,
si nous osions soupçonner ici de peu de justesse un observateur, d'ailleurs

a. L'*akpa* du Groënland a la grosseur d'un canard, le dos noir et le ventre blanc ; cette
espèce se tient en troupes bien avant sur la mer, et n'approche des terres que dans les grands
froids ; mais alors il en vient en si grand nombre, que les eaux qui coupent les îles d'alentour
semblent couvertes d'un brouillard noir et épais : alors les Groënlandais les poussent vers la
côte, de façon à les prendre avec la main, parce que ces oiseaux ne peuvent ni courir ni voler.
On s'en nourrit durant les mois de février et de mars, du moins à l'embouchure de Ballriver,
car ils ne se trouvent pas indifféremment partout ; leur chair est la plus tendre et la plus nourrissante de toutes celles des poules de mer, et leur duvet sert à garnir des vestes d'hiver. *Hist.*
générale des Voyages, t. XIX, p. 46.

b. « Ces oiseaux, que notre patron nous dit se nommer *pingouins*, ne sont pas plus hauts
que des cygnes, mais une fois plus gros, blancs de même, le cou aussi long que celui d'une
oie, la tête beaucoup plus grosse, l'œil rouge et étincelant, le bec allant en pointe, d'un brun
jaunâtre ; et les pieds de même qui sont formés comme ceux des oies, et ont une espèce de sac
de près d'un pied de long, qui commence dès dessous le bec, continuant le long du cou jusqu'à
la poitrine, en s'élargissant en bas, de telle sorte qu'il tient bien un pot de vide, dedans quoi
ils réservent leurs mangeailles quand ils sont rassasiés, pour en repaître au besoin… Pour les
manger, nous fûmes obligés de les écorcher, ayant la peau fort dure, de laquelle on ne peut
tirer les plumes qu'avec grande peine ; la chair en est très-bonne, de même goût que celle des
canards sauvages, et fort grasse, de quoi nous fîmes bonne chère. » Pages 147, 148 et 149,
Voyage de la Martinière ; Paris, 1671.

c. Plongeon de mer. Belon, *Nat. des oiseaux*, p. 179, avec une figure peu exacte, p. 180.
La même, *Portraits d'oiseaux*, p. 39, a. — Œthia. Idem, *Observ.*, p. 18. — Mergus Belonii.
Aldrovande, *Avi.*, t. III, p. 240, figure empruntée de Belon. — Jonston, tab. 47, même figure.
— *Mergus Belonii*, Aldrovandi. Willughby, *Ornithol.*, p. 243. — Ray, *Synops. avi.*, p. 119,
n° 2. — *Le plongeon de mer, utamaria de Belon.* Salerne, *Ornithol.*, p. 364. — « Alca supernè
« nigra, infernè alba ; tæniä utrimque a rostro ad oculos albo punctulatä, fasciä infrà oculos
« nigricante ; remigibus minoribus albo in apice marginatis ; rectricibus nigris… » *Alca minor*,
le petit Pingoin. Brisson, t. VI, p. 92.

* Le jeune du *pingouin commun*. — (Voyez la nomenclature de la page 598.)

aussi instruit et toujours aussi exact que l'est Belon, nous croirions, malgré ce qu'il dit de la conformation des pieds de son *uttamaria* de Crète, qu'il appartient plutôt à quelque espèce de plongeon ou de castagneux qu'à la famille des pingouins. Quoi qu'il en soit, il faut rapporter ce que dit notre vieux et docte naturaliste de cet oiseau dont lui seul a parlé, Dapper et Aldrovande n'en ayant fait mention que d'après lui :

« Il y a, dit-il, en Crète une particulière espèce de plongeon de mer
« nageant entre deux eaux, différente au cormoran et aux autres plongeons
« nommés *mergi*, et que j'estime être celui qu'Aristote a nommé *ethia*. Les
« habitants du rivage de Crète l'appellent *vuttamaria* et *calicatczu;* il est
« de la grosseur d'une sarcelle, blanc par-dessous le ventre et noir par
« tout le dessus du corps; il n'a nul ergot derrière, aussi est-il seul entre
« tous oiseaux ayant le pied plat à qui cela convienne; son bec est moult
« tranchant par les bords, noir dessus, blanc dessous, creux et quasi plat,
« et couvert de duvet jusque bien avant..... qui provient d'un toffet de
« plumes noires qui lui croit sur quelque chose qu'il a sur le bec joignant
« la tête, eslevé gros comme une demie-noix... Il a le sommet de la tête
« large, mais la queue si courte, qu'il semble quasi qu'il n'en ait point; il
« est tout couvert de fin duvet qui tient si fort à la peau qu'on jugeroit
« proprement que c'est du poil, et qui se montre aussi fin que velours,
« tellement que si on l'escorche on lui trouvera la peau bien espaisse, et
« si on la fait courroyer, semblera une peau de quelque animal terrestre [a]. »

LE GRAND MANCHOT. [b] [c] *

PREMIÈRE ESPÈCE.

Clusius semble rapporter la première connaissance des manchots à la navigation des Hollandais dans la mer du Sud en 1598 : Ces navigateurs,

[a]. *Nature des oiseaux*, p. 179; et *Observations*, lib. I, cap. IX.

[b]. Voyez les planches enluminées, n° 975, sous la dénomination de *Manchot des îles Malouines.*

[c]. « *Penguin* ou *pinguin* par les navigateurs anglais et hollandais. — *Pinguin, à pingue-dine*, dit Clusius. — L'auteur de la *Relation du Voyage de cinq vaisseaux au détroit de Magellan*, tome I, page 681, doute seul de cette étymologie; nous doutons à notre tour de celle qu'il y substitue. « Les *pinguins* sont ainsi nommés, dit-il, non parce qu'ils sont gras, « ainsi que l'a cru l'auteur du présent journal, mais parce qu'ils ont la tête blanche. Le mot de « *pingouin*, en anglais, a cette signification, ainsi qu'on le voit dans le *Voyage* du sieur Tho- « mas Candish. » — *Pinguin.* Jean de Laët, *Nov. orb.*, p. 511. — *Penguin Batavorum, seu anser Magellicanus Clusii.* Willughby, *Ornithol.*, p. 242. — *Anser Magellicanus.* Clusius, *Exotic.*, lib. V, cap. V, p. 101, avec une figure grossière, mais néanmoins reconnaissable. *Nota.* Willugby n'accuse la figure de Clusius d'être fautive en représentant un doigt postérieur,

* *Aptenodytes patachonica* (Gmel.). — Genre *Manchots*, sous-genre *Manchots proprement dits* (Cuv.).

dit-il, étant parvenus à certaines îles voisines du Port-Désiré, les trouvèrent remplies d'une sorte d'oiseaux inconnus qui y venaient faire leur ponte; ils nommèrent ces oiseaux *pingouins* (*a pinguedine*), à raison de la quantité de leur graisse, et ils imposèrent à ces îles le nom d'*îles des pingouins*[a].

« Ces singuliers oiseaux, ajoute Clusius, sont sans ailes et n'ont à la place « que deux espèces de membranes qui leur tombent de chaque côté comme « de petits bras; leur cou est gros et court, leur peau dure et épaisse comme « le cuir du cochon : on les trouvait trois ou quatre dans un trou; les « jeunes étaient du poids de dix à douze livres, mais les vieux en pesaient « jusqu'à seize, et en général ils étaient de la taille de l'oie. »

A ces proportions il est aisé de reconnaître le manchot représenté dans nos planches enluminées sous le nom de *manchot des îles Malouines*, et qui se trouve non-seulement dans tout le détroit de Magellan et les îles voisines, mais encore à la Nouvelle-Hollande, et qui de là a gagné jusqu'à la Nouvelle-Guinée[b]. C'est en effet l'espèce la plus grande du genre des manchots : l'individu que nous avons fait représenter a vingt-trois pouces de hauteur, et ces manchots parviennent à un beaucoup plus grand accroissement, puisque M. Forster en a mesuré plusieurs de trente-neuf pouces (anglais), et qui pesaient jusqu'à trente livres.

« Diverses troupes de ces *pingouins*, les plus gros que j'aie jamais vus, « dit-il, erraient sur la côte (à la Nouvelle-Géorgie); leur ventre était « d'une grosseur énorme, et couvert d'une grande quantité de graisse; ils « portent de chaque côté de la tête une tache d'un jaune brillant ou cou- « leur orangée, bordée de noir; tout le dos est d'un gris noirâtre; le ven- « tre, le dessous des nageoires et l'avant du corps sont blancs; ils étaient si « stupides qu'ils ne fuyaient point, et nous les tuâmes à coups de bâtons... « Ce sont, je pense, ceux que nos Anglais ont nommés aux îles Falkland, « *pingouins jaunes* ou *pingouins rois*[c]. »

Cette description de M. Forster convient parfaitement à notre grand manchot, en observant qu'une teinte bleuâtre est répandue sur son manteau cendré, et que le jaune de la gorge est plutôt citron ou couleur de paille

que parce qu'il prenait ce manchot pour un pingouin. — Nieremberg, page 206; et Jonston, page 126, pl. 56; tous deux ont emprunté la figure de Clusius. — Charleton, *Exercit.*, p. 104, n° 5. *Onomast.*, p. 98, n° 5. — *Plautus pinguis.* Klein, *Avi.*, p. 147, n° 4. — « Diomedea « alis impennibus, pedibus tetradactylis... » *Diomedea demersa.* Linnæus, *Syst. nat.*, édit. X, gen. 65, sp. 5. — *Penguin-patagon. Transactions philosophiques*, vol. LXVI. — *Penguin aux pieds noirs.* Edwards, pag. et pl. 94. — *Première espèce des pingouins des îles Malouines.* Bougainville. Voyez tome I, p. 120. — *Manchot de la Nouvelle-Guinée.* Sonnerat, *Voyage à la Nouvelle-Guinée*, p. 178. — M. Brisson se trompe, d'après Willughby, en rapportant à l'*oie magellanique* de Clusius ou au manchot le *pingouin* de Wormius, qui n'a point de doigt postérieur, et avait été apporté de Féroë.

a. Clusius, *Exotic.*, p. 101.

b. Sonnerat, *Voyage à la Nouvelle-Guinée*, pag. 178 et suiv.

c. Forster, dans le *Second voyage du capitaine Cook*, t. IV, p. 86.

qu'orangé ; nos Français l'ont en effet trouvé aux îles Falkland ou Malouines , et M. de Bougainville en parle dans les termes suivants : « Il aime
« la solitude et les endroits écartés; son bec est plus long et plus délié que
« celui des autres espèces de manchots , et il a le dos d'un bleu plus clair,
« son ventre est d'une blancheur éblouissante; une palatine jonquille qui,
« partant de la tête, coupe ces masses de blanc et de bleu (gris bleu), et
« va se terminer sur l'estomac, lui donne un grand air de magnificence;
« quand il lui plaît de chanter, il allonge le cou..... On espéra de pou-
« voir le transporter en Europe, et d'abord il s'apprivoisa jusqu'à connaî-
« tre et suivre la personne qui était chargée de le nourrir, mangeant indif-
« féremment le pain, la viande et le poisson; mais on s'aperçut que cette
« nourriture ne lui suffisait pas, et qu'il absorbait sa graisse; quand il fut
« amaigri à un certain point, il mourut[a]. »

<hr>

LE MANCHOT MOYEN.[b c]*

SECONDE ESPÈCE.

De tous les caractères d'après lesquels on pourrait denommer cette seconde espèce de manchots , nous n'avons cru pouvoir énoncer que la grandeur, parce que les autres caractères, quoique sensibles, ne sont peut-être
pas constants , ou ne sont pas exclusifs; ce sont ces manchots qu'Edwards
appelle *pingouins aux pieds noirs* , mais les pieds du grand manchot sont
noirs aussi : on les trouve indiqués sous le nom de *manchot du cap de
Bonne-Espérance* ou *des Hottentots* , dans nos planches enluminées; mais

a. *Voyage autour du monde* , par M. de Bougainville, t. I, p. 120.

b. Voyez les planches enluminées, nº 382, le *Manchot du cap de Bonne-Espérance;* et
nº 1005, le *Manchot des Hottentots*, que nous jugeons être la femelle du premier.

c. *Pinguins aux pieds noirs.* Edwards, pl. 49. — « Spheniscus supernè nigricans, infernè
« albus, capite ad latera, guttureque sordidè griseis; rectricibus nigricantibus... » *Spheniscus,*
le Manchot. Brisson, t. VI, pag. 97. — *Nota.* 1º Nous rapportons ici le *manchot tacheté* de
M. Brisson , qui n'est que l'une des deux figures d'Edwards et de nos planches enluminées,
lesquelles diffèrent trop peu entre elles pour en faire deux espèces, et qui , suivant toute apparence , représentent le mâle et la femelle. — « Spheniscus supernè nigricans, punctulis cine-
« reo-albis aspersus, infernè albus ; tæniâ utrimque suprà oculos candidâ; capite ad latera ,
« guttureque fusco-nigricantibus, fasciâ suprà pectus arcuatâ fusco-nigricante, utrimque secun-
« dùm latera ad pedes usque protensâ; rectricibus nigricantibus..... » *Spheniscus nævius,* le
Manchot tacheté. Brisson, t. VI, p. 99. — *Nota.* 2º M. Brisson rapporte sous son *manchot
tacheté* la phrase de Linnæus et la planche d'Edwards qu'il a déjà rapportées au manchot. —
Nota. 3º Nous rapporterons encore à nos manchots du Cap les deux que donne M. Sonnerat,
sous les noms de *manchot à collier de la Nouvelle-Guinée* et de *manchot papou* (page 179 de
son *Voyage*); tous les rapports de stature et de plumage nous paraissent trop grands entre ces
espèces pour devoir les séparer.

* *Aptenodytes demersa* (Gmel.). — Le *sphénisque du Cap* (Cuv.). — Genre *Manchots,* sous-
genre *Sphénisques* (Cuv.).

l'espèce s'en trouve bien ailleurs qu'au Cap, et paraît se rencontrer également aux terres Magellaniques[a] : nous avions pensé à l'appeler *manchot à collier;* en effet, le manteau noir du dos embrasse le devant du cou par un collier, et laisse tomber sur les flancs deux longues bandes en manière de scapulaire; mais cette livrée ne paraît bien constante que dans le mâle, et la femelle, telle que nous la croyons représentée n° 1005 de nos planches enluminées, porte à peine quelque trace obscure de collier; tous deux ont le bec coloré vers le bout d'une bandelette jaune, mais peut-être ce trait ne se marque-t-il qu'avec l'âge; ainsi nous sommes réduits à les indiquer par leur taille, qui est en effet moyenne dans ce genre, et ne s'élève guère au-dessus d'un pied et demi.

Du reste, tout le dessus du corps est ardoisé, c'est-à-dire d'un cendré noirâtre, et le devant avec les côtés du corps sont d'un beau blanc, excepté le collier et le scapulaire; le bout de la mandibule inférieure du bec paraît un peu tronqué; et le quatrième doigt, quoique libre et non engagé dans la membrane, est néanmoins tourné plus en devant qu'en arrière; l'aileron est tout plat et semble recouvert d'une peau de chagrin, tant les pinceaux de plumes qui le revêtent sont petits, raides et pressés; les plus grandes de ces plumules n'ont pas six lignes de longueur, et, suivant la remarque d'Edwards, on en peut compter plus de cent à la première rangée de l'aile.

Ces manchots sont très-nombreux au cap de Bonne-Espérance et dans les parages voisins [b]. M. le vicomte de Querhoënt, qui les a observés à la

---

a. Voyez ci-après.

b. « Il y avait là (au cap de Bonne-Espérance) de ces oiseaux qu'on nomme *pingouins*, en grande quantité, qui sont gros comme une *oie* assez petite; ils ont le corps couvert de petites plumes; leurs ailes sont comme celles d'un canard dont on aurait tiré les plumes; ils ne peuvent voler, mais ils nagent fort bien et plongent encore mieux; la vue des hommes les effraie et les fait fuir, mais on peut bien les attraper à la course. Chaque femelle fait deux œufs gros comme des œufs d'oie; ils font leurs nids dans des broussailles, grattant dans le sable et y faisant un trou où ils se fourrent si bien, qu'en passant le long d'eux, on ne les aperçoit qu'avec peine; ils mordent bien fort quand ils sont près d'une personne qui n'y prend pas garde; ils sont tachetés de noir et de blanc. » *Recueil des voyages qui ont servi à l'établissement de la Compagnie des Indes orientales*, t. III, p. 581; Amsterdam, 1702. — « Les oiseaux qui sont les plus fréquents en cette baie (de Saldaigne) sont les *pingouins;* ils ne volent point, leurs ailes ne leur servent qu'à nager; ils nagent aussi vite dans la mer, comme les autres oiseaux volent en l'air. » Flacourt, page 249. — « Nous appelâmes une petite île, qui est à quatre lieues au delà du cap de Bonne-Espérance, *l'île des Oiseaux*, pour le grand nombre et diverses espèces qui y sont; il y a des *pingouins* différents seulement de ceux qui se trouvent sur le détroit de Magellan, en ce que ceux-ci ont le bec recourbé et les autres l'ont droit comme le *héron;* ils sont de la grosseur d'un canard, pesant jusqu'à seize livres; le dos couvert de plumes noires, le ventre de blanches; le cou court et gros, ayant un collier blanc; leur peau est fort épaisse, ayant de petits ailerons comme du cuir, qui pendent comme de petits bras couverts de rudes et petites plumes blanches, entremêlées de noires, qui leur servent à nager, et non pas pour voler, venant rarement à terre, si ce n'est pour y faire leurs œufs et y couver; ils ont la queue courte, les pieds noirs et plats; ils se cachent dans des trous qu'ils font sur les bords de la mer, jamais plus de deux à la fois; ils pondent sur terre, et y couvent deux œufs seulement, qui sont de la grosseur de ceux des poules d'Inde. » *Voyage à Madagascar*, par François Cauche; Paris, 1651. — « On trouve dans ces quartiers (*Aguada de San Bras*, quarante-cinq lieues du Cap) une

rade du Cap, nous a communiqué la notice suivante. «Les pingouins (man-
« chots) du Cap sont noirs et blancs, et de la grosseur d'un canard ; leurs
« œufs sont blancs, ils n'en font que deux à chaque ponte, et défendent cou-
« rageusement leur nichée ; ils la font sur les petites îles le long de la côte ;
« et un observateur digne de foi m'a assuré que dans une de ces petites îles
« était un monticule élevé où ces oiseaux nichaient de préférence, quoi-
« que éloigné de plus d'une demi-lieue de la mer ; comme ils marchent fort
« lentement, il jugea qu'il n'était pas possible qu'ils allassent tous les jours
« chercher à manger à la mer ; il en prit donc quelques-uns pour voir com-
« bien de temps ils supporteraient la diète, il les garda quatorze jours sans
« boire ni manger, et au bout de ce temps ils étaient encore vivants et
« assez forts pour pincer vigoureusement. »

M. de Pagés, dans la relation manuscrite de son voyage au pôle austral,
s'accorde sur les mêmes faits. « La grosseur des manchots du Cap, dit-il,
« est pareille à celle de nos plus gros canards ; ils ont deux cravates oblon-
« gues de couleur noire, l'une à l'estomac, l'autre au cou ; nous trouvions
« ordinairement dans chaque nid deux œufs ou deux petits rangés tête à
« queue, et l'un toujours au moins d'un quart plus gros que l'autre ; les
« vieux n'étaient pas moins aisés à prendre que les jeunes ; ils ne pouvaient
« marcher que lentement, et cherchaient à se tapir contre les rochers. »

Un fait qu'ajoute le même voyageur, c'est que les ailerons des manchots
leur servent de temps en temps en pattes de devant, et qu'alors marchant
comme à quatre ils vont plus vite ; mais suivant toute apparence cela n'arrive que lorsqu'ils culbutent, et ce n'est point une véritable marche.

Du reste, nous croyons reconnaître ce même manchot d'espèce moyenne
dans la seconde de celles que M. de Bougainville décrit aux îles Malouines [a] ; car il la dit la même que celle de l'amiral Anson [b], laquelle est aussi

petite île ou un grand rocher, où il y a une multitude d'oiseaux qu'on nomme *pinguins*, de la
grandeur d'un oison ; ils n'ont point d'ailes, ou du moins elles sont si petites et si courtes,
qu'elles ressemblent plus à une fourrure ou à du poil de bête qu'à des ailes ; mais au lieu d'ailes,
ils ont une nageoire de plumes avec laquelle ils nagent. Ils se laissaient prendre sans s'enfuir,
marque qu'ils voyaient bien peu d'hommes ou qu'ils n'en voyaient point du tout ; quand on en
eut tué, on leur trouva la peau si dure, qu'à peine un sabre leur pouvait-il rien couper que la
tête. Il y avait aussi sur ce rocher beaucoup de chiens marins qui se mirent en défense contre
les matelots ; on en tua quelques-uns, mais ni les chiens ni les oiseaux n'étaient pas bons à
manger. » *Premier voyage des Hollandais aux Indes orientales*, dans le *Recueil des voyages
qui ont servi à l'établissement de la Compagnie*, t. I, pag. 213 et 214.

a. *Voyage autour du monde*, t. I, p. 120.

b. « On trouve sur la côte orientale (des Patagons) d'immenses troupeaux de veaux marins,
et une grande variété d'oiseaux de mer, dont les plus singuliers sont les *pingouins* ; ils sont de
la taille et à peu près de la figure d'une oie ; mais, au lieu d'ailes, ils ont deux espèces de
moignons qui ne peuvent leur servir qu'à nager ; quand ils sont debout ou qu'ils marchent, ils
se tiennent le corps droit, et non en situation à peu près horizontale, comme les autres oiseaux.
Cette particularité, jointe à ce qu'ils ont le ventre blanc, a fourni au chevalier Narborough
l'idée bizarre de les comparer à des enfants qui se tiennent debout, et qui portent des tabliers
blancs. » *Voyage de l'amiral Anson*, t. I, p. 182.

celle de Narborough : or, au poids et aux couleurs que Narborough attribue à son manchot, on peut le regarder comme de l'espèce dont nous parlons [a], et nous croyons encore que cette espèce est celle que M. Forster désigne comme *la plus commune* au détroit de Magellan, laquelle, dit-il, est de la grosseur d'une petite oie, et surnommée par les Anglais, aux îles Falkland ou Malouines, *jumping jachs*.

M. Forster observa ces manchots sur la Terre des États, où ils lui offrirent une petite scène; « ils étaient endormis, dit-il, et leur sommeil est très-
« profond, car le docteur Sparman tomba sur un qu'il roula à plusieurs
« verges sans l'éveiller; pour le tirer de son assoupissement on fut obligé
« de le secouer à différentes reprises; enfin ils se levèrent en troupes, et
« quand ils virent que nous les entourions ils prirent du courage; ils se pré-
« cipitèrent avec violence sur nous, et mordirent nos jambes et nos habits;
« après en avoir laissé un grand nombre sur le champ de bataille qui pa-
« raissaient morts, nous poursuivîmes les autres; mais les premiers se rele-
« vèrent tout d'un coup, et piétonnèrent gravement derrière nous [b]. »

LE MANCHOT SAUTEUR. [c] *

TROISIÈME ESPÈCE.

Ce manchot n'a guère qu'un pied et demi de hauteur du bec aux pieds, et à peu près autant quand, la tête et le corps droits, il est posé et comme assis sur le croupion, ce qui est son attitude de nécessité à terre; il a le bec rouge, ainsi que l'iris de l'œil, sur lequel passe une ligne d'un blanc teint de jaune qui se dilate et s'épanouit en arrière en deux petites touffes de filets hérissés, lesquels se relèvent sur les deux côtés du sommet de la tête; cette partie est noire ou d'un cendré noirâtre très-foncé, ainsi que la gorge, la face, le dessus du cou, du dos et des ailerons; le reste, c'est-à-dire tout le devant du corps, est d'un blanc de neige.

Nos planches enluminées ont indiqué cet oiseau sous le nom de *manchot de Sibérie;* nous n'adoptons pas aujourd'hui cette dénomination, vu la

a. « Il pèse environ huit livres; il a la tête et le dos noirs, le cou et le ventre blancs, et le reste du corps noirâtre; ses jambes sont aussi courtes que celles d'une oie : quand il y en a plusieurs en troupes et qu'on les voit de loin, on croit voir des enfants vêtus de blanc; il pince bien fort, mais il n'est pourtant point du tout farouche, car il en vient des troupes entières autour des chaloupes, d'où on les tue facilement l'un après l'autre en leur donnant un coup sur la tête. » *Voyage du capitaine Narborough*, dans celui *de Coréal*, t. II, p. 223.

b. Forster, *Second voyage de Cook*, t. IV, pag. 59 et 60.

c. Voyez les planches enluminées, n° 984, sous la dénomination de *Manchot huppé de Sibérie.*

* *Aptenodytes chrysocoma* (Gmel.). — Le *gorfou sauteur* (Cuv.). — Genre *Manchots*, sous-genre *Gorfous* (Cuv.).

grande division que paraît avoir fait la nature des pingouins au Nord et des manchots au Sud, et M. de Bougainville l'ayant reconnu sur les terres Magellaniques, nous pensons qu'il ne se trouve pas en Sibérie, mais seulement dans les îles australes où le même navigateur l'a décrit sous le nom de *pingouin sauteur*.... « La troisième espèce de ces demi-oiseaux, dit-il, habite « par familles, comme la seconde, sur de hauts rochers où ils pondent. Les « caractères qui distinguent ceux-ci des deux autres, sont leur petitesse, « leur couleur fauve, un toupet de plumes de couleur d'or plus courtes que « celles des *aigrettes*, et qu'ils relèvent lorsqu'ils sont irrités, et enfin d'au- « tres petites plumes de même couleur qui leur servent de sourcils; on les « nomma *pingouins sauteurs;* en effet, ils ne se transportent que par sauts « et par bonds. Cette espèce a dans sa contenance plus de vivacité que les « deux autres [a]. »

C'est, suivant toute apparence, ce même manchot sauteur à aigrette, et à bec rouge que le capitaine Cook indique dans le passage suivant..... « Jusqu'ici (cinquante-trois degrés cinquante-sept minutes latitude sud), « nous avions eu continuellement autour du vaisseau un grand nombre de « *pingouins* qui semblaient être différents de ceux que nous vîmes près de « la glace; ils étaient plus petits avec des becs rougeâtres et des têtes bru- « nes; la rencontre d'un si grand nombre de ces oiseaux me donnait quelque « espérance de trouver terre [b]. » Et dans un autre endroit... «le 2 décem- « bre, par quarante-huit degrés vingt-trois minutes latitude sud, et cent « soixante-dix-neuf degrés seize minutes de longitude, nous aperçûmes « plusieurs pinguins au bec rouge qui demeurèrent autour de nous le len- « demain [c]. »

LE MANCHOT A BEC TRONQUÉ. [d]*

QUATRIÈME ESPÈCE.

Le bec des manchots se termine généralement en pointe : dans cette espèce, l'extrémité de la mandibule inférieure est tronquée; ce caractère a suffi à M. Brisson pour faire de ce manchot un genre à part sous le nom de *gorfou*, de quoi il était fort le maître, suivant l'ordre hypothétique et

a. *Voyage autour du monde*, par M. de Bougainville, t. I, in-8°, pag. 120 et suiv.
b. Cook, *Second voyage*, t. I, p. 136.
c. *Idem*, *ibid.*, t. II, p. 139.
d. « Phaëton alis impennibus, rostro mandibulis edentulis, digito postico distincto .... » *Phaëton demersus*. Linnæus, *Syst. nat.*, edit. X, gen. 67, sp. 2. — « Catarractes supernè fusco- « purpurascens, infernè albus; capite anteriore guttureque fuscis, rectricibus nigris..... » *Catarractes*, le Gorfou. Brisson, t. VI, p. 102.

* *Aptenodytes catarractes* (Lath.). — Sous-genre *Gorfous* (Cuv.).

systématique de ses divisions; mais ce qui n'était pas également arbitraire, c'est l'application qu'il a faite à ce même manchot du nom de *catarractes* ou *catarracta*, par lequel Aristote a désigné un oiseau de proie aquatique [a], qui n'est certainement pas un manchot, genre duquel Aristote ne connut aucune espèce.

Quoi qu'il en soit, Edwards qui nous a fait connaître cette espèce de manchot, lui applique ce passage du chevalier Roë dans son voyage aux Indes [b] : « Dans l'*île Pinguin* (au cap de Bonne-Espérance), il y a un oiseau « de ce nom qui marche tout droit; les ailes sont sans plumes, pendantes « comme des manches, avec le plastron blanc; ces oiseaux ne volent point, « mais se promènent en petite troupe, chacune gardant régulièrement son « quartier. »

Cependant M. Edwards n'assure pas que ce manchot soit du Cap plutôt que du détroit de Magellan : il était, dit-il, *gros comme une oie*, et avait le bec ouvert jusque sous les yeux, et rouge ainsi que les pieds; la face d'un brun obscur; tout le devant du corps blanc; le derrière de la tête, le haut du cou et le dos d'un pourpre terne, et couvert de très-petites plumes raides et serrées : « ces plumes, ajoute Edwards, ressemblent plus à des écailles « de serpent qu'à des plumes; les ailes, continue-t-il, sont petites et plates « comme des planchettes brunes, et couvertes de plumes si petites et si « raides qu'on les prendrait de quelque distance pour du chagrin; il n'y a « d'apparence de queue que quelques soies courtes et noires au crou- « pion [c]. »

Telles sont les quatre espèces de manchots que nous pouvons présenter comme connues et bien décrites [1] : si ce genre est plus nombreux, ainsi que paraît l'insinuer M. Forster, chaque espèce nouvelle viendra naturellement prendre ici sa place. En attendant, il nous semble en voir quelques-unes d'indiquées, mais imparfaitement et confusément, dans les notices suivantes.

I. — « Entre les îles Maldives, dit un de nos anciens voyageurs, il y en a « une infinité qui sont entièrement inhabitées..... et toutes couvertes de « gros crabes et d'une quantité d'oiseaux nommés *pingui*, qui font là leurs « œufs et leurs petits; et il y en a une multitude si prodigieuse qu'on ne sau- « rait mettre le pied en quelque endroit que ce soit sans toucher leurs œufs « et leurs petits ou les oiseaux mêmes. Les insulaires n'en mangent point,

---

a. « Mari victitat et cùm se alto ingurgitavit, manet non minùs temporis quàm quo spatium « jugeris transieris ; minor est quàm ancipiter. » Aristot., *Hist. animal.*, lib. ix, cap. xii. — Nous avons rapporté le *cataractes* avec beaucoup plus de vraisemblance à une espèce de mouette [2]. Voyez l'article du *goëland brun*, page 365.

b. Churchill. Collect., vol. I, p. 767.

c. Pinguin. Edwards, t. I, pag. et pl. 49.

1. Ajoutez : *aptenodytes papua*, Sonner., *aptenodytes minor*, Lath., etc.

2 (*a*). « *Catarrhactes* est le nom grec d'un oiseau très-différent, qui volait très-bien et qui se précipite de haut sur sa proie. C'était probablement une espèce de *Mouette*. » (Cuvier.)

« et toutefois ils sont bons à manger *et sont gros comme pigeons*, de plu-
« mage blanc et noir [a]. »

Nous ne connaissons pas d'espèce de manchot aussi petite qu'un pigeon,
et néanmoins une semblable petite espèce d'oiseau sans ailes, sous le nom
de *calcamar*, se retrouve à la côte du Brésil. « Le calcamar est de la gros-
« seur d'un pigeon; ses ailes ne lui servent point à voler, mais à nager
« fort légèrement; il ne quitte point les flots; les Brésiliens assurent même
« qu'il y dépose ses œufs, mais sans expliquer comment ils y pourraient
« éclore [b]. »

II. — Les *aponars* ou *aponats* de Thevet [c], « lesquels, dit-il, ont petites
« ailes, pourquoi ils ne peuvent voler; ont le ventre blanc, le dos noir, le
« bec semblable à celui d'un cormoran ou autre corbeau, et quand on les
« tue crient ainsi que pourceaux : » ce sont, suivant toute apparence,
des manchots; Thevet les trouva à l'île de l'Ascension; mais il fait, sous
le nom d'*aponar*, la même confusion que l'on a faite sous celui de *pingouin*,
lorsqu'il parle des *aponars que rencontrent les navires allant de France en
Canada* [d]; ces derniers aponars sont des pingouins.

III. — L'oiseau des mers Magellaniques que les matelots de l'équipage
du capitaine Wallis, et ensuite ceux de Cook, appelèrent *race-horse* ou
cheval de course, parce qu'il courait sur l'eau avec une extrême vitesse
en frappant les flots de ses pieds et de ses ailes, trop petites pour qu'elles
pussent lui servir à voler [e]. Cet oiseau semblerait, à ces caractères, être un
manchot; néanmoins M. Forster lui donne le nom de *canard*, en le rapportant au *logger-head duck* des *Transactions philosophiques* (vol. LXVI,
part. I). Voici comme il en parle : « Il ressemblait, dit-il, au canard;
« excepté l'extrême brièveté de ses ailes, et sa grosseur qui était celle d'une
« oie; il avait le plumage gris, et un petit nombre de plumes blanches; le
« bec et les pieds jaunes, et deux grandes bosses calleuses nues de la même
« couleur à la jointure de chaque aile. Nos matelots l'appelèrent *race-
« horse*, cheval de course, à cause de sa vitesse; mais, aux îles Falkland,
« les Anglais lui ont donné le nom de *canard lourdaut* [f]. »

IV. — Enfin, selon d'autres voyageurs [g], on trouve sur les îles de la
côte du Chili, après avoir passé Chiloë et en approchant du détroit de
Magellan, « une espèce d'oie qui ne vole point, mais qui court sur les eaux

a. Voyage de François Pyrard de Laval; Paris, 1619, t. I.
b. Histoire générale des Voyages, t. XIV, p. 303.
c. Singularités de la France antarctique, par André Thevet; Paris, 1558, p. 40.
d. Le même, au même endroit.
e. Voyage de Wallis, tome II de la *Collection d'Hawkesworth,* p. 31 et pl. 65. — *Second
voyage de Cook,* t. IV, pag. 43 et 72.
f. Forster, dans le *Second voyage de Cook,* t. IV, p. 27.
g. Voyage à la mer du Sud, par l'équipage de Wager, à la suite du *Voyage de l'amiral
Anson,* p. 359.

« aussi vite que les autres volent : cet oiseau a un duvet très-fin que les
« femmes américaines filent, et dont elles font des couvertures qu'elles
« vendent aux Espagnols [a]. » Si ces particularités sont exactes, elles indiquent dans ce genre une espèce moyenne entre les oiseaux à grandes plumes
et les manchots à plumules écailleuses, qui ressemblent peu à un duvet, et
ne paraissent pas susceptibles d'être filées.

NOTICES ET INDICATIONS

DE QUELQUES ESPÈCES D'OISEAUX INCERTAINES OU INCONNUES.

Quelque attention que nous ayons eue dans tout le cours de cet ouvrage
de discuter, d'éclaircir et de rapporter à leurs véritables objets les notices
imparfaites ou confuses des voyageurs ou des naturalistes sur les différentes
espèces réelles ou nominales des oiseaux, quelque étendues et même quelque heureuses qu'aient été nos recherches [1], nous devons néanmoins avouer
qu'il reste encore un certain nombre d'espèces que nous n'avons pu reconnaître avec certitude, parce qu'elles ne sont indiquées que par des noms
que rien ne rappelle aux noms connus, ou qu'elles sont désignées par des
traits obscurs ou vagues, et qui ne cadrent exactement avec aucun objet
réel : ce sont ces noms même et ces traits, tout confus qu'ils peuvent être,
que nous recueillons ici, non-seulement pour ne rien négliger, mais encore
pour empêcher qu'on ne regarde comme certaines ces notices douteuses,
et surtout pour mettre les observateurs à portée de les vérifier ou de les
éclaircir.

Nous suivrons dans cette exposition sommaire la marche de l'ouvrage,
commençant par les oiseaux de terre, passant à ceux de rivage, et finissant
par les oiseaux d'eau.

I. — Le *grand oiseau* du Port-Désiré aux terres Magellaniques, lequel
est bien certainement un oiseau de proie, et dont la notice, telle que la
donne le commodore Byron, paraît indiquer un *vautour*. « Sa tête, dit-il,
« serait parfaitement ressemblante à celle de l'aigle si l'espèce de huppe
« dont elle est ornée était un peu moins touffue ; un cercle de plumes d'une
« blancheur éclatante forme autour de son cou un collier naturel de la
« plus grande beauté ; sur le dos son plumage est d'un noir de jais, et non
« moins brillant que ce minéral que l'art a su polir ; ses jambes sont remar-

---

a. Relation citée tout à l'heure.

1. Buffon peut se rendre, et très-hautement, cette noble justice. Ses *recherches* ont été aussi
heureuses qu'étendues, et son *attention* a été admirable. On peut dire, de son *Histoire des
oiseaux*, ce que Cuvier a dit, de son *Histoire des quadrupèdes :* « Qu'il y restera toujours l'au-
« teur fondamental. » — Voyez la note 2 de la page 10 du Ve volume.

« quables par leur grosseur et leur force, mais les serres en sont moins
« acérées que celles de l'aigle : cet oiseau a près de douze pieds d'enver-
« gure. » *Voyage du commodore Byron*, tome I du *Premier Voyage de Cook*,
page 19.

II. — L'oiseau de la Nouvelle-Calédonie, indiqué dans la relation du
Second voyage de Cook comme une *espèce de corbeau*, quoiqu'il soit dit en
même temps *qu'il est de moitié plus petit que le corbeau, et que ses plumes
sont nuancées de bleu.* Au reste, cette terre nouvelle n'a offert aux navigateurs qui l'ont découverte que peu d'oiseaux, entre lesquels étaient de
belles tourterelles et plusieurs petits oiseaux inconnus. Cook, *Second Voyage*,
tome III, page 300.

III. — L'*avis venatica* de Belon, le seul peut-être que ce judicieux naturaliste n'ait pas rendu reconnaissable dans ses nombreuses observations :
« Nous veimes aussi (vers Gaza) un oiseau qui, à notre advis, passe tous
« les autres en plaisant chant ramage ; et croyons qu'il a été nommé par les
« anciens *venatica avis*. Il est un peu plus gros qu'un estourneau ; son plu-
« mage est blanc par-dessous le ventre, et est cendré dessus le dos comme
« celui de l'oiseau *molliceps*, qu'on appelle en françois un gros-bec ; la
« queue noire qui lui passe les aeles, comme à une pie ; il vole à la façon
« d'un pic-vert. » *Observations de Belon*, page 139.

A la taille, aux couleurs, au nom d'*avis venatica*, on pourrait prendre
cet oiseau pour une espèce de pie-grièche ; mais le *plaisant ramage* est
un attribut qui paraît ne convenir à aucune de ces espèces méchantes et
cruelles.

IV. — Le *moineau de mer*, « que les habitants de Terre-Neuve nomment,
« dit-on, l'*oiseau des glaces*, parce qu'il y habite toujours ; il n'est pas plus
« grand qu'une grive ; il ressemble au moineau par le bec, et a le plumage
« blanc et noir. » *Histoire générale des Voyages*, tome XIX, page 46.

Malgré le nom de *moineau de mer*, on juge par la conformation du bec
qu'il s'agit ici d'un oiseau de terre dont l'espèce nous paraît voisine de celle
de l'ortolan de neige.

V. — Le petit *oiseau jaune*, appelé ainsi au cap de Bonne-Espérance, et
que le capitaine Cook a retrouvé à la Nouvelle-Géorgie (*Second voyage*,
tome IV, pages 86 et 87). Il est peut-être connu des ornithologistes, mais
il ne l'est pas sous ce nom ; et quant aux *petits oiseaux à joli plumage* que
ce même navigateur a trouvés à Tanna, l'une des Nouvelles-Hébrides, nous
croyons aisément avec lui que sur une terre aussi isolée et aussi lointaine
leurs espèces sont absolument nouvelles.

VI.—L'oiseau auquel les observateurs, embarqués pour le premier voyage
du capitaine Cook, donnèrent le nom de *motacilla velificans*, en le voyant
venir se poser sur les agrès du vaisseau en pleine mer, à dix lieues du cap
Finistère (*Premier voyage de Cook*, tome II, page 117), et que l'on saurait

certainement être une bergeronnette si Linnæus, d'après lequel parlaient ces observateurs, n'avait appliqué comme générique le surnom de *motacilla* à des oiseaux tout différents les uns des autres, et à tous ceux en général qui ont un mouvement de secousse ou de balancement dans la queue.

VII. — L'*ococolin* de Fernandez, que nous aurions dû placer avec les pics ; car il dit expressément que *c'est un pic de la taille de l'étourneau, et dont le plumage est agréablement varié de noir et de jaune.* Fernandez, *Hist. avi. nov. Hisp.* page 54, cap. cciii.

VIII. —Les *oiseaux vus par Dampier à Céram,* et qui, à la forme et à la grosseur de leur bec, paraissent être des *calaos ;* il les décrit en ces termes : « Ils avaient le corps noir et la queue blanche ; leur grosseur était celle « d'une corneille ; ils avaient le cou assez long et couleur de safran ; leur « bec ressemblait à la corne d'un bélier ; ils avaient la jambe courte et « forte, les pieds de pigeon, et les ailes d'une longueur ordinaire, quoi- « qu'elles fissent beaucoup de bruit dans leur vol ; ils se nourrissent de « baies sauvages et se perchent sur les plus grands arbres. Dampier trouva « leur chair de si bon goût, qu'il parut regretter de n'avoir vu de ces « oiseaux qu'à Céram et à la Nouvelle-Guinée. » *Histoire générale des Voyages,* tome II, page 244.

IX. — Le *hoïtzitzillin de Tepuscullula* de Fernandez, et le *nexhoïtzillin* du même auteur, que l'on reconnaît pour être des colibris, vivant, dit-il, du miel des fleurs qu'ils sucent de leur petit bec courbé, presque aussi long que le corps, et des plumes brillantes desquels des mains adroites com- posent de petits tableaux précieux. Fernand., page 47, c. clxxiv ; et p. 31, c. lxxxii.

Quant à l'*oïtzitzil-papalotl* du même naturaliste espagnol (cap. lv, page 25), quoiqu'il le compare à l'*hoïtzitzillin,* il dit néanmoins expressé- ment que c'est une sorte de papillon.

X. — Le *quauchichil* ou *petit oiseau à tête rouge,* encore de Fernandez (page 18, c. xvii), qu'il dit n'être qu'un peu plus grand que le *hoïtzit- zillin,* et qui néanmoins ne paraît pas être un colibri ni un oiseau-mouche, *car il se trouve aussi dans les régions froides ; il vit et chante en cage :* caractères qui ne conviennent pas à ces deux genres d'oiseaux.

XI. —L'oiseau demi-aquatique décrit par M. Forster, et qu'il dit être *d'un nouveau genre :* « Cet oiseau, que nous rencontrâmes dans notre « excursion, était de la grosseur d'un pigeon et parfaitement blanc ; il « appartient à la classe des oiseaux aquatiques qui marchent *à gué ;* il avait « les pieds à demi palmés, et ses yeux ainsi que la base du bec entourés « de petites glandes ou verrues blanches ; il exhalait une odeur si insuppor- « table que nous ne pûmes en manger la chair, quoique alors les plus mau- « vais aliments ne nous causasssent pas aisément du dégoût » (c'était sur la Terre des États). Forster, *Second voyage de Cook,* tome IV, page 59.

XII. — Le *corbijeau* de Le Page Dupratz (*Histoire de la Louisiane*, tome II, page 128), lequel n'est pas autre que le *courlis*, et dont nous ne rapportons ici le nom que pour compléter le système entier de dénominations relatives à cet oiseau et à l'ornithologie en général.

XIII. — Le *chochopilli* de Fernandez (page 19, cap. xxiii), *oiseau*, dit ce naturaliste, *du genre de celui que les Espagnols appellent* chorlito (qui est le *courlis*), et dans lequel on reconnaît notre *grand courlis blanc et brun de Cayenne*, espèce nouvelle donnée nᵒ 976 de nos planches enluminées. Cet oiseau, ajoute Fernandez, est de passage sur le lac de Mexique, et sa chair a un mauvais goût de poisson.

XIV. — L'*ayaca*, qui tant par le rapport de son nom avec celui d'*ayaia* que porte la spatule au Brésil, que par la ressemblance des traits, à l'altération près que souffrent toujours les objets en passant par les mains des rédacteurs de *Voyages*, paraît être en effet une spatule; quoi qu'il en soit, voici ce qui est dit de l'*ayaca* : « Cet oiseau du Brésil est d'une industrie « singulière à prendre les petits poissons, jamais on ne le voit fondre inu- « tilement sur l'eau ; sa grosseur est celle d'une pie ; il a le plumage blanc, « marqueté de taches rouges, et le bec fait en cuiller. » *Histoire générale des Voyages*, tome IV, page 303.

L'*aboukerdan* de Monteonys (1ʳᵉ partie, page 198), est aussi notre spatule.

XV. — L'*acacahoactli* ou *l'oiseau du lac du Mexique à voix rauque* de Fernandez, qu'il dit être une espèce d'*alcyon* ou de martin-pêcheur, mais qui, suivant la remarque de M. Adanson, est plutôt une espèce de héron ou de butor, puisqu'il *a un très-long cou qu'il plie souvent en le ramenant entre ses épaules;* sa taille est un peu moindre que celle du canard sauvage ; son bec est long de trois doigts, pointu et acéré; le fond de son plumage est blanc tacheté de brun, plus brun en dessus, plus blanc en dessous du corps; les ailes sont d'un fauve vif et rougeâtre, avec la pointe noire. On peut, suivant Fernandez, apprivoiser cet oiseau en le nourrissant de poisson et même de chair, et, ce qui pourtant s'accorde peu avec une voix rauque, *son chant*, dit-il, *n'est pas désagréable* (Fernandez, cap. ii, page 16). C'est le même que l'*avis aquatica raucum sonans* de Nieremberg, lib. x, c. 236.

XVI. — L'*atot
otl*, petit oiseau du même lac de Mexico, de la forme et de la taille du moineau, avec le plumage blanc dessous le corps, varié en dessus de blanc, de fauve et de noir ; qui niche dans les joncs, et qui du matin au soir y fait entendre un petit cri pareil au cri aigu du rat; on mange la chair de ce petit oiseau (Fernandez, cap. viii, page 15).

Il est difficile de dire si cet *atotoll* est vraiment un oiseau de rivage ou seulement un habitant des marais, comme le sont la rousserolle et la fauvette de roseaux. Quoi qu'il en soit, il est fort différent d'un autre *atotoll* donné par Faber à la suite de Hernandez (page 672), et qui est l'*alcatraz* ou *pélican du Mexique*.

XVII. — Le *mentavaza* de Madagascar, « oiseau à bec crochu, grand « comme une perdrix, qui fréquente les bords de la mer, » et dont le voyageur Flacourt ne dit rien davantage. *Voyage à Madagascar*, Paris, 1661, page 165.

XVIII. — Le *chungar* des Turcs, *kratzhot* des Russes, au sujet duquel nous ne pouvons que rapporter la narration de l'historien des *Voyages*, sans néanmoins adopter ses conjectures. « Les plaines de la Grande Tartarie, « dit-il, produisent quantité d'oiseaux d'une beauté rare; celui dont on « trouve la description dans Abulghazi-khan est apparemment une espèce « de héron qui fréquente cette partie du Mogol qui touche à la Chine; il « est tout à fait blanc, excepté par le bec, les ailes et la queue, qu'il a d'un « beau rouge; sa chair est délicate, et tire pour le goût sur celle de la geli- « notte; cependant comme l'auteur dit qu'il est fort rare, on peut croire « que c'est le butor, qui est en effet très-rare dans la Russie, la Sibérie et « la Grande Tartarie, mais qui se trouve quelquefois dans le pays des « Mogols, vers la Chine, et qui est presque toujours blanc. Abulghazi-khan « dit que ses yeux, ses pieds et son bec sont rouges (page 37); et il ajoute « (page 86) que la tête est de la même couleur; il dit que cet oiseau s'ap- « pelle *chungar* en langue turque, et que les Russiens le nomment *kratzhot*, « ce qui fait conjecturer au traducteur anglais que c'est le même qui porte « le nom de *chon-kui* dans l'histoire de Timur-Bek, et qui fut présenté à « Jenghiz-khan par les ambassadeurs de Kadjak [a]. » *Histoire générale des Voyages*, tome VI, page 604.

XIX. — L'*okeitsok* ou la *courte langue*, qui, dit-on, « est une poule de « mer de Groënland, laquelle n'ayant presque point de langue, garde un « silence éternel, mais qui en revanche a le bec et la jambe si longs, qu'on « pourrait l'appeler la cigogne de mer. Cet oiseau glouton dévore un « nombre incroyable de poissons qu'il va pêcher à vingt ou trente brasses « de profondeur, et qu'il avale tout entiers quoique très-gros; on ne le tue « ordinairement que lorsqu'il est occupé à faire sa pêche, car il a pour « veiller à sa sûreté de grands yeux saillants et très-vifs, couronnés d'un « cercle jaune et rouge. » *Histoire générale des Voyages*, tome XIX, page 45.

XX. — Le *tornoviarsuk* des mêmes mers glaciales en Groënland, qui est un oiseau maritime de la taille d'un pigeon, et approchant du genre du

---

a. Pétis de la Croix remarque au même endroit que le *chon-kui* est un oiseau de proie, qu'on présente au roi du pays, orné de plusieurs pierres précieuses, comme une marque d'hommage; et que les Russiens, aussi bien que les Tartares de la Crimée, sont obligés, par leurs derniers traités avec les Ottomans, d'en envoyer un chaque année à la Porte, orné d'un certain nombre de diamants. *Histoire générale des Voyages*, t. VI, p. 604.

canard ; il paraît difficile de déterminer la famille de cet oiseau, dont Egède
ne dit rien davantage. *Diction. groënl.;* Hafniæ, 1750.

XXI. — Outre les oiseaux de Pologne connus des naturalistes, et dont
Rzaczynski fait l'énumération, il en nomme quelques-uns « qu'il ne con-
« naît, dit-il, que par un nom vulgaire, et qu'il ne rapporte à aucune espèce
« connue ; il y en a particulièrement trois qui, à leurs habitudes naturelles,
« paraissent être de la tribu des aquatiques fissipèdes. »

Le *derkacz* « ainsi nommé de son cri *der*, *der*, fréquemment répété ; il
« habite les prés bas et aquatiques ; sa taille est approchante de celle de la
« perdrix ; il a les pieds hauts et le bec long (ce pourrait être un râle).

« Le *haystra* qui est d'assez grande taille, de couleur rembrunie, avec
« un gros et long bec ; il pêche dans les rivières à la manière du héron , et
« niche sur les arbres.

« Le troisième est le *krzyczka*, qui pond des œufs tachetés dans les joncs
« des marais. »

XXII. — L'*arau* ou *kara* des mers du Nord : « c'est un oiseau plus gros
« que le canard ; ses œufs sont très-bons à manger, et sa peau sert à faire
« des fourrures ; il a la tête, le cou et le dos noirs ; le ventre bleu ; le bec
« long, *droit*, noir et *pointu*. » *Histoire générale des Voyages*, tome XIX,
page 270 : à ces traits, l'*arau* ou *kara* doit être une espèce de plongeon.

XXIII. — Le *jean-van-ghent* ou *jean-de-Gand* des navigateurs hollandais
au Spitzberg (*Recueil des voyages du Nord*, tome II, page 110), « lequel
« est, disent-ils, au moins aussi gros qu'une cigogne et en a la figure ; ses
« plumes sont blanches et noires ; il fend l'air sans remuer presque les
« ailes, et dès qu'il approche des glaces il rebrousse chemin ; c'est une
« espèce d'oiseau de fauconnerie, il se jette tout d'un coup et de fort haut
« dans l'eau, et cela fait croire qu'il a la vue fort perçante ; on voit de ces
« mêmes oiseaux dans la mer d'Espagne, et presque partout dans la mer
« du Nord, mais principalement dans les endroits où l'on pêche le hareng. »

Ce *jean-de-Gand* pourrait bien être la grande mouette ou grand goéland
que nous avons surnommé le *manteau noir*.

XXIV. — Le *hav-sul* que les Écossais, dit Pontoppidan, appellent le
gentilhomme, et qui nous paraît être aussi une espèce de mouette ou de
goéland, peut-être la même que le *ratzher* ou *conseiller* des Hollandais ;
quoi qu'il en soit, nous transcrivons ce que dit Pontoppidan de son oiseau-
gentilhomme, mais avec le peu de confiance qu'inspire cet évêque norwégien, toujours près du merveilleux dans ses anecdotes et loin de l'exactitude
dans ses descriptions. « Cet oiseau, dit-il, sert de signal aux pêcheurs du
« hareng ; il paraît en Norwége à la fin de janvier, lorsque les harengs
« commencent à entrer dans les golfes, il les suit à la distance d'une lieue
« de la côte ; il est tellement avide de ce poisson, que les pêcheurs n'ont qu'à

« mettre des harengs sur le bord de leurs bateaux pour prendre des *gen-*
« *tilhommes.* Cet oiseau ressemble à l'oie, il a la tête et le cou comme la
« cigogne, le bec plus court et plus gros; les plumes du dos et du dessous
« des ailes d'un blanc clair; une crête rouge, la tête verdâtre et noire; le
« cou et la poitrine blancs. » *Histoire naturelle de Norwége,* par Pontoppidan ; *Journal étranger,* février 1757.

XXV. — Les *pipelines,* dont je ne trouve le nom que dans Frézier
(page 74), et qui *ont,* dit-il, *de la ressemblance avec l'oiseau de mer appelé*
mauve : la mauve est la mouette; mais il ajoute que les pipelines *sont de*
très-bon goût, ce qui ne ressemble plus aux mouettes, dont la chair est très-
mauvaise.

XXVI. — Les *margaux,* dont le nom, usité parmi les marins, paraît désigner des fous ou des cormorans, ou peut-être les uns et les autres. « Le
« vent n'étant pas propre pour sortir de la baie de Saldana, dit Flacourt,
« on envoya deux fois à l'îlet aux *margaux,* et à chaque voyage on emplit
« le bateau de ces oiseaux et de leurs œufs; ces oiseaux, gros comme une
« oie, y sont en si grande quantité, qu'étant à terre il est impossible qu'on
« ne marche sur eux; quand ils veulent s'envoler, ils s'empêchent les uns
« les autres; on les assomme en l'air à coups de bâton lorsqu'ils s'élè-
« vent. » *Voyage à Madagascar,* par Flacourt; Paris, 1661, page 250.

« Il y avait en la même *île (des oiseaux* près du cap de Bonne-Espérance)
« dit François Cauche, des *margots* plus gros qu'un oison, ayant les plu-
« mes grises, le bec rabattu par le bout comme un épervier; le pied petit
« et plat avec pellicule entre les ergots; ils se reposent sur mer; ils ont
« une grande croisée d'ailes; font leurs nids au milieu de l'île, sur l'herbe,
« dans lesquels on ne trouve jamais que deux œufs. » *Voyage à Madagas-*
car; Paris, 1651, page 135.

« En un canton de l'*île (aux Oiseaux,* route du Canada), dit Sagard
« Théodat, étaient des oiseaux se tenant séparés des autres et très-difficiles
« à prendre, pour ce qu'ils mordaient comme chiens, et les appelait-on
« *margaux.* » *Voyage au pays des Hurons;* Paris, 1632, page 37.

A ces traits, nous prendrions volontiers le margau pour le *schay* ou
nigaud, petit cormoran, dont nous avons donné la description.

XXVII. — Ces mêmes *nigauds* ou *petits cormorans,* nous paraissent
encore indiqués dans plusieurs voyageurs sous le nom d'*alcatraz* [a], bien

---

a. *Histoire des Incas;* Paris, 1744, t. II, p. 277. — *Voyage de Coréal:* Paris, 1722, t. I,
p. 345. — *Histoire générale des Voyages,* t. I, p. 448; et t. IV, p. 533. On lit à ce dernier
endroit cité, que « pendant la nuit les alcatraz prennent leur essor aussi haut qu'il leur est pos-
« sible, et, mettant la tête sous une de leurs ailes, ils se soutiennent quelque temps avec
« l'autre jusqu'à ce que le poids de leur corps les faisant approcher de l'eau, ils reprennent
« leur vol vers le ciel : ainsi répétant plusieurs fois la même chose, on peut dire qu'ils dorment
« en volant. » Il est peu nécessaire sans doute d'avertir que toute cette relation n'est qu'une
fable.

diffèrent du véritable et grand alcatraz du Mexique, qui est un pélican.
(*Voyez l'article du pélican.*)

XXVIII. — Les *fauchets*, que nous rapporterons à la famille des hirondelles de mer. « Le désordre des éléments (dans une grande tempête), dit
« M. Forster, n'écarta pas de nous tous les oiseaux; de temps en temps un
« *fauchet* noir voltigeait sur la surface agitée de la mer, et rompait la force
« des lames en s'exposant à leur action. L'aspect de l'Océan était alors
« superbe et terrible. » *Second voyage de Cook*, tome II, page 91. — « Nous
« apercevions de hautes terres hachées (à l'entrée ouest du détroit de
« Magellan), et couvertes de neige presque jusqu'au bord de l'eau; mais de
« grosses troupes de fauchets nous faisaient espérer de prendre des rafraî-
« chissements si nous pouvions trouver un havre. » *Idem*, t. IV, pag. 13.
— Fauchets, par les vingt-sept degrés quatre minutes de latitude sud, et
cent trois degrés cinquante-six minutes longitude ouest, les premiers jours
de mars. (*Idem*, tome II, page 179.)

XXIX. — Le *backer* ou *becqueteur* des habitants d'Oëland et de Gothland,
que nous reconnaissons plus sûrement pour une hirondelle de mer, aux
particularités qu'on nous apprend de son instinct. « Si quelqu'un va dans
« l'endroit où ces oiseaux ont leurs nids, ils lui volent autour de la tête et
« semblent vouloir le becqueter ou le mordre; ils jettent en même temps un
« cri *tirr*, *tirr*, sans cesse répété. Le backer vient tous les printemps en
« Oëlande, y passe l'été et quitte ce pays en automne; son nid lui coûte
« moins de peine que celui des hirondelles ordinaires; il pond deux œufs et
« les met à plate-terre dans le premier endroit où il se trouve; cependant
« il a l'instinct de ne jamais les déposer au milieu des herbes hautes; s'il
« pond sur un terrain sablonneux, il y fait seulement un petit creux de peu
« de profondeur; ses œufs ont la grosseur de ceux de pigeons, grisâtres et
« tachés de noir; cet oiseau couve pendant quatre semaines; si on met sous
« lui de petits œufs de poule, il les fait éclore en trois semaines, et les pou-
« lets nés ainsi sont très-méchants, surtout les mâles. Le vent, même le
« plus fort, ne peut l'empêcher de se tenir immobile en l'air, et quand il
« a miré sa proie, il tombe plus vite qu'un trait, et accélère ou ralentit
« son mouvement, selon la profondeur à laquelle il voit le poisson dans
« l'eau; quelquefois il n'y enfonce que le bec, quelquefois aussi il s'y plonge
« tellement que l'on ne voit plus au-dessus de l'eau que la pointe de ses
« ailes et une partie de sa queue : il a le plumage gris; toute la moitié
« supérieure de la tête d'un noir de poix; le bec et les pieds couleur de feu;
« la queue semblable à celle de l'hirondelle. Plumé, il n'est guère plus gros
« qu'une grive. » *Description d'un oiseau aquatique de l'île de Gothlande;
Journal étranger*, février 1758.

XXX. — Le *vourousambé* de Madagascar, ou *griset* du voyageur Flacourt
(page 165), est vraisemblablement aussi une hirondelle de mer.

XXXI. — Le *ferret* des îles Rodrigue et Maurice, dont Leguat fait mention en deux endroits de ses voyages. « Ces oiseaux, dit-il, sont de la gros
« seur et à peu près de la figure d'un pigeon ; leur rendez-vous général était
« le soir dans un petit îlot entièrement découvert ; on y trouvait leurs œufs
« pondus sur le sable et tout proche les uns des autres, néanmoins ils ne
« font qu'un œuf à chaque ponte.... nous emportâmes trois ou quatre dou
« zaines de petits, et comme ils étaient fort gras, nous les fîmes rôtir ; nous
« leur trouvâmes à peu près le goût de la bécassine, mais ils nous firent
« beaucoup de mal, et nous ne fûmes jamais depuis tentés d'en goûter. ...
« Étant retournés quelques jours après sur l'île, nous trouvâmes que les
« ferrets avaient abandonné leurs œufs et leurs petits dans tout le canton
« où nous avions fait notre capture. .... Au reste, la bonté des œufs nous
« dédommagea de la mauvaise qualité de la chair des petits ; pendant notre
« séjour nous mangeâmes plusieurs milliers de ces œufs ; ils sont tachetés de
« gris et plus gros que des œufs de pigeon. » *Voyage de François Leguat ;*
Amsterdam, 1708, tome I, page 104, et tome II, pages 43 et 44.

Ces ferrets paraissent être des hirondelles de mer, et il serait doublement intéressant d'en reconnaître l'espèce, par rapport à la bonté de leurs œufs, et à la mauvaise qualité de leur chair.

XXXII. — Le *charbonnier*, ainsi nommé par M. de Bougainville, et qu'aux premiers traits on prendrait pour une hirondelle de mer, mais qui aux derniers, s'ils sont exacts, en parait différent. « Le charbonnier, dit
« M. de Bougainville, est de la grosseur d'un pigeon ; il a le plumage d'un
« gris foncé avec le dessus de la tête blanc, entouré d'un cordon d'un gris
« plus noir que le reste du corps ; le bec effilé, long de deux pouces et un
« peu recourbé par le bout ; les yeux vifs, les pattes jaunes, semblables à
« celles des canards ; la queue très-fournie de plumes arrondies par le bout ;
« les ailes fort découpées et chacune d'environ huit à neuf pouces d'éten
« due. Les jours suivants nous vîmes beaucoup de ces oiseaux (c'était au
« mois de janvier et avant d'arriver à la rivière de la Plata). » *Voyage autour du monde*, tome I, in-8 ; pages 21 et 22.

XXXIII. — Les *manches de velours* [1], *mangas de velado* des Portugais, qui, suivant les dimensions et les caractères que leur donnent les uns, sembleraient être des pélicans, et, suivant d'autres indications, offrent plus de rapport avec le cormoran. C'est à l'anse du cap de Bonne-Espérance que paraissent les manches de velours ; on leur donne ce nom ou parce que leur plumage est uni comme du velours (*Histoire générale des Voyages*, tom. I, page 248), ou parce que la pointe de leurs ailes est d'un noir velouté (Tachard, page 58), et qu'en volant leurs ailes paraissent pliées comme nous plions le coude (*Hist. des Voy.*, *ibid.*). Suivant les uns ils sont tout

---

1. « Les *manches de velours* sont des *fous de Bassan*, âgés de trois ans. » (Desmarets.)

blancs, excepté le bout de l'aile qui est noir; ils sont gros comme le cygne ou plus exactement comme l'oie (Mérolla , dans *l'Histoire générale des Voyages*, tome IV, page 534) ; selon d'autres ils sont noirâtres en dessus et blancs en dessous (*Tachard*).

M. de Querhoënt dit qu'ils volent pesamment et ne quittent presque jamais le haut fond ; il les croit du même genre que les *margaux d'Ouessant* (*Remarques faites à bord du vaisseau du Roi* la Victoire *par M. le vicomte de Querhoënt*) : or, ces margaux , comme nous l'avons dit, doivent être des cormorans.

XXXIV. — Les *stariki* et *gloupichi* de Steller, qu'il dit « être des oiseaux « de mauvais augure sur mer : les premiers sont de la grosseur d'un pigeon, « ils ont le ventre blanc, et le reste de leur plumage est d'un noir quelque- « fois tirant sur le bleu ; il y en a qui sont entièrement noirs avec un bec « d'un rouge de vermillon, et une huppe blanche sur la tête.

« Les derniers, qui tirent leur nom de leur stupidité, sont gros comme « une hirondelle de rivière. Les îles ou les rochers situés dans le détroit « qui sépare le Kamtschatka de l'Amérique en sont tous couverts; on dit « qu'ils sont noirs comme de la terre d'ombre qui sert à la peinture, avec « des taches blanches par tout le corps. Les Kamtchadales, pour les « prendre, n'ont qu'à s'asseoir près de leur retraite, vêtus d'une pélisse à « manches pendantes ; quand ces oiseaux viennent le soir se retirer dans « des trous, ils se fourrent d'eux-mêmes dans la pélisse du chasseur, qui « les attrape sans peine.

« Dans l'espèce des *starichi* et des *gloupichi*, ajoute Steller, on compte « le *kaiover* ou *kaior*, qu'on dit être fort rusé : c'est un oiseau noir, avec « le bec et les pattes rouges ; les Cosaques l'appellent *iswoschiki*, parce qu'il « siffle comme les conducteurs de chevaux.» *Histoire générale des Voyages*, tome XIX, page 271.

Ni ces traits ni ces particularités, dont une partie même sent la fable, ne rendent ces oiseaux reconnaissables.

XXXV. — Le *tavon* des Philippines, dont le nom, *tavon*, signifie, dit-on, *couvrir de terre*, parce que cet oiseau, qui pond un grand nombre d'œufs, les dépose dans le sable et les en couvre. Du reste, sa description et son histoire, dont Gemelli Careri est le premier auteur (*Voyage autour du monde;* Paris, 1719, tome V, page 266), sont remplies de tant de disparates, que nous ne croyons pas pouvoir les rapporter ici autrement qu'en les rejetant en note [a].

a. De plusieurs oiseaux singuliers des îles, le plus admirable par ses propriétés est le *tavon*. C'est un oiseau de mer, noir et plus petit qu'une poule, mais qui a les pieds et le cou assez longs ; il fait ses œufs dans des terres sablonneuses ; leur grosseur est à peu près celle des œufs d'oie : ce qu'il y a de surprenant, c'est qu'après que les petits sont éclos, on y trouve le jaune entier sans aucun blanc..... On rôtit les petits sans attendre qu'ils soient couverts de plumes; ils sont aussi bons que les meilleurs pigeons. Les Espagnols mangent souvent dans le même

XXXVI. — Le *parginie* : nom que les Portugais donnent, suivant Kæmpfer, à une sorte d'oiseau que le Japonais Kanjemon trouva sur une île en allant de Siam à Manille : les œufs de ces oiseaux sont presque aussi gros que des œufs de poule ; on en trouve pendant toute l'année sur cette île, et ils furent d'une grande ressource pour la subsistance de l'équipage de ce voyageur japonais. (Kæmpfer, *Histoire naturelle du Japon*, tome I, pages 9 et 10.) On voit que l'on ne peut reconnaître, sur cette seule indication, le *parginie* des Portugais.

XXXVII. — Le *misago* ou *bisago*, que le même Kæmpfer compare à un épervier (tome I, page 113) ; il n'est guère plus reconnaissable que le précédent, mais nous croyons néanmoins devoir le ranger parmi les oiseaux aquatiques, puisqu'il se nourrit de poisson. « Le *misago*, dit-il, vit princi-« palement de poisson ; il fait un trou dans quelque rocher sur les côtes, et « y met sa proie ou sa provision : et l'on a remarqué qu'elle se conserve « aussi parfaitement que le poisson mariné ou l'*altiar ;* et c'est la raison « pourquoi on l'appelle *bisagonohusi* ou l'*altiar* de Bisago ; elle a le goût « extrêmement salé et se vend fort cher. Ceux qui découvrent cette espèce « de garde-manger en peuvent tirer un grand profit pourvu qu'ils n'en « prennent pas trop à la fois. »

XXXVIII. — Enfin les *açores*, sur lesquels nous n'avons point d'autre renseignement que celui-ci : « Le nom d'*Açores* fut donné aux îles qui le « portent, à cause du grand nombre d'oiseaux de cette espèce qu'on y « aperçut en les découvrant. » *Histoire générale des Voyages*, tome I, page 12.

Ces oiseaux açores ne sont pas, sans doute, d'une espèce inconnue ; mais il n'est pas possible de les reconnaître sous ce nom, que nous ne trouvons indiqué nulle autre part.

plat la chair des petits et le jaune de l'œuf ; mais ce qui suit mérite beaucoup plus d'admiration. La femelle rassemble ses œufs, jusqu'au nombre de quarante ou cinquante, dans une petite fosse qu'elle couvre de sable, et dont la chaleur de l'air fait une espèce de fourneau. Enfin, lorsqu'ils ont la force de secouer la coque et d'ouvrir le sable pour en sortir, elle se perche sur les arbres voisins ; elle fait plusieurs fois le tour du nid en criant de toute sa force, et les petits, excités par le son, font alors tant de mouvements et d'efforts, que, forçant tous les obstacles, ils trouvent moyen de se rendre auprès d'elle. Les tavons font leurs nids aux mois de mars, d'avril et de mai, temps où, la mer étant plus tranquille, les vagues ne s'élèvent point assez pour leur nuire. Les matelots cherchent avidement les nids le long du rivage ; lorsqu'ils trouvent la terre remuée, ils l'ouvrent avec un bâton et prennent les œufs et les petits, qui sont également exquis. *Histoire générale des Voyages*, t. X, p. 411.

FIN DU TOME HUITIÈME.

TABLE DES MATIÈRES

DU TOME HUITIÈME.

PARIS. — IMPRIMERIE J. CLAYE, RUE SAINT-BENOÎT, 7,

Le Chevalier commun, La Barge.

L'Ibis blanc, Le Combattant, Le Courlis.

_ le Pluvier à collier, le Pluvier doré, le Vanneau

Le Râle à long bec. Le Râle de terre.

La Poule d'eau. La Grièche à queue. La Fatyu.

Le Harle. Le G.d Plongeon. Le Castagneux.

La Poule. Le Pélican. Le Cormoran.

L'Oiseau du Tropique. Le Pierre Garin.

La Frégate. Le Goéland a manteau noir.

1. Hirondeau. 2. Gobbe à longue queue.

3. Hirondelle de Mahé.

Les Cygnes.

L'Oie de Guinée. L'Oie d'Égypte

La Bernache à Collier

La Sarcelle de la Chine. La Sarcelle.

La Sarcelle blanche ou Sarcelle Kurpa.

Le Pétrel cendré. Le Pétrel damier.

Le Fulmar. L'Oiseau de tempête.

Le Petit Guillemot. Le Guillemot.

Le Macareux. Le Macareux du Kamtschatka.

_ Le Pingouin. Le grand Pingouin

Le grand Manchot